经典译丛·信息与通信技术

采样理论
——超带限系统

Sampling Theory: Beyond Bandlimited Systems

[以] Yonina C. Eldar 著

贾 敏 顾学迈 译

電子工業出版社

Publishing House of Electronics Industry

北京·BEIJING

内容简介

本书不仅涵盖目前较获关注的压缩感知理论的基本数学基础和关键原理及应用，而且从工程实践的角度为采样理论(奈奎斯特采样定理)和工程实践提供了全面指导。全书分三部分，首先，阐述线性代数、傅里叶分析和结合采样计算的各种代表性信号；其次，涵盖子空间和光滑先验的采样，包括非线性采样和采样率变换等基础知识；最后，讨论联合子空间的采样，基于希尔伯特空间且在一个统一框架上通过目前新兴的压缩感知技术来扩展传统采样理论，包括压缩感知领域和欠奈奎斯特采样的理论应用的详细介绍。

本书不仅是一本非常适合本科生和研究生学习的课程教材，而且对于产业界和学术界的工程师和学者，也将提供非常宝贵的参考和自学指导。

图书在版编目(CIP)数据

采样理论：超带限系统/(以)约尼纳·C. 埃尔达(Yonina C. Eldar)著；贾敏，顾学迈译. —北京：电子工业出版社，2018.1
(经典译丛·信息与通信技术)
书名原文：Sampling Theory: Beyond Bandlimited Systems
ISBN 978-7-121-31291-5

Ⅰ. ①采…　Ⅱ. ①约… ②贾… ③顾…　Ⅲ. ①无线电通信-数字信号处理-研究　Ⅳ. ①TN92

中国版本图书馆 CIP 数据核字(2017)第 072305 号

策划编辑：马　岚
责任编辑：葛卉婷
印　　刷：三河市鑫金马印装有限公司
装　　订：三河市鑫金马印装有限公司
出版发行：电子工业出版社
　　　　　北京市海淀区万寿路 173 信箱　　邮编　100036
开　　本：787×1092　1/16　印张：40.5　字数：1037 千字
版　　次：2018 年 1 月第 1 版
印　　次：2018 年 1 月第 1 次印刷
定　　价：119.00 元

凡所购买电子工业出版社图书有缺损问题，请向购买书店调换。若书店售缺，请与本社发行部联系，联系及邮购电话：(010)88254888，88258888。

质量投诉请发邮件至 zlts@phei.com.cn，盗版侵权举报请发邮件至 dbqq@phei.com.cn。

本书咨询联系方式：classic-series-info@phei.com.cn。

译 者 简 介

贾敏，哈尔滨工业大学副研究员、博士研究生导师，中国大陆首个 IEEE 女性工程师协会哈尔滨分会主席，IEEE 高级会员，IEEE 哈尔滨分会会员发展部主席。目前主要从事先进卫星通信技术及星地一体化系统、认知无线电、压缩感知理论、5G 通信系统标准及物理层关键技术研究；已发表论文 100 余篇，授权专利 26 项；获省级科学技术发明奖二等奖 1 项，军队科技进步三等奖 1 项；参与出版著作 2 部。作为负责人承担国家自然科学基金 2 项，主持省部级科研项目 18 项；参与国家重大研发计划 2 项，其他国家级项目共计 10 项。

顾学迈，哈尔滨工业大学教授、博士研究生导师，哈尔滨工业大学研究生院常务副院长，主要研究方向为压缩感知理论、卫星通信与数字通信网络；先后主持过国家自然科学基金、863 项目、航天基金项目、博士点基金项目、国防基础研究项目 20 余项；在国内外重要刊物上发表论文 100 多篇，授权专利 30 项；获国家科技进步二等奖 1 项，省部级科技进步一等奖 3 项、二等奖 3 项、三等奖 3 项；电子学会会士，获黑龙江省模范教师称号，编著教材 3 本。

译 者 序

数字信号处理是推动真实世界的模拟域与信息处理的数字域相切合的重要技术领域，而采样理论则是数字信号处理领域的核心技术基础。从理论上分析，在通常的带限信号的采样处理过程中，我们可以利用经典的采样理论——基本的香农-奈奎斯特采样定理来获取信息及恢复信号。但是，这是一种理论上的理想场景，通常的现实世界的信号处理过程将存在很多的实际问题和困难。比如，实际过程中，当信号具有较大带宽时，经典采样理论需要使用较高的采样率来恢复信号，这在实际的硬件设备中，可能是不可实现的；再如，在采样过程中存在的非线性失真问题以及理想的理论采样冲激函数在实际中的不可实现性。这都将让“理想”与“现实”背道而驰，迫切需要发展新理论并结合新思想来更好地解决信息处理过程中面临的实际问题。

译者在对本书进行翻译的过程中感触和收获颇多，重新回顾并深入而系统地再次学习了信号处理的全方位知识，在本书中将基本的香农-奈奎斯特采样定理进行了扩展。本书不仅涵盖了信号处理领域完备的基本理论及基础知识，同时，重点介绍了目前学术界和业界均较为关注的欠奈奎斯特采样和压缩感知理论的基本理论、原理及应用。最重要的是，本书可以从工程实践的角度为采样理论从理论到工程实践提供全面的指导及全面的解决方案。

本书分为三个部分，首先，全面阐述了线性代数、傅里叶分析和结合采样计算的各种代表性信号；其次，详细介绍了子空间和光滑先验的采样，包括非线性采样和采样率变换等基础知识；最后，讨论了联合子空间的采样，基于希尔伯特空间且在一个统一的框架上通过目前新兴的压缩感知技术来扩展传统采样理论，包括压缩感知领域和欠奈奎斯特采样的理论应用的详细介绍。本书重点强调和突出的是信号处理相关基础理论在电子信息类学科中的需求和应用，同时对于涉及工程实践的硬件设计的考虑更是贯穿始终，这也是本书的另一大特色。

随着目前万物互联网络的迫切需求，为了满足物联网中的智能器件的互联和信息的采集和处理需求，这将需要更复杂和更有效的数字信号处理系统及相关技术的融合发展。同时，未来技术发展对于解决大规模的采样问题的需求则更为迫切。经典的信号处理技术、采样理论及新兴的压缩感知理论的结合也将为采样理论提供一个新的发展视角，以及一个更好地利用信号自由度的方法。随着未来的工业需求及数字信号处理领域的发展，我们将可以预见，建立完整的数学模型及系统结构和体系是必要条件，而该技术的硬件实现的可行性将成为制约某项技术发展的瓶颈，基础理论的新研究成果需满足实际应用的需求，同时本书中涉及的基础理论的创新将对业界和市场产生深远的影响。

本书由哈尔滨工业大学电子与信息工程学院的贾敏副研究员和顾学迈教授共同翻译完成。译者在本书的翻译过程中花费了大量的时间并投入了巨大的心血。首先，特别感谢原书作者对本书在前期翻译工作的指导和支持；其次，感谢哈尔滨工业大学电子与信息工程学院和通信技术研究所 1105 卫星通信实验室给译者提供的良好平台和工作条件，才得以使本书顺利问世；最后，非常感谢译者的家人、朋友、同事给予的关怀、支持和帮助！

前　言

数字信号处理(DSP)是工程领域中最具代表性的领域之一，包含很多子领域，如语音和图像处理、统计数据处理、频谱估计、生物医学应用及其他很多领域。顾名思义，DSP即在数字域对各种信号进行处理(如滤波、放大等)，与模拟信号处理相比，数字域使得设计、验证和实现等环节变得非常简单。DSP作为很多技术领域的基础，是20世纪促进科学和工程发展最强大的技术之一。

为了能在计算机上表示和处理模拟信号，模拟信号必须通过模数转换器(ADC)进行采样，转变成数字序列。处理完成后，采样信号通过数模转换器(DAC)转变成模拟信号。由此可见，采样理论及其应用是DSP的核心。因此，在ADC和DAC上任何技术的进步都会对其产生巨大影响。

本书的目标是从工程的角度出发，系统地介绍采样理论及其应用。尽管在信号扩展和谐波分析方面，有很多优秀的数学教材，但是我们把采样基础理论和实际工程应用及原理结合起来，目的是提供最新的工程应用教材。本书大部分章节用于介绍压缩感知和欠奈奎斯特采样这些较新的领域，这在标准的线性代数或谐波分析等书籍中并未涉及。本书自始至终都专注于阐述信号处理和通信的各种应用。本书希望读者有信号处理的基础(如滤波和卷积)。目标读者是本科四年级或研究生一年级的学生，一些有数字信号处理、傅里叶分析、线性代数背景知识的人也可阅读。本书可作为工程师、相关领域学生、工业界和学术界研究人员的参考书。同时，我们相信本书同样适合自学。

采样理论是一个广泛而深奥的问题，该研究领域可以追溯到20世纪以前。因此，在单一的教材中不可能涵盖该理论所有的进展和结果。本书的主要关注点不是证明采样具有的完美数学理论，而是连贯地引出许多重要的工程概念。我们主要关注平移不变子空间的均匀采样和确定性信号，同时对非均匀采样、Gabor和小波扩展，以及由于噪声、量化、隐式采样和其他近似导致的采样误差等主要内容进行简单介绍，这些内容已经在其他相关教材或本书最后提供的参考文献中涉及。

本书结构

这本书可以大致分为三个部分：

- 介绍性部分包括目的和意义，线性代数、傅里叶分析的发展回顾，以及信号类的研究介绍(第1章至第5章)；
- 子空间采样或平滑先验，包括非线性采样和采样率转换(第6章至第9章)；
- 联合子空间采样，包括对压缩感知领域和欠奈奎斯特采样的详细介绍(第10章至第15章)。

第1章简要介绍采样的概念、采样的重要性及其超越传统香农-奈奎斯特定理的必要性。第2章包含所需的线性代数背景知识的全面介绍，这是为了推导采样理论的数学表达式。此外，我们尽力总结本书剩余部分所需的主要数学知识。对线性代数的基本理解是学习采样理论的关键，因此本章涉及的内容是非常广泛的。第 3 章介绍总结了线性时不变系统和傅里叶变换等重要概念。我们不仅回顾了连续时间和离散时间傅里叶变换，还在采样信号范畴下讨论了二者之间的关系。本书中我们将会在第 4 章介绍全书所采用的各种信号类型，同时介绍与这样的信号集相关联的一些基本数学性质。我们重点讨论著名的香农-奈奎斯特定理和其在平移不变子空间的拓展。另外，我们简要介绍 Gabor 和小波扩展，并介绍联合子空间和平滑先验。本书中主要关注平移不变(SI)空间的信号模型。因此，在第 5 章我们将研究与这些空间相关的一些数学性质。本书的实例包括带宽受限信号、样条函数和多种类型的数字通信信号。

在第6章，我们开始研究具体的采样定理，从考虑线性采样与子空间先验开始叙述。正如我们所展示的结果，在许多情况下，基于子空间先验知识，即使输入信号不是带宽受限或采样率低于奈奎斯特速率，从给定的采样信号中完美恢复原信号都是可以实现的。我们也考虑了信号恢复过程有限制的情况，考虑采用不同准则恢复或估计原始信号。其中，我们研究著名的 Papoulis 广义采样定理作为其框架的一种特殊情况。在第 7 章，我们把这些理念拓展到平滑先验，即所确知的信号在某种意义上是平滑的。在本章中所考虑的一个有趣实例是超分辨率：通过采用采样和重构的理念从几个低分辨率图像获得高分辨率图像。第 8 章在假设子空间先验的条件下讨论非线性采样。我们将会惊奇地看到在不增加采样速率的情况下，即使典型的非线性导致带宽的增加，在实际中遇到的许多类型的非线性信号都能够完全被补偿。尽管采样定理关注的是连续时间信号从其离散信号中的重构，但是在第 9 章关于采样率转换的内容中，分析了采样在完全离散时间算法设计方面起着至关重要的作用。文中讨论了信号或图像在不同速率下的几种转换方法，这样能够有效地改变一个图像或音频文件的大小。

第 10 章至第 15 章介绍欠奈奎斯特采样和压缩感知理论。第 10 章介绍了联合子空间(UoS)模型，该模型是欠奈奎斯特采样范例的基础。这个模型适用于能描述的非线性信号类型，比如未知延迟和振幅的脉冲流、未知载波频率的多频带信号等。UoS 模型中研究最多的实例之一是适当子空间的稀疏向量。这个模型是压缩感知理论快速发展的基础，第 11 章将对此进行详细介绍。其中的内容参考了 M. Davenport，M. Duarte、Y. C. Eldar 和 G. Kutyniok 合著的 *Compressed Sensing*(剑桥出版社 2012 年出版)中的“压缩感知概述”一章。第 12 章讨论的是基本稀疏模型到块稀疏的扩展，块稀疏能描述更一般的有限维度联合。本章也将讨论在没有子空间先验知识时如何从子采样数据中获取子空间。平移不变空间联合及在不同参数设置下的低复杂度检测器的应用将在第 13 章介绍。多频带信号将会在第 14 章介绍。多频带信号的傅里叶变换由不同频段组成，并分布在一个宽的频率范围。即使在未知载波频率和未达到与最大频率相关的高奈奎斯特速率的情况下，我们分析了各种不同方法，这些方法允许信号使用与实际占有频段成比例的欠奈奎斯特采样速率采样。随着对这些理论及概念的发展，我们也从实际需要出发，研究多频带信号欠奈奎斯特采样感知的硬件平台实现方法。第 15 章关注脉冲流的欠奈奎斯特采样，脉冲流将会在雷达、超声波和多径信道识别应用中使用，同时介绍了在雷达和超声波问题中的硬件原型实例。

附录涵盖本书各部分的基本参考资料。附录 A 总结矩阵代数相关的主要结果，附录 B 回顾概率论和随机过程的基本概念。

本书中有些定理没有给予详细证明。如果没有证明过程，我们提供可找到的参考文献以供读者学习。此外，本书重点强调的是解决问题的主要思路，而不是数学的严谨性。

MATLAB 实现及实例

本书包含的很多实例能帮助作者进行更深入、更直观的理解，借助实例说明要点，探索多种方法和各种相关问题的折中。数值结果有时也用来说明文中没有突出的要点。数值实验都是在 MATLAB 标准工具箱中进行编程实验的。

在每一章的结尾提供的习题，能够进一步扩展和证明各种概念，提供练习机会。其中一些习题是用于定理的证明推导。所有习题的顺序与每章知识的介绍顺序一致。

教学

本书可作为本科高年级或研究生的教材。它源于以色列理工大学所讲的"广义采样方法"和关于本研究主题的很多导论与相关的教程。

电子工程专业的学生经常对全书所用的线性代数向量空间望而却步。我们习惯于滤波、卷积和有限维矩阵的操作。然而，这个领域的很多结果来源于希尔伯特空间。一旦能理解这个空间，产生的结果一定会自然和简单。正如我们将看到的，合理理解这些概念也会让硬件实现变得简单和高效。因此，真正理解和欣赏线性代数是非常值得的。于是，本书从提供所需要的线性代数的基本知识开始撰写。当在以色列理工大学讲授这门课程时，在学习采样定理之前，我们用前几周的时间深入学习线性代数。在我们看来，在教学初期回顾线性代数是必要的。尽管所有工科学生都能基本掌握线性代数，但是这些课程通常都是从矩阵的角度讲解的。在这里多提倡的较抽象的观点对于本书章节间的讲解是必要的，这对于学生来讲始终是全新的。

傅里叶分析这一章中的基本结果通常会被忽略。特别是，容易忽略的离散-连续关系对于采样结果的得出非常关键，这一点需要引起注意。

本书旨在灵活地展示书中的其余部分。本书介绍的采样理论覆盖在全书中，本书可以用于各种课堂教学，在课堂上可以介绍主要的结果，同时依靠本书所列的填补证明、例子和应用的更多细节。另外，可以选择只学习某些子章节。

正如我们在介绍本书结构时所概述的，本书可顺理成章地分成三个部分。第一部分提供基本模块的全面概述，目的是为了理解和扩展后续知识。这些章节仅仅提供作为参考。在本课程中，大部分的材料都可以忽略，可以仅仅关注容易被学习本课程的同学忽视的必要概念。例如，在以色列理工大学讲这门课程的时候，我们将线性代数和平移不变子空间分为 4 学时，其中 1 学时主要涉及子空间采样，2 学时重点介绍平滑先验和插值方法，最后 1 学时关注非线性采样。剩下的六周课程关注的是压缩感知和欠奈奎斯特采样，其中，利用每一周的时间分别讲解第 10 章、第 11 章、第 13 章和第 14 章，剩下的两周将介绍第 15 章及其应用。

或者采用下面这种安排，一学期时长的课程可以关注第 5 章至第 9 章的核心知识，如果时间允许，可以选择性地讲解第 10 章至第 15 章的知识作为补充。这些章节的大部分内容都相互独立。

本书也可以用于较多关注压缩感知和欠奈奎斯特采样的最新研究领域的课程。在这种情况下，课程可以从简短地介绍线性代数和平移不变子空间的概念开始，然后讨论本书的最后一个单元，即详细讨论及讲解第 10 章至第 15 章。

致谢

如果没有许多人在撰写各阶段的帮助，本书是不可能完成的。在我的学术生涯中，周围有很多支持和鼓励我的朋友和同事。非常感谢我的同事，我也很喜欢与他们共事，从他们身上我学到了关于采样定理和压缩感知的诸多知识，以及更广泛的研究和教学方法。我也很感激我的朋友和家人，虽然不能与他们分享我在工程和数学上的激情和兴趣，但是他们却能提供给我充足的机会，在生活中的其他方面提醒我，给我足够的支持去继续钻研并分散我在整个工作过程中的障碍点上的注意力。

我很感谢以色列理工大学参加该课程的学生，是他们对课程笔记的反馈才慢慢演变成这本书。我的博士生 Tomer Michaeli，是该课程在广义采样方法的第一个助教，并且负责本书第一部分的例子和仿真。他在本书的不同部分提供了许多新的观点和见解。真诚地感谢他为这个项目付出的时间和精力。我的几个研究生和该课程的学生在本书第二部分的例子和仿真中提供了帮助。第二部分主要关注压缩感知和欠奈奎斯特采样。特别地，我想感谢 Kfir Aberman，Tanya Chernyakova，Deborah Cohen，Tomer Hammam，Etgar Israeli，Ori Kats，Saman Mousazadeh 和 Shahar Tsiper，因为他们都参与了这些章节例子的撰写。我还想感谢 Douglas Adams，Omer BarIlan，Zvika Ben-Haim，Yuxin Chen，Kfir Cohen，Pier Luigi Dragotti，Tsvi Dvorkind，Nikolaus Hammler，Moshe Mishali，Tomer Peleg，Volker Pohl，Danny Rosenfeld，Igal Rozenberg，Andreas Tillmann 和 Lior Weizman，因为他们参与了很多章节的校对并提供了重要的反馈，感谢 Kfir Gedalyahu，Moshe Mishali，Ronen Tur，Noam Wagner 分享他们论文的 MATLAB 仿真。感谢现在和之前的研究生通过他们的研究结果为本书所做的贡献。在这个过程中也给我机会去向他们每个人学习。我为书中的错误和不当之处及对于任何值得注意的被省略的主题道歉。

感谢我的几位朋友和同事在早期并持续对我工作的支持。Arye Yeredor 和 Weinstein 激发了我在数字信号处理的最初兴趣，教会我寻找简单和直观地解释最复杂算法的价值。Al Oppenheim 激发了我在采样理论上的兴趣，激发了本书所展现的采样理论的抽象的线性代数视角，感谢他多年以来的支持和他灌输给学生的研究创意和激情。几位同事支持我走进了采样理论的世界。特别感谢 Michael Unser，P. P. Vaidyanathan，Akram Aldroubi，Ole Christensen，Hans Feichtinger，John Benedetto，Stephane Mallat，Abdul Jerri 和 Ahmed Zayed，他们欢迎我走进采样及其应用领域，帮助我完成数学教学。采样理论研究团队是很热情并受人欢迎的团体，我很荣幸能成为其中的一员。

近年来，我广泛从事于采样理论在各种各样的领域的应用研究，能与工作在各个领域的睿智且专业的同事合作我感觉很幸运。他们有巨大的灵感来源和支持，使研究成为一个有趣的和有益的体验。特别感谢 Amir Beck，Emmanuel Candes，Israel Cidon，Oren Cohen，Alex Gershman，Andrea Goldsmith，Alex Haimovich，Arye Nehorai，Guillermo Sapiro，Anna Scaglione，Moti Segev，Shlomo Shamai 和 Joshua Zeevi。感谢我在斯坦福大学休假时的优秀助理——统计系的 Emmanuel Candes 和电子工程系的 Andrea Goldsmith，他们在这本书中进行了有趣、刺激和有意思的讨论。以上所提到的很多同事是我私下的好友，我们不只是分享研究的热情。我还想提一下在以色列理工大学的同事 Gitti Frey，Idit Keidar，Ayellet Tal 和 Lihi Zelnik-Manor，当我在家庭生活和高要求的工作生涯之间进行平衡时，他们让我的头脑保持清醒。我更感谢多年来我所有的同事，从他们身上我学到了很多研究方法，尤其是信号处理方面。在过去的十年，以色列理工大学电子工程系提供了一个令人兴奋和激励的研究和教学的环境。

2013 年，我们在以色列理工大学电子工程系建立了 SAMPL 实验室——采样、重构、建模和处理实验室。本书中的欠奈奎斯特采样技术原型和许多其他的欠奈奎斯特采样项目都是在这个实验室中开发的。能得到有天赋的工程师的支持，我感到极其幸运。特别感谢 Yoram Or-Chen，Alon Eilam，Rolf Hilgendorf，Alex Reysenson，Idan Shmuel 和 Eli Shoshan。如果没有 Peretz Lavie（以色列理工大学校长）、Gadi Schuster（学术事务所的副主席）、Moti Segev，Joshua Zeevi，Gadi Eisenstein 的支持，不可能建立这个实验室。实验室中的硬件和实验受到了合作单位美国国家仪器公司、通用电气和安捷伦科技公司的支持。我们感激并认可他们的支持和合作。非常感谢我的行政助理 Sasha Azimov 过去两年的帮助。

非常感谢文字编辑 Lindsay Nightingale 对本书细节的关注，感谢负责本书监督生产的 Vania Cunha，感谢支持和监督本项目的来自剑桥大学出版社的 Phil Meyler。

特别感谢我的父母，从我小时候他们就鼓励我为梦想努力，通过生活提供给我价值观念：我的母亲灌输给我生活的热情，传递给我能量去追求目标，对于生活中的问题积极寻求解决方法；我的父亲灌输给我对知识的热爱，追求完美和卓越，给我不断的忠告和鼓舞；我的公婆把我带入到他们的家庭，并融入进去成为他们中的一员，他们以我的成就为荣。我真心地感谢我的父母和公婆对我大家庭的持续的爱和支持。

我最深的谢意和无限的爱献给我的丈夫 Shalomi 和孩子 Yonatan，Moriah，Tal，Noa，Roei，他们也许不会读这本书，但是跟他们在一起，生活是令人兴奋和充实的。他们让我在写作编辑后能安心休息，并给我很多理由让我开心。他们无限的爱和鼓励、情感上的支持，以我为荣，这些让我的生活充满幸福，使一切付出都值得。Shalomi 一直陪伴在我身边，提供给我无限的支持、有用的建议和鼓励。他给我依靠的肩膀，给我指引正确的方向和价值。他给我继续改善各个方面的灵感和动力，确保我们的家庭除工作外有丰富的价值和活动。生命旅程中，我们一直是伙伴，远超工程和研究的世界。感谢他们有耐心地和我一起迎接这本书的挑战！我把这本书献给他们！

目　录

第 1 章　概　　述

我们生活在一个模拟的世界中，但是却希望用数字计算机与这个模拟的世界进行交互。事实上，数字信号处理(DSP)技术已经非常普及了，并且是大多数现代电子消费产品、医疗影像设备、手机、网络电话、多媒体标准设备、语音处理和大量其他电子产品的技术基础。相比模拟电路的实现方法，利用微处理器实现的数字化算法具有成本更低、容易控制、更可靠和更灵活等优点，所以模拟电路经常被数字芯片所代替。数字数据与模拟数据相比更容易被存储、传输和处理。因此，在现代应用中，越来越多的功能都可以用复杂的软件算法来实现，仅为模拟电路留下一些精细的微调任务。目前，用一个多媒体播放器播放我们喜欢的电影或是用综合环绕声系统播放古典音乐，就好像管弦乐队就在身边，而不是我们坐在卧室里。数字世界在日常生活中扮演着非常重要的角色，这使得我们几乎忘了我们并不能听见或是看见在这些场景背后运转着的“比特流”。围绕我们的世界是模拟的，然而绝大多数交换的信息却是数字的。朱迪 · 戈尔曼在 1998 年的歌曲《一个天空》中唱到，“我是数字世界里的一个模拟女孩”，这揭示了数字革命的本质。

无论是记录声音、捕获图像，或是处理一段电磁波，很多信息源都是一个模拟或者是一个连续时间的信号。因此，数字信号处理本身就依赖于连续信号到离散数字序列的转换采样机制，同时要将信息保留在这些信号中。这种转换是用一个称为模拟-数字转换器(ADC)的装置完成的。ADC 装置将物理信息转换成数字流，以便利用复杂的软件算法来处理这些数字信号。处理之后，信号采样值再通过数字-模拟转换器(DAC)转换回到模拟域中。因此，采样理论是数字信号处理的核心，同时在推动数字革命的过程中扮演了一个重要的角色。

ADC 原理在本质上是复杂的，它的硬件必须能够抓住一个快速变化的输入信号，在测量时要捕获到稳定的瞬时值。由于测量是划分时间间隔的，因此间隔的瞬时值之间的信号值就会有丢失。一般来说，是没有办法完全恢复输入的模拟信号的，除非是能够准确地了解信号结构上的一些先验信息。

1.1　标准采样

记录一个模拟信号 $x(t)$ 最简单的方法是按照时间间隔 T 进行采样，采样值为 $x(nT)$，如图 1.1(a)所示。这种采样方法称为逐点采样(point-wise sampling)，图 1.1(b)说明了逐点采样的工作原理。

给定采样值后，信号 $x(t)$ 的近似值可以用一个适当的插值函数 $w(t)$ 来表示。图 1.2 给出了图 1.1 的信号采样值用不同的插值函数 $w(t)$ 表示的几种可能的插值方法：零阶保持法、线性插值法、三次样条插值法(三阶多项式)和正弦插值法。每种方法的信号恢复都是通过函数 $w(t)$ 调制采样值 $d[n]$ 获得的

$$\hat{x}(t) = \sum_{n\in\mathbb{Z}} d[n]w(t-nT) \tag{1.1}$$

设 $d[n]=x(nT)$ 是给定的采样值，其中 T 是采样周期。通常，用 $d[n]$ 作为表示采样值

$x(nT)$的函数。如果选取的采样值可以得到一个优化的信号恢复过程，这时称 $d[n]$为正确采样值。

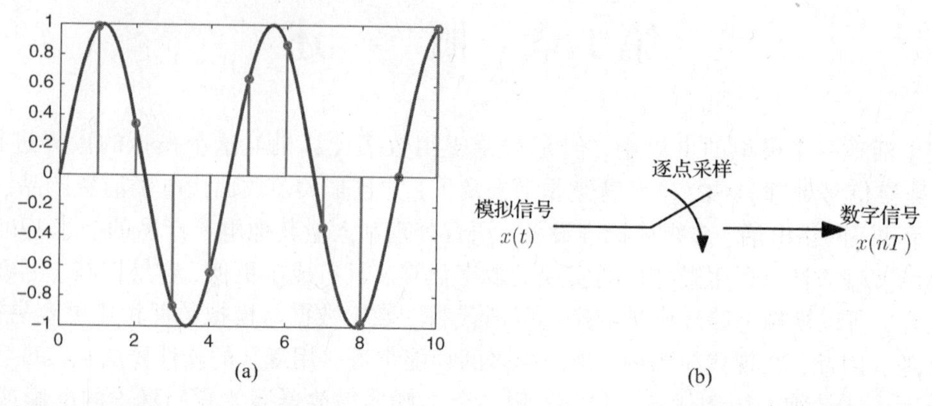

图 1.1 逐点采样过程。(a)连续时间信号 $x(t)=\sin(4t\pi/9)$及 $T=1$ 的逐点采样；(b)逐点采样器方框图

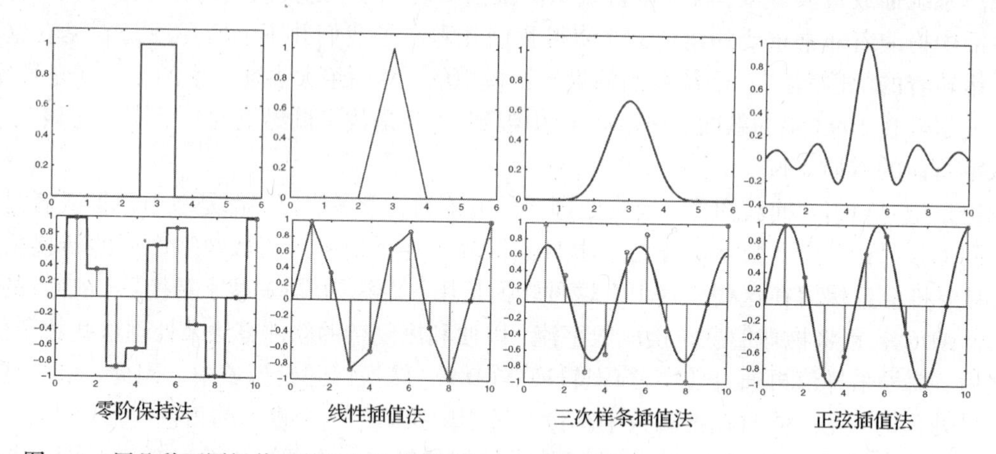

图 1.2 用几种不同插值函数进行的信号重构，上面为插值函数 $w(t)$，下面为恢复信号 $\hat{x}(t)$

显然，这里信号近似的质量取决于对采样值插值器的选择以及插值器与原始输入信号特性的匹配程度。因此，对于任何一种采样理论，一个关键问题就是我们对原始信号的先验信息有多少了解。没有充分的先验知识，采样值恢复的问题就比较困难。如图 1.2 所描述的，对于同样一组采样值点会有多种可能的曲线用来做信号插值函数。在实践中的一个难点就是找到在某种意义上与先验信息相一致的“最优”曲线。所以，采样理论的很大一部分内容都是在讨论根据输入信号特性来优化 $d[n]$和选择 $w(t)$。另外一个重要的设计考虑就是确定多小的采样周期 T 才能保证某类特定的信号能够被完美恢复。

这里已经简单描述了信号的逐点采样，实际上还有其他一些更复杂的采样方法，我们将在本书中进一步讨论。逐点采样简单地概括起来就如图 1.3 所描绘的，输入信号 $x(t)$ 首先通过一个采样滤波器 $s(-t)$进行滤波，这个滤波器可以克服理想采样器中的缺陷。然后它的输出经过均匀的间隔进行逐点采样得到所需的全局化采样值(generalized sample)，表示为$c(n)$。在本书中，我们都是按照这样一种采样机理来讨论问题，特别是将讨论基于输入信号特性的采样滤波器 $s(t)$的优化方法。

毫无疑问，在信号处理理论中影响最大的是著名的奈奎斯特采样定理。这个定理是香农在信息论中正式定义的[1]，但是，是奈奎斯特最先提出的这个定理并引起了文献[2]中通信工程师们的关注。Kotelnikov也独立地在苏联的文献中表述过这个定理[3]。在数学领域，这个定理也作为E. M. Whittaker和他的儿子J. M. Whittaker关于基本级数(cardinal series)研究工作的一部分得到发展[4,5]。带限采样理论的基本思想还要归功于Cauchy[6]，他阐述了这个未经证明的基本结论。围绕这个理论的历史和数学上的基本综述还可以进一步参见文献[7]。

香农-奈奎斯特采样定理已经成为数学上和工程技术上的一个里程碑，并且在数字信号处理的发展中产生了意义深远的影响。它提供了一个方法，只要信号足够平滑，就能够用逐点采样法精确计算信号$x(t)$。严格来说，为了用式(1.1)使信号完全恢复，设定的采样频率$1/T$，必须至少是给定信号$x(t)$最高频率的两倍。这个最小速率被称为奈奎斯特速率。其中，信号可以用一个正弦函数$w(t)=\mathrm{sinc}(t/T)$对其采样值进行插值处理，这里函数$\mathrm{sinc}(t)=\sin(\pi t)/(\pi t)$，称为sinc函数。这个理论假设这类输入信号对于一个适当频率来说是一个带限(bandlimited)信号，式(1.1)中的插值函数$w(t)$也是一个带限函数。也可以这样说，大多数信号处理过程就是将信号从模拟域转换到数字域的过程，就像是允许一个时间连续的带限函数在没有任何信息丢失的情况下，被一个信号采样值离散集所代替。

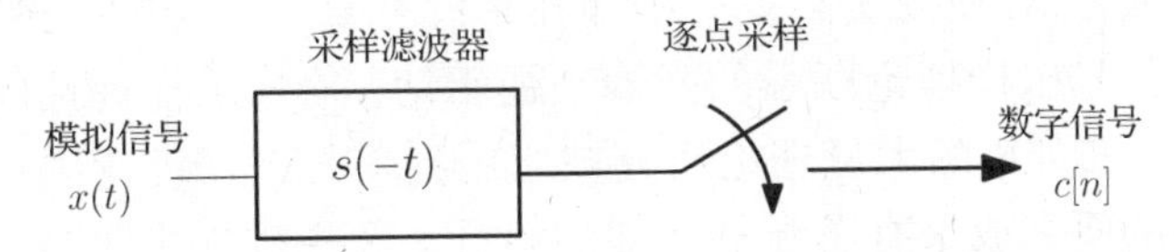

图1.3 通用采样过程，首先用一个采样滤波器$s(-t)$对信号$x(t)$进行采样，然后利用一个逐点采样器进行采样

为了在提高运行速度的同时获得低运算成本，必须开发高效的ADC电路。虽然香农-奈奎斯特定理非常有效，并且已经对数字信号处理产生重大影响，但它也有一些不足。现实生活中很少有真正的带限信号，即使是近似带限信号，也需要用相当高的奈奎斯特速率进行采样，进而需要相对昂贵的采样硬件和高吞吐量的数字设备。很多自然信号，即使它们是带限的，也需要使用不同于傅里叶基的其他基来更好地表示。带限采样还引入了能被视为干扰的吉布斯振荡，如在图像处理中的图像模糊。实际上，很多信号都具有某些特殊的结构，可以被用来降低采样率。但是，当信号具有较大带宽时，经典采样理论还是需要使用较高的采样率，即使在这些信号中只包含很少的信息。例如，一个分段线性信号是不可微的，它不是带限的，其傅里叶变换衰减速度就会很慢。然而，这样一个信号完全可以根据节点的位置(线段之间转换)以及这些位置的信号值来进行描述，这种方法所需要的参数远远小于香农-奈奎斯特定理所需要的参数。因此，针对带限信号或分段线性信号等不同的信号模型，采用不同的采样技术将更有效。这就是近年来压缩采样技术领域的一个基本追求，即寻找一种新方法，目的是为了捕获嵌入在信号中的有用信息。

香农-奈奎斯特理论的另外两个难点是假设信号被理想地逐点采样和使用sinc函数插值。实际中的ADC电路通常不是理想的，就是在采样位置上不能获得精确的信号值。通常的情况是模数转换器在采样点的小邻域内，对信号进行了积分。此外，非线性失真经常在采样过程中出现，这些失真必须在信号重构过程中加以考虑。另外，要实现香农-奈奎斯特定理要求的DAC电路中的无限sinc插值核函数通常也是困难的，因为函数的衰减比较慢。实际上，大多数情况下只是使用简单的插值核函数，如线性插值。在现代图像处理和通信系统的相关应用中，另一个主要障碍是信号往往都调制在数个GHz的频率上，这使得标准的ADC电路在处理这样的宽带信号时非常困难。

因此，为了设计出更好的采样和插值方法，使其适应实际情况，以下问题必须妥善解决：

(1)考虑信号采样机制的建模；

(2)考虑有关输入信号类型的先验知识；

(3)为了确保信号能够可靠而有效地恢复，对信号重构算法要提出一些限制。

在本书中，我们将针对信号采样方法中的这三方面问题，根据信号处理和通信系统中的不同需求来讨论信号采样的建模问题。

1.2 非带限信号采样

随着香农插值带限采样定理[1]的提出，采样理论成为一个非常活跃的研究领域，并在20世纪80年代就达到了一个相当成熟的状态。那个时期很多研究者发表了一些详尽、完美的综述性文献[8, 9]。但在那个年代，信号采样理论的研究通常只是在数学领域中进行的，在信号处理及通信中的应用或是ADC的实际设计中却几乎没有直接的影响。到了20世纪90年代，由于小波理论及其与信号采样理论联系的强烈兴趣驱动，信号采样理论的研究得到了进一步的推动。进而，基于小波分析的大量理论研究被应用到信号采样理论中。这使得利用新方法进行信号采样和处理的研究成果有了新的有趣的解释，这些新方法摆脱了所谓带限信号的限制，开始考虑更通用的信号模型和采样设备。关于这方面的完整介绍可以在参考文献[10][11]中找到。

在过去几年中，由于对压缩感知(compressed sensing，CS)领域的巨大兴趣[12, 13, 14]，人们又开始恢复了对信号采样理论的研究。压缩感知实际上给出了一种表征信号的方法，它对于稀疏信号或者有某种特殊结构的信号可以用更少的测量值来表示。这种信号表征架构主要是用于离散时间信号的采样以及根据有限采样值(采样值数)进行的信号重构技术。这个领域的研究结果已经表明，一个只包含很少非零元素的高维向量，可以通过一个适当选择的欠定方程组来进行信号恢复。在一定条件下，这种信号恢复可以利用多种不同的多项式时间算法来获得。这个结论表明，稀疏信号可以在欠奈奎斯特速率下采样，这在现代通信技术领域是非常重要的。

在涉及连续时间信号的采样过程时，压缩感知构架主要还是采用离散的、有限的信号表征集。当然，有很多实际例子本身就是具有有限表征的模拟信号，如三角多项式。然而应该指出，尽管在这个领域内已有广泛的研究，使用现有硬件设备利用压缩感知思想实现一般的连续时间信号的信号采样仍然是一个巨大的挑战。尽管如此，我们将会看到通过模拟采样与压缩感知思想的结合，仍然可以开发出多种不同的欠奈奎斯特速率采样系统，得到多种模拟信号的低速率采样方法。另外，还可以看到，在低速率采样信号处理系统中，信号采集采样值通常可以被直接处理而不必将它们插值回高奈奎斯特速率的体系中。除了介绍基本理论，本书还将讨论各种应用问题，包括介绍低速率采样方法，以及给出欠奈奎斯特速率采样系统的硬件设备原型。

开发低速率模拟信号采样方法的关键主要依赖于输入信号的结构。信号处理算法在根据不同任务开发不同算法结构方面已经经过了很长的历史过程。例如，MUSIC算法[15]和ESPRIT算法[16]都是利用信号结构进行谱估计的常用算法。估计中的模型阶数选择(model-order selection)方法[17]、参数估计和参数特征检测方法[18]是更加考虑信号结构的另外两个例子。在本书中，我们更加关注的问题是利用信号模型以减小信号采样率。经典的欠奈奎斯特采样方法包括载波解调法[19]和带通欠采样法[20]，这两个方法假设了线性模型，对应的带限输入信号具有预定的频率支持和固定的载波频率。然而在压缩感知的概念中，未知的非零位置导致了一个非线性模型，我们需要将上面这些经典的结果拓展到未知频率支持的模拟输入情况，以及涉及非线性输入信号结构的情况。本书所讨论的方法将遵循近年来提出的 Xampling 框架[21,22]，它将涉及一个子空间并集的非线性模型。在这个信号结构中，输入信号属于多重子空间中的一个信号子空间，甚至是无限多可能子空间中的一个子空间，这个信号属于哪个特定子空间是一个未知的先验。这种模型可以涵盖大量各种结构化的模拟信号，同时为实际的欠奈奎斯特采样系统的实现奠定了基础。

随着更复杂更有效的 DSP 系统的研究与发展，采样理论的重要性还将进一步体现。采样理论与 CS 的结合也将为采样理论提供一个新的发展视角以及一个更好地利用信号自由度的方法。这种结合还表明，该领域的研究不仅需要建立完整的数学框架，而且需要配合具体的硬件实现，使理论研究的效果满足实际应用的需求，并在 ADC 市场产生影响。

1.3 本书概要与展望

在本书中，我们更多地考虑了香农-奈奎斯特定理的扩展问题，涉及了更广泛的输入信号类型，以及非理想采样和非线性失真的情况。我们的阐述是基于采样技术的希尔伯特空间表示的，随着 CS 领域中新技术的出现，我们的目标是在一个统一的构架下发展传统的采样理论。这个构架的根基就是线性代数基础以及滤波器理论和傅里叶分析等基本工具。这种统一的思想对经典插值方法带来了新的理解，并将它引入了新的和令人兴奋的科技前沿。

我们考虑的这个构架的基本思想是将信号采样在一个更宽广的角度上投影到适当的子空间上，然后选择一些子空间以产生新的可利用的机会。例如，研究结果可以被用于非带限信号的均匀采样，或用于非线性效应完美补偿。第2章主要是详细阐述了线性代数基础知识，在扩展采样构架时将需要。在随后的第3章中，给出了关于傅里叶分析的一个简单总结。为了理解最新的欠奈奎斯特采样概念，以及 CS 针对模拟信号的扩展应用，需要了解更多关于 CS 的背景知识，这些将在第11章中介绍。这里我们再次强调所谓的子空间方法，即把信号采样的问题统一到一个利用子空间并集构成的、更完整的系统构架之中。

为了针对某一特殊应用开发 ADC 技术，必须对所关心的信号建立准确的模型。第4章和第5章将给出信号模型的详细讨论，并分析有关信号集的一些基础数学性质，这些信号模型将用于全书各个章节。大多数经典信号处理方法都认为信号可以模型化为相应子空间中的一个向量。第6章将重点介绍存在非理想采样的任意子空间信号采样理论。我们研究的方法也可以用于给定插值核函数的信号重构，通过选择与输入子空间特性相匹配的最优核函数，可以使这种重构在信号质量上具有最小的损失。在第8章中，将进一步扩展这个基本构架，讨论包含非线性失真的信号采样过程。令人惊讶的是，在实际中遇到的很多非线性问题并不会带来任何技术难题，都可以进行有效的补偿，尽管可能对带宽有一定影响，但不需要更高的采样率。

第7章将讨论关于信号采样的一种更通用、更少限制公式化(模型化)的问题，其中关于信号的先验知识是认为信号是相对平滑的。与要求子空间先验知识不同，平滑信号与其采样信号(采样值)之间不存在一一对应的关系，因为相对于确保信号存在于一个子空间中，信号平滑性是一个很低的限制条件。因而，这种情况下完美的信号恢复通常也是不可能的。在某些困难的设计要求情况下，只能尽可能地近似输入信号。这些概念也可以被用来研究在数字格式间进行有效的速率转换技术，如将在第9章讨论的内容。

尽管线性模型在采样理论及 DSP 技术中使用非常广泛，但是这种简单模型在用于捕获常见类型的信号时还是会经常失效。比如说，将信号作为向量来进行建模化是合理的，但在很多情况下并不是这个空间中的所有向量都代表有用信号。为了应对这些挑战，近年来在许多领域开展了相关研究，提出了各种低维信号模型。这些低维信号模型明确了这样一种观点，即高维信号中自由度的数量比起其环绕维度(希尔伯特空间维度)常常要小得多。开发针对这样一类信号采样和处理系统构架的方法是利用子空间并集模型(union of subspaces model)，这部分内容将在第 10 章中介绍。关于子空间并集研究最充分的实例是向量 $\boldsymbol{x}$[①] 在一个恰当的基上可以是稀疏的，这一模型在 CS 领域得到快速发展，已经在信号处理、统计学和计算机科学等广泛的学科领域引起了极大的关注。第 11 章给出了有关 CS 概念的回顾。从第 12 章至第 15 章，详细讨论了如何将 CS 的基本原理扩展和延伸到更广泛的领域，包括模拟信号和离散时间信号，最终给出应用更广泛的连续时间信号的欠奈奎斯特采样技术。关于本书更详细的概述还可以在前言中看到。

欠奈奎斯特采样技术的需求和重要性是源于 DSP 技术的巨大成功，在很大程度上还要归功于香农-奈奎斯特定理。欠奈奎斯特采样技术促进了数字革命，进而推动了高精度信息感知系统的发展和广泛应用，也使由信息感知产生的数据量不断增加。然而遗憾的是，在很多重要的、新兴的应用中，信息采样率如此之高，以至于传输、存储、处理的采样值数量太大而很难实现。或者说，在某些宽带输入信号的应用中，要想实现有效采样速率的系统成本太高，甚至无法实现。所以说，尽管采样理论以及计算机能力已经有了极大的进展，在信号获取和处理的应用中，仍然不断地面临着巨大的挑战。这些应用覆盖雷达、宽带通信、图像处理、视频、医学影像、远程监控、光谱和基因组数据分析等方面。今天，我们正在见证一个新趋势的开端。在如宽带通信和射频技术等相关领域中的研究进展开创了一个重要途径，以跨越传统的 ADC 技术。具有两倍输入信号最高频率的转换速度已经变得越来越难以实现，因此，关于高速率采样的新技术在学术界和工业中开始得到越来越多的关注。

在过去的几年里，在采样技术领域中，理论和实践是并行同步发展的。很多研究团队的研究成果已经提出了许多非均匀采样获取模拟信号的新方法。数学研究的进展引导着抽象信号空间和信号采样技术的不断进步，使其可以超越香农-奈奎斯特采样定理规定的标准带限信号模型，处理更多类型的输入信号。同时，市场还在依附着奈奎斯特准则，香农-奈奎斯特定理仍然影响着各种 ADC 商业应用。

在本书中，将尽最大努力在介绍理论基础的同时，更加突出强调采样技术的实际应用。我们的目的是理论联系实际，并突出介绍采样理论已经或能够在 ADC 设计和应用上产生影响的那些内容。特别是在本书的后半部分，主要就是以解决某一实际问题为目标，例如，在一些实际应用中为减少成本而降低采样和处理速率的问题。这种阐述方式也是为了说明欠奈奎斯特采样从数学理论到硬件实现的转换过程中所具有的潜力。根据这一思路，我们努力将当前的理论研究结果与实践经验相结合，例如，将子空间并集的信号模型与基本的电路设计特性相结合。我们希望这种理论和实践的结合可以进一步促进采样理论在学术界和工业界的研究进展。

在我们开始进入第 2 章的线性代数理论介绍之前还要最后说明：非常希望能够在全书中尽力收集和展现当前已有的相关理论研究和技术方法的研究成果，也希望读者能够分享我们对于这本书投入的巨大热情。

---

① 在本书英文原版中，向量、矩阵等符号的表示非常混乱。为不引起二次错误，在翻译版中未进行规范。——编者注

第2章　线性代数基础

信号的采样和重构过程可以看成是信号向量空间中向量集合的展开。假设现在有一个定义在某区间的信号 x，可以表示成如下的级数形式：

$$x = \sum_{n} a[n] x_n \tag{2.1}$$

其中，$\{a[n]\}$是一个可数系数集合，此系数取决于信号 x。$\{x_n\}$是一个确定的信号集合（或确定向量）。式(2.1)表明，x 完全可以由系数$\{a[n]\}$来确定，这个系数就认为是 x 的采样。因此，我们可以把式(2.1)解释为，利用已知的向量集合$\{x_n\}$，x 就可以由$\{a[n]\}$来进行重构。类似式(2.1)这样的级数形式，以及其一般化和展开形式是本书讨论的主要内容。

当我们提及信号采样，或者信号展开时，需要明确输入信号 x 的类型、展开向量集合$\{x_n\}$，以及信号采样值$\{a[n]\}$和原始信号 x 之间的关系。在本章中，将用数学方法，对式(2.1)进一步描述。特别地，将引入向量空间和希尔伯特空间来描述输入信号 x，以及信号的展开域。线性变换是我们要着重考虑的，线性变换的伴随矩阵、投影算子、伪逆算子和子空间等概念都与计算信号的表征系数有关系。本章还定义了希尔伯特空间的基的概念，并且关注了用于信号稳定展开的 Riesz 基问题。在本章的结尾，我们还将简要介绍超完备表征以及框架的概念。

2.1　信号展开：一些例子

在讨论信号展开之前，先来看一些简单的例子，以说明一些信号展开的相关问题。在信号采样理论中，一个基本原则是信号结构的先验知识一定是要首先知道的，这样我们才能通过这些已经知道的采样点集合去重构信号。在前面简介部分我们已经介绍，信号采样过程实际上是将连续时间信号简化成一个可数的系数集合。因此，如果没有任何先验知识，是没有办法以完整自由度去描述信号的。为了补偿在空间上的损失，我们必须获得相关的信号结构。接下来的几个例子将说明，哪些相关信息与信号的重建相关。在下面的例子中，我们假设先验信息具有子空间形式。相关的数学性质将在第6章做详细介绍。

例2.1　假设现有一个线性函数 $x(t)=at+b$，已知 $x(0)$ 和 $x(1)$，参数 a 和参数 b 是未知的。我们需要对任何 t 时刻的 $x(t)$ 进行估计。由于函数 $x(t)$ 是已知的，因此如果想对它进行估计，只需知道参数 a 和参数 b。因此，我们的问题便转化成了根据已知条件求解参数 a 和参数 b。

显然，$b=x(0)$，$a=x(1)-x(0)$。因此，对于 t 有

$$x(t) = x(0)(1-t) + x(1)t = \sum_{n=0}^{1} a[n] x_n(t) \tag{2.2}$$

其中，$a[n]=x(n)$，展开向量为 $x_0(t)=1-t$，$x_1(t)=t$。这样，$x(t)$ 即可以被采样值 $x(0)$ 和 $x(1)$ 所表示出来。这个例子可以展开为，一个波形为实线的信号，可以被分段信号表示出来。

虽然这个例子非常简单，但是它却可以体现出采样定理的一些特征。第一，函数 $x(t)$ 可以表示成任意的一次多项式，这个多项式在给定参数 a 和参数 b 时，是可以被重构的。对于更一般的情况，可以看出展开向量 $\{x_n\}$ 是独立于输入 x 的。第二，对于信号重构来说，是建立在先验知识的基础之上的。例如，在上面的例子中，之所以能根据 $x(0)$ 和 $x(1)$ 重建函数 $\{x_n\}$，是因为我们已经知道这个函数的一次线性函数。另外，式(2.2)的等号右侧也说明了这是一个一次线性函数。因此，如果不知道 $x(t)$ 的这些性质，就无法用式(2.2)对其进行重构。

在例 2.1 中，每一个间隔中有有限个展开系数。当系数无限时，也可以做相应的信号展开，我们将用下面的这个例子说明这个问题。下面的这个例子中，所介绍的函数属于带限信号(bandlimited signal)，它可以导出香农-奈奎斯特定理。我们将在第 4 章中对它进行更详细的研究。

例 2.2 假设有一个带限信号 $x(t)$，其最高频率为 π/T。根据香农-奈奎斯特定理，信号可以通过其采样点 $x(nT)$ 进行重建

$$x(t) = \sum_{n\in\mathbb{Z}} x(nT)\frac{\sin(\pi(t-nT)/T)}{\pi(t-nT)/T} \tag{2.3}$$

这个原理将在第 4 章进行证明(同时对带限函数做出定义)。可以根据式(2.3)对式(2.1)进行展开，这里 $x_n(t) = \sin(\pi(t-nT)/T)/(\pi(t-nT)/T)$ 并且 $a[n] = x(nT)$。因此，任何 π/T 的带限信号都可以通过采样点 $x(nT)$ 进行重建。

在以上两个例子中，采样点 $a[n]$ 都等于某一特定时刻点的函数值。我们将这种采样定义为逐点采样。然而，并不一定所有情况都是需要逐点采样的。在本书中接下来的几章中，将介绍全局采样，这种采样并不需要对信号进行逐点采样。下面的这个例子将对这一点进行解释。

例 2.3 若现在有一个如下形式的信号：

$$x(t) = \sum_{n\in\mathbb{Z}} c[n]\phi(t-n) \tag{2.4}$$

其中，$\phi(t)$ 是函数，$c[n]$ 是系数。在第 4 章中，将详细介绍这一类信号，在图像处理和通信系统中，信号经常被表示成这种形式。当 $a[n]=c[n]$，且 $x_n=\phi(t-n)$ 时，式(2.4)适合于模型式(2.1)。然而，在一般情况下 $c[n]=x(t=n)$，式(2.4)不适合于模型式(2.1)。因此，如果给出一个信号 $x(t)$ 适合于式(2.4)，将出现一个有趣的问题，即判断全局采样 $a[n]=c[n]$ 与输入信号 $x(t)$ 之间的关系。

在第 6 章中，将研究用多种方式对采样 $c[n]$ 进行表示。在这里采用其中一种相对直观的方式。我们将在第 6 章对这个例子进行回顾，并提出一些补充推导。

对式(2.4)中的 t 取 n，可以得到

$$x(n) = \sum_{k\in\mathbb{Z}} c[k]\phi(n-k) \tag{2.5}$$

上式是一个序列 $c[n]$ 与 $\phi[n]=\phi(t-n)$ 之间的离散时间卷积。定义 $x[n]$、$c[n]$ 和 $\phi[n]$ 的离散傅里叶变换(DTFT)为 $X(e^{j\omega})C(e^{j\omega})$ 和 $\Phi(e^{j\omega})$。我们可以得到式(2.5)的傅里叶域表示

$$X(e^{j\omega}) = C(e^{j\omega})\Phi(e^{j\omega}) \tag{2.6}$$

符号 $X(e^{j\omega})$ 表示以 2π 为周期的离散傅里叶变换。假设 $\Phi(e^{j\omega})$ 在整个 $\omega\in[-\pi,\pi]$ 区间内是非负的，则有 $C(e^{j\omega})=X(e^{j\omega})B(e^{j\omega})$，其中 $B(e^{j\omega})=1/\Phi(e^{j\omega})$。在时域上，这种关系可以表示

为

$$c[n] = \sum_{k \in \mathbb{Z}} x[k]b[n-k] \tag{2.7}$$

上式通过离散傅里叶性质推出，我们将在第3章做具体讨论。上式中，$b[n]$是$B(e^{j\omega})$的离散傅里叶逆变换。在式(2.7)中使展开系数$c[n]$、信号$x(t)$的t时刻采样点和离散时间序列$b[n]$相联系。从(2.7)式可知，除非$b[n]=\delta[n]$，否则$c[n]$不能导出$x[n]=x(t=n)$，如果$n=0$则$\delta[n]=1$，否则其为0。

图2.1解释了这些概念。函数$\phi(t)$以及它的整数采样$\phi[n]$点如图2.1(a)所示。在这个例子中，$\phi(t)=\beta^2(t)$选取于度为2的B样条函数。B样条函数在信号和图像处理中被广泛应用，此函数将在第4章中做详细介绍。图2.1(b)描述了通过系数$c[n]$对平移信号$\phi(t)$进行线性组合的结果$x(t)$。可以看出，组合系数$c[n]$(用小圆圈标记)与$x(t)$的采样$x[n]$并不一致(用小叉标记)。这两个序列之间的关系如式(2.7)所示，其中$b[n]$是$\phi[n]$的反卷积。

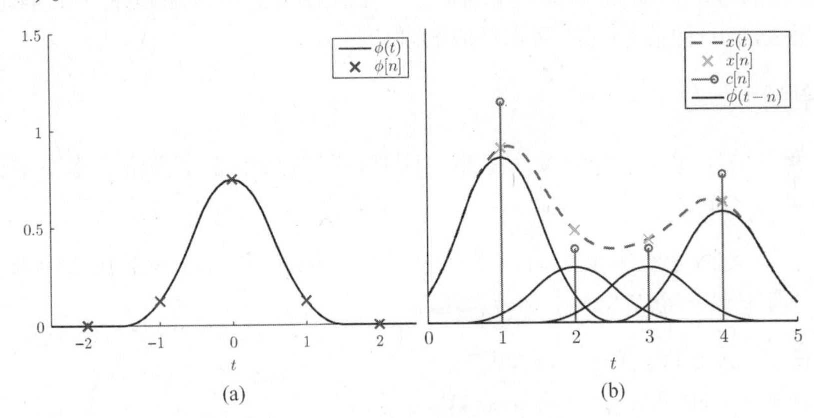

图2.1　(a)脉冲函数$\phi(t)$和它的整数采样点$\phi(n)$；(b)通过系数$c[n]$对平移信号$\phi(t)$进行线性组合得到$x(t)$

以上的例子说明，为了理解信号，需要一个可以描述一类输入信号的结构，从而判断这个信号的类型。这个信号结构是基于信号空间的，信号在这个空间中被看成是抽象希尔伯特空间中的向量。

在本章中，将主要讨论希尔伯特空间及其相关性质，从而使本书中的内容具有一定的独立性。在后续的章节中，将以信号采样理论作为基础，从而建立信号的空间概念。希尔伯特空间的相关内容和本章涉及的线性代数相关理论详见参考文献[23～26]。本章中许多结果是没有经过完善证明的，我们建议读者对这部分内容参考标准教科书。遇到重要的理论时，本书将对其做完整的证明。

2.2　向量空间

向量空间$\mathcal{V}$中，由复数$\mathbb{C}$和实数$\mathbb{R}$组成的元素集合称为向量，元素$\mathbb{C}$和$\mathbb{R}$的加法、减法和乘法在向量空间中是闭合的，即

(1)对于$x,y\in\mathcal{V}$，有$x+y\in\mathcal{V}$。

(2)对于$x\in\mathcal{V}$，且$a\in\mathbb{C}$或$\mathbb{R}$，有$ax\in\mathcal{V}$。

对于任何 $x,y\in\mathcal{V}$，以及 $a,b\in\mathbb{C}$ 或 $\mathbb{R}$，加法和乘法需要满足：

(1)交换律：$x+y=y+x$。
(2)结合律：$(x+y)+z=x+(y+z)$，$(ab)x=a(bx)$。
(3)分配律：$a(x+y)=ax+ay$，$(a+b)x=ax+bx$。
(4)加性恒等元：对于任意 $x\in\mathcal{V}$，存在 $0\in\mathcal{V}$，使得 $x+0=x$。
(5)加法逆运算：对于所有 $x\in\mathcal{V}$，存在 $-x\in\mathcal{V}$，满足 $x+(-x)=0$。
(6)乘法恒等元：对于任意 $x\in\mathcal{V}$，满足 $1\times x=x$。

在接下来的章节中，如果没有特殊说明，我们认为复数几何 $\mathbb{C}$ 包含于向量空间 $\mathcal{V}$ 中。

向量空间 $\mathcal{V}$ 中的元素可以是任意的。例如，x 可以是一个有限长向量 $x=\boldsymbol{x}=[x_1\ x_2\ x_3]^{\mathrm{T}}$（其中$[\ ]^{\mathrm{T}}$代表转置），或者 x 可以是一个有限序列 $x[n]$，$n\in\mathbb{Z}$，或者 x 可以是一个函数 $x=x(t)$，$t\in\mathbb{R}$。这些信号的特点是可以被看成是一个空间向量，可以通过统一的理论去处理这些信号，而不是根据某一种信号去使用相对应的理论。

2.2.1 子空间

通常，在考虑采样理论时较为关注空间中所有信号基底的表示方法。本节中，将介绍一个有用的概念——子空间。

定义 2.1 $\mathcal{W}$ 是向量空间 $\mathcal{V}$ 中的一个向量集合，如果 $\mathcal{W}$ 满足如下加法和数量乘法规则，则定义 $\mathcal{W}$ 为空间 $\mathcal{V}$ 的一个子空间，记为 $\mathcal{W}\subseteq\mathcal{V}$。

(1)对于任意 $x,y\in\mathcal{W}$，有 $x+y\in\mathcal{W}$。
(2)对于任意 $x\in\mathcal{W}$ 且 $a\in\mathbb{C}$，有 $ax\in\mathcal{W}$。

明显可以看出，子空间本身也是一个向量空间。子空间的一个重要特征就是它也是由一组向量张成的。

定义 2.2 现有一个向量集合 $S=\{x_1,x_2,\cdots,x_m\}$，其中 $x_n\in\mathcal{V}$，m 是有限的，则 S 的张成是包含所有有限线性组合的一个 $\mathcal{V}$ 的子空间。

$$\operatorname{span}(S)=\left\{\sum_{n=1}^{N}a[n]x_n\,|\,a[n]\in\mathbb{C},x_n\in S\right\}\tag{2.8}$$

在式(2.8)中，当 m 是有限的时，$N=m$。否则，N 可以取所有可能的整数值。在本书中，张成这个概念将经常使用。

2.2.2 子空间性质

关于子空间关系有两个基本概念为不相交(disjoint)空间与和(sum)空间。

首先来介绍不相交空间的概念。由于子空间在乘法运算下是闭合的，那么它一定包含零向量(可以选择乘数 $a=0$)。因此，在原理上两个子空间是不能不相交的，这是因为这两个子空间都包含零向量。在此我们姑且定义两个子空间 $\mathcal{W}$ 和 $\mathcal{V}$，这两个子空间在不考虑零向量时是不相交的，也就是 $\mathcal{V}\cap\mathcal{W}=\{0\}$。

一个向量空间 $\mathcal{H}$ 中的两个子空间 $\mathcal{W}$ 与 $\mathcal{V}$ 的和表示为 $\mathcal{W}+\mathcal{V}$，它是所有 $x=w+v$ 形式的集合，这里 $x\in\mathcal{W}$，$v\in\mathcal{V}$。$\mathcal{W}$ 与 $\mathcal{V}$ 的直和表示为 $\mathcal{W}\oplus\mathcal{V}$，它是两个不相交子空间之和。如果一个向量空间 $\mathcal{H}$ 可以被写成两个子空间的直和，即 $\mathcal{H}=\mathcal{W}\oplus\mathcal{V}$，则有 $\mathcal{V}\cap\mathcal{W}=\{0\}$，且对于任何

$x \in \mathcal{H}$可以被唯一地分解为$x = w + v$，此时$w \in \mathcal{W}$，$v \in \mathcal{V}$。下面的这个性质可以方便地用于检验一个子空间集合是否是不相交的。

命题2.1　如果$\mathcal{V}_1, \mathcal{V}_2, \cdots, \mathcal{V}_n$是向量空间$\mathcal{H}$的子空间，那么，当且仅当$\mathcal{H} = \mathcal{V}_1 + \mathcal{V}_2 + \cdots + \mathcal{V}_n$以及$0 = v_1 + v_2 + \cdots + v_n$时，有$\mathcal{H} = \mathcal{V}_1 \oplus \mathcal{V}_2 \oplus \cdots \oplus \mathcal{V}_n$。在这里$v_j \in \mathcal{V}_j$，意味着每个$j$有$v_j = 0$。换句话说，只有一种方式可以表达零向量。

例2.4　一个定义在$-N \leqslant n \leqslant N$上的离散时间信号$x[n]$的向量空间$\mathcal{H}$。$\mathcal{V}$是包含严格因果信号$\mathcal{H}$的一个子空间，如$v[n] = 0$，$-N \leqslant n \leqslant N$。$\mathcal{W}$是包含对称信号$w[n]$的$\mathcal{H}$的一个子空间，满足$w[n] = w[-n]$，$-N \leqslant n \leqslant N$。现在我们检验是否存在$\mathcal{H} = \mathcal{V} \oplus \mathcal{W}$。

明显地，有$\mathcal{H} = \mathcal{W} + \mathcal{V}$，例如，$\mathcal{H}$中的任何信号都可以写成信号$\mathcal{W}$与信号$\mathcal{V}$的线性组合。使$x[n]$是任意的。在区间$-N \leqslant n \leqslant 0$，选择$w[n] = x[n]$，在区间$1 \leqslant n \leqslant N$，选择$w[n] = w[-n]$。在区间$1 \leqslant n \leqslant N$，设$v[n]$是$v[n] = x[n] - w[n]$定义的严格因果序列。明显地，$\mathcal{V} \cap \mathcal{W} = \{0\}$，因此$\mathcal{H} = \mathcal{V} \oplus \mathcal{W}$。从而说明了，对于任何$x[n] \in \mathcal{V}$，可以得到$x[n] = 0$，$-N \leqslant n \leqslant N$。如果$x[n]$属于$\mathcal{W}$，此时$x[n] = x[-n] = 0$，对于$1 \leqslant n \leqslant N$，$x[n] = 0$。图2.2解释了这个分解过程。

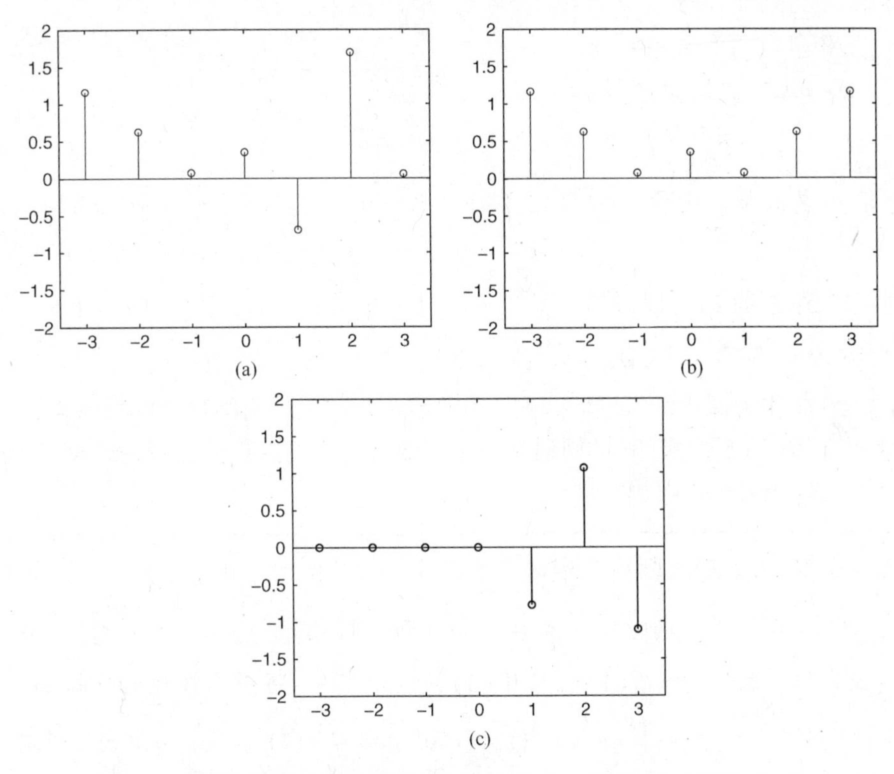

图2.2　序列的对称部分和严格因果部分的唯一分解。(a)序列$x[n]$；(b)$x[n]$的对称部分$w[n]$；(c)$x[n]$的严格因果部分$v[n]$

现在，假设选择了一个新的空间$\mathcal{U}$包含所有的因果序列$u[n] = 0$，$-N \leqslant n \leqslant -1$。此时可以得到$\mathcal{H} = \mathcal{U} + \mathcal{W}$。然而$\mathcal{U} \cap \mathcal{W} \neq 0$，因此我们不能得到一个直和分解。实际上，任何具有形式$x[n] = a\delta[n]$(a为标量)的信号，同时属于$\mathcal{U}$和$\mathcal{W}$。同样地，也可以将0写成关于信号$\mathcal{U}$和$\mathcal{W}$的不同形式：对于任意a，$a\delta[n] \in \mathcal{U}$，$-a\delta[n] \in \mathcal{W}$，$0 = a\delta[n] - a\delta[n]$。

直和分解在本书后续章节中是非常重要的。在讨论投影算子时将返回 2.6 节对该概念进行讨论。我们注意到，投影算子和直和分解具有相同的一面：投影算子可以用于将空间分解成值域投影和零空间投影。

2.3 内积空间

之前我们关注了向量几何的代数法则。现在将继续研究向量间的几何结构——内积关系，同时将研究空间的距离关系和度量标准。内积是范数和正交法则的基础。通过范数计算，可以进一步研究分析向量空间，从而对重要法则进行定义，如柯西序列和子空间闭合性。结合几何运算和数值计算，可以定义希尔伯特空间，它是研究采样理论的工具。

2.3.1 内积

定义 2.3 在向量空间 $\mathcal{V}$ 中的内积定义为 $\langle x,y\rangle$，它是一个从 $\mathcal{V}\times\mathcal{V}$ 到 $\mathbb{C}$ 的映射，需要满足如下性质：

(1) $\langle x,y\rangle = \overline{\langle y,x\rangle}$。

(2) $\langle x,ay+bz\rangle = a\langle x,y\rangle + b\langle x,z\rangle$

(3) $\langle x,x\rangle \geqslant 0$，当且仅当 $(x,x)=0$ 时 $\langle x,x\rangle = 0$。

其中，$\overline{\langle\cdot\rangle}$ 表示复共轭。向量 x 的模定义为 $\|x\| = \sqrt{\langle x,x\rangle}$，$x$ 与 y 之间的距离定义为 $\|x-y\|$。

由性质(1)至性质(2)可以得到

$$\langle ax+bz,y\rangle = \bar{a}\langle x,y\rangle + \bar{b}\langle z,y\rangle \tag{2.9}$$

上面性质的证明将作为课后练习题(习题 3)。具有内积的向量空间称为内积空间。

所有满足性质(1)至性质(3)的映射是一个有效的内积。内积的选择将根据基本向量空间 $\mathcal{V}$ 的性质。下面将介绍一些内积的例子。

例 2.5 设 $\mathcal{V}=L_2(\mathbb{R})$ 为所有连续时间有限能量信号空间。在这个例子中，向量 $x\in\mathcal{V}$ 表示一个信号 $x(t)$ 具有 $\int_{-\infty}^{\infty}|x(t)|^2\mathrm{d}t<\infty$。我们可以得到 $\langle x,y\rangle = \int_{-\infty}^{\infty}\overline{x(t)}y(t)\mathrm{d}t$ 是一个在空间中的有效内积，也就是性质(1)至性质(3)被满足了①。另一个合理的选择是，一个正值有界函数 $w(t)$ 满足 $\langle x,y\rangle = \int_{-\infty}^{\infty}w(t)\,\overline{x(t)}y(t)\mathrm{d}t$。除非 $x(t)=0$，由上面的性质可知 $x(t)$ 的模不为零[也就是除 $x(t)\neq 0$ 之外，不存在模为零的向量]。

---

① 从技术角度讲，即使在零距离集合中 $x(t)$ 是非零的，$\int_{-\infty}^{\infty}|x(t)|^2\mathrm{d}t=0$，内积不满足性质(3)。我们一般习惯定义所有的信号于零刻度集合 $L_2(\mathbb{R})$。换句话说，如果 $x(t)=y(t)$ 随处可见，则就说 $x(t)=y(t)$。根据这个定义，性质(3)则可成立。具体内容可以参考文献[27]。

例 2.6　假设 $\mathcal{V}=\ell_2(\mathbb{Z})$ 是一个离散时间有限能量序列空间，$x=x[n]$。我们可以定义内积为 $\langle x,y\rangle=\sum_{n\in\mathbb{Z}}w[n]\overline{x[n]}y[n]$，对于任何序列 $w[n]>0$，它都是有界的。

通过上面两个例子，我们可以引出本书中重要的两个子空间：$L_2(\mathbb{R})$ 和 $\ell_2(\mathbb{Z})$。当涉及这些子空间时，将省略参数，使用其简略形式 L_2 和 ℓ_2。

内积遵守一些有用的性质，其中的一部分如下所示：

(1) 柯西-施瓦茨不等式

$$|\langle x,y\rangle|\leqslant\|x\|\|y\| \tag{2.10}$$

对于某个 $a\in\mathbb{C}$，如果 $x=ay$ 且 $a\geqslant0$，则可以取等号。

(2) 三角不等式

$$\|x+y\|\leqslant\|x\|+\|y\| \tag{2.11}$$

当且仅当 $x=ay(a\geqslant0)$ 时，可以取得等号。这个结果之所以被称为三角不等式是因为它的几何性质是三角形中任意两边之和大于第三边。

(3) 平行四边形法则

$$\|x\|^2+\|y\|^2=\frac{1}{2}(\|x+y\|^2+\|x-y\|^2) \tag{2.12}$$

这个公式的意义是平行四边形四边平方和等于它的对角线的平方和。

(4) 极化恒等式

$$\mathcal{R}\{\langle x,y\rangle\}=\frac{1}{4}(\|x+y\|^2-\|x-y\|^2) \tag{2.13}$$

$\mathcal{R}(x)$ 表示复向量 x 的实数部分。

2.3.2　正交

对于内积来说，正交是一个很重要的性质。

定义 2.4　如果在空间 $\mathcal{V}$ 中，其中的两个向量 x 和 y 满足 $\langle x,y\rangle=0$，则称两个向量是正交的。对于子空间 $\mathcal{W}$ 和 $\mathcal{V}$ 来说，如果对于任何 $w\in\mathcal{W}$，$v\in\mathcal{V}$，有 $\langle w,v\rangle=0$，则称两个子空间是正交的。

如果两个向量 x，y 是正交的，则有

$$\|x+y\|^2=\|x\|^2+\|y\|^2 \tag{2.14}$$

这个关系被称为毕达哥拉斯定理。因为 $\langle x,y\rangle=0$，$\langle y,x\rangle=\overline{\langle x,y\rangle}=0$，可由内积性质(2)得到

$$\|x+y\|^2=\langle x+y,y+x\rangle=\|x\|^2+\langle x+y\rangle+\langle y,x\rangle+\|y\|^2 \tag{2.15}$$

在正交中，另一个重要的概念是所谓的正交补。

定义 2.5　设 $\mathcal{W}$ 是 $\mathcal{V}$ 的一个子空间，则在空间 $\mathcal{V}$ 中子空间 $\mathcal{W}$ 的正交补，记为 $\mathcal{W}^{\perp}$，它也是 $\mathcal{V}$ 的一个子空间，并且正交于 $\mathcal{W}$ 中所有的向量。

$$\mathcal{W}^{\perp}=\{x\in\mathcal{V}|\langle x,y\rangle=0,\quad y\in\mathcal{W}\} \tag{2.16}$$

明显地，$\mathcal{W}\cap\mathcal{W}^{\perp}=\{0\}$，所以同时属于 $\mathcal{W}$ 和 $\mathcal{W}^{\perp}$ 的向量只有零向量。为了证明这个说

法，设 x 同时属于 $\mathcal{W}$ 和 $\mathcal{W}^{\perp}$。此时，因为 x 属于 $\mathcal{W}^{\perp}$，对于任何 $y\in\mathcal{W}$，$\langle x,y\rangle=0$。特别地，由于 $x\in\mathcal{W}$，我们可以选择 $y=x$ 使 $\langle x,x\rangle=0$，由性质(3)可以得到 $x=0$。

例2.7 考虑空间 $\mathcal{V}$ 中定义在 $-N\leqslant n\leqslant N$ 上的实数序列 $x[n]$，$\mathcal{W}$ 是 $\mathcal{V}$ 中包含所有对称序列 $w[n]$ 的子空间，也就是满足 $w[n]=w[-n]$。在内积 $\langle a,b\rangle=\sum_{|n|\leqslant N}a[n]b[n]$ 条件下，我们将确定 $\mathcal{W}$ 的正交补 $\mathcal{W}^{\perp}$。

通过定义，任何 $v\in\mathcal{W}^{\perp}$ 必须满足对于任意 $w\in\mathcal{W}$，$\sum_{|n|\leqslant N}v[n]w[n]=0$。考虑 $w[n]=w[-n]$，这个关系可以写成

$$w[0]v[0]+\sum_{n=1}^{N}w[n](v[n]+v[-n])=0 \tag{2.17}$$

由于式(2.17)必须满足 $w[n]\in\mathcal{W}$，我们可以通过式(2.17)得到 $v[n]=0$，对于 $w[n]$ 的必要条件，令 $w[n]=\delta[n]$，式(2.17)被简化为 $v[0]=0$。n_0 是一个区间 $[1,N]$ 内的任意整数，对于 $w[n]=\delta[n-n_0]+\delta[n+n_0]$，式(2.17)可写为 $v[n_0]+v[-n_0]=0$。这样，$v[n]$ 必须是一个非对称序列，且满足 $v[n]=-v[-n]$。可以明显看出，这个条件是充分的：当 $v[n]$ 是一个非对称序列时，式(2.17)将满足所有 $w[n]$。因此可以得出结论，$\mathcal{W}^{\perp}$ 对于所有非对称序列都是成立的。

如果对于所有 $i\neq j$ 都有 $\langle x_i,x_j\rangle=0$，则含有向量 x_1，…，x_n 的集合是正交的。如果向量都有统一的模，则 $\langle x_i,x_j\rangle=\delta_{ij}$，并且这些向量是正交的。这里 δ_{ij} 是克罗内克符号，定义为

$$\delta_{ij}=\begin{cases}1, & i=j\\ 0, & i\neq j\end{cases} \tag{2.18}$$

注意，$\delta[n]=\delta_{0n}$。

格拉姆–施密特(Gram-Schmidt)正交化

给定有限个数的非正交线性独立向量①$\{v_n,1\leqslant n\leqslant N\}$，这样可以建立起一个在相同空间中的正交规范集 $\{w_n,1\leqslant n\leqslant N\}$。一个这样的过程就是格拉姆–施密特过程[28]（参见习题5）。格拉姆–施密特正交向量 $\{w_n\}$ 通过方向 v_1 和 v_2 进行选择 w_1，其中方向 v_1 和 v_2 是正交的。这样，w_1 与 v_1 是匹配的，但是 w_N 却可能是相对远离 v_N 的。这样，格拉姆–施密特正交向量将依赖于向量 $\{v_n\}$ 的顺序安排。此外，这个方法是没有被优化的。特别地，正交向量是不能保证正交向量之间相近。

最小二乘正交化

我们可以利用最邻近最小二乘检测选取正交向量，而不是用贪婪算法进行正交集合选取。具体来说，就是给定一个向量集合 $\{v_n,1\leqslant n\leqslant N\}$，我们可以设计一个正交向量集合 $\{w_n,1\leqslant n\leqslant N\}$，其平方差为

$$E=\sum_{n=1}^{N}\|v_n-w_n\|^2 \tag{2.19}$$

是最小的。这个结果可以参考最小二乘方向量[29]。它的一个重要的性质是这些向量是不依赖于向量 $\{v_n\}$ 的。更一般地，可以得到一组无须规范化的正交向量 w_n，然而选取其规范化形式是一种最小化差错的优化方式[参见式(2.19)][30]。

---

① 关于线性无关的正式定义已在定义2.3中给出。

式(2.19)的一个最邻近解法可以从文献[29～31]得到。最小二乘方向量依赖于某些没有完全讨论的定理和概念。为了内容的完备性，将在合适的位置对这些内容进行介绍。我们从定义内积的 Gram 矩阵 $\boldsymbol{G}$ 开始，$g_{nm} = \langle v_n, v_m \rangle$。最小二乘方向量可以被写成 $w_n = \sum_{m=1}^{N} a_{nm} v_m$，其中系数 a_{nm} 是矩阵 $\boldsymbol{A}$ 的元素，矩阵 $\boldsymbol{A}$ 可以通过 $\boldsymbol{A}^{-1} = \boldsymbol{G}^{1/2}$ 得到。$\boldsymbol{G}$ 的平方根是一个唯一的埃尔米特共轭正定矩阵 $\boldsymbol{B}$，$\boldsymbol{B}^2 = \boldsymbol{G}$(在附录 A 中有具体定义)。逆矩阵将在 2.4.1 节进行介绍，在 2.4.1 节将介绍线性独立向量的 Gram 矩阵是可逆的。更多最小二乘方的应用和证明见参考文献[29～31]。

2.3.3　内积空间上的微积分

虽然本书中将着重介绍向量空间基本的代数和几何关系，但是仍然需要一些积分知识来定义希尔伯特空间。在后续章节中，仍要依赖于采样定理中的基本分析方法。因此，我们现在要介绍一些内积空间上的微积分内容。

首先定义内积空间 $\mathcal{V}$ 的临近空间 $\mathcal{V}^c$。向量 x 是一个 $\mathcal{V}$ 中具有临近空间的向量，如果对于每个 $\varepsilon > 0$，存在一个向量 $v \in \mathcal{V}$，使 $\| x - v \| < \varepsilon$。直观地，点的临近空间可以被近似成空间中任意临近的一个向量。$\mathcal{V}$ 空间中的子空间 $\mathcal{V}^c$ 是一个临近 $\mathcal{V}$ 的所有点的集合。如果 $\mathcal{V} = \mathcal{V}^c$，子空间 $\mathcal{V}$ 是闭合的。在采样理论中，将一直围绕闭合子空间进行研究。这个将在向量展开方面具有广泛的应用，将在 2.5.3 节进行介绍。

例 2.8　子空间闭合中的一个有用例子是张成向量的闭合性。向量集合 $\{x_n \in \mathcal{V}\}$ 的张成在 2.2 节已经介绍。张成的闭合是这样的一个向量集合，它可以近似为张成空间中任意的一个向量。在数学中，给定一个 $\varepsilon > 0$，向量 x 在 $\{x_n\}$ 张成的临近区域内，可以得到 N 和常数序列 $a[n]$ 满足 $\| x - \sum_{n=1}^{N} a[n] x_n \| < \varepsilon$。在后续章节中，在涉及向量无限集合的张成时，可能专业术语方面不是非常规范，我们明确地表示张成的闭合性，就如这个例子中定义的。

下一个定义的是收敛序列。如果对每个 $\varepsilon > 0$，存在整数 N，对于所有 $n > N$ 满足 $\| x_n - x \| < \varepsilon$，则称序列 $\{x_n \in \mathcal{V}\}$ 是收敛序列。我们用简化记号 $x_n \to x$ 来表示收敛序列。也可记为 $\lim_{n \to \infty} x_n = x$。

如果对于每一个 $\varepsilon > 0$，存在整数 N，对于所有 $m, n > N$ 有 $\| x_m - x_n \| < \varepsilon$，则向量 $\{x_n\}$ 称为柯西序列。一个完备向量空间 $\mathcal{V}$ 中每个柯西序列收敛于向量 $\mathcal{V}$。

2.3.4　希尔伯特空间

在定义完备向量空间后，我们介绍希尔伯特空间定义。

定义 2.6　希尔伯特空间就是一个完备的内积空间。

在很多书籍中，信号都是与希尔伯特空间相关联的，信号的分析也基于此空间。事实上，在工程中也经常使用希尔伯特空间。下面将介绍一些例子。

例 2.9　希尔伯特空间 $\mathcal{H} = \mathbb{C}^m$ 定义 m 维向量 $x = \boldsymbol{x}$ 具有 $\mathbb{C}$ 中的元素成分。$\mathbb{C}^m$ 上的标准内积定义为 $\langle x, y \rangle = x^{\mathrm{H}} y = \sum_{n=1}^{m} \overline{x[n]} y[n]$，其中 $x[n]$ 和 $y[n]$ 表示 x，y 的第 n 个分量，相应地，$\boldsymbol{x}^{\mathrm{H}}$ 表示埃尔米特共轭。

例 2.10 包含所有序列 $x=\{x[n]\}(x[n]\in\mathbb{C})$ 的集合是可求和的，例如，$\sum_{n\in\mathbb{Z}}|x[n]|^2<\infty$，希尔伯特空间为 $\mathcal{H}=\ell_2(\mathbb{Z})$。$\ell_2(\mathbb{Z})$ 的标准内积和被定义为 $\langle x,y\rangle=\sum_{n\in\mathbb{Z}}\overline{x[n]}y[n]$。

通过例 2.6 可以看出，整个内积类别可以通过正值有界权重函数 $w[n]$ 利用 $\ell_2(\mathbb{Z})$ 进行定义。如果不考虑 $w[n]$ 是有界的，我们可以定义一个新的有权重 $\ell_2(\mathbb{Z})$ 的希尔伯特空间，它是不等于 $\ell_2(\mathbb{Z})$ 的。

例 2.11 设有一个集合包含 $x=\{x[n]\}$，其中 $\sum_{n\in\mathbb{Z}}w[n]|x[n]|^2<\infty$，$w[n]>0$ 是一个任意权重函数。我们在空间内将内积定义成 $\langle x,y\rangle=\sum_{n\in\mathbb{Z}}w[n]\overline{x[n]}y[n]$，并通过希尔伯特空间 $\ell_2(\mathbb{Z},w)$ 来表示结果。由于 $w[n]$ 并不是有界的，因此明显可以看出 $\ell_2(\mathbb{Z},w)$ 不等于 $\ell_2(\mathbb{Z})$。

也可以将例 2.10 和例 2.11 应用于连续时间有界信号。

例 2.12 与例 2.10 相对应的连续时间希尔伯特空间是 $\mathcal{H}=L_2(\mathbb{R})$，它包含所有平方可积分函数 $x=x(t)$，即 $\int_{-\infty}^{\infty}|x(t)|^2\mathrm{d}t<\infty$。$L_2(\mathbb{R})$ 上的标准内积是 $\int_{-\infty}^{\infty}\overline{x(t)}y(t)\mathrm{d}t$。例 2.11 与例 2.10 相似，我们可以定义一个权重 $L_2(\mathbb{R})$ 空间 $L_2(\mathbb{R},w)$，其中对于权重函数 $w(t)>0$，所有函数均满足 $\int_{-\infty}^{\infty}w(t)|x(t)|^2\mathrm{d}t<\infty$，内积是 $\langle x,y\rangle=\int_{-\infty}^{\infty}w(t)\overline{x(t)}y(t)\mathrm{d}t$。注意，如果 $w(t)$ 是有界的，则 $L_2(\mathbb{R})$ 与 $L_2(\mathbb{R},w)$ 是相同的。

如果一个空间的元素全部是信号，则是一个希尔伯特空间；我们提及的信号或者向量是可交换的。即使我们认为所有信号空间具有相同的结构，但它对向量、连续时间信号和序列都是适用的。自始至终，我们用加粗字体来表示 $\mathbb{C}^m$（m 是任意的）中的向量，例如 $\boldsymbol{x}$。$\boldsymbol{x}$ 的第 n 个分量被记为 $x[n]$（x_n 表示一系列向量中的第 n 个分量）。对于序列 ℓ_2，我们用小写字母表示，例如 a，并且将它的元素表示为 $a[n]$。

2.4 线性变换

定义了希尔伯特空间的结构，接下来我们将讨论空间内或者空间之间的运算问题。大部分采样定理是基于线性变换和线性展开的。因此接下来将重点介绍线性变换和线性展开。特别地，集合变换将在 2.5 节介绍，投影算子将在 2.6 节介绍。

定义 2.7 设 $\mathcal{H}$ 和 $\mathcal{S}$ 为希尔伯特空间。T 是一个从 $\mathcal{H}$ 到 $\mathcal{S}$ 的线性变换，表示为 $T:\mathcal{H}\rightarrow\mathcal{S}$。如果对于每一个 $x\in\mathcal{H}$ 都可以映射到一个且只有一个的 $y\in\mathcal{S}$，并且对于所有 $x_1,x_2\in\mathcal{H}$ 和 c_1，$c_2\in\mathbb{C}$（或者 $\mathbb{R}$），有 $T(c_1x_1+c_2x_2)=c_1T(x_1)+c_2T(x_2)$。

由于在本书中着重讨论的变换都是线性的，因此在后面将省略"线性"一词，即将线性变换都称为变换。

我们使用上角标字母表示一般变换。当 $\mathcal{H}=\mathbb{C}^m$ 以及 $\mathcal{S}=\mathbb{C}^n$，变换 T 可以通过一个 $n\times m$

矩阵 $\boldsymbol{T}$ 写成一个矩阵向量乘法；我们习惯将矩阵写成黑体大写字母。两个重要的变换是恒等变换和零变换。$\mathcal{H}$ 的恒等变换被定义为 $I_{\mathcal{H}}x=x$（对于所有 $x\in\mathcal{H}$，或者简单的 I）。当 $\mathcal{H}=\mathbb{C}^m$，我们将恒等写成 $\boldsymbol{I}_m$，当上下文明确的时候将只是写成 $\boldsymbol{I}$。相似地，零变换意味着对于所有 $x\in\mathcal{H}$，$0x=0$。当 $\mathcal{H}=\mathbb{C}^m$，我们用粗体 $\mathbf{0}$ 表示。

线性变换中两个重要的性质是有界性和连续性，就如我们所说的，这些性质实际上是一样的。

定义 2.8　一个线性变换 T: $\mathcal{H}\to\mathcal{S}$，对于所有 $x\in\mathcal{H}$ 以及某一个 $\alpha>0$，如果 $\|Tx\|\leqslant\alpha\|x\|$，则称变换 T: $\mathcal{H}\to\mathcal{S}$ 是有界的。如果对于每一个 $x\in\mathcal{H}$，当 $x_n\to x$ 时有 $Tx_n\to Tx$，则称变换 T: $\mathcal{H}\to\mathcal{S}$ 是连续的。

下面的命题将建立起连续性与有界性的联系[23]。

命题 2.2　线性变换 T: $\mathcal{H}\to\mathcal{S}$，当且仅当 T: $\mathcal{H}\to\mathcal{S}$ 是有界的时，T: $\mathcal{H}\to\mathcal{S}$ 是连续的。

在大多数书籍中，我们都是关注有界运算的。因此，假设（除非特殊说明）T 是有界的（连续的）。

例 2.13　设 $\mathcal{H}$ 是一个希尔伯特空间，定义变换 $Tx=\langle y, x\rangle$，其中 $y\in\mathcal{H}$ 是范数有界的。明显地，T 是有界的（同时也是连续的）。实际上，使用柯西–施瓦茨不等式我们可以得到：对于任何 $x\in\mathcal{H}$

$$\|Tx\| = |\langle y,x\rangle| \leqslant \|y\|\,\|x\| = \alpha\|x\| \tag{2.20}$$

其中，$\alpha=\|y\|$。

上面的那个例子说明了内积是一个连续函数。因此，如果一个向量序列趋近于 x，此时

$$\lim_{n\to\infty}\langle y,x_n\rangle = \langle y,x\rangle \tag{2.21}$$

2.4.1　子空间的线性变换

在分析线性变换和信号采样过程中一个常用的方法是在希尔伯特空间中的一个相对比较小的子空间上来讨论问题，这种方法可以揭示线性变换的许多重要性质。对于给定的一个线性变换 T: $\mathcal{H}\to\mathcal{S}$，通常有如下 4 种可以选择的子空间。

- 零空间（核）$\mathcal{N}(T)$
- 在 $\mathcal{H}$ 中零空间 $\mathcal{N}(T)$ 的正交补 $\mathcal{N}(T)^{\perp}$
- 值域空间（图像）$\mathcal{R}(T)$
- 在 $\mathcal{S}$ 中值域空间 $\mathcal{R}(T)$ 的正交补 $\mathcal{R}(T)^{\perp}$

前面两个空间是定义在 $\mathcal{H}$ 中的，后面的两个是定义在 $\mathcal{S}$ 中的。

T 的零空间是包含 $x(x\in\mathcal{H})$ 的集合，满足 $Tx=0$。由于这个空间包含零向量，因此这个空间永远不会为空。T 的值域空间是 $y(y\in\mathcal{S})$ 的集合，存在 $x\in\mathcal{H}$，满足 $y=Tx$。选择 $x=0$ 表明，值域空间也是包含零向量的。根据定义 2.7 可以明显看出，$\mathcal{N}(T)$ 和 $\mathcal{R}(T)$ 都是线性空间（参见习题 7）。$\mathcal{N}(T)^{\perp}$ 和 $\mathcal{R}(T)^{\perp}$ 的定义可以根据式(2.16)得到。

例 2.14　$\mathcal{H}$ 空间中定义在 $t\in[0,2]$ 上的实值信号 $x(t)$，它的能量 $\int_0^2 x(t)^2\mathrm{d}t$ 是有限的。

通过 $\mathcal{H}=L_2([0,2])$ 定义空间。设 T: $\mathcal{H}\to\mathcal{H}$ 通过下面的公式给出

$$y(t) = T\{x\}(t) = \begin{cases} tx(t), & t \in [0,1] \\ 0, & t \in (1,2] \end{cases} \tag{2.22}$$

信号 $x(t)$ 通过 T 做变换的例子如上所示(见图 2.3)。

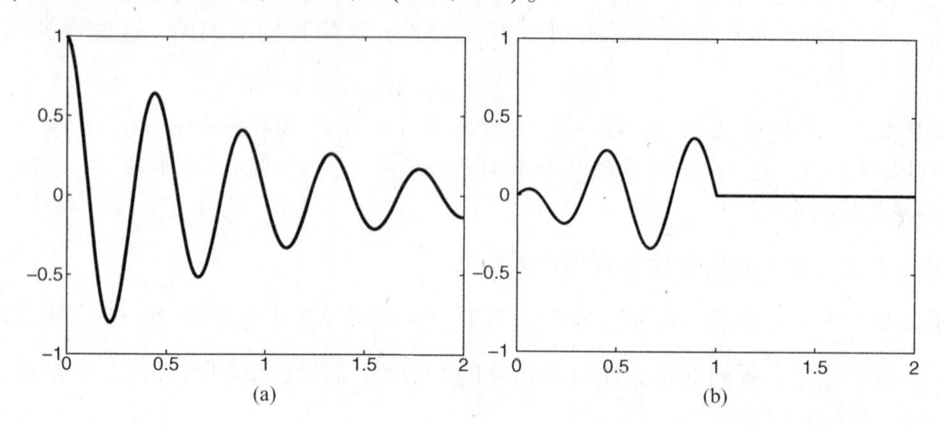

图 2.3 (a)信号 $x(t) = e^{-t}\cos(4.5\pi t)$;(b)信号 $y(t) = T\{x\}(t)$,其中 T 可参见式(2.22)

现在定义 T 的零空间 $\mathcal{N}(T)$ 和值域空间 $\mathcal{R}(T)$。通过定义,任何信号 $x\in\mathcal{N}(T)$ 在 $t\in[0,1]$ 区间必须满足 $tx(t)=0$,在区间 $t\in(1,2]$ 可以取任意值。因此,$\mathcal{N}(T)$ 包含在区间 $t\in[0,1]$ 消失的所有信号。

为了确定值域空间,我们注意到每个信号 $y\in\mathcal{R}(T)$ 消失在 $t\in(1,2]$,一些有限能量信号 $x(t)$ 在区间 $t\in[0,1]$ 可以表达为 $tx(t)$。换句话说,对于每个信号 $y\in\mathcal{R}(T)$,它的(不合适的)积分形式

$$\int_0^1 \left(\frac{y(t)}{t}\right)^2 \mathrm{d}t \tag{2.23}$$

必须收敛(也就是具有有限值)。为了满足这个条件,$y(t)$ 随 $t\to 0$ 的速度一定要大于 $t^{1/2}$。

一个与 $\mathcal{R}(T)$ 相关的重要概念是 T 的秩。

定义 2.9 变换 T 的秩等于 $\mathcal{R}(T)$ 的维数。

当 $\mathcal{R}(T)$ 具有无限维数时,秩是无限的。我们将在 2.5.2 节中介绍基的概念,然后定义维度概念。向量的线性无关性将在定义 2.13 中介绍。

如果 $T=\boldsymbol{T}$ 是一个 $m\times n$ 矩阵,则

(1)变换 T 的秩 r 等于矩阵 $\boldsymbol{T}$ 的线性无关的列的个数。

(2)值域空间 $\mathcal{R}(\boldsymbol{T})$ 可以由矩阵 $\boldsymbol{T}$ 的线性无关的列来张成。

(3)零空间 $\mathcal{N}(\boldsymbol{T})$ 的维度等于 $n-r$。

传统的线性代数理论主要讨论如何通过适当的矩阵运算来确定矩阵 $\boldsymbol{T}$ 的零空间和值域空间,例如,Gauss-Jordan 消去法和 Gauss 消去法。在有限维线性代数中,零空间通常被称为核,而值域空间被定义为矩阵的列空间。由于我们强调的是针对时间连续函数的采样,因此所考虑的线性运算通常是定义在无限维空间上,而且不要求对其能用一个有无限的矩阵来表示。然而,我们所关注的是 $\mathcal{R}(T)$ 和 $\mathcal{N}(T)$ 的几何和代数意义,而不是运用具体的矩阵降维算法去寻找 $\mathcal{R}(T)$ 和 $\mathcal{N}(T)$ 本身。

2.4.2 可逆性

线性变换 T 的一个基本性质是其是否可逆。如果它是不可逆的，此时输入一个向量 x 不能确定输出 Ty，除非我们知道更多关于 x 的先验信息。

定义 2.10　一个变换 T：$\mathcal{H}\to\mathcal{S}$，如果对于任意 $x\neq y$，有 $Tx\neq Ty$，则变换 T 是内射的。如果 $\mathcal{R}(T)=\mathcal{S}$，则变换 T 是满射的。最后，当且仅当它是双射的，也就是既是单射也是满射，则变换 T 是可逆的。这时，逆变换被表示为 T^{-1}。

注意，如果变换 T：$\mathcal{H}\to\mathcal{S}$ 是有界可逆变换，则其逆变换 T^{-1}：$\mathcal{S}\to\mathcal{H}$ 也是有界的。

内射的第一个性质与 T 的零空间是相关的，而满射性质与 T 的值域空间相关。T 是内射与它的零空间之间的联系包含于以下命题中。

命题 2.3　一个变换 T：当且仅当 $\mathcal{N}(T)=\{0\}$ 时，$\mathcal{H}\to\mathcal{S}$ 是内映射的。

证明　为了证明这个命题，首先假设 T 的零空间只包含零向量，设向量 x 和 y 满足 $Tx=Ty$。明显可以得到 $Tv=0$，其中 $v=x-y$，因此 v 属于 $\mathcal{N}(T)$。但是，由于 $\mathcal{N}(T)=\{0\}$，因此我们马上可以得到 $v=0$ 或者 $x=y$，从而证明 T 是单射的。

接下来，假设 T 是单射的，设 v 是 $\mathcal{N}(T)$ 中的任意向量，满足 $Tv=0$。在 $0<a<1$ 区间上，将 v 写为 $v=av+(1-a)v$，可得

$$T(av)=T((a-1)v) \tag{2.24}$$

令 $x=av$，$y=(a-1)v$，式(2.24)可以写成 $Tx=Ty$。由于 T 是单射的，可得 $x=y$，相对于 v

$$av=(a-1)v \tag{2.25}$$

可得 $v=0$。因此可以得到，对于任意满足 $Tv=0$ 的 v 一定是零向量。□

例 2.15　式(2.22)中的变换 T 不是单射的，因为其零空间是非平凡的。事实上，可以看到，$\mathcal{N}(T)$ 包含了所有在 $t\in[0,1]$ 消失的信号，不考虑在 $t\in(1,2]$ 上的值。由于 T 会将 $(1,2]$ 上的信号清零，这部分是不能恢复的，因此，T 不是可逆的。

我们主要研究在 $t\in[0,1]$ 区间的信号。特别地，设 $\widetilde{T}$：$L_2([0,1])\to L_2([0,1])$ 是被式(2.26)定义的变换

$$y(t)=\widetilde{T}\{x\}(t)=tx(t) \tag{2.26}$$

这个变换明显是单射的，因为几乎处处都有 $x_1(t)\neq x_2(t)$，我们可以得到 $y_1(t)=tx_1(t)\neq tx_2(t)=y_2(t)$。然而，$\widetilde{T}$ 不是满射的，因为不是所有的 $y\in L_2([0,1])$ 在 $L_2([0,1])$ 都可以通过变换 $\widetilde{T}$ 得到。例如，当 $t\to 0$ 时，任何 $y\in L_2([0,1])$ 不能趋近于零。这样，$\mathcal{R}(\widetilde{T})\neq L_2([0,1])$，说明 $\widetilde{T}$ 是不可逆的。

为了得到一个既单射又满射的变换，我们可以对 $\widetilde{T}$ 进行修改，将被用于变换的信号定义在区间 $t\in[\varepsilon,1]$，其中 $0<\varepsilon<1$。这样可以得到变换 $\widetilde{T}$：$L_2([\varepsilon,1])\to L_2([\varepsilon,1])$，此时 $\widetilde{T}$ 是可逆的。

2.4.3 直和分解

前面提到关于变换 T：$\mathcal{H}\to\mathcal{S}$ 的四个空间可以用于将 $\mathcal{H}$ 和 $\mathcal{S}$ 分解成更小的子空间的直和。

这样就可以分别研究这些子空间的变换特性，从而得到了一些重要的性质。为了得到这样的一个分解，需要依靠以下两个命题[23]。

命题 2.4 如果 $\mathcal{V}$ 是希尔伯特空间 $\mathcal{H}$ 中的一个闭合线性子空间，则有 $\mathcal{H}=\mathcal{V}\oplus\mathcal{V}^{\perp}$。

命题 2.5 一个线性变换 T: $\mathcal{H}\to\mathcal{S}$ 中的零空间 $\mathcal{N}(T)$ 是 $\mathcal{H}$ 的一个闭合子空间。任意子空间 $\mathcal{V}\subseteq\mathcal{H}$ 中的正交补 $\mathcal{V}^{\perp}$ 也是 $\mathcal{H}$ 的闭合子空间。

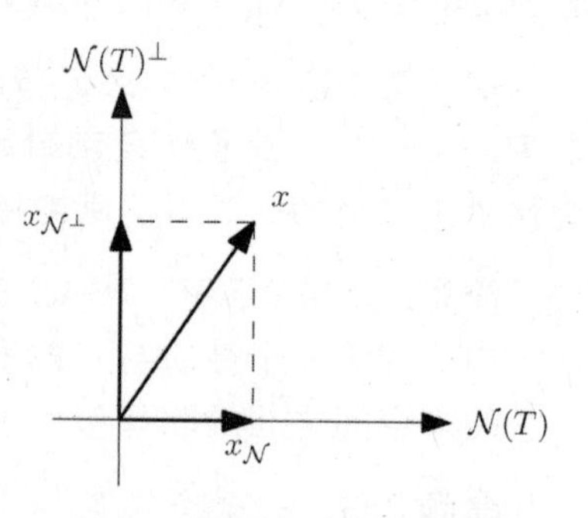

图 2.4 向量在正交方向上分解成分量 $x_{\mathcal{N}}$ 和 $x_{\mathcal{N}^{\perp}}$

结合命题 2.4 和命题 2.5，我们可以将 $\mathcal{H}$ 分解成

$$\mathcal{H}=\mathcal{N}(T)\oplus\mathcal{N}(T)^{\perp} \tag{2.27}$$

利用这个分解，任何 $x\in\mathcal{H}$ 可以写成两部分的和 $x=x_{\mathcal{N}}+x_{\mathcal{N}^{\perp}}$，其中 $x_{\mathcal{N}}$ 属于 $\mathcal{N}(T)$，$x_{\mathcal{N}^{\perp}}$ 属于 $\mathcal{N}(T)^{\perp}$。由 $\mathcal{N}(T)^{\perp}$ 的定义可知，$\mathcal{N}(T)^{\perp}$ 与 $\mathcal{N}(T)$ 是正交的：$\langle x_{\mathcal{N}},x_{\mathcal{N}^{\perp}}\rangle=0$。图 2.4 表示 $x_{\mathcal{N}}$ 和 $x_{\mathcal{N}^{\perp}}$ 的几何解释。

例 2.16 可以看出，式(2.22)中的变换 T 包含所有在 $t\in[0,1]$ 区间消失的信号。因此，对于标准的内积 $\langle a,b\rangle=\int_0^2 a(t)b(t)\mathrm{d}t$，空间 $\mathcal{N}(T)^{\perp}$ 包含所有在 $t\in(1,2]$ 区间消失的信号(参见例 2.7)。可以得到，在 $L_2([0,2])$ 上的每一个信号 $x(t)$ 可以写成 $x(t)=x_{\mathcal{N}}(t)+x_{\mathcal{N}^{\perp}}(t)$，其中

$$x_{\mathcal{N}}(\mathrm{t})=\begin{cases}0, & 0\leqslant t\leqslant 1\\ x(t), & 1<t\leqslant 2\end{cases}\qquad x_{\mathcal{N}^{\perp}}(t)=\begin{cases}x(t), & 0\leqslant t\leqslant 1\\ 0, & 1<t\leqslant 2\end{cases} \tag{2.28}$$

接下来，可以得到一个 $\mathcal{S}$ 关于 $\mathcal{R}(T)$ 和 $\mathcal{R}(T)^{\perp}$ 的简单分解。然而，由于 $\mathcal{R}(T)$ 不一定是闭合的，因此不能直接应用命题 2.4。相反地，我们在命题 2.4 中替换 $\mathcal{V}=\mathcal{R}(T)^{c}$，其中 $\mathcal{R}(T)^{c}$ 表示 $\mathcal{R}(T)$ 的闭包。从而可以得到分解

$$\mathcal{S}=\mathcal{R}(T)^{c}\oplus\mathcal{R}(T)^{\perp} \tag{2.29}$$

任何 $y\in\mathcal{S}$ 可以被唯一表示成 $y=y_{\mathcal{R}}+y_{\mathcal{R}^{\perp}}$，其中 $y_{\mathcal{R}}\in\mathcal{R}(T)^{c}$，$y_{\mathcal{R}^{\perp}}\in\mathcal{R}(T)^{\perp}$，两个向量是正交的 $\langle y_{\mathcal{R}},y_{\mathcal{R}^{\perp}}\rangle=0$。

在本书中，我们所考虑的变换具有闭合值域，因此不会去考虑其闭合性。从而可以得到下面的命题。

命题 2.6 如果 T 是有界的(如连续的)，则对于所有的 $x\in\mathcal{N}(T)^{\perp}$，某个 $a>0$，当且仅当 $\|Tx\|\geqslant a\|x\|$ 时，T 的值域是闭合的。

在本书中将在采样背景下处理的变换一般由有界信号展开引起，符合这个命题条件。因此假设 T 的值域是闭合的。然而，正如在下个例子中展示的，式(2.22)给的出的映射范围并不是闭合值域。

例 2.17 为了证明(2.22)给出的 T 的值域是不闭合的，令 $x_n(t)$，$n=1,2,\cdots$ 为信号序列 $\mathcal{N}(T)^{\perp}$

$$x_n(t)=\begin{cases}\sqrt{n}, & 0\leqslant t\leqslant \dfrac{1}{n}\\ 0, & \dfrac{1}{n}<t\leqslant 2\end{cases} \tag{2.30}$$

这些信号都有单位标准，即 $\|x_n\|^2 = \int_0^2 x_n^2(t)\,\mathrm{d}t = 1$。令 $y_n = Tx_n$ 为由应用 T 到每一个信号 $\{x_n\}_{n=1}^{\infty}$ 获得的序列(T)。那么

$$\|y_n\|^2 = \int_0^2 y_n^2(t)\,\mathrm{d}t = \int_0^{\frac{1}{n}} (t\sqrt{n})^2\,\mathrm{d}t = \frac{1}{3n^2} \tag{2.31}$$

因此，随着 n 增长 $\|y\|$ 变得任意小，这意味着不存在正标量 a 使 $\|Tx\| \geq a\|x\|$ 对所有 $x \in \mathcal{N}(T)^{\perp}$ 成立。由于 T 是有界的，根据命题2.6可以推断 $\mathcal{R}(T)$ 不是闭合的。

我们现在用式(2.22)中的变换 T 论证式(2.29)的分解。

例2.18 由(2.22)定义的 T 的闭合值域是在 $t \in (1,2]$ 上突变为0的范围在 $L_2([0,2])$ 的信号的集合 $\mathcal{A}$。为了论证其正确性，首先注意到 $\mathcal{R}(T)$ 包含在 $\mathcal{A}$ 内。依据 T 的定义，这是由于对于每一个 $y \in \mathcal{R}(T)$ 在 $t \in (1,2]$ 上突变为0并且满足

$$\int_0^2 y^2(t)\,\mathrm{d}t = \int_0^1 [tx(t)]^2\mathrm{d}t \leq \int_0^1 x^2(t)\,\mathrm{d}t \leq \int_0^2 x^2(t)\,\mathrm{d}t < \infty \tag{2.32}$$

所以 y 也在 $L_2([0,2])$ 内。

仍需要证实的是，对于任意在 $t \in (1,2]$ 上突变为0的 $z \in L_2([0,2])$ 能够通过函数 $\mathcal{R}(T)$ 估计。给出一个范围在 $L_2([0,2])t \in (1,2]$ 上等于0的函数 $z(t)$，我们构建这个序列

$$x_n(t) = \begin{cases} 0, & 0 \leq t \leq \dfrac{1}{n} \\ \dfrac{z(t)}{t}, & \dfrac{1}{n} < t \leq 1 \end{cases} \tag{2.33}$$

因为 $n = 1,2,\cdots$，这些函数都在 $L_2([0,2])$ 上，所以

$$\int_0^2 x_n^2(t)\,\mathrm{d}t = \int_{\frac{1}{n}}^1 \left[\frac{z(t)}{t}\right]^2\mathrm{d}t \leq n^2\int_{\frac{1}{n}}^1 z^2(t)\,\mathrm{d}t \leq n^2\int_0^2 z^2(t)\,\mathrm{d}t < \infty \tag{2.34}$$

现在，令 $y_n = Tx_n$ 为在 $\mathcal{R}(T)$ 中的序列并把 T 应用于 $\{x_n\}_{n=1}^{\infty}$。那么

$$y_n(t) = \begin{cases} 0, & 0 \leq t \leq \dfrac{1}{n} \\ z(t), & \dfrac{1}{n} < t \leq 1 \\ 0, & 1 < t \leq 2 \end{cases} \tag{2.35}$$

因此

$$\int_0^2 [y_n(t) - z(t)]^2\mathrm{d}t = \int_0^{\frac{1}{n}} z^2(t)\,\mathrm{d}t \tag{2.36}$$

因此，随着 $n \to \infty$，$\|y_n - z\|^2 \to 0$，证明了序列 $y_n \in \mathcal{R}(T)$ 接近 $z \in \mathcal{A}$。

确认了子空间 $\mathcal{R}(T)^c$，很容易发现在 $L_2([0,2])$ 的范围内每个信号都能被写为 $y(t) = y_{\mathcal{R}}(t) + y_{\mathcal{R}^{\perp}}(t)$，这里的 $y_{\mathcal{R}}(t) \in \mathcal{R}(T)^c$，$y_{\mathcal{R}^{\perp}}(t) \in \mathcal{R}(T)^{\perp}$ 可以被定义为

$$y_{\mathcal{R}}(t) = \begin{cases} y(t), & 0 \leq t \leq 1 \\ 0, & 1 < t \leq 2 \end{cases} \qquad y_{\mathcal{R}^{\perp}}(t) = \begin{cases} 0, & 0 \leq t \leq 1 \\ y(t), & 1 < t \leq 2 \end{cases} \tag{2.37}$$

分别如在式(2.27)和式(2.29)中那样分解 $\mathcal{H}$ 和 $\mathcal{S}$，我们能描述 T 在每个子空间上的每一

步。由定义，由于对于$\mathcal{N}(T)^{\perp}$中的任意x，有$Tx\in\mathcal{R}(T)$，T把$\mathcal{N}(T)$映射成0，把$\mathcal{N}(T)^{\perp}$映射成$\mathcal{R}(T)$。下一个命题表明，对于每一个$y\in\mathcal{R}(T)$存在唯一一个$x\in\mathcal{N}(T)^{\perp}$，如$y=Tx$使$\mathcal{N}(T)^{\perp}$和$\mathcal{R}(T)$之间存在一个一一对应的关系。

命题2.7 具有闭合值域的线性变换T：$\mathcal{H}\to\mathcal{S}$是可逆的，当变换被限制在$\mathcal{N}(T)^{\perp}$和$\mathcal{R}(T)$之间时，换句话说，对于每一个$y\in\mathcal{R}(T)$存在一个唯一的$x\in\mathcal{N}(T)^{\perp}$，使$y=Tx$。

证明 首先，如果对于都在$\mathcal{N}(T)^{\perp}$中的x_1和x_2，如果有$Tx_1=Tx_2=y$，那么$x_1=x_2$。明显地，我们有$T(x_1-x_2)=0$，所以$v=x_1-x_2$在$\mathcal{N}(T)$中。但是由于x_1和x_2都在$\mathcal{N}(T)^{\perp}$中，它们相差v。因此v既在$\mathcal{N}(T)$中，又在$\mathcal{N}(T)^{\perp}$中。然而，任意一个子空间$\mathcal{W}$和它的正交补$\mathcal{W}^{\perp}$的交集中的唯一向量是零向量，由此我们推断$v=0$，$x_1=x_2$。

为了完成这个证明，我们要知道对于每一个$y\in\mathcal{R}(T)$，存在一些$x\in\mathcal{N}(T)^{\perp}$使$y=Tx$。由$\mathcal{R}(T)$的定义，我们知道，存在一个向量$z\in\mathcal{H}$使得$y=Tz$。使用式(2.27)中的分解，可以把$z$写成$z=x+w$，其中$x$属于$\mathcal{N}(T)^{\perp}$，$w$属于$\mathcal{N}(T)$。由于$w$属于$\mathcal{N}(T)$，有$Tw=0$。因为$x\in\mathcal{N}(T)^{\perp}$，有$y=Tz=Tx$。 □

T的变换过程如图2.5所示，正如我们所见，$\mathcal{N}(T)^{\perp}$和$\mathcal{R}(T)$之间存在一个可逆的映射。当被限制在这些空间中时，可以定义一个T的反转，我们将在2.7节中介绍这个反转。

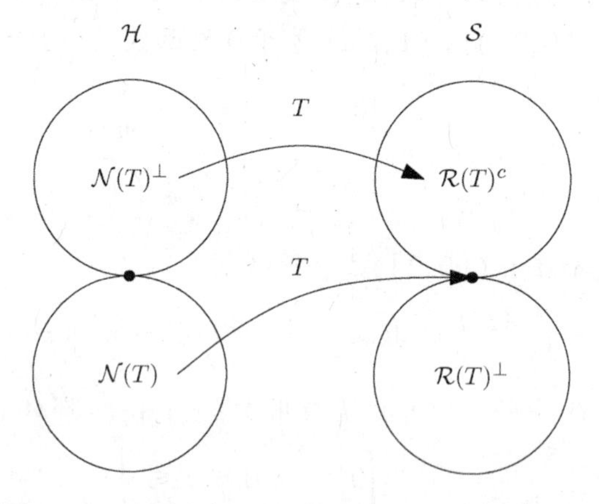

图2.5 T在子空间$\mathcal{N}(T)$和$\mathcal{N}(T)^{\perp}$上的变换过程

式(2.27)和式(2.29)的直和分解并不是唯一的。具体来说，$\mathcal{V}\subseteq\mathcal{H}$与$\mathcal{V}\neq\mathcal{N}(T)^{\perp}$子空间有多种选择以获得$\mathcal{H}=\mathcal{N}(T)\oplus\mathcal{V}$。任何$x\in\mathcal{H}$可以唯一地分解为其在$\mathcal{N}(T)$和$\mathcal{V}$中的元素，而这些元素并不是必须正交的。同样地，$\mathcal{W}\subseteq\mathcal{S}$与$\mathcal{W}\neq\mathcal{R}(T)^{\perp}$子空间有多种选择以获得$\mathcal{S}=\mathcal{R}(T)^{c}\oplus\mathcal{W}$。任意$y\in\mathcal{S}$可以唯一地分解为其在$\mathcal{R}(T)^{c}$和$\mathcal{W}$中的元素，而这些元素通常不正交。在2.6节讨论投影算符的时候，会发现式(2.27)和式(2.29)的分解对应于正交投影算符。而更常见的类似于$\mathcal{H}=\mathcal{N}(T)\oplus\mathcal{V}$，$\mathcal{V}$不与$\mathcal{N}(T)$正交，与斜交投影无关。

图2.5表示出了T如何从输入空间$\mathcal{H}$映射到输出空间$\mathcal{S}$。我们可以获得一个双映射，$\mathcal{R}(T)$映射到$\mathcal{N}(T)^{\perp}$，$\mathcal{R}(T)^{\perp}$映射到0。这样的选择属于伪逆法，我们将在介绍投影算子之后讨论。带有这种性质的变化式是所谓的伴随矩阵，将在下节中定义。

2.4.4 共轭

共轭(adjoint)在线性代数，尤其在采样理论中起到一个非常重要的作用。我们会发现，完好定义的变化式的共轭算子可作为采样算子，其输出结果是想要的采样序列，并有利于确定基本扩充。

定义 2.11 连续线性变化式 T: $\mathcal{H}\to\mathcal{S}$ 的共轭(共轭变换)是唯一的连续线性变换 T^* : $\mathcal{S}\to\mathcal{H}$，即对所有的 $x\in\mathcal{H}$, $y\in\mathcal{S}$，有 $\langle Tx,y\rangle_{\mathcal{S}}=\langle x,T^*y\rangle_{\mathcal{H}}$ 成立。

需注意的是，在这一定义中我们指出了内积是在哪个空间被定义的，例如，$\langle z,y\rangle_{\mathcal{S}}$，意指 $\mathcal{S}$ 上的内积。这一定义是非常重要的，因为两个空间的内积可以是不同的。共轭取决于每一个内积的选择。

例 2.19 确定共轭可以在如下背景中进行：当 $\mathcal{H}=\mathbb{C}^m$ 和 $\mathcal{S}=\mathbb{C}^m$ 在两个空间内都有标准内积(也就是具有一样维度的两个向量 $\langle\boldsymbol{x},\boldsymbol{y}\rangle=\boldsymbol{x}^{\mathrm{H}}\boldsymbol{y}$)。在这种情况下，$T=\boldsymbol{T}$ 是一个 $n\times m$ 维矩阵，很明显伴随矩阵就是共轭矩阵 $\boldsymbol{T}^*=T^{\mathrm{H}}$，矩阵 $\boldsymbol{M}=\boldsymbol{T}^{\mathrm{H}}$ 是由转置 $\boldsymbol{T}$ 得到的 $m\times n$ 维矩阵。所以形式上有，$\boldsymbol{M}_{ij}=\bar{\boldsymbol{T}}_{ji}$。

下一个例子，针对一个更普遍的情况，在这种情况中 $\mathcal{H}$ 和 $\mathcal{S}$ 是无穷维的。定义在这个例子中的变换对于采样理论的研究很重要，被称为集合变换，我们将在 2.5 节中更详细地学习这个变换。

例 2.20 假设由 $T_a=\sum_n a[n]t_n$ 定义的变换式为 T: $\ell_2\to\mathcal{H}$，其中 a 是 ℓ_2 中的序列，$\{t_n\}$ 是任意希尔伯特空间 $\mathcal{H}$ 中的一组向量。因此，T 的应用相当于将给出的一组向量 $\{t_n\}$ 线性结合。假设 ℓ_2 上的内积为标准内积，而 $\mathcal{H}$ 上的内积是任意的。很明显，对 T^* 的定义取决于 $\mathcal{H}$ 上的内积的选择。

为了使共轭完备，我们需要计算出 $\mathcal{H}$ 上的内积 $\langle Ta,y\rangle$，以及 ℓ_2 上的内积 $\langle a,T^*y\rangle$，从内积的性质可知

$$\langle Ta,y\rangle=\langle\sum_n a[n]t_n,y\rangle=\sum_n\overline{a[n]}\langle t_n,y\rangle \tag{2.38}$$

对任一 $y\in\mathcal{H}$ 以及 $a\in\ell_2$，$\mathcal{H}$ 上的内积如何选择这一等式都成立。我们现在来评估 $\langle a,T^*y\rangle$。为了方便起见，我们用 b 代表由 $b=T^*y$ 给出的 ℓ_2 中的序列，并将其中的元素写为 $b[n]$；由以上的内积定义

$$\langle a,T^*y\rangle=\langle a,b\rangle=\sum_n\overline{a[n]}b[n] \tag{2.39}$$

可以容易看出通过选择 $b[n]=\langle t_n,y\rangle$，式(2.38)可以等于式(2.39)。因此推断，T 的伴随矩阵是定义的变换，从而 $b[n]=\langle t_n,y\rangle$。

算子的分类

我们已经定义了共轭，共轭可以用来定义变换的几个重要类别。首先，定义一个线性算子作为一个连续的在希尔伯特空间本身上的线性变换 T: $\mathcal{H}\to\mathcal{H}$，下面我们介绍算子类别。

定义 2.12 令 T: $\mathcal{H}\to\mathcal{H}$ 为 $\mathcal{H}$ 上的线性算子，那么

(1) 如果 $T^*T=TT^*=I_{\mathcal{H}}$，则 T 是幺正的。

(2) 如果 $T^*=T$，则 T 是埃尔米特共轭的(自共轭的)。

(3) 如果 T 是埃尔米特共轭的，并且对于任意 $x\in\mathcal{H}$，有 $\langle Tx,x\rangle\geqslant 0$，那么 T 是半正定的，记为 $T\geqslant 0$。

注意：如果 T 是埃尔米特共轭的，那么对于所有的 x，内积 $\langle Tx,x\rangle$ 是实数(参见习题 12)。

上面的定义很容易应用到 $\mathbb{C}^{m\times m}$ 上的矩阵 $\boldsymbol{T}$，只是通过用埃尔米特共轭矩阵 $\boldsymbol{T}^{\mathrm{H}}$ 代替共轭变换。

例 2.21 在这个例子中表明式(2.22)中 T 的变换是埃尔米特共轭的。

由 Tx 的定义，对于每个 $x,y\in L_2([0,2])$，

$$\langle Tx,y\rangle = \int_0^1 [tx(t)]y(t)\,\mathrm{d}t = \int_0^1 x(t)[ty(t)]\,\mathrm{d}t \tag{2.40}$$

令 $z=T^*y$

$$\langle x,T^*y\rangle = \langle x,z\rangle = \int_0^2 x(t)z(t)\,\mathrm{d}t \tag{2.41}$$

$$z(t) = T^*\{y\}(t) = \begin{cases} ty(t), & t\in[0,1] \\ 0, & t\in(1,2] \end{cases} \tag{2.42}$$

则 $\langle Tx,y\rangle = \langle x,T^*y\rangle$，证明了 $T\ \ =T^*$。

共轭的特性

正如下面的命题所说，T^* 相关的子空间与 T 定义的子空间是有紧密联系的[23]。

命题 2.8 令 $T:\mathcal{H}\to\mathcal{S}$ 是一个连续线性变换。那么

(1) $\mathcal{N}(T)=\mathcal{R}(T^*)^{\perp}$

(2) $\mathcal{N}(T)^{\perp}=\mathcal{R}(T^*)^{c}$

(3) $\mathcal{N}(T^*)=\mathcal{R}(T)^{\perp}$

(4) $\mathcal{N}(T^*)^{\perp}=\mathcal{R}(T)^{c}$

如果 T 是埃尔米特共轭的，那么 $\mathcal{H}=\mathcal{S}$，并且有 $\mathcal{N}(T)=\mathcal{R}(T)^{\perp}$。

类似命题 2.7，对于在 $\mathcal{R}(T^*)=\mathcal{N}(T)^{\perp}$ 中的每个向量 y，$\mathcal{N}(T^*)^{\perp}=\mathcal{R}(T)$ 中存在唯一一个 x 使 $y=T^*x$。其证明也类似于命题 2.7，这里用到 $\mathcal{R}(T^*)$ 和命题 2.8 中 $\mathcal{N}(T^*)$ 的性质，参见习题 13。

在图 2.6 中给出了 T 和 T^* 的变换，表明了 T^* 不是 T 在 $\mathcal{R}(T)$ 上的转置，虽然它指出任何在 $\mathcal{R}(T)$ 的向量对应了在 $\mathcal{N}(T)^{\perp}$ 的一个向量，但总体来说，我们不能得到 $T^*Tx=x$。

在图 2.6 给出的 T 和 T^* 的性质对信号展开是基本的。我们将看到，很多基展开的特性能够被理解并且能够被图中的合并关系所证明。在后面的讨论中，将会经常提到这张图，因此强烈推荐读者理解它的含义。

从 T 和 T^* 的性能中很容易能得到下面有用的关系式(参见习题 14)：

(1) $\mathcal{N}(T^*T)=\mathcal{N}(T)$

(2) $\mathcal{R}(T^*T)=\mathcal{R}(T^*)=\mathcal{N}(T)^{\perp}$

另外两个经常使用的共轭变换的性质是

(1) $(AB)^*=B^*A^*$

(2) $(A^{-1})^*=(A^*)^{-1}$

在第一个等式中定义 $A: \mathcal{H}\to\mathcal{S}$，定义 $B: \mathcal{W}\to\mathcal{H}$，同时在第二个等式中 A 假定是可逆的。

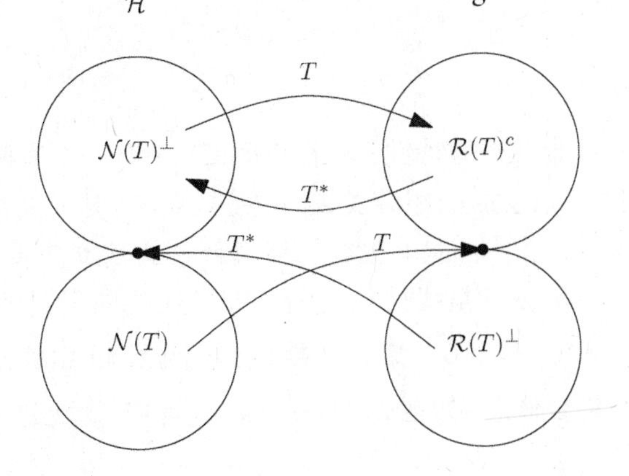

图2.6　在 $\mathcal{N}(T)$、$\mathcal{N}(T)^\perp$、$\mathcal{R}(T)^c$ 和 $\mathcal{R}(T)^\perp$ 子空间中的 T 与 T^* 表示

2.5　基底展开

采样理论主要处理了形式为 $x = \sum_n a[n]x_n$ 的线性向量组合。通常，向量集合 $\{x_n\}$ 是被选择作为基本空间的基底。该基底是一个满足线性独立并且完备的向量集合。第一个性质确保了这种展开是唯一的。第二个性质保证了任何在空间的向量能够以基底的形式展开表示。因此，为了较合适地定义并描绘线性展开的特性，我们先要认清线性独立和完备性的概念。接下来将介绍集合变换，其对描述向量的线性组合是很有用的数学工具。具有了集合变换概念以后，将定义通用基底表征，最后将讨论稳定的基底展开问题，这也是现代采样方法的核心问题。

定义 2.13　对于一个向量集合 $x_1, x_2, \cdots, x_m$，如果只有在对所有 n 来说 $a[n]=0$ 才使得 $\sum_n a[n]x_n = 0$ 成立，则称其为线性独立的。否则，这些向量就是线性相关的。如果有无限多的向量 $x_1, x_2, \cdots$，只有对所有 n 来说 $a[n]=0$ 才使得 $\sum_n a[n]x_n = 0$ 成立，则称其为 ω 线性独立的①。

正交向量集的一个有用的结论是它们总是线性独立的。事实上，假设向量集 $\{x_n\}$ 在 $\|x_n\| > 0$ 情况下是正交的，对任何 j 来说 $\sum_n a[n]x_n = 0$，

$$0 = \langle x_j, \sum_n a[n]x_n \rangle = \sum_n a[n]\langle x_j, x_n\rangle = a[j]\,\|x_j\|^2 \tag{2.43}$$

这里指对任何 j 来说 $a[j]=0$。

如果 $\mathcal{H}$ 中的一个向量集合 $\{x_n\}$ 张成的闭集就等于 $\mathcal{H}$，那么这个向量集合称为在 $\mathcal{H}$ 上是完备的。那就是，对每一个向量 x 和 $\varepsilon > 0$ 来说，有一个有限的线性组合，如 $\|x - \sum_{n=1}^{m} a[n]x_n\| < \varepsilon$，所以 x 能够用 $\{x_n\}$ 的线性组合来任意地逼近。下面的特性对确定向量集合的完备性是很有用的。

① 定义中的总结应该在有限的情况，也就是当 $N\to\infty$ 时，用 $\|\sum_{n=1}^{N} a[n]x_n\| \to 0$ 来解释。在本书中，当提到线性独立的时候都默认为 ω 线性独立。

命题 2.9 如果对所有 n 来说，当且仅当 $<x,x_n>=0$ 时 $x=0$，则 $\mathcal{H}$ 中的向量集合 $\{x_n\}$ 是完备的。

2.5.1 集合变换

有限维线性代数有一个非常好的特性，若在空间 $\mathbb{C}^N$ 中有一个有限的 m 个向量的集合 $\boldsymbol{x}_n$，$1\leqslant n\leqslant m$，我们能够得到一个 $N\times m$ 的矩阵 $\boldsymbol{X}=[\boldsymbol{x}_1\ \boldsymbol{x}_2\cdots\ \boldsymbol{x}_m]$，其列向量就是给定的向量。这样就可以简单处理这个向量集合，并且能够很容易地解释它的基本性质。例如，我们知道，当且仅当 $\boldsymbol{X}$ 是列满秩的时候，向量 $\{\boldsymbol{x}_n\}$ 是线性独立的。如果这些向量是线性独立的，那么 $\boldsymbol{X}$ 的零空间就意味着组合 $\sum_n a[n]x_n$ 等于 0。集合变换（已在例 2.20 中详细介绍）是一个任意元素在一个希尔伯特空间中的集合概念[如在 L_2 的一个 $x(t)$ 信号]。更进一步，可能有无限个这样的向量。

定义 2.14 如果 $\{x_n: n\in\mathcal{I}\}$ 是一个在希尔伯特空间 $\mathcal{H}$ 可数的向量集合，那么，对应这些向量的集合变换 X：$\ell_2\to\mathcal{H}$ 被定义为：对于任意 $a\in\ell_2$ 的 $Xa=\sum_{n\in\mathcal{I}}a[n]x_n$。

以上的定义假设了和式 Xa 是可收敛的。当向量集合被当成在 2.5.3 节中和定义 2.8 的 Riesz 基或构架时，则被认为是自然收敛的。因此，我们要精确地处理这样的集合，而不考虑集合本身的收敛情况。

在例 2.20 中，已介绍过转换集合并计算其伴随矩阵。特别地，我们知道如果 $a=X^*y$，那么

$$a[n]=\langle x_n,y\rangle_{\mathcal{H}} \tag{2.44}$$

这一伴随矩阵的性质被始终用于在本书的一些采样过程中。

很多向量集合的性质能够用相应的集合变换所描述，也包含了下面的命题。

命题 2.10 如果 X：$\ell_2\to\mathcal{H}$ 是对应于一个在 $\mathcal{H}$ 上向量集合 $\{x_n\}$ 的一个有界的集合变换，那么一定有

(1) 向量 x_n 是线性独立的，当且仅当 $\mathcal{N}(X)=\{0\}$。

(2) $X^*X=I_{\ell 2}$，当且仅当 x_n 是正交的。

(3) 如果 $XX^*=I_{\mathcal{H}}$，那么向量 $\{x_n\}$ 在 $\mathcal{H}$ 是完备的。

证明 为了证明第一部分，向量 x_n 是线性独立的，当且仅当 $\sum_n a[n]x_n=0$ 可以推断出对所有 n 来说 $a[n]$ 相当于 0。任何序列在 X 的无效空间 $a\in\ell_2$ 有

$$Xa=\sum_n a[n]x_n=0 \tag{2.45}$$

因此，线性独立等效于 $Xa=0$，可以推断出 $a=0$ 的必要条件或者 X 的无效空间只含有零向量的必要条件。

为了证明第二部分，假设向量 $\{x_n\}$ 是标准正交的，使得 $b=X^*Xa$ 且 $a\in\ell_2$，那么，根据式(2.44)

$$b[k]=\langle x_k,Xa\rangle=\langle x_k,\sum_n a[n]x_n\rangle=\sum_n a[n]\langle x_k,x_n\rangle=\sum_n a[n]\delta_{kn}=a[k] \tag{2.46}$$

对所有 k，对于式(2.18)所定义的 δ_{kn}，有 $a\in\ell_2$，$X^*Xa=a$ 并且 $X^*X=I_{\ell 2}$。相反地，对所有 $a\in\ell_2$ 来说，如果 $X^*X=I_{\ell 2}$，那么将得到 $X^*Xa=a$。而 $e^k\in\ell_2$，表明 $e^k[n]=\delta_{kn}$ 中第 n 个元素

的顺序。然后，根据 $Xe^k = x_k$，结合 $e^k = X^* Xe^k$，可得到 $e^k = X^* x_k$ 或 $e^k[n] = \langle x_n, x_k \rangle$。由于 $e^k[n] = \delta_{kn}$，向量 $\{x_n\}$ 是标准正交的。

最后，假设 $XX^* = I_{\mathcal{H}}$，使 y 是在 $\mathcal{H}$ 中对所有 n 来说正交的向量 $\{x_n\}$：$\langle x_n, y \rangle = 0$。由于 $y = XX^* y$，可得到

$$y = \sum_n < x_n, y > x_n = 0 \tag{2.47}$$

这里我们使用了现有的一个结论，如果 $b = X^* y$，那么 $b[n] = \langle x_n, y \rangle$。从式(2.47)中我们得到在2.9节中被完整证明的结论，只有对所有向量 x 都正交的向量才是零向量。 □

下一小节将使用集合变换去判定一个信号的基本展开系数。

2.5.2 基底

信号空间 $\mathcal{H}$ 的一个有用特性是每一个 $x \in \mathcal{H}$ 的信号能够被一个 $\mathcal{H}$ 的基底向量集合的唯一序列标量所表示，利用向量集合的线性独立性、完备性和集合变换，可以定义一个基底。

定义 2.15 向量集合 $\{x_n \in \mathcal{H}, n \in \mathcal{I}\}$ 是一个 $\mathcal{H}$ 的 Schauder 基底，如果每一个向量 $x \in \mathcal{H}$，对应有一个唯一的标量序列 $a[n] \in \mathbb{C}$，使得 $x = \sum_{n \in \mathcal{I}} a[n] x_n$，而 $\mathcal{H}$ 的维度等于 $\mathcal{I}$ 的基数。

在无限维情况下，和式 $x = \sum_{n=0}^{\infty} a[n] x_n$ 的等号被解释为有限的情况。也就是当 $N \to \infty$ 时，$\| x - \sum_{n=0}^{N} a[n] x_n \| \to 0$。这就是为什么定义这样的一个基底时我们需要在一个范数空间上运算。

很容易看到，当且仅当向量 $\{x_n\}$ 是线性独立且完备的，对任何 $x \in \mathcal{H}$，有一个唯一的标量集合 $a[n]$，使得 $x = \sum_n a[n] x_n$。因此，如果向量集合是线性独立且完备的，那么由这个向量集合就能构成一个基底。由于任何正交的向量集合是线性独立的，那么正交集合也就能构成一个基底。最终我们注意到，尽管一个希尔伯特空间能够有很多基底，但是它们都有相同的基数，那么维度也将是固定的。

例 2.22 对于多项式 $p(t)$ 在 $[a, b]$ 范围内的 $\mathbb{P}^d([a, b])$ 空间，它的度(degree)小于等于 d。这个空间的一个自然选择的基底是函数 $\{1, t, t^2, \cdots, t^d\}$ 的集合。为了了解该集合构成的基底，首先要知道定义的每一个多项式 $p \in \mathbb{P}^d([a, b])$ 能够被一个线性多项式组合 $p(t) = a[0] + a[1]t + a[2]t^2 + \cdots + a[d]t^d$ 所表示。因此这个集合是完备的。另外，更重要的对每一个 $t \in [a, b]$ 的线性单项式组合 $p(t) = 0$，由此可以推断出它们也是线性独立的。$\mathbb{P}^d([a, b])$ 的维数是与 $d+1$ 的基本函数数目相等的。

例 2.23 另一个例子，对于在 $[-\pi, \pi]$ 范围内的复函数 $x(t)$ 集合 $L_2([-\pi, \pi])$，满足 $\int_{-\pi}^{\pi} |x(t)|^2 dt < \infty$。我们定义在 $L_2([-\pi, \pi])$ 上的内积 $\langle x, y \rangle = \int_{-\pi}^{\pi} \overline{x(t)} y(t) dt$，因此引导

范数则为 $\|x\|^2=\int_{-\pi}^{\pi}|x(t)|^2\mathrm{d}t$，有了这个范数，一个常用的 $L_2([-\pi,\pi])$ 的基底选择就是复傅里叶基底 $\{\mathrm{e}^{jnt}\}_{n\in\mathbb{Z}}$。

为了证明这个集合是一个基本基底，使用傅里叶定理。这个定理表明对一个函数 $f\in L_2([-\pi,\pi])$ 和标量 $\varepsilon>0$ 存在着一个整数 N 和系数 $\{a[n]\}_{n=-N}^{N}$ 使 $\int_{-\pi}^{\pi}\left|f(t)-\sum_{n=-N}^{N}a[n]\mathrm{e}^{jnt}\right|\mathrm{d}t<\varepsilon$。更进一步，对于任何 N，将错误最小化的系数是唯一的。换句话说，任何在 $[-\pi,\pi]$ 范围内的有限能量的信号 $f(t)$ 能够任意地被唯一的组合 $\sum_{n\in\mathbb{Z}}a[n]\mathrm{e}^{jnt}$ 所处理，也意味着 $\{\mathrm{e}^{jnt}\}_{n\in\mathbb{Z}}$ 是一个 $L_2([-\pi,\pi])$ 的基本基底。

由于希尔伯特空间是可分离的，我们对此很感兴趣。一个希尔伯特空间是可分离的当且仅当它含有一个可数的标准正交基底时。在本书中，我们认为希尔伯特空间都是可分解的，因此我们默认这一性质是满足的。

如果一个 $\mathcal{H}$ 的基底对应的向量是 $\{x_n,\ n\in\mathcal{I}\}$，那么任何 $x\in\mathcal{H}$ 有一个唯一的 $x=\sum_{n\in\mathcal{I}}a[n]x_n$ 这样一个形式的分解，这里 $a[n]\in\mathbb{C}$。然而，系数 $a[n]$ 总体来说并没有保证是在 ℓ_2 上的，导致一个系数的范围会无限扩大至不稳定情况。在上文的采样中，稳定性是一个很重要的问题。一个不稳定的采样方式能够导致噪声放大。由于噪声在实际工程系统中始终存在，确保稳定性是十分重要的。数学上来说，Riesz 基底的使用可以保证稳定性。

2.5.3 Riesz 基

为了说明 Riesz 基的概念，假设我们有一个基向量集合 $\{x_n\}$，同时认为向量 $x=\sum_n a[n]x_n$。为了基底展开能够保持数值上稳定，我们期望当 a 的范数很小时，x 的范数也会很小，反之亦然。如果向量 x_n 是正交的，那么有

$$\|x\|^2=\left\langle\sum_i a[i]x_i,\ \sum_j a[j]x_j\right\rangle=\sum_{ij}\overline{a[i]}a[j]\langle x_i,x_j\rangle=\sum_i|a[i]|^2=\|a\|^2 \tag{2.48}$$

这一过程确保了基底的性质。然而，要求一个展开是正交的意味着对基底向量提出了一个严格的条件，也就限制了其应用的灵活性。

Riesz 基的概念拓展了式(2.48)的所谓能量守恒特性到一大类基底。这里并不要求范数 $\|x\|^2$ 和 $\|a\|^2$ 是相等的，而只是需要在 $\alpha>0$，$\beta<\infty$ 时，满足

$$\alpha\|a\|^2\leqslant\|x\|^2\leqslant\beta\|a\|^2 \tag{2.49}$$

在这种能量意义上，Riesz 基是仅次于正交基的最好的选择。虽然原始向量的能量和展开系数并不相等，但它们相差并不太多。事实上可以表明，当且仅当存在一个有界的可逆线性变换 T，使得 $x_n=Te_n$，向量集合 $\{x_n\}$ 就可以形成一个 $\mathcal{H}$ 上的 Riesz 基，其中 $\{e_n\}$ 是 $\mathcal{H}$ 上的一个正交基。在某些书籍中，用这个性质来定义 Riesz 基，如文献[25, 26]。

定义 2.16 如果序列 $\{x_n\in\mathcal{H},\ n\in\mathcal{I}\}$ 在空间 $\mathcal{H}$ 上是完备的，且存在常数 $\alpha>0$ 和 $\beta<\infty$ 时，对于所有的 $a\in\ell_2$，满足：

$$\alpha\sum_{n\in\mathcal{I}}|a[n]|^2\leqslant\left\|\sum_{n\in\mathcal{I}}a[n]x_n\right\|^2\leqslant\beta\sum_{n\in\mathcal{I}}|a[n]|^2 \tag{2.50}$$

则称 $\{x_n\in\mathcal{H},\ n\in\mathcal{I}\}$ 是 $\mathcal{H}$ 的一个 Riesz 基。

注意：当 $x = \sum_n a[n]x_n$ 时，式(2.50)与式(2.49)相同。很明显，$\mathcal{H}$ 的任何一个正交基都是 Riesz 基。

式(2.50)的下界表明，当 $\sum_n a[n]x_n = 0$ 时，对于任意的 n 都有 $a[n]=0$，这意味着向量集合 $\{x_n\}$ 是线性独立的。连同定义中完备性的假设，可以证明我们将集合看成是一组基是合理的。选择式(2.50)中的 $a[n]$ 使其等于 δ_{kn}，可得到 $\alpha \leqslant \|x_k\|^2 \leqslant \beta$，对于所有的 k 都成立。因此，每个基向量的范数不能任意大或任意小。

很容易发现，有限维空间的任意一组基都是一个 Riesz 基。事实上，假设 $|\mathcal{I}| = m$，并且令 $A = \max_n \|x_n\|^2$。因为 $|\langle x_n, x_\ell\rangle| \leqslant \|x_n\| \|x_\ell\| \leqslant A$，由此可以得到如下结论：

$$\left\| \sum_{n=1}^{m} a[n]x_n \right\|^2 \leqslant \sum_{n,\ell=1}^{m} |\overline{a[n]}a[\ell]|\,|\langle x_n, x_\ell\rangle| \leqslant A\left|\sum_{n=1}^{m}|a[n]|\right|^2 \leqslant mA\sum_{n=1}^{m}|a[n]|^2 \tag{2.51}$$

上述不等式是由将柯西–施瓦茨不等式应用在 $\sum_{n=1}^{m} 1 \cdot |a[n]|$ 得到的。因此，式(2.50)的上界总是满足 $\beta = mA$。当向量线性无关时式(2.50)的下界保留，因为在这种情况下对于 $\|\sum_{n=1}^{m} a[n]x_n\|^2 = 0$ 不存在非平凡序列 $a[n]$。

依据 $\{x_n\}$ 的集合变换 X，改变式(2.50)的形式是有意义的。使用算子符号可以进一步加深对 Riesz 基性质的理解，并且有利于得到 Riesz 基展开系数的表达式，这将是下一节的主题。注意到 $\sum_{n\in\mathcal{I}} a[n]x_n = Xa$，以及 $\sum_{n\in\mathcal{I}} |a[n]|^2 = \|a\|^2$，利用 $\langle Xa, Xa\rangle = \langle a, X^*Xa\rangle$ 这一关系，遵循伴随矩阵的定义，可以将式(2.50)写为如下形式：

$$\alpha\langle a,a\rangle \leqslant \langle a, X^*Xa\rangle \leqslant \beta\langle a,a\rangle \tag{2.52}$$

其中 X^*X 是有上界和下界的

$$\alpha I_{\ell_2} \leqslant X^*X \leqslant \beta I_{\ell_2} \tag{2.53}$$

其中符号 $A \geqslant B$ 表示 $A - B \geqslant 0$，也就是说 $A - B$ 的插值是半正定的。事实上，式(2.52)是算子不等式(2.53)的精确意义。式(2.53)的一个重要结论是 X^*X 是可逆的，且它的逆满足

$$\frac{1}{\beta}I_{\ell_2} \leqslant (X^*X)^{-1} \leqslant \frac{1}{\alpha}I_{\ell_2} \tag{2.54}$$

此结果的形式证明参见文献[33]。同样可以利用式(2.53)和命题 2.6 来证明 X 的范围是闭合的。因此，当求解 Riesz 基展开的转换时，其范围是自动闭合的，不会出现闭包的情况。

Riesz 基定义的一个隐含意义是 Riesz 基的展开系数的序列是有界的。

命题 2.11　令 $\{x_n\}$ 为希尔伯特空间 $\mathcal{H}$ 的一组 Riesz 基。那么，对于任意 $x \in \mathcal{H}$，存在

$$\alpha\|x\|^2 \leqslant \sum_n |\langle x, x_n\rangle|^2 \leqslant \beta\|x\|^2 \tag{2.55}$$

证明　为证明此命题首先将式(2.55)改写成运算符形式。令 $b[n] = \langle x_n, x\rangle$，则 $b = X^*x$。然后，式(2.55)的内部表达式等于 $\|b\|^2 = \langle X^*x, X^*x\rangle$。通过伴随矩阵的性质可以得到 $\langle X^*x, X^*x\rangle = \langle x, XX^*x\rangle$。因此，可以将式(2.55)写为如下形式：

$$\alpha\langle x,x\rangle \leqslant \langle x, XX^*x\rangle \leqslant \beta\langle x,x\rangle \tag{2.56}$$

其中对于任意的 $x \in \mathcal{H}$。

现在证明式(2.50)，等效地，也可以证明式(2.53)或式(2.56)。设 x 是空间 $\mathcal{H}$ 中的任一向量。因为向量组 $\{x_n\}$ 具有完备性，故对于某些序列 c 可以将向量 x 表示为 $x = \sum_n c[n]x_n =$

Xc。定义 $a=(X^*X)^{1/2}c$(请参阅附录A平方根的定义)；因为 X^*X 是正定且有界的，所以 a 是有意义的。将 a 代入到式(2.52)中，可以得到

$$\langle a,a\rangle = \langle (X^*X)^{1/2}c,(X^*X)^{1/2}c\rangle = \langle c, X^*Xc\rangle = \langle Xc,Xc\rangle \tag{2.57}$$

且 $\langle a,X^*Xa\rangle = \langle c,(X^*X)^2c\rangle$，进一步得到：

$$\alpha\langle Xc,Xc\rangle \leqslant \langle c,(X^*X)^2c\rangle \leqslant \beta\langle Xc,Xc\rangle \tag{2.58}$$

最后，前面提到过 $x=Xc$，因此式(2.58)内部表达式可以利用 x 表示成如下形式：

$$\langle c,(X^*X)^2c\rangle = \langle Xc,XX^*Xc\rangle = \langle x,XX^*x\rangle \tag{2.59}$$

同时有 $\langle Xc,Xc\rangle = \langle x,x\rangle$，因此，式(2.58)变成如下形式：

$$\alpha\langle x,x\rangle \leqslant \langle x,XX^*x\rangle \leqslant \beta\langle x,x\rangle \tag{2.60}$$

因为 x 任意，所以式(2.56)对所有的 x 都是成立的。 □

接下来我们思考一些 Riesz 基相关的例子。

例2.24 为了示范 Riesz 基的概念，首先回顾一下例2.23，并提出基 $\{x_n(t)=\mathrm{e}^{\mathrm{j}nt}\}_{n\in\mathbb{Z}}$ 是不是 $L_2([-\pi,\pi])$ 上的一组 Riesz 基这一问题。因为这些向量具有完备性，所以可以通过它们验证不等式(2.50)和式(2.52)是否成立。

为此我们计算 $L_2([-\pi,\pi])$ 上的内积 $\langle x_m,x_n\rangle$

$$\langle x_m,x_n\rangle = \int_{-\pi}^{\pi}\mathrm{e}^{-\mathrm{j}mt}\mathrm{e}^{\mathrm{j}nt}\mathrm{d}t = 2\pi\delta[m-n] \tag{2.61}$$

因此，$X^*X=2\pi I$ 和 $\{\mathrm{e}^{\mathrm{j}nt}\}_{n\in\mathbb{Z}}$ 是界为 $\alpha=\beta=2\pi$ 的一组 Riesz 基，也相当于标准正交基。

例2.25 在这个例子中我们考虑函数集合 $\{x_n(t)=\mathrm{e}^{\mathrm{j}nt}/(1+|n|)\}_{n\in\mathbb{Z}}$。很容易发现这个集合可以构成 $L_2([-\pi,\pi])$ 上的一组基。事实上，因为 $\{\mathrm{e}^{\mathrm{j}nt}\}$ 是 $L_2([-\pi,\pi])$ 上的一组基，则对于任意的 $x(t)\in L_2([-\pi,\pi])$ 都存在系数序列 $a[n]$ 使得 $x(t)=\sum_n a[n]\mathrm{e}^{\mathrm{j}nt}$ 成立。定义 $\tilde{a}[n]=a[n](1+|n|)$，则 $x(t)$ 可以写为 $x(t)=\sum_n \tilde{a}[n]x_n(t)$。可是，这些向量并不能形成一组 Riesz 基。确定某组向量不能组成 Riesz 基的最简单的方法是证实它们的范数没有下界：$\|x_n(t)\| = \sqrt{2\pi}/(1+|n|)$，当 $|n|\to\infty$ 时，$\|x_n(t)\|\to 0$，与式(2.50)中给出的下界相矛盾。

例2.26 考虑信号集合 $\{x_n(t)\}_{n\in\mathbb{Z}}$，其在 L_2 上的定义为

$$x_n(t) = \begin{cases}\alpha^n, & 0\leqslant t<\alpha^{-2n}\\ 0, & \alpha^{-2n}\leqslant t\end{cases} \tag{2.62}$$

其中对于一些标量 $\alpha>1$。与前面的两个例子相比，这组函数在 L_2 的标准内积并不正交。事实上

$$\langle x_m,x_n\rangle = \int_0^{\alpha^{-2\max\{m,n\}}}\alpha^m\alpha^n\mathrm{d}t = \alpha^{-|m-n|} \tag{2.63}$$

为了判定这些函数是否能够组成 Riesz 基，我们考虑运算符 X^*X 的界限。下面的分析将依赖于离散时间傅里叶变换及其性质，其具体内容将在下一章进行分析讲解。我们假设读者已经

基本熟悉这些知识点，所以下面的推导对他们来说不难理解。否则的话，可以现在跳过这个例子，在学习理解好这些概念后再来思考这个例子，以便更好理解。

设 $b=X^*Xa$。那么

$$b[m]=\langle x_m,Xa\rangle=\langle x_m,\sum_{n\in\mathbb{Z}}a[n]x_n\rangle=\sum_{n\in\mathbb{Z}}a[n]\langle x_m,x_n\rangle=\sum_{n\in\mathbb{Z}}a[n]\alpha^{-|m-n|}\quad(2.64)$$

定义序列 $c[n]=\alpha^{-|n|}$，可以将 $b[n]$ 表示成 $b[n]=(a*c)[n]$，其中 $*$ 表示两个序列间的离散卷积。我们将在 3.3 节中详细讨论卷积算子。现在，来回忆下面将用到的卷积的一个重要性质：离散时间傅里叶变换 $B(\mathrm{e}^{\mathrm{j}\omega})$ 卷积等于离散时间傅里叶变换 $A(\mathrm{e}^{\mathrm{j}\omega})$ 和 $C(\mathrm{e}^{\mathrm{j}\omega})$ 的序列 $a[n]$ 和 $c[n]$ 的乘积。综合观察结果和帕塞瓦尔定理，可以得到

$$\begin{aligned}\langle a,X^*Xa\rangle&=\sum_{n\in\mathbb{Z}}\overline{a[n]}(a*c)[n]\\&=\frac{1}{2\pi}\int_{-\pi}^{\pi}\overline{A(\mathrm{e}^{\mathrm{j}\omega})}A(\mathrm{e}^{\mathrm{j}\omega})C(\mathrm{e}^{\mathrm{j}\omega})\mathrm{d}\omega\\&=\frac{1}{2\pi}\int_{-\pi}^{\pi}|A(\mathrm{e}^{\mathrm{j}\omega})|^2C(\mathrm{e}^{\mathrm{j}\omega})\mathrm{d}\omega\end{aligned}\quad(2.65)$$

为了限制内积 $\langle a,X^*Xa\rangle$ 的界限，利用如下限制条件：

$$C(\mathrm{e}^{\mathrm{j}\omega})=\frac{\alpha^2-1}{\alpha^2-2\alpha\cos(\omega)+1}\quad(2.66)$$

因为 $|\cos(\omega)|\leqslant 1$

$$\frac{\alpha-1}{\alpha+1}\leqslant C(\mathrm{e}^{\mathrm{j}\omega})\leqslant\frac{\alpha+1}{\alpha-1}\quad(2.67)$$

因此

$$\langle a,X^*Xa\rangle\leqslant\frac{\alpha+1}{\alpha-1}\frac{1}{2\pi}\int_{-\pi}^{\pi}|A(\mathrm{e}^{\mathrm{j}\omega})|^2\mathrm{d}\omega=\frac{\alpha+1}{\alpha-1}\|a\|^2\quad(2.68)$$

$$\langle a,X^*Xa\rangle\geqslant\frac{\alpha-1}{\alpha+1}\frac{1}{2\pi}\int_{-\pi}^{\pi}|A(\mathrm{e}^{\mathrm{j}\omega})|^2\mathrm{d}\omega=\frac{\alpha-1}{\alpha+1}\|a\|^2\quad(2.69)$$

这意味着式(2.52)是成立的。因此，我们可以推断出依据集合 $\{x_n(t)\}_{n\in\mathbb{Z}}$ 的闭线性跨度，其可以组成一组 Riesz 基。

到目前为止，我们已经讨论了 Riesz 基的几个基本性质，同时也思考了一些典型范例。在下一节将提出如何将给定的向量在 Riesz 基展开的方法。我们将看到，式(2.55)意味着在 ℓ_2 上的展开系数序列。

2.5.4　Riesz 积展开

在希尔伯特空间 $\mathcal{H}$ 中任取一组 Riesz 基 $\{x_n,\ n\in\mathcal{I}\}$，空间 $\mathcal{H}$ 中的任一向量 x 都可以唯一地表示为

$$x=\sum_{n\in\mathcal{I}}a[n]x_n\quad(2.70)$$

其中 $a[n]\in\mathbb{C}$。由于集合变换 X 和向量组 $\{x_n\}$ 相对应，因此可以用 $x=Xa$ 替换式(2.70)中的向量 x。问题在于当仅仅已知 x 和 X 时如何确定 a。为了回答这个问题，先举一个 Riesz 基的最简单例子：正交基。

如果序列$\{x_n \in \mathcal{H},\ n \in \mathcal{I}\}$完备且正交，那么它是希尔伯特空间$\mathcal{H}$中的一组正交基，即有$\langle x_n, x_k \rangle = \delta_{nk}$。在这种情况下

$$\left\| \sum_{n\in\mathcal{I}} a[n]x_n \right\|^2 = \left\langle \sum_{n\in\mathcal{I}} a[n]x_n, \sum_{k\in\mathcal{I}} a[k]x_k \right\rangle = \sum_{n,k\in\mathcal{I}} \overline{a[n]}a[k]\langle x_n, x_k\rangle = \sum_{n\in\mathcal{I}} |a[n]|^2 \tag{2.71}$$

所以在式(2.50)中$\alpha=\beta=1$。正交基的一个非常好的特性是其基展开系数非常容易求得。假设$x = \sum_n a[n]x_n$，且$\{x_n\}$是正交的。那么，求取x和x_k的内积，可以得到

$$\langle x_k, x\rangle = \sum_n a[n]\langle x_k, x_n\rangle = a[k] \tag{2.72}$$

因此$a[n] = \langle x_n, x\rangle$。寻找展开系数很方便的原因很明显，即可以利用正交性属性$\langle x_n, x_k\rangle = \delta_{nk}$来隔离各个系数。

为了确定更具一般性的Riesz基的系数，需要涉及更多的具有代表性的Riesz基来为公式的推导提供数据支撑。为了加深对正交基展开的理解，这里定义一个新的向量集合$\{\tilde{x}_n\}$，其具有如下的内积特性。

$$\langle \tilde{x}_n, x_k\rangle = \delta_{nk} \tag{2.73}$$

在后面将会看到这样的集合总是存在的。一旦式(2.73)成立，将会如正交展开一样快速准确地找到Riesz基展开系数，即将式(2.72)中的x_k用$\tilde{x}_k$替代，得到$a[n] = \langle \tilde{x}_n, x\rangle$。那么，对于任意的$x \in \mathcal{H}$，$x$的表达式可写为

$$x = \sum_{n\in\mathcal{I}} \langle \tilde{x}_n, x\rangle x_n \tag{2.74}$$

其中，集合$\{\tilde{x}_n\}$被称为$\{x_n\}$的双重正交基，或双正交基。显然地，如果这个集合存在，其必然具有唯一性和完备性，其被包含在下面的命题中。

命题2.12 设向量集合$\{x_n,\ n\in\mathcal{I}\}$构成希尔伯特空间$\mathcal{H}$中的一组Riesz基，并且设$\{\tilde{x}_n,\ n\in\mathcal{I}\}$是式(2.73)中所定义的双正交向量，那么这个双正交集合一定是完备的，并且是满足式(2.73)的唯一的向量集合。

证明 为了证明其完备性，依赖于命题2.9。假设，对于任意$n\in\mathcal{I}$，存在向量$y\in\mathcal{H}$使得$\langle y, \tilde{x}_n\rangle = 0$。因为向量集合$\{x_n\}$具有完备性，所以可以利用某个系数序列$a$将$y$写为$y = \sum_n a[n]x_n$。那么，对于每一个$n$可以得到

$$0 = \langle y, \tilde{x}_n\rangle = \sum_k \overline{a[k]}\langle x_k, \tilde{x}_n\rangle = \overline{a[n]} \tag{2.75}$$

其中利用到了双正交性质。因此，对于所有的n均有$a[n]=0$，且$y=0$。证毕。

为了证明其唯一性，假设向量集合$\{z_k\}$同样也能组成双正交集合，使得$\langle z_k, x_n\rangle = \langle \tilde{x}_k, x_n\rangle = \delta_{kn}$。那么，对于所有的$k$，$n$均有$\langle z_k - \tilde{x}_k, x_n\rangle = 0$。因为向量集合$\{x_n\}$具有完备性，所以通过命题2.9可以得到对任意$k$，存在$z_k - \tilde{x}_k = 0$或$z_k = \tilde{x}_k$。 □

向量组$\{\tilde{x}_n\}$的完备性意味着任一向量x都可以利用某个序列b将其表达为$x = \sum_n b[n]\tilde{x}_n$。求取$\tilde{x}_n$与$x_n$的内积可以得到$b[n] = \langle x_n, x\rangle$。综合这个观察结果和式(2.74)可以得到

$$x = \sum_{n\in\mathcal{I}} \langle \tilde{x}_n, x\rangle x_n = \sum_{n\in\mathcal{I}} \langle x_n, x\rangle \tilde{x}_n \tag{2.76}$$

对于标准正交基，双正交向量等于向量本身，并且可以得到我们所熟悉的标准正交分解$x =$

$\sum_{n\in\mathcal{I}}\langle x_n,x\rangle x_n$。概括地说，已经证明如果存在一个满足式(2.73)的双正交向量集合，那么x可以写成一系列的如式(2.76)的展开形式。

仍旧可以得到双正交向量的显示表达式，可以通过集合转换法较容易地实现。令X和$\widetilde{X}$分别表示集合转换所对应的向量集合$\{x_n\}$和$\{\widetilde{x}_n\}$，可以得到下面的引理。

引理2.1　条件式(2.73)相当于

$$\widetilde{X}^*X = I_{\ell_2} \tag{2.77}$$

证明　我们注意到式(2.77)意味着$\widetilde{X}^*Xa=a$对于任意$a\in\ell_2$均成立。假设式(2.77)成立，表达式$y=Xa$，故$a[n]=\langle\widetilde{x}_n,y\rangle$。写出$y$后将会明确地得到

$$a[n] = a[n]\langle\widetilde{x}_n,x_n\rangle + \sum_{k\neq n}a[k]\langle\widetilde{x}_n,x_k\rangle \tag{2.78}$$

式(2.78)对于所有可能的$a[n]$均成立的唯一条件是，当$k\neq n$时，$\langle\widetilde{x}_n,x_n\rangle=1$且$\langle\widetilde{x}_n,x_k\rangle=0$。

为了证明其逆向，令$b=\widetilde{X}^*Xa$，并假设式(2.73)成立。遵循之前相同的步骤，得到

$$b[n] = a[n]\langle\widetilde{x}_n,x_n\rangle + \sum_{k\neq n}a[k]\langle\widetilde{x}_n,x_k\rangle \tag{2.79}$$

利用双正交性质，式(2.79)变成$b[n]=a[n]$形式，对于所有的$a[n]$均成立，所以$\widetilde{X}^*X=I_{\ell_2}$成立。 □

为证明对于$\widetilde{X}$式(2.77)也成立，我们回想一下，因为$\{x_n\}$是Riesz基，X^*X是可逆的[参见式(2.54)]。可以很容易地得到

$$\widetilde{X} = X(X^*X)^{-1} \tag{2.80}$$

满足式(2.77)：事实上，$\widetilde{X}^*X=(X^*X)^{-1}X^*X=I_{\ell_2}$。

因为通过式(2.54)可以推出$\widetilde{X}^*\widetilde{X}=(X^*X)^{-1}$，所以可以得到

$$\frac{1}{\beta}I_{\ell_2} \leqslant \widetilde{X}^*\widetilde{X} \leqslant \frac{1}{\alpha}I_{\ell_2} \tag{2.81}$$

由于向量$\{\widetilde{x}_n\}$是完备的，集合$\{\widetilde{x}_n\}$也可以形成$\mathcal{H}$的Riesz基，特别地，对于任意$x\in\mathcal{H}$，式(2.55)变化为

$$\|a\|^2 = \sum_n|\langle\widetilde{x}_n,x\rangle|^2 \leqslant \left(\frac{1}{\alpha}\right)\|x\|^2 \tag{2.82}$$

其中$a[n]=\langle\widetilde{x}_n,x\rangle$为式(2.74)中的膨胀系数。因此膨胀系数序列$a$为$\ell_2$。

Riesz基的讨论基于如下定理。

定理2.1　(Riesz基展开)。令向量$\{x_n,n\in\mathcal{I}\}$作为一个形如式(2.50)中边界为α,β的希尔伯特空间$\mathcal{H}$的Riesz基。令X为相应的集合变换。那么，根据$\widetilde{X}=X(X^*X)^{-1}$确定的向量$\{\widetilde{x}_n,n\in\mathcal{I}\}$就是$\mathcal{H}$上对应$\{\widetilde{x}_n,n\in\mathcal{I}\}$的唯一的双正交向量集合。也就是说，对于所有的$k$和$n$，有$\langle\widetilde{x}_n,x_k\rangle=\delta_{nk}$。这些向量也构成一个边界为$1/\alpha$，$1/\beta$的希尔伯特空间$\mathcal{H}$的Riesz基。进而，任何$x\in\mathcal{H}$都能被唯一地表示为$x=\sum_{n\in\mathcal{I}}\langle\widetilde{x}_n,x\rangle x_n$，其中序列参数$\langle\widetilde{x}_n,x\rangle$在$\ell_2$中，并且有$x=\sum_{n\in\mathcal{I}}\langle x_n,x\rangle\widetilde{x}_n$，其中序列参数$\langle x_n,x\rangle$在$\ell_2$中。

例2.27　这里来计算例2.26中的Riesz基的双正交基。

由定理2.1，相对于双正交基的集合变换为 $\widetilde{X}=X(X^*X)^{-1}$，这意味着 $\widetilde{x}_n(t)=\widetilde{X}e_n=Xa_n$，并且有 $a_n=(X^*X)^{-1}e_n$，此处 $e_n[m]=\delta[m-n]$ 为一个序列。因此可得到

$$\widetilde{x}_n(t)=\sum_{m\in\mathbb{Z}}a_n[m]x_m(t) \tag{2.83}$$

由于 $X^*Xa_n=e_n$，序列 $a_n[m]$ 满足 $\sum_{\ell\in\mathbb{Z}}\langle x_m,x_\ell\rangle a_n[\ell]=e_n[m]=\delta[m-n]$。正如例2.26中式(2.64)所示，等价于要求 $(a_n*c)[m]=\delta[m-n]$，其中 $c[m]=\alpha^{-|m|}$。根据式(2.26)，这种情况可以依据DTFT写成

$$A_n(\mathrm{e}^{\mathrm{j}\omega})C(\mathrm{e}^{\mathrm{j}\omega})=A_n(\mathrm{e}^{\mathrm{j}\omega})\frac{\alpha^2-1}{\alpha^2-2\alpha\cos(\omega)+1}=\mathrm{e}^{-\mathrm{j}\omega n} \tag{2.84}$$

其中

$$A_n(\mathrm{e}^{\mathrm{j}\omega})=\mathrm{e}^{-\mathrm{j}\omega n}\frac{\alpha^2-2\alpha\cos(\omega)+1}{\alpha^2-1} \tag{2.85}$$

考虑到反DTFT变换

$$a_n[m]=\frac{1}{\alpha^2-1}\begin{cases}\alpha^2+1, & m=n\\ -\alpha, & |m-n|=1\\ 0, & |m-n|\geqslant 2\end{cases} \tag{2.86}$$

因此联合式(2.83)和式(2.62)，可得到

$$\begin{aligned}\widetilde{x}_n(t)&=\frac{1}{\alpha^2-1}[(\alpha^2+1)x_n(t)-\alpha x_{n+1}(t)-\alpha x_{n-1}(t)]\\&=\frac{1}{\alpha^2-1}\begin{cases}0, & 0\leqslant t<\alpha^{-2(n+1)}\\ \alpha^{n+2}, & \alpha^{-2(n+1)}\leqslant t<\alpha^{-2n}\\ -\alpha^n, & \alpha^{-2n}\leqslant t<\alpha^{-2(n-1)}\\ 0, & t\geqslant\alpha^{-2(n-1)}\end{cases}\end{aligned} \tag{2.87}$$

2.6 投影算子

在前面章节中，研究了在给定空间中用空间的基对信号进行展开的方法，比如Riesz基。现在考虑将向量在两个不同的子空间中分解。我们在2.4.3节研究了任意线性变换 T 相关联的子空间问题时，已经涉及了直和分解的问题。这里，我们进一步考虑用投影方法来进行分解。投影方法在现代采样技术的发展中起到了十分重要的作用，因为投影方法可以是我们关注信号的某一部分，使得从给定采样值中恢复信号。

定义2.17 当变换满足 $T=T^2$ 时，那么一个线性算子 $T:\mathcal{H}\to\mathcal{H}$ 就是一个投影。

根据如下方式可以区别两种不同的投影：

- 埃尔米特投影（正交投影），此时 $T=T^*$
- 非埃尔米特投影（斜投影）

正交投影在信号处理中的应用更加广泛；而斜投影应用较少。埃尔米特投影被称为正交投影是由于它们的对称性，即 $\mathcal{N}(T)=\mathcal{R}(T)^{\perp}$（参见命题2.8）。正如我们上面所提到的，埃尔米特投影将空间分为几个正交的子空间，而非埃尔米特投影将空间分为几个非正交的子空间。

根据投影的定义，可以了解任意 $\mathcal{H}$ 空间中的向量是怎样投影的。第一个重要的发现如命题 2.13 所示。

命题 2.13　给定一个希尔伯特空间 $\mathcal{H}$ 上的投影 T，可以得到

$$\mathcal{H} = \mathcal{R}(T) \oplus \mathcal{N}(T) \tag{2.88}$$

并且，对于任意 $\mathcal{R}(T)$ 中的 y，有 $Ty = y$。

考虑到式(2.88)中的分解形式对于一般的 T 变换是不正确的。然而，$T^2 = T$ 可以确保正确性。此命题显然的结论是，一旦定义了 $\mathcal{R}(T)$ 和 $\mathcal{N}(T)$，T 变换因子完全确定：对于 $x \in \mathcal{N}(T)$，$Tx = 0$，对于 $x \in \mathcal{R}(T)$，$Tx = x$。根据式(2.88)，T 变换因子可以应用于所有的任意 $\mathcal{H}$ 中的向量。

证明　为了证明(2.88)，我们注意到任意向量 $x \in \mathcal{H}$ 可以写为

$$x = Tx + (I_{\mathcal{H}} - T)x \tag{2.89}$$

上式对于所有 T 均成立。投影算子的特殊性在于 $y = (I_{\mathcal{H}} - T)x$ 位于空间 $\mathcal{N}(T)$ 中。事实上

$$Ty = T(I_{\mathcal{H}} - T)x = (T - T^2)x = 0 \tag{2.90}$$

由于 $T = T^2$。显然地，Tx 为 $\mathcal{R}(T)$ 的势。因此式(2.89)表示了任意 $x \in \mathcal{H}$ 可以写成 $\mathcal{N}(T)$ 中 1 个元素和 $\mathcal{R}(T)$ 中 1 个元素的和，即为 $\mathcal{H} = \mathcal{N}(T) + \mathcal{R}(T)$。

为了展示直和的形式，需要明白两个子空间是不相交的。令 y 为 $\mathcal{R}(T)$ 中的任意向量。通过定义，$y = Tx$，对于一些 x

$$Ty = T(Tx) = T^2 x = Tx = y \tag{2.91}$$

现在，假设 y 也是 T 的一个空空间。$Ty = 0$，根据式(2.91)，$y = 0$。因此 $\mathcal{R}(T) \cap \mathcal{N}(T) = \{0\}$。最终，式(2.91)表示了对于任意 $y \in \mathcal{R}(T)$ 有 $Ty = y$。　□

通过本书我们提出了一种势等于 $\mathcal{V}$ 并且空空间通过 $E_{\mathcal{VW}}$ 等于 $\mathcal{W}$ 的投影，即投影算子对 $\mathcal{V}$ 在 $\mathcal{W}$ 上进行操作。$E_{\mathcal{VW}}$ 满足

(1) 对于任意的 $v \in \mathcal{V}$，$E_{\mathcal{VW}} v = v$

(2) 对于任意的 $w \in \mathcal{W}$，$E_{\mathcal{VW}} w = 0$

当 T 为埃尔米特投影时，$\mathcal{R}(T) = \mathcal{N}(T)^{\perp}$，所以 $\mathcal{V} = \mathcal{W}^{\perp}$。这种情况下，我们认为 T 是正交投影，通过 $P_{\mathcal{V}}$ 可以简单地表示出了。另一方面，文献[34 ~36]被称为斜投影。

给定投影 $E_{\mathcal{VW}}$，根据式(2.88)，任意 $x \in \mathcal{H}$ 唯一地写成

$$x = x_{\mathcal{V}} + x_{\mathcal{W}} \tag{2.92}$$

此处 $x_{\mathcal{V}}$ 在 $\mathcal{V}$ 中，$x_{\mathcal{W}}$ 在 $\mathcal{W}$ 中，并且根据上面的性质(1)，可以得到 $x_{\mathcal{V}} = E_{\mathcal{VW}} x_{\mathcal{V}}$。由于性质(2)，$E_{\mathcal{VW}} x_{\mathcal{W}} = 0$，可以得到

$$x_{\mathcal{V}} = E_{\mathcal{VW}} x \tag{2.93}$$

并且

$$x_{\mathcal{W}} = x - x_{\mathcal{V}} = (I_{\mathcal{H}} - E_{\mathcal{VW}})x \tag{2.94}$$

可以明显地看出 $T = I_{\mathcal{H}} - E_{\mathcal{VW}}$ 也是一个投影。对于任意 $v \in \mathcal{V}$，$Tv = 0$；对于 $w \in \mathcal{W}$，$Tw = w$。因此，$T = E_{\mathcal{WV}}$ 是一个 $\mathcal{W}$ 上 $\mathcal{V}$ 的投影，并且有以下性质。

命题 2.14　令 $E_{\mathcal{VW}}$ 为希尔伯特空间 $\mathcal{H}$ 上的一个投影，那么，任意 $x \in \mathcal{H}$ 可以唯一地写成

$$x = x_{\mathcal{V}} + x_{\mathcal{W}} \tag{2.95}$$

其中 $x_{\mathcal{V}} = E_{\mathcal{VW}} x$，$x_{\mathcal{W}} = (I_{\mathcal{H}} - E_{\mathcal{VW}})x = E_{\mathcal{WV}} x$。向量 $x_{\mathcal{V}}$ 和 $x_{\mathcal{W}}$ 分别称为 x 在 $\mathcal{V}$ 和 $\mathcal{W}$ 上的投影。

2.6.1 正交投影算子

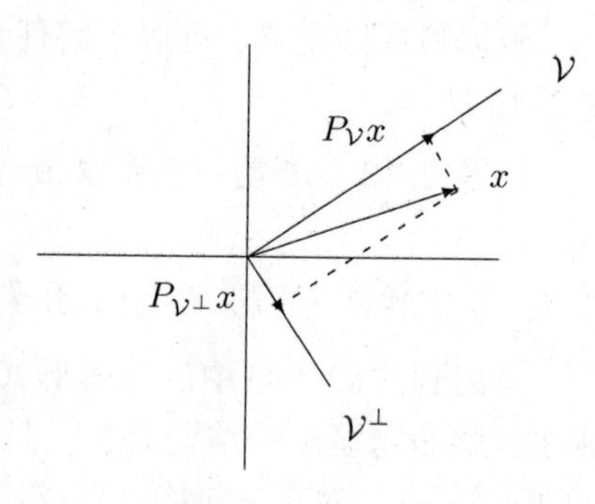

图 2.7 通过 $P_{\mathcal{V}}$ 和 $P_{\mathcal{V}^\perp}$，将 x 分解到 $\mathcal{V}$ 和 $\mathcal{V}^\perp$ 两个正交分量上

正如我们所看到的，如果 $T=T^*$，$\mathcal{R}(T)=\mathcal{N}(T)^\perp$，正交投影可以完全地用空间 $\mathcal{V}$ 的势表示。因此，一个正交投影 $P_{\mathcal{V}}$ 是一个唯一地满足对于任意 $v\in\mathcal{V}$，$P_{\mathcal{V}}v=v$，并且对于任意 $w\in\mathcal{V}^\perp$，$P_{\mathcal{V}}w=0$。

正交投影可以用来将一个信号分解到正交的子空间中。特别地，给定一个 $\mathcal{H}$ 空间中的正交投影 $P_{\mathcal{V}}$，满足式(2.88)中的 $\mathcal{H}=\mathcal{V}\oplus\mathcal{V}^\perp$。定理 2.14 表明对于任意 $x\in\mathcal{H}$ 可以唯一地表示为 $x=x_{\mathcal{V}}+x_{\mathcal{V}^\perp}$，其中 $x_{\mathcal{V}}=P_{\mathcal{V}}x\in\mathcal{V}$，并且 $x_{\mathcal{V}^\perp}=(I_{\mathcal{H}}-P_{\mathcal{V}})x=P_{\mathcal{V}^\perp}x\in\mathcal{V}^\perp$。这些投影本身就拥有正交性，如图 2.7 所示。由于正交性，$\|x\|^2=\|x_{\mathcal{V}}\|^2+\|x_{\mathcal{V}^\perp}\|^2$，并且对于投影 x 满足

$$\|P_{\mathcal{V}}x\|^2=\|x_{\mathcal{V}}\|^2\leqslant\|x\|^2 \tag{2.96}$$

此性质对于斜投影 $\mathcal{V}$ 不是一定满足的[37]。式(2.96)的重要性在于如果 x 包含噪声，这种投影不会放大噪声。

正交投影 $x_{\mathcal{V}}=P_{\mathcal{V}}x$ 还有一个明显的特性，它是 $\mathcal{V}$ 中离 x 最近的向量。

命题 2.15 令 $\mathcal{V}\subseteq\mathcal{H}$ 是 $\mathcal{H}$ 上的一个闭合子空间，令 $P_{\mathcal{V}}$ 表示 $\mathcal{V}$ 上的正交投影运算符号，若 x 为 $\mathcal{H}$ 中任意的向量，则有

$$x_{\mathcal{V}}=P_{\mathcal{V}}x=\arg\min_{v\in\mathcal{V}}\|x-v\|^2 \tag{2.97}$$

证明 令 $x=x_{\mathcal{V}}+x_{\mathcal{V}^\perp}$，其中 $x_{\mathcal{V}}=P_{\mathcal{V}}x\in\mathcal{V}$，$x_{\mathcal{V}^\perp}\in\mathcal{V}^\perp$。注意到对于任意 $v\in\mathcal{V}$，$x_{\mathcal{V}}-v\in\mathcal{V}$，$\langle x_{\mathcal{V}}-v,x_{\mathcal{V}^\perp}\rangle=0$。因此

$$\|x-v\|^2=\|x_{\mathcal{V}^\perp}+x_{\mathcal{V}}-v\|^2=\|x_{\mathcal{V}^\perp}\|^2+\|x_{\mathcal{V}}-v\|^2\geqslant\|x_{\mathcal{V}^\perp}\|^2 \tag{2.98}$$

等号取自当且仅当 $v=x_{\mathcal{V}}$ 时。 □

我们可以得出使用 $\mathcal{V}$ 的 Riesz 基来对 $P_{\mathcal{V}}$ 进行正交投影。

命题 2.16 令 $\{v_n\}$ 为希尔伯特空间 $\mathcal{V}$ 的一个 Riesz 基，令 V 为相应的集合变换，那么，$\mathcal{V}$ 上的正交投影可以写为

$$P_{\mathcal{V}}=V(V^*V)^{-1}V^* \tag{2.99}$$

注意：由于变换 V 是相对于 Riesz 基，通过式(2.54)可以完全定义 $(V^*V)^{-1}$。

证明 为了证明对于任意 $v\in\mathcal{V}$ 满足 $P_{\mathcal{V}}v=v$，以及 $x\in\mathcal{V}^\perp$ 满足 $P_{\mathcal{V}}x=0$。由于对于任意 $x\in\mathcal{V}^\perp$，$\langle v_n,x\rangle=0$、$V^*x=0$。我们注意到对于任意 $v\in\mathcal{V}$，有 $v=Va$，其中 $a\in\ell_2$。因此

$$V(V^*V)^{-1}V^*v=V(V^*V)^{-1}V^*(Va)=Va=v \tag{2.100}$$

证毕。 □

式(2.99)根据相关集合变换可以表示为双正交基向量。

$$\widetilde{V}=V(V^*V)^{-1} \tag{2.101}$$

这样式(2.99)可以写为

$$P_{\mathcal{V}}=V\widetilde{V}^* \tag{2.102}$$

可以看出，对于 $\mathcal{H}$ 中任意 x

$$x_{\mathcal{V}} = P_{\mathcal{V}}x = V\widetilde{V}^{*}x = \sum_{n} \langle \widetilde{v}_n, x \rangle v_n \tag{2.103}$$

如果向量$\{v_n\}$是正交的，根据定理 2.10，可得出 $V^*V=I$，$P_{\mathcal{V}}=VV^*$。正交投影 $x_{\mathcal{V}}$ 可以写为

$$x_{\mathcal{V}} = \sum_{n} \langle v_n, x \rangle v_n \tag{2.104}$$

式(2.103)的展开与式(2.76)相同，正如 Riesz 基的展开(用 v_n，$\widetilde{v}_n$ 代替 x_n，$\widetilde{x}_n$)。这种区别如下所示。当我们通过式(2.76)讨论 Riesz 基时，信号 x 位于基向量 x_n 展开的空间。相反，向量 x 可以被展开成一个更大的希尔伯特空间 $\mathcal{H}$ 中的任意一个向量。然而，基向量展开成一个更低维的子空间 $\mathcal{V}$。如果 x 位于 $\mathcal{V}$ 中，$P_{\mathcal{V}}x=x$，并且两种展开是确定的。然而，如果 x 不位于 $\mathcal{V}$ 中，式(2.103)表示标准 Riesz 基展开导致了 $\mathcal{V}$ 中 x 的正交投影。根据定理 2.15，此结果是 $\mathcal{V}$ 中距离 x 最近的向量。

2.6.2 斜投影算子

斜投影算子也可以用来将一个信号空间分解为更小的子空间，然而，当采用斜投影时，这些子空间将不再是正交的。

给定希尔伯特空间 $\mathcal{H}$ 上的投影 $E_{\mathcal{V}}\mathcal{W}$，根据式(2.88)和式(2.89)，$\mathcal{H}$ 可以被分解为 $\mathcal{H}=\mathcal{V}\oplus\mathcal{W}$。正如图 2.8 所示的，对于任意的 $x\in\mathcal{H}$ 都可以唯一地表示为 $x=x_{\mathcal{V}}+x_{\mathcal{W}}$，其中 $x_{\mathcal{V}}=E_{\mathcal{VW}}x\in\mathcal{V}$，并且有 $x_{\mathcal{W}}=(I_{\mathcal{H}}-E_{\mathcal{VW}})x=E_{\mathcal{WV}}x\in\mathcal{W}$。然而，注意到 $x_{\mathcal{V}}$ 和 $x_{\mathcal{W}}$ 不一定要求正交。事实上，投影不正交意味着 $x_{\mathcal{V}}$ 和 $x_{\mathcal{W}}$ 的各分量的范数在理论上就会大于 x 的范数，如在图 2.8 中看到的(其中向量 $x_{\mathcal{V}}=E_{\mathcal{VW}}x$ 就比 x 更长)。在采样定理中有个重要的结论，如果向量 x 代表了一个受到噪声污染的向量，通过斜投影后，噪声的范数会被放大。

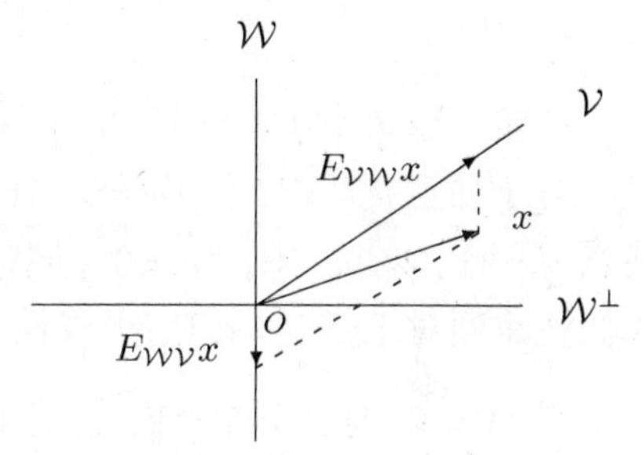

图 2.8　信号 x 在其分量 $\mathcal{V}$ 和 $\mathcal{W}$ 上的分解，分别表示为 $E_{\mathcal{VW}}x$ 和 $E_{\mathcal{WV}}x$

构造斜投影比构造正交投影更为复杂，因为斜投影包含了 2 个子空间。为此我们考虑 2 个 Riesz 基，一个为 $\mathcal{V}$ 的，另一个为 $\mathcal{W}^{\perp}$，以及空空间 $E_{\mathcal{VW}}$的正交元素。依靠以下引理进行推导。

引理 2.2　令向量$\{v_n, n\in\mathcal{I}\}$形成了希尔伯特空间 $\mathcal{H}$ 中的子空间 $\mathcal{V}$ 的一个 Riesz 基，而向量$\{w_n, n\in\mathcal{I}\}$形成了希尔伯特空间 $\mathcal{H}$ 的子空间 $\mathcal{W}^{\perp}$ 的一个 Riesz 基，其中 $\mathcal{V}+\mathcal{W}=\mathcal{H}$。令 V：$\ell_2\to\mathcal{H}$和 W：$\ell_2\to\mathcal{H}$ 分别表示向量$\{v_n, n\in\mathcal{I}\}$和$\{w_n, n\in\mathcal{I}\}$集合变换。那么，当且仅当 $\mathcal{V}\cap\mathcal{W}=\{0\}$时，$W^*V$ 是可逆的。

证明　当在空间 $\mathcal{V}$ 和 $\mathcal{W}$ 交集中有一个非零向量，即 $\mathcal{V}\cap\mathcal{W}\neq\{0\}$时，那么 W^*V 就不是可逆的。假定 x 是 $\mathcal{V}\cap\mathcal{W}$ 中的一个非零向量，由于向量 v_n 形成了 $\mathcal{V}$ 的基向量，对于一些非零向量 $a\in\ell_2$，有 $x=Va$。并且根据定理 2.8 有 $\mathcal{N}(W^*)=\mathcal{R}(W)^{\perp}=\mathcal{W}$，由于 x 在 $\mathcal{W}$ 中，所以有 $W^*x=0$。代入 $x=Va$，得到对于任意一个非零的 $a\in\ell_2$ 有 $W^*x=W^*Va=0$，并且 W^*V 不是可逆的。

下一步，我们假定 $\mathcal{V}\cap\mathcal{W}=\{0\}$，并且 W^*V 是可逆的，或者等于说 W^*V 是内射和满射的。相反假定 W^*V 是非内射的，即存在一个非零的 a，满足 $W^*Va=0$。由于向量$\{v_n\}$是线性独立的，则有 $Va\neq0$ (根据定理 2.10)。因此，$W^*Va=0$ 表明 $W^*v=0$，其中 $v=Va\neq0$。同样地，$v\in\mathcal{N}(W^*)$，由于 $\mathcal{N}(W^*)=\mathcal{R}(W)^{\perp}=W$，$v\neq0$ 必然位于 $\mathcal{W}$。但是通过定义，$v=Va$ 位于 $\mathcal{V}$，这就与假定的 $\mathcal{V}\cap\mathcal{W}=\{0\}$相矛盾。

那么如果 W^*V 是满射的，这就意味着对于任意 $a\in\ell_2$ 都存在 $b\in\ell_2$，此时 $a=W^*Vb$。令 $a\in\ell_2$ 是任意的，通过 $w=\sum_n a[n]\widetilde{w}_n$ 定义向量 $w\in\mathcal{W}^{\perp}$，其中$\{\widetilde{w}_n\}$与$\{w_n\}$是双正交的。由

于 $\langle w_k, \tilde{w}_n \rangle = \delta_{kn}$，可以得到 $a = W^* w$。由于 $\mathcal{H} = \mathcal{W} + \mathcal{V}$，我们对于任意 $w \in \mathcal{H}$，有 $w = w_1 + v$，其中 $w_1 \in \mathcal{W}$，$v \in \mathcal{V}$。由于 $\mathcal{N}(W^*) = \mathcal{W}$，明显地，有 $W^* w_1 = 0$。因此，$a = W^* w = W^* v$。但是由于 $v \in \mathcal{V}$，对于 $b \in \ell_2$ 可以得到 $v = Vb$。我们得出结论，一定存在 $b \in \ell_2$，使得满足 $a = W^* v = W^* Vb$，进而来证明 $W^* V$ 是满射的。 □

通过引理 2.2，可以构建一个斜投影算子。

定理 2.2（斜投影） 令向量 $\{v_n, n \in \mathcal{I}\}$ 构成希尔伯特空间 $\mathcal{H}$ 的子空间 $\mathcal{V}$ 的一个 Riesz 基，而向量 $\{w_n, n \in \mathcal{I}\}$ 构成希尔伯特空间 $\mathcal{H}$ 的子空间 $\mathcal{W}^\perp$ 的一个 Riesz 基，其中 $\mathcal{H} = \mathcal{W} \oplus \mathcal{V}$。同时用 $V: \ell_2 \to \mathcal{H}$ 和 $W: \ell_2 \to \mathcal{H}$ 分别表示向量 $\{v_n, n \in \mathcal{I}\}$ 和 $\{w_n, n \in \mathcal{I}\}$ 集合变换。那么，沿着子空间 $\mathcal{W}$ 在子空间 $\mathcal{V}$ 上的斜投影为

$$E_{\mathcal{VW}} = V(W^* V)^{-1} W^*$$

证明 令 $T = V(W^* V)^{-1} W^*$。根据引理 2.2，$W^* V$ 是可逆的，以至于 T 是完善定义的。

对于任意 $w \in \mathcal{W}$，有 $Tw = 0$，任意 $v \in \mathcal{V}$ 有 $Tv = v$，第一部分是简单的：由于 $w_n \in \mathcal{W}^\perp$，对于任意 $w \in \mathcal{W}$，$W^* w = 0$，$Tw = 0$。同样地，正如引理 2.2 中，$\mathcal{N}(W^*) = \mathcal{W}$。为了证明第二部分，我们注意到对于任意 $v \in \mathcal{V}$，可以被表示为 $v = Va$，其中 $a \in \ell_2$。因此 $Tv = TVa = Va = v$。 □

当 $\mathcal{W} = \mathcal{V}^\perp$ 时，令 $W = V$，这时 $E_{\mathcal{VW}}$ 的表达式就退化为式(2.99)的 $P_{\mathcal{V}}$。

定理 2.2 的结论可以被用在信号采样中，其中的采样空间和重建空间不一定是严格相同。

总结我们上述投影的观点，正交投影和斜投影根据图 2.7 和图 2.8 都可以用来对信号进行降维。然而，与正交投影相比，斜投影并不要求正交性。正交投影向量并不一定比原来的信号更大。但在图 2.8 中可以得出该结论对斜投影不一定正确。

例 2.28 考虑长度为 4 的向量空间 $\mathcal{V}$，其前两个元素相同，后两个元素也相同。为了计算任意一个向量 $\boldsymbol{x}$ 在 $\mathcal{V}$ 上的正交投影，我们构建 $\mathcal{V}$ 的一个基为

$$\boldsymbol{v}_1 = [1 \quad 1 \quad 0 \quad 0]^{\mathrm{T}} \qquad \boldsymbol{v}_2 = [0 \quad 0 \quad 1 \quad 1]^{\mathrm{T}} \tag{2.105}$$

集合变换 V 的矩阵形式为

$$\boldsymbol{V} = \begin{bmatrix} 1 & 0 \\ 1 & 0 \\ 0 & 1 \\ 0 & 1 \end{bmatrix} \tag{2.106}$$

这里利用命题 2.16 来计算正交投影 $P_{\mathcal{V}}$，可以用矩阵形式给出为

$$\boldsymbol{V}(\boldsymbol{V}^{\mathrm{T}}\boldsymbol{V})^{-1}\boldsymbol{V}^{\mathrm{T}} = \boldsymbol{V}(2\boldsymbol{I})^{-1}\boldsymbol{V}^{\mathrm{T}} = \frac{1}{2}\begin{bmatrix} 1 & 1 & 0 & 0 \\ 1 & 1 & 0 & 0 \\ 0 & 0 & 1 & 1 \\ 0 & 0 & 1 & 1 \end{bmatrix} \tag{2.107}$$

举例说明，如果 $\boldsymbol{x} = [2\ 4\ 6\ 8]^{\mathrm{T}}$，$\boldsymbol{x}_{\mathcal{V}} = P_{\mathcal{V}}\boldsymbol{x} = [3\ 3\ 7\ 7]^{\mathrm{T}}$，$\boldsymbol{x}_{\mathcal{V}^\perp} = P_{\mathcal{V}^\perp}\boldsymbol{x} = \boldsymbol{x} - P_{\mathcal{V}}\boldsymbol{x} = [-1\ 1\ -1\ 1]^{\mathrm{T}}$。正如我们所期待的，$\boldsymbol{x}_{\mathcal{V}}$ 由 $\boldsymbol{x}$ 的局部平均值构成。

接下来，计算沿着空间 $\mathcal{W}^\perp$ 在空间上的斜投影，其中 $\mathcal{W}$ 中包含长度为 4 的序列，形式为 $x[n] = a + bn, 1 \leqslant n \leqslant 4$，其中 a 和 b 为任意的标量。为此选择 $\mathcal{W}$ 的基如下形式：

$$\boldsymbol{w}_1 = [1 \quad 1 \quad 1 \quad 1]^{\mathrm{T}}, \qquad \boldsymbol{w}_2 = [1 \quad 2 \quad 3 \quad 4]^{\mathrm{T}} \tag{2.108}$$

明显地，对于 $\mathcal{W}$ 中的任意 $x[n]$ 可以写为 $\boldsymbol{x}=a\boldsymbol{w}_1+b\boldsymbol{w}_2$，相应的集合变换的矩阵形式为

$$\boldsymbol{W}=\begin{bmatrix}1&1\\1&2\\1&3\\1&4\end{bmatrix}\tag{2.109}$$

根据定理 2.2

$$E_{\mathcal{V}\mathcal{W}^{\perp}}=\boldsymbol{V}(\boldsymbol{W}^{\mathrm{T}}\boldsymbol{V})^{-1}\boldsymbol{W}^{\mathrm{T}}=\frac{1}{8}\begin{bmatrix}5&3&1&-1\\5&3&1&-1\\-1&1&3&5\\-1&1&3&5\end{bmatrix}\tag{2.110}$$

根据这个算子，$\boldsymbol{x}=[2\ 4\ 6\ 8]^{\mathrm{T}}$ 的分解为 $\boldsymbol{x}_{\mathcal{V}}=E_{\mathcal{V}\mathcal{W}^{\perp}}\boldsymbol{x}=[2.5\ 2.5\ 7.5\ 7.5]^{\mathrm{T}}$，以及 $\boldsymbol{x}_{\mathcal{W}^{\perp}}=\boldsymbol{x}-E_{\mathcal{V}\mathcal{W}^{\perp}}\boldsymbol{x}=[-0.5\ 1.5\ -1.5\ 0.5]^{\mathrm{T}}$。

对于 $\boldsymbol{x}$ 正交分解和斜分解如图 2.9 所示。两种投影的势均为 $\mathcal{V}$ 的势。然而，在 $\mathcal{V}$ 上投影 $x_{\mathcal{V}}$ 的值当投影的零空间(如 $\mathcal{W}^{\perp}$)变化时也会变化。

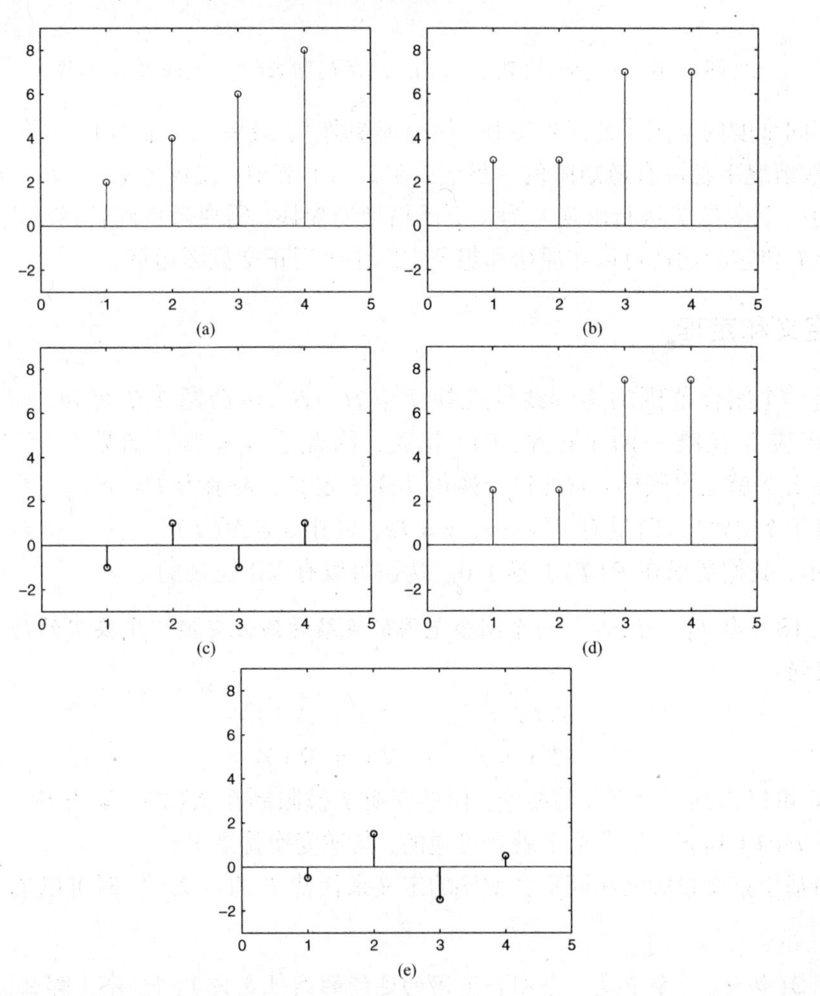

图 2.9　向量 $\boldsymbol{x}$ 的正交投影和斜投影。(a) 向量 $\boldsymbol{x}$；(b) $P_{\mathcal{V}}\boldsymbol{x}$；(c) $P_{\mathcal{V}^{\perp}}\boldsymbol{x}$；(d) $E_{\mathcal{V}\mathcal{W}^{\perp}}\boldsymbol{x}$；(e) $E_{\mathcal{W}^{\perp}\mathcal{V}}\boldsymbol{x}$

2.7 变换的伪逆运算

根据 2.4.3 节中正交投影的概念，我们定义伪逆运算如下所述。

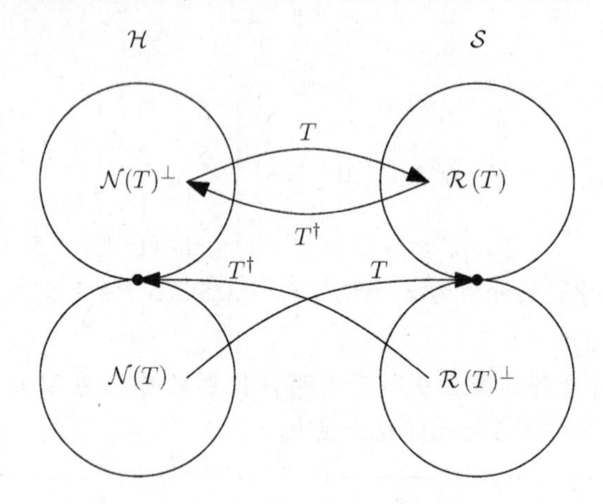

图 2.10　子空间 $\mathcal{N}(T)$，$\mathcal{N}(T)^{\perp}$，$\mathcal{R}(T)$ 和 $\mathcal{R}(T)^{\perp}$ 上的 T，$T^{\dagger}$ 运算

两个不同维度的空间中的线性变换(如矩形矩阵)，或者一个非双射算子(如一个奇异矩阵)，在一般情况下是没有逆矩阵的。虽然，在 2.4.1 节中，仅仅考虑 $\mathcal{N}(T)^{\perp}$ 和 $\mathcal{R}(T)$ 空间，可以将任何一个变换 T 进行求逆。为了更严格地逆变换，需要考虑到伪逆的定义。正如上面所示，联合 T 和它的伪逆可以在原始和想象空间中进行正交投影运算。

2.7.1 定义和定理

令 T 是一个闭合范围的连续线性变换 T：$\mathcal{H}\to\mathcal{S}$。由命题 2.7 可知，对于每一个 $y\in\mathcal{R}(T)$，与相应存在唯一的 $x\in\mathcal{N}(T)^{\perp}$ 相关，因此有 $y=Tx$。如果限定 T 位于子空间 $\mathcal{N}(T)^{\perp}$，那么 T 就是可逆的：它的逆变换用伪逆来定义，表示为 $T^{\dagger}$。$\mathcal{S}$ 空间中向量的伪逆算子表示为对于 T 中的 y 向量有 $T^{\dagger}y=x$，$y=Tx$，其中 $x\in\mathcal{N}(T)^{\perp}$。为了完善地描述 $T^{\dagger}$，如图 2.10 所示，我们要求在 $\mathcal{R}(T)$ 上等于 0。伪逆可以有以下正规的定义。

定义 2.18　令 T：$\mathcal{H}\to\mathcal{S}$ 是一个闭合范围的连续的线性变换。变换 T 的伪逆 $T^{\dagger}$ 为满足下式的唯一变换。

$$T^{\dagger}Tx=x,\qquad \forall x\in\mathcal{N}(T)^{\perp} \tag{2.111}$$

$$T^{\dagger}y=0,\qquad \forall y\in\mathcal{R}(T)^{\perp} \tag{2.112}$$

由定义 2.18 可以得到一个直接的结论：如果变换 T 被限制在 $\mathcal{N}(T)^{\perp}\subseteq\mathcal{H}$ 中，并且伪逆变换 $T^{\dagger}$ 被限制在 $\mathcal{R}(T)\subseteq\mathcal{S}$ 中，那么 T 就是可逆的，其逆变换就是 $T^{\dagger}$。

可以用基于正交投影的相同集合变换的定义来代替 $T^{\dagger}$ 的定义，同时可以进一步理解 $T^{\dagger}$ 的作用。

定理 2.3(伪逆)　令 T 是一个闭合范围的连续的线性变换 T：$\mathcal{H}\to\mathcal{S}$。那么，$T$ 的伪逆变换表示为 $T^{\dagger}$，并且其为满足下面关系的唯一的变换。

$$TT^{\dagger}=P_{\mathcal{R}(T)} \tag{2.113}$$

$$T^{\dagger}T = P_{\mathcal{N}(T)^{\perp}} \tag{2.114}$$
$$\mathcal{R}(T^{\dagger}) = \mathcal{N}(T)^{\perp} \tag{2.115}$$

式(2.113)至式(2.115)可以通过定义 2.18 来解释。如果对 $x \in \mathcal{N}(T)^{\perp}$ 应用 T，那么可以通过应用 $T^{\dagger}$ 来对其进行逆映射，得到 $T^{\dagger}Tx = x$。类似地，如果应用 $T^{\dagger}$ 对 $y \in \mathcal{R}(T)$ 来进行映射，那么也可以用 T 得到 $TT^{\dagger}y = y$ 的结果。

证明　我们先证明对于任意 $T^{\dagger}$ 满足式(2.111)至式(2.112)，有式(2.113)至式(2.115)的结论。

显然，式(2.111)可以从式(2.114)得出。为了证明式(2.112)，我们注意到式(2.113)中对于任意的 $y \in \mathcal{R}(T)^{\perp}$，$TT^{\dagger}y = 0$。令 $v = T^{\dagger}y$，则有 $v = 0$ 或者 $Tv = 0$。由于 v 在空间 $\mathcal{R}(T^{\dagger})$，根据式(2.115)，我们有在 $v \in \mathcal{N}(T)^{\perp}$ 的时候，当且仅当 $v = 0$ 时，有 $T^{\dagger}y = 0$。

现在证明对于 $T^{\dagger}$ 的定义，就暗含着式(2.113)至式(2.115)。考虑式(2.111)，对于任意 $x \in \mathcal{N}(T)$，$Tx = 0$，因此推出式(2.114)。为了证明式(2.113)，我们注意到对于任意 $y \in \mathcal{R}(T)$，某些 $x \in \mathcal{N}(T)^{\perp}$ 满足 $y = Tx$。因此，考虑式(2.114)，$TT^{\dagger}y = T(T^{\dagger}T)x = Tx = y$。对于 $y \in \mathcal{R}(T)^{\perp}$，根据式(2.112)可以推出式(2.113)。

接下来我们证明式(2.115)。首先，令 x 为 $\mathcal{N}(T)^{\perp}$ 上的任意一个向量。那么，根据式(2.114)，可以得到 $x = T^{\dagger}(Tx)$，因此可知 x 位于 $\mathcal{R}(T^{\dagger})$。然后，令 x 为 $\mathcal{R}(T^{\dagger})$ 上的任意一个向量。需证明 x 也位于 $\mathcal{N}(T)^{\perp}$ 上，进而证明式(2.115)成立。由于 $x \in \mathcal{R}(T^{\dagger})$，因此，对于某些 $y \in \mathcal{S}$，可以写成 $x = T^{\dagger}y$。把 y 写成 $y = y_1 + y_2$，其中 $y_1 \in \mathcal{R}(T)$，$y_2 \in \mathcal{R}(T)^{\perp}$，这样根据式(2.112)就有 $T^{\dagger}y_2 = 0$，进而可以得到 $x = T^{\dagger}y_1$。因为 $y_1 \in \mathcal{R}(T)$，可以改写 $y_1 = Tv$，其中 $v \in \mathcal{N}(T)^{\perp}$。当采用式(2.114)时，有 $x = T^{\dagger}y_1 = T^{\dagger}Tv = v$。最终，由于 $v \in \mathcal{N}(T)^{\perp}$，可以得到 x 在 $\mathcal{N}(T)^{\perp}$ 上，结论得证。□

另一个众所周知的伪逆的定义由 Moore-Penrose 条件[38,39]给出。这些条件表明了伪逆运算是一个唯一的变换且满足

$$\begin{aligned} TT^{\dagger}T &= T \\ T^{\dagger}TT^{\dagger} &= T^{\dagger} \\ (TT^{\dagger})^{*} &= TT^{\dagger} \\ (T^{\dagger}T)^{*} &= T^{\dagger}T \end{aligned} \tag{2.116}$$

可以证明这些条件暗含定义 2.18。根据定理 2.3 的相同要求可以证明这一结论。

例 2.29　正如例 2.17 所示，根据式(2.22)定义的变换 T 是不闭合的。因此，它是没有伪逆变换的。我们考虑 T 的限制变换 $\tilde{T}$ 为定义在$[\varepsilon, 2]$上，其中 $0 < \varepsilon < 1$。特别是对于任意 $x \in L_2([\varepsilon, 2])$，函数 $y = \tilde{T}x$ 定义为

$$y(t) = \begin{cases} tx(t), & \varepsilon \leqslant t \leqslant 1 \\ 0, & 1 < t \leqslant 2 \end{cases} \tag{2.117}$$

正如例 2.14 中所讨论的，零空间 $\mathcal{N}(\tilde{T})$ 包含了在 $L_2([\varepsilon, 2])$ 中的当 $t \in [\varepsilon, 1]$ 消失的所有信号。同样地，空间 $\mathcal{R}(\tilde{T})$ 包含了在 $t \in (1, 2]$ 消失的所有信号。

明显地，给定信号 $y\in\mathcal{R}(\widetilde{T})$，我们不能决定一个唯一的信号 $x\in L_2([\varepsilon,2])$ 满足 $y=\widetilde{T}x$。这是因为任意信号 x 对于 $y=\widetilde{T}x$ 当 $t\in(1,2]$ 时可以任意变化，并且所有结论对相同的 y 也成立。然而，在所有的有效信号中，只有一个位于 $\mathcal{N}(\widetilde{T})^{\perp}$，同样地，只有一个满足 $x(t)=0$，当 $t\in(1,2]$。因此，$\widetilde{T}$ 的伪逆变换 $\widetilde{T}^{\dagger}$ 定义为

$$x(t)=\widetilde{T}^{\dagger}\{y\}(t)=\begin{cases}\dfrac{y(t)}{t}, & \varepsilon\leqslant t\leqslant 1\\ 0, & 1<t\leqslant 2\end{cases}\tag{2.118}$$

可以明显地看出对于任意在 $t\in(1,2]$ 消失的 $x(t)$，对于所有 $y(t)\in\mathcal{R}(\widetilde{T})^{\perp}$，有 $\widetilde{T}^{\dagger}\widetilde{T}\{x\}(t)=x(t)$，并且有 $\widetilde{T}^{\dagger}\{y\}(t)=0$。

根据伪逆变换定义的条件可以很容易地验证如下性质：

(1)伪逆的伪逆是原始变换：$(T^{\dagger})^{\dagger}=T$

(2)伪逆和伴随拥有交换律：$(T^{*})^{\dagger}=(T^{\dagger})^{*}$

(3)对于任意 $a\neq 0$，$(aT)^{\dagger}=a^{-1}T^{\dagger}$

(4)如果 T 是可逆的，那么 $T^{\dagger}=T^{-1}$

最终，我们注意到，无论 $T^{*}T$ 还是 TT^{*} 是非可逆时，对于 T 和 T^{*} 伪逆有更明确的含义。特别地，当 $T^{*}T$ 是非可逆的时候，有 $T^{\dagger}=(T^{*}T)^{-1}T^{*}$。当 TT^{*} 是非可逆的时候，有 $T^{\dagger}=T^{*}(TT^{*})^{-1}$。这些结果源于伪逆的定义，并且留做一个练习(参见习题21)。

2.7.2 矩阵

当考虑矩阵和有限线性代数时，伪逆运算还有一个著名的代数特性。当然，伪逆运算也满足前面章节所给出的定义。在有限代数情况下，最著名的伪逆运算的描述是在所谓的奇异值分解(SVD)中给出的(参见附录A)。

命题2.17 令 $\boldsymbol{T}$ 是一个 $n\times m$ 阶矩阵，且 $n\geqslant m$。$\boldsymbol{T}$ 可以写成

$$\boldsymbol{T}=\boldsymbol{U}\boldsymbol{\Sigma}\boldsymbol{V}^{\mathrm{H}}=\sum_{i=1}^{r}\sigma_i\boldsymbol{u}_i\boldsymbol{v}_i^{\mathrm{H}}$$

其中 r 为 $\boldsymbol{T}$ 的秩，$\boldsymbol{U}$ 是一个 $n\times n$ 阶酉方阵，Σ 是 $n\times m$ 对角阵，且前 r 个对角元素等于 $\sigma_i>0$，剩下的元素为0，$\boldsymbol{V}$ 是一个 $m\times m$ 阶酉方阵。向量 $\boldsymbol{u}_i$，$\boldsymbol{v}_i$ 分别为 $\boldsymbol{U}$，$\boldsymbol{V}$ 的第 i 行元素。常数 σ_i 称为 $\boldsymbol{T}$ 的奇异值，这种分解方式称为奇异值分解。

对于一个 $n\times m$ 阶矩阵 $\boldsymbol{T}$，且 $n<m$，就可以对 $\boldsymbol{T}^{\mathrm{H}}$ 进行奇异值分解。

如果 $\boldsymbol{T}=\boldsymbol{U}\Sigma\boldsymbol{V}^{\mathrm{H}}$，那么空间 $\mathcal{N}(\boldsymbol{T})$ 可以由 $\boldsymbol{U}$ 的前 r 列生成，空间 $\mathcal{N}(\boldsymbol{T})^{\perp}$ 可以由 $\boldsymbol{V}$ 的前 r 列生成。注意：对于任意 $\boldsymbol{U}$，$\boldsymbol{V}$ 的列向量 $\boldsymbol{u}_i$，$\boldsymbol{v}_i$，有 $\boldsymbol{T}\boldsymbol{v}_i=\sigma_i\boldsymbol{u}_i$，$\boldsymbol{T}^{\mathrm{H}}\boldsymbol{u}_i=\sigma_i\boldsymbol{v}_i$。事实上，这一特性可作为奇异值的定义。当且仅当存在归一化向量 $\boldsymbol{u}$ 和 $\boldsymbol{v}$ 时，满足 $\boldsymbol{T}\boldsymbol{v}=\sigma\boldsymbol{u}$ 及 $\boldsymbol{T}^{\mathrm{H}}\boldsymbol{u}=\sigma\boldsymbol{v}$，正实数 $\sigma>0$ 就是矩阵 $\boldsymbol{T}$ 的奇异值。向量 $\boldsymbol{u}$ 称为 $\boldsymbol{T}$ 对于 σ 的左奇异向量，向量 $\boldsymbol{v}$ 称为 $\boldsymbol{T}$ 对于 σ 的右奇异向量。

奇异值分解与矩阵 $\boldsymbol{T}\boldsymbol{T}^{\mathrm{H}}$ 和 $\boldsymbol{T}^{\mathrm{H}}\boldsymbol{T}$ 的特征值分解相似。$\boldsymbol{T}$ 矩阵可以由下式确定：

$$TT^{\mathrm{H}} = U(\Sigma\Sigma^{\mathrm{T}})U^{\mathrm{H}}, \qquad T^{\mathrm{H}}T = V(\Sigma^{\mathrm{T}}\Sigma)V^{\mathrm{H}} \tag{2.119}$$

由于$\Sigma\Sigma^{\mathrm{T}}$和$\Sigma^{\mathrm{T}}\Sigma$是对角阵，$U$，$V$分别为埃尔米特矩阵特征值分解的右侧和左侧的酉矩阵(参见附录 A)。奇异值的平方是$T^{\mathrm{H}}T$和TT^{H}的非零特征值。进一步，U的列向量为TT^{H}的特征向量，同时V的列向量为$T^{\mathrm{H}}T$的特征向量。

给定一个$n\times m$阶矩阵T，满足奇异值分解$T=U\Sigma V^{\mathrm{H}}$，其伪逆可以写为$T^{\dagger}=V\Sigma^{\dagger}U^{\mathrm{H}}$，其中$\Sigma^{\dagger}$是一个$m\times n$阶的对角阵，其对角线上的元素当$\sigma_i>0$时为$1/\sigma_i$，其余为0。可以很简单地证明这些选择满足伪逆的定义。然而，通过对一般变换的处理和观察$T^{\dagger}$的影响，我们并没有更深入了解T的不同子空间。

奇异值分解的概念可以被展开到一个确定的算子上，将其称为紧凑算子(此类算子是封闭的有限秩算子)。尽管所有紧凑算子都是有界的，但是其反命题不成立。有兴趣的读者可以参见文献[23]来对紧凑算子和奇异值分解进行进一步的了解。

2.8 框架

到现在我们考虑了通过线性独立向量作为基来展开信号。然而，信号还可以用超完备向量的线性组合来表示，这些向量可能是线性相关的。在有限维空间中的一个超完备向量集合称为一个框架(frame)。在无限维空间中，为了保证稳定的信号展开，需要确定线性相关的稳定性边界。如下面所表述，这些界在意义上与 Riesz 基的界有相同之处。

2.8.1 框架的定义

框架作为一般化的基底，最早在非谐波傅里叶级数中由 Duffin 和 Schaeffer 做出了介绍[25,40]。最近，框架的理论更被普遍关注[33,41~43]，其中部分原因是由于在分析小波展开时框架概念的利用。采用框架分解的优势在于它允许冗余，并且在展开系数损坏或丢失的情况下可使用。进一步，由于框架条件没有基底的条件那样严格，因此，框架在设计和应用的时候就更加灵活[26,42~47]。例如，框架展开可以允许信号在频域和时域上进行表征。框架在现代均匀和非均匀采样技术中都有十分重要的应用[43,48]。在本书中，我们将关注点放在了基底展开上。然而，在本节中给出了框架的基本定义和基本性质。如果读者想进一步的了解，推荐读者去阅读文献[26,33]。

在有限维空间中，如果一组向量可以张成这个空间，那么它就可以形成一个框架。与一组基不同的是，在框架中的向量并不要求是线性独立的。在给出框架的正式定义以及无限维的集合定义之前，让我们先测试一个简单的有限维例子。

例 2.30　考虑如图 2.11(a)所示的三个向量：$x_1=[1\ \ 0]^{\mathrm{T}}$，$x_2=[0\ \ 1]^{\mathrm{T}}$，$x_3=[-1\ \ -1]^{\mathrm{T}}$。这些向量张成了空间$\mathbb{R}^2$，因此这些向量称为空间$\mathbb{R}^2$的框架。由于这三个向量在一个二维空间中，因此，它们必须是线性独立的。这就意味着可以通过其中两个向量的线性组合表示任意一个向量$x\in\mathbb{R}^2$。例如，x_1和x_2是一组$\mathbb{R}^2$的正交基，因此任意一个向量$x\in\mathbb{R}^2$可以表示为

$$x = \langle x_1, x\rangle x_1 + \langle x_2, x\rangle x_2 + \langle 0, x\rangle x_3 \tag{2.120}$$

然而，对于框架而言，这种表示形式并不是唯一的。事实上，我们也写为

$$x = \langle \tilde{x}_1, x \rangle x_1 + \langle \tilde{x}_2, x \rangle x_2 + \langle \tilde{x}_3, x \rangle x_3 \tag{2.121}$$

其中 $\tilde{x}_1 = [2/3 \ \ -1/3]^T$, $\tilde{x}_2 = [-1/3 \ 2/3]^T$, $\tilde{x}_3 = [-1/3 \ \ -1/3]^T$。向量 $\tilde{x}_i$ 为图2.11(b)所示的双重向量。与式(2.120)不同的是，三个向量都参与了表示。

观察式(2.120)和式(2.121)，其包含了式(2.74)的形式。这就说明了，与基相反，框架在表示过程中不是唯一的。

在无限集合中，为了确保稳定的重构，框架向量往往有更多的限制条件。事实上，这些条件与定义 Riesz 基的条件相同，除了不要求线性独立。因此，直观上，一个框架是一个完备的向量集合，来对信号进行稳定的展开，且不要求线性独立。

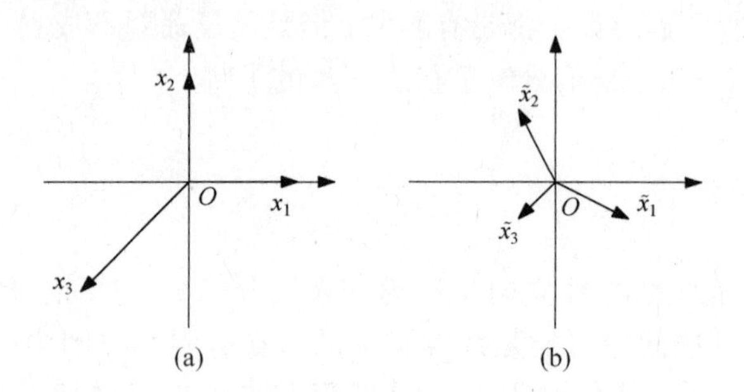

图2.11 (a)$\mathbb{R}^2$ 的框架；(b)$\mathbb{R}^2$ 的一种双重框架

定义 2.19 令$\{x_n, n \in \mathcal{I}\}$表示希尔伯特空间 $\mathcal{H}$ 上的一组向量。对于 $x \in \mathcal{H}$，如果在常数 $\alpha > 0$，$\beta < \infty$ 时使得下式满足

$$\alpha \| x \|^2 \leqslant \sum_{n \in \mathcal{I}} |\langle x, x_n \rangle|^2 \leqslant \beta \| x \|^2 \tag{2.122}$$

则向量$\{x_n\}$形成了空间 $\mathcal{H}$ 的一个框架。

对于框架的定义与式(2.55)中的任意 Riesz 基的定义基本等价。进一步说，一个 Riesz 基就是一个框架。事实上可以看到，当集合中的任一元素被删除时，Riesz 基就变为了框架。尽管 Riesz 基包括了框架，但是反命题不成立。特别应该指出，对于一个框架，式(2.50)通常是不满足的，因为式中的下界要求向量必须满足线性独立。尽管如此，框架向量依旧保持是完备的，下界如式(2.122)所示。事实上，假定 $x \in \mathcal{H}$，对于所有 n 我们有 $\langle x, x_n \rangle = 0$。根据命题2.9证明了完备性，对于 $x = 0$ 也同时保证了下界。

如果 $\| x \|$ 比较小，$\sum_n |\langle x, x_n \rangle|^2$ 也比较小，式(2.122)中框架就表现出了不平等性，反之亦然。因此从 x 到常数 α 的变换 $\alpha = X^* x$ 的界限为 $\| \alpha \|^2 \leqslant \beta \ \| x \|^2$。相同地，不平等性 $\| x^2 \| \leqslant \alpha^{-1} \ \| a \|^2$ 表明了在展开中常数 α 没有以一个无限的方式进行放大是错误的。向量$\{x_n\}$如果仅仅满足式(2.122)中的上界，那么就被称为一个 Bessel 序列。这就引出了一组无限级数，但是这些级数不是完备的。

一个重要的特殊情况是当 $\mathcal{H} = \mathbb{C}^m$，并且有一个有限个数 N 个的框架向量。为了保证向量$\{x_n\}$展开成空间 $\mathcal{H}$，必须使得 $N \geqslant m$。对于任意有限集合的向量，式(2.122)中的右手不平等性满足 $\beta = \sum_{n=1}^{N} \| x_n \|^2$。其与柯西–施瓦茨不平等性一样。当向量是完备的时候，左手不平等性成立。一个有限框架的冗余定义为 $r = N/m$。例如，m 维空间中的 N 维向量。如果边界满足式(2.122)中的 $\alpha = \beta$，我们得到的是一个紧凑框架。如果更进一步，$\alpha = \beta = 1$，我们得到的

是一个紧凑单位框架。当 $\|x_n\| = 1$，框架也是紧凑的，那么 α 就为框架的冗余。特别地，如果 $\|x_n\| = 1$，$\alpha = \beta = 1$，那么这个框架就是空间 $\mathcal{H}$ 的正交基。

2.8.2 框架展开

由于框架向量是完备的，对于任意 $x \in \mathcal{H}$ 都可以写成框架向量的线性组合：$x = \sum_n a[n] x_n$，其中 $a[n]$ 为常数。然而，这与 Riesz 基的展开不同，这里常数 a 不是唯一的。更为特别的是，当使用集合变换符号时，对于任意 $x \in \mathcal{H}$，存在一些 a，使得 $x = Xa$。但是，因为向量 $\{x_n\}$ 是线性相关的，X 的零空间是非零的(根据命题 2.10)。如果 b 是 $\mathcal{N}(X)$ 中的任意序列，那么 $Xb = 0$，并且对于任意 $\alpha \in \mathbb{C}$，我们可以得到 $x = X(a + \alpha b)$。

一个简单选择级数的方法是通过框架算子。与框架向量 $\{x_n\}$ 相对应的框架算子定义如下：

$$Sx = XX^* x = \sum_n \langle x_n, x \rangle x_n \tag{2.123}$$

其中 $x \in \mathcal{H}$。一个重要的命题是框架算子为可逆的，如下列命题所示。

命题 2.18　令向量 $\{x_n\}$ 表示希尔伯特空间 $\mathcal{H}$ 的框架。S 为相应的框架算子，通过式(2.123)定义，那么，在希尔伯特空间 $\mathcal{H}$ 上 S 是可逆的。

证明　根据定理 2.11，可以证明式(2.55)与式(2.56)相同。因此采用框架算子，我们可以改写式(2.122)为

$$\alpha I_{\mathcal{H}} \leqslant S \leqslant \beta I_{\mathcal{H}} \tag{2.124}$$

其表明 S 是一个有界的、可逆的埃尔米特算子[33]。 □

由于框架算子的可逆性，通过 $\{\tilde{x}_n\}$ 可以定义双重框架向量为

$$\tilde{x}_n = S^{-1} x_n = (XX^*)^{-1} x_n \tag{2.125}$$

注意到，我们采用了与双正交 Riesz 向量相同的符号；这并不是巧合。明显地，当 $\{x_n\}$ 形成一个 Riesz 基时，X^*X 也是可逆的，式(2.125)符合 2.5.4 节中介绍的双正交向量(参见习题 25)。然而，当向量是线性相关时，X^*X 不再是可逆的，而 XX^* 仍然是可逆的。因此，当考虑框架的时候，使用式(2.125)。尽管双正交命题不成立，展开

$$x = \sum_n \langle \tilde{x}_n, x \rangle x_n \tag{2.126}$$

对于任意 $x \in \mathcal{H}$ 均成立。

为了证明式(2.126)，先注意到集合 $\{\tilde{x}_n\}$ 的相关变换为

$$\tilde{X} = (XX^*)^{-1} X \tag{2.127}$$

对于 $\tilde{X}$ 式(2.126)可以写为

$$x = X\tilde{X}^* x \tag{2.128}$$

将式(2.127)代入式(2.128)，得到

$$X\tilde{X}^* = XX^* (XX^*)^{-1} = I_{\mathcal{H}} \tag{2.129}$$

此式证明了式(2.126)。

根据式(2.127)，$\tilde{X}\tilde{X}^* = (XX^*)^{-1}$。因此，双重框架算子满足

$$\left(\frac{1}{\beta}\right)\|x\|^2 \leqslant \sum_{i=1}^{n}|\langle x,\tilde{x}_n\rangle|^2 \leqslant \left(\frac{1}{\alpha}\right)\|x\|^2 \tag{2.130}$$

其中 $x\in\mathcal{H}$，意味着它们也构成了 $\mathcal{H}$ 的框架。

2.8.3 典型双重框架

在框架展开中，系数 $a[n]$ 的选择有多种可能情况。选择 $a[n]=\langle\tilde{x}_n,x\rangle$ 会有多种有用的性质，并且有多种应用。一组双重框架向量 $\{\tilde{x}_n\}$ 集合通常被称为典型双重框架(canonical dual frame)。

典型双重框架的一个优势是在所有选择中它使得展开系数拥有最小的 ℓ_2 范数。

命题2.19 令向量 $\{x_n\}$ 表示希尔伯特空间 $\mathcal{H}$ 的一个框架向量集合，令 $\{\tilde{x}_n\}$ 是通过式(2.125)定义的典型双重框架向量。那么，对于任意 $x\in\mathcal{H}$，所有的系数 $a[n]$ 满足 $x=\sum_n a[n]x_n$，其中 $a[n]=b[n]$，且 $b[n]=\langle\tilde{x}_n,x\rangle$ 拥有最小 ℓ_2 范数。

证明 假定对于 $a\in\ell_2$，$x=\sum_n a[n]x_n=Xa$，$a=a_1+a_2$，其中 $a_1\in\mathcal{N}(X)^\perp$，$a_2\in\mathcal{N}(X)$，满足 $\|a\|^2=\|a_1\|^2+\|a_2\|^2\geqslant\|a_1\|^2$，等号取自当且仅当 $a_2=0$。因此，最小范数必须在 $\mathcal{N}(X)^\perp$ 中。为了证明上述定理，需要证明 $b=\tilde{X}^*x$ 在空间 $\mathcal{N}(X)^\perp$ 上唯一满足 $x=Xb$。

独特性在于存在唯一的在 $\mathcal{N}(X)^\perp$ 上的 z 对任意 y 满足 $y=Tz$。因此，仍然需要证明 $b\in\mathcal{N}(X)^\perp$。通过定义，b 位于 $\mathcal{R}(\tilde{X}^*)$。通过上述的定理，$\mathcal{R}(\tilde{X}^*)=\mathcal{N}(X)^\perp$。由于 $(XX^*)^{-1}$ 是可逆的，$\tilde{X}$ 的零空间与 X 的零空间相同，因此命题得证。 □

另一个有用的经典双重算子的好处是：在紧凑框架的情况下，它需要一个特殊的简单形式，这就让人联想到了正交基展开。紧凑框架可通过式(2.122)定义为 $\alpha=\beta$，或者与式(2.124)相同。因此，当 $S=XX^*=\alpha I_{\mathcal{H}}$ 及 $\tilde{x}_n=(1/\alpha)x_n$ 时，展开形式为

$$x=\frac{1}{\alpha}\sum_n\langle x_n,x\rangle x_n \tag{2.131}$$

其中 $\alpha=1$，这个公式满足根据正交基对信号的重建；然而，正如我们下面例子所表示的向量 $\{x_n\}$ 是线性相关的。

例2.31 一个典型的紧凑框架的例子如图2.12所示，其中 $\boldsymbol{x}_1=[0\quad 1]^{\mathrm{T}}$，$\boldsymbol{x}_2=[-\sqrt{3}/2\quad -1/2]^{\mathrm{T}}$，$\boldsymbol{x}_3=[\sqrt{3}/2\quad -\frac{1}{2}]^{\mathrm{T}}$。由于，向量 $\boldsymbol{x}_1,\boldsymbol{x}_2,\boldsymbol{x}_3$ 展开了空间 $\mathbb{R}^2$，因此形成了 $\mathbb{R}^2$ 的框架。注意到这些向量是线性相关的，因此它们不能构成 $\mathbb{R}^2$ 的基。

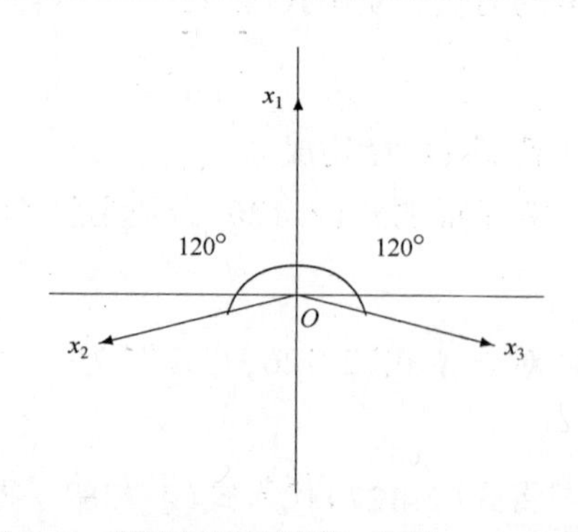

图2.12 紧凑框架的例子。向量 $\boldsymbol{x}_1,\boldsymbol{x}_2,\boldsymbol{x}_3$ 展开了空间 $\mathbb{R}^2$，因此形成了 $\mathbb{R}^2$ 的框架

我们可以立即证明 $\sum_{n=1}^{3}\boldsymbol{x}_n\boldsymbol{x}_n^*=\boldsymbol{X}\boldsymbol{X}^*=(3/2)\boldsymbol{I}_2$，因此这个框架包含了 $\mathbb{R}^2$ 的紧凑框架。在这个例子中，对于所有的 n，$\|\boldsymbol{x}_n\|=1$，框架的冗余表明 $\alpha=3/2$：在二维空间中有三个向量。双重框架向量由 $\tilde{\boldsymbol{x}}_n=(2/3)\boldsymbol{x}_n$ 给出，以至于对于任意 $\boldsymbol{x}\in\mathbb{R}^2$ 可以被

表示为

$$x = \frac{2}{3}\sum_n \langle x_n, x\rangle x_n \tag{2.132}$$

正如我们所看到的，式(2.132)中的系数不是唯一的。特别地，由于 $\sum_n x_n = 0$，增加一个常数仍然能够重构 x，例如

$$x = \frac{2}{3}\sum_n (\langle x_n, x\rangle + a)x_n \tag{2.133}$$

其中 a 为任意常数。然而，注意到对于任意 $a \neq 0$ 有 $\sum_n |\langle x_n, x\rangle + a|^2 > \sum_n |\langle x_n, x\rangle|^2$。事实上

$$\sum_n |\langle x_n, x\rangle + a|^2 = \| X^* x + ae \|^2 \tag{2.134}$$

其中 $e = [1 \quad 1 \quad 1]^T$。由于 $Xe = \sum_n x_n = 0$，$e^* X^* x = (Xe)^* x = 0$，因此有

$$\| X^* x + ae \|^2 = \| X^* x \|^2 + a^2 \| e \|^2 \geqslant \| X^* x \|^2 = \sum_n |\langle x, x_n\rangle|^2 \tag{2.135}$$

等号取自当且仅当 $a = 0$。

当 $\alpha = 1$ 时，一个简单构造空间 $\mathcal{H}$ 紧凑框架的方法是考虑一个包含 $\mathcal{H}$ 的更大空间 $\mathcal{V}$ 的正交基。$\mathcal{V}$ 的正交基在空间 $\mathcal{H}$ 的正交投影得到的就是空间 $\mathcal{H}$ 的紧凑框架。该结果正如 Naimark 的理论在量子信息理论中被广为所知[49]（紧凑和量子测量的关系如文献[31]所示）。

计算经典双重算子

在原则上，为了计算经典双重算子，我们需要将框架算子求逆。然而，在实际中这种计算是可以简化的。一个常用的方法是通过一个幂级数来近似框架算子的逆。

我们的出发点是不等式(2.124)。如果 α, β 近似，那么可以认为 S 约等于 $(\alpha+\beta)I_{\mathcal{H}}/2$。这就表明，$S^{-1}$ 约等于 $2I_{\mathcal{H}}/(\alpha+\beta)$。根据式(2.125)，双重框架向量近似等于 $\tilde{x}_n \approx 2x_n/(\alpha+\beta)$，根据式(2.126)有以下展开

$$x \approx \frac{2}{\alpha+\beta}\sum_n \langle x_n, x\rangle x_n \tag{2.136}$$

为了量化近似中的误差，注意到式(2.136)的右手侧等于 $2Sx/(\alpha+\beta)$。因此

$$x = \frac{2}{\alpha+\beta}Sx + \left(I_{\mathcal{H}} - \frac{2}{\alpha+\beta}S\right)x \tag{2.137}$$

我们得到

$$x = \frac{2}{\alpha+\beta}\sum_n \langle x_n, x\rangle x_n + Rx \tag{2.138}$$

其中 R 为误差项

$$R = I_{\mathcal{H}} - \frac{2}{\alpha+\beta}S \tag{2.139}$$

误差项满足不等式

$$-\frac{\beta-\alpha}{\alpha+\beta}I_{\mathcal{H}} \leqslant R \leqslant \frac{\beta-\alpha}{\alpha+\beta}I_{\mathcal{H}} \tag{2.140}$$

定义 $r = \beta/\alpha - 1$，我们得到 R 的界限为

$$-\frac{r}{r+2}I_{\mathcal{H}} \leqslant R \leqslant \frac{r}{r+2}I_{\mathcal{H}} \tag{2.141}$$

因此对于任意 $\mathcal{H}$ 中的 x 满足

$$\| Rx \| \leqslant \frac{r}{r+2}\| x \| \tag{2.142}$$

如果 r 非常小，即 $\beta \approx \alpha$，近似误差将会非常小，我们在式(2.138)中就可以忽略误差项。

为了将近似推广到 r 较大的情况，我们寻找一个更高阶的 R 使其满足 S^{-1} 的幂级数展开。这些幂级数可以改写框架算子为以下形式：

$$S = \frac{\alpha+\beta}{2}(I_{\mathcal{H}} - R) \tag{2.143}$$

其有以下结论如文献[28，推论5.6.16]。

命题2.20 假定 $\| A \| < 1$，其中 $\| \cdot \|$ 代表的是算子的范数，那么，$(I_{\mathcal{H}} + A)^{-1} = \sum_{k=0}^{\infty}(-A)^k$。

算子 T：$\mathcal{H} \to \mathcal{S}$ 的范数定义为对于常数 c 以及任意 $x \in \mathcal{H}$ 满足下式

$$\| Tx \|_{\mathcal{S}} \leqslant c \| x \|_{\mathcal{H}} \tag{2.144}$$

联合考虑命题2.20和式(2.142)、式(2.143)，可以得到

$$S^{-1} = \frac{2}{\alpha+\beta}\sum_{k=0}^{\infty} R^k \tag{2.145}$$

在式(2.145)中仅仅保留了零阶量而忽略了式(2.138)残留项。考虑 $x = S^{-1}Sx$，保留式(2.145)的前 N 项 N 阶近似可以写为

$$x^N = \frac{2}{\alpha+\beta}\sum_{k=0}^{N} R^k Sx \tag{2.146}$$

x^N 可以通过迭代进行计算，起始项为 $x^0 = 2Sx/(\alpha+\beta)$，迭代过程如下：

$$\begin{aligned} x^N &= Rx^{N-1} + \frac{2}{\alpha+\beta}Sx \\ &= x^{N-1} + \frac{2}{\alpha+\beta}S(x - x^{N-1}) \\ &= x^{N-1} + \frac{2}{\alpha+\beta}\sum_n \langle x_n, x - x^{N-1} \rangle x_n \end{aligned} \tag{2.147}$$

其中第二个等式是由 $R = I_{\mathcal{H}} - 2S/(\alpha+\beta)$ 导出的。等式(2.147)使得我们可以迭代逼近 x，而不用对算子进行逆运算。这个迭代过程被证明收敛于 x 的真实值[33]。

框架算子求逆运算的另一个方法是所谓共轭梯度法，详细过程参见文献[50]。

从历史上看，框架通常与小波分解有关联。尽管框架已经定义了好多年，但是在Daubechies和其他作者的在小波分解领域的工作极大地促进了框架的广泛应用[41,42]。然而，正如我们上面所讨论的，框架比小波展开的应用更加宽泛。框架不像小波变换需要具有特殊的结构，因而可以用于在希尔伯特空间中描述信号的稳定冗余展开。

2.9 习题

1. 考虑空间 $\mathcal{V}$ 在 $L_2([-1,1])$ 上是反对称的，即有限能量信号对于 $|t| \leqslant 1$ 满足 $v(t) = -v(-t)$。对以下条件的 $L_2([-1,1])$ 上的空间 $\mathcal{W}$，判断 $\mathcal{W} \cap \mathcal{V} = \{0\}$，还是 $\mathcal{W} + \mathcal{V} = L_2([-1,1])$。

(a) $\mathcal{W}$是$L_2([-1,1])$的对称函数，即有限能量信号对于$|t|\leqslant 1$满足$w(t)=w(-t)$。

(b) $\mathcal{W}$是一个多项式，其最高阶次为d，d是一个大于0的有限整数。

(c) $\mathcal{W}$是一个多项式，形式如$a_0+a_2t^2+a_4t^4+\cdots+a_dt^d$，$d$是一个大于0的整数。

(d) $\mathcal{W}$是一个能量有限的函数，其在$t<0$时消失。

(e) $\mathcal{W}$是一个能量有限的函数，其在$|t|\leqslant 1/2$时消失。

(f) $\mathcal{W}$是一个分段函数，其在给定的有限d处不连续，d是一个大于0的有限整数。

2. 对习题1中所有满足$\mathcal{W}\oplus\mathcal{V}=L_2([-1,1])$的空间$\mathcal{W}$的情况，将$x(t)=e^{-t}$分解为$x(t)=x_{\mathcal{W}}(t)+x_{\mathcal{V}}(t)$，其中$x_{\mathcal{W}}\in\mathcal{W}$，$x_{\mathcal{V}}\in\mathcal{V}$。

3. 证明在向量空间$\mathcal{V}$对任意x，z，$y\in\mathcal{V}$，a，$b\in\mathbb{C}$有效内积满足

$$\langle ax+bz,y\rangle = \overline{a}\langle x,z\rangle + \overline{b}\langle z,y\rangle \tag{2.148}$$

4. (a)证明例2.10中的内积是有效内积。

(b)证明例2.12中的内积是有效内积。

5. 给定任意线性独立向量集合$\{v_n\}_{n=1}^N$，其张成一个空间$\mathcal{V}$。格拉姆-施密特处理是一种方法，它可以构造一个正交向量集合$\{w_n\}_{n=1}^N$，也可以张成空间$\mathcal{V}$。在这种方法中，一个辅助向量集合$\{u_n\}_{n=1}^N$可以按如下形式构造。起始$u_1=v_1$，对于$n\geqslant 2$，令

$$u_n = v_n - \sum_{k=1}^{n-1}\frac{\langle u_k,v_n\rangle}{\|u_k\|^2}u_k \tag{2.149}$$

然后，向量$\{w_n\}_{n=1}^N$等于

$$w_n = \frac{u_n}{\|u_n\|} \tag{2.150}$$

(a)采用格拉姆-施密特方法处理下面的集合：

$$\boldsymbol{v}_1 = [1\quad 0\quad 0]^{\mathrm{T}},\ \boldsymbol{v}_2 = [1\quad 1\quad 1]^{\mathrm{T}},\ \boldsymbol{v}_3 = [0\quad 1\quad 0]^{\mathrm{T}} \tag{2.151}$$

(b)证明$\{u_n\}_{n=1}^N$是正交的。特别地，如果$\{u_n\}_{n=1}^{\ell}$是正交的，那么通过格拉姆-施密特方法的第ℓ步会得到向量$u_{\ell+1}$，并且会正交于$\{u_n\}_{n=1}^{\ell}$。

(c) 证明$\{w_n\}_{n=1}^N$是正交的。

6. 令$x(t)$是$L_2(\mathbb{R})$中任意一个函数，并定义序列$x_n(t)=x\ (t+nT)$，其中$n\in\mathbb{Z}$。

(a) 证明对所有$m\in\mathbb{Z}$，$\langle x(t+mT),x(t+nT)\rangle=\langle x(t),x(t+(n-m)T\rangle$，其中内积是$L_2$上的标准内积。

(b) 根据以前的结果证明函数$\{x_n(t)\}$在当且仅当$\langle x(t),x(t+nT)\rangle=\delta_{0n}$时，可以成为一组正交集合。

7. 根据定义2.7证明对于线性变换T：$\mathcal{H}\rightarrow\mathcal{S}$，零空间$\mathcal{N}(T)$是$\mathcal{H}$的一个线性子空间，范围空间$\mathcal{R}(T)$是$\mathcal{S}$的一个线性子空间。

8. 判断以下变换在L_2上是否为有界的，L_2是否为闭合范围的。对于一个无界的变换，构造一个序列$\{x_n(t)\}_{n=1}^{\infty}$是单位范数函数，并且$\|Tx_n\|^2$是向上无界的。对于一个开放范围的变换，构造一个序列$\{x_n(t)\}_{n=1}^{\infty}$是单位范数函数的，并且$\|Tx_n\|^2$是向下无界的。

(a)$T\{x\}(t)=x(\alpha t)$，其中$\alpha\neq 0$

(b)$T\{x\}(t)=x(t^3)$

(c)$T\{x\}(t)=x(t^{1/3})$

(d)$T\{x\}(t)=x'(t)$

(e)$T\{x\}(t)=\int_0^t x(\tau)\mathrm{d}\tau$

9. 计算变换T的伴随矩阵：$L_2\rightarrow L_2$，$T\{x\}(t)=x(\alpha t)$，其中$\alpha\neq 0$是一个给定的常量，其等于L_2的标准内积。

10. 对于所有$\boldsymbol{x},\boldsymbol{y}\in\mathbb{R}^m$定义内积$\langle\boldsymbol{x},\boldsymbol{y}\rangle=\boldsymbol{x}^{\mathrm{T}}\boldsymbol{W}\boldsymbol{y}$，其中$\boldsymbol{W}$是一个确定的对称正定矩阵。令$\boldsymbol{A}$是任意一个$m\times m$矩阵。通过给定的内积定义来计算其伴随矩阵$\boldsymbol{A}^*$（参见定义2.11）。

11. 构建$\mathbb{R}^2$上的一个内积，在其运算下向量$\boldsymbol{x}_1=[1\quad 0]^{\mathrm{T}}$和$\boldsymbol{x}_2=[1\quad 1]^{\mathrm{T}}$是正交的。

12. 令A是一个复希尔伯特空间$\mathcal{H}$上的埃尔米特算子（参见定义2.12），证明：

(a) 对于任意 $x\in\mathcal{H}$，$<x,Ax>$是实数。

(b) 对于所有 $x\in\mathcal{H}$，如果$<x,Ax>=0$，那么$A=0$。

13. 令 T 是一个连续的线性变换，证明：

(a) $\mathcal{N}(T)=\mathcal{R}(T^*)^\perp$

(b) $\mathcal{N}(T)^\perp=\mathcal{R}(T^*)^c$

(c) $\mathcal{N}(T^*)=\mathcal{R}(T)^\perp$

(d) $\mathcal{N}(T^*)^\perp=\mathcal{R}(T)^c$

14. 令 T 是一个连续的线性变换，证明：

(a) $\mathcal{N}(T^*T)=\mathcal{N}(T)$

(b) $\mathcal{R}(T^*T)=\mathcal{R}(T^*)$

15. 考虑函数$\{x_n(t)\}_{n\in\mathbb{Z}}$定义在$[-\pi,\pi]$上

$$x_n(t)=\begin{cases}t & n=0\\ \mathrm{e}^{jnt} & n\neq 0\end{cases}$$

令 X：$\ell_2\to L_2([-\pi,\pi])$是对应于$\{x_n(t)\}_{n\in\mathbb{Z}}$的集合变换(参见定义 2.14)。

(a)确定范围空间的$\mathcal{R}(X)$。

(b)确定零空间$\mathcal{N}(X)$。

16. 令$\boldsymbol{x}_1=[1\quad 0]^{\mathrm{T}}$，$\boldsymbol{x}_2=[\cos(\theta)\quad \sin(\theta)]^{\mathrm{T}}$是空间 $\mathbb{R}^2$ 上的两个向量，其中$\theta\in[0,2\pi)$是任意的。

(a) 当$\boldsymbol{x}_1$，$\boldsymbol{x}_2$ 为 $\mathbb{R}^2$ 上的一个基的时候求 θ 的值。

(b) 正如我们所讨论的，任何有限维的基都是一个 Riesz 基(参见定义 2.16)。计算 θ 的函数来表示 Riesz 基的$\{\boldsymbol{x}_1,\boldsymbol{x}_2\}$界。

17. 令 $\mathcal{A}$ 是一个分段常数空间，对于每一个 $t\in[n-1/2,\ n+1/2]$，$\mathcal{A}=\{x\in L_2: x(t)=c_n\}$，其中 c_n 是任意常数。

(a) 求出 $\mathcal{A}$ 的一个正交基。

(b) 在最小二乘的意义上，求解 $\mathcal{A}$ 上信号 $x(t)$的最佳近似表达式，并给予直观解释。

18. 令信号集合 $\mathcal{A}$ 在 L_2 中，并且当 $|t|>\alpha$ 时信号消失，其中 $\alpha\neq 0$ 为一个给定的尺度常数。令 T: $\mathcal{A}\to\mathcal{A}$ 如下定义。对于任一 $x\in\mathcal{A}$，函数 $y=Tx$ 可以通过 $y(t)=w(t+\beta)$获得，其中$\beta\neq 0$ 为另一个给定的常数，并且有

$$w(t)=g[x(t-\alpha)] \tag{2.152}$$

$$g(t)=\begin{cases}1, & |t|\leqslant\beta\\ 0, & |t|>\beta\end{cases} \tag{2.153}$$

(a)给出 α 和 β 的充分必要条件使得 T 是可逆的。

(b)确定 α 和 β 的值，使得 T 是不可逆的，进而求 T 的伪逆 $T^\dagger$。

19. 正如2.7.1 节中讨论的，给定一个 $n\times m$ 阶矩阵 $\boldsymbol{T}$，其奇异值分解为 $\boldsymbol{T}=\boldsymbol{U}\Sigma\boldsymbol{V}^{\mathrm{H}}$，其伪逆定义为 $\boldsymbol{T}^\dagger=\boldsymbol{V}\Sigma^\dagger\boldsymbol{U}^{\mathrm{H}}$，其中$\Sigma^\dagger$是一个 $m\times n$ 阶的对角阵，其对角线上的元素当$\Sigma_{ii}>0$ 时为 $1/\Sigma_{ii}$，其他情况为 0。证明上述定义满足定义 2.18 的条件。

20. 令 T: $\mathcal{H}\to\mathcal{S}$ 是一个闭合范围集合中的连续线性变换。证明其 T 的伪逆 $T^\dagger$(参见定义 2.18)满足 Moore-Penrose 条件。

21. 令 T 是一个闭合范围集合中的有界连续线性变换。

(a)假设 T^*T 是可逆的。证明 T 的伪逆 $T^\dagger$满足 $T^\dagger=(T^*T)^{-1}T^*$。

(b)假设 TT^* 是可逆的。证明 T 的伪逆 $T^\dagger$满足 $T^\dagger=T^*(TT^*)^{-1}$。

22. 令$\boldsymbol{x}_1=[1\quad 0]^{\mathrm{T}}$，$\boldsymbol{x}_2=[0\quad 1]^{\mathrm{T}}$，$\boldsymbol{x}_3=[\cos(\theta)\quad \sin(\theta)]^{\mathrm{T}}$是空间 $\mathbb{R}^2$ 上的向量，其中 $\theta\in[0,2\pi)$是任意的。正如我们所讨论的，任意有限个数的有限维的向量都可以形成一个框架(参见定义 2.19)。计算$\{\boldsymbol{x}_1,\boldsymbol{x}_2,\boldsymbol{x}_3\}$的框架的界。

23. 在本题中，我们将说明对于有限维空间的框架可以包含无限个向量。令 z_k，$1\leqslant k\leqslant N$ 是 $\mathbb{R}^N$ 的正交基，并

且对于 $\boldsymbol{x}_{k,l}=(1/l)z_k$，$1\leqslant k\leqslant N$，$l\geqslant 1$。

(a) 证明向量 $\{\boldsymbol{x}_{k,l}\}$ 构成 $\mathbb{R}^N$ 上的一个框架，提示：$\sum_{\ell=1}^{\infty}(1/\ell^2)=\pi^2/6$。

(b) 求 $\{\boldsymbol{x}_{k,l}\}$ 的经典双重算子。

24. 令 $\boldsymbol{x}_k$，$1\leqslant k\leqslant N$ 是 $\mathbb{R}^N$ 的正交基。对于以下定义的向量，判断它们是否包含 Riesz 基或者框架，并计算 Riesz 基或者框架的最小界。

(a) $\{\boldsymbol{x}_1,\boldsymbol{x}_1,\boldsymbol{x}_2,\boldsymbol{x}_2,\boldsymbol{x}_3,\boldsymbol{x}_3,\cdots\}$

(b) $\{\boldsymbol{x}_1,\boldsymbol{x}_2/2,\boldsymbol{x}_3/3,\cdots\}$

(c) $\{\boldsymbol{x}_1,\boldsymbol{x}_2/\sqrt{2},\boldsymbol{x}_2/\sqrt{2},\boldsymbol{x}_3/\sqrt{3},\boldsymbol{x}_3/\sqrt{3},\boldsymbol{x}_3/\sqrt{3},\cdots\}$

(d) $\{2\boldsymbol{x}_1,\boldsymbol{x}_2,\boldsymbol{x}_3,\boldsymbol{x}_4,\cdots\}$

25. 令 $\{x_n\}$ 为希尔伯特空间 $\mathcal{H}$ 的一个 Riesz 基，并且定义 X 为相应的集合变换。给定的集合变换相关于双正交 Riesz 基，满足 $\widetilde{X}=X(X^*X)^{-1}$。更进一步，每一个 Riesz 基都是框架。因此，双正交满足经典双重框架，满足 $\widetilde{X}=(XX^*)^{-1}X$。请证明两种表示是等价的。

提示：考虑式(2.99)中的 $\mathcal{R}(X)=\mathcal{H}$。

第3章　傅里叶分析

上一章我们讨论了信号在一个适当的基上进行展开的问题，而这种信号展开可以理解为信号的采样和重构过程。然而，由于信号展开的形式还是比较抽象的，无法直观地理解如何进行信号具体的采样方法和实际的重构算法。从工程角度讲，我们希望采样理论的研究能够指导实际应用，如利用诸如滤波器和调制器这样的标准模拟元器件构成实际系统。在下一章中，我们将试图从抽象的公式转移到具体的信号上，这样使得信号的表征可以用通用的电路模块来具体实现。这种方法的优势在于我们能够在傅里叶域通过简单的方式进行更有效的分析。因此，在本书中后续章节中讨论的采样定理所用到的工具和方法，很大一部分都依赖于傅里叶分析。

本章中，会给出线性时不变系统和傅里叶表示法的环境中所需要的研究结论。同时，还回顾一下连续时间和离散时间傅里叶表示法，研究在采样信号条件下两者的关系。关于傅里叶分析，有很多有见解的教科书；这里我们的目标是总结推导所需条件和连续时间、离散时间变换之间的关键关系。为了让读者对于本章能有一个整体的认识，推荐阅读文献[51～54]。

傅里叶分析的雏形可以追溯到18世纪中叶，在Clairaut，d'Alembert，Euler，Bernoulli和Lagrange的文献中。并在19世纪早期由Gauss进行了进一步的扩展。然而，在任意信号的傅里叶分析方面，真正的突破发生在1807年。这一年，Joseph Fourier证明了任何周期函数都能由一系列三角函数表示，这也是现在我们所知的周期(或有限长)傅里叶级数。傅里叶进一步展示了这一函数表示法在热量传播研究中带来的简化。这是利用了微分的特征函数是指数函数的结果。这里信号的傅里叶表示是将常系数线性微分方程转化为代数方程，这一处理方法大大简化了分析过程。事实上，傅里叶变换可以将任意的线性时不变算子对角化，允许对滤波进行简单的频域分析，也解释了傅里叶分析能在信号处理方面得到广泛运用的原因。

3.1　线性时不变系统

线性时不变(LTI)系统通常在信号处理尤其是信号采样理论中很流行，而傅里叶变换在分析LTI系统时有很好的效果。因此，我们以关于LTI系统的一些基本定义为开头，来讨论傅里叶变换问题。

严格意义上说，当定义一个线性系统时，我们需要给出它的定义域和值域，也就是系统运行的输入信号和输出信号空间。为了简化讨论，我们通常假设定义域和值域已知。尤其当例子中包含有无限项求和和积分时，我们就假设输入信号空间已被完整定义。

整个章节中都会用到连续时间空间$L_p(\mathbb{R})$和离散时间空间$\ell_p(\mathbb{Z})$，其中$1\leqslant p<\infty$。向量空间$L_p(\mathbb{R})$包含满足以下条件的所有方程$x(t)$

$$\|x(t)\|_p^p=\int_{-\infty}^{\infty}|x(t)|^p\mathrm{d}t<\infty \tag{3.1}$$

同样地，向量空间$\ell_p(\mathbb{Z})$包含所有序列$x[n]$满足

$$\|x[n]\|_p^p = \sum_{n\in\mathbb{Z}} |x[n]|^p < \infty \tag{3.2}$$

为了简单起见，我们采用缩写符号 L_p 和 ℓ_p。

3.1.1　线性与时不变

称系统为线性系统的条件是该系统输入 $x(t)$ 与输出 $y(t)$ 之间为线性关系：如果 $x_1(t)$ 对应的输出是 $y_1(t)$，而 $x_2(t)$ 对应的是 $y_2(t)$，那么对于任意标量 a,b，由输入 $ax_1(t)+bx_2(t)$ 可得到输出为 $ay_1(t)+by_2(t)$。尤其是当输出为0时输入必为0。

时不变意味着系统输出与输入的时间不相关，只与时间的间隔有关。具体说就是如果 $x(t)$ 对应的输出是 $y(t)$，那么 $x(t-\tau)$ 对应的输出是 $y(t-\tau)$。

如果一个系统既是线性的又是时不变的，那么就称为线性时不变(LTI)系统。接下来的例子中我们可以看到一些常见的物理或者机械系统的模块都是LTI：微分方程、RC环路和均衡器。

例3.1　一个LTI系统的简单例子就是微分器。它的输入、输出关系如下：

$$y(t) = x'(t) = \left(\frac{\mathrm{d}x}{\mathrm{d}t}\right)(t) \tag{3.3}$$

其中我们隐含假设输入是可微分的。微分算子显然是一个线性函数，因为

$$\frac{\mathrm{d}}{\mathrm{d}t}[ax_1(t)+bx_2(t)] = a\left(\frac{\mathrm{d}x_1}{\mathrm{d}t}\right)(t) + b\left(\frac{\mathrm{d}x_2}{\mathrm{d}t}\right)(t) \tag{3.4}$$

为了证明时不变，我们要检验 $\tilde{x}(t)=x(t-\tau)$ 的求导。通过定义可知，输出 $\tilde{y}(t)$ 为

$$\tilde{y}(t) = \left(\frac{\mathrm{d}\tilde{x}}{\mathrm{d}t}\right)(t) = \left(\frac{\mathrm{d}x}{\mathrm{d}t}\right)(t-\tau) = y(t-\tau) \tag{3.5}$$

能够证明微分器是一个LTI系统。

例3.2　考虑一个线性微分系统，其中输入 $x(t)$ 与输出 $y(t)$ 之间的关系由如下微分方程决定

$$y(t) + A_1(t)y^{(1)}(t) + \cdots + A_m(t)y^{(m)}(t) = B_1(t)x(t) + \cdots + B_n(t)x^{(n)}(t) \tag{3.6}$$

当输入 $x(t)$ 充分可微。这里 m 和 n 是(有限)整数，$A_1(t),\cdots,A_m(t)$ 和 $B_1(t),\cdots,B_n(t)$ 是给定方程，且 $x^{(n)}(t)$ 表示 $x(t)$ 的 n 阶导数。我们可以进一步假设 $x(t)$ 和其导数在 $t<0$ 时为0。

为了检验系统是否线性，我们用 $y_1(t)$ 和 $y_2(t)$ 分别表示系统输入 $x_1(t)$ 和 $x_2(t)$ 的响应，检验输出 $\tilde{y}(t)$ 是否对应于组合 $\tilde{x}(t)=ax_1(t)+bx_2(t)$

$$\begin{aligned}
\tilde{y}(t) + A_1(t)\tilde{y}^{(1)}(t) + \cdots + A_m(t)\tilde{y}^{(m)}(t) &= B_1(t)\tilde{x}(t) + \cdots + B_n(t)\tilde{x}^{(n)}(t) \\
&= a[B_1(t)x_1(t) + \cdots + B_n(t)x_1^{(n)}(t)] + b[B_1(t)x_2(t) + \cdots + B_n(t)x_2^{(n)}(t)] \\
&= a[y_1(t) + A_1(t)y_1^{(1)}(t) + \cdots + A_m(t)y_1^{(m)}(t)] \\
&\quad + b[y_2(t) + A_1(t)y_2^{(1)}(t) + \cdots + A_m(t)y_2^{(m)}(t)]
\end{aligned} \tag{3.7}$$

很容易能看出只有当 $\tilde{y}(t)=ay_1(t)+by_2(t)$ 时等式才能成立，证明系统是线性的。

为了证明系统是否为时不变，我们考察输出 $\tilde{y}(t)$ 与延迟输入 $\tilde{x}(t)=x(t-\tau)$

$$\begin{aligned}
\tilde{y}(t) + A_1(t)\tilde{y}^{(1)}(t) + \cdots + A_m(t)\tilde{y}^{(m)}(t) &= B_1(t)\tilde{x}(t) + \cdots + B_n(t)\tilde{x}^{(n)}(t) \\
&= B_1(t)x(t-\tau) + \cdots + B_n(t)x^{(n)}(t-\tau)
\end{aligned} \tag{3.8}$$

为了使 $\widetilde{y}(t)$ 能等于 $y(t-\tau)$，方程的左边需要等于

$$y(t-\tau)+A_1(t)y^{(1)}(t-\tau)+\cdots+A_m(t)y^{(m)}(t-\tau) \tag{3.9}$$

使之成立的充分条件是对于任意 t 和 τ，$A_q(t)=A_q(t-1)$，$q=1,\cdots,m$ 以及 $B_q(t)=B_q(t-1)$，$q=1,\cdots,n$。这意味着 $A_1(t)=a_1,\cdots,A_m(t)=a_m$ 以及 $B_1(t)=b_1,\cdots,B_n(t)=b_n$ 是常函数。这样，式(3.9)变为

$$\begin{aligned} y(t-\tau)+A_1(t-\tau)y^{(1)}(t-\tau)+\cdots+A_m(t-\tau)y^{(m)}(t-\tau) \\ =B_1(t-\tau)x(t-\tau)+\cdots+B_n(t-\tau)x^{(n)}(t-\tau) \\ =B_1(t)x(t-\tau)+\cdots+B_n(t)x^{(n)}(t-\tau) \end{aligned} \tag{3.10}$$

我们可以得出结论：当系数为常数时，系统式(3.6)为 LTI 系统。

例 3.3 接下来我们考察一 RC 串联电路，输入电压 $x(t)$ 作用于串联的阻值为 R 的电阻和电容为 C 的电容上，输出 $y(t)$ 如图 3.1 所示为电容器上的电压。假设 $t<0$ 时，$x(t)=0$。

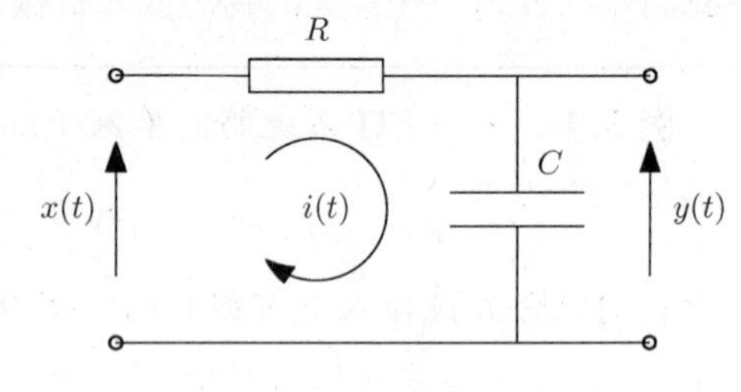

图 3.1 RC 串联电路

对于电容器上的伏安关系，电路的电流由 $i(t)=Cy^{(1)}(t)$ 决定。使用欧姆定律，输入电压满足 $x(t)=y(t)+i(t)R$。这两个方程得到

$$y(t)+RCy^{(1)}(t)=x(t) \tag{3.11}$$

从之前讨论的例子看出，这一微分关系符合 LTI 系统。而通常说的 $\tau=RC$ 就是这一电路的时间常数。

例 3.4 讨论一个系统，其在 t 时刻的输出为输入信号在 t 时刻附近宽度为 T 的时间窗的输入信号均值

$$y(t)=\frac{1}{T}\int_{t-\frac{T}{2}}^{t+\frac{T}{2}}x(\eta)\,\mathrm{d}\eta \tag{3.12}$$

很显然由于积分的线性可得到系统为线性系统。为了验证时不变性，我们采用信号 $\widetilde{x}(t)=x(t-\tau)$：

$$\begin{aligned} \widetilde{y}(t) &= \frac{1}{T}\int_{t-\frac{T}{2}}^{t+\frac{T}{2}}\widetilde{x}(\eta)\,\mathrm{d}\eta=\frac{1}{T}\int_{t-\frac{T}{2}}^{t+\frac{T}{2}}x(\eta-\tau)\,\mathrm{d}\eta \\ &= \frac{1}{T}\int_{t-\tau-\frac{T}{2}}^{t-\tau+\frac{T}{2}}x(\eta)\,\mathrm{d}\eta=y(t-\tau) \end{aligned} \tag{3.13}$$

因此系统也是 LTI 系统。

3.1.2 冲激响应

LTI 系统最基本的分析结果之一就是任何有界的 LTI 系统均可以由一个独立函数表示：冲激响应 $h(t)$。这一函数是系统对于一个狄拉克输入的响应。为了描述冲激响应，我们首先要定义狄拉克 δ 函数。

狄拉克函数

狄拉克函数 $\delta(t)$ 是一个由积分运算定义的广义函数。特别地，对于任何属于测试函数一类的任意函数 $x(t)$，有

$$\int_{-\infty}^{\infty} x(t)\delta(t)\,\mathrm{d}t = x(0) \tag{3.14}$$

因为测试函数的一族都密布于 $1 \leqslant p < \infty$ 的空间 $L_p(\mathbb{R})$，我们采用式(3.14)来表示任意 $x(t) \in L_p(\mathbb{R})$。下面依靠狄拉克函数的导数因此都受限于这一类函数。

狄拉克 δ 可以从两个方面来定义，其一是通过一个受限的平滑函数的积分等于 1。令 $\phi(t)$ 为覆盖区域为 1 的平滑函数，例如

$$\phi(t) = \frac{1}{2\sqrt{\pi}}\mathrm{e}^{-t^2/4} \tag{3.15}$$

随后有

$$\delta(t) = \lim_{\varepsilon \to 0}\frac{1}{\varepsilon}\phi\left(\frac{t}{\varepsilon}\right) \tag{3.16}$$

由文献[58]中的广义函数理论证明计算中使用 $\delta(t)$ 在数学上是合理的。对于本书中的目的，这一定义满足要求。

从式(3.14)中，我们直接得到了

$$\int_{-\infty}^{\infty} \delta(t)\,\mathrm{d}t = 1 \tag{3.17}$$

与

$$\int_{-\infty}^{\infty} x(t)\delta(t - t_0)\,\mathrm{d}t = x(t_0) \tag{3.18}$$

还有

$$x(t)\delta(t) = x(0)\delta(t) \tag{3.19}$$

这一性质将在表示由一连串 δ 函数得到的采样数据的环境中得到应用。

卷积

既然有了狄拉克 δ 函数，现在来证明“对于任何有界的 LTI 系统，其可以完全由输入 $x(t)$ 等于 $\delta(t)$ 时得到的输出 $h(t)$ 来表征”。方程 $h(t)$ 被称为系统的冲激响应。更重要的是，对于任意输入 $x(t)$，输出 $y(t)$ 是其与 $h(t)$ 的卷积：$y(t) = h(t) * x(t)$。两个 $L_1(\mathbb{R})$ 上函数的卷积由下式给出

$$g(t) = x(t) * y(t) = \int_{-\infty}^{\infty} x(\tau)y(t-\tau)\,\mathrm{d}\tau \tag{3.20}$$

显然这一卷积是对称的，也就是说，$g(t)$ 也可以写为 $y(t) * x(t)$。

为了确定式(3.18)中 LTI 系统的卷积特性，任何函数 $x(t) \in L_p(\mathbb{R})$，$1 \leqslant p < \infty$ 可以写为

$$x(t) = \int_{-\infty}^{\infty} x(\tau)\delta(t-\tau)\,\mathrm{d}\tau \tag{3.21}$$

令 $Sx(t)$ 表示 LTI 系统 S 的运算。从线性角度讲

$$Sx(t) = \int_{-\infty}^{\infty} x(\tau)S\delta(t-\tau)\,\mathrm{d}\tau \tag{3.22}$$

通过定义，$S\delta(t) = h(t)$。利用时不变性，$S\delta(t-\tau) = h(t-\tau)$。因此，式(3.22)变形为

$$Sx(t) = \int_{-\infty}^{\infty} x(\tau)h(t-\tau)\,\mathrm{d}\tau = x(t) * h(t) \tag{3.23}$$

下面这个例子，我们确定两个将在本书中经常提到的简单 LTI 系统的冲激响应。

例 3.5 考虑一个延迟系统，输入 $x(t)$ 的输出 $y(t)$ 表示为 $y(t)=x(t-\eta)$，其中 η 为延迟。对于狄拉克函数的函数的定义和式(3.21)，$x(t-\eta)$ 可写为

$$x(t-\eta)=\int_{-\infty}^{\infty}x(\tau)\delta(t-\eta-\tau)\mathrm{d}\tau \tag{3.24}$$

和式(3.23)比较可知，这意味着系统的冲激响应为

$$h(t)=\delta(t-\eta) \tag{3.25}$$

例 3.6 接下来，回顾一下例 3.4 中的 LTI 系统，我们可以把输入、输出关系写为

$$y(t)=\frac{1}{T}\int_{t-\frac{T}{2}}^{t+\frac{T}{2}}x(\tau)\mathrm{d}t=\int_{-\infty}^{\infty}x(\tau)h(t-\tau)\mathrm{d}\tau \tag{3.26}$$

其中 $h(t)$ 是一个宽 T、高 $1/T$ 的方形窗

$$h(t)=\begin{cases}\dfrac{1}{T}, & |t|\leqslant\dfrac{T}{2}\\ 0, & |t|>\dfrac{T}{2}\end{cases} \tag{3.27}$$

因此，一般系统的冲激响应为矩形脉冲。

3.1.3 因果性与稳定性

LTI 系统的许多特性都是源于卷积性质式(3.23)。这一关系就允许我们利用冲激响应 $h(t)$ 的性质来解释 LTI 系统的特性。接下来，我们在因果性和稳定性方面来证明。

如果 LTI 系统 t 时刻的输出仅取决于当前与过去的输入，即 $x(\tau)$，$\tau\leqslant t$，则这一系统为因果系统。从卷积性质可以很容易发现这一性质等价于 $h(t)=0$，$t<0$。

当输入 $x(t)$ 有界，输出 $y(t)=h(t)*x(t)$ 也有界时，系统稳定。这被称为输入有界输出有界(BIBO)稳定性。再一次利用卷积特性，我们能得到

$$|y(t)|\leqslant\int_{-\infty}^{\infty}|x(t-\tau)|\,|h(\tau)|\mathrm{d}t\leqslant\max_{t\in\mathbb{R}}|x(t)|\int_{-\infty}^{\infty}|h(\tau)|\mathrm{d}t \tag{3.28}$$

因此，如果 $x(t)$ 有界并且 $h(t)$ 绝对可积，比如 $h(t)\in L_1(\mathbb{R})$，则 $y(t)$ 也有界。由此看出这也是判断系统稳定性的必要条件。

为了验证冲激响应是否稳定，下一个例子中考虑 $h(t)\notin L_1(\mathbb{R})$ 的情况。我们可以很容易地构造一个使得输出无界的输入 $x(t)$。

例 3.7 考虑冲激响应 $h(t)$ 为 $h(t)=\mathrm{sinc}(t/T)$，$T>0$ 的 LTI 系统，其中

$$\mathrm{sinc}(t)=\begin{cases}\dfrac{\sin(\pi t)}{\pi t}, & t\neq 0\\ 1, & t=0\end{cases} \tag{3.29}$$

并且如图 3.2(a)所示。由于这一方程在香农-奈奎斯特定理中的重要作用，我们在后续内容中也会经常遇到它。我们把这样一个系统称为理想低通滤波器(LPF)，原因将在例 3.12 中给出。从输入输出有界观点看，这一系统是不稳定的，因为

$$\int_{-\infty}^{\infty} \left| \mathrm{sinc}\left(\frac{t}{T}\right) \right| \mathrm{d}t = \infty \tag{3.30}$$

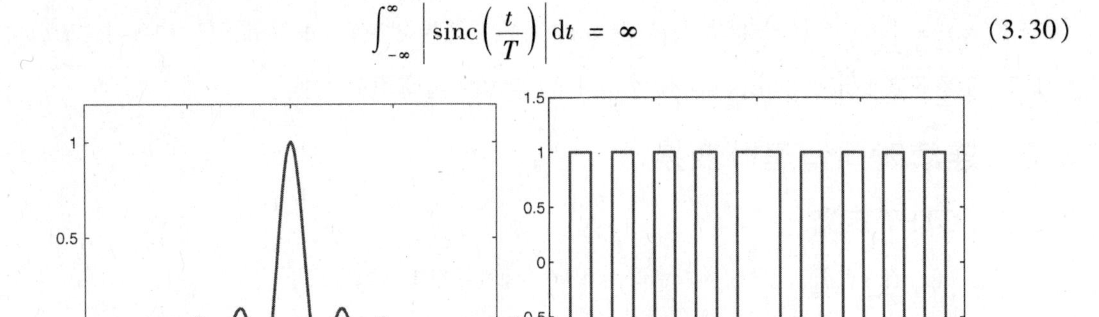

图 3.2　(a)函数 sinc(t)；(b)函数 sign(sinc($-t$))

举一个使得系统输出无界的有界函数 $x(t)$ 的简单例子

$$x(t) = \mathrm{sign}\left(\mathrm{sinc}\left(-\frac{t}{T}\right)\right) \tag{3.31}$$

其中符号函数的定义为

$$\mathrm{sign}(x) = \begin{cases} 1, & x > 0 \\ 0, & x = 0 \\ -1 & x < 0 \end{cases} \tag{3.32}$$

这一输入函数在 $T=1$ 时如图 3.2(b)所示。为了表示系统是不稳定的，我们计算系统在 $t=0$ 时刻的输出

$$\begin{aligned} y(0) &= \left[\int_{-\infty}^{\infty} \mathrm{sign}\left(\mathrm{sinc}\left(-\frac{\tau}{T}\right)\right)\mathrm{sinc}\left(\frac{t-\tau}{T}\right)\mathrm{d}\tau\right]_{t=0} \\ &= \int_{-\infty}^{\infty} \left|\mathrm{sinc}\left(\frac{\tau}{T}\right)\right| \mathrm{d}\tau \\ &= \infty \end{aligned} \tag{3.33}$$

显然，尽管输入 $x(t)$ 不会超过值 1，$y(0)$ 却是无穷的。

在上面的例子中，我们证明了能够构造出使得低通滤波器输出无界的有界输入函数。这一例子可以推广到冲激响应函数 $h(t)$ 不满足绝对可积的不稳定 LTI 系统。当系统输入是有界函数 $x(t) = \mathrm{sign}(h(t_0 - t))$ 时，输出结果将在 $t = t_0$ 时激增。显然，这仅是一个特殊例子；一般来说，许多可供选择的有界输入使得系统输出无界。

3.1.4　LTI 系统的特征函数

卷积关系带来的 LTI 系统的另一项重要性质是其特征向量具有复指数形式 $\mathrm{e}^{\mathrm{j}\omega t}$。这就是将信号表示为复指数形式的傅里叶变换之所以能够在 LTI 运算中得到应用的原因。

为了确定式(3.23)中的特征函数性质，

$$S\mathrm{e}^{\mathrm{j}\omega t} = \int_{-\infty}^{\infty} \mathrm{e}^{\mathrm{j}\omega\tau} h(t-\tau)\mathrm{d}t = \mathrm{e}^{\mathrm{j}\omega t}\int_{-\infty}^{\infty} \mathrm{e}^{-\mathrm{j}\omega\tau} h(\tau)\mathrm{d}\tau = \mathrm{e}^{\mathrm{j}\omega t} H(\omega) \tag{3.34}$$

其中 $H(\omega)=\int_{-\infty}^{\infty}e^{-j\omega\tau}h(\tau)d\tau$ 是只关于 ω 的函数，是与 $e^{j\omega t}$ 有关的特征值。事实上，$H(\omega)$ 恰恰就是我们接下来要定义的 $h(t)$ 在频率 ω 上的连续时间傅里叶变换。

3.2 连续时间傅里叶变换

3.2.1 CTFT 定义

信号 $x(t)$ 在 $L_1(\mathbb{R})$ 上的连续时间傅里叶变换(CTFT)定义如下：

$$X(\omega)=\int_{-\infty}^{\infty}x(t)e^{-j\omega t}dt \tag{3.35}$$

我们通常用大写字母表示傅里叶变换。逆变换如下：

$$x(t)=\frac{1}{2\pi}\int_{-\infty}^{\infty}X(\omega)e^{j\omega t}dt \tag{3.36}$$

逆变换公式并不总能恢复出 $x(t)$。公式在何种条件下能准确恢复出 $x(t)$ 会在标准傅里叶分析教材中详细讨论。其中一种情况是 $x(t)$ 和 $X(\omega)$ 都在域 $L_1(\mathbb{R})$ 中。

严格来讲，CTFT 是为绝对可积函数 $x(t)$ 即处在域 $L_1(\mathbb{R})$ 中的函数而定义的，以此来避免收敛问题。对于 $x(t)\in L_1(\mathbb{R})$，积分式(3.35)总是收敛且傅里叶变换有界

$$|X(\omega)|\leqslant\int_{-\infty}^{\infty}|x(t)e^{-j\omega t}|dt=\int_{-\infty}^{\infty}|x(t)|dt<\infty \tag{3.37}$$

这一情况下，也说明了 $X(\omega)$ 在 ω 上是连续的。如果 $X(\omega)$ 也在 $L_1(\mathbb{R})$ 中，那么式(3.36)给出的逆变换会得到一个连续时间函数 $x(t)$。然而，式(3.35)和式(3.36)，给出当 $x(t)$ 在 $L_2(\mathbb{R})$ 中时也成立。因此通篇在分析 $L_2(\mathbb{R})$ 信号时，我们可以随意地使用这些公式。

在对域 $L_2(\mathbb{R})$ 中并不绝对可积的函数进行 CTFT 分析时，难点在于这时的被积函数式(3.35)也同样不是绝对可积的。然而，由于 $L_2(\mathbb{R})\cap L_1(\mathbb{R})$ 在 $L_2(\mathbb{R})$ 中密集分布，则 $L_2(\mathbb{R})$ 中的任意函数 $x(t)$ 也能由 $L_2(\mathbb{R})\cap L_1(\mathbb{R})$ 中的 $x_n(t)$ 任意逼近。正式来说，CTFT 是由 $x_n(t)$ 的 CTFT 中的极限点定义的。

3.2.2 CTFT 的性质

CTFT 满足许多基本的重要性质。下面列举一些将用到的性质。为了方便，我们称 $x(t)\leftrightarrow X(\omega)$ 为一组傅里叶变换对。

线性

由定义可知，CTFT 是线性的

$$ax_1(t)+bx_2(t)\leftrightarrow aX_1(\omega)+bX_2(\omega)$$

卷积和乘法

我们始终要利用的一个基本结论就是卷积特性。如果 $x(t)$，$y(t)$ 在 $L_1(\mathbb{R})$ 中，那么它们的卷积 $h(t)=x(t)*y(t)$ 也在 $L_1(\mathbb{R})$ 中并且它的 CTFT 如下：

$$H(\omega)=X(\omega)Y(\omega) \tag{3.38}$$

其中 $X(\omega)$，$Y(\omega)$ 分别是 $x(t)$，$y(t)$ 的 CTFT。卷积性质对应的是 CTFT 乘法，有如下关系：

$$x(t)y(t)\leftrightarrow\frac{1}{2\pi}X(\omega)*Y(\omega) \tag{3.39}$$

对称性

实函数的 CTFT 有共轭对称性：$X(\omega)=\overline{X(-\omega)}$。

平移、调制和尺度变换特征

信号时间上的位移导致频率上的调制：$x(t-t_0)\leftrightarrow X(\omega)e^{-j\omega t_0}$。而对应的性质是时间上的调制导致频率上的偏移：$x(t)e^{j\omega_0 t}\leftrightarrow X(\omega-\omega_0)$。最后，时间上的缩放导致频率上相反的变化：对于实常数 $a\neq 0$，有 $x(at)\leftrightarrow(1/|a|)X(\omega/a)$。作为一个特例，我们还可以得到 $x(-t)\leftrightarrow X(-\omega)$。

互相关特性

两个实信号 $x(t)$，$y(t)$ 的互相关特性定义为

$$r_{xy}(t)=\int_{-\infty}^{\infty}x(\tau)y(t+\tau)d\tau \tag{3.40}$$

这样 $r_{xy}(t)=x(-t)*y(t)$，并利用尺度变换和卷积特性，可知 $r_{xy}(t)\leftrightarrow X(-\omega)Y(\omega)$。从实函数的对称性，有

$$r_{xy}(t)\leftrightarrow\overline{X(\omega)Y(\omega)} \tag{3.41}$$

能量守恒(帕塞瓦尔定理)

CTFT 很重要的一个性质是它能保持能量守恒。这一关系由帕塞瓦尔定理给出

$$\int_{-\infty}^{\infty}\overline{x(t)}y(t)dt=\frac{1}{2\pi}\int_{-\infty}^{\infty}\overline{X(\omega)}Y(\omega)d\omega \tag{3.42}$$

这里满足 $L_2(\mathbb{R})$ 中任意的 $x(t)$，$y(t)$。当 $x(t)=y(t)$ 时，我们得到能量守恒准则

$$\int_{-\infty}^{\infty}|x(t)|^2dt=\frac{1}{2\pi}\int_{-\infty}^{\infty}|X(\omega)|^2d\omega \tag{3.43}$$

对偶性

CTFT 和逆 CTFT 是相似的。特别是，如果 $y(\omega)$ 是 $x(t)$ 的 CTFT，则 $2\pi x(-\omega)$ 就是方程 $y(t)$ 的 CTFT。

规则性

方程 CTFT 的衰减速率让我们知道了方程的规则性。如果满足下式则方程 $x(t)$ 有界，p 次连续可微且有界可导

$$\int_{-\infty}^{\infty}|X(\omega)|(1+|\omega|^p)d\omega<\infty \tag{3.44}$$

局限性

CTFT 最后一条重要的性质是不可能构造出 $x(t)\neq 0$ 具有紧支撑性并且其 CTFT $X(\omega)$ 同样具有紧支撑性。进一步说，如果 $x(t)$ 有紧支撑性，那么 $X(\omega)$ 就不会在区间内为零。相反地，如果 $X(\omega)$ 有紧支撑性，那么 $x(t)$ 就不会在整个区间内为零[59, 定理2.6]。这一性质和不确定准则有关，这一准则将在4.4.1节进行研究。

3.2.3　CTFT 例子

我们现在介绍一些通篇都将用到的 CTFT 对。

例3.8　$x(t)=\delta(t)$ 的 CTFT 如下：

$$X(\omega)=\int_{-\infty}^{\infty}\delta(t)e^{-j\omega t}dt=e^{-j\omega\cdot 0}=1 \tag{3.45}$$

这一公式可以利用缓增广义函数的傅里叶变换来进行数学证明。

利用位移性质，$x(t)=\delta(t-t_0)$ 的 CTFT 等于 $X(\omega)=e^{-j\omega t_0}$。

例 3.9 从对偶特性和例 3.8 的结果可知，常值函数 $x(t)=1$ 的 CTFT 为 $X(\omega)=2\pi\delta(\omega)$。因而，一个常值函数，也就是常说的直流函数，只在 $\omega=0$ 处有能量。

利用调制特性，信号转换有 $e^{j\omega_0 t}\leftrightarrow 2\pi\delta(\omega-\omega_0)$，因此只有当 $\omega=\omega_0$ 时才包含能量。

例 3.10 采样问题中很重要的一个信号就是狄拉克 δ 函数序列

$$x(t)=\sum_{n\in\mathbb{Z}}\delta(t-nT) \tag{3.46}$$

也称为脉冲序列。由例 3.8 可知，$x(t)$ 的 CTFT 如下：

$$X(\omega)=\sum_{n\in\mathbb{Z}}e^{-j\omega nT} \tag{3.47}$$

利用后面式(3.89)介绍的泊松求和公式，我们能得到

$$\sum_{n\in\mathbb{Z}}e^{-j\omega nT}=\frac{2\pi}{T}\sum_{k\in\mathbb{Z}}\delta\left(\omega-\frac{2\pi k}{T}\right) \tag{3.48}$$

这一等式限制了分布密度。因此，时域脉冲序列的 CTFT 是一段频域上的脉冲序列。相邻脉冲在时间和频率上的间隔成反比，如图 3.3 所示。

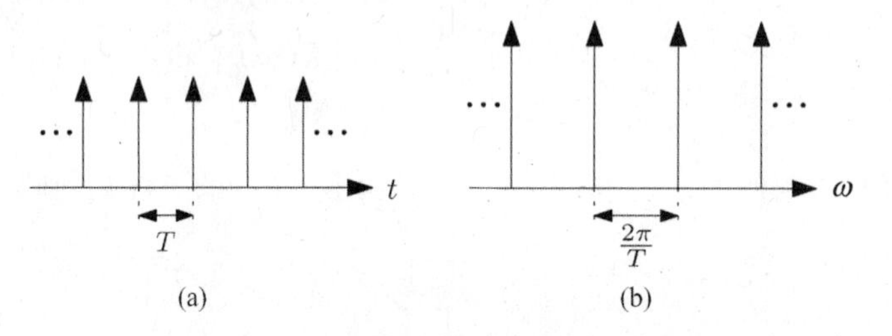

图 3.3 (a)时域脉冲序列；(b)其 CTFT

例 3.11 考察例 3.6 在式(3.27)中给出的矩形信号，$T=1$。

$$x(t)=\begin{cases}1, & |t|\leqslant\frac{1}{2}\\0, & |t|>\frac{1}{2}\end{cases} \tag{3.49}$$

从 CTFT 的定义可知，其傅里叶变换 $X(\omega)$ 如下：

$$X(\omega)=\int_{-\frac{1}{2}}^{\frac{1}{2}}e^{-j\omega t}dt=\frac{-1}{j\omega}(e^{-j\omega/2}-e^{j\omega/2})=\frac{\sin\left(\frac{\omega}{2}\right)}{\frac{\omega}{2}}=\operatorname{sinc}\left(\frac{\omega}{2\pi}\right) \tag{3.50}$$

其中 sinc 函数由式(3.29)定义。既然 $x(t)$ 不连续，则其傅里叶变化结果不可积[否则，$x(t)$ 和 $X(\omega)$ 就都在 $L_1(\mathbb{R})$ 中，那么意味着 $x(t)$ 必定连续]。

例 3.12 最后，我们回顾例 3.7 的 sinc 脉冲响应。从对偶性和例子的结果可知，$x(t)=\operatorname{sinc}(t)$ 的 CTFT 如下：

$$X(\omega) = \begin{cases} 1, & |\omega| \leqslant \pi \\ 0, & |\omega| > \pi \end{cases} \tag{3.51}$$

利用放缩性质，我们能推断更一般的 $\operatorname{sinc}(t/T)$ 的变换结果

$$X(\omega) = \begin{cases} T, & |\omega| \leqslant \dfrac{\pi}{T} \\ 0, & |\omega| > \dfrac{\pi}{T} \end{cases} \tag{3.52}$$

图3.4描绘了函数 $x(t)$ 和 $X(\omega)$，这里可以看出 $x(t)$ 的主瓣宽度和 $X(\omega)$ 的宽度成反比。假设一个LTI系统，其脉冲响应 $h(t) = \operatorname{sinc}(t/T)$。由卷积特性，如果系统输入为 $g(t)$，那么系统输出在频域可以表示为 $Y(\omega) = G(\omega)H(\omega)$，这里 $H(\omega)$ 由式(3.52)给出。显然，$Y(\omega)$ 将不包含关于 π/T 的频谱分量。因此，脉冲响应为 $h(t) = \operatorname{sinc}(t/T)$ 的LTI系统也被认为是理想低通滤波器：它只允许输入的低频分量通过。

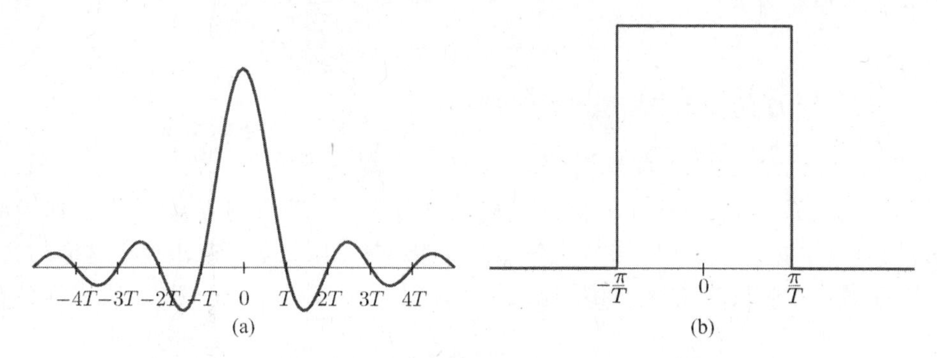

图3.4 (a)函数 $x(t) = \operatorname{sinc}(t/T)$；(b) $x(t)$ 的CTFT结果 $X(\omega)$

3.2.4 Fubini定理

当计算双重积分(如证明卷积定理)时，如果能够调整积分顺序，处理起来将很方便。当信号处在 $L_1(\mathbb{R})$ 中时，由于Fubini定理[60]，这一思路成为可能。

定理3.1 (Fubini定理)如果有

$$\int_{-\infty}^{\infty}\left(\int_{-\infty}^{\infty} |x(t,\tau)| \,\mathrm{d}t\right)\mathrm{d}\tau < \infty \quad 或 \quad \int_{-\infty}^{\infty}\left(\int_{-\infty}^{\infty} |x(t,\tau)| \,\mathrm{d}\tau\right)\mathrm{d}t < \infty \tag{3.53}$$

那么

$$\int_{-\infty}^{\infty}\left(\int_{-\infty}^{\infty} x(t,\tau)\,\mathrm{d}t\right)\mathrm{d}\tau = \int_{-\infty}^{\infty}\left(\int_{-\infty}^{\infty} x(t,\tau)\,\mathrm{d}\tau\right)\mathrm{d}t < \infty \tag{3.54}$$

3.3 离散时间系统

本质上讲，我们至今得到的关于连续时间系统的结果都有离散的副本。当对连续时间信号进行采样或者数字化的过程中会产生离散时间系统。通常采样都是均匀的，因此离散时间信号 $x[n]$ 就是对于一个模拟信号 $x(t)$ 以间隔 $t = nT$ 进行采样的结果。

与连续时间情况一样，许多实际的离散时间系统都是线性并且时不变的。离散条件下，时不变由归一化采样间隔为 $T = 1$ 来定义。换言之，如果输入 $x[n]$ 延迟整数 m 而输出延迟如下

所示时，这是一个时不变的线性离散方程

$$S\{x_m\}[n] = S\{x\}[n-m] \tag{3.55}$$

其中 Sx 是 $x[n]$ 对应的输出，并且 $x_m[n]=x[n-m]$。

3.3.1 离散时间冲激响应

离散时间 LTI 系统由它们的(离散时间)冲激响应定义。在时间离散的情况下，冲激为离散狄拉克函数

$$\delta[n] = \begin{cases} 1, & n=0 \\ 0, & n\neq 0 \end{cases} \tag{3.56}$$

离散狄拉克函数等价于式(2.18)中定义的克罗内克函数 δ_{n0}。更一般的情况是，$\delta_{nk}=\delta[n-k]$。

冲激响应 $h[n]$ 由输入为 $\delta[n]$ 时的系统输出定义。既然任意信号 $x[n]\in\ell_p$，$1\leqslant p<\infty$，能够由狄拉克函数求和表示

$$x[n] = \sum_{m\in\mathbb{Z}} x[m]\delta[n-m] \tag{3.57}$$

那么我们就能利用 LTI 的性质来描绘出如下的系统输出：

$$Sx[n] = \sum_{m\in\mathbb{Z}} x[m]S\delta[n-m] = \sum_{m\in\mathbb{Z}} x[m]h[n-m] \tag{3.58}$$

式(3.58)给出的关系是 $x[n]$ 和 $h[n]$ 之间的离散时间卷积。冲激响应 $h[n]$ 也被作为滤波器。如果 $h[n]$ 是有限项的，那么式(3.58)这一卷积也能通过有限次运算来求得。这样的滤波器也被称为有限冲激响应 FIR 滤波器。相反地，当 $h[n]$ 为无限多项时，也被称为无限冲激响应 IIR 滤波器。

当一个 IIR 滤波器的卷积要写成 $x[n]$ 过去值求和形式时，就有无穷多的运算。然而，有很大一部分 IIR 滤波器对于单一输出采样能够利用很小数量的运算得到。这一结果通过运用涉及输出 $y[n]$ 过去值的递归方程来替代式(3.58)中的无穷项输入采样求和来实现的。以这一方式实现的系统，其冲激响应方程为有理的频域响应，包含少量的零极点。在介绍完离散时间傅里叶变换后，我们在例 3.15 中将讨论这种滤波器。这一情况下的一个很重要的发现是有时采用 IIR 系统比利用有很多非零点的 FIR 滤波器更有效。

和在连续时间情况下一样，通过冲激响应 $h[n]$ 能够表征系统因果性和稳定性。因果性的充要条件是 $h[n]=0$，$n<0$。这保证了系统的输出只取决于当前和未来的输入 $x[n]$。而当且仅当 $h[n]$ 在 ℓ_1 中，如 $\sum_{n\in\mathbb{Z}}|h[n]|<\infty$，BIBO(有界输入有界输出)稳定性是得到保证的。

3.3.2 离散时间傅里叶变换

在 ℓ_1 中的序列 $x[n]$ 的离散时间傅里叶变换 DTFT 定义如下：

$$X(\mathrm{e}^{\mathrm{j}\omega}) = \sum_{n\in\mathbb{Z}} x[n]\mathrm{e}^{-\mathrm{j}\omega n} \tag{3.59}$$

DTFT 是以 2π 为周期的；为了强调这一点，我们采用 $X(\mathrm{e}^{\mathrm{j}\omega})$ 的写法。DTFT 的逆变化如下：

$$x[n] = \frac{1}{2\pi}\int_{-\pi}^{\pi} X(\mathrm{e}^{\mathrm{j}\omega})\mathrm{e}^{\mathrm{j}\omega n}\mathrm{d}\omega \tag{3.60}$$

使式(3.59)收敛的充分条件是序列 $x[n]$ 在 ℓ_1 中，也就是说 $x[n]$ 绝对可和。这样式(3.59)一致收敛于一个连续函数。当 $x[n]$ 在 ℓ_2 中时，式(3.59)收敛于一个 L_2 中的式子。和 CTFT 一样，利用广义函数，可以为不属于 ℓ_2 的更一般的序列定义 DTFT，如变换对

$$e^{j\omega_0 n} \leftrightarrow 2\pi \sum_{k \in \mathbb{Z}} \delta(\omega - \omega_0 + 2\pi k) \tag{3.61}$$

这一关系可通过将变换带入式(3.60)来证明，同时使用狄拉克函数的积分形式。

任意在$[-\pi,\pi]$上的平方可积方程都能由ℓ_2中的某个序列$a[n]$的 DTFT 表示。这是由于方程$\{e^{j\omega n}\}$组成了$[-\pi,\pi]$上的平方可积方程的一组规范化正交基。

我们已经知道在连续时间中，连续复指数是任意 LTI 系统的特征向量。在离散时间情况下也有类似的性质，这里离散指数$e^{j\omega n}$是特征向量。为了证明这一点，设任意 LTI 系统S的冲激响应为$h[n]$，遵循式(3.58)有

$$Se^{j\omega n} = \sum_{m \in \mathbb{Z}} h[m] e^{j\omega(n-m)} = e^{j\omega n} \sum_{m \in \mathbb{Z}} h[m] e^{-j\omega m} = e^{j\omega m} H(e^{j\omega}) \tag{3.62}$$

其中，$H(e^{j\omega})$是$h[n]$的 DTFT。因此，$H(e^{j\omega})$是特征向量$e^{j\omega}$相应的特征值，也是系统的频域响应。

3.3.3 DTFT 性质

DTFT 满足的性质和 CTFT 相似。事实上，我们可以把 DTFT 看成是序列$x[n]$连续时间表示$x(t) = \sum_{n \in \mathbb{Z}} x[n]\delta(t-n)$的 CTFT。下一章讨论采样定理时，会用到这样的离散时间信号的连续时间公式。为了证明相等，在形式上计算$x(t)$的 CTFT

$$\int_{-\infty}^{\infty} x(t) e^{-j\omega t} dt = \sum_{n \in \mathbb{Z}} x[n] \int_{-\infty}^{\infty} \delta(t-n) e^{-j\omega t} dt = \sum_{n \in \mathbb{Z}} x[n] e^{-j\omega t} = X(e^{j\omega}) \tag{3.63}$$

和 CTFT 相似，DTFT 是线性、共轭对称的。时延对应相变，频移对应时延。时间反转意味着$x[-n] \leftrightarrow X(e^{-j\omega})$。最后，卷积性质和帕塞瓦尔定理也同样适用于 DTFT。由于这两者的重要性，我们要明确写出：

卷积

两个ℓ_1序列的卷积定义如下：

$$y[n] = x[n] * h[n] = \sum_{\ell \in \mathbb{Z}} x[\ell] h[n-\ell] \tag{3.64}$$

其中$y[n]$也属于ℓ_1。$y[n]$的 DTFT 涉及$x[n]$和$h[n]$

$$Y(e^{j\omega}) = X(e^{j\omega}) H(e^{j\omega}) \tag{3.65}$$

能量守恒(帕塞瓦尔定理)

$$\sum_{n \in \mathbb{Z}} \overline{x[n]} y[n] = \frac{1}{2\pi} \int_{-\pi}^{\pi} \overline{X(e^{j\omega})} Y(e^{j\omega}) d\omega \tag{3.66}$$

当$y[n]=x[n]$时，能得到能量守恒性质

$$\sum_{n \in \mathbb{Z}} |x[n]|^2 = \frac{1}{2\pi} \int_{-\pi}^{\pi} |X(e^{j\omega})|^2 d\omega \tag{3.67}$$

离散互相关序列

在分析采样定理时常遇到的一个重要序列是实信号的相关序列

$$c[n] \sum_{m \in \mathbb{Z}} d[m] d[n+m] \tag{3.68}$$

从卷积$c[n]$的定义可知$c[n]$可写成$c[n]=d[n]*d[-n]$。因此，如果$d[n]$是实信号的，那么从卷积性质和 DTFT 的时间反转性质我们能在 DTFT 域描述$C(e^{j\omega})$和$D(e^{j\omega})$的关系

$$C(e^{j\omega}) = |D(e^{j\omega})|^2 \tag{3.69}$$

现在我们给出一些 DTFT 变换对和卷积定理的例子。

例 3.13 讨论下面的序列：

$$h[n]=\begin{cases}a^n, & n\geqslant 0\\ 0, & n<0\end{cases} \tag{3.70}$$

其中 $|a|<1$。由 DTFT 定义，$H(e^{j\omega})$ 为

$$H(e^{j\omega})=\sum_{n=0}^{\infty}a_n e^{-j\omega n}=\sum_{n=0}^{\infty}(ae^{-j\omega})^n=\frac{1}{1-ae^{-j\omega}} \tag{3.71}$$

这一例子在因果 IIR 滤波器中很重要。假设 $h[n]$ 代表频域响应为式(3.71)的 LTI 系统。现在我们来证明这样的一个系统能够每一次输出采样进行一次加法和乘法来递归实现。相比于直接计算卷积和，这一方法对于获得 IIR 滤波器来说是更易于实现的。

令 $x[n]$，$y[n]$ 表示系统的输入和输出，$h[n]$ 表示冲激响应，并且 $Y(e^{j\omega})$，$X(e^{j\omega})$ 为响应的 DTFT。为了推导出计算 $y[n]$ 的递归公式，利用卷积性质和式(3.71)得到

$$Y(e^{j\omega})=H(e^{j\omega})X(e^{j\omega})=\frac{1}{1-ae^{-j\omega}}X(e^{j\omega}) \tag{3.72}$$

或者

$$Y(e^{j\omega})=X(e^{j\omega})+aY(e^{j\omega})e^{-j\omega} \tag{3.73}$$

应用差分方程 DTFT 逆变换的结果回到时域后

$$y[n]=x[n]+ay[n-1] \tag{3.74}$$

因此，为了获得输出 $y[n]$，我们要把当前的输入同 $n-1$ 时刻的输出相结合。

推断式(3.71)中的频域响应与一阶差分方程相对应。a 的值称为系统极点。为了理解这一选择的术语，考察 $h[n]$ 的 z 变换 $H(z)$。在极点 $z=a$，由于分母为零，方程 $H(z)$ 奇异。因此，当极点落在复单位圆内也就是 $|a|<1$ 时，序列 $h[n]$ 绝对可和并且 BIBO 稳定。

上面的例子展示了频域响应有单一极点的系统能够依靠过去的输出值来递归实现。下面的例子将展示如果极点 a 落在单位圆外时，所构成的系统仍然可以由递归实现，但是此时为非因果系统。

例 3.14 研究有下面冲激响应的 LTI 系统

$$h[n]=\begin{cases}a^n & n\leqslant 0\\ 0, & n>0\end{cases} \tag{3.75}$$

其中 $|a|>1$。这一非因果系统是例 3.13 的时间翻转。从 DTFT 的定义可知，$H(e^{j\omega})$ 如下：

$$H(e^{j\omega})=\sum_{n=-\infty}^{0}a^n e^{-j\omega n}=\sum_{n=0}^{\infty}(a^{-1}e^{j\omega})^n=\frac{1}{1-a^{-1}e^{j\omega}} \tag{3.76}$$

显然这里极点 a 必须落在复平面的单位圆外才能使系统稳定。

和上面例子中简单推导一样，我们能够得到式(3.76)给出频域响应的系统输出 $y[n]$，并且输入 $x[n]$ 可以在时域由递归方式写为

$$y[n]=x[n]+\frac{1}{a}y[n+1] \tag{3.77}$$

式(3.77)表达的递归关系是非因果的。因此只适用于离线应用，即完整的序列 $x[n]$ 在处理之前已知。这样才有可能使用上面的递归方法，依照逆序运算 $x[n]$ 的项。这一应用情景，如图像处理，可以把一行或一列的像素作为 $x[n]$。

例3.13和例3.14能够拓展到包含零极点的高阶系统。这样的系统可以通过组合过去的输入和过去的输出来递归实现。

例3.15　分析对应于差分方程的LTI系统

$$y[n]+a_1y[n-1]+\cdots+a_py[n-p]=b_0x[n]+b_1x[n-1]+\cdots+b_qx[n-q] \tag{3.78}$$

其中，p,q为正整数，且$a_1,\cdots,a_p$和$b_1,\cdots,b_q$为常数。当$a_i=0$, $i=1,\cdots,p$时，系统被称为动平衡(MA)，而当$b_i=0,i=1,\cdots,q$时，系统被称为自回归(AR)。式(3.78)表示的更一般系统也被称为ARMA。

等式两边同时做DTFT，求解$Y(\mathrm{e}^{\mathrm{j}\omega})$得

$$Y(\mathrm{e}^{\mathrm{j}\omega})=\frac{b_0+b_1\mathrm{e}^{-\mathrm{j}\omega}+\cdots+b_q\mathrm{e}^{-\mathrm{j}\omega q}}{1+a_1\mathrm{e}^{-\mathrm{j}\omega}+\cdots+a_p\mathrm{e}^{-\mathrm{j}\omega p}}X(\mathrm{e}^{\mathrm{j}\omega}) \tag{3.79}$$

这里我们利用了$x[n-n_0]$的DTFT为$X(\mathrm{e}^{\mathrm{j}\omega})\mathrm{e}^{-\mathrm{j}\omega n_0}$这一性质。这一式子表明式(3.78)是有以下频域响应的LTI系统：

$$H(\mathrm{e}^{\mathrm{j}\omega})=\frac{b_0+b_1\mathrm{e}^{-\mathrm{j}\omega}+\cdots+b_q\mathrm{e}^{-\mathrm{j}\omega q}}{1+a_1\mathrm{e}^{-\mathrm{j}\omega}+\cdots+a_p\mathrm{e}^{-\mathrm{j}\omega p}} \tag{3.80}$$

由于这样的结构，这种系统被称为具有有理传递函数。我们能注意到分子分母都是含有$\mathrm{e}^{-\mathrm{j}\omega}$的多项式。

为了检验一个有理LTI系统是否BIBO稳定，我们可以把分母多项式写成根的形式

$$\begin{aligned}H(\mathrm{e}^{\mathrm{j}\omega})&=\frac{b_0+b_1\mathrm{e}^{-\mathrm{j}\omega}+\cdots+b_q\mathrm{e}^{-\mathrm{j}\omega q}}{\prod_{i=1}^{p}(1-\alpha_i\mathrm{e}^{-\mathrm{j}\omega})}\\&=\frac{b_0}{\prod_{i=1}^{p}(1-\alpha_i\mathrm{e}^{-\mathrm{j}\omega})}+\cdots+\frac{b_q\mathrm{e}^{-\mathrm{j}\omega q}}{\prod_{i=1}^{p}(1-\alpha_i\mathrm{e}^{-\mathrm{j}\omega})}\end{aligned} \tag{3.81}$$

因而，频域冲激响应有$q+1$项，具有相同的调制和放缩。每一个都是式(3.71)中p个系统之一的产物。和例3.13一样，这些子项只有当极点在单位圆中时才满足稳定。因此，系统式(3.78)当且仅当$|\alpha_i|<1,i=1,\cdots,p$时为稳定的。

3.4　连续-离散表示

在采样理论中，我们经常会遇到混合的信号表示，即连续时间信号$x(t)$由一个离散时间序列$d[n]$通过给定的生成函数$h(t)$的位移来表示。

$$x(t)=\sum_{n\in\mathbb{Z}}d[n]h(t-nT) \tag{3.82}$$

我们已经在第2章的例2.2和例2.3中遇到过这样的表示。而式(3.82)中的方程涉及连续信号[$x(t)$, $y(t)$]，以及离散序列($d[n]$)。这一节中我们研究这种混合信号的一组傅里叶变换。

命题3.1　令$x(t)=\sum_{n\in\mathbb{Z}}d[n]h(t-nT)$，那么，在傅里叶域中

$$X(\omega)=D(\mathrm{e}^{\mathrm{j}\omega T})H(\omega) \tag{3.83}$$

其中$D(\mathrm{e}^{\mathrm{j}\omega T})$是序列$d[n]$的DTFT，而$H(\omega)$是函数$h(t)$的CTFT。

证明 通过 CTFT 的定义

$$\begin{aligned} X(\omega) &= \int_{-\infty}^{\infty} x(t)\mathrm{e}^{-\mathrm{j}\omega t}\mathrm{d}t \\ &= \sum_{n\in\mathbb{Z}} d[n]\int_{-\infty}^{\infty} h(t-nT)\mathrm{e}^{-\mathrm{j}\omega t}\mathrm{d}t \\ &= \sum_{n\in\mathbb{Z}} d[n]\mathrm{e}^{-\mathrm{j}\omega nT}\int_{-\infty}^{\infty} h(t)\mathrm{e}^{-\mathrm{j}\omega t}\mathrm{d}t \\ &= D(\mathrm{e}^{\mathrm{j}\omega T})H(\omega) \end{aligned} \tag{3.84}$$

在第三个等式中，我们用 $t\to t-nt$ 的变量替换。 □

显然，在式(3.83)中，方程 $D(\mathrm{e}^{\mathrm{j}\omega T})$ 是以 $2\pi/T$ 为周期，表示离散信号的变换。另一方面，$H(\omega)$ 通常是没有周期的，表示了一个连续时间信号。全书中，我们的推导将经常使用式(3.83)。

例 3.16 考察信号

$$x(t) = \sum_{n\in\mathbb{Z}} d[n]\ \mathrm{sinc}(t-n) \tag{3.85}$$

其中，$d[n]$是某一有界范数序列。从命题 3.1 可知，$x(t)$的 CTFT $X(\omega)$如下：

$$X(\omega) = D(\mathrm{e}^{\mathrm{j}\omega})H(\omega) \tag{3.86}$$

其中 $H(\omega)$是 $\mathrm{sinc}(t)$的 CTFT(参见例 3.12)

$$H(\omega) = \begin{cases} 1, & |\omega| \leqslant \pi \\ 0, & |\omega| > \pi \end{cases} \tag{3.87}$$

因此

$$X(\omega) = \begin{cases} D(\mathrm{e}^{\mathrm{j}\omega}), & |\omega| \leqslant \pi \\ 0, & |\omega| > \pi \end{cases} \tag{3.88}$$

函数 $D(\mathrm{e}^{\mathrm{j}\omega})$，$H(\omega)$和 $X(\omega)$参见图 3.5。

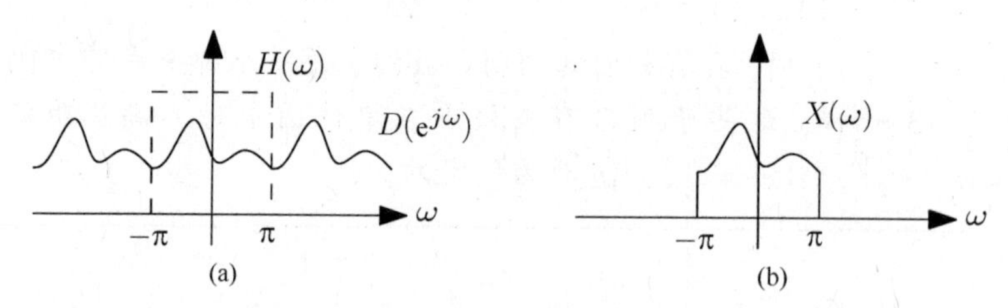

图 3.5 (a)$d[n]$的 DTFT $D(\mathrm{e}^{\mathrm{j}\omega})$与 $\mathrm{sinc}(t)$的 CTFT $H(\omega)$相乘；(b)得到 $x(t)=\sum_n d[n]h(t-n)$ 的 CTFT $X(\omega)$

3.4.1 泊松求和公式

我们现在研究连续时间信号 $x(t)$的傅里叶变换同其采用序列 $x(nT)$的关系。这一情况下用到的卷积工具是泊松求和公式[58,62]。

命题 3.2 令 $x(t)$为 $L_1(\mathbb{R})$中的连续时间函数，以及 $X(\omega)$表示它的 CTFT。那么有

$$\sum_{n\in\mathbb{Z}} x(nT) = \frac{1}{T}\sum_{k\in\mathbb{Z}} X\left(\frac{2\pi k}{T}\right) \tag{3.89}$$

利用命题 3.2，结合下面的定理 3.2，就可以推导采样序列 $x(nT)$的 DTFT。为了避免理论

描述的混乱，我们用 $B(\mathrm{e}^{\mathrm{j}\omega})$ 表示 $x[n]=x(nT)$ 的 DTFT，用 $X(\omega)$ 表示 $x(t)$ 的 CTFT。

定理 3.1（采样数据的 DTFT）　令 $x(t)$ 为 $L_1(\mathbb{R})$ 中的连续时间函数，且其 CTFT 为 $X(\omega)$，令 $x[n]$ 为由 $x(t)$ 在点 $t=nT$ 处采样得到的离散时间序列，再令 $B(\mathrm{e}^{\mathrm{j}\omega})$ 表示 $x[n]$ 的 DTFT。则有

$$B(\mathrm{e}^{\mathrm{j}\omega}) = \frac{1}{T}\sum_{k\in\mathbb{Z}} X\left(\frac{\omega}{T}-\frac{2\pi k}{T}\right) \tag{3.90}$$

证明　为了证明这一定理，令 $g(t)=x(t)\mathrm{e}^{-\mathrm{j}\omega_0 t/T}$。由 CTFT 的性质可知，$G(\omega)=X(\omega+\omega_0/T)$。把 $g(t)$ 代入式(3.89)有

$$\sum_{n\in\mathbb{Z}} x(nT)\mathrm{e}^{-\mathrm{j}\omega_0 n} = \frac{1}{T}\sum_{k\in\mathbb{Z}} X\left(\frac{\omega_0}{T}-\frac{2\pi k}{T}\right) \tag{3.91}$$

式(3.91)左边是 $x[n]=x(nT)$ 在频点 ω_0 的 DTFT。利用这一方程对于所有的 ω_0 均成立可以得到这一结果。□

我们将在 4.2 节中利用香农-奈奎斯特采样定理详细研究连续时间信号 $x(t)$ 的频域响应和它的采样序列 $x(nT)$ 之间的关系。

例 3.17　研究信号 $x(t)=\operatorname{sinc}^2(t)$，显然整数点采样由 $x[n]=\delta[n]$ 给出。下面我们来证明这一关系是怎样从定理 3.1 中得到的。

利用 CTFT 的乘法性质，可以得到 $\operatorname{sinc}^2(t)\leftrightarrow(2\pi)^{-1}G(\omega)*G(\omega)$，其中 $G(\omega)$ 是 $\operatorname{sinc}(t)$ 的 CTFT。由例 3.12 可知，$G(\omega)$ 是 $[-\pi,\pi]$ 上的矩形函数。直接计算两个矩形函数的卷积得到

$$M(\omega) = G(\omega)*G(\omega) = \begin{cases} 2\pi-|\omega|, & |\omega|<2\pi \\ 0, & |\omega|\geqslant 2\pi \end{cases} \tag{3.92}$$

因此，由定理 3.1 和 $T=1$ 可得 $X(\mathrm{e}^{\mathrm{j}\omega})$ 如下：

$$X(\mathrm{e}^{\mathrm{j}\omega}) = \frac{1}{2\pi}\sum_{k\in\mathbb{Z}} M(\omega-2\pi k) = 1 \tag{3.93}$$

这一结果的几何学解释如图 3.6 所示。因为 $X(\mathrm{e}^{\mathrm{j}\omega})=1$，它的 DTFT 逆变换是离散的脉冲：$x[n]=\delta[n]$。

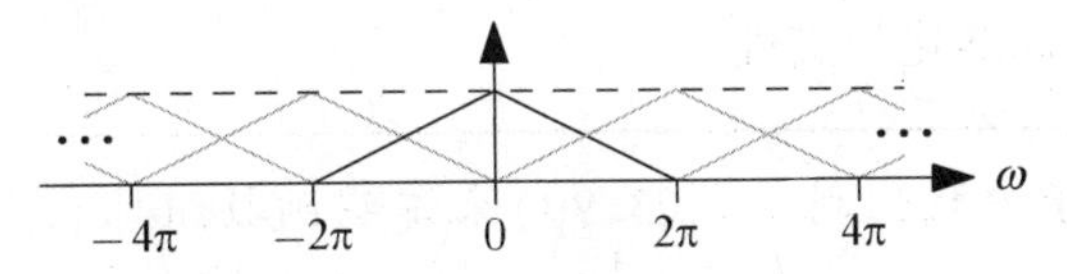

图 3.6　三角函数 $G(\omega)*G(\omega)$ 位移副本求和为一个常数

分析可以表达成式(3.82)形式的信号 $x(t)$。利用定理 3.1 和命题 3.1，我们知道它的采样 $x[n]=x(nT)$ 的 DTFT 如下：

$$B(\mathrm{e}^{\mathrm{j}\omega}) = \frac{1}{T}D(\mathrm{e}^{\mathrm{j}\omega})\sum_{k\in\mathbb{Z}} H\left(\frac{\omega}{T}-\frac{2\pi k}{T}\right) \tag{3.94}$$

这里我们利用了 $D(\mathrm{e}^{\mathrm{j}\omega T})$ 是以 $2\pi/T$ 为周期的，因此 $D(\mathrm{e}^{\mathrm{j}(\omega/T-2\pi k/T)T})=D(\mathrm{e}^{\mathrm{j}\omega})$。当 $h(t)$ 具有性质 $h(nT)=\delta[n]$ 时，就很容易从式(3.82)中直接得到 $d[n]=x(nT)$。这一结果也符合式(3.94)，$h(nT)=\delta[n]$ 意味着

$$\frac{1}{T}\sum_{k\in\mathbb{Z}}H\left(\frac{\omega}{T}-\frac{2\pi k}{T}\right)=1 \tag{3.95}$$

(参见习题19)。

3.4.2 采样相关序列

在决定各种采样序列的DTFT时，式(3.90)中的关系是很有用的。例如，在信号恢复问题中很重要的一个序列就是采样的互相关序列

$$r_{xy}[n]=\langle x(t),y(t+nT)\rangle=\int_{-\infty}^{\infty}x(t)y(t+nT)\mathrm{d}t \tag{3.96}$$

其中内积是$L_2(\mathbb{R})$内积，并且假设$x(t)$是实函数。这一序列可以看成是式(3.40)定义的连续时间互相关函数$r_{xy}(t)$在时间nT处的采样。利用$r_{xy}(t)=x(-t)*y(t)$，序列$r_{xy}[n]$可以通过图3.7的方式得到。我们可以通过$x(t)$和$y(t)$的CTFT直接得到$r_{xy}[n]$的DTFT：

$$R_{XY}(\mathrm{e}^{\mathrm{j}\omega})=\frac{1}{T}\sum_{k\in\mathbb{Z}}\overline{X\left(\frac{\omega}{T}-\frac{2\pi k}{T}\right)}Y\left(\frac{\omega}{T}-\frac{2\pi k}{T}\right) \tag{3.97}$$

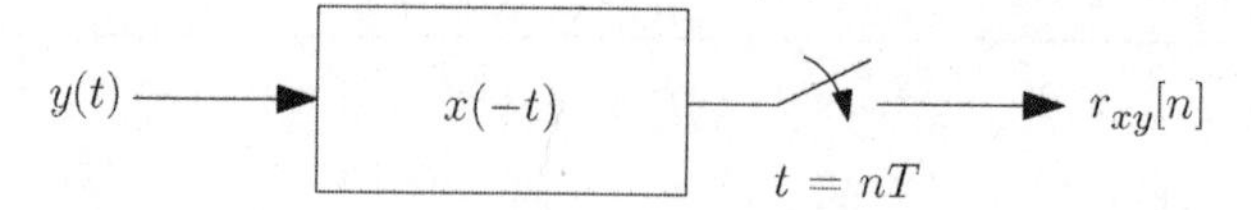

图3.7 $y(t)$通过滤波器$x(-t)$之后的采样得到$r_{xy}[n]$

当$y(t)=x(t)$时，函数$r_{xy}(t)$退化为自相关函数$r_{xx}(t)$。通过对$r_{xx}(t)$在时间$t=nT$处采样得到的相关序列等于$x(t)$和它时延nT后的函数的内积

$$r_{xx}[n]=\int_{-\infty}^{\infty}x(t)x(t+nT)\mathrm{d}t=\langle x(t),x(t+nT)\rangle \tag{3.98}$$

我们很容易能得到$\langle x(t+mT),x(t+nT)\rangle=r_{xx}[n-m]$。因此，从第2章中标准正交性的定义中可知，当且仅当$r_{xx}[n]=\delta[n]$时，函数$\{x(t-nT),n\in\mathbb{Z}\}$形成一个标准正交集合。利用式(3.97)，这一情况表达为

$$R_{XX}(\mathrm{e}^{\mathrm{j}\omega})=\frac{1}{T}\sum_{k\in\mathbb{Z}}\left|X\left(\frac{\omega}{T}-\frac{2\pi k}{T}\right)\right|^2=1 \tag{3.99}$$

因此在DTFT域也能确定标准化正交性。

例3.18 在这一例子中我们利用式(3.99)来证明函数组$\{x(t-n)\}_{n\in\mathbb{Z}}$的标准正交性，其中

$$x(t)=\mathrm{sinc}\left(\frac{t}{2}\right)\cos\left(\frac{3\pi}{2}t\right) \tag{3.100}$$

正如例3.12所述，$\mathrm{sinc}(t/2)$的CTFT是一个矩形函数，其宽度为$\pi/2$，高度为2。由于$\cos(\alpha)=(\mathrm{e}^{\mathrm{j}\alpha}+\mathrm{e}^{-\mathrm{j}\alpha})/2$，很容易得到$\cos(3\pi t/2)$的CTFT等于$\pi[\delta(\omega-3\pi/2)+\delta(\omega+3\pi/2)]$。现在，式(3.100)中乘积的CTFT等于它们变换的卷积除以2π

$$X(\omega)=\begin{cases}1, & \pi\leqslant|\omega|\leqslant 2\pi\\ 0, & |\omega|<\pi\text{或}|\omega|>2\pi\end{cases} \tag{3.101}$$

因此，$\sum_{k\in\mathbb{Z}}|X(\omega-2\pi k)|^2=1$，证明了函数组$\{x(t-n)\}_{n\in\mathbb{Z}}$是标准正交的。

3.5　习题

1. 考察两个连续时间函数 $x(t)$ 和 $y(t)$。基于卷积运算式(3.20)的定义，证明

$$\frac{\mathrm{d}}{\mathrm{d}t}(x(t)*y(t)) = x'(t)*y(t) = x(t)*y'(t) \tag{3.102}$$

其中 $y'(t)$ 表示 $y(t)$ 的导数。

2. 令 $x(t)$ 为有限能量信号且 CTFT 为 $X(\omega)$（参见式(3.35)）。证明 $x(t)$ 的导数 $x'(t)$ 的 CTFT 为 $\mathrm{j}\omega X(\omega)$。

3. 令 $x(t)$ 为有限能量的复信号且 CTFT 为 $X(\omega)$。用 $X(\omega)$ 表达 $\overline{x(t)}$ 的 CTFT。

4. 令 ω_0 为任意常数。

(a) 计算信号 $\sin(\omega_0 t)$ 的 CTFT

(b) 计算信号 $\cos(\omega_0 t)$ 的 CTFT

提示：利用 $\cos(\alpha)=(\mathrm{e}^{\mathrm{j}\alpha}+\mathrm{e}^{-\mathrm{j}\alpha})/2$ 和 $\sin(\alpha)=(\mathrm{e}^{\mathrm{j}\alpha}-\mathrm{e}^{-\mathrm{j}\alpha})/(2\mathrm{j})$。

5. 考察周期为 T 的周期函数 $x(t)$。证明它的 CTFT 为

$$X(\omega) = \sum_{k\in\mathbb{Z}} a_k \delta(\omega-\omega_0 k) \tag{3.103}$$

给出含有 T 的函数 ω_0 的明确表达式并解释在 $x(t)$ 的一个周期内系数 $\{a_k\}_{k\in\mathbb{Z}}$ 与 CTFT 有怎样的关系。

6. 令 $x_n(t)=s(t)\mathrm{e}^{\mathrm{j}nt}$，其中 $s(t)$ 是 $L_2(\mathbb{R})$ 内的给定函数。$\{x_n(t)\}_{n\in\mathbb{Z}}$ 对应的变换集用 X 表示。

(a) 证明其与序列 $h[n]$ 的卷积对应的变换为 $X*X$ 运算。换言之，证明如果 $a=X*Xb$，那么 $a[m]=\sum_{n\in\mathbb{Z}}h[m-n]b[n]$。

(b) 写出 $H(\mathrm{e}^{\mathrm{j}\omega})$ 的明确表达式，$H(\mathrm{e}^{\mathrm{j}\omega})$ 为 $h[n]$ 的 DTFT，涉及 $s(t)$。[提示：$H(\mathrm{e}^{\mathrm{j}\omega})$ 满足 $h[n]=(2\pi)^{-1}\int_{-\pi}^{\pi}H(\mathrm{e}^{\mathrm{j}\omega})\mathrm{e}^{-\mathrm{j}\omega n}\mathrm{d}\omega$]

(c) 推导出使得 $\{x_n(t)\}_{n\in\mathbb{Z}}$ 为 Riesz 基的 $H(\mathrm{e}^{\mathrm{j}\omega})$ 需满足的充要条件。

7. 考察信号 $x(t)$ 其 CTFT 为 $X(\omega)$，定义在 $[\omega_1,\omega_2]$，这里 $0<\omega_1<\omega_2<\infty$。利用 AM 发送 $x(t)$，我们构造了信号

$$y(t) = (a+x(t))\cos(\omega_c t) \tag{3.104}$$

其中 $a>0$ 为标量且 $\omega_c \gg \omega_2$ 被称为载波。接收端执行操作

$$\hat{x}(t) = z(t)*h(t) \tag{3.105}$$

其中

$$z(t) = y(t)\cos(\omega_r t) \tag{3.106}$$

确定函数 $h(t)$ 与频率 ω_r 使得 $\hat{x}(t)=x(t)+a$。

8. 假设 $0<a<1$ 以及 ω_0 是任意常数。

(a) 计算以下信号的 CTFT

$$h(t) = \begin{cases} a^t\cos(\omega_0 t), & t\geqslant 0 \\ 0, & t<0 \end{cases} \tag{3.107}$$

(b) 计算下面序列的 DTFT

$$h[n] = \begin{cases} a_n\cos(\omega_0 n), & n\geqslant 0 \\ 0, & n<0 \end{cases} \tag{3.108}$$

利用 DTFT 的定义，并证明结果满足定理 3.2。

9. 考察 H_1，其输出 $y[n]$ 如下：

$$y[n] = \begin{cases} x\left[\frac{n}{L}\right], & \text{若 } \frac{n}{L} \text{ 为整数} \\ 0, & \text{其他} \end{cases} \tag{3.109}$$

对于某一整数 $L>1$。这一系统进行的运算被称为上采样。相似地，系统 H_2 依照整系数 $K>1$ 进行下采样

$$y[n] = x[nK] \tag{3.110}$$

(a)系统 H_1 是否为 LTI 系统？

(b)系统 H_2 是否为 LTI 系统？

(c)系统 H_2H_1 是否为 LTI 系统？

10. 令 ω_0为任意常数。

(a) 计算序列 $\sin(\omega_0 n)$的 DTFT。

(b) 计算序列 $\cos(\omega_0 n)$的 DTFT。

11. 考虑频域响应

$$H(\mathrm{e}^{\mathrm{j}\omega}) = \frac{1}{\mathrm{e}^{\mathrm{j}\omega} - a\mathrm{e}^{-\mathrm{j}\omega}} \tag{3.111}$$

其中 a 是一个复标量。确定使系统稳定的 a 的值。

12. 考虑离散时间 LTI 系统，输出如下：

$$y[n] = \begin{cases} 1, & n = 1 \\ -a, & n = 2 \\ 0, & 其他 \end{cases} \tag{3.112}$$

给定输入为

$$x[n] = \begin{cases} a_n, & n \geqslant 0 \\ 0, & n < 0 \end{cases} \tag{3.113}$$

其中 $a \neq 0$ 为某一标量。求系统的冲激响应 $h[n]$。

13. 令 $h[n]$为如下序列

$$h[n] = \begin{cases} 2, & n = 0 \\ -a, & |n| = 1 \\ 0, & |n| > 1 \end{cases} \tag{3.114}$$

其中 a 为常数。

(a) 计算 $h[n]$的 DTFT $H(\mathrm{e}^{\mathrm{j}\omega})$。

(b) 说明频域响应的倒数 $G(\mathrm{e}^{\mathrm{j}\omega}) = 1/H(\mathrm{e}^{\mathrm{j}\omega})$如下：

$$G(\mathrm{e}^{\mathrm{j}\omega}) = G_c(\mathrm{e}^{\mathrm{j}\omega})G_{ac}(\mathrm{e}^{\mathrm{j}\omega}) \tag{3.115}$$

其中 $G_c(\mathrm{e}^{\mathrm{j}\omega})$为因果系统，$G_{ac}(\mathrm{e}^{\mathrm{j}\omega})$为非因果系统；也就是其冲激响应在非负时间内消失。

(c) 推导使两系统均稳定的 a。

14. 正如所见，离散时间 LTI 系统输出由输入 $x[n]$和系统冲激响应 $h[n]$(对应于$\delta[n]$)的卷积表示。我们想表达系统涉及不同序列时的响应来说明这种关系。特别地，假设 $\tilde{h}[n]$ 为一个 LTI 系统对下列序列的响应：

$$b[n] = \begin{cases} a^n, & n \geqslant 0 \\ 0, & n < 0 \end{cases} \tag{3.116}$$

其中 $|a| < 1$ 是某一复常数。写出该系统输入为 $x[n]$，冲激响应为 $\hat{h}[n]$ 时相应的时域输出 $y[n]$以及 $\tilde{h}[n]$。

15. 令 $h[n]$和 $g[n]$为两个因果 FIR 系统的冲激响应。

(a)确定图 3.8 描述的系统的冲激响应。

(b)求使该系统稳定的 $h[n]$和 $g[n]$条件。

16. 已知 $x(t)$表达式如下：

$$x(t) = \sum_{n\in\mathbb{Z}} c[n]h(t-n) \tag{3.117}$$

其中，$c[n]$为 ℓ_2 中的某一序列且函数 $h(t)$在 L_2 中。

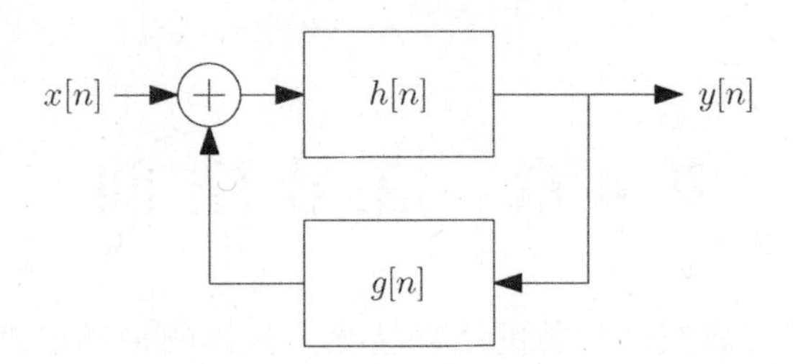

图 3.8　一个反馈闭环系统

(a) 假设信号 $x(t)$ 也可以写为

$$x(t) = \sum_{n\in\mathbb{Z}} d[n]g(t-n) \tag{3.118}$$

其中 $d[n]$ 为 ℓ_2 中的某一序列且函数 $g(t)$ 在 L_2 中。证明 $h(t)$ 能够用 $g(t)$ 表示成

$$h(t) = \sum_{n\in\mathbb{Z}} e[n]g(t-n) \tag{3.119}$$

并利用函数 $C(e^{j\omega})$ 和 $D(e^{j\omega})$ 给出 $e[n]$ 的 DTFT $E(e^{j\omega})$ 的表达式。

(b) 假设对于所有 ω 有 $|H(\omega)|>0$ 且集合 $\{h(t-n)\}_{n\in\mathbb{Z}}$ 不是一个标准正交基。求利用 $h(t)$ 构造 $g(t)$，使得 $\{g(t-n)\}_{n\in\mathbb{Z}}$ 为标准正交基。

17. 令 $s(t)$ 和 $w(t)$ 为 L_2 中的给定函数。考察一个离散时间系统输入 $x[n]$ 与输出 $y[n]$ 关系为

$$y[n] = \int_{-\infty}^{\infty} s(t-n)a(t)\,dt \tag{3.120}$$

其中

$$a(t) = \sum_{k\in\mathbb{Z}} x[k]w(t-k) \tag{3.121}$$

确定系统是否为 LTI 系统。

18. 令 $s(t)$ 和 $w(t)$ 为 L_2 中的给定函数。考察一个连续时间系统输入 $x(t)$ 与输出 $y(t)$ 关系为

$$y(t) = \sum_{k\in\mathbb{Z}} d[n]w(t-n) \tag{3.122}$$

其中

$$d[n] = \int_{-\infty}^{\infty} s(t-n)x(t)\,dt \tag{3.123}$$

确定系统是否为 LTI 系统。

19. 假设 $h(t)$ 为 $L_1(\mathbb{R})$ 中的函数且有 $h(nT)=\delta[n]$。证明下式：

$$\frac{1}{T}\sum_{k\in\mathbb{Z}} H\left(\frac{\omega}{T}-\frac{2\pi k}{T}\right) = 1 \tag{3.124}$$

其中 $H(\omega)$ 为 $h(t)$ 的 CTFT。提示：利用定理 3.2 方程左边为 $h(nT)$ 的 DTFT。

20. 令 $x(t)=\text{sinc}(t)$，其中 $\text{sinc}(t)$ 由式(3.29)定义，并设 $x_n(t)=x(t-nT)$。确定使得函数 $\{ax_n(t)\}$ 标准正交的 T 和 a 的值。

第4章　信号空间

从现在开始我们把第2章线性代数的结果转化为具体的采样定理。在这一过程中，前面章节所介绍的傅里叶变换将起到重要作用。正如在第1章中所讨论的，任何采样理论的关键部分是我们对于信号所掌握的先验知识。如果没有结合先验知识，那么从采样中恢复信号的问题是不可能准确的，也就是说，会存在很多条曲线可以穿过一组点的集合。实际中的挑战是找到在某种程度上与我们的先验知识最一致的那条“最好”的曲线。

在本章将引入几类信号，对这些信号的关注连同一些和这些信号集合有关的基本数学特性将贯穿全书的内容。因此，从某种程度上说，本章是我们在前面章节已经开始的对数学内容介绍的延续，其关注的是与更一般的采样理论相关的函数种类。随后的章节将针对这里所讨论的每一个信号类别，考虑不同的恢复策略。

4.1　结构基础

4.1.1　采样空间与重构空间

在对向量空间的介绍中已经指出(见定理2.1)，如果对于某一空间 $\mathcal{W}$ 给定了一个 Riesz 基$\{w_n\}$，那么，在这个空间中的任何向量都可以写为

$$x = \sum_n \langle \widetilde{w}_n, x \rangle w_n \tag{4.1}$$

其中 $\{\widetilde{w}_n\}$ 是与$\{w_n\}$双正交的向量。由于内积$c[n] = \langle \widetilde{w}_n, x \rangle$是标量，可以把它们看成是$x$的采样，或广义采样。利用集合变换符号，可以把采样写为$c = \widetilde{W}^* x$，其中$\widetilde{W}$是与向量$\{\widetilde{w}_n\}$有关的集合变换。式(4.1)可以被解释为采样定理：空间$\mathcal{W}$中的任何信号x都可以利用下面的公式从它的广义采样$c = \widetilde{W}^* x$中得到恢复

$$x = \sum_n c[n] w_n = Wc \tag{4.2}$$

其中W是与向量$\{w_n\}$相关的集合变换。这一解释可以通过图4.1加以阐明。与这一观点相一致，向量$\{\widetilde{w}_n\}$被称为采样向量，因为它们被用来对x进行采样，同时，$\{w_n\}$起到重构向量的作用。

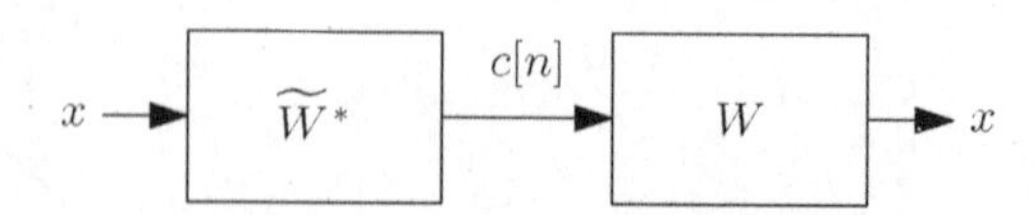

图4.1　$\mathcal{W}$中一般信号的采样和恢复

通过交换采样向量和重构向量的角色，可以得到式(4.1)的另一种形式

$$x = \sum_n \langle w_n, x \rangle \widetilde{w}_n \tag{4.3}$$

在式(4.3)中，$\{w_n\}$构成采样向量，同时$\{\widetilde{w}_n\}$则成了重构向量。

采样向量集合和重构向量集合都可以张成一个空间，分别称为采样空间和重构空间。在式(4.1)和式(4.3)中，这些子空间等于$\mathcal{W}$。在下面的章节中，探讨更一般的扩展时，这些空间可能是不同的。那样的话，就是将采样过程的双正交基的概念推广到了一个更广泛类型，即允许我们可以在两个不同空间中考虑采样问题。

4.1.2　实际的采样定理

以上讨论表明了这样一个事实，第 2 章线性代数的结果可以直接导出一般空间的采样定理。然而，展开式(4.1)是以抽象的形式给出的，它并没有直接显示如何将其转化为具体的采样方法和实用的重构算法。从工程角度看，重要的是要牢记所研究的采样定理需要被硬件实现，因为其最终目标是要对现实的模拟信号进行采样，而这一过程无法用软件来操作，除非信号是已经被采样之后。我们感兴趣的正是采样定理中那些在实际中需要实现的部分，通常是利用标准的模拟(和数字)器件，如滤波器和调制器。与此相反，图 4.1 中的框图包含了抽象的线性原件，它们是不能以有效的方式直接实现的。例如，由于没有一个良好的信号结构，采样 x 需要计算无穷多次内积，包含了无穷多个采样向量。因此，我们的挑战是选择包含了实际感兴趣信号的子空间，与此同时允许我们高效地计算基和双正交基向量。因此，在本书的剩余部分中，我们的注意力将从第 2 章的抽象公式移开，转而关注具体的信号种类。而在图 4.1 的框图中，对于标准模拟和数字器件方面只做了简单的演示。

为了获得可行的采样方法，我们认为基(或者框架)的展开需要包含一定的结构。也就是说，这些基向量应当以某种简单的方式相互关联。这将允许我们用一个更便捷的系统来替代图 4.1 中的采样模块。例如，假设 $w_n(t)=h(t-nT)$，$n\in\mathbb{Z}$，其中 $h(t)$ 是 $L_2(\mathbb{R})$ 中给定的函数。这样一来，基向量就通过一种时移而相互关联。在这一情形中，对任何 $x(t)\in L_2(\mathbb{R})$，采样 $c[n]=\langle w_n(t), x(t)\rangle$，可以写为

$$c[n]=\langle h(t-nT), x(t)\rangle=\int_{-\infty}^{\infty}\overline{h(\tau-nT)x(\tau)}\mathrm{d}\tau=x(t)*\overline{h(-t)}\big|_{t=nT} \tag{4.4}$$

表达式(4.4)相当于用一个冲激响应为 $\overline{h(-t)}$ 的滤波器对 $x(t)$ 进行滤波，而后对输出进行以 T 为间隔的等间隔采样，如图 4.2 所示。

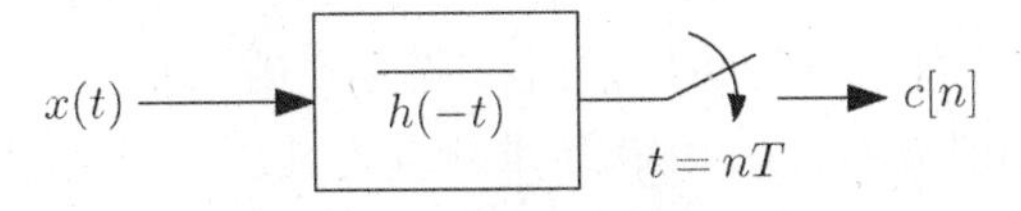

图 4.2　常规的采样过程

采样过程可以用式(4.4)模型化的一个特殊情形是 $\mathcal{W}$ 等于带限信号空间。绝大多数关于采样的文献以及实际的 ADC 都依赖于香农–奈奎斯特定理，这个定理假设输入信号为一个带宽有限的信号(带限信号)。因此，本着前面所讨论的精神，将从 4.2 节开始研究这一著名理论，并且利用在一个适当的希尔伯特空间章的基向量展开的方法，重新对这个问题进行讨论。这种方法的研究是对输入信号集合的一种自然拓展，不再有带限信号的约束条件，这种信号空间称为移不变(shift-invariant，SI)子空间。在这种空间中，采样可以由图 4.2 的结构来实现，只需选择不同的滤波器 $\overline{h(-t)}$ 即可。这些空间包括样条函数，它在信号和图像处理中是很流行的，还包括不同的通信信号，如脉冲幅度调制。

为了扩大信号空间以便实现高效的采样，可以考虑用一系列采样滤波器$\{h_k(t)\}$替换图 4.2 中的单一滤波器。该结构的一个引人注目的特点在于，增加滤波器的数目可以使我们

能够捕获$L_2(\mathbb{R})$中更大量的信号。事实上，已经证实当滤波器的数目趋近于无穷，并且冲激响应被恰当选择时，任何$L_2(\mathbb{R})$中的信号都可以从滤波器组(filter-bank)的样本中恢复出来。这里的缺点当然是无穷滤波器组结构实现起来的不可行性，除非具备进一步的结构。如果所有的滤波器$h_k(t)$都是以某种简单方式相互关联的，那么，就能利用这一关系高效地计算那些系数。两个流行的选择是选取那些通过调制$h_k(t)=e^{j2\pi Wkt}h(t)$(对某一频率W)，或通过缩放$h_k(t)=2^{-k/2}h(t/2^k)$来构成相互关联的滤波器。前者导出Gabor信号展开，而后者的结果是小波展开。我们将在以下非常详细地谈及这些问题。然而，在整本书中主要关注的将是包含一个(或有限个)生成器的SI子空间。这些代表了$L_2(\mathbb{R})$的严格子空间，而这正是采样定理中的典型设定。那些适用于有限生成SI子空间的类似工具同样可以用来分析其他的信号结构空间。

4.2 带限采样

毫无疑问，研究最多的并且对信号处理影响最大的采样定理正是香农–奈奎斯特定理。该定理已经成为数学和工程文献中的基石。下面，我们提供了一种正式的阐述和对结果的证明。然后会指出它是如何在调制器和滤波器上简单实现的，并将该理论解释为正交基展开。这一解释将为把结果推广到一般SI子空间铺平道路。

在阐述定理之前，引入本章需要用到的记号。由于我们将讨论连续时间信号的逐点采样，为了避免混淆，用圆括号表示连续时间变量，而用方括号表示离散时间变量。相应地，在nT时刻对连续时间信号$x(t)$的采样将被记为$x[n]$。当我们想明确采样的时间时，写为$x(nT)$，这可以解释为$x(t=nT)$。这一记号也被用来区分连续时间和离散时间δ(或单位脉冲函数)：$\delta(t)$表示由式(3.14)定义的归一化函数，同时$\delta[n]$表示由式(3.56)定义的离散时间序列。

4.2.1 香农–奈奎斯特定理

带限采样定理首先被E. T. Whittaker在1915年证明[4](他将其称为cardinal级数)。奈奎斯特[2]证明，高达$2B$的独立脉冲采样可以通过带宽为B的系统；然而，他没有明确地考虑采样和重构的问题。之后，该定理被香农在1949年重新发现并用于通信理论的应用[1]。Kotelnikov和J. M. Whittaker在20世纪30年代已经公布了相似的结果[3,5]。更早的相似想法可以追溯到柯西[6]。对于采样定理的历史更详细的记录建议读者参考文献[7]。

定理4.1 令$x(t)\in L_2(\mathbb{R})$为某一信号，其连续时间傅里叶变换(CTFT)为$X(\omega)$。如果对所有的$|\omega|\geqslant\pi/T$，有$X(\omega)=0$，那么，$x(t)$可以从它的采样$x(nT)$中重构出来，重构公式为

$$x(t)=\sum_{n\in\mathbb{Z}}x(nT)\operatorname{sinc}\left(\frac{t-nT}{T}\right)\tag{4.5}$$

其中

$$\operatorname{sinc}(t)=\frac{\sin(\pi t)}{\pi t}\tag{4.6}$$

定理4.1表明，带宽被限制在π/T的信号，可以从其周期为T，或采样率为$f=1/T$的均匀间隔的采样中恢复。这一采样率被称为奈奎斯特速率(Nyquist rate)。事实上，正如证明过程

将要揭示的，从任何大于或等于奈奎斯特速率的均匀采样中进行恢复都是可能的，也就是说，使用任意的 T' 代替 T，$T' \leq T$，信号都可以被获得。

在证明定理前要指出，在实际中，采样过程是由模数转换器(ADC)完成的，通常它与理想转换器有很大差距。实际的 ADC 引入了各种不同类型的失真，包括非线性、噪声和抖动。此外，采样值 $x[n]$ 是被量化到特定的分辨率。量化的问题在设计 ADC 时是很重要的一部分，然而，这个问题不是本书讨论的范畴。正如许多其他信号处理书籍那样，我们假设采样信号在连续的区间上取值。

通过依赖 3.4.1 节引入的泊松求和公式，我们现在给出对香农-奈奎斯特定理的正式证明。在 4.2.2 节将给出一个针对该定理的相对工程化的解释及其证明，其中采样过程被模型化为脉冲序列的乘积。虽然这一观点从严格的数学角度来看有些许问题，但却提供了一个从频域分析采样定理的绝佳视角。

证明 我们的目标是证明式(4.5)的右边等于 $x(t)$。记 $h(t)=\operatorname{sinc}(t/T)$，可以将这个表达式写为

$$y(t) = \sum_{n\in\mathbb{Z}} x[n]h(t-nT) \tag{4.7}$$

其中 $x[n]=x(nT)$。在第 3 章中，对式(3.82)和式(3.83)，考虑信号的连续时间傅里叶变换(CTFT)，它是由一个混合连续-离散表示形式给出的，并建立了 $Y(\omega)=X(e^{j\omega T})H(\omega)$ 的关系。在这里，$X(e^{j\omega T})$ 代表采样序列 $x(nT)$ 的离散时间傅里叶变换(DTFT)。由定理 3.2 得到

$$X(e^{j\omega T}) = \frac{1}{T}\sum_{k\in\mathbb{Z}} X\left(\omega - \frac{2\pi k}{T}\right) \tag{4.8}$$

$h(t)$ 的傅里叶变换由下式给出(参考例 3.12)

$$H(\omega) = \begin{cases} T, & |\omega| \leq \pi/T \\ 0, & \text{其他} \end{cases} \tag{4.9}$$

进而得到

$$Y(\omega) = \begin{cases} \sum_{k\in\mathbb{Z}} X(\omega - 2\pi k/T), & |\omega| \leq \pi/T \\ 0, & \text{其他} \end{cases} \tag{4.10}$$

由于 $X(\omega)$ 在区间 $[-\pi/T, \pi/T]$ 外等于零，求和式(4.10)中唯一的非零元素对应 $k=0$。这样一来，可以得到

$$Y(\omega) = \begin{cases} X(\omega), & |\omega| \leq \pi/T \\ 0, & \text{其他} \end{cases} \tag{4.11}$$

或简单变为 $Y(\omega)=X(\omega)$。 □

应该指出，如果 $x(t)\in L_2(\mathbb{R})$，则式(4.5)的收敛性是一致的，也就是说 $\lim_{N\to\infty}\sup_{t\in\mathbb{R}}|x(t)-x_N(t)|=0$，其中

$$x_N(t) = \sum_{n=-N}^{N} x(nT)\operatorname{sinc}\left(\frac{t-nT}{T}\right) \tag{4.12}$$

是截断 cardinal 级数[64]。当 $X(\omega)\in L_1(\mathbb{R})$ 时，一致收敛仍能保持[59]。

4.2.2 调制采样

这里，我们来考虑对香农-奈奎斯特定理进行工程上的解释和证明。这一工作开始于当我

们注意到式(4.5)的求和可以表示成卷积的形式时

$$x(t) = x_\delta(t) * \mathrm{sinc}(t/T) \tag{4.13}$$

其中

$$x_\delta(t) = \sum_{n\in\mathbb{Z}} x(nT)\delta(t-nT) \tag{4.14}$$

信号 $x_\delta(t)$ 是对离散时间采样的连续时间表示，其中每个采样值都被一个积分等于采样值的冲激函数替代，如图 4.3 所示。这使得我们可以把采样过程模型化为一个周期脉冲序列相乘的过程，或者被调制的过程。连续时间表示 $x_\delta(t)$ 和序列 $x[n]$ 的本质区别在于，后者是通过整数变量 n 进行索引的，这个索引可能不对应于采样周期 T，进而有效地引入了时间归一化。

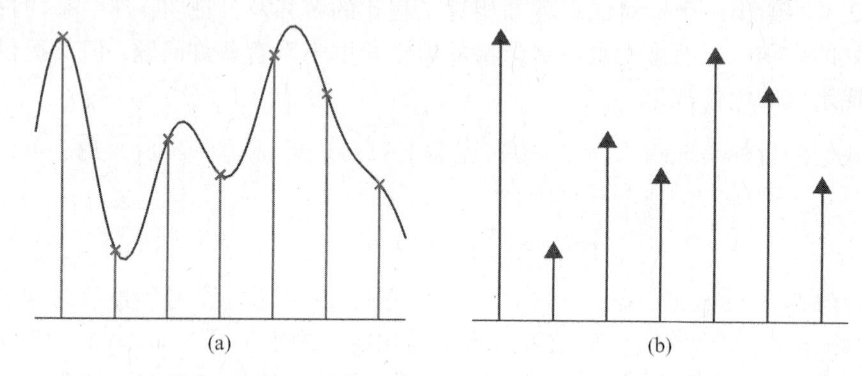

图 4.3 (a)一个带限信号 $x(t)$ 及其采样 $x[n]=x(nT)$，如十字交叉所示；(b)采样 $x[n]$ 的连续时间表示 $x_\delta(t)$

式(4.13)可以根据图 4.4 中的框图来解释。采样首先通过周期为 T 的脉冲序列进行调制。已调脉冲序列经过滤波器滤波，滤波器的冲激响应为 $h(t)=\mathrm{sinc}(t/T)$，且频率响应 $H(\omega)$ 由式(4.9)给出。为了保证图 4.4 输出的确等于 $x(t)$，考虑 $x_\delta(t)$ 的傅里叶变换。从式(3.82)和式(3.83)看出，它遵循 $X_\delta(\omega)=X(\mathrm{e}^{\mathrm{j}\omega T})$，其中 $x[n]=x(nT)$，这是因为 $\delta(t)$ 的 CT-FT 等于 1。利用式(4.8)，可以得到

$$X_\delta(\omega) = \frac{1}{T}\sum_{k\in\mathbb{Z}} X\left(\omega - \frac{2\pi k}{T}\right) \tag{4.15}$$

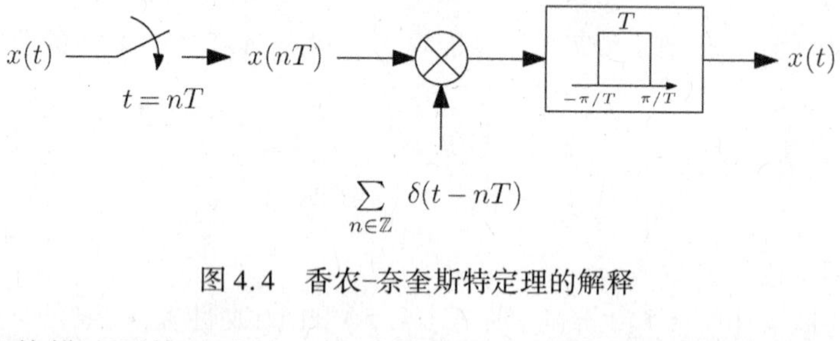

图 4.4 香农-奈奎斯特定理的解释

式(4.15)的变换描述了傅里叶域上的采样效果。这种采样过程在相等的频率间隔 $2\pi/T$ 上将产生 $X(\omega)$ 的重叠，如图 4.5 所示。变换 $X_\delta(\omega)$ 是周期性的，周期为 $2\pi/T$。如果这种变换不发生混叠，那么信号 $X(\omega)$ 就可以从 $X_\delta(\omega)$ 中恢复出来，只需简单地进行截止频率为 π/T 的低通滤波即可。那么，为了保证不出现重叠，$X(\omega)$ 的最高频率就必须小于 π/T。如果 $X(\omega)$ 不是充分的带宽受限，则采样过程就会产生一种低通体制上的重叠，即使在滤波之后仍然存在，这一失真称为混叠(aliasing)。图 4.5 也显示了可以用小于 T 的周期 T_1 进行采样，并仍然可以恢复信号。

在奈奎斯特采样的背景下，混叠被认为是不希望出现的失真而应当被避免。在后续章节，当我们处理特定信号类别的欠奈奎斯特(sub-Nyquist)采样时，将看到混叠实际上也可以用做一种资源。事实上，我们引入的欠奈奎斯特采样的方法和硬件原型都依赖于低速采样之前的混叠数据。如此一来，当适当地加以控制时，对于特定任务来说混叠可能是有用的东西。

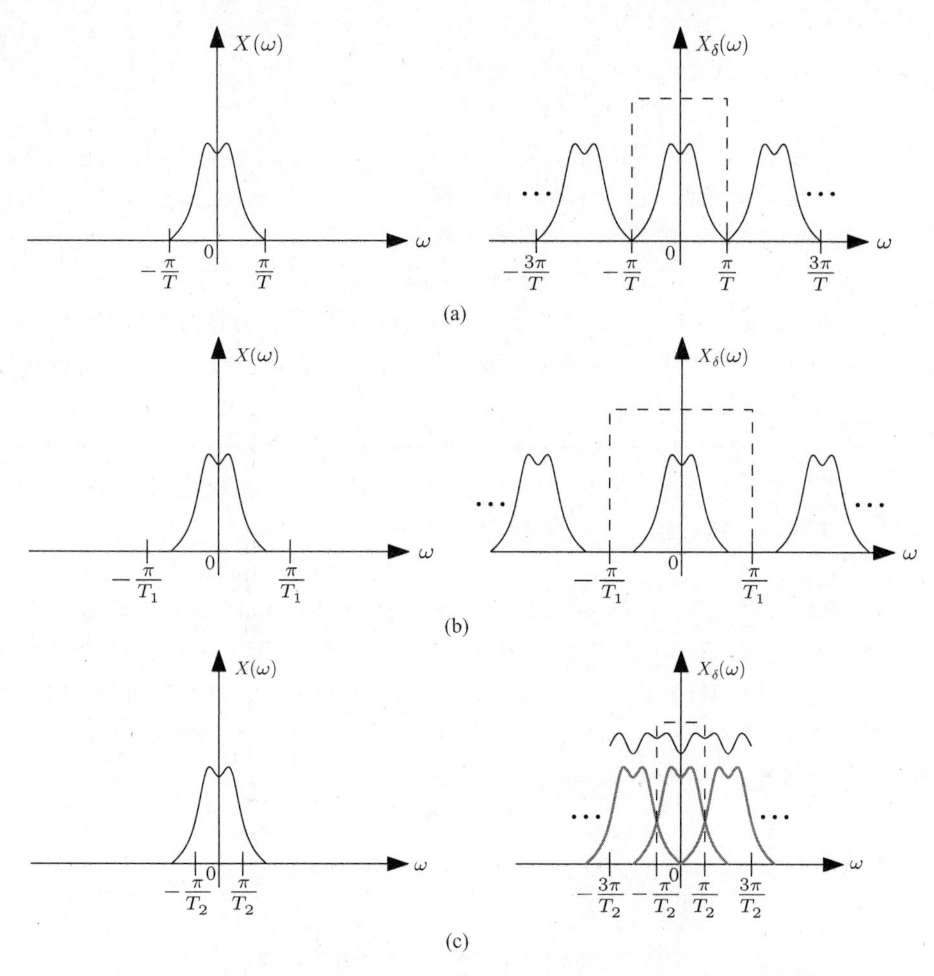

图4.5　(a)信号的傅里叶变换 $x(t)$ 带宽限制在 π/T，且它的奈奎斯特采样的连续时间表示为 $x[n]=x(nT)$；(b)采样周期 $T_1<T$；(c)采样周期 $T_2>T$

4.2.3　混叠

图4.5(c)显示，如果信号 $x(t)$ 原本不是带宽限制为 π/T，那么，对其以 $1/T$ 的速率进行采样将导致混叠失真，这是由超过 π/T 的高频信号能量叠加到低频所导致的一种误差。在数学上，混叠可以看成式(4.15)采样序列傅里叶变换 $X_\delta(\omega)$ 中，来自下标 $k\neq 0$ 的对低通部分 $|\omega|<\pi/T$ 的贡献之和。如果 $X(\omega)$ 在 $(-\pi/T,\ \pi/T)$ 区域之外有能量，则存在 $k\neq 0$，使得对于某一 $\omega\in(-\pi/T,\ \pi/T)$，$X(\omega-2\pi k/T)$ 不为零。回到图4.5(c)，考虑值位于0到 π/T_2 之间的 ω。对于 $k=1$，$X(\omega-2\pi k/T_2)$ 包含了 $X(\omega)$ 在区间 $[-2\pi/T_2,\ -\pi/T_2]$ 上的频率成分。这一部分混叠到(或者说，叠加到)区间 $[0,\ \pi/T_2]$。一个补充的观点如图4.6所示：对任何 $\omega_0\in(-\pi/T,\ \pi/T)$，求和 $\sum_{k\in\mathbb{Z}}X(\omega_0-2\pi k/T)$ 包含了来自 $X(\omega)$，$\omega\notin(-\pi/T,\ \pi/T)$ 的贡献，除非

保持$X(\omega)$被限制在$(-\pi/T, \pi/T)$。

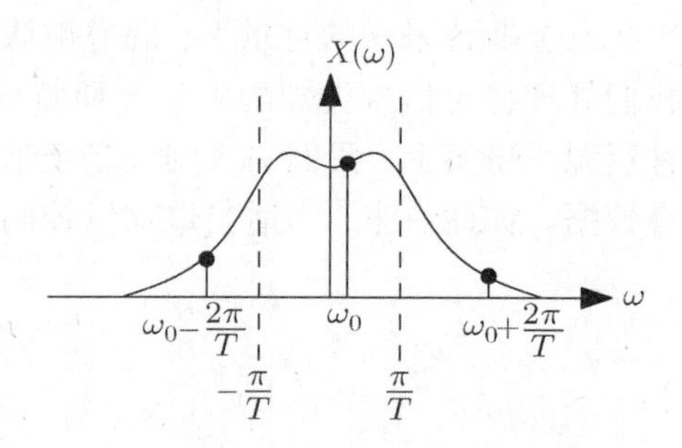

图 4.6 频率ω_0处的混叠对应来自$\omega_0+2\pi k/T, k\neq 0$的贡献

以下的例 4.1 是促成我们选择混叠这一术语的典型情况：一个高频段上的正弦信号在采样后出现在了低频段。两个信号成为了彼此的混叠信号，因为它们在采样之后是不可区分的。混叠的实例可以在老电影中看到，尤其是在老的西部电影中观看车轮时。轮子本如预想的那样提速，但后来看起来却在减速，并且随着车辆进一步加速，轮子却看起来向后转。这一现象是随着轮子旋转的速率接近采样器速率而出现的，这一情形下，就是摄影机工作在固定的帧频速率。当车辆刚开始加速时，电影摄影机的帧频速率远高于轮子的旋转速率。随着轮子的转速接近这个奈奎斯特极限，我们只能看到轮子上的两点呈 180°分开。这样，就感觉轮子好像停下来一样。当车辆继续提速，转速超过了奈奎斯特率时，车轮看起来好像在倒着转。

例 4.1 考虑两个正弦信号$x_1(t)=\cos(1.5\pi t)$，$x_2(t)=\cos(0.5\pi t)$。假设以周期$T=1$对这两个信号进行采样。该情形下，如图 4.7(a)所示，采样点重合了

$$x_1(n)=\cos(1.5\pi n)=\cos(-1.5\pi n+2\pi n)=\cos(0.5\pi n)=x_2(n) \tag{4.16}$$

为了理解这种现象发生的原因，我们注意到，信号$x_1(t)$和信号$x_2(t)$的 CTFT 分别由式$X_1(\omega)=\pi[\delta(\omega+1.5\pi)+\delta(\omega-1.5\pi)]$和$X_2(\omega)=\pi[\delta(\omega+0.5\pi)+\delta(\omega-0.5\pi)]$给出。现在，采样序列$x_1(n)$和$x_2(n)$的 DTFT 包含了对$X_1(\omega)$和$X_2(\omega)$的移位副本，间隔为$2\pi$。正如在图 4.7(b)和图 4.7(c)中看到的，这导致了相同的冲激序列。因此，对于以周期$T=1$为基础的采样，信号$x_1(t)$就不能从低频信号$x_2(t)$中区分出来。

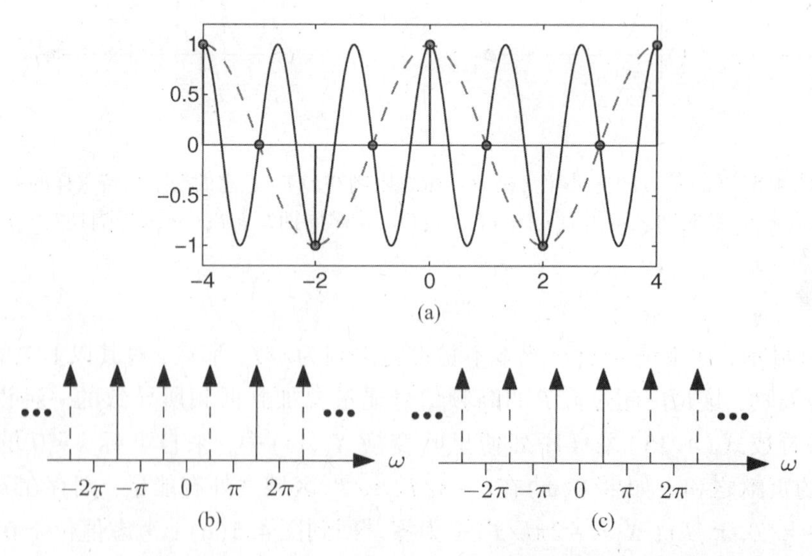

图 4.7 (a)信号$x_1(t)=\cos(1.5\pi t)$，$x_2(t)=\cos(0.5\pi t)$以及它们在整数点的采样；(b)、(c)$x_1(n)$和$x_2(n)$的DTFT分别为$X_1(e^{j\omega})$和$X_2(e^{j\omega})$。虚线脉冲是实线脉冲以2π为间隔移位副本

当混叠发生时，简单地把奈奎斯特率采样值代入式(4.5)的插值公式并不能恢复真正的信号 $x(t)$。事实上，这将导致更大的误差，尤其是当信号的高频包含大量能量时，如图4.8所示。图4.8(a)，图4.8(b)和图4.8(c)表明，对于一个π/T带限信号，重构误差随着采样周期T_s超过T而变得更大。对于$T_s=T$，恢复信号$\hat{x}(t)$可以是完美的。对于$T_s=1.25T$，$\hat{x}(t)$将会有些许背离$x(t)$，而对于$T_s=1.5T$，混叠误差是显著的。在后面章节中，$d[n]$表示$x(t)$在$t = nTs$处的采样。

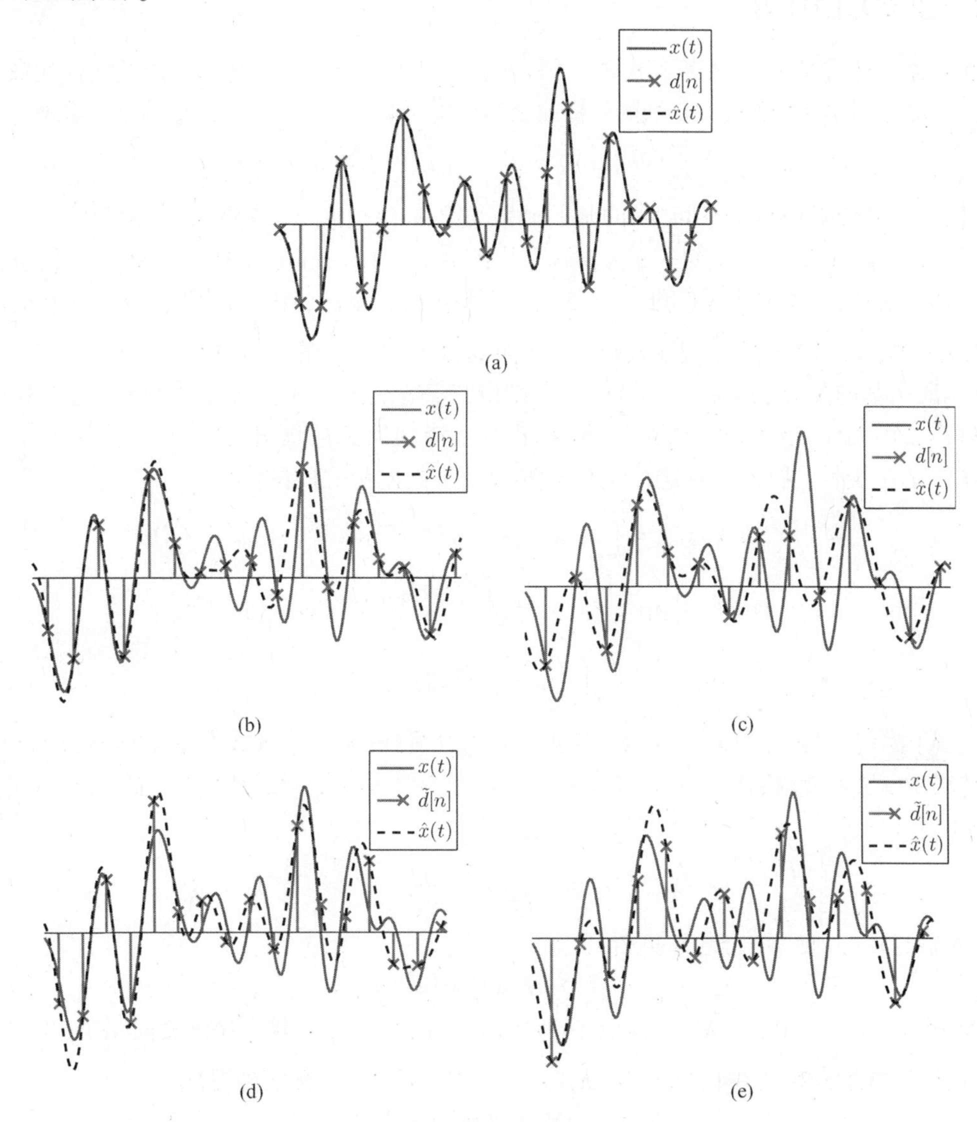

图4.8　(a)一个采样周期为T的π/T带限信号的重构；(b)、(c)采样周期为$1.25T$和$1.5T$的重构，不含抗混叠滤波器，信号误差分别为4.8 dB和0.7 dB；(d)、(e)采样周期为$1.25T$和$1.5T$的重构，包含抗混叠滤波器，信号误差比分别为6.6 dB和2.4 dB

为了降低重构误差，一个可选择的策略是在采样之前把信号强制限定为带限信号。这可以通过在图4.4所示的均匀采样之前插入一个截止频率为π/T_s的低通滤波器(LPF)实现。归因于该滤波器在去除混叠效应时扮演的角色，将其称为抗混叠滤波器(anti-aliasing filter)。LPF的输出，记为$y(t)$，是带宽受限的信号，因而可以利用式(4.5)从它的均匀采样$\tilde{d}[n]$中完美地恢复信号。恢复误差就是利用低通输出 $y(t)$ 去近似 $x(t)$ 的误差。已经证实这个方法在严格意义上来说是最优的，它产生的结果是，在 L_2 范数下带限恢复信号 $\hat{x}(t)$ 尽可能地接近原始信号 $x(t)$。这样，通过引入香农-奈奎斯特定理的一种基展开的解释，就证明了这一定理的基本阐述。图 4.8(d)和图 4.8(e)描述了利用该范例所获得的恢复信号，其中采样周期为 $1.25T$ 和 $1.5T$。比起图 4.8(b)和图 4.8(c)所示的恢复信号，这些重构更接近于原始信号(在 L_2 判别下)。

4.2.4　正交基的理解

我们已经理解了香农-奈奎斯特定理，下一步就是把这个定理与第 2 章给出的线性代数观点联系起来。为此，需要利用彼此双正交的采样向量和重构向量来表示这个带限信号采样定理

$$x(t) = \sum_{n\in\mathbb{Z}} \langle \tilde{h}_n(t), x(t) \rangle h_n(t) = \sum_{n\in\mathbb{Z}} a[n] h_n(t) \tag{4.17}$$

上式对构成 π/T 带限信号子空间 $\mathcal{W}$ 的基的函数集合 $h_n(t)$ 和某些系数 $a[n]$ 成立。

如果选择重构向量 $h_n(t) = h(t-nT)$，其中 $h(t) = \mathrm{sinc}(t/T)$，以及采样值 $a[n] = x(nT)$，那么表达式(4.17)具有和式(4.5)相同的形式。因此，我们需要证明，对于双正交向量 $\tilde{h}_n(t)$ 来说，$x(nT) = \langle \tilde{h}_n(t), x(t) \rangle$，从而满足式(4.17)的等价性。

事实证明基向量 $\{h(t-nT) = \mathrm{sinc}((t-nT)/T)\}$ 是正交的。这也就意味着，这种双正交向量是 $\{h(t-nT)\}$ 的尺度缩放形式，并带来了一个特别简单的展开方式。为了建立 $\{h_n(t) = h(t-nT)\}$ 的正交性，我们计算这个集合中的两个不同向量之间的内积

$$\begin{aligned}\langle h_n(t), h_m(t) \rangle &= \int_{-\infty}^{\infty} \mathrm{sinc}((t-nT)/T)\,\mathrm{sinc}((t-mT)/T)\,\mathrm{d}t \\ &= \frac{1}{2\pi}\int_{-\infty}^{\infty} |H(\omega)|^2 \mathrm{e}^{-\mathrm{j}(m-n)\omega T}\mathrm{d}\omega \\ &= \frac{T^2}{2\pi}\int_{-\pi/T}^{\pi/T} \mathrm{e}^{-\mathrm{j}(m-n)\omega T}\mathrm{d}\omega\end{aligned} \tag{4.18}$$

第二个等式由帕塞瓦尔公式(3.42)和 CTFT 的移位特性得到；第三个等式中 $H(\omega)$ 是 $\mathrm{sinc}(t/T)$ 的傅里叶变换，由式(4.9)给出。如果 $m=n$，则 $\mathrm{e}^{-\mathrm{j}(m-n)T\omega} = 1$，且式(4.18)的表达式等于 T。当 $m \neq n$ 时，有

$$\frac{T^2}{2\pi}\int_{-\pi/T}^{\pi/T} \mathrm{e}^{-\mathrm{j}(m-n)\omega T}\mathrm{d}\omega = \mathrm{j}\frac{T}{2\pi(m-n)}\mathrm{e}^{-\mathrm{j}(m-n)\omega T}\Big|_{-\pi/T}^{\pi/T} = 0 \tag{4.19}$$

将这一观察与式(4.18)结合起来可得到

$$\langle h_n(t), h_m(t) \rangle = T\delta_{nm} \tag{4.20}$$

所以，向量 $\{h_n(t) = \mathrm{sinc}(t-nT)\}$ 构成了 $\mathcal{W}$ 的一组正交基。因此，双正交向量的计算特别容易——它们是原始向量一种尺度缩放：$\tilde{h}_n(t) = (1/T)h_n(t)$。在这种情况下

$$\langle h_n(t), h_m(t) \rangle = \delta_{nm}$$

其中已经具备了双正交集合，我们现在计算展开系数。通过定义

$$\begin{aligned}a[n] &= \langle \tilde{h}_n(t), x(t) \rangle \\ &= \frac{1}{T}\int_{-\infty}^{\infty} x(t)\,\mathrm{sinc}((t-nT)/T)\,\mathrm{d}t \\ &= \frac{1}{2\pi}\int_{-\pi/T}^{\pi/T} X(\omega)\mathrm{e}^{\mathrm{j}\omega nT}\mathrm{d}\omega \\ &= x(nT)\end{aligned} \tag{4.21}$$

与式(4.18)一样，上面第三个等式用到了帕塞瓦尔定理和 sinc 函数的 CTFT。最后一行由 CTFT 反变换的定义得到。由于 $X(\omega)$ 带宽限制在 π/T，因此有

$$\frac{1}{2\pi}\int_{-\pi/T}^{\pi/T} X(\omega)\mathrm{e}^{\mathrm{j}\omega nT}\mathrm{d}\omega = \frac{1}{2\pi}\int_{-\infty}^{\infty} X(\omega)\mathrm{e}^{\mathrm{j}\omega nT}\mathrm{d}\omega = x(t = nT) \tag{4.22}$$

由此，我们成功地把香农-奈奎斯特定理转换为式(4.17)的基展开式，其中 $\widetilde{h}_n(t) = (1/T)h(t-nT)$，$h(t) = \mathrm{sinc}(t/T)$。

为了获得更深入的理解，将扩展到其他子空间，用图 4.2 来解释采样值 $a[n]$ 是有用的。如同我们看到的，信号与一个给定函数的时间移位的内积可以看成对一个合适的滤波器输出的采样值

$$\begin{aligned} a[n] &= \frac{1}{T}\int_{-\infty}^{\infty} x(t)\,\mathrm{sinc}((t-nT)/T)\,\mathrm{d}t \\ &= \frac{1}{T}\int_{-\infty}^{\infty} x(t)\,\mathrm{sinc}(-(nT-t)/T)\,\mathrm{d}t \\ &= \frac{1}{T}x(t) * \mathrm{sinc}(-t/T)\,\big|_{t=nT} \end{aligned} \tag{4.23}$$

由于 sinc 函数是对称的，因此，$a[n] = (1/T)x(t) * \mathrm{sinc}(t/T)\,|_{t=nT}$。注意到，$(1/T)\mathrm{sinc}(t/T)$ 的 CTFT 等价于一个截止频率为 π/T 的低通滤波器[也就是 $(1/T)H(\omega)$，$H(\omega)$ 由式(4.9)给出]，我们可以把 $a[n]$ 解释为对 $y(t)$ 的采样，$y(t)$ 是由低通滤波器对 $x(t)$ 滤波得到的。这一解释如图 4.9 的图解。由于 $x(t)$ 本身带宽限制在 π/T，显然低通滤波器的输出等于它的输入 $x(t)$，从而 $a[n] = x(nT)$。图 4.10 描绘了式(4.17)的联合实现。

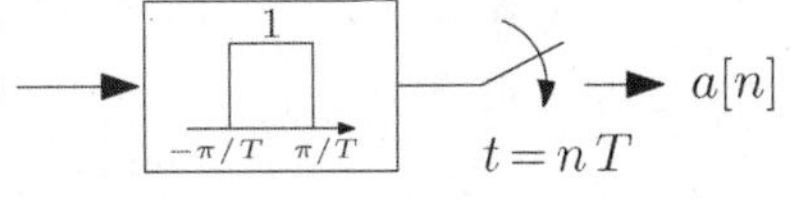

图 4.9　带限信号的采样

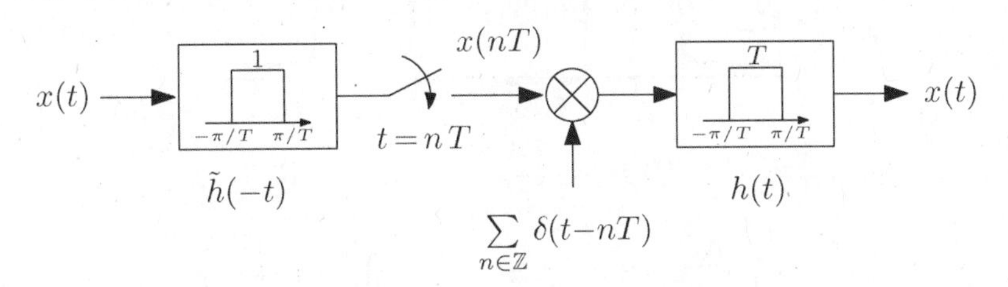

图 4.10　利用式(4.17)的基展开解释的带限信号采样和恢复

可以很有趣地注意到图 4.4 和图 4.10 的差别。当输入信号 $x(t)$ 为带宽受限时，正如假设的那样，这两个图是等价的。这是因为图 4.10 中的低通滤波器对一个带限输入信号不起作用。然而，当 $x(t)$ 不是带宽受限时，显然会导致不同的输出。因为香农-奈奎斯特定理只针对于带限输入信号，那么，对于一个非带宽受限的输入信号这个定理会如何表现，这就留下了一个未解决的问题。

图 4.4 的方法就等价于把采样值 $x(nT)$ 带入到信号恢复公式(4.5)中，而不考虑信号是否是带限的。就如同图 4.8 所示，这将导致混叠和可能更严重的失真。另外，产生于基展开解释的图 4.10 方法，则首先是滤除信号的高频成分，这样一来，式(4.5)的采样值就相当于对输入信号的带限近似采样值。利用 2.6 节的结果，我们可以确认，这一直观的方法事实上是在平方误差概念下的最优化方法。

回忆当给定一个向量空间 $\mathcal{W}$，则任意 x 在 $\mathcal{W}$ 上的正交投影可以写为 $P_{\mathcal{W}}x = \sum_n \langle \widetilde{w}_n, x\rangle w_n$，

其中向量$\{w_n\}$构成$\mathcal{W}$的基，且$\{\widetilde{w}_n\}$是双正交基。进一步地，由命题2.15提出的正交投影的近似值特性，可以断言$P_{\mathcal{W}}x$是$\mathcal{W}$中最接近$x(t)$的信号(在L_2判别下)。因而，由式(4.17)可知，如果$x(t)$不是带限的，则有

$$\hat{x}(t) = \sum_{n\in\mathbb{Z}} \langle \widetilde{h}_n(t), x(t) \rangle h_n(t) \tag{4.24}$$

其中$h_n(t) = \mathrm{sinc}((t-nT)/T)$是$x(t)$在带限信号空间上的正交投影，如图4.11所示。这一信号的特点是它是最接近$x(t)$的带限信号：即$\| x(t) - \hat{x}(t) \| \leqslant \| x(t) - y(t) \|$对任何带限信号$y(t)$都成立。

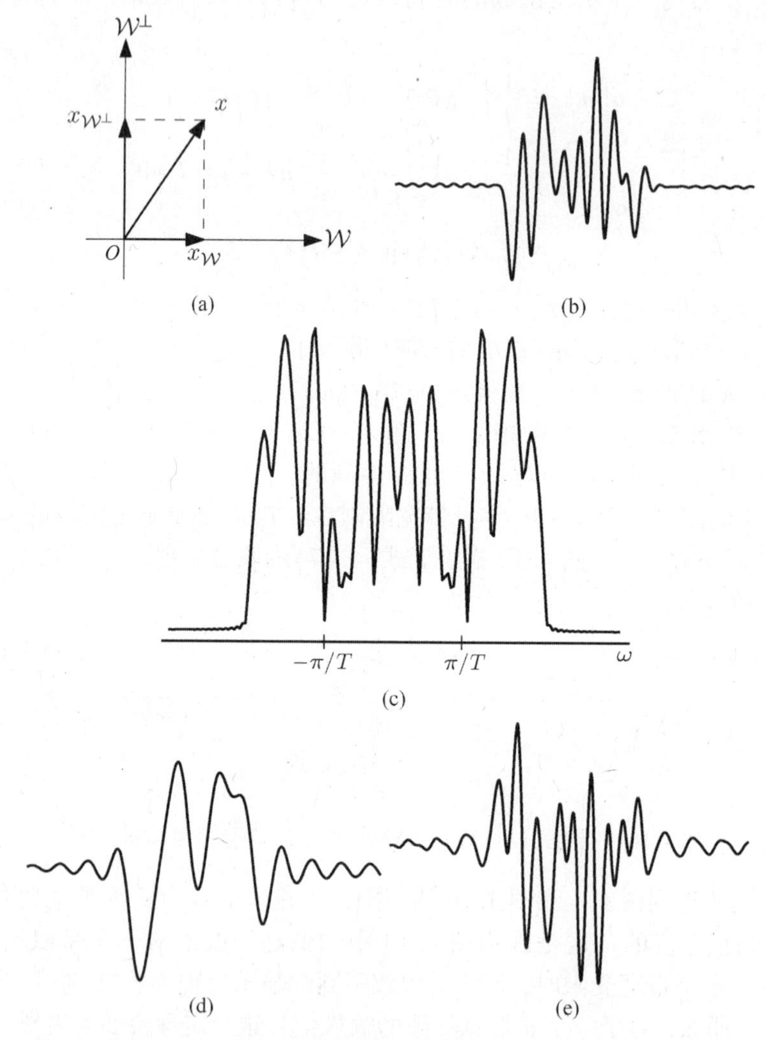

图4.11 (a)信号x到子空间的正交投影的几何解释；(b)一个没有将带宽限制在π/T的信号$x(t)$；(c)$x(t)$的离散时间傅里叶变换$X(\omega)$；(d)$x(t)$到π/T带限信号空间$\mathcal{W}$的投影$x_{\mathcal{W}}(t)$；(e)残差$x_{\mathcal{W}^{\perp}}(t) = x(t) - x_{\mathcal{W}}(t)$

总而言之，图4.10的第一个低通滤波器把输入信号正交投影到带限信号空间上。然后这个投影可以被采样，如同我们对图4.4的香农–奈奎斯特定理直接理解的那样。恢复的输出就等于这个投影信号，其根据定义是带宽受限的。在区间$(-\pi/T, \pi/T)$内它也就等于原始信号。显然，如果把图4.4的方案直接用于输入信号$x(t)$，那么恢复的输出也会是带限的。然而，它

不再等于 $x(t)$ 到带限信号空间的正交投影，从而导致的结果要比图 4.10 的输出有更大的平方误差。此外，由于混叠的存在，区间 $(-\pi/T, \pi/T)$ 内的频率成分将不再等于原始信号。

4.2.5 更通用的采样空间

到目前为止，我们已经引入了香农-奈奎斯特带限采样定理，并把它看成一个基的展开。这种解释也提供了观察非带限信号重构效果的一个视角。虽然已经被广泛应用，但是这个定理所依赖的几个基本假设通常在实际情况中可能是不满足的。首先，自然界的信号几乎从不是完全带限的。其次，采样装置也并不是理想的，也就是说，它不能提供采样位置上的精确信号值。一般情况是 ADC 对信号求积分，通常是在采样点的一个小的邻域附近进行。也就是说，采样过程中通常会引入非线性失真。再次，限制带宽的操作会产生吉布斯效应(非连续性振荡)，它可以成为看得见的扰动，如应用在图像信号时。最后，利用 sinc 核进行重构通常是不切实际的，因为它的衰减是很慢的。

为了使设计的恢复方法适用于实际情况，存在几个需要被妥善解决的问题：

(1) 采样机制应当被充分建模。

(2) 输入信号类别的先验知识应当被考虑。

(3) 边界条件应当被用到重构算法中以确保恢复的鲁棒性和高效性。

在下面的章节将探讨这三个采样过程的基本要素。我们集中于几个模型，它们在信号处理、图像处理和通信系统中经常出现。我们所要采取的第一步是从带限信号的世界走出来，走到更丰富的输入信号类别。数学上，这等价于改变基函数。实际上，它允许更简单的采样和恢复模型，而不依赖于使用理想滤波器。

在继续讨论这些问题之前，需要指出的是，上面所列的其中一个边界条件就是在实际中理想采样是很难获得的。另一方面，在图 4.2 中说明具有一个移位算子(shifted operator)的内积可以看成理想均匀采样之后的滤波过程。乍一看起来问题依然存在：在滤波器输出上仍然存在理想采样的问题。然而，一个重点需要被记住，图 4.2 所提供的解释仅仅是采样过程的一个模型。实际中，我们并不需要使用一个理想采样器，更确切地说滤波器只是采样器的一部分。例如，考虑采样器对区间宽度 Δ 内的信号取平均的情形，这样一来，第 n 个采样点由下式给出：

$$c[n] = \int_0^{\Delta} x(n\Delta - t)\,\mathrm{d}t \tag{4.25}$$

显然，这一过程并不包含理想采样。尽管如此，为了分析的目的，把采样建模成图 4.2 那样也是很方便的，其中 $T=\Delta$ 且

$$h(-t) = \begin{cases} 1, & 0 \leqslant t \leqslant \Delta \\ 0, & \text{其他} \end{cases} \tag{4.26}$$

这样就允许我们对各种不同的采样方案做统一的处理。

4.3 移不变空间采样

将香农-奈奎斯特定理进一步广义化的一个简单的方法还是从图 4.10 所示的理解开始。回忆与双正交生成器 $\tilde{h}(t)$ 关联的第一个低通滤波器，以及与重构生成器 $h(t)$ 关联的第二个低

通滤波器。所有其他基向量都是通过适当的移位得到的。这一观点揭示了一种自然的扩展，即从前面介绍的采样定理到更广泛类别的可以使用更多实际滤波器的广义采样定理。我们用一般函数 $h(t)$ 和它的双正交对 $\widetilde{h}(t)$ 来简单地代替这些滤波器，如图 4.12 所示。这一扩展保持了经典理论中基本的移不变特性，并且这样做仍将允许使用类似于带限环境的傅里叶分析方法。为了简化起见，假设自始至终 $h(t)$ 和采样序列都是实数；然而，这一结果可以很容易推广到复数情形。

这种广义化过程的优点使我们在选择基函数时更加自由，以至于可以选择那些与所期望的特性更加匹配的基函数。例如，$h(t)$ 可以选为紧支撑函数，如果要求局部性的话。当硬件设计是一个重要因素时，可以选为包含简单的模拟实现方法。

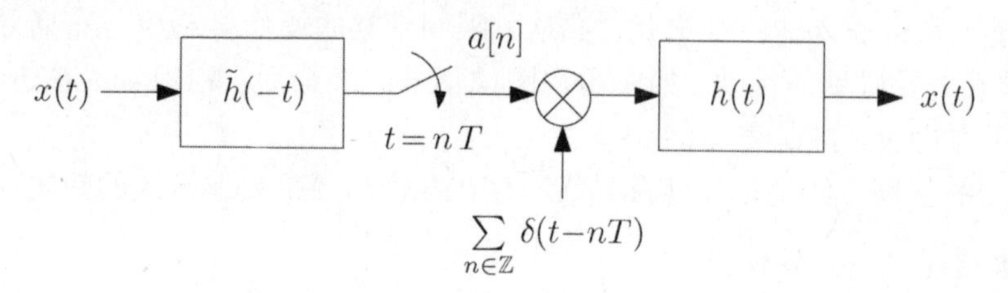

图 4.12　广义化基本带限采样定理模型

4.3.1　移不变空间

为了将图 4.12 的广义采样策略纳入如式(4.17)的线性代数构架中，我们需要表示出和该采样方案相关联的采样向量和重构向量。采样值 $a[n]$ 可以表示为

$$a[n] = \widetilde{h}(-t) * x(t)\big|_{t=nT} = \langle \widetilde{h}(t-nT), x(t) \rangle \tag{4.27}$$

因此，与图相关联的采样向量为 $\widetilde{h}_n(t) = \widetilde{h}(t-nT)$。由于所有向量都是通过对生成器 $\widetilde{h}(t)$ 的移位获得的，因此，把集合 $\{\widetilde{h}_n(t)\}$ 称为由 $\widetilde{h}(t)$ 产生的基。下一步是表示重构向量。$a[n]$ 和输出 $x(t)$ 的关系由下式给出：

$$x(t) = h(t) * \sum_n a[n]\delta(t-nT) = \sum_n a[n]h(t-nT) \tag{4.28}$$

从而，重构向量为 $\{h(t-nT)\}$，由 $h(t)$ 的移位得到。

下一步，来分析那些可以被图 4.12 系统进行恢复的信号类型。不考虑系数 $a[n]$ 的选择，任何输出信号都具有式(4.28)的形式。对于 L_2 上给定的一个算子 $h(t)$，所有可能选择的序列 a 的总计构成了 L_2 的子空间。这个子空间具有一种移不变性：若 $x(t)$ 属于由 $h(t)$ 的移位所张成的子空间，那么，对于任意的整数 m，它所有的移位 $x(t-mT)$ 也都属于该子空间。实际上有

$$x(t-mT) = \sum_n a[n]h(t-(n+m)T) = \sum_n a[n-m]h(t-nT) \tag{4.29}$$

因为，对于某一个序列 b，$x(t-mT)$ 可以表示为 $\sum_n b[n]h(t-nT)$ 的形式，因此它和 $x(t)$ 一样都存在于同一子空间。因为这一特性，把形如式(4.28)的子空间称为移不变(shift-invariant, SI)子空间。一般地，我们有如下定义。

定义 4.1　移不变子空间(具有单个生成器)是这样的一种信号空间，它可以表示为一个给定生成器的移位的线性组合

$$\mathcal{W} = \left\{ x(t) \middle| x(t) = \sum_{n\in\mathbb{Z}} a[n]h(t-nT), \quad a \in \ell_2 \right\} \tag{4.30}$$

其中 $h(t)$ 为 SI 子空间的生成器，$a[n]$ 为展开式系数。

用一个最通俗的话说就是，生成器 $h(t)$ 生成了 SI 子空间 $\mathcal{W}$。在这一情形下，更精确的意思是基向量为 $\{h(t-nT), n\in\mathbb{Z}\}$。

显然，任何 $\mathcal{W}$ 中的连续时间函数 $x(t)$ 都是通过系数 $a[n]$ 的一个可数集合定义的。这些系数提供了信号的一种离散表示，确保了可以对 $x(t)$ 进行离散时间信号处理。然而，一般来说这还不等于原始信号的采样，正如已经在图 2.1 中看到的。因此，对于给定的信号 $x(t)$，一个很重要的问题是如何计算 $a[n]$。为了专注于 SI 空间和它们数学特性的学习，将会在下一章单独介绍这个问题。我们将要讨论的 SI 子空间采样的一个很好的特性是，采样和恢复可以在一个简单的四阶段过程完成，分别为：模拟前置滤波、均匀采样、数字校正(滤波)和模拟后置滤波。这恰恰是建立在香农-奈奎斯特定理之中却又有所不同，在这个更一般的背景下，模拟滤波器不必是理想的。反过来，必要时可通过恢复之前的数字处理进行补偿。把这些步骤转换为对双正交函数的计算。

可以用式(4.30)的形式进行表示的信号类很多。选择 $h(t)=\text{sinc}(t/T)$ 得到带限信号子空间，带宽为 π/T。其他重要的例子包括样条函数，以及通信传输中诸如脉冲幅度调制(PAM)和正交幅度调制(QAM)。在这些例子里，$h(t)$ 可以和正弦函数有很大的不同，且在数字表示上处理起来更简单，我们将在后面的章节中解决这每一个例子。

4.3.2 样条函数

由于样条函数(spline function，简称样条)在信号和图像处理中的重要性，以及它们在采样和插值中的普遍应用，这里将更详细地阐述这类函数和它们的特性[65]。

样条最早是由 Schoenberg 在 1946 年进行数学上的描述[66]，比香农提出带限采样的里程碑文章还要早几年。一个样条是一个光滑的分段的多项式函数。这一术语来自被造船工人和绘图员所使用的易弯曲的齿条。样条的使用在飞行器和造船工业非常普遍，比 Schoenberg 最初引入要早得多。信号处理和通信领域是沿着香农的脚步发展的，且在很大程度上采用带限信号，而样条在这些领域则处于休眠状态。直到 1960 年数学家才开始意识到样条的许多优越特性，如最小曲率特性。这引发了应用数学其他分支的研究，包括近似理论和数值分析[67, 68]。样条开始影响工程领域是在 20 世纪 80 年代，尤其是在计算机绘图领域[69, 70]。20 世纪 90 年代见证了样条在信号处理领域有趣应用的浪潮，这在很大程度上要归功于 Unser，Aldroubi 和 Eden 的基础性研究工作[65, 71~73]。他们的重要贡献之一是发展了计算样条表示系数的简单算法，我们将在第 9 章讨论这些算法。

一个 n 次样条是一个 n 次分段多项式，其约束条件是，对于 $n\geqslant 1$ 个分段是以这样的形式关联的：要保证样条的连续性，且直到 $n-1$ 阶可导的。虽然原则上我们需要 $n+1$ 个参数来描述一个 n 次多项式，但是，这种连续性约束条件使得对于每一分段来说只有一个自由度(degree of freedom)。多项式的连接点称为节点(knot)。这里，我们只考虑节点进行均匀采样的情形，特别地，假设以 $T=1$ 间隔。对于 $n=0$，得到一个分段常数函数类；对于 $n=1$，则得到分段线性函数类。图 4.13 描绘了样条函数的几个例子。

根据 Schoenberg 的研究，一个引人注目的结论是，一个 n 次样条(间隔 $T=1$)只能根据一个 B 样条展开式进行唯一的定义

$$x(t) = \sum_m a[m]\beta^n(t - m) \tag{4.31}$$

其中$\beta^n(t)$是度数为n的中心 B 样条。术语 B 样条是由 Schoenberg 构造的，它是基样条(basis spline)的缩写。B 样条是对称的钟形函数，由一个矩形脉冲$\beta^0(t)$的$(n+1)$叠层卷积构造得到

$$\beta^n(t) = \underbrace{\beta^0(t) * \cdots * \beta^0(t)}_{(n+1)\text{次}} \tag{4.32}$$

其中

$$\beta^0(t) = \begin{cases} 1, & -1/2 < t < 1/2 \\ 1/2, & |t| = 1/2 \\ 0, & \text{其他} \end{cases} \tag{4.33}$$

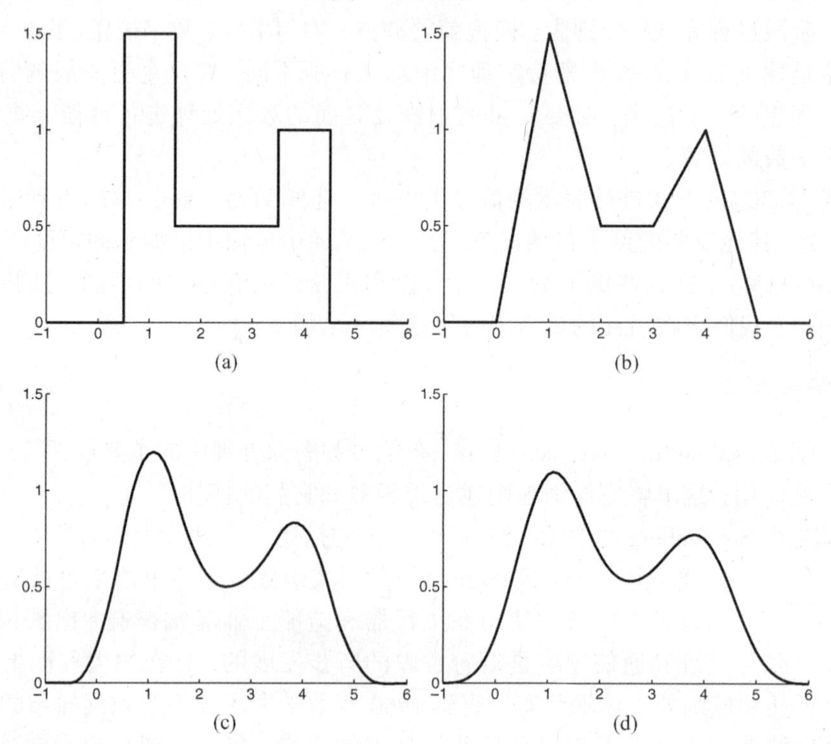

图 4.13　不同度数n的样条函数。(a)$n=0$；(b)$n=1$；(c)$n=2$；(d)$n=3$

式(4.31)的建立使得任何样条都可以通过系数$a[n]$的可数集合来表征。因此，尽管样条是一个连续时间函数，但它也可以通过展开系数来完全描述。图 4.14 展示了 0°～3°的 B 样条函数。这些函数是由式(4.32)计算的，结果为

$$\beta^1(t) = \begin{cases} 1 - |t|, & |t| \leqslant 1 \\ 0, & \text{其他} \end{cases} \tag{4.34}$$

$$\beta^2(t) = \begin{cases} \frac{1}{2}\left(\frac{3}{2} - |t|\right)^2, & \frac{1}{2} \leqslant |t| \leqslant \frac{3}{2} \\ \frac{3}{4} - t^2, & |t| \leqslant \frac{1}{2} \\ 0, & \text{其他} \end{cases} \tag{4.35}$$

$$\beta^3(t) = \begin{cases} \frac{1}{6}(2 - |t|)3, & 1 \leqslant |t| \leqslant 2 \\ \frac{2}{3} - \frac{1}{2}t^2(2 - |t|), & |t| \leqslant 1 \\ 0, & \text{其他} \end{cases} \tag{4.36}$$

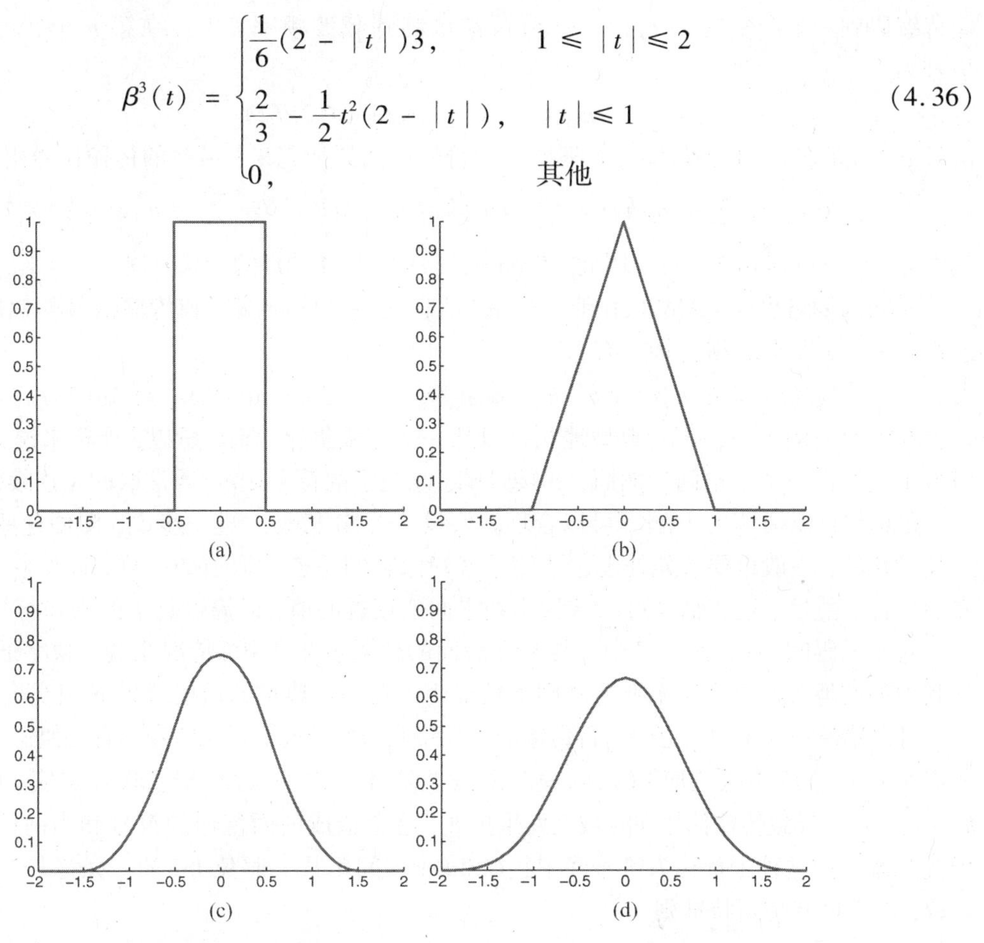

图 4.14　不同度数 n 的 B 样条函数。(a) $n=0$；(b) $n=1$；(c) $n=2$；(d) $n=3$

注意到，和正弦函数的强烈对比是，B 样条函数是紧支撑的。其他的基本差别还包括，一般来说，$a[n]=x(nT)$ 不再成立。很容易看出，对于 $n=0$，1 的样条来说这一关系仍然保持。但是，对于 $n=2$ 或者更大，这一关系不再成立。例如，度数为 3 的样条 $x(t)$，是由展开式系数 $a[n]=\delta[n]$ 构成的，是度数为 3 的 B 样条函数 $\beta^3(t)$。如图 4.14 所示，该函数在整数点上的采样与序列 $\delta[n]$ 不相一致。特别地，$x(0)=2/3 \neq 1$，且 $x(1)=x(-1)=1/6 \neq 0$。在第 5 章将看到更一般地确定形如式(4.31)的系数。

在应用中对样条函数的一个更流行的选择是立方样条，对应于 $n=3$。这些样条具有最小曲率特性，也就是说，它们使得二阶导数的范数最小。更一般地，可以说明 n 阶样条具有来自所有点集合插值器的特性，它们使得 $(n-1)$ 阶导数的范数最小[67]。

4.3.3　数字通信信号

数字调制技术提供相比于模拟调制更多的优势，包括成本、能量效率、频谱利用率、纠错码、速度、提高的安全性，等等。在数字通信中，信息是以比特的形式传输的。这些信息一方面可以是数字的，还可以是已经采样和适当量化过的模拟数据。其中流行的一种调制策略就是幅度调制(其他的将不进行讨论，包括频率调制)。这些技术包括 PAM 和 QAM。

一般来说，在幅度调制中，信息比特流是由传输信号的幅度所表示的。在给定的符号区间 T_s，比特编码到一个产生器 $h(t)$ 上，$h(t)$ 再被调制到载波频率 f_c 上。在第 n 个符号区间，传输信号为

$$g_n(t) = a[n]h(t)\cos(2\pi f_c t) \tag{4.37}$$

信号 $g_n(t)$ 是在 nT_s 时刻传输的。把所有的符号区间累加起来，最终的传输信号由下式给出：

$$s(t) = \sum_{n\in\mathbb{Z}} a[n]h(t-nT_s)\cos(2\pi f_c(t-nT_s)) = \sum_{n\in\mathbb{Z}} a[n]g(t-nT_s) \tag{4.38}$$

其中 $g(t)=h(t)\sin(2\pi f_c t)$。因此，PAM 信号具有式(4.30)的形式。

相同的策略也在 QAM 中用到，区别是信息比特被同时编码到传输信号的幅度和相位中，这样一来，对所有的相位 ϕ_n，有

$$g_n(t) = a[n]\cos(\phi_n)h(t)\cos(2\pi f_c t) - a[n]\sin(\phi_n)h(t)\sin(2\pi f_c t) \tag{4.39}$$

在上面的例子中，$a[n]$ 典型地只可以从一个有限集合取值，所以，严格来说 PAM 和 QAM 信号不能构成一个子空间。然而，在接收端，改变了的符号 $a[n]$ 通常取的是连续值(原因是噪声、衰减和其他损坏)，因此，可以合理地假设一个 SI 模型。进一步说，即便这些信号在实际上是量化的，一般也要首先处理这些信号就好像它们是连续取值的一样，以便获得对 $a[n]$ 最先的估计。然后，这些估计可以被量化到它们最接近的值，以逼近真正的未知符号。

对于无码间串扰(ISI，其中符号和它后面的符号发生干扰)情况来说，数字通信和采样之间其他的有趣关联已在奈奎斯特准则下被证明。在一个典型的通信背景下，已调符号序列是在一个可以建模为 LTI 的信道中进行传输的。在接收机端，观察到的信号具有类似这样的形式：生成器 $h(t)$ 与信道冲激响应 $c(t)$ 以及匹配滤波器 $\overline{h(-t)}$ 进行卷积。联合响应 $p(t)=h(t)*\overline{h(-t)}*c(t)$ 导致传输信号在时域上发生扩展，这会造成前面传输的符号和当前接收符号发生干扰。通常把这种干扰称为符号间串扰(ISI)或码间串扰。避免 ISI 的一条途径是选择合适的 $p(t)$，以满足奈奎斯特准则

$$\frac{1}{T_s}\sum_{k\in\mathbb{Z}} P\left(\omega + \frac{2\pi k}{T_s}\right) = C \tag{4.40}$$

其中 C 为常数。式(4.40)左边就是一个间隔为 T_s，采样值为 $p(nT_s)$ 的冲激串的 CTFT。因此，这一条件就意味着有 $p(nT_s)=C\delta[n]$，也就是说，这种有效的脉冲形状在与过去和将来符号有关的采样点上等于零。在 5.2.3 节，将讨论这一特性和插值有关的更多细节：一个满足式(4.40)的函数 $p(t)$ 也被称为插值函数(interpolation function)。从采样的观点来看，这种插值函数具有这样的特性：式(4.30)中的采样值 $a[n]$ 就是输入信号的逐点估计，即 $a[n]=x(nT)$。

接下来，将介绍几个通信中常用的奈奎斯特脉冲(也就是满足奈奎斯特准则脉冲)的例子，这些函数在插值计算领域中也是很有用的。

例 4.2 奈奎斯特脉冲的一个例子是尺度 B 样条函数 $p(t)=\beta^1(t/T)$。如图 4.14 所示，这个函数是一个三角形脉冲，对于任何 $t\notin(-T,T)$ 函数值为零。显然 $p(nT)=\delta[n]$，正如一个奈奎斯特脉冲所要求的。

例 4.3 正如香农-奈奎斯特采样定理所暗示的，函数 $p(t)=\mathrm{sinc}(t/T)$ 是一个奈奎斯特脉冲，因为 $p(nT)=\delta[n]$，这个脉冲的缺点在于它的衰减非常慢。针对这个 sinc 核的一种简单的调整方法，但同时又保持奈奎斯特特性，可以由下式给出：

$$p(t)=\operatorname{sinc}\left(\frac{t}{T}\right)\frac{\cos\left(\frac{\pi\beta t}{T}\right)}{1-\left(\frac{2\beta t}{T}\right)^2} \tag{4.41}$$

其中$0\leqslant\beta\leqslant1$称为滚降因子(roll-off factor)。由于sinc项的存在，很明显这个脉冲满足$p(nT)=\delta[n]$。参数β控制了$p(t)$在时域上的衰减。当$\beta=0$时，$p(t)$退化为一个正弦脉冲，衰减得很慢。随着β趋近于1，衰减变得非常快。这一特性如图4.15所示。

$p(t)$的CTFT由下式给出：

$$P(\omega)=\begin{cases}T, & |\omega|\leqslant\frac{\pi(1-\beta)}{T}\\ \frac{T}{2}\left[1-\sin\left(\frac{T}{2\beta}\left(|\omega|-\frac{\pi}{T}\right)\right)\right], & \frac{\pi(1-\beta)}{T}<|\omega|\leqslant\frac{\pi(1+\beta)}{T}\\ 0, & |\omega|>\frac{\pi(1+\beta)}{T}\end{cases} \tag{4.42}$$

可以从上式中看到，并且在图4.15中也很明显，β越大，则脉冲的带宽越宽。当$\beta=1$时，$P(\omega)$退化为

$$P(\omega)=\begin{cases}\frac{T}{2}\left[1+\cos\left(\frac{\omega T}{2}\right)\right], & -\frac{2\pi}{T}<\omega<\frac{2\pi}{T}\\ 0, & |\omega|\geqslant\frac{2\pi}{T}\end{cases} \tag{4.43}$$

这就是通常把$p(t)$称为升余弦信号的原因。

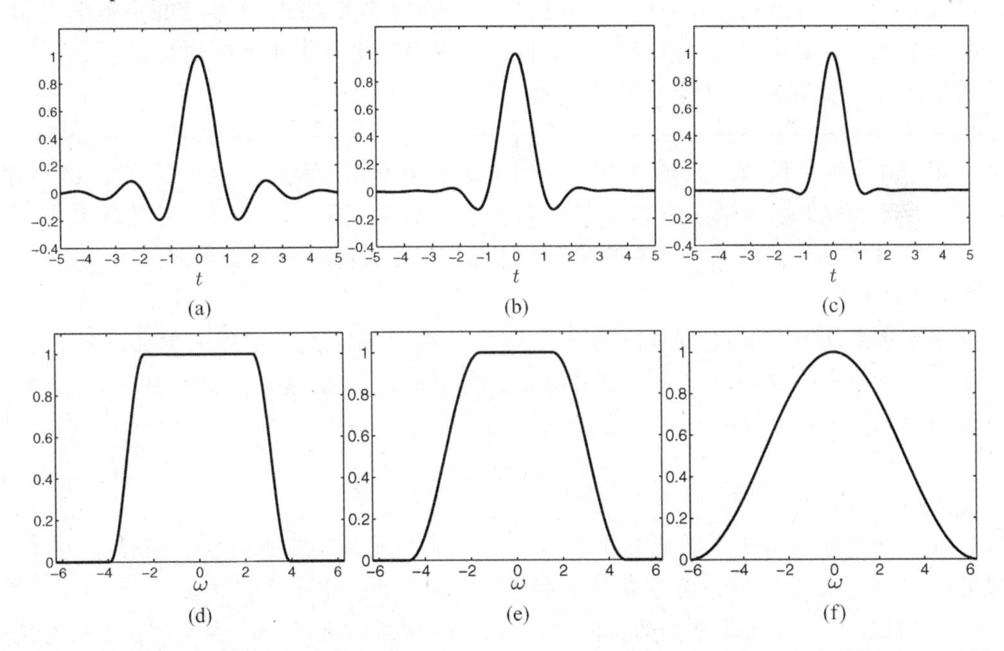

图4.15　升余弦脉冲$p(t)$和对应的CTFT $P(\omega)$。(a)$\beta=0.25$时的$p(t)$；(b)$\beta=0.5$时的$p(t)$；(c)$\beta=1$时的$p(t)$；(d)$\beta=0.25$时的$P(\omega)$；(e)$\beta=0.5$时的$P(\omega)$；(f)$\beta=1$时的$P(\omega)$

$p(t)$是一个奈奎斯特脉冲的事实也可以很容易地从频域看出来(参见习题10)。特别地，由于在$|\omega|=\pi/T$附近$P(\omega)$具有反对称性，函数$P(\omega)+P(\omega-2\pi/T)$在$\omega\in[(1-\beta)\pi/T,$

$(1+\beta)\pi/T]$的变化范围内是常数。因此，容易证明 $\sum_{k\in\mathbb{Z}} P(\omega+2\pi k/T)$ 处处都为常数，这就意味着 $p(t)$ 是一个奈奎斯特脉冲。

4.3.4 多生成器

定义 4.1 可以被推广到由多于一个生成器构成的子空间[45, 74]。那么，这种多生成器的 SI 空间包含的信号将具有如下形式：

$$x(t)=\sum_{\ell=1}^{N}\sum_{n\in\mathbb{Z}}a_\ell[n]h_\ell(t-nT) \tag{4.44}$$

其中 $h_\ell(t)$，$1\leqslant\ell\leqslant N$ 是 SI 生成器，且 $a_\ell[n]$ 为相应的展开式系数。

式(4.44)这种表示方式相比由单一生成器构成的子空间来讲，具有更大的灵活性。例如，这种信号展开式已经用于有限元方法，以帮助解决计算差分方程中矩阵求逆的问题。在这一背景下，函数 $h_\ell(t)$ 的选择要求具有小的支撑，并且没有重叠[75]。采用多个函数要比单个生成器具有更小的支撑。多生成器也被用在多小波构造的背景下。我们将在下面简要讨论这些应用领域。

贯穿全书，我们强调的是具有有限生成器集合构成的 $L_2(\mathbb{R})$ 子空间问题。尽管如此，式(4.44)模型的一个很好的特性就是，如果考虑无限多个生成器 $h_\ell(t)$，则整个空间 $L_2(\mathbb{R})$ 可以用它们的移位来表示。要实现这样的结果，采样方案则需要包括无穷多个滤波器的滤波过程，这显然是无法实现的。幸运的是，尽管如此，如果生成器 $h_\ell(t)$ 的选择是在一个简单变换下使它们之间彼此相关，那么，采样和重构是可以高效实现的。两个重要的例子是小波和 Gabor 展开：它们都可以使得 $L_2(\mathbb{R})$ 中的任意信号可以分解为形如式(4.44)的系数的可数集合。在小波的背景下，生成器通过尺度彼此相关联。这些变换将在 4.4 节中讨论。

这里给出几个多生成器 SI 子空间的例子。

例 4.4 信号模型式(4.44)的一个重要例子是多频带信号模型，我们将在第 14 章展开详细的研究。为方便起见，如果一个信号包含最多 N 个频带，每个频带长度不超过 B，我们将它定义为一个多频带信号。另外，信号带宽限制在 π/T，这里我们关注频率的正轴。一个典型的信号如图 4.16 所示。

有很多方法来表示形如式(4.44)的这类信号。最简单的方法是将一个生成器 $h_\ell(t)$ 和信号中存在的每个频率带宽关联起来。更特殊地，选择 $h_\ell(t)$，使它的傅里叶变换 $H_\ell(\omega)$ 是一个宽带为 B 的盒形函数(box function)，中心点在 ω_ℓ

$$h_\ell(t)=\frac{2\pi}{B}\mathrm{sinc}\left(\frac{Bt}{2\pi}\right)\mathrm{e}^{-\mathrm{j}\omega_\ell t} \tag{4.45}$$

式(4.45)的第一部分表示一个截止频率为 $B/2$ 的低通滤波器。调制产生了频移。

利用式(4.45)来表示 $x(t)$ 将导致一个展开式，在展开式中生成器依赖于频率 ω_ℓ。在一些应用中，这些载波频率可能是未知的，我们将在第 14 章详细地讨论这些方案。在这些情形中，具有一个明确的表达式是很有用的，其中的生成器应该是独立于未知载波频率。为了达到这一目的，将频率区间 $[0,\pi/T)$ 分为 m 个部分，每部分有相同的长度 $\pi/(mT)$。由此产生的结果是，如果 $m\leqslant\pi/(BT)$，那么每个信号的频带将包含在不超过两个子区间内，如图 4.17 所示。由于有 N 个频带，这意味着最多有 $2N$ 个部分包含能量，且这个数一般是远小于 m 的。我们于是定义 m 个生成器

$$h_\ell(t) = 2mT\mathrm{sinc}\left(\frac{t}{2mT}\right)\mathrm{e}^{-\mathrm{j}\left(\frac{\ell-1/2}{mT}\right)\pi t} \tag{4.46}$$

对于 $\ell=1,\cdots,m$ 成立。

我们则从中选择出与活跃频带相关的 $2N$ 个生成器。

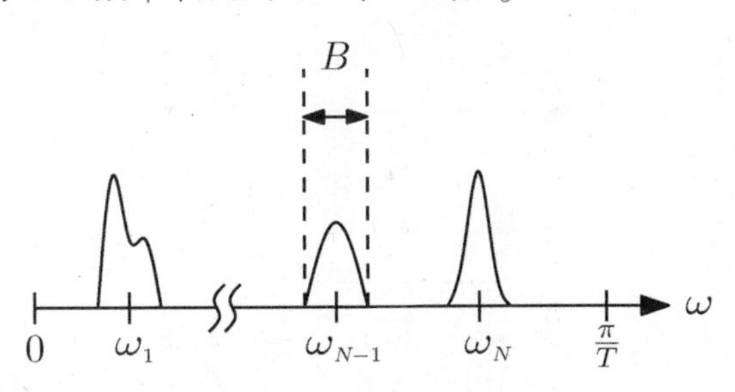

图4.16　一个典型的多频带信号

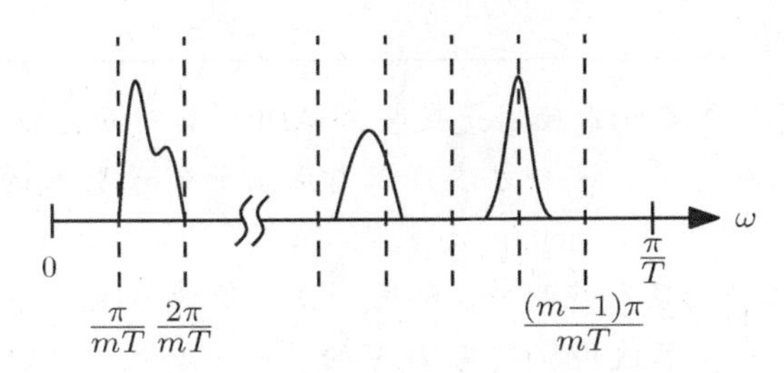

图4.17　通过将频率轴分割成固定的单元来表示多频带信号

注意到，使用在一个固定栅格(信号空间中的固定位置)上一个生成器集合的代价是，所需要生成器的数目要达到式(4.45)所需要数目的两倍。

例4.5　多生成器构成的SI空间也可以引入到滤波器组的应用中。特别地，假设信号 $x(t)$ 是在通过滤波器 $\overline{h_1(-t)},\cdots,\overline{h_N(-t)}$ 之后的 $t=nT$ 时刻采样，如图4.18所示。由于，第 ℓ 条通道输出的第 n 个采样是由内积 $\langle h_\ell(t-nT),x(t)\rangle$ 给出的，因此，由 $\{h_\ell(t-nT)\}_{n\in\mathbb{Z},\ell=1,\cdots,N}$ 张成的采样空间是封闭线性的，这就是一个多生成器SI空间。当采用一个 N 通道采样系统时，平均采样率由 N/T 给出。与单通道的采样速率相比，这时采样速率的提高并不是通过细分采样栅格来获得，而是通过对信号在原始低速率栅格上的不同特性的采样获得的。这是一个提高采样速率的流行方法，只需在每个通道使用低速采样器即可实现。

例如，香农–奈奎斯特定理断言，一个 $\pi N/T$ 带限信号可以从它的周期为 T/N 的采样中恢复出来。在1977年，Papoulis[76] 也证明了，可以从信号幅值的采样和它的值到 $N-1$ 阶微分中恢复一个信号，其中采样周期为 T。这一情况相应地在图4.18中用到了滤波器

$$H_\ell(\omega) = \begin{cases}(\mathrm{j}\omega)^\ell, & |\omega| < \pi N/T \\ 0, & |\omega| \geq \pi N/T\end{cases} \tag{4.47}$$

更一般地讲，Papoulis推导了 N 个滤波器的条件，这样一来一个带限信号就可以从这种采样值中得以恢复。我们将在多生成器SI空间的章节以及6.8节Papoulis定理中讨论这种恢复方法。

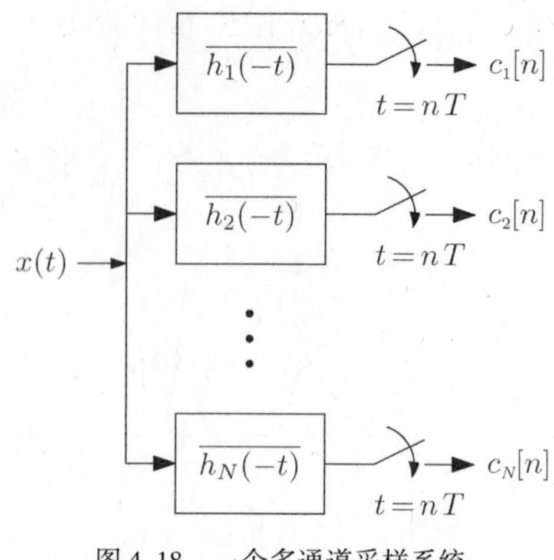

图4.18　一个多通道采样系统

例4.6　多生成器另一个流行的应用是交替式ADC，其中几个低速均匀采样器被组合起来以有效地获得更高的采样速率。这一方法可以看成前面例子引入的Papoulis一般化采样的特殊形式。

在奈奎斯特率N/T很高的实际应用中，利用一系列低速ADC，通常可以很方便地获得相同的平均采样率。更特殊地，不适用周期为T/N的单一采样器，可以用N个采样器，每个的周期为T。如果输入到第l个采样器的信号是以$\ell T/N$延时的，那么，对滤波器组输出的采样就对应于N/T速率的原始均匀采样。更一般地，如果第ℓ条通道的输入是以任意值$0\leqslant\tau_\ell<T$延时的，使得采样为

$$c_\ell[n] = x(nT+\tau_\ell),\quad 1\leqslant\ell\leqslant N,\ n\in\mathbb{Z} \tag{4.48}$$

这些采样可以被看成图4.18中滤波器组的输出，其中滤波器$h_\ell(-t)=\delta(t+\tau_\ell)$。

这个策略一般称为循环非均匀采样(recurrent nonuniform sampling)或周期非均匀采样(PNS)：采样点可以被分为N组，其循环周期为T，其中第一组包括采样点$x(\tau_1)$，…，$x(\tau_N)$[77]。当使用交替式ADC(并不是完全同步的)时，循环非均匀采样通常是有效的[78, 79]。只要延时是不同的，利用式(4.48)的采样对这种带限信号的恢复就是可能的。我们将在6.8.2节和14.3节更详细地探讨这种交替式ADC方法。

4.3.5　加细函数

多生成器方法已经在小波变换领域得到了广泛的重视，其目的是通过这种方法设计出具有尽可能多的理想特性的小波。小波是加细函数(refinable function)的一个特例，这里只给出简单的介绍，在4.4.2节会做详细介绍。加细函数也是求解差分方程有限元法的核心算法。因为加细函数具有这种对称性、正交性和有限支撑特性，所以这种多生成器方法在很多领域中都很流行。

如果存在一个序列$c[n]$和值N使式(4.49)成立，那么，$x(t)$就是一个加细函数

$$x(t) = \sum_{n=0}^{N} c[n]x(2t-n) \tag{4.49}$$

例如，利用样条函数这个方程就是成立的。这个方程也是小波结构的基础，将会在4.4.2节中看到。$x(t)$特性是由系数$c[n]$来决定的，当使用有限个元素表示时，对于某个$h>0$，函数$f(t)$近似表示为以下形式：

$$f(t) \approx \sum_{n\in\mathbb{Z}} a[n]x(t/h-n) \tag{4.50}$$

这时，近似误差会随着h^p减小，p是多项式$1, t, \cdots, t^{p-1}$的个数，其中多项式可以通过变换$x(t-n)$的组合精确地计算出来，p的数值由式(4.49)$c[n]$的性质来确定。特别是，如果用$C(e^{j\omega})$表示$c[n]$的DTFT，如果式(4.49)成立，就称$x(t)$有一个近似值p的功率

$$C(e^{j\cdot 0}) \neq 0, \quad \text{在}\ \omega = \pi\text{处}\ C(e^{j\omega})\ \text{有一个为0的}\ p \tag{4.51}$$

例如，当$x(t)$是$[0, 1]$上的盒形函数，$p=1$时，在小波理论中称为哈尔小波。通常来说，$p-1$次样条可以重现p次多项式，因此，具有p阶精度。

为了得到比式(4.49)中利用单个函数方法更高阶的近似值，可以考虑一种向量值函数，这时，式(4.49)中的$x(t)$变成了一个含有元素$x_\ell(t)$的向量。如果$\{x_\ell(t)\}$是一种标量函数和平移函数$[x_\ell(2t-n)]$的结合，那么函数集合$\{x_\ell(t)\}$就被称为加细函数。在小波领域，这样的函数被称为多小波[80]。使用多个函数的优点是可以与标量式(4.49)获取相同p阶精度，却得到了额外的理想特性，如函数$x_\ell(t)$可以具有更短支撑的对称性。

在小波理论中，一个加细函数$x(t)$也被称为尺度函数，通常记为$\phi(t)$。这样能够建立一个相关的小波方程$\omega(t) = \sum_n d[n]\phi(2t-n)$，$d[n]$为适当的系数，并选择$\omega(t)$和$\phi(t)$是正交的。通过$\omega(t)$的膨胀和平移可以建立一个$L_2(\mathbb{R})$上的正交基。然而，设计出具有某些特性的小波，例如短时支撑、正交性、产生高阶多项式等仍然是很困难的。比如，哈尔小波仅仅是正交对称的。相反，当使用多个小波时，对应于式(4.49)中的向量函数$x(t)$，就可以构造出具有高阶近似的正交对称小波。并且，这种小波可能比单个小波是更短的，具有更高的p值。

4.4 Gabor和小波展开

前面的章节讨论了带有多个生成器的SI空间问题。我们已经指出，如果式(4.44)中ℓ的求和是无限的，那么，$h_\ell(t)$的适当选择就可以用$L_2(\mathbb{R})$中系数$a_\ell[n]$来表达任意信号$x(t)$。事实上，$L_2(\mathbb{R})$中的任意信号都有一个离散的表示：已经注意到，这个空间是可分离的，也就意味着一个可数的信号表征是存在的。然而，一个有用的结论就是这种基向量可以被选择来产生一个带有多个生成器的SI表达式。另外，生成器$\{h_\ell(t)\}$可被构造成服从一个简单的关系，从而能够有效计算其展开系数。

本书最初重点讨论的是具有有限多个生成器的信号表征，但是，所提出的观点通过适当的调整也同样适用于无限多生成器的情况。为了考虑完整性，这里不再限制有限生成器的情况，简单地来讨论两种对信号处理具有重大影响的SI信号表征：Gabor展开和小波展开。这部分内容可参考文献[26, 33, 59, 81 ~85]。接下来，将简短概括它们的主要特性以及接下来章节的SI场景。

Gabor展开和小波展开是无限多生成器SI空间信号表征的特殊情况。它们的重要性在于其生成器具有一种简单的联系，从而可以得到计算展开系数的快速算法，并得到稳定展开的条件。在第2章中，已经介绍了一些关于Gabor和小波变换的概念。除了计算方面的优势之外，

Gabor 和小波展开主要优势是它们能够获取信号重要特性的能力，这种能力使得其展开系数易于解释并且携带有用的信号信息。

4.4.1 Gabor 空间

Gabor 分析是由其提出者 Dennis Gabor 名字而来的。Gabor 分析已经成为时频域映射信号分解和重构的一种常用的信号处理方法，并广泛应用于噪声抑制、盲源分离、回音消除、系统辨识和模式识别等领域。

有限生成器 SI 子空间信号表征与傅里叶变换是紧密联系的：在傅里叶域上可以很容易地表示 SI 信号分析问题。然而，很多实际信号具有时变频谱成分，傅里叶分析并不能很好地适应于实时表示局部信息，这是因为这种复指数重叠结构并不是时间局部化的(time-localized)。如果被分析的信号在时域上是变化的，那么，其傅里叶系数也同样是变化的。Gabor 分析则试图建立一种局部指数块来更好地表示这种非平稳信号，并用这种方法研究时域变化的局部信号的频率成分。Gabor 空间也可以被模型化为具有生成器的 SI 空间，其生成器通过调制得到相互关联。通过无限多的平移和调制，可以建立具有局部时频特性的结构，进而表示整个 $L_2(\mathbb{R})$ 空间。Gabor 分析的一个重要优势就是这种具有均匀的时频网格(lattice)的高度结构化系统，这种网格结构可以使用更有效的算法。因此，正如书中已经指出的，展开系数可以得到信号的局部频率特征，并易于解释信号的物理特性。

在前一节中，是从综合方程开始讨论信号展开的，也就是说，将 $x(t)$ 表示为一个已知生成器平移的线性组合。如前所述，SI 空间的基为 SI 双正交基，因此，采样值或展开系数可以通过一个双正交生成器平移的内积来计算，同样的方法也适用于 Gabor 空间。因此，为了保持 Gabor 分析传统的表达方法，我们从展开系数开始讨论问题。

Gabor 变换的基本关系式最早在 1946 年 Gabor 的论文中给出[86]。论文中 Gabor 研究了通信信号的局部表示方法。其基本思想是在时间和频率上用一个二维变换，对于任意一个信号 $x(t)$ 的 Gabor 变换定义为

$$g[k,\ n] = \int_{-\infty}^{\infty} \mathrm{e}^{\mathrm{j}2\pi Wkt} x(t) h(t - nT)\,\mathrm{d}t \tag{4.52}$$

为了满足 $WT = p/q$ 中 p 和 q 为互质数，其中选择 W, $T > 0$。$h(t)$ 是一个给定窗口，称为分析窗口(analysis window)。这个表达式的基本结构就是通过对窗函数 $h(t)$ 的 T 的倍数(n)的平移和 W 的倍数(k)的调制，如图 4.19 所示。这个表达式基本思想就是，如果窗口函数 $h(t)$ 在时域上被局部化，那么，它的傅里叶变换 $H(\omega)$ 在频域上也被局部化，这时的窗口函数为

$$h_{kn}(t) = \mathrm{e}^{\mathrm{j}2\pi Wkt} h(t - nT) \tag{4.53}$$

也就是说这时的窗口函数是在 nT, kW 的时频域平面上为局部化的。因此，可以说，第 kn 阶系数 $g[k,\ n]$ 获取了 $x(t)$ 在时频域上的信息。

图中显示了如果 $\{h_{kn}(t)\}$ 包含 $L_2(\mathbb{R})$ 的一个框架或者 Riesz 基，那么，这些双正交函数就有相似的形式。也就是说，可以通过随着不同生成器 $v(t)$ 的平移和调制来获取。在这种情况下，任意信号 $x(t) \in L_2(\mathbb{R})$ 都可以被写为

$$x(t) = \sum_{n,\ k \in \mathbb{Z}} g[k,\ n] \mathrm{e}^{\mathrm{j}2\pi Wkt} v(t - nT) \tag{4.54}$$

这个合成窗口函数 $v(t)$ 称为 $h(t)$ 的双重(dual)，它可以通过 Zak 变换法[87]得到，或者用文献[85]中的几种迭代算法得到。对于给定的网格(lattice)常数 W, T，窗口函数 $v(t)$ 产生一个双重 Gabor 框架(dual Gabor frame)，当且仅当满足下式时：

$$\langle v(t),\ e^{j2\pi kt/T}h(t-n/W)\rangle = WT\delta_{n0}\delta_{k0}\quad k,n\in\mathbb{Z} \tag{4.55}$$

这个条件称为 Wexler-Raz 条件[88]。在 W 和 T 定义的网格与 $1/T$ 和 $1/W$ 定义的网格之间存在一个有用的关系，称为 Ron-Shen 原理[89]，它证明了当且仅当针对 $1/T$ 和 $1/W$ 常数网格 $h(t)$ 对于一个闭合线性张成空间生成一个 Riesz 基时，$h(t)$ 在 W 和 T 常数网格上生成一个框架。

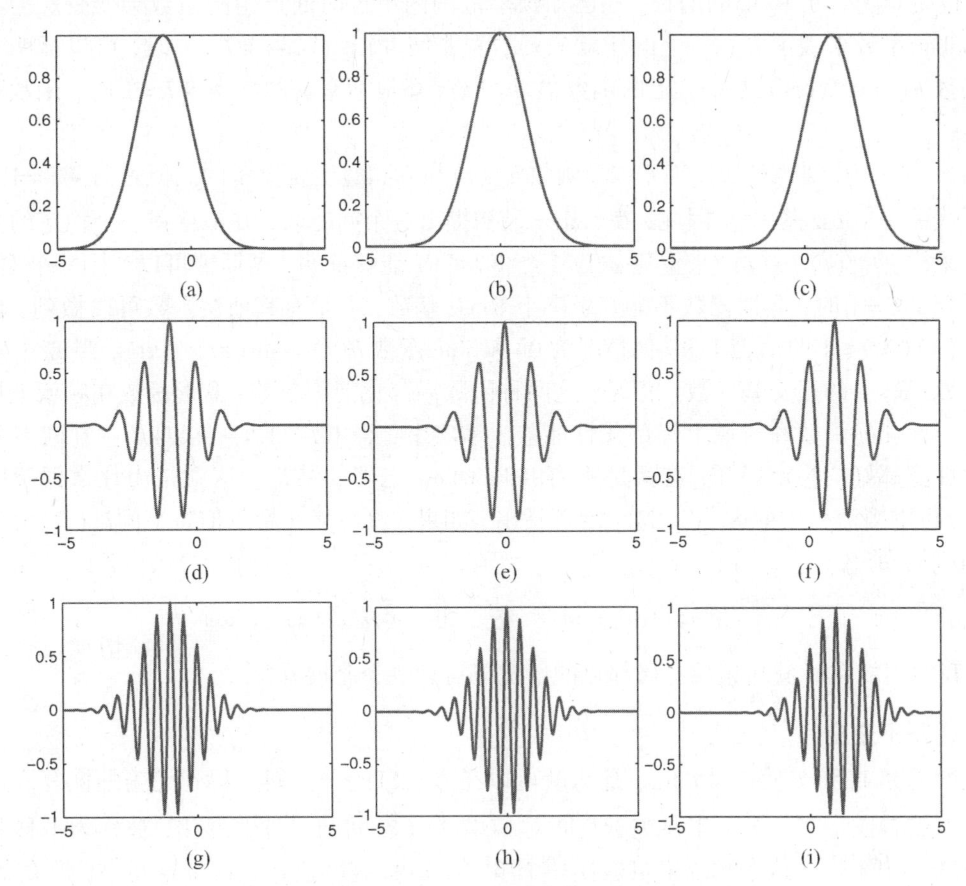

图 4.19　函数 $h(t)=\exp\{-t^2/2\}$ 在周期 $T=1$ 和 $W=1$ 时的转换和调制（只有实部显示出来）。(a) $(k,n)=(0,-1)$；(b) $(k,n)=(0,0)$；(c) $(k,n)=(0,1)$；(d) $(k,n)=(1,-1)$；(e) $(k,n)=(1,0)$；(f) $(k,n)=(1,1)$；(g) $(k,n)=(2,-1)$；(h) $(k,n)=(2,0)$；(i) $(k,n)=(2,1)$

不确定度准则

在其原始论文中，Gabor 选择了高斯窗口函数 $h(t)=e^{-\pi t^2}$，$WT=1$。高斯窗明显的特征是它在时间和频率上是最集中的，它满足时间和频率等分辨率的不确定度准则。

不确定度准则规定，任何 $L_2(\mathbb{R})$ 中的 $x(t)$ 函数，在时间和频率平面所有的点 (t_0,ω_0)，有

$$\|x(t)\|^2 \leqslant 4\pi\|(t-t_0)x(t)\|\ \|(\omega-\omega_0)X(\omega)\| \tag{4.56}$$

$\|\cdot\|$ 表示常用的 L_2 范数，上式的等号在满足下式时成立：

$$x(t)=Ce^{-a(t-t_0)^2}e^{j2\pi\omega_0},\quad a>0,\ C\in\mathbb{C} \tag{4.57}$$

也就是对高斯进行了调制和平移。直观地说，时域频域的折中可以被理解为缩放函数 $x(at)$，$a<1$ 在已知 $(1/a)F(\omega/a)$ 时的傅里叶变换。这就意味着，如果在时间域局部化就失去了频率分辨率。在习题 12 中可以看到相关的证明。不确定度准则首先被 Heisenberg 在量子力学中提出，它给出了确定一个自由粒子位置和动量能力的限制。

网格参数的选择

一个重要的问题是如何来选择网格(lattice)参数 W, T。通常情况下，Gabor 变换是具有冗余的：即它能够产生的系数多于实际恢复 $x(t)$ 所需的。这个冗余性由时频域采样的时间间隔决定，也就是随着 T 和 W 的增长，在已知频率范围内单位时间产生的系数会变少。为了有足够的 Gabor 系数来表示 $L_2(\mathbb{R})$ 上的任意 $x(t)$，需要使 $WT\leqslant 1$。当 $WT>1$ 时，可以证明对任意的窗函数 $h(t)\in L_2(\mathbb{R})$,$L_2(\mathbb{R})$ 上的函数集 $\{h_{kn}(t)\}$ 都是不完备的。当 $WT=1$ 时，函数是非冗余的。

当 $h(t)$ 选为高斯窗口时，$WT\leqslant 1$，函数 $h_{kn}(t)$ 在 $L_2(\mathbb{R})$ 上是完备的。但是当 $WT=1$ 时，就不能形成一个 Riesz 基[91]。因此，在 Gabor 最初提出这个问题时，并不存在一个稳定的数值方法根据采样 $\langle h_{kn}(t), x(t)\rangle$ 来重建 $x(t)$。当 $WT\leqslant 1$，能够证明，高斯窗可以产生一个框架。

尽管 $WT=1$ 时，高斯函数不能产生一个 Riesz 基数，但是有其他窗函数可以做到，比如盒形函数(当 $0\leqslant t\leqslant 1$ 时值为 1，其他情况为 0)和 sinc 函数 $h(t)=\sin(\pi t)/(\pi t)$，当 $W=T=1$ 能够创建 $L_2(\mathbb{R})$ 上的正交基函数。但是，这两种函数局部化能力较差：盒形函数在频域上局部化性能差，而 sinc 函数在时域上局部化性能差。事实上，当 $WT=1$ 时，很难产生在时域和频域局部化性能都好的稳定展开，这就是所谓 Balian-Low 定理的结论。这就是为什么框架展开在 Gabor 分析中很流行的原因[92]。这个定理指出，如果 $h_{kn}(t)$ 能在希尔伯特空间 $L_2(\mathbb{R})$ 上产生一个 Riesz 基，那么有

$$\int_{-\infty}^{\infty} t^2 h(t)\,\mathrm{d}t = \infty \quad \text{或} \quad \int_{-\infty}^{\infty} \omega^2 H(\omega)\,\mathrm{d}\omega = \infty \tag{4.58}$$

因此，我们不能在时域和频域都局部化的情况下得到一个基展开。

平移及调制不变空间

假如选择 W 和 T 使得 $WT>1$，那么就可以在 $L_2(\mathbb{R})$ 的子空间上得到完美的恢复。这种子空间可以被看成是在一个更丰富类子空间对 SI 先验子空间的一种普遍化，被称为平移及调制不变(SMI)空间[93]。这个术语来自这样一个事实，如果 $x(t)$ 包含在这个空间中，那么 $x(t)$ 的平移和调制也在这个空间中。

一个 SMI 子空间是一个信号空间，信号可以表示为

$$x(t) = \sum_{n,\,k\in\mathbb{Z}} g[k,\,n]\mathrm{e}^{\mathrm{j}2\pi Wkt} v(t-nT) \tag{4.59}$$

$v(t)$ 为生成器，$g[k,\,n]$ 为系数。这类函数可以被看成是带有无限多个生成器的 SI 函数

$$g_k(t) = \mathrm{e}^{\mathrm{j}2\pi Wkt} v(t), \quad k\in\mathbb{Z} \tag{4.60}$$

显然，在这种情况下，所有的生成器都是彼此关联的。例如，这种关系可以用来获取生成器产生 Riesz 基数的显式条件，感兴趣的读者可以参考文献[93 ~95]。

SMI 展开能够保持 Gabor 展开的很多优良特性，即通过增加时域频域采样间隔可以减少计算量。对于 $L_2(\mathbb{R})$ 中的任意信号，这将产生一个不可避免的恢复误差。然而，在降低复杂度和估计误差之间可以权衡，这种权衡通常是可控的[93]。

4.4.2 小波展开

小波展开是将一个信号分解为一组特殊的基函数，这种基函数称为小波。这些小波可以通过一个母小波的尺度缩放和时间平移来得到。小波变换与傅里叶变换及 Gabor 分析相比最大的

不同点在于它时域和频域的局部化特性。在 Gabor 变换中，频率缩放是线性的，然而不同的是，小波变换则对应于对数频率分析，或者说是恒定相对带宽。比如，大家都知道的人类听觉系统使用的是恒定相对带宽，这在音符系统中是很明显的，音频压缩系统就是基于这种特性。

构成小波变换的基函数之间是通过缩放因子为 2 的缩放和平移相互关联的，并产生在一个对数频率轴上。这样就会产生一个完全不同的时频平面分解，如图 4.20 中的瓦块图所示。图中不同的长方形代表一个给定基函数的能量集聚(文献[86]中 Gabor 使用了这种表示)。当使用 Gabor 分析时，时频域平面被分成相等的长方形。而在小波分解时，低频率有更大的时间步长，而频率越高采样频率也会越高。

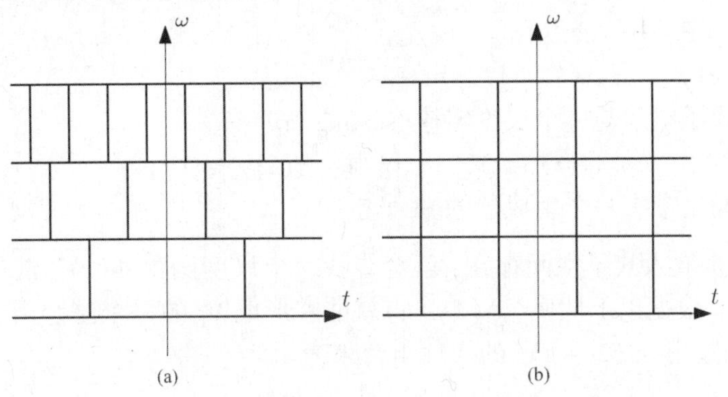

图 4.20　时频域平面上的瓦块图。(a)小波变换，(b)Gabor 变换

尽管小波变换在过去 20 年来取得了卓越进展，但小波的基本原理则可以追溯到 1909 年，那时哈尔发现，对于任意连续函数，下面的级数都一致收敛于函数 $x(t)$

$$x(t) = \sum_{k=0}^{\infty} \sum_{n=0}^{2^k-1} a_k[n]\psi(2^k t - n), \quad 0 \leqslant t < 1 \tag{4.61}$$

其中 $\psi(t)$ 是哈尔小波。这是正交小波的最简单形式，为一组矩形基函数，如图 4.21 所示。哈尔小波的一个缺点就是它是不连续的，因此在模拟平滑信号时效率不高。

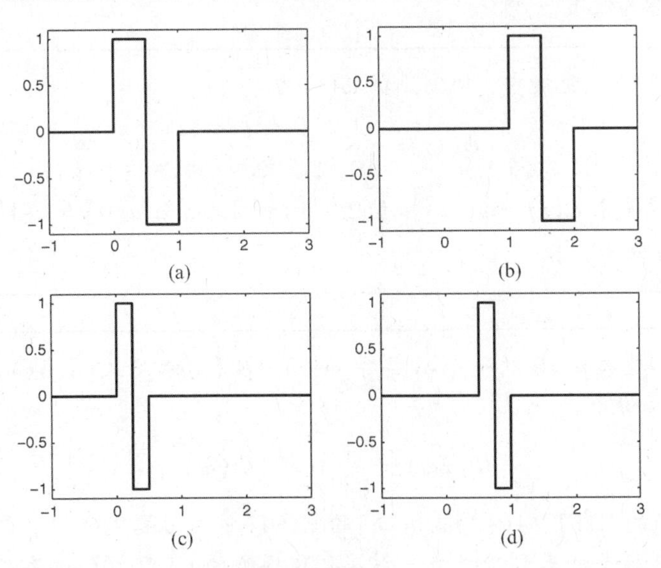

图 4.21　哈尔母小波函数的平移及调制。(a)$(k, n) = (0, 0)$；(b)$(k,n) = (0,1)$；(c)$(k,n) = (1,0)$；(d)$(k,n) = (1,1)$

小波分析最终的基础理论在 Grossmann 和 Morlet 的研究中给出[96]。从连续信号处理到数字信号处理的发展是通过 Mallat[61] 和 Daubechies[97] 的研究完成的。从此之后，很多领域都开始对小波变换理论以及实现进行了广泛的研究，比如多分辨信号处理、图像和数据压缩、电信、数值分析和音频信号处理等领域。

小波分解是基于一种多分辨分析，也就是说，一个函数 $x(t)$ 表示为不同级别的分辨率形式，为了达到这点，我们构造一系列嵌入式空间 $\mathcal{V}_i$

$$0\cdots\subset\mathcal{V}_{-1}\subset\mathcal{V}_0\subset\mathcal{V}_1\cdots\subset L_2(\mathbb{R}) \tag{4.62}$$

并具有如下性质：

(1) $\cup_i\mathcal{V}_i$ 在 $L_2(\mathbb{R})$ 中是密集的。

(2) $\cap_i\mathcal{V}_i=\{0\}$。

(3)这种嵌入式子空间与一个尺度定律(scaling law)有关

$$x(t)\in\mathcal{V}_j,\quad \text{仅当}\quad x(2t)\in\mathcal{V}_{j+1} \tag{4.63}$$

(4)每个子空间是带有一个生成器的 SI 子空间。

一旦一个多分辨嵌入式子空间存在，就会寻找一个尺度函数 $\phi(t)$，能够使 $\phi(t-n)$ 形成一个 $\mathcal{V}_0$ 的 Riesz 基。根据以上性质，$\phi(2t-n)$ 就能够形成 $\mathcal{V}_1$ 的一个基。由于 $\mathcal{V}_0\subset\mathcal{V}_1$，可以把任何一个 $\mathcal{V}_0$ 中的函数用 $\{\phi(2t-n)\}$ 的线性组合来表示

$$\phi(t)=\sum_{n\in\mathbb{Z}}a[n]\phi(2t-n) \tag{4.64}$$

对于某些 $a\in\ell_2$，式(4.64)被称为膨胀方程(dilation equation)，或尺度关系(scaling relation)。接下来，可以定义函数

$$\phi_{kn}(t)=2^{k/2}\phi(2^kt-n) \tag{4.65}$$

其中任意整数 $k,\ n\in\mathbb{Z}$。对于每一个 k_0，函数 $\{\phi_{k_0n}(t)\}$ 形成 $\mathcal{V}_{k_0}$ 的一个基。显然，任何这样的子空间在平移了 2^{-k_0} 尺寸后是平移不变的。同时还注意到，利用式(4.65)双值伸缩和膨胀(dyadic translations and dilations)，$\phi(t)$ 可以被用来定义希尔伯特空间 L_2 上的一个完备函数集。膨胀系数 k 被称为尺度。

例 4.7 在哈尔小波变换中，尺度函数 $\phi(t)$ 为

$$\phi(t)=\begin{cases}1, & 0\leqslant t<1\\0, & \text{其他}\end{cases} \tag{4.66}$$

这个函数满足双尺度关系 $\phi(t)=\phi(2t)+\phi(2t-1)$。因此，当 $a[0]=a[1]=1$，或 $a[n]=0$，$n\neq0,\ 1$ 时式(4.64)成立。

例 4.8 任何偶数次 $p\geqslant0$ 的一个 B 样条 $\phi(t)=\beta^p(t)$ 满足式(4.64)。为了说明这一点，事实上是式(4.64)等价于

$$\Phi(2\omega)=\frac{1}{2}A(\mathrm{e}^{\mathrm{j}\omega})\Phi(\omega) \tag{4.67}$$

其中，$\Phi(\omega)$ 是 $\phi(t)$ 的 CTFT，$A(\mathrm{e}^{\mathrm{j}\omega})$ 是 $a[n]$ 的 CTFT(参照习题 16)。

使用式(4.32)B 样条的卷积特性，一个 p 次 B 样条的 CTFT $\Phi(\omega)$ 为

$$\Phi(\omega)=\mathrm{sinc}^{p+1}\left(\frac{\omega}{2\pi}\right) \tag{4.68}$$

因此，式(4.67)成立的条件为

$$A(e^{j\omega})=\begin{cases}2^{-p}\dfrac{\sin^{p+1}(\omega)}{\sin^{p+1}(\omega/2)}, & \omega/(2\pi)\text{ 为非整数}\\ 2, & \text{其他}\end{cases} \tag{4.69}$$

事实上，当 $\omega/(2\pi)$ 为整数时 $A(e^{j\omega})$ 的值是可以任意选择的，因为无论什么样的 $A(e^{j\omega})$，式(4.67)的两边在这些位置上都是不存在的。而选择 $A(e^{j2\pi k})=2$ 产生一个连续函数 $A(e^{j\omega})$。

式(4.69)可写成

$$A(e^{j\omega})=2^{-p}\left(\frac{1-e^{-2j\omega}}{1-e^{-j\omega}}\right)^{p+1}e^{-j\omega\frac{p+1}{2}} \tag{4.70}$$

其中括号中为下面序列的 DTFT

$$b[n]=\begin{cases}1, & n=0,1\\ 0, & \text{其他}\end{cases} \tag{4.71}$$

因此，式(4.64)的序列 $a[n]$ 可以通过带有 $p+1$ 次的 $b[n]$ 卷积，平移 $(p+1)/2$，然后缩放了 2^{-p} 结果获取。

总结一下，由一个尺度函数张成的空间称为尺度空间，任何一个尺度空间都是平移不变的。事实上，可以看到，相应的小波空间也是平移不变的。k 阶小波空间 $\mathcal{W}_k$ 是在 $\mathcal{V}_{k+1}$ 中的 $\mathcal{V}_k$ 正交补

$$\mathcal{V}_{k+1}=\mathcal{V}_k\oplus\mathcal{W}_k,\quad \mathcal{V}_k\perp\mathcal{W}_k \tag{4.72}$$

小波空间的一个良好特性就是正交性，并且其和就等于 $L_2(\mathbb{R})$。

接下来，定义一个小波函数 $\psi(t)$，它可以生成 $\mathcal{W}_0$，与式(4.65)相似，可以有

$$\psi_{kn}(t)=2^{k/2}\psi(2^k t-n) \tag{4.73}$$

式(4.73)是 $\mathcal{W}_k$ 的一个基。因为 $\mathcal{W}_0$ 包含在 $\mathcal{V}_1$ 中，则 $\psi(t)$ 可以用尺度函数来表示为

$$\psi(t)=\sum_{n\in\mathbb{Z}}b[n]\phi(2t-n) \tag{4.74}$$

例4.9　如图4.21所示，哈尔母小波函数 $\psi(t)$ 为

$$\psi(t)=\begin{cases}1, & 0\leqslant t<1/2\\ -1, & 1/2\leqslant t<1\\ 0, & \text{其他}\end{cases} \tag{4.75}$$

这个函数可用哈尔尺度函数表示 $\psi(t)=\phi(2t)-\phi(2t-1)$。因此，当 $b[0]=1$，$b[1]=-1$ 和 $b[n]=0(n\neq0,1)$ 时，式(4.74)成立。

由于这种嵌入型子空间在 $L_2(\mathbb{R})$ 中是稠密的，所以任意 $x(t)\in L_2(\mathbb{R})$ 可以用小波展开表示为

$$x(t)=\sum_{k,n\in\mathbb{Z}}a_{kn}\psi_{kn}(t) \tag{4.76}$$

其中，系数 a_{nk} 是由 $x(t)$ 与 $\psi_{kn}(t)$ 的正交函数的内积给定的。这种多分辨结构以及式(4.74)和式(4.64)给出的双尺度关系可以实现扩展系数逐次高效的计算。特别是，这种逐次的小波和尺度函数系数都是前一次相应系数的加权和。这个加权和可以通过一个数字滤波器组来确定，从而得到离散小波变换。

为了说明这一点，假设对于一个给定的信号 $x(t) \in \mathcal{V}_{j+1}$，可以写为

$$x(t) = \sum_{n \in \mathbb{Z}} c_j[n]\phi(2^j t - n) + \sum_{n \in \mathbb{Z}} d_j[n]\psi(2^j t - n) \tag{4.77}$$

如果进一步假设，$\phi(2^j t - n)$ 和 $\psi(2^j t - n)$ 分别产生 $\mathcal{V}_j$和 $\mathcal{W}_j$的正交基，那么

$$c_j[n] = \langle \phi(2^j t - n), x(t) \rangle, \quad d_j[n] = \langle \psi(2^j t - n), x(t) \rangle \tag{4.78}$$

式(4.77)中的第一项可以被进一步分解为

$$\sum_{n \in \mathbb{Z}} c_j[n]\phi(2^j t - n) = \sum_{n \in \mathbb{Z}} c_{j-1}[n]\phi(2^{j-1} t - n) + \sum_{n \in \mathbb{Z}} d_{j-1}[n]\psi(2^{j-1} t - n) \tag{4.79}$$

利用式(4.64)的双尺度关系，$c_{j-1}[n]$可以表示为

$$c_{j-1}[n] = \sum_{m \in \mathbb{Z}} a[-m]\langle \phi(2^j t - 2n + m), x(t) \rangle = \sum_{m \in \mathbb{Z}} a[-m]c_j[2n - m] \tag{4.80}$$

同样利用式(4.74)，可得到

$$d_{j-1}[n] = \sum_{m \in \mathbb{Z}} b[-m]c_j[2n - m] \tag{4.81}$$

根据式(4.80)和式(4.81)的关系，可以构成尺度和小波系数的一种递归滤波器组的实现方案，如图4.22所示。

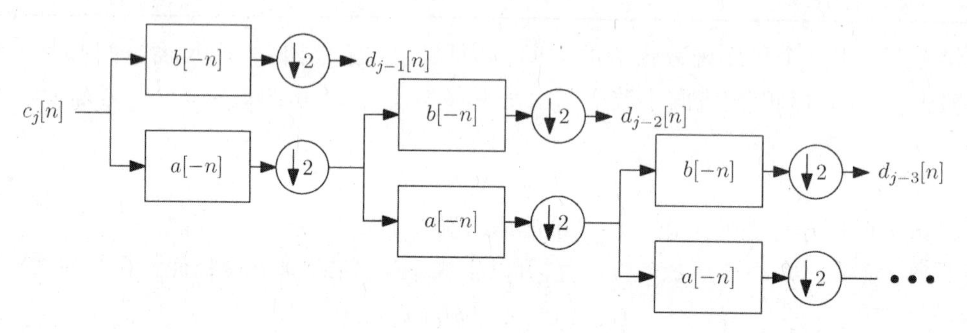

图4.22　小波系数的递归计算

小波理论一个重要的方面就是设计小波函数 $\psi_{kn}(t)$，使得它能产生很多为零的展开系数 α_{kn}。这在数据压缩和去噪的应用中是非常有用的。非零数值的个数依赖于 $x(t)$ 的规则性，$\psi(t)$的消失矩(vanishing moment)的个数以及$\psi(t)$的支撑的大小。所谓Strang-Fix条件[98]就是给出了$\psi(t)$消失矩的个数与尺度函数$\phi(t)$的特性的相互关系，即当且仅当任何一个 $p-1$ 阶多项式可以表示为一个函数$\{\phi(t-n)\}$的线性组合时，尺度函数$\psi(t)$则有 p 个消失矩。另一方面可以证明，在一个正交小波展开中，如果$\psi(t)$有p个消失矩，那么它的支撑的大小至少为$2p-1$。因此，在实际中，在消失矩和支撑大小之间存在一个折中。在4.3.5节讨论的多小波是非常重要的概念。用几个尺度函数(和小波)可以增加设计的灵活性，这样就能够在小波支撑和消失矩之间得到一个更好的折中[80]。

关于小波的细节不属于本书的内容，但是应当指出，在小波理论中使用到的分析工具在本书的讨论中也是同样重要的，例如，框架、Riesz基以及双正交特性等。实际上，在过去的20年的研究中，小波理论一直是采样理论研究的一个重要驱动力。

4.5 子空间并集

到目前为止，我们考虑的信号模型是信号 $x(t)$ 存在于一个单独子空间中，在第6章和第8章中将会看到子空间模型的功能是非常强大的，通过子空间模型，可以在非常宽泛的条件

下从线性和非线性采样中恢复出完美的信号。而且是通过数字和模拟 LTI 滤波器实现恢复的，这种模型可以有效地将香农-奈奎斯定理推广到一个更宽范围的输入信号类。

尽管子空间模型是简易和直观的，但在实际应用中，很多信号具有一些采样器不需要知道的特性参数。正如下面的几个例子那样，仍然可以用一个子空间模型来描述信号，但是这个子空间必须有足够的自由度来获取这种不确定性。通常，为了包含所有可能的参数选择，会使子空间的维数非常大，从而导致非常高的采样率。为了在不增加采样率情况下得到数学上的信号表达式，本节将介绍一种“子空间并集”的模型，这个模型适用于很多有趣的信号类。在第 11 章至第 15 章中将详细分析利用这种模型的信号采样和恢复。可以看到，尽管这种模型仍然可以通过 LTI 滤波器实现信号采样，但信号恢复则更加复杂并需要非线性算法。

例子：多频带通信

为了理解子空间并集模型的必要性，这里考虑一个典型的通信场景，即几个无线设备和台站同时发送窄带信号，如图 4.23 所示。当代通信信号需要用高频载波，因此接收端的最大接收频率可能需要数 GHz。在接收端，信号首先被采样，然后进一步处理，或者是为了检测信息符号或者是为进一步转发。图 4.23 所示的信号称为多频带信号。在第 14 章中将讨论关于这类信号的最小速率采样和具体的恢复算法。这里我们先重点介绍一下能够获取这种信号的数学模型问题。

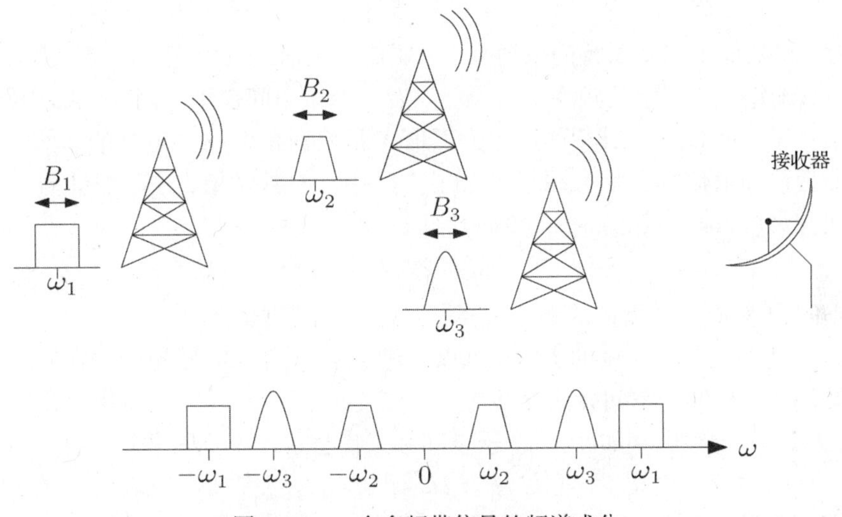

图 4.23　一个多频带信号的频谱成分

多频带信号具有一组信号，每个信号的频带位置为 ω_i，每个信号的带宽为 B_i，用 $\mathcal{X}$ 表示 N 个频带信号(ω_i, B_i)的信号类。可以看到，$\mathcal{X}$ 定义了一个子空间：在 $\mathcal{X}$ 中任何两个信号的线性结合也组成了一个 N 个频带信号(ω_i, B_i)。因此，关于子空间模型的研究结论也能够使用到这个模型中。实际上，在 $\mathcal{X}$ 中的任何信号都可以用一个带有 N 个生成器的 SI 模型来描述，生成器由式(4.44)给出，其中 $h_i(t)$ 表示一个中心点为 ω_i，带宽为 B_i 的 LPF。在例 4.4 中可以看到，通过一组固定的且不依赖载波频率的生成器可以描述这种多频带信号，其代价是生成器的个数可能要增加到 $2N$。Landau[99] 提出的一个重要的结果表明，这种模型可得到的最小采样率为所有信号带宽之和，而不是对应于奈奎斯特采样率的那个最大频率，这个结论的证明过程将会在第 14 章中讨论。

这里假设载波信息对于采样器来说是未知的。这种情况在认知无线电的例子中经常出现[100]，其目的就是根据机会主义的原则来使用那些未被占用的频率区域。在这种情况下，接收机必须要处理很多载波未知的传输，或者随时间变化的载波传输。这时，我们的先验知识只是知道发送信号的最大数量 N 及其最大带宽为 B_i，而不知道载波频率 ω_i。这样的信号模型不再定义为一个子空间。由于载波频率是任意的，加上两个具有不重叠频带的信号就能产生具有 $2N$ 个频带的一个信号，这个信号不在 $\mathcal{X}$ 中，如图 4.24 所示。这里我们看到了一个情况，与这种子空间模型相关的不确定性使得这类信号可能移出了原有的子空间环境。

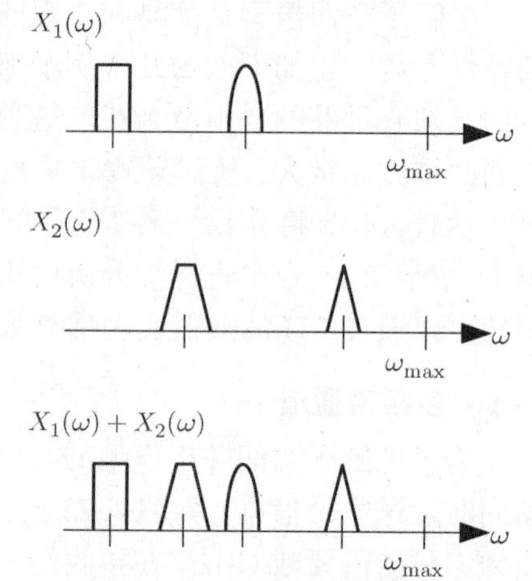

图 4.24 两个带宽的函数集合 $\mathcal{X}$ 中的2个信号和可能导致一个具有4个频带的信号

当然，我们仍然可以利用那种频带受限为 $\omega_{\max}$ 的信号子空间来描述这样一个信号，但是这个子空间要远远大于我们实际容纳的那个信号集合。比较特殊的是，这个带限子空间包含有占用整个频带宽度的信号，这些信号不包含在 $\mathcal{X}$ 中。因此，使用一个子空间模型就会导致信号采样率要远远高于实际需要。

4.5.1 信号模型

显然，为了得到低于奈奎斯特的采样率，需要更好地描述自由度。注意到有一种非常方便的表征方法，对于每一个固定的频率集合 $\{\omega_i\}$，有一个子空间模型。因此，$\mathcal{X}$ 中的任意一个信号将存在于某一子空间 $\mathcal{U}_\lambda$ 中，其中的适当索引值 λ 是根据频率 $\{\omega_i\}$ 定义的。然而这里的问题是我们并不能提前知道信号实际存在于哪个子空间中。在数学上，这就意味着这种信号可以用一个子空间并集(union of subspaces，UoS)来表示[101]

$$x \in \bigcup_{\lambda \in \Lambda} \mathcal{U}_\lambda \tag{4.82}$$

其中每个子空间 $\mathcal{U}_\lambda$ 对应一个具体的频率选择，Λ 表示可能的集合。

式(4.82)表达的是一种通用的表示，可以容纳很多有用的信号先验。在介绍其他例子之前，需要强调式(4.82)的子空间并集模型与它的子空间模型的区别。简易地说，假设 Λ 是一个可数集合，λ 是一个整数，可以用一个子空间和来代替这个子空间并集，则

$$x \in \mathcal{U}_1 + \mathcal{U}_2 + \cdots + \mathcal{U}_m \tag{4.83}$$

其中 m 可以是无限的。显然，这个子空间和本身就是一个子空间，并且是包含所有 $\mathcal{U}_\lambda$ 的最小空间，$\lambda \in \Lambda$。但是我们会看到，它要比子空间并集更大。

例 4.10 假设 $\mathcal{U}_1$ 和 $\mathcal{U}_2$ 是信号集，这些信号的频域支撑分别包含在 $\{\omega: 0 \leqslant \omega < u_1\}$ 和 $\{\omega: u_1 \leqslant \omega < u_2\}$ 中。那么，$\mathcal{U}_1 + \mathcal{U}_2$ 就是一个支撑包含在 $\{\omega: 0 \leqslant \omega < u_2\}$ 的信号集合。与之不同的是，在子空间并集模型中，信号存在于这些空间中的一个。这意味着，信号的支撑，既包含在 $\{\omega: 0 \leqslant \omega < u_1\}$ 中，也包含在 $\{\omega: u_1 \leqslant \omega < u_2\}$ 中，但是并不能完全占据两个区间。但问题是我们并不能提前知道正确支撑。

在式(4.82)的子空间并集中的任意信号也将存在于式(4.83)的子空间和之中。但是，子空间和会包含更多的信号，而这些信号却不存在于任何一个单独的子空间 $\mathcal{U}_\lambda$ 中。因此，式(4.83)给出的信号集合要比式(4.82)给出的信号集合大得多。也就是说，与子空间并集

模型相比，基于子空间和模型的信号采样理论需要更高的采样率，而子空间并集中包含的信号更少。

为了形象化较少子空间并集模型，这里考虑在$\mathbb{R}^3$中的3个一维子空间，如图4.25所示。每个这样的子空间对应于一个穿过(0, 0, 0)的射线。因此，子空间并集$\mathcal{U}_1\cup\mathcal{U}_2\cup\mathcal{U}_3$是一个点的集合，这些点必然位于$\mathbb{R}^3$中的3个射线上。而另一方面，子空间和$\mathcal{U}_1+\mathcal{U}_2+\mathcal{U}_3$是由3个射线张成的一个子空间。在图4.25中所示的例子，是一个二维空间，也就是一个平面。这个例子很清楚地显示了子空间和要比子空间并集大得多。

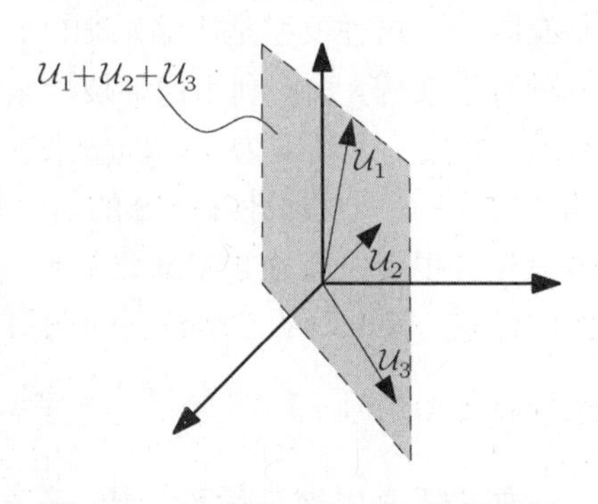

图4.25　在$\mathbb{R}^3$上的3个一维子空间和与子空间并集的关系

在实际中有很多应用，感兴趣的信号存在于一个子空间并集中。一个非常简单的子空间并集模型就是多径衰落信道的信号模型，将在接下来例子中描述。尽管看起来是简单的，但是这个模型却可以用来描述很多重要的应用领域，比如超声图像、雷达信号、生物过程等。在第15章中，将会进一步介绍如何应用这种信号处理结构，使我们可以在很多重要应用实例中降低信号的采样和处理速率，进而得到有意义的效果，比如减小超声波仪器和欠奈奎斯特速率雷达识别器的体积。更多的例子和应用也将会在第10章中介绍。

例4.11　通过一个多径信道传输一个脉冲信号$h(t)$，如图4.26所示。接收信号$x(t)$由$h(t)$的平移和调制求和得到，即

$$x(t) = \sum_{\ell=1}^{k} a_\ell h(t-t_\ell), \qquad t\in[0,\tau] \tag{4.84}$$

其中k是不同多径的个数，$\{t_\ell\}_{\ell=1}^k$是相应的传输时延，$\{a_\ell\}_{\ell=1}^k$是不同路径的反射系数。如果延时是固定的，那么，所有可能信号$x(t)$集合中的变化就仅仅由未知系数$\{a_\ell\}_{\ell=1}^k$引起，也就是形成一个k维子空间。如果这些延时是未知的，那么，可能信号的集合就会形成一个子空间并集，每个子空间对应于一个不同的时延星座。注意，这里可能是一个无限的k维子空间并集。

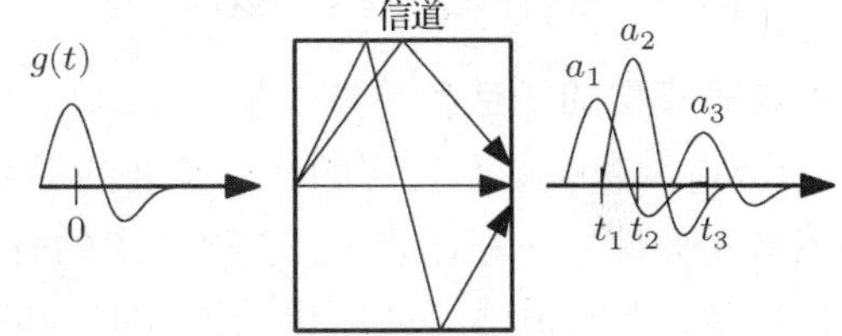

图4.26　一个多径信道的输出信号存在于一个子空间并集中

4.5.2　并集的分类

定义子空间并集可能有多种方法。与第6章中讨论的子空间情况不同，那里我们利用一种统一的方式描述子空间，而子空间并集上的采样情况要更加复杂。这是因为子空间并集模型不是线性的，也就是说，一个并集$\mathcal{X}$中的两个信号之和一般不再属于$\mathcal{X}$。这种采样集合的非线性现象使得信号的采样和恢复变得更为复杂。因此，这里不能用一种统一的方法来处理所有的子空间并集问题，在接下来的介绍中，将按照复杂性顺序重点介绍一些特殊类型的子空间并集模型。

有限维并集

最简单的一类子空间并集就是组成并集的子空间个数是有限的，并且每个子空间的维数也是有限的。这种模型是压缩感知(CS)领域的基础[12~14]，在第11章中会详细介绍。CS的核心是一种数学架构，我们利用这种架构来研究一个信号 x 的精确恢复问题。信号 x 由 m 个测量值中获取，并用一个长度为 n 的向量来表示，$m \ll n$，也就是说要在信号获取的过程中实现有效的压缩。这样的一种假设使得CS的信号是稀疏的，也就是说，用一个合适的基来表示，这种稀疏信号只包含很少一部分非零系数 $k \ll n$，并且存在于一个 k 维子空间中。如果可以知道这 k 个非零值的位置，就可以从 k 个合适的测量值中恢复出这个信号。当然，由于这个位置信息是未知的，这样就使得信号 x 可能有 $\binom{n}{k}$ 个子空间，进而产生了一个子空间并集模型。

如果不考虑这种稀疏结构，信号 x 可以从 n 个测量值中恢复出来，因为 x 就存在于一个 n 维空间中。然而，子空间并集模型就意味着它仅仅有 k 个值是非零的。因此，直观地期望大约 k 个采样值就能够恢复出信号。CS的主要问题是如何设计采样和恢复算法，也就是能够从大约 k 个采样值来实现稀疏向量 x 的重构。

在特定的应用场景下，信号可能具有某种结构，而不能仅仅用稀疏性来完整地表达。一个例子是，当只有某种稀疏支撑模式可以被采用时，在小波变换时经常是这样的，其中起决定性的系数会趋于形成一个簇，并连接成一个有根的子树。当多个稀疏信号被同时记录时，由于感知环境特性，它们的支撑可能是相关联的。另一种情况是，非零系数可能会以块的形式出现。这时就可能利用这样的约束条件，并构成更简洁的模型。例如，这个结构可以表示一种有限维子空间的稀疏并集，其中信号包含了从 n 种可能性中选取的 k 个子空间中的成分(也就是 n 中取 k 的问题)，这种模型将会在第12章讨论。

模拟信号模型的子空间并集

CS应用领域不断发展的一个重要的动机是设计出新的采样系统来获取连续时间的模拟信号或者图像信号。相比之下，上面介绍的有限维稀疏模型则假设信号是离散的。此外，在信号采样领域，人们最感兴趣的也是连续时间的输入信号 $x(t)$。利用子空间并集模型，同样可以把稀疏性概念扩展到模拟信号的子空间并集模型。在模拟信号的欠奈奎斯特采样研究方面有两个比较基础的研究架构，分别为Xampling[21,102]和有限更新速率(finite rate of innovation, FRI)[103]，这两部分内容将会在第13章至第15章中给出详细的讨论。

一般来说，在考虑模拟信号的子空间并集时，可以分为三种主要情况，这些内容将在第10章进行详细讨论。

(1) 无限维子空间的有限并集；

(2) 无限维子空间的无限并集；

(3) 有限维子空间的无限并集。

在以上的三种情况中，都至少存在一个元素具有无限的取值，这正是我们考虑模拟信号所带来的结果。或者考虑的子空间是无限维的，或者子空间的个数是无限的。当考虑无限维子空间时，将依赖于SI结构，就如我们讨论子空间采样问题一样。因此，需要考虑到SI子空间的有限并集和无限并集的问题。一个实际的例子就是多频带模型，如图4.23所示，给出了一个稀疏SI并集的特例[104]，第10章将给出进一步的例子。

通常可以表示为一个子空间并集的另一类信号是具有有限更新速率的信号(FRI 信号)。基于一个特殊结构，这种 FRI 信号模型就是一种有限维子空间的无限并集，或者是一种无限维子空间的无限并集，并且，这种模型可以包含很多常见的信号，这些信号能够用很小的数量自由度来描述。在这种情况下，每个子空间就相当于一组特定参数值的选择，可选参数值的集合是无限的，因此，子空间的个数也是无限的。例 4.11 中的信号就是符合 FRI 模型的信号，其中的未知时延 t_ℓ 参数控制着子空间的选择。

一般情况，称下面的信号的形式是 FRI 的：

$$x(t) = \sum_{\ell=1}^{k} a_\ell h_\ell(t;\theta_\ell) \tag{4.85}$$

对应于每个给定的参数集合 $\{\theta_\ell\}_{\ell=1}^{k}$，$x(t)$存在于由 $\{h_\ell(t;\theta_\ell)\}_{\ell=1}^{k}$ 张成的 k 维子空间中。由于每个 θ_ℓ 能够从一个连续集合中取值，因此，式(4.85)就表示了一个有限维子空间的无限并集。在例 4.11 中，$h_\ell(t;\theta_\ell)=h(t-t_\ell)$，且 $\theta_\ell=t_\ell$。相似的思想可以被用到定义有限维子空间的无限并集，即利用一个 SI 结构来代替有限维子空间

$$x(t) = \sum_{\ell=1}^{k}\sum_{n\in\mathbb{Z}} a_\ell[n] h_\ell(t-nT;\theta_\ell) \tag{4.86}$$

在第 15 章中，考虑了一种选择，即对于某种已知的脉冲 $h(t)$，取 $h_\ell(t-nT;\theta_\ell)=h(t-nT-t_\ell)$。这个模型使得我们能够描述比例 4.11 更复杂的时变多径信道。

在式(4.85)和式(4.86)的模型中，可以用脉冲$\{h_\ell(t)\}$的奈奎斯特速率对信号 $x(t)$进行采样。但是，当这个生成器$\{h_\ell(t)\}$具有一个较宽的带宽时，这种方法似乎就非常差了。例如，在式(4.84)的时延模型中，脉冲形状是已知的，不确定的是未知时延。由于只有 $2k$ 个未知量(k 个时延和 k 个幅值)，因此希望所需的采样率应正比于 $2k$，而不是正比于 $h(t)$的奈奎斯特速率，因为这个奈奎斯特速率完全没有考虑到已知的脉冲形状。相似地，在式(4.86)模型中，如果参数 θ_ℓ 是已知的，那么，信号就存在于一个具有 k 个生成器的 SI 子空间中。进而，就可以利用一个具有 k 个分支的滤波器组来对信号 $x(t)$进行采样和恢复，每个分支的采样率为 $1/T$。这时，即使延时参数 θ_ℓ 是未知的，依然期望采样速率是在 k/T 的量级上。这些问题将在第 13 章和第 15 章中详细讨论，我们会看到这种情况下信号的采样速率将会比奈奎斯特速率下降很多。这一点在奈奎斯特采样率过高的应用中是非常重要的。实际上，高的采样率也需要高的 DSP 速率，即使能够实现奈奎斯特采样率，减少处理速率在实际应用中也是非常重要的。

为什么能够实现这种欠奈奎斯特速率采样呢？应当注意到，奈奎斯特定理考虑的是一种最坏结果，也就是说，它给出了一个能够处理所有带限信号的采样速率。因此它也就留下了这样一种可能性，使得对于那些具有某种特殊结构的信号，我们可以从降低速率的采样之中恢复信号。正如将介绍的那样，子空间并集的先验知识可以使我们构成具体的硬件方案，从而实现远远低于奈奎斯特速率的信号采样和恢复。

4.6　随机和平滑度先验

之前讨论的输入信号 $x(t)$都是确定性的，并存在于一个子空间或者一个子空间并集中。通常，关于信号的先验信息是非常有限的，我们可能仅仅知道信号是有界的，或者信号的某些导数是有界的。这样的先验知识可以表示为 $\|Lx\|_2 \leq U$，L 为某种合适的算子和 U 为上界。

例 4.12 通常选择的算子 L 是 $x(t)$ 的各阶导数的一种加权组合，即

$$L\{x\}(t) = x(t) + \alpha_1 x^{(1)}(t) + \alpha_2 x^{(2)}(t) + \cdots \tag{4.87}$$

$\alpha_1, \alpha_2, \cdots$ 为常数，这种情况下，约束条件 $\|Lx\|_2 \leqslant U$ 表明信号不可能是高度振荡的。

假设，对于所有的 $n>1$ 有 $\alpha_1 = 1$ 和 $\alpha_n = 0$，并且考虑高斯脉冲信号

$$x(t) = \frac{1}{\pi^{1/4}\sigma^{1/2}} e^{-\frac{t^2}{2\sigma^2}} \tag{4.88}$$

这个脉冲的能量为 $\int_{-\infty}^{\infty} x^2(t)\mathrm{d}t = 1$，与脉冲宽度无关，脉冲宽度由 σ 决定。而 $L\{x\}(t)$ 的能量为

$$\begin{aligned}
\int_{-\infty}^{\infty} L^2\{x\}(t)\mathrm{d}t &= \int_{-\infty}^{\infty} (x(t) + \alpha_1 x^{(1)}(t))^2 \mathrm{d}t \\
&= \frac{1}{\sqrt{\pi}\sigma} \int_{-\infty}^{\infty} \left(e^{-\frac{t^2}{2\sigma^2}} - \frac{\alpha_1}{\sigma^2} t e^{-\frac{t^2}{2\sigma^2}} \right)^2 \mathrm{d}t \\
&= \frac{1}{\sqrt{\pi}\sigma} \int_{-\infty}^{\infty} e^{-\frac{t^2}{2\sigma^2}} \left(1 - \frac{\alpha_1}{\sigma^2} t\right)^2 \mathrm{d}t \\
&= 1 + \frac{\alpha_1}{2\sigma^2}
\end{aligned} \tag{4.89}$$

随着 σ 变得越小，脉冲宽度会减少，$L\{x\}(t)$ 的能量会增加。因此，约束条件 $\|Lx\|_2 \leqslant U$ 可以转为下面的限制，即在 $U>1$ 时，考虑脉冲宽度

$$\sigma^2 \geqslant \frac{\alpha_1}{2(U^2-1)} \tag{4.90}$$

如果 $U \leqslant 1$，则不存在一个 σ^2 的有效值。

例 4.13 一类更普遍的算子 L 是一种 LTI 系统，这时，L 与一个频率响应 $L(\omega)$ 相关，平方范数 $\|Lx\|_2^2$ 会减少为

$$\|Lx\|_2^2 = \frac{1}{2\pi} \int_{-\infty}^{\infty} |X(\omega)L(\omega)|^2 \mathrm{d}\omega \tag{4.91}$$

可以选择函数 $L(\omega)$ 使得只有平滑信号满足这种约束条件。例如，如果 $L(\omega) = \omega^p$，$p \geqslant 1$，那么对于一个可采纳的信号，当 $|\omega| \to \infty$ 时，它必须比 $\omega^{-p-1/2}$ 衰减得快，当 $|\omega| \to 0$ 时它不能比 $\omega^{-p-1/2}$ 更快地趋于无穷。

可以证明的是，一个信号的频率成分衰减速率直接与它的平滑度相关，因此，式(4.91)可以看成是信号的一个平滑度约束。为了验证这一点，可以考虑 $p=1$ 的情况，令

$$x_1(t) = \begin{cases} 1, & |t| \leqslant 1/2 \\ 0, & |t| > 1/2 \end{cases} \qquad x_2(t) = e^{-|t|} \tag{4.92}$$

信号 $x_2(t)$ 是连续的，$x_1(t)$ 不是连续的。$x_1(t)$ 的 CTFT 表示为 $X_1(\omega) = \mathrm{sinc}(\omega/(2\pi))$，像 $1/\omega$ 一样衰减。这个衰减速率要比 $1/\omega^{p+1/2} = 1/\omega^{3/2}$ 慢。因此，$x_1(t)$ 是不可接受的。另一方面，$x_2(t)$ 的 CTFT 为 $2/(1+\omega^2)$，比 $1/\omega^{3/2}$ 衰减得快，表明 $x_2(t)$ 是可接受的。

在一般情况下，有界范数的先验知识还不足以确保信号的完美恢复。因此，我们将需要从

信号的采样值中来近似信号，并使其满足这种先验知识。在第7章中我们将进一步讨论几种信号近似的方法。

有趣的是，在有界范数约束条件下得到的解决方案在数学形式上基本相似于在随机环境下利用某种未知随机过程的协方差函数得到的方案(参见附录B有关随机过程的内容)。特别是，这里不再考虑 $x(t)$ 是一个具有某些先验信息的确定信号，而是把 $x(t)$ 看成是一个已知二阶统计信息的随机函数。为简单起见，我们重点考虑零均值广义平稳(zero-mean wide-sense stationary，WSS)信号，其自相关函数为

$$R_{xx}(\tau) = E\{x(t)x(t+\tau)\} \tag{4.93}$$

这个自相关函数的衰减描述了这个随机过程中不同时刻点随机相关的程度。如果这个自相关函数衰减比较慢，那么这个随机过程通常就是平滑的和无振荡的。WSS随机过程的一个等效特征通过它的频谱 $\Lambda_{xx}(\omega)$ 给出，也就是定义为 $R_{xx}(\tau)$ 的CTFT。这个频谱函数表征了这个随机过程 $x(t)$ 的一个典型现实的频谱成分。

图4.27给出了两个不同频谱的高斯WSS过程的现实。在这个例子中，当 $\omega>\pi$ 时，每个信号的频谱会消失，其中在 $\omega\in[-\pi,\pi]$ 范围内的成分是不同的。左边的一栏对应于窄的自相关函数，所以它的频谱包含高频分量(一直达到π)。从图中可以看出，这个随机信号是高度振荡的。而右边一栏的信号具有一个更宽的自相关函数，因此它的频谱衰落比较快，这个随机过程信号就是比较平滑的。

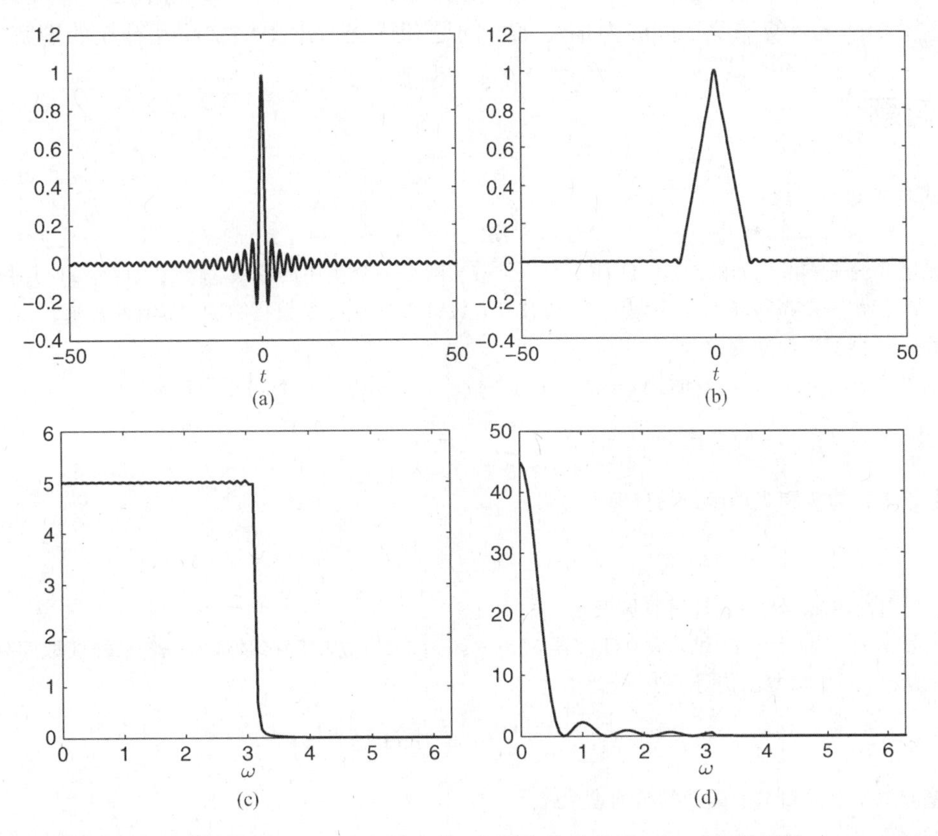

图4.27　两个高斯WSS过程 ω_1，ω_2 的自相关函数、频谱和信号实现。(a)自相关函数 $R_{x_1x_1}(\tau)$；(b)自相关函数 $R_{x_2x_2}(\tau)$；(c)频谱 $\Lambda_{x_1x_2}(\omega)$；(d)频谱 $\Lambda_{x_2x_2}(\omega)$；(e)信号实现 $x_1(t)$；(f)信号实现 $x_2(t)$

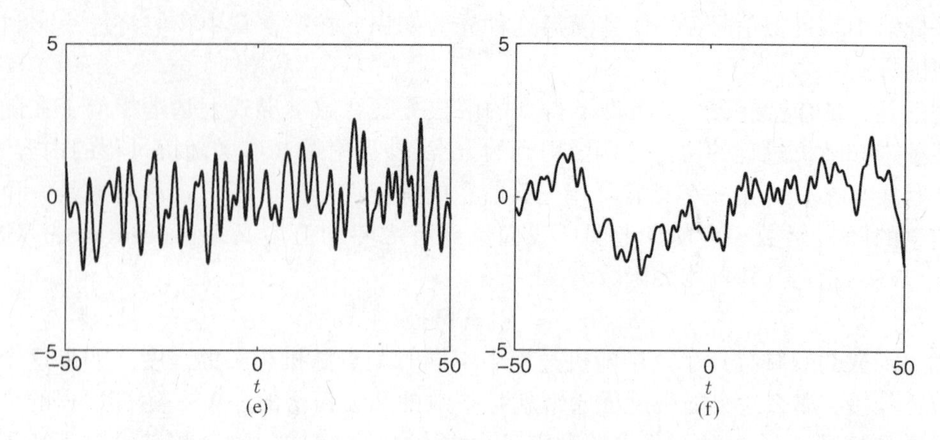

图4.27(续) 两个高斯 WSS 过程 ω_1, ω_2 的自相关函数、频谱和信号实现。(a)自相关函数 $R_{x_1x_1}(\tau)$;(b)自相关函数$R_{x_2x_2}(\tau)$;(c)频谱$\Lambda_{x_1x_2}(\omega)$;(d)频谱$\Lambda_{x_2x_2}(\omega)$;(e)信号实现$x_1(t)$;(f)信号实现$x_2(t)$

在第 7 章中，将会讨论这种随机信号的情况。通常的方法是在一种最小均方误差(MSE)准则下通过对给定采样值集合的插值方法。这就意味着信号恢复的原则是使恢复信号 $\hat{x}(t)$与原始信号 $x(t)$之间具有最小化的 MSE。我们将会看到，很多情况下，这种 MSE 解决方案和那种服从于有界范数约束条件的最小化准则的解决方案是一致的。因此说，这两种不同的技术路径产生了相同的计算方案，同时对信号采样问题和优化概念提供了相互补充的理解。

4.7 习题

1. 用下式对 W 进行转换：

$$w_{nk}(t) = \mathrm{e}^{\mathrm{j}2\pi k\Omega t}h(t-nT), \qquad k=1,\cdots,K,\ n\in\mathbb{Z} \tag{4.94}$$

$h(t)$是已知的平方可积分的函数，Ω 和 T 是正常数，构造一个实用的系统，当输入信号 $x(t)$时输出系数 $c=W^*x$，提出一个系统压缩 K 个调试器(通过带有设计参数 a 的复数指数 $\mathrm{e}^{\mathrm{j}at}$ 与输入相乘)、K 个滤波器和 K 个采样器实现伴随变换 W^*。

2. 假设信号 $x(t)=\mathrm{sinc}^2(t/T)$在时刻 $t=nT_s$采样获取 $c_1[n]$，用下式对 $x(t)$进行恢复：

$$\hat{x}_1(t) = \sum_{n\in\mathbb{Z}} c_1[n]\,\mathrm{sinc}\left(\frac{t-nT_s}{T_s}\right) \tag{4.95}$$

试恢复误差作为 T 和 T_s的函数的精确表达式。

$$e_1 = \int_{-\infty}^{\infty}[x(t)-\hat{x}_1(t)]^2\mathrm{d}t \tag{4.96}$$

提示：利用帕塞瓦尔的关系计算频域误差。

3. 假设信号 $x(t)=\mathrm{sinc}^2(t/T)$和去失真滤波器 $h(t)=\mathrm{sinc}(t/T_s)$卷积后在时刻 $t=nT_s$采样获取序列 $c_2[n]$，用下式从 $c_2[n]$中恢复出信号 $x(t)$：

$$\hat{x}_2(t) = \sum_{n\in\mathbb{Z}} c_2[n]\,\mathrm{sinc}\left(\frac{t-nT_s}{T_s}\right) \tag{4.97}$$

试恢复误差作为 T 和 T_s的函数的精确表达式

$$e_2 = \int_{-\infty}^{\infty}[x(t)-\hat{x}_2(t)]^2\mathrm{d}t \tag{4.98}$$

画出前面两个习题中 e_1 和 e_2 关于 T_s的误差图，并解释结果。

4. 令信号 $x(t)$的带宽不超过π/T，令 $g(x)$在 $\mathbb{R}$ 上是可逆的。

(a) 如果 $g(x)=x^p$，$p\geqslant 1$，信号 $g(x(t))$ 的带宽是多少？

(b) 用下式从非线性失真采样 $c[n]=g(x(nT))$ 中恢复出信号 $x(t)$。

$$\hat{x}(t) = \sum_{n\in\mathbb{Z}} d[n]\operatorname{sinc}\left(\frac{t-nT}{T}\right) \tag{4.99}$$

给出采样 $c[n]$ 方程是系数 $d[n]$ 的表达式。

5. 当 $|\omega| \notin [p\pi, (p+1)\pi]$，$p\geqslant 1$ 时为整数，信号 $x(t)$ 消失。

(a) 画出序列 $x(t)$ 的 DTFT，$n\in\mathbb{Z}$。

(b) 证明 $x(t)$ 如何能从整数点采样恢复出来。

6. 本习题证明了连续带宽受限信号的积分如何从低于奈奎斯特采样率的采样中精确计算出来。$x(t)$ 位于 $L_2(\mathbb{R})$ 中，且 $X(\omega)=0$，$|\omega|\geqslant \pi/T$。

(a) 证明 $\int_{-\infty}^{\infty} x(t)\mathrm{d}t = T\sum_{n\in\mathbb{Z}} x(nT)$。

提示：使用泊松和式(3.89)。

(b) 写出当 $x(t)$ 以周期 $T'>T$ 采样时的相似表达式。选择的 T' 可以多大？

7. 设 $x(t)$，$y(t)$ 是 $L_2(\mathbb{R})$ 中的两个信号，它们的带限为 π/T，估计内部产物 $r=\langle x(t), y(t)\rangle$，证明其可以直接从 $x(nT)$，$y(nT)$ 中计算出来。

8. 采样后把采样网格变密集，以奈奎斯特采样率对带限信号 $x(t)$ 进行采样，得出采样信号 $x[n]=x(nT)$，从采样信号 $x(t)$ 中直接估计当 $M>1$ 时采样信号 $y[n]=x(nT/M)$ 的值，周期与统一采样周期 T/M 相一致。

(a) 证明 $y[n]=z[n]*\operatorname{sinc}(n/M)$。

(b) 画出序列 $z[n]$ 和 $x[n]$ 的 DTFT。

9. 样条的特性是不同的且可积分的，通过在式(4.31)B 样条中对 $a(k)$ 简单处理。

(a) 证明：

$$\frac{\mathrm{d}\beta^n(t)}{\mathrm{d}t} = \beta^{n-1}\left(t+\frac{1}{2}\right)-\beta^{n-1}\left(t-\frac{1}{2}\right) \tag{4.100}$$

提示：利用式(4.32)，事实上 $\mathrm{d}\beta^0/\mathrm{d}t=\delta(t+1/2)-\delta(t-1/2)$ 和性质 $\mathrm{d}(a*b)(t)/\mathrm{d}t=(a*(\mathrm{d}b/\mathrm{d}t))(t)$ 分别是 $a(t)$，$b(t)$ 的任意两个方程。

(b) 假设 $x(t)$ 是 n 类的一个样条，它的 B 样条系数是 $a[k]$。确定 $\mathrm{d}x(t)/\mathrm{d}t$ 的 B 样条系数作为系数 $a[k]$ 的方程。

(c) 证明

$$\int_{-\infty}^{t} \beta^n(\tau)\mathrm{d}\tau = \sum_{k=0}^{\infty}\beta^{n+1}\left(t-\frac{1}{2}-k\right) \tag{4.101}$$

提示：写出式(4.100)在时刻 $t'=t-1/2$，B 样条类为 $n'=n+1$ 的关系式，并且两边都从 $-\infty$ 到 $t-k$ 进行积分。

(d) 一个 B 样条系数是 $a[k]$，类为 n 的样条 $x(t)$，确定 $\int_{-\infty}^{t} x(\tau)\mathrm{d}\tau$ 的 B 样条系数作为系数 $a[k]$ 的函数。

10. 考虑一个上升的余弦脉冲 $p(t)$，它的公式为式(4.41)，证明 $p(t)$ 是一个奈奎斯特脉冲，通过证明它的 CTFT $P(\omega)$ 满足奈奎斯特条件式(4.40)。

11. 假设 $p(t)$ 是一个奈奎斯特脉冲，考虑函数

$$h(t) = \sum_{n\in\mathbb{Z}} a[n]p(t-nT) \tag{4.102}$$

序列 $a[n]$ 是无限的，证明当符合间隔 $T'=\ell T$ 时，$p(t)$ 是一个奈奎斯特脉冲，用式(4.40)分别在时域和频域对其解释。

12. 目标是证明不确定度原理式(4.56)。假设 $L_2(\mathbb{R})$ 所有的 $x(t)$ 是实函数。

(a) 使用部分积分，证明

$$\int_{-\infty}^{\infty} tx(t)\frac{\mathrm{d}x(t)}{\mathrm{d}t}\mathrm{d}t = -\frac{1}{2}\|x\|^2 \tag{4.103}$$

(b) 使用泊松理论和第 3 章的习题 2 证明

$$\left|\int_{-\infty}^{\infty} tx(t)\frac{\mathrm{d}x(t)}{\mathrm{d}t}\mathrm{d}t\right|^2 \leqslant \frac{1}{2\pi}\int_{-\infty}^{\infty}\omega^2 \ |X(\omega)|^2\mathrm{d}\omega\int_{-\infty}^{\infty}t^2 \ |x(t)|^2\mathrm{d}t \tag{4.104}$$

(c) 证明式(4.56)。

13. (k, n)是 Gabor 变换式(4.52)的系数，能够表示为信号 $x(t)$和式(4.53)函数 $h_{kn}(t)$的内积，通过平移和调制窗口 $h(t)$可以获取这个函数。设 $\mathcal{T}_a$，$\mathcal{M}_b$分别表示平移算子(translation operator)和调制算子(modulation operator)，分别为

$$\begin{aligned}\mathcal{T}_a\{h(t)\} &= h(t-a)\\ \mathcal{M}_b\{h(t)\} &= \mathrm{e}^{\mathrm{j}2\pi bt}h(t)\end{aligned} \tag{4.105}$$

(a)证明这些算子满足下式：

$$\mathcal{M}_{kW}\mathcal{T}_{nT} = \mathrm{e}^{\mathrm{j}2\pi WTkn}\mathcal{T}_{nT}\mathcal{M}_{kW} \tag{4.106}$$

(b)提供一个 T 和 W 的必要条件使得算子 $\mathcal{M}_{kW}$和 $\mathcal{T}_{nT}$使用于每一个 $n, k\in\mathbb{Z}$。

14. 令$\chi_{[0,1]}$是间隔$[0, 1]$上的盒形函数，证明$\{\mathcal{M}_m\mathcal{T}_{nT}\}$是 $L_2(\mathbb{R})$上的框架$(0<T<1)$，$\mathcal{T}_a$，$\mathcal{M}_b$在习题 13 中已定义过。

15. 定义 $g[k, n]$是 $L_2(\mathbb{R})$上信号 $x(t)$的 Gabor 扩展系数，如式(4.52)定义。写出用 $g[k, n]$表示的 $x(t-t_0)$和 $x(t)\mathrm{e}^{\mathrm{j}2\pi W_0 t}$ 表达式。

16. 本习题主要研究式(4.64)中的二尺度关系，特例考虑 M 尺度关系

$$\phi(t) = \sum_{n\in\mathbb{Z}}a[n]\phi(t/M-n) \tag{4.107}$$

$\phi\in L_2(\mathbb{R})$，$a\in\ell_2$ 和 $M>1$ 的整数。证明这个关系等价于

$$\Phi(M\omega) = \frac{1}{M}A(\mathrm{e}^{\mathrm{j}\omega})\Phi(\omega) \tag{4.108}$$

其中，$\Phi(\omega)$是 $\phi(t)$的 CTFT，$A(\mathrm{e}^{\mathrm{j}\omega})$是 $a[n]$的 DTFT。

17. 一个信号的小波表达式包含式(4.73)的函数 $\psi_{kn}(t)$，这些函数通过母小波函数 $\psi(t)$的平移和尺度变化获取。令 $\mathcal{T}_a$为习题 13 中定义的平移算子，$\mathcal{D}_c$是如下定义的膨胀算子：

$$\mathcal{D}_c\{h(t)\} = |c|^{-1/2}h(t/|c|) \tag{4.109}$$

证明它们满足以下关系：

$$\mathcal{D}_c\mathcal{T}_a = \mathcal{T}_{ac}\mathcal{D}_c \tag{4.110}$$

18. 定义 $x(t)$为

$$x(t) = \begin{cases}1, & t\in\left[2(1-2^{-n}), 2(1-\frac{3}{4}2^{-n})\right]\\ -1, & t\in\left[2(1-\frac{3}{4}2^{-n}), 2(1-2^{-n-1})\right]\\ 0, & t\notin[0, 2)\end{cases} \tag{4.111}$$

画出 $x(t)$并计算哈尔表达式(4.76)中的系数 a_{kn}。

19. 证明 $\phi(t)=\mathrm{sinc}(t)$是一个有效的缩放函数，也就是说，它能产生一个有效的嵌入式多分辨率，并计算式(4.64)中的系数 $a[n]$。

20. 各种类的矩阵从工程问题中产生可以被描述成几个模型的并集。

(a) 假设 $M\geqslant N$ 考虑所有 $M\times N$ 矩阵 $\boldsymbol{X}$ 的集 $\mathcal{X}$，因式分解如下：

$$\boldsymbol{X} = \boldsymbol{U}\boldsymbol{D}$$

其中 $\boldsymbol{U}$ 是一个 $N\times N$ 矩阵，矩阵的列是正交的，$\boldsymbol{D}$ 是一个 $N\times N$ 对角阵。证明 $\mathcal{X}$是一个并集，确定每个的大小和它们的数量。

（b）证明所有的 $M\times N$ 矩阵 Y（秩 $K\leqslant\min\{M, N\}$）的集 $\mathcal{Y}$ 是一个并集，确定每个的维数和数量。

提示：用 SVD 表达式。

21. 考虑一阶滤波器式(3.70)脉冲信号 $h[n]$ 的集 $\mathcal{H}$，证明 $\mathcal{H}$ 是一个并集，并计算每个子空间维数是多少？

22. 令 $\mathcal{Z}$ 是所有分段常数信号 $x(t)$ 的所有集，且在长度为 T 的每个片段是不连续的，证明 $\mathcal{Z}$ 是一个并集，每个子空间的维数是多少？

23. 证明 $N<\infty$ 并集等于它们的和，当且仅当与和相等。证明对于无限这不是一个必须条件。

24. 考虑一个信号集的 CTFT 变换 $X(\omega)$ 满足

$$\int_{-\infty}^{\infty}\left|\omega^{p}X(\omega)\right|^{2}\leqslant U \tag{4.112}$$

当 $p\geqslant 1$ 和 $U>0$ 时，一个样条函数 $x(t)$ 的等级 q 是多少？

第5章　移不变空间

本书的重点是移不变空间(SI空间)的信号模型。它包括子空间先验，先验知识就是移不变子空间，也包括子空间先验的并集，即每一个单独的子空间都是移不变空间。我们还研究对于任意输入信号在SI空间重构的问题。由于SI模型在多种采样定理的发展上都是非常重要的，本章将主要研究与这类空间相关的数学性质。本章所讨论的内容是后面章节的基础。

5.1　SI空间中的Riesz基

首先考虑由一个单函数生成的SI空间，它是由前一章的定义4.1得来的。特别地，考虑这样的一类信号

$$\mathcal{W}=\left\{x(t)\,\middle|\,x(t)=\sum_{n\in\mathbb{Z}}a[n]h(t-nT),\text{某些 } a\in\ell_2\right\}\tag{5.1}$$

其中$h(t)$是SI生成器。在5.5节中，将把公式推广到多生成器情况。为了简化，假设所有的函数都是实数范围的。在复数情况下通过相应的调整也可以得到类似的关系。

直到现在，我们已经考虑过任意的生成器，并没有对$h(t)$有任何限制。然而，就如在第2章强调的那样，稳定性问题对于信号采样而言是非常重要的。因此，通过某种方式，选择一个$h(t)$确保稳定的信号恢复是重要的。这个稳定性问题可以通过选择向量组$\{h(t-nT)\}$来形成式(5.1)给出的SI子空间的一个Riesz基的方法得以实现。Riesz基已经在2.5.2节中给出了介绍，一个Riesz基就是一个向量的完备集合，它可以确保式(2.50)定义的稳定的信号展开。我们现在的目标是把这些要求转化到SI环境中，以得到关于生成器$h(t)$的明确的约束条件。

式(5.1)的定义指出，向量组$\{h(t-nT)\}$在空间$\mathcal{W}$中是完备的。实际上，这个空间中的每一个向量都可以用这个基向量来任意接近近似。因此，要形成Riesz基则需要验证式(2.50)，其条件变为，对于某些$\alpha>0$，$\beta<\infty$和所有的$a\in l_2$

$$\alpha\sum_{n\in\mathbb{Z}}a^2[n]\leqslant\left\|\sum_{n\in\mathbb{Z}}a[n]h(t-nT)\right\|^2\leqslant\beta\sum_{n\in\mathbb{Z}}a^2[n]\tag{5.2}$$

这里的问题是$h(t)$要满足什么样的约束条件才能使式(5.2)保持成立。

在讨论$h(t)$的约束条件之前，我们要说明，如果$h(t)$形成一个Riesz基，那么这个采样过程从能量的角度来说就是稳定的。具体地，假定对于某些采样值$a[n]$，有$x(t)=\sum_n a[n]h(t-nT)$。我们希望这种重构是稳定的，以至于在$a[n]$有一个轻微的扰动时不会导致$x(t)$的重构有大的扰动。如果用$a[n]+e[n]$来代替$a[n]$，那么，重构误差就为$e(t)=\sum_n e[n]h(t-nT)$。满足下面的条件，则采样就是稳定的

$$\langle e(t),e(t)\rangle=\int_{-\infty}^{\infty}e^2(t)\,\mathrm{d}t\leqslant C\sum_{n\in\mathbb{Z}}e^2[n]\tag{5.3}$$

当$h(t)$产生一个Riesz基时，式(5.3)就满足式(5.2)的上界。

式(5.2)的下界是从另一方向来表明稳定性条件。也就是说，如果一个小的误差信号被加到 $x(t)$ 上，那么，这个下界就保证了采样值扰动的能量是很小的。为了说明这一点，假设在 $x(t)$ 上加一个小幅度的误差项 $e(t)=\sum_n e[n]h(t-nT)$，其范数是很小的。当这个下界条件满足时，这个系数 $e[n]$ 就一定有一个有界的能量。另一方面，如果下界条件不满足，那么 $e[n]$ 的能量就可能无限增大。

5.1.1 Riesz 基条件

现在来分析什么情况下 $h(t)$ 能够满足式(5.2)。用 SI 空间来表示信号的优点之一就是信号以及采样值的很多性质可以在傅里叶域上方便地描述。尤其是，通过式(5.2)的傅里叶域描述可以得到 $h(t)$ 的约束条件的明确表达式，或者得到其傅里叶变换 $H(\omega)$ 的约束条件表达式，进而使那个不等式得以成立。

首先来计算不等式(5.2)的中间部分

$$\begin{aligned}\left\|\sum_{n\in\mathbb{Z}}a[n]h(t-nT)\right\|^2&=\sum_{n,m}a[n]a[m]\int_{-\infty}^{\infty}h(t-nT)h(t-mT)\mathrm{d}t\\&=\sum_{n,m}a[n]a[m]\int_{-\infty}^{\infty}h(t)h(t-(m-n)T)\mathrm{d}t\\&=\sum_{n,m}a[n]a[k+n]\int_{-\infty}^{\infty}h(t)h(t-kT)\mathrm{d}t\end{aligned}\tag{5.4}$$

其中第二行是由 $t\to t-nT$ 的变化产生的结果，第三行运用代换 $k=m-n$。然后，运用帕塞瓦尔定理式(3.42)，可得

$$\int_{-\infty}^{\infty}h(t)h(t-kT)\mathrm{d}t=\frac{1}{2\pi}\int_{-\infty}^{\infty}|H(\omega)|^2\mathrm{e}^{-\mathrm{j}\omega kT}\mathrm{d}\omega\tag{5.5}$$

代入式(5.4)可得

$$\begin{aligned}\left\|\sum_{n}a[n]h(t-nT)\right\|^2&=\frac{1}{2\pi}\int_{-\infty}^{\infty}|H(\omega)|^2\sum_{n,k}a[n]a[k+n]\mathrm{e}^{-\mathrm{j}\omega kT}\mathrm{d}\omega\\&=\frac{1}{2\pi}\int_{-\infty}^{\infty}|H(\omega)|^2G(\mathrm{e}^{\mathrm{j}\omega T})\mathrm{d}\omega\end{aligned}\tag{5.6}$$

其中 $G(\mathrm{e}^{\mathrm{j}\omega})$ 是序列 $g[k]=\sum_n a[n]a[n+k]=a[k]*a[-k]$ 的 DTFT。进而根据式(3.69)，有 $G(\mathrm{e}^{\mathrm{j}\omega})=|A(\mathrm{e}^{\mathrm{j}\omega})|^2$，其中 $A(\mathrm{e}^{\mathrm{j}\omega})$ 是 $a[n]$ 的 DTFT。

在处理既包含离散又包含连续的信号表达式时，经常遇到形如式(5.6)的混合积分。因为 $H(\omega)$ 是连续时间傅里叶变换 CTFT，原则上存在于整个实轴上。从另一方面来讲，$G(\mathrm{e}^{\mathrm{j}\omega T})$ 代表一个离散时间傅里叶变换 DTFT，是 2π 周期的，因此 $G(\mathrm{e}^{\mathrm{j}\omega T})$ 周期为 $2\pi/T$。这种周期性能够被利用来简化积分。把这种积分看成是频率上的累加，而不是直接在整个实轴上的累加。首先利用一个固定的频率 $\omega_0\in[0,2\pi/T)$ 截断这个求和，然后再对于所有的整数 k 在 $\omega_0+2\pi k/T$ 的上面进行累加。显然，这也导致了整个实轴的覆盖。在数学上，对于任意函数，有

$$\int_{-\infty}^{\infty}F(\omega)\mathrm{d}\omega=\int_0^{2\pi/T}\sum_{k\in\mathbb{Z}}F\left(\omega-\frac{2\pi k}{T}\right)\mathrm{d}\omega\tag{5.7}$$

在式(5.6)中，$F(\omega)=|H(\omega)|^2G(\mathrm{e}^{\mathrm{j}\omega T})$。因为 $G(\mathrm{e}^{\mathrm{j}\omega T})=|A(\mathrm{e}^{\mathrm{j}\omega T})|^2$ 是以 $2\pi/T$ 为周期的，因此有

$$\frac{1}{2\pi}\int_{-\infty}^{\infty}|H(\omega)|^2|A(e^{j\omega T})|^2 d\omega=\frac{1}{2\pi}\int_0^{2\pi/T}|A(e^{j\omega T})|^2\sum_{k\in\mathbb{Z}}\left|H\left(\omega-\frac{2\pi k}{T}\right)\right|^2 d\omega \tag{5.8}$$

式(5.8)给出了式(5.2)在傅里叶域上的内表达式。利用离散帕塞瓦尔定理式(3.66)可以对外表达式做同样的变换，即

$$\sum_n a^2[n]=\frac{1}{2\pi}\int_0^{2\pi}|A(e^{j\omega})|^2 d\omega=\frac{T}{2\pi}\int_0^{2\pi/T}|A(e^{j\omega T})|^2 d\omega=\frac{T}{2\pi}I_c \tag{5.9}$$

其中，最后一个等式是变化 $\omega\to\omega/T$ 的结果。为了简洁，记

$$I_c=\int_0^{2\pi/T}|A(e^{j\omega T})|^2 d\omega \tag{5.10}$$

结合式(5.9)和式(5.8)，函数 $h(t)$ 必须满足对于每个 $A(e^{j\omega T})$ 有

$$\alpha I_c\leqslant\frac{1}{T}\int_0^{2\pi/T}|A(e^{j\omega T})|^2\sum_{k\in\mathbb{Z}}\left|H\left(\omega-\frac{2\pi k}{T}\right)\right|^2 d\omega\leqslant\beta I_c \tag{5.11}$$

令

$$R_{HH}(e^{j\omega T})=\frac{1}{T}\sum_{k\in\mathbb{Z}}\left|H\left(\omega-\frac{2\pi k}{T}\right)\right|^2 \tag{5.12}$$

正如在式(3.97)中看到的那样，$R_{HH}(e^{j\omega})$ 是采样相关序列的 DTFT，相关序列为

$$r_{hh}[n]=\int_{-\infty}^{\infty}h(t)h(t+nT)dt \tag{5.13}$$

显然，如果

$$\alpha\leqslant R_{HH}(e^{j\omega T})\leqslant\beta,\quad \text{几乎所有 }\omega \tag{5.14}$$

那么式(5.11)将被满足。我们就可以立即验证这个条件也是必要的。确实，如果式(5.14)在一组频率 $\omega\in\mathcal{I}$ 上不被满足，那么总能够找到 $a[n]$，在 $\mathcal{I}$ 上使得 $A(e^{j\omega T})=1$，而在其他地方使得 $A(e^{j\omega T})=0$，使得式(5.11)不成立。

Riesz 基的约束条件可以用如下定理概括。

定理 5.1 当且仅当存在 $\alpha>0,\beta<\infty$ 时，使得在几乎任意位置有 $\alpha\leqslant R_{HH}(e^{j\omega T})\leqslant\beta$，其中 $R_{HH}(e^{j\omega T})$ 由式(5.12)定义，则信号 $\{h(t-nT)\}$ 能够对于其张成(空间)形成一个 Riesz 基。

5.1.2 例题

我们现在用一些例子说明 Riesz 基的约束条件，其中一些将会在本书中反复使用。

例 5.1 正如在式(4.18)中看到的，函数 $\{h_n(t)=\mathrm{sinc}((t-nT)/T)\}$ 是正交的，满足

$$\langle h_n(t),h_m(t)\rangle=T\delta_{nm} \tag{5.15}$$

因此，它们构成一个 Riesz 基，且限制为 $\alpha=\beta=T$。

考察这个条件是如何满足定理 5.1 的。注意到，$h(t)=\mathrm{sinc}(t/T)$ 的 CTFT 为在 $|\omega|<\pi/T$ 范围内 $H(\omega)=T$，在其他频率上 $H(\omega)=0$。因此，对于任意 $\omega\in\mathbb{R}$，有 $\sum_{k\in\mathbb{Z}}|H(\omega-2\pi k/T)|^2=T^2$。这时，由定理 5.1 意味着 $\{h(t-nT)\}$ 形成一个 Riesz 基，且限制为 $\alpha=\beta=T$。

例5.2 在这个例子中将看到任意度的B样条函数可以产生Riesz基，其证明来自文献[105]。

考虑一组函数$\{h_n(t)=\beta^m(t-n)\}$，这里$\beta^m(t)$是一个度$m\geqslant 0$的B样条函数，正如式(4.32)和式(4.33)定义的那样。因为$\beta^m(t)$是$m+1$矩形窗的卷积，它的CTFT变换在复域上可以通过$m+1$个sinc函数相乘得到

$$H(\omega) = \operatorname{sinc}^{m+1}\left(\frac{\omega}{2\pi}\right) = \left(\frac{\sin(\omega/2)}{\omega/2}\right)^{m+1} \tag{5.16}$$

为了找到$\beta^m(t)$的Riesz基的界，需要从上下两个边界来限制下式：

$$S(\mathrm{e}^{\mathrm{j}\omega}) = \sum_{k\in\mathbb{Z}} |H(\omega-2\pi k)|^2 = \sum_{k\in\mathbb{Z}} \left|\frac{\sin(\omega/2-\pi k)}{\omega/2-\pi k}\right|^{2m+2} \tag{5.17}$$

首先注意，函数$S(\mathrm{e}^{\mathrm{j}\omega})$是一个以$2\pi$为周期的对称函数，可以只在区间$\omega\in[0,\pi]$分析这个函数。下边界能够通过如下式子轻易获得

$$\sum_{k\in\mathbb{Z}} \left|\frac{\sin(\omega/2-\pi k)}{\omega/2-\pi k}\right|^{2m+2} \geqslant \left|\frac{\sin(\omega/2)}{\omega/2}\right|^{2m+2} \geqslant \left|\frac{\sin(\pi/2)}{\pi/2}\right|^{2m+2} = \left(\frac{2}{\pi}\right)^{2m+2} \tag{5.18}$$

因为$\sin(\omega)/\omega$在$[0,\pi]$上是严格递减的。因此，Riesz基的下边界满足$\alpha\geqslant|2/\pi|^{2m+2}$。

为了得到上边界，我们注意到，对于$k\neq 0$，有

$$\sup_{|\omega|<\pi} \left|\frac{\sin(\omega/2-\pi k)}{\omega/2-\pi k}\right|^{2m+2} \leqslant \sup_{|\omega|<\pi} |\omega/2-\pi k|^{-2m-2} \leqslant |\pi(1/2-|k|)|^{-2m-2} \tag{5.19}$$

对于$k=0$，上面这个表达式可以简化为

$$\sup_{|\omega|<\pi} \left|\frac{\sin(\omega/2)}{\omega/2}\right|^{2m+2} = 1 \tag{5.20}$$

因此有

$$\begin{aligned}
\sum_{k\in\mathbb{Z}} \left|\frac{\sin(\omega/2-\pi k)}{\omega/2-\pi k}\right|^{2m+2} &\leqslant 1 + \sum_{k\neq 0} \frac{1}{|\pi(1/2-|k|)|^{2m+2}} \\
&= 1 + 2\left(\frac{2}{\pi}\right)^{2m+2} \sum_{k=1}^{\infty} \frac{1}{|1-2k|^{2m+2}} \\
&\leqslant 1 + 2\left(\frac{2}{\pi}\right)^{2m+2} \sum_{k=1}^{\infty} \frac{1}{k^{2m+2}} \\
&= 1 + 2\left(\frac{2}{\pi}\right)^{2m+2} \zeta(2m+2)
\end{aligned} \tag{5.21}$$

其中，$\zeta(\cdot)$表示Riemann zeta函数，并且，对于任意整数$\ell>1$，都有$\zeta(\ell)<\infty$。因此，Riesz基的上边界是有限的，并且满足$\beta\leqslant 1+2(2/\pi)^{2m+2}\zeta(2m+2)$。

例5.3 现在探究当一组函数$\{h_n(t)=h(t-nT)\}$不满足Riesz基的下边界时将会出现什么情况。

给定函数

$$h(t) = \frac{1}{\sqrt{2T}}\begin{cases}1, & |t|\leqslant T\\ 0, & |t|>T\end{cases} \tag{5.22}$$

很容易证明，$\{h(t-nT)\}$的闭合线性张成空间是一组在区间段$t\in[nT,(n+1)T]$，$n\in\mathbb{Z}$的分

段常数的函数。然而，注意到$h(t)$的支撑的大小为$2T$，两倍于采样间隔T，因此它不等于零阶样条函数。

为了检查Riesz基的条件是否被满足，我们考虑$h(t)$的CTFT。直接计算的CTFT结果是$H(\omega)=\sqrt{2T}\text{sinc}(T\omega/\pi)$。这个函数对于每一个$k\neq 0$的整数在$\omega=\pi k/T$点处消失。因此，$R_{HH}(\mathrm{e}^{\mathrm{j}\omega T})$在$\omega=\pm\pi/T$处等于0。这个事实本身并不排除$\{h(t-nT)\}$构成Riesz基的可能，因为$R_{HH}(\mathrm{e}^{\mathrm{j}\omega T})$只需要各处为正就可以了。然而，在我们的例子中，$R_{HH}(\mathrm{e}^{\mathrm{j}\omega T})$是连续的，因此当$\omega$趋近于$\pi/T$时，$R_{HH}(\mathrm{e}^{\mathrm{j}\omega T})$任意趋近于0。因此，不存在正数的Riesz基的下边界。

为了了解这个结果的含义，假设有如下序列：

$$a_k[n]=\begin{cases}(-1)^n, & |n|\leqslant k\\ 0, & |n|>k\end{cases} \tag{5.23}$$

对$k=1, 2, \cdots$，且令$x_k(t)=\sum_{n\in\mathbb{Z}}a_k[n]h(t-nT)$。这样，$x_k(t)$可以被简单地表达为

$$x_k(t)=\frac{1}{\sqrt{2T}}\begin{cases}(-1)^k, & |t|\in[kT,(k+1)T]\\ 0, & \text{其他}\end{cases} \tag{5.24}$$

当$k=1, 2, 3$时的序列$a_k[n]$和信号$x_k(t)$如图5.1所示。从图中可以看到，系数的第k个序列的范数是$\|a_k\|_{\ell_2}=\sqrt{2k+1}$，然而，第$k$个信号的范数为$\|x_k\|_{L_2}=1$。因此，不存在下边界使得能够构成一组分段常数函数，$x_1(t), x_2(t), \cdots$，对于任意$k\geqslant 1$有$\|x_k\|_{L_2}=1$，并且它的表达式系数的范数无限地随k增长。

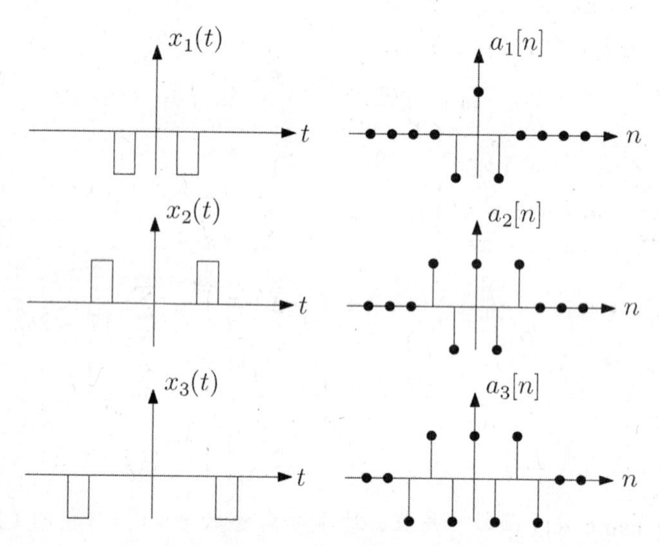

图5.1 一组单位范数的分段常数信号(左)；在由式(5.22)的$h(t)$产生的SI基中相应的表现序列(右)

换句话说，在空间$\{h(t-nT)\}$上存在有限范数信号族，并且信号族代表$\{h(t-nT)\}$的线性组合的条件是利用一个有任意大范数的系数序列。在有一个(正的)Riesz基的下边界的情况下，这种现象不能发生。

在这个例子中，考虑了Riesz基的下边界约束条件的不满足问题。当$\{h(t-nT)\}$不满足Riesz基的上边界条件时，一种二重情况将会出现。在这种情况下，将存在有任意大L_2范数的信号，它的表征系数序列$a[n]$有单位ℓ_2范数。

5.2 Riesz 基展开

Riesz 基在希尔伯特空间上的一个主要优点就是其展开系数可以用一个基于双正交基的稳定方法来计算。这个结果在 2.5.4 节的定理 2.1 已经给出。给定一个 Riesz 基以及相应的一个集合变换 $H:\ell_2\to\mathcal{H}$，对应于集合变换的双正交基 $\widetilde{H}=H(H^*H)^{-1}$。在本节中我们将看到，在 SI 子空间中，这些向量将保持 SI 结构，因此有

$$\widetilde{h}_n=\widetilde{h}(t-nT) \tag{5.25}$$

对于一个信号生成器 $\widetilde{h}(t)$，这个关系可以在傅里叶域上得到简明的计算。

5.2.1 双正交基

为了计算 $\widetilde{H}$，考虑其对于 ℓ_2 上任意序列 c 的变换关系。可以把计算分解为两个步骤，第一步，计算 $b=(H^*H)^{-1}c$；第二步，计算 $L_2(\mathbb{R})$ 上的信号 $x(t)=Hb$。由于 H 对应于一个 SI 基及相应的信号生成器 $h(t)$，因此这个第二步可以通过如下方法来计算

$$x(t)=\sum_{n\in\mathbb{Z}}b[n]h(t-nT) \tag{5.26}$$

对于 $b=(H^*H)^{-1}c$，这个表达式可以是一个明确表达式。为了这个目的，下面的命题中可以看到，如果 A 和 S 为对应于 SI 生成器的集合变换，则形式为 S^*A 的任何内积算子，都可以用数字滤波器的方法得以实现。这个结论在研究信号恢复的滤波方法中是非常重要的，而且此方法将贯穿于本书的讨论中。

命题 5.1　令 A 和 S 是对应于 SI 基 $\{a(t-nT)\}$ 和 $\{s(t-nT)\}$ 的集合变换，令 $b=S^*Ac$，这里 c 是一个给定的 ℓ_2 中的序列，则 $b[n]$ 能够通过数字滤波器对信号 $c[n]$ 进行处理后获得

$$r_{sa}[n]=s(-t)*a(t)\big|_{t=nT}=\int_{-\infty}^{\infty}a(t)s(t-nT)\mathrm{d}t=\langle s(t),a(t+nT)\rangle \tag{5.27}$$

滤波器的频率响应为

$$R_{SA}(\mathrm{e}^{\mathrm{j}\omega})=\frac{1}{T}\sum_{k\in\mathbb{Z}}\overline{S\left(\frac{\omega}{T}-\frac{2\pi k}{T}\right)}A\left(\frac{\omega}{T}-\frac{2\pi k}{T}\right) \tag{5.28}$$

注意到 $r_{sa}[n]$ 是由式(3.97)定义的相关序列。

证明　当 $y(t)=Ac=\sum_n c[n]a(t-nT)$ 时，可以写为 $b=S^*y$。我们已经知道，S^*y 等价于在滤波器 $s(-t)$ 下的均匀采样。因此可知

$$\begin{aligned}b[n]&=\langle s(t-nT),y(t)\rangle\\&=\sum_{m\in\mathbb{Z}}c[m]\langle s(t-nT),a(t-mT)\rangle\\&=\sum_{m\in\mathbb{Z}}c[m]\langle s(t),a(t+(n-m)T)\rangle\\&=\sum_{m\in\mathbb{Z}}c[m]r_{sa}[n-m]\end{aligned} \tag{5.29}$$

这个表达式是 $r_{sa}[n]$ 和 $c[n]$ 之间的一个卷积。$r_{sa}[n]$ 的频率响应满足式(3.97)。　□

命题 5.1 表明，运算 H^*H 等价于一个脉冲响应为 $r_{hh}[n]$，其 DTFT 为 $R_{HH}(\mathrm{e}^{\mathrm{j}\omega})$ 的数字滤波器。因此，它的逆 $(H^*H)^{-1}$ 对应于一个频率响应为 $1/R_{HH}(\mathrm{e}^{\mathrm{j}\omega})$ 的反向滤波器。注意，Riesz 条

件式(5.14)保证了这个逆是被良好定义的。把这个结果和式(5.26)联合起来，我们就能够通过一个连接脉冲调制的数字滤波器和模拟滤波器的结合，来表示序列 c 的 $H(H^*H)^{-1}$运算，如图5.2所示。

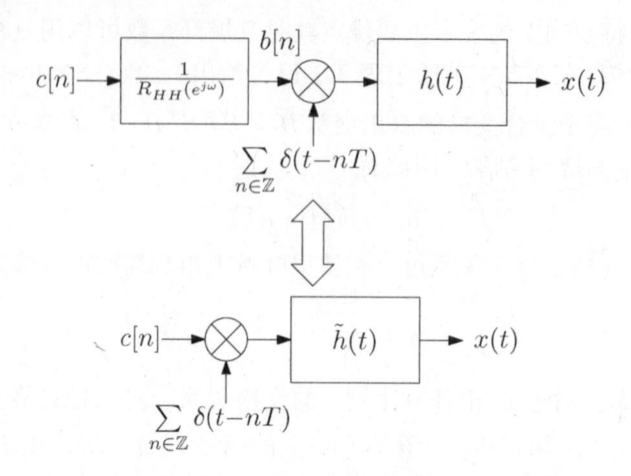

图5.2 变化 $\widetilde{H}=H(H^*H)^{-1}$通过过滤算子的表示，这里 $x=\widetilde{H}c=Hb$，$b=H(H^*H)^{-1}c$

根据 $\widetilde{h}_m=\widetilde{H}e_m$，就可以从 $\widetilde{H}$ 中恢复出第 m 个正交向量 $\widetilde{h}_m$，其中 $e_m[n]=\delta[n-m]$。在图5.2中选择 $c[n]=e_0[n]$，会得到

$$\widetilde{H}(\omega)=\widetilde{H}_0(\omega)=\frac{1}{R_{HH}(e^{j\omega T})}H(\omega) \tag{5.30}$$

容易发现输入信号的一个 m 的移位，也就是 $c[n]=\delta[n-m]$，将会导致输出序列的一个 mT 的移位，即 $\widetilde{h}_m(t)=\widetilde{h}(t-mT)$。因此可以得出结论，对应于一个由 $h(t)$产生的SI基的双正交向量也是SI的，这里的信号生成器 $\widetilde{h}(t)$ 是由式(5.30)产生的。在这种基是正交的特殊情况下，$R_{HH}(e^{j\omega})=1$[参见式(3.99)]，并且，正如我们期待的，有 $\widetilde{h}(t)=h(t)$。

例5.4 这里来说明，对应于由$\beta^1(t)$产生的SI基的双正交向量计算问题。$\beta^1(t)$为度为1的B样条函数。根据样条函数的卷积特性，可知

$$\beta^1(t)=\begin{cases}t+1, & -1<t\leqslant 0\\ 1-t, & 0<t<1\\ 0, & |t|\geqslant 1\end{cases} \tag{5.31}$$

假定 $T=1$，我们能够直接计算采样相关系数为

$$r_{\beta^1\beta^1}[n]=\int_{-\infty}^{\infty}\beta^1(t)\beta^1(t-n)\mathrm{d}t=\begin{cases}1/6, & |n|=1\\ 2/3, & n=0\\ 0, & |n|>1\end{cases} \tag{5.32}$$

对其进行DTFT，可得到

$$R_{\beta^1\beta^1}(e^{j\omega})=\frac{1}{6}e^{j\omega}+\frac{2}{3}+\frac{1}{6}e^{-j\omega}=\frac{2}{3}+\frac{1}{3}\cos(\omega) \tag{5.33}$$

因此，双正交函数为

$$\widetilde{\beta}^1(t)=\sum_{n\in\mathbb{Z}}b[n]\beta^1(t-n) \tag{5.34}$$

$b[n]$是下式的反 DTFT 变化：

$$B(\mathrm{e}^{\mathrm{j}\omega}) = \frac{3}{2+\cos(\omega)} \tag{5.35}$$

函数$\beta^1(t)$和它的双正交函数$\widetilde{\beta}^1(t)$如图5.3所示。

对于一个给定的样本集合$c[n]$，图5.3中的(c)～(d)分别描述重构函数$x_1(t)=\sum_n c[n]\beta^1(t-n)$和$x_2(t)=\sum_n c[n]\widetilde{\beta}^1(t-n)$。注意到，$x_1(t)$通过这些采样值，而$x_2(t)$则不通过采样值。这是因为函数$\beta^1(t)$满足插值性质$\beta^1(nT)=\delta[n]$，而$\widetilde{\beta}^1(t)$不是一个插值函数。我们将在5.2.3节详细讨论这些性质。

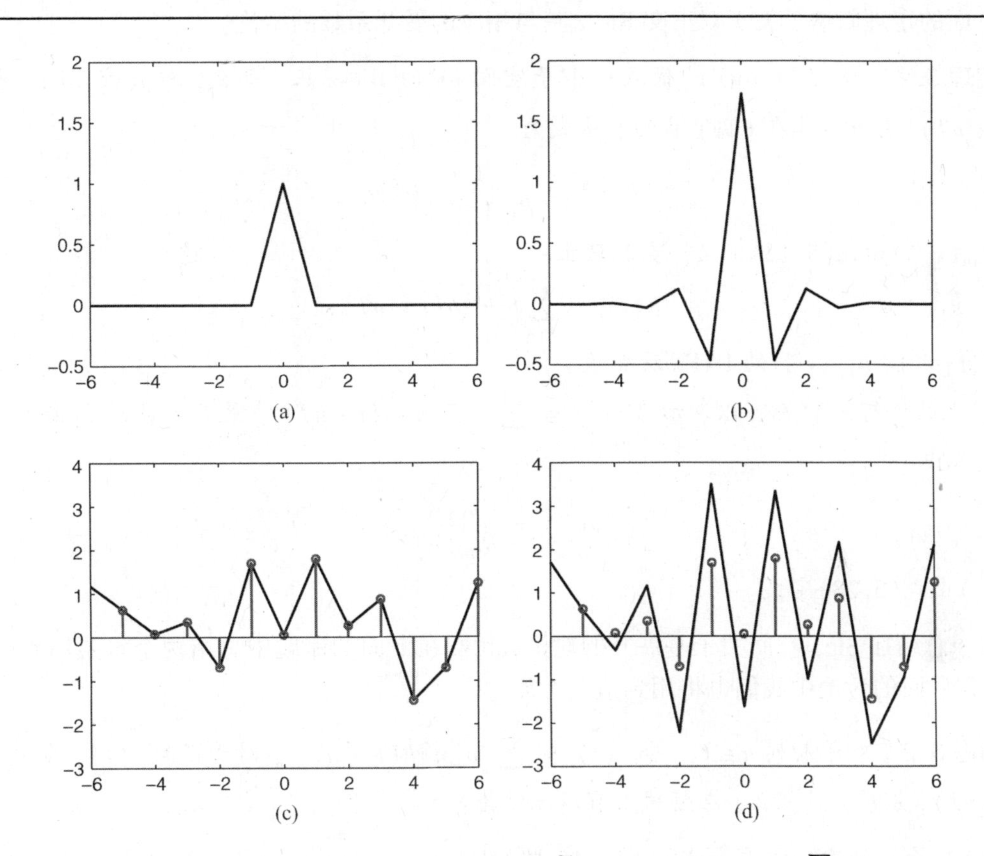

图5.3 (a)度为1的B样条函数$\beta^1(t)$；(b)双正交函数$\widetilde{\beta}^1(t)$；(c)函数$x(t)=\sum_n c[n]\beta^1(t-n)$；(d)函数$x(t)=\sum_n c[n]\widetilde{\beta}^1(t-n)$；$c[n]$的值由(c)和(d)中的圆圈表示

5.2.2 展开系数

一旦我们确认了双正交向量，展开系数表达式为

$$c[n] = \langle \widetilde{h}(t-nT), x(t)\rangle \tag{5.36}$$

式(5.36)中的内积可以通过$x(t)$经过滤波器$\widetilde{h}(-t)$，然后在nT处的均匀采样来实现。根据命题5.1，这些系数在离散傅里叶变换域表示为

$$C(\mathrm{e}^{\mathrm{j}\omega}) = R_{\widetilde{H}X}(\mathrm{e}^{\mathrm{j}\omega}) \tag{5.37}$$

其中$R_{\widetilde{H}X}(\mathrm{e}^{\mathrm{j}\omega})$由式(5.28)定义。将式(5.30)中的$\widetilde{H}(\mathrm{e}^{\mathrm{j}\omega})$代入式(5.37)可得

$$C(e^{j\omega}) = \frac{R_{HX}(e^{j\omega})}{R_{HH}(e^{j\omega})} \tag{5.38}$$

利用式(5.38)就能够在由 $h(t)$ 生成的 Riesz 基上直接计算 $x(t)$ 的展开系数 $c[n]$。

作为一个正常的检验，我们就可以证明式(5.38)能够正确地恢复序列。具体地，假设 $x(t)$ 存在于一个由 $h(t)$ 张成的 SI 空间中，那么对于某一个序列 $a[n]$ 及其 DTFT $A(e^{j\omega})$，信号 $x(t)$ 可以表示为 $x(t) = \sum_n a[n]h(t-nT)$。我们希望证明式(5.38)中的 $C(e^{j\omega})$ 等于 $A(e^{j\omega})$。为了证明这一点，根据式(3.83)可知，$X(\omega) = A(e^{j\omega T})H(\omega)$。把这个关系带入到式(5.38)，并且运用 $A(e^{j\omega T})$ 是以 $2\pi/T$ 为周期的事实，就可以得出希望的结果。

下面的定理归纳了关于双正交 Riesz 基与相应的展开系数的结论。

定理 5.2 令 $\{h(t-nT)\}$ 代表一个子空间 $\mathcal{W}$ 的 Riesz 基，那么，双正交 Riesz 基就由 $\{\tilde{h}(t-nT)\}$ 给出，其在 CTFT 域的表达式为

$$\tilde{H}(\omega) = \frac{1}{R_{HH}(e^{j\omega T})}H(\omega)$$

$R_{HH}(e^{j\omega T})$ 由式(5.12)定义。在时域上

$$\tilde{h}(t) = \sum_{n\in\mathbb{Z}} b[n]h(t-nT)$$

$b[n]$ 是 $1/R_{HH}(e^{j\omega})$ 的 DTFT 反变换。

$\mathcal{W}$ 上的任何 $x(t)$ 都可以表示为 $x(t) = \sum_{n\in\mathbb{Z}} c[n]h(t-nT)$。展开系数 $c[n]$ 由如下复域表达式给出：

$$C(e^{j\omega}) = \frac{R_{HX}(e^{j\omega})}{R_{HH}(e^{j\omega})},$$

$R_{HX}(e^{j\omega})$ 由式(5.28)定义。

为了总结在 SI 子空间关于基展开的讨论，我们在下面的命题中总结两个将要用到的重要性质，在后面的讨论中我们也将用到这些性质。

命题 5.2 对于序列 $a\in\ell_2$，令 $x(t) = \sum_n a[n]h(t-nT)$，对于函数 $s(t)$，令 $c[n] = \langle s(t-nT), x(t)\rangle$。那么，在频域上有以下结论：

(1) 信号 $x(t)$ 可以被写成 $X(\omega) = A(e^{j\omega T})H(\omega)$。

(2) 样本 $c[n]$ 的 DTFT 表达式为

$$C(e^{j\omega}) = A(e^{j\omega})R_{SH}(e^{j\omega}) \tag{5.39}$$

$R_{SH}(e^{j\omega})$ 由式(5.28)定义。

5.2.3 其他的基展开

到现在为止，我们一直在讨论形式为 $x(t) = \sum_n c[n]h(t-nT)$ 的信号展开问题，其中 $c[n]$ 是利用双正交生成器 $\tilde{h}(t)$ 来计算的。通过交换 $h(t)$ 和 $\tilde{h}(t)$ 的角色，$x(t)$ 可以展开为 $x(t) = \sum_n c[n]\tilde{h}(t-nT)$，这时 $c[n] = \langle h(t-nT), x(t)\rangle$ 为相关系数。

对于一个给定的子空间 $\mathcal{W}$，显然有很多种函数 $g(t)$ 能够通过 nT 移位来张成这个空间。

前面已经看到两个例子，就是原函数 $h(t)$ 和双正交函数 $\tilde{h}(t)$。为了说明存在更多的这样的函数，假设在图5.2中，我们在数字滤波器前插入一个稳定可逆的滤波器[DTFT 为 $P(e^{j\omega})$]，并且把它和它的逆 $1/P(e^{j\omega})$ 连接起来，如图5.4所示。

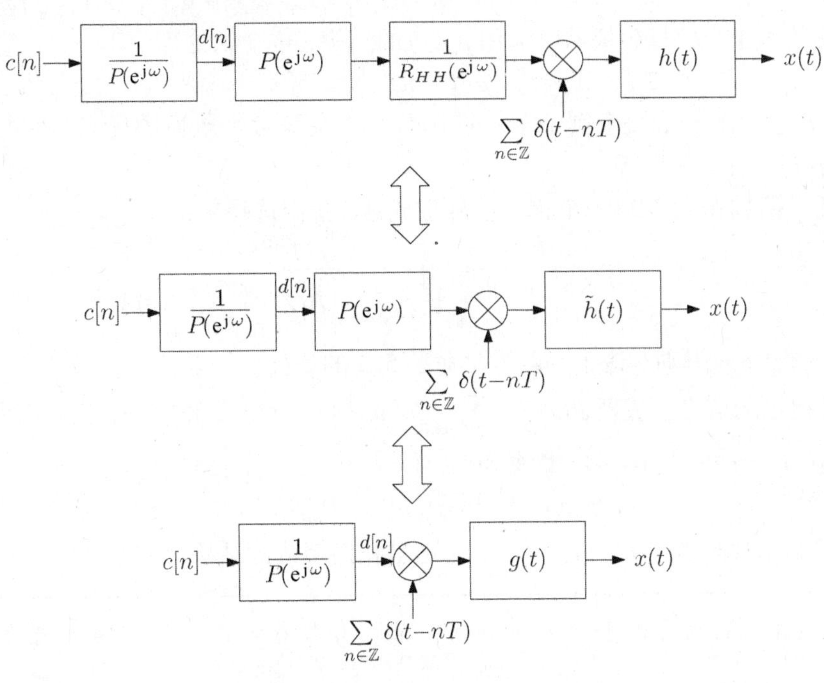

图5.4 一种其他基展开信号的架构

显然，这并不会改变输出。如果这时定义

$$g(t) = \sum_{n\in\mathbb{Z}} p[n]\tilde{h}(t-nT) \tag{5.40}$$

其中，$p[n]$ 是 $P(e^{j\omega})$ 的 DTFT 逆变换，那么，有

$$x(t) = \sum_{n\in\mathbb{Z}} d[n]g(t-nT) \tag{5.41}$$

其中，$d[n]=c[n]*b[n]$，$b[n]$ 是滤波器 $1/P(e^{j\omega})$ 的逆 DTFT 变换，如图5.4中下部分给出。

因此，除了用基函数 $\{h(t-nT)\}$ 或 $\{\tilde{h}(t-nT)\}$ 展开，还可以用式(5.40)形式的任意函数集合得到其他的展开形式。同样，用 $\{h(t-nT)\}$ 的稳定的线性组合也是可以的。在下面的命题5.3中将给出这个结论。选取滤波器 $p[n]$ 可以产生满足相应特性的基展开形式。例如，可以构造一个时域或频域上的本地函数 $g(t)$，由它产生一个正交基。或者，我们可以希望 $g(t)$ 有对称性质。在某些应用中，另一个有用的要求是内插性质，其中选择的 $g(t)$ 要能够通过精确地内插一个给定的样本集合。

命题5.3 令 $h(t)$ 可以生成一个子空间 $\mathcal{W}$ 的 Riesz 基，同时令 $g(t)=\sum_{n\in\mathbb{Z}} p[n]h(t-nT)$。那么，当且仅当[①] $\text{ess sup}|P(e^{j\omega})|<\infty$，且 $\text{ess inf}|P(e^{j\omega})|>0$，则 $g(t)$ 产生一个子空间 $\mathcal{W}$ 的 Riesz 基。

① 如果 $a=\text{ess sup}_x f(x)$，那么 a 是 $f(x)$ 的上限，除非这是一组测量值0。更准确地说，$\text{ess sup} f(x)=\inf\{b\in\mathbb{R}:\mu(\{x:f(x)>b\})=0\}$，其中 μ 表示这组测量。ess inf 用同样的方式定义。

下面考虑一些选取$p[n]$的例子，这些$p[n]$使得信号生成器$g(t)$有期望的性质。

正交信号生成器

如果一个函数$g(t)$产生一个标准正交基：$\langle g_n(t), g_m(t)\rangle = \delta_{nm}$，其中$g_n(t)=g(t-nT)$，那么称这个函数是正交信号生成器。运用$g_n(t)$的结构，这个结论等价于

$$\langle g(t), g(t-nT)\rangle = \delta[n] \tag{5.42}$$

或者在复域，$R_{GG}(\mathrm{e}^{\mathrm{j}\omega})=1$，一个例子是 sinc 函数。正交信号生成器的优点是它与它的对偶相等：$\tilde{g}(t) = g(t)$ 。

为了从任意函数$h(t)$获得一个正交信号生成器，我们选择

$$P(\mathrm{e}^{\mathrm{j}\omega}) = \frac{1}{R_{HH}^{1/2}(\mathrm{e}^{\mathrm{j}\omega})} = \frac{T^{1/2}}{\left(\sum_{k\in\mathbb{Z}}\left|H(\frac{\omega}{T}-\frac{2\pi k}{T}\right|^2\right)^{1/2}} \tag{5.43}$$

当$h(t)$产生一个 Riesz 基时，这个函数满足命题5.3的条件。

为了证实得出的信号生成器$g(t) = \sum_{n\in\mathbb{Z}}p[n]h(t-nT)$是正交的，我们用命题5.2的结论可以得到$G(\omega)=P(\mathrm{e}^{\mathrm{j}\omega T})H(\omega)$，因此有

$$P_{GG}(\mathrm{e}^{\mathrm{j}\omega}) = |P(\mathrm{e}^{\mathrm{j}\omega})|^2 R_{HH}(\mathrm{e}^{\mathrm{j}\omega}) \tag{5.44}$$

将式(5.43)的结果代入得出$R_{GG}(\mathrm{e}^{\mathrm{j}\omega})=1$，这正是我们期待的结果。

例5.5 这里观察对于在整数点上具有节点的分段线性函数的空间如何来建立一个正交基。

正如在例5.4中看到的，这个空间是由1度B样条函数$h(t)=\beta^1(t)$产生的，其中$\sum_{k\in\mathbb{Z}}|H(\omega)-2\pi k|^2 = [2+\cos(\omega)]/3$。因此，这个空间中的正交信号生成器表示为

$$g(t) = \sum_{n\in\mathbb{Z}}p[n]\beta^1(t-n) \tag{5.45}$$

$p[n]$是如下式的逆 DTFT 变换：

$$P(\mathrm{e}^{\mathrm{j}\omega}) = \frac{\sqrt{3}}{\sqrt{2+\cos(\omega)}} \tag{5.46}$$

函数$\beta^1(t)$和$g(t)$如图5.5所示。

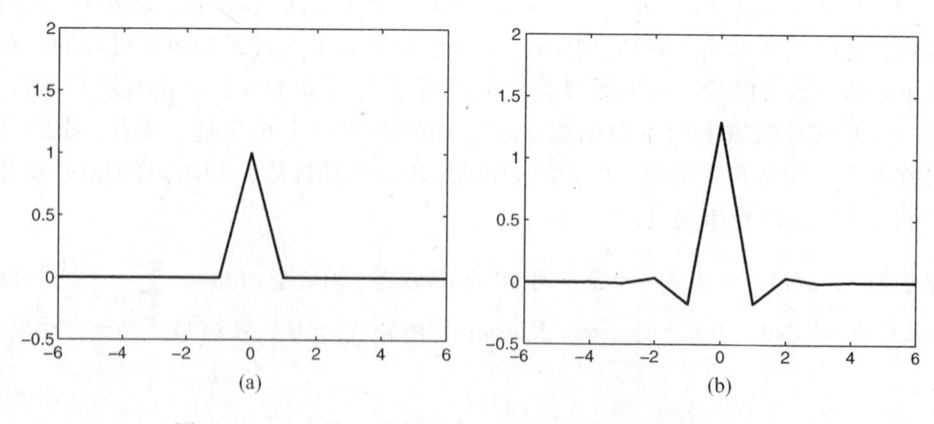

图5.5 (a)一阶B线条$\beta^1(t)$；(b)正交信号生成器$g(t)$

内插信号生成器

在第4章中，我们在讨论通信信号时介绍过内插函数。一个信号生成器 $g(t)$ 如果有 $g(nT)=\delta[n]$，那么就说 $g(t)$ 具有内插性质。这意味着 $g(0)=1$，而且在每一个 T 的倍数处，$g(t)$ 等于0。在傅里叶域上，这个意味着要求

$$\frac{1}{T}\sum_{k\in\mathbb{Z}}G\left(\omega-\frac{2\pi k}{T}\right)=1 \tag{5.47}$$

为了理解内插性质的含义，假设 $x(t)=\sum_n a[n]g(t-nT)$，其中 $g(t)$ 满足内插条件。在 mT 时刻采样 $x(t)$，可得出 $x(mT)=a[m]$。因此，在采样时刻，$x(t)$ 等于展开系数。在这些点之间，$g(t)$ 内插这些样值，形成一个时间连续函数。对于 $g(t)=\mathrm{sinc}(t)$，如图5.6(a)所示。因而，这个性质可以用来在一些给定的样值间内插形成连续函数。当这个条件不满足时，通过拟合一条曲线到一些点后，一般来说得到的函数不会通过给定采样点，如图5.6(b)所示。这里用函数 $g(t)=\exp\{-t^2/(2\sigma^2)\}$ 通过采样点 $a[n]$ 构造 $x(t)$。由于这些点不符合内插性质，$x(mT)$ 不等于 $a[m]$。

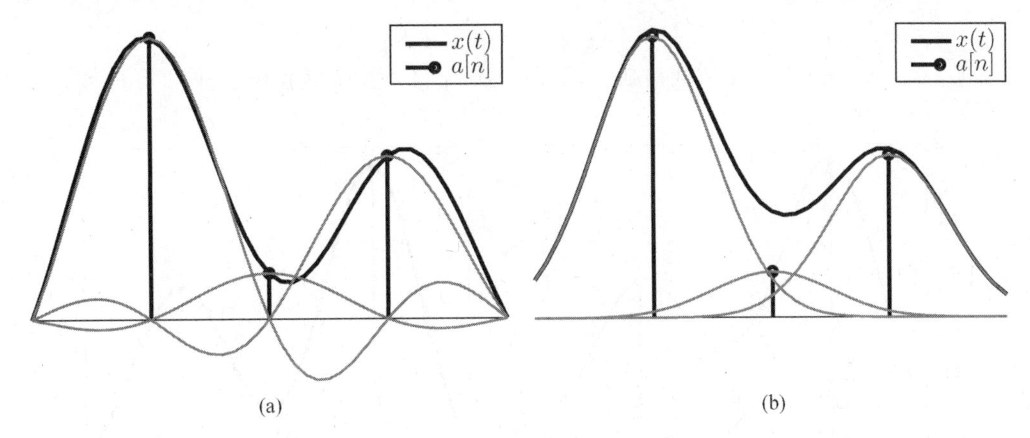

图5.6　(a)应用sinc核的内插值；(b)应用一个高斯核的重构，其不满足内插性质

为了利用给定的信号生成器 $h(t)$ 构造一个内插函数，令

$$P(\mathrm{e}^{\mathrm{j}\omega})=\frac{T}{\sum_{k\in\mathbb{Z}}H\left(\frac{\omega}{T}-\frac{2\pi k}{T}\right)}=\frac{1}{B(\mathrm{e}^{\mathrm{j}\omega})} \tag{5.48}$$

只要 $B(\mathrm{e}^{\mathrm{j}\omega})=(1/T)\sum_{k\in\mathbb{Z}}H(\omega/T-2\pi k/T)$ 是有界的。注意，$B(\mathrm{e}^{\mathrm{j}\omega})$ 是采样序列 $h(nT)$ 的DTFT变换。利用关系 $G(\omega)=P(\mathrm{e}^{\mathrm{j}\omega T})H(\omega)$，很容易证明这个选择满足式(5.47)。

例5.6　如我们所知，一个高斯窗函数 $h(t)=\exp\{-t^2/(2\sigma^2)\}$ 并不满足内插性质。为了获得一个由高斯窗生成的SI空间的内插信号生成器，计算式(5.48)中的函数 $B(\mathrm{e}^{\mathrm{j}\omega})$。

$h(t)$ 的CTFT变换由式 $H(\omega)=\sqrt{2\pi\sigma^2}\exp\{-\sigma^2\omega^2/2\}$ 给出。因此，为了简便，假设 $T=1$，内插点表达式为

$$g(t)=\sum_{n\in\mathbb{Z}}p[n]\exp\{-(t-n)^2/(2\sigma^2)\} \tag{5.49}$$

$p[n]$ 的DTFT变换是

$$P(e^{j\omega}) = \frac{1}{\sqrt{2\pi\sigma^2}\sum_{k\in\mathbb{Z}}\exp\{-\sigma^2(\omega-2\pi k)^2/2\}} \tag{5.50}$$

图 5.7 描述了当 $T=1$，$\sigma^2=1/4$ 时高斯核和它的相应内插核。图 5.8 是图 5.6 的序列通过高斯核和它的插值点获得的内插值图像。如图所示，这个内插核生成了一个通过给定采样点的重现。

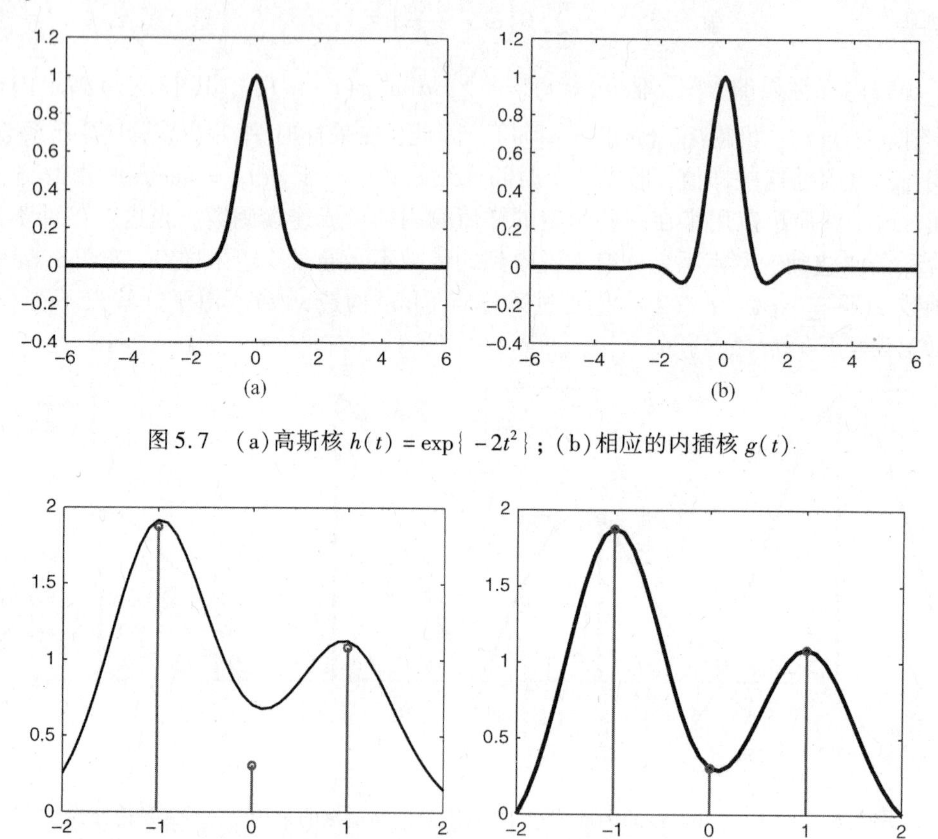

图 5.7 (a)高斯核 $h(t)=\exp\{-2t^2\}$；(b)相应的内插核 $g(t)$

图 5.8 (a)用高斯核的重构；(b)用内插高斯核的重构

5.3 统一分区特性

到目前为止，我们主要讨论了生成器 $h(t)$ 的 Riesz 基性质，这个性质可以保证信号的稳定基展开。在信号采样中，对 $h(t)$ 的另一个重要的考虑因素是采样速率，也就是说，如果增加了采样率，即 T 变得更小，那么我们是否就能够得到任意近似程度的输入信号恢复。由于控制误差的关键是采样步长，所以我们需要重新考虑分配步长的信号展开 $x(t)=\sum_n a[n]h(t/T-n)$。这里的基函数扩展了 T 倍，然后平移同样的量值。当 T 趋近于 0 时，我们希望选取的 $a[n]=x(nT)$ 能得到 $x(t)$ 的完美逼近。如所展示的，如果信号生成器 $h(t)$ 有统一分区特性，如式(5.52)中被定义，那么，通过由样本 $x(nT)$ 得到的逼近 $x(t)$ 函数的误差将随着 T 的减小而趋近于 0[107]。

命题 5.4　令 $x(t)$ 为 L_2 中的一个任意有界导数的函数。表示为

$$P_T x(t) = \sum_{n\in\mathbb{Z}} x(nT)h(t/T-n) \tag{5.51}$$

上式为一个从样值 $x(nT)$ 得到的 $x(t)$ 的近似，并且假设 $h(t)$ 是有界的、紧支撑的。这时，如果 $h(t)$ 满足统一分区性质，即有

$$\sum_{n\in\mathbb{Z}} h(t-n) = 1 \tag{5.52}$$

那么，当 $T\to 0$ 时，有

$$\max_t |P_T x(t) - x(t)| \to 0 \tag{5.53}$$

证明　为了证明这个命题，首先注意到，如果 $h(t)$ 有一个支撑 R，那么式(5.51)中的求和项就能够包括最多 R 个点。另外，根据式(5.52)可得

$$x(t) = x(t)\sum_{n\in\mathbb{Z}} h(t/T-n) = \sum_{n\in\mathbb{Z}} x(t)h(t/T-n) \tag{5.54}$$

进而可得

$$\sum_{n\in\mathbb{Z}} x(nT)h(t/T-n) - x(t) = \sum_{n\in\mathcal{I}} [x(nT)-x(t)]h(t/T-n) \tag{5.55}$$

其中 $\mathcal{I}$ 是一个满足 $|t-nT|\leqslant RT/2$ 的索引 n 的集合。根据平均值定理可知

$$|x(nT)-x(t)| \leqslant x'(t_0)RT \leqslant MRT \tag{5.56}$$

其中 $x'(t_0)$ 是 $x(t)$ 在 nT 和 t 定义的区间内点 t_0 处的导数，而且 M 是 $x'(t)$ 的上界。代入式(5.55)可得

$$\left|\sum_{n\in\mathbb{Z}} x(nT)h(t/T-n) - x(t)\right| \leqslant H\sum_{n\in\mathcal{I}} |x(nT)-x(t)| \leqslant HMR^2T \tag{5.57}$$

由此可见，当 T 趋近于 0，表达式的值趋近于 0，其中 H 是 $h(t)$ 的上界。　□

上面的证明过程表明了在信号生成器 $h(t)$ 的某些假设的条件下统一分区特性的充分性。一个更为细致的分析能够证明只要 $h(t)$ 是足够光滑的(但是不必要是紧支撑的)，那么，这个统一分区就是一个保证近似误差随着 T 的变小而趋近于 0 的充分且必要条件[65, 107]。

利用泊松求和公式(3.89)很容易在傅里叶域确定条件式(5.52)。特别是，令 $g(t) = h(t_0+t)$，由式(3.89)我们有

$$\sum_{k\in\mathbb{Z}} h(t_0-n) = \sum_{k\in\mathbb{Z}} g(-n) = \sum_{k\in\mathbb{Z}} G(2\pi k) = \sum_{k\in\mathbb{Z}} H(2\pi k)e^{jt_0 2\pi k} \tag{5.58}$$

因此，式(5.52)变为

$$\sum_{k\in\mathbb{Z}} H(2\pi k)e^{jt_0 2\pi k} = 1 \tag{5.59}$$

对于所有的 t_0 成立，成立的唯一条件是

$$H(2\pi k) = \delta[k] \tag{5.60}$$

例 5.7　函数 $h(t) = \mathrm{sinc}(t)$ 满足式(5.60)，因为

$$H(\omega) = \begin{cases} 1, & |\omega| \leqslant \pi \\ 0, & |\omega| > \pi \end{cases} \tag{5.61}$$

因此有 $H(2\pi k) = \delta[k]$。

例 5.8　度为任意值的样条线也满足式(5.60)。这是因为，如在例 5.2 中看到的，度 $m\geqslant 0$

的一个 B 样条函数的 CTFT 变换为

$$H(\omega) = \mathrm{sinc}^{m+1}(\frac{\omega}{2\pi}) \tag{5.62}$$

因此，这里同样得到结果 $H(2\pi k) = \delta[k]$。

例 5.9　高斯核 $h(t)=\exp\{-t^2/(2\sigma^2)\}$ 不满足式(5.60)的关系。因为它的 CTFT 变换，$H(\omega)=\sqrt{2\pi\sigma^2}\exp\{-\sigma^2\omega^2/2\}$，在整个定义域上没有消失。这意味着，高斯核的 $P_Tx(t)$ 当 T 趋近 0 的时候不趋近于 $x(t)$。这个结果如图 5.9 所示。这里 $x(t)=\sin(t)$ 被分别用 sinc 核和高斯核通过在 $t=nT$ 时刻的样值来实现近似恢复。前者满足统一分区，故当 T 趋近 0 时，重现曲线 $P_Tx(t)$ 拟合于原曲线 $x(t)$，而高斯核则无法实现。

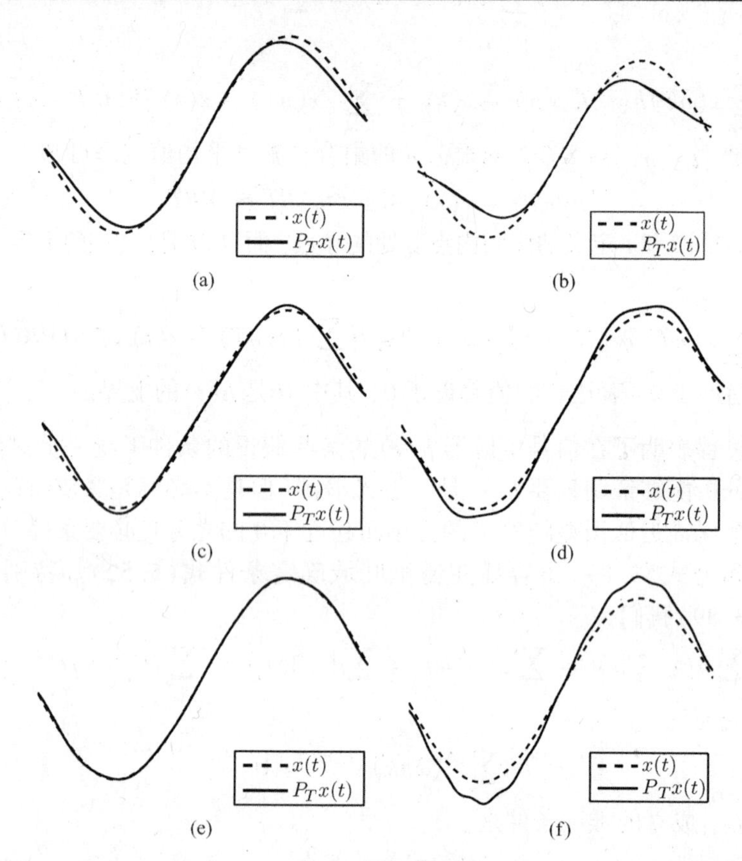

图 5.9　通过式(5.51)由 $t=nT$ 的采样值实现的 $x(t)=\sin(t)$ 的信号重构。(a),(c),(e)用核 $h(t)=\mathrm{sinc}(t)$ 分别在 $T=2,1,0.5$ 的取值；(b),(d),(f)分别用核 $h(t)=\exp(-2t^2)$ 在 $T=2,1,0.5$ 的取值

5.4　SI 空间的冗余采样

正如在第 2 章中介绍的，本书的主要内容是针对于信号基展开的非冗余表征。然而，为了内容的完整性，这里简要讨论一下 SI 空间上信号的冗余表征问题。

假设有一个形如式(5.1)的SI空间，其中的$\{h(t-nT)\}$不一定是线性独立的。我们希望确定在什么条件下这组函数可以形成空间$\mathcal{W}$的一个框架。为此，把SI空间的框架条件表示为

$$\alpha \|x(t)\|^2 \leqslant \sum_{n\in\mathbb{Z}} |\langle x(t), h(t-nT)\rangle|^2 \leqslant \beta \|x(t)\|^2 \tag{5.63}$$

其中,一些满足$\alpha > 0, \beta < \infty$。对于所有$x(t) = \sum_n a[n]h(t-nT)$,其中一些$a\in\ell_2$。

用$c[n]$表示内积$c[n]=\langle h(t-nT), x(t)\rangle$。由命题5.2可知$C(e^{j\omega})=A(e^{j\omega})R_{HH}(e^{j\omega})$。因此

$$\begin{aligned}\sum_{n\in\mathbb{Z}} |\langle x(t), h(t-nT)\rangle|^2 &= \sum_{n\in\mathbb{Z}} |c[n]|^2 \\ &= \frac{T}{2\pi}\int_0^{2\pi/T} |C(e^{j\omega T})|^2 d\omega \\ &= \frac{1}{2\pi t}\int_0^{2\pi/T} |A(e^{j\omega T})|^2 \left|\sum_{k\in\mathbb{Z}} \left|H\left(\omega-\frac{2\pi k}{T}\right)\right|^2\right|^2 d\omega\end{aligned} \tag{5.64}$$

其中，第二个等式可以由帕塞瓦尔定理得到。

可以用相似的形式来表示$x(t)$的能量为

$$\begin{aligned}\|x(t)\|^2 &= \frac{1}{2\pi}\int_{-\infty}^{\infty} |X(\omega)|^2 d\omega \\ &= \frac{1}{2\pi}\int_{-\infty}^{\infty} |A(e^{j\omega T})|^2 \ |H(\omega)|^2 d\omega \\ &= \frac{1}{2\pi}\int_0^{2\pi/T} |A(e^{j\omega T})|^2 \sum_{k\in\mathbb{Z}} \left|H\left(\omega-\frac{2\pi k}{T}\right)\right|^2 d\omega\end{aligned} \tag{5.65}$$

其中利用了关系$X(\omega)=A(e^{j\omega T})\ H(\omega)$。因此，如果

$$\alpha < \frac{1}{T}\sum_{k\in\mathbb{Z}} \left|H\left(\omega-\frac{2\pi k}{T}\right)\right|^2 < \beta, \qquad \text{所有 } \omega \tag{5.66}$$

对于使得$\sum_{k\in\mathbb{Z}}|H(\omega-2\pi k/T)|^2 \neq 0$的所有频率$\omega$都成立，那么，由式(5.64)和式(5.65)知，式(5.63)的框架条件就得到满足。我们也就可以证明这个条件是必要的，正如在Riesz的情况一样。

比较Riesz基条件式(5.14)和框架条件式(5.66)可以发现，这两个等式非常相似。区别只是框架条件是在满足$R_{HH}(e^{j\omega T}) = (1/T)\sum_{k\in\mathbb{Z}}|H(\omega-2\pi k/T)|^2 \neq 0$的频率$\omega$上成立。这意味着对于Riesz基来说$R_{HH}(e^{j\omega T})$在一个间隔内不能等于0，而当$h(t)$产生一个框架时则可以。

5.4.1 冗余带限采样

为了说明过度采样的影响，这里考虑带限信号的均匀采样情况。假设$\mathcal{W}$是限制在带宽$\pi/T(T>1)$范围内的信号空间。这个空间的一个基是$w_n(t)=\mathrm{sinc}((t-n/T)/T)$。我们现在要论证如何为$\mathcal{W}$创建一个框架使得我们有多于所必需的向量来表示一个带限信号$x(t)$。

为此，先建立一个更大的空间$\mathcal{V}$，包含空间$\mathcal{W}$的空间的正交基，然后，正交投影到空间$\mathcal{W}$上。由于$x(t)$带限为π/T，$T>1$，因此也就是带限为π的，进而，可以将$x(t)$表示为

$$x(t) = \sum_{n\in\mathbb{Z}} x(n)\mathrm{sinc}(t-n) \tag{5.67}$$

向量$\mathrm{sinc}(t-n)$构成一个带限为π的信号空间$\mathcal{V}$的基。这里，用这些向量为空间$\mathcal{W}\subset\mathcal{V}$构成一个框架。由于$x(t)\in\mathcal{W}$，$P_{\mathcal{W}}x(t)=x(t)$，这里$P_{\mathcal{W}}$是在$\mathcal{W}$上的正交投影。因此

$$x(t) = \sum_{n\in\mathbb{Z}} x(n) P_{\mathcal{W}} \mathrm{sinc}(t-n) \tag{5.68}$$

正交投影 $P_{\mathcal{W}}$ 是由截止频率为π/T 的 LPF 滤波器过滤得来的。指出 $v(t)=\mathrm{sinc}(t-n)$的 CTFT 变换为

$$V(\omega) = \begin{cases} \mathrm{e}^{-\mathrm{j}\omega n}, & |\omega| \leqslant \pi \\ 0, & \text{其他} \end{cases} \tag{5.69}$$

$h(t)=P_{\mathcal{W}}\mathrm{sinc}(t-n)$的 CTFT 变换为

$$H(\omega) = \begin{cases} \mathrm{e}^{-\mathrm{j}\omega n}, & |\omega| \leqslant \pi/T \\ 0, & \text{其他} \end{cases} \tag{5.70}$$

变换回时域后为

$$h(t) = P_{\mathcal{W}}\mathrm{sinc}(t-n) = \frac{1}{T}\mathrm{sinc}((t-n)/T) \tag{5.71}$$

我们得到结论，任意 $x(t)\in\mathcal{W}$ 能够表示为

$$x(t) = \frac{1}{T}\sum_{n\in\mathbb{Z}} x(n)\mathrm{sinc}((t-n)/T) \tag{5.72}$$

因此，函数 $h_n(t)=h(t-n)=(1/T)\mathrm{sinc}((t-n)/T)$，而 $h(t)=(1/T)\mathrm{sinc}(t/T)$张成空间 $\mathcal{W}$。最终的采样和重构结构如图 5.10 所示。对于这个 $h(t)$的选择

$$\sum_{k\in\mathbb{Z}} |H(\omega-2\pi k)|^2 = \begin{cases} 1, & |\omega-2\pi k| \leqslant \pi/T \\ 0, & \text{其他} \end{cases} \tag{5.73}$$

因为这个求和项在区间外完全是 0，向量$\{h(t-n)\}$不能构成空间 $\mathcal{W}$ 的一个基。然而，它们确实符合框架的条件，因此构成了这个空间的一个框架。

图 5.10 不同于传统的过采样框图(见图 5.11)。在香农-奈奎斯特定理中，传统过采样使用更小的采样周期(这里是 $T=1$)。两者的区别在于重构 LPF，在图 5.10 中，低通滤波器的截止频率是π/T，而在图 5.11 中，截止频率是π。这个差别似乎是很重要的，因为 $x(t)$的带宽限制在π/T 之内。然而，如果样本中加入噪声，那么应用基于框架的信号恢复就会使得噪声较小，因为更低的截止频率能够滤除掉更多的噪声。

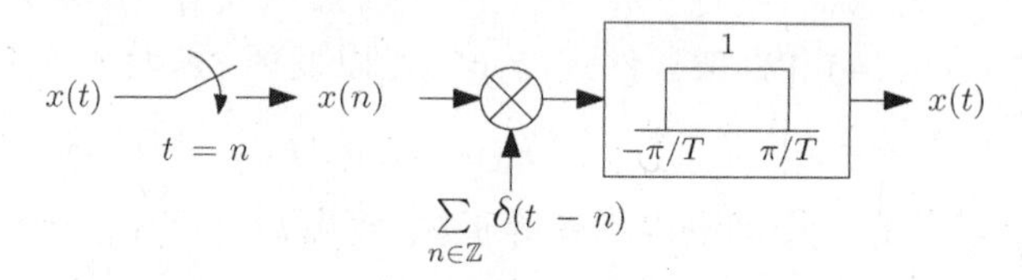

图 5.10　一个带限信号的框架展开

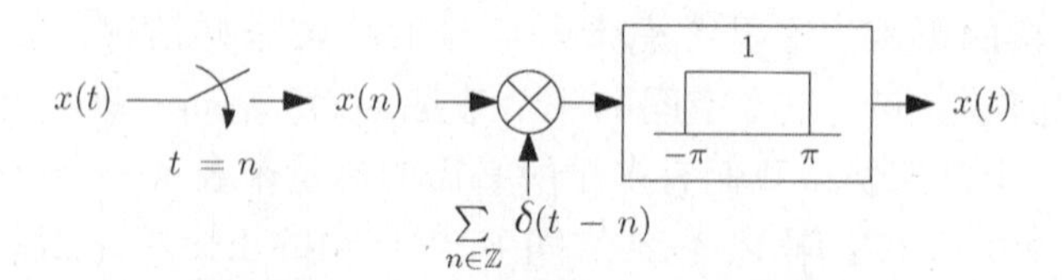

图 5.11　一个带限信号的过采样框图

概括一下这个结论，假如我们在时间点 $t=nRT$ 采样信号 $x(t)$，$R\leqslant1$ 为冗余因子。当 $R=1$ 时，就回到了奈奎斯特采样速率。由于对于任意 $R\leqslant1$，$x(t)$被限制在带宽$\pi/(RT)$内，我们可以应用香农-奈奎斯特定理写出

$$x(t) = \sum_{n\in\mathbb{Z}} x(nRT)\operatorname{sinc}((t-nRT)/(RT)) \tag{5.74}$$

利用与前面相同的步骤，将 $x(t)$ 投影到带限 π/T 的信号空间内，这就意味着用截止频率为 π/T 的 LPF 过滤 $x(t)$，则滤波器的输出为

$$x(t) = R\sum_{n\in\mathbb{Z}} x(nRT)\operatorname{sinc}((t-nRT)/T) \tag{5.75}$$

我们得出结论，被系数 R 过采样的一个信号 $x(t)$ 可以用式(5.75)从冗余采样值中得以恢复。

在有噪声出现的情况下，通过式(5.75)的信号恢复将会保持信号的完整性，并且最大限度地去除噪声能量，这时因为它能够完全滤除 π/T 以外的噪声。实际上，搭建一个理想的 LPF 滤波器通常是比较困难的。我们将在第 6 章和第 9 章详细讨论用实际滤波器内插的问题。然而，有一点需要在这里指出的是，当信号被过采样时，可以简化这个恢复滤波器的设计。简化的思路就是，在没有噪声出现时，可以使用任何在区间 $(-\pi/T, \pi/T)$ 等于 1，在 $\pi/T \leqslant |\omega| \leqslant (2\pi-\pi R)/(RT)$ 区间为任意值的滤波器。这是因为使用过采样，信号内容在这部分区域内是等于 0 的，如图 5.12 所示(当 $T=1$ 时)。

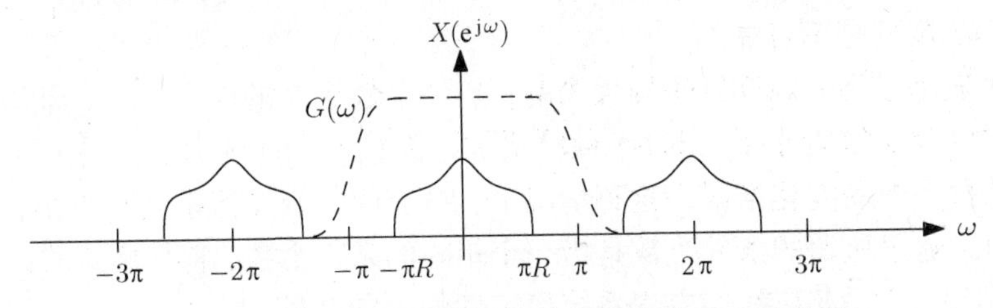

图 5.12　带通信号用实际构建的滤波器 $g(t)$ 过采样

在图 5.12 中，我们画出对于 $R<1$ 和 $T=1$ 的采样序列 $x(nRT)$ 的 DTFT 变换。这使得恢复滤波器的设计更加灵活，在实际中使得有连续傅里叶变换的滤波器可以应用。图中给出了这样一个例子。更具体地，令 $g(t)$ 表示一个时间连续滤波器，傅里叶变换满足下式：

$$G(\omega) = \begin{cases} RT, & |\omega| < \pi/T \\ \text{任意}, & \pi/T \leqslant |\omega| \leqslant 2\pi/RT - \pi/T \\ 0, & |\omega| > 2\pi/RT - \pi/T \end{cases} \tag{5.76}$$

因此，信号 $x(t)$ 能够从采样 $x(nRT)$ 中通过下式分解出来：

$$x(t) = \sum_{n\in\mathbb{Z}} x(nRT)g(t-nRT) \tag{5.77}$$

5.4.2　样本丢失

在前面一节中我们看到，在有噪声时过采样是有益的。它能够使重构滤波器的限制放宽，简化滤波器的设计。实际上，过采样在弥补其他失真时也是有用的，如丢失样本。在本节中我们考虑这样一种情况，有限数量的样本被丢失了，这时如果信号被过采样，丢失的信息是否可以被回复。实际上这个结果是直观的，因为过采样意味着样本值在某种意义上是相关的，因此能共享信息。这里我们重点研究带限信号情况，然而，这个结果可直接概括在其他 SI 空间的情况。

假设 $x(t)$ 带宽限制在 π/T，采样时间在 $t=nRT(R<1)$。假设有限数量 K 个样本丢失了，用 $\mathcal{K}$ 表示丢失样本的集合。我们的目标是从 $\{x(nRT), n\in\mathcal{K}\}$ 中恢复 $x(t)$。正如我们展示的，

只有在$\mathcal{K}$是有限的，且$R<1$的情况下信号恢复才是可能的。然而，我们注意到，当$\mathcal{K}$增加或者R接近1时，这种方法将变得不稳定了。

为了开发一种重构策略，我们把式(5.75)中的$x(t)$重写为

$$x(t) = R\sum_{n\in\mathcal{K}} x(nRT)\operatorname{sinc}((t-nRT)/T) + y_{\mathcal{K}}(t) \tag{5.78}$$

其中定义

$$y_{\mathcal{K}}(t) = R\sum_{n\notin\mathcal{K}} x(nRT)\operatorname{sinc}((t-nRT)/T) \tag{5.79}$$

注意到$y_{\mathcal{K}}(t)$能够从给定的采样值中计算出来。对于丢失点$t=mRT$, $m\in\mathcal{K}$的值的评估式(5.78)可以有

$$\sum_{n\in\mathcal{K}} x(nRT)(\delta[n-m] - R\operatorname{sinc}((m-n)R)) = y_{\mathcal{K}}(mRT),\quad m\in\mathcal{K} \tag{5.80}$$

等式左侧取决于K个未知量$x(nRT)$, $n\in\mathcal{K}$, 式(5.80)可以表示为

$$\boldsymbol{Hx} = \boldsymbol{g} \tag{5.81}$$

其中，$\boldsymbol{g}$是第m个值为$y_{\mathcal{K}}(mRT)$的向量，$\boldsymbol{H}=\boldsymbol{I}-\boldsymbol{S}$, $\boldsymbol{S}$表示元素$s_{mn}=R\operatorname{sinc}((m-n)R)$, $(m, n\in\mathcal{K})$的矩阵。因此，只要矩阵$\boldsymbol{H}$是非奇异的，我们能够从式(5.81)中恢复丢失的采样值。当$R=1$时，可得出$\boldsymbol{S}=\boldsymbol{I}$, 恢复是不可能的。

图5.13(a)显示了当一组连续采样丢失时，条件个数是R的函数。由此能看出，随着丢失点数$|\mathcal{K}|$的增加以及R趋近于1，条件个数将增加。图5.13(b)显示了在丢失样本被一个已知采样分开时，条件个数的变化情况在这种情况下，对于每一个R值条件数更小，表明这个问题是更稳定的。注：这里所谓的条件个数是指一个矩阵的条件个数，它是矩阵的最大奇异值与最小非零奇异值的比，它是相应线性方程系统稳定性的一种度量。

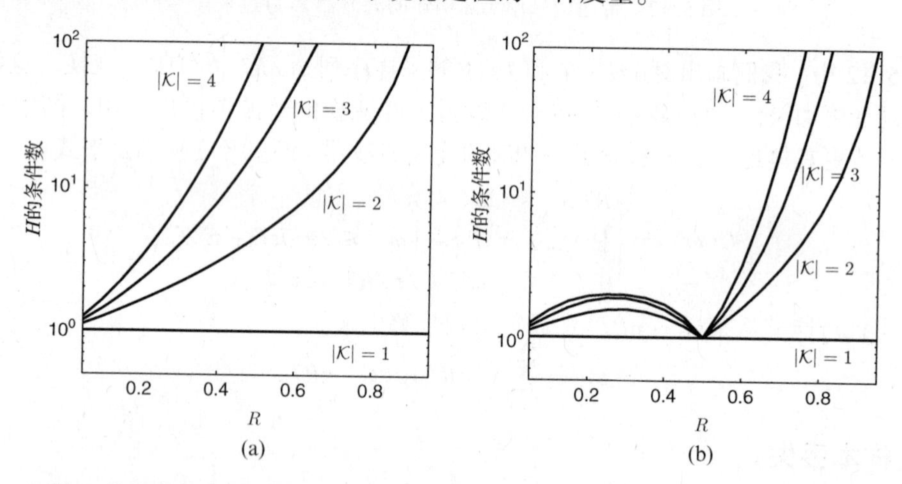

图5.13 矩阵$\boldsymbol{H}$的条件数是R的函数。(a)连续丢失采样；(b)每两个丢失样本之间有一个已知采样

5.5 多信号生成器

到目前为止，我们主要讨论了具有单信号生成器的SI空间$\mathcal{W}$问题。这里，开始讨论利用多信号生成器来定义空间$\mathcal{W}$的问题。正如在4.3.4节看到的，这种情况下空间中的任意信号$x(t)$能够如文献[45, 74, 80]表示为

$$x(t) = \sum_{\ell=1}^{N} \sum_{n\in\mathbb{Z}} a_\ell[n] h_\ell(t - nT) \tag{5.82}$$

其中 $h_\ell(t)$，$1 \leqslant \ell \leqslant N$，是SI信号生成器，$a_\ell[n]$是相应的展开系数。在复域上式(5.82)为

$$X(\omega) = \sum_{\ell=1}^{N} A_\ell(\mathrm{e}^{\mathrm{j}\omega T}) H_\ell(\omega) \tag{5.83}$$

为了找到在什么条件下一组信号生成器能够形成一个Riesz基，我们按照与单信号生成器相同的方法来讨论问题。下面要说明如何获得式(5.82)中的展开系数 $a_\ell[n]$。

5.5.1　Riesz条件

当有多个信号生成器时，Riesz条件式(2.50)变为

$$\alpha \sum_{\ell,n} a_\ell^2[n] \leqslant \left\| \sum_{\ell,n} a_\ell[n] h_\ell(t - nT) \right\|^2 \leqslant \beta \sum_{\ell,n} a_\ell^2[n] \tag{5.84}$$

对于某些 $\alpha > 0$，$\beta < \infty$ 以及所有的 $a_\ell \in \ell_2$，$1 \leqslant \ell \leqslant N$。为了简化，这以后用 $\sum_{\ell,n}$ 作为双和 $\sum_{\ell=1}^{N} \sum_{n\in\mathbb{Z}}$。

通过与式(5.4)相似的步骤，可以得出

$$\begin{aligned}\left\| \sum_{\ell,n} a_\ell[n] h_\ell(t - nT) \right\|^2 &= \sum_{\ell,m} \sum_{n,k} a_\ell[n] a_m[k+n] \int_{-\infty}^{\infty} h_\ell(t) h_m(t - kT)\,\mathrm{d}t \\ &= \frac{1}{2\pi} \int_{-\infty}^{\infty} \sum_{\ell,m} \overline{H_\ell(\omega)} H_m(\omega) \overline{A_\ell(\mathrm{e}^{\mathrm{j}\omega T})} A_m(\mathrm{e}^{\mathrm{j}\omega T})\,\mathrm{d}\omega \\ &= \frac{T}{2\pi} \int_0^{2\pi/T} \sum_{\ell,m} \overline{A_\ell(\mathrm{e}^{\mathrm{j}\omega T})} A_m(\mathrm{e}^{\mathrm{j}\omega T}) R_{H_\ell H_m}(\mathrm{e}^{\mathrm{j}\omega T})\,\mathrm{d}\omega\end{aligned} \tag{5.85}$$

在这里不使用前面章节的推导方法，将式(5.85)用矩阵形式表达，令

$$\boldsymbol{M}_{HH}(\mathrm{e}^{\mathrm{j}\omega}) = \begin{bmatrix} R_{H_1H_1}(\mathrm{e}^{\mathrm{j}\omega}) & \cdots & R_{H_1H_N}(\mathrm{e}^{\mathrm{j}\omega}) \\ \vdots & \vdots & \vdots \\ R_{H_NH_1}(\mathrm{e}^{\mathrm{j}\omega}) & \cdots & R_{H_NH_N}(\mathrm{e}^{\mathrm{j}\omega}) \end{bmatrix} \tag{5.86}$$

这里的 $R_{H_iH_k}(\mathrm{e}^{\mathrm{j}\omega})$ 由式(5.28)定义。我们将式(5.85)写成如下形式：

$$\left\| \sum_{\ell,n} a_\ell[n] h_\ell(t - nT) \right\|^2 = \frac{T}{2\pi} \int_0^{2\pi/T} \boldsymbol{a}^*(\mathrm{e}^{\mathrm{j}\omega T}) \boldsymbol{M}_{HH}(\mathrm{e}^{\mathrm{j}\omega T}) \boldsymbol{a}(\mathrm{e}^{\mathrm{j}\omega T})\,\mathrm{d}\omega \tag{5.87}$$

其中 $\boldsymbol{a}(\mathrm{e}^{\mathrm{j}\omega})$ 是元素为 $A_\ell(\mathrm{e}^{\mathrm{j}\omega})$ 长度为 N 的向量。式(5.84)左边和右边的表达式在复域上可以表示为

$$\sum_{\ell,n} a_\ell^2[n] = \frac{1}{2\pi} \int_0^{2\omega} \sum_{\ell} |A_\ell(\mathrm{e}^{\mathrm{j}\omega})|^2 \mathrm{d}\omega = \frac{1}{2\pi} \int_0^{2\pi} \boldsymbol{a}^*(\mathrm{e}^{\mathrm{j}\omega}) \boldsymbol{a}(\mathrm{e}^{\mathrm{j}\omega})\,\mathrm{d}\omega = \frac{T}{2\pi} I_a \tag{5.88}$$

这里的最后一个等式是变换 $\omega \to \omega/T$ 的结果，为了简便记为

$$I_a = \int_0^{2\pi/T} \boldsymbol{a}^*(\mathrm{e}^{\mathrm{j}\omega T}) \boldsymbol{a}(\mathrm{e}^{\mathrm{j}\omega T})\,\mathrm{d}\omega \tag{5.89}$$

将式(5.88)与式(5.87)相结合，函数 $\{h_l(t)\}$ 对于每个选择的 $\boldsymbol{a}(\mathrm{e}^{\mathrm{j}\omega T})$ 必须满足

$$\alpha I_a \leqslant \int_0^{2\pi/T} \boldsymbol{a}^*(\mathrm{e}^{\mathrm{j}\omega T}) \boldsymbol{M}_{HH}(\mathrm{e}^{\mathrm{j}\omega T}) \boldsymbol{a}(\mathrm{e}^{\mathrm{j}\omega T})\,\mathrm{d}\omega \leqslant \beta I_a \tag{5.90}$$

很明显，如果对于所有 ω，都有

$$\alpha I \leqslant M_{HH}(\mathrm{e}^{\mathrm{j}\omega T}) \leqslant \beta I \tag{5.91}$$

那么，式(5.90)就得到满足。实际上，由矩阵不等式的定义，式(5.91)意味着对于所有$\boldsymbol{a}(\mathrm{e}^{\mathrm{j}\omega T})$，有

$$\alpha\boldsymbol{a}^{*}(\mathrm{e}^{\mathrm{j}\omega T})\boldsymbol{a}(\mathrm{e}^{\mathrm{j}\omega T}) \leqslant \boldsymbol{a}^{*}(\mathrm{e}^{\mathrm{j}\omega T})\boldsymbol{M}_{HH}(\mathrm{e}^{\mathrm{j}\omega T})\boldsymbol{a}(\mathrm{e}^{\mathrm{j}\omega T}) \leqslant \beta\boldsymbol{a}^{*}(\mathrm{e}^{\mathrm{j}\omega T})\boldsymbol{a}(\mathrm{e}^{\mathrm{j}\omega T}) \tag{5.92}$$

如果在单信号生成器情况，很容易证明这个条件也是必要的：即如果在一组$\omega\in\mathcal{I}$上式(5.91)不能被满足，那么，可能总能找到一个在这组频率上非0，在其他位置等于0的$\boldsymbol{a}(\mathrm{e}^{\mathrm{j}\omega T})$，进而使式(5.90)不被满足。

对于多信号生成器的Riesz基条件可以用下面的定理概括。

定理5.3 当且仅当存在$\alpha>0$，$\beta<\infty$，使得对于几乎所有位置$\alpha\boldsymbol{I}\leqslant\boldsymbol{M}_{HH}(\mathrm{e}^{\mathrm{j}\omega T})\leqslant\beta\boldsymbol{I}$ [$\boldsymbol{M}_{HH}(\mathrm{e}^{\mathrm{j}\omega T})$由式(5.86)定义]，则信号$\{h_\ell(t-nT),1\leqslant\ell\leqslant N\}$在它们张成空间上形成一个Riesz基。

例5.10 有如下一组信号生成器：

$$h_\ell(t) = \frac{1}{mT}\mathrm{sinc}\left(\frac{t}{2mT}\right)\cos\left(\frac{\pi t}{mT}\left(\ell+\frac{1}{2}\right)\right) \tag{5.93}$$

其中$\ell=0,1,2,\cdots,m-1$。在频率域上

$$H_\ell(\omega) = \begin{cases}1, & \dfrac{2\pi\ell}{mT}\leqslant|\omega|<\dfrac{2\pi(\ell+1)}{2mT}\\ 0, & 其他\end{cases} \tag{5.94}$$

因此这些函数产生例4.4中的一组多频带信号。由于这些函数占据不同的频率范围，对于每个ω值有

$$\boldsymbol{M}_{HH}(\mathrm{e}^{\mathrm{j}\omega mT}) = \frac{1}{mT}\boldsymbol{I} \tag{5.95}$$

因此，定理5.3的Riesz条件被满足，且$\alpha=\beta=1/(mT)$。

5.5.2 双正交基

接下来，我们沿用单信号生成器的方法来确定双正交基。

对于多信号生成器情况，集合变换H是定义在N维序列$a_\ell[n]$上的。我们用符号ℓ_2^N记为ℓ_2上所有N维序列的集合，即$\{a_\ell[n]\}_{\ell=1}^{N}$。我们用如下式子定义变换$H$：$\ell_2^N\to L_2$

$$Ha = \sum_{\ell=1}^{N}\sum_{n\in\mathbb{Z}}a_\ell[n]h_\ell(t-nT) \tag{5.96}$$

可以看到，通过在ℓ_2^N上定义一个适当的内积，伴随矩阵H^*：$L_2\to\ell_2^N$就可以返回一个在ℓ_2^N上的序列$b=H^*x(t)$，因此有

$$b_\ell[n] = \langle h_\ell(t-nT),x(t)\rangle \tag{5.97}$$

(参见习题13)。

利用H和H^*的定义，就可以推导出双正交基$\widetilde{H}=H(H^*H)^{-1}$。令$b=H^*Hc$，可以得到

$$\begin{aligned} b_\ell[n] &= \left\langle h_\ell(t-nT),\sum_{k=1}^{N}\sum_{m\in\mathbb{Z}}c_k[m]h_k(t-mT)\right\rangle \\ &= \sum_{k=1}^{N}\sum_{m\in\mathbb{Z}}c_k[m]\langle h_\ell(t-nT),h_k(t-mT)\rangle \end{aligned}$$

$$= \sum_{k=1}^{N} \sum_{m\in\mathbb{Z}} c_k[m]\langle h_\ell(t),\ h_k(t+(n-m)T)\rangle$$

$$= \sum_{k=1}^{N} \sum_{m\in\mathbb{Z}} c_k[m] r_{h_\ell h_k}[n-m] \tag{5.98}$$

这个表达式为 $r_{h_\ell h_k}[n]$ 和 $c_k[n]$ 之间的卷积。因而，在复域上有

$$B_\ell(\mathrm{e}^{\mathrm{j}\omega}) = \sum_{k=1}^{N} C_k(\mathrm{e}^{\mathrm{j}\omega}) R_{H_\ell H_k}(\mathrm{e}^{\mathrm{j}\omega}) \tag{5.99}$$

分别用 $\boldsymbol{b}(\mathrm{e}^{\mathrm{j}\omega})$ 和 $\boldsymbol{c}(\mathrm{e}^{\mathrm{j}\omega})$ 代表以 $B_\ell(\mathrm{e}^{\mathrm{j}\omega})$ 和 $C_\ell(\mathrm{e}^{\mathrm{j}\omega})$ 为第 ℓ 个元素的向量，式(5.99)的矩阵形式可以表示为

$$\boldsymbol{b}(\mathrm{e}^{\mathrm{j}\omega}) = \boldsymbol{M}_{HH}(\mathrm{e}^{\mathrm{j}\omega})\boldsymbol{c}(\mathrm{e}^{\mathrm{j}\omega}) \tag{5.100}$$

其中的 $\boldsymbol{M}_{HH}(\mathrm{e}^{\mathrm{j}\omega})$ 由式(5.86)定义。因此，由于 $c=(H^*H)^{-1}b$，则有

$$\boldsymbol{c}(\mathrm{e}^{\mathrm{j}\omega}) = \boldsymbol{M}_{HH}^{-1}(\mathrm{e}^{\mathrm{j}\omega})\boldsymbol{b}(\mathrm{e}^{\mathrm{j}\omega}) \tag{5.101}$$

注意到，当 $\{h_\ell(t-nT)\}$ 形成一个 Riesz 基时，由于条件式(5.91)，$\boldsymbol{M}_{HH}(\mathrm{e}^{\mathrm{j}\omega})$ 是稳定可逆的。

我们得到结论，对于序列 $b\in\ell_2^N$ 的运算 $H(H^*H)^{-1}$ 可以被描述为一个数字滤波器组合，这个滤波器为一个多输入多输出滤波器 $\boldsymbol{M}_{HH}^{-1}(\mathrm{e}^{\mathrm{j}\omega})$，同时连接着一个脉冲调制器和在每个分支上的使用适当信号生成器的模拟滤波器，如图 5.14 所示。一个 $N\times N$ 的 MIMO 滤波器 $\boldsymbol{M}(\mathrm{e}^{\mathrm{j}\omega})$ 包括 N^2 个尺度滤波器，如图 5.15 所示。

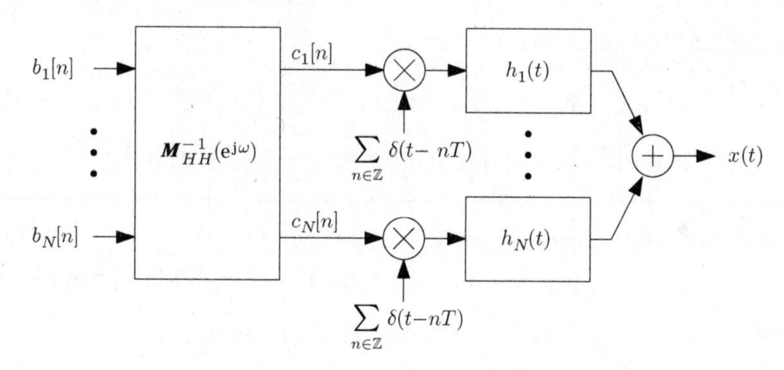

图 5.14　多信道恢复过程

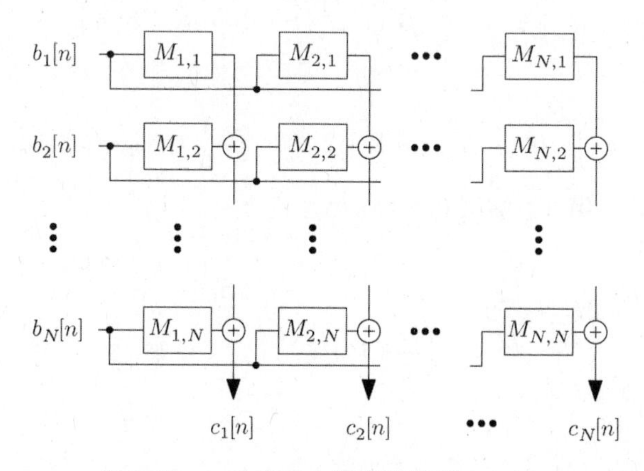

图 5.15　一个 MIMO 数字滤波器 $M(\mathrm{e}^{\mathrm{j}\omega})$

与单信号生成器的情况相比，容易看出双正交向量是具有多信号生成器$\{\widetilde{h}_\ell(t),1\leqslant\ell\leqslant N\}$的SI空间。当输入序列是$b_\ell[n]=\delta[n]$且所有其他输入都为0时，每个信号生成器$\widetilde{h}_\ell(t)$能够被看成图5.14中系统的输出。为了得到这些函数的一个精确表达式，可以考虑$\ell=1$。令$b_1[n]=\delta[n]$，设置其他输入为0。在这种情况下，来自模拟滤波器的第k个信道的输出表示为$C_k(\mathrm{e}^{\mathrm{j}\omega T})=H_k(\omega)$。累加所有信道有

$$\widetilde{H}_1(\omega)=\sum_{k=1}^{N}C_k(\mathrm{e}^{\mathrm{j}\omega T})H_k(\omega)=\boldsymbol{m}_1^T(\mathrm{e}^{\mathrm{j}\omega T})\boldsymbol{h}(\omega)\tag{5.102}$$

其中$m_1(\mathrm{e}^{\mathrm{j}\omega})$是$\boldsymbol{M}_{HH}^{-1}(\mathrm{e}^{\mathrm{j}\omega})$的第一列。

对于所有的指数ℓ重复上面的推导可得

$$\widetilde{\boldsymbol{h}}(\omega)=\boldsymbol{M}_{HH}^{-\mathrm{T}}(\mathrm{e}^{\mathrm{j}\omega T})\boldsymbol{h}(\omega)\tag{5.103}$$

其中，$\boldsymbol{M}_{HH}^{-\mathrm{T}}$表示逆矩阵$\boldsymbol{M}_{HH}^{-1}$的转置，$\widetilde{\boldsymbol{h}}(\omega)$和$\boldsymbol{h}(\omega)$分别代表元素为$\widetilde{H}_\ell(\omega)$和$H_\ell(\omega)$的向量。

一旦确定了双正交向量，展开系数的表达式为

$$c_\ell[n]=\langle\widetilde{h}_\ell(t-nT),x(t)\rangle\tag{5.104}$$

或在复域上表示为

$$C_\ell(\mathrm{e}^{\mathrm{j}\omega})=R_{\widetilde{H}_\ell X}(\mathrm{e}^{\mathrm{j}\omega})\tag{5.105}$$

将$\widetilde{H}_\ell(\mathrm{e}^{\mathrm{j}\omega})$的表达式(5.103)带入到式(5.105)得

$$C_\ell(\mathrm{e}^{\mathrm{j}\omega})=\sum_{k=1}^{N}[\boldsymbol{M}_{HH}^{-1}(\mathrm{e}^{\mathrm{j}\omega})]_{k\ell}R_{H_kX}(\mathrm{e}^{\mathrm{j}\omega})\tag{5.106}$$

用一个通过式(5.103)计算双正交函数的例子来结束本章的内容。

例5.11 设有SI空间，其Riesz基为$\{\beta^1(t-2n),\beta^1(t-1-2n)\}_{n\in\mathbb{Z}}$，$\beta'(t)$是一阶B样条[参考式(5.31)]。这个空间由函数$h_1(t)=\beta^1(t)$，$h_2(t)=\beta^1(t-1)$（间距$T=2$）生成。在这个例子中，用式(5.103)来计算双正交信号生成器$\widetilde{h}_1(t)$和$\widetilde{h}_2(t)$。

首先建立矩阵$\boldsymbol{M}_{HH}^{-1}(\mathrm{e}^{\mathrm{j}\omega})$。容易得出

$$r_{h_1h_1}[n]=\int_{-\infty}^{\infty}\beta^1(t)\beta^1(t+2n)\mathrm{d}t=\delta[n]\tag{5.107}$$

及

$$r_{h_1h_2}[n]=\int_{-\infty}^{\infty}\beta^1(t)\beta^1(t-1+2n)\mathrm{d}t=\frac{1}{6}(\delta[n]+\delta[n-1])\tag{5.108}$$

类似地，$r_{h_2h_2}[n]=\delta[n]$。因此，$\boldsymbol{M}_{HH}(\mathrm{e}^{\mathrm{j}\omega})$的表达式为

$$\boldsymbol{M}_{HH}(\mathrm{e}^{\mathrm{j}\omega})=\begin{bmatrix}1 & \frac{1}{6}(1+\mathrm{e}^{-\mathrm{j}\omega})\\ \frac{1}{6}(1+\mathrm{e}^{\mathrm{j}\omega}) & 1\end{bmatrix}\tag{5.109}$$

它的逆等式为

$$\boldsymbol{M}_{HH}^{-1}(\mathrm{e}^{\mathrm{j}\omega})=\frac{1}{1-\frac{1}{18}(1+\cos(\omega))}\begin{bmatrix}1 & -\frac{1}{6}(1+\mathrm{e}^{-\mathrm{j}\omega})\\ -\frac{1}{6}(1+\mathrm{e}^{\mathrm{j}\omega}) & 1\end{bmatrix}\tag{5.110}$$

将 $\boldsymbol{M}_{HH}^{-\mathrm{T}}(\mathrm{e}^{2\mathrm{j}\omega})$ 代入式(5.103)得

$$\widetilde{H}_1(\omega) = \frac{1}{1-\frac{1}{18}(1+\cos(2\omega))}\left(H_1(\omega) - \frac{1}{6}(1+\mathrm{e}^{2\mathrm{j}\omega})H_2(\omega)\right) \tag{5.111}$$

$$\widetilde{H}_2(\omega) = \frac{1}{1-\frac{1}{18}(1+\cos(2\omega))}\left(-\frac{1}{6}(1+\mathrm{e}^{2\mathrm{j}\omega})H_1(\omega) + H_2(\omega)\right) \tag{5.112}$$

作为一个验证，我们能够证明如 $R_{\widetilde{H}_2H_1}(\mathrm{e}^{\mathrm{j}\omega}) = 0$。实际上

$$R_{\widetilde{H}_2H_1}(\mathrm{e}^{\mathrm{j}\omega}) = \frac{1}{1-\frac{1}{18}(1+\cos(\omega))}\left(-\frac{1}{6}(1+\mathrm{e}^{\mathrm{j}\omega})R_{H_1H_1}(\mathrm{e}^{\mathrm{j}\omega}) + R_{H_2H_1}(\mathrm{e}^{\mathrm{j}\omega})\right) \tag{5.113}$$

因为 $R_{H_2H_1}(\mathrm{e}^{\mathrm{j}\omega}) = \overline{R_{H_1H_2}(\mathrm{e}^{\mathrm{j}\omega})} = (1/6)(1+\mathrm{e}^{\mathrm{j}\omega})$，所以可以得到结果。用相似的方法，还可以看到 $R_{\widetilde{H}_1H_2}(\mathrm{e}^{\mathrm{j}\omega}) = 0$，$R_{\widetilde{H}_1H_1}(\mathrm{e}^{\mathrm{j}\omega}) = 1$，以及 $R_{\widetilde{H}_2H_2}(\mathrm{e}^{\mathrm{j}\omega}) = 1$。

5.6 习题

1. 假设函数 $\{h(t-nT)\}$ 形成一个 Riesz 基。判断下列函数 $\{g(t-nT)\}$ 是否能形成 Riesz 基：
   (a) $g(t) = h(t-\tau)$ 对于任意 $\tau \in [0, T]$。
   (b) $g(t) = h(t)\mathrm{e}^{\mathrm{j}\omega_0 t}$ 对于任意 $\omega_0 \in [-\pi, \pi]$。
   (c) $g(t) = h(t+T) + h(t-T)$。
2. 现有函数 $h(t) = \alpha\mathrm{sinc}(\alpha t)$。
   (a) 计算能够使此函数 $\{h(t-nT)\}$ 构成 Riesz 基的 α 值？
   (b) 计算并画出高低 Riesz 界限的 α 函数。
   (c) 计算能够使此函数 $\{h(t-nT)\}$ 构成边框的 α 值。
3. 现有函数 $h(t) = \alpha\mathrm{sinc}^2(\alpha t)$。
   (a) 计算能够使此函数 $\{h(t-nT)\}$ 构成 Riesz 基的 α 值？
   (b) 计算并画出高低 Riesz 界限的 α 函数。
   (c) 计算能够使此函数 $\{h(t-nT)\}$ 构成边框的 α 值。
4. 假设有由函数 $h(t) = 2\mathrm{sinc}^2(2t)$ 产生的间距为 $T=1$ 的 SI 空间。令

$$a_k[n] = \frac{2k^2}{\pi}\cos(\pi n - 1/k)\,\mathrm{sinc}\left(\frac{n}{2\pi k}\right), \qquad k = 1, 2, \cdots \tag{5.114}$$

   表示一组序列的展开系数，由式

$$x_k(t) = \sum_{n\in\mathbb{Z}} a_k[n]h(t-n), \qquad k = 1, 2, \cdots \tag{5.115}$$

   表示空间中的相应信号。
   (a) 计算序列 $a_k[n]$ 的 ℓ_2 范数并证明此值不依赖于 k。
   (b) 计算信号族 $x_k(t)$ 的 L_2 范数并论证它随 k 值的增大而增大。
   (c) 解释这个现象是如何与和 $h(t)$ 有关的 Riesz 边界相关联的。
5. 假定想用一个非整数 t_0 平移变换一个形如 $x(t) = \sum_{n\in\mathbb{Z}} a[n]h(t-nT)$ 的信号。然而，要只通过改变展开系数 $a[n]$ 达到目的。确定一个序列 $\widetilde{a}[n]$ 使得恢复信号 $\widetilde{x}(t) = \sum_{n\in\mathbb{Z}} \widetilde{a}[n]h(t-nT)$ 最接近 L_2 上的 $x(t-t_0)$。
6. 现有函数 $h(t) = \mathrm{sinc}(t) + \mathrm{sinc}(2t)$，用 $\mathcal{H}$ 表示闭合线性区间 $\{h(t-n)\}$。
   (a) 计算 $\mathcal{H}$ 的双正交信号生成器。

(b)计算 $\mathcal{H}$ 的正交信号生成器。

(c)计算 $\mathcal{H}$ 的内插信号生成器。

7. 现在有函数

$$h(t) = \frac{\operatorname{sinc}^p(pt)}{\int_{-\infty}^{\infty} \operatorname{sinc}^p(pt)\,\mathrm{d}t} \tag{5.116}$$

(a) 证明 $h(t)$ 对于每个整数 $p \geqslant 1$ 满足统一分区特性。

(b) 证明函数 $\{h(t-n)\}$ 对于任意整数 $p \geqslant 2$ 不能构造 Riesz 基或者边框。

8. 令 $h(t)$ 是一个 L_2 中的函数。证明函数 $g(t)=(f*h)(t)$ 对于任意 $f(t)=\beta^m(t/k)$ 形式的函数 f 满足统一分区性质式(5.52)，其中 m 和 k 是任意正整数。对于特例 $m=0$ 时，试在时域和频域上加以证明。

9. 计算式(5.74)和式(5.75)的傅里叶变换。解释这两个重构公式的差异。

10. 假设 $x(t)$ 的带宽是 π/T，在 $t=nRT(R<1)$ 时刻采样。

(a) 写出两个不同的式(5.77)中的内插核 $g(t)$ 从采样中恢复信号 $x(t)$。

(b) 假设取样被加性白噪声污染。在所有可能的可选 $g(t)$ 中，选取那个核能重构出最小均方误差的 $x(t)$ 信号并解释原因。

11. 假设函数 $\{h(t-nT)\}$ 是正交的。令 N 为某一确定的整数，对 $\ell=1,\cdots,N$ 定义信号

$$h_\ell(t) = h(t-\ell T) \tag{5.117}$$

证明 $\{h_\ell(t-n\widetilde{T}),\ n\in\mathbb{Z},\ \ell=1,\cdots,N\}$ 形成 Riesz 基且 $\widetilde{T}=NT$。

提示：将式(5.86)矩阵 $\boldsymbol{M}_{HH}(\mathrm{e}^{\mathrm{j}\omega})$ 表达为 $R_{HH}(\mathrm{e}^{\mathrm{j}\omega})$ 的形式，使用定理 5.1。

12. 证明当且仅当联合矩阵 $\boldsymbol{M}_{HH}(\mathrm{e}^{\mathrm{j}\omega})$ 式(5.86)对于所有的 ω 等于同一矩阵 $\boldsymbol{I}$ 时一个多信号生成器 Riesz 基是正交的。

13. 由以下内积引入 ℓ_2^N 表示 ℓ_2 中所有的 N 序列，内积表达式如下：

$$\langle a, b\rangle = \sum_{\ell=1}^{N}\sum_{n\in\mathbb{Z}} a_\ell[n]b_\ell[n] \tag{5.118}$$

证明式(5.96)中定义的变换集 H：$\ell_2^N \to L_2$ 的伴随矩阵是式(5.97)给出的式子。

14. 令 $\{h_\ell(t),\ n\in\mathbb{Z},\ \ell=1,\cdots,N\}$ 为一组 ℓ_2 中的函数形成多信号生成器 SI Riesz 基。证明双正交基函数同样有 SI 的结构并且与式(5.103)给出的信号生成器 $\{\widetilde{h}(t),\ n\in\mathbb{Z},\ 1\leqslant \ell \leqslant N\}$ 相对应。

15. 有一个信号为 $x(t)=\sum_{\ell=1}^{N}\sum_{n\in\mathbb{Z}} c_\ell[n]h_\ell(t-nT)$。试证明序列 $c_\ell[n]$ 能够被写成内积 $c_\ell[n]=\langle \widetilde{h}_\ell(t-nT), x(t)\rangle$ 的形式，其中 $\widetilde{h}_\ell(t)$ 由式(5.103)给出，其中的 $\boldsymbol{M}_{HH}(\mathrm{e}^{\mathrm{j}\omega})$ 是式(5.86)的 MIMO 滤波器。

16. 在式(2.103)中我们已经看到向量 $x\in\mathcal{H}$ 在子空间 $\mathcal{V}$ 的正交投影能够被写为 $P_{\mathcal{V}}x = V\widetilde{V}^*x = \sum_n \langle \widetilde{v}_n, x\rangle v_n$。在这个等式里，$V$ 是与 $\mathcal{V}$ 中 Riesz 基 $\{v_n\}$ 相关的变换集，$\widetilde{V}$ 是与双正交基 $\{\widetilde{v}_n\}$ 相关的变换集。现在要用这些信息通过在整数点不连续的分段线性信号 $\widetilde{x}(t)$ 获得信号 $x(t)$ 的最佳近似。

(a)证明所有在 $t\in\mathbb{Z}$ 存在不连续的分段线性信号的集 $\mathcal{V}$ 是一个 SI 空间，其生成子(generator)为

$$h_1(t) = \begin{cases} 1 & 0\leqslant t<1 \\ 0 & \text{其他} \end{cases} \qquad h_2(t) = \begin{cases} t, & 0\leqslant t<1 \\ 0, & \text{其他} \end{cases} \tag{5.119}$$

(b)证明函数 $\{h_1(t-n),\ h_2(t-n)\}_{n\in\mathbb{Z}}$ 可以生成一个 Riesz 基。

(c)计算双 Riesz 基的生成子 $\widetilde{h}_1(t)$ 与 $\widetilde{h}_2(t)$。

(d)写一个 L_2 中距离给出信号 $x(t)$ 最近的分段线性信号 $\widetilde{x}(t)$ 的明确表达式。

17. 证明例 4.5 中的滤波器式(4.47)能产生带限为 $\pi N/T$ 的子空间信号，确定 $N=1$ 时的相应的双正交滤波器。

第6章　子空间先验采样

本章开始利用前面章节中介绍的方法讨论信号的采样问题。本章主要关注的是子空间先验和线性采样问题。我们的目的是根据信号 x 的采样序列来恢复原始信号，其条件是根据已知的先验信息了解到了信号 x 处于希尔伯特空间 $\mathcal{H}$ 的一个子空间 $\mathcal{A}$ 中。例如，x 可能是一个带限信号、分段多项式信号或者是一个已知脉冲形状的脉冲幅度调制(PAM)信号。我们重点考虑的是 SI 空间上的均匀采样问题。这里将会看到，信号的采样和重构是通过滤波运算来实现的。然而，这里讨论的所有结果都存在于抽象的希尔伯特空间中，其中的希尔伯特空间包括无限维空间以及不是 SI 的空间，并且对于采样间隔不必是均匀的。

6.1　采样和重构过程

6.1.1　采样设置

尽管我们在本章中的关注重点是子空间先验问题，但是其基本思想在第 7 章的平滑先验和统计先验问题中也将会被使用。因此，在下一节中将对这两章都会用到的不同的采样设置和采样准则给出一些介绍。接下来，将讨论子空间的设定，关于信号的分类将推迟到下一章进行。在第 8 章中，我们将重新回顾子空间先验问题，并且将采样机理推广到非线性采样的情况。再往后的章节将主要集中于非线性信号具有子空间并集形式的非线性信号先验的问题。

在本章和下一章中要考虑的子空间设定可以归纳为表 6.1，在接下来的章节中会进行详细介绍。在这个表中，所谓“无约束”指的是没有约束条件的恢复过程的采样恢复场景。相反，所谓“预定义核函数”表示信号重构是通过一个给定的模拟插值核函数实现的。表 6.2 给出了各个设定场景的设计目标函数。正如我们接下来将要进一步讨论的，不同的先验和约束条件表示有不同的目标函数。在某些情况下，从信号的采样序列当中可以完美恢复原始信号，在表格中就表示为唯一恢复。针对信号重构的约束条件，我们通常要追求原始信号和最佳估计结果的均方误差最小化。如果这种最小均方误差能够实现，则称这种方法为最小误差恢复。然而遗憾的是，在某些场景中，这种最小误差依赖于未知输入信号，因此无法实现。例如，如果关于信号的先验只是知道信号是平滑的，那么就不能对所有信号的误差进行统一的最小化，这时就需要有备用的设计方案。对于这样的设定场景，我们引入了最小二乘法(LS)和极小极大目标函数法。当考虑随机信号时，均方误差(MSE)是信号恢复误差的一种自然测度。

表6.1　在第 6 章和第 7 章所讨论的不同场景

	无约束	预定义核函数
子空间先验	唯一恢复：6.2～6.4 节 非唯一恢复：6.5 节	6.6 节
平滑先验	7.1 节	7.2 节
统计先验	7.3.1 节	7.3.2 节

表6.2 在每个场景下的设计目标函数

	无约束	预定义核函数
子空间先验	完美重构	最小误差
平滑先验	LS/极小极大	LS/极小极大
统计先验	MSE	MSE

6.1.2 采样过程

在一个希尔伯特空间中，信号的采样过程被描述为信号与一个 Riesz 基的内积，所以第 n 个采样值可以表示为 $c[n]=\langle s_n, x\rangle$。如果用 S 来表示对应于 $\{s_n\}$ 的集合变换，就可以简洁地把采样值写成 $c=S^*x$ 的形式。这里，我们把由 $\{s_n\}$ 生成的子空间称为采样空间(sampling space)，并且始终用 $\mathcal{S}$ 来表示它。如果信号 x 存在于给出的子空间 $\mathcal{A}$ 中，那么就称这个子空间 $\mathcal{A}$ 为先验空间(prior space)。

我们主要关注实际的 SI 设定场景，对于一个实函数 $s(t)$ 及周期 T 已知 $s_n=s(t-nT)$。在这种情况下，采样值可以建模为经过冲激响应为 $s(-t)$ 的线性时不变滤波器的输出在时间 nT 的均匀采样

$$c[n]=\langle s(t-nT), x(t)\rangle = x(t)*s(-t)\big|_{t=nT} \tag{6.1}$$

这个公式可以用图 6.1 来描述。正如第 4 章详细介绍的那样，这种采样滤波器 $s(t)$ 可以允许在理想采样器中有不完美过程。

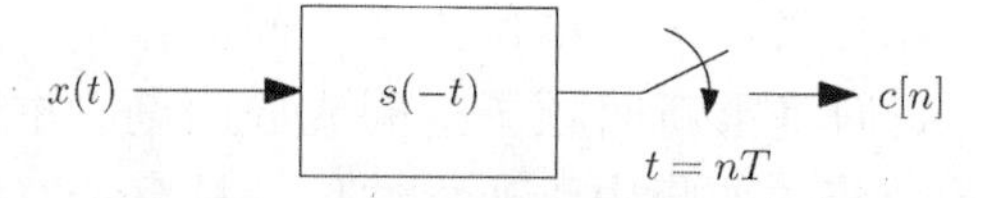

图 6.1 线性时不变系统采样模型

接下来的两章，对 SI 空间的采样都会一直有式(6.1)的基本形式，其中选择 $s(t)$ 的过程实质上是为了生成一个 Riesz 基(参见 5.1 节)。在 6.8 节中，将简要讨论多通道信号采样问题，而在第 8 章中，将会讨论更为复杂的包括非线性失真的信号采样问题。当我们提到移不变空间的采样问题时，实际上也就是假定了先验空间 $\mathcal{A}$，也就是一个移不变空间，并且存在一个实函数 $a(t)$ 满足 Riesz 条件。这时，对于某些有界范数序列 $d[n]$，任意的输入 $x(t)$ 可以写为

$$x(t) = \sum_{n\in\mathbb{Z}} d[n]a(t-nT) \tag{6.2}$$

例 6.1 考虑一个 ADC 电路，其输出采样值为输入信号的不重叠间隔的积分，表达式为

$$c[n] = \int_{nT-T/2}^{nT+T/2} x(t)\,\mathrm{d}t \tag{6.3}$$

这种情况相当于利用一个矩形采样滤波器 $s(t)$，它的带宽为 T。采样空间 $\mathcal{S}$ 是信号 $f(t)$ 的集合，对于某些有界范数序列 $d[n]$，它可以表示为

$$f(t) = \sum_{n\in\mathbb{Z}} d[n]s(t-nT) \tag{6.4}$$

这个空间包括了一些分段常数信号，其不连续点在时刻 $t=(n-1/2)T$, $n\in\mathbb{Z}$ 处。

例 6.2 在磁共振成像(MRI)当中，每个采样值对应于信号在不同频率上的二维(或者三

维)CTFT。为了简单，考虑一个一维的信号用这种方法进行采样，得到的采样值为

$$c[n] = \int_{-W/2}^{W/2} x(t)\mathrm{e}^{-\mathrm{j}\omega_n t}\mathrm{d}t \tag{6.5}$$

其中$\{\omega_n\}$是角频率，W是信号$x(t)$的支撑(相当于磁共振成像当中的图像区域)。这些采样值对应于函数$\{\mathrm{e}^{\mathrm{j}\omega_n t}\}$的内积，这明显不是另一个的时移变换。因此，MRI并不是一种SI采样。

6.1.3 无约束恢复

如果给定了一个信号的采样值，我们的目标就是寻求一种方法来进行原始信号的恢复或者近似恢复。先来考虑这样一种场景，对信号的恢复机制没有任何限制。在这种情况下，我们的任务就是根据表6.2的目标函数，设计出最佳的插值方法，使其最适合于信号的先验。通常情况下，根据香农-奈奎斯特采样理论，只要我们确知这个信号存在于一个子空间$\mathcal{A}$中就足够得以实现信号的完美重构了，即使是在采样空间$\mathcal{S}$和$\mathcal{A}$不同的情况下。这表明采样的实现可以利用很多种类的采样滤波器。从数学上讲，为了确保完美重构，要求所包含的这些空间之间需要满足一个特定的直和(direct-sum)条件。当这个条件不能被满足时，就会有多个信号匹配这个给定的采样值。因此，需要附加的准则来选择所有的可用方法。在我们的讨论中，考虑选择最小二乘和极大极小方法恢复目标函数。

在不同准则下的重构方法都有如图6.2所示的结构，其中$w(t)$是一个连续时间滤波器的冲激响应函数，它作为插值核函数。$h[n]$则代表一个离散时间滤波器，它用来处理采样值先验以实现信号重构。滤波器$h[n]$的输出为$d[n]$，滤波器$w(t)$的输入是一个调制的冲激响应串$\sum_n d[n]\delta(t-nT)$。滤波器$w(t)$的输出可以表示为

$$\hat{x}(t) = \sum_{n\in\mathbb{Z}} d[n]w(t-nT) \tag{6.6}$$

在更为一般的希尔伯特空间场景中，考虑的设计目标函数都会恢复成$\hat{x}(t) = WHc$的形式，其中W是对于这个重构空间中对应于基$\{w_n\}$的一个集合变换，H是一个线性变换，进而可以实现基于W的采样值恢复。

在SI场景中，根据各种不同目标函数得到的最佳插值方法通常都是在频域推导得出的，而这在时域上，通常无法得到闭合的表达形式。因此，当核函数需要在一个离散点集合上进行计算的情况下，这些恢复技术的应用就受到了限制。这时，离散傅里叶变换(DFT)方法可以用来近似地恢复信号。当然，这些方法都已经被应用过，例如，在图像处理领域，仅仅利用整数因子作为一些图像放大的手段[111, 112]。更为一般的几何变换，如旋转、畸变校正和任意因子的放大处理都不会利用这些技术。解决这个问题的一种方法是选择信号先验，从而找到一种有效的插值方法，例如利用B样条函数，这种插值方法将在第9章进行讨论。然而，这种方法对信号的先验类型是有所限制的。

6.1.4 预定义恢复核函数

为了克服在实现这些无约束方法时的难题，我们可以构建这样一个系统，使用一个预定义的更易于实现的插值核函数。在这样的系统中，唯一的自由度就在图6.2中的数字互相关滤波器$h[n]$的设计中，利用滤波器的设计可以用来补偿预先设定核函数$w(t)$的非理想特性[48, 106, 108, 110, 113~115]。选择适当的滤波器$h[n]$用来信号先验，使其达到最佳准则。主要的两个准则分别是LS和极大极小准则，下面将进一步讨论。

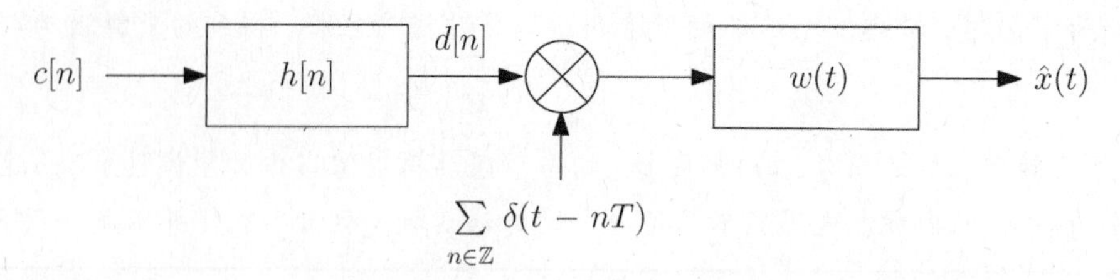

图6.2 利用数字校正滤波器 $h[n]$ 和插值核函数 $w(t)$ 的重构过程

为了得到如表达式(6.6)形式的信号重构，基本上是假定了回复的信号 $\hat{x}(t)$ 存在于由预先设定的核函数 $w(t)$ 生成的SI空间上，我们把这个空间称为重构空间(reconstruction space)，用 $\mathcal{W}$ 来表示。实际上是通过限制核函数 $w(t)$ 来选择空间 $\mathcal{W}$，进而实现高效的插值方法。例如，在Schoenberg先前研究中提到的B样条函数方法可以用在插值方法中[67]。在信号处理应用当中，由于Unser、Aldroubi和Eden的研究工作，从而使得B样条函数方法广为人知，他们展示了B样条函数插值方法是如何高效执行的[72, 73]。在图像处理领域中，使用3度样条函数是很常见的，因为它可以有效表征平滑信号，并且具有相对低的计算复杂度[71]。我们将在第9章回顾这些结果和它们在插值上的应用。

其他常用的插值方法在接下来的例子中进行介绍。

例6.3 在图像处理中，应用最广的核函数是Keys三次插值核函数[116]，它的表达式为

$$w(t)=\begin{cases}\frac{3}{2}|t|^3-\frac{5}{2}|t|^2+1, & |t|<1\\ -\frac{1}{2}|t|^3+\frac{5}{2}|t|^2-4|t|+2, & 1\leqslant|t|<2\\ 0, & 2\leqslant|t|\end{cases} \tag{6.7}$$

这种核函数的特点是具有较小的支撑，并且满足插值特性 $w(n)=\delta[n]$，从而可以高计算效率地信号恢复。同时可以注意到，这种三次B样条不满足插值特性，需要对采样序列进行预处理，这将在第9章进行详细讨论。Keys核函数在图6.3(a)给出，从中可以看出它是对称的，连续的有一个一阶连续导数(参考习题1)。事实上，这些特性可以基本上用来生成Keys函数的形式，这在习题2进行了介绍。

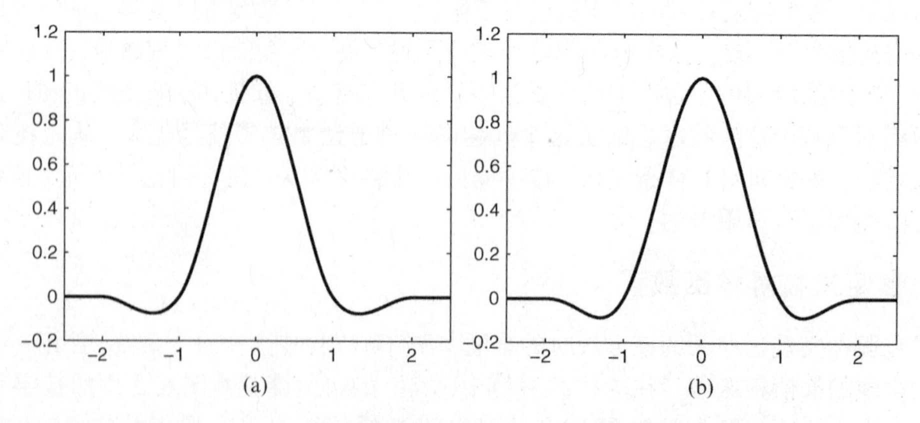

图6.3 (a)Keys三次插值核函数；(b)兰乔斯(Lanczos)核函数

例 6.4　插值核函数的另一个选择，通常在图像重采样中应用，就是所谓兰乔斯核函数[117]，其表达式为

$$w(t) = \begin{cases} \mathrm{sinc}(t)\,\mathrm{sinc}\left(\dfrac{t}{\Delta}\right) & |t| < \Delta \\ 0 & |t| \geqslant \Delta \end{cases} \tag{6.8}$$

其中 $\Delta > 0$ 是一个整数，一般会选择 2 或者 3。和 Keys 函数相似，兰乔斯核函数也是对称的、连续的，也具有一个较小的支撑，并且满足插值特性。而且，它的二阶导数是连续的(可以从习题 3 看出)。图 6.3(b)是 $\Delta = 2$ 的兰乔斯核函数。从图中可以看出，它和 Keys 函数非常相似。

在更为一般的希尔伯特空间场景中，有约束的恢复可以通过一组给定的重构向量 $\{w_n\}$ 的线性组合来获得，这组向量可以张成一个子空间 $\mathcal{W}$。重构信号的形式为 $\hat{x} = \sum_n d[n] w_n$，其中系数 $d[n]$ 为测量值 $c[n]$ 的一个线性变换。我们总是选择 $\{w_n\}$(或者在 SI 情况下的 $w(t)$)以便形成子空间 $\mathcal{W}$ 的一个 Riesz 基。

到目前为止，可以总结出对应于不同设定场景的插值方法如表 6.3 所示。表中的数字表明包含在重构公式的编号。有趣的发现是，这些方法使用了一个相似的结构。经过讨论，进一步强调了这些方法的共性和等效性。尤其，这里提供了满足同样的计算能力的不同方法，进而对一个问题提供一些相互补充的视角和最优化的思路。

表 6.3　信号恢复的方法

	无约束	预定义核函数
子空间先验	直和：式(6.33)	直和：式(6.108)
平滑先验	LS 和极小极大准则：式(6.90)	LS：式(6.115)
		极小极大：式(6.126)
	式(7.13)，式(7.14)	LS：式(7.53)
		极小极大：式(7.56)
统计先验	式(7.82)，式(7.83)	式(7.86)

6.1.5　设计目标函数

接下来讨论图 6.2 中滤波器 $h[n]$ 的设计方法，从而可以实现对原始信号更好的近似。在一个一般的希尔伯特空间中，这对应于选择一个线性变换 H 从而使得这个校正手段 $d = Hc$ 可以导致我们期望的恢复目的。为了表达最一般情况下的概念，这里重点考虑希尔伯特空间场景。

在这种场景中，可以这样来描述信号恢复的问题：给定一个信号的采样值 $c = S^* x$ 以及对于给定的集合 $\mathcal{T}$ 的关于 $x \in \mathcal{T}$ 的先验知识，最后产生一个在某种程度上与信号 x 接近的重构信号 $\hat{x}$。集合 $\mathcal{T}$ 结合了典型输入信号的先验知识，并且是一个子空间，或者，具有某种约束条件，如一个有界范数(这在表格中称为一个平滑约束)。

采样值 c 和集合 $\mathcal{T}$ 决定了可用的信号集合

$$\mathcal{G} = \{x : x \in \mathcal{T},\quad S^* x = c\} \tag{6.9}$$

这是一类约束与数据和先验信息的信号类，因此，应当能够生成这个给定的采样值。当采样值是有噪声的，可以用下面的集合来代替：

$$\mathcal{G} = \{x : x \in \mathcal{T}, \quad \| S^* x - \tilde{c} \| \leqslant \alpha\} \tag{6.10}$$

其中 $\tilde{c}$ 是有噪声的采样值，α 是噪声的一个合理水平。这里，我们专注于式(6.9)无噪声的场景，而下一章将简单讨论在有噪声存在的情况下的恢复过程。

在某些情况下，集合 $\mathcal{G}$ 仅仅包括一个信号：这恰好是可能完美恢复的那些场景。那么，问题是如何根据给定的采样值找到有效的解决方案。更为一般的情况是 $\mathcal{G}$ 包含有多个信号，这意味着可能存在不止一种方案，以适应于数据和先验信息。那么这时的问题就是如何从所有可能的方案中做出最佳的选择。

第一种策略界是对于信号集合 $\mathcal{G}$，尝试最小化恢复误差 $\| \hat{x} - x \|$ 的方法，其中 $\hat{x}$ 是重构信号。但是困难的是这个误差依赖于 x 的实际值，因此，一般来讲，没有一种算法可以对所有 x 进行均匀的最小化。确实，在 $\mathcal{G}$ 上 $\| \hat{x} - x \|$ 的最小化意味着 $\hat{x} = x$，在未知 x 的情况下很明显没有一种方案能够完全实现绝对理想的恢复。尽管如此，还是存在某些场景，恢复误差可以达到最小化，无论是什么样的信号 x。例如，在有约束恢复的情况下，当信号 x 存在于一个合适的子空间中，而且这个子空间满足直和条件，我们在6.6.1 节中将考虑这种场景。当这个误差对于所有可用信号 x 不能被均匀地最小化时，就需要一个可以替换的目标函数。主要的两种基于统计信号处理的方法就是最小二乘和极大极小化算法[118~123]。为了从有噪声数据中获得较好的估计，这些技术已经被用在许多不同的估计问题中。下面我们将采用不同的目标函数来讨论信号采样和恢复问题。

LS 算法意味着用采样误差目标函数 $\| S^* \hat{x} - c \|$ 来代替重构误差 $\| \hat{x} - x \|$。这种方法就是寻找一个信号 $\hat{x}$ 来产生一个尽可能逼近测量采样值 c 的采样值

$$\hat{x}_{\mathrm{LS}} = \arg \min_{x \in \mathcal{T}} \| S^* x - c \|^2 \tag{6.11}$$

如果式(6.11)不存在唯一解，通常的方法是选择那个具有最小范数的解

$$\hat{x}_{\mathrm{LS}} = \arg \min_{x \in \mathcal{G}} \| x \|^2 \tag{6.12}$$

从最优化观点来看，式(6.11)[或者式(6.12)]的目标函数是关于 x 的凸函数(二次的)。因此，如果 $\mathcal{T}$ 是一个凸集合(这正是全书假定的)，那么，这个问题就是一个凸优化问题[124]。凸优化问题的一个优势是存在多种方法去解决它。而且，通过针对某个凸优化问题已知的充要条件，经常是可以得到闭合解。由于 LS 目标函数方法相对简单，通常，这个准则被广泛地应用到逆问题的求解中，尤其是信号采样问题中的应用[125, 126]。我们将要看到对于许多有意思的先验信息情况下，闭环解都是存在的。然而，需要注意到的是，在某些情况下，采样误差的最小化可能导致一个较大的重构误差。例如，S 的选择可能产生 x 的一个大的扰动，从而导致 $S^* x$ 产生一个小的扰动，这时就会产生这种情况。因此，这种 LS 算法不能确保一个小的恢复误差。从统计信号处理的观点来看，我们都知道 LS 型目标函数通常会导致一个不稳定的结果，是需要进一步改进的。对于这类问题的详细讨论可以参考更广泛的信号估计理论方面的文献[122, 123]。

LS 算法的另一个弊端是它不能联合处理 x 的先验约束和 $\hat{x}$ 的恢复约束。这是因为在式(6.11)和式(6.12)的目标函数中仅仅包含一个变量 x。为了证明这一点，可以假设信号 x 存在子空间 $\mathcal{A}$ 中，并且限制恢复信号存在于子空间 $\mathcal{W}$ 中。由于 LS 目标函数仅仅包含变量 x，因此我们可以实现关于 $x \in \mathcal{A}$ 的最小化，或者实现广域 $x \in \mathcal{W}$ 的最小化。由于这个限制，在6.6 节将看到，当恢复核函数预先被定义时，LS 准则一般就会导致比较差的恢复性能。

LS 算法的一个替换方案是极大极小化算法[113, 122, 127~129, 140]，这个方法是最小化其最大可能值来控制估计误差。特别是，由于 x 是未知的，我们通过最小化最坏可用信号的误差从而得

到重构信号 $\hat{x}$，即

$$\hat{x}_{\mathrm{MX}} = \arg\min_{\hat{x}} \max_{x \in \mathcal{G}} \| \hat{x} - x \|^2 \tag{6.13}$$

与式(6.11)对比，这里我们试图直接控制重构误差$\| x - \hat{x} \|$，这在许多应用中可以带来数值结果上的收益。因此，从一个误差近似的观点来看，这种方法在许多情况下会比 LS 算法有一个更好的结果。而且，由于式(6.13)的目标函数有两个不同的变量 x 和 $\hat{x}$，所以信号的先验条件和恢复条件就可以被同时包含在算法当中。例如，如果已知信号 x 在子空间 $\mathcal{A}$ 中，并且希望恢复信号到子空间 $\mathcal{W}$ 中，那么，当 $\hat{x} \in \mathcal{W}$ 的最小化被实现时，第一个约束条件(信号先验)就可以被考虑在 $\mathcal{G}$ 中。因此可以看到，在受约束场景中，极大极小化算法的这种特性要比 LS 算法具有更加优良的性能。

极大极小算法的一个弊端是求解式(6.13)要比求解式(6.11)更加困难。一个可能的解决方案是使目标函数具有一个更低的边界，然后去寻找一个向量 $\hat{x}$，它不是 x 的函数，它可以无限接近 x。特别是，假设对于所有的 $\hat{x}$ 有 $\max_{x \in \mathcal{G}} \| \hat{x} - x \|^2 \geq \max_{x \in \mathcal{G}} g(x)$，其中 $g(x)$ 是 x 的某个函数。那么，任意的能到达边界并且不是 x 的函数的 $\hat{x}$ 都是它的解。尽管这种方法不是可构建式的，但是当应用在无限维的极大极小化问题式(6.13)时，它还是可以得到一个闭合解。幸运的是，这种方法对于采样问题同样有效。

如果信号 x 是一个随机过程，那么，方差 $\| \hat{x} - x \|^2$ 将被均方差或者 MSE 来替代，这个均方差是独立于信号 x 的，这个问题将在下一章进行讨论。

6.2　无约束重构

6.2.1　几何解释

这里，我们转入本章的重点，也就是具有子空间先验的信号恢复问题。假设信号 x 已知，存在于一个先验子空间 $\mathcal{A}$ 中。信号 x 的采样序列由 $c = S^* x$ 给出，其中 S 是对应于采样空间 $\mathcal{S}$ 的一个基的一个集合变换。在接下来的讨论中，我们分为两种不同的场景，即先验子空间与采样空间相等 $\mathcal{A} = \mathcal{S}$ 和先验子空间与采样空间不相等 $\mathcal{A} \neq \mathcal{S}$。我们将会看到，即使当 $\mathcal{A} \neq \mathcal{S}$ 时，从信号 x 的非理想采样值进行信号的完美恢复通常是可能的。特别地，对于任意的采样空间 $\mathcal{S}$，存在一个广泛的先验子空间类，在这个子空间中 x 是可以被完美重构的。反过来说，对于任意给定的先验子空间 $\mathcal{A}$，都存在采样函数的多重选择，进而实现完美的信号重构。在第 8 章中将可以看到，即使当一个无记忆的可逆非线性插入到采样过程中，只要这个非线性不要变化得太快，这个结论都是有效的。

我们开始对采样问题进行一个简单的几何解释。解释的关键是：已知了采样序列 $c[n]$ 就等于已知了 x 在 $\mathcal{S}$ 上的正交投影，这可以表示为 $x_{\mathcal{S}} = P_{\mathcal{S}} x$。为了理解这一点，我们利用伴随矩阵的定义，同时考虑到 $P_{\mathcal{S}}$ 是一个埃尔米特矩阵，来表示采样序列 $c[n]$ 与 $x_{\mathcal{S}}$ 的关系为

$$c[n] = \langle s_n, x \rangle = \langle P_{\mathcal{S}} s_n, x \rangle = \langle s_n, P_{\mathcal{S}} x \rangle \tag{6.14}$$

其中 $\langle s_n, P_{\mathcal{S}} x \rangle = \langle s_n, x_{\mathcal{S}} \rangle$。第二个等式是由于 $P_{\mathcal{S}} s_n = s_n$，第三个等式是根据伴随矩阵的定义，这个方程式表明，对 x 进行采样和对它的正交投影 $x_{\mathcal{S}}$ 进行采样是等价的，如图 6.4 所示。

在第 2 章中的基展开的概念表明，在 $\mathcal{S}$ 中的任意信号都可以由它的采样序列 $\langle s_n, P_{\mathcal{S}} x \rangle$ 所决定，只要 $\{s_n\}$ 是 $\mathcal{S}$ 的一个基，通过计算 $\{s_n\}$ 相应的正交基 $\{\tilde{s}_n\}$

$$x_{\mathcal{S}} = P_{\mathcal{S}} x = \sum_{n \in \mathbb{Z}} \langle s_n, P_{\mathcal{S}} x \rangle \tilde{s}_n = \sum_{n \in \mathbb{Z}} c[n] \tilde{s}_n \tag{6.15}$$

结合式(6.14)和式(6.15)可以看到，采样序列 $c[n]$ 和正交投影 $x_{\mathcal{S}}=P_{\mathcal{S}}x$ 存在一个一一对应的关系。因此，从采样序列 $c[n]$ 中重构信号 x 的问题就等价于根据 $\mathcal{S}$ 上的正交投影确定 x 的问题。由此可以得到结论，如果 x 存在于 $\mathcal{S}$ 中，并有 $x=x_{\mathcal{S}}$，那么就可以从给定的采样序列中得到完美的信号恢复。

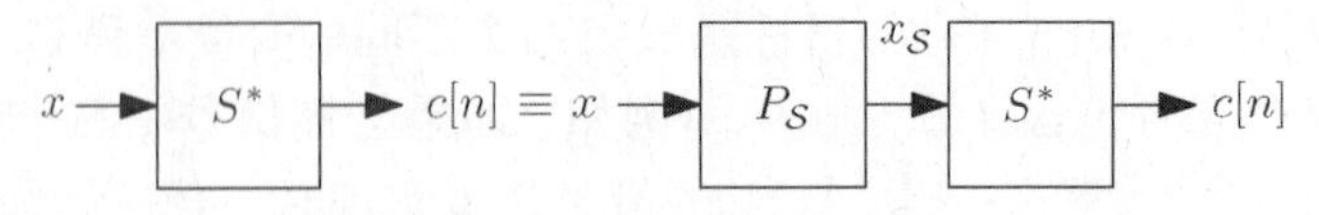

图6.4 采样过程分解成两部

粗略地看，似乎 $\mathcal{S}$ 上的信号都是唯一可恢复的信号，因为其在 $\mathcal{S}^{\perp}$ 上投影分量都是零。然而，更仔细的观察会看到，如果提前知道 x 存在于具有合适特性(将在后面进行定义)的空间 $\mathcal{A}$ 中，那么才存在投影到 $\mathcal{S}$ 上的在 $\mathcal{A}$ 中的一个唯一向量。正如图 6.5 描述的那样，在这种情况下可以从 $\mathcal{S}$ 上的投影点画一条垂直线，一直到空间 $\mathcal{A}$，用这种方式就获得了 $\mathcal{A}$ 中的一个唯一向量，空间 $\mathcal{A}$ 是给定采样值的约束空间。如果考虑其他任何一个信号 $y\in\mathcal{A}$ 的正交投影 $P_{\mathcal{S}}y$，那么这个投影不可能等于 $P_{\mathcal{S}}x$。明显地，对于广泛的这样一类信号，完美重构是可能的，除非那些存在于空间 $\mathcal{S}$ 上的信号。

因此从几何角度上来讲，只要这种信号的唯一性是存在的，我们的问题就是对于给定的 $\mathcal{S}$ 上的投影来寻找 $\mathcal{A}$ 上的唯一信号。尽管图 6.5 表明了信号的恢复过程，但是在实际中还是不清楚如何去计算求解其原始信号。显然，式(6.15)的双正交向量将不能提供一个解，因为它只能得到空间 $\mathcal{S}$ 上的信号恢复。我们将看到，当 $\mathcal{A}\neq\mathcal{S}$ 时，这些向量就会被一个倾斜双正交集合(oblique biorthogonal set)所代替。这些向量满足双正交特性，然而，它们形成了 $\mathcal{A}$ 的一个基。在命题2.12 中已经证明了双正交集合在 $\mathcal{S}$ 中是唯一的，尽管这样，这仍然不能排除有可能构成的双正交向量张成不同的子空间 $\mathcal{A}$。在 6.3.4 节中将详细介绍倾斜双正交的展开问题。

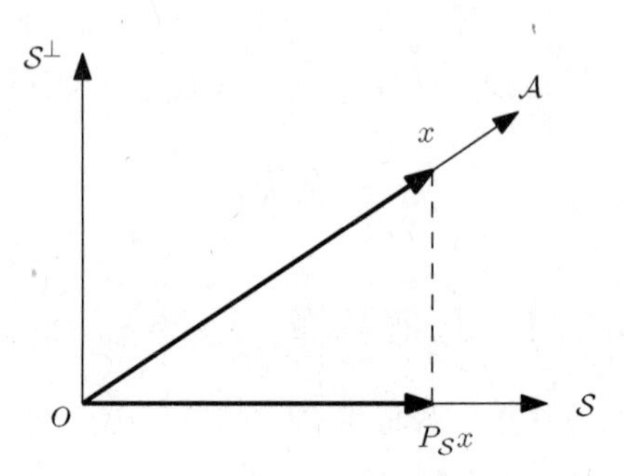

图6.5 一个在 $\mathcal{A}$ 中和在 $\mathcal{S}$ 中的采样值的唯一向量可以从给定的采样值中恢复

目前为止，我们假定对于给定在 $\mathcal{S}$ 上的正交投影，在 $\mathcal{A}$ 中存在一个唯一向量。只要 $\mathcal{A}$ 和 $\mathcal{S}^{\perp}$ 满足直和条件，这个假设就是成立的。而当这个条件不满足时，也就是说对于同样的正交投影，在空间 $\mathcal{A}$ 中可能有多个信号。为了选择一种恢复方法，这里讨论了最小二乘算法和极大极小化算法。对于某个特殊情况，可以看到这两种方法可以得到同样的解。然而，当恢复过程受到约束时，情况就会变得不一样。

6.2.2 等采样和先验空间

为了讨论具体的恢复算法，首先看一种简单的 $\mathcal{A}=\mathcal{S}$ 的情况。在这种情况下，采样函数形成了空间的一组基，输入信号就包含在这个空间中，这正是常见的 Riesz 基扩展所处理的情况。因此，信号的恢复过程可以通过式(6.15)来实现，其中双正交基为 $\widetilde{S}=S(S^{*}S)^{-1}$(参见 2.5.4 节)。

在5.2 节中，专门介绍了在 SI 空间场景下的 Riesz 基分解问题，$x=x(t)$ 存在于一个由

$s(t)$生成的 SI 子空间 $\mathcal{S}$ 中，采样信号的形式为式(6.1)。我们可以看到，对于采样序列$c[n]$的 $\widetilde{S}$ 应用就是图 5.2 中描述的那样。这表明利用图 6.6 的系统，在 $\mathcal{S}$ 中任意信号 $x(t)$ 都可以被采样和恢复。其中图 6.6 的系统可以表示为

$$H(\mathrm{e}^{\mathrm{j}\omega}) = \frac{1}{R_{SS}(\mathrm{e}^{\mathrm{j}\omega})} \tag{6.16}$$

其中 $R_{SS}(\mathrm{e}^{\mathrm{j}\omega})$ 用式(3.97)来定义。式(5.14)的 Riesz 基条件确保了逆变换是明确定义的。

图 6.6 代表了在 SI 空间一整类完美重构采样定理。注意到，这个恢复过程是图 6.2 的一个特殊情况，当 $w(t)=s(t)$ 和 $h[n]=r_{ss}^{-1}[n]$ 时，其中这个离散时间序列的逆指的是卷积逆 $r_{ss}^{-1}[n] * r_{ss}[n]=\delta[n]$。命题 5.4 证明统一特性的划分，这表明如果 $s(t)$ 满足 $\sum_n s(t-n)=1$，那么通过选择足够小的采样周期，任意的有界范数信号可以通过图 6.6 的方案实现无限的逼近界限[10]。

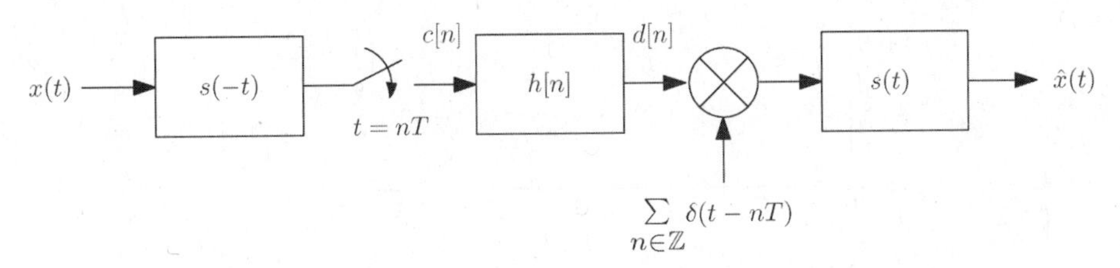

图 6.6　在一个 SI 子空间 $\mathcal{S}$ 的采样和重构过程

这里我们仔细看一下通过 $h[n]$ 滤波实现的校正电路，在式(6.16)中的分母是采样相关函数的 DTFT $r_{ss}[n]=\langle s(t), s(t-nT)\rangle$。如果函数 $\{s(t-nT)\}$ 形成一个正交基，那么就有 $r_{ss}[n]=\delta[n]$ 和 $H(\mathrm{e}^{\mathrm{j}\omega})=1$。在这种情况下，在重构之前就不必要进行对采样序列的预处理，这正是香农–奈奎斯特采样定理的情况，在式(4.18)已经看到，函数 $s(t-nT)=\mathrm{sinc}(t-nT)$ 形成一个正交基[10, 130]。那么，这个校正就是简单的放大 T，这样图 6.6 就与图 4.10 相一致了。然而，图 6.6 表明的定理更加具有一般性。当 $r_{ss}[n]$ 不集中在 $n=0$ 时，这个校正电路就会对恢复误差产生较大的影响，因此它需要在 $s(t)$ 插值之前发挥作用。我们可以通过一个例子说明这一点。

例 6.5　假设 $x(t)$ 是一个整数扭结的一次样条函数，这样一个信号可以用式(6.17)来表达(参见 4.3.2 节)：

$$x(t) = \sum_{n\in\mathbb{Z}} d[n]\beta^1(t-n) \tag{6.17}$$

其中 $\beta^1(t)$ 是一次 B 样条函数[见式(4.32)]。在本章的术语当中，也就是 $x(t)$ 存在于空间 $\mathcal{A}$ 中，其中 $\mathcal{A}$ 为被 $a(t)=\beta^1(t)$ 张成。

图 6.6 的系统表明 $x(t)$ 可以从它经过滤波器输出的采样值中完美恢复，滤波器输出结果为 $x(t) * \beta^1(-t)$，其中 $s(t)=a(t)$。为了恢复信号我们需要计算校正滤波器 $h[n]$，它是式(6.18)的反卷积

$$r_{ss}[n] = \int_{-\infty}^{\infty} \beta^1(t)\beta^1(t-n)\,\mathrm{d}t = \begin{cases} 1/6, & |n|=1 \\ 2/3, & n=0 \\ 0, & |n|>1 \end{cases} \tag{6.18}$$

因此，在频域上

$$H(\mathrm{e}^{\mathrm{j}\omega}) = \frac{1}{R_{SS}(\mathrm{e}^{\mathrm{j}\omega})} = \frac{1}{\frac{1}{6}\mathrm{e}^{\mathrm{j}\omega} + \frac{2}{3} + \frac{1}{6}\mathrm{e}^{-\mathrm{j}\omega}} = \frac{3}{2+\cos(\omega)} \tag{6.19}$$

图6.7(a)给出了利用图6.6方案实现的重构结果，其中$H(\mathrm{e}^{\mathrm{j}\omega})$如式(6.19)所示，而图6.7(b)给出了忽略数字校正滤波器的重构结果，这个例子可以看出数字滤波器的作用。

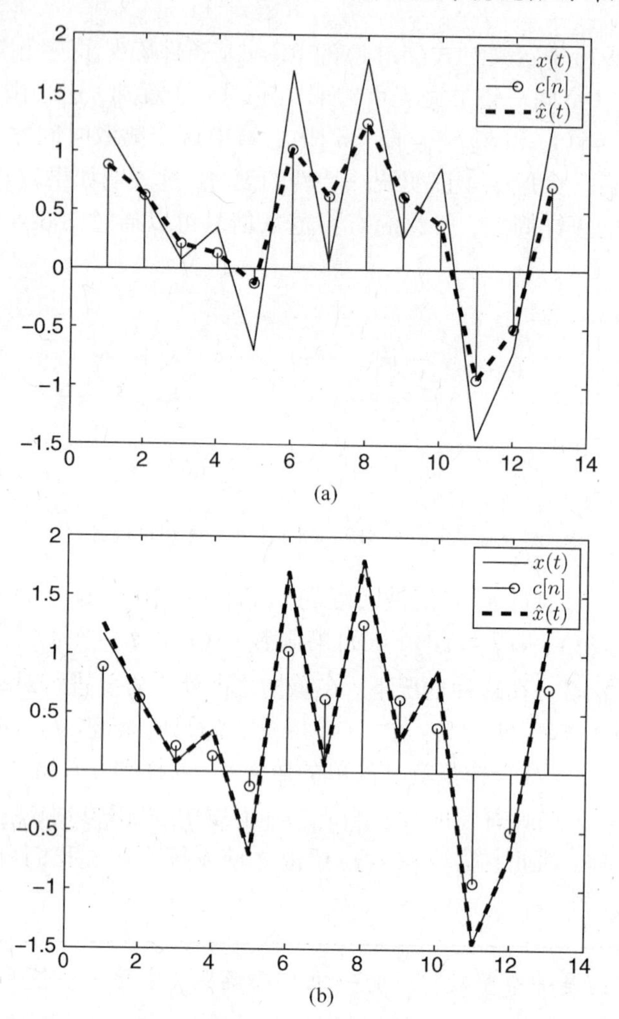

图6.7　一个逐点采样线性函数和它经过滤波器$\beta^1(t)$之后的采样值。(a)没有用数字校正滤波器的信号重构；(b)利用图6.6系统的信号重构

任意输入信号

当输入信号$x(t)$位于空间$\mathcal{S}$中时，图6.6电路的输入就等于$x(t)$。然而，当任意的信号输入到这个系统时会发生什么呢？由于这个系统方框图执行一种双正交扩展，那么输出就等于在$\mathcal{S}$上的双正交投影$P_{\mathcal{S}}x(t)$。其结论就是，在一个L_2范数意义上，重构信号$\hat{x}(t)$将在空间$\mathcal{S}$中是最接近$x(t)$的信号。

详细验证图6.6的输出就等于$P_{\mathcal{S}}x(t)$是具有指导性意义的，首先注意到，如果$x(t)$位于$\mathcal{S}^{\perp}$，那么$c[n]$是零序列并且输出也为零。因为在这种情况下，$x(t)$和$\mathcal{S}$中的任意信号的内积都为零。从另一方面说，如果 $x(t)\in\mathcal{S}$，那么对于某个序列 $b[n]$，就可以写成 $x(t)=\sum_n b[n]s(t-nT)$，根据命题5.2，可以得到

$$C(\mathrm{e}^{\mathrm{j}\omega})=B(\mathrm{e}^{\mathrm{j}\omega})R_{SS}(\mathrm{e}^{\mathrm{j}\omega}) \tag{6.20}$$

从而使得 $d[n]=b[n]$ 和 $\hat{x}(t)=x(t)$。

那么这里的结论就是，在给出的由 $s(t)$ 生成的子空间 $\mathcal{S}$ 上，图6.6的系统可以得到任意输入信号的最小误差近似一个精确表示。

例6.6 假设想通过一个间隔为1的分段常数函数来近似一个信号 $x(t)$。也就是说，我们要寻找一个信号的形式为

$$\hat{x}(t)=\sum_{n\in\mathbb{Z}}d[n]\beta^0(t-n) \tag{6.21}$$

它是最接近信号 $x(t)$ 的，其中 $\beta^0(t)$ 是一个0阶B样条函数（矩形脉冲），由式(4.33)定义。

其最小误差近似 $\hat{x}(t)$ 可以通过图6.6的系统进行计算，其中 $s(t)=\beta^0(t)$。由于函数 $\{s(t-n)\}_{n\in\mathbb{Z}}$ 是正交的，$h[n]=\delta[n]$，这样就得到图6.8的方法，采样序列则可以表示为

$$c[n]=\int_{-\infty}^{\infty}s(t-n)x(t)\mathrm{d}t=\int_{n-1/2}^{n+1/2}x(t)\mathrm{d}t \tag{6.22}$$

那么，近似的恢复信号就是 $\hat{x}(t)=\sum_{n\in\mathbb{Z}}c[n]\beta^0(t-n)$，从而在每个常数间隔内这个值就等于那一段的 $x(t)$ 的平均值。

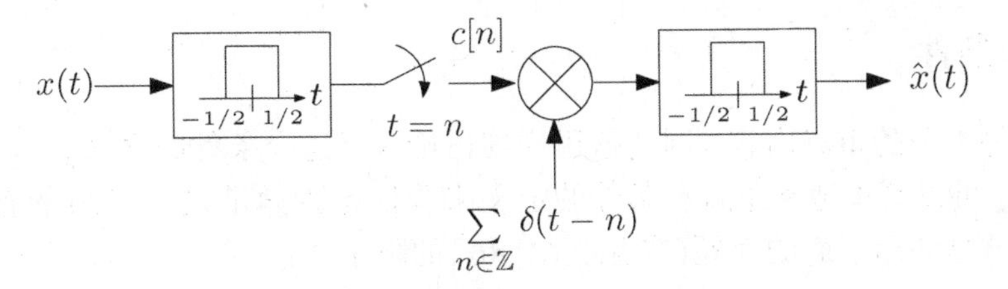

图6.8 最小化的最小误差分段常数函数

6.3 广义空间采样

为了考虑超出空间 $\mathcal{S}$ 的恢复过程，现在假设信号 x 处于一个希尔伯特空间 $\mathcal{H}$ 的任意子空间 $\mathcal{A}$ 中。很明显，利用 $\mathcal{S}$ 空间上的采样值重构在 $\mathcal{A}$ 空间上的任意信号 x，我们需要 $\mathcal{A}$ 和 $\mathcal{S}^{\perp}$ 仅仅在零点处相交。否则，在 $\mathcal{A}$ 和 $\mathcal{S}^{\perp}$ 相交处的任何非零信号 y 都会导致一个零采样值，而这不可能被恢复。直观地，为了得到唯一的解，需要 $\mathcal{A}$ 和 $\mathcal{S}$ 具有相同的自由度，也就是满足下面的直和条件

$$\mathcal{H}=\mathcal{A}\oplus\mathcal{S}^{\perp} \tag{6.23}$$

式(6.23)意味着 $\mathcal{A}$ 和 $\mathcal{S}^{\perp}$ 是不相交的，并且联合张成 $\mathcal{H}$。

很容易看到，对于一个有限维的希尔伯特空间 $\mathcal{H}$，式(6.23)表明 $\mathcal{A}$ 和 $\mathcal{S}$ 的维数是相等的。确实，我们一直有 $\mathcal{H}=\mathcal{S}\oplus\mathcal{S}^{\perp}$。因此，如果 $\dim(\mathcal{S}^{\perp})=m$，并且 $\dim(\mathcal{H})=n$，那么 $\dim(\mathcal{S})=n-m$。但是如果 $\mathcal{H}=\mathcal{A}\oplus\mathcal{S}^{\perp}$，那么 $\dim(\mathcal{A})=\dim(\mathcal{H})-\dim(\mathcal{S}^{\perp})=n-m$。这两个子空间具有相同的维数表明在 $\mathcal{S}$ 和 $\mathcal{A}$ 中的任意向量存在一个一一对应的映射（双射的）。无限维空间具

有同样的直观认识：即在直和条件下，可以看出在 $\mathcal{S}$ 和 $\mathcal{A}$ 存在一个双投影[131]，因此，我们称 $\mathcal{S}$ 和 $\mathcal{A}$ 是同形态的。这个相同形态性质可以保证任意信号 $x\in\mathcal{A}$ 从它在 $\mathcal{S}$ 中的采样值进行恢复。

命题6.1　设 $\mathcal{A}$ 和 $\mathcal{S}$ 是一个希尔伯特空间 $\mathcal{H}$ 的密闭空间，其中 $\mathcal{H}=\mathcal{A}\oplus\mathcal{S}^{\perp}$。那么，从 $\mathcal{A}$ 到 $\mathcal{S}$ 的正交投影，$P_{\mathcal{S}}$：$\mathcal{A}\to\mathcal{S}$，是双射的。

证明　首先，证明 $P_{\mathcal{S}}$ 是单射的。如果对于某个 $a\in\mathcal{A}$，$P_{\mathcal{S}}a=0$，那么 $a\in\mathcal{S}^{\perp}$。但是，由于 $\mathcal{A}\cap\mathcal{S}^{\perp}=\{0\}$，可知 $a=0$，并且 $P_{\mathcal{S}}$ 是单射的。为了表明 $P_{\mathcal{S}}$ 是满射的(surjective)，假设 $s\in\mathcal{S}$ 是任意的。利用 $\mathcal{H}=\mathcal{A}\oplus\mathcal{S}^{\perp}$，可以写成 $s=a+v$，其中 $a\in\mathcal{A}$ 和 $v\in\mathcal{S}^{\perp}$。由于 $s\in\mathcal{S}$，则有

$$s = P_{\mathcal{S}}s = P_{\mathcal{S}}a + P_{\mathcal{S}}v = P_{\mathcal{S}}a \tag{6.24}$$

并且 $P_{\mathcal{S}}$ 是满射的。　□

命题6.1表明在直和条件下，在 $\mathcal{A}$ 和 $\mathcal{S}$ 之间存在一个一一对应的映射关系。下面将会看到如何详细地计算这种映射。

更为一般的是，我们可能遇到一种情况，$\mathcal{A}$ 和 $\mathcal{S}^{\perp}$ 是相交的。很明确的在这种情况下，在 $\mathcal{A}$ 中存在很多可能的信号和采样值相匹配。设 e 为在相交处的一个向量，如果 $x\in\mathcal{A}$ 是一个给定的恢复信号，那么，任意信号 $y=x+e$ 也同样在 $\mathcal{A}$ 中并产生同样的采样值，其中 e 的采样值是零。因此，这种情况下，已知采样值以及先验空间 $\mathcal{A}$ 对于确保完美恢复过程仍是不充分的，还需要选择一个额外的准则，这种方案将在6.5节中进一步讨论。

6.3.1　直和条件

直和条件是本节的重点内容，因此这里详细讨论一下这个条件的含义。

理论上讲，可以简单地利用直和条件的定义来验证是否满足式(6.23)的直和条件。一个可选择的方法就是利用下面的命题(参见文献[46]的附录A)。

命题6.2　设 $\mathcal{S}\neq\{0\}$，且 $\mathcal{A}$ 是 $\mathcal{H}$ 上的一个闭环子空间，并且定义

$$\delta(\mathcal{S},\mathcal{A}) = \|(I-P_{\mathcal{A}})P_{\mathcal{S}}\| \tag{6.25}$$

其中 $\|\cdot\|$ 为谱范数(参见附录A)。如果 $\delta(\mathcal{S},\mathcal{A})<1$ 并且 $\delta(\mathcal{A},\mathcal{S})<1$，则 $\mathcal{H}=\mathcal{A}\oplus\mathcal{S}^{\perp}$。

直和条件与子空间之间的角度概念也有联系。子空间 $\mathcal{A}$ 与 $\mathcal{S}$ 的角度被定义为在 $[0,\pi/2]$ 中的唯一值。

$$\cos(\mathcal{S},\mathcal{A}) = \inf_{x\in\mathcal{S},\ \|x\|=1}\|P_{\mathcal{A}}x\| \tag{6.26}$$

简单地定义角度的正弦为

$$\sin(\mathcal{S},\mathcal{A}) = \sup_{x\in\mathcal{S},\ \|x\|=1}\|P_{\mathcal{A}^{\perp}}x\| \tag{6.27}$$

接下来的命题(文献[131]的定理2.3)确定正角度等价于一个直和分解。

命题6.3　给定可分离希尔伯特空间 $\mathcal{H}$ 上的两个闭合子空间 $\mathcal{A}$ 和 $\mathcal{S}$，则下面的关系是等价的：

(1) $\mathcal{H}=\mathcal{A}\oplus\mathcal{S}^{\perp}$

(2) $\mathcal{H}=\mathcal{S}\oplus\mathcal{A}^{\perp}$

(3) $\cos(\mathcal{S},\mathcal{A})>0$ 和 $\cos(\mathcal{A},\mathcal{S})>0$

在 SI 空间中，角度 $\cos(\mathcal{S}, \mathcal{A})$ 在 $\mathcal{S}$ 和 $\mathcal{A}$ 上是对称的，也就是说，$\cos(\mathcal{S}, \mathcal{A}) = \cos(\mathcal{A}, \mathcal{S})$，并且有一个特别简单的形式[46, 108]，如下面的命题所述。

命题 6.4　设 $\mathcal{A}$ 和 $\mathcal{S}$ 是 SI 空间，并且它们的基是 $\{a(t-nT)\}$，$\{s(t-nT)\}$。设 $A(\omega)$，$S(\omega)$ 分别为 $a(t)$，$s(t)$ 的 CTFT，那么

$$\cos(\mathcal{S}, \mathcal{A}) = \operatorname*{ess\,inf}_{\omega} \frac{|R_{SA}(\mathrm{e}^{\mathrm{j}\omega})|}{\sqrt{R_{SS}(\mathrm{e}^{\mathrm{j}\omega}) R_{AA}(\mathrm{e}^{\mathrm{j}\omega})}} \tag{6.28}$$

其中 $R_{SA}(\mathrm{e}^{\mathrm{j}\omega})$ 用式(5.28)来定义。

证明　见习题 5。　□

注意到，根据柯西-施瓦茨不等式 $|R_{SA}(\mathrm{e}^{\mathrm{j}\omega})|^2 \leqslant R_{SS}(\mathrm{e}^{\mathrm{j}\omega}) R_{AA}(\mathrm{e}^{\mathrm{j}\omega})$，因此，式(6.28)定义的余弦小于等于 1。而且，由于 $R_{AS}(\mathrm{e}^{\mathrm{j}\omega}) = \overline{R_{SA}(\mathrm{e}^{\mathrm{j}\omega})}$，因此，这个角度在 $\mathcal{S}$ 和 $\mathcal{A}$ 上是对称的。

命题 6.3 和命题 6.4 给出了 SI 空间中直和条件被满足的简单验证方法(参见文献[46]的命题 4.8)。

推论 6.1　设 $\mathcal{A}$，$\mathcal{S}$ 是 SI 空间，并且它们的基是 $\{a(t-nT)\}$，$\{s(t-nT)\}$。如果 $A(\omega)$，$S(\omega)$ 分别为 $a(t)$，$s(t)$ 的 CTFT。那么，$L_2(\mathbb{R}) = \mathcal{A} \oplus \mathcal{S}^{\perp}$，当且仅当存在一个常数 $\alpha > 0$，从而

$$|R_{SA}(\mathrm{e}^{\mathrm{j}\omega})| > \alpha\text{，对于空间中的任何一点} \tag{6.29}$$

直和条件的一个重要结论是，如果有 $\mathcal{H} = \mathcal{A} \oplus \mathcal{S}^{\perp}$，任意信号 $x \in \mathcal{H}$ 可以唯一地写成分解形式

$$x = x_{\mathcal{A}} + x_{\mathcal{S}^{\perp}} \tag{6.30}$$

其中 $x_{\mathcal{A}} \in \mathcal{A}$，并且 $x_{\mathcal{S}^{\perp}} \in \mathcal{S}^{\perp}$。这些分量由斜投影算子 $E_{\mathcal{A}\mathcal{S}^{\perp}}$ 给出

$$\begin{aligned} x_{\mathcal{A}} &= E_{\mathcal{A}\mathcal{S}^{\perp}} x \\ x_{\mathcal{S}^{\perp}} &= (I - E_{\mathcal{A}\mathcal{S}^{\perp}}) x = E_{\mathcal{S}^{\perp}\mathcal{A}} x \end{aligned} \tag{6.31}$$

在式(6.23)下，斜投影算子是符合定义的，可以由式(6.32)给出(参见定理 2.2)

$$E_{\mathcal{A}\mathcal{S}^{\perp}} = A(S^*A)^{-1}S^* \tag{6.32}$$

当 $\mathcal{A}$ 和 $\mathcal{S}$ 不相等时，这个算子在恢复算法中将起到一个重要的作用。

6.3.2　唯一恢复

由式(6.32)可以得到一个结论，在直和条件下，可以把 $\mathcal{A}$ 中的任意 x 写成 $x = E_{\mathcal{A}\mathcal{S}^{\perp}} x = A(S^*A)^{-1}c$，其中 $c = S^*x$ 为给定的采样值。因此，在 $\mathcal{A}$ 中的任意的信号 x，都可以从它在 $\mathcal{S}$ 的采样值 c 中恢复出来，方法就是先进行 c 和算子 $(S^*A)^{-1}$ 相乘，然后再进行基变换 A。这样只要式(6.23)满足，就得到了一个简单的恢复算法。

利用命题 5.1，可以把 SI 空间场景下的算子转化成一种滤波的方法，如图 6.2 所示，其中 $w(t) = a(t)$，并且

$$H(\mathrm{e}^{\mathrm{j}\omega}) = \frac{1}{R_{SA}(\mathrm{e}^{\mathrm{j}\omega})} \tag{6.33}$$

直和条件确保了式(6.33)的分母是可逆的(参见推论 6.1)。当 $\mathcal{A} = \mathcal{S}$ 时，式(6.33)的滤波器和式(6.16)一致。

任意的 $x(t) \in \mathcal{A}$ 都可以写成 $x(t) = \sum_n b[n]a(t-nT)$，这样就可以直接验证

式(6.33)，可以实现 $\mathcal{A}$ 中的信号完美恢复。根据命题5.1，采样序列的DTFT为

$$C(e^{j\omega}) = B(e^{j\omega})R_{SA}(e^{j\omega}) \tag{6.34}$$

从这个公式中可以得到结果。

全部的采样和重构方案在图6.9中给出。这个方框图实现了一个斜投影过程。因此，当输入 $x(t)$ 是任意的，而不必在 $\mathcal{A}$ 中，那么输出结果 $\hat{x}(t) = E_{\mathcal{AS}^\perp}x(t)$。

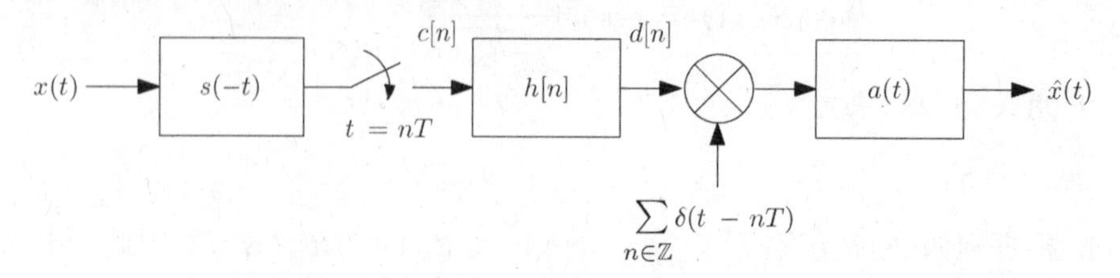

图6.9 SI空间 $\mathcal{S}$ 的采样，即SI空间 $\mathcal{A}$ 的重构

例6.7 假设 $x(t)$ 是一个二阶样条函数，其中节点在整数处。然而，$x(t)$ 位于由 $a(t) = \beta^2(t)$ 生成的空间 $\mathcal{A}$ 中，可以表示为

$$x(t) = \sum_{n\in\mathbb{Z}} d[n]\beta^2(t-n) \tag{6.35}$$

其中 $\beta^2(t)$ 是二阶B样条函数。我们希望在间隔 $[n-1/2, n+1/2]$，$n\in\mathbb{Z}$ 从它的值求平均来恢复 $x(t)$。这种情况相当于滤波器 $s(t)=\beta^0(t)$ 输出在时间 $t=n$ 处的采样。

利用图6.9的系统，可以经过把采样值通过校正滤波器 $h[n]$ 来实现 $x(t)$ 的完美恢复，这正是式(6.36)的反卷积

$$r_{sa}[n] = \int_{-\infty}^{\infty} \beta^0(t)\beta^2(t+n)\,dt = \begin{cases} 1/6, & |n| = 1 \\ 2/3, & n = 0 \\ 0 & |n| > 1 \end{cases} \tag{6.36}$$

注意到，这个滤波器和在例6.5遇到的滤波器一样，这是由于B样条的卷积特性。因此，校正滤波器的频率响应由式(6.19)给出。图6.10(a)和图6.10(b)分别给出了由图6.9的方案实现的重构过程，其中 $H(e^{j\omega})$ 是由式(6.19)给出并且没有数字校正滤波器。显而易见地，从采样值中完美恢复信号需要数字滤波步骤。

例6.8 前面的例子证明一个平均的采样滤波器可以通过适当的处理采样值来实现。为了更进一步强调由于校正步骤而提供的可能性，我们这里将表明式(6.35)的信号 $x(t)$ 可以从它的非理想的逐点采样值进行恢复，其中信号 $x(t)$ 是非带限信号。

$x(t)$ 的逐点采样值对应于一个采样滤波器 $s(t) = \delta(t)$，它不在 L_2 中。然而，我们需求的主要目的是 $s(t)$ 位于 L_2 中，是为了确保采样序列 $c[n]$ 可以在 ℓ_2 中。幸运的是，在逐点采样值的情况下，当 $x(t)$ 是连续的并且衰落的足够快[108]，这是可以确保满足的。在这种假设下，图6.9的方案表明要求的校正滤波器 $h[n]$ 是式(6.37)的反卷积

$$r_{sa}[n] = \int_{-\infty}^{\infty} \delta(t)\beta^2(t+n)\,dt = \begin{cases} 1/8, & |n| = 1 \\ 3/4, & n = 0 \\ 0, & |n| > 1 \end{cases} \tag{6.37}$$

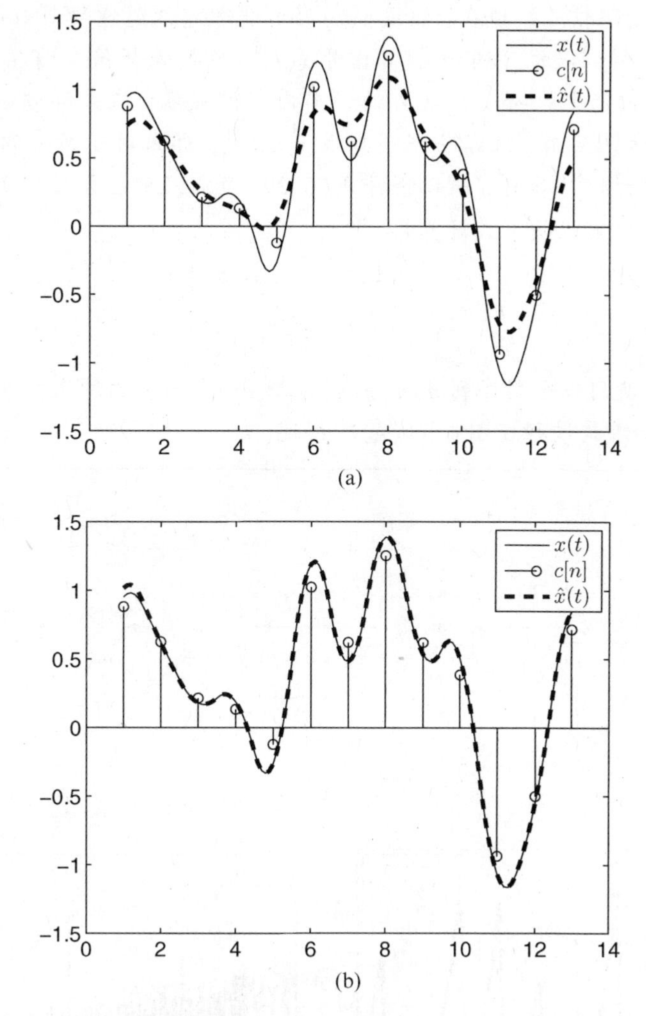

图6.10　二阶样条函数和它通过滤波器$\beta^0(t)$之后的采样值。(a)没有用数字校正滤波器的重构；(b)利用图6.9系统的重构

因此，校正滤波器的频率响应由(6.38)给出

$$H(\mathrm{e}^{\mathrm{j}\omega}) = \frac{1}{\frac{1}{8}\mathrm{e}^{-\mathrm{j}\omega} + \frac{3}{4} + \frac{1}{8}\mathrm{e}^{\mathrm{j}\omega}} = \frac{4}{\cos(\omega) + 3} \tag{6.38}$$

$x(t)$的完美恢复可以通过首先用式(6.38)的校正滤波器对采样值进行滤波，然后进行重构，其中$a(t)$如图6.9所示。

例6.9　或许不太直观地看到，非带限信号也可以被恢复，即使是在采样滤波器完全地使高频分量为零的情况下。为了证明这一点，考虑一个信号$x(t)$，它是一个调制过的脉冲串$\sum_n d[n]\delta(t-n)$激励RC环路生成，如图6.11(a)所示。这个RC电路的冲激响应已知是$a(t) = \tau^{-1}\exp\{-t/\tau\}u(t)$，其中$u(t)$是个阶跃响应函数，$\tau = RC$是时间常量。因此

$$x(t) = \frac{1}{\tau}\sum_{n\in\mathbb{Z}} d[n]\exp\{-(t-n)/\tau\}u(t-n) \tag{6.39}$$

显然，$x(t)$不是一个带限信号。现在，假设$x(t)$经过非理想低通滤波器$s(t)=\mathrm{sinc}(t)$，那么在时间$t=n$处进行采样得到采样序列$c[n]$。信号$x(t)$和它的采样值在图6.11(b)中描述。

直观上看，由于$x(t)$在$[-\pi,\pi]$之外的频率内容被置零，在采样过程中似乎存在信息损失，如图6.11(c)所示。然而，很容易证明如果$\tau<\pi^{-1}$，那么对于所有的$\omega\in[-\pi,\pi]$都有$|R_{SA}(\mathrm{e}^{\mathrm{j}\omega})|>(1-\pi^2\tau^2)^{-1/2}>0$，所以条件式(6.29)是满足的，并且完美恢复是可能的。数字校正滤波器式(6.33)可以被下式计算：

$$h[n]=\begin{cases}1, & n=0\\ \dfrac{\tau}{n}(-1)^n, & n\neq 0\end{cases} \tag{6.40}$$

为了重构$x(t)$，需要使用一个用序列$d[n]=h[n]*c[n]$调制的冲激响应串激励一个相同的RC电路，整个采样和重构过程在图6.11(a)中描述。

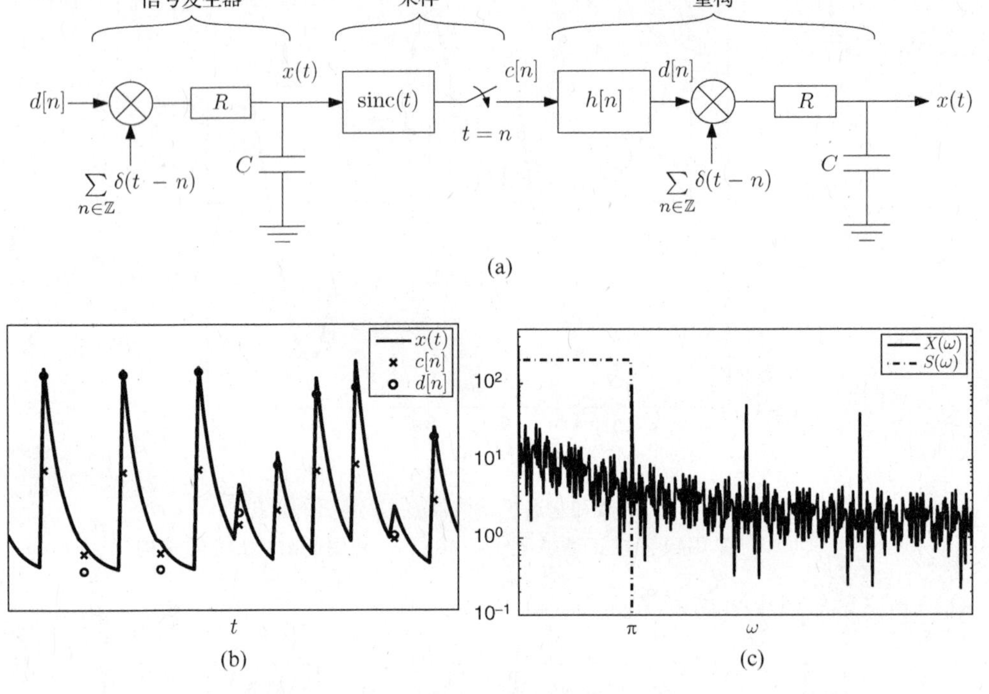

图6.11 一个非带限信号$x(t)$，通过用调制的冲激串去激励一个RC电路形成，通过一个非理想的LPF进行采样，接着进行完美重构。(a)采样和重构装置；(b)信号$x(t)$，它的采样值$c[n]$和扩展系数$d[n]$；(c)信号$X(\omega)$和采样滤波器$S(\omega)$

处在SI空间的一个信号$x(t)=\sum_{n\in\mathbb{Z}}d[n]a(t-nT)$，它由$a(t)$生成，周期是$T$，最后两个例子证明这个信号甚至是非带限的，也可以由它的逐点采样值或者低通内容进行完美恢复。

概括在例6.8的推导过程，$x(t)$可以从它的逐点采样值中进行恢复，假设这些采样值在ℓ_2中，如果这个序列有反卷积

$$r_{sa}[n]=\int_{-\infty}^{\infty}\delta(t)a(t+nT)=a(nT) \tag{6.41}$$

在这种情况下$r_{sa}[n]$等于$a(t)$的逐点采样值

$$R_{SA}(e^{j\omega}) = \frac{1}{T}\sum_{k\in\mathbb{Z}} A\left(\frac{\omega}{T} - \frac{2\pi k}{T}\right) = A(e^{j\omega}) \tag{6.42}$$

导致了下面的命题。

命题 6.5　设信号 $x(t)$ 位于 SI 子空间 $\mathcal{A}$ 中，其中空间 $\mathcal{A}$ 是由 $a(t)$ 生成的，周期为 T。假定在 ℓ_2 中的逐点采样序列为 $x(nT)$。那么，$x(t)$ 就可以利用图 6.9 的系统从它的采样值中被完美恢复，只要 $|A(e^{j\omega})| = \left|\frac{1}{T}\sum_{k\in\mathbb{Z}} A\left(\frac{\omega}{T} - \frac{2\pi k}{T}\right)\right|$ 在远离零点的其他区域上是有界的，其中恢复过程的 $H(e^{j\omega}) = 1/A(e^{j\omega})$。

例 6.9 同样可以被延伸到一般的 SI 情况。当 $s(t)$ 是一个理想的低通滤波器，其截止频率是π/T

$$R_{SA}(e^{j\omega}) = \frac{1}{T}A\left(\frac{\omega}{T}\right), \quad |\omega| \leqslant \pi \tag{6.43}$$

因此，在这种情况下只要 $|A(\omega)|$ 在 $|\omega| \leqslant \pi/T$ 的远离零点的其他区域上是有界的，那么恢复过程就是可能的。

命题 6.6　设 $x(t)$ 位于 SI 子空间 $\mathcal{A}$ 中，其中空间 $\mathcal{A}$ 由 $a(t)$ 生成，周期为 T。那么，$x(t)$ 就可以从它的逐点采样值中完美恢复，其中逐点采样值周期为 T，它作为一个截止频率为π/T 的低通滤波器的输出，并且利用图 6.9 的系统，只要 $|A(\omega)|$ 在 $|\omega| \leqslant \pi/T$ 的远离零点的其他区域上是有界的，当 $|\omega| \leqslant \pi$，其恢复过程为 $H(e^{j\omega}) = T/A(\omega/T)$。

6.3.3　计算斜投影算子

在 6.3.2 节中我们已经看到，直和条件下的信号恢复与计算斜投影算子是等价的，这样，问题就变成了计算逆算子$(S^*A)^{-1}$的问题，或者在 SI 情况下计算式(6.33)的滤波器的问题。因此就要求对一个通用算子的逆进行计算。经常，计算 S^*A 要比计算它的逆简单。本节中，我们运用两种方法来计算 $d = (S^*A)^{-1}c$，其中包括单独应用 S^*A。当计算 S^*A 比计算它的逆更容易时，这些方法就是有意义的。第一个方法是一种基于算子的 Neumann 级数的方法[132]，第二个方法是把 d 看成凸优化问题的一个解，并且应用著名的最陡下降迭代法。

在 SI 情况下，如果 $s(t)$ 和 $a(t)$ 是紧支撑的，则 $R_{SA}(e^{j\omega})$ 对应于 FIR 滤波器的滤波过程，同时，式(6.33)的逆就可能是一个广义的 IIR 滤波器(参见 3.3 节关于 FIR 和 IIR 滤波器定义的内容)。在下面的两种方案中，逆运算由一系列的 FIR 滤波器来代替，这通常要比一般的非结构化的 IIR 滤波器更容易实现。在第 9 章中，将考虑一个特殊情况，其中的 $s(t)$ 和 $a(t)$ 结构使得 IIR 滤波器可以被直接计算得到，进而效率更高。而在这里我们讨论的是一般情况，也就是没有特殊的结构可以被利用的情况。

诺依曼级数滤波

第一种方法是基于算子 Q 的诺依曼级数(Neumann series)表示，算子 Q 是希尔伯特空间 $\mathcal{H}$ 的一个算子[132]。假设 $\|Q\| < 1$，其中 $\|Q\|$ 是算子范数，那么

$$(I - Q)^{-1} = \sum_{n=0}^{\infty} Q^n \tag{6.44}$$

设 $Q = I - \alpha S^*A$，其中选择 $\alpha \neq 0$，从而使得 $\|Q\| < 1$，则有

$$(S^*A)^{-1} = \alpha\sum_{n=0}^{\infty}(I-\alpha S^*A)^n \tag{6.45}$$

利用式(6.45)，可以通过仅仅包括 S^*A 的一系列计算来得到$(S^*A)^{-1}$。为了获得一个简单的递归运算，可以定义

$$\hat{d}^m = \alpha\sum_{n=0}^{m}(I-\alpha S^*A)^n c \tag{6.46}$$

通过诺依曼级数的前 $m+1$ 项可以作为 $d=(S^*A)^{-1}c$ 的一个近似值，然后，就可以从 $\hat{d}^m$来计算下一次的更新值 $\hat{d}^{m+1}$，即

$$\begin{aligned}\hat{d}^{m+1} &= \alpha\sum_{n=0}^{m+1}(I-\alpha S^*A)^n c \\ &= \alpha\left(c+\sum_{n=1}^{m+1}(I-\alpha S^*A)^n c\right) \\ &= \alpha\left(c+(I-\alpha S^*A)\frac{1}{\alpha}\hat{d}^m\right) \\ &= \hat{d}^m+\alpha(c-S^*A\hat{d}^m)\end{aligned} \tag{6.47}$$

随着 $\hat{d}^m$不断地逼近$(S^*A)^{-1}c$，增量 $c-S^*A\hat{d}^m$收敛于零。实际上，当这个值足够小的时候这个迭代就可以被终止。

在 SI 情况下，S^*A 等价于用 $h[n]=h(nT)$进行滤波，其中 $h(t)=s(-t)*a(t)$。如果 $a(t)$和 $s(t)$是紧支撑的，那么滤波器 $h(t)$也是紧支撑的，因此，$h[n]$是一个 FIR 滤波器。在这种情况下，由式(6.47)定义的迭代仅仅包含 FIR 滤波。算子 Q 等价于用 $Q(e^{j\omega})=1-\alpha H(e^{j\omega})$进行滤波，我们也可以轻易地计算 α 的合适的值。因此，选择 α 使得 $\|Q\|<1$ 等价于要求

$$|1-\alpha H(e^{j\omega})|<1, \quad \text{对于所有 } \omega \tag{6.48}$$

由式(6.47)定义的迭代运算非常简单，然而，由于步长的固定使得收敛速度有点慢。为了提高收敛速度，可以在每一次迭代中选择 α，以最小化误差范数 $\varepsilon^{m+1}=(I-\alpha^m S^*A)\varepsilon^m$。因此，最佳步长由式(6.49)给出

$$\alpha^m = \arg\min_{\alpha}\|(I-\alpha S^*A)\varepsilon^m\|^2 \tag{6.49}$$

由于目标函数是关于 α 的二次函数，因此可以设置其导数为零去求解，即

$$\alpha^m = \frac{(\varepsilon^m)^* S^*A\varepsilon^m}{\|S^*A\varepsilon^m\|^2} \tag{6.50}$$

由于它需要额外的一次用 S^*A 的滤波运算来确定步长，所以这种调整使得每次迭代的计算量更大。然而，它通常会使得收敛速度更快。

最陡下降滤波

计算 $d=(S^*A)^{-1}c$ 的另一种方法是把 d 看成凸优化问题的一个解，然后依靠大量可用的迭代算法去有效地计算 d。作为一个例子，考虑所谓最陡下降法(steepest-descent method)，它是最简单迭代算法之一。最陡下降是一阶求导技术，这种算法是采取和当前点的负梯度函数成比例的步长去寻找一个函数的最小值。为了提高收敛速率也可以采用高阶求导算法，有兴趣的读者可以参考文献[133]，从而深入了解迭代算法。这种算法比变步长诺依曼算法的计算量更大，但是通常在最初的几次迭代中就可以快速收敛。一旦迭代趋近了真的最小值，这种方法就趋向于变得非常慢。

为了设计最陡下降迭代法，首先把 d 看成下面这个目标函数的最小值点

$$f(d) = \| S^*Ad - c \|^2 \tag{6.51}$$

尽管容易看出式(6.15)存在一个闭合解，我们仍然可以利用一个最陡下降法来迭代计算这个目标函数的最小化问题。这样就可以避免了计算逆运算$(S^*A)^{-1}$，而不用重复地应用 S^*A 去近似它。

开始需要进行初始化，给 d^0 赋一个假设值，如 $d^0=c$，最陡下降算法利用下面的关系式来更新当前 d^m：

$$d^{m+1} = d^m - \alpha^m \nabla_d f(d) \tag{6.52}$$

其中$\nabla_d f(d)$是对应于 d 的目标函数的导数，α^m是一个合适的步长。在这种情况下

$$\nabla_d f(d) = 2(A^*S)(S^*Ad - c) \tag{6.53}$$

因此，最陡下降迭代过程变成

$$\hat{d}^{m+1} = \hat{d}^m + \alpha^m A^* S(c - S^* A\hat{d}^m) \tag{6.54}$$

我们已注意到，除了因子 A^*S，式(6.54)几乎和诺依曼更新规则式(6.47)一样。

如果在每一次迭代过程当中合适地选择 α^m，那么这一组近似值就会收敛到 d [124]。一种选择是在每一次迭代中选择 α^m的值最小化式(6.51)。根据式(6.54)，这等价于

$$\alpha^m = \arg\min_{\alpha} \| (I - \alpha S^*AA^*S)\varepsilon^m \|^2 \tag{6.55}$$

令其导数为零，则有

$$\alpha^m = \frac{\| AS^*\varepsilon^m \|^2}{\| S^*AA^*S\varepsilon^m \|^2} \tag{6.56}$$

图6.12给出了诺依曼和最陡下降法更新规则的原理图。每次诺依曼迭代过程包含了 S^*A 的一次应用，这对应于在SI空间的一次滤波。变步长的诺依曼方法需要两次滤波运算(或者 S^*A 的应用)，而最陡下降法需要三次滤波运算，一次是计算 S^*Ad^m，两次是计算$(S^*A)(A^*S)(c - S^*Ad^m)$，进而确定更新参数 $\hat{d}^m$ 和步长 α^m。

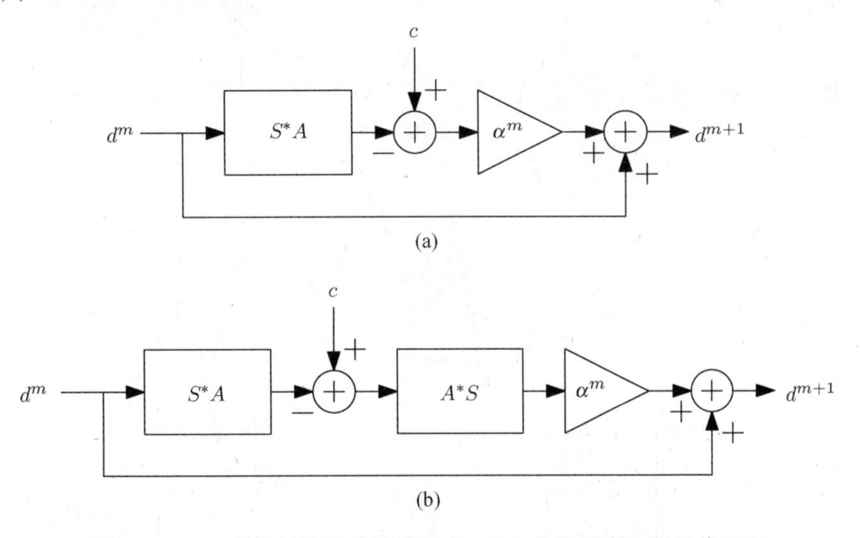

图6.12　(a)诺依曼算法的迭代过程；(b)最陡下降法的迭代过程

图6.13对比了在例6.7的情况中由三种方法产生的恢复结果。正如我们能看到的，对于这三种算法两次迭代就足够获得一个关于输入信号很好的近似。在图6.14中，用迭代次数作为函数表明了三种方法的重构误差，这时它们的收敛速度是相似的。然而，我们注意到，在某

个特定的 ω 下，对应于 S^*A 滤波器的频率响应接近于0，这时，最陡下降法的收敛速率变得非常慢。而且，由于每一次诺依曼迭代法的收敛速率比最陡下降法快3倍，因此，在当前的情况当中，诺依曼迭代最具有优势。

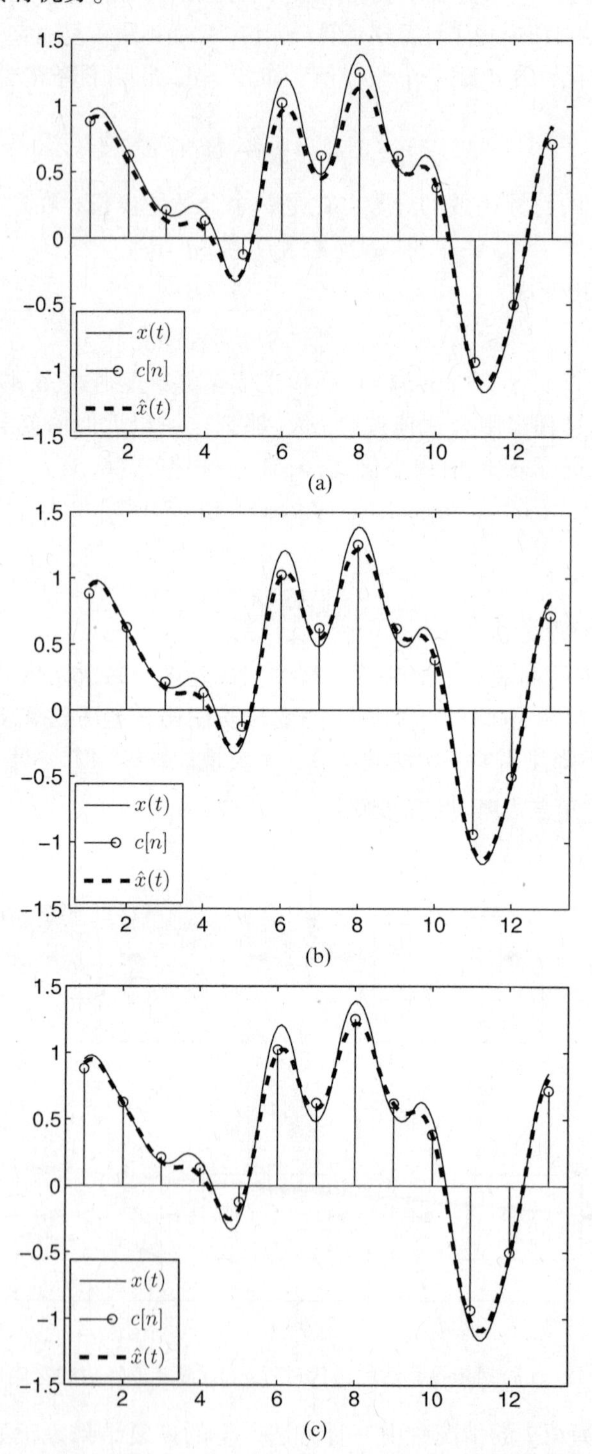

图 6.13　经过滤波后的采样序列 $x(t) * s(-t)$ 用两种迭代方法对一个二阶的样条 $x(t)$ 重构的结果。(a)固定步长的诺依曼方法；(b)变步长的诺依曼方法；(c)最陡下降法

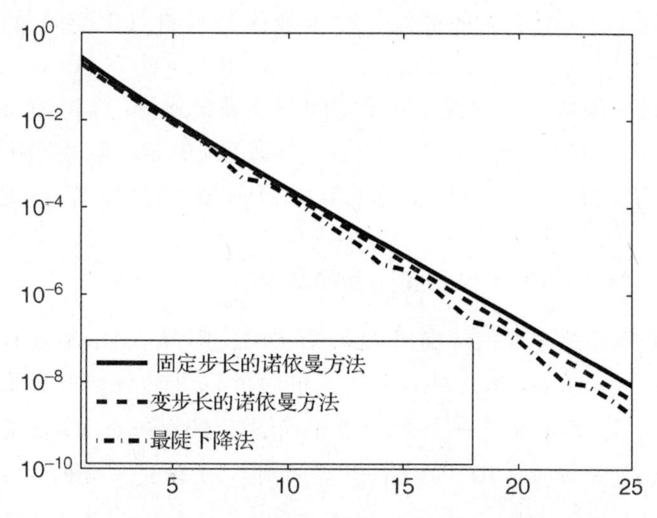

图 6.14　诺依曼方法和最陡下降法关于迭代次数的重构误差

6.3.4　基展开的说明

正如采样空间与恢复空间相等的情况一样，利用基展开的方法来解释图 6.9 的采样方案是很有趣的。由于在空间 $\mathcal{A}$ 中的任意信号都可以经过 $x(t)=\sum_n d[n]a(t-nT)$ 计算，并从它的校正采样值 $d[n]=c[n]*h[n]$ 中恢复出来，因此，可以把这个序列看成一个基展开的系数。为了获得对应的基，我们注意到，通过合并采样器 $s(t)$ 和式(6.33)的校正滤波器 $h[n]$，采样序列可以被等价地表示为 $d[n]=\langle v(t-nT),x(t)\rangle$，其中

$$v(t)=\sum_{n\in\mathbb{Z}}h[n]s(t-nT) \tag{6.57}$$

而在傅里叶域上有

$$V(\omega)=H(\mathrm{e}^{\mathrm{j}\omega T})S(\omega)=\frac{1}{R_{SA}(\mathrm{e}^{\mathrm{j}\omega T})}S(\omega) \tag{6.58}$$

对于任意信号 $x(t)\in\mathcal{A}$，有

$$x(t)=\sum_{n\in\mathbb{Z}}\langle v(t-nT),x(t)\rangle a(t-nT) \tag{6.59}$$

其中 $v(t)$ 由式(6.57)或者式(6.58)给出。

从式(6.57)我们可以看到 $v(t)$ 位于 $\mathcal{S}$ 当中，依据命题5.3 可以进一步表明函数集合 $\{v(t-nT)\}$ 形成一个 Riesz 基。并且注意到，由于直和条件，函数 R_{SA} 是有界的(参见推论 6.1)。这些基函数有一个额外的更具吸引力的性质，即它们对于 $\{a(t-mT)\}$ 是双正交的，那么 $\langle v(t-nT),a(t-mT)\rangle=\delta_{mn}$。由此可以得到式 $r_{va}[n]=\delta[n]$，在傅里叶域可以很容易地得到

$$\begin{aligned}R_{VA}(\mathrm{e}^{\mathrm{j}\omega})&=\frac{1}{T}\sum_{k\in\mathbb{Z}}\overline{V\left(\frac{\omega}{T}-\frac{2\pi k}{T}\right)}A\left(\frac{\omega}{T}-\frac{2\pi k}{T}\right)\\&=\frac{1}{R_{SA}(\mathrm{e}^{\mathrm{j}\omega})}\frac{1}{T}\sum_{k\in\mathbb{Z}}\overline{S\left(\frac{\omega}{T}-\frac{2\pi k}{T}\right)}A\left(\frac{\omega}{T}-\frac{2\pi k}{T}\right)=1\end{aligned} \tag{6.60}$$

我们可以推论，向量 $\{v(t-nT)\}$ 形成空间 $\mathcal{S}$ 的一组 Riesz 基，并且与向量 $\{a(t-nT)\}$ 是双正交的。当 $\mathcal{A}=\mathcal{S}$ 时，就可以恢复传统的双基函数。因此，式(6.58)就给出了一个具体的方法，利用这个方法可以构建任意子空间 $\mathcal{S}$ 上的给定基 $\{a(t-nT)\}$ 的对偶基，其中子空间 $\mathcal{S}$ 满足直和

条件 $L_2=\mathcal{A}\oplus\mathcal{S}^{\perp}$，我们把这类更一般的双正交函数称为倾斜双正交向量(oblique biorthogonal vector)。

当 $\mathcal{A}$ 和 $\mathcal{S}$ 是在希尔伯特空间中的一般子空间并且满足式(6.23)，在 $\mathcal{S}$ 中的倾斜双正交向量对应于集合变换 $V=S(A^*S)^{-1}$。在 $\mathcal{S}$ 中存在一个双正交 Riesz 基，这实际上可以用来定义直和条件，也就是说，$\mathcal{H}=\mathcal{A}\oplus\mathcal{S}^{\perp}$，当且仅当子空间 $\mathcal{A}$ 和 $\mathcal{S}$ 都存在 Riesz 基，并且它们是双正交的。

可以用下面的定理来归纳有关倾斜正交基的结论。

定理6.1 设 $\mathcal{A}$ 和 $\mathcal{S}$ 是希尔伯特空间 $\mathcal{H}$ 的子空间，且 $\mathcal{H}=\mathcal{A}\oplus\mathcal{S}^{\perp}$，设向量 $\{a_n\}$ 对于集合变换 A 是子空间 $\mathcal{A}$ 的一个 Riesz 基。那么，在 $\mathcal{S}$ 中向量 $\{a_n\}$ 的倾斜双正交向量 $\{v_n\}$ 就对应于集合变换 $V=S(A^*S)^{-1}$，其中 S 是一个对应于空间 $\mathcal{S}$ 的任意一个 Riesz 基的集合变换。当 $\mathcal{A}$ 是一个基函数为 $a_n(t)=a(t-nT)$ 的 SI 子空间时，则有 $v_n=v(t-nT)$，其中 $V(\omega)$ 由式(6.58)给出。

我们注意到，如果不用式(6.57)，可以定义

$$v(t)=\sum_{n\in\mathbb{Z}}h[n]a(t-nT) \tag{6.61}$$

或者

$$V(\omega)=H(\mathrm{e}^{\mathrm{j}\omega T})A(\omega)=\frac{1}{R_{SA}(\mathrm{e}^{\mathrm{j}\omega T})}A(\omega) \tag{6.62}$$

那么，就可以把任意的 $x(t)\in\mathcal{A}$ 表示为

$$v(t)=\sum_{n\in\mathbb{Z}}\langle s(t-nT),x(t)\rangle v(t-nT)=\sum_{n\in\mathbb{Z}}c[n]v(t-nT) \tag{6.63}$$

函数 $v(t-nT)$ 位于 $\mathcal{A}$ 中，并且与 $s(t-mT)$ 是双正交的。

回顾一下，空间 $\mathcal{A}$ 中的任意标准双正交基都可以用来构建一个双正交投影。相似地，空间 $\mathcal{S}$ 中一个双正交基 v_n 可以被用来定义一个斜投影。确实假设 $\{a_n\}$ 是 $\mathcal{A}$ 的一个 Riesz 基，并且 $\mathcal{S}$ 是一个子空间，使得 $\mathcal{H}=\mathcal{A}\oplus\mathcal{S}^{\perp}$。如果 $\{v_n\}$ 是 $\mathcal{S}$ 中的一个双正交基，那么

$$E_{\mathcal{AS}^{\perp}}x=\sum_{n\in\mathbb{Z}}\langle v_n,x\rangle a_n \tag{6.64}$$

$$E_{\mathcal{SA}^{\perp}}x=\sum_{n\in\mathbb{Z}}\langle a_n,x\rangle v_n \tag{6.65}$$

这两个等式都可以直接从斜投影的定义去证明。这里给出如何证明第一个等式，第二个等式证明过程是相似的。为了得到式(6.64)，需要得到对于任意的 $x\in\mathcal{S}^{\perp}$，使得 $E_{\mathcal{AS}^{\perp}}x=0$，并且对于 $x\in\mathcal{A}$，使得 $E_{\mathcal{AS}^{\perp}}x=x$。第一个等式成立，可以这样来考虑，既然 $v_n\in\mathcal{S}$，那么对于任意的 $x\in\mathcal{S}^{\perp}$，有 $\langle v_n,x\rangle=0$。因此，对于 $x\in\mathcal{A}$，可以写成 $x=\sum_m b[m]a_m$，$b[m]$ 为相应的系数。由于 $\langle v_n,a_m\rangle=\delta_{nm}$，则必然有 $\langle v_n,x\rangle=b[n]$，从而式(6.64)得证。

可以看到另一个有趣的现象，如果把双正交基 $\{v_n\}$ 投影到 $\mathcal{A}$ 上，那么得到的函数 $w_n=P_{\mathcal{A}}v_n$，而这恰是在 $\mathcal{A}$ 中的双正交基向量 $\{a_n\}$。由于 $\langle a_m,v_n\rangle=\langle P_{\mathcal{A}}a_m,v_n\rangle=\langle a_m,P_{\mathcal{A}}v_n\rangle$，这种双正交特性被保留。事实上，$\{P_{\mathcal{A}}v_n\}$ 张成了空间 $\mathcal{A}$ 是通过把式 $\langle v_n,x\rangle=\langle P_{\mathcal{A}}v_n,x\rangle$ 带入到式(6.64)中得出的。

最后值得注意的一点是，与上面讨论的概念相似，这个概念的引入始于框架展开，从而导致了斜对偶框架的概念[46, 47, 110, 114, 115]。

6.4　唯一无约束恢复

6.4.1　一致性恢复

在讨论直和条件不满足的场景之前，先概括一下到目前为止得到的结论。我们已经看到，如果信号 $x(t)$ 存在于由 $a(t)$ 生成的SI子空间 $\mathcal{A}$ 中，它可以从如图6.1所示生成的采样值中得到重构，当式(6.23)被满足时，采样值的生成可以用任意选择的 $s(t)$。这样，对于一个给定的SI空间，就存在一系列可用的采样滤波器。合适地选择函数就可以得到多种有趣的采样准则，例如，非带限信号的逐点采样、非带限函数的带限采样，等等。不考虑 $\mathcal{S}$ 空间的选择，只要直和条件被满足，并且 $x(t)$ 位于空间 $\mathcal{A}$ 中，图6.9系统的输出就会等于 $x(t)$。

由图6.9知系统灵活性是以输入信号没有全部在空间 $\mathcal{A}$ 中为代价的，如由于噪声的影响。正如我们看到的，对于一般的输入信号 $x(t) \in L_2(\mathbb{R})$，图6.9的输出等于 $E_{\mathcal{AS}^\perp}x$。作为对比，当 $\mathcal{A}=\mathcal{S}$ 时，图6.6的输出等于 $P_{\mathcal{A}}x$。正交投影特性表明，用方差来评价，这个输出是在 $\mathcal{A}$ 中最接近输入信号 $x(t)$ 的。其结果是，图6.9系统的信号恢复所产生的误差一般都要比图6.6的误差更大一些，这就需要在设计简单性和恢复误差之间进行一个权衡。在下一节中，将通过讨论滤波器 $s(t)$ 的选择来定量分析这个权衡关系。然而我们注意到，无论怎样进行 $s(t)$ 的选择，图6.9的系统都会产生一个一致性恢复(consistent recovery)[108]：用给定函数 $s(t)$ 对输出信号进行重复采样，也就是说，再把输出反馈到这个系统，导致了相同的采样值 $c[n]$。这一点是由于 $S^* E_{\mathcal{AS}^\perp}=S^*$ 得出的(参见习题9)。

一致性恢复的概念是非常重要的，特别是当没有关于需要处理信号的先验信息的时候。例如，通过一个专门的采样滤波器获得了一个信号的采样值，然后期望根据这个采样值插值运算得到一个连续信号。如果没有先验信息，那么就可能得到许多不同的恢复结果。这个插值的问题将在第9章进行详细研究。现在，先假设用一个专门的插值核函数 $a(t)$，如B样条函数，它在实际中有广泛的应用。由于没有关于信号的先验知识，一个合理的方法就是寻找一个一致解，也就是说，设法得到一个恢复结果 $\hat{x}(t)$，它具有这样的特性：如果利用同样的采样滤波器对它重采样，那么就会获得给定的采样值。我们的结果可以用来确定一个一致性恢复过程，这个恢复过程首先把算子 $(S^*A)^{-1}$ 应用到采样值，然后再利用选择的重构核函数对校正采样值进行插值运算。这个方法允许我们使用许多不同的核函数 $a(t)$，根据需要选择最佳的恢复。一个重要的问题是，无论如何选择 $a(t)$，只要采样值根据图6.9做合适的校正，这个恢复就是一致性的。

根据6.3.4节的讨论，并且利用定理6.1的结果，可以把校正 $H(\mathrm{e}^{\mathrm{j}\omega})=1/R_{SA}(\mathrm{e}^{\mathrm{j}\omega})$ 和由 $a(t)$ 进行的插值理解为计算在空间 $\mathcal{A}$ 中 $s(t)$ 的斜双正交对偶，其中 $\mathcal{A}$ 和采样空间 $\mathcal{S}$ 是不同的。当 $a(t)=s(t)$ 时，就意味着可以构成传统的双正交基。这些概念可以在下面的例子中得到验证。

例6.10　许多实际的采样装置对不重叠的信号进行平均化处理，这对应于用 $s(t)=\beta^0(t)$ 作为采样滤波器。假设得到一个未知信号 $x(t)$ 的局部平均值。一种根据采样值近似 $x(t)$ 的可能方法就是利用双正交基。由于函数 $\{\beta^0(t-n)\}$ 是标准正交的，那么双正交基就是由 $\beta^0(t)$ 张成的。利用这个滤波器进行信号重构就会产生一个不连续的恢复，正如在图6.15(a)给出的，这是不可取的。

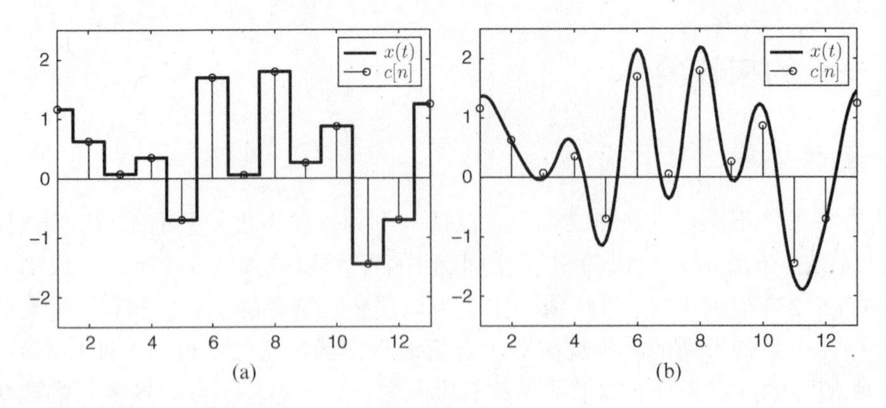

图 6.15 (a)在给定局部均值 $c[n]=\int_{n-0.5}^{n+0.5}x(t)\mathrm{d}t$ 的一个 0 阶样条；(b)在给定同样局部平均下的二阶样条

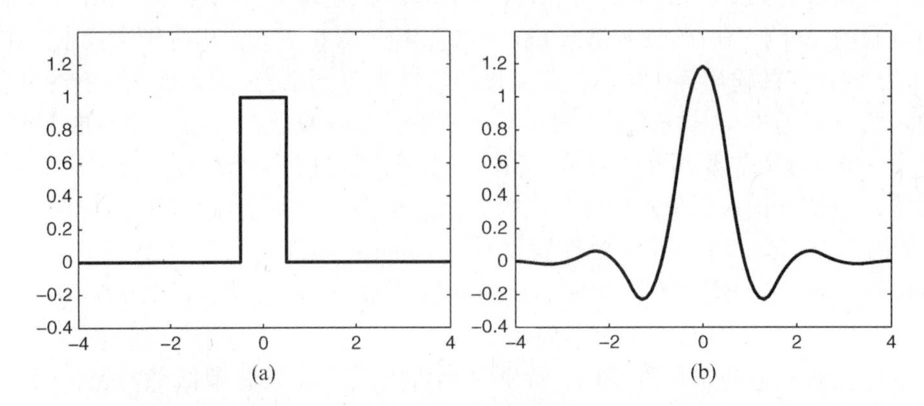

图 6.16 (a)函数 $\beta^0(t)$；(b)在二阶样条空间中 $\beta^0(t)$ 的倾斜对偶

作为一种替换方案，可以使用一种更平滑函数空间的倾斜双正交基，例如，图 6.16 给出了在二阶样条函数空间中 $\beta^0(t)$ 的倾斜双正交生成器。这相当于选择了一个二阶 B 样条，如图 6.9 所示的重构滤波器，并在恢复之前利用一个合适校正滤波器。这个倾斜双正交生成器由式(6.66)给出

$$v(t)=\sum_{n\in\mathbb{Z}}h[n]\beta^2(t-n) \tag{6.66}$$

其中 $h[n]$ 是 $r_{\beta^0\beta^2}[n]$ 的反卷积，其计算由式(6.19)给出，其功能为一个校正滤波器。图 6.15(b)给出了利用 $v(t)$ 的一个恢复过程，由于它的平滑性通常会在应用当中构成信号的一个更好的近似。注意到，这两种方案都有相同的采样值，因此都是一致性重构过程的。

6.4.2 恢复误差

现在，来分析当输入 $x(t)$ 不完全属于 $\mathcal{A}$ 时，图 6.9 所提供的灵活性相应的恢复代价问题。假设设计一个采样系统，并有 $x(t)\in\mathcal{A}$。考虑两种方案：一种方案是采样器与先验空间相匹配，即有 $s(t)=a(t)$。在另一种方案中，选择一个任意的满足直和条件式(6.23)的采样函数 $s(t)$。第一个系统的输出为 $x_1(t)=P_{\mathcal{A}}x(t)$，第二个系统的输出为 $x_2(t)=E_{\mathcal{A}\mathcal{S}^\perp}x(t)$。对于一个随机的输入 $x(t)$，对于两种重建的输出对应的误差函数为

$$e_1(t)=x(t)-x_1(t)=(I-P_{\mathcal{A}})x(t)=P_{\mathcal{A}^\perp}x(t)$$

$$e_2(t) = x(t) - x_2(t) = (I - E_{\mathcal{AS}^\perp})x(t) = E_{\mathcal{S}^\perp\mathcal{A}}x(t) \tag{6.67}$$

在下一个命题中，将对利用随机采样滤波器的平方范数误差的可能增长量进行量化分析，为了使结果更加一般化，我们在任意的希尔伯特空间下进行说明。

命题6.7　设 $\mathcal{A}$ 和 $\mathcal{S}$ 为希尔伯特空间上的两个闭合子空间，且满足 $\mathcal{H} = \mathcal{A} \oplus \mathcal{S}^\perp$，并假设 x 为 $\mathcal{H}$ 中的一个任意的向量，则

$$\| x - P_{\mathcal{A}}x \| \leqslant \| x - E_{\mathcal{AS}^\perp} x \| \leqslant \frac{1}{\cos(\mathcal{A}, \mathcal{S})} \| x - P_{\mathcal{A}}x \| \tag{6.68}$$

其中 $\cos(\mathcal{A}, \mathcal{S})$ 的定义见式(6.26)。

由这个定理可以直接得到的结果为

$$1 \leqslant \frac{\| e_2 \|}{\| e_1 \|} \leqslant \frac{1}{\cos(\mathcal{A}, \mathcal{S})} \tag{6.69}$$

特别是有 $\| e_2 \| \geqslant \| e_1 \|$。

证明　由于 $P_{\mathcal{A}}x$ 和 $E_{\mathcal{AS}^\perp} x$ 为子空间 $\mathcal{A}$ 中的向量，所以不等式的下界可以由投影原理(命题2.15)直接得到验证。

为了证明不等式的上界，定义 e_3 为 x_1 和 x_2 的差：$e_3 = (P_{\mathcal{A}} - E_{\mathcal{AS}^\perp})x$。很容易发现 $e_2 = e_1 + e_3$，其中 $e_1 \in \mathcal{A}^\perp$，$e_3 \in \mathcal{A}$。因此有 $e_1 \in P_{\mathcal{A}^\perp} e_2$，并且 $e_2 \in \mathcal{S}^\perp$。于是有

$$\min_x \frac{\| x - P_{\mathcal{A}}x \|}{\| x - E_{\mathcal{AS}^\perp} x \|} = \min_x \frac{e_1}{e_2} = \min_x \frac{P_{\mathcal{A}^\perp} e_2}{e_2} = \min_{e_2 \in \mathcal{S}^\perp} \frac{P_{\mathcal{A}^\perp} e_2}{e_2} = \cos(\mathcal{S}^\perp, \mathcal{A}^\perp) \tag{6.70}$$

其中

$$\cos(\mathcal{S}^\perp, \mathcal{A}^\perp) = \cos(\mathcal{A}, \mathcal{S}) \tag{6.71}$$

由余弦函数的定义

$$\cos^2(\mathcal{S}^\perp, \mathcal{A}^\perp) = \min_{s \in \mathcal{S}^\perp, \|s\|=1} \| P_{\mathcal{A}^\perp} s \|^2 = 1 - \max_{s \in \mathcal{S}^\perp, \|s\|=1} \| P_{\mathcal{A}} s \|^2 \tag{6.72}$$

利用柯西-施瓦茨不等式

$$\| P_{\mathcal{A}} s \|^2 = \max_{\|x\|=1} |\langle x, P_{\mathcal{A}} s \rangle|^2 = \max_{\|x\|=1} |\langle P_{\mathcal{A}} x, s \rangle|^2 = \max_{a \in \mathcal{A}, \|a\|=1} |\langle a, s \rangle|^2 \tag{6.73}$$

类似地，对于任意 $a \in \mathcal{A}$ 有

$$\| P_{\mathcal{S}^\perp} a \|^2 = \max_{\|x\|=1} |\langle x, P_{\mathcal{S}^\perp} a \rangle|^2 = \max_{\|x\|=1} |\langle P_{\mathcal{S}^\perp} x, a \rangle|^2 = \max_{s \in \mathcal{S}^\perp, \|s\|=1} |\langle a, s \rangle|^2 \tag{6.74}$$

根据式(6.73)和式(6.74)有

$$\max_{s \in \mathcal{S}^\perp, \|s\|=1} \| P_{\mathcal{A}} s \|^2 = \max_{a \in \mathcal{A}, \|a\|=1} \| P_{\mathcal{S}^\perp} a \|^2 \tag{6.75}$$

将式(6.75)代入式(6.72)即可证明式(6.71)。　□

命题6.7表明，任意地选择 $\mathcal{S}$ 而带来的灵活性是有一定的代价的：即对于 $x \notin A$ 的重构误差的范数增大了。然而，在许多实际的应用中这种增加不会很大[10, 134~136]。由于 $\mathcal{S}$ 和 $\mathcal{A}$ 属于SI空间，利用命题6.4可以直接计算最差情况的范数增长(见表6.4)。

表6.4　从0到 n 度的样条空间角度的余弦值

n	$\cos(\mathcal{A}, \mathcal{S})$	$\overline{\cos}(\mathcal{A}, \mathcal{S})$
0	1	1
1	0.866025	0.926420
2	0.872872	0.930323
3	0.836154	0.916853

例6.11 在例6.10中，我们对于0度B样条函数的采样这种一般的情况进行了分析。不是利用相同的发生器对采样值进行差值，而是考虑利用更高阶的样条函数，这样就会产生一个更平滑的函数。利用一个n阶的B样条来恢复信号会涉及计算在n度样条的$\mathcal{A}$空间中的β_0的倾斜对偶问题，正如定理6.1中所描述的。

如果输入不是一个n阶样条函数，恢复信号就不等于原始信号。对于一个给定的n阶内插函数，当利用$s(t)=\beta^n(t)$进行采样时所得到的误差最小。然而，这样的采样要比$\beta^0(t)$更加复杂，相当于一个局部平均过程。从命题6.7可以知道，利用一个简单的采样设备而得到的误差将满足关系$\|x-E_{\mathcal{A}\mathcal{S}^\perp}x\|\leqslant\|x-P_{\mathcal{A}}x\|/\cos(\mathcal{A},\mathcal{S})$，使得在最差的情况下，尽可能低的误差的增加值最大为$1/\cos(\mathcal{A},\mathcal{S})$。在表6.4中，给出了分别由0阶B样条和$n$阶B样条产生的$\mathcal{A}$和$\mathcal{S}$构成的$\cos(\mathcal{A},\mathcal{S})$值[137]。第二列是一个平均测量，不是按照定义式(6.28)计算$|R_{SA}(\mathrm{e}^{\mathrm{j}\omega})|/\sqrt{R_{SS}(\mathrm{e}^{\mathrm{j}\omega})R_{AA}(\mathrm{e}^{\mathrm{j}\omega})}$值的，这个表达式利用了所有频率进行整合。由表中可以看到，$\cos(\mathcal{A},\mathcal{S})$值只比1小一点，所以简单采样带来的误差增加并不很大。

命题6.7表明，对于固定的T，利用一个倾斜投影会增加误差。然而，由于步长可以减少，进而正交投影和倾斜投影之间的差异可以忽略。特别是，在平移不变空间情况下，如果$s(t)$具有单位分解特性，即$\sum_n s(t-n)=1$，则正交投影和倾斜投影具有相同的渐近过程，随着采样步长近似为0，这时有

$$\|x(t/T)-P_{\mathcal{A}}x(t/T)\|=\|x(t/T)-E_{\mathcal{A}\mathcal{S}\perp}x(t/T)\|=C\|x^{(-L)}(t)\|+O(T^{-L+1})\tag{6.76}$$

整数$L=n+1$代表阶数（这个模型可以产生n阶多项式），而$\|x^{(-L)}(t)\|$为$x(t)$的第L阶导数的范数[10]。

利用命题6.7中相似的证明方法，可以对于恢复的输入信号的范数$\|\hat{x}\|$得到相类似的边界。考虑到$\mathcal{A}=\mathcal{S}$，$\hat{x}=P_{\mathcal{A}}x$，输出结果的范数总是受到输入信号范数的约束，即$\|P_{\mathcal{A}}x\|\leqslant\|x\|$。当利用随机采样滤波器时，范数实际上是增加了，下面一个命题会说明这个问题。

命题6.8 设$\mathcal{A}$和$\mathcal{S}$为希尔伯特空间上的两个闭合子空间，满足$\mathcal{H}=\mathcal{A}\oplus\mathcal{S}^\perp$，则

$$\|E_{\mathcal{A}\mathcal{S}\perp}x\|\leqslant\frac{1}{\cos(\mathcal{A},\mathcal{S})}\|x\|\tag{6.77}$$

其中$\cos(\mathcal{A},\mathcal{S})$的定义见式(6.26)。

证明 为了证明这个定理，通过$\cos(\mathcal{A},\mathcal{S})$的定义有

$$\cos(\mathcal{A},\mathcal{S})\leqslant\frac{\|P_{\mathcal{S}}y\|}{\|y\|}\tag{6.78}$$

对于任意$y\in\mathcal{A}$，若$y=E_{\mathcal{A}\mathcal{S}\perp}x$，则对于任意的$x\in\mathcal{H}$，则有

$$\|E_{\mathcal{A}\mathcal{S}\perp}x\|\leqslant\frac{\|P_{\mathcal{S}}E_{\mathcal{A}\mathcal{S}\perp}x\|}{\cos(\mathcal{A},\mathcal{S})}\tag{6.79}$$

现在通过代入$P_{\mathcal{S}}$和$E_{\mathcal{A}\mathcal{S}\perp}$的表达式，可以验证$P_{\mathcal{S}}E_{\mathcal{A}\mathcal{S}\perp}=P_{\mathcal{S}}$。将其与$\|P_{\mathcal{S}}x\|\leqslant\|x\|$相结合得到

$$\|E_{\mathcal{A}\mathcal{S}\perp}x\|\leqslant\frac{\|P_{\mathcal{S}}x\|}{\cos(\mathcal{A},\mathcal{S})}\leqslant\frac{\|x\|}{\cos(\mathcal{A},\mathcal{S})}\tag{6.80}$$

命题得证。 □

6.5 非唯一恢复

我们现在来考虑 $\mathcal{A}$ 和 $\mathcal{S}^{\perp}$ 相交的情况，这意味着不止有一个信号与给定的采样值相匹配。这种情况带来了一个基本问题，即如何根据一个给定的测量值来最佳地估计一个未知信号。在前面的分析中，我们认为只有一个信号与采样值相吻合，也就是原始输入信号。因此，不需要估计技术。然而，这里我们需要在几个可能性中进行选择，因此需要考虑一些选择准则。在 6.1.5 节中介绍的两个设计准则可以应用在这里，即 LS 算法和极小极大法，也可以用来解决信号恢复的不唯一问题(如在噪声环境下的信号恢复问题)。有趣的是，我们将看到这两种方法在这里应用的结果是相同的。然而，在 6.6 节中可以证明，在恢复过程受约束时，这些策略会产生一些不同的信号重构构造方案。而在下一章中，会发现在平滑先验情况下相应的结果也是不同的。

6.5.1 LS 恢复

我们首先考虑 LS 算法的基本关系式(6.11)。对于 $S^*x=c$，有许多的解决方案，LS 目标函数的最小值为 0。因此，需要从所有一致解决方案 $S^*x=c$ 中选择一个具有最小 L_2 范数的方案，如式(6.12)给出的结果那样。考虑到 x 在 $\mathcal{A}$ 中这个先验知识，LS 恢复问题可以表示为

$$\hat{x}_{\mathrm{LS}} = \arg\min_{x\in\mathcal{A},\ S^*x=c} \|x\|^2 \tag{6.81}$$

将信号 x 在空间 $\mathcal{A}$ 的一个正交基 $\{a_n\}$ 进行系数展开，即 $x = \sum d[n]a_n = Ad$，最佳序列 d 就是下式的解：

$$\hat{d}_{\mathrm{LS}} = \arg\min_{S^*Ad=c} \|d\|^2 \tag{6.82}$$

这里利用这样的事实，由于 A 对应于一个正交基，因此有 $A^*A=I$，并且

$$\|x\|^2 = \langle Ad, Ad\rangle = \langle d, A^*Ad\rangle = \|d\|^2 \tag{6.83}$$

为了求解式(6.82)，首先要确定 d 的可能值，使其与采样值相一致，即 $S^*Ad=c$，进而给出如下定理。

定理 6.2　对于 $S^*Ad=c$，可能的 d 的序列应当为

$$\hat{d} = (S^*A)^{\dagger}c + v \tag{6.84}$$

其中 v 是 $\mathcal{N}(S^*A)$ 中的任意向量。

在证明定理之前，首先来验证其逆是良好定义的(有界的)。如果 $\mathcal{S}$ 和 $\mathcal{A}$ 是有限维的，例如分别为 M 和 N，则 S^*A 对应于一个 $M\times N$ 矩阵，$(S^*A)^{\dagger}$ 是一般的有界算子。然而，对于无限维的算子并不是如此。幸运的是，S 和 A 是与 Riesz 基相对应的集合变换，这样就能够保证 $(S^*A)^{\dagger}$ 是有界的，正如下一命题所描述的。

命题 6.9　设 S 和 A 是与 Riesz 基 $\{s_n\}$ 和 $\{a_n\}$ 分别相对应的集合变换，则 $(S^*A)^{\dagger}$ 是一个有界算子。

证明　这个命题的证明主要依赖于这样一个事实，一个算子的伪逆是有界的，如果这个算子范围是闭合的。因此，这里只需要说明 $T=S^*A$ 的范围是闭合的。这里，伪逆为 T 的逆，并受限于 $\mathcal{N}(T)^{\perp}$。因为 S 和 A 对应于 Riesz 基，所以 T 是有界的，并且如果它有下界则有一个闭

合的范围(见命题2.6)。这里再一次利用这个事实，即 S 和 A 与 Riesz 基相对应，并且 S^* 和 A 都在 $\mathcal{N}(T)^{\perp}$ 有下界，因此 T 有下界。□

我们现在来证明定理6.2。

定理6.2的证明 为了得到式(6.84)给出的 $S^*Ad=c$ 的解，计算下式：

$$S^*A\hat{d} = (S^*A)((S^*A)^{\dagger}c+v) = (S^*A)(S^*A)^{\dagger}c = P_{\mathcal{R}(S^*A)}c = c \tag{6.85}$$

其中，第二个等式是由 $v\in\mathcal{N}(S^*A)$ 而得来的，第三个等式是由伪逆的特性而得来的，最后的等式是 $c\in\mathcal{R}(S^*A)$ 得到的结果(对于一些 $x\in\mathcal{A}$，有 $c=S^*x$)。因此，对于式(6.84)描述的向量都满足 $S^*Ad=c$。从式(6.85)可以看出，$\hat{d}+w$ 中的向量不满足 $S^*Ad=c$，其中 $\hat{d}$ 由式(6.84)给出，而 $w\in\mathcal{N}(S^*A)^{\perp}$。定理得证。□

推论6.2 式(6.82)的解为

$$\hat{d}_{\mathrm{LS}} = (S^*A)^{\dagger}c \tag{6.86}$$

证明 这个证明首先要注意到，$\mathcal{R}((S^*A)^{\dagger})=\mathcal{N}(S^*A)^{\perp}$。由于 $v\in\mathcal{N}(S^*A)$，因此，对于满足式(6.84)的任意 d，有

$$\|d\|^2 = \|(S^*A)^{\dagger}c\|^2 + \|v\|^2 \geqslant \|(S^*A)^{\dagger}c\|^2 \tag{6.87}$$

当且仅当 $v=0$ 时，其等号成立。□

从推论6.2可以得到结论，具有最小范数的LS恢复方法意味着对于采样值 c 可以应用

$$H = (S^*A)^{\dagger} \tag{6.88}$$

从而可以得到展开系数为 $d=Hc$。通过 $\hat{x} = \sum_n d[n]a_n$，这个序列就可以用来合成 $\hat{x}$。对于LS恢复方法，$\hat{x}$ 与 x 的关系为

$$\hat{x}_{\mathrm{LS}} = Ad = AHc = A(S^*A)^{\dagger}c = A(S^*A)^{\dagger}S^*x \tag{6.89}$$

如果直和条件成立，那么，根据引理2.2可知 S^*A 是可逆的，式(6.88)的解就会变成6.2.3节中所得到的结果。

如果 $\mathcal{A}$ 和 $\mathcal{S}$ 分别为 $a(t)$ 和 $s(t)$ 产生的移不变空间，算子 S^*A 就相当于序列 $r_{sa}[n]$ 的卷积。因此，$H=(S^*A)^{\dagger}$ 是一个有如下频率响应的数字滤波器。

$$H(\mathrm{e}^{\mathrm{j}\omega}) = \begin{cases} \dfrac{1}{R_{SA}(\mathrm{e}^{\mathrm{j}\omega})}, & R_{SA}(\mathrm{e}^{\mathrm{j}\omega}) \neq 0 \\ 0, & R_{SA}(\mathrm{e}^{\mathrm{j}\omega}) = 0 \end{cases} \tag{6.90}$$

对于 $R_{SA}(\mathrm{e}^{\mathrm{j}\omega})$ 不为零时的频率范围上，这个结果与式(6.33)是一致的。对于使得 $R_{SA}(\mathrm{e}^{\mathrm{j}\omega})=0$ 的频率范围，采样值就无法传达原始信号的信息。这一点实际上是满足这样的一个事实，即当 $x(t) = \sum_n d[n]a(t-nT)$ 时，采样值的DTFT是由 $C(\mathrm{e}^{\mathrm{j}\omega}) = D(\mathrm{e}^{\mathrm{j}\omega})R_{SA}(\mathrm{e}^{\mathrm{j}\omega})$ 得到的，因此，当 $R_{SA}(\mathrm{e}^{\mathrm{j}\omega})=0$ 时 $C(\mathrm{e}^{\mathrm{j}\omega})=0$。

6.5.2 极小极大恢复

这里我们来讨论极小极大恢复方法的架构，即

$$\hat{x}_{\mathrm{MX}} = \arg\min_{\hat{x}}\max_{x\in\mathcal{G}} \|\hat{x}-x\|^2 \tag{6.91}$$

其中 $\mathcal{G}$ 为信号集合 $x\in\mathcal{A}$，并满足 $S^*x=c$。

为了解决这个问题，首先注意到，$\hat{x}_{\mathrm{MX}}$必然存在于空间$\mathcal{A}$中，对于任意的$\hat{x}\notin\mathcal{A}$，只要对于任意的$\hat{x}$有$x\in\mathcal{A}$，我们可以将其投影到空间$\mathcal{A}$：$\|\hat{x}-x\|^2\geqslant\|P_{\mathcal{A}}\hat{x}-x\|^2$上。因此，可以利用$x$和$\hat{x}$在$\mathcal{A}$中的展开系数来表示$x$和$\hat{x}$，即$\hat{x}=A\hat{d}$和$x=Ad$。为了保证式(6.91)中的误差是有限的，序列$d$必须被限制在一个有界集合上。因此，提出一个附加要求，即对于常数$\rho>0$，保证$\|d\|\leqslant\rho$。这时，式(6.91)的问题可以描述为

$$\min_{\hat{d}}\max_{d\in\mathcal{D}}\|A\hat{d}-Ad\|^2 \tag{6.92}$$

其中$\mathcal{D}=\{d:S^*Ad=c,\ \|d\|\leqslant\rho\}$。下面的定理将表明，只要$\mathcal{D}$为一个非空集，$\rho$的选择就不会影响最终的结果。

定理6.3 式(6.92)的解为$\hat{d}=(S^*A)^\dagger c$。

这个定理表明，极小极大的解是由$\hat{x}_{\mathrm{MX}}=A(S^*A)^\dagger c$给出的，并与式(6.89)的LS恢复方法是一致的。

证明 在定理6.2中我们看到，如果$c\in\mathcal{R}(S^*A)$，当且仅当$d=(S^*A)^\dagger c+v$时，序列d满足$S^*Ad=c$，其中v存在于$\mathcal{N}(S^*A)$中。进一步有$(S^*A)^\dagger c\in\mathcal{N}(S^*A)^\perp$，使得$\|v\|^2=\|d\|^2-\|(S^*A)^\dagger c\|^2$。因此，式(6.92)中内部的最大值为

$$\|A(\hat{d}-(S^*A)^\dagger c)\|^2+\max_{v\in\mathcal{V}}\{\|Av\|^2-2v^*A^*A(\hat{d}-(S^*A)^\dagger c)\} \tag{6.93}$$

其中

$$\mathcal{V}=\{v:v\in\mathcal{N}(S^*A),\ \|v\|^2\leqslant\rho^2-\|(S^*A)^\dagger c\|^2\} \tag{6.94}$$

由于$\mathcal{V}$为一个对称集，因此，式(6.93)中能够取最大值的向量v必然满足$v^*A^*A(\hat{d}-(S^*A)^\dagger c)\leqslant 0$，这时我们可以在不影响约束关系的情况下改变$v$的符号，得到

$$\max_{v\in\mathcal{V}}\{\|Av\|^2-2v^*A^*A(\hat{d}-(S^*A)^\dagger c)\}\geqslant\max_{v\in\mathcal{V}}\|Av\|^2 \tag{6.95}$$

结合式(6.95)和式(6.93)有

$$\begin{aligned}\min_{\hat{d}}\max_{d\in\mathcal{D}}\|A\hat{d}-Ad\|^2&\geqslant\min_{\hat{d}}\{\|A(\hat{d}-(S^*A)^\dagger c)\|^2+\max_{v\in\mathcal{V}}\|Av\|^2\}\\&=\max_{v\in\mathcal{V}}\|Av\|^2\end{aligned} \tag{6.96}$$

其中的等号是求解最小值的结果，即$\hat{d}=(S^*A)^\dagger c$时得到的结果。

下面来说明当$\hat{d}=(S^*A)^\dagger c$时，式(6.96)取不等号的情况。实际上，在式(6.93)中带入$\hat{d}$的这种选择，可以得到

$$\max_{d\in\mathcal{D}}\|A\hat{d}-Ad\|^2=\max_{v\in\mathcal{V}}\{\|Av\|^2-2v^*A(\hat{d}-(S^*A)^\dagger c)\}=\max_{v\in\mathcal{V}}\|Av\|^2 \tag{6.97}$$

最后，由于这个目标函数是严格凸的，因此这个解是唯一的。定理得证。 □

在下面的例子中我们来对比极小极大恢复方法和LS恢复方法。

例6.12 考虑这样一个信号

$$x(t)=\sum_{n\in\mathbb{Z}}d[n]a(t-n) \tag{6.98}$$

其中，$a(t)$的CTFT对于$\omega\in[-\pi,\pi]$满足于$A(\omega)>\alpha>0$。假设$x(t)$通过滤波器$s(t)=(1/T_0)\mathrm{sinc}(t/T_0)$，其中$T_0>1$，然后再在整数点进行采样。我们的目标是从采样值$c[n]$中恢复信号$x(t)$。

在本例子中，$x(t)$在$[-\pi/T_0, \pi/T_0]$之外的频率成分被设为0。因此，有无限多的序列$d[n]$满足采样值$c[n]$。实际上，$C(e^{j\omega}) = D(e^{j\omega})R_{SA}(e^{j\omega})$，而在这个情况下有

$$R_{SA}(e^{j\omega}) = \begin{cases} A(\omega), & |\omega| \leqslant \pi/T_0 \\ 0, & \pi/T_0 < |\omega| \leqslant \pi \end{cases} \tag{6.99}$$

因此，在$\pi/T_0 < |\omega| \leqslant \pi$范围内，采样值不会受到$D(e^{j\omega})$的影响。

LS恢复方法和极小极大恢复方法就相当于将采样值序列$c[n]$通过一个滤波器，从而获得展开系数$\hat{d}[n]$，这个滤波器为

$$H(e^{j\omega}) = \begin{cases} 1/A(\omega), & |\omega| \leqslant \pi/T_0 \\ 0, & \pi/T_0 \leqslant |\omega| \leqslant \pi \end{cases} \tag{6.100}$$

图6.17对比了这个方法得到的恢复信号以及与常规的方法的对比，普通方法的信号在重构之间并没有被处理，即$\hat{d}[n] = c[n]$。在这个图中，$a(t) = \beta^3(t)$，$T_0 = 4$。

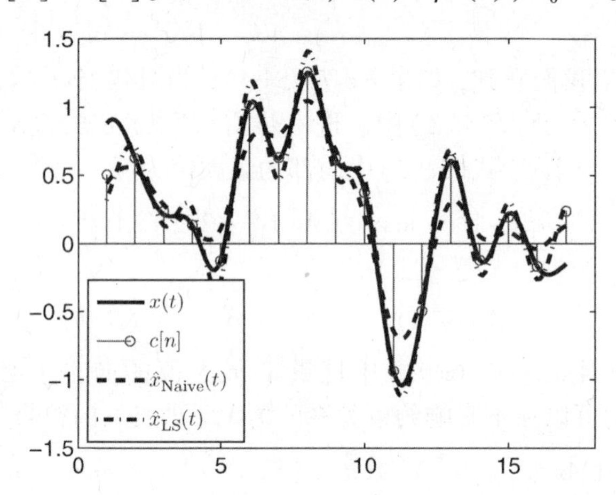

图6.17 度为3的样条，其通过滤波器$s(t) = (1/4)\mathrm{sinc}(t/4)$的采样值$c[n]$，以及利用和不利用校正滤波器式(6.100)得到的恢复信号

6.6 有约束恢复

到目前为止，我们已经详细地说明了采样过程，但是没有限制重构过程，或者说没有限制图6.2中的核函数$w(t)$。对于采样定理的实际应用，还必须考虑这些插值算法的约束条件。香农-奈奎斯特采样定理难以实现的一方面原因就是sinc插值核函数的使用。由于其缓慢衰退，在时间t_0时刻对于信号$x(t)$的评估需要大量远离t_0点的采样值。在很多应用中，可以通过一些简单的采样方法来减少计算量，如线性插值。在图像处理应用中，经常使用具有小支撑的核函数，包含最近临近点、双线性、双立方、兰乔斯函数和样条函数等(例6.3和例6.4)。核函数$w(t)$也可以代替一个图像的像素形状。当$w(t)$事先是固定时，滤波器$h[n]$应该对于选择的非理想核函数进行补偿。

因此，对于一个给定的采样函数$s(-t)$和一个固定的插值核$w(t)$，我们现在考虑如何设计图6.2中的数字滤波器$h[n]$的问题，进而使得输出结果$\hat{x}(t) = \sum_n d[n]w(t-nT)$在一定程度上能够良好地近似输入信号$x(t)$。为了得到一个稳定的信号重构，我们重点讨论核函数$w(t)$满足Riesz基条件式(5.14)的情况。

例 6.13　作为一个有趣的例子，假设 $x(t)$ 是度为 1 的样条函数。我们的目标是利用一个简单的零阶保持，从逐点采样信息恢复信号 $x(t)$，即相当于重构滤波器为 $\beta^0(t)$。由于这样的简单方法，$\hat{x}(t)$ 为一个度为 0 的样条函数，因此不可能与 $x(t)$ 相等。

解决这个问题的最简单的方法就是利用图 6.9 的方法，其中 $s(t)=\delta(t)$ 和 $a(t)=\beta^0(t)$。因为恢复是在 $\beta^0(t)$ 所限制的空间范围内进行的，利用这个函数作为先验空间的生成器的函数。利用式(6.33) $h[n]$ 的近似结果如图 6.18(a) 所示。这个方法的问题就是，忽视了关于 $x(t)$ 的已有信息。接下来应该看到，考虑到 $x(t)$ 为度为 1 的样条，可以得到图 6.18(b) 中的重构，对于平方误差来说与 $x(t)$ 更为接近。

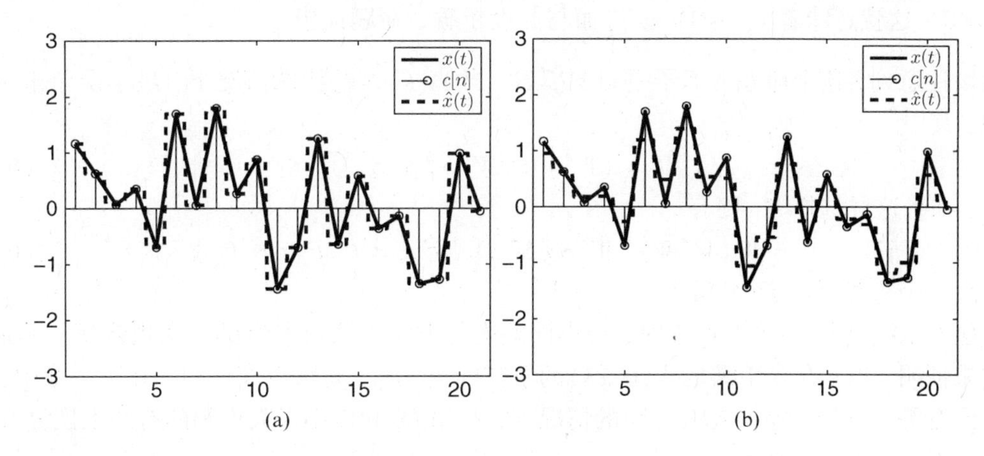

图 6.18　根据逐点采样的 1 度样条函数的重构。(a) 利用图 6.9 的 $a(t)=\beta^0(t)$ 以及式(6.33)的 $h[n]$；(b) 利用图 6.20 的方法 $\omega(t)=\beta^0(t)$ 和 $a(t)=\beta'(t)$（见下一节）

6.6.1　最小误差恢复

在 6.3.2 节中已经看到，在直和条件下，从 $\mathcal{S}$ 中的采样值完美地恢复 x 是可能的。然而，一旦我们限制了这种重构机制，就无法恢复信号。这是因为对于每次序列 $d[n]$ 的选择，就会使得恢复信号 $\hat{x}(t)=\sum_n d[n]w(t-nT)$ 存在于空间 $\mathcal{W}$ 中，$\mathcal{W}$ 由生成器 $w(t)$ 张成。如果 $x(t)$ 在开始并未存在于 $\mathcal{W}$ 中，则 $\hat{x}(t)$ 和 $x(t)$ 就不相等。此外，我们试图选择 $h[n]$ 使得恢复的 $\hat{x}(t)$ 能够在 L_2 范数的意义上最接近 $x(t)$，这里，就是我们提出了一个最小误差恢复方法。

由于 $\hat{x}(t)$ 被约束存在于空间 $\mathcal{W}$ 中，并且满足投影定理（命题 2.15），即当 $\hat{x}(t)=P_{\mathcal{W}}x(t)$ 时，就能够得到 $x(t)$ 的最小误差近似。现在的问题是，我们是否能够从采样值 $c[n]$ 中得到方程的解。把这个问题引入到任意希尔伯特空间中讨论，假设得到了 x 采样值 $c=S^*x$，并且约束在 $\mathcal{W}$ 中进行信号重构。因此，$\hat{x}=Wd$，集合变换 W 对应于空间 $\mathcal{W}$ 的一个 Riesz 基，并且，对于一个线性变换的 H 有 $d=Hc$。我们将通过选择 H，使得平方误差为最小，即

$$\min_H \|\hat{x}-x\|^2=\min_H \|WHS^*x-x\|^2 \tag{6.101}$$

根据投影定理，当 $WHS^*x=P_{\mathcal{W}}x$ 时，误差为最小。但问题是对于所有 $\mathcal{H}$ 中的 x，是否存在这样一个 H 满足 $WHS^*x=P_{\mathcal{W}}x$。一般来说，在没有足够的先验知识情况下，通常是不可能的，就如接下面的命题所说的一样。

命题6.10 设$H:\ell_2\to\ell_2$为一个任意的线性变换，同时，设W和S为有界变换，即$\mathcal{R}(W)=\mathcal{W}$，$\mathcal{R}(S)=\mathcal{S}$，并且$\mathcal{W}\not\subseteq\mathcal{S}$，则无法找到$H$，使得满足对于所有$x$，有$WHS^*x=P_{\mathcal{W}}x$。

证明 为了证明这个命题，反向分析，即假设存在一个这样的H，对于所有的x满足$WHS^*x=P_{\mathcal{W}}x$。考虑一个信号x，由$x=x_{\mathcal{S}\perp}+x_{\mathcal{W}}$构建，其中$x_{\mathcal{S}\perp}$属于$\mathcal{S}^\perp$，但是不属于$\mathcal{W}^\perp$(因为$\mathcal{W}\not\subseteq\mathcal{S}$，总存在这样一个向量)，并且$x_{\mathcal{W}}\in\mathcal{W}$。对于这样的选择，$S^*x=S^*x_{\mathcal{W}}$，即有

$$WHS^*x=WHS^*x_{\mathcal{W}} \tag{6.102}$$

从另一方面看，由于我们的假设，$WHS^*x=P_{\mathcal{W}}x$和$WHS^*x_{\mathcal{W}}=P_{\mathcal{W}}x_{\mathcal{W}}=x_{\mathcal{W}}$。将$x=x_{\mathcal{S}\perp}+x_{\mathcal{W}}$代入，即有$P_{\mathcal{W}}x=P_{\mathcal{W}}x_{\mathcal{S}\perp}+x_{\mathcal{W}}$。其结果是，为了满足式(6.102)，就必须有$P_{\mathcal{W}}x_{\mathcal{S}\perp}+x_{\mathcal{W}}=x_{\mathcal{W}}$或$P_{\mathcal{W}}x_{\mathcal{S}\perp}=0$。这就意味着$x_{\mathcal{S}\perp}\in\mathcal{W}^\perp$，进而与假设矛盾。命题证毕 □

可以注意到，这个命题考虑子空间$\mathcal{W}\not\subseteq\mathcal{S}$。当$\mathcal{W}\subseteq\mathcal{S}$的特殊情况下，最小误差重构就可以实现，其中

$$H=(W^*W)^{-1}W^*S(S^*S)^{-1} \tag{6.103}$$

实际上，如果这样选择H，则有

$$\hat{x}=W(W^*W)^{-1}W^*S(S^*S)^{-1}S^*x=P_{\mathcal{W}}P_{\mathcal{S}}x=P_{\mathcal{W}}x \tag{6.104}$$

其中最后一个等号是由于$\mathcal{W}\subseteq\mathcal{S}$。

命题6.10表明，在当$\mathcal{W}\not\subseteq\mathcal{S}$时，最小误差恢复方法无法对所有的$x$实现恢复。然而，我们现在来证明，当$x$存在于满足式(6.23)的子空间上，$P_{\mathcal{W}}x$是可以获得的。在下一章中，还会讨论在没有关于$x$的子空间先验知识的情况下，利用LS和极小极大准则的有约束恢复方法。

定理6.4 考虑这样一个问题

$$\min_H \|\hat{x}-x\|^2=\min_H \|WHS^*x-x\|^2,\qquad x\in\mathcal{A}$$

其中，$\mathcal{A}\subseteq\mathcal{H}$是一个闭合子空间，并满足$\mathcal{H}=\mathcal{A}\oplus\mathcal{S}^\perp$，$W$和$S$分别为对应于$\mathcal{W}$和$\mathcal{S}$的集合变换。这个问题的解为

$$H_A=(W^*W)^{-1}W^*A(S^*A)^{-1} \tag{6.105}$$

其中A为对应于Riesz基$\mathcal{A}$的一个集合变换。对于这样的选择，$\hat{x}$就是$\hat{x}=P_{\mathcal{W}}x$的最小范数解。

在证明这个定理之前，根据引理2.2我们注意到，算子$(S^*A)^{-1}$是有明确定义的。而且很明显，$A(S^*A)^{-1}$与Riesz基A的选择无关，因为，对于某些可逆算子$P:\ell_2\to\ell_2$，任何其他的Riesz基都可以表示为$\widetilde{A}=AP$。

证明 首先注意到，由于$x\in\mathcal{A}$，根据$x=A(S^*A)^{-1}$得到的采样值c可以实现信号的重构。一旦我们知道x，在$\mathcal{W}$中的LS误差的近似结果为

$$\hat{x}=P_{\mathcal{W}}x=P_{\mathcal{W}}A(S^*A)^{-1}c=WH_Ac \tag{6.106}$$

最终，由于$c=S^*x$，有

$$\hat{x}=P_{\mathcal{W}}A(S^*A)^{-1}S^*x=P_{\mathcal{W}}E_{\mathcal{AS}\perp}x=P_{\mathcal{W}}x \tag{6.107}$$

其中利用了这样的关系，对于$x\in\mathcal{A}$，有$E_{\mathcal{AS}\perp}x=x$。定理证毕。 □

为了从几何上进一步理解定理6.4，可以回忆一下，在直和条件下，如图6.5所示，对于

任何的向量 $x \in \mathcal{A}$ 都可以从采样值 $c[n]$ 中得到恢复。然而，这里我们被约束只能得到 $\mathcal{W}$ 中的一个解。但是，一旦恢复了 x，我们就可以计算 $P_{\mathcal{W}}x$，这就是 $\mathcal{W}$ 中的最小误差近似。图6.19中给出了这种基本关系。

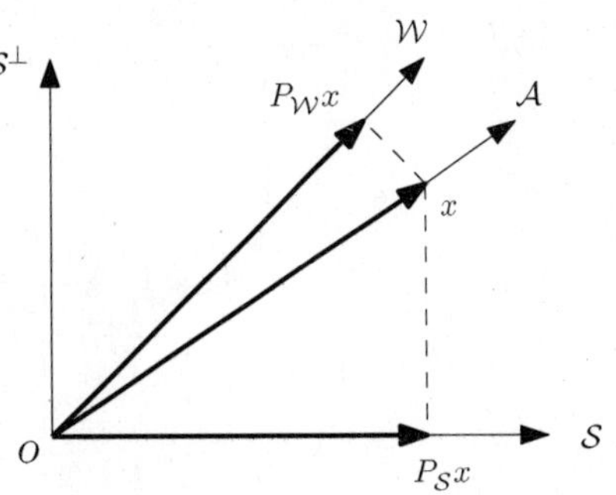

图6.19　一个信号 $x(t) \in \mathcal{A}$ 可以利用采样值 $c[n]$ 进行恢复，并计算其在 $\mathcal{W}$ 上的正交投影

当 $\mathcal{A}$，$\mathcal{S}$ 和 $\mathcal{W}$ 都是SI子空间时，$P_{\mathcal{W}}x(t)$ 是对采样值序列经过如下滤波器的滤波而得到的

$$H_{\mathcal{A}}(e^{j\omega}) = \frac{R_{WA}(e^{j\omega})}{R_{SA}(e^{j\omega})R_{WW}(e^{j\omega})} \tag{6.108}$$

其中 $R_{WA}(e^{j\omega})$，$R_{SA}(e^{j\omega})$ 和 $R_{WW}(e^{j\omega})$ 在式(5.28)中利用 $W(\omega)$，$A(\omega)$ 和 $S(\omega)$ 的替换给出了定义。图6.20给出了相应的采样和恢复方案。

现在重新考虑例6.13。这种情况下，$x(t)$ 为1度样条函数 $s(t)=\delta(t)$，并且 $w(t)=\beta^0(t)$。图6.18(b)给出了利用图6.20以及 $a(t)=\beta^1(t)$ 的信号恢复。可以看到，这个方法比图6.18(a)中的方法具有优势，因为，它不需要考虑子空间先验 $x(t)\in\mathcal{A}$。

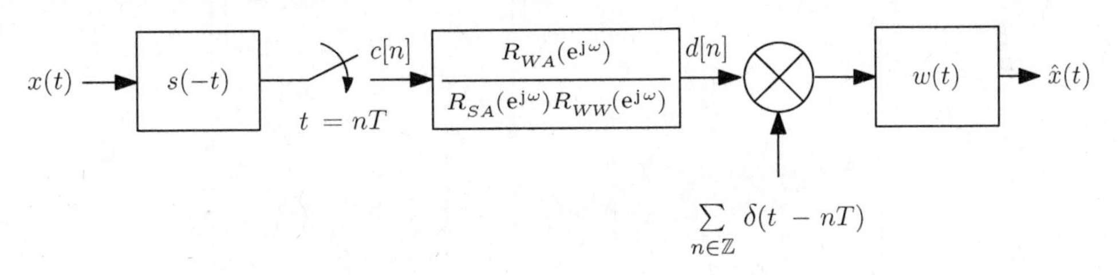

图6.20　信号 $x(t)\in\mathcal{A}$ 在 $\mathcal{W}$ 上的重构

为了进一步地说明有约束的信号恢复过程，我们再考虑一下例6.9的情况，并对重构机制提出一个约束。

例6.14　假设式(6.39)的信号 $x(t)$ 是经过反锯齿滤波器 $s(t)=\mathrm{sinc}(t)$ 后进行整数点采样的结果，正如例6.9中所示。这里，我们利用一个标准的零阶保持DAC从采样值 $c[n]$ 中恢复信号 $x(t)$。因此，相应的重构滤波器为 $w(t)=u(t)-u(t-1)$，其中 $u(t)$ 为单位阶跃函数。

为了计算数字校正滤波器式(6.108)，我们注意到 $R_{WW}(e^{j\omega})=1$。而且，式(6.40)给出了这个滤波器 $1/R_{SA}(e^{j\omega})$，在例6.9中已经可以看到。剩下的 $R_{WA}(e^{j\omega})$ 对应的滤波器为

$$h_{WA}[n] = \begin{cases} e^{\frac{n}{\tau}}(1-e^{-\frac{1}{\tau}}), & n \leqslant 0 \\ 0, & n > 0 \end{cases} \tag{6.109}$$

因此，输入DAC的序列 $d[n]$ 是通过式(6.40)利用 $h[n]$ 和 $c[n]$ 的卷积，然后通过式(6.109)的 $h_{WA}[n]$。图6.21给出了上述描述的重构方案与没有校正滤波器得到恢复结果的比较。可以看出，这种最小误差恢复方法在均方误差方面是更加严格地遵从了输入信号。

下面考虑一下直和条件不满足的情况。由于一般情况下最小误差解可能无法获得，因此就考虑利用LS算法和极小极大算法来进行信号恢复。

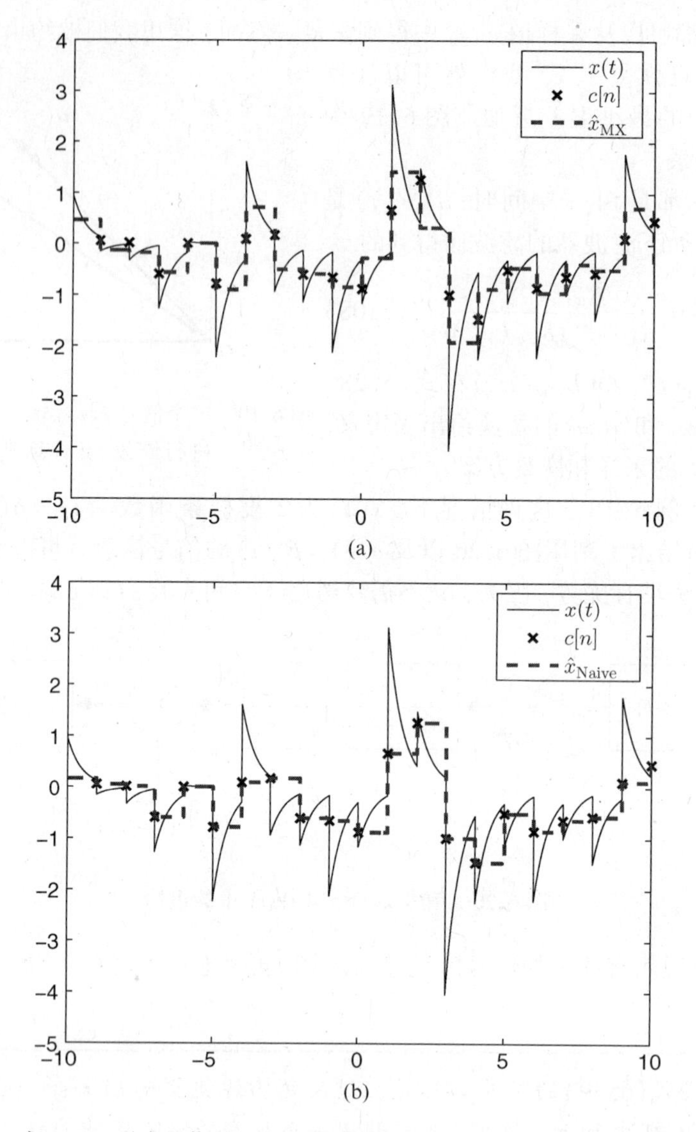

图 6.21 式(6.39)形式的信号 $x(t)$ 根据采样值 $c[n]=(x(t)*\mathrm{sinc}(t))\big|_{t=n}$ 利用一个零阶保持滤波器的重构。(a)最小误差重构；(b)没有数字校正的重构

6.6.2 有约束 LS 恢复

为了分析 LS 算法在 $\mathcal{W}$ 上的信号重构，我们将式(6.11)重新写为

$$\hat{x}_{\mathrm{CLS}} = \arg\min_{x\in\mathcal{W}} \|S^* x - c\|^2 \tag{6.110}$$

其中 CLS 表示有约束的 LS 算法。式(6.110)的目标函数约束了它的解存在于空间 $\mathcal{W}$ 中，但是，它忽略了先验知识 $x\in\mathcal{A}$。LS 准则的一个不足是不能同时满足先验信息和恢复约束，我们将看到，这将使得 LS 算法比极小极大算法在性能上有所降低。

在这种情况下，一个重要的观察就是采样值 c 不一定要求属于 $\mathcal{R}(S^* W)$，因为 x 是属于 $\mathcal{A}$ 的。因此，可能不存在一个 $x\in\mathcal{W}$ 产生测量的采样值 c，使得式(6.110)的最小距离一般不为零。下面的定理讨论了这个最小的目标函数值，以及满足条件的在 $\mathcal{W}$ 中的这类信号集合。

定理6.5　设 $\hat{x}=W\hat{d}$ 为 $\mathcal{W}$ 中的一个向量，并使得式(6.110)得到最小值，则 $\hat{d}$ 可以表示为

$$\hat{d}=(S^*W)^{\dagger}c+v \tag{6.111}$$

其中 v 为 $\mathcal{N}(S^*W)$ 中一个任意向量。

证明　将 $x\in\mathcal{W}$ 表示为 $x=Wd$，并且设 $\hat{d}$ 为式(6.110)的最小值，采样值可以表示为 $\hat{c}=S^*W\hat{d}$。那么，式(6.110)可以写为

$$\min_{\hat{c}\in\mathcal{R}(S^*W)}\|\hat{c}-c\|^2 \tag{6.112}$$

很明显，最佳的 $\hat{c}$ 为 c 在 $\mathcal{R}(S^*W)$ 上的投影

$$\hat{c}=S^*W\hat{d}=P_{\mathcal{R}(S^*W)}c=(S^*W)(S^*W)^{\dagger}c \tag{6.113}$$

因此，式(6.110)所有的可能解都可以表示为

$$\hat{d}=(S^*W)^{\dagger}c+v \tag{6.114}$$

其中 $v\in\mathcal{N}(S^*W)$。定理证毕。□

注意到，由于 $\mathcal{R}(((S^*W)^{\dagger})^{\perp}=\mathcal{N}(S^*W)$，对于 $\hat{d}$ 的最优值有 $\|\hat{d}\|\geqslant\|(S^*W)^{\dagger}c\|$，因此，可以得到如下的推论。

推论6.3　式(6.110)的最小范数解为 $\hat{x}_{\mathrm{CLS}}=W(S^*W)^{\dagger}c$。

推论6.3的估计方法与式(6.89)给出的无约束LS重构具有相同的结构，只是用 W 代替 A。因此，可以认为这个解就是在假设信号 x 属于 $\mathcal{W}$ 时能够使得LS误差最小化的解。

在SI场景下，有约束的LS校正 $H=(S^*W)^{\dagger}$ 就是一个数字滤波器，频率响应为

$$H(\mathrm{e}^{\mathrm{j}\omega})=\begin{cases}\dfrac{1}{R_{SW}(\mathrm{e}^{\mathrm{j}\omega})}, & R_{SW}(\mathrm{e}^{\mathrm{j}\omega})\neq 0\\ 0, & R_{SW}(\mathrm{e}^{\mathrm{j}\omega})=0\end{cases} \tag{6.115}$$

因此，图6.2就给出了恢复过程，其中重构核函数为 $w(t)$，并且数字滤波器由式(6.115)给出。

讨论一下无约束恢复与有约束恢复之间的关系是很有意义的。通过构建，式(6.89)的 $\hat{x}_{\mathrm{LS}}$ 是满足一致性的，即 $S^*\hat{x}_{\mathrm{LS}}=c$。因此，$\hat{x}_{\mathrm{CLS}}$ 可以利用 $\hat{x}_{\mathrm{LS}}$ 来表达

$$\hat{x}_{\mathrm{CLS}}=W(S^*W)^{\dagger}c=W(S^*W)^{\dagger}S^*\hat{x}_{\mathrm{LS}} \tag{6.116}$$

当 $\mathcal{H}=\mathcal{W}\oplus\mathcal{S}^{\perp}$ 时，这个表达式的几何含义是很好理解的。就是说，$\hat{x}_{\mathrm{CLS}}$ 为 $\hat{x}_{\mathrm{LS}}$ 在 $\mathcal{W}$ 上沿着 $\mathcal{S}^{\perp}$ 的斜投影

$$\hat{x}_{\mathrm{CLS}}=E_{\mathcal{W}\mathcal{S}^{\perp}}\hat{x}_{\mathrm{LS}} \tag{6.117}$$

图6.22给出了 $\hat{x}_{\mathrm{LS}}$ 和 $\hat{x}_{\mathrm{CLS}}$ 关系的一种情况，其中，$\mathcal{A}$ 和 $\mathcal{S}^{\perp}$ 满足直和条件式(6.23)，因此，有 $\hat{x}_{\mathrm{LS}}=\hat{x}_{\mathrm{MX}}=x$，并且 $\mathcal{H}=\mathcal{W}\oplus\mathcal{S}^{\perp}$，也就意味着满足式(6.117)。这个例子直观地说明了LS算法的缺点。在这种情况下，我们受到了 $\hat{x}\in\mathcal{W}$ 的约束。但是由于 x 根据采样值 c 来确定，考虑到基本关系 $P_{\mathcal{W}}x=P_{\mathcal{W}}\hat{x}_{\mathrm{LS}}$，可以在 $\mathcal{W}$ 得到最好的近似结果。图6.22中也给出了这种方法的说明，这种方法对于任意 x 就平方误差来说对 $\hat{x}_{\mathrm{CLS}}$ 是有优势的。在6.6.3节中将看到，利用极小极大算法，在重建空间 $\mathcal{W}$ 上的正交投影 $\hat{x}_{\mathrm{LS}}$ 具有一定优势，即使当式(6.23)不能被满足时。

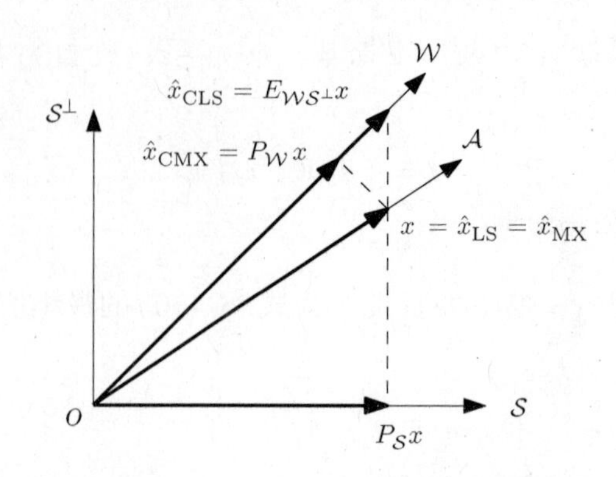

图6.22 当$\mathcal{H} = \mathcal{A} \oplus \mathcal{S}^{\perp}$时，有约束 LS 算法和极小极大算法的比较。在这种情况中$x = \hat{x}_{\mathrm{LS}} = \hat{x}_{\mathrm{MX}}$，因此$x(t) \in \mathcal{A}$可以利用采样值$c[n]$进行恢复，并且能够计算其在$\mathcal{W}$上的投影。有约束极小极大算法使得$\hat{x}_{\mathrm{CMX}} = P_{\mathcal{W}}x$，而有约束LS准则为$\hat{x}_{\mathrm{CLS}} = E_{\mathcal{W}\mathcal{S}^{\perp}}x$

6.6.3 有约束极小极大恢复

我们现在来讨论一下在最差的情况下的有约束恢复方法。约束$\hat{x} \in \mathcal{W}$导致了一种内在的限制，即可获得的最小重构误差受到限制：任意信号x，在$\mathcal{W}$中的最好的近似为$\hat{x} = P_{\mathcal{W}}x$，通常它不能通过采样值$c[n]$序列计算而得到（见命题6.10）。因此，我们这里考虑一种“遗憾”的最小化问题，可以表示为$\| \hat{x} - P_{\mathcal{W}}x \|^2$[138~140]。这个遗憾定量地给出了为了在$\mathcal{W}$中得到可能的最优恢复时付出了多大的代价，即利用$P_{\mathcal{W}}x$表示。由于这种遗憾是未知信号$x$的函数，因此，我们将寻找$\hat{x} \in \mathcal{W}$的重构，并且使得最差情况下的遗憾为最小。因此，我们的问题就是

$$\hat{x}_{\mathrm{CMX}} = \min_{\hat{x} \in \mathcal{W}} \max_{x \in \mathcal{G}} \| \hat{x} - P_{\mathcal{W}}x \|^2 \tag{6.118}$$

其中，$\mathcal{G}$为满足$S^*x = c$的信号集合$x \in \mathcal{A}$与LS算法的目标函数相反，极小极大算法可以同时考虑先验信息和恢复约束，因为，优化过程是在两个变量x和$\hat{x}$之上进行的。这样就能够找到高性能的极小极大解。

为了求解式(6.118)，分别利用$\mathcal{W}$和$\mathcal{A}$上的展开系数来表示x和$\hat{x}$，即$\hat{x} = W\hat{d}$和$x = Ad$。与无约束恢复情况一样，对于某个常数$\rho > 0$，要求$\| d \| \leqslant \rho$，进而使内部最大值是有界的。这样，问题式(6.118)可以写为

$$\min_{\hat{d}} \max_{d \in \mathcal{D}} \| W\hat{d} - P_{\mathcal{W}}Ad \|^2 \tag{6.119}$$

其中$\mathcal{D} = \{ d: S^*Ad = c, \| d \| \leqslant \rho \}$。

定理6.6 式(6.119)的解为$\hat{d} = (W^*W)^{-1}W^*A(S^*A)^{\dagger}c$。极大极小值的约束条件可从式$\hat{x}_{\mathrm{CMX}} = P_{\mathcal{W}}A(S*A)^{\dagger}c$中恢复出来。

证明 根据定理6.2的证明，集合$\mathcal{D}$包括所有形式为$d = (S^*A)^{\dagger}c + v$的序列，其中$v$为$\mathcal{N}(S^*A)$中的一个向量，满足$\| v \|^2 = \| d \|^2 - \| (S^*A)^{\dagger}c \|^2$。因此，式(6.119)的内部最大值为

$$\| W\hat{d} - P_{\mathcal{W}}A(S^*A)^{\dagger}c \|^2 + \max_{v \in \mathcal{V}} \{ \| P_{\mathcal{W}}Av \|^2 - 2(P_{\mathcal{W}}Av)^*(W\hat{d} - P_{\mathcal{W}}A(S^*A)^{\dagger}c) \} \tag{6.120}$$

其中，$\mathcal{V}$ 由式(6.94)给出。因为 $\mathcal{V}$ 是一个对称集合，因此，向量 v 若能够达到式(6.120)中的最大值，必然满足 $(P_{\mathcal{W}}Av)^*(W\hat{d}-P_{\mathcal{W}}(S^*A)^{\dagger}c)\leqslant 0$，这样，在不影响约束情况下改变 v 的负号可得

$$\max_{v\in\mathcal{V}}\{\|P_{\mathcal{W}}Av\|^2-2(P_{\mathcal{W}}Av)^*(W\hat{d}-P_{\mathcal{W}}A(S^*A)^{\dagger}c)\}\geqslant\max_{v\in\mathcal{V}}\|P_{\mathcal{W}}Av\|^2 \tag{6.121}$$

结合式(6.121)和式(6.120)，可得

$$\begin{aligned}\min_{\hat{d}}\max_{d\in\mathcal{D}}\|W\hat{d}-P_{\mathcal{W}}Ad\|^2 &\geqslant \min_{\hat{d}}\{\|W\hat{d}-P_{\mathcal{W}}A(S^*A)^{\dagger}c\|^2+\max_{v\in\mathcal{V}}\|P_{\mathcal{W}}Av\|^2\}\\ &=\max_{v\in\mathcal{V}}\|P_{\mathcal{W}}Av\|^2\end{aligned} \tag{6.122}$$

其中，等号是求解最小值的一个结果。内部最小为

$$\hat{d}=(W^*W)^{-1}W^*A(S^*A)^{\dagger}c \tag{6.123}$$

现在来说明当 $\hat{d}$ 由式(6.123)给出时，式(6.122)取不等号的情况。将这个解代入式(6.120)时，可以得到

$$\begin{aligned}\max_{d\in\mathcal{D}}\|W\hat{d}-P_{\mathcal{W}}Ad\|^2 &=\max_{v\in\mathcal{V}}\{\|P_{\mathcal{W}}Av\|^2-2(P_{\mathcal{W}}Av)*(W\hat{d}-P_{\mathcal{W}}A(S^*A)^{\dagger}c)\}\\ &=\max_{v\in\mathcal{V}}\|P_{\mathcal{W}}Av\|^2\end{aligned} \tag{6.124}$$

这样就证明了结论。因为式(6.119)关于 $\hat{d}$ 是严格凸函数，因此解是唯一的，定理证毕。

这样，极小极大问题式(6.118)的解为

$$\hat{x}_{\text{CMX}}=W\hat{d}=W(W^*W)^{-1}W^*A(S^*A)^{\dagger}c=P_{\mathcal{W}}A(S^*A)^{\dagger}c \tag{6.125}$$

定理证毕。 □

在 SI 空间情况下，图 6.2 中给出了完整的重构方案，其中的滤波器 $H(\mathrm{e}^{\mathrm{j}\omega})$ 为

$$H(\mathrm{e}^{\mathrm{j}\omega})=\begin{cases}\dfrac{R_{WA}(\mathrm{e}^{\mathrm{j}\omega})}{R_{SA}(\mathrm{e}^{\mathrm{j}\omega})R_{WW}(\mathrm{e}^{\mathrm{j}\omega})}, & R_{SA}(\mathrm{e}^{\mathrm{j}\omega})\neq 0\\ 0, & R_{SA}(\mathrm{e}^{\mathrm{j}\omega})=0\end{cases} \tag{6.126}$$

与推论 6.3 中给出的有约束 LS 重构算法不同，定理 6.6 给出的极小极大遗憾算法主要依靠于 A。因此，先验信息 $x\in\mathcal{A}$ 起到一个很大的作用。很容易看到，无约束最小最大算法和有约束最下最大算法之间的关系与 LS 算法的情况不一样。式(6.125)可以看到，表达式 $A(S^*A)^{\dagger}c=\hat{x}_{\text{MX}}=\hat{x}_{\text{LS}}$，有约束极小极大算法等于无约束极小极大算法下在 $\mathcal{W}$ 上的正交投影，即

$$\hat{x}_{\text{CMX}}=P_{\mathcal{W}}\hat{x}_{\text{MX}} \tag{6.127}$$

在6.6.2 节中，我们讨论了当 $\mathcal{S}$ 和 $\mathcal{A}$ 满足直和条件下，如图 6.22 所示的这种算法的优越性。这里可看到，对于任意的两个空间 $\mathcal{S}$ 和 $\mathcal{A}$，这个方法本质上就是一个最差遗憾的最小化问题。

概括一下，这种基于遗憾最小化的有约束恢复结构给出了一种单可靠的恢复方案。当直和条件满足时，这个解决方法与最小误差恢复方法是相同的。相反地，约束 LS 算法没有考虑先验信息，因此就平方误差这一性能来说就是相对较差的，如图 6.18 所示。图 6.18(a)给出的是极小极大恢复算法的结果，图 6.18(b)为 LS 恢复算法的结果。

6.7　恢复算法的统一表达

在本章中，我们讨论了希尔伯特空间 $\mathcal{H}$ 中子空间 $\mathcal{A}$ 上的信号 x 的采样和恢复问题，其采样值为 $c=S^*x$。前面我们分别研究了无约束恢复和有约束恢复。对于每一种情况，分别针对

直和条件 $\mathcal{H}=\mathcal{A}\oplus\mathcal{S}^{\perp}$ 满足和不满足的情形进行了讨论。

有趣的是，通过考察本章所讨论的不同解决方案，所有的恢复算法都可以用以下这个形式表达：

$$\hat{x}=W(W^{*}W)^{-1}W^{*}P(S^{*}P)^{\dagger}c=P_{\mathcal{W}}P(S^{*}P)^{\dagger}c \tag{6.128}$$

其中 c 为给定的采样值，S 为采样算子。而算子 W 和 P 则取决于采样条件和恢复策略。一般情况下，W 为一个适当的重构基，P 为一个先验空间的基。重构基 W 可以提前进行选择以实现有效应用，或者可以与对先验空间 $\mathcal{A}$ 的基 A 相等。算子 P 典型地选为 $P=A$。唯一的例外是，有约束情况下的 LS 算法为 $P=W$。

在 SI 空间情况下，恢复滤波器与图 6.2 中所描述的一样，并且有一个数字校验滤波器$H(\mathrm{e}^{\mathrm{j}\omega})$

$$H(\mathrm{e}^{\mathrm{j}\omega})=\frac{R_{WP}(\mathrm{e}^{\mathrm{j}\omega})}{R_{SP}(\mathrm{e}^{\mathrm{j}\omega})R_{WW}(\mathrm{e}^{\mathrm{j}\omega})} \tag{6.129}$$

其中 $R_{SA}(\mathrm{e}^{\mathrm{j}\omega})$ 由式(5.28)定义。这里 $S(\omega)$ 和 $W(\omega)$ 为采样滤波器和重构滤波器的 CTFT，$P(\omega)$ 为对应于先验空间的一个 Riesz 基的滤波器。式(6.129)中定义的滤波器对于频率 ω 有 $R_{SP}(\mathrm{e}^{\mathrm{j}\omega})\neq 0$。在其他的频率时，$H(\mathrm{e}^{\mathrm{j}\omega})=0$。

表 6.5　无噪声采样值的信号重构算法

场景	无约束($\hat{x}\in\mathcal{H}$) LS 算法	无约束($\hat{x}\in\mathcal{H}$) 极小极大算法	有约束($\hat{x}\in\mathcal{W}$) LS 算法	有约束($\hat{x}\in\mathcal{W}$) 极小极大算法
$x\in\mathcal{A}$	$\hat{x}_{\mathrm{LS}}=A(S^{*}A)^{\dagger}c$	$\hat{x}_{\mathrm{MX}}=\hat{x}_{\mathrm{LS}}$	$\hat{x}_{\mathrm{CLS}}=W(S^{*}W)^{\dagger}S^{*}\hat{x}_{\mathrm{LS}}$	$\hat{x}_{\mathrm{CMX}}=P_{\mathcal{W}}\hat{x}_{\mathrm{MX}}$
$\mathcal{H}=\mathcal{A}\oplus\mathcal{S}^{\perp}$	$\hat{x}_{\mathrm{LS}}=x$	$\hat{x}_{\mathrm{MX}}=x$	$\hat{x}_{\mathrm{CLS}}=E_{\mathcal{W}\mathcal{S}^{\perp}}x$ ($\mathcal{H}=\mathcal{W}\oplus\mathcal{S}^{\perp}$)	$\hat{x}_{\mathrm{CMX}}=P_{\mathcal{W}}x$
SI 空间	式(6.90)	式(6.90)	式(6.115)	式(6.126)

表 6.5 总结了针对不同场景下，式(6.128)和式(6.129)给出的信号重构算法。表中的最后一行给出了当所有涉及的子空间都为 SI 空间时的公式编号。应当注意到，在直和条件下，正如推论 6.1 所描述的，对于所有点上都有 $R_{SA}(\mathrm{e}^{\mathrm{j}\omega})\neq 0$。在对 $\hat{x}$ 无约束的情况下，如表中第 1 列和第 2 列所示，LS 算法和极小极大算法是相同的。这时的恢复算法相当于式(6.128)和式(6.129)中的 $W=P=A$。当恢复过程受到必须存在于空间 $\mathcal{W}$ 的限制(表中第 3 列和第 4 列)时，恢复算法就可以表达为无约束恢复(第 1 列和第 2 列)。极小极大遗憾算法(表中第 4 列)可以通过在重构空间 $\mathcal{W}$ 上的正交投影看成为一种无约束恢复算法(表中第 2 列)，这时，相当于式(6.128)和式(6.129)中的 $P=A$，并且选择 W 与重构基相等。恢复算法 $\hat{x}_{\mathrm{CMX}}=P_{\mathcal{W}}\hat{x}_{\mathrm{MX}}$ 是 $\hat{x}_{\mathrm{MX}}$ 的最小误差近似，并且意味着 $\|\hat{x}_{\mathrm{CMX}}\|\leqslant\|\hat{x}_{\mathrm{MX}}\|$。有约束 LS 算法(表中第 3 列)相当于选择 $P=W$。当采样空间和重构空间满足直和条件，而且 $\mathcal{H}=\mathcal{W}\oplus\mathcal{S}^{\perp}$，这时的算法变为 $\hat{x}_{\mathrm{CLS}}=E_{\mathcal{W}\mathcal{S}^{\perp}}x$，并有如下的含义。第一，与正交投影不同，如果 $\mathcal{W}$ 与 $\mathcal{S}$ 相距足够远，一个斜投影可能会导致算法具有任意大的范数。因此，在有约束 LS 算法的误差无法保证为有界，除非空间 $\mathcal{S}$ 和 $\mathcal{W}$ 之间的距离有界是后验可知的。第二，这时的恢复算法是不依赖于先验的，即 $\hat{x}_{\mathrm{CLS}}$ 并不是 $\mathcal{A}$ 中的一个函数。

在下一章将主要讨论具有确定性平滑先验和随机性平滑先验的情况。我们将惊奇地看到，如果恰当选择 P 和 W，这些平滑先验条件下的恢复算法也具有式(6.128)和式(6.129)的形式。

6.8 多路采样

6.8.1 恢复方法

本章的最后一节我们来讨论将单信道采样的结果应用到多信道采样的情况，单信道相当于 SI 空间的一个单生成器。

这里假设，先验空间 $\mathcal{A}$ 由 N 个生成器张成，生成器表示为 $\{a_\ell(t), 1 \leqslant \ell \leqslant N\}$（见 5.5 节）。这个空间的信号 $x(t)$ 可以表示为

$$x(t) = \sum_{\ell=1}^{N} \sum_{n \in \mathbb{Z}} d_\ell[n] a_\ell(t - nT) \tag{6.130}$$

正如图 6.23 所描述的，这里利用一个 N 采样滤波器 $s_\ell(t)$ 来对 $x(t)$ 进行采样。第 ℓ 个采样序列由 $c_\ell[n] = \langle s_\ell(t-nT), x(t) \rangle$ 表示，采样空间 $\mathcal{S}$ 由 $\{s_\ell(t), 1 \leqslant \ell \leqslant N\}$ 张成。单信道情况下得到的许多结论主要依赖于信号存在于空间 $\mathcal{A}$ 和 $\mathcal{S}$ 中，而不是一个具体的在空间内部重构基的表征。因此，通过对空间 $\mathcal{A}$ 和 $\mathcal{S}$ 的恰当定义，就可以将单信道的结论直接应用到多信道的情况。

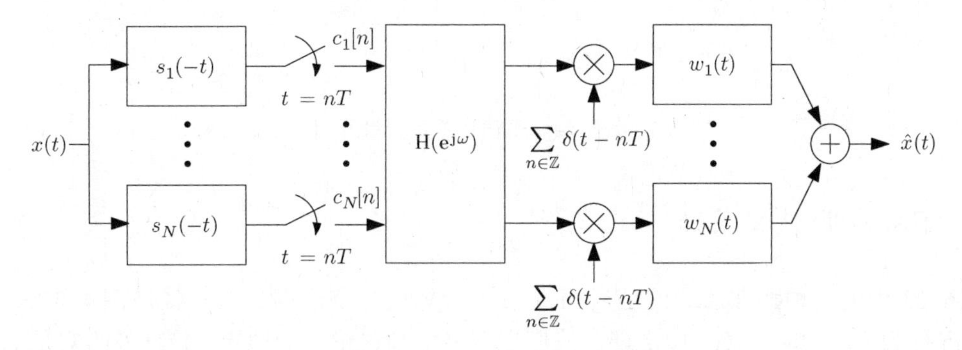

图 6.23　多信道信号采样与重构

在 5.5 节中，我们看到 Riesz 基包含了多个生成器，这些生成器表现为非常类似的方式，都是由一个函数产生的，主要的不同点就是采样相关函数 $R_{AA}(e^{j\omega})$ 由相关矩阵 $\boldsymbol{M}_{AA}(e^{j\omega})$ 来代替，相关矩阵的第 $k\ell$ 列元素为 $R_{A_kA_\ell}(e^{j\omega})$ 构成。类似地，对于多信道场景，前面的研究结论，如 6.7 节总结的内容也可以适用，只是用下面的相关矩阵来代替 $R_{SA}(e^{j\omega})$

$$\boldsymbol{M}_{SA}(e^{j\omega}) = \begin{bmatrix} R_{S_1A_1}(e^{j\omega}) & \cdots & R_{S_1A_N}(e^{j\omega}) \\ \vdots & \vdots & \vdots \\ R_{S_NA_1}(e^{j\omega}) & \cdots & R_{S_NA_N}(e^{j\omega}) \end{bmatrix} \tag{6.131}$$

式(6.129)的一般表达方式描述了在不同环境下的几个不同的恢复滤波器，在多信道情况下，就相当于利用下面这个 MIMO 滤波器对采样值进行滤波。

$$\boldsymbol{H}(e^{j\omega}) = \boldsymbol{M}_{WW}^{-1}(e^{j\omega}) \boldsymbol{M}_{WP}(e^{j\omega}) \boldsymbol{M}_{SP}^{-1}(e^{j\omega}) \tag{6.132}$$

为了简单，这里假设 $\boldsymbol{M}_{SP}(e^{j\omega})$ 为稳定可逆的，否则矩阵的逆可以由伪逆来代替。这样，信号的恢复就可以通过在重构生成器 $w_\ell(t)$ 上对校正采样进行调制来进行。如前面部分所说的，在没有恢复约束情况下，$W = P = A$，这时的式(6.132)变成[36, 45, 104, 141, 142]

$$\boldsymbol{H}(e^{j\omega}) = \boldsymbol{M}_{SA}^{-1}(e^{j\omega}) \tag{6.133}$$

如果这种恢复是约束在空间$\mathcal{W}$的，则极小极大算法可以通过$P=A$得到，并且选择W使之与重构基相等。LS算法相当于$P=W$。图6.23给出了多信道信号采样和重构系统的结构。

将6.3.4节的内容扩展到多信道情况，并利用$W=P=A$就可以来说明图6.23的结构，其中式(6.133)的$\boldsymbol{H}(\mathrm{e}^{\mathrm{j}\omega})$对应一个双正交展开。尤其是，利用式(6.63)可以得到如下表达式：

$$x(t)=\sum_{\ell=1}^{N}\sum_{n\in\mathbb{Z}}c_{\ell}[n]v_{\ell}(t-nT) \tag{6.134}$$

其中$V_{\ell}(\omega)$是下述向量的第ℓ个元素

$$\boldsymbol{v}(\omega)=\boldsymbol{M}_{SA}^{-\mathrm{T}}(\mathrm{e}^{\mathrm{j}\omega T})\boldsymbol{a}(\omega) \tag{6.135}$$

$\boldsymbol{a}(\omega)$代表元素$A_{\ell}(\omega)$的向量。这里，$\boldsymbol{M}_{SA}^{-\mathrm{T}}(\mathrm{e}^{\mathrm{j}\omega T})$为$\boldsymbol{M}_{SA}^{-1}(\mathrm{e}^{\mathrm{j}\omega T})$的转置。在图6.24中给出了这个解释，并且作为Papoulis定理的基础，下面我们会进一步讨论。

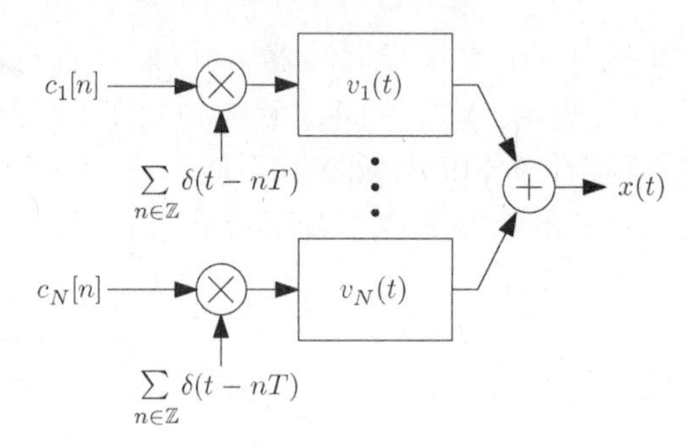

图6.24 多信道双正交展开

6.8.2 Papoulis广义采样

图6.23中的一种特殊情况就是当$\mathcal{A}$是有限带宽信号空间时，这时就是例4.5中的情况，这种情况称为Papoulis广义采样定理。我们现在来详细讨论这个内容，并且说明它是如何满足式(6.134)和式(6.135)的。

1997年，Papoulis提出了广义采样定理[76]，这个采样定理在这之前的多信道采样的特殊情况中进行了归纳。例如，Jagerman和Fogel的研究表明[143]，如果在每一个点信号和它的导数都给定，一个带限信号就可以利用一半的奈奎斯特频率进行采样。实际上，香农在文献[1]中就给出了这个结论，但没有给出证明。随后Linden和Abramson[144]对这种导数采样方法进行了扩展，使其可以利用信号本身及其$N-1$阶以下的导数来进行信号的重构，即在奈奎斯特采样速率的第N个点上进行采样。另一个例子是由Yen给出的[145]，他证明了信号可以由它的周期不均匀采样值得以恢复。这样的采样值可以这样来描述，以奈奎斯特间隔T的N倍为间隔，选择N个不同的采样点，以周期NT重复进行采样。所有这些例子都可以包含在Papoulis广义采样定理中，实际上，Papoulis广义采样定理就是在奈奎斯特速率的第N个点上，利用N个采样滤波器，对一个带限信号进行采样。在下面的例子中我们来具体地说明这些研究结果是如何遵循Papoulis采样定理的。

Papoulis在他最早的论文[76]中，通过建立一个恢复过程来证明他的信号恢复方案，这个恢复过程包含了两个变量的函数，通过求解一个线性系统方程组可以得到这两个变量。这时，恢复滤波器是利用对其中的一个变量进行积分来获得的。随后，Brown[146]进一步证明，利用一个滤波器组的形式也可以更简单地描述同样的问题，如图6.23所示。下面的定理是由Brown

给出的，描述了 Papoulis 的结论。为了不失一般性，我们用复函数来给予描述。

定理 6.7（Papoulis 广义采样定理）　设 $x(t)$ 为 $L_2(\mathbb{R})$ 带限信号，带宽限制为 π/T，设一组 N 个采样滤波器表示为 $\{\overline{s_\ell(-t)}, 1 \leqslant \ell \leqslant N\}$，采样值序列为 $c_\ell[n] = \langle s_\ell(t-nNT), x(t)\rangle$，这些采样值是对这 N 个滤波器的输出进行采样获得的，采样周期为 $T' = NT$。只要矩阵 $\boldsymbol{B}(\omega)$ 对于所有的 $\omega \in \mathcal{I}_1$ 是稳定可逆的，那么，信号 $x(t)$ 就可以由采样序列 $\{c_\ell[n], 1 \leqslant \ell \leqslant N\}$ 得以恢复。矩阵 $\boldsymbol{B}(\omega)$ 的第 $k\ell$ 项元素为下式的形式：

$$B_{k\ell}(\omega) = \overline{S_\ell\left(\omega + \frac{2\pi(k-1)}{NT}\right)}, \qquad 1 \leqslant \ell, k \leqslant N \tag{6.136}$$

其中的 $\omega \in \mathcal{I}_1$ 为

$$\mathcal{I}_\ell = \left(-\frac{\pi}{T} + \frac{2\pi(\ell-1)}{NT}, -\frac{\pi}{T} + \frac{2\pi\ell}{NT}\right) \tag{6.137}$$

恢复信号可由下式给出：

$$x(t) = \sum_{\ell=1}^{N} \sum_{n\in\mathbb{Z}} c_\ell[n] p_\ell(t - nNT) \tag{6.138}$$

其中 $P_\ell(\omega)$ 为带宽受限 π/T，并且由下式表达：

$$P_\ell\left(\omega + (k-1)\frac{2\pi}{NT}\right) = NT\,[\boldsymbol{B}^{-1}(\omega)]_{\ell k}, \qquad 1 \leqslant \ell, k \leqslant N, \omega \in \mathcal{I}_1 \tag{6.139}$$

图 6.25 详细描述了 Papoulis 定理。由式(6.136)可以看出，矩阵 $\boldsymbol{B}$ 的第 ℓ 列包含了在区间 $(-\pi/T, \pi/T)$ 内的 CTFT $\overline{S_\ell(\omega)}$，其中每行对应了带宽为 $2\pi/(NT)$ 的一部分，这可在图 6.26 中看出。然后，滤波器 $P_\ell(\omega)$ 通过串联各个列的矩阵 $\boldsymbol{B}^{-1}(e^{j\omega})$ 的第 ℓ 行来构造，如图 6.27 所示。

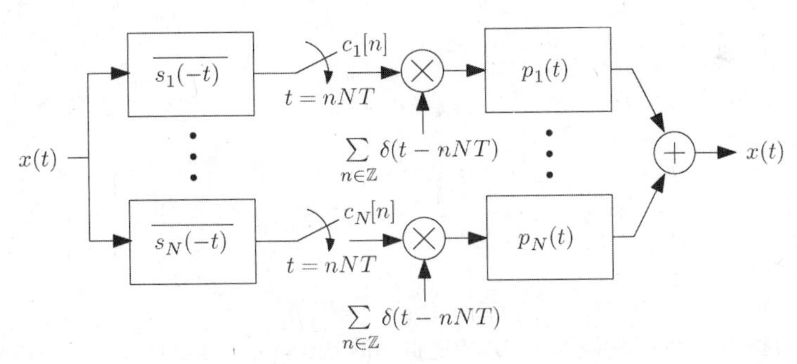

图 6.25　Papoulis 采样和重构方案

定理的说明

我们现在来表明定理 6.7 就是式(6.134)和式(6.135)的直接结果。为了说明这一点，首先需要选择一组 N 个函数，由它们张成了带限信号空间。尽管有许多的可能性，这里我们选择

$$A_\ell(\omega) = \begin{cases} 1, & \omega \in \mathcal{I}_\ell \\ 0, & \text{其他} \end{cases} \qquad 1 \leqslant \ell \leqslant N \tag{6.140}$$

根据式(6.134)和式(6.135)，恢复信号的形式为式(6.138)，并且有

$$P_\ell(\omega) = \sum_{m=1}^{N} [\boldsymbol{M}_{SA}^{-1}(e^{j\omega NT})]_{m\ell} A_m(\omega) \tag{6.141}$$

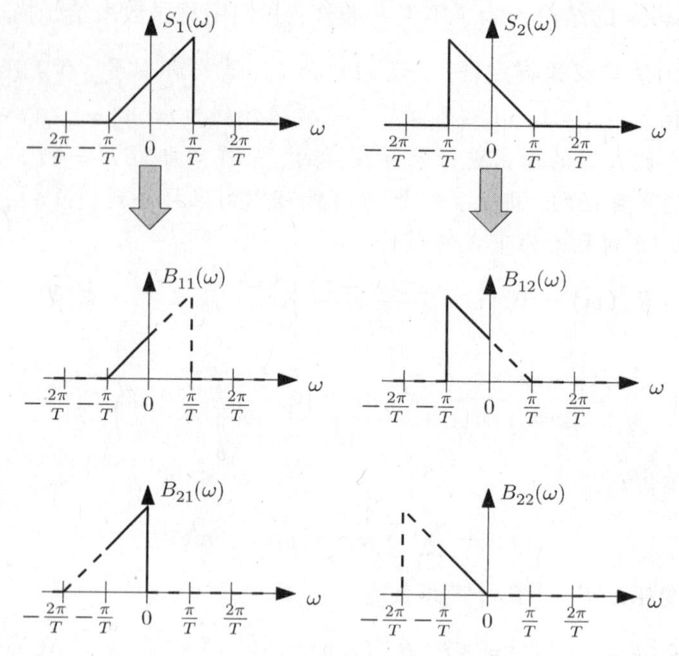

图 6.26 Papoulis 采样定理中矩阵 $\boldsymbol{B}(\omega)$ 的构造。实线的相关数值对应范围为 $(-\pi/T, 0)$

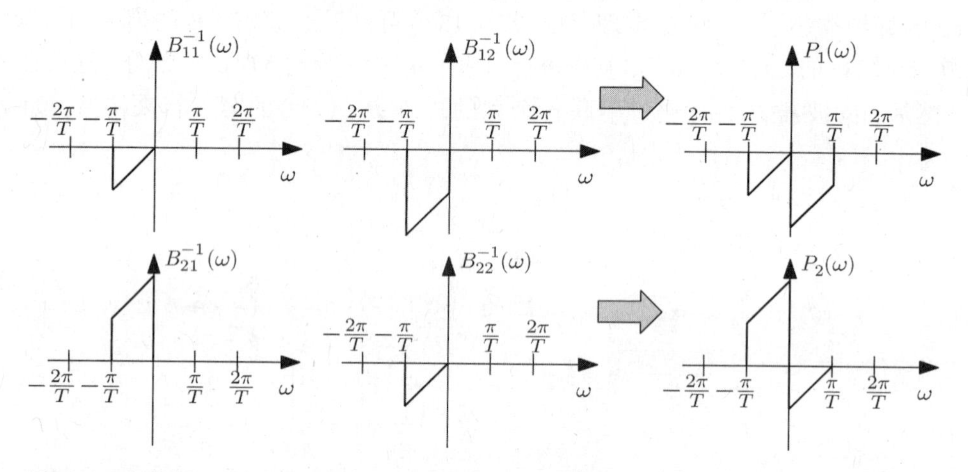

图 6.27 根据图 6.26 中的矩阵 $\boldsymbol{B}(\omega)$ 的逆得到的 Papoulis 采样定理中 $P_\ell(\omega)$ 函数的构造

其中考虑到这样的事实，就是采样周期为 NT。下面我们会看到，在这个定理的条件下，$\boldsymbol{M}_{SA}^{-1}(\mathrm{e}^{\mathrm{j}\omega NT})$ 是有明确定义的。由于，$A_k(\omega)$ 只是在区间 $\mathcal{I}_k$ 为非零的，因此对于 $\mathcal{I}_k$ 中的频率 ω，有

$$P_\ell(\omega) = [\boldsymbol{M}_{SA}^{-1}(\mathrm{e}^{\mathrm{j}\omega NT})]_{k\ell}, \qquad \omega \in \mathcal{I}_k \tag{6.142}$$

式(6.142)的另一种表达式为

$$P_\ell\left(\omega + (k-1)\frac{2\pi}{NT}\right) = [\boldsymbol{M}_{SA}^{-1}(\mathrm{e}^{\mathrm{j}\omega NT})]_{k\ell}, \qquad \omega \in \mathcal{I}_1 \tag{6.143}$$

对于 $\omega \in \mathcal{I}_1$，我们还需要计算 $\boldsymbol{M}_{SA}(\mathrm{e}^{\mathrm{j}\omega NT})$ 的元素。根据定义，其第 $k\ell$ 个元素为

$$R_{S_\ell A_k}(\mathrm{e}^{\mathrm{j}\omega NT}) = \frac{1}{NT}\sum_{m\in\mathbb{Z}} \overline{S_\ell\left(\omega + \frac{2\pi m}{NT}\right)} A_k\left(\omega + \frac{2\pi m}{NT}\right), \qquad \omega \in \mathcal{I}_1 \tag{6.144}$$

由于 $A_k(\omega)$ 只在区间 $\mathcal{I}_k$ 为非零的，因此，对于 $\omega \in \mathcal{I}_1$，$A_k(\omega + 2\pi m/(NT))$ 仅当 $m = k-1$ 时为

非零。因而，在$\mathcal{I}_1$上有

$$R_{S_\ell A_k}(e^{j\omega NT}) = \frac{1}{NT}\overline{S_\ell\left(\omega + \frac{2\pi(k-1)}{NT}\right)} = \frac{1}{NT}B_{k\ell}(\omega) \tag{6.145}$$

由此可得$\boldsymbol{M}_{SA}(e^{j\omega NT}) = 1/(NT)\boldsymbol{B}^{\mathrm{T}}(e^{j\omega})$，代入式(6.143)有

$$P_\ell\left(\omega + (k-1)\frac{2\pi}{NT}\right) = NT[\boldsymbol{B}^{-1}(e^{j\omega})]_{\ell k}, \qquad \omega \in \mathcal{I}_1 \tag{6.146}$$

这样就得到了式(6.139)的结果。

接下来，通过例题来说明在本节开始时提到的，即导数采样和周期非均匀采样是满足定理6.7的描述的。

例6.15　假如希望通过信号逐点采样值以及在$t=2nT$上信号的导数$x'(t)$的逐点采样值来恢复一个π/T的带限信号$x(t)$，这相当于在图6.25中利用了滤波器$S_1(\omega)=1$和$S_2(\omega)=-j\omega$，结果为

$$\boldsymbol{B}(\omega) = \begin{bmatrix} 1 & j\omega \\ 1 & j(\omega+\pi/T) \end{bmatrix}, \qquad \omega \in [-\pi/T, 0] \tag{6.147}$$

这里我们来看如何利用Papoulis定理来恢复$x(t)$，首先计算

$$\boldsymbol{B}^{-1}(\omega) = \frac{T}{\pi}\begin{bmatrix} (\omega+\pi/T) & -\omega \\ j & -j \end{bmatrix}, \qquad \omega \in [-\pi/T, 0] \tag{6.148}$$

由式(6.139)，可以得到

$$\begin{aligned} P_1(\omega) &= 2T\begin{cases} \frac{T}{\pi}(\omega+\pi/T), & \omega \in [-\pi/T, 0] \\ -\frac{T}{\pi}(\omega-\pi/T), & \omega \in [0, \pi/T] \end{cases} \\ &= 2T\left(1-\frac{T}{\pi}|\omega|\right), \qquad \omega \in [-\pi/T, \pi/T] \end{aligned} \tag{6.149}$$

以及

$$\begin{aligned} P_2(\omega) &= 2T\begin{cases} j\frac{T}{\pi}, & \omega \in [-\pi/T, 0] \\ -j\frac{T}{\pi}, & \omega \in [0, \pi/T] \end{cases} \\ &= -\frac{2jT^2}{\pi}\operatorname{sign}(\omega), \qquad \omega \in [-\pi/T, \pi/T] \end{aligned} \tag{6.150}$$

其中$\operatorname{sign}(x)$为式(3.32)定义的正负号函数，直接计算逆变换可以得到

$$p_1(t) = \operatorname{sinc}^2\left(\frac{t}{2T}\right) \tag{6.151}$$

和

$$p_2(t) = -\frac{2T^2}{\pi^2 t}\left(\cos\left(\frac{\pi t}{T}\right)-1\right) = \frac{4T^2}{\pi^2 t}\sin^2\left(\frac{\pi t}{2T}\right) = t\operatorname{sinc}^2\left(\frac{t}{2T}\right) \tag{6.152}$$

实际上，这个例题可以扩展到更高阶的导数采样情况。在习题16中，考虑了周期为$3T$的从$x(t)$，$x'(t)$和$x''(t)$的采样信号的恢复问题，并且可以证明其重构滤波器分别为

$$p_1(t) = \text{sinc}^3\left(\frac{t}{3T}\right), \qquad p_2(t) = t\,\text{sinc}^3\left(\frac{t}{3T}\right), \qquad p_3(t) = \frac{t^2}{2}\text{sinc}^3\left(\frac{t}{3T}\right) \tag{6.153}$$

根据这样的分析，可以针对周期为 NT 的信号 $x(t)$ 和其 $N-1$ 阶导数的采样问题推导出更为通用的结果，即可以利用下式对信号进行恢复

$$p_\ell(t) = \frac{t^{\ell-1}}{(\ell-1)!}\text{sinc}^N\left(\frac{t}{NT}\right), \qquad 1 \leqslant \ell \leqslant N \tag{6.154}$$

将式(6.154)代入式(6.138)，得到 $x(t)$ 的如下表达式：

$$x(t) = \sum_{\ell=1}^{N}\sum_{n\in\mathbb{Z}}\frac{(t-nNT)^{\ell-1}}{(\ell-1)!}x^{\ell-1}(nNT)\,\text{sinc}^N\left(\frac{t-nNT}{NT}\right) \tag{6.155}$$

其中 $x^\ell(t)$ 代表 $x(t)$ 的第 ℓ 阶导数。

有趣的是，当 $N\to\infty$ 时，考察式(6.155)，注意到

$$\lim_{N\to\infty}\text{sinc}^N\left(\frac{t-nNT}{NT}\right) = \delta[n] \tag{6.156}$$

由此可以得到

$$\lim_{N\to\infty}x(t) = \sum_{\ell=1}^{\infty}\frac{t^{\ell-1}}{(\ell-1)!}x^{\ell-1}(0) \tag{6.157}$$

这个结果就是在 $t=0$ 时信号 $x(t)$ 的泰勒级数展开。

例 6.16 这里再次考虑一个 π/T 带限信号 $x(t)$ 的问题，其中是在 $t=2Tn$ 和 $t=2Tn+\tau$ 点上的逐点采样，并且 $\tau\in(0, 2T)$。这相当于利用了滤波器 $S_1(\omega)=1$ 和 $S_2(\omega)=e^{-j\tau\omega}$ 进行采样，结果为

$$\boldsymbol{B}(\omega) = \begin{bmatrix}1 & e^{j\omega\tau}\\ 1 & e^{j(\omega+\pi/T)\tau}\end{bmatrix}, \qquad \omega\in[-\pi/T, 0] \tag{6.158}$$

对于逆的计算为

$$\boldsymbol{B}^{-1}(\omega) = \frac{1}{e^{j\omega\tau}(e^{j\pi\tau/T}-1)}\begin{bmatrix}e^{j\pi\tau/T}e^{j\omega\tau} & -e^{j\omega\tau}\\ -1 & 1\end{bmatrix}, \qquad \omega\in[-\pi/T, 0] \tag{6.159}$$

将其代入式(6.139)，则恢复滤波器的频率响应为

$$P_1(\omega) = \frac{2T}{e^{j\pi\tau/T}-1}\begin{cases}e^{j\pi\tau/T}, & \omega\in[-\pi/T, 0)\\ -1, & \omega\in(0, \pi/T]\end{cases} \tag{6.160}$$

和

$$P_2(\omega) = \frac{2Te^{-j\omega\tau}}{e^{j\pi\tau/T}-1}\begin{cases}-1, & \omega\in[-\pi/T, 0)\\ e^{j\pi\tau/T}, & \omega\in(0, \pi/T]\end{cases} \tag{6.161}$$

实际上，这个例题也可以扩展到更一般的周期非均匀采样情况中。其中有 N 个均匀采样值序列，每个序列的周期均为 NT，每个采样值的偏移为 τ_i，$1\leqslant i\leqslant N-1$，其中 $\tau_i\in(0, NT)$。对于这种恢复方案的滤波器的具体表达式可以在文献[77]中找到。在这个例子中给出的是 $N=2$ 的情况，这些滤波器也是带宽受限的，并与信号 $x(t)$ 有相同的带宽，并且每个滤波器在频率区间长度为 $2\pi/(NT)$（直到线性相位因子）是分段常数的。

插值同一性

图 6.25 中给出的恢复方案涉及模拟滤波器。经常，在数字域上对均匀奈奎斯特采样序列

的插值是很容易的，然后或者做进一步的处理，或者是转换为连续时间信号。这里，我们来讨论一下如何利用插值同一性(interpolation identity)方法来实现这一过程[77]。

图6.28给出了插值同一性的原理框图。输入信号 $x(t)\in L_2(\mathbb{R})$ 是一个 π/T 的带限信号，$H(\omega)$ 是任意一个带宽为 π/T 的滤波器。图6.28的方块图相当于

$$\widetilde{H}(\mathrm{e}^{\mathrm{j}\omega}) = \frac{1}{T}H\left(\frac{\omega}{T}\right), \qquad |\omega| \leqslant \pi \tag{6.162}$$

注意到，式(6.162)意味着 $\widetilde{h}[n]=h(nT)$，其中 $\widetilde{h}[n]$ 为 $\widetilde{H}(\mathrm{e}^{\mathrm{j}\omega})$ 的逆CTFT，$h(t)$ 为 $H(\omega)$ 的逆CTFT。这个定理的更一般的表达式可以在文献[77]中找到。

图6.28中下面的方框图包含了利用因数 N 进行的采样值序列展开，它是通过在连贯的数值之间利用 $N-1$ 个零进行补零，然后通过一个频率响应为式(6.162)的离散时间滤波器进行滤波。这种展开器的输入输出信号的关系为

$$y[n] = \begin{cases} x[n/N], & n = kN,\ k\in\mathbb{Z} \\ 0, & \text{其他} \end{cases} \tag{6.163}$$

然后，滤波后的输出被用来调制一个脉冲序列，接下来再经过低通滤波。

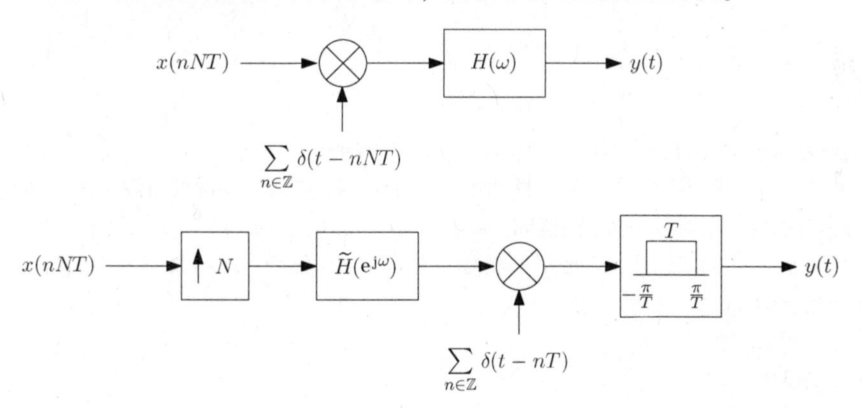

图6.28　插值同一性概念

这里，我们利用插值同一性来考察图6.25中Papoulis定理得到的信号恢复结果。对图6.25的每一个信号分支应用同一性，并将脉冲调制电路和LPF滤波器移到求和电路的外面，我们就可以得到图6.29的等效电路

$$\widetilde{P}_\ell(\mathrm{e}^{\mathrm{j}\omega}) = \frac{1}{NT}P_\ell\left(\frac{\omega}{NT}\right), \qquad |\omega| \leqslant \pi \tag{6.164}$$

图6.29的最后输出就是原始的连续时间信号 $x(t)$。并且，由于这个恢复的信号是通过周期为 T 的均匀间隔脉冲序列构成的低通滤波来重构的，所以，这个脉冲序列值必然与 $x(t)$ 以奈奎斯特进行的均匀间隔脉冲采样值相对应。这样，图6.29给出的离散时间滤波器组就能够有效地对给定的采样值进行插值，以得到均匀化的奈奎斯特采样值。这种滤波器组可以在实际中很有效的应用，并可以利用许多与滤波器组结构应用相关的结论，文献[147]有很多这方面的介绍。

例6.17　现在利用插值同一性来完成一个信号的恢复问题，这里将利用信号及其用离散时间滤波器实现的信号导数。

在例6.15中看到，一个 π/T 的带限信号 $x(t)$，可以从 $x(t)$ 和周期为 $2T$ 的 $x'(t)$ 的采样值进行重构，并利用图6.25中的方法，有

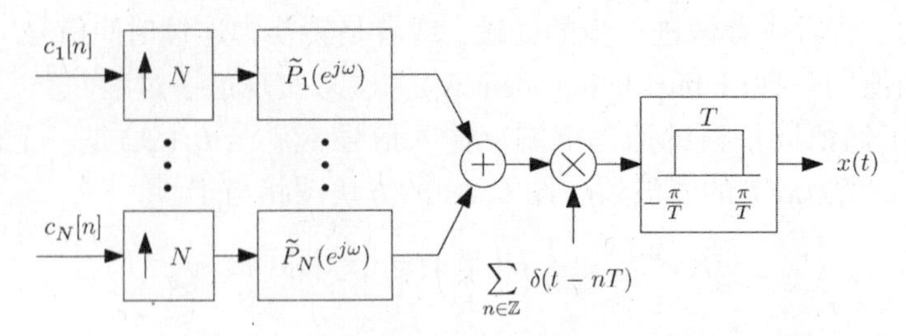

图 6.29 利用插值同一性的 Papoulis 方案

$$p_1(t) = \operatorname{sinc}^2\left(\frac{t}{2T}\right), \quad p_2(t) = t\operatorname{sinc}^2\left(\frac{t}{2T}\right) \tag{6.165}$$

应用插值同一性，可以利用图 6.29 中的系统进行恢复，其中

$$\widetilde{p}_1[n] = \operatorname{sinc}^2\left(\frac{n}{2}\right), \quad \widetilde{p}_2[n] = n\operatorname{sinc}^2\left(\frac{n}{2}\right) \tag{6.166}$$

这个方法提供了一个离散时间机制，将广义采样转换成奈奎斯特采样。

6.9 习题

1. 说明关键插值核函数式(6.7)的导数对于所有的 t 都是连续的。
2. 在本题中，通过利用几种不同条件的插值核函数 $w(t)$ 的选择，来研究关键核函数式(6.7)的一般形式。
   (a) 设 $w(t)$ 为任意的一个对称函数，由区间 $[-2, 0)$，$(-1, 0)$，$(0, 1)$，$(1, 2]$ 上的分段三次多项式构成。写出一个 $w(t)$ 的表达式，满足 $w(t)$ 是一个包含 8 个未知变量的函数。
   (b) 考虑下列情况的 $w(t)$：
      (i) $w(t)$ 为冲激函数 $w(n) = \delta[n]$
      (ii) $w(t)$ 是连续函数
      (iii) $w(t)$ 有连续导数
      说明对于一些 a 对于任意的满足以上条件的函数 $w(t)$ 有以下形式：

$$w(t) = \begin{cases} (a+2)\ |t|^3 - (a+3)\ |t|^2 + 1, & |t| < 1 \\ a\ |t|^3 - 5a\ |t|^2 + 8a\ |t| - 4a, & 1 \leqslant |t| < 2 \\ 0, & 2 \leqslant |t| \end{cases} \tag{6.167}$$

   (c) 并回答什么样的 a 的取值会有式(6.7)的核函数。
3. 说明兰乔斯插值核函数式(6.8)的一阶导数和二阶导数对于所有 t 连续。
4. 计算在整数点有扭结的 0 度样条空间和带宽为π的函数空间之间角度的余弦值。
5. 本题的目的在于证明两个 SI 空间 $\mathcal{S}$ 和 $\mathcal{A}$ 之间的余弦值是由式(6.28)给出的。
   (a) 说明若 $x(t)$ 可以表示为 $\sum_{n\in\mathbb{Z}} d_1[n]a(t-n)$，其中 $a(t)$ 为 $\mathcal{A}$ 中的一个正交生成器，则 $P_{\mathcal{S}}x(t)$ 可以表示为 $\sum_{n\in\mathbb{Z}} d_2[n]s(t-n)$，其中 $s(t)$ 为 $\mathcal{S}$ 中的一个正交生成器，并且有 $d_2[n] = d_1[n] * r_{sa}[n]$。
   (b) 利用 $d_1[n]$ 和 $r_{sa}[n]$ 分别对应的傅里叶变换 $D_1(e^{j\omega})$ 和 $R_{SA}(e^{j\omega})$ 给出 $\|x\|_{L_2}^2$ 和 $\|P_{\mathcal{S}}x\|_{L_2}^2$ 的具体表达式。
   (c) 证明 $\|P_{\mathcal{S}}x\|_{L_2}^2 / \|x\|_{L_2}^2$ 在一组非零函数 $D_1(e^{j\omega}) \in L_2([-\pi, \pi])$ 上的下确界由 $\inf_\omega R_{SA}(e^{j\omega})$ 给出。
      提示：利用以下性质来说明下确界是有下界的，即存在函数 $D_1^\ell(e^{j\omega}) \in L_2([-\pi, \pi])$，$\ell = 1, 2, \cdots$ 的序列达到边界。
   (d) 将结果扩展到一般形式(非正交)的生成器 $s(t)$ 和 $a(t)$。

6. 推导例6.9中的式(6.40)。

7. 设$\mathcal{S}$和$\mathcal{A}$分别为$\{s(t-n)\}$和$\{a(t-n)\}$构成的SI空间，并且$\cos(\mathcal{S},\mathcal{A})>0$。对于以下的每种$\widetilde{s}(t)$和$\widetilde{a}(t)$函数的选择，判断对于相应的SI空间$\widetilde{\mathcal{S}}$，$\widetilde{\mathcal{A}}$是否满足$\cos(\mathcal{S},\mathcal{A})=\cos(\widetilde{\mathcal{S}},\widetilde{\mathcal{A}})$。

(a) $\widetilde{s}(t)=s(t-\tau)$，$\widetilde{a}(t)=a(t-\tau)$，其中$\tau\neq0$。

(b) $\widetilde{s}(t)=s(t-\tau_1)$，$\widetilde{a}(t)=a(t-\tau_2)$，其中$\tau_1,\tau_2\in\mathbb{Z}$。

(c) $\widetilde{s}(t)=s(t-\tau_1)$，$\widetilde{a}(t)=a(t-\tau_2)$，其中$\tau_1,\tau_2\in\mathbb{R}$。

(d) $\widetilde{s}(t)=s(t)\mathrm{e}^{\mathrm{j}\omega_0 t}$，$\widetilde{a}(t)=a(t)\mathrm{e}^{\mathrm{j}\omega_0 t}$，其中$\omega_0\in\mathbb{R}$。

(e) $\widetilde{s}(t)=s(t)\mathrm{e}^{\mathrm{j}\omega_1 t}$，$\widetilde{a}(t)=a(t)\mathrm{e}^{\mathrm{j}\omega_2 t}$，其中$\omega_1,\omega_2\in\mathbb{R}$。

(f) $\widetilde{s}(t)=\sum_{n\in\mathbb{Z}}h[n]s(t-n)$，对于常数$\alpha,\beta$有$0<\alpha<|H(\mathrm{e}^{\mathrm{j}\omega})|<\beta<\infty$，$\widetilde{a}(t)=a(t)$。

8. 对于以下的成对SI空间$\mathcal{S}=\mathrm{span}\{s(t-n)\}$和$\mathcal{A}=\mathrm{span}\{a(t-n)\}$，判断是否满足直和条件$\mathcal{A}\oplus\mathcal{S}^{\perp}=L_2$。

(a) $s(t)=\mathrm{sinc}(t)$，$a(t)=\mathrm{e}^{-|t|/\tau}$，其中$\tau>0$。

(b) $s(t)=\beta^0(t)$，$a(t)=\mathrm{e}^{-|t|/\tau}$，其中$\tau>0$。

(c) $s(t)=\beta^0(t)\cos(\omega_0 t)$，其中$\omega_0\neq0$，$a(t)=\beta^0(t)$。

9. 假设$\mathcal{S}$和$\mathcal{A}$是$\mathcal{H}$的两个子空间，并且满足$\mathcal{A}\oplus\mathcal{S}^{\perp}=\mathcal{H}$，并由相关的变换$S$和$A$的Riesz基生成。证明$S^*E_{\mathcal{AS}^\perp}=S^*$，其中$E_{\mathcal{AS}^\perp}$为沿着$\mathcal{S}^\perp$在$\mathcal{A}$上的斜投影算子。

10. 设$\boldsymbol{X}$为$M\times N$矩阵，并已知其左右的奇异向量。

(a)给出一个对于M和N的必要条件，使得通过已知$\boldsymbol{X}$每行元素的和能够恢复$\boldsymbol{X}$的奇异值。

(b)对于奇异向量给出一个充分条件，使得可以通过$\boldsymbol{X}$每行元素的和恢复$\boldsymbol{X}$。明确地说明当条件满足时如何恢复$\boldsymbol{X}$。

提示：找到一个已知$\boldsymbol{X}$所属于的子空间$\mathcal{A}\subset\mathbb{R}^{M\times N}$以及一个$\boldsymbol{X}$在上面的投影已知的子空间$\mathcal{S}\subset\mathbb{R}^{M\times N}$。

11. 考虑一个n_p度在整数点有扭结的样条，并在$t=n$，$n\in\mathbb{Z}$上进行采样，在通过滤波器$\beta^{n_s}(t)$后，其中$\beta^m(t)$为m度的B样条函数，在式(4.32)中给出了定义。写出需要对在重构$\beta^{n_p}(t)$之前所需的采样值$c[n]$进行处理的数字校验滤波器的响应函数$H(\mathrm{e}^{\mathrm{j}\omega})$。说明这个滤波器的样条度只与它们的和$n_p+n_s$有关。

12. 计算函数$\{(1/\tau_1)\mathrm{e}^{(t-nT)/\tau_1}u(nT-t)\}_{n\in\mathbb{Z}}$在由$\{(1/\tau_2)\mathrm{e}^{(t-nT)/\tau_2}u(nT-t)\}_{n\in\mathbb{Z}}$扩展的空间的双斜值，其中$\tau_1$，$\tau_2$和$T$为任意的正常数，$u(t)$为单位阶跃函数。

13. 假设对于方阵$\boldsymbol{X}$，已知其左右奇异向量。鉴于已知$\boldsymbol{X}$第一列的元素，我们可以通过一个对角矩阵$\hat{\boldsymbol{X}}$来近似$\boldsymbol{X}$。

(a)给出一个约束LS优化问题，并给出结果$\hat{\boldsymbol{X}}$的表达式。解释为什么这种恢复性能很差。

(b)给出一个约束极小极大优化问题，并给出结果$\hat{\boldsymbol{X}}$的表达式。

14. 假设一个n_p度的在整数点有扭结的样条在$t=n$，$n\in\mathbb{Z}$处进行采样，并随后通过滤波器$s(t)=\mathrm{sinc}(t)$。我们的目标是从采样值$c[n]$中重构一个n_r样条$\hat{x}(t)$来近似$x(t)$。针对以下两种情况，给出利用$\beta^{n_r}(t)$进行重构之前所需要对采样值$c[n]$进行处理的数字校正滤波器的冲激响应$H(\mathrm{e}^{\mathrm{j}\omega})$。

(a) $\hat{x}(t)$与采样值$c[n]$一致，即$(\hat{x}(t)*s(t))|_{t=n}=c[n]$。

(b)在n_r度样条空间内$\hat{x}(t)$可以最好的近似$x(t)$(在L_2范数概念上)。

说明两种解都不取决于先验样条空间的度n_p。

15. 推导例6.14中的式(6.109)。

16. 考虑从信号的采样值来恢复一个带宽受限信号，该信号的一阶、二阶导数的周期为$3T$，其中T为奈奎斯特周期。说明式(6.153)所给出的Papoulis定理的恢复滤波器。

17. 例6.16考虑了周期非均匀采样的恢复。假设在这个例子中选择$\tau=T$。推导该情况下的恢复滤波器表达式，并解释结果。

第 7 章　平滑先验采样

到目前为止，我们一直都假设信号 x 是在一个已知的子空间下进行采样。我们看到，在一个合适的直和条件下，根据采样值实现原始信号的完美恢复是可行的。接下来，考虑一个限制较少的采样问题，这里，我们所知道的信号先验知识仅仅是信号在某种程度上是平滑的。我们这里假设存在两种平滑模型：在第一种模型中，x 的加权范数 $\|Lx\|$ 是有界的，其中 L 是一个加权算子，如一个微分算子。在 SI 空间情况下，这就相当于以 $x(t)$ 为输入时，通过连续时间滤波器 $L(\omega)$ 得到的输出信号的 L_2 信号范数是有界的。在第二种模型中，假设 $x(t)$ 是一个频谱已知的广义平稳(WSS)过程。我们将看到，在适当的目标函数下，这两种先验条件会产生同样的重构方法，加权算子 L 作为信号 $x(t)$ 的白化滤波器。关于广义平稳信号和白化过程的相关背景请参阅附录 B。

与子空间先验不同，由于平滑性与子空间先验相比是一个约束性很低的约束条件，因此，平滑信号与其采样值之间不存在一一对应的关系。所以，完美的信号恢复，甚至是误差范数的最小化的信号恢复，通常都是不可能实现的。相反，在有约束与无约束的恢复环境下，将重点集中于 LS 与极小极大方法来设计重构系统。有趣的是，如果选择一个恰当的子空间，我们会发现这些解决方案同样可以被解释为在子空间先验的重构方法。因此，这种平滑性约束的恢复方案可以被有效地转换成等效的子空间先验恢复，这主要取决于优化目标函数、采样空间以及加权范数(或者在 WSS 情况下的信号频谱)。

在本章中，首先对无噪声情况下的本章与前一章的采样和恢复方法做一个比较，然后将讨论有噪信号采样的信号恢复问题，我们重点考虑 SI 空间情况下的 LS、极小极大以及随机过程恢复算法。

7.1　无约束恢复

7.1.1　平滑先验

这里的采样设置与前一章是相同的：假设 $c=S^*x$ 是给定的采样值，信号 x 存在于任意希尔伯特空间 $\mathcal{H}$ 中，其中 S 是对应于采样空间 $\mathcal{S}$ 的 Riesz 变换基 $\{s_n\}$ 的一个集合变换。我们的目标是基于 x 的先验知识从采样信号 c 中恢复原始信号 x。这里我们假设 x 是平滑的，满足 $\|Lx\|\leqslant\rho$，其中 ρ 为常数，L 为可逆算子，尽管结果也拓展到 L 不可逆的情况。在 SI 空间场景下，$L=L(\omega)$ 代表一个时域连续滤波器，而有界范数约束条件相当于要求以 $x(t)$ 为输入的滤波器 $L(\omega)$ 的输出信号能量是有界的，其中假设对于某些 α 始终满足 $|L(\omega)|>\alpha>0$。

如第 4 章中的介绍，实际上，$L(\omega)$ 通常被选为一阶或二阶导数，目的是为了将结果约束为光滑的或者非振荡的，也就是 $L(\omega)=a_0+a_1\,\mathrm{j}\omega+a_2(\mathrm{j}\omega)^2+\cdots$，其中 a_n 为常数。举一个例子，如果 $L(\omega)=1-a\mathrm{j}\omega$，则定义了信号 $x(t)$ 的集合，对 $x(t)$ 有 $\int(1+a^2\omega^2)|X(\omega)|^2\mathrm{d}\omega\leqslant\rho^2$。该集合中包含的信号，当 $|\omega|$ 趋于无穷大时，它们的 CTFT 至少衰减的与 $1/\omega^{3/2}$ 一样快。

换句话说，只有包含大部分低频信号是可接受的。另一个常见的选择是滤波器 $L(\omega)=(a_0^2+\omega^2)^\beta$，其中参数 β 的作用是控制信号的衰减速率。

平滑先验对于详细描述一个信号来说是不充分的：满足 $S^*x=c$ 的信号 x 有很多，并且其加权范数 $\|Lx\|$ 是有界的，如图7.1所示。因此，在所有可能性中做出选择需要遵循一些规则。作为我们的目标，首先来考虑第6章介绍的LS与极小极大准则。我们进一步探讨在无约束和有约束情况下，如何通过已知的重构基(或滤波器)来进行信号恢复。本节中将集中讨论无约束恢复问题。

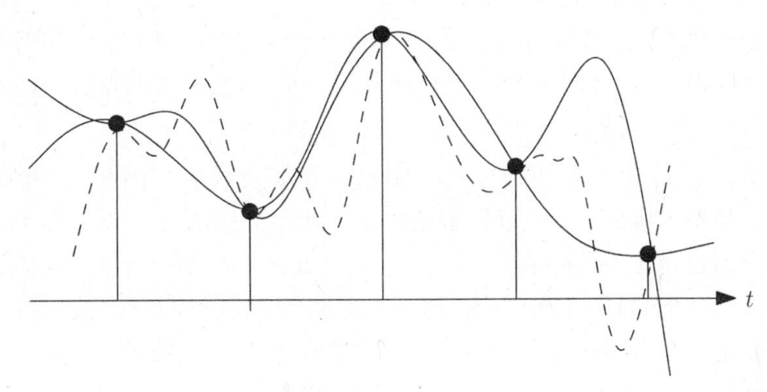

图7.1　三个信号通过一个给定的采样集合。实线是两个平滑信号，它们的频率快速衰减。虚线是一个能量扩展到更高频率的信号，我们通常会避免后者作为解

7.1.2　LS恢复

首先，借助于LS目标函数式(6.11)与式(6.12)来近似一个平滑信号 x。为了考虑这种平滑先验，我们定义集合 $\mathcal{T}$ 为一个可用信号集合：$\mathcal{T}=\{x:\|Lx\|\leqslant\rho\}$。在本章中，定义常数 $\rho>0$ 足够大，以此保证 $\mathcal{T}$ 是非空的。那么，LS问题就变为

$$\hat{x}_{\mathrm{LS}}=\arg\min_{x\in\mathcal{T}}\|S^*x-c\|^2 \tag{7.1}$$

由于已经假设在 $\mathcal{T}$ 中存在一个 x 产生了测量采样值 c，那么，式(7.1)的最优值是0。然而，在 $\mathcal{T}$ 中可能有无限多个解可以产生零无误差采样，如图7.2所示。在该图中，垂直的实线部分是满足 $S^*x=c$ 与 $\|Lx\|\leqslant\rho$ 的信号集合。为了解决这个不确定性的问题，我们需要寻找所有可能解中最光滑的重构信号

$$\hat{x}_{\mathrm{LS}}=\arg\min_{x\in\mathcal{G}}\|Lx\|^2 \tag{7.2}$$

其中 $\mathcal{G}=\{x:S^*x=c\}$。

式(7.2)是一个凸目标函数的线性约束二次方程。在有限空间中，这类问题总会存在一个解。但是，在无限维空间中则不是这样[148]。为了证明解的存在性，假设算子 L^*L 从上到下都是有界的(上下有界)，那么就存在常数 $0<\alpha_L\leqslant\beta_L<\infty$ 使

$$\alpha_L\|x\|^2\leqslant\|L^*Lx\|^2\leqslant\beta_L\|x\|^2 \tag{7.3}$$

这个条件意味着 $(L^*L)^{-1}$ 是有界的，并且对任意 $x\in\mathcal{H}$，有 $\beta_L^{-1}\|x\|^2\leqslant\|(L^*L)^{-1}x\|^2\leqslant\alpha_L^{-1}\|x\|^2$[42]。在SI场景下，式(7.3)等价于要求在所有的 ω 上 $|L(\omega)|$ 为上下有界的。

定理7.1　假设算子 L 满足式(7.3)，那么，式(7.2)的解为

$$\hat{x}_{\mathrm{LS}}=\widetilde{W}(S^*\widetilde{W})^{-1}c \tag{7.4}$$

其中

$$\widetilde{W} = (L^* L)^{-1} S \tag{7.5}$$

恢复信号式(7.4)可被写为

$$\hat{x}_{\mathrm{LS}} = \widetilde{W}(S^* \widetilde{W})^{-1} S^* x = E_{\widetilde{\mathcal{W}}\mathcal{S}^{\perp}} x \tag{7.6}$$

其中 $\widetilde{\mathcal{W}} = \mathcal{R}(\widetilde{W})$。换句话说，$\hat{x}_{\mathrm{LS}}$ 是原始信号 x 沿着 $\mathcal{S}^{\perp}$ 在 $\widetilde{\mathcal{W}}$ 上的斜投影(见2.6.2节)。显而易见地，如果 x 一开始位于 $\widetilde{\mathcal{W}}$ 之中，那么 $\hat{x}_{\mathrm{LS}}$ 将等于 x。

在6.3.2节中我们知道，在已知 x 在 $\widetilde{\mathcal{W}}$ 中这个先验知识时，式(7.4)相当于符合采样值的唯一恢复。因此，在确定式(7.5)给出的最优重构空间时，LS 解可能是首要因素，然后在该空间中计算出符合数据的唯一解。

在特殊情况下，$L = I$，$\widetilde{W} = S$，并且 $\hat{x}_{\mathrm{LS}} = P_{\mathcal{S}} x$ 是 x 的正交投影。因此，如果关于信号我们只知道它的范数是有界的，那么，最小范数解就等于于 $\mathcal{S}$ 上的正交投影。这一结果是很直观的：我们在6.2.1节中介绍过，已知采样值 c 等价于正交投影 $P_{\mathcal{S}} x$ 的先验信息。所以，任何采样 c 的恢复信号 $\hat{x}$ 具有这样的形式：$\hat{x} = P_{\mathcal{S}} x + v$，其中 v 是 $\mathcal{S}^{\perp}$ 中的任意向量。最小范数近似相当于选择使 $v = 0$，在没有进一步关于 x 的信息时，这不失为一个合理的选择。

证明 由于$(L^* L)^{-1}$是上下有界的，并且 S 满足 Riesz 基条件，$\widetilde{W}$ 是一个对应于一个 Riesz 基的集合变换。另外

$$S^* \widetilde{W} = S^* (L^* L)^{-1} S \tag{7.7}$$

是平稳可逆的。

为了求解式(7.2)，我们将式(7.6)中的斜投影表示为 $E = E_{\widetilde{\mathcal{W}}\mathcal{S}^{\perp}}$。那么，任意 x 可以被分解为

$$x = Ex + (I - E)x = Ex + v \tag{7.8}$$

其中 $v = (I - E)x \in \mathcal{S}^{\perp}$，直接替代可以得到

$$E^* L^* L(I - E) = 0 \tag{7.9}$$

因此

$$\| Lx \|^2 = \| LEx \|^2 + \| L(I - E)x \|^2 = \| LEx \|^2 + \| Lv \|^2 \tag{7.10}$$

接下来，注意到

$$S^* E = S^* (L^* L)^{-1} S (S^* (L^* L)^{-1} S)^{-1} S^* = S^* \tag{7.11}$$

因此，$S^* x = S^* Ex = c$。所以，对 $S^* x = c$ 中任意 x 均有 $Ex = \hat{x}_{\mathrm{LS}}$，$\hat{x}_{\mathrm{LS}}$ 是 $\widetilde{\mathcal{W}}$ 中与采样值相符的唯一向量，并且，Ex 必然在 $\widetilde{\mathcal{W}}$ 里。那么，可知式(7.2)等价于

$$\min_{v \in \mathcal{S}^{\perp}} \{ \| L\hat{x}_{\mathrm{LS}} \|^2 + \| Lv \|^2 \} \tag{7.12}$$

显然地，在 $v = 0$ 时得到最小值。定理证毕。 □

图7.2(a)给出的是LS解的几何图解。可用信号的集合是子空间 $S^* x = c$，它与 $\mathcal{S}$ 正交(垂直虚线部分)。目标函数 $\| Lx \|$ 的水平集合用虚线椭圆表示。LS 重构是垂线与椭圆的交叉部分，直到形成切点。重构空间 $\widetilde{\mathcal{W}}$ 是连接所有可能重构结果的线(对采样序列 c 的各种选择)。

在SI场景下，L 是一个LTI算子，相当于与 $L(\omega)$ 的CTFT逆变换的卷积，因此，$(L^* L)^{-1}$ 相当于以 $1/|L(\omega)|^2$ 滤波。如果采样空间是SI的，那么 $\widetilde{\mathcal{W}}$ 也是SI的，其生成器 $\widetilde{w}(t)$ 的CTFT为

$$\widetilde{W}(\omega) = \frac{S(\omega)}{|L(\omega)|^2} \tag{7.13}$$

校正变换 H 相当于数字滤波器

$$H(\mathrm{e}^{\mathrm{j}\omega}) = \frac{1}{R_{S\widetilde{W}}(\mathrm{e}^{\mathrm{j}\omega})} \tag{7.14}$$

滤波器 $R_{S\widetilde{W}}(\mathrm{e}^{\mathrm{j}\omega})$ 是在式(5.28)中将 $A(\omega)$ 换成 $\widetilde{W}(\omega)$ 得到的。在上一章的图 6.2 中给出了完整的重构方法，而式(7.13)给出了重构核函数，同时式(7.14)给出了数字校正滤波器。注意到，不必要在利用式(7.13)进行重构之前，利用式(7.14)执行数字滤波，我们可以等效地使用改进的连续时间重构核函数来代替数字滤波。

$$\widehat{W}(\omega) = \frac{\widetilde{W}(\omega)}{R_{S\widetilde{W}}(\mathrm{e}^{\mathrm{j}\omega T})} \tag{7.15}$$

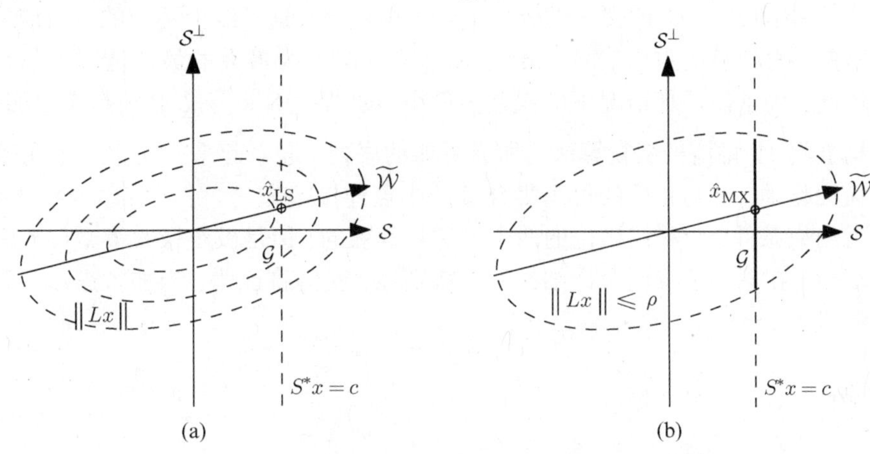

图 7.2　LS 方法和极小极大方法重构的几何图解

7.1.3　极小极大恢复

这里，考虑在最坏情况下从采样值中重构一个平滑信号。利用已知的先验信息构建一个集合 $\mathcal{G}$，包含所有的可能输入信号

$$\mathcal{G} = \{x: S^* x = c,\ \|Lx\| \leqslant \rho\} \tag{7.16}$$

这一集合包含与采样值相符，并相对平滑的信号。我们在 $\mathcal{G}$ 中寻找使最坏情况的误差为最小的信号重构

$$\hat{x}_{\mathrm{MX}} = \min_{\hat{x}} \max_{x \in \mathcal{G}} \|\hat{x} - x\|^2 \tag{7.17}$$

定理 7.2　式(7.17)的解与 LS 算法的解是相同的，即 $\hat{x}_{\mathrm{MX}}$ 等于式(7.4)中的 $\hat{x}_{\mathrm{LS}}$。

证明　在式(7.8)中，我们写到 $x = Ex + v$，其中 $E = E_{\widetilde{\mathcal{W}}\mathcal{S}^{\perp}}$，$v \in \mathcal{S}^{\perp}$，并且，从式(7.11)可知 $S^* E = S^*$。

在定理 7.1 的证明中可知，满足一致约束性 $S^* x = c$ 的信号 x 的集合可以写成 $x = \hat{x}_{\mathrm{LS}} + v$，这里 $v \in \mathcal{S}^{\perp}$。此外，还有 $\|Lx\|^2 = \|L\hat{x}_{\mathrm{LS}}\|^2 + \|Lv\|^2$。因此，我们可以将式(7.17)中的内部最大值写为

$$\|\hat{x} - \hat{x}_{\mathrm{LS}}\|^2 + \max_{v \in \mathcal{V}} \{\|v\|^2 - 2(\hat{x} - \hat{x}_{\mathrm{LS}})^* v\} \tag{7.18}$$

其中

$$\mathcal{V} = \{v: \| Lv \|^2 \leqslant \rho^2 - \| L\hat{x}_{\text{LS}} \|^2\} \tag{7.19}$$

显然地，在 v 的最大值上，我们有 $(\hat{x} - \hat{x}_{\text{LS}})^* v \leqslant 0$，由于可以在不影响约束性的情况下更改 v 的符号，所以有

$$\max_{v \in \mathcal{V}} \{ \| v \|^2 - 2(\hat{x} - \hat{x}_{\text{LS}})^* v \} \geqslant \max_{v \in \mathcal{V}} \| v \|^2 \tag{7.20}$$

结合式(7.20)与式(7.18)，可得

$$\min_{\hat{x}} \max_{x \in \mathcal{G}} \| \hat{x} - x \|^2 \geqslant \min_{\hat{x}} \{ \| \hat{x} - \hat{x}_{LS} \|^2 + \max_{v \in \mathcal{V}} \| v \|^2 \} = \max_{v \in \mathcal{V}} \| v \|^2 \tag{7.21}$$

其中，等式是在 $\hat{x} = \hat{x}_{\text{LS}}$ 时计算外部最小值得到的结果。很显然，式(7.21)中的所有等式需要在 $\hat{x} = \hat{x}_{\text{LS}}$ 时才能得到，定理得证。 □

图7.2(b)在几何上解释了极小极大方法。可用信号的集合 $\mathcal{G}$(实线部分)是椭圆 $\| Lx \| \leqslant \rho$ 与子空间 $S^* x = c$ 的交叉部分，并与 $\mathcal{S}$ 相正交。这条线上不同的点对应 $v \in \mathcal{S}^\perp$ 中的不同选择。显然，对任意的重构信号 $\hat{x} \in \mathcal{G}$，使 $\| \hat{x} - x \|^2$ 为最大的最坏情况的信号 x 位于 $\mathcal{G}$ 的边界上。因此，为了使最坏情况下的误差为最小，如图中所示，$\hat{x}_{\text{MX}}$ 必须是实线部分的中点。最优化的重构空间 $\widetilde{\mathcal{W}}$ 将信号恢复算法与所有可能的序列 c 联系起来。这相当于在图中将垂直的虚线沿着横轴移动，并与相应的可用集合 $\mathcal{G}$ 的中点连接起来。

虽然在无约束条件下，我们讨论的两个方法是等效的，但是极小极大策略在考虑到重构约束时更具灵活性，在下一节我们会详细说明。特别地，我们将证明，当加入进一步约束时，极小极大方法将优于 LS。

7.1.4 举例

现在来考虑 LS 算法和极小极大算法的一些例子，在这些例子中可以看到，对于一些采样滤波器来说，平滑先验是如何影响信号恢复结果的。

例 7.1 假设将 $x(t)$ 通过 LPF 滤波器

$$S(\omega) = \begin{cases} 1, & |\omega| \leqslant \pi \\ 0, & |\omega| > \pi \end{cases} \tag{7.22}$$

并且在时间 $t = n$, $n \in \mathbb{Z}$ 时，对输出进行逐点采样。在这种情况下

$$\widetilde{W}(\omega) = \frac{S(\omega)}{|L(\omega)|^2} = \begin{cases} 1/|L(\omega)|^2, & |\omega| \leqslant \pi \\ 0, & |\omega| > \pi \end{cases} \tag{7.23}$$

而 $R_{S\widetilde{W}}(\mathrm{e}^{\mathrm{j}\omega})$ 变成

$$R_{S\widetilde{W}}(\mathrm{e}^{\mathrm{j}\omega}) = \frac{1}{|L(\omega)|^2}, \qquad |\omega| \leqslant \pi \tag{7.24}$$

那么，数字校正滤波器即为 $H(\mathrm{e}^{\mathrm{j}\omega}) = |L(\omega)|^2$, $|\omega| \leqslant \pi$。最终，我们得到的最优重构滤波器是不取决于 $L(\omega)$ 的，为

$$\widehat{W}(\omega) = \begin{cases} 1, & |\omega| \leqslant \pi \\ 0, & |\omega| > \pi \end{cases} \tag{7.25}$$

因此，LS 算法可以通过将样本 $c[n]$ 调制到脉冲序列 $\sum_n \delta(t-n)$ 上，用 $\widehat{W}(\omega)$ 滤波来获得，以上对于任意 $L(\omega)$ 均适用。因此，用 LPF 采样，平滑先验不影响最终的重构[尽管 $H(\mathrm{e}^{\mathrm{j}\omega})$ 取

决于 $L(\omega)$]。在这种情况下，频率π以下的频谱是完美重构的，而频率π以上的频谱没有重构。同样的结论也适用于当 $S(\omega)$ 在区间 $[-\pi, \pi]$ 上有任意的非零频率响应的情况。

例7.2　接下来思考这种情况：我们得到的逐点采样是没有经过滤波的，那么对于所有的 ω 都有 $S(\omega)=1$。假设 $x(t)$ 的频谱在某些 $\alpha>0$ 的情况下衰减的比 $|\omega|^{-1/2}e^{-\alpha|\omega|}$ 快。这个先验可以并入极小极大和LS方法，因为

$$\int_{-\infty}^{\infty} |X(\omega)L(\omega)|^2 d\omega \leqslant \rho^2 \tag{7.26}$$

对一些 $\rho>0$ 有

$$L(\omega) = e^{\alpha|\omega|} \tag{7.27}$$

在这个情况下，有

$$R_{S\widetilde{W}}(e^{j\omega}) = \sum_{k\in\mathbb{Z}} \frac{1}{|L(\omega+2\pi k)|^2} = \sum_{k\in\mathbb{Z}} e^{-2\alpha|\omega+2\pi k|} \tag{7.28}$$

既然这个表达式是以2π为周期的，并且是关于 ω 对称的，我们可以只计算 $\omega\in[0,\pi]$ 内的，得到

$$\sum_{k=0}^{\infty} e^{-2\alpha(\omega+2\pi k)} + \sum_{k=-\infty}^{-1} e^{2\alpha(\omega+2\pi k)} = e^{-2\alpha\omega}\frac{1}{1-e^{-4\pi\alpha}} + e^{2\alpha\omega}\frac{e^{-4\pi\alpha}}{1-e^{-4\pi\alpha}} \tag{7.29}$$

所以，数字校正滤波器是这样的

$$H(e^{j\omega}) = \frac{1}{R_{S\widetilde{W}}(e^{j\omega})} = \frac{1-e^{-4\pi\alpha}}{e^{-2\alpha|\omega|} + e^{2\alpha|\omega|}e^{-4\pi\alpha}} \tag{7.30}$$

其中 $\omega\in[-\pi,\pi]$。重构滤波器 $\widetilde{W}(\omega)$ 满足

$$\widetilde{W}(\omega) = \frac{1}{|L(\omega)|^2} = e^{-2\alpha|\omega|} \tag{7.31}$$

这与时域滤波器是一致的

$$\widetilde{w}(t) = \frac{1}{2\pi}\frac{4\alpha}{4\alpha^2+t^2} \tag{7.32}$$

把这两个结合得到式(7.15)的 $\widehat{W}(\omega)$ 等效重构滤波器

$$\hat{\omega}(t) = \sum_{n\in\mathbb{Z}} h[n]\widetilde{W}(t-n) \tag{7.33}$$

图7.3展示了 $\hat{\omega}(t)$ 在两个不同的 α 值下的形状。随着 α 的增大，高频上的惩罚也变得更大，因此使 $\hat{\omega}(t)$ 变得更宽。

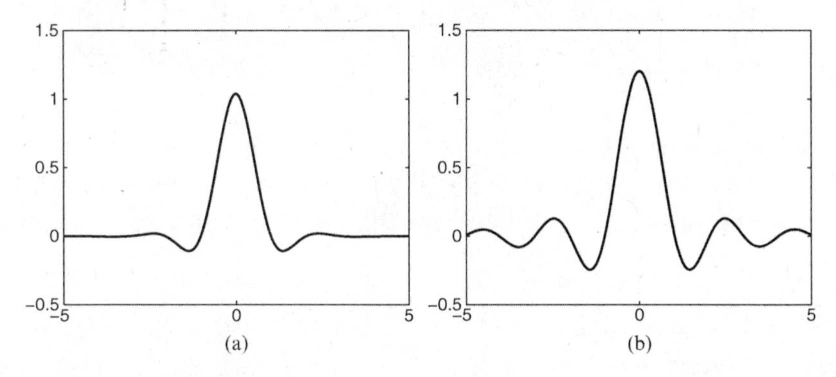

图7.3　指数频率衰减优先的重构滤波器，与式(7.27)相一致。(a) $\alpha=0.5$；(b) $\alpha=2$

例7.3 这里，我们在图像放大的背景下验证平滑先验方法。一个数字图像 $c[m, n]$ 是典型的在与 $s(-t, -\eta)$ 卷积后，从一个连续空间场景 $x(t, \eta)$ 采样的结果，$s(-t, -\eta)$ 是镜头的点扩散函数(PSF)。因此有

$$c[m, n] = \iint s(t - m\Delta, \eta - \eta\Delta) x(t, \eta) \mathrm{d}t\mathrm{d}\eta \tag{7.34}$$

其中，Δ 是采样间隔。放大一个数字图像就意味着构造一个 $x(t, \eta)$ 的更加密集的空间采样场景。例如，如果想要的放大系数是 Γ，那么想要的(放大的)数字图像是 $c_z[k, \ell] = x(k\Delta/\Gamma, \ell\Delta/\Gamma)$。实际上，$x(t, \eta)$ 是不可使用的，而我们只能接触到图像的样本场景 $c[m, n]$，所以，放大的图像 $c_z[k, \ell]$ 不能直接被计算出来。

一种常见的方法是用 $\hat{x}(k\Delta/\Gamma, \ell\Delta/\Gamma)$ 来计算 $c_z[k, \ell]$，其中 $\hat{x}(t, \eta)$ 是 $x(t, \eta)$ 的重构，而由 $c[m, n]$ 可以得到

$$\hat{x}(t, \eta) = \sum_{m\in\mathbb{Z}} \sum_{n\in\mathbb{Z}} c[m, n] \hat{\omega}(t - m\Delta, \eta - n\Delta) \tag{7.35}$$

其中 $\hat{w}(t, \eta)$ 是某种选择的重构核函数。

一种常见的 $\hat{w}(t, \eta)$ 选择是双立方核函数，二维双立方核函数 $\hat{w}(t, \eta)$ 由 $w(t)w(\eta)$ 得出，其中 $w(t)$ 为式(6.7)。另一种选择是根据式(7.15)来设计 $\hat{w}(t, \eta)$，这样，可以最优地考虑 PSF $s(t, \eta)$ 与原始场景的假设平滑先验 $x(t, \eta)$。自然景色的特点通常是存在频率的多项衰减，因此，在我们的例子中，使用正则化算子 $L(\omega) = ((0.1\pi)^2 + \|\omega\|^2)^{1.3}$，其中 ω 代表二维频率向量。我们考虑采样滤波器 $s(t, \eta)$ 是一个矩形滤波器，在每个轴上长度为 $[-\Delta/2, \Delta/2]$。

图7.4比较了在以系数 $\Gamma = 3$ 来增大图像时，极小极大方法(LS方法)与双立方插值方法的区别。为了得到一个定量的比较，数字图像 $c[m, n]$ 是由一个高分辨率的图像降采样得到。这个高分辨率的图像用来与两种方法得到的放大后的图像 $c_z[k, l]$ 进行比较。

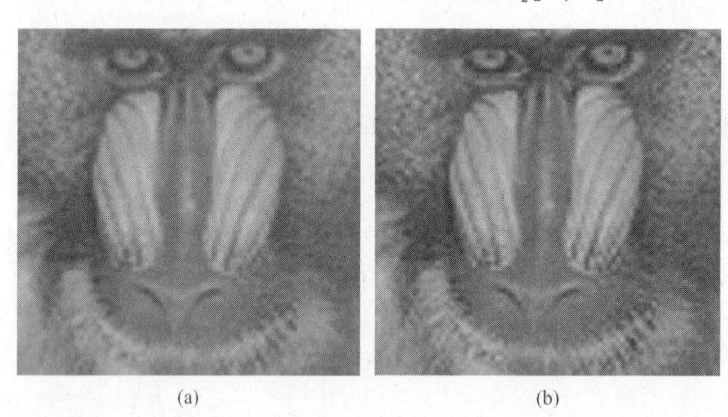

(a) (b)

图7.4 狒狒图像的重新调整：以3为系数用矩形滤波器降采样，然后用两种不同的插值方法升采样到原始维度。(a)双立方插值核函数得出较模糊的重构图像，PSNR为24.18 dB；(b)极小极大方法得出较清晰的重构图像，PSNR为24.39 dB

从图中可以看出，根据得到的峰值信噪比(PSNR)，极小极大算法优于常用的双立方插值方法，其中 $\mathrm{PSNR} = 10\lg(255^2/\mathrm{MSE})$，这里 MSE 是每个像素点的值平均得到的经验平方误差。从视觉质量上看，极小极大重构更加清晰并且包含增强的图像纹理。

7.1.5 多通道采样

与6.8节相似，LS算法和极小极大算法也可以用于多通道场景，其中 $x(t)$ 在 N 个支路的输出中被均匀采样，每个支路中的滤波器为 $s_1(-t)$，…，$s_N(-t)$。在这种情况下，集合变换 S 相当于采样函数为

$$s_{\ell,n}(t) = s_\ell(t-nT), \qquad 1 \leqslant \ell \leqslant N,\ n \in \mathbb{Z} \tag{7.36}$$

因此，每个与集合变换 $\widetilde{W} = (L^* L)^{-1} S$ 相对应的函数都等效于分别用 $\overline{\overline{1/\ |L(\omega)|^2}}$ 将采样函数进行滤波，即

$$\widetilde{w}_{\ell,n}(t) = \widetilde{w}_\ell(t-nT), \qquad 1 \leqslant \ell \leqslant N,\ n \in \mathbb{Z} \tag{7.37}$$

其中

$$\widetilde{W}_\ell(\omega) = \frac{S_\ell(\omega)}{|L(\omega)|^2}, \qquad 1 \leqslant \ell \leqslant N \tag{7.38}$$

然后，利用一个重构滤波器库即可完成信号的重构

$$\hat{x}(t) = \sum_{\ell=1}^{N} \sum_{n\in\mathbb{Z}} d_\ell[n]\widetilde{\omega}_\ell(t-nT) \tag{7.39}$$

序列 $d_\ell[n]$ 是采样序列 $c_\ell[n]$ 利用算子 $(S^*\widetilde{W})^{-1}$ 得到的结果。根据6.8节的推导，对应MIMO校正滤波器的算子为

$$\boldsymbol{H}(\mathrm{e}^{\mathrm{j}\omega}) = \boldsymbol{M}_{S\widetilde{W}}^{-1}(\mathrm{e}^{\mathrm{j}\omega}) \tag{7.40}$$

其中 $\boldsymbol{M}_{S\widetilde{W}}^{-1}(\mathrm{e}^{\mathrm{j}\omega})$ 是采样滤波器与重构滤波器之间的相关矩阵，定义参考式(6.131)。那么，全部采样与重构系统等价于图6.23，其中重构滤波器为式(7.38)，并且MIMO校正滤波器为式(7.40)。

在很多实际情况中，MIMO数字滤波器 $\boldsymbol{M}_{S\widetilde{W}}(\mathrm{e}^{\mathrm{j}\omega})$ 的应用是很简单的，但是，它的反变换却是一个无限冲激响应，而没有独特的方便结构。在这些情况下，用 $\boldsymbol{M}_{S\widetilde{W}}^{-1}(\mathrm{e}^{\mathrm{j}\omega})$ 滤波的效果可以用一个只含 $\boldsymbol{M}_{S\widetilde{W}}(\mathrm{e}^{\mathrm{j}\omega})$ 滤波操作的序列来近似，这正好与在6.3.3节中讨论的单信道采样一样。

特别地，有一种选择是应用诺依曼级数来表示算子 $S^*\widetilde{W}$，就如在式(6.47)中看到的，得到下面的更新关系：

$$\hat{d}^{m+1} = \hat{d}^m + \alpha(c - S^*\widetilde{W}\hat{d}^m) \tag{7.41}$$

其中 c 对应 N 个采样序列 $\{c_i[n]\}_{n\in\mathbb{Z},\,i=1,\cdots,N}$，$\hat{d}^m$ 对应MIMO滤波器 $\boldsymbol{M}_{S\widetilde{W}}^{-1}(\mathrm{e}^{\mathrm{j}\omega})$ 的 N 个输出的校正序列 $\{d_i[n]\}_{n\in\mathbb{Z},i=1,\cdots,N}$ 的第 m 次迭代逼近。算子 $S^*\widetilde{W}$ 相当于将 $M_{S\widetilde{W}}(\mathrm{e}^{\mathrm{j}\omega})$ 应用于式(6.131)。常数 α 要么满足

$$\|\boldsymbol{I} - \alpha\boldsymbol{M}_{S\widetilde{W}}(\mathrm{e}^{\mathrm{j}\omega})\| < 1, \qquad \text{对于所有 } \omega \tag{7.42}$$

要么在迭代中可以被改进。在6.3.3节中提到过，在第 m 次迭代时，使用下式可以在这个框架中最大限度地减少近似误差

$$\alpha^m = \frac{(\boldsymbol{\varepsilon}^m)^* S^*\widetilde{W}\boldsymbol{\varepsilon}^m}{\|S^*\widetilde{W}\boldsymbol{\varepsilon}^m\|^2} \tag{7.43}$$

其中 ε^m 代表 N 个误差序列 $\{c_i[n] - c_i^m[n]\}_{n\in\mathbb{Z},\,i=1,\cdots,\mathrm{N}}$，其中 $\{c_i^m[n]\}$ 指的是序列 $\{\hat{d}_i^m[n]\}$ 通过MIMO滤波器 $\boldsymbol{M}_{S\widetilde{W}}(\mathrm{e}^{\mathrm{j}\omega})$ 的输出结果。

另一个近似 $\boldsymbol{M}_{S\widetilde{W}}^{-1}(\mathrm{e}^{\mathrm{j}\omega})$ 滤波效果的方法是使用最陡降迭代，目的是使误差 $\| S^* \widetilde{W} d - c \|^2$ 最小。类似式(6.54)，这一方法可得到

$$\hat{d}^{m+1} = \hat{d}^m + \alpha^m \widetilde{W}^* S(c - S^* \widetilde{W} \hat{d}^m) \tag{7.44}$$

其中最佳步长为

$$\alpha^m = \frac{\| \widetilde{W} S^* \varepsilon^m \|^2}{\| S^* \widetilde{W} \widetilde{W}^* S \varepsilon^m \|^2} \tag{7.45}$$

例 7.4 利用多信道采样来重构信号的最广泛应用之一就是超分辨成像。在这个例子中，采集 N 个数字图像 $c_1[m, n]$，…，$c_N[m, n]$ 来自于二维连续空间 $x(t, \eta)$。每幅图像之间都有很小的差别，我们把第 i 张图像记为 (t_i, η_i)。假设镜头的 PSF 是 $s(-t, -\eta)$，那么数字图像可表示为

$$c_i[m, n] = \iint s(t - \tau_i - m\Delta, \eta - \eta_i - n\Delta) x(t, \eta) \mathrm{d}t\mathrm{d}\eta \tag{7.46}$$

这一过程可以看成是使用了 N 个采样信道，其中第 i 个采样滤波器为 $s_i(\tau, \eta) = s(\tau - \tau_i, \eta - \eta_i)$，那么有

$$c_i[m, n] = \iint s_i(t - m\Delta, \eta - n\Delta) x(t, \eta) \mathrm{d}t\mathrm{d}\eta \tag{7.47}$$

如在例 7.3 中介绍的图像插值，在超分辨图像中，目的是通过对原始图像密集采样产生一个新的图像。比如，期望的缩放系数为 Γ，那么超分辨率数字图像为 $c_z[k, \ell] = x(k\Delta/\Gamma, \ell\Delta/\Gamma)$。由于 $x(t, \eta)$ 是不可用的，$c_z[k, \ell]$ 近似为 $\hat{x}(k\Delta/\Gamma, \ell\Delta/\Gamma)$，其中 $\hat{x}(t, \eta)$ 是 $x(t, \eta)$ 的重构，可从低分辨率的图像 $\{c_i[m, n]\}$ 中得到。

图 7.5 中展示了一个超分辨率重构，重构于[149]序列的前 20 帧。其中像素间隔设置为 $\Delta = 1$，采样滤波器假设是矩形核函数 $s(t, \eta) = \beta^0(t)\beta^0(\eta)$，并且 (t_i, η_i) 由低分辨率图像 $\{c_i[m, n]\}$ 估计得来。矩形滤波器 $L(\omega)$ 是 $\mathrm{sinc}(\omega/(2\pi))^{-3/2}$。这使得重构滤波器 $\widetilde{W}(\omega) = S(\omega)/|L(\omega)|^2 = \mathrm{sinc}(\omega/(2\pi))^4$，空间域中为 3 度 B 样条函数 $\tilde{w}(t, \eta) = \beta^3(t)\beta^3(\eta)$。

(a)

(b)

图 7.5 从包含 20 张图像的集合以系数 $\Gamma = 4$ 进行分辨率增强。(a)低分辨率图像中的一张；(b)超分辨图像

7.2 有约束恢复

接下来使用预设好的插值基 W 从采样值 c 中得出信号 x 的LS和极小极大近似值算法。在SI场景中，这等于使用一个具体的插值核函数 $w(t)$。如我们将看到的，在这种情况下，这两种方法就不是相同的。

7.2.1 LS算法

为了得到一个解 $\hat{x}\in\mathcal{W}$，更改一下式(7.1)中的可用集 $\mathcal{T}$，使其中只含有 $\mathcal{W}$ 中的信号

$$\hat{x}_{\mathrm{CLS}}=\arg\min_{x\in\mathcal{T}}\|S^*x-c\|^2 \tag{7.48}$$

其中 $\mathcal{T}=\{x:\|Lx\|\leqslant\rho,\ x\in\mathcal{W}\}$。

在定理6.5的证明中可知，如果没有约束条件 $\|Lx\|\leqslant\rho$，式(7.48)的解的集合为

$$\mathcal{G}=\{x:x\in\mathcal{W},\ S^*x=P_{\mathcal{R}(S^*W)}c\} \tag{7.49}$$

为了在可能性中做出选择，将 $\mathcal{G}$ 的平滑性 $\|Lx\|^2$ 最小化

$$\hat{x}_{\mathrm{CLS}}=\arg\min_{x\in\mathcal{G}}\|Lx\|^2 \tag{7.50}$$

定理7.3　式(7.50)的解由下式给出：

$$\hat{x}_{\mathrm{CLS}}=\widehat{W}(S^*\widehat{W})^{\dagger}c \tag{7.51}$$

其中

$$\widehat{W}=W(W^*L^*LW)^{-1}W^*S \tag{7.52}$$

注意，W^*L^*LW 是可逆的，因为 W 相当于一个Riesz基，并且 L^*L 是有界的。

证明　此定理的证明与7.1.2节中的证明有相似之处，并且利用了这样一个事实：每个在 $\mathcal{G}$ 中的信号都可被写成 $x=\widehat{W}(S^*\widehat{W})^{\dagger}c+Wv$ 的形式，其中，$v\in\mathcal{N}(S^*W)$。此事实的成立是因为，公式 $\mathcal{R}(S^*\widehat{W}(S^*\widehat{W})^{\dagger})=\mathcal{R}(S^*\widehat{W})=\mathcal{R}(S^*W)$，其中，最后一个等式成立是由于 W^*L^*LW 可逆，并且埃尔米特共轭，见习题10。定理证毕。□

当 $\mathcal{W}\oplus\mathcal{S}^{\perp}=\mathcal{H}$ 时，有约束LS算法呈现出一个特别简单的形式。在6.3.2节中已经看到，在这种情况下，有一个唯一的 $x\in\mathcal{W}$ 满足 $S^*x=c$，等于斜投影 $E_{\mathcal{W}\mathcal{S}^{\perp}}x$。此外，$S^*W$ 是可逆的。由于在式(7.50)的约束集合中只有一个信号，目标函数的平滑性测量并没有起到作用，这时的解就变成 $\hat{x}_{\mathrm{CLS}}=W(S^*W)^{-1}c$。这一点也可以从式(7.51)与式(7.52)中直接得到验证。利用无约束解满足 $S^*x_{\mathrm{LS}}=c$ 的结果，我们可以得出两者之间的关系为 $\hat{x}_{\mathrm{CLS}}=W(S^*W)^{-1}S^*\hat{x}_{\mathrm{LS}}=E_{\mathcal{W}\mathcal{S}^{\perp}}\hat{x}_{\mathrm{LS}}$，也就是与子空间先验情况的关系式(6.117)是相同的。因此，对于LS算法，无论是什么样的先验条件，有约束恢复与无约束恢复的算法之间的关系就是一个倾斜投影的关系。

另一个有趣的现象是，如果 $\mathcal{W}$ 和 $\mathcal{S}$ 都是SI空间，分别对应生成器 $w(t)$ 和 $s(t)$，那么，L 的值并不影响最终的求解，并且，L 是一个对应于频率响应 $L(\omega)$ 的LTI算子。同时，算子 $(W^*L^*LW)^{-1}$ 相当于一个数字滤波器 $1/R_{AA}(\mathrm{e}^{\mathrm{j}\omega})$，其中 $A(\omega)=L(\omega)W(\omega)$，而 $R_{AA}(\mathrm{e}^{\mathrm{j}\omega})$ 由式(5.28)给出。因此，式(7.51)中估计结果可以通过利用 $W(\omega)$ 进行重构之前，对采样序列

$c[n]$的一次滤波来产生，滤波器为

$$H(e^{j\omega}) = \begin{cases} 1/R_{SW}(e^{j\omega}), & R_{SW}(e^{j\omega}) \neq 0 \\ 0, & \text{其他} \end{cases} \tag{7.53}$$

显然地，式(7.53)并不依赖于$L(\omega)$。也就是说，平滑先验并不影响SI场景下的解。最后得到的方法与子空间先验中(见6.5.1节)讨论的有约束LS算法是相同的。因此，在SI场景下，不管什么样的信号先验，有约束的LS恢复算法都是一样的。

7.2.2 极小极大遗憾算法(minimax-regret solution)

接下来，将7.1.3节中介绍的极小极大算法拓展到约束$\hat{x}$在$\mathcal{W}$中的情况。与6.6.3节中介绍的子空间先验的情况类似，我们是将最坏情况下的遗憾进行最小化

$$\hat{x}_{\mathrm{CMX}} = \arg\min_{\hat{x}\in\mathcal{W}}\max_{x\in\mathcal{G}} \|\hat{x} - P_{\mathcal{W}}x\|_2^2 \tag{7.54}$$

其中$\mathcal{G} = \{x: S^* x = c,\ \|Lx\| \leqslant \rho\}$，并且假设存在一个最优的点。

定理7.4 式(7.54)的解为

$$\hat{x}_{\mathrm{CMX}} = P_{\mathcal{W}}\widetilde{W}(S^*\widetilde{W})^{-1}c = P_{\mathcal{W}}\hat{x}_{\mathrm{MX}} \tag{7.55}$$

其中，$\widetilde{W}$在式(7.5)中给出，并且$\hat{x}_{\mathrm{MX}} = \hat{x}_{\mathrm{LS}}$是式(7.4)中得出的无约束的解。 □

证明 这个定理的证明与7.1.3节中定理7.2的证明相同，见习题11。

定理7.4可以得出一个直观的结论：当输出恢复信号被约束在一个子空间$\mathcal{W}$中时，极小极大恢复算法是无约束条件下极小极大恢复算法在$\mathcal{W}$上的正交投影。回忆式(7.55)，这个结论同样适用于子空间先验采样，如在6.5.2中讨论的一样。

图7.6在几何上解释了极小极大遗憾算法的概念。如同图7.4展示的无约束情况，信号的可用集合$\mathcal{G}$是垂直的实线部分。但是，这里重构信号$\hat{x}$需要被约束在预先设定好的空间$\mathcal{W}$中。极小极大遗憾准则式(7.54)测量的是$\hat{x}$与$P_{\mathcal{W}}x$之间的偏差。标出的实线部分是可用集$\mathcal{G}$在$\mathcal{W}$上的投影。对每一个在$\mathcal{W}$中的重构信号$\hat{x}$来说，使遗憾最差的信号x对应的是集合中的端点。因此，如果将$\hat{x}$选在中点部分，就能得到最小的遗憾。这个解也是$\mathcal{G}$的中点在$\mathcal{W}$上的投影，也就是说，是式(7.4)中无约束极小极大算法的解在$\mathcal{W}$上的投影。

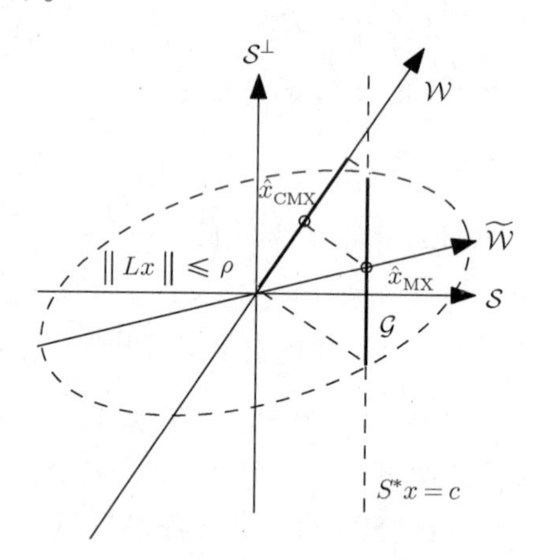

图7.6 在预设的重构空间$\mathcal{W}$中极小极大遗憾重构方法的几何图解

当$\mathcal{S}$和$\mathcal{W}$都是SI空间，并且L是LTI算子时，校正变换H相当于一个数字滤波器$H(e^{j\omega})$。这个滤波器可写为$H = (W^*W)^{\dagger}W^*\widetilde{W}(S^*\widetilde{W})^{\dagger}$，其中$\widetilde{W} = (L^*L)^{-1}S$是相当于无约束极小极大解的一个集合变换。算子$W^*W$，$W^*\widetilde{W}$和$S^*\widetilde{W}$分别对应的是数字滤波器$R_{WW}(e^{j\omega})$，$R_{W\widetilde{W}}(e^{j\omega})$和$R_{S\widetilde{W}}(e^{j\omega})$。图6.2中的数字校正滤波器就变为

$$H(e^{j\omega}) = \frac{R_{W\widetilde{W}}(e^{j\omega})}{R_{S\widetilde{W}}(e^{j\omega})R_{WW}(e^{j\omega})} \tag{7.56}$$

与有约束 LS 解式(7.53)不同，这个滤波器取决于 $L(\omega)$，因此，先验条件将影响恢复结果。接下来的例子将展示该滤波器在图像处理应用中的效果。

例 7.5　在图 7.7 中，展示了在图像方法处理上，LS 算法与极小极大遗憾算法之间的区别。初始设置与图 7.4 中相同，只是重构滤波器被限制成一个相当于线性插值的矩形滤波器，即 $w(t, \eta) = \beta^1(t/\Delta)\,\beta^1(\eta/\Delta)$。利用插值核函数，可以满足直和条件 $L_2 = \mathcal{W} \oplus \mathcal{S}^{\perp}$。极小极大遗憾重构的误差仅有 0.7 dB，小于图 7.4 中的无约束极小极大算法。另外，根据 PSNR 与图像质量，有约束的 LS 算法表现欠佳。由于它忽略了平滑先验，因此它过度放大了图像中的高频分量。

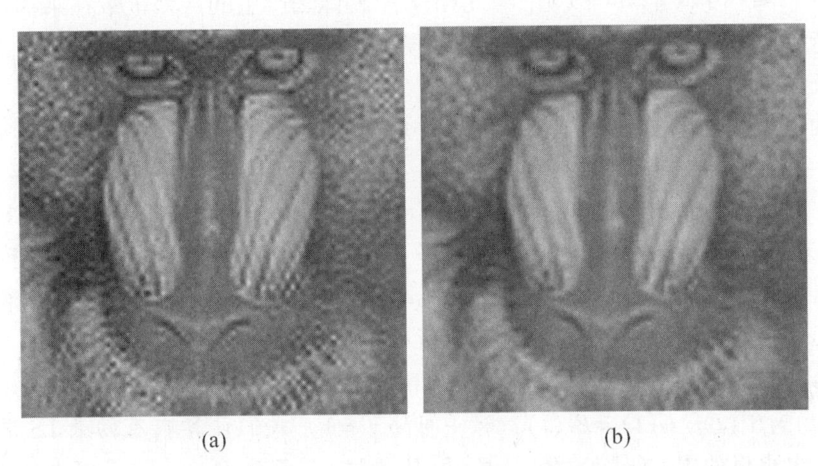

图 7.7　狒狒图像的重新调整：以 3 为系数用矩形滤波器降采样，然后用两种不同的插值方法升采样到原始维度。(a) LS 过度放大了图像的高频部分，PSNR 线为 22.51 dB；(b) 极小极大遗憾方法得出更为平滑重构图像，PSNR 为 23.69 dB

有界范数误差

这里我们通过考虑一种特殊情况来理解极小极大遗憾恢复算法，我们对信号的唯一先验知识是知道它是有界范数(即 $L = I$)的[13]。在这个情况下，$\widetilde{W} = S$，因此，$\hat{x}_{\mathrm{CMX}} = P_{\mathcal{W}} P_{\mathcal{S}} x$，如图 7.8 所示。可以看到，知道采样值序列 $c[n]$ 就等于知道了 $P_{\mathcal{S}} x$。此外，我们的重构被约束在 $\mathcal{W}$ 中。如图所示，信号首先正交投影在采样空间上，然后投影在重构空间上，可见这种极小极大遗憾算法是一个强壮的重构方法。

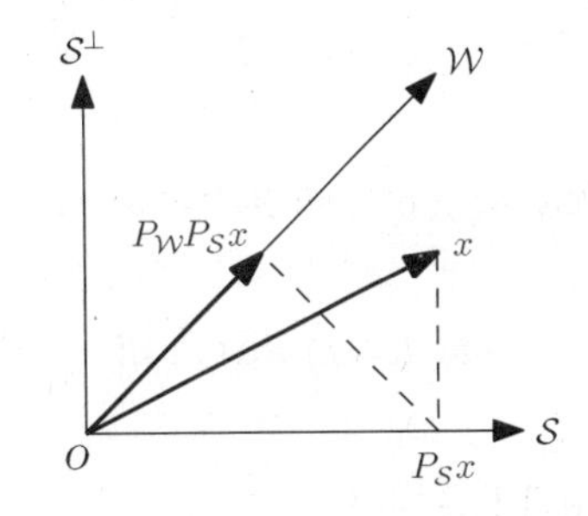

图 7.8　$\|x\| \leqslant \rho$ 时的极小极大遗憾重构。信号首先正交投影在采样空间上，然后投影在重构空间

在 SI 场景中，设置式(7.56)中的 $L(\omega) = 1$，从式(7.13)可知 $\widetilde{\omega}(t) = s(t)$，则校正滤波器为

$$H(\mathrm{e}^{\mathrm{j}\omega}) = \frac{R_{WS}(\mathrm{e}^{\mathrm{j}\omega})}{R_{SS}(\mathrm{e}^{\mathrm{j}\omega}) R_{WW}(\mathrm{e}^{\mathrm{j}\omega})} \tag{7.57}$$

将柯西不等式应用于式(7.57)中的分子与式(7.53)中的分母，显而易见，极小极大遗憾滤波器的级数在所有频率上都小于有约束 LS 滤波器。这个性质使得极小极大遗憾方法对采样信号

$c[n]$中的噪声有更强的抑制能力，因为同样是由于$c[n]$中的误差产生的，极小极大遗憾方法中$\hat{x}(t)$里的干扰总是比LS方法中的要小。

除了对采样之后产生的数字噪声的鲁棒性，极小极大遗憾算法对连续时间信号$x(t)$中的干扰也具有更强的抑制能力。为了证明，注意到，由于$\hat{x}_{\mathrm{CMX}}=P_{\mathcal{W}}P_{\mathcal{S}}x$，因此，$\hat{x}$的范数必然以$x$的范数为界。此外，很容易看到，最终的重构误差总是以x的两倍的范数为界

$$\|\hat{x}_{\mathrm{CMX}}-x\|^2=\|(I-P_{\mathcal{W}}P_{\mathcal{S}})x\|^2=\|P_{\mathcal{W}}(I-P_{\mathcal{S}})x\|^2+\|P_{\mathcal{W}^\perp}x\|^2\leqslant 2\|x\|^2 \tag{7.58}$$

其中，最后一个不等式可由事实$I-P_{\mathcal{S}}=P_{\mathcal{S}^\perp}$得到，并且，对任意正交投影$P_{\mathcal{A}}$和$P_{\mathcal{V}}$，都存在不等式$\|P_{\mathcal{A}}P_{\mathcal{V}}x\|\leqslant\|P_{\mathcal{V}}x\|\leqslant\|x\|$。与此相反，LS算法产生的误差范数在某些情况下可以无界增长。注意到，在一个直和的情况下，由斜投影$\hat{x}_{\mathrm{CLS}}=E_{\mathcal{WS}^\perp}x$得到的LS重构算法将可能有一个随意增长的$x$的范数。

接下来的例子给出了$L=I$时有约束LS算法与极小极大遗憾算法的比较。

例7.6 当$L=I$时，有约束极小极大解可表示为$\hat{x}_{\mathrm{CMX}}=P_{\mathcal{W}}P_{\mathcal{S}}x$，而有约束LS重构(假设$\mathcal{W}\oplus\mathcal{S}^\perp=\mathcal{H}$)表示为$\hat{x}_{\mathrm{CLS}}=E_{\mathcal{WS}^\perp}x$。在7.2.3节中彻底分析了每个方法在什么时候是更好的。但是，研究两个极端的情况可以更简单直观地理解。特别地，如果x位于采样空间中，那么$\hat{x}_{\mathrm{CMX}}$变成$P_{\mathcal{W}}x$，它是在$\mathcal{W}$中可能存在的最为近似的x。另外，如果x位于$\mathcal{W}$中，那么$\hat{x}_{\mathrm{CLS}}=x$明显是更优的。我们现在展示在这两个极端之间存在平滑的转换。

假设，$s(t)=\beta^0(t)$，$w(t)=\beta^1(t)$，采样间隔$T=1$。我们计算在有约束LS算法与有约束极小极大算法中出现的$R_{WW}(\mathrm{e}^{\mathrm{j}\omega})$，$R_{WS}(\mathrm{e}^{\mathrm{j}\omega})$和$R_{SS}(\mathrm{e}^{\mathrm{j}\omega})$。函数$R_{WW}(\mathrm{e}^{\mathrm{j}\omega})$是下式的DTFT变换

$$(w(-t)*w(t))\big|_{t=n}=(\beta^1(t)*\beta^1(t))\big|_{t=n}=\beta^3(n)=\begin{cases}2/3, & n=0\\ 1/6, & |n|=1\\ 0, & |n|\geqslant 2\end{cases} \tag{7.59}$$

因此

$$R_{WW}(\mathrm{e}^{\mathrm{j}\omega})=\frac{1}{6}\mathrm{e}^{-\mathrm{j}\omega}+\frac{2}{3}+\frac{1}{6}\mathrm{e}^{\mathrm{j}\omega}=\frac{1}{3}(\cos(\omega)+2) \tag{7.60}$$

相似地，$R_{WS}(\mathrm{e}^{\mathrm{j}\omega})$相当于冲激响应

$$(w(-t)*s(t))\big|_{t=n}=(\beta^1(t)*\beta^0(t))_{t=n}=\beta^2(n)=\begin{cases}3/4 & n=0\\ 1/8, & |n|=1\\ 0, & |n|\geqslant 2\end{cases} \tag{7.61}$$

它的DTFT是

$$R_{WS}(\mathrm{e}^{\mathrm{j}\omega})=\frac{1}{8}\mathrm{e}^{-\mathrm{j}\omega}+\frac{3}{4}+\frac{1}{8}\mathrm{e}^{\mathrm{j}\omega}=\frac{1}{4}(\cos(\omega)+3) \tag{7.62}$$

最后，由于$(\beta^0(t)*\beta^0(t))_{t=n}=\beta^1(n)=\delta[n]$，得到$R_{SS}(\mathrm{e}^{\mathrm{j}\omega})=1$。

从这些表达式得到，有约束极小极大遗憾算法的校正滤波器为

$$H(\mathrm{e}^{\mathrm{j}\omega})=\frac{3(\cos(\omega)+3)}{4(\cos(\omega)+2)} \tag{7.63}$$

同时有约束LS算法的校正滤波器为

$$H(\mathrm{e}^{\mathrm{j}\omega})=\frac{4}{\cos(\omega)+3} \tag{7.64}$$

为了直观地感受两种滤波器的表现，假设信号为

$$x(t) = \sum_{n\in\mathbb{Z}} (-1)^n \alpha(t-n) \tag{7.65}$$

其中

$$\alpha(t) = \alpha\beta^0(t) + (1-\alpha)\beta^1(t) \tag{7.66}$$

其中 $\alpha \in [0, 1]$。α 的值控制着 $x(t)$ 在 $\mathcal{S}$ 和 $\mathcal{W}$ 中的能量分配。特别地，当 $\alpha = 1$ 时，信号 $x(t)$ 在 $\mathcal{S}$ 采样空间中，而当 $\alpha = 0$ 时，信号 $x(t)$ 在重构空间 $\mathcal{W}$ 中。图 7.9(a) 和图 7.9(b) 分别展示了 $\alpha = 0.25$ 与 $\alpha = 0.75$ 两种情况下，两个不同算法的恢复效果。在后者中，有约束极小极大是较好的；然而，在前者中，有约束 LS 则更优。图 7.9(c) 描述了两种方法的归一化平方误差 $\|x-\hat{x}\|^2/\|x\|^2$，并将它表示为 α 的函数。如预料的一样，极小极大算法在 α 值较大的时候优于 LS 算法，但是在 α 接近 0 时劣于 LS 算法。

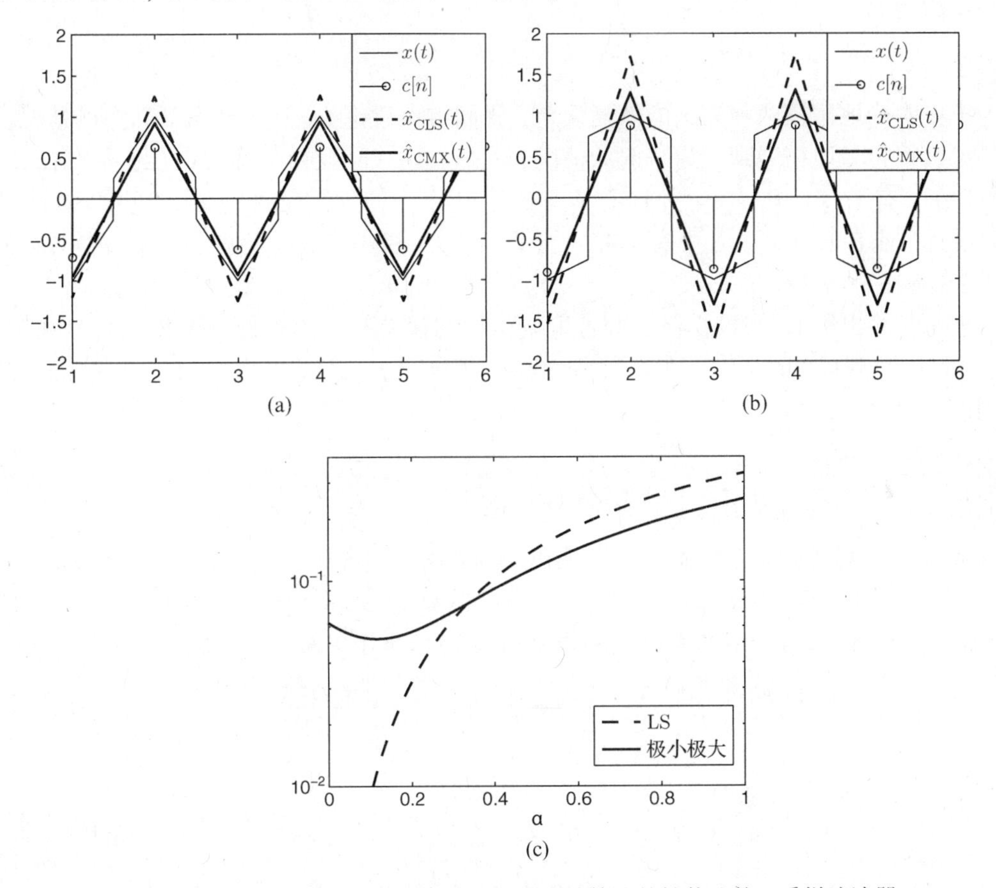

图 7.9 有约束 LS 算法与有约束极小极大遗憾算法的性能比较。采样滤波器为 $s(t) = \beta^0(t)$，重构滤波器为 $w(t) = \beta^1(t)$。(a) $\alpha = 0.25$；(b) $\alpha = 0.75$；(c) 用 $\|x-\hat{x}\|^2/\|x\|^2$ 的函数表示的归一化恢复方差

7.2.3 LS 算法与极小极大算法的比较

在我们的推导过程中，指出了一些 LS 算法与极小极大算法之间的区别。这里，我们进一步探讨两种方法的优缺点。

首先注意到，当重构是无约束的，LS 算法与极小极大算法是相同的。这一点在子空间先

验时也是一样的。但是，在有约束情况下，结果则不同。LS 算法的一个缺点是它经常不依赖于范数的选择，记为L。这一点经常发生在满足直和条件 $\mathcal{H}=\mathcal{W}\oplus\mathcal{S}^{\perp}$ 时，在 SI 场景中也经常发生。在前者情况中，LS 重构算法由斜投影 $E_{\mathcal{WS}^{\perp}}x$ 得到。在两种情况下算法的解是相同的，因为 LS 算法假设 x 位于一个随意的子空间中，因此先验不会对其产生任何影响。这与极小极大算法不同，它会被先验影响，同时取决于L。此外，极小极大算法具有无约束恢复在 $\mathcal{W}$ 上的正交投影的算法结构(这在 LS 与极小极大的目标函数下是相同的)，这一结构十分吸引人。这一情况与当 x 位于已知以$(L^*L)^{-1}S$ 张成的子空间时得到的结果一样。

这里的讨论强调的是极小极大算法直观上的优势。接下来直接比较两种算法得出的恢复误差。在前一节中，我们看到，当 $L=I$ 时，极小极大算法的误差的范数是有界的，而 LS 误差基本上可以无界增长。我们现在更加严格地分析这些误差，并为如何在两种算法之间选择给出进一步的指导。

恢复误差

为了更明确地比较两种算法的恢复误差，我们重点讨论 $L=I$ 与 $\mathcal{H}=\mathcal{W}\oplus\mathcal{S}^{\perp}$ 的情况。推导的结果可以很容易地拓展到更为普遍的情况，但是表达式会变得更加复杂(见习题 12)。在这样的条件下，有 $\hat{x}_{\text{CMX}}=P_{\mathcal{W}}P_{\mathcal{S}}x$，并且 $\hat{x}_{\text{CLS}}=E_{\mathcal{WS}^{\perp}}x$。下面的分析表明，如果空间 $\mathcal{S}$ 和 $\mathcal{W}$ 之间的距离足够远，或者如果 x 在 $\mathcal{S}$ 中有足够的能量，那么，极小极大遗憾算法在平方范数误差方面要优于 LS 算法。

定理 7.5 给出了 LS 与极小极大两种策略得到的误差界。当迫使一个恢复信号在 $\mathcal{W}$ 中进行时，我们能达到最优误差为：在 $\mathcal{W}$ 中 x 的最佳近似是 $P_{\mathcal{W}}x$，结果为 $e_{\text{OPT}}(x)=P_{\mathcal{W}^{\perp}}x$，从而可以得到误差边界。

定理 7.5 将极小极大遗憾算法产生的误差记为 $e_{\text{CMX}}(x)=x-P_{\mathcal{W}}P_{\mathcal{S}}x$，LS 重构算法产生的误差记为 $e_{\text{CLS}}(x)=x-E_{\mathcal{WS}^{\perp}}x$，平方范数的最优误差记为 $e_{\text{OPT}}=P_{\mathcal{W}^{\perp}}x$。那么

$$\|e_{\text{OPT}}(x)\|_2^2+\cos^2(\mathcal{S}^{\perp},\mathcal{W})\ \|P_{\mathcal{S}^{\perp}}x\|_2^2\leqslant \|e_{\text{CMX}}(x)\|_2^2\leqslant\|e_{\text{OPT}}(x)\|_2^2+\sin^2(\mathcal{W},\mathcal{S})\ \|P_{\mathcal{S}^{\perp}}x\|_2^2 \tag{7.67}$$

其中 cos(·)与 sin(·)分别在式(6.26)与式(6.27)给出了定义，并且

$$\frac{\|e_{\text{OPT}}(x)\|_2^2}{\sin^2(\mathcal{S}^{\perp},\mathcal{W})}\leqslant\|e_{\text{CLS}}\|(x)_2^2\leqslant\frac{\|e_{\text{OPT}}(x)\|_2^2}{\cos^2(\mathcal{W},\mathcal{S})} \tag{7.68}$$

证明 根据 $e_{\text{CMX}}(x)=P_{\mathcal{W}^{\perp}}e_{\text{CMX}}(x)+P_{\mathcal{W}}e_{\text{CMX}}(x)$，有

$$\|e_{\text{CMX}}(x)\|_2^2=\|e_{\text{OPT}}(x)\|_2^2+\|P_{\mathcal{W}}(I-P_{\mathcal{S}})x\|_2^2=\|e_{\text{OPT}}(x)\|_2^2+\|P_{\mathcal{W}}P_{\mathcal{S}^{\perp}}x\|_2^2 \tag{7.69}$$

对于 $x\in\mathcal{S}$，$\|e_{\text{CMX}}(x)\|_2^2=\|e_{\text{OPT}}(x)\|_2^2$，因此极小极大遗憾算法是最优的。如果 $x\notin\mathcal{S}$，那么 $\|P_{\mathcal{S}^{\perp}}x\|_2\neq0$，可将式(7.69)改写为

$$\|e_{\text{CMX}}(x)\|_2^2=\|e_{\text{OPT}}(x)\|_2^2+\|P_{\mathcal{W}}v\|_2^2\ \|P_{\mathcal{S}^{\perp}}x\|_2^2 \tag{7.70}$$

其中，定义 $v=P_{\mathcal{S}^{\perp}}x/\|P_{\mathcal{S}^{\perp}}x\|_2$。由于 v 是一个正交投影在 $\mathcal{W}$ 上的位于 $\mathcal{S}^{\perp}$ 中的归一化向量，有

$$\cos^2(\mathcal{S}^{\perp},\mathcal{W})\leqslant\|P_{\mathcal{W}}v\|_2^2\leqslant\sin^2(\mathcal{S}^{\perp},\mathcal{W}^{\perp}) \tag{7.71}$$

将式(7.71)代入式(7.70)与式(6.71)，就可得式(7.67)。

如果 $v \in \mathcal{S}^{\perp}$ 使得与 $\mathcal{W}$ 的角度为最大值(或最小值)，那么 $x = v + s$ 就可以达到式(7.67)中的上界(或下界)，其中 $s = P_{\mathcal{S}}x = S(S^*S)^{-1}c$。因此，式(7.67)的界是严谨的①。

式(7.68)的上界是将 $\mathcal{A} = \mathcal{W}$ 代入命题 6.7 的上边界得到的。为了计算下边界，我们先写出

$$e_{\mathrm{OPT}}(x) = P_{\mathcal{W}^{\perp}} e_{\mathrm{CLS}}(x) \tag{7.72}$$

如果 $e_{\mathrm{CLS}}(x) = e_{\mathrm{OPT}}(x) = 0$，那么 LS 算法就是最优的。接下来，假设 $e_{\mathrm{CLS}}(x) \neq 0$，条件是当且仅当 $e_{\mathrm{OPT}}(x) \neq 0$②。

$$0 < \frac{\| e_{\mathrm{OPT}}(x) \|_2^2}{\| e_{\mathrm{CLS}}(x) \|_2^2} = \frac{\| P_{\mathcal{W}^{\perp}} e_{\mathrm{CLS}}(x) \|_2^2}{\| e_{\mathrm{CLS}}(x) \|_2^2} \leqslant \sin^2(\mathcal{S}^{\perp}, \mathcal{W}) \tag{7.73}$$

即达到了下边界。注意到，只有当等式 $\mathcal{W} = \mathcal{S}$ 成立时，才有 $\sin(\mathcal{S}^{\perp}, \mathcal{W}) \leqslant 1$，此时有 $e_{\mathrm{CLS}}(x) = e_{\mathrm{CMX}}(x) = e_{\mathrm{OPT}}(x)$。

如同式(7.67)的边界，式(7.68)的边界也是严谨的，通过使 $v \in \mathcal{S}^{\perp}$ 与 $\mathcal{W}^{\perp}$ 的角度达到最大值(或最小值)并且构造 $x = v + w$，其中 $w \in \mathcal{W}$ 满足 $P_{\mathcal{S}}w = S(S^*S)^{-1}c$(因此 $S^*x = c$)。定理证毕。 □

边界比较

利用定理 7.5 的边界我们可以确定，对所有 x 值，遗憾算法优于 CLS 算法时 $\| e_{\mathrm{OPT}}(x) \|_2$ 的范围，反之亦然。特别地，如果式(7.67)的上边界小于式(7.68)的下边界，那么 LS 算法的恢复误差范数将大于遗憾算法。变换一下公式，可得到发生的条件为

$$\| e_{\mathrm{OPT}}(x) \|_2^2 \geqslant \gamma_1 \; \| P_{\mathcal{S}^{\perp}} x \|_2^2 \tag{7.74}$$

其中常数 γ_1 如下：

$$\gamma_1 = \frac{\sin^2(\mathcal{S}^{\perp}, \mathcal{W}) \sin^2(\mathcal{W}, \mathcal{S})}{\cos^2(\mathcal{S}^{\perp}, \mathcal{W})} \tag{7.75}$$

由于式(7.75)的分子是不大于 1 的，因此，使用遗憾算法时保证恢复误差较小的一个充分条件为

$$\| e_{\mathrm{OPT}}(x) \|_2^2 \geqslant \frac{1}{\cos^2(\mathcal{S}^{\perp}, \mathcal{W})} \| P_{\mathcal{S}^{\perp}} x \|_2^2 \tag{7.76}$$

显然地，如果 $\mathcal{W}$ 接近 $\mathcal{S}^{\perp}$ 并且大部分的信号能量都位于采样空间之内，那么极小极大遗憾方法得到的误差将小于 LS 重构方法。

相似地，通过比较 LS 恢复误差的最坏边界与遗憾算法恢复误差的最好边界，可以得到，如果有

$$\| e_{\mathrm{OPT}}(x) \|_2^2 \leqslant \gamma_2 \; \| P_{\mathcal{S}^{\perp}} x \|_2^2 \tag{7.77}$$

其中

$$\gamma_2 = \frac{\cos^2(\mathcal{W}, \mathcal{S}) \cos^2(\mathcal{S}^{\perp}, \mathcal{W})}{\sin^2(\mathcal{W}, \mathcal{S})} \tag{7.78}$$

---

① 这里假设角度中的 inf 与 sup 可以分别用最小值与最大值代替。要寻找足够的成立条件的话，读者可以参考文献[108]中的定理 2。

② 等价的命题是，当且仅当 $e_{\mathrm{OPT}}(x) = 0$ 时，$e_{\mathrm{CLS}}(x) = 0$。实际上，当 $e_{\mathrm{OPT}}(x) = 0$ 时，很容易得到 $e_{\mathrm{CLS}}(x) = 0$。另外，假设 $e_{\mathrm{OPT}}(x) = 0$，式(7.72)意味着 $e_{\mathrm{CLS}}(x) \in \mathcal{W}$。由于 $e_{\mathrm{CLS}}(x) \in \mathcal{S}^{\perp}$，并且 $\mathcal{W} \cap \mathcal{S}^{\perp} = \{0\}$，我们必须有 $e_{\mathrm{CLS}}(x) = 0$，这时从式(7.72)中可推出。

那么，CLS 算法得到的恢复误差较小。它的一个充分条件是

$$\| e_{\mathrm{OPT}}(x) \|_2^2 \leqslant \cos^2(\mathcal{W}, \mathcal{S}) \cos^2(\mathcal{S}^{\perp}, \mathcal{W}) \ \| P_{\mathcal{S}^{\perp}} x \|_2^2 \tag{7.79}$$

这些关系在图 7.10 给出。

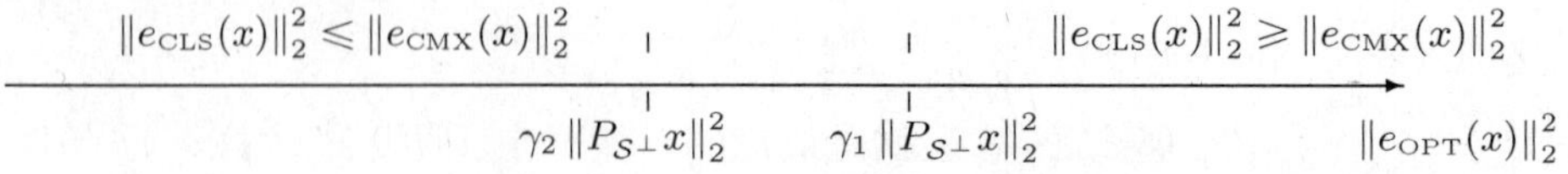

$\|e_{\mathrm{CLS}}(x)\|_2^2 \leqslant \|e_{\mathrm{CMX}}(x)\|_2^2$ $\qquad$ $\|e_{\mathrm{CLS}}(x)\|_2^2 \geqslant \|e_{\mathrm{CMX}}(x)\|_2^2$

$\gamma_2 \|P_{\mathcal{S}^{\perp}} x\|_2^2$ $\qquad$ $\gamma_1 \|P_{\mathcal{S}^{\perp}} x\|_2^2$ $\qquad$ $\|e_{\mathrm{OPT}}(x)\|_2^2$

图 7.10 $\| e_{\mathrm{OPT}}(x) \|_2^2$ 的区域以及遗憾重构算法与 LS 算法恢复误差的比较

图中可以明显看到，当 $\| e_{\mathrm{OPT}}(x) \|_2^2$ 较大(大部分信号能量不在重构空间当中)，或者边界 $\gamma_1 \ \| P_{\mathcal{S}^{\perp}} x \|_2^2$ 是较小的(即大部分信号能量位于采样空间中，并且 $\mathcal{W}$ 接近于 $\mathcal{S}^{\perp}$)时，极小极大遗憾算法将优于 CLS 算法。相反地，当 $\| e_{\mathrm{OPT}}(x) \|_2^2$ 值较小时，CLS 算法则更优。图 7.11 在几何上做出了这种关系的解释。在图 7.11(a)中我们画出当 $\mathcal{W}$ 与 $\mathcal{S}$ 远离时 CLS 算法与遗憾算法的几何关系。在这个情况下，CLS 算法得到的误差显然要比极小极大遗憾算法要大。在图 7.11(b)中，$\mathcal{W}$ 与 $\mathcal{S}$ 比较接近，这时的恢复误差也具有相近的数量级。

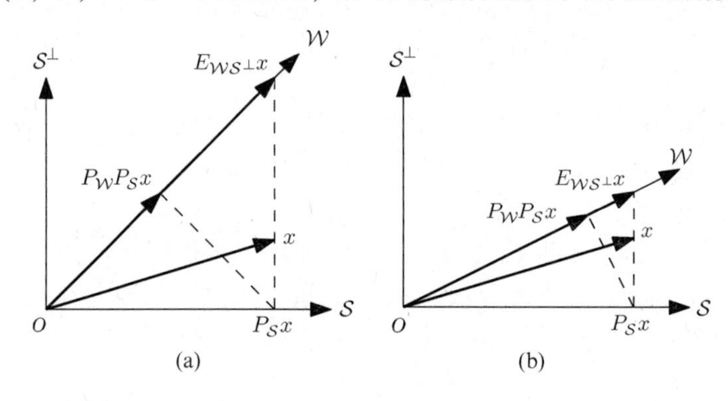

图 7.11 在满足 $\mathcal{H} = \mathcal{W} \oplus \mathcal{S}^{\perp}$ 时，两种不同的 $\mathcal{W}$ 下，极小极大遗憾算法与有约束LS算法的比较。(a)当$\mathcal{W}$与$\mathcal{S}$远离时，极小极大算法($P_{\mathcal{W}} P_{\mathcal{S}} x$)优于CLS算法$E_{\mathcal{W}\mathcal{S}^{\perp}} x$；(b)当$\mathcal{W}$接近时，两种方法得到的误差接近同一量级

7.3 随机先验采样

到现在为止，已经讨论了具有确定的平滑先验的信号采样问题，这种平滑先验可以转换成一个未知信号的 L_2 范数边界。信号的平滑性也可以解释为在一个随机场景下，信号的范数可以用信号的二阶统计来代替。粗略地讲，就是用信号的数学期望来代替信号的平方范数，进而得到约束条件。在这种确定性的环境下，先验信息通常不足以使重构信号 $\hat{x}$ 与未知信号 x 之间的平方误差为最小，对比之下，在所谓随机先验(stochastic prior)情况下，似乎就更加令人满意一些。这里可以利用平均或者投影来替代平方误差，MSE 可以形成一个良好定义的准则，并可以实现最优化。关于这一点接下来的推导中会清晰地看到。有趣的是，通过上述方法得到的最优解与之前部分提到的极小极大恢复方法相一致，而其中的加权算子 L 则由随机过程(stochastic process)中的谱密度反变换来代替。

为了简单起见，我们在本节中主要考虑 SI 空间的情况，虽然一些结论也包含了更普遍的情况。特别是假设未知信号 $x(t)$ 是一个 WSS 随机过程，其功率谱密度(PSD)函数为 $\Lambda_x(\omega)$(关于随机过程的背景知识请参考附录 B)。我们的目标是从已知采样值 $c[n]$ 中对信号

$x(t)$进行线性估计。由于本书的侧重点是确定性环境，因此，对有关随机信号的推导不做细节上的考虑，而更多地将注意力放在结论及其理解上。详细推导可参考文献[150, 151]。

在探讨细节之前，先给出一个在很多实际应用中出现的随机信号先验的例子。

例 7.7　一个常见的信号先验称为 Matérn WSS 过程信号[112]。这一类信号先验比较流行的原因是由于 Matérn 过程信号的 PSD 是随着频率多项式衰减的，自然界很多种类的信号都有这一现象。一些例子包括自然图像、生物组织折射率的变化以及大气湍流。

对一维信号来说，一个 Matérn 过程的 PSD 有如下形式：

$$\Lambda_x(\omega) = \sigma^2 \prod_{m=1}^{K} \frac{1}{(a_m + \omega^2)^{\gamma_m}} \tag{7.80}$$

其中 $\alpha_m > 0$ 并且 $\gamma_m \geqslant 1$。与该 PSD 相关的自相关函数的表达式稍微烦琐，但也是有闭合表达式的。这里，参数 γ_m 决定了频率衰减的速率，σ^2 与随机过程的方差成比例。图 7.12 展示了不同参数下高斯 Matérn 过程（Gaussian Matérn process）的一些实例。

这个信号先验的一个特殊情况，就是当 $K=1$ 且 $\gamma_1 = 1$ 时。这种情况很容易分析，对应的自相关函数为

$$r_x(\tau) = \frac{\sigma^2}{2a_1} e^{-a_1 |\tau|} \tag{7.81}$$

那么，这种情况下，变量 $x(t_1)$ 与 $x(t_2)$ 之间的统计特性关系（至少在二阶矩情况中）将随着距离 $|t_2 - t_1|$ 呈指数衰减。

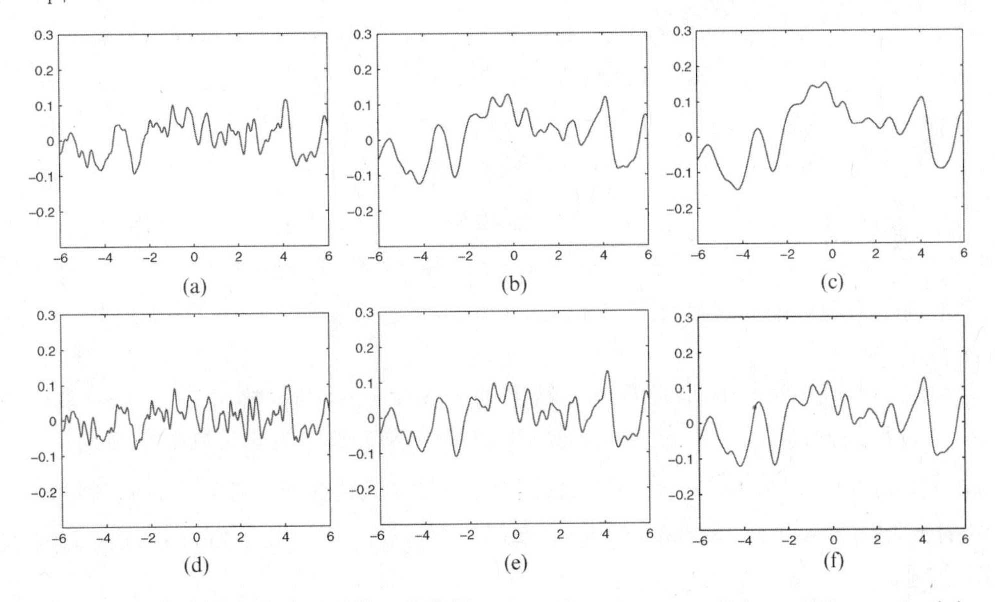

图 7.12　$K = 1$ 时高斯 Matérn 过程的一些实例。(a) $a_1 = 0.25$, $\gamma_1 = 1$; (b) $a_1 = 0.5$, $\gamma_1 = 1$; (c) $a_1 = 0.75$, $\gamma_1 = 1$; (d) $a_1 = 0.25$, $\gamma_1 = 2$; (e) $a_1 = 0.5$, $\gamma_1 = 2$; (f) $a_1 = 0.75$, $\gamma_1 = 2$

7.3.1　混合维纳滤波器

对随机信号采样的研究始于 20 世纪 50 年代末期，由 Balakrishnan 开创。他最著名的采样理论是，一个带限 WSS 随机信号 $x(t)$，只要采样速率大于信号带宽的两倍，就可以从它的均

匀采样中完美恢复原始信号。利用 sinc 函数作为插值核函数就可以实现信号重构。这里信号带宽由 PSD 的带宽来测量的。这个理论就类似于在随机过程情况下的香农-奈奎斯特定理，其中信号的变换改成了相关函数的变换，并且插值公式是在 MSE 意义上保持成立。详细的论述可参考附录 B。

Balakrishnan 的研究成果后来被一些学者进一步地拓展，以改善它实际应用中的局限性。在文献[152]中提出了一个针对带通和多频带 WSS 信号的采样理论。研究表明，在信号频谱 $\Lambda_x(\omega)$的特定条件下，利用具有同样频谱的插值滤波器，在 MSE 意义下实现完美重构也是可能的。这是从带限信号迈向更多种类随机信号的第一步。我们将在第 14 章中讨论关于确定性信号的类似问题。在文献[112, 153, 154]中讨论了在更普遍环境下的非理想信号的采样问题。这里讨论的是对我们来说更加感兴趣的环境。

首先研究无约束的信号重构问题。在平滑先验的确定环境中，无法将所有平滑信号 $x(t)$ 的平方误差 $\|\hat{x}(t)-x(t)\|^2$ 最小化，因此讨论了 LS 方法和极小极大方法。相反地，在随机环境下，对每一个 t，可以用 $x(t)$ 的 PSD 函数 $\Lambda_x(\omega)$ 来使 MSE 的 $E\{|x(t)-\hat{x}(t)|^2\}$ 最小化，它主要取决于信号 $x(t)$ 的统计特性，而不是信号本身。

通过对采样值 $c[n]$ 的线性处理来实现 MSE 的最小化。在常见的维纳滤波问题中，输入与输出都是连续信号，或者都是离散时间信号。而与此相反，我们现在感兴趣的是根据一个离散的 $y(t)=x(t)*s(-t)$ 等距采样值，来估计一个连续时间信号 $x(t)$。因此，这一问题被称为混合维纳滤波（hybrid Wiener filtering）。使 MSE 最小的重构信号 $\hat{x}(t)$ 可以用图 6.2 中展示的系统实现，其中的插值核函数是

$$\widetilde{W}(\omega)=S(\omega)\Lambda_x(\omega) \tag{7.82}$$

其数字校正滤波器为

$$H(\mathrm{e}^{\mathrm{j}\omega})=\frac{1}{R_{S\widetilde{W}}(\mathrm{e}^{\mathrm{j}\omega})} \tag{7.83}$$

在文献[112, 153, 154]中可以找到这个结果的相关证明。有趣的是，可发现式(7.82)和式(7.83)与 $\Lambda_x(\omega)=|L(\omega)|^{-2}$ 条件下的式(7.13)和式(7.14)是相同的。因此，在确定性环境下的平滑算子对应于随机环境下输入信号 $x(t)$ 的白化滤波器（关于白化滤波器的详细讨论可以参考附录 B）。

这种情况还可以拓展到多信道环境。特别地，假设 $x(t)$ 的采样值来自 N 个采样滤波器 $s_1(t), \cdots, s_N(t)$ 的输出。那么，使 MSE 最小化的线性系统则与 7.1.5 节中介绍的一样，只是把 $|L(\omega)|$ 换成了 $1/\sqrt{\Lambda_x(\omega)}$。这一系统称为向量混合维纳滤波（vector hybrid Wiener filter），因为，这时的输入是一个离散时间向量过程 $\boldsymbol{c}[n]=(c_1[n], \cdots, c_N[n])^{\mathrm{T}}$，而输出 $\hat{x}(t)$ 是一个连续时间信号。

例 7.8 混合维纳滤波和确定性平滑先验方法实际上是同样的方法。然而，这些方法对于随机过程来说对信号的类型提供了进一步深刻的认识，不同的信号可能具有不同的最佳恢复核函数。举个例子，如果是逐点采样，那么 $S(\omega)=1$，并且最佳恢复核函数式(7.82)为 $\widetilde{W}(\omega)=\Lambda_x(\omega)$。这说明一个给定的核函数 $\widetilde{w}(t)$ 最适于恢复自相关函数为 $r_x(\tau)=\widetilde{w}(\tau)$ 的随机信号。

图 7.13 展示了 4 个高斯随机过程的实例，它们最匹配的重构核函数是 $\mathrm{sinc}(t)$，$\beta^1(t)$，

$\beta^3(t)$与$0.5^2(0.5^2+t^2)^{-1}$。前三个在实际中被普遍应用，采样间隔是$T=1$，而第 4 个对应一个指数性频率衰减的平滑先验。可以看见，尽管 sinc 核函数最适于变化平滑的间隔为T的信号，但是对两个连续采样之间快速变化的环境来说，线性插值[对应核函数$\beta^1(t)$]是有利的。在这方面，三次曲线和指数衰减滤波器是两个极端。

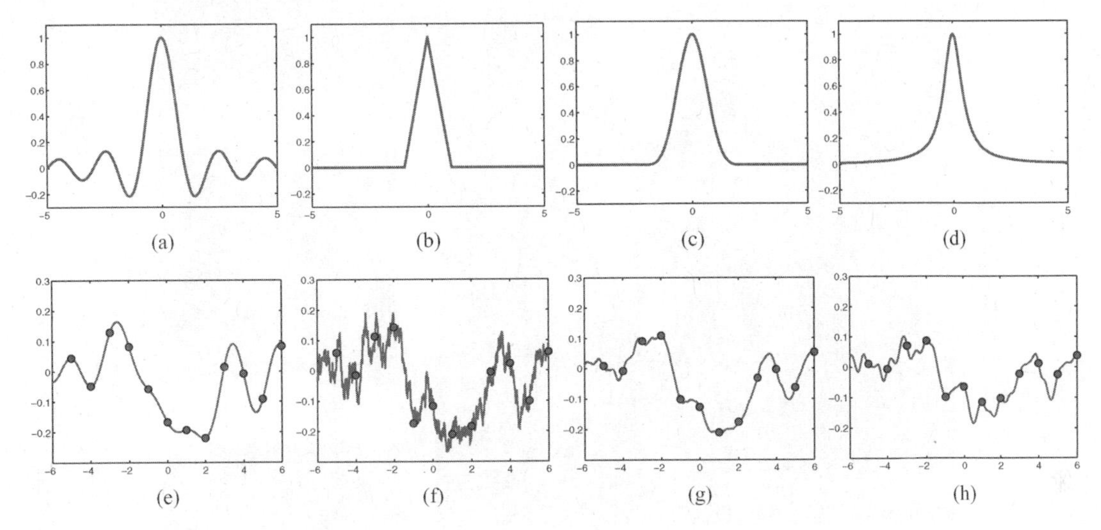

图 7.13　与高斯随机信号最匹配的重构核函数以及相关实例。(a) $\widetilde{w}(t)=\text{sinc}(t)$；(b) $\widetilde{w}(t)=\beta^1(t)$；(c) $\widetilde{w}(t)=\beta^3(t)$；(d) $\widetilde{w}(t)=0.5^2(0.5^2+t^2)^{-1}$；(e) ~ (h) 核函数为 (a) ~ (d) 最匹配的高斯随机过程

7.3.2　有约束重构

现在考虑一个有约束的情况，其中插值滤波器被预先设定好。遗憾的是，在这种情况下，对于普遍已知的插值核函数，没有数字校正滤波器能对每个t都使 MSE 最小[129]。实际上，在某个时间t_0让 MSE 最小的滤波器同样会在时间$\{t_0+nT\}$时使 MSE 最小，其中n为所有整数，但是这并不包含整个时间范围。因此，必须考虑除了逐点 MSE 以外的测量误差。在考虑如何选择合适的准则之前，先讨论这种时间依赖的现象与在某些插值方法中经常遇见的问题有什么关系。

假设信号$x(t)$是 WSS 的，因此采样序列$c[n]$是一个离散 WSS 随机过程，如图 6.2 中数字校正滤波器的输出$d[n]$。用 WSS 离散时间过程$d[n]$，调制$w(t)$的变换信号，可以构成重构信号$\hat{x}(t)$。假设$d[n]$的 PSD 在每一处均为正，则这一类型的信号是不平稳的，除非$w(t)$是π带限的。通常来讲，$\hat{x}(t)$是一个二阶周期平稳过程，即它的二阶统计是跟随时间做周期变化的。在实际中，使用的插值核函数有一个有限(通常也较小)的支撑，因此它们不是带限的。这样的话，$\hat{x}(t)$的周期相关性经常会降低重构质量，通过视觉或听觉可以直观地感觉到。

尽管自然界的信号本来就很少是平稳的，但是研究插值算法如何作用于平稳信号仍是有意义的。实际上，如果当输入平稳信号时，一个插值算法得到周期平稳的输出信号，那么当输入现实世界信号时，通常它也会得到主观质量下降的重构信号，如图 7.14 所示。

一般来讲，$\hat{x}(t)$的不平稳性能造成了逐点 MSE 无法在每个t被最小化。两种误差量度分别是采样时期平均 MSE 和投影 MSE。

图 7.14 插值信号的周期结构是一个与插值核函数有效带宽有关的现象。(a)$[-\pi, \pi]$之外能量越大，周期相关性越强。右边的三幅图像是由一小块原始图像基于系数5缩放得来的，分别对应三种不同方法。核函数中$[-\pi, \pi]$之间的能量分别为：(b)矩形核函数 -61%；(c)双立方核函数 -91%；(d)正弦核函数 -100%。但是，抑制周期相关性并不直接代表减小重构误差

采样时期平均 MSE 利用了 MSE 的周期性，并将其整合在一个周期内

$$\mathrm{MSE}_A = \frac{1}{T}E\left\{\int_{t_0}^{t_0+T} |x(t) - \hat{x}(t)|^2 \mathrm{d}t\right\} \tag{7.84}$$

其中 t_0是时间上的任意一点，E 代表期望值。我们发现平均 MSE 的最小化得到一个与 t_0无关的校正滤波器。第二种方法利用了这一事实：在 $\mathcal{W}$ 中可能存在的最接近 $x(t)$的就是 $P_{\mathcal{W}}x(t)$。因此这一方法的目标，是使投影 MSE 最小，而投影 MSE 指的是 $\mathcal{W}$ 中最佳近似信号的 MSE

$$\mathrm{MSE}_P = E\{|P_{\mathcal{W}}x(t) - \hat{x}(t)|^2\} \tag{7.85}$$

这与确定环境下的极小极大遗憾方法是类似的。

有趣的是，两种误差度量式(7.84)与式(7.85)都得到同一个数字校正滤波器，在文献[129, 150]中已经给出

$$H(\mathrm{e}^{\mathrm{j}\omega}) = \frac{R_{W\widetilde{W}}(\mathrm{e}^{\mathrm{j}\omega})}{R_{S\widetilde{W}}(\mathrm{e}^{\mathrm{j}\omega})R_{WW}(\mathrm{e}^{\mathrm{j}\omega})} \tag{7.86}$$

其中 $\widetilde{W}(\omega) = S(\omega)\Lambda_x(\omega)$。这也是极小极大遗憾准则得到的解[见式(7.56)]，其中用$|L(\omega)|^{-2}$ 代替了 $\Lambda_x(\omega)$。因此，又一次地，$L(\omega)$扮演了 $x(t)$的白化滤波器的角色。

极小极大方法与维纳滤波方法之间的数学等效性指出，通过选择极小极大方法中“最优”算子 $L(\omega)$ 可以实现信号的“白化”。在实际中，要么预先选择 $L(\omega)$ 近似地白化某个具体应用中的典型信号（如核磁共振图像），要么为 $L(\omega)$ 设计一个参数形式，然后基于采样 $c[n]$ 将这些参数进行最优化。

例7.9　我们观察一个逐点采样，相距时间 $T=1$，对象为自相关函数为 $\beta^p(t)$ 的随机信号 $x(t)$。我们想要利用最小化 MSE 的方式从 $x(t)$ 的采样信号中实现信号重构。

首先确定式(7.82)和式(7.83)中给出的无约束混合维纳滤波器。在我们的设置中，由于是逐点采样，因此 $S(\omega)=1$，并且 $\widetilde{\omega}(t)=\beta^p(t)$。此外，$R_{S\widetilde{W}}(\mathrm{e}^{\mathrm{j}\omega})$ 对应一个冲激响应为 $\beta^p(n)$ 的滤波器。因此，式(7.83)是 $\beta^p(n)$ 的反卷积。

接下来，将重构核函数限制为 $w(t)=\beta^0(t)$。最优数字校正滤波器由式(7.86)给出。由于这个情况下 $r_{\omega\omega}[n]=\delta[n]$，$R_{W\widetilde{W}}(\mathrm{e}^{\mathrm{j}\omega})=1$，因此式(7.86)的分母与无约束滤波器式(7.83)的分母是一样的。式(7.86)的分子相当于用 $r_{\beta^0\beta^p}[n]=\beta^{p+1}(n)$ 滤波。因此，在约束环境下，利用一个额外的数字 FIR 滤波器。这个滤波器有一个平滑效应，作用是补偿重构核函数 $\beta^0(t)$ 的非平滑特性。

图7.15展示了当 $p=1$ 和 $p=3$ 时，对应的有约束维纳重构与无约束维纳滤波重构。注意，这种有约束的恢复过程在某种意义上来说是不一致性的，因为它们没有通过采样值。

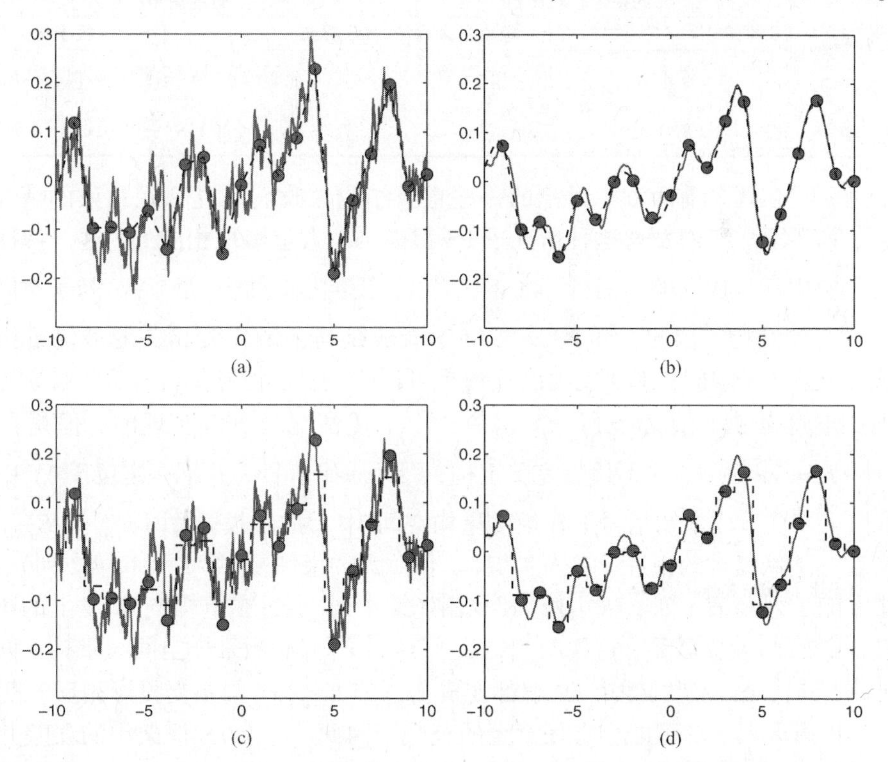

图7.15　随机信号 $x(t)$（实线部分）与它的维纳重构 $\hat{x}(t)$（虚线部分）。采样为逐点采样，自相关函数为 $\beta^p(t)$。(a)无约束解，$p=1$；(b)无约束解，$p=3$；(c) $w(t)=\beta^0(t)$ 的约束解，$p=1$；(d) $w(t)=\beta^0(t)$ 的约束解，$p=3$

7.4 采样方法小结

在这一部分，总结一下到目前为止在第6章和第7章中讨论过的几种信号恢复方法。我们强调不同方法之间的共性，并整合不同解决方案，试图给出一个统一的观点。下面要讨论的一些观点在6.7节中也提及过，那时我们总结的是基于子空间先验的恢复。这里将展示，当时那些统一的观点与含义对于平滑先验也同样适用。

7.4.1 方法小结

表7.1总结了信号重构技术。这里，用上标sub与smo来表示对应于子空间先验采样和平滑先验采样。$\widetilde{W}$ 与 $\widehat{W}$ 的转换为

$$\widetilde{W} = (L^* L)^{-1} S \tag{7.87}$$

和

$$\widehat{W} = W(W^* L^* LW)^{-1} W^* S \tag{7.88}$$

注意，这个表中，使用了 $S^* A$ 的伪逆，因为该算子并不是确定可逆的(只有当 $\mathcal{H} = \mathcal{A} \oplus \mathcal{S}^{\perp}$ 时才可逆)。另外 $S^* \widetilde{W}$ 总是可逆的，因为 $L^* L$ 是有界的并且 S 相当于一个Riesz基。

表7.1 无噪声采样信号的重构

场景	无约束 ($\hat{x} \in \mathcal{H}$)		有约束 ($\hat{x} \in \mathcal{W}$)	
	LS算法	极小极大算法	LS算法	极小极大算法
$x \in \mathcal{A}$	$\hat{x}_{\text{LS}}^{\text{sub}} = A(S^* A)^{\dagger} c$	$\hat{x}_{\text{MX}}^{\text{sub}} = \hat{x}_{\text{LS}}^{\text{sub}}$	$\hat{x}_{\text{CLS}}^{\text{sub}} = W(S^* W)^{\dagger} S^* \hat{x}_{\text{LS}}^{\text{sub}}$	$\hat{x}_{\text{CMX}}^{\text{sub}} = P_{\mathcal{W}} \hat{x}_{\text{MX}}^{\text{sub}}$
$\Vert Lx \Vert \leqslant \rho$	$\hat{x}_{\text{LS}}^{\text{smo}} = \widetilde{W}(S^* \widetilde{W})^{-1} c$	$\hat{x}_{\text{MX}}^{\text{smo}} = \hat{x}_{\text{LS}}^{\text{smo}}$	$\hat{x}_{\text{CLS}}^{\text{smo}} = \widehat{W}(S^* \widehat{W})^{\dagger} S^* \hat{x}_{\text{LS}}^{\text{smo}}$	$\hat{x}_{\text{CMX}}^{\text{smo}} = P_{\mathcal{W}} \hat{x}_{\text{MX}}^{\text{smo}}$

表7.1进一步强调了前两章中讨论的一些重要结论。我们研究 $\hat{x}$ 无约束的情况，如表中第1列和第2列所示。我们发现这种情况下LS与极小极大重构是相同的，这一特性在子空间先验与平滑先验中都是成立的。另外，将 $\widetilde{W}$ 代替 A，平滑先验重构(第2行)与子空间先验重构(第1行)有同样的结构。因此，将 $\widetilde{\mathcal{W}} = \mathcal{R}(\widetilde{W})$ 看成是与平滑先验相关的最优重构空间。最后，可发现对于某些子空间先验，完美的重构是可以实现的，得到 $\hat{x}_{\text{LS}}^{\text{sub}} = x$。特别地，如果采样空间和先验空间 $\mathcal{A}$ 满足直和条件 $\mathcal{H} = \mathcal{A} \oplus \mathcal{S}^{\perp}$，上述情况是可以实现的。但是在平滑先验中，直和条件 $\mathcal{H} = \widetilde{\mathcal{W}} \oplus \mathcal{S}^{\perp}$ 并不代表完美重构，因为原始信号 x 并不一定位于 $\widetilde{\mathcal{W}}$ 中。当直和成立时，重构可以被看成未知信号 x 在最优重构空间 $\widetilde{\mathcal{W}}$ 上的斜投影，即 $\hat{x}_{\text{LS}}^{\text{smo}} = E_{\widetilde{\mathcal{W}}\mathcal{S}^{\perp}} x$。

现在来看一下恢复被约束在 $\mathcal{W}$ 中的情况。依照无约束恢复(第1列和第2列)，这些解在表7.1中排在第3列和第4列。极小极大遗憾解(第4列)通过在重构空间 $\mathcal{W}$ 上的正交投影与无约束恢复(第2列)建立联系，这说明 $\Vert \hat{x}_{\text{CMX}} \Vert \leqslant \Vert \hat{x}_{\text{MX}} \Vert$。当采样空间与重构空间满足直和条件 $\mathcal{H} = \mathcal{W} \oplus \mathcal{S}^{\perp}$ 时，第3列的约束LS解都变成 $\hat{x}_{\text{CLS}} = E_{\mathcal{W}\mathcal{S}^{\perp}} x$。与正交投影相反，假定 $\mathcal{W}$ 与 $\mathcal{S}$ 足够远时，斜投影得到的解可能会有任意大的范数。因此，约束LS框架中的误差并不保证是有界的，除非与 $\mathcal{W}$ 之间距离的边界是先验已知的。我们进一步得到，这一情况下的重构并不取决于先验，即 $\hat{x}_{\text{CLS}}^{\text{sub}}$ 并不是关于 A 的函数，并且 $\hat{x}_{\text{CLS}}^{\text{smo}}$ 不取决于 L。这些特性显然不是我们想要的，并且会在实际应用中得到不令人满意的结果，如同在例7.5中介绍的一样。

表7.2总结了上述直和条件下得到的恢复公式。当 $\mathcal{H} = \mathcal{A} \oplus \mathcal{S}^{\perp}$ 时，第1行的表达式成立，同时第3列的重构是在 $\mathcal{H} = \mathcal{W} \oplus \mathcal{S}^{\perp}$ 条件下得到的。

在SI场景下，即当$\mathcal{A}$和$\mathcal{W}$是SI空间[对应信源分别为$s(t)$，$a(t)$和$w(t)$]以及L是对应滤波器$L(\omega)$的LTI算子时，表7.1中的所有重构方法，都可以通过将采样$c[n]$进行数字滤波来实现，如图6.2所示。作为结果的插值方法总结在表7.3中，其中数字代表公式编号，里面包含了数字校正滤波器的重构公式与重构核函数。子空间先验的无约束恢复最优核函数是$a(t)$(第1行、第1列与第2列)，同时约束情况下的插值核函数(第3列和第4列)是$\widetilde{\omega}(t)$。表7.2建立的依据，即直和条件，在SI空间中利用推论6.1可以很容易地推导得到。

表7.2　直和条件下无噪声采样的重构

场景	无约束($\hat{x}\in\mathcal{H}$) LS算法	无约束($\hat{x}\in\mathcal{H}$) 极小极大算法	有约束($\hat{x}\in\mathcal{W}$) LS算法	有约束($\hat{x}\in\mathcal{W}$) 极小极大算法
$x\in\mathcal{A}$	$\hat{x}_{\mathrm{LS}}^{\mathrm{sub}}=x$	$\hat{x}_{\mathrm{MX}}^{\mathrm{sub}}=\hat{x}_{\mathrm{LS}}^{\mathrm{sub}}$	$\hat{x}_{\mathrm{CLS}}^{\mathrm{sub}}=E_{\mathcal{W}\mathcal{S}^{\perp}}x$	$\hat{x}_{\mathrm{CMX}}^{\mathrm{sub}}=P_{\mathcal{W}}x$
$\|Lx\|\leqslant\rho$	$\hat{x}_{\mathrm{LS}}^{\mathrm{smo}}=E_{\widetilde{\mathcal{W}}\mathcal{S}^{\perp}}x$	$\hat{x}_{\mathrm{MX}}^{\mathrm{smo}}=\hat{x}_{\mathrm{LS}}^{\mathrm{smo}}$	$\hat{x}_{\mathrm{CLS}}^{\mathrm{smo}}=E_{\mathcal{W}\mathcal{S}^{\perp}}x$	$\hat{x}_{\mathrm{CMX}}^{\mathrm{smo}}=P_{\mathcal{W}}\hat{x}_{\mathrm{MX}}^{\mathrm{smo}}$

表7.3　直和条件下无噪声采样的重构

场景	无约束($\hat{x}\in\mathcal{H}$) LS算法	无约束($\hat{x}\in\mathcal{H}$) 极小极大算法	有约束($\hat{x}\in\mathcal{W}$) LS算法	有约束($\hat{x}\in\mathcal{W}$) 极小极大算法
$x\in\mathcal{A}$	式(6.90)	式(6.90)	式(6.115)	式(6.126)
$\|Lx\|\leqslant\rho$	式(7.13)、式(7.14)	式(7.13)、式(7.14)	式(7.53)	式(7.56)

7.4.2　统一观点

在上一节的总结中可以看到，尽管讨论的几种信号恢复方法会随着基本信号假设、采样过程，以及重构机理的不同而有所不同，但是信号恢复系统的基本结构都是相似的。因此，如何将实际应用中的采样过程进行建模，选择合适的信号先验，确定相应的重构算法都是留给实际工作者的具体任务。而这些工作往往要影响相应算法的性能，以及算法的计算负载。这里，我们进一步强调不同算法之间的共性与等效性，目的是帮助实际工作者能够为某个特定的应用来设计合适的滤波器。为简洁起见，我们的讨论集中在SI空间情况下，并在子空间中假设$\mathcal{H}=\mathcal{A}\oplus\mathcal{S}^{\perp}$。但是，相似的结论在一般的希尔伯特空间中也同样适用。

表7.3中给出的几种线性恢复算法具有比较常见的结构，在6.7节中也提及过。图6.2中的数字校正滤波器可被写成如下形式：

$$H(\mathrm{e}^{\mathrm{j}\omega})=\frac{R_{WP}(\mathrm{e}^{\mathrm{j}\omega})}{R_{SP}(\mathrm{e}^{\mathrm{j}\omega})R_{WW}(\mathrm{e}^{\mathrm{j}\omega})}\tag{7.89}$$

其中$R_{SP}(\mathrm{e}^{\mathrm{j}\omega})$的定义见式(5.28)。这里$S(\omega)$与$W(\omega)$是采样与重构滤波器的CTFT，而$P(\omega)$称为先验滤波器，它会根据先验条件来形成$\hat{x}(t)$的频谱。不同的先验以及对应的滤波器在表7.4中进行了总结。

表7.4　不同设置下的先验滤波器

	子空间先验	平滑先验	统计先验
假设条件	$x(t)=\sum d[n]a(t-n)$	$\int\|L(\omega)X(\omega)\|^2\mathrm{d}\omega\leqslant\rho^2$	$x(t)$为WSS且PSD为$\Lambda_x(\omega)$
先验滤波器	$A(\omega)$	$S(\omega)/\|L(\omega)\|^2$	$S(\omega)\Lambda_x(\omega)$

重构滤波器$W(\omega)$要么为了提高效率而被预先设定好，要么根据先验来最优化。当$W(\omega)=P(\omega)$时，无约束情况下的解能够从式(7.89)中得到信号恢复，这种情况下，式(7.89)

中的滤波器可以简化为

$$H(\mathrm{e}^{\mathrm{j}\omega}) = \frac{1}{R_{SP}(\mathrm{e}^{\mathrm{j}\omega})} \tag{7.90}$$

将表 7.4 中的先验滤波器 $P(\mathrm{e}^{\mathrm{j}\omega})$ 的值代入式(7.90)，得到表 7.3 中的前两列。这个滤波器也能保证对任一个在 SI 空间[由函数 $\{p(t-nT)\}$ 张成]中的信号都可以被完美恢复，这带给我们又一个关于先验滤波器 $P(\omega)$ 的观点：它定义了这样一个 SI 空间，在其中利用式(7.90)能够实现完美的信号恢复。

当重构滤波器 $W(\omega)$ 被预先确定时，将表 7.4 中 $P(\omega)$ 的值代入式(7.89)得到极小极大解——表 7.3 的第 4 列。当选择 $P(\omega)=W(\omega)$ 时则得到 CLS 解。

不同插值算法的统一解释强调这一事实，即选择一个具体的方法相当于选择先验滤波器。反过来，这个滤波器应该与输入信号的典型频率相匹配。此外，一个普遍的目标重构算法(在任一点可以重采样)要求 $w(t)$ 在时域有明确的表达式。由于这种情况下有 $w(t)=p(t)$，因此当选择无约束方法的先验时，一定要考虑上述这一点。因此，具有解析公式形式的核函数 $p(t)$ 是有利的。

最后，我们简单讨论重构滤波器 $w(t)$。选择 $w(t)$ 的关键是它的支撑，支撑决定了校正序列 $d[n]$ 系数的个数，而 $d[n]$ 在计算 $\hat{x}(t_0)=\sum d[n]w(t_0-nT)$ 时会用到。我们使用的比较经典的核函数，支撑达到 $4T$，要求每个时间点 t_0 做 4 次乘法来计算 $\hat{x}(t_0)$（在二维中则是 16 次）。这包括 0 度到 3 度的 B 样条函数(支撑分别是 T 到 $4T$)，还有 Keys 三次插值核函数(支撑是 $4T$)和兰乔斯核函数(支撑是 $4T$)。一些常用的核函数，如 Keys 和兰乔斯，具备插值特性，即 $w(nT)=\delta[n]$。这说明，如果已知信号的逐点采样 $c[n]=x(nT)$，那么为了得到满足 $\hat{x}(nT)=c[n]$ 的重构，是不需要校正滤波器 $h[n]$ 的。

7.5 噪声下的采样

直到现在我们讨论的都是无噪声的环境，采样值都是精确给定的。在实际应用中，采样值经常被噪声干扰，即 $c=S^*x+u$，这里 $u[n]$ 是一个未知的噪声序列。为了处理这种恢复问题，可以参考无噪声环境下的类似方法：LS 算法与极小极大算法。通过可用信号集合中采样值误差 $\|S^*x-c\|^2$ 最小化，LS 算法可以比较容易地适用于噪声环境。因此，最优化关系式(6.81)、式(6.110)、式(7.1)和式(7.48)，也就是对应于无约束和有约束的子空间先验和平滑先验的情况，在这里仍然是有效的。但需要注意的是，为了求解这些优化问题，假设 $S^*x=c$[或者在约束环境下 $S^*x=P_{\mathcal{R}(W*S)}c$]中的信号 x 是包含在可用信号集合中的。但当采样有噪时，这一点并不一定成立。例如，无约束优化问题的最优值 $\min_{x\in\mathcal{A}}\|S^*x-c\|^2$ 不再是 0。然而，很容易得知，在子空间先验的式(6.81)和式(6.110)中得到的解仍然保持不变。另外，在平滑先验中，LS 与极小极大策略保持一致，并且最优重构空间 $\widetilde{\mathcal{W}}$ 保持不变；只有 $\widetilde{\mathcal{W}}$ 中 $\hat{x}$ 的展开系数会改变。有趣的是，甚至当采样内误差 $\|S^*x-c\|$ 的 ℓ_2 范数被 ℓ_p 范数($p\in[1,\infty]$ 为任意值)取代时，这个特性依然成立。

由于在有噪声情况下的这些恢复方法与无噪声情况下的方法大体上都是相似的，我们在这里就不再重复所有推导，而主要讨论于平滑先验的情况，并给出最终结果，详细的推导可以查阅参考文献。子空间先验的等价结果也可以按照相似的方式得到。

首先考虑有约束场景，其中重构滤波器 $w(t)$ 事先已知，并且将 LS、极小极大与维纳策略用在我们的讨论中。我们将给出，无约束情况的解的形式与 $w(t)$ 的最优选择相同。与无噪声环境的区别主要是，由于噪声的存在，这时的采样值变成了随机过程。LS 策略保持不变，因为它保持有确定性的本质：在这个准则中是不考虑噪声特性的。维纳滤波方法可以通过简单的修改来适应环境，修改方法就是获取噪声与先验信号的平方误差的期望值。为了得到噪声环境下的极小极大策略，我们考虑两种可能。第一种是将平方误差 $\|x(t)-\hat{x}(t)\|^2$ 替换为它的期望 $E\{\|x(t)-\hat{x}(t)\|^2\}$。第二种方法中，目标保持不变，只是在最大化的步骤上加入进一步的约束 $\|S^*x-c\|\leqslant\alpha$，其中 α 与噪声标准差成正比。我们发现，第一种方法可以得到最优滤波器的闭合解[129]；而第二种方法导致了一个更加困难的优化问题，但可以通过半定与二次编程等数字方法解决[124, 155]。下面将讨论第一个目标函数，也就是基于 MSE 的目标函数的问题。

7.5.1 有约束恢复问题

我们讨论的基本问题是对一个连续时间信号 $x(t)$ 进行重构的，通过给定的等间隔的有噪声测量值 $c[n]$，它们是测量装置 $s(-t)$ 的输出

$$c[n]=\langle s(t-nT),x(t)\rangle+u(n),\qquad n\in\mathbb{Z}\tag{7.91}$$

其中，噪声 $u[n]$ 是一个已知 PSD 的零均值离散 WSS 过程。图 7.16 描述了测量模型，其中 $c_0[n]=\langle s(t-nT),x(t)\rangle$ 表示无噪声的采样。信号 $x(t)$ 可以是确定的，也可以是已知 PSD 的零均值 WSS 信号。

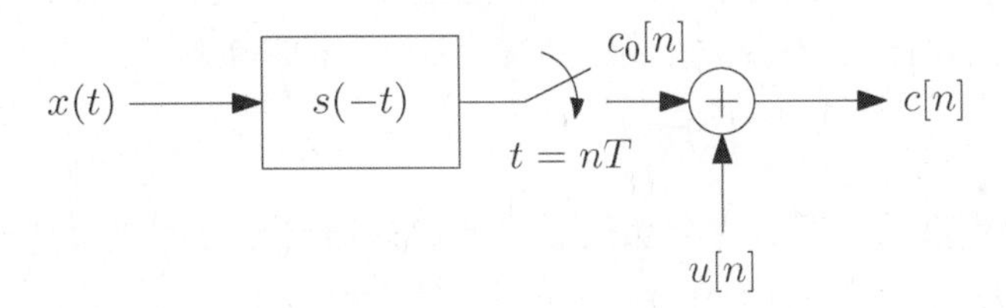

图 7.16　噪声测量模型

在理想采样的情况下，也就是 $s(t)=\delta(t)$ 时，我们有一个带有噪声数据的插值问题，否则就会有一个恢复连续时间信号的解卷积问题。我们寻找一个位于 SI 空间 $\mathcal{W}$ 中的重构信号 $\hat{x}(t)$，$\mathcal{W}$ 为一个生成函数 $w(t)$ 的整数时移而张成的，因此 $\hat{x}(t)$ 有如下形式：

$$\hat{x}(t)=\sum_{n\in\mathbb{Z}}d[n]w(t-nT)\tag{7.92}$$

其结果是依据未知的 $d[n]$ 来确定的。接下来的问题就是设计一个校正滤波器 $h[n]$，使 $\hat{x}(t)$ 在一定程度上接近 $x(t)$，其中的 $\hat{x}(t)$ 由式(7.92)给出，展开系数 $d[n]$ 通过下式来确定：

$$d[n]=h[n]*c[n]\tag{7.93}$$

在确定性环境下的推导过程中，要求 $w(t)$ 产生一个 Riesz 基。由于式(7.91)中所得到的噪声采样值 $c[n]$ 不一定存在于 ℓ_2 中，因此，我们希望有一个稍微强健的 L_p 稳定条件($1\leqslant p\leqslant\infty$)，这里可以通过附加条件来得到

$$\sup_{t\in[0,T]}\sum_{n\in\mathbb{Z}}|w(t-nT)|<\infty\tag{7.94}$$

这个条件意味着，每当系数 $d[n]$ 为有界的时候，时间连续的重构 $\hat{x}(t)$ 将是有界的，并且反之亦然(见习题 14)。从全局上看，只要数字校正滤波器 $h[n]$ 是稳定($h\in\ell_1$)的，就可以保证一

个 BIBO 性能，即一个有界的离散输入和有界的连续输出问题。

现在来讨论一些 $h[n]$ 不同的设计准则问题，以便得到相应的解决方案。我们从没有任何假设先验信息的 LS 方法开始。这个滤波器用来作为参考，并且跟我们用子空间先验所获得的方法是等价的。然后，对 LS 的目标进行平滑的约束处理。这个处理相当于采用正则化方法。这种正则化方法(regularization approach)是在噪声条件下求解逆问题时广泛采用的方法。由于我们的平滑先验呈现出二次约束的形式，因此，得到的 LS 问题就等价于 Tikhonov 技术，而这种技术广泛用于求解逆问题。讨论了这种确定性环境的问题后，接下来讨论一个随机噪声过程的问题，并考虑极小极大 MSE 策略。最终，采取一个维纳型的构想，其中信号和噪声都被看成是平稳随机过程，并且将一个合适的 MSE 测量值最小化。

7.5.2 LS 算法

我们以用无先验知识的 LS 算法为例，在有噪声的情况下，LS 算法的目标函数为

$$\varepsilon_{\mathrm{LS}} = \sum_{n\in\mathbb{Z}} (\hat{c}[n] - c[n])^2 \tag{7.95}$$

其中 $c[n]$ 是带噪声的采样数据，$\hat{c}[n]$ 是重构信号 $\hat{x}(t)$ 的采样结果，其表达式为

$$\hat{c}[n] = \langle s(t-nT), \hat{x}(t)\rangle \tag{7.96}$$

根据帕塞瓦尔定理式(3.66)，式(7.95)中的误差可以被等效地表示为

$$\varepsilon_{\mathrm{LS}} = \frac{1}{2\pi}\int_0^{2\pi} |\hat{C}(\mathrm{e}^{\mathrm{j}\omega}) - C(\mathrm{e}^{\mathrm{j}\omega})|^2 \mathrm{d}\omega \tag{7.97}$$

式中 $C(\mathrm{e}^{\mathrm{j}\omega})$ 和 $\hat{C}(\mathrm{e}^{\mathrm{j}\omega})$ 分别是 $c[n]$ 和 $\hat{c}[n]$ 的离散时间傅里叶变换(DTFT)。我们对其推广，就是通过引入一个正频率加权核 $Q(\mathrm{e}^{\mathrm{j}\omega})$，得到加权最小二乘的准则

$$\varepsilon_{\mathrm{LS}} = \frac{1}{2\pi}\int_0^{2\pi} Q^{-1}(\mathrm{e}^{\mathrm{j}\omega}) \; |\hat{C}(\mathrm{e}^{\mathrm{j}\omega}) - C(\mathrm{e}^{\mathrm{j}\omega})|^2 \mathrm{d}\omega \tag{7.98}$$

在实际中，当噪声功率谱已知时，这个加权系数的选择通常是与噪声谱成比例的。

为了求解式(7.98)，参考式(7.93)，首先注意到

$$\hat{X}(\omega) = D(\mathrm{e}^{\mathrm{j}\omega T})W(\omega) = H(\mathrm{e}^{\mathrm{j}\omega T})C(\mathrm{e}^{\mathrm{j}\omega T})W(\omega) \tag{7.99}$$

式中 $H(\mathrm{e}^{\mathrm{j}\omega})$ 是滤波器 $h[n]$ 的频率响应，所以从式(7.96)中可以推导出

$$\hat{C}(\mathrm{e}^{\mathrm{j}\omega T}) = H(\mathrm{e}^{\mathrm{j}\omega T})C(\mathrm{e}^{\mathrm{j}\omega T})R_{SW}(\mathrm{e}^{\mathrm{j}\omega T}) \tag{7.100}$$

式中利用了 $H(\mathrm{e}^{\mathrm{j}\omega T})$ 和 $C(\mathrm{e}^{\mathrm{j}\omega T})$ 是以 $2\pi/T$ 为周期的特点。用 Ω 来表示所有满足 $C(\mathrm{e}^{\mathrm{j}\omega})R_{SW}(\mathrm{e}^{\mathrm{j}\omega})\neq 0$ 的频率集合，那么很明显，对于所有的 $\omega\in\Omega$，如果选择 $H(\mathrm{e}^{\mathrm{j}\omega})$，使 $\hat{C}(\mathrm{e}^{\mathrm{j}\omega}) = C(\mathrm{e}^{\mathrm{j}\omega})$，此时 $\varepsilon_{\mathrm{LS}}$ 为最小。那么可以得到如下结果：

$$H_{\mathrm{LS}}(\mathrm{e}^{\mathrm{j}\omega}) = \frac{1}{R_{SW}(\mathrm{e}^{\mathrm{j}\omega})}, \qquad \omega\in\Omega \tag{7.101}$$

对于 $\omega\notin\Omega$ 的情况，滤波器的 $H_{\mathrm{LS}}(\mathrm{e}^{\mathrm{j}\omega})$ 可以任意选择。为了方便起见，在本节中使用下标(LS 代表最小二乘法)来区别不同准则的滤波器。

有趣的是，上面推导的 LS 滤波器并不依赖于频率加权核函数，这个滤波器和之前在无噪声条件下的子空间先验中获得的结果是等效的，也就是说它并不需要考虑噪声。LS 法求解的缺点是在一些频率 ω 下，如果 $R_{SW}(\mathrm{e}^{\mathrm{j}\omega})$ 很接近零，那么 $H_{\mathrm{LS}}(\mathrm{e}^{\mathrm{j}\omega})$ 会变得很大，会导致噪声的增加。

下一步通过增加平滑先验知识以及同时考虑 LS 方法和极小极大方法来改善性能。

7.5.3　正则化 LS 算法

现在假设 $\|Lx\| \leqslant \rho$，其中 L 代表频率响应为 $L(\omega)$ 的滤波器。在此条件下，LS 准则可以被修改为在此约束条件下实现的误差最小化，我们可以把这一约束作为惩罚因子加入到 LS 准则中，这就是现在广泛使用的 Tikhonov 正则化方法，它是一种常用的去噪方法

$$\varepsilon_{\mathrm{CLS}} = \int_0^{2\pi} Q^{-1}(\mathrm{e}^{\mathrm{j}\omega}) \, |\hat{C}(\mathrm{e}^{\mathrm{j}\omega}) - C(\mathrm{e}^{\mathrm{j}\omega})|^2 \mathrm{d}\omega + \lambda \int_{-\infty}^{\infty} |L(\omega)|^2 \, |\hat{x}(\omega)|^2 \mathrm{d}\omega \tag{7.102}$$

存在频率权重函数 $|L(\omega)|^2 > 0$，标量 $\lambda \geqslant 0$ 使上式满足，其中 $\hat{C}(\mathrm{e}^{\mathrm{j}\omega})$ 和 $|\hat{X}(\omega)|$ 分别由式(7.100)和式(7.99)给出。

误差测度 $\varepsilon_{\mathrm{CLS}}$ 可以看成是求解使式(7.98)中的 $\varepsilon_{\mathrm{LS}}$ 最小的拉格朗日最优化问题，它的约束条件为重构的信号 $\hat{x}(t)$ 存在于如下定义的类 $\mathcal{G}$ 中：

$$\mathcal{G} = \left\{ x(t): \frac{1}{2\pi} \int_{-\infty}^{\infty} |L(\omega)|^2 \, |X(\omega)|^2 \mathrm{d}\omega \leqslant \rho^2 \right\} \tag{7.103}$$

上述优化问题满足 Karush-Kuhn-Tucker 条件[124]，则最优解为

$$\lambda(\|L\hat{X}\|^2 - \rho^2) = 0 \tag{7.104}$$

所以，或者约束条件的不等式满足等式条件，或者是 $\lambda = 0$。

由于其所有 Gateaux 微分都为零，所以可以得到这种 Tikhonov 滤波器的结果，具体过程在文献[129]中给出，最后得到的滤波器为

$$H_{\mathrm{CLS}}(\mathrm{e}^{\mathrm{j}\omega}) = \frac{R_{WS}(\mathrm{e}^{\mathrm{j}\omega})}{|R_{WS}(\mathrm{e}^{\mathrm{j}\omega})|^2 + \lambda Q(\mathrm{e}^{\mathrm{j}\omega}) \dfrac{1}{T} \sum\limits_{k \in \mathbb{Z}} \left| L\left(\dfrac{\omega}{T} + \dfrac{2\pi k}{T}\right) \right|^2 \left| W\left(\dfrac{\omega}{T} + \dfrac{2\pi k}{T}\right) \right|^2} \tag{7.105}$$

ω 满足 $C(\mathrm{e}^{\mathrm{j}\omega}) \neq 0$，尽管 $H_{\mathrm{CLS}}(\mathrm{e}^{\mathrm{j}\omega})$ 的值在满足 $C(\mathrm{e}^{\mathrm{j}\omega}) = 0$ 的条件下是任意的，但是它并不会影响到重构的信号 $\hat{x}(t)$。对于 $\lambda = 0$ 的情况，Tikhonov 滤波器式(7.105)退化为 LS 滤波器式(7.101)。对于 $\lambda > 0$ 的情况，根据 Riesz 基条件式(5.14)，存在某些频率 ω，使得 $|L(\omega)|^2 > 0$ 和 $|W(\omega)|^2 > 0$，所以 $|H_{\mathrm{CLS}}(\mathrm{e}^{\mathrm{j}\omega})| < |H_{\mathrm{LS}}(\mathrm{e}^{\mathrm{j}\omega})|$。

在用不等式描述的 Tikhonov 滤波器式(7.105)中，λ 必须满足式(7.104)。当 λ 为固定值时，Tikhonov 滤波器的信号重构结果定义为 $\hat{x}_{\mathrm{CLS},\lambda}$，我们可以按如下方法来选择 λ：如果 $\|L\hat{x}_{\mathrm{CLS},0}\| \leqslant \rho$，则 $\lambda = 0$，这个结果和假设无先验知识的 LS 滤波器式(7.101)得到的结果是一致的。其他情况下，$\lambda > 0$ 时，λ 是一个取决于原始数据 $c[n]$ 的参数，且满足 $\|L\hat{x}_{\mathrm{CLS},0}\| = \rho$。

7.5.4　极小极大 MSE 滤波器

LS 和有约束 LS(Tikhonov)算法都是建立在数据误差最小化准则上的。然而，以信号估计的角度来看，一般都会期望是估计误差 $x(t) - \hat{x}(t)$ 为最小。在确定性情况下，对于最坏情况下的信号 x，考虑优化 $\|\hat{x}(t) - x(t)\|^2$ 或者优化 $\|\hat{x}(t) - P_{\mathcal{W}} x(t)\|^2$。但是在这里，由于噪声的存在，$\hat{x}(t)$ 是一个随机的信号。所以这里不再考虑方差，而是考虑均方误差 $E\{|\hat{x}(t) - x(t)|^2\}$。注意，我们这里去掉了范数，因为有常驻噪声的存在，信号 $\hat{x}(t)$ 通常有无限的范数。这时，对于确定的 $x(t)$ 来说，均方误差(MSE)的计算结果很明显取决于 $x(t)$ 本身，所以它不可能被最小化。这一点可以与我们即将在 7.5.5 节讨论的情况相比较，那时的 $x(t)$ 是随机集合中一个稳定的随机过程。这里和前面的小节一样，假设信号 $x(t)$ 属于由式(7.103)定义的 $\mathcal{G}$，假设 $\mathcal{G}$ 为最坏 MSE 情况，可以得到一个信号独立的误差测度。一般的情

况是，我们仅有的信息是 $x(t)\in L_2$，通过选择 $L(\omega)=1$ 和 $\rho\to\infty$，同样可以用上述框架进行处理和计算。

讨论完了 MSE 对信号的依赖性，现在面临另一个问题(这个问题在信号为随机过程的情况下仍然存在)：也就是最坏情况下的 MSE 最小化滤波器依赖于时间指数 $t=t_0$。这就是说，从理论上讲对于每一个不同的 t_0，最优的滤波器 $h[n]$ 是不同的。为了寻找对于不同 t_0 的通用解 $h[n]$，我们考虑两种方案。第一种方案是基于使最坏情况遗憾最小化方法，如在 6.6.3 节和 7.2.2 节中讨论的一样。在这里的随机过程情况下，我们的问题可以描述为①

$$\min_{h[n]}\max_{x(t)\in\mathcal{G}} E\{|\hat{x}(t_0)-P_{\mathcal{W}}x(t_0)|^2\} \tag{7.106}$$

幸运的是，这个滤波器并不依赖于 t_0。

在第二种方案中，我们设计的滤波器可以得到时间平均最坏情况 MSE 的最小化

$$\varepsilon_{\text{AVG}}=\lim_{\tau\to\infty}\frac{1}{2\tau}\int_{-\tau}^{\tau}\max_{x(t)\in\mathcal{G}} E\{|\hat{x}(t_0)-x(t_0)|^2\}\,\mathrm{d}t_0 \tag{7.107}$$

有趣的是，这两个方案都得到了同样的重构滤波器[129]。

极小极大 MSE 滤波器的推导有一些复杂，它包含了一些随机信号领域的烦琐的计算和推导，所以我们直接给出最后的结果，有兴趣的读者可以参考文献[129]。极小极大均方误差滤波器的描述形式为

$$H_{\text{MX}}(\mathrm{e}^{\mathrm{j}\omega})=\frac{\rho^2 R_{W\widetilde{W}}(\mathrm{e}^{\mathrm{j}\omega})}{R_{WW}(\mathrm{e}^{\mathrm{j}\omega})(\Lambda_u(\mathrm{e}^{\mathrm{j}\omega})+\rho^2 R_{S\widetilde{W}}(\mathrm{e}^{\mathrm{j}\omega}))} \tag{7.108}$$

其中 $\Lambda_u(\mathrm{e}^{\mathrm{j}\omega})$ 是噪声 $u[n]$ 的功率谱密度，同时有

$$\widetilde{W}(\omega)=\frac{S(\omega)}{|L(\omega)|^2} \tag{7.109}$$

相对于信号 $x(t)$ 的加权范数，如果噪声功率足够小，那么 $\Lambda_u(\mathrm{e}^{\mathrm{j}\omega}/\rho^2)$ 也足够小，式(7.108)中的滤波器可以重写为

$$H_{\text{MX}}(\mathrm{e}^{\mathrm{j}\omega})\approx\frac{R_{W\widetilde{W}}(\mathrm{e}^{\mathrm{j}\omega})}{R_{WW}(\mathrm{e}^{\mathrm{j}\omega})R_{S\widetilde{W}}(\mathrm{e}^{\mathrm{j}\omega})} \tag{7.110}$$

这个结果和无噪声集合中的最小最大滤波器式(7.56)是一样的。由于在这种情况下，有 $E\{|\hat{x}(t_0)-P_{\mathcal{W}}x(t_0)|^2\}=|\hat{x}(t_0)-P_{\mathcal{W}}x(t_0)|^2$，式(7.110)的结果除了使最坏情况的估计误差的能量 $\|\hat{x}(t)-P_{\mathcal{W}}x(t)\|^2$ 最小化以外，同时也使最坏情况的逐点误差最小化。

7.5.5 维纳混合滤波器

我们还可以考虑一种全随机的情况，这里 $x(t)$ 是一个连续时间零均值的 WSS 随机过程，PSD 为 $\Lambda_x(\omega)$，$u[n]$ 是零均值的 WSS 噪声过程，PSD 为 $\Lambda_u(\mathrm{e}^{\mathrm{j}\omega})$，$u[n]$ 和 $x(t)$ 相互独立。由于 $x(t)$ 是随机的，它的 MSE 在整个信号上的平方范数也是平均的，因此是一个独立于信号的表达式。所以在理论上，$h[n]$ 的设计可以直接从最小化 MSE 进行。不过如在确定信号的情况一样，这时的滤波器依赖于时间指数 t。如果换一种方式，我们尝试最小化投影 MSE $E\{|\hat{x}(t_0)-P_{\mathcal{W}}x(t_0)|^2\}$，那么最优解就和时间无关，结果由式(7.108)给出，其中用维纳滤波

① 注意，严格地说，由于 $x(t)$ 并不是 L_2 中的信号，所以 $P_{\mathcal{W}}x(t)$ 的定义并不完善。但是仍然可以用它来进行运算，也就是说对 $x(t)$ 使用 W^* 采样，用 $(W^*W)^{-1}$ 滤波，然后使用 W 进行恢复。尽管结果不是 L_2 中的信号，它仍然是一个有效的(循环平稳)信号，是一个不严格的符号，记为 $P_{\mathcal{W}}x(t)$。

器中的信号 PSD $\Lambda_x(\omega)$代替极小极大滤波器的$\rho^2/|L(\omega)|^2$。所以，我们可以把极小极大算法看成为一种功率谱$\Lambda_x(\omega)=\rho^2/|L(\omega)|^2$的维纳滤波器算法。

7.5.6　不同类型滤波器的小结

本节提出的滤波算法都是以一个特定代价函数的最小化为基础衍生出来的。表7.5列出并总结了所有滤波算法及其假设条件的比较，其中$\mathcal{G}$是满足$\|Lx\|\leqslant\rho$的信号集合。

我们已经讨论过，维纳滤波和极小极大 MSE 滤波算法具有相似的结构，而且不依赖于$s(t)$和$\omega(t)$的选择。在7.5.7节中将讨论带限插值问题，结果会表明在这种情况下Tikhonov 滤波也有着同样类似的结构。文献[129]中的结果表明，当$\omega(t)=s(t)$时，对于所有的$x(t)\in\mathcal{G}$，极小极大 MSE 滤波器的均方误差要比 LS 滤波器的小。所以，从均方误差的意义上讲，我们更偏向于选择极小极大 MSE 滤波算法。

表7.5　噪声信号恢复方法的对比

	信号模型	噪声模型	准则	公式
LS	无约束	无关	数据项	式(7.101)
Tikhonov 滤波	$x\in\mathcal{G}$的确定信号	明确的	数据项+正则化	式(7.105)
投影极小极大	$x\in\mathcal{G}$的确定信号	平稳过程	$t=t_0$时，最坏情况投影 MSE	式(7.108)
平均极小极大	$x\in\mathcal{G}$的确定信号	平稳过程	整个时间长度内最坏情况的均方误差	式(7.108)
维纳滤波	平稳过程	平稳过程	$t=t_0$时的投影 MSE	式(7.108)

通过下面的例子来比较不同的信号恢复方法。

例7.10　为了证明不同的噪声采样信号恢复方法，重新回到例7.6中的条件，即$s(t)=\beta^0(t)$，$\omega(t)=\beta^1(t)$，$T=1$，先验知识为信号$x(t)$的能量是有界的，对于所有的ω，有$L(\omega)=1$。这个先验信息的统计等效是假设为$x(t)$是广义平稳随机过程，且具有平坦的功率谱密度，这意味着$x(t)$是一个白噪声信号。假设样本被方差为σ^2的高斯白噪声污染，因此$Q(\mathrm{e}^{\mathrm{j}\omega})=1$

这样，有约束的LS(Tikhonov)校正滤波器式(7.105)变成

$$H_{\mathrm{CLS}}(\mathrm{e}^{\mathrm{j}\omega})=\frac{R_{WS}(\mathrm{e}^{\mathrm{j}\omega})}{|R_{WS}(\mathrm{e}^{\mathrm{j}\omega})|^2+\lambda R_{WW}(\mathrm{e}^{\mathrm{j}\omega})}=\frac{\frac{1}{4}(\cos(\omega)+3)}{\frac{1}{16}(\cos(\omega)+3)^2+\frac{1}{3}\lambda(\cos(\omega)+2)}\tag{7.111}$$

式中我们用$R_{WW}(\mathrm{e}^{\mathrm{j}\omega})$和$R_{WS}(\mathrm{e}^{\mathrm{j}\omega})$取代了式(7.60)和式(7.62)。为了计算极小极大滤波器，我们注意到$\widetilde{W}(\omega)=S(\omega)$，以及

$$H_{\mathrm{MX}}(\mathrm{e}^{\mathrm{j}\omega})=\frac{\rho^2R_{WS}(\mathrm{e}^{\mathrm{j}\omega})}{R_{WW}(\mathrm{e}^{\mathrm{j}\omega})(\sigma^2+\rho^2R_{SS}(\mathrm{e}^{\mathrm{j}\omega}))}=\frac{\rho^2\frac{1}{4}(\cos(\omega)+3)}{(\sigma^2+\rho^2)\frac{1}{3}(\cos(\omega)+2)}\tag{7.112}$$

式中利用了$R_{SS}(\mathrm{e}^{\mathrm{j}\omega})=1$。

图7.17说明了在满足下列条件的时候两种方法恢复的信号

$$x(t)=\cos(\omega_0t)\tag{7.113}$$

其中$\omega_0=2\pi/\sqrt{200}$，在这种情况下，无噪声的采样值为

$$c[n]=\int_{n-0.5}^{n+0.5}x(t)\mathrm{d}t=\frac{1}{\omega_0}(\sin(\omega_0(n+0.5))-\sin(\omega_0(n-0.5))) \tag{7.114}$$

极小极大方法中的常量ρ^2是根据信号$x(t)$一个周期的能量选择的，同时LS方法中的$\lambda=1/\rho^2$。为了说明，例7.6中的LS算法的结果也在图中给出，它没有考虑平滑性的问题。图7.17(a)和7.17(b)分别展示了在信噪比为1.6 dB和51.6 dB条件下恢复的信号。

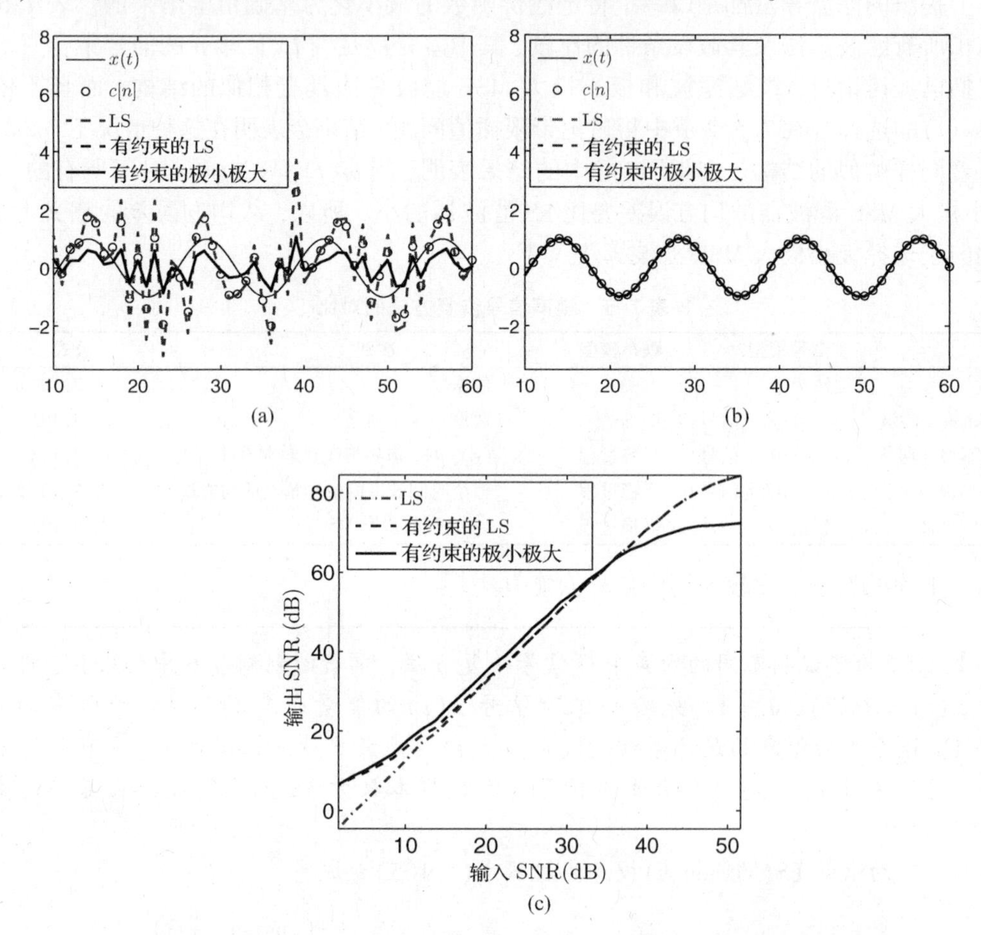

图7.17 $x(t)=\cos(\omega_0 t)$时有约束的LS与有约束的极小极大方法恢复的信号对比。(a)1.6 dB SNR；(b)51.6 dB SNR；(c)输入SNR与输出SNR的函数关系

从图7.17中我们可以看到两种有约束恢复算法的性能都很相似，但是无约束的LS方法在性能上在低SNR下很明显地比其他两种要差。图7.17(c)提供了一个定量的比较结果，结果表明，低SNR下极小极大方法表现更好，高SNR下有约束LS方法性能更优。高SNR下LS算法与有约束LS算法的性能非常相似，但是在低SNR下性能较之其他两种方法差距较大。

7.5.7 带限插值

对于有约束恢复的一个重要的特殊情况就是当$\omega(t)=\mathrm{sinc}(t)$时，这相当于采样值与一个带限函数进行插值。在这种情况下，一个非常有意义的工作就是把图6.2中的连续－离散模型用图7.18中的离散时间模型替代。并且，需要定义离散表示的误差测度，即$s(t)$的带限形

式在 $t=nT$ 时的采样值：$x[n]=x(t)|_{t=nT}$ 和 $f[n]=s(t)*w(t)|_{t=nT}$。这里我们会看到，这种等价变换对于 LS 和 Tikhonov 算法的基本公式依旧保持成立。而对于极小极大 MSE 算法和维纳滤波算法则需要在输入上附加一个带限约束条件。而且我们必须强调的是，如果不考虑带限约束，那么离散方程所得到的解将不同于在前两章讨论的连续 - 离散模型的解。

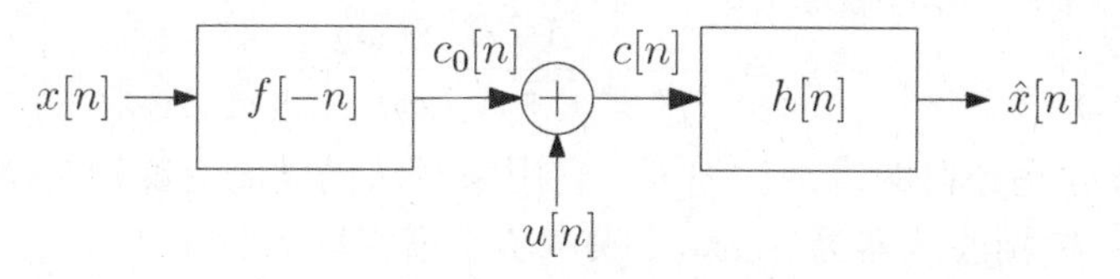

图 7.18　离散时间反卷积

进一步研究这个问题，假设 $\omega(t)$ 是一个低通滤波器，截止频率为π，$T=1$。首先讨论 LS 算法，低通滤波器的滤波特性为

$$W(\omega)=\begin{cases}1, & |\omega|\leqslant\pi\\ 0, & |\omega|>\pi\end{cases} \tag{7.115}$$

这样式(7.101)所示的 LS 滤波器可以表示为

$$H_{\mathrm{LS}}(\mathrm{e}^{\mathrm{j}\omega})=\frac{1}{S(\omega)},\qquad \omega:S(\omega)\neq 0,\ |\omega|\leqslant\pi \tag{7.116}$$

注意到，当 $|\omega|\leqslant\pi$ 时，有 $f[n]$ 的傅里叶变换为 $F(\mathrm{e}^{\mathrm{j}\omega})=S(\omega)$，我们可以得出滤波器的表达式为 $H_{\mathrm{LS}}(\mathrm{e}^{\mathrm{j}\omega})=1/\overline{F(\mathrm{e}^{\mathrm{j}\omega})}$，进而可以得到适合图 7.18 中离散时间反卷积的最小化数据误差的 LS 算法的精确解。

类似地，在式(7.115)的模型下，Tikhonov 滤波器可以表示为

$$H_{\mathrm{CLS}}(\mathrm{e}^{\mathrm{j}\omega})=\frac{S(\omega)}{|S(\omega)|^2+\lambda Q(\mathrm{e}^{\mathrm{j}\omega})\ |L(\omega)|^2},\qquad |\omega|\leqslant\pi \tag{7.117}$$

这就是离散时间模型的 Tikhonov 滤波算法的解，它的限制条件为 $\hat{x}[n]$ 属于按如下方式定义的类 $\mathcal{G}_d$ 中：

$$\mathcal{G}_d=\left\{x[n]:\frac{1}{2\pi}\int_{-\pi}^{\pi}|L_d(\mathrm{e}^{\mathrm{j}\omega})|^2\ |X(\mathrm{e}^{\mathrm{j}\omega})|^2\mathrm{d}\omega\leqslant\rho^2\right\} \tag{7.118}$$

其中 $L_d(\mathrm{e}^{\mathrm{j}\omega})$ 是在 $|\omega|\leqslant\pi$ 条件下满足 $L_d(\mathrm{e}^{\mathrm{j}\omega})=L(\omega)$ 的一个离散滤波器。

由于 LS 算法和 Tikhonov 算法的准则都只依赖于 $\hat{x}(t)$，在 $\omega(t)$ 是带限的情况下，整个问题就简化成了如图 7.18 所示的离散时间模型，相比之下极小极大均方误差滤波器可以表示为

$$H_{\mathrm{MX}}(\mathrm{e}^{\mathrm{j}\omega})=\frac{\rho^2S(\omega)/\ |L(\omega)|^2}{\Lambda_u(\mathrm{e}^{\mathrm{j}\omega})+\rho^2\sum_{k\in\mathbb{Z}}|S(\omega+2\pi k)|^2/\ |L(\omega+2\pi k)|^2},\qquad |\omega|\leqslant\pi \tag{7.119}$$

用 $\Lambda_x(\omega)$ 来代替 $\rho^2/\ |L(\omega)|^2$ 同样可以得到维纳滤波的离散时间模型表达式。极小极大算法式(7.119)的方程由于分母项的无限累加，它并没有一个对应的离散时间模型。为了让它同样具有图 7.18 的表现形式，我们需要给输入 $x(t)$ 附加一个带宽限制的条件。或者滤波器对于 $|\omega|>\pi$，具有 $S(\omega)=0$ 的特性。这样的话我们可以得到如下表达式：

$$H_{\mathrm{MX}}(\mathrm{e}^{\mathrm{j}\omega})=\frac{\rho^2S(\omega)/\ |L(\omega)|^2}{\Lambda_u(\mathrm{e}^{\mathrm{j}\omega})+\rho^2\ |S(\omega)|^2/|L(\omega)|^2},\qquad |\omega|\leqslant\pi \tag{7.120}$$

这就是极小极大均方误差反卷积滤波器的表达式，它使最坏情况的 MSE 最小化，最坏情况的

MSE 定义为 $\max_{x[n]\in\mathcal{G}_d} E\{|\hat{x}[n_0]-x[n_0]|^2\}$ [156]。换句话说，连续-离散方程简化成了离散方程。

在式(7.120)中，如果令 $\Lambda_x(\omega)=\rho^2/|L(\omega)|^2$，那么 $H_{\text{MX}}(\mathrm{e}^{\mathrm{j}\omega})=H_{\text{w}}(\mathrm{e}^{\mathrm{j}\omega})$，我们可以得到

$$H_{\text{w}}(\mathrm{e}^{\mathrm{j}\omega})=\frac{\Lambda_x(\omega)S(\omega)}{\Lambda_u(\mathrm{e}^{\mathrm{j}\omega})+\Lambda_x(\omega)\,|S(\omega)|^2} \tag{7.121}$$

式(7.121)中的滤波器是经典的维纳滤波器，它用来对从模糊的有噪声环境中获得的随机过程 $x[n]$ 进行估计，其中模糊滤波器为 $\overline{S(\omega)}$，噪声功率谱密度为 $\Lambda_u(\mathrm{e}^{\mathrm{j}\omega})$。

对比式(7.117)、式(7.120)和式(7.121)可以看到，在 $\Lambda_x(\omega)=\rho^2/|L(\omega)|^2$ 和 $\lambda=1/\rho^2$ 的条件下，Tikhonov 滤波算法、极小极大算法和维纳滤波算法是等效的。而且，这些滤波方法都可以归类为经典维纳滤波器方法。但是我们需要注意，在更通用的情况下，即输入信号不是带限时，这些结论将不再成立。

7.5.8 无约束恢复

现在来讨论 LS 算法、极小极大算法和维纳滤波方法的无约束恢复情况。通过在其对应的有约束表达式中将 $\omega(t)$ 替换为一个最优选择，可以证明三种方法的无约束解都有相同的形式。

文献[157]中专门研究了无约束条件下的 LS 准则，通过将式(7.105)中的恢复滤波器 $\omega(t)$ 替换为式(7.109)中的最优解 $W(\omega)=\widetilde{W}(\omega)$，我们最后得到的滤波器为

$$H_{\text{LS}}(\mathrm{e}^{\mathrm{j}\omega})=\frac{1}{R_{S\widetilde{W}}(\mathrm{e}^{\mathrm{j}\omega})+\lambda Q(\mathrm{e}^{\mathrm{j}\omega})} \tag{7.122}$$

式中我们利用了乘积项 $\lambda Q(\mathrm{e}^{\mathrm{j}\omega})$ 等于 $R_{S\widetilde{W}}$。

在无噪声情况下，无约束的极小极大准则和 LS 准则有着同样的解，即使在有噪声的情况下，我们用 $(1/\rho^2)\Lambda_u(\mathrm{e}^{\mathrm{j}\omega})$ 来替代 $\lambda Q(\mathrm{e}^{\mathrm{j}\omega})$，仍然可以保持这一特性(很明显，在无约束的条件下，投影 MSE 并不是一个合理的准则)。文献[129]中的附录 IV 证明了平均极大极小滤波算法也同样可以按如上方式进行推广。三者的不同之处在于，我们所追求的“最小化”，是同时作用于 $h[n]$ 和 $\omega(t)$ 的，而对于极小极大滤波算法，可通过选择特定的 $\omega(t)$，使无约束条件下的最优滤波器在有约束条件下依旧保持最优。剩余的工作就是寻找最优的 $\omega(t)$。

我们注意到，在无约束无噪声情况下的 LS 和极小极大准则都可以分别看成有约束滤波器模型下的一种特殊情况：即我们用有约束最优滤波器代替式(7.109)中的 $W(\omega)$。同样可以观察到当 $Q(\omega)=0$ 或者 $\Lambda_u(\mathrm{e}^{\mathrm{j}\omega})=0$ 时，结果和我们在无噪声条件下获得的结果是一样的。

例 7.11 假设信号 $x(t)$ 是式(7.103)中集合 $\mathcal{G}$ 的元素，同时 $L(\omega)=\operatorname{arcsinc}(\omega/(2\pi))$，我们的目标是在有噪声的整数采样值中恢复 $x(t)$，采样滤波器为 $s(t)=\beta^0(t)$，噪声为方差是 σ^2 的白噪声。

对于 LS 算法和极小极大算法，我们使用重构滤波器

$$\widetilde{W}(\omega)=\frac{S(\omega)}{|L(\omega)|^2}=\operatorname{sinc}^3(\omega/(2\pi)) \tag{7.123}$$

其时域表达式如下定义：

$$\widetilde{w}(t)=\beta^2(t) \tag{7.124}$$

校正滤波器式(7.122)中出现的 $R_{S\widetilde{W}}(\mathrm{e}^{\mathrm{j}\omega})$ 对应着序列的 DTFT[注意到 $s(t)$ 与 $\widetilde{W}(t)$ 是对称的]

$$(s(-t)*\widetilde{w}(t))_{t=n}=(\beta^0(t)*\beta^2(t))_{t=n}=\beta^3(n)=\begin{cases}2/3, & n=0\\1/6, & |n|=1\\0, & |n|\geqslant 2\end{cases}\tag{7.125}$$

可由下式得出

$$\frac{1}{6}\mathrm{e}^{-\mathrm{j}\omega}+\frac{2}{3}+\frac{1}{6}\mathrm{e}^{\mathrm{j}\omega}=\frac{1}{3}(\cos(\omega)+2)\tag{7.126}$$

所以极小极大校正滤波器等效于

$$H(\mathrm{e}^{\mathrm{j}\omega})=\frac{1}{\dfrac{\sigma^2}{\rho^2}+\dfrac{1}{3}(\cos(\omega)+2)}\tag{7.127}$$

为了证明这个方法，我们回想一下，当 $x(t)$ 为随机信号，且 $\Lambda_x(\omega)=\rho^2/|L(\omega)|^2$ 时，$x\in\mathcal{G}$ 的有约束确定信号与 $x(t)$ 为随机过程的情况是等效的。在我们的证明中，这相当于一个随机过程，且它的自相关函数为 $r_x(\tau)=\rho^2\beta^1(\tau)$。图 7.19 展示了用极小极大算法的恢复结果，可以观察到，如果要对 $\hat{x}(t)$ 进行采样，那么结果和 $c[n]$ 并不一致，即恢复的信号和采样结果不相同，这是由采样过程中存在噪声导致的。事实上，噪声的方差越大，$\hat{x}(t)$ 与原信号的差别越大。

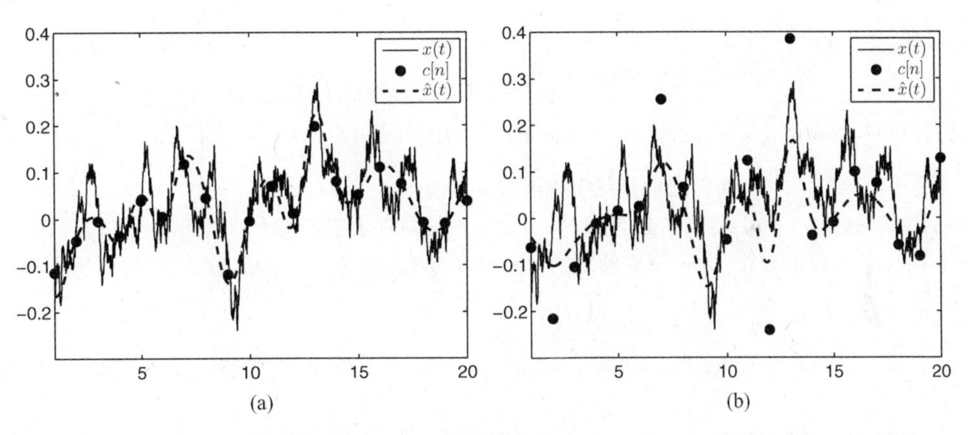

图 7.19　有噪声采样值的 LS 无约束信号恢复。(a) 输入信噪比为 $10\lg(\rho^2/\sigma^2)=20$ dB；(b) 输入信噪比为 $10\lg(\rho^2/\sigma^2)=0$ dB

在这两章中，我们讨论了从线性采样值进行信号重构的基本问题。对采样问题的每个必要元素我们都考虑了多种模型进行分析，包括采样机制(通用前置滤波器、噪声)，重构核函数(预先设定的、无约束的)，信号的先验知识(子空间先验、平滑先验)。我们采用的方法是将问题转化为一个优化问题，考虑重构信号和已知样本的匹配，同时也考虑先验知识。每种情况都用 LS 和极小极大两种优化方法求解。我们得到的结论是，如果重构机制是无限制的，并且样本是无噪声的，那么两种方法的结果是一致的。在这种情况下，如果有一个先验子空间，则可以实现信号的完美恢复。当信号恢复受限时，极小极大方法恢复的结果更贴近原始信号。

本章的其他内容致力于研究带噪声样本的信号恢复。我们把注意力集中到移不变系统。

我们需要根据具体环境选择合适的方法(确定性和随机性)，同时也取决于可以获得先验知识。我们通过比较各种算法，可以在它们之间做一些比较和联系，同时也对不同算法的参数选择给出了简单的指导性建议。

7.6 习题

1. 假设一个信号的逐点采样 $c[n]=x(nT)$ 由 $c[n]=\delta[n]$ 给出，假设先验知识为 $\|Lx\|\leqslant 1$，对下列的每一个算式，给出三个与采样信号一致的信号，其中两个满足先验知识限制，另外一个不满足。假设 $T=1$。

(a) $L\{x\}(t)=\mathrm{e}^{|t|}x(t)$。

(b) $L\{x\}(t)=\dfrac{\mathrm{d}x}{\mathrm{d}t}(t)$。

(c) $L\{x\}(t)=\displaystyle\int_{t-1}^{t+1}x(\tau)\mathrm{d}\tau$。

2. 令 $s_n(t),\ n\in\mathbb{Z}$ 是采样函数的一个子集，$c[n]=\langle s_n,x\rangle$ 是对应信号 $x(t)$ 的采样。考虑 LS 算法和极小极大算法的信号重构问题，参看式(7.2)和式(7.17)，解释对于每个算子 L，α 如何影响其结果。

(a) $L\{x\}(t)=x(t-\alpha),\ \alpha\in\mathbb{R}$

(b) $L\{x\}(t)=\exp\{-\alpha t^2\}x(t),\ \alpha>0$

(c) $L\{x\}(t)=t^{\alpha}x(t),\ \alpha>0$

(d) $L\{x\}(t)=(g*x)(t)$，其中 $g(t)=\exp\{-\alpha t^2\},\ \alpha>0$

(e) $L\{x\}(t)=\dfrac{\mathrm{d}x}{\mathrm{d}t}(\alpha t),\ \alpha>0$

(f) $L\{x\}(t)=x(t^{\alpha})$，其中 α 为正偶数

(g) $L\{x\}(t)=\alpha\exp\{-|t|\}x(t)+(1-\alpha\exp\{-|t|\})\dfrac{\mathrm{d}x}{\mathrm{d}t}(t),\ 0<\alpha<1$

3. 在上一题中确定(a)～(e)所对应的最优重构函数 $\widetilde{w}_n(t)$。

4. 在 $S(\omega)=1$ 的前提下，考虑式(7.2)和式(7.17)中的 LS 算法与极小极大算法的信号重构问题，假设采样周期 $T=1$，令 N 为正整数，对于下面给出的平滑线性时不变算式，确定最优的数字校正滤波器 $H(\mathrm{e}^{\mathrm{j}\omega})$

$$L(t)=\sum_{n\in\mathbb{Z}}\mathrm{sinc}(N(t-n))\tag{7.128}$$

5. 假设 $x(t)$ 被如下滤波器采样：当 $\alpha>0$ 时，$|S(\omega)|>\alpha$，$|\omega|\leqslant\pi$，否则 $S(\omega)$ 为 0。然后评价在 $t=n$ 时的输出。

(a)对于任意的 $L(\omega)$，推导出 LS 算法和极小极大算法的数字校正滤波器。

(b)对于式(7.15)中的 $\widehat{W}(\omega)$，推导出最优的重构滤波器。

6. 举例(可能在 $\mathbb{R}^2$ 上)说明问题式(7.54)的解不一定是平滑的，也不是必须与样本保持一致。换句话说，举例说明 $\hat{x}_{\mathrm{CLS}}$ 不一定在限定集合 $\mathcal{G}$ 中，画出一幅类似图 7.6 的几何图像来说明。

7. 在所有满足下列条件的 3×3 矩阵中：(1)矩阵每一列的元素的和均为 1；(2)矩阵的迹为 6，推导出 Frobenius 范数最小的那一个矩阵。

8. 对于任意一个 3×3 矩阵 $\boldsymbol{A}$，都可以用与它 Frobenius 范数距离最近的一个矩阵 $\widetilde{\boldsymbol{A}}$ 来定义，$\widetilde{\boldsymbol{A}}$ 中的所有元素都是相等的。确定一个矩阵 $\hat{\boldsymbol{A}}$，在所有满足下列条件的 3×3 矩阵中：(1)矩阵每一列的元素的和均为 1；(2)矩阵的迹为 6，使最坏情况的 Frobenius 距离 $\|\hat{\boldsymbol{A}}-\widetilde{\boldsymbol{A}}\|$ 最小化。

9. 为了得出对于 $x\in\mathcal{G}$ 的信号的重构信号 $\hat{x}\in\mathcal{W}$，我们提出了求解式(7.54)所示的极小极大遗憾算法。可以讨论的是，通过求解下面的方程，它可能更适合来使最坏情况的误差的模最小化

$$\hat{x}_{\mathrm{CMX}}=\arg\min_{\hat{x}\in\mathcal{W}}\max_{x\in\mathcal{G}}\|\hat{x}-x\|_2^2\tag{7.129}$$

其中 $\mathcal{G}=\{x:S^*x=c,\ \|Lx\|\leqslant\rho\}$，但是这个方法是过度悲观的。证明当不考虑 c 的取值时，式(7.129)的解为 $\hat{x}=0$。

10. 补充定理 7.3 的证据细节。

提示：根据证据的略述，用 $Wa+Wv$ 来表示 x，之后证明 LWa 和 LWv 是正交的。

11. 按照定理 7.2 的证明方法证明定理 7.4。

12. 假设 $\mathcal{H}=\mathcal{W}\oplus\mathcal{S}^{\perp}$，证明当 L 不是恒等算子时，式(7.55)所示的有约束极小极大遗憾算法同样满足式(7.67)。

13. 假设重构信号 $\hat{x}(t)$ 按如下方式表示：

$$\hat{x}(t)=\sum_{n\in\mathbb{Z}}d[n]w(t-n) \tag{7.130}$$

其中 $w(t)$ 是已知的核函数，$d[n]$ 是零均值平稳序列（也就是说 $E[d[m]d[n]]$）只取决于 $m-n$，用 $R_d[m-n]$ 来表示。

(a) 根据通用核函数 $w(t)$，推导出 $E[\hat{x}^2(t)]$ 的表达式，并确定其是否依赖于 t。

(b) 证明如果 $\omega(t)=\mathrm{sinc}(t)$，那么 $E[\hat{x}^2(t)]$ 是 t 的函数。

14. 证明：当核函数 $w(t)$ 满足式(7.94)的条件是：当序列 $d[n]$ 是有界的，下面的信号也是有界的

$$\hat{x}(t)=\sum_{n\in\mathbb{Z}}d[n]w(t-nT) \tag{7.131}$$

15. 假设 $x[n]$ 是离散时间平稳随机序列，其频谱为 $\Lambda_x(\mathrm{e}^{\mathrm{j}\omega})$，令 $y[n]=x[n]+u[n]$，$u[n]$ 是独立于 $x[n]$ 的平稳序列，其频谱为 $\Lambda_u(\mathrm{e}^{\mathrm{j}\omega})$。我们都知道通过将 $y[n]$ 送入如下所示的离散时间维纳滤波器可以得到 $x[n]$ 的线性最小均方误差估计

$$H(\mathrm{e}^{\mathrm{j}\omega})=\frac{\Lambda_x(\mathrm{e}^{\mathrm{j}\omega})}{\Lambda_x(\mathrm{e}^{\mathrm{j}\omega})+\Lambda_u(\mathrm{e}^{\mathrm{j}\omega})} \tag{7.132}$$

对应连续时间过程 $x(t)$ 的采样 $y[n]$ 是由噪声污染的，那么通过将式(7.108)和式(7.109)中的 $\rho/|L(\omega)|^2$ 用 $\Lambda_x(\omega)$ 替代，可以得到最优解。证明：如果 $\Lambda_x(\mathrm{e}^{\mathrm{j}\omega})$ 被带限到 π/T，且为逐点采样[即 $S(\omega)=1$]，那么维纳混合滤波就等效于这样一个滤波过程：先验知识为形式为 sinc 的重构核，信号通过的是离散时间维纳滤波器。

16. 对于逐点采样两种最常用的恢复手段为最近邻恢复和线性插值，这两种方法分别对应于在没有数字校正前提下使用参数为 $\beta^0(t)$ 和 $\beta^1(t)$ 的 B 样条函数滤波器。这些解法同样可以被归类于有着特性 $\Lambda_x(\mathrm{e}^{\mathrm{j}\omega})$ 的混合维纳滤波。对于每种方法，都确定它们的 $\Lambda_x(\mathrm{e}^{\mathrm{j}\omega})$，并解释在这种条件下，哪种方法对于带限信号的处理结果更好。

第8章　非线性采样

在本章，我们脱离之前讨论的线性采样模型，考虑由非线性采样值来恢复子空间中的信号。在实际应用中，会遇到很多这种非线性问题，完全可以通过补偿的方法来解决，而不需要增加采样速率。尽管信号的非线性会导致频带的扩展，但是，我们在本章讨论的算法都可以根据与输入空间相匹配的采样速率得到的非线性采样值来恢复信号。

非线性特性在很多数字信号的设备和应用场合中都有出现，包括电力传输和无线通信，设备中的放大器会对信号产生一个非线性的失真，这类信号一般包括辐射影像和 CCD 图像传感器等。如在辐射影像中，相机的辐射响应 $M(x)$ 与输入传感器处的辐射 x 和输出时的强度 $y=M(x)$ 有关。这个映射是单调递增的（也就意味着是可逆的），但是可能是非线性的，信号的强度被 ADC 采样，辐射影像需要从采样值中估计。类似的非线性失真在很多 CCD 图像传感器中发生，这是由于过度的光强会引起饱和。更通俗地说，放大器的饱和会给输入信号带来非线性失真，这在很多设备中都很常见，如卫星通信中手持设备的功率放大器。在放大器的非线性区域工作可以保证很高的能量效率。在长距离传输的光纤通信中，非线性特性也是不可避免的，传输过程中会发生色散和极化失真。

有的时候我们为了增加信号的动态范围，同时避免振幅剪切或 ADC 烧毁，我们会有意地产生非线性特性[158]。例如，在各种通信信道中，为了应对有限的通信带宽，经常使用的解决方法便是信号的压扩。压扩在发射前做一种可逆的非线性变换以降低信号的动态范围。在接收端信号被扩展至原始带宽。压扩同样也在数字系统中使用，对 ADC 输入的模拟信号进行压缩。

8.1　非线性采样

8.1.1　非线性模型

非线性建模的一个简单方法就是假设信号被 $s(-t)$ 采样之前受到了一个无记忆的、非线性的、可逆的映射（mapping）干扰而产生失真，如图 8.1 所示。这种直观的模型可以广泛适用于很多实际系统。因此，本章主要集中讨论这种形式的非线性问题。对于非移不变系统情况的延伸可以进一步阅读文献[159]。

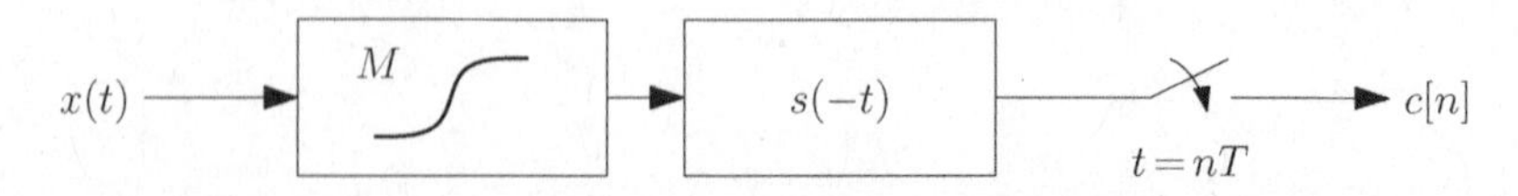

图 8.1　非线性移不变采样，信号 $x(t)$ 在采样前被映射 M 失真

例 8.1　现在模拟电路都在很高的速度下工作，可以通过光学器件采用光器件集成电路结构实现。这种结构的一个基本构造便是光–电幅度调制器。它根据电压的大小来调节光的强度。

应用光-电幅度调制器的一个常用方法是将它安装在 Mach-Zehnder 干涉仪的一个臂上，这样如果设备的输入光强为 I，提供的电压为 $x(t)$，那么通过选择特定的 α，可以使输出的光强为

$$y(t) = I\sin^2(\alpha x(t)) \tag{8.1}$$

如果 $x(t)$ 保持在 $(0, \pi/(2\alpha))$，那么输出结果便是单调的，非线性特性如图 8.2(a) 所示，其中 $\alpha=\pi/2$ 电路中光模块与电模块的接口通常包括光检测器。信号通过幅度调制器，光强被转化为电信号，然后被采样，方案如图 8.2(b) 所示，且同样具有图 8.1 的形式。

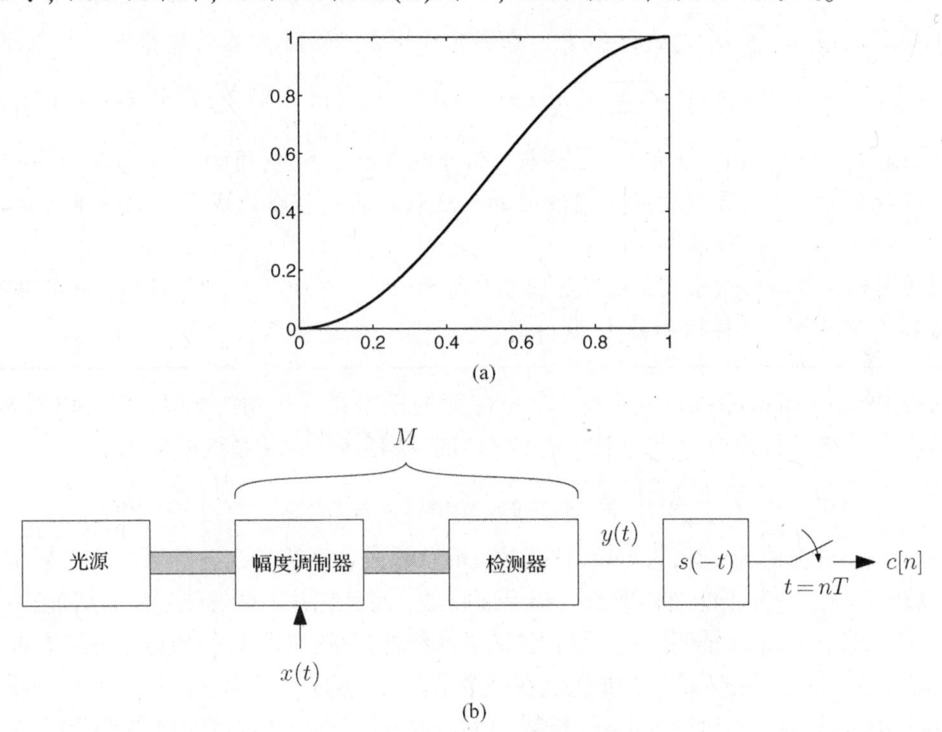

图 8.2　(a) Mach-Zehnder 干涉仪上光-电幅度调制器的非线性响应；(b) 一个包含光-电幅度调制器、光检测器、电子滤波器和采样器的系统

考虑到第 6 章讨论过的子空间情况，信号 $x(t)$ 属于一个子空间 $\mathcal{A}$，采样滤波器为 $s(-t)$，采样值存在于另一个子空间 $\mathcal{S}$，并且有 $\mathcal{H}=\mathcal{A}\oplus\mathcal{S}^{\perp}$，它满足直和条件式(6.23)。但是在采样之前，信号被一个如图 8.1 所示的无记忆非线性可逆的映射 $M(x(t))$ 带来失真。在本章中，主要讨论的情况就是 $x(t)$ 可以从采样值 $c[n]$ 中恢复出来的条件，并提供了几种迭代恢复算法。

8.1.2　Wiener-Hammerstein 系统

我们得到的结果可以被应用于更具有普遍性的 Wiener-Hammerstein 系统中。一个 Wiener 系统由一个线性映射部分加上一个无记忆非线性失真部分所组成。同时，一个 Hammerstein 系统则是一个相反的过程。Wiener-Hammerstein 系统结合了这两个系统，它把静态非线性系统的两端加上了动态线性模型，如图 8.3 所示。我们注意到第一个线性映射可以把它等效成输入限制 $x\in\mathcal{A}$，第二个线性算子可以用来定义一个通用采样函数的修正集合。因此，我们的研究就可以延伸到满足 Wiener-Hammerstein 模型采集设备上。

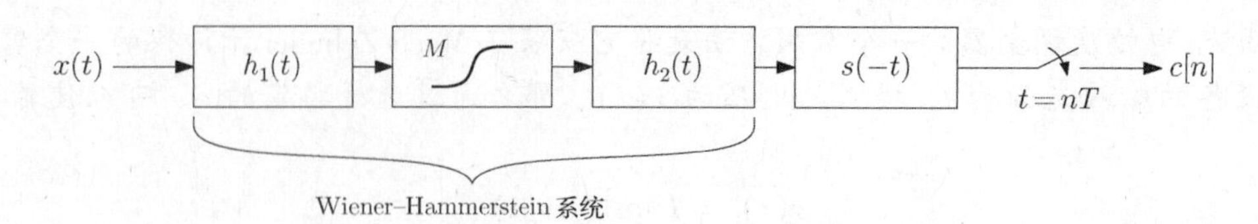

图 8.3 Wiener-Hammerstein 系统产生的移不变采样

例 8.2 假设 x 是一个移不变空间 $\mathcal{A}$ 中的元素，所以，可以选择序列 $d[n]$ 和生成器 $a(t)$，可以使 $x(t) = \sum d[n]a(t-nT)$。在图 8.3 中第一个滤波器的输出可以被表示为

$$\widetilde{x}(t) = x(t) * h_1(t) = \sum_{n\in\mathbb{Z}} d[n](a(t-nT) * h_1(t)) = \sum_{n\in\mathbb{Z}} d[n]\widetilde{a}(t-nT) \quad (8.2)$$

其中，我们定义 $\widetilde{a}(t) = a(t) * h_1(t)$，这样，信号就具有了 SI 空间 $\widetilde{\mathcal{A}} = \mathrm{span}\{a(t-nT)\}$ 的非线性。非线性化之后，信号经过两次滤波运算。这两次滤波可以看成是一次简单的卷积，其冲激响应为 $\widetilde{s}(-t) = h_2(t) * s(-t)$。

这说明图 8.3 所示的信号恢复过程和图 8.1 所示的信号恢复过程是等效的，前者满足 $x\in\mathcal{A}$，后者满足移不变特性，采样核函数为 $\widetilde{s}(t)$。

Wiener-Hammerstein 系统是一个特例，更一般的模型是 Volterra 模型，它可以对有记忆的非线性时不变系统进行建模[160]。当输入为 $x(t)$ 时，L 阶 Volterra 系统的输出为

$$y(t) = \sum_{n=1}^{L}\int_{-\infty}^{\infty}\cdots\int_{-\infty}^{\infty} k_n(t_1, \cdots, t_n)x(t-t_1)\cdots x(t-t_n)\mathrm{d}t_1\cdots\mathrm{d}t_n \quad (8.3)$$

函数 $k_n(t_1, \cdots, t_n)$ 被称为 n 阶 Volterra 核函数，可以看成是系统的高阶冲激响应。Volterra 序列有着幂级数的形式，它并不能对任意输入都保证收敛，而且它并不能够描述所有可能存在的非线性系统。尽管如此，Fréchet 证明了对于任何连续的非线性系统，都可以一致地用一组 Volterra 序列系数来无限逼近。但如果输入信号是被限制在一个平方可积的有限空间内，那么 Volterra 技术的阶数也是有限的。这里我们不讨论 Volterra 级数，但是提出的很多思想都可以归类到这里。

在继续讨论之前，我们注意到，有很多前期的文献涉及非线性系统辨识的方法，都是基于测量系统输入和输出的方法。尽管这和我们的问题相关，但是属于不同的研究方向，我们不会予以讨论。有兴趣的读者可以参考与这个方向相关的文献[161 ~ 164]。我们知道很多时候不需要增加额外的采样速率就可以恢复信号，这在系统辨识的领域同样适用。根据输入和输出的采样值，以一个对应输入信号的采样速率进行采样，很多系统都是可辨识的。

我们从最容易理解的带限逐点采样开始讨论，然后会延伸到任意的输入信号空间 $\mathcal{A}$，且采样空间 $\mathcal{S}=\mathcal{A}$。最后，我们考虑更一般的情况，即任意的采样空间和任意的输入空间。每一种情况都推导出其非线性特性 $M(x)$，这也使完美恢复成为可能，同时也给出可以保证信号恢复的迭代算法。

8.2 逐点采样

8.2.1 带限信号

考虑一个带限信号 $x(t)$，最大频率为 $\omega_{\max} = \pi/T$，通过一个无记忆的可逆变换。通常来说，信号的非线性特性会增加信号的带宽，例如，假设 $M(x) = x^3$，那么在输出端 $y(t) = x^3(t)$，

$y(t)$的带宽是$x(t)$的 3 倍，图 8.4 以信号$x(t)=\mathrm{sinc}^2(t)$为例说明了这个问题。一个简单的尝试是应用香农-奈奎斯特定理可以知道要恢复信号所需要的最低采样率为$6\omega_{\max}$，这貌似可以支持上述观点，即信号的非线性特性会增加信号带宽，但是，在很多情况下，增加采样率并不是必要的。

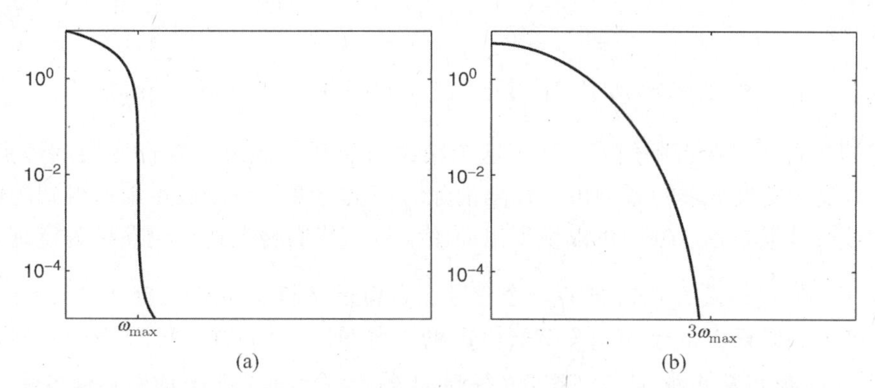

图 8.4　(a) $x(t)=\mathrm{sinc}^2(t)$的傅里叶变换；(b) $y(t)=x^3(t)$的傅里叶变换

继续关注带限信号和逐点采样，在信号经过非线性失真后，$y(t)$均匀地在nT时刻采样，nT即原始信号$x(t)$的速率。尽管失真发生在频域，信号可以很简单的在时域被还原。我们用一个实例来说明。假设信号为

$$x(t)=\cos(0.4\pi t) \tag{8.4}$$

将信号进行非线性变换$M(x)=x^3$，之后在$t=n$，$n\in\mathbb{Z}$进行采样。对于原始信号，很显然符合奈奎斯特采样定理，对于经过非线性变换的函数有下面的表达式：

$$y(t)=\cos^3(0.4\pi t)=0.75\cos(0.4\pi t)+0.25\cos(1.2\pi t) \tag{8.5}$$

所以进一步推导出

$$y[n]=\cos^3(0.4\pi n)=0.75\cos(0.4\pi n)+0.25\cos(1.2\pi n) \tag{8.6}$$

表达式中第二个 cos 可以被写成$\cos(1.2\pi n-2\pi n)=\cos(-0.8\pi n)=\cos(0.8\pi n)$，$\cos(-0.8\pi n)$和$\cos(0.8\pi n)$是无法区分开的。也就是说，对下面的信号在$t=n$时进行采样也可以得到同样的结果

$$y(t)=\cos^3(0.4\pi t)=0.75\cos(0.4\pi t)+0.25\cos(0.8\pi t) \tag{8.7}$$

但是值得注意的是，并没有另外一个信号在同样带宽限制的条件下可以通过$M(x)=x^3$的变换得到这个结果。所以尽管不能有效区分$\cos(-0.8\pi n)$和$\cos(0.8\pi n)$，但是原始信号(带宽限制为π)还是只有一个可能性，所以还是可以实现信号的恢复[165]。

为了证明这一点，我们对信号$y[n]$进行反变换$M^{-1}(x)$，得到的信号$z[n]=M^{-1}(y[n])$可以按如下方式表达：

$$z[n]=M^{-1}(y(nT))=M^{-1}(M(x(nT)))=x(nT) \tag{8.8}$$

结论是对采样值$y[n]$进行反变换来消除之前的非线性变换，结果和对$x(t)$均匀间隔采样得到的结果是一致的。这样，根据香农-奈奎斯特定理，就可以通过一个简单的滤波器滤出我们恢复的信号。在这个例子中

$$z[n]=(y[n])^{\frac{1}{3}}=(\cos^3(0.4\pi n))^{\frac{1}{3}}=\cos(0.4\pi n)=x(n) \tag{8.9}$$

整个信号恢复方案如图 8.5 所示。

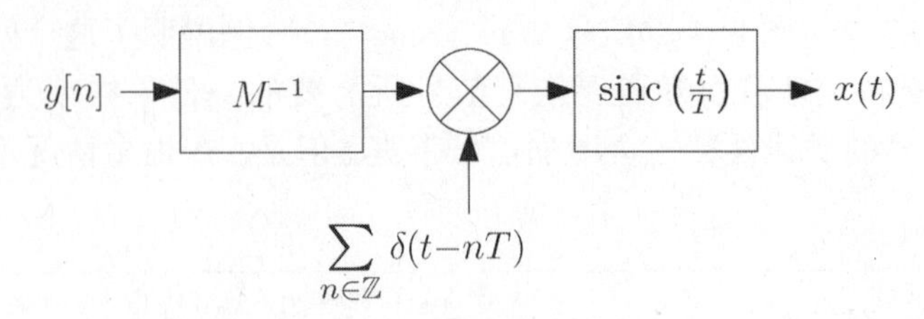

图 8.5 带宽为π/T信号的逐点非线性采样 $y[n]=M(x(nT))$ 的恢复

尽管我们一直在讨论带限信号，其实这个结论对于任何经过非线性变换的逐点采样值都是成立的，非线性变换带来的影响可以完全消除。也就是说主要是逐点采样得到的信号，在经过可逆的非线性变换以后，依旧可以恢复出原始信号。我们将上述结论总结为定理 8.1。

定理 8.1 令 $x(t)$ 是 $L_2(\mathbb{R})$ 中的一个信号，它由采样值 $x[n]=x(t_n)$ 中的一部分采样点 $\{t_n\}$ 所唯一确定。假设有信号 $y(t)=M(x(t))$ 的采样值 $y[n]=y(t_n)$，M 是一个可逆非线性，那么通过对 $y[n]$ 使用反变换 M^{-1}，就可以得到 $x[n]$，然后可以进一步恢复出信号。

由于带限信号在合适的采样率下，其逐点采样值可以被恢复，定理 8.1 说明了尽管存在非线性特性，我们也不用额外增加采样速率。这个结果可以应用到任何可以恢复的逐点采样中。很多有这种特性的信号都存在于再生核函数希尔伯特空间。

8.2.2 再生核函数希尔伯特空间

稳定采样

为了从给定的采样网格 $\{t_n\}$ 下的理想采样值中恢复原始信号 $x\in\mathcal{A}\subset L_2(\mathbb{R})$，函数 x 必须由它的取值 $\{x(t_n)\}$ 唯一确定。也就是说，空间 $\mathcal{A}$ 中唯一函数必须是零函数，在每个点上都等于 0。这样的采样集合被称为唯一集合。但是，唯一集合对于信号的重构还不是充分的。对于所有 $x\in\mathcal{A}$，如果存在一个正的常数 α 使得下式成立，那么，这个重构才是稳定的

$$\alpha\ \|x\|^2\leqslant\sum_{n\in\mathbb{Z}}|x(t_n)|^2 \tag{8.10}$$

也就是说，采样值 $x(t_n)$ 中的小误差会导致重构信号中的小误差。注意到，式(8.10)同样说明了唯一采样集合的概念。事实上，如果对于所有的 n 都有 $x(t_n)=0$，那么一定会有 $\|x\|=0$ 或者 $x=0$。

为了用线性有界算子来重构 $x(t)$，还要求任意一个能量有限的 x 产生能量有限的采样值 $\{x(t_n)\}$。满足这一点的条件是，对于所有 $x\in\mathcal{A}$，存在一个常数 $\beta<\infty$，使得下式成立

$$\sum_{n\in\mathbb{Z}}|x(t_n)|^2\leqslant\beta\ \|x\|^2 \tag{8.11}$$

如果采样点 $\{t_n\}$ 满足式(8.10)和式(8.11)，那么这个过程称为稳定采样集合，或者称为空间 $\mathcal{A}$ 的简单采样集合[48]。如果采样网格 $\{t_n\}$ 是 $\mathcal{A}$ 的稳定采样集合，那么，从 $M(x)$ 的逐点采样值中的信号 $x\in\mathcal{A}$ 重构就是可能的。

绝大多数的稳定采样集合都是所谓带限函数的情况。例如，如果 $\mathcal{A}$ 是π/T带限函数子空间，那么，均匀采样集合 $\{t_n=nT\}$ 就是稳定的。Kadec 的 1/4 理论表明(包括非均匀采样)，如果采样网格 $\{t_n\}$ 具有上界 $\sup_n|t_n-nT|<1/4$，那么，$\{t_n=nT\}$ 就是稳定的。对于带限函数的非均匀采样的最基本的研究来自 Beurling 和 Landau，粗略地说，如果单位长度的平均采样点数

超出了奈奎斯特采样率，那么就可以得到稳定的采样。这个基本结论来自 Yao 和 Thomas 的研究[166, 167]，由以下定理给出描述。

定理 8.2　令 $x(t)$ 是一个能量有限的带限信号，这样，对于 $|\omega| > W - \varepsilon$ 和一部分 $0 < \varepsilon \leq W$，有 $X(\omega) = 0$。如果满足下面的条件，则 $x(t)$ 可以由其采样值唯一确定

$$\left|t_n - n\frac{\pi}{W}\right| < L < \infty, \quad |t_n - t_m| > \delta > 0, \ n \neq m \tag{8.12}$$

重构信号可以表示为

$$x(t) = \sum_{n \in \mathbb{Z}} x(t_n) \frac{G(t)}{G'(t_n)(t - t_n)} \tag{8.13}$$

其中

$$G(t) = (t - t_0) \prod_{n \in \mathbb{Z},\ n \neq 0} \left(1 - \frac{t}{t_n}\right) \tag{8.14}$$

$G'(t_n)$ 是 $G(t)$ 的导数在 $t = t_n$ 时刻的值，如果存在 n 使得 $t_n = 0$，那么 $t_0 = 0$。

这个定理的特殊情况是例 6.16 中的循环非均匀采样(参考文献[77, 145, 168])。非均匀采样信号的恢复方法可以参考文献[48, 169 ~ 171]。

再生核函数

稳定采样集合的概念与框架和再生核函数希尔伯特空间(reproducing kernel hilbert space, RKHS)的概念息息相关[172, 173]。RKHS 是函数空间，它的元素是函数，它有如下定义。

定义 8.1　一个特定区间 I 上的希尔伯特函数空间 $\mathcal{H}$ 称为再生核函数希尔伯特空间，如果在 $I \times I$ 上存在一个二元再生核函数 $k(t, t_0)$，并满足下列条件：

1. 对于固定的 $t_0 \in I$，有 $k_{t_0}(t) = k(t, t_0) \in \mathcal{H}$。
2. 对于所有 $t_0 \in I$，$x \in \mathcal{H}$，核函数 $k(t, t_0)$ 具有再生性，即 $\langle k_{t_0}(t), x(t)\rangle_{\mathcal{H}} = x(t_0)$。

等效地，如果一个线性逐点采样算子 $x \to x(t_0)$，对于所有的 $t_0 \in I$ 和所有的 $x \in \mathcal{H}$，都是有界的，那么，$\mathcal{H}$ 就是一个 RKHS。这样，对于每一个 $t \in I$，在 $\mathcal{H}$ 中都存在唯一的函数 k_t 使得 $x(t) = \langle k_t, x\rangle$。

很容易发现，对于 $t, u \in I$，有 $k(t, u) = \langle k_t, k_u\rangle$。核函数 $k(t, \mu)$ 与算子 K: $\mathcal{H} \to \mathcal{H}$ 关联，按如下方式定义：

$$y(t) = \int_I k(t, u) x(u) \mathrm{d}u \tag{8.15}$$

对于任意一个再生核函数 $k(t, u)$，对应的算子 K 是厄尔米特且半正定的(参见习题 4)。Aronszajn-Moore 理论[174]从相反的方向证明了每一个 $I \times I$ 上的正定厄尔米特核函数 $k(t, u)$ 都可以唯一确定一个希尔伯特空间 $\mathcal{H}$，并且再生核函数为 $k(t, u)$。

由于 RKHS 中的函数 $x(t)$ 的每个点的值都可以用相应再生核函数的内积表示，那么，对于所有的 $x \in \mathcal{A}$，式(8.10)和式(8.11)可以表示为

$$\alpha \|x\|^2 \leq \sum_n |\langle k_{t_n}, x\rangle|^2 \leq \beta \|x\|^2 \tag{8.16}$$

当且仅当 $\{k_{t_n}\}$ 形成一个 $\mathcal{A}$ 内框架序列时，$\{t_n\}$ 才是一个稳定采样集合。这种与框架理论的联系是在文献[175]中建立的。定义 $\{\widetilde{k}_{t_n}\}$ 为 $\{k_{t_n}\}$ 的对偶框架，这样，由 $\{x(t_n)\}$ 实现的信号 x 重构可以表示为

$$x(t) = \sum_n \langle k_{t_n}(t), x(t) \rangle \widetilde{k}_{t_n}(t) = \sum_n x(t_n) \widetilde{k}_{t_n}(t) \tag{8.17}$$

我们可以总结一下，如果 $x(t)$ 存在于一个 RKHS 空间中，并且其核函数满足式(8.16)，那么，对于任意可逆的非线性 $M(x)$，$x(t)$ 都可以从网格 $\{t_n\}$ 上的 $y(t) = M(x(t))$ 的逐点采样中得以恢复，可以表示为

$$x(t) = \sum_n M^{-1}(y(t_n)) \widetilde{k}_{t_n}(t) \tag{8.18}$$

现在我们来讨论一下 RKHS 以及相应采样定理的例子。我们注意到，由于一个有限能量函数的逐点采样可能不是有界的，所以整个空间 $L_2(\mathbb{R})$ 并不是一个 RKHS 空间，不过 $L_2(\mathbb{R})$ 的一个线性闭合子空间可以是一个 RKHS。例如，一个 π/T 带限信号集合，其再生核函数为 $k(t_1, t_2) = \operatorname{sinc}((t_1 - t_2)/T)$。另一类 RKHS 是有限维空间：即如果 $\mathcal{A}$ 是有限维的，那么它就是一个 RKHS。这是因为一个有限维希尔伯特空间中任何一个线性函数都是有界的。

采样定理在 RKHS 框架内的一个例子是 Kramer 对采样定理的通用化解释[176]。在 Kramer 的结论中，对于所有 $t \in \mathbb{R}$，$x(t)$ 可以模型化为

$$x(t) = \int_{\mathcal{I}} X(\omega) \Psi(\omega, t) \mathrm{d}\omega \tag{8.19}$$

其中 $X(\omega) \in L_2(\mathcal{I})$，是 $x(t)$ 的一种广义变换。$\Psi \in L_2(\mathcal{I})$ 定义了变换核函数，$\mathcal{I}$ 是一个给定的感兴趣区域。例如，带限信号的 CTFT 逆变换，$X(\omega)$ 是 $x(t)$ 的 CTFT，$\Psi(\omega, t) = \mathrm{e}^{\mathrm{j}\omega t}/(2\pi)$，$\mathcal{I} = [-\omega_{\max}, \omega_{\max}]$ 是我们感兴趣的频带。

假设存在一个可数集合，其元素是采样点 $\{t_n\}$，这样，$\{\Psi(\omega, t_n)\}$ 是 $\mathcal{I}$ 上的一个完备正交集。那么，Kramer 证明了满足上述条件的任何函数 $x(t)$ 都可以从它的逐点采样中恢复

$$x(t) = \sum_{n \in \mathbb{Z}} x(t_n) k_n(t) \tag{8.20}$$

式中

$$k_n(t) = \frac{\int_{\mathcal{I}} \Psi(\omega, t) \overline{\Psi(\omega, t_n)} \mathrm{d}\omega}{\int_{\mathcal{I}} |\Psi(\omega, t_n)|^2 \mathrm{d}\omega} \tag{8.21}$$

对应的再生核函数为

$$k(t, u) = \frac{\int_{\mathcal{I}} \Psi(\omega, u) \overline{\Psi(\omega, t)} \mathrm{d}\omega}{\int_{\mathcal{I}} |\Psi(\omega, t)|^2 \mathrm{d}\omega} \tag{8.22}$$

可以很容易地看到，$k_n(t) = k(t_n, t)$，$k_n(t_k) = \delta_{nk}$，$\langle k_n(t), k_m(t) \rangle = \delta_{nm}$ 和 $k(t, u) = \sum_n k_n(t) \overline{k_n(u)}$。特别地，$\widetilde{k}_{t_n}(t) = k_{t_n}(t)$。

Kramer 还给出了一些满足这个条件的函数的例子。比如 $\Psi(\omega, t) = J_m(\omega t)$，$J_m(t)$ 是第一类 m 阶贝塞尔函数，$\Psi(\omega, t) = P_t(\omega)$，其中 $P_t(\omega)$ 是勒让德函数，同时是椭球函数。

接下来将介绍一个再生核函数与采样定理结合的简单例子。

例 8.3 考虑一个定义在 $[0, 1]$ 上的线性实函数空间 $\mathcal{H}$，即对于每一个 $x \in \mathcal{H}$ 都存在 $a \in \mathbb{R}$，$x(t) = at$ 的表达形式。这个空间的再生核函数为

$$k(t, u) = 3tu \tag{8.23}$$

要证明这确实是一个有效可用的核函数，注意到对于所有固定的 $t_0 \in [0, 1]$，函数 $k_{t_0}(t)$ 是线

性的而且有

$$k_{t_0}(t) = k(t, t_0) = 3t_0t \tag{8.24}$$

也就是说，$k_{t_0}(t)$ 属于 $\mathcal{H}$，此外，对于任何线性函数 $x(t)=at$ 有

$$\langle k_{t_0}, x\rangle = \int_0^1 3t_0t \cdot at\mathrm{d}t = at_0 = x(t_0) \tag{8.25}$$

我们现在来考虑 x 的稳定采样集合。要确定一个采样集合是不是稳定的，我们需要考虑式(8.10)和式(8.11)。注意到，$x(t_n)=at_n$，$\|x\|^2 = a^2/3$，这时，稳定性条件变为

$$\frac{1}{3}\alpha \leqslant \sum_n t_n^2 \leqslant \frac{1}{3}\beta \tag{8.26}$$

假如式(8.26)的条件被满足，我们就可以应用式(8.17)从采样信号 $x(t_n)$ 中恢复出 $x(t)$，为了这个目的，我们来计算双正交函数

$$\widetilde{k}_{t_n}(t) = \left(\sum_n k_{t_n}(t)k_{t_n}^*(t)\right)^{-1}k_{t_n}(t) = S^{-1}(t)k_{t_n}(t) \tag{8.27}$$

其中 $S(t) = \sum_n k_{t_n}(t)k_{t_n}^*(t)$，那么

$$\begin{aligned} S(t)x(t) &= \sum_n k_{t_n}(t)\langle k_{t_n}(t), x(t)\rangle \\ &= \sum_n k_{t_n}(t)x(t_n) = 3at\sum_n t_n^2 = 3x(t)\sum_n t_n^2 \end{aligned} \tag{8.28}$$

所以，$S^{-1}(t) = 1/(3\sum_n t_n^2)$，同时

$$\widetilde{k}_{t_n}(t) = \frac{t_n}{\sum_n t_n^2}t \tag{8.29}$$

得到的最终结果为

$$x(t) = \frac{1}{\sum_n t_n^2}\sum_n t_nx(t_n)t \tag{8.30}$$

注意到，$x(t_n)=at_n$，很容易观察到式(8.30)的右端确实等于 $x(t)=at$。

8.3 子空间保持非线性

另一类比较容易分析的非线性是可以保持子空间结构的非线性。考虑对于任意输入 $x(t)$ 的非线性输出为 $y(t)=M(x(t))$，假如，这种非线性把输入信号 $x(t)\in\mathcal{A}$ 映射到另外一个子空间 $\mathcal{W}$ 中，如果考虑任意可能输入 $x(t)\in\mathcal{A}$ 的输出 $y(t)$，就会得到一个信号的子空间。这时，采样器 $s(t)$ 的输入类就是一个信号子空间 $\mathcal{W}$。如果我们的主要目的是用 $s(t)$ 得到采样值来恢复 $y(t)$，那么，问题就变成了从一个给定的子空间 $\mathcal{W}$ 中恢复出输入 y，其中的采样滤波器张成了空间 $\mathcal{S}$。在第 6 章中，已经讨论过，只要满足直和条件 $L_2(\mathbb{R})=\mathcal{W}\oplus\mathcal{S}^{\perp}$，就可以恢复信号。一旦 $y(t)$ 被确定了，就可以反推这个非线性，恢复出 $x(t)$。图 8.6 以示意图的方式说明了这个问题。

例 8.4　或许这是一个最简单的子空间的例子，这个子空间在一个无记忆非线性的运算下是不变的，这就是一个所谓分段常数信号空间。假设有

$$x(t) = \sum_{n \in \mathbb{Z}} d[n]\beta_0(t-n) \tag{8.31}$$

或者，更明确地表示为

$$x(t) = d[n], \qquad n - \frac{1}{2} \leqslant t < n + \frac{1}{2} \tag{8.32}$$

而信号 $y(t) = M(x(t))$ 为

$$y(t) = M(d[n]), \qquad n - \frac{1}{2} \leqslant t < n + \frac{1}{2} \tag{8.33}$$

同样可以表示成

$$y(t) = \sum_{n \in \mathbb{Z}} \tilde{d}[n]\beta_0(t-n) \tag{8.34}$$

其中 $\tilde{d}[n] = M(d[n])$。这就意味着，$y(t)$ 同样也是分段常数的。也就是说，无记忆非线性映射 0 度样条函数空间到其本身。

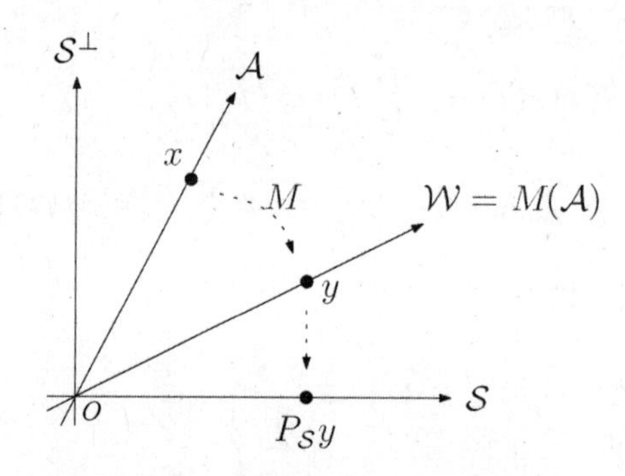

图 8.6 信号 $x \in \mathcal{A}$ 通过非线性 M 映射到 $y \in \mathcal{W}$ 中，然后用一个子空间 $\mathcal{S}$ 中的采样核函数进行采样

为了说明更复杂的子空间保持的情况，接下来我们抛开 M 是无记忆非线性的情况，而考虑更一般性的非线性。

例 8.5 假设 $x(t)$ 属于一个信号子空间 $\mathcal{A}$，$\mathcal{A}$ 中的频率支撑包含于一个集合 $\mathcal{I} \in \mathbb{R}$ 中，并且考虑一个输入为 $x(t)$，输出为 $y(t) = (x * x * x)(t)$ 的非线性系统。在频域上，它可以表示为 $Y(\omega) = X^3(\omega)$，所以 $Y(\omega)$ 的频率支撑和 $X(\omega)$ 的支撑是一样的，也就是 $\mathcal{I}$。换句话说，对于任意 $x \in \mathcal{A}$，这个非线性的输出 $y(t)$ 同样也有 $y(t) \in \mathcal{A}$。

在这种情况下，如果采样滤波器 $s(-t)$ 可以做到 $\mathcal{A}$ 中的每个信号都可以从它的采样中恢复，那么，就可以恢复 $y(t)$。一旦得到了 $y(t)$，就可以通过 $X(\omega) = \sqrt[3]{Y(\omega)}$ 计算出 $x(t)$。

例 8.6 继续考虑上一个例子中的非线性 $y(t) = (x * x * x)(t)$，这里假设 $x(t)$ 属于由 $\{a(t-n)\}$ 张成的移不变空间。这样，存在序列 $d[n]$，$x(t)$ 可以表达为 $\sum_n d[n]a(t-n)$。这说明存在以 2π 为周期的函数 $D(\mathrm{e}^{\mathrm{j}\omega})$，使 $X(\omega)$ 可以表示为

$$X(\omega) = D(\mathrm{e}^{\mathrm{j}\omega})A(\omega) \tag{8.35}$$

所以，这个非线性的输出信号 $y(t)$ 的频域表示为

$$Y(\omega)=X^3(\omega)=\widetilde{D}(e^{j\omega})\widetilde{A}(\omega) \tag{8.36}$$

这里定义 $\widetilde{D}(e^{j\omega})=D^3(e^{j\omega})$ 和 $\widetilde{A}(\omega)=A^3(\omega)$。由于 $\widetilde{D}(e^{j\omega})$ 是以 2π 为周期的，所以 $y(t)$ 就存在于由 $\{\widetilde{a}(t-n)\}$ 张成的移不变空间 $\widetilde{\mathcal{A}}$ 中。同理，如果采样滤波器 $s(-t)$ 可以做到 $\widetilde{\mathcal{A}}$ 中的每个信号 y 从其采样中恢复，那么就可以恢复 $y(t)$。一旦我们得到 $y(t)$，就可以通过 $X(\omega)=\sqrt[3]{Y(\omega)}$ 计算出 $x(t)$。

8.4　等先验和采样空间

前面讲了两种简单的直接恢复算法的情况，即逐点采样和保持子空间结构的非线性。更复杂的情况是非理想采样，并且非线性也不能保持子空间结构。这种情况下，非线性的影响就不能被简单地进行逆运算。

例8.7　在很多工程应用中，大动态范围的信号是在噪声信道上或者有限动态范围信道上进行传输。在噪声信道中，信号的低幅度部分(可能携带着重要信息)可能会淹没在噪声中，高幅度部分可能由于模拟电路的饱和而造成信息的丢失。

缓解这些现象的一个方法是对信号进行压扩处理。信号压扩的过程包括在传输前对信号值进行压缩，然后在接收端进行扩展处理。压缩就是利用一个无记忆的单调函数实现，它对低幅度部分的放大倍数比高幅度部分的要大，扩展则是压缩函数的反变换。图8.7给出了一个典型的压扩函数。

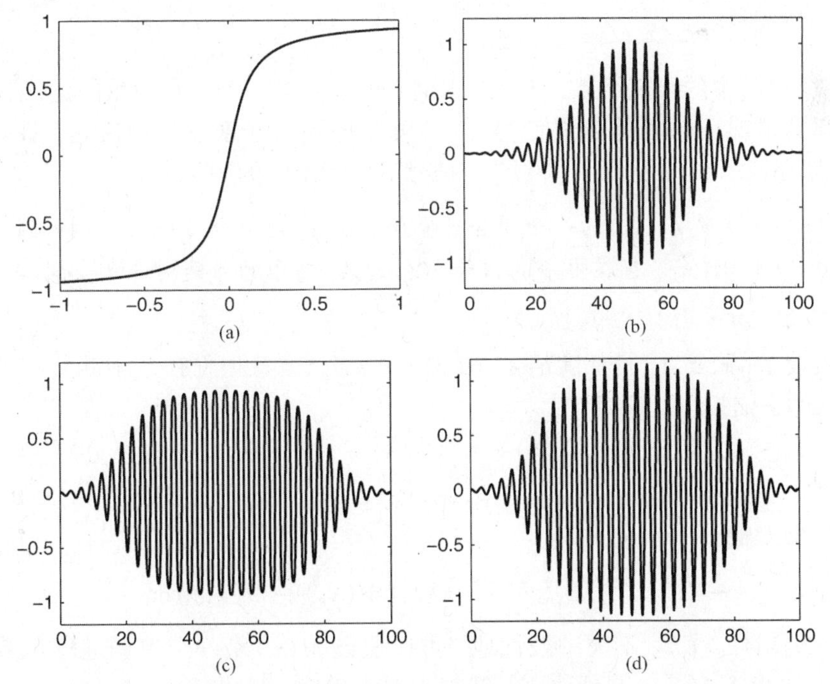

图8.7　(a)压扩函数 $M(x)=\alpha\arctan(\beta x)$；(b)带限至$\pi$的信号 $x(t)$；(c) $y(t)=M(x(t))$；(d) $y(t)$ 的一个低通滤波结果

假设一个π/T带限信号$x(t)$，在发射前经过函数$M(x)$的压缩，传输信道在π/T频率外均为0，这种情况就可以看成用理想低通滤波器$s(t) = \mathrm{sinc}(t/T)$对信号$y(t) = M(x(t))$进行滤波。这样就可以通过信号在$nT(n \in \mathbb{Z})$时刻的采样值完美恢复出信号。然而我们并不一定能完全确定$x(t)$，因为压缩信号$y(t) = M(x(t))$通常不是π/T带限的，实际上它甚至不是带限信号。这样，低通滤波器的阻带部分就可能滤除$y(t)$的一些频率信息，而滤除的部分很可能包含着对$x(t)$的恢复非常重要的信息。本节会关注这个问题，并且会发现,$x(t)$是可以被恢复的。

图8.8给出了上述例子的一般化模型，首先研究这个模型的是Landau和Miranker[177]。在这个例子中，信号空间就等于采样空间，都是由同一个采样滤波器产生的，也就是一个简单的低通滤波器。这两个空间都是带限信号空间。这里，我们进一步讨论更一般性的情况，即除了$\mathcal{A} = \mathcal{S}$外其他条件是任意的，也就是说，并不局限于带限信号情况。在8.5节中我们再讨论$\mathcal{A} \neq \mathcal{S}$的情况。因此，假设$x(t)$属于由$\{a(t-nT)\}$得到的实数空间$\mathcal{A}$。在时刻$t = nT$，用采样滤波器得到采样结果$y(t) = M(x(t))$。我们的目的是从这些采样结果中恢复出$x(t)$。

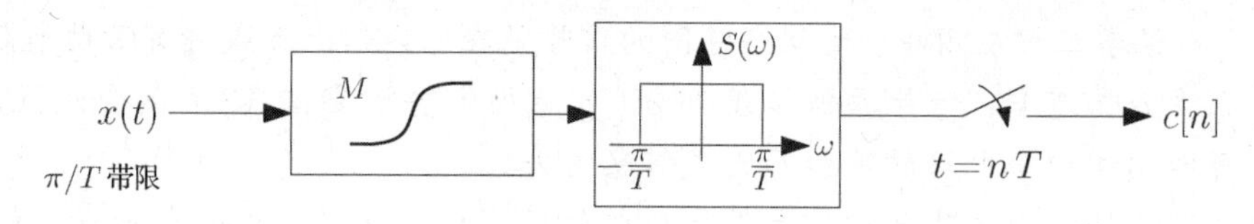

图8.8 带限非线性采样

8.4.1 迭代恢复

唯一性定理

根据文献[177]中的研究结果，当$\mathcal{A} = \mathcal{S}$时，可以通过一个非常简单的迭代算法在不需要增加采样速率的情况下精确地恢复信号[178]。可以得到信号恢复的原因是，在这种情况下，$M(x)$的可逆性保证了$\mathcal{A}$中只有唯一的一个信号对应于给定的测量值。

定理8.3 令$\mathcal{A}$是$L_2(\mathbb{R})$的一个闭合子空间，$M(x)$是一个可逆的单调函数，那么，对于给定的采样值$c = A^* M(x)$，存在唯一的信号$x(t) \in \mathcal{A}$，其中的A是对应于空间$\mathcal{A}$的Riesz基的一个集合变换。

证明 假设$x_1, x_2 \in \mathcal{A}$，且都满足$A^* M(x) = c$，那么就意味着有$P_{\mathcal{A}} M(x_1) = P_{\mathcal{A}} M(x_2)$，其中$P_{\mathcal{A}}$是$\mathcal{A}$上的正交投影。这时有

$$\begin{aligned}\langle x_1 - x_2, M(x_1) - M(x_2)\rangle &= \langle P_{\mathcal{A}}(x_1 - x_2), M(x_1) - M(x_2)\rangle \\ &= \langle x_1 - x_2, P_{\mathcal{A}}(M(x_1) - M(x_2))\rangle = 0 \end{aligned} \tag{8.37}$$

将内积展开，可以得到

$$0 = \int_{-\infty}^{\infty} (x_1(t) - x_2(t))(M(x_1) - M(x_2))\mathrm{d}t \tag{8.38}$$

令$t = t_0$时，$x_1(t_0) \neq x_2(t_0)$。不失一般性地，可以假设$M(x)$是一个单调递增函数，而且满足$x_1(t_0) > x_2(t_0)$。由于$M(x)$是严格单调的，则有$M(x_1(t_0)) - M(x_2(t_0)) > 0$，所以式(8.38)中的被积函数是正的。所以式(8.38)保持成立的唯一条件只有$x_1(t) = x_2(t)$随时成立。 □

迭代算法

根据定理 8.3 的唯一性结论，我们提出一个简单的恢复信号的算法[178]。由于 $\mathcal{A}$ 中只有唯一一个信号与采样值相对应，我们主要的想法就是通过迭代的方法使信号与采样值的误差最小化，从而在 $\mathcal{A}$ 中找到我们要恢复的信号。

特别地，我们从第 6 章的结果可知，对于 $x \in \mathcal{A}$，通过修正后的测量 $d = (A^*A)^{-1}c$，可以从线性采样 $c = A^*M(x)$ 中恢复出 x，然后应用 A 对 d 进行插值。回到非线性采样问题上来，$c = A^*M(x)$，那么 x 的一个合理的初始估计应该为

$$x_0 = A(A^*A)^{-1}c \tag{8.39}$$

这对应的情况是忽略了采样的非线性，只是对采样值进行插值，就好像信号只被 A^* 采样。

如果非线性 M 和这种识别结果不一致，那么 x_0 也就不等于 x 的原始值。为了测试 x_0 和 x 的相近程度，我们对其进行重采样，得到估计采样值 $c_1 = A^*M(x_0)$。如果 $x = x_0$，那么 c_1 将等于给定的采样值 c，我们也就恢复出了原始信号。然而在实际中，很可能 $c_1 - c$ 并不会等于 0。可以利用这个插值来纠正 x_0 存在的偏差，这时的插值误差为

$$e_0 = A(A^*A)^{-1}c_1 - x_0 = A(A^*A)^{-1}(c_1 - c) \tag{8.40}$$

然后设定 $x_1 = x_0 - \gamma e_0$，其中 γ 是数据更新步长。连续的迭代可以得到如下结果：

$$x_{k+1} = x_k - \gamma A(A^*A)^{-1}(A^*M(x_k) - c) \tag{8.41}$$

根据 $\mathcal{A}$ 中的展开系数按 $x_k = Ad_k$ 的形式写出 x_k，这些系数可以被更新为

$$d_{k+1} = d_k - \gamma(A * A)^{-1}(A^*M(x_k) - c) \tag{8.42}$$

这个算法的恢复过程可以归纳为算法 8.1。

算法 8.1　$\mathcal{A} = \mathcal{S}$ 条件下的固定点迭代

输入：信号 $x \in \mathcal{A}$ 的采样 $c = A^*M(x)$，根据定理 8.4 选择步长 γ
输出：恢复的信号 $\hat{x} \in \mathcal{A}$
加载：$x_0 = A(A^*A)^{-1}c$，$k = 0$
当不满足停止标准时
　$k \leftarrow k + 1$
　$x_k = x_{k-1} - \gamma A(A^*A)^{-1}(A^*M(x_{k-1}) - c)$
退出迭代
返回 $\hat{x} \leftarrow x_k$

在这种移不变系统中，式(8.42)中的迭代算法可以用图 8.9 比较简单地表述出来。假设 $x(t) = \sum_n d[n]a(t - nT)$，采样滤波器为 $a(-t)$，采样值可以表达为 $c[n] = \int a(t - nT)M(x(t))\mathrm{d}t$。第 k 次迭代的估计值 $x_k(t)$ 可以用其展开系数 $d_k[n]$ 来表示，这样就有 $x_k(t) = \sum d_k[n]a(t - nT)$。这些展开系数随着迭代不断地更新，如图 8.9 所示，其中我们通过使用 $1/R_{AA}(\mathrm{e}^{\mathrm{j}\omega})$ 进行滤波取代了 $(A^*A)^{-1}$。

例 8.8　假设 $T = 1$，参考例 8.7，$a(t) = \mathrm{sinc}(t)$，这样图 8.9 中的两个模拟滤波器都是截止频率为π且 $R_{AA}(\mathrm{e}^{\mathrm{j}\omega}) = 1$ 的理想低通滤波器，这样校正电路就可以退化为一个单纯的增益。

这样迭代式就可以表示为 $x_{k+1}=x_k-\gamma\mathrm{BL}\{M(x_k)-M(x)\}$，其中 $\mathrm{BL}\{y\}$ 表示应用于 $y(t)$，截止频率为π的理想低通滤波器。

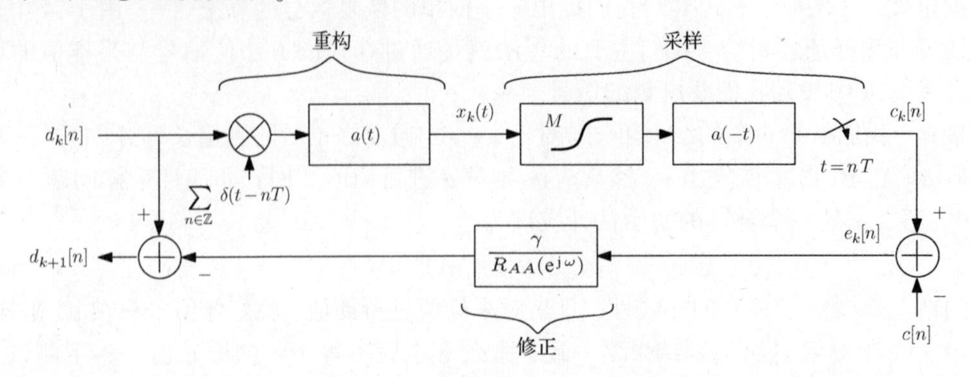

图 8.9 算法 8.1 中 $M(x(t))$ 和 $a(-t)$ 的卷积采样 $c[n]$ 的恢复信号 $x(t)\in\mathrm{span}\{a(t-nT)\}$

图 8.10 详细说明了图 8.7 中的信号 $x(t)=\cos(2t)\exp\{-(t-50)^2/20^2\}$ 的恢复过程，其中有 $M(x)=\alpha\arctan(\beta x)$，$\alpha=2/\pi$，$\beta=10$，$\gamma=1/Q=20/\pi$，其中 $Q=\max M'(x)$。图 8.11 给出了平方误差与迭代次数的函数关系。

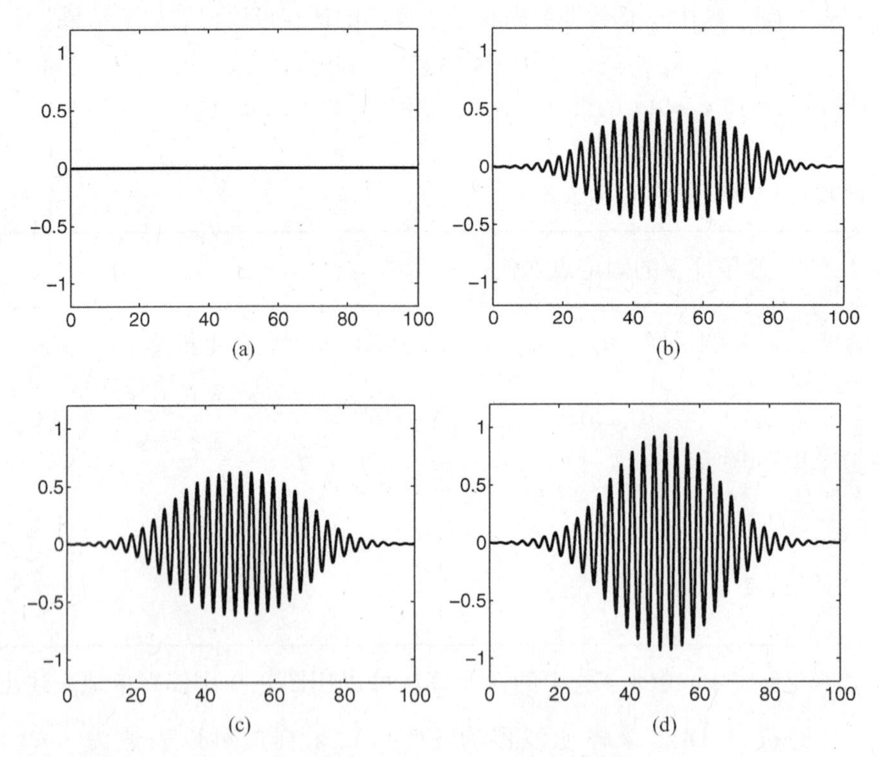

图 8.10 按照图 8.9 的过程使用迭代方法从图 8.7 中的信号 $x(t)$ 恢复出 $x_k(t)$。(a) $k=0$；(b) $k=10$；(c) $k=20$；(d) $k=100$

接下来的定理 8.4 指出，只要当信号的非线性是连续的，且导数是有界的，那么，迭代算法 8.1 就是收敛的。

定理 8.4 令 $c=A^*M(x)$ 是信号 $x\in\mathcal{A}$ 的采样值，A 是空间 $\mathcal{A}$ 的一个 Riesz 基，$M(x)$ 是一

个单调递增无记忆的非线性，且处处连续可微。令 M 的导数以 Q 为界，即 $\sup_x M'(x)=Q$。那么，只要有 $0<\gamma<2/Q$，算法式(8.41)便会收敛于 x。

我们注意到，这个定理在 $M(x)$ 为单调递减函数时依旧成立，我们可以把这个结果应用到 $\widetilde{M}=-M$ 中。

证明 很容易看出，如果这个迭代收敛于 x_∞，那么有 $x_\infty=x$，令 $x_{k+1}=x_k=x_\infty$，那么必须有 $c=A^*M(x_\infty)$，从定理 8.3 可以看到，根据给定的采样值，有一个唯一的对应信号 $x\in\mathcal{A}$。因此，当 $x_\infty=x$ 时，只需要建立一个可以收敛的迭代式即可。

为了证明收敛性，我们把式(8.41)重写为

$$x_{k+1}=T(x_k) \tag{8.43}$$

式中 $T(x)$ 是定义在 $\mathcal{A}$ 上的映射，定义为

$$T(x)=x+\gamma A(A^*A)^{-1}(c-A^*M(x)) \tag{8.44}$$

接下来，我们注意到，如果 x_0 在 $\mathcal{A}$ 中，那么对于所有的 k，x_k 都存在于 $\mathcal{A}$ 中。这是因为对于所有的 $x\in\mathcal{A}$，$T(x)$ 都在 $\mathcal{A}$ 中。根据固定点采样定理[179]，如果 T 是一个压缩映射，那么式(8.43)中的迭代是可以保证收敛的。也就是说，对于任意的 x，$z\in\mathcal{A}$，我们都有 $\|T(x)-T(z)\|<\|x-z\|$。

现在我们来说明，对于一个合适的步长 γ，式(8.44)定义的映射即是一个压缩映射。下面计算插值 $T(x)-T(z)$

$$\begin{aligned}T(x)-T(z)&=x-z-\gamma A(A^*A)^{-1}A^*(M(x)-M(z))\\&=x-z-\gamma P_{\mathcal{A}}(M(x)-M(z))\\&=P_{\mathcal{A}}(x-z-\gamma(M(x)-M(z)))\end{aligned} \tag{8.45}$$

其中，在最后一个等式中利用了 $x-z\in\mathcal{A}$，那么

$$\|T(x)-T(z)\|\leqslant\|x-z-\gamma(M(x)-M(z))\| \tag{8.46}$$

由于对于任意 x 都有 $\|P_{\mathcal{A}}x\|\leqslant\|x\|$。现在考虑 t 的一个固定值，不失一般性地假设 $x(t)>z(t)$，通过均值理论可以得到，对于 $[z(t),x(t)]$ 区间内的任意 t，$v(t)$，都有

$$M(x)-M(z)=M'(v)(x-z) \tag{8.47}$$

由于 M 的单调性，有 $M(x)-M(z)>0$，对于所有的 $x(t)$ 都有 $M'(x)\leqslant Q$，则可以得到

$$0<\frac{M(x)-M(z)}{x-z}\leqslant Q \tag{8.48}$$

因此，对于所有 $0<\gamma<2/Q$，可以得到

$$\left|1-\gamma\frac{M(x)-M(z)}{x-z}\right|<1 \tag{8.49}$$

将式(8.49)代入式(8.46)，可以得到

$$\begin{aligned}\|T(x)-T(z)\|^2&\leqslant\int_{-\infty}^{\infty}(x(t)-z(t))^2\left(1-\gamma\frac{M(x(t))-M(z(t))}{x(t)-z(t)}\right)^2\mathrm{d}t\\&<\int_{-\infty}^{\infty}(x(t)-z(t))^2\mathrm{d}t=\|x-z\|^2\end{aligned} \tag{8.50}$$

定理证毕。 □

例 8.9 假设节点在 $n\in\mathbb{Z}$ 的一次样条函数 $x(t)$，通过图 8.7 中的非线性变换 $M(x)=\alpha\arctan(\beta x)$，通过 $\beta^1(t)$ 滤波器，然后在 $t=n$，$n\in\mathbb{Z}$ 时刻采样。利用图 8.9 中的迭代算法对信

号进行恢复，图中包括式(6.19)给出的滤波特性为 $1/R_{\beta^1\beta^1}(e^{j\omega})$ 的数字滤波器。

在图8.12(d)中绘制了在例8.8的条件下，使用图8.9的方法获得的迭代次数和恢复误差的函数关系，其中 $x(t)$ 的原始系数被定义为 $d[n]=\cos(n)\exp\{-n^2/20^2\}$，迭代在一个和例8.8中的带限情况下相似的速率收敛到真实信号(收敛稍微慢一些)。在大概150次迭代以后，近似程度已经非常高了。

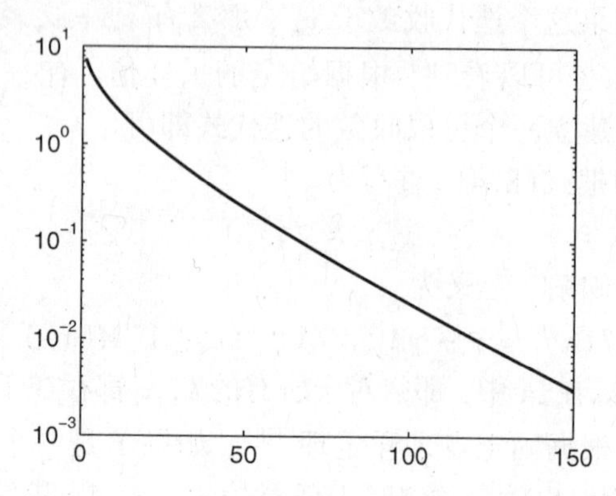

图8.11 误差的平方与迭代次数的函数关系

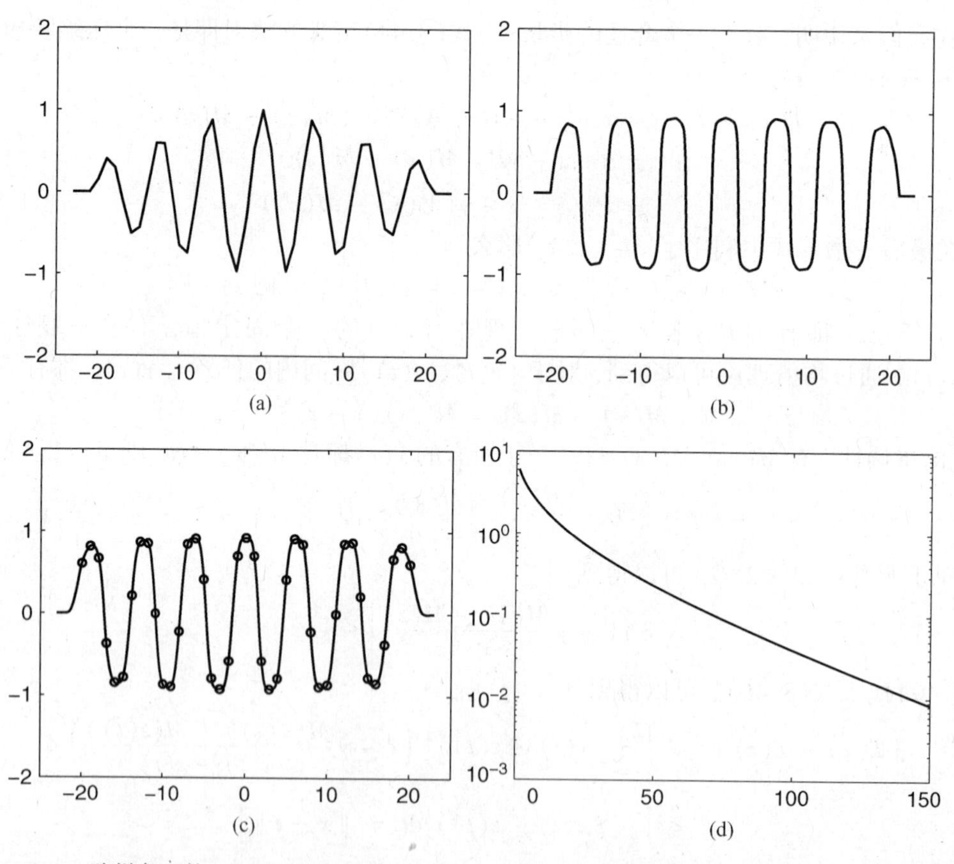

图8.12 (a)一阶样条函数 $x(t)$；(b)经过 $M(x)=\alpha\arctan(\beta x)$ 失真的信号 $y(t)=M(x(t))$；(c)经过滤波的信号 $(y*\beta^1)(t)$ 以及它的逐点采样；(d)使用图8.9方法迭代次数和均方误差的函数关系

8.4.2　线性化方法

算法 8.1 是一种非常简单而且直观的方法。但是如例 8.8 和例 8.9 中所示的，在某些情况下，它的收敛速度比较慢。为了提高收敛速度(代价是更复杂的算法)，我们现在提出一个基于文献[159]的适合 $\mathcal{A}=\mathcal{S}$ 的非线性恢复问题。

回想我们由 $c=A^*M(x(t))$ 给出的测量结果，由于 M 是非线性映射，这会给我们带来额外的难度。可以考虑在每一步迭代都通过一个线性函数去逼近。很显然，不可能在全范围内用一个单一的线性函数去获得输入值的小误差逼近，但是对于一个给定的输入 $x_k(t)$，可以局部地把它描述为线性的。

假设从输入信号 $x_0(t)\in\mathcal{A}$ 的最初猜想作为初始化，可以在 $x_0(t)$ 的附近用泰勒展开来对它的非线性特性进行近似：

$$M(x(t)) \approx M(x_0(t)) + M'(x_0(t))(x(t) - x_0(t)) \tag{8.51}$$

这个近似过程对于每个特定的 t 都是有效的，如图 8.13 所示。将这个展开带入到 $c=A^*M(x(t))$ 中，然后假设式(8.51)两边相等，可以推导出

$$A^*M'(x_0(t))x(t) = c - A^*(M(x_0(t)) - M'(x_0(t))x_0(t)) \tag{8.52}$$

式(8.52)的右端表述了一个集合 ℓ_2 中的序列，临时定义为 b。等式的左边对应着采样信号 $x(t)\in\mathcal{A}$，采样函数为 $S_0=M_0'A$(M_k'的意义会在下面解释)，所以，我们可以把式(8.52)表示为 $S_0^*x=b$，其中 $x\in\mathcal{A}$。

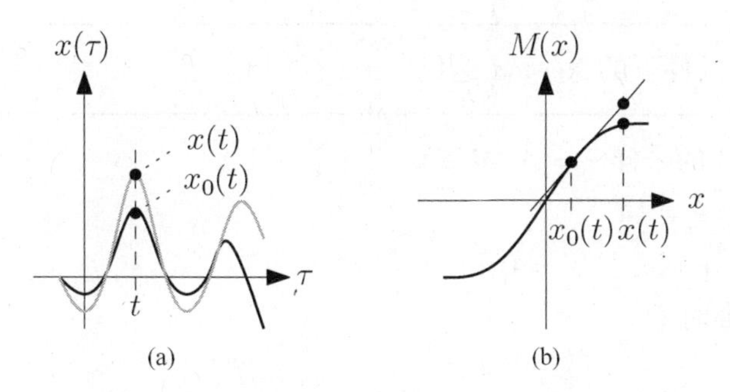

图 8.13　(a)对于特定的 t，$x(t)$ 与 $x_0(t)$ 的值；(b)用式(8.51)来逼近 $M(x(t))$

算子 M_k': $L_2(\mathbb{R})\to L_2(\mathbb{R})$ 是按如下方式定义的一个线性算子：

$$M'_kx(t) = M'(x_k(t))x(t) \tag{8.53}$$

更普遍的情况是，对于任意 $h(t)\in L_2$，定义 $M_h'x(t)=M'(h(t))x(t)$，注意到，M_h'在 L_2 上具有厄尔米特性，对所有的 $a(t)\in\mathcal{A}$，应用 M'_h获得的子空间定义为 $M'_h(\mathcal{A})$。例如，如果 $M(x)=\arctan(x)$，那么就有 $M'(x)=1/(1+x^2)$，并且 $M'_h(\mathcal{A})$ 是所有具有 $x(t)/(1+h^2(t))$形式的信号空间，其中 $x(t)\in\mathcal{A}$。

现在假设 S_0^*A 是可逆的。从第 6 章可知，b 中的唯一恢复 $x(t)$ 可以通过 $x=A(S_0^*A)^{-1}b$ 来获得，x 值可以被用在下一次的迭代中，表示为 x_1

$$\begin{aligned} x_1(t) &= A(A^*M'_0A)^{-1}(c - A^*(M(x_0(t)) - M'_0x_0(t))) \\ &= x_0(t) + A(A^*M'_0A)^{-1}(c - A^*M(x_0(t))) \end{aligned} \tag{8.54}$$

在最后一个等式里利用了 $x_0(t)$在 $\mathcal{A}$ 中，有如下等式成立

$$A(A^*M'_0A)^{-1}A^*M'_0x_0(t) = A(S_0^*A)^{-1}S_0^*x_0(t) = E_{\mathcal{A}S^\perp}x_0(t) = x_0(t) \tag{8.55}$$

我们现在用 $x_1(t)$ 作为起始点，在它的附近做非线性近似，重复这一过程，迭代方法为

$$x_{k+1} = x_k - A(A^* M'_k A)^{-1}(A^* M(x_k) - c) \tag{8.56}$$

在实际中，我们在式(8.56)的每一步迭代中加入了步长限制来控制每一步的更新量

$$x_{k+1} = x_k - \gamma A(A^* M'_k A)^{-1}(A^* M(x_k) - c) \tag{8.57}$$

这种迭代也可以用展开系数的形式表示，以 $\mathcal{A}$ 的基的展开系数有 $x_{k+1} = Ad_{k+1}$

$$d_{k+1} = d_k - \gamma(A^* M'_k A)^{-1}(A^* M(x_k) - c) \tag{8.58}$$

比较式(8.57)和式(8.41)，可以发现，主要的区别是算子 $(A^* A)^{-1}$ 被 $(A^* M'_k A)^{-1}$ 所替代。如在8.4.4节中讨论的，这一项可以从 Newton 迭代的角度来解释，它会使收敛速度大幅度提高。另外，在前面的方法中，这个算子在迭代过程中一直是常数，后一种方法算子值取决于当前的迭代，所以每次迭代都会根据要求重新计算。

一般来说，我们并不能保证反变换 $(A^* M'_k A)^{-1}$ 一定存在，在下一小节中(参见推论8.1)，即将讨论可逆性存在的一般情况。我们将会看到只要非线性变换的导数是有界的，那么就可以保证其可逆性。另外，如果假设导数是 Lipschitz 连续的(对于 Lipschitz 常数 $L \geqslant 0$，$x_1, x_2 \in I$，如果 $\| f(x_1) - f(x_2) \| \leqslant L \| x_1 - x_2 \|$，那么，函数 $f(x)$ 在 I 上就是 Lipschitz 连续的)，那么，我们在定理8.7中将证明，选择合适的 γ 的条件下，迭代式(8.57)就是收敛的。

算法8.2总结了这种 Newton 迭代法。

算法8.2 $\mathcal{A} = \mathcal{S}$ 条件下的 Newton 迭代

输入：信号 $x \in \mathcal{A}$ 的采样 $c = A^* M(x)$

输出：恢复的信号 $\hat{x} \in \mathcal{A}$

加载：$x_0 = A(A^* A)^{-1} c, \quad k = 0$

当不满足停止标准时

  $k \leftarrow k + 1$

  根据算法8.3选择步长 γ_k

  $x_k = x_{k-1} - \gamma_k A(A^* M'_k A)^{-1}(A^* M(x_{k-1}) - c)$

退出迭代

返回 $\hat{x} \leftarrow x_k$

图8.14给出了式(8.58)在移不变系统中的流程，其中 $\mathcal{A}$ 是 $a(t)$ 以 T 为周期产生的移不变空间。在图中模块 $g_k[\ell, m]$ 是一个线性系统，它是下式的反变换

$$w_k[\ell, m] = \int_{-\infty}^{\infty} a(t - \ell T) M'(x_k(t)) a(t - mT) \mathrm{d}t \tag{8.59}$$

式(8.59)已经不再是一个 LTI 运算。为了计算 $g_k[\ell, m]$，假设采样点数 N 是有限的，这样 $w_k[\ell, m]$ 就可以表示为一个 $N \times N$，那么，这个算法在每次迭代都需要对 $N \times N$ 矩阵进行计算和求逆，尽管这样，这个算法依旧比前面的算法收敛得更快。每一步迭代都需要更多的计算，我们将在8.4.5中通过实例来说明。

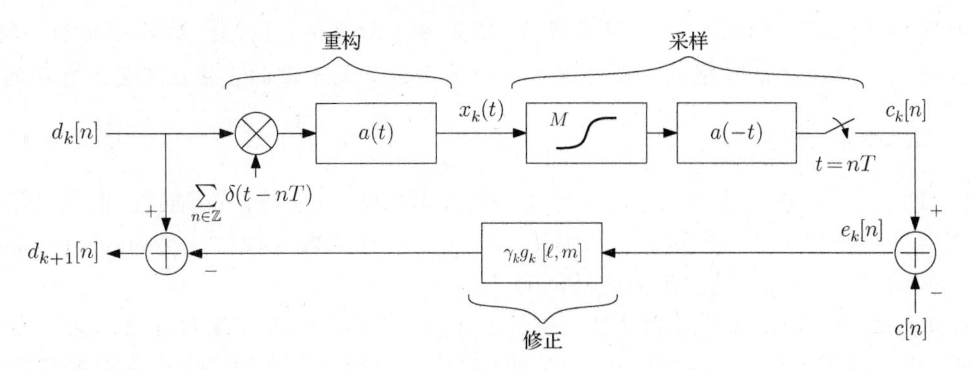

图 8.14 算法 8.2 中从 $M(x(t))$ 和 $a(-t)$ 的卷积的采样 $c[n]$ 中恢复信号 $x(t)\in\text{span}\{a(t-nT)\}$

8.4.3 可逆性条件

我们现在来研究一下 $A^*M_k'A$ 的可逆条件。从引理 2.2 中可知，如果 $L_2(\mathbb{R})=M_k'(\mathcal{A})\oplus\mathcal{A}^\perp$，那么 $A^*M_k'A$ 在 $L_2(\mathbb{R})$ 上就是可逆的。更一般地说，如果 S 是一个子空间 $\mathcal{S}$ 的 Riesz 基对应的一个集合变换，那么在 $L_2(\mathbb{R})=M_k'(\mathcal{A})\oplus\mathcal{S}^\perp$ 的条件下，$S^*M_k'A$ 就是可逆的。下面的定理 8.5 陈述了 $M(x)$ 满足直和条件的条件。理论的详细证明过程可以参考文献[159]中的 VII 节。由于这个证明过程非常复杂，在这里就不再详细叙述。证明依赖于几何概念和框架扰动理论(frame perturbation theory)。主要的思路是把 $M_k'(\mathcal{A})$ 看成原始信号空间 $\mathcal{A}$ 的一个扰动。如果 $L_2(\mathbb{R})=\mathcal{A}\oplus\mathcal{S}^\perp$，由 $M_k'(\mathcal{A})$ 引起的框架扰动不是很大，那么可以证明，直和条件相对于扰动空间 $M_k'(\mathcal{A})$ 是保持成立的。

定理 8.5 令 $\mathcal{A}$ 和 $\mathcal{S}$ 是 $L_2(\mathbb{R})$ 的一个闭合子空间，那么有 $L_2(\mathbb{R})=\mathcal{A}\oplus\mathcal{S}^\perp$，如果对于所有的 $x\in\mathbb{R}$ 都有

$$|1-M'(x)|<\frac{1-\sin(\mathcal{A},\mathcal{S})}{1+\sin(\mathcal{A},\mathcal{S})} \tag{8.60}$$

式中 $\sin(\mathcal{A},\mathcal{S})$ 由式(6.27)定义，那么对于所有的 $h\in L_2(\mathbb{R})$，都有 $L_2(\mathbb{R})=M_h'(\mathcal{A})\oplus\mathcal{S}^\perp$。

直和条件 $L_2(\mathbb{R})=M_h'(\mathcal{A})\oplus\mathcal{S}^\perp$ 的一个重要特性是，它不应该被 M 的尺度大小而影响。这个结论可以这样来理解，因为对于任何尺度 $a\neq0$ 的情况，子空间 $M_h'(\mathcal{A})$ 与子空间 $aM_h'(\mathcal{A})$ 相等。因此可以总结关系式(8.60)对于 $a>0$ 的情况同样满足 $aM'(x)$，或者表示为

$$\frac{2\sin(\mathcal{A},\mathcal{S})}{1+\sin(\mathcal{A},\mathcal{S})}<aM'(x)<\frac{2}{1+\sin(\mathcal{A},\mathcal{S})} \tag{8.61}$$

为了满足此条件，需要有(见习题 7)

$$\frac{\inf_x M'(x)}{\sup_x M'(x)}>\sin(\mathcal{A},\mathcal{S}) \tag{8.62}$$

$\mathcal{A}$ 和 $\mathcal{S}$ 相差越大，其最大和最小导函数比值就越接近这个界。当 $\mathcal{A}=\mathcal{S}$ 时，式(8.62)表明导函数仅需要上有界即可(因为 $M(x)$ 是单调递增的，所以 $M'(x)>0$)。

结合定理 8.5 和上述讨论，可以得出下述推论。

推论 8.1 让 A 和 S 分别表示子空间 $\mathcal{A}$ 和 $\mathcal{S}$ 的 Riesz 基，即 $L_2(\mathbb{R})=\mathcal{A}\oplus\mathcal{S}^\perp$，如果有

$$\frac{\inf_x M'(x)}{\sup_x M'(x)}>\sin(\mathcal{A},\mathcal{S}) \tag{8.63}$$

那么，有 $L_2(\mathbb{R}) = M'_h(\mathcal{A}) \oplus \mathcal{S}^{\perp}$，并且算子 $S^* M'_h A$ 对于所有 $h \in L_2(\mathbb{R})$ 均是可逆的。特别地，当 $\mathcal{S} = \mathcal{A}$ 时，$A^* M'_h A$ 也是可逆的，只要 $M'(x)$ 的导函数是大于零的，并且满足上有界的。

8.4.4 Newton 算法

为了使式(8.57)迭代收敛，首先证明这些迭代可用 Newton 算法来描述，也就是说，需要一种方法寻找一个恰当的目标函数，利用其一阶和二阶导函数寻找驻点(stationary point)。下面依靠已知的关于 Newton 算法解决收敛问题。

$\hat{x} \in \mathcal{A}$ 是关于未知输入信号的估计。因为 $\hat{x}$ 在 $\mathcal{A}$ 中，所以，对于某些 d，$\hat{x} = Ad$。如果 $\hat{x}$ 与 x 很接近，那么我们希望 $\hat{x}$ 的采样值与 c 的真实采样值也很近。所以，最小化误差范数就变得很有意义。

$$f(d) = \frac{1}{2} \| e(d) \|^2 = \frac{1}{2} \| A^* M(Ad) - c \|^2 \tag{8.64}$$

其中，$e(d) = A^* M(Ad) - c$ 是采样值误差。显而易见，$f(d)$ 的全局最优值是当 d 的取值使得 $x = Ad$ 时可以达到。由定理 8.3 可知，全局最优值有且仅有一个。该准则对于样本 c 与其在高斯白噪声情况下的真实采样值之间的扰动情况也是适用的。既然这样，式(8.64)的最小值也就是根据 c 对 d 的最大似然估计。

然而，由于 M 是非线性的，$f(d)$ 通常也是非线性的、非凸的目标函数，并且可能有很多局部极小值。因此，原则上，任何设计用于使 $f(d)$ 最小化的方法都至少可以获得一个局部极小值，即一个向量 d_0 的梯度值 $\nabla f(d_0)$ 为 0。然而幸运的是，我们可以得到如下的关键结论，假设对于全部 $h \in L_2$，式 $L_2(\mathbb{R}) = M'_h(\mathcal{A}) \oplus \mathcal{A}^{\perp}$ 成立，则 f 的任一驻点也是全局最优值[159]。在推论 8.1 中，我们证明了只要 $M'(x)$ 是有界的，直和条件就满足。因此，在这种情况下，任何被设计用于寻找局部最小值的算法实际上都是在寻找全局最小值，即真实的向量 x。

定理 8.6 假设 $M'(x)$ 是上有界的，那么，$f(d) = \frac{1}{2} \| A^* M(Ad) - c \|^2$ 的任何驻点也是其全局最优点。

证明 根据推论 8.1，如果 $M'(x)$ 是有界的，那么，对于所有的 $h \in L_2(\mathbb{R})$，有 $L_2(\mathbb{R}) = M'_h(\mathcal{A}) \oplus \mathcal{A}^{\perp}$。

假设 $x_k = Ad_k$ 是 $f(d)$ 的一个驻点，这表明有

$$0 = \nabla f(d_k) = (A^* M'_k) A^* (A^* M(Ad_k) - c) = (M'_k A)^* A e(d_k) \tag{8.65}$$

如果 $e(d_k) = 0$，则 x_k 也是一个全局最优点。否则，$Ae(d_k)$ 也为非零，且式(8.65)表明 $Ae(d_k)$ 存在于 $\mathcal{N}((M'_k A)^*) = \mathcal{R}(M'_k A)^{\perp}$ 中。但是，由直和条件可知，$\mathcal{A}$ 和 $\mathcal{R}(M'_k A)^{\perp}$ 仅在零向量处相交，所以有 $Ae(d_k) = 0$ 或 $e(d_k) = 0$。定理证毕。 □

优化算法

这样，我们就可以将式(8.57)认为是一个 Newton 方法，并可以用于使式(8.64)中代价函数 f 实现最小化。总体而言，有很多方法可以用于寻找这个目标函数的驻点。请注意，我们的问题是无约束的，因为我们通过依照序列 d 写出结果的方式合并了 $x \in \mathcal{A}$ 的条件。很多无约束最优化方法都起始于对 d 的猜测，然后根据下式完成迭代：

$$d_{k+1} = d_k - \gamma_k B_k \nabla f(d_k) \tag{8.66}$$

其中，γ_k是根据一维搜索获得的标量步长，B_k是一个正定算子，即$B_k\nabla f(d_k)$是递减(descent direction)的

$$-\langle B_k \nabla f(d_k), \nabla f(d_k)\rangle < \delta < 0 \tag{8.67}$$

对于我们研究的情况

$$\nabla f(d_k) = A^* M'_k A(A^* M(Ad_k) - c) = A^* M'_k Ae(d_k) \tag{8.68}$$

因此，迭代式变为

$$d_{k+1} = d_k - \gamma_k B_k A^* M'_k Ae(d_k) \tag{8.69}$$

图 8.15 给出了式(8.69)的说明。在第 k 次迭代中，根据当前系数 d_k构建一个信号估计 $x_k = Ad_k$，并且采用算子 $A^* M(x_k)$对这一估计进行采样。误差序列 $e_k = c_k - c$ 可通过算子 $\gamma_k B_k A^* M'_k A$ 得出的最新系数进行修正。算法 8.2 需要对式(8.69)中的 B_k进行选择。

$$B_k = (\nabla^2 f(d_k))^{-1} = (A^* M'_k A)^{-2} \tag{8.70}$$

这种选择也就是得到了基于$f(d)$的 Hessian 矩阵的 Newton 算法。Quasi-Newton 算法则是为了简化计算的近似 Hessian。

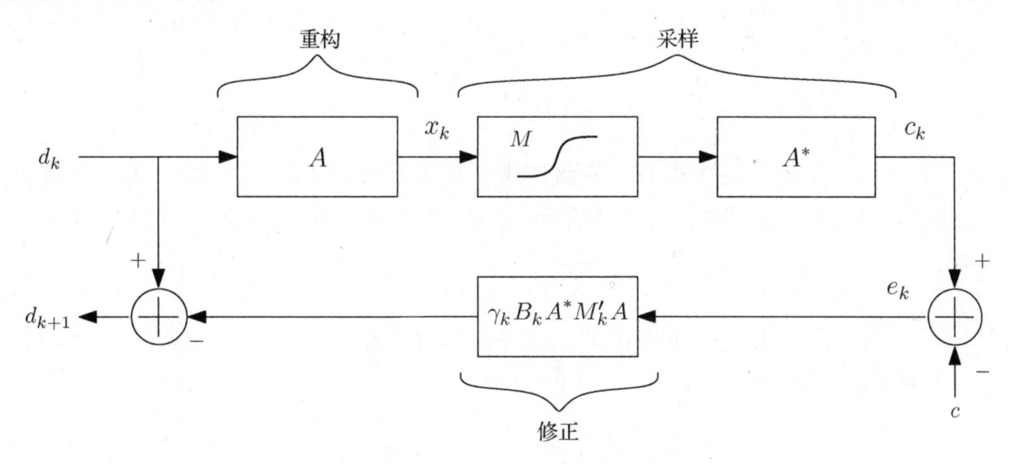

图 8.15　式(8.69)的迭代原理图

算法集合

在这种情况下，目标函数$f(d)$是有界的，且上界为 0。因此，文献[180]表明，迭代式(8.69)可保证收敛于$f(d)$的一个驻点，只要γ_k满足 Wolfe 条件(一个执行非精确线性搜索的不等式集合)即可，$B_k\nabla f(d_k)$是递减的，其梯度$\nabla f(d)$是 Lipschitz 连续的，并且

$$\cos(\theta_k) = \frac{\langle B_k \nabla f(d_k), \nabla f(d_k)\rangle}{\| B_k \nabla f(d_k) \| \| \nabla f(d_k) \|} > \varepsilon \tag{8.71}$$

对于某些常数 $\varepsilon > 0$，其不依赖于 k。

满足 Wolfe 条件的步长可用回溯法(backtracking method)找到[180]，详见算法 8.3。式(8.70)中 B_k是递减的，请注意

$$\begin{aligned} -\langle B_k \nabla f(d_k), \nabla f(d_k)\rangle &= -\langle (A^* M'_k A)^{-1} e(d_k), A^* M'_k Ae(d_k)\rangle \\ &= -\langle e(d_k), e(d_k)\rangle < 0 \end{aligned} \tag{8.72}$$

只要 $Ad_k \neq x$。其他的性质当 $M'(x)$是 Lipschitz 连续时可被证明[159]。

算法 8.3 回溯线性搜索(backtracking line search)

输入：函数 $f(d)$，算子 B_k，当前迭代 d_k，常数 $\rho, \eta \in (0, 1)$
输出：函数 γ_k
设置 $g_k = \nabla f(d_k)$，$z_k = -B_k g_k$，$\delta = 1$，
当 $f(d_k + \delta z_k) > f(d_k) + \eta\delta\langle z_k, g_k\rangle$ 时
  $\delta \leftarrow \rho\delta$
退出迭代
返回 $\gamma_k = \delta$

定理 8.7(算法 8.2 的集合) 令 $c = A^* M(x)$ 是采样信号 $x \in \mathcal{A}$，这里 $\mathcal{A}$ 是进行 Riesz 变化得到的。而 $M(x)$ 是无记忆单调递增的非线性函数，所以 $M(x)$ 有上下界且是 Lipschitz 连续的。然后按算法 8.2 收敛到真实输入 x。

证明 为证明此定理，我们需说明式(8.71)满足于 $B_k = (\nabla^2 f(d_k))^{-1} = (A^* M'_k A)^{-2}$，并且$\nabla f(d)$是 Lipschitz 连续的。

先证明 $\cos(\theta_k) > \varepsilon$。根据式(8.72)，可写出

$$\cos(\theta_k) = \frac{\| e(d_k) \|^2}{\| Q_k^{-1} e(d_k) \| \| Q_k e(d_k) \|} \geqslant \frac{1}{\| Q_k^{-1} \| \| Q_k \|} \tag{8.73}$$

其中，$Q_k = A^* M'_k A$，在最终表达式中的范数是算子范数。因为 A 是一个 Riesz 基，并且 M'_k是有界的，所以 $\| Q_k \|$ 是上有界的。后面会看到，$\| Q_k^{-1} \|$ 是上界。根据定义可知，$\| Q_k^{-1} \| = 1/\kappa$，此处，

$$\kappa = \inf_{\| b \| = 1} \| Q_k b \| \tag{8.74}$$

根据推论 8.1，由于 $M'(x)$是有界的，所以 $L_2(\mathbb{R}) = M'_k(\mathcal{A}) \oplus \mathcal{A}^{\perp}$。这反过来说明，对于 $\delta > 0$，有 $\cos(M'_k(\mathcal{A}), \mathcal{A}) > \delta$，其中根据式(6.26)

$$\cos(M'_k(\mathcal{A}), \mathcal{A}) = \inf_{d} \frac{\| P_{\mathcal{A}} M'_k A d \|}{\| M'_k A d \|} \tag{8.75}$$

参阅命题 6.3。因为 A 是 $\mathcal{A}$ 的一个 Riesz 基，所以对某些 $\alpha > 0$，存在 $\| A^* x \| = \| A^* P_{\mathcal{A}} x \| \geqslant \alpha \| P_{\mathcal{A}} x \|$。进一步地，针对所有的 b，存在有 $\| Ab \| \geqslant \beta \| b \|$。再考虑到 M'_k是上有界的，可以得到，对于一个 $U > 0$，有 $\| M'_k A b \| \geqslant U \| b \|$。因此可得

$$\| Q_k b \| = \| A^* P_{\mathcal{A}} M'_k A b \| \geqslant \alpha \| P_{\mathcal{A}} M'_k A b \| \geqslant \alpha \| M'_k A b \| \cos(M'k(\mathcal{A}), \mathcal{A}) > \zeta \| b \| \tag{8.76}$$

其中，$\zeta = \alpha\delta U$。由此可以得到结论，$\kappa \geqslant \zeta$，当选择恰当的 ε 时，即可以得到 $\cos(\theta_k) > \varepsilon$。

由 $M'(x)$的 Lipschitz 连续性，并且 A 是一个 Riesz 基，可得$\nabla f(d)$也是 Lipschitz 连续的。这样就简单地证明了这个定理。有兴趣的读者请参见文献[159]的附录 IV。 □

归纳一下，这里我们介绍了算法 8.1 和算法 8.2 两种迭代方法，都可以根据非线性采样值来恢复子空间 $\mathcal{A}$ 中的信号 $x(t)$。当满足 M 为可导条件时，两种迭代方法都可以收敛于 $x(t)$(参见定理 8.4 和定理 8.7)。下面我们针对随机的采样滤波器再次对两种算法进行归纳总结。

8.4.5 算法对比

在本节我们将算法 8.1 和算法 8.2 进行比较。采用例 8.9 作为一个例子来对算法性能进行说明。

首先研究算法收敛速率问题，也就是算法恢复一个信号所需要的迭代次数。图 8.16 描述的是以迭代次数 k 为函数的平方误差 $\| x - x_k \|^2$，分别比较了定点迭代算法 8.1、采用回溯线性搜索的和未采用回溯线性搜索的 Newton 算法。在定点迭代和不变步长 Newton 算法中，令 $\gamma = 1/Q$，其中，$Q = \max M'(x)$。可以看出，在这个例子中，Newton 算法需要更少的迭代次数去获得更好的恢复。

图 8.16 表明，在最初几次迭代过程中，从一次迭代到下一次迭代不定步长算法过于保守。在这一特殊的例子中，在前十步迭代里，采用此方法的重构误差收敛速率实际上与定点迭代的非常相似，并且差于定步长 Newton 算法。

影响迭代次数的一个因素是非线性 $M(x)$ 可通过 $x(t)$ 的值线性近似的精度。回忆一下图 8.7，我们的非线性特性在原点（$|x| \ll 1$）是近乎于线性的，在 $x \to \pm \infty$ 处逐渐变化。因此，如果对于每个 $t \in \mathbb{R}$，$|x|$ 都很小，那么，这种非线性失真就不会很严重，所以，减少迭代次数就变得可行了。图 8.17 给出了当输入 $\widetilde{x}(t) = 0.25x(t)$ 时，以 k 为函数的三种重构方法的恢复误差，其中，$x(t)$ 是图 8.16 中的输入信号。这一仿真表明，这种改变对定点迭代是有益的，需要的迭代次数要比图 8.16 的少一个数量级。具有回溯线性搜索的 Newton 算法也被改善，比原来的方法快了三倍。定步长 Newton 算法收敛速率并未得到改善。总体而言，在这种情况下，定点迭代 Newton 算法效果还是很好的。

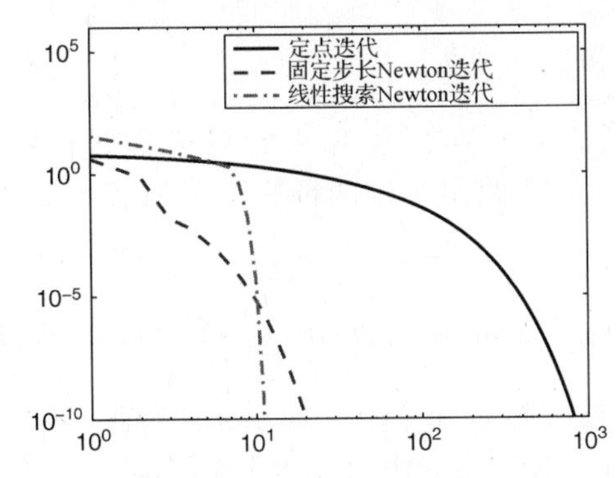

图 8.16　平方误差函数 $\| x_k - x \|^2$ 与 k 的关系，采用定点迭代、变步长和不变步长的Newton算法

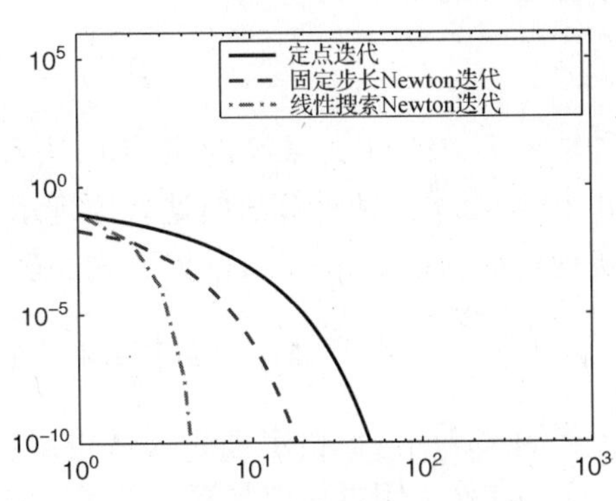

图 8.17　小振幅信号的平方误差函数 $\| x_k - x \|^2$ 与 k 的关系

值得注意的是，Newton 算法的每次迭代的计算量都是大于式(8.41)需要的，因为这需要对 $N \times N$ 阶矩阵求逆，其中 N 为采样值的个数。此外，当采用变步长时，在每次迭代过程中，对误差 $\| c_k - c \|^2$ 的估计超过一次(因为线性搜索)。因此，减小 Newton 算法收敛的迭代次数不能说明全部运行时间变小了。图 8.18 表明三种算法的全部运行时间与采样点的关系。仿真中，信号的展开系数是由标准高斯分布随机生成的。可以看出，针对小尺度的信号，Newton 算法远快于定点迭代。但是，后者的运行时间几乎是根据数据量线性增长的，然而 Newton 迭代的运行时间是呈多项式增长的。

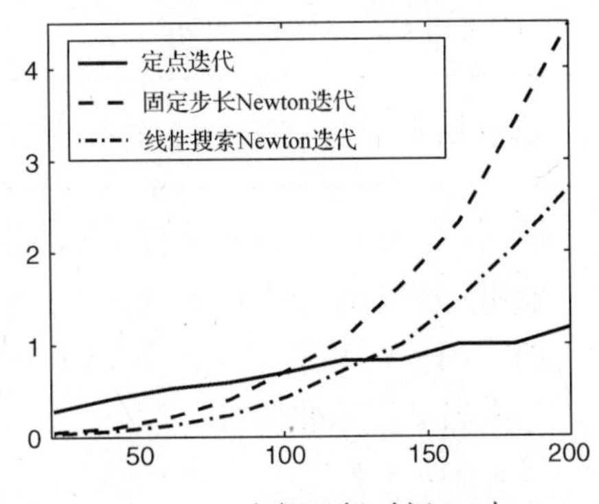

图 8.18　全部运行时间(s)与采样值个数的关系

因此，针对大尺度信号，尽管采用定点算法需要更多的迭代次数，但它的优势很明显。另外一

个根据图8.18的有趣的结论是，变步长Newton算法会减小全部运行时间，尽管回溯线性搜索需要几次误差 $\| c_k - c \|^2$ 的估计。

8.5 任意采样滤波器

到目前为止，我们一直认为采样滤波器等同于先验空间生成器 $a(t)$。这里考虑一个更复杂的情况，采样滤波器 $s(t)$ 是任意选择的，只要求满足直和条件 $L_2(\mathbb{R}) = \mathcal{A} \oplus \mathcal{S}^{\perp}$。这时，对于 $x \in \mathcal{A}$，我们的采样值为 $c = S^* M(x)$。

8.5.1 恢复算法

采用前面同样的算法研究这种情况下的恢复算法。其区别在于线性采样插值不再由 $A(A^*A)^{-1}c$ 获得，而是由 $A(S^*A)^{-1}c$ 获得。因此，式(8.41)定义的迭代就变为

$$x_{k+1} = x_k - \gamma A(S^*A)^{-1}(S^*M(x_k) - c) \tag{8.77}$$

相似地，由线性化方法可知式(8.51)不变，但在式(8.52)中，A^* 由 S^* 替代。迭代结果为

$$x_{k+1} = x_k - \gamma A(S^*M'_k A)^{-1}(S^*M(x_k) - c) \tag{8.78}$$

如果推论8.1的条件可以满足，那么 $S^*M'_k A$ 就可以保证是可逆的。这种迭代就可被视为最小化下面目标的Newton算法

$$f(d) = \frac{1}{2} \| S^*M(Ad) - c \|^2 \tag{8.79}$$

这种情况下，针对 $\mathcal{A} \neq \mathcal{S}$ 的定点算法和Newton算法分别在算法8.4和算法8.5中给出。图8.19给出了这两种算法的迭代原理示意图。图8.20则给出了这两种算法在SI空间情况下的实现过程。系统 $g_k[\ell, m]$ 为下式的反变换：

$$w_k[\ell, m] = \int_{-\infty}^{\infty} s(t - \ell T) M'(x_k(t)) a(t - mT)\,\mathrm{d}t \tag{8.80}$$

当 $\mathcal{A} = \mathcal{S}$ 时，根据定理8.3可得出给定的非线性采样有一个唯一向量 $\boldsymbol{x}$。当在 $\mathcal{S}$ 中采样时，这一点就不用再一定是真实的了。在下一小节中，我们将导出对于给定采样值，输入信号唯一性的条件。主要来说明在什么样的条件下算法8.4和算法8.5才可以收敛到输入真实的信号。注意到，如果迭代是收敛的，那么总会产生一个持续的恢复，也就是说，恢复信号 $\hat{x}$ 满足 $S^*M(\hat{x}) = S^*M(x) = c$。

算法8.4　$\mathcal{A} \neq \mathcal{S}$ 条件下的固定点迭代

输入：信号 $x \in \mathcal{A}$ 的采样 $c = S^*M(x)$，根据定理8.9选择步长 γ

输出：恢复的信号 $\hat{x} \in \mathcal{A}$

加载：$x_0 = A(S^*A)^{-1}c$, $k = 0$

当不满足停止标准时

　$k \leftarrow k + 1$

　$x_k = x_{k-1} - \gamma A(S^*A)^{-1}(S^*M(x_{k-1}) - c)$

退出迭代

返回 $\hat{x} \leftarrow x_k$

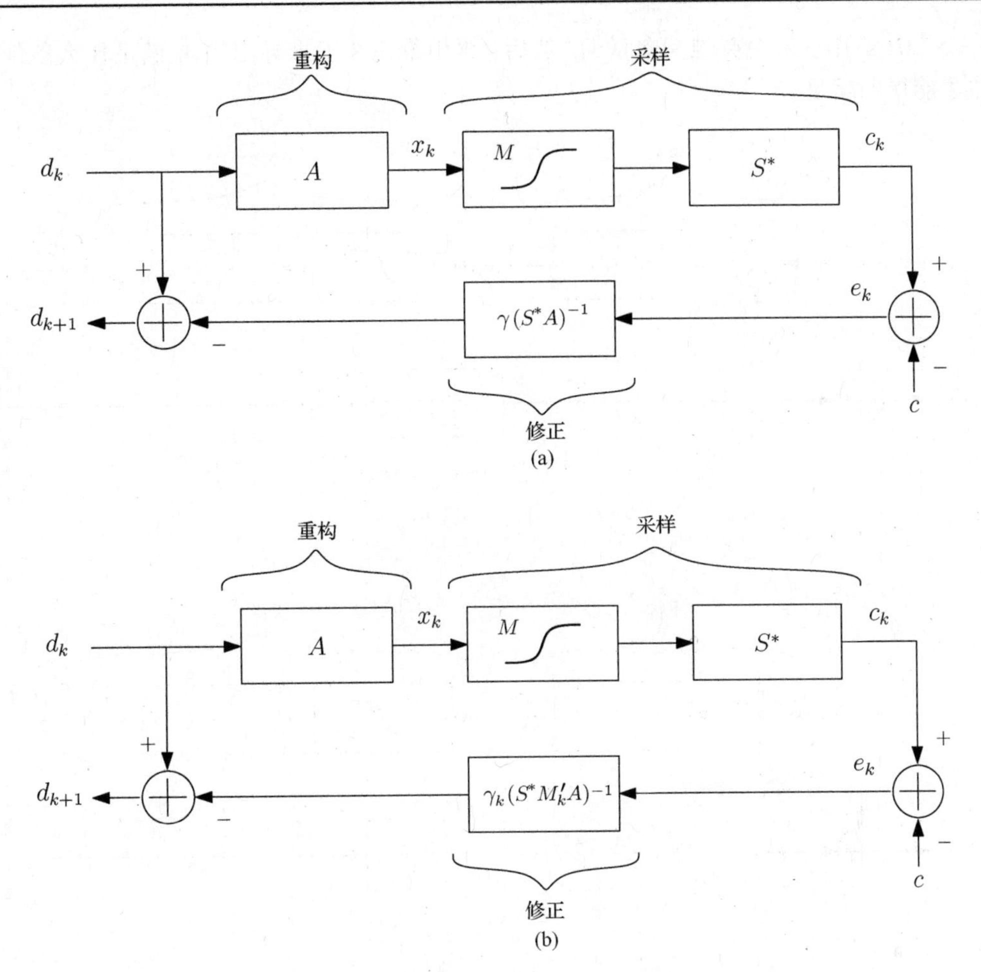

图 8.19　算法 8.4(a)和算法 8.5(b)的原理图

算法 8.5　$\mathcal{A}\neq\mathcal{S}$ 条件下的 Newton 迭代

输入：信号 $x\in\mathcal{A}$ 的采样 $c=S^*M(x)$

输出：恢复的信号 $\hat{x}\in\mathcal{A}$

加载：$x_0=A(S^*A)^{-1}c$，$k=0$

当不满足停止标准时

　$k\leftarrow k+1$

　根据算法 8.3 选择步长 γ_k

　$x_k=x_{k-1}-\gamma_kA(S^*M'_kA)^{-1}(S^*M(x_{k-1})-c)$

退出迭代

返回 $\hat{x}\leftarrow x_k$

8.5.2　唯一性条件

为了研究唯一性条件，首先来说明，在直和条件 $M'_h(\mathcal{A})\oplus\mathcal{S}^{\perp}=L_2(\mathbb{R})$ 下，对于给定的采

样值 $c=S^*M(x)$ 中，$\mathcal{A}$ 中有唯一向量 x。然后，再由推论 8.1 推导出当 M 满足什么条件时，直和条件才能得到满足。

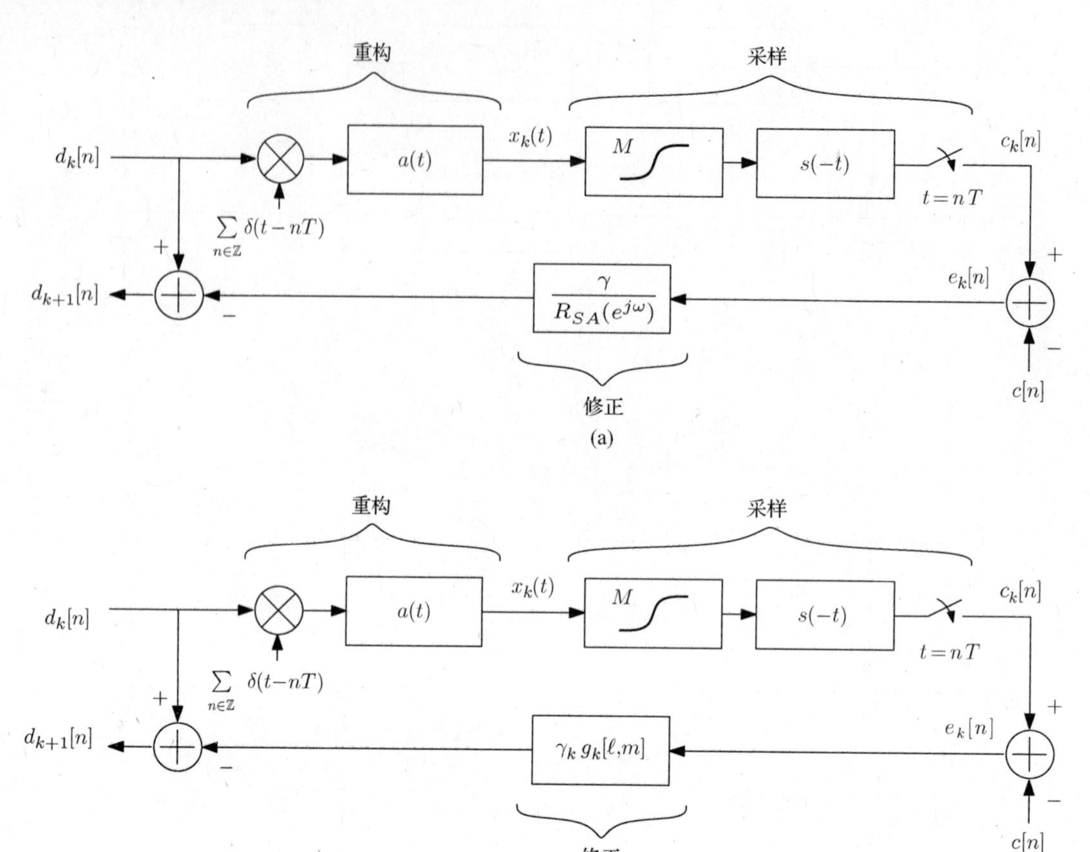

图 8.20 算法 8.4(a)和算法 8.5(b)在 SI 空间上的原理图

命题 8.1 令 $M(x)$ 是一个单调递增的无记忆非线性，它是几乎处处连续且可微的。假设对任意的 $h\in L_2(\mathbb{R})$，有 $M'_h(\mathcal{A})\oplus\mathcal{S}^\perp=L_2(\mathbb{R})$，那么，必存在一个唯一的 $x\in\mathcal{A}$，使得 $c=S^*M(x)$。

证明 假设有两个函数 x_1，$x_2\in\mathcal{A}$，满足 $c=S^*M(x_1)=S^*M(x_2)$。这表明，当 $P_\mathcal{S}$ 与 $\mathcal{S}$ 正交时，$P_\mathcal{S}M(x_1)=P_\mathcal{S}M(x_2)$。因此

$$M(x_1)-M(x_2)\in\mathcal{S}^\perp \tag{8.81}$$

固定一个 t 时刻，不失一般性，假设 $x_1(t)\leqslant x_2(t)$。根据均值定理(mean value theorem)有

$$M(x_1(t))-M(x_2(t))=M'(v(t))(x_1(t)-x_2(t)) \tag{8.82}$$

其中，$v(t)$ 存在于区间 $[x_1(t),x_2(t)]$ 中。定义函数 $v(t)$，使得对所有的 t 都满足式(8.82)。我们可以用算子符号来表示

$$M(x_1)-M(x_2)=M'_v(x_1-x_2) \tag{8.83}$$

通过定义可知，$M'_v(x_1-x_2)$ 在子空间 $M'_h(\mathcal{A})$ 中，因为 $x_1-x_2\in\mathcal{A}$，所以有 $h=v$。另外，由式(8.83)和式(8.81)可得，$M'_v(x_1-x_2)$ 存在于 $\mathcal{S}^\perp$ 中。根据直和条件的假设 $M'_h(\mathcal{A})\oplus\mathcal{S}^\perp=L_2(\mathbb{R})$，这时一定有 $M(x_1)-M(x_2)=0$，或者说，由于 M 是可逆的，有 $x_1=x_2$。命题得证。

□

结合命题 8.1 和推论 8.1，可得出以下定理。

定理 8.8　令 $M(x)$ 是一个单调递增的无记忆非线性，它几乎处处连续且可微。设 $\mathcal{A}$ 和 $\mathcal{S}$ 是 $L_2(\mathbb{R})$ 的闭合子空间，即 $L_2(\mathbb{R})=\mathcal{A}\oplus\mathcal{S}^{\perp}$。如果

$$\frac{\inf_x M'(x)}{\sup_x M'(x)} > \sin(\mathcal{A},\ \mathcal{S}) \tag{8.84}$$

那么，一定存在唯一的 $x\in\mathcal{A}$，使得 $c=S^*M(x)$。

注意，在这个定理的条件下，我们也可由推论 8.1 得出 $S^*M'_kA$ 是可逆的，因此，算法 8.5 也就是良好定义的(be well defined)。

由此可以得到结论，在定理 8.8 的假设下，如果式(8.77)和式(8.78)是收敛的，那么，它们收敛于真实输入值 x。剩下的问题就是要确定在什么条件下这些算法才是收敛的。这里我们还是采用与前面相似的推导方法。我们将会看到，即使式(8.84)不满足，算法 8.4 也是收敛的。在这种情况下，收敛性仅仅保证有一个明确的点，但不一定是真实的输入 x。

例 8.10　假设一个节点为整数的 1 度样条函数受到一个函数 $M(x)$ 引起的非线性失真，然后，用滤波器 $s(t)=\beta^0(t)$ 在 $t=n$，$n\in\mathbb{Z}$ 处采样。我们希望利用定理 8.8 来确定输入的唯一性。

关系式 $\sin(\mathcal{A},\ \mathcal{S})$ 可由下式计算出[参见式(6.28)]

$$\cos(\mathcal{A},\ \mathcal{S}) = \inf_{\omega}\frac{|R_{SA}(\mathrm{e}^{\mathrm{j}\omega})|}{\sqrt{R_{SS}(\mathrm{e}^{\mathrm{j}\omega})R_{AA}(\mathrm{e}^{\mathrm{j}\omega})}} \tag{8.85}$$

采用关系式 $\sin^2(\mathcal{A},\ \mathcal{S}) = 1-\cos^2(\mathcal{A},\ \mathcal{S})$，可得

$$\begin{aligned}
r_{ss}[n] &= r_{\beta^0\beta^0}[n] = \beta^1(n) = \delta[n]\\
r_{aa}[n] &= r_{\beta^1\beta^1}[n] = \beta^3(n) = \frac{1}{6}\delta[n+1]+\frac{2}{3}\delta[n]+\frac{1}{6}\delta[n-1]\\
r_{sa}[n] &= r_{\beta^0\beta^1}[n] = \beta^2(n) = \frac{1}{8}\delta[n+1]+\frac{3}{4}\delta[n]+\frac{1}{8}\delta[n-1]
\end{aligned} \tag{8.86}$$

因此

$$\begin{aligned}
R_{SS}(\mathrm{e}^{\mathrm{j}\omega}) &= 1\\
R_{AA}(\mathrm{e}^{\mathrm{j}\omega}) &= \frac{1}{6}\mathrm{e}^{\mathrm{j}\omega}+\frac{2}{3}+\frac{1}{6}\mathrm{e}^{-\mathrm{j}\omega} = \frac{1}{3}(2+\cos(\omega))\\
R_{SA}(\mathrm{e}^{\mathrm{j}\omega}) &= \frac{1}{8}\mathrm{e}^{\mathrm{j}\omega}+\frac{3}{4}+\frac{1}{8}\mathrm{e}^{-\mathrm{j}\omega} = \frac{1}{4}(3+\cos(\omega))
\end{aligned} \tag{8.87}$$

所以

$$\begin{aligned}
\cos(\mathcal{A},\ \mathcal{S}) &= \inf_{\omega}\frac{\frac{1}{4}(3+\cos(\omega))}{\sqrt{\frac{1}{3}(2+\cos(\omega))}}\\
&= \inf_{\omega}\frac{\sqrt{3}}{4}\left(\sqrt{2+\cos(\omega)}+\frac{1}{\sqrt{2+\cos(\omega)}}\right)\\
&= \inf_{x\in[1,\sqrt{3}]}\frac{\sqrt{3}}{4}\left(x+\frac{1}{x}\right)
\end{aligned}$$

$$= \frac{\sqrt{3}}{2} \tag{8.88}$$

以及

$$\sin(\mathcal{A}, \mathcal{S}) = \sqrt{1 - \cos^2(\mathcal{A}, \mathcal{S})} = \frac{1}{2} \tag{8.89}$$

由此可知，在这种情况下，由定理8.8，如果 $M(x)$ 最小值与最大值之比（即斜率）小于0.5，那么唯一性就是可以保证的。例如，考虑非线性情况

$$\begin{aligned} M_1(x) &= \alpha\arctan(\beta x) \\ M_2(x) &= x + \alpha\arctan(\beta x) \end{aligned} \tag{8.90}$$

其中 α, β 是正标量。非线性 $M_1(x)$ 斜率的下确界是0，所以不能保证其唯一性。非线性 $M_2(x)$ 的斜率在1和 $1+\alpha\beta$ 之间。因此，当 $\alpha\beta<1$ 时，唯一性恢复就是存在的。

8.5.3 算法收敛性

首先，看一下算法8.4的收敛性与比值 $\inf_x M'(x)/\sup_x M'(x)$ 的关系。

定理8.9 令 $c=S^*M(x)$ 是信号 $x \in \mathcal{A}$ 的采样值，其中 S 是对应于空间 $\mathcal{S}$ 的一个Riesz基，因此有 $L_2(\mathbb{R}) = \mathcal{A} \oplus \mathcal{S}^\perp$。同时，$M(x)$ 是一个单调递增无记忆非线性，且处处连续处处可微。令 $Q=\sup_x M'(x)<\infty$，且 $q=\inf_x M'(x)>0$，有

$$\frac{q}{Q} > \frac{1-\cos(\mathcal{A}, \mathcal{S})}{1+\cos(\mathcal{A}, \mathcal{S})} \tag{8.91}$$

那么，只要满足下式，算法8.4就是收敛的。

$$\frac{1-\cos(\mathcal{A}, \mathcal{S})}{q} < \gamma < \frac{1+\cos(\mathcal{A}, \mathcal{S})}{Q} \tag{8.92}$$

注意到，式(8.91)的条件弱于式(8.84)。事实上，对于任意在区间 $[0, \pi/2)$ 内的 θ 值，都有

$$\frac{1-\cos(\theta)}{1+\cos(\theta)} < \sin(\theta) \tag{8.93}$$

因此，即使不能确保唯一性，算法也可能是收敛的。如上述讨论，在这种情况下，迭代收敛于一个常数解。

当 $\mathcal{A}=\mathcal{S}$ 时，$\cos(\mathcal{A}, \mathcal{S})=1$，且定理8.9的条件就变成了定理8.4的条件，给出如下证明。

证明：此证明与定理8.4证明相似。

令 $T(x)$ 是 $\mathcal{A}$ 上的映射，定义为

$$T(x) = x + \gamma A(S^*A)^{-1}(c - S^*M(x)) \tag{8.94}$$

所以，式(8.77)可写成 $x_{k+1}=T(x_k)$。我们现证明 $T(x)$ 收缩在空间 $\mathcal{A}$ 上。

令 x, z 是 $\mathcal{A}$ 上的任意向量，用 $E_{\mathcal{A}\mathcal{S}^\perp} = A(S^*A)^{-1}S^*$ 表示在空间 $\mathcal{A}$ 上沿 $\mathcal{S}^\perp$ 方向的非正交投影。因为 $x-z=E_{\mathcal{A}\mathcal{S}^\perp}(x-z)$，可得到

$$\| T(x) - T(z) \| = \| E_{\mathcal{A}\mathcal{S}^\perp}(x - z - \gamma(M(x) - M(z))) \| \tag{8.95}$$

由关系 $\| E_{\mathcal{A}\mathcal{S}^\perp} \| \leqslant 1/\cos(\mathcal{A}, \mathcal{S})$（参见命题6.8），可得

$$\| T(x) - T(z) \| \leqslant \frac{1}{\cos(\mathcal{A}, \mathcal{S})} \| x - z - \gamma(M(x) - M(z)) \| \tag{8.96}$$

现考虑一个固定值 t, 不失一般性, 假设 $x(t)\geqslant z(t)$。由均值定理可得

$$\frac{M(x)-M(z)}{x-z}=M'(v) \tag{8.97}$$

其中, 对每个 t, $v(t)$都在区间$[z(t), x(t)]$内。因为 $M(x)$是单调递增的, 有

$$q\leqslant\frac{M(x)-M(z)}{x-z}\leqslant Q \tag{8.98}$$

因此, 对于任一满足式(8.92)的 γ, 有

$$\left|1-\gamma\frac{M(x)-M(z)}{x-z}\right|<\cos(\mathcal{A}, \mathcal{S}) \tag{8.99}$$

代入式(8.96), 可得到 $\|T(x)-T(z)\|<\|x-z\|$。定理证毕。 □

接下来, 讨论算法 8.5 的 Newton 迭代算法的收敛性。首先来看更为一般化的定理 8.6。

定理 8.10　令 A 和 S 分别表示子空间 $\mathcal{A}$ 和 $\mathcal{S}$ 的 Riesz 基, 并有 $L_2(\mathbb{R})=\mathcal{A}\oplus\mathcal{S}^{\perp}$。假设

$$\frac{\inf_x M'(x)}{\sup_x M'(x)}>\sin(\mathcal{A}, \mathcal{S}) \tag{8.100}$$

那么, $f(d)=\|S^*M(Ad)-c\|^2/2$ 的任意的驻点也为其全局最优值点。

证明　根据推论 8.1, 对于所有的 $h\in L_2(\mathbb{R})$, 有 $L_2(\mathbb{R})=M'_k(\mathcal{A})\oplus\mathcal{S}^{\perp}$。假设 $x_k=Ad_k$是 $f(d)$的一个驻点, 这表明

$$0=\nabla f(d_k)=(S^*M'_kA)^*(S^*M(Ad_k)-c)=(M'_kA)^*Se(d_k) \tag{8.101}$$

其中, $e(d_k)=S^*M(Ad_k)-c$。如果 $e(d_k)=0$, 则由定理 8.8 可知, x_k为全局最优值点。否则, $Se(d_k)$也为非零值, 则式(8.101)表明 $Se(d_k)$存在于 $\mathcal{N}((M'_kA)^*)=\mathbb{R}(M'_kA)^{\perp}$ 上。然而, 由直和条件, $\mathcal{S}$ 和 $\mathcal{R}(M'_kA)^{\perp}$ 仅在零向量处相交, 所以, $Se(d_k)=0$, 或 $e(d_k)=0$。定理证毕。 □

如前所述, 式(8.78)可被视为式(8.79)的 $f(d)$最小值处的 Newton 迭代, 而在这里, 只是 $B_k=(\nabla^2 f(d_k)^{-1})=(S^*M'_kA)^{-1}(S^*M'kA)^{-*}$。我们再次利用算法 8.3 来选择 γ_k, 使其满足 Wolfe 条件。很容易就能发现, B_k的新定义也是递减方向的, 即

$$\begin{aligned}-\langle B_k\nabla f(d_k), \nabla f(d_k)\rangle &= -\langle (S^*M'_kA)^{-1}e(d_k), (S^*M'_kA)^*e(d_k)\rangle\\ &= -\langle e(d_k), e(d_k)\rangle<0\end{aligned} \tag{8.102}$$

只要 $Ad_k\neq x$。为了保证收敛性, 可以将定理 8.7 改变为这里的情况。

定理 8.11　令 A 和 S 分别表示子空间 $\mathcal{A}$ 和 Σ 的 Riesz 基, 并有 $L_2(\mathbb{R})=\mathcal{A}\oplus\Sigma^{\perp}$。假设

$$\frac{\inf_x M'(x)}{\sup_x M'(x)}>\sin(\mathcal{A}, \mathcal{S}) \tag{8.103}$$

并且, $M'(x)$是 Lipschitz 连续的, 那么, 根据算法 8.3 选择步长的算法 8.5 就可以收敛于真实输入值 x。

证明　为了证明这个定理, 我们先说明当 $B_k=(\nabla^2 f(d_k)^{-1})=(S^*M'_kA)^{-1}(S^*M'_kA)^{-*}$ 时, 式(8.71)也是成立的, 并且 $\nabla f(x)$ 是 Lipschitz 连续的。证明的步骤也是与定理 8.7 的证明类似, 只是 $Q_k=S^*M'_kA$。因为 S, A 是 Riesz 基, 且 M'_k是有界的, $\|Q_k\|$ 是上有界的。后面看到 $\|Q_k^{-1}\|$ 就是上界。由推论 8.1 可知, $L_2(\mathbb{R})=M'_k(\mathcal{A})\oplus\mathcal{S}^{\perp}$。这表明, 对于某些 $\delta>0$, 有 $\cos(M'_k(\mathcal{A}), \mathcal{S})>\delta$, 其中利用了式(6.26)

$$\cos(M'_k(\mathcal{A}),\ \mathcal{S}) = \inf_d \frac{\| P_{\mathcal{S}} M'_k A d \|}{\| M'_k A d \|} \tag{8.104}$$

参阅命题6.3。

因为 S 是 $\mathcal{S}$ 的一个 Riesz 基，我们可得，对于某些 $\alpha > 0$，有 $\| S^* x \| = \| S^* P_{\mathcal{S}} x \| \geqslant \alpha \| P_{\mathcal{S}} x \|$。考虑到对所有的 b，有 $\| Ab \| \geqslant \beta \| b \|$，并且 M'_k是下有界的，我们可以得出，对于一个 $U > 0$，有 $\| M'_k A b \| > U \| b \|$。因此有

$$\| Q_k b \| = \| S^* P_{\mathcal{S}} M'_k A b \| \geqslant \alpha \| P_{\mathcal{S}} M'_k A b \| \geqslant \alpha \| M'_k A b \| \cos(M'_k(\mathcal{A}),\ \mathcal{S}) > \zeta \| b \| \tag{8.105}$$

其中，$\zeta = \alpha\delta U$。证明的其余部分与定理8.7的证明相同。

$\nabla f(x)$的 Lipschitz 连续性证明可见文献[159]的附录 IV。定理证毕。 □

8.5.4 举例

我们用算法8.4和算法8.5的例子来结束本章的内容。

考虑一个节点为整数的1度样条函数 $x(t)$，干扰它的非线性为

$$M(x) = x + \alpha\arctan(\beta x) \tag{8.106}$$

然后，在通过了一个采样核函数 $s(t) = \beta^0(t)$后，在时刻 $t = n \in \mathbb{Z}$ 处进行采样。在这种情况下相当于，$Q = 1 + \alpha\beta$，$q = 1$，并且，如例8.10，$\sin(\mathcal{A},\ \mathcal{S}) = 1/2$，$\cos(\mathcal{A},\ \mathcal{S}) = \sqrt{3}/2$。根据定理8.8，只要 $q/Q > \sin(\mathcal{A},\ \mathcal{S})$就可以保证存在唯一恢复，即在这个立体中，只要满足下式：

$$\alpha\beta < 1 \tag{8.107}$$

由定理8.11，这个条件也可以保证算法8.5收敛于真实信号 $x(t)$。定理8.9说明，只要步长 γ 的选择满足式(8.92)，当 $q/Q > (1 - \cos(\mathcal{A},\ \mathcal{S}))/(1 + \cos(\mathcal{A},\ \mathcal{S}))$时，算法8.4就是收敛的。在本例中，这要求

$$\alpha\beta < 6 + 4\sqrt{3} \approx 12.93 \tag{8.108}$$

图8.21展示了不同 $\alpha\beta$ 值下的非线性函数式(8.106)的结果。此图说明，$\alpha\beta < 1$ 这个限制确保了算法8.5的唯一性和收敛性，但是有些过于苛刻了，这是因为 $M(x)$对于这些值是近似线性的。界限 $\alpha\beta \lesssim 13$ 有些过于宽松，它只能保证算法8.4收敛于一个持续的恢复值，却不能保证收敛于真实输入值 $x(t)$。

然而，我们所研究的界限一般说来不是很严苛的，因此，在实际中的性能可能还是不错的，甚至超过定理8.9和定理8.11描述的情况。事实上，在我们的例子中，当输入信号 $x(t)$如图8.12所示时，可以发现其算法性能确实很好。特别地，图8.22展示了采样误差 $\| c_k - c \|$ 和恢复误差 $\| x_k - x \|$，算法8.4和算法8.5可得到对不同 $\alpha\beta$ 值下的关于 k 的函数。在定点算法中我们选择 γ 为式(8.92)区间的中值：$[(1 - \cos(\mathcal{A},\ \mathcal{S}))/q,\ (1 + \cos(\mathcal{A},\ \mathcal{S}))/Q]$。注意到，当使用 Newton 算法时，误差测度在这些实验中均收敛于0。这已经超出了我们仅能保证当 $\alpha\beta < 1$ 时的算法收敛性。另外，定点迭代仅当 $\alpha\beta$ 值小于13时收敛，这与定理8.9是相一致的。

图8.22中另一个有趣的现象，不存在一个 $\alpha\beta$ 值，使误差 $\| c_k - c \|$ 收敛于0，并同时使 $\| x_k - x \|$ 不收敛于0时。换句话说，当 $1 < \alpha\beta < 12.93$ 时，我们仅能从理论上确保算法8.4收敛于一个合理的解(即 $\| c_k - c \| \to 0$)。实际上，在这种情况下，此结果是唯一的(也就是说，也可以得到 $\| x_k - x \| \to 0$)。事实上，实验结果(未在图8.22中展示)表明，在这一特例下，

我们对每个 $\alpha\beta$ 值，都可以得到 $\|x_k - x\| \to 0$。换句话说，在这种情况下，对所有的 $\alpha\beta$，不仅仅对 $\alpha\beta < 1$，都存在有一个唯一的恢复值。

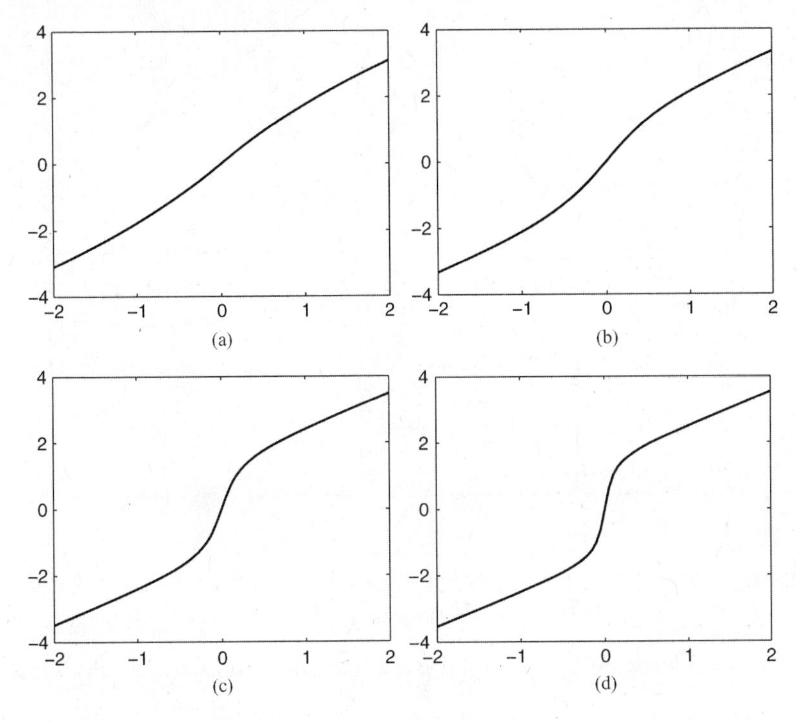

图 8.21　不同 $\alpha\beta$ 值的函数式(8.106)。(a) $\alpha\beta = 1$；(b) $\alpha\beta = 2$；(c) $\alpha\beta = 6$；(d) $\alpha\beta = 13$

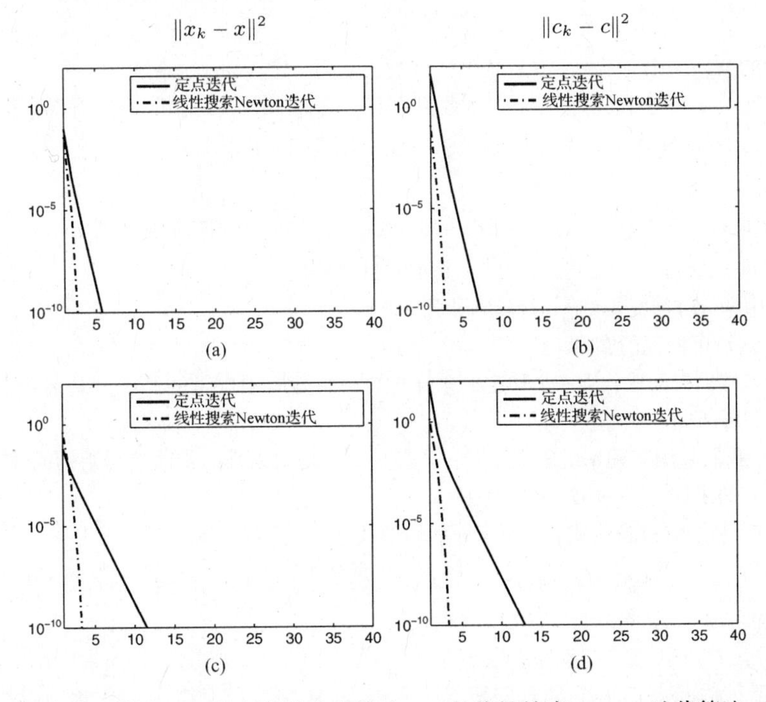

图 8.22　针对算法 8.4 的定点迭代和算法 8.5 的线性搜索 Newton 迭代算法，平方误差 $\|x_k - x\|^2$（左）和平方误差 $\|c_k - c\|^2$（右）与 k 的关系。(a) 和 (b) $\alpha\beta = 1$；(c) 和 (d) $\alpha\beta = 2$；(e) 和 (f) $\alpha\beta = 6$；(g) 和 (h) $\alpha\beta = 13$

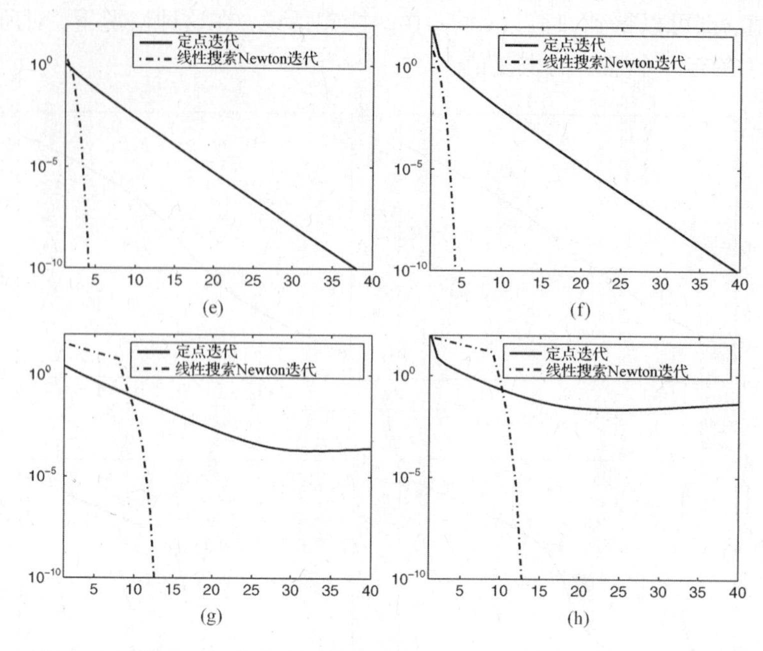

图 8.22(续) 针对算法 8.4 的定点迭代和算法 8.5 的线性搜索 Newton 迭代算法，平方误差 $\|x_k - x\|^2$(左)和平方误差 $\|c_k - c\|^2$(右)与k的关系。(a)和(b) $\alpha\beta = 1$；(c)和(d) $\alpha\beta = 2$；(e)和(f) $\alpha\beta = 6$；(g)和(h) $\alpha\beta = 13$

8.6 习题

1. 说明一个一般的 Wiener-Hammerstein 系统怎样可被表示为一个 Volterra 系统。
2. 考虑信号 $z(t)$为两个信号 $y_1(t)$和 $y_2(t)$的乘积，$z(t) = y_1(t)\ y_2(t)$，每个 $z(t)$都是由一样的冲激响应 $h_1(t)$，$h_2(t)$和同样的输入 $x(t)$在 LTI 系统的输出。用 Volterra 系统表达 $x(t)$和 $z(t)$的关系，并导出其 Volterra 函数。
3. 假设 $x(t)$是形如 $x(t) = \sum d[n]g(t - nT)$ 的 SI 信号，其中 $g(t)$满足插值特性 $g(mT) = \delta[m]$。采样结果 $y(nT)$由 $y(t) = \mathcal{M}(x(t))$得到，其中 $\mathcal{M}$ 是可逆且非线性的。
   (a) $x(t)$能否由 $y(nT)$恢复得到？请解释原因。
   (b) 举出一个 $x(t)$可恢复的实例。
4. 考虑这样一个采样丢失问题：从一个稳定的采样集合中移除有限数量的样本。剩余元素组成的集合是否仍然稳定？请解释原因。
5. 在这个练习中，我们采用定理 8.2 来推导对一个循环的不均匀采样的带限信号重构的计算式。考虑对 $0 \leqslant n \leqslant N-1$，$m \in \mathbb{Z}$ 的采样 $t_{nm} = mNT + t_n$，其中，$t_0 = 0$。
   (a) 由式(8.14)导出 $G(t)$表达式，利用下面的恒等式：
$$\sin(\pi(t - t_n)/T) = C(t - t_n) \prod_{m \in \mathbb{Z},\ m \neq 0} (1 - (t - t_n)/(mT)) \tag{8.109}$$
   其中，C 为常数。
   (b) 应用 $G(t)$表达式写出 $x(t_n)$的函数 $x(t)$。
6. 令 $k(t, u)$为希尔伯特空间上的再生核函数，定义在区间 $I \in \mathbb{R}$ 上。
   (a) 核函数 $k(t, u)$根据式(8.15)定义了一个算子 K。对其伴随矩阵 K^* 给出一个明确的描述。
   (b) 证明 $K^* = K$。
   (c) 证明 K 是半正定的，即对所有 $x \in \mathcal{H}$，有$\langle Kx, x\rangle \geqslant 0$。

7. 考虑一个周期为 T，生成器为 $w(t)$ 的 SI 子空间 $\mathcal{W}$。
   (a) $w(t)$ 在什么条件下，$\mathcal{W}$ 是一个可再生核函数希尔伯特空间？
   (b) 假设 $\mathcal{W}$ 是一个可再生核函数希尔伯特空间，写出再生核函数的表达式。
8. 令 $\mathcal{A}$ 为子空间的分段线性函数，并且假设 M 具有广义的无记忆非线性性。描述由 $M(\mathcal{A})$ 定义的子空间 $\mathcal{W}$。
9. 假设采样任意信号得到采样结果 $c = A^* M(x)$。然后对采样结果应用算法 8.1。
   (a) 算法是否收敛？请解释原因。
   (b) 如果算法收敛，请问恢复结果 $\hat{x}$ 是否属于空间 $\mathcal{A}$？
10. 证明式(8.62)与存在一个值 $a>0$ 满足式(8.61)是等价的。提示：说明如果 $\frac{\inf_x B(x)}{\sup_x B(x)} > \frac{L}{U}$，则当 $a>0$ 时，满足不等式 $L < aB(x) < U$。
11. 考虑由 $\beta^1(t)$ 生成空间中的一阶曲线 $x(t)$。信号通过某非线性系统，其输入输出为

$$y(t) = (x(t) * \beta^0(t))^2 * \beta^0(t) \tag{8.110}$$

   然后，由采样滤波器 $\beta^1(t)$ 进行采样。
   (a) 说明应用本章所学，此问题可以被如何建立。特别地，确定子空间 $\mathcal{A}$ 和 $\mathcal{S}$。
   (b) 应用定点和 Newton 迭代算法恢复 $x(t)$，并对比其收敛性。
12. 令 $x(t)$ 是度为 1 的在整数处有纽结的曲线。考虑非线性特征

$$M(x) = \frac{\alpha}{1 + e^{-\beta x}}, \quad \alpha, \beta > 0 \tag{8.111}$$

   此信号通过 $M(x)$ 然后再通过一个滤波器 $s(-t)$ 后，在时刻 $t = n$，$n \in \mathbb{Z}$ 进行采样。在如下几种情况下对信号 $x(t)$ 恢复。
   (a) 假设采样滤波器为 $s(-t) = \beta^1(-t)$。在何种条件下，算法 8.1 的定点迭代和算法 8.2 的 Newton 算法收敛于 $x(t)$ 的真实输入值？
   (b) 现假设采样滤波器为 $s(-t) = \beta^0(-t)$，我们分别采用算法 8.4 和算法 8.5 给出的定点迭代和 Newton 算法计算。这些算法收敛吗？如果收敛，在何种条件下收敛？
   (c) 重复之前的问题，其中，$M(x)$ 变为

$$M(x) = x + \frac{\alpha}{1 + e^{-\beta x}}, \quad \alpha, \beta > 0 \tag{8.112}$$

   解释结果的不同。
13. 假设度为 1 的在整数处有纽结的曲线存在 $M(x)$ 的非线性失真，然后用滤波器 $s(t) = \beta^0(t)$ 在 $t = n$，$n \in \mathbb{Z}$ 处进行采样，如例 8.10 所示。我们假设 $x(t)$ 在区间 $[-1, 1]$ 之间。
   (a) 令 $a>0$ 时，$M(x) = \sin ax$。a 需要何种条件可以确保存在唯一的 $x \in \mathcal{A}$ 满足这种情况？
   (b) 现令 $M(x) = -x^3/3 + x$，x 在区间 $[-b, b]$ 之间。b 取何值可以确保存在唯一的 $x \in \mathcal{A}$ 满足这种情况？

第9章 重复采样

在前面的章节中，我们考虑了从离散采样值集合中重构一个时间连续信号的问题。因此，我们设计的恢复系统是离散时间输入和连续时间输出的混合系统。在本章中，我们将说明采样定理在全离散时间算法的设计中也可以发挥十分重要的作用。特别地，我们可能需要这样的一类应用，它需要获得同一信号的一系列的采样值，分别来自这个信号的不同的采样集合。在这种情况下，输入和输出均为数字的。

一个典型的例子就是所谓采样率转换(sampling rate conversion)。比如，考虑数字音频文件，它们广泛出现在当前流行的个人计算机和媒体设备中。这些文件的来源是不同的，因此，很可能文件以不同的采样率被记录。当播放这些音频文件时，刻录的样值通过一个DAC转换，然后模拟输出后被放大并输入扬声器中。一个典型的DAC仅支持低采样率的文件，如果这些音频样值不能与采样率相对应，那么就需要一个预处理，以改变这个采样率。这个运算过程是通过一个适当的数字信号处理技术实现的，也被称为采样率转换技术。当两个不同采样率的音频文件同时播放时，这种速率转换是不可避免的。即使这两个的采样率的文件都是DAC所支持也不行，因为一个标准的DAC只能在一个速率上运行。

另一个例子在前面已经提到过，就是图像重复采样，或者图像插值。这些技术是为了改变一个图像的分辨率，以获得图像放大或缩小的效果。在分辨率转换中，相当于在不同的网格上寻找连续空间图像采样值。一个更密集的网格意味着图像放大，而一个更稀疏的网格意味着图像缩小。因为原始的连续空间图像是不可使用的，所以图像重复采样必须数字化完成。

从一个纯理论的观点来看，研究新的用于重复采样的工具是没有必要的。对于给定某一采样率的采样值，我们可以利用前面章节介绍的方法来重构这种时间连续信号，然后用希望的速率对结果进行重复采样。当然，实际上为了实现转换，可能不需要经过模拟域，而是全部在数字域上实现的。把第二阶段的采样插入到由第一阶段的重构过程中就产生了一种全数字表达式，进而将输出序列与采样值的输入集合关联起来。这一范例的过程由图9.1给出的。如果重构和采样都是线性的，如本章假设的这样，其全部的关系也就是线性的。我们注意到，普通的速率转换不是时不变的，所以这个等价数字系统并不对应简单的卷积过程。此外，它被描述为一个有两个指标的核函数$h[m,n]$：其中一个代表输入速率，另一个代表输出速率。

那么，为什么要对重复采样这个问题如此重视呢？重复采样的研究驱动力主要还是计算量的问题。作为很多应用中一个基本结构单元，信号的重复采样经常需要一个很高的效率。图9.1中的级联方法就是从减小恢复差错方面一个好的解决方案，但是它的计算开销却过于昂贵。因此，在实际中，我们可以接受质量稍微差一些的解决方案，只要其需要更低的计算开销。正如在本章将会看到的，这样的方法可以采用前面章节的一些内容来解决。我们也将考虑一些新的推导方法，它们在采样率转换系统中利用了一个更方便的结构。

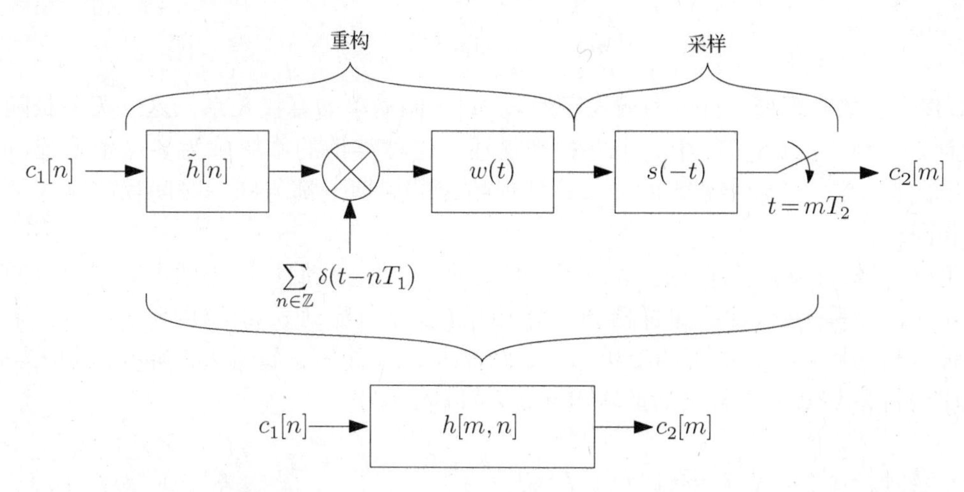

图9.1 两级运算的重复采样。序列$c_1[n]$对应着周期为T_1的信号$x(t)$的采样值。通过恢复$x(t)$并在mT_2时刻对结果采样，$m\in\mathbb{Z}$，我们获得转换速率后的序列$c_2[m]$

9.1 带限信号采样率转换

为了理解采样率转换，我们先从传统观点开始，也就是处理带限信号。在此输入信号的采样周期为T_1，输出信号的采样周期为T_2。第一步，用一个整数因子I来考虑插值，对应为$T_2=T_1/I$。由于$T_2<T_1$，所以输出端的采样网格密度就大于输入端的。第二步，我们来讨论与一个整数因子D有关的抽取问题，也就是下采样问题，或者说是，对应于$T_2>T_1$，使$T_2=T_1D$的问题。在上述两个步骤中，将会看到，通过采用标准组件可以有效地实现速率转换，三个基本模块就是上采样器、下采样器和滤波器。最后，通过一个合理的比例因子I/D完成速率转换。只要I和D很小，通过插值模块和抽取模块的结合就可以实现有效的转换。然而，当I和D很大时，这个方法需要很多的计算量。因此，我们会考虑一种效果也不错的探索式方法：首先在一个更高采样率的网格上进行信号插值，然后在一个期望的网格上对信号做局部近似。在9.3节中，将详细讨论这个方法，并说明其效果。

9.1.1 整数因子插值

假设$x(t)$是一个π/T带限信号，序列$c_1[n]$为以不低于奈奎斯特采样速率对$x(t)$进行逐点采样。因此有

$$c_1[n]=x(nT_1) \tag{9.1}$$

其中，$T_1\leqslant T$。我们希望获得$x(t)$的以T_2为周期的样本$c_2[n]$，其中$T_2=T_1/I$，I为一个整数。

由香农–奈奎斯特定理(见定理4.1)可知，$x(t)$可由$c_1[n]$采用下式被完美恢复：

$$x(t)=\sum_{n\in\mathbb{Z}}c_1[n]\operatorname{sinc}\left(\frac{t-nT_1}{T_1}\right) \tag{9.2}$$

因此，$c_2[m]$的表达式可以为

$$c_2[m]=x(mT_2)=\sum_{n\in\mathbb{Z}}c_1[n]\operatorname{sinc}\left(\frac{mT_2-nT_1}{T_1}\right)=\sum_{n\in\mathbb{Z}}c_1[n]h[m,n] \tag{9.3}$$

其中，我们定义

$$h[m,n]=\operatorname{sinc}\left(\frac{m-nI}{I}\right) \tag{9.4}$$

式(9.3)代表了插入序列 $c_2[m]$ 和输入序列 $c_1[n]$ 之间简单的直接关系。这一关系是随着时间的变化而变化的，因此，不能用一个卷积来描述。这种类型的系统称为多速率系统(multirate system)，因为，它们的输出系数的个数在任何给定的周期下都与同一时间帧的输入采样值的个数不相同。

尽管由 $c_2[m]$ 得到 $c_1[n]$ 的速率公式是时变的，但是，我们可以用两个非常简单的基本模块来表示这个关系，即一个上采样器和一个 LTI 滤波器。序列 $c[n]$ 以因子 I 进行上采样过程就是一种运算，即在 $c[n]$ 的每两个相邻点之间插入 $I-1$ 个零，如图 9.2 所示，其中为 $I=3$ 的情况。序列 $c[n]$ 经过上采样之后的输出 $d[n]$ 可以表示为

$$d[n]=\begin{cases}c\left[\dfrac{n}{I}\right], & n=0,\ \pm I,\ \pm 2I,\ \cdots\\ 0, & \text{其他}\end{cases} \tag{9.5}$$

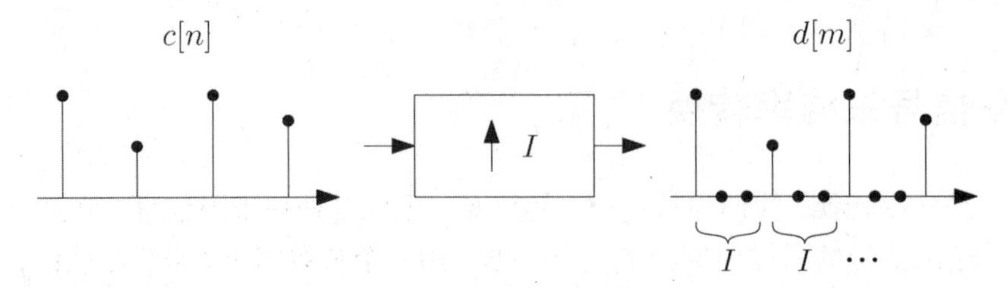

图 9.2 上采样器工作原理

假设序列 $c[n]$ 通过因子 I 的上采样，得到的序列 $d[m]$ 经过滤波器 $h[m]$，这时的输出信号 $e[m]$ 为

$$e[m]=\sum_{k\in\mathbb{Z}}d[k]h[m-k]=\sum_{k\in\mathbb{Z}}c[n]h[m-nI] \tag{9.6}$$

与式(9.3)比较，可以看到通过上采样和滤波后，提高了序列 $c_1[n]$ 的速率，滤波器为

$$h[m]=\operatorname{sinc}\left(\frac{m}{I}\right) \tag{9.7}$$

这个过程在图 9.3 中进行了说明，其中，$H(\mathrm{e}^{\mathrm{j}\omega})$ 是式(9.7)的 DTFT。

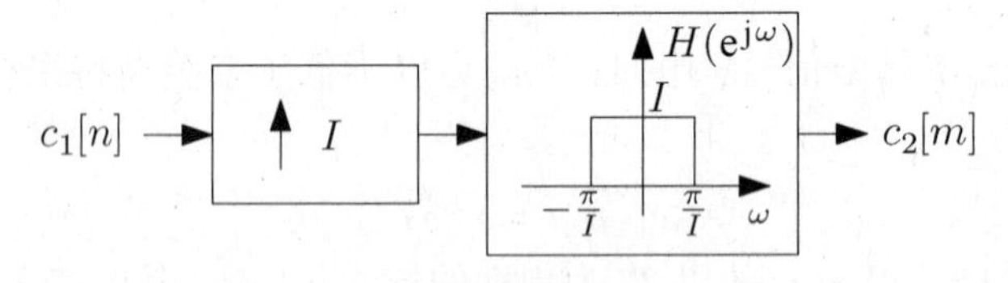

图 9.3 一个整数因子 I 的插值过程

我们通过考虑系统在频域的运算可以获得有关实现图 9.3 的想法。为此，首先讨论插值模块。上采样其输出序列 $d[n]$ 的 DTFT 可以用输入序列 $c_1[n]$ 的 DTFT 表示

$$D(\mathrm{e}^{\mathrm{j}\omega})=\sum_{m\in\mathbb{Z}}d[m]\mathrm{e}^{-\mathrm{j}\omega m}=\sum_{n\in\mathbb{Z}}c_1[n]\mathrm{e}^{-\mathrm{j}\omega nI}=C_1(\mathrm{e}^{\mathrm{j}\omega I}) \tag{9.8}$$

其中，$C_1(\mathrm{e}^{\mathrm{j}\omega})$ 是 $c_1[n]$ 的 DTFT。因此，上采样过程实际上是在频率轴上缩放了因子 I 尺度。由于 $C_1(\mathrm{e}^{\mathrm{j}\omega})$ 是以 2π 为周期的，所以，产生的 $D(\mathrm{e}^{\mathrm{j}\omega})$ 就包含了在范围[$-\pi$, π]内 $C_1(\mathrm{e}^{\mathrm{j}\omega})$ 的 I

个复制，并且被因子 I 收缩，如图9.4所示。

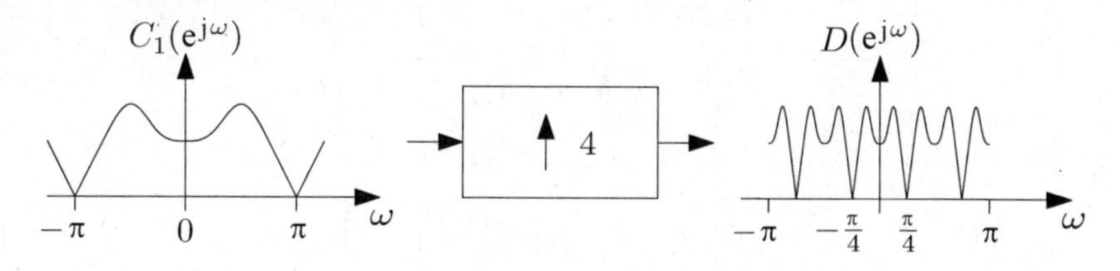

图9.4　在输入序列频域上的因子为4的上采样效应

接下来，我们注意到滤波器式(9.7)在$[-\pi, \pi]$上的频率响应为

$$H(e^{j\omega}) = \begin{cases} I, & |\omega| \leqslant \pi/I \\ 0, & |\omega| > \pi/I \end{cases} \tag{9.9}$$

因此，当应用到$D(e^{j\omega})$时，这个滤波器抑制了所有的复制成分，仅仅保留中间的一个，如图9.5所示。结合式(9.8)和式(9.9)，关系式(9.3)可在频域$[-\pi, \pi]$内表示为

$$C_2(e^{j\omega}) = \begin{cases} IC_1(e^{j\omega I}), & |\omega| \leqslant \pi/I \\ 0, & |\omega| > \pi/I \end{cases} \tag{9.10}$$

式(9.10)代表了$x(t)$以间隔为T_2的逐点采样值。因为$x(t)$是π/T带限的，因此有

$$C_1(e^{j\omega}) = \frac{1}{T_1}X\left(\frac{\omega}{T_1}\right), \qquad |\omega| \leqslant \pi \tag{9.11}$$

代入上式至式(9.10)，考虑到$T_2 = T_1/I$，并且当$|\omega| > \pi/I$时，$X(\omega/T_2) = 0$，可得

$$C_2(e^{j\omega}) = \frac{1}{T_2}X\left(\frac{\omega}{T_2}\right), \qquad |\omega| \leqslant \pi \tag{9.12}$$

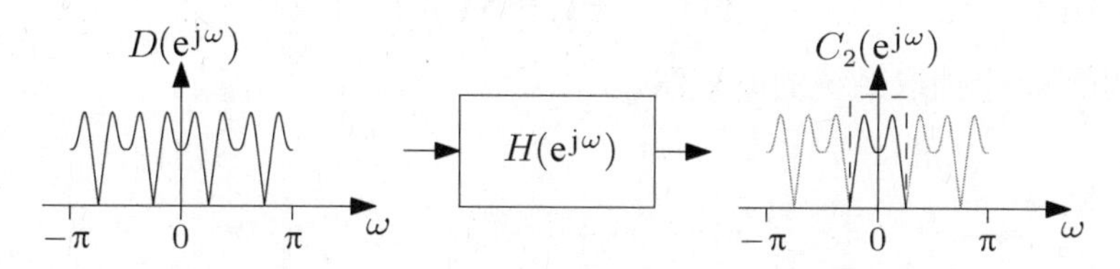

图9.5　上采样器输出端的副本抑制

9.1.2　整数因子抽取

接下来，我们来考虑π/T带限信号$x(t)$的采样值$c_1[n]$转换为采样值$c_2[m]$的问题，其中，周期$T_1 \leqslant T$，$T_2 = DT_1$，D为一个整数因子。由于我们现在是想降低采样率，所以一般来说，序列$c_2[m]$可以包含一些混叠的频率成分。因此，我们的目标就是序列$c_2[m]$应该对应于下式的采样值：

$$y(t) = (x * s)(t) \tag{9.13}$$

其中，$s(t) = (1/T_2)\operatorname{sinc}(t/T_2)$是截止频率为$\pi/T_2$的抗混叠低通滤波器。

由式(9.2)，可得

$$\begin{aligned} c_2[m] &= y(mT_2) \\ &= \left(\frac{1}{T_2}\operatorname{sinc}\left(\frac{t}{T_2}\right) * \left(\sum_{n\in\mathbb{Z}} c_1[n]\operatorname{sinc}\left(\frac{t-nT_1}{T_1}\right)\right)\right)\Bigg|_{t=mT_2} \end{aligned}$$

$$= \frac{T_1}{T_2}\sum_{n\in\mathbb{Z}} c_1[n]\operatorname{sinc}\left(\frac{mT_2 - nT_1}{T_2}\right)$$
$$= \sum_{n\in\mathbb{Z}} c_1[n]h[m,n] \tag{9.14}$$

其中，我们定义

$$h[m,n] = \frac{1}{D}\operatorname{sinc}\left(\frac{mD-n}{D}\right) \tag{9.15}$$

第三个等式是因为 $T_2 \geqslant T_1$，所以

$$\operatorname{sinc}\left(\frac{t}{T_2}\right) * \operatorname{sinc}\left(\frac{t}{T_1}\right) = T_1\operatorname{sinc}\left(\frac{t}{T_2}\right) \tag{9.16}$$

这一关系只要对等式两边进行傅里叶变换就可得到。

由于插值的关系，式(9.14)的输入输出关系相当于一个多速率系统。这个系统可以被方便实施，通过一个有两个基本单元的串联完成，一个 LTI 滤波器和一个下采样器。用一个因子 D 对序列 $c[n]$ 的下采样就是一种运算，是让 $c[n]$ 的每 D 个元素都保证有一个输入，如图 9.6 所示。因此，用因子 D 下采样器的输出 $d[m]$ 为

$$d[m] = c[mD] \tag{9.17}$$

如果序列 $c[n]$ 在进行因子 D 的下采样之前先通过滤波器 $h[n]$，那么结果为

$$d[m] = \sum_{n\in\mathbb{Z}} c[n]h[mD-n] \tag{9.18}$$

与式(9.14)进行对比可以看到，我们的抽取系统可由滤波器 $h[n]$ 和一个下采样器的串联来实现，滤波器为

$$h[n] = \frac{1}{D}\operatorname{sinc}\left(\frac{n}{D}\right) \tag{9.19}$$

图 9.7 给出了这个抽取系统的原理图。

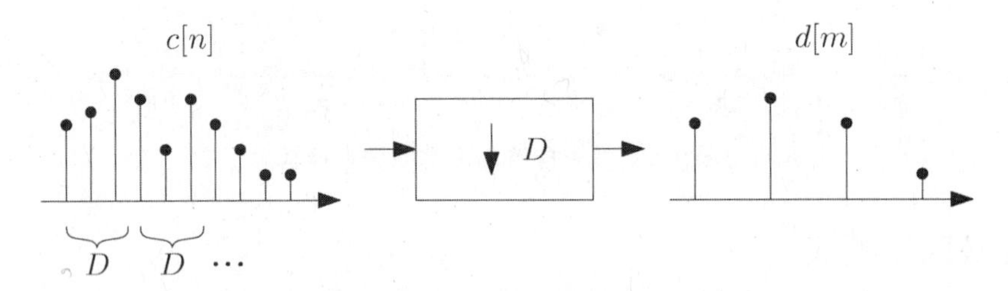

图 9.6　下采样器工作原理

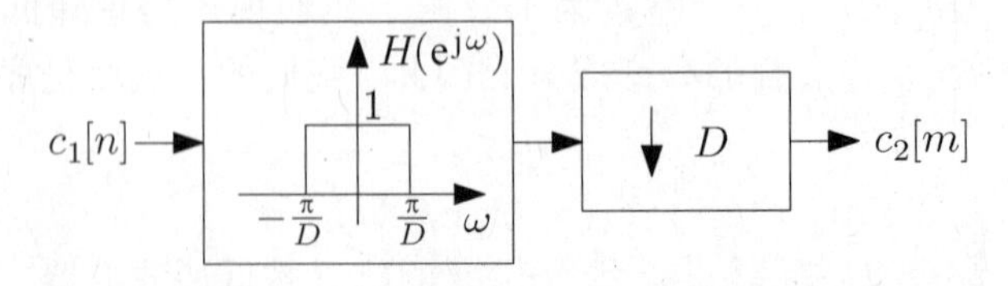

图 9.7　一个整数因子 D 的抽取过程

在频域上考虑这个系统的工作过程是十分必要的，我们首先分析下采样器。为了这个目的，我们把关系式 $d[m]=c[mD]$ 写为 $d[m]=\tilde{c}[mD]$，其中，$\tilde{c}[n]=c[n]p[n]$，并且 $p[n]$ 是冲激序列

$$p[n] = \sum_{m \in \mathbb{Z}} \delta[n - mD] \tag{9.20}$$

$p[n]$的 DTFT 为

$$P(\mathrm{e}^{\mathrm{j}\omega}) = \sum_{n \in \mathbb{Z}} \left(\sum_{m \in \mathbb{Z}} \delta[n - mD]\right)\mathrm{e}^{-\mathrm{j}\omega n} = \sum_{m \in \mathbb{Z}} \mathrm{e}^{-\mathrm{j}\omega mD} = \frac{2\pi}{D}\sum_{k \in \mathbb{Z}} \delta\left(\omega - \frac{2\pi k}{D}\right) \tag{9.21}$$

其中，最后面的等式由 Poisson-sum 公式而来[参见式(3.48)]。$\widetilde{c}[n]$的 DTFT 可表示为$C(\mathrm{e}^{\mathrm{j}\omega})$和$P(\mathrm{e}^{\mathrm{j}\omega})$的卷积，尺度为$2\pi$

$$\widetilde{C}(\mathrm{e}^{\mathrm{j}\omega}) = \frac{1}{2\pi}\int_{-\pi}^{\pi} C(\mathrm{e}^{\mathrm{j}\theta})\frac{2\pi}{D}\sum_{k \in \mathbb{Z}} \delta\left(\omega - \frac{2\pi k}{D} - \theta\right)\mathrm{d}\theta = \frac{1}{D}\sum_{k=0}^{D-1} C(\mathrm{e}^{\mathrm{j}(\omega - \frac{2\pi k}{D})}) \tag{9.22}$$

因此，$d[m]$的 DTFT 为

$$\begin{aligned} D(\mathrm{e}^{\mathrm{j}\omega}) &= \sum_{m \in \mathbb{Z}} d[m]\mathrm{e}^{-\mathrm{j}\omega m} = \sum_{m \in \mathbb{Z}} \widetilde{c}[mD]\mathrm{e}^{-\mathrm{j}\omega m} = \sum_{m \in \mathbb{Z}} \widetilde{c}[n]\mathrm{e}^{-\mathrm{j}\omega n/D} \\ &= \widetilde{C}(\mathrm{e}^{\mathrm{j}\omega/D}) = \frac{1}{D}\sum_{k=0}^{D-1} C(\mathrm{e}^{\mathrm{j}(\frac{\omega - 2\pi k}{D})}) \end{aligned} \tag{9.23}$$

因此，鉴于上采样压缩了频率轴，下采样拉伸了频率轴，这样就会产生一个混叠效应。

下采样在频域的影响如图 9.8 所示。一个用于由输入变换获得输出变化方法是首先以因子 D 拉伸输入信号在$[-\pi, \pi]$之间的频率响应，然后用间隔π来产生混叠。另外一种解释同样得到相同的频域图形，就是首先产生以间隔π/D 的输入信号混叠，然后再以 D 来拉伸结果。

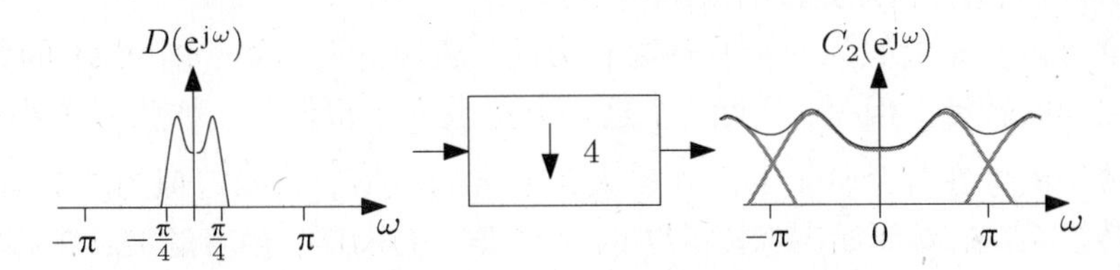

图 9.8　以因子 4 对输入序列在频域上的下采样效果

如果输入信号是π/D 带限的，那么就不会有混叠现象发生。在这种情况下，输出的变换就和输入的变换有着相同的形式，尺度为 D。

图 9.7 所示的系统包括了由式(9.19)给出的前置滤波器 $h[n]$。$h[n]$在$[-\pi, \pi]$上的频率响应为

$$H(\mathrm{e}^{\mathrm{j}\omega}) = \begin{cases} 1, & |\omega| \leqslant \pi/D \\ 0, & |\omega| > \pi/D \end{cases} \tag{9.24}$$

因此，它如图 9.9 所示的抗混叠滤波器一样。图 9.7 的输出也可以被视为输入信号经过适当滤波后的下采样。LPF 和下采样器的组合效果如图 9.10 所示。

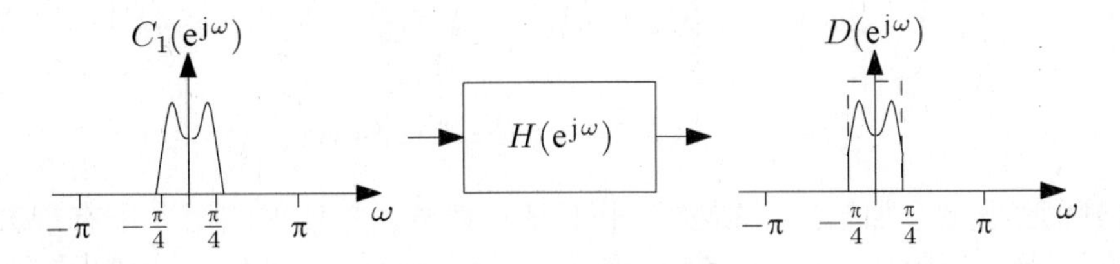

图 9.9　下采样前的抗混叠滤波

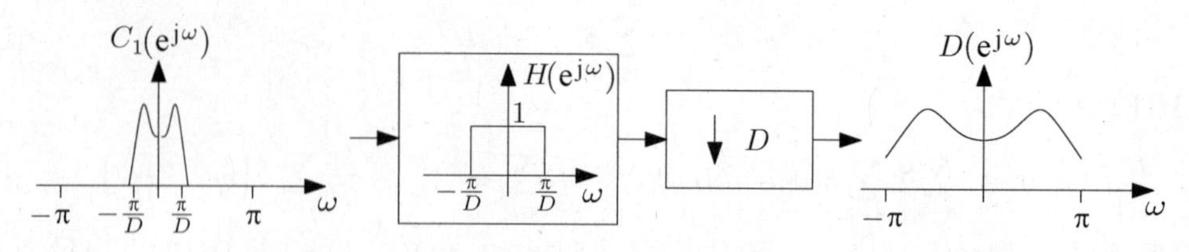

图9.10 低通滤波器和因子 D 下采样的组合效果

9.1.3 比例因子速率转换

最后，我们来考虑速率转换问题，将一个π/T带限信号$x(t)$的采样序列$c_1[n]$转换为采样序列$c_2[m]$，其中序列$c_1[n]$的周期为$T_1 \leqslant T$，序列$c_2[m]$的周期为$T_2 = DT_1/I$，D和I都是整数。与前面部分通过推导获得$c_2[m]$和$c_1[n]$的关系式相比，我们这里可以简单地将插值系统和抽取系统串联起来考虑，就可以得到两个序列的关系。

降低采样率。由于信号抽取需要抗混叠滤波，因此会有误差产生，所以我们首先做插值，然后再做抽取(见习题2)。此想法的方案如图9.11所示。在图9.11中，因为$h_I[n]=\text{sinc}(n/I)$和$h_D[n]=(1/D)\text{sinc}(n/D)$(见式(9.7)和式(9.19))，所以，$h[n]=(h_I * h_D)[n]$为

$$h[n] = \frac{I}{\max\{I,D\}}\text{sinc}\left(\frac{n}{\max\{I,D\}}\right) \tag{9.25}$$

这一关系式在DTFT域上很容易证明(见习题3)。

任何实数都可被任意近似为一个有理数。因此，从理论上来讲，图9.11的方法可被用于任何两个速率之间的转换。但是，实际上，这一方法效率是很低的。作为一个小例子，假设我们希望将一幅数字图像在各个轴上的尺寸扩大为原来的$\sqrt{2}$倍。将$\sqrt{2}$近似为577/408，我们可以设计一个速率转换系统，对原始图像以577的速率进行上采样，接着滤波，然后将结果以408进行下采样。但是在这个简单的实现当中，其中间的步骤需要大概$577^2=332\ 929$次，超过了存储器用于存储原始图像的大小。显然，仅仅为了执行一个$\sqrt{2}$倍放大的问题而设计一个能够存储几十万幅图像的系统是不合理的。此外，对很大幅面的中间图像的直接数字滤波的效率也是十分低的，进而在许多系统中这是不现实的。

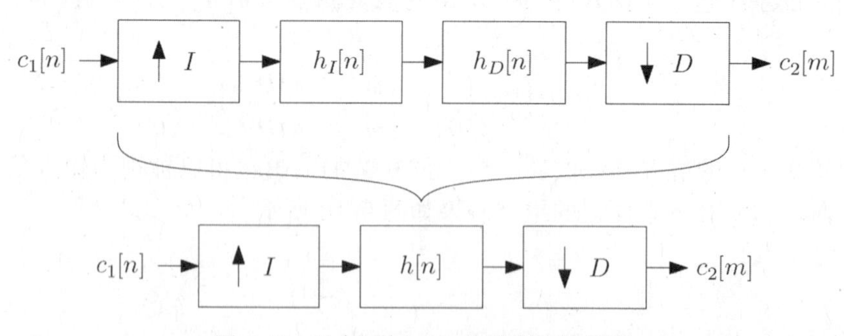

图9.11 比例因子 I/D 的速率转换问题

我们得到的结论是，如果这个转换因子不是有理数，并且不能用一个有理数I/D来近似，其中I是相对比较小的，那么，采用这种上采样、滤波、下采样的方式进行速率转换的开销是十分昂贵的。采样率转换的开销可通过使用多速率信号处理(multirate signal processing)技术来解决，这一技术提供了一些基本的用于高效执行多速率系统的工具。如果读者

想继续深入了解此部分内容，参见参考文献[147]。尽管如此，这种方法的基本开销主要还是由 I 和 D 的值所决定。另一种选择就是利用式(9.2)的关系式去计算在全部希望的时间点 T_2 上的采样值 $x(mT_2)$，但是，因为 sinc 函数存在着缓慢的衰减，所以如何评价效率还是不确定的。因此，在这种情况下，采用不精确的解决方案是很普遍的，正如我们接下来要讨论的内容。

9.1.4　任意因子的速率转换

为了得到采样速率转换的近似解决方案，回忆一下，我们的目标是在时间 mT_2，$m\in\mathbb{Z}$ 处，获得 $x(t)$ 的采样值，其中，唯一可提供的测量值就是在 nT_1，$n\in\mathbb{Z}$ 处对 $x(t)$ 的采样值。假设一个希望的时间点(如 m_0T_2)，与某一个原始的采样值位置很接近如(n_0T_1)。那么在这种情况下，认为 $c_2[m_0]\approx c_1[n_0]$ 是合理的。因此，令 $c_2[m_0]=c_1[n_0]$ 这种近似就是可以接受的一种近似。

然而，很多目标采样位置也许并没有与那些可靠的样值点离得很近。因此，对全部的样值采用这种策略也许会产生很大的误差。一个用来减少近似误差的方法就是，通过某种整数因子 I 来提高采样速率，作为一个预处理。这样产生的序列对应于一个更密集网格 nT_1/I，$n\in\mathbb{Z}$ 的采样值。现在，对于任一位置的 m_0T_2，总有可靠的样值落在不超过 $0.5T_1/I$ 倍的单元间隔内，比如 n_0T_1/I。因此，在这种情况下，令 $c_2[m_0]=c_1[n_0]$，产生的误差会更小。

这种利用最近相邻点的整数插值的方法有时也被称为所谓一级近似方法(first-order approximation)。它可被认为是由以下三步构成。第一步，对原始序列 $c_1[n]=x(nT_1)$ 进行整数因子 I 插值，产生的序列 $d[\ell]=x(\ell T_1/I)$，如图9.3所示。第二步，将序列 $d[\ell]$ 转换为模拟信号，即

$$\tilde{x}(t)=\sum_{\ell\in\mathbb{Z}}d[\ell]w\left(t-\frac{\ell T_1}{I}\right)\tag{9.26}$$

其中，$w(t)=\beta^0(tI/T_1)$ 是一个矩形核函数，或者是一个零阶样条函数[参见式(4.32)]。第三步，将 $\tilde{x}(t)$ 在时刻 mT_2，$m\in\mathbb{Z}$ 处采样，这样，就可以得到序列 $c_2[m]\approx x(mT_2)$。此方案如图9.12所示，其中，$h[n]$ 是一个截止频率为 π/I，增益为 I 的低通滤波器。

注意到，在这种方法中，$c_1[n]$ 在一个更高网格上的插值并没有考虑到这个重复采样是被一个非最佳核函数 $w(t)$ 所执行的这一事实。在9.3.1节中，将考虑在一个更为严格的条件下的子空间先验的密集网格重复采样问题，并且证明这种插值步骤可以进一步优化来减小重复采样过程中产生的误差。在这种方法中，将用一个最佳滤波器来代替图9.12中的LPF，这个最佳滤波器既考虑了带限信号的先验信息，又考虑了选择的核函数 $w(t)$。然而，在本节中，只考虑一个简单的但是直观的方法，它有时也可以得到令人满意的结果。

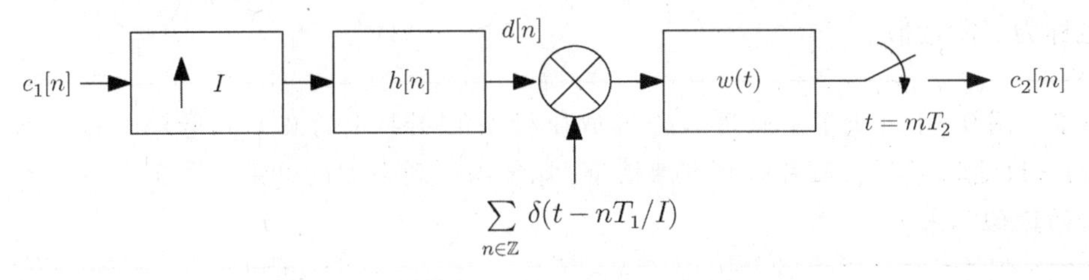

图9.12　任意因子的转换速率

例9.1 这是一个应用图9.12方法的例子，一个正弦信号的采样如图9.13所示。在这里，正弦信号的频率为1 Hz，$T_1=0.174$ s，$T_2=T_1/\sqrt{2}$。可以看到，采样值$c_2[m]$是由简单的最近相邻点插值得到(由空心圆圈标记)，实际上就是由原始信号在期望的采样位置处推导出来的。可以看到，我们所用的中间插值因子越高，近似结果就越好。

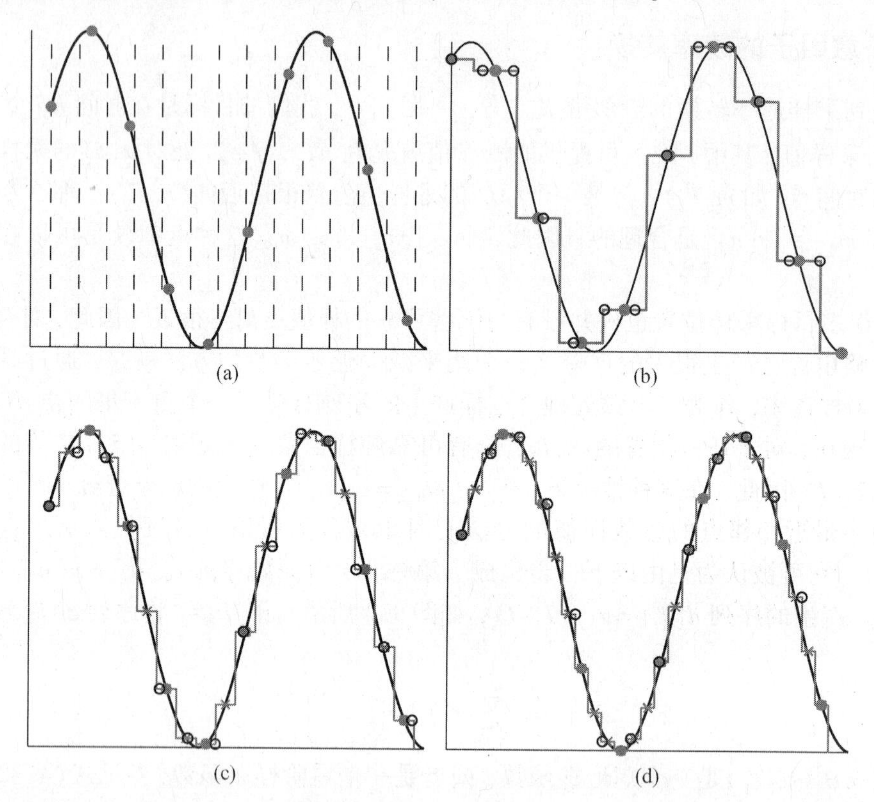

图9.13 因子$\sqrt{2}$的插值。(a)正弦信号$x(t)$在时刻nT_1，$n\in\mathbb{Z}$的采样值$c_1[n]$和期望的样值位置$nT_1/\sqrt{2}$，$n\in\mathbb{Z}$(以竖虚线表示)；(b)最近相邻点插值；(c)(d)因子分别为2和3的采用中间插值的一阶近似。中间插值点以叉标记

为了进一步减少近似误差，一个可以代替最近相邻点的方法就是线性近似。详细说来，不是让$c_2[m_0]$等于$d[\ell_0]$的值，ℓ_0满足$\ell_0 T_1/I$离mT_2最近，而是我们让$c_2[m_0]$落在$d[\ell_1]$和$d[\ell_2]$的连接线上，其中ℓ_1和ℓ_2满足$\ell_1 T_1/I\leqslant m_0 T_2\leqslant \ell_2 T_1/I$。这一方案以图9.12的方式很容易证明，唯一的不同就是现在$w(t)=\beta^1(tI/T_1)$是一个三角核函数，或一个一阶样条函数，这种方法也称为二阶近似。

例9.2 图9.14给出了重新用二阶近似分析了例9.1中的正弦信号的结果。可以看到，此处，令$I=1$(也就是说，采用标准线性插值)就可以得到合理的结果，并且，$I=2$时可以得到一个很好的近似结果。

可以看到，通过考虑更高阶的样条函数，或者其他具有更大支持的核函数可以进一步减小误差。对于任何一个重构核函数$w(t)$，如图9.12所示的系统输出的采样值$c_2[m]$为

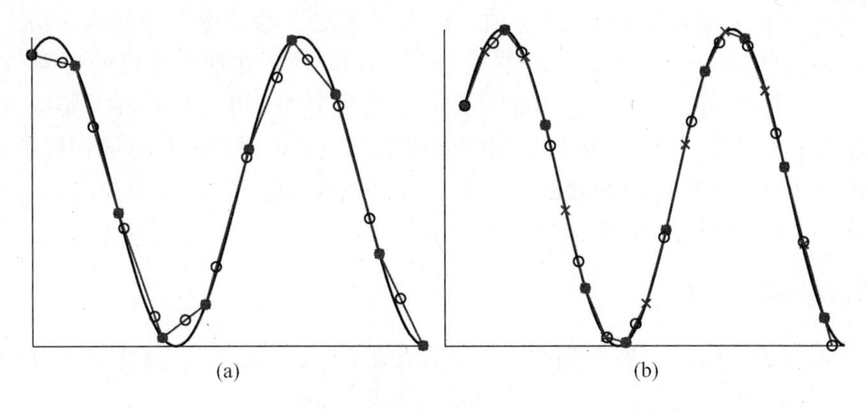

图9.14 图9.13情况下的因子为$\sqrt{2}$的插值。(a)线性插值;(b)采用因子2中间插值的二阶近似,中间插值点以叉标记

$$c_2[m] = \sum_{n\in\mathbb{Z}} d[n]w\left(mT_2 - \frac{nT_1}{I}\right) = \sum_{n\in\mathbb{Z}} d[n]g[m, n] \tag{9.27}$$

我们标记

$$g[m, n] = w(mT_2 - nT_1/I) \tag{9.28}$$

如果核函数$w(t)$是紧支撑的,那么这个多速率系统$g[m, n]$就可被高效地应用,因为每个输出的样值都仅由一个有限个数的输入系数$\{d[n]\}$所决定。图9.12的方案的全数字结构在图9.15中给出,其中的$g[m, n]$由式(9.28)给出。注意到,计算每个输出样值所需要系数$\{d[n]\}$的个数与$\omega(t)$支撑是密切相关的。因此,选择一个具有更大支撑的核函数$w(t)$就可以得到一个更好的近似,但这也意味着一个更大的计算负担。

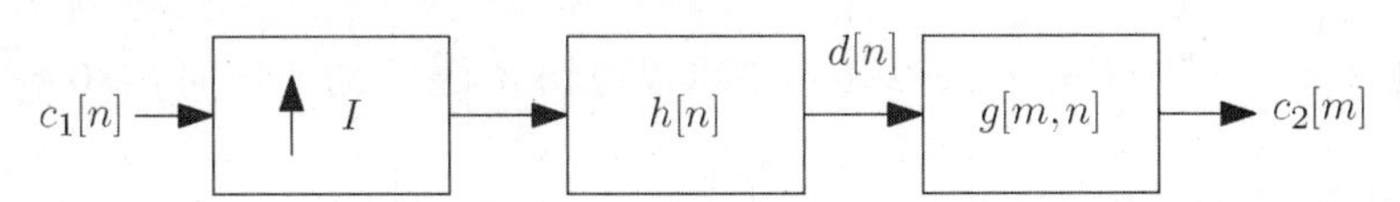

图9.15 图9.12方案的全数字结构。其中$g[m, n] = \omega(mT_2 - nT_1/I)$

本节中讲述的方法假设输入信号是带限的,并且采用样条函数在需要的网格内去近似插值这个信号。下一节将讨论另一种框架,假设一开始将被插值信号的样条函数的度是合适的。因此,我们用一个样条先验替代带限先验。我们将看到,这样会产生一种计算的高效采样率转换方法。在样条函数先验插值的基础上,在9.3节和9.4节中将研究更加广泛的方法对于采样率转换,它允许更加普遍的信号先验。在9.3节中我们将聚焦于增加采样率,而在9.4节中我们将研究采样率下降方法。后者非常具有挑战性,因为降低采样率往往意味着混叠或者失真,这些都需要做出进一步的考虑。

9.2 样条插值

我们现在开始放弃带限的假设,讨论样条函数先验的问题。这里,我们关注标准的插值方法,首先不考虑在一个密集网格上的插值,进而可以得到更为一般的速率转换方法。在9.3节中,再把讨论进行扩展,包含密集网格的插值和更为一般的信号模型。文献[65]中给出了样条函数更加精确的分析以及它在采样速率转换方面的应用。

假设 $x(t)$ 是一个 p 度样条函数，节点在 nT_1，$n\in\mathbb{Z}$ 处。给定逐点采样值 $c_1[n]=x(nT_1)$，我们希望确定在某些 $T_2\neq T_1$ 点上的采样值 $c_2[m]=x(mT_2)$。在前面考虑的带限信号情况下，为了降低采样率(也就是说 $T_2>T_1$)，我们使用一个抗混叠的 LPF。但是在非带限 SI 空间情况下，类似的过程就不是很明显了，例如使用样条函数。为了把讨论的焦点放在样条函数的计算量方面，把统一的抗混叠操作的问题放到 9.4.1 节中进行讨论，而在这里仅仅讨论采样率增加的情况，也就是说这里我们认为 $T_2<T_1$。

9.2.1 插值公式

正如在第 4 章的式(4.31)所看到的，任何节点在 $nT_1(n\in\mathbb{Z})$ 的 p 度样条函数可以描述为

$$x(t) = \sum_{n\in\mathbb{Z}} d[n]\beta^p\left(\frac{t-nT_1}{T_1}\right) \tag{9.29}$$

其中，β^p 是 p 度 B 样条函数，$d[n]$ 是合适的系数，一旦序列 $d[n]$ 已知，我们就可以通过式(9.29)在任何瞬时时刻 t_0 计算出 $x(t)$。由于 B 样条核函数 $\beta^p(t)$ 是紧支撑的，$x(t_0)$ 仅仅取决于序列 $d[n]$ 中的有限个数的系数，进而可以实现高效应用。这一点和带限插值完全不同，在带限插值过程中，慢衰减的 sinc 函数代替了这里的 $\beta^p(t)$。

在实际应用中，并不能得到系数 $d[n]$，而只是得到采样值 $c_1[n]=x(nT_1)$。因此，采样率转化要求我们使用式(9.29)首先计算这些系数，采样序列 $c_1[n]$ 是由系数 $d[n]$ 得到的，即

$$c_1[n] = x(nT_1) = \sum_{n\in\mathbb{Z}} d[k]\beta^p(n-k) \tag{9.30}$$

在频域上

$$D(e^{j\omega}) = C_1(e^{j\omega})\frac{1}{B^p(e^{j\omega})} \tag{9.31}$$

其中，$B^p(e^{j\omega})$ 是 $\beta^p(n)$ 的 DTFT，在文献[65]中可以得到 $B^p(e^{j\omega})$ 对于任何 $p\geqslant 0$ 在 $\omega\in[-\pi,\pi]$ 上是非零的。

式(9.31)的求解过程就相当于使用一个滤波器从已知的采样值恢复一个已知子空间(这种情况下最适合的是样条空间)的信号。正如我们在第 6 章中讲到的，这个滤波器的一般形式是 $H(e^{j\omega})=1/R_{SA}(e^{j\omega})$，其中 $R_{SA}(e^{j\omega})$ 由式(5.28)定义。在这里，$a(t)=\beta^p(t)$，$s(t)=\delta(t)$，由此可以得到结果为 $H(e^{j\omega})=1/B^p(e^{j\omega})$。

接下来的问题是如何有效地计算式(9.31)。为此，我们注意到，序列 $\beta^p(n)$ 在 $[-\lfloor p/2\rfloor,\lfloor p/2\rfloor]$ 上是紧支撑的，所以有

$$\frac{1}{B^p(e^{j\omega})} = \frac{1}{\sum_{k=-\lfloor p/2\rfloor}^{\lfloor p/2\rfloor}\beta^p(k)e^{-j\omega k}} \tag{9.32}$$

上式是一个有 $2\lfloor p/2\rfloor$ 个极点的无限冲激响应滤波器(IIR)。进一步来说，因为 $\beta^p(n)$ 是一个对称序列，这些极点是成对出现的，这就意味着上式可以重写为

$$\frac{1}{B^p(e^{j\omega})} = \left(\prod_{k=1}^{\lfloor p/2\rfloor}\frac{1}{1-\alpha_k e^{-j\omega}}\right)\left(\prod_{k=1}^{\lfloor p/2\rfloor}\frac{1}{1-\alpha_k e^{j\omega}}\right)C \tag{9.33}$$

其中 C 是不为零的常数，$|\alpha_k|<1$ 表示位于复单位圆内的极点。这个表达式的第一项表示 $H_c(e^{j\omega})$，是一个阶数为 $\lfloor p/2\rfloor$ 的稳定因果 IIR 滤波器，而第二项表示为 $H_{ac}(e^{j\omega})$，是一个阶数为 $\lfloor p/2\rfloor$ 的稳定非因果 IIR 滤波器。因此，$x(t)$ 的 B 样条展开的系数 $d[n]$ 可以通过在采样 $c_1[n]$ 上应用两个 IIR 滤波操作来获得。

第一个因果滤波器的输出 $d_1[n]=h_c[n]*c_1[n]$ 使用下式恢复。

$$d_1[n] = \gamma_1 d_1[n-1] + \cdots + \gamma_{\lfloor p/2 \rfloor} d_1[n-p/2 + c_1[n] \tag{9.34}$$

其中，γ_i 是多项式的系数，多项式的根是 α_i。

第二个滤波器产生一个输出 $d_2[n]=h_{ac}[n]*d_1[n]$，通过下式来恢复

$$d_2[n] = \gamma_1 d_2[n+1] + \cdots + \gamma_{\lfloor p/2 \rfloor} d_2[n+p/2 + d_1[n] \tag{9.35}$$

应用一个增益 C 来获得一个最终的结果

$$d[n] = Cd_2[n] \tag{9.36}$$

实际上，我们经常得到有限序列采样 $c_1[n]$，$n=1$，…，N。因此，为了简便我们假设它在区间 $[1,N]$ 外的值都是零。这样，两个滤波器操作的初始条件可以认为是零。这种情况下，前一个恢复式(9.34)定义为 $n=1$，…，N，后一个恢复则定义为 $n=N$，…，1。

一旦从采样 $c_1[n]$ 中得到了展开系数 $d[n]$，如图 9.15 所示，就可以利用公式 $g[m,n]=\beta^p(mT_2/T_1-n)$ 在任何时刻 $t=mT_2$ 估计 $x(t)$ 的值。

图 9.16 解释了得到的采样率转换方法。

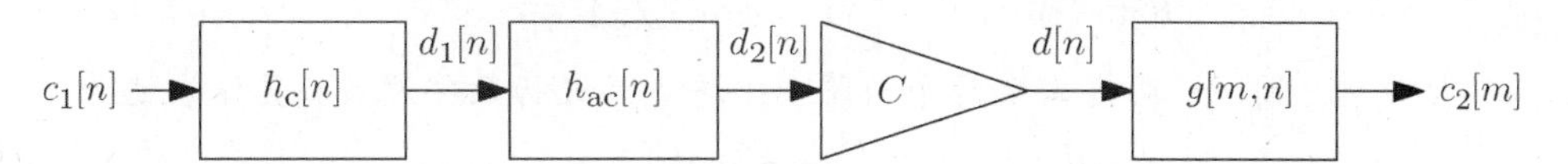

图 9.16 利用因果和非因果滤波器的样条先验的任意因子的速率转换。这里滤波和放大运算实现了 $1/B^p(e^{j\omega})$ 和 $g[m,n]=\beta^p(mT_2/T_1-n)$

下面通过一些例子来说明根据逐点采样值 $c_1[n]=x(nT_1)$ 计算样条系数的 $d[n]$ 的方法。

例 9.3 假设 $x(t)$ 是 $p=0$ 度的样条函数，在这种情况下，$\beta^0(n)=\delta[n]$，即 $B^0(e^{j\omega})=1$，这样，展开系数是 $d[n]=c_1[n]$，并且不需要数字滤波。当 $p=1$ 时出现同样的情况，即 $\beta^1(n)=\delta[n]$，这两种情况分别对应于最近相邻插值(零阶情况的一半的偏移)和线性插值。

例 9.4 考虑 $x(t)$ 为一个 $p=2$ 的样条函数，直接的计算可以表示为

$$\beta^2(n) = \begin{cases} 3/4, & n=0 \\ 1/8, & |n|=1 \\ 0, & |n| \geqslant 2 \end{cases} \tag{9.37}$$

因此

$$\frac{1}{B^2(e^{j\omega})} = \frac{8}{e^{-j\omega}+6+e^{j\omega}} \tag{9.38}$$

滤波器可以表示为

$$\frac{1}{B^2(e^{j\omega})} = -8\alpha_2\left(\frac{1}{1-\alpha_2 e^{-j\omega}}\right)\left(\frac{1}{1-\alpha_2 e^{j\omega}}\right) \tag{9.39}$$

其中，$\alpha_2=-3+\sqrt{8}$。因此，需要数字滤波来实现式(9.31)，通过两个一阶 IIR 滤波器得到，一个滤波器是因果的，另一个滤波器是非因果的。

第一个滤波器对应于

$$d_1[n] = c_1[n] + \alpha_2 d_1[n-1] \tag{9.40}$$

第二个滤波器对应于

$$d_2[n] = d_1[n] + \alpha_2 d_2[n+1] \tag{9.41}$$

最后的输出为

$$d[n] = -8\alpha_2 d_2[n] \tag{9.42}$$

例 9.5 假设 $x(t)$ 是一个 $p=3$ 的样条函数，这时

$$\beta^3(n) = \begin{cases} 2/3, & n=0 \\ 1/6, & |n|=1 \\ 0, & |n|\geqslant 2 \end{cases} \tag{9.43}$$

$$\frac{1}{B^3(\mathrm{e}^{\mathrm{j}\omega})} = \frac{6}{\mathrm{e}^{-\mathrm{j}\omega}+4+\mathrm{e}^{\mathrm{j}\omega}} \tag{9.44}$$

一个简单的计算可以得到

$$\frac{1}{B^3(\mathrm{e}^{\mathrm{j}\omega})} = -6\alpha_3\left(\frac{1}{1-\alpha_3\mathrm{e}^{-\mathrm{j}\omega}}\right)\left(\frac{1}{1-\alpha_3\mathrm{e}^{\mathrm{j}\omega}}\right) \tag{9.45}$$

其中 $\alpha_3 = -2+\sqrt{3}$。因此，同样需要两个一阶 IIR 滤波器进行数字滤波，具体表述为

$$d_1[n] = c_1[n] + \alpha_3 d_1[n-1] \tag{9.46}$$

和

$$d_2[n] = d_1[n] + \alpha_3 d_2[n+1] \tag{9.47}$$

最后的结果是

$$d[n] = -6\alpha_3 d_2[n] \tag{9.48}$$

9.2.2 与带限插值的比较

上述例子说明，当样条函数的度不是很高的时候，我们可以高效地实现样条插值过程中的采样值数字化处理。利用校正系数 $d[n]$ 实现的重构过程也是非常高效的，这是因为 B 样条核函数都是完全支撑的。为了适应任意因子的不同于带限信号速率转换差别，注意到，如果一个带限信号 $x(t)$ 以低于奈奎斯特采样周期 T_1 进行采样，那么它可以表示为

$$x(t) = \sum_{n\in\mathbb{Z}} c_1[n]\operatorname{sinc}\left(\frac{t-nT_1}{T_1}\right) \tag{9.49}$$

对于某个 $T_2 < T_1$，在 mT_2 估计 $x(t)$，得到

$$c_2[m] = x(mT_2) = \sum_{n\in\mathbb{Z}} c_1[n]\operatorname{sinc}\left(\frac{mT_2-nT_1}{T_1}\right) \tag{9.50}$$

因此，序列 $\{c_1[n]\}$ 的所有的采样值就是对于每一个 m 计算 $c_2[m]$。假设为了高效性，对这个求和进行截短，仅仅使用那些乘以绝对值大于 0.01 的系数。那么，由于 sinc 函数的缓慢衰减，仍然可以留下大约 60 个采样值来对应于每一个输出系数。

相反，对于阶数 p 的样条插值，重构的阶段包括 B 样条核函数 $\beta^p(t)$，其支撑的大小为 $2\lfloor p/2\rfloor$，也就是

$$c_2[m] = x(mT_2) = \sum_{n\in\mathbb{Z}} d[n]\beta^p\left(\frac{mT_2-nT_1}{T_1}\right) \tag{9.51}$$

因此，校正序列$\{d[n]\}$中仅仅用到$2\lfloor p/2 \rfloor + 1$个系数来计算每个输出采样值$c_2[m]$，这一点不同于带限信号的情况，尤其对于p值比较小的样条函数。

9.3 密集网格插值

9.1节提出的方法和分析结果使我们能够针对于实际的速率转换问题建立一个基本框架。也就是说，在带限信号的情况下，利用上采样器、下采样器、数字滤波器和采样插值核函数(如0度或1度B样条函数)，我们就可以对于一个给定序列以任意因子进行有效的速率转换。在9.2节中，进一步扩展到样条函数先验的情况。在样条函数先验的情况下，速率转换的实现方法也是比较方便的，因为B样条核函数的支撑是有限的。这样，在9.1.4节中所讨论的近似方法也就是不必要的了。在本节中，将进一步扩展我们的框架，考虑一个密集重构网格，并讨论任意的子空间先验和平滑先验条件下的速率转换问题。

在第6章和第7章中，分别讨论了信号$x(t)$在子空间先验、平滑先验和随机先验条件下的恢复问题。从理论上讲，如果对于任意的$t \in \mathbb{R}$，都知道如何实现$x(t)$的完美恢复$\hat{x}(t)$，那么，我们就能够对于每个$n \in \mathbb{Z}$来计算出$\hat{x}(nT_2)$，或者如果想做的话，就计算$(s * \hat{x})(nT_2)$，其中$s(t)$是某种抗混叠滤波器(特别是在进行抽取的时候)。那么问题是，为什么还要进一步讨论其他的方法呢？

回想一下，我们曾经研究过的非限定性恢复方法经常会导致非紧支撑的重构核函数，进而造成了低效率的计算问题。而相反，在限定性情况下，对于一个固定的恢复核函数$w(t)$，通过利用一个最佳的校正滤波器$h(t)$，这时，如果$w(t)$具有非常小的支撑(如0度或1度B样条函数)，那么得到的重构结果就会非常差。因此，为了得到一个实用的速率转换系统，并且考虑$x(t)$的任意先验条件，就需从几个方面上对前几章中的重构方法进一步扩展。第一，需要考虑密集网格重构，如9.1.4节介绍的，需要考虑速率转换的插值先验，同时，需要把重构限制在简单的紧支撑核函数上。第二，当考虑抽取或者是采样率降低时，我们把标准恢复方法和正确的抗混叠滤波器相结合，进而实现恢复失真的最小化。

正如9.2节所讲到的，首先要考虑采样率的提升。采样率的下降需要考虑抗混叠处理，要适应带限信号以及其他类型的先验条件，这个内容将在9.4.1节中进行讨论。根据9.1.4节中的介绍可知，要实现高效率采样率提升，我们应用了图9.1.2中的结构，其中考虑了子空间先验和平滑先验。也就是说，我们对于序列$c_1[n]$进行上采样，然后用数字滤波器$h[n]$进行滤波，再利用一些简单的核函数$w(t)$重构一个模拟信号$\tilde{x}(t)$，最后在时刻mT_2，$m \in \mathbb{Z}$对其进行采样，得到$c_2[m]$。我们限制了自己使用一个预先定义的重构核函数$w(t)$(目的是为了高效的实现)和一个预先定义的速率转换因子I。我们的目标就是设计这个数字校正滤波器$h[n]$。当$I=1$时，这个问题就和第6章及第7章中研究的问题相同了。这里，我们把问题扩展到更一般条件下的I，并且考虑滤波器$h[n]$的具体实现方法。在9.2节中考虑的样条插值是图9.12的一个特例，即$I=1$和$w(t)$为一个适当选择的样条函数的情况。

9.3.1 子空间先验

这里，我们来建立问题的数学模型，首先考虑子空间先验的情况。假设信号$x(t)$属于一个SI子空间$\mathcal{A}$，$\mathcal{A}$是由$\{a(t-kT_1)\}_{k\in\mathbb{Z}}$张成的，对于某个序列$b[n]$有

$$x(t) = \sum_{k\in\mathbb{Z}} b[k]a(t-kT_1) \tag{9.52}$$

对这个信号，在时刻 nT_1，$n\in\mathbb{Z}$ 采样，在通过滤波器 $s(-t)$ 之后，产生的采样值为

$$c_1[n] = \int_{-\infty}^{\infty} x(t)s(t-nT_1)\mathrm{d}t \tag{9.53}$$

我们的目标是恢复信号 $x(t)$，通过预先设定的重构核 $w(t)$ 的移位来实现恢复，移位的时间间隔为 $\widetilde{T}_1 = T_1/I$ 个单位时间。对于一些序列 $d[n]$，恢复信号为

$$\hat{x}(t) = \sum_{n\in\mathbb{Z}} d[n]w(t-nT_1/I) \tag{9.54}$$

换句话说，我们要产生一个恢复信号 $\hat{x}(t)$，它存在于由 $\{w(t-nT_1/I)\}_{n\in\mathbb{Z}}$ 张成的子空间 $\mathcal{W}$ 中。然后，我们将在时刻 mT_2 对 $\hat{x}(t)$ 进行重复采样，进而实现采样率转换。这种方法最重要的问题就是选择 $w(t)$，以便最后可以高效地获得 $c_2[m]$，即求和操作可以通过很少的计算来估计。

$$c_2[m] = \sum_{n\in\mathbb{Z}} d[n]w(mT_2-nT_1/I) \tag{9.55}$$

特别是，我们将要考虑紧支撑核函数。

恢复公式

在第 6 章中，介绍了恢复 $\hat{x}$ 的一个通用的公式，它可以实现，当 x 位于一个给定的由集合变换 A 张成的子空间时，重构错误 $\|x-\hat{x}\|$ 的最小化，并且，$\hat{x}$ 被限定在集合变换 W 的范围内。具体来讲，用一个数字系统来处理采样值 c_1，并得到重构系数

$$d = (W^*W)^{-1}W^*A(S^*A)^{-1}c_1 \tag{9.56}$$

在这里，A、S 和 W 分别表示对应于 $\{a(t-kT_1)\}_{k\in\mathbb{Z}}$，$\{s(t-nT_1)\}_{n\in\mathbb{Z}}$ 和 $\{w(t-mT_1/I)\}_{m\in\mathbb{Z}}$ 的集合变换。注意到，与第 6 章的 SI 情况有所不同，这里的系统并不是一个 LTI 系统，而是一个多速率系统。确实，对于每个输入采样值它产生了 I 个系数。

接下来，详细计算式(9.56)给出的表达式。由于 S 和 A 都是周期为 T_1 的 SI 集合，算子 S^*A 等于序列的卷积

$$r_{sa}^{T_1}[n] = \int_{-\infty}^{\infty} a(t)s(t-nT_1)\mathrm{d}t \tag{9.57}$$

其 DTFT 为

$$R_{SA}^{T_1}(\mathrm{e}^{\mathrm{j}\omega}) = \frac{1}{T}\sum_{k\in\mathbb{Z}} \overline{S\left(\frac{\omega}{T_1}-\frac{2\pi k}{T_1}\right)}A\left(\frac{\omega}{T_1}-\frac{2\pi k}{T_1}\right) \tag{9.58}$$

因此，应用算子 $(S^*A)^{-1}$ 相当于用 $1/R_{SA}{}^{T1}(\mathrm{e}^{\mathrm{j}\omega})$ 滤波。相似地，算子 W^*W 就等于卷积

$$r_{ww}^{\widetilde{T}_1}[m] = \int_{-\infty}^{\infty} w(t)w(t-m\widetilde{T}_1)\mathrm{d}t \tag{9.59}$$

其中，$\widetilde{T}_1 = T_1/I$。$r_{ww}^{\widetilde{T}_1}[m]$ 的 DTFT 为

$$R_{WW}^{\widetilde{T}_1}(\mathrm{e}^{\mathrm{j}\omega}) = \frac{1}{\widetilde{T}_1}\sum_{k\in\mathbb{Z}} \left|W\left(\frac{\omega}{\widetilde{T}_1}-\frac{2\pi k}{\widetilde{T}_1}\right)\right|^2 \tag{9.60}$$

乘以 $(W^*W)^{-1}$ 等于用 $1/R_{WW}^{\widetilde{T}_1}(\mathrm{e}^{\mathrm{j}\omega})$ 滤波。

下面的问题是确定算子 W^*A 的影响。为此，我们注意到，如果 $d=W^*Ac$，则有

$$d[m] = \int_{-\infty}^{\infty} \left(\sum_{n\in\mathbb{Z}} c[n]a(t-nT_1)\right)w(t-m\widetilde{T}_1)\mathrm{d}t$$

$$
\begin{aligned}
&= \sum_{n\in\mathbb{Z}} c[n] \int_{-\infty}^{\infty} a(t-nT_1) w(t-m\widetilde{T}_1)\,\mathrm{d}t \\
&= \sum_{n\in\mathbb{Z}} c[n] \int_{-\infty}^{\infty} a(t) w(t+nT_1-m\widetilde{T}_1)\,\mathrm{d}t \\
&= \sum_{n\in\mathbb{Z}} c[n] \int_{-\infty}^{\infty} a(t) w(t-\widetilde{T}_1(m-nI))\,\mathrm{d}t \\
&= \sum_{n\in\mathbb{Z}} c[n] r_{wa}^{\widetilde{T}_1}[m-nI]
\end{aligned}
\tag{9.61}
$$

其中

$$
r_{wa}^{\widetilde{T}_1}[n] = \int_{-\infty}^{\infty} a(t) w(t-n\widetilde{T}_1)\,\mathrm{d}t \tag{9.62}
$$

把这个表达式和式(9.6)相比较，我们可以看到，算子 W^*A 相当于对序列 c 以因子 I 进行上采样，然后用 $r_{wa}^{\widetilde{T}_1}[n]$ 进行了滤波。

总结一下，要求获得系数 $d[n]$ 而进行的采样值 $c_1[n]$ 的数字处理可以表示为四个基本模块的级联系统，如图9.17所示。右面的两个滤波器也可以融合为一个滤波器，这样，将序列 $c_1[n]$ 通过这个滤波器 $1/R_{SA}^{T_1}(\mathrm{e}^{\mathrm{j}\omega})$ 就可以获得 $d[n]$。然后以一个因子 I 进行上采样，再用滤波器 $R_{WA}^{\widetilde{T}_1}(\mathrm{e}^{\mathrm{j}\omega})/R_{WW}^{\widetilde{T}_1}(\mathrm{e}^{\mathrm{j}\omega})$ 进行滤波。整个速率转换系统如图9.18所示，其中 $g[m,n]$ 如图9.15。

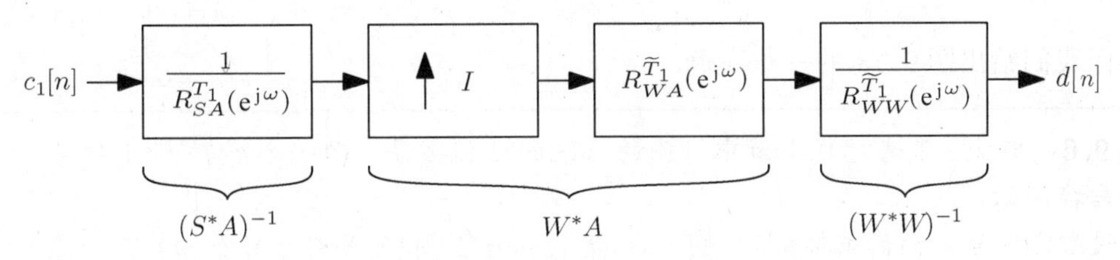

图9.17　具有子空间先验和 $\widetilde{T}_1=T_1/I$ 的条件下，利用密度网格方法实现速率转换的数字处理系统

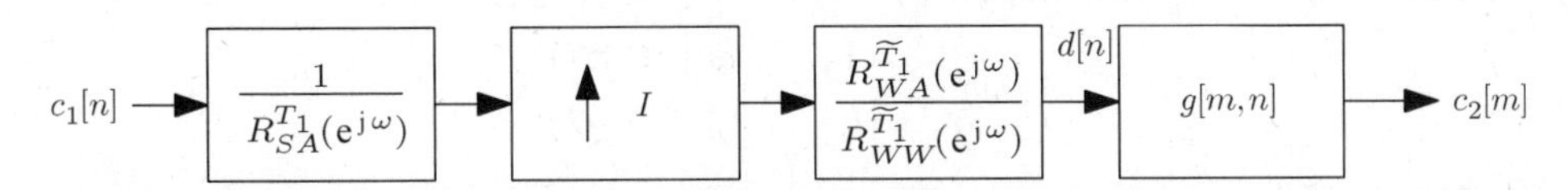

图9.18　具有前置和后置滤波器，利用密度网格方法实现的速率转换，这里 $g[m,n]=w(mT_2-nT_1/I)$

在9.2节中介绍的样条插值的例子是图9.18的一个特例，即 $I=1$ 时，并且先验空间 A 等于重构空间 W。采样算子对应于逐点采样，在频域上相当于 $S(\omega)=1$。根据这些选择，图9.18中前三个模块退化为一个单独的滤波器 $1/R_{SA}^{T_1}(\mathrm{e}^{\mathrm{j}\omega})$，它就等于 $1/B^p(\mathrm{e}^{\mathrm{j}\omega})$。

等效实现

图9.18的方法和图9.15的结构略有不同。这里，在上采样前后都有一个数字滤波器。这里我们将看到，这两个系统可以通过去掉第一个滤波器并用下式代替第二个滤波器来画等号

$$
H(\mathrm{e}^{\mathrm{j}\omega}) = \frac{R_{WA}^{\widetilde{T}_1}(\mathrm{e}^{\mathrm{j}\omega})}{R_{WW}^{\widetilde{T}_1}(\mathrm{e}^{\mathrm{j}\omega}) R_{SA}^{T_1}(\mathrm{e}^{\mathrm{j}\omega I})} \tag{9.63}
$$

换句话说，我们将滤波器 $1/R_{SA}^{T_1}(\mathrm{e}^{\mathrm{j}\omega})$ 移到上采样器之后，反过来对频率轴进行尺度变换，使滤波器变成了 $1/R_{SA}^{T_1}(\mathrm{e}^{\mathrm{j}\omega I})$。最后得到的系统如图9.19所示。

为了建立这种等效关系，可以用更基本的方法来说明。一个序列 $c[n]$ 和某个冲激响应 $g[n]$ 进行卷积，然后再进行上采样，这样的过程可以等效为首先对序列 $c[n]$ 先进行上采样，然后再与一个滤波器 $\widetilde{g}[n]$ 进行卷积，其中 $\widetilde{g}[n]$ 的频域响应为 $\widetilde{G}(\mathrm{e}^{\mathrm{j}\omega}) = G(\mathrm{e}^{\mathrm{j}\omega I})$。这个结果如图 9.20 所示。回忆式(9.8)可以看到，用因子 I 的上采样 $(c*g)[n]$ 的 DTFT 就等于 $C(\mathrm{e}^{\mathrm{j}\omega I})G(\mathrm{e}^{\mathrm{j}\omega I})$。另外，$c[n]$ 的 I 上采样与 $\widetilde{g}[n]$ 的卷积的 DTFT 就等于 $C(\mathrm{e}^{\mathrm{j}\omega I})\widetilde{G}(\mathrm{e}^{\mathrm{j}\omega})$。因此，如果 $\widetilde{G}(\mathrm{e}^{\mathrm{j}\omega}) = G(\mathrm{e}^{\mathrm{j}\omega I})$，那么，运算结果是一样的。

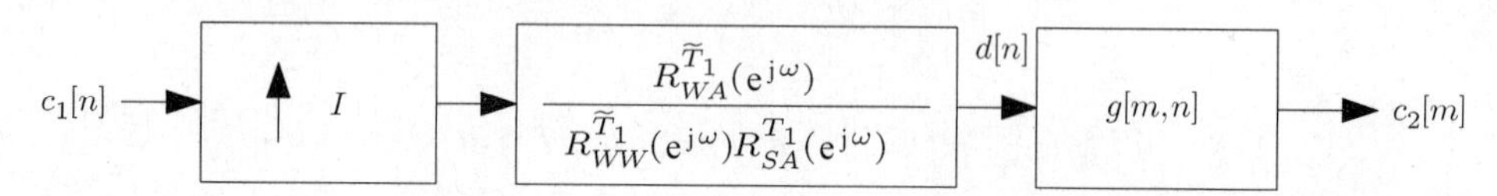

图 9.19 具有后置滤波器，利用密度网格方法实现的速率转换，这里 $g[m,n] = w(mT_2 - nT_1/I)$

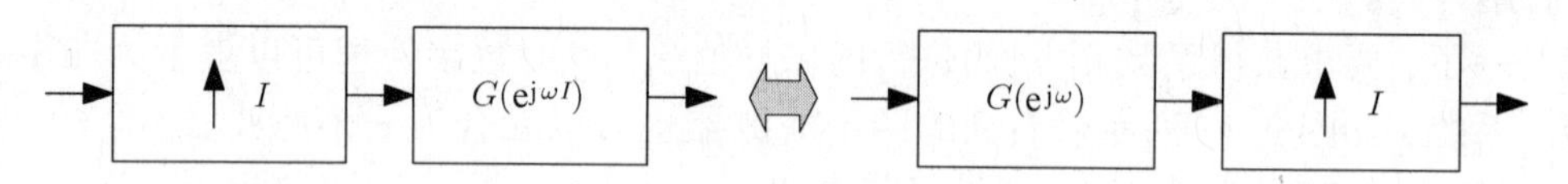

图 9.20 上采样器前后滤波的等效关系

示例

下面我们给出图 9.18 的一些实例。

例 9.6 首先，来考虑 9.1 节中讨论的传统的近似方法，即一个 π/T_1 带限信号 $x(t)$ 的采样速率转换问题。

假设给定信号 $x(t)$ 的采样值 $c_1[n] = x(nT_1)$，$n \in \mathbb{Z}$，我们要对于每个 $m \in \mathbb{Z}$ 计算 $c_2[m] = x(mT_2)$，其中 $T_2/T_1 < 1$ 是一个非有理数因子，由于这种情况下的采样值是逐点的，所以有 $S(\omega) = 1$。

进一步来讲，对于 $x(t)$ 的带限假设对应于一个子空间先验

$$A(\omega) = \begin{cases} 1, & |\omega| \leqslant \pi/T_1 \\ 0, & |\omega| > \pi/T_1 \end{cases} \tag{9.64}$$

这意味着，对于所有的 $\omega \in [-\pi, \pi]$，有

$$R_{SA}^{T_1}(\mathrm{e}^{\mathrm{j}\omega}) = \frac{1}{T_1} \tag{9.65}$$

同时有

$$\frac{R_{WA}^{\widetilde{T}_1}(\mathrm{e}^{\mathrm{j}\omega})}{R_{WW}^{\widetilde{T}_1}(\mathrm{e}^{\mathrm{j}\omega})} = \begin{cases} \dfrac{\frac{1}{\widetilde{T}_1}W(\omega/\widetilde{T}_1)}{R_{WW}^{\widetilde{T}_1}(\mathrm{e}^{\mathrm{j}\omega})}, & |\omega| \leqslant \pi/I \\ 0, & |\omega| > \pi/I \end{cases} \tag{9.66}$$

因为前置滤波器的频域响应为常数，所以，我们的方法就可以使用一个因子为 I 的上采样器，跟随一个数字校正滤波器 $h[n]$，其频域响应为

$$H(\mathrm{e}^{\mathrm{j}\omega}) = \begin{cases} I\dfrac{W(I\omega/\widetilde{T}_1)}{R_{WW}^{\widetilde{T}_1}(\mathrm{e}^{\mathrm{j}\omega})}, & |\omega| \leqslant \pi/I \\ 0, & |\omega| > \pi/I \end{cases} \tag{9.67}$$

这种方法与利用因子 I 的标准速率转换方法基本相似，只是与式(9.9)不同，这里 $H(e^{j\omega})$ 的频率响应在通带内不是平坦的，其形状由选定的重构滤波器 $w(t)$ 来决定。因此，从某种意义上讲，这个校正滤波器 $H(e^{j\omega})$ 补偿了非理想核函数 $w(t)$ 的影响。这就与9.1.4节中的试探性方法有所不同，那里使用了标准的LPF，而不考虑 $w(t)$ 的影响。

例如，在第一阶近似方法中，核函数 $w(t)$ 对应于

$$W(\omega) = \widetilde{T}_1 \operatorname{sinc}\left(\frac{\widetilde{T}_1 \omega}{2\pi}\right) \tag{9.68}$$

和 $R_{WW}^{\widetilde{T}_1}(e^{j\omega}) = \widetilde{T}_1$。因此，在这种情况下，要求的修正滤波器式(9.67)具有下列形式

$$H(e^{j\omega}) = \begin{cases} I\operatorname{sinc}\left(\dfrac{\omega}{2\pi}\right), & |\omega| \leqslant \pi/I \\ 0, & |\omega| > \pi/I \end{cases} \tag{9.69}$$

对于二阶逼近可以进行类似的分析(见习题4)。

例9.7 假设一个2度样条函数 $x(t)$，通过一个滤波器 $s(t)=\beta^0(t/T_1)$ 后，在 nT_1，$n\in\mathbb{Z}$ 处被采样。我们的目标是得到信号 $x(t)$ 的一个近似，利用网格 mT_1/I，$m\in\mathbb{Z}$ 上的最近相邻的采样值，其中 $I\geqslant 1$ 为某个整数。这相当于使用了一个核函数 $w(t)=\beta^0(t/\widetilde{T}_1)$，其中 $\widetilde{T}_1 = T_1/I$。

在这种情况下，$a(t)=\beta^2(t/T_1)$，$s(t)=\beta^0(t/T_1)$，因此有，$r_{sa}^{T_1}[n] = T_1\beta^3[n]$。这意味着图9.18中的前置滤波器 $1/R_{SA}^{T_1}(e^{j\omega})$ 等于 $1/T_1B^3(e^{j\omega})$。正如在例9.5中看到的，这个滤波器可以由一个因果和一个非因果滤波器的串联构成[见式(9.46)和式(9.47)]。同时还有，$r_{ww}^{\widetilde{T}_1}[n] = \widetilde{T}_1\beta^1(n) = \widetilde{T}_1\delta[n]$，进而得到 $R_{WW}^{\widetilde{T}_1}(e^{j\omega}) = \widetilde{T}_1$。最后，图9.18滤波器 $R_{WA}^{\widetilde{T}_1}(e^{j\omega})$ 的冲激响应为

$$r_{wa}^{\widetilde{T}_1}[n] = \int_{-\infty}^{\infty} \beta^2\left(\frac{t}{T_1}\right)\beta^0\left(\frac{t-n\widetilde{T}_1}{\widetilde{T}_1}\right)dt = T_1\int_{\frac{n-0.5}{I}}^{\frac{n+0.5}{I}} \beta^2(t)\,dt \tag{9.70}$$

由于 $\beta^2(t)$ 是紧支撑的，所以上式相当于一个FIR滤波器。

当 $I=1$，且 $r_{wa}^{T_1}[n] = T_1\beta^3(n)$ 时，也就是有，$R_{WA}^{\widetilde{T}_1}(e^{j\omega}) = T_1B^3(e^{j\omega})$。由于这个方案中没有上采样过程，因此，这个后置滤波器就是前置滤波器的严格反向形式。这样一来，总体上讲，这种情况就不需要滤波器操作的，对于 $I=2$，直接的数值计算表明，$r_{wa}^{\widetilde{T}_1}[n]$ 为

$$r_{wa}^{\widetilde{T}_1}[n] = T_1\begin{cases} 0.365, & n=0 \\ 0.249, & |n|=1 \\ 0.069, & |n|=2 \\ 0.003, & |n|=3 \\ 0, & |n|\geqslant 4 \end{cases} \tag{9.71}$$

图9.21给出了这种方法下 $I=1$ 和 $I=2$ 时得到的重构结果。如图所示，网格越密集，逼近的效果越好。

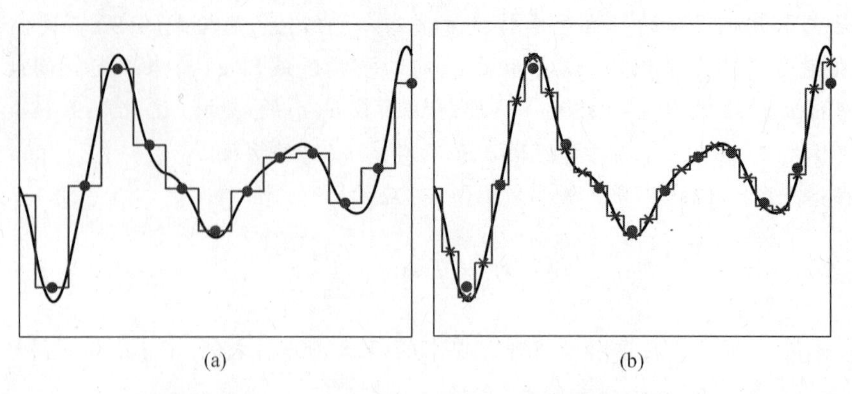

图 9.21　一个 2 度样条的密度网格恢复，其中为零度 B 样条采样，零度 B 样条重构核函数。圆点表示采样值，交叉点表示中间插值点。(a) $I=1$；(b) $I=2$

9.3.2　平滑先验

这里，假设对于 $x(t)$ 的已知信息就是它的加权范数 $\|Lx\|$ 是有界的，其中 L 是一个线性算子，如第 7 章中所介绍。

假设采样机理和重构机理分别由式(9.53)和式(9.54)确定。因此，从数学的角度来看，我们的问题是对于某个序列 d，得到形式为 $\hat{x}=Wd$ 的一个信号 x 的近似，条件是需要满足 $\|Lx\|\leqslant\rho$ 和 $c_1=S^*x$。第 7 章中已经看到，在这种情况下，使重构误差 $\|\hat{x}-x\|^2$ 在整个可用信号的集合上达到均匀的最小化通常是不可能的。相反，在有效信号集合上，我们却可以得到一个估计器的表达式，使最坏情况下的遗憾 $\|\hat{x}-P_{\mathcal{W}}x\|^2$ 达到最小化。这种方法的参数 d 可以通过下式获得：

$$d=(W^*W)^{-1}W^*\widetilde{W}(S^*\widetilde{W})^{-1}c_1 \tag{9.72}$$

可参见式(7.55)，其中

$$\widetilde{W}=(L^*L)^{-1}S \tag{9.73}$$

这个表达式与式(9.56)中的子空间先验情况是一样的，只是用 $\widetilde{W}$ 代替 A。注意到，当算子 L 表示一个频率响应为 $L(\omega)$ 的 LTI 滤波器时，$\widetilde{W}$ 对应于一个 $\{\widetilde{w}(t-n\widetilde{T}_1)\}_{n\in\mathbb{Z}}$ 的集合变换，其中

$$\widetilde{W}(\omega)=\frac{S(\omega)}{|L(\omega)|^2} \tag{9.74}$$

以及 $\widetilde{T}_1=T_1/I$。因此，这种密集网格平滑先验极大极小遗憾方法就相当于用 $\widetilde{W}(\omega)$ 代替 $A(\omega)$ 的子空间先验的方法。即图 9.15 的校正滤波器为

$$H(\mathrm{e}^{\mathrm{j}\omega})=\frac{R_{W\widetilde{W}}^{\widetilde{T}_1}(\mathrm{e}^{\mathrm{j}\omega})}{R_{WW}^{\widetilde{T}_1}(\mathrm{e}^{\mathrm{j}\omega})R_{S\widetilde{W}}^{T_1}(\mathrm{e}^{\mathrm{j}\omega I})} \tag{9.75}$$

例 9.8　这里我们以图像放大为例，说明一下平滑先验情况下的密集网格信号恢复问题，其中使用了一个无理数因子(irrational factor)。

考虑例 7.3 的情况，其中的一个连续空间场景 $x(t,\eta)$ 和一个矩形核函数 $s(t,\eta)=\beta^0(t/T_1)\beta^0(\eta/T_1)$ 相卷积，在网格 $\{mT_1, nT_1\}$，$m, n\in\mathbb{Z}$ 上进行采样，从而得到一个数字图像

$c_1[m, n]$。我们的目标是根据 $c_1[m, n]$ 得到一个放大的数字图像 $c_2[k, \ell]$，对应于在网格 $\{kT_2, \ell T_2\}$，$k, \ell \in \mathbb{Z}$ 上，对 $x(t, \eta)$ 进行采样，其中 $T_2/T_1 < 1$ 是某个无理数因子。

正如例7.3所讨论的那样，图像放大的一般方法就是使用 Key bicubic 核函数，如式(6.7)。由于这个核函数是紧支撑的，所以重构是非常高效的。然而，这个方法经常会产生恢复图像的模糊问题。我们在例7.3中还看到，通过使用一个平滑先验，在对恢复机理不加任何约束的情况下，相比 bicubic(双立方)插值方法，很有可能得到一个更小的恢复误差。然而，这需要使用一个非紧支撑的核函数，这样就会影响这种方法的效率。如果这个系统被约束使用一个三角核函数 $w(t, \eta) = \beta^1(t/T_1)\beta^1(\eta/T_1)$，那么，平滑先验方法就变得比 bicubic 方法更差，如例7.5中的结果所示。

密集网格的思想可以使我们在很多方面受益。通过提高分辨率作为一个中间步骤，我们就可以更好地近似求解非约束的极小极大算法，同时，还可以使用一个紧支撑核函数。在图9.22中，针对用非有理因子 $T_2/T_1 = e/\pi$ 实现图像放大的问题，我们比较了极小极大遗憾的密集网格重构方法和 bicubic 插值方法。规则算子选择为

$$L(\omega) = ((0.01\pi)^2 + \|\omega\|^2)^{1.3} \tag{9.76}$$

在频域上用 $H(e^{j\omega})$ 进行滤波，通过截短表达式中的无限求和项进而得到 $R_{W\widetilde{W}}^{\widetilde{T}_1}(e^{j\omega})$，$R_{WW}^{\widetilde{T}_1}(e^{j\omega})$ 和 $R_{S\widetilde{W}}^{\widetilde{T}_1}(e^{j\omega I})$。我们使用了一个 $I=2$ 的中间的率转换因子和一个紧支撑的核 $w(t, \eta) = \beta^1(t/\widetilde{T}_1)\beta^1(\eta/\widetilde{T}_1)$。我们可以清晰地看到，bicubic 方法产生了一个模糊的重构，而在极小极大方法中边缘是尖锐的，并且纹理被更好地保存。

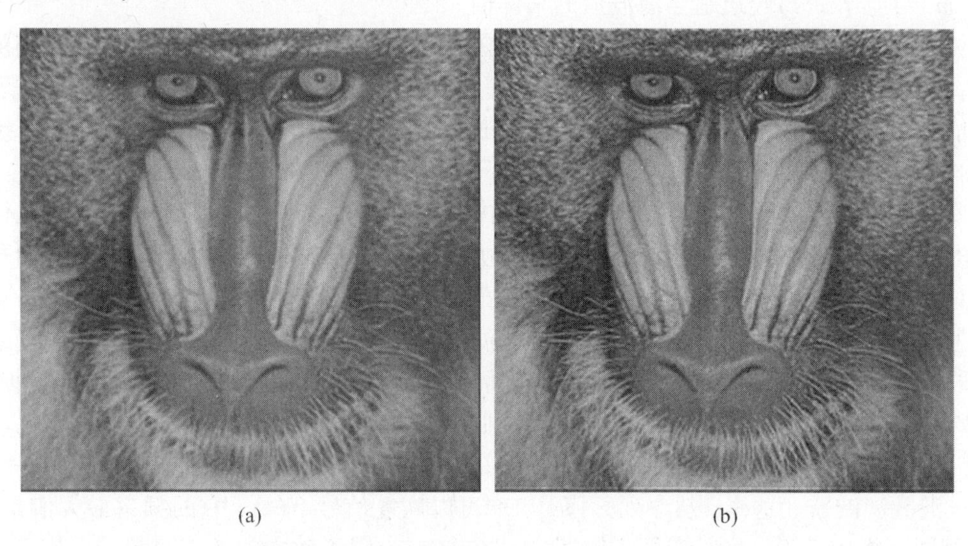

(a) (b)

图9.22 利用无理数因子的图像放大。(a) bicubic 插值法；(b) 具有一个三角核函数的密度网格法(相当于二阶近似)

9.3.3 随机先验

在第7章中我们看到，在平滑约束条件下的信号恢复就等于一种随机先验恢复，其中只是用频谱密度代替了加权函数 $1/|L(\omega)|^2$。在密集网格恢复的情况下，也有同样的结论[150]。具体说来，假设 $x(t)$ 是一个频谱密度为 $\Lambda_x(\omega)$ 的平稳随机过程。我们的目标是从时刻 nT_1，$n \in \mathbb{Z}$ 的采样值来恢复信号 $x(t)$，这些采样值就是一个滤波器 $s(-t)$ 的输出。约束这种重构的

过程为图 9.12 的形式，其中的 $w(t)$ 是预先定义的。

正如 7.3.2 节中的介绍，见式(7.84)，在这种情况下，一个不可避免的误差测量就是采样周期平均 MSE，定义为

$$\mathrm{MSE}_A = \frac{1}{T}E\left\{\int_{t_0}^{t_0+T_1} |x(t) - \hat{x}(t)|^2 \mathrm{d}t\right\} \tag{9.77}$$

其中，t_0 是一个任意时间点，结果是数字滤波器 $h[n]$ 可以使平均 MSE 达到最小化，并且独立于 t_0，这个滤波器由式(9.75)确定，其中

$$\widetilde{W}(\omega) = \Lambda_x(\omega)S(\omega) \tag{9.78}$$

这方面的详细推导可以参见文献[150]。如果用 $\Lambda_x(\omega)$ 代替 $1/|L(\omega)|^2$，那么，这个解决方法和前面介绍的平滑场景是相同的，见式(9.74)。

9.4 基于投影的重复采样

在前面一节中，我们将 9.1 节中介绍的传统速率转换方法扩展到了一般的子空间先验和平滑先验的情况，其中提到 $T_2 < T_1$，也就是速率增加了。这种推广却忽略了一个重要的方面，就是当 $T_2 > T_1$ 要使速率降低时，会出现混叠效应。在带限信号采样速率降低的时候，我们对于 $x(t)$ 在 mT_2，$m \in \mathbb{Z}$ 的逐点采样值的逼近并不关心，因为 $x(mT_2)$ 对于 $x(t)$ 的一个可靠重构可能不发挥作用。通常的做法是在下采样之前使用一个数字抗混叠滤波器，这意味着得到的序列 $c_2[m]$ 对应于 $x(t)$ 经过适当滤波后的采样值。

在传统的速率转换过程中，使用一个抗混叠 LPF 主要与带限信号先验有关。我们的初步感觉是，不清楚如何将这种抗混叠运算转变为适应新的情况，即用一个任意的子空间先验来代替带限信号先验。当以整数因子 D 来降低采样速率时，采样值的期望集合只是原始序列 $c_1[n]$ 的一个子集。因此，可以在无误差的情况下计算得到 $c_2[m] = c_1[mD] = x(mT_2)$。然而，如果想要尝试从 $c_2[m]$ 恢复 $x(t)$，就需要承受由混叠造成的大的误差。这就强调了这样一个事实，在设计这个滤波器时，采样值误差 $|x(mT_2) - c_2[m]|$ 并不是我们所关心的，而我们所关心的只是连续信号 $x(t)$ 和从 $c_2[m]$ 中得到的最佳恢复信号之间的误差。

在怎样的条件下，一个 π/T_2 带限的抗混叠滤波器才是最佳的？回忆一下信号重复采样的两个阶段的表示，其中，首先是恢复 $x(t)$，然后再在期望的网格上对其进行采样。这种在 sinc 插值特殊情况下的方法如图 9.23 所示。注意到，当 $x(t)$ 假设是 π/T_1 带限的，我们就可以从 $c_1[n]$ 得到完美的信号恢复。在第二阶段中，在以采样率 $1/T_2$ 进行采样之前，我们用一个 π/T_2 带限的抗混叠滤波器。这样，从序列 $c_2[m]$，就可以恢复信号 $\hat{x}(t)$，它的频率最大值是 π/T_2，与 $x(t)$ 相同。换句话说，我们恢复了信号 $x(t)$ 在 π/T_2 带限函数空间的正交投影。因此，我们看到在传统的采样速率转换中，原始信号存在于由 $\{\mathrm{sinc}((t-nT_1)/T_1)\}_{n\in\mathbb{Z}}$ 张成的空间上，而输出是一个采样值 $c_2[m]$ 的集合，根据这个采样值集合，我们就可以恢复 $x(t)$ 在 $\{\mathrm{sinc}((t-mT_2)/T_2)\}_{m\in\mathbb{Z}}$ 张成的空间上的投影。

在下面两个小节中，我们把这种观点扩展到任意输入信号空间，参见文献[137, 182]。在 9.4.1 节中，我们主要分析在适当的输出空间上的正交投影问题，进而讨论采样速率转换的问题。而在 9.4.2 节中，我们利用倾斜投影方法来考虑简化计算的问题。在这两小节中，主要关注的是采样速率降低，也就是 $T_2 > T_1$ 的情况。然而，我们注意到，投影方法同样适用于 $T_2 < T_1$ 的情况。广义上讲，这个思路将得到一个不同于图 9.12 的直接方法的采样方法。

为了保持论述的简单性，我们认为输入空间和重构空间是由相同的核函数 $a(t)=w(t)$ 产生的。同样假设 $I=1$，意味着在重复采样之前没有插值的过程。通过先前章节的同样的步骤可以扩展我们的推导到更加广义的形式。

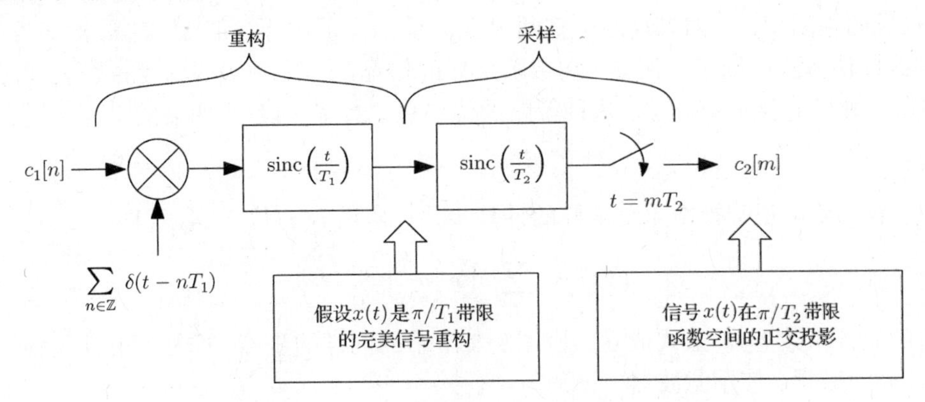

图 9.23 作为两级运算的带限信号重复采样

9.4.1 正交投影重复采样

假设 $x(t)$ 存在于空间 $\mathcal{A}_{T_1}$ 中，这个空间由函数 $\{a((t-nT_1)/T_1)\}_{n\in\mathbb{Z}}$ 张成，其生成器为 $a(t)$。我们的目标是在网格 mT_2 上获得 $x(t)$ 的采样。在图 9.12 给出的直接方法中，对给定的采样值进行 $x(t)$ 插值，然后在希望的网格上对 $x(t)$ 进行重复采样。但是在这里，我们引进另外一种方法。在重复采样之后，在函数 $\{a((t-nT_2)/T_2)\}_{n\in\mathbb{Z}}$ 张成的空间 $\mathcal{A}_{T_2}$ 上来逼近 $x(t)$。从投影定理(命题 2.15)，我们知道，在空间 $\mathcal{A}_{T_2}$ 上最接近 $x(t)$ 的信号是正交投影 $P_{\mathcal{A}_{T2}}x(t)$。因此，这里是对 $P_{\mathcal{A}_{T2}}x(t)$ 进行重复采样，而不是对 $x(t)$ 的重复采样。图 9.24 给出了这个过程的三个步骤。

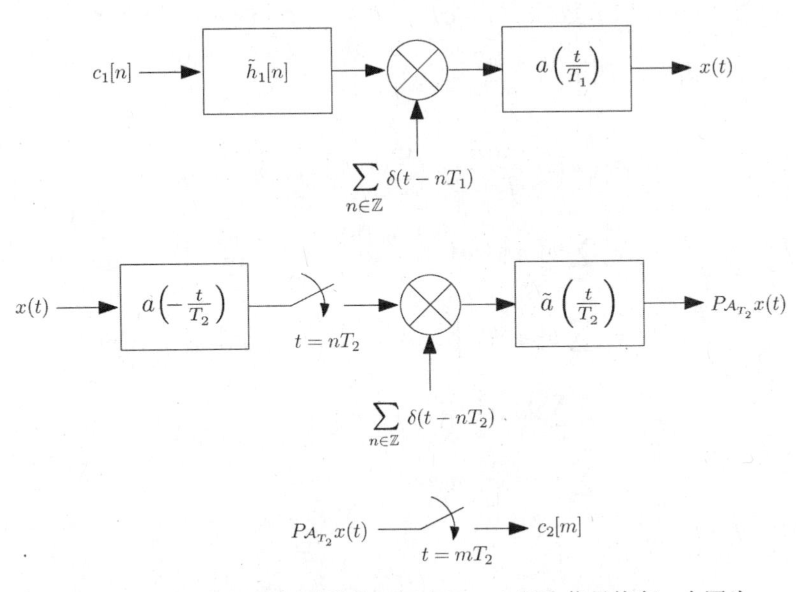

图 9.24 正交投影重复采样的三级表示。上图为信号恢复；中图为 $x(t)$ 到空间 $\mathcal{A}_{T2}$ 的投影计算；下图为在时间 mT_2 点上的采样

尽管这种策略的动机主要是针对下采样的情况，即 $T_2 > T_1$，但是这个方法也可以用于 $T_2 < T_1$ 的插值问题。从更普遍意义上讲，这种方法和直接插值方法不同，因为对于任意的核函数 $a(t)$，在 $T_2 < T_1$ 时，$\{a((t-nT_2)/T_2)\}_{n\in\mathbb{Z}}$ 张成的空间 $\mathcal{A}_{T2}$ 并不包含 $\{a((t-nT_1)/T_1)\}_{n\in\mathbb{Z}}$ 张成的空间 $\mathcal{A}_{T1}$。如果这两个空间为 $\mathcal{A}_{T1} \subseteq \mathcal{A}_{T2}$ 的关系，那么，这种正交投影重复采样就与直接插值方法相同了。例如，在带限采样的情况下，其中 $a(t) = \mathrm{sinc}(t)$，就是这种情况。然而，相比于直接插值方法，这种策略的优势在 $T_2 > T_1$ 时是很明显的。

计算步骤

这里，我们给出正交投影重复采样的计算步骤。假设 $x(t)$ 位于 $\mathcal{A}_{T1}$，即

$$x(t) = \sum_{n\in\mathbb{Z}} b[n]a\left(\frac{t-nT_1}{T_1}\right) \tag{9.79}$$

对于一定的展开系数 $b[n]$ 上式成立。应用 9.2 节中的同样的步骤，序列 $b[n]$ 可以通过采样值 $c_1[n]=x(nT_1)$ 获得，使用滤波器

$$\widetilde{H}_1(\mathrm{e}^{\mathrm{j}\omega}) = \frac{1}{\sum_{k\in\mathbb{Z}} A(\omega-2\pi k)} \tag{9.80}$$

这个滤波器在例 9.3 到例 9.5 中已经给出精确的计算，其中的 $a(t)$ 等于度 $p=0, 1, 2, 3$ 的 B 样条函数。一旦 $b[n]$ 是已知的，原则上就可以恢复出 $x(t)$，并且根据 $x(t)$ 恢复出需要的正交投影 $y(t) = P_{\mathcal{A}_{T2}}x(t)$。最后，降低速率的采样通过 $c_2[m]=y(mT_2)$ 来得到。

如前面章节中所看到的，$x(t)$ 在 $\{a((t-nT_2)/T_2)\}_{n\in\mathbb{Z}}$ 张成的空间 $\mathcal{A}_{T2}$ 上的正交投影 $y(t) = P_{\mathcal{A}_{T2}}x(t)$ 可以通过图 9.24 中间的系统计算得到。具体说来，$y(t)$ 可以通过双正交函数 $\{\widetilde{a}((t-nT_2)/T_2)\}_{n\in\mathbb{Z}}$ 来表示，即

$$y(t) = \sum_{n\in\mathbb{Z}} d[n]\widetilde{a}\left(\frac{t-nT_2}{T_2}\right) \tag{9.81}$$

这里，系数 $d[n]$ 等于 $x(t)$ 和函数 $\{a((t-nT_2)/T_2)\}_{n\in\mathbb{Z}}$ 的内积

$$\begin{aligned}
d[m] &= \left\langle a\left(\frac{t-mT_2}{T_2}\right), x(t)\right\rangle \\
&= \left\langle a\left(\frac{t-mT_2}{T_2}\right), \sum_{n\in\mathbb{Z}} b[n]a\left(\frac{t-nT_1}{T_1}\right)\right\rangle \\
&= \sum_{n\in\mathbb{Z}} b[n]\left\langle a\left(\frac{t-mT_2}{T_2}\right), a\left(\frac{t-nT_1}{T_1}\right)\right\rangle \\
&= \sum_{n\in\mathbb{Z}} b[n]T_1\int_{-\infty}^{\infty} a\left(\frac{T_1}{T_2}t\right)a\left(t-\left(n-m\frac{T_2}{T_1}\right)\right)\mathrm{d}t \\
&= T_1\sum_{n\in\mathbb{Z}} b[n]v_R(n-mR) \\
&= \sum_{n\in\mathbb{Z}} b[n]g[m,n]
\end{aligned} \tag{9.82}$$

其中我们定义 $R=T_2/T_1$

$$v_R(t) = a\left(\frac{t}{R}\right) * a(-t) \tag{9.83}$$

和

$$g[m,n] = T_1 v_R(n-mR) \tag{9.84}$$

当 $a(t)$ 是紧支撑的核函数时，函数 $v_R(t)$ 也是紧支撑的。因此，对于每个 m，展开系数 $d[m]$ 仅仅依赖于序列 $\{b[n]\}$ 的有限个数的系数。假设对于函数 $v_R(t)$ 存在闭合形式的表达式，就可以实现 $d[m]$ 的高效计算。

最后一个步骤，我们还需要计算 $y(t)$ 的采样值 $c_2[m]=y(mT_2)$。在下式中给出：

$$c_2[m] = \sum_{n\in\mathbb{Z}} d[n]\tilde{a}\left(\frac{mT_2-nT_2}{T_2}\right) = \sum_{n\in\mathbb{Z}} d[n]\tilde{a}(m-n) = d[m]*\tilde{a}(m) \tag{9.85}$$

注意到

$$\tilde{a}(t) = \sum_{n\in\mathbb{Z}} q[n]a(t-n) \tag{9.86}$$

其中

$$Q(e^{j\omega}) = \frac{1}{R_{AA}(e^{j\omega})} \tag{9.87}$$

结果有

$$\tilde{a}(m) = \sum_{n\in\mathbb{Z}} q[n]a(m-n) = q[m]*a(m) \tag{9.88}$$

最后得到

$$c_2[m] = d[m]*q[m]*a(m) \tag{9.89}$$

换句话说，$c_2[m]$ 可以通过把 $d[m]$ 代入下面的滤波器来获得

$$\frac{\sum_{k\in\mathbb{Z}} A(\omega-2\pi k)}{R_{AA}(e^{j\omega})} \tag{9.90}$$

整个速率转换方法由图9.25给出。它包括一个数字前置滤波器、一个数字后置滤波器和一个考虑 $a(t)$ 是小支撑的高效应用的多速率系统。

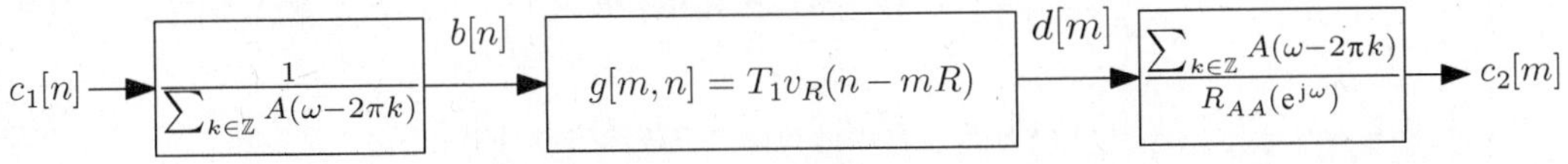

$c_1[n]$ → $\frac{1}{\sum_{k\in\mathbb{Z}} A(\omega-2\pi k)}$ → $b[n]$ → $g[m,n]=T_1v_R(n-mR)$ → $d[m]$ → $\frac{\sum_{k\in\mathbb{Z}} A(\omega-2\pi k)}{R_{AA}(e^{j\omega})}$ → $c_2[m]$

图9.25 正交投影重复采样过程，其中 $v_R(t)$ 由式(9.83)给出

例9.9 考虑参数为 $T_1=1$ 和 $a(t)=\beta^0(t)$ 的正交投影重复采样。这种情况下，$a[n]=\delta[n]$，并不要求前置滤波器。进一步讲，$r_{aa}[n]=\delta[n]$，说明也不需要后置滤波器。最后，函数 $v_R(t)$ 的直接计算揭示了它是一个不规则形状。例如，如果 $R<1$，则(见习题7)

$$v_R(t) = \begin{cases} R, & |t| < \frac{1}{2}-\frac{R}{2} \\ \frac{1}{2}+\frac{R}{2}-|t|, & \frac{1}{2}-\frac{R}{2} \leqslant |t| < \frac{1}{2}+\frac{R}{2} \\ 0, & \frac{1}{2}+\frac{R}{2} \leqslant |t| \end{cases} \tag{9.91}$$

对于 $R=2/3$ 的情况，这个函数如图9.26所示。

B样条函数重复采样

我们已经提到过，在实践中非常普遍的选择就是使用B样条函数作为重构核函数。当 $a(t)$ 是小度数的B样条函数时，前置和后置滤波器具有比较简单的结构(参见例5.4至例6.8)。正如我们现在所描述的，这种结构保证了采样电路的高效实现。下面，我们来说明如何用B样条函数实现高效的多速率转换系统。

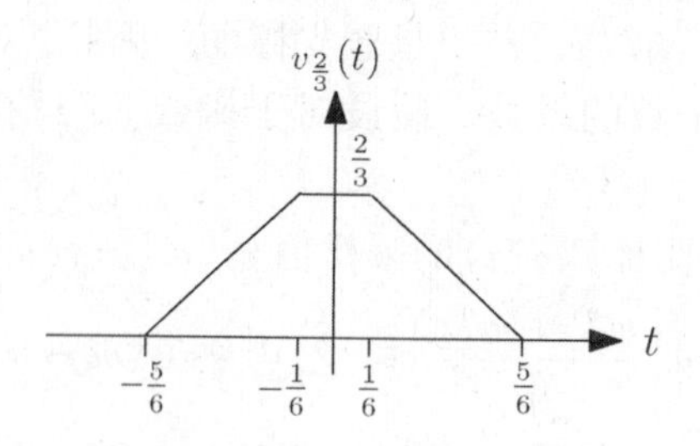

图9.26　相对于矩形核函数 $a(t)=\beta^0(t)$ 时的式(9.83)函数 $v_{2/3}(t)$

例9.10　假设 $T_1=1$ 和 $a(t)=\beta^1(t)$。在这种情况下，$a(n)=\delta[n]$，不需要前置滤波器。后置滤波器由滤波器 $a[n]=\delta[n]$ 和 $1/R_{AA}(\mathrm{e}^{\mathrm{j}\omega})$ 组成。正如在例5.4中所示，$R_{\beta1\beta1}(\mathrm{e}^{\mathrm{j}\omega})$ 是下面函数的DTFT：

$$r_{\beta^1\beta^1}[n]=\int_{-\infty}^{\infty}\beta^1(t)\beta^1(t-n)\mathrm{d}t=\beta^3(n) \tag{9.92}$$

因此，从例9.5中，可知

$$R_{\beta^1\beta^1}(\mathrm{e}^{\mathrm{j}\omega})=\frac{1}{6}\mathrm{e}^{\mathrm{j}\omega}+\frac{2}{3}+\frac{1}{6}\mathrm{e}^{-\mathrm{j}\omega} \tag{9.93}$$

在9.2节中可以看到，式(9.93)的逆变换可以表示为一个一阶稳定因果IIR滤波器和一个一阶稳定非因果IIR滤波器的级联，见式(9.45)。具体来说，这种级联结构等于两个递归等式

$$d_1[m]=6d[m]+\alpha_3 d_1[m-1] \tag{9.94}$$

和

$$c_2[m]=-\alpha_3 d_1[m]+\alpha_3 c_2[m+1] \tag{9.95}$$

其中，$\alpha_3=-2+\sqrt{3}$。

在这个例子中，函数 $v_R(t)$ 的计算包括两个分段线性函数 $\beta^1(\tau/R)$ 和 $\beta^1(\tau-t)$ 的乘积的积分计算。最后的结果将形成一个分段的三次方函数(见习题10)。

例9.11　考虑下面的情况 $a(t)=\beta^2(t)$。在这种情况下，式(9.37)中给出了 $a(n)$ 的表达式，前置滤波器的传输函数可以表示为式(9.39)的形式。正如例9.10所揭示的那样，这个滤波器是两个一阶稳态IIR滤波器的级联，其中一个是因果的，另一个是非因果。

后置滤波器由两个滤波器组成，分别为 $a(n)$ 和 $1/R_{AA}(\mathrm{e}^{\mathrm{j}\omega})$。函数 $R_{AA}(\mathrm{e}^{\mathrm{j}\omega})$ 为下列序列的DTFT：

$$r_{\beta^2\beta^2}[n]=\int_{-\infty}^{\infty}\beta^2(t)\beta^2(t-n)\mathrm{d}t=\beta^5(n)=\begin{cases}\dfrac{11}{20}, & n=0\\[2mm] \dfrac{13}{60}, & |n|=1\\[2mm] \dfrac{1}{120}, & |n|=2\\[2mm] 0, & |n|\geqslant 3\end{cases} \tag{9.96}$$

因此，后置滤波器的传输函数可以表示为

$$\frac{\frac{1}{8}e^{-j\omega}+\frac{3}{4}+\frac{1}{8}e^{j\omega}}{\frac{1}{120}e^{-2j\omega}+\frac{13}{60}e^{-j\omega}+\frac{11}{20}+\frac{13}{60}e^{j\omega}+\frac{1}{120}e^{2j\omega}}$$
$$=15\frac{\alpha_5^1\alpha_5^2}{\alpha_2}\left(\frac{1-\alpha_2e^{-j\omega}}{(1-\alpha_5^1e^{-j\omega})(1-\alpha_5^2e^{-j\omega})}\right)\left(\frac{1-\alpha_2e^{j\omega}}{(1-\alpha_5^1e^{j\omega})(1-\alpha_5^2e^{j\omega})}\right) \tag{9.97}$$

其中，$\alpha_2=-3+\sqrt{8}$（见例9.4），$\alpha_5^1=-0.431$ 和 $\alpha_5^2=-0.043$。这个滤波器同样可以认为是一个因果的和一个非因果的稳态IIR滤波器的级联。这些滤波器的前馈阶数是2，反馈阶数是1。

在这个例子中，$v_R(t)$ 等于两个二次方函数 $\beta^2(\tau/R)$ 和 $\beta^2(\tau-t)$ 的乘积的积分，是一个分段的五阶多项式。这里我们忽略了长度的计算问题。

我们选择B样条函数的度数越大，对于表达式 $v_R(t)$ 就越难处理。例如，当 $a(t)=\beta^1(t)$ 时，函数 $v_R(t)$ 一般是一个有9个不等间隔节点的对称三次样条函数（见习题10）。为了避免处理这样复杂的函数，通常用高斯函数来逼近这个 $v_R(t)$ 函数。随着B样条度数的增加，这种逼近变得越来越精确。确实，如果 $a(t)=\beta^p(t)$，则 $a(t)$ 等于函数 $\beta^0(t)$ 的 $(p+1)$ 折叠卷积。依据中心极限定理，我们知道，p 越大，函数 $a(t)$ 就越逼近一个高斯函数。这个高斯函数的方差是 $\beta^0(t)$ 的方差的 $(p+1)$ 倍，等于1/12。类似地，函数 $a(t/R)$ 对应于一个方差为 $R(p+1)/12$ 的高斯函数。两个高斯函数的卷积等于另一个高斯函数，其方差等于两个高斯函数方差之和。因此，$v_R(t)=a(-t)*a(t/R)$ 可以用高斯进行逼近

$$v_R(t)\approx\tilde{v}_R(\tilde{t})\begin{cases}\frac{1}{\sqrt{2\pi\sigma^2}}e^{-\frac{t^2}{2\sigma^2}}, & |t|\leqslant\frac{p+1}{2}(1+R)\\ 0, & |t|>\frac{p+1}{2}(1+R)\end{cases} \tag{9.98}$$

方差为

$$\sigma^2=(1+R)\frac{p+1}{12} \tag{9.99}$$

这里，我们截短这个高斯函数，这表明函数 $v_R(t)$ 是紧支撑的。实际上，这种逼近是非常精确的，即使对于B样条函数的度数低至1。图9.27给出了这种特殊情况的结果，即 $a(t)=\beta^1(t)$，$R=1$，$v_R(t)=\beta^3(t)$。

例9.12 B样条函数的正交投影重复采样对于数字图像的放大和缩小是非常有用的。这种处理可以分别对图像的每一维来进行。具体说来，对于一个 $M\times N$ 的图像，可以首先对每一行进行重复采样，得到一个大小为 $M\times\lfloor N/R\rfloor$ 的中间图像。然后，对于这个中间图像的每一列进行重复采样，得到最后的图像大小为 $\lfloor M/R\rfloor\times\lfloor N/R\rfloor$。

图9.28给出了应用正交投影方法的重要性。在这个实验中，我们选择 $a(t)=\beta^1(t)$，它是一个满足插值特性的核函数。因此，9.2节（见图9.16）中讨论的直接的解决方法就可以实现没有校正滤波器的信号恢复，以及没有抗混叠滤波器重复采样，也就是说

$$c_2^{\text{direct}}[m]=\sum_{n\in\mathbb{Z}}c_1[n]\beta^1(mR-n) \tag{9.100}$$

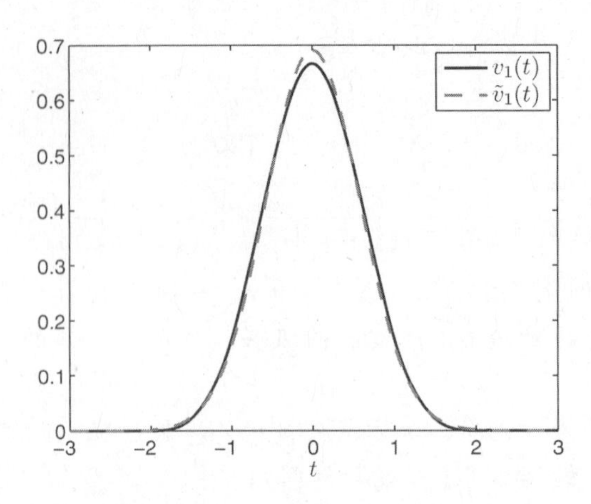

图9.27 $R=1$ 时对应于一个三角核 $a(t)=\beta^1(t)$ 的式(9.83)函数 $v_1(t)$ 及其高斯近似 $\widetilde{v}_1(t)$ 的式(9.98)，这时 $v_1(t)=\beta^3(t)$

这里，对这种直接方法与正交重复采样方法进行比较。为了说明两种方法的差别，我们进行了因子为 $R=1.017$ 的10个连续重复采样操作。可以看到，直接方法产生了模糊的图像，然而正交投影方法可以保护图像的纹理和清晰的边缘。

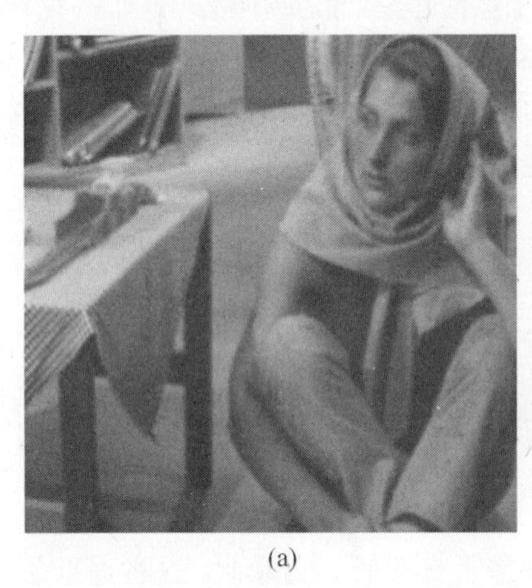

(a)

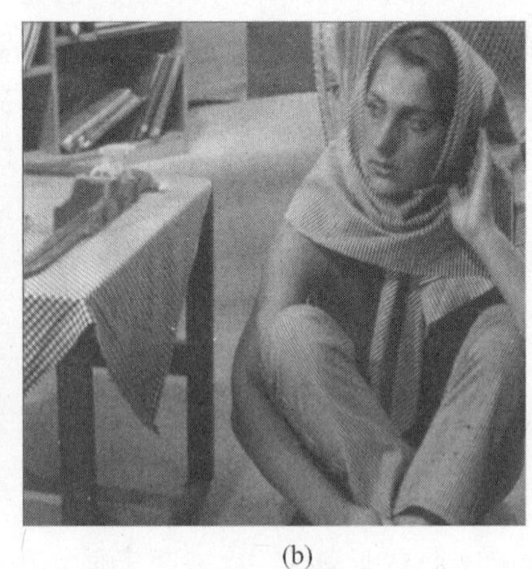

(b)

图9.28 具有核函数 $a(t)=\beta^1(t)$ 以及 $R=1.017$ 的重复采样。(a)直接重复采样；(b)正交投影重复采样

9.4.2 斜投影重复采样

我们已经看到，应用小度数的B样条函数，正交投影重复采样的使用是非常便利的。然而，这种方法的缺点是，随着B样条度数的增加，算法效率变得很低并且难以实现，尤其是在降低采样率的时候($R>1$)。这主要是由于 $v_R(t)$ 的大支撑，它决定了系数 $b[n]$ 的个数，这个系数将用于计算每一个 m 的 $d[m]$。

进一步地讲，为了明确基于B样条函数的正交重复采样方法的瓶颈，我们注意到，图9.25的前置滤波器可以用一个因果滤波器和一个非因果滤波器的级联来实现，每个滤波器的阶数都是 $\lfloor p/2 \rfloor$。相似地，后置滤波器可以用两个IIR滤波器的级联来实现，每个滤波器的前馈阶数为 $\lfloor p/2 \rfloor$，反馈阶数为 $p+1$，一个是因果的，另一个是非因果的。这样，图9.25给出的多速率系统 $g[m,n]$ 就是一个有限冲激响应系统。对于每个 m，$g[m,n]\neq 0$ 的系数的个数最多为$\lceil (p+1)(R+1) \rceil$。因此，可以得到下列计算上的要求：

(1)前置滤波器：对于输入序列$c_1[n]$的每个元素，需要$2\lfloor p/2 \rfloor$次乘法。

(2) 多速率系统$g[m,n]$：对于输出序列$c_2[m]$的每一个元素，需要$\lceil (p+1)(R+1) \rceil$次乘法。因为，在每一个时间单元上，$c_2[m]$的系数比$c_1[n]$要少R倍。这相当于，输入序列$c_1[n]$的每个系数都需要$\lceil (p+1)(R+1) \rceil/R$个乘法。

(3) 后置滤波器：对于序列$c_2[m]$的每一个元素，需要$2\lfloor p/2 \rfloor + 2(p+1)$个乘法，即序列$c_1[n]$的每个元素需要$(2\lfloor p/2 \rfloor + 2(p+1))/R$个乘法。

上面的分析可以看到，单位时间内第一个滤波器(前置滤波器)需要的乘法次数与R无关。最后的滤波器(后置滤波器)的乘法次数将随着速率转换因子R的增加而减少。这个结果是我们所希望的，尤其希望降低采样速率的时候。乘法次数可以减少的原因是这种重复采样系统对于每个输入元素仅仅需要产生$1/R$个输出系数。然而，随着R的增加，第二级模块(多速率系统)计算量并没有趋于很小。也就是说，即使R远大于1，这个模块对于每个输入采样值也需要不少于$(p+1)$次的乘法。

这个多速率系统$g[m,n]$是由函数$v_R(t)$决定的。在图9.24中，上面的框图中的最后的模块和中间的框图中的第一个模块都是实现了$v_R(t)$的功能，也就是说它对应于$a(t/T_1)$的卷积和$a(-t/T_2)$的卷积。事实上，斜投影重复采样的基本思想就是用一个沿着$\mathcal{S}_{T_2}^{\perp}$的在空间$\mathcal{A}_{T_2}$的倾斜投影来代替空间$\mathcal{A}_{T_2} = \text{span}\{a((t-mT_2)/T_2)\}_{m\in\mathbb{Z}}$上的正交投影，其中$\mathcal{S}_{T_2} = \text{span}\{s((t-mT_2)/T_2)\}_{m\in\mathbb{Z}}$，对于某个核函数$s(t)$[137]。这种变化带来了一个附加的自由度，也就是$s(t)$的选择。为了得到一个高效实现系统，我们可以选择$s(t)=\beta^0(t)$。这个方案的三个阶段组成原理可以由图9.29中给出。这个过程中包括卷积$a(t/T_1)*s(-t/T_2)$，它的支撑域一般比$a(t/T_1)*a(-t/T_2)$的支撑要小。进一步地讲，我们将看到，这个系统是一个高效率的系统，对于每一个输出元素只需要一次乘法计算。

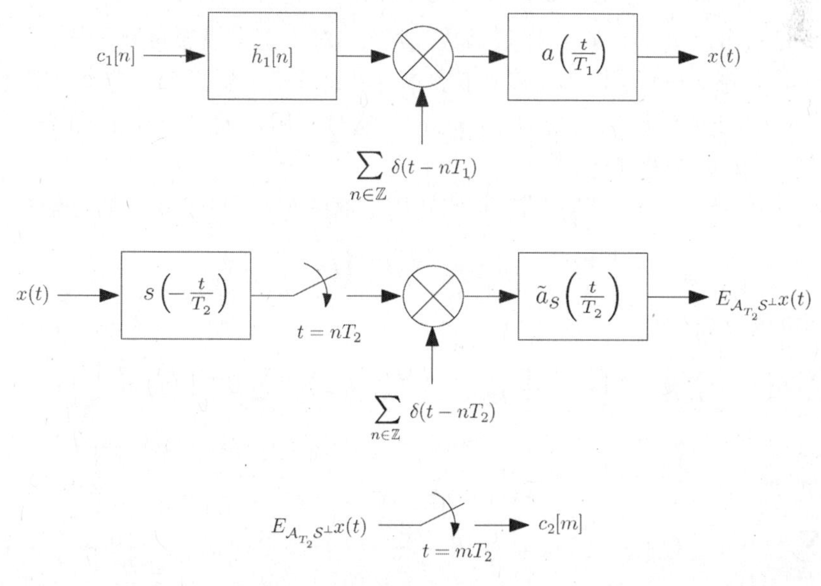

图9.29 斜投影重复采样的三阶段原理，上图为信号恢复，中间图为$x(t)$沿着$\mathcal{S}_{T_2}^{\perp}$在空间$\mathcal{A}_{T_2}$的斜投影采样的计算，下图为在时间点的采样$mT_2$

在第一阶段，我们需要从采样值 $c_1[n]=x(nT_1)$ 中得到 $x(t)$ 在 $\mathcal{A}_{T1}$ 上的展开系数 $b[n]$。这个阶段是在投影之前进行的，因此，与 9.4.1 节的结果相同，如式(9.79)和式(9.80)。

接下来一个阶段，我们要根据 $b[n]$ 得到 $x(t)$ 到沿着 $\mathcal{S}_{T_2}^{\perp}$ 在空间 $\mathcal{A}_{T_2}$ 上的斜投影 $y(t)$。为此，我们用空间 $\mathcal{A}_{T_2}$ 上 $\{s((t-nT_2)/T_2)\}_{n\in\mathbb{Z}}$ 的斜投影双正交向量 $\{\widetilde{a}_s((t-nT_2)/T_2)\}_{n\in\mathbb{Z}}$ 来表示 $y(t)$，这在 6.3.4 节中有定义和讨论，也就是说

$$y(t)=\sum_{n\in\mathbb{Z}}d[n]\widetilde{a}_S\left(\frac{t-nT_2}{T_2}\right) \tag{9.101}$$

系数 $d[n]$ 等于 $x(t)$ 和函数 $\{s((t-nT_2)/T_2)\}_{n\in\mathbb{Z}}$ 的内积

$$\begin{aligned}
d[m] &= \left\langle s\left(\frac{t-mT_2}{T_2}\right), x(t)\right\rangle \\
&= \sum_{n\in\mathbb{Z}}b[n]\left\langle s\left(\frac{t-mT_2}{T_2}\right), a\left(\frac{t-mT_1}{T_1}\right)\right\rangle \\
&= \sum_{n\in\mathbb{Z}}b[n]T_1\int_{-\infty}^{\infty}s\left(\frac{tT_1+nT_1-mT_2}{T_2}\right)a(t)\,\mathrm{d}t \\
&= T_1\sum_{n\in\mathbb{Z}}b[n]\int_{(m-\frac{1}{2})R-k}^{(m+\frac{1}{2})R-k}a(t)\,\mathrm{d}t \\
&= T_1\sum_{n\in\mathbb{Z}}b[n]\widetilde{v}_R(n-mR) \\
&= \sum_{n\in\mathbb{Z}}b[n]g[m,n]
\end{aligned} \tag{9.102}$$

其中定义 $R=T_2/T_1$

$$\widetilde{v}_R(t)=\int_{-t-\frac{1}{2}R}^{-t+\frac{1}{2}R}a(\tau)\,\mathrm{d}\tau \tag{9.103}$$

$g[m,n]=T_1\,\widetilde{v}_R\,(n-mR)$，并且利用 $s(t)=\beta^0(t)$。

如果 $a(t)$ 是一个度大于 0 的 B 样条函数，那么，对于正交投影重复采样，$\widetilde{v}_R\,(t)$ 的支撑就小于式(9.83)给出的 $v_R(t)$ 的支撑。这个事实本身就意味着，斜投影采样在计算上是更加高效的。此外，不是直接地使用多速率系统 $g[m,n]$，通过利用 $a(t)$ 是一个 B 样条函数的事实，我们可以得到计算量上更大的降低。

假设 $a(t)=\beta^p(t)$，对于某个 p 值，我们使用下面的关系(见第 4 章的习题 9)

$$\int_{-\infty}^{t}\beta^p(\tau)\,\mathrm{d}\tau=\sum_{\ell=0}^{\infty}\beta^{p+1}\left(t-\frac{1}{2}-\ell\right) \tag{9.104}$$

利用这个关系可以得到

$$\begin{aligned}
d[m] &= T_1\sum_{n\in\mathbb{Z}}b[n]\left(\sum_{\ell=0}^{\infty}\beta^{p+1}\left(\left(m+\frac{1}{2}\right)R-n-\frac{1}{2}-\ell\right)-\sum_{\ell=0}^{\infty}\beta^{p+1}\left(\left(m-\frac{1}{2}\right)R-n-\frac{1}{2}-\ell\right)\right) \\
&= T_1\sum_{n\in\mathbb{Z}}\sum_{\ell=n}^{\infty}b[n]\left(\beta^{p+1}\left(\left(m+\frac{1}{2}\right)R-\frac{1}{2}-\ell\right)-\beta^{p+1}\left(\left(m-\frac{1}{2}\right)R-\frac{1}{2}-\ell\right)\right) \\
&= T_1\sum_{\ell\in\mathbb{Z}}(b*u)[\ell]\left(\beta^{p+1}\left(\left(m+\frac{1}{2}\right)R-\frac{1}{2}-\ell\right)-\beta^{p+1}\left(\left(m-\frac{1}{2}\right)R-\frac{1}{2}-\ell\right)\right) \\
&= T_1\widetilde{g}\left(m+\frac{1}{2}R\right)-T_1\widetilde{g}\left(m-\frac{1}{2}R\right)
\end{aligned} \tag{9.105}$$

其中 $u[n]$ 表示单位步长序列，并且

$$\tilde{g}(t) = \sum_{\ell \in \mathbb{Z}} e[\ell]\beta^{p+1}\left(t - \ell - \frac{1}{2}\right) \tag{9.106}$$

和

$$e[n] = (b * u)[n] = \sum_{\ell = -\infty}^{k} b[\ell] \tag{9.107}$$

注意到，使用下式 $e[n]$ 可以从 $b[n]$ 得到高效的计算，

$$e[n] = e[n-1] + b[n] \tag{9.108}$$

对于每个 m，我们需要在两个不同点上估计 $\tilde{g}(t)$ 来获得 $d[m]$。然而，由于对于所有的 m 值，需要计算 $d[m]$，我们可以利用先前的计算，注意到

$$d[m+1] = T_1\tilde{g}\left(\left(m + \frac{3}{2}\right)R\right) - T_1\tilde{g}\left(\left(m + \frac{1}{2}\right)R\right) \tag{9.109}$$

这个表达式的第一项和式(9.105)的第二项相同。因此，对于每个 m，我们需要在一个点上评估 $\tilde{g}(t)$ 。得到的结论就是，这个阶段对每个输出元素，我们只需要一次乘法，进而导致计算量将随着 R 的增加而趋于0，在这一点上与正交采样方法是不同的。

最后一个阶段是计算 $y(t)$ 的采样 $c_2[m] = y(mT_2)$，这由下式给出：

$$c_2[m] = \sum_{n \in \mathbb{Z}} d[n]\tilde{a}_S\left(\frac{mT_2 - nT_2}{T_2}\right) = \sum_{n \in \mathbb{Z}} d[n]\tilde{a}_S(m-n) = d[m] * \tilde{a}_S(m) \tag{9.110}$$

根据式(6.58)有

$$\tilde{a}_S(t) = \sum_{n \in \mathbb{Z}} g_S[n]a(t-n) \tag{9.111}$$

其中

$$G_S(e^{j\omega}) = \frac{1}{R_{AS}(e^{j\omega})} \tag{9.112}$$

结果有

$$\tilde{a}_S(m) = \sum_{n \in \mathbb{Z}} g_S[n]a(m-n) = g_S[m] * a(n) \tag{9.113}$$

得到

$$c_2[m] = d[m] * g_S[m] * a(m) \tag{9.114}$$

$c_2[m]$ 可以通过下式获得：

$$\frac{\sum_{k \in \mathbb{Z}} A(\omega - 2\pi k)}{R_{AS}(e^{j\omega})} \tag{9.115}$$

整个速率转换方案如图9.30所示，其中的多速率系统 $g[m, n]$ 用式(9.105)来实现。

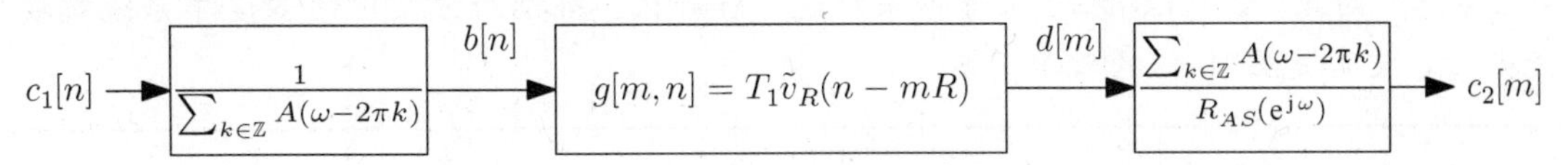

图9.30 斜投影重复采样，其中 $\tilde{v}_R(t)$ 由式(9.103)给出

比较式(9.115)和式(9.90)我们注意到，这里用 $\beta^{p+1}(n)$ 的 DTFT 也就是 $R_{AS}(e^{j\omega})$ 代替了正交重复采样中的 $R_{AA}(e^{j\omega})$，它是 $\beta^{2p+1}(n)$ 的 DTFT。这样，这个阶段就可以用一个因果滤波器和一个非因果滤波器的级联来实现，对于每个输出元素仅仅要求 $[2\lfloor p/2 \rfloor + 2\lfloor (p+1)/2 \rfloor]/R$ 次乘法，而正交重复采样则需要 $[2\lfloor p/2 \rfloor + 2\lfloor (p+1) \rfloor]/R$ 次乘法(见习题12)。对于较大的 p 值，这差不多降低了 $(2/3)/R$ 计算时间。

例 9.13　我们这里回忆例 9.10，其中 $a(t)=\beta^1(t)$。斜投影重复采样的前置滤波阶段和正交重复采样是相同的。正如在例 9.10 中所见，当 $a(t)=\beta^1(t)$ 时并不需要前置滤波器。

进一步来讲，这个采样速率转换阶段需要每一个输出元素有一次乘法，无论样条函数的度是多少。其他要确定的问题就是如何实现高效的后置滤波器。

后置滤波阶段包括与 $a(n)=\beta^1(n)=\delta(n)$ 的卷积，以及反卷积 $r_{as}[n]=r_{\beta_1\beta_0}[n]=\beta^2[n]$，在式(9.37)中给出。因此，与例 9.10 中讨论的一样，这个滤波器也是一个稳定的因果 IIR 滤波器和一个非因果 IIR 滤波器的级联，阶数都是 1。

然而，在这种情况下，对于后置滤波器而言(见例 9.10)，相比于正交重复采样方法，斜投影方法并没有计算方面的优势。在计算时间的唯一节省也是由于采样率转换阶段带来的(也就是 $g[m,n]$ 系统)。具体说来，正如我们所看见的，使用这种斜投影方法，对于每个输出仅仅进行一次乘法运算。相反，正交投影方法的滤波器 $g[m,n]$ 对于每个输出元素需要有 $\lceil (p+1)(R+1) \rceil$ 次乘法，在这个例子中也就是 $\lceil 2R+2 \rceil$。这样，如果以 $R=2$ 来降低采样速率，那么，这个斜投影方案中的多速率系统就要比正交投影方案的系统提高6 倍的效率。

例 9.14　这里，我们重新考虑一下例 9.11，其中 $a(t)=\beta^2(t)$。斜投影中的前置滤波阶段和正交投影方法是一样的，如例 9.11 中的介绍。

而后置滤波阶段包括与 $a(n)=\beta^2(n)$ 的卷积，在式(9.37)中给出。还包括了一个卷积就是与 $r_{as}[n]=r_{\beta_2\beta_0}[n]=\beta^3[n]=r_{\beta\beta_1}[n]$ 的逆变换，在式(9.93)中计算。因此，如例 9.10 和例 9.11 中的讨论，这个滤波器的频率响应可以表示为

$$\frac{\frac{1}{8}e^{-j\omega}+\frac{3}{4}+\frac{1}{8}e^{j\omega}}{\frac{1}{6}e^{-j\omega}+\frac{2}{3}+\frac{1}{6}e^{j\omega}}=\frac{3\alpha_3}{4\alpha_2}\left(\frac{1-\alpha_2 e^{-j\omega}}{1-\alpha_3 e^{-j\omega}}\right)\left(\frac{1-\alpha_2 e^{j\omega}}{1-\alpha_3 e^{j\omega}}\right) \tag{9.116}$$

其中，$\alpha_2=-3+\sqrt{8}$ 和 $\alpha_3=-2+\sqrt{3}$。这个滤波器是一阶稳态的因果 IIR 滤波器和一个非因果 IIR 滤波器的级联，阶数也都是 1。回想在例 9.11 所讨论的正交投影的情况，那时的后置滤波器是两个阶数为 2 的 IIR 滤波器。

两个方案在 $g[m,n]$ 的计算量方面的差别更加明显。也就是说，在这个斜投影方案中，每个输出元素需要一次乘法，而在正交投影方案中，我们则需要进行 $\lceil (p+1)(R+1) \rceil = \lceil 3R+4 \rceil$ 次乘法运算。因此，如果以 $R=2$ 来降低采样速率，那么，斜投影方案中的多速率系统就要比正交投影方案的提高 10 倍的效率。

例 9.15　我们已经看到，斜投影方法比正交投影方法具有更高的效率。这里，我们来说明这种优势并不以牺牲恢复性能为代价。为了说明这个问题，考虑三角核函数 $a(t)=\beta^1(t)$ 的图像重复采样问题。例 9.12 在图 9.16 中说明了相比于直接方法，正交投影重复采样方法具有更好的恢复性能。图 9.31 中提供了正交投影重复采样和斜投影重复采样的性能比较结果，比较的实验条件和例 9.12 是保持一致的。

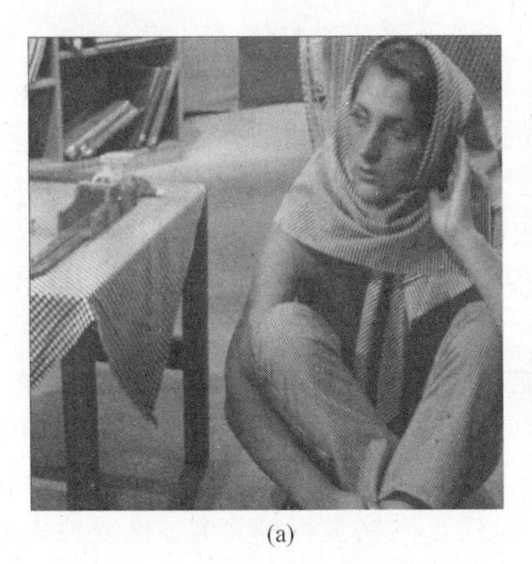
(a)

(b)

图9.31 具有核 $a(t)=\beta^1(t)$ 以及 $R=1.017$ 的重复采样。(a)正交投影重复采样；(b)斜投影重复采样

两种方法的恢复效果在视觉上的差别是非常小的。斜投影方法在某些区域的纹理上稍微有些模糊，但不是很严重。如例9.13所提到的那样，在这种情况下，计算数量上的差别仅仅是多速率系统 $g[m,n]$ 造成的，斜投影方法相比于正交投影方法有 $\lceil 2R+3 \rceil$ 倍的提高。在我们这个例子中对应于一个等于6的因子。

9.5 速率转换方法小结

本章介绍了几种采样速率转换技术。虽然，在原理上速率转换问题可以理解为根据可用的采样值来实现信号 $x(t)$ 的重构 $\hat{x}(t)$，完全可以使用第6章和第7章中任一种技术，然后在一个适当的网格上来评估这个重构 $\hat{x}(t)$。但是，这种直接的方法却忽略了两个非常重要的方面。第一个方面是关于计算量的问题：如何才能有效地转换采样速率？最重要的是，如何来控制恢复性能和计算量之间的平衡？第二个方面是抗混叠滤波的问题，特别是在降低采样速率时的信号混叠问题。

9.5.1 计算量问题

作为本章的总结，首先看一下计算量的问题，暂时不考虑抗混叠滤波的需求。我们已经看到，对于样条函数先验的情况，重复采样可以非常高效地实现。特别是，这个系统可以利用一个数字滤波器，它可以用低阶数的一个因果滤波器和一个非因果滤波器的级联构成，再加上一个多速率系统，由于B样条函数的紧支撑特性，这个多速率系统对每个输出采样值不需要很多乘法计算。

对于带限先验的情况，如果变换因子是合理的，即因子 I/D 的 I 很小，那么，重复采样就可以用简单的方法实现。在这种情况下，转换系统由上采样器、下采样器和数字滤波器组成。需要着重指出的是，虽然带限信号的重复采样可以通过简单的电路模块的组合来实现，但是这并不意味着它需要的计算量就很小。这是因为这里使用的数字滤波器都是理想的低通滤波器。这些滤波器并不是因果的，具有无限的冲激响应，因此是不容易实现的。而在实际中，通常会使用一些滤波器设计技术，近似地实现一个实际滤波器理想响应。这一点与样条插值不同，那里所需要的滤波器能够很容易实现，因此不需要近似。如果转换因子是不合理的，那么采用一些诸如一阶和二阶近似的次优技术是很常见的。这些方法都是密集网格恢复架构的特殊案例。

虽然样条函数先验的重复采样比带限先验的速率转换更加高效，但是在实际应用过程中，对于这些技术的选择首先还要依据于处理信号的类型。如果要处理的信号更接近带限信号而不是样条函数，那么，带限先验的重复采样方法就会更有优势，反之亦然。在实际应用中，我们遇到的信号可能既不是带限信号也不是样条函数信号。这时，在某种程度上就需要在信号先验和计算量之间采用一种隔离技术，强制采用一个小支撑核函数的重构方案(如一个低度数的 B 样条函数)。当然，如果这种重建方案不能匹配于信号先验，信号的恢复性能就会下降。密集格点恢复技术可以使我们在恢复性能和计算复杂度之间得到平衡。利用这种方法，信号先验可以是非常一般的(如一个任意 SI 空间，或者一个平滑先验)，而同时计算量可以通过选择密集网格来调整(重建核函数被适当的尺度调整)。网格变得越密集，恢复性能就越好，但是每个输出采样值所需要的乘法次数也随之增加。

9.5.2 抗混叠问题

采样速率转换中的一个关键就是抗混叠问题，尤其是在降采样速率的时候。在带限信号采样情况下，一个抗混叠滤波器就是一个理想低通滤波器，其截止频率与输出序列的奈奎斯特速率相关。因此，当提高采样速率时，就不需要抗混叠滤波。

在一般的 SI 空间中，抗混叠可以通过正交投影来实现，即把信号投影到输出的 SI 空间上(一个具有对应于输出信号采样率间隔的 SI 空间)。因此，广义上讲，当增加采样率和降低采样率时都需要抗混叠滤波器，尽管在降低采样速率的情况下这个问题更加重要。我们已经注意到，在样条函数空间中执行正交投影操作时，如果样条函数的度数较小(典型的是 0 和 1)，那么在计算上就比较简单。然而，如果如 0 度 B 样条函数有一个很小的支撑，我们就可以用沿着 SI 空间的斜投影方法来代替正交投影方法。这样，尽管性能有轻微的下降，但是算法的实现就变得非常高效了。

最后，基于样条函数的重复采样是一种非常高效的采样速率转换方法，尤其是当一个信号可以被模型化为一个样条函数时。即使不是这种情况，使用 B 样条重构核函数也要比密集网格方法更有优势。一般来说，对于一个足够大的密集网格，信号恢复的逼近结果是较好的，计算的复杂度也是可以承受的。当降低采样速率时，混叠问题就必须要考虑。通常的抗混叠方法就是使用斜投影方法，这种方法是比较高效的，并且接近结果也接近于最佳正交投影方法。

9.6 习题

1. 在这个问题中，我们考察改变滤波器和下采样器或者上采样器顺序的影响。
   (a) 设序列 $c[n]$ 经过频率响应为 $H(e^{j\omega})$ 的滤波器，其输出以参数 I 进行上采样，最终得到序列 $d[n]$。
   ①求 $d[n]$ 的 DTFT 变换 $D(e^{j\omega})$ 的表达式。
   ②证明 $c[n]$ 无须上采样而直接通过滤波器 $G(e^{j\omega})$ 同样可以得到序列 $d[n]$，并求出 $G(e^{j\omega})$ 的表达式。
   (b) 设序列 $c[n]$ 先以参数 D 进行下采样，然后再通过频率响应为 $H(e^{j\omega})$ 的滤波器，最终输出 $d[n]$。
   ①求 $D(e^{j\omega})$ 的 DTFT 变换的表达式。
   ②证明 $c[n]$ 无须下采样而直接通过滤波器 $G(e^{j\omega})$ 同样可以得到序列 $d[n]$，并求出 $G(e^{j\omega})$ 的表达式。
2. 对于一个 π/T_1 的带限信号，将其逐点采样序列 $c_1[n]=x(nT_1)$ 转变为周期为 T_2 的采样序列 $c_2[m]$，其中 $T_2=DT_1/I$，D 和 I 是整数。一种方法是首先以图 9.3 所示的系统进行以参数 I 插值，然后再以图 9.7 所示

系统进行以参数 D 抽取。另一种方法是先抽取后插值。对于这两种方法，画出所求序列的频率成分的示意图。解释哪一种方法更好。

3. 令 $h_I[n]=\mathrm{sinc}(n/I)$，$h_D[n]=(1/D)\mathrm{sinc}(n/D)$，并且定义 $h[n]=(h_I*h_D)[n]$。通过求 $h_I[n]$ 和 $h_D[n]$ 的 DTFT，证明

$$h[n]=\frac{I}{\max\{I,D\}}\mathrm{sinc}\left(\frac{n}{\max\{I,D\}}\right) \tag{9.117}$$

4. 令 $x(t)$ 为一个 π/T_1 的带限信号，并且假定逐点的样本 $c_1[n]=x(nT_1)$，$n\in\mathbb{Z}$，利用密度网格法(dense-grid approach)近似求出样本 $c_2[m]=x(mT_2)$，$m\in\mathbb{Z}$。对于给定的中间样本周期 $\widetilde{T}_1=T_1/I$ 和重构核函数 $w(t)=\beta^1(t/\widetilde{T}_1)$，在图9.12中的哪个 $H(\mathrm{e}^{\mathrm{j}\omega})$ 是最优的相关滤波器？

5. 假如已知 $x\in\mathcal{A}=\mathrm{span}\{a(t-n)\}_{n\in\mathbb{Z}}$。可以通过密度网格方法和提前定义的重构核函数 $w(t)$，根据序列 $c_1[n]=(s(-t)*x(t))\big|_{t=n}$ 得出 $c_2[m]=x(mT_2)$。

   (a) 当 $I=1$ 时，证明当 $W(\omega)=\alpha(\mathrm{e}^{\mathrm{j}\omega})A(\omega)$，$\alpha(\mathrm{e}^{\mathrm{j}\omega})$ 为带宽为 2π 的周期函数时，能够无误地计算出 $c_2[m]$。

   (b) 当 $I>1$ 时，证明当 $W(\omega)=\alpha(\mathrm{e}^{\mathrm{j}\omega/I})A(\omega)$，$\alpha(\mathrm{e}^{\mathrm{j}\omega/I})$ 为带宽为 $2\pi I$ 的周期函数时，能够无误地计算出 $c_2[m]$。

   提示：证明时 $\mathrm{span}\{a(t-n)\}_{n\in\mathbb{Z}}\subseteq\mathrm{span}\{w(t-n/I)\}_{n\in\mathbb{Z}}$。

6. 考虑信号 $x\in\mathcal{A}=\mathrm{span}\{a(t-n)\}_{n\in\mathbb{Z}}$ 的采样序列 $c_1[n]=(s(-t)*x(t))\big|_{t=nT_1}$ 的转换采样速率的问题。这里不采用 dense-grid 方法，因为其采样速率首先会被参数 I 提高。而采用所谓 spacious-grid 方法，其采样速率则先会被参数 D 降低。换句话说，在空间 $\mathcal{W}=\mathrm{span}\{w(t-mT_1D)\}_{m\in\mathbb{Z}}$ 中，将会获得 $x(t)$ 的最小范数近似。试确定数字系统，当输入为 $c_1[n]$ 时，其输出的空间 $\mathcal{W}$ 中重构 $\hat{x}(t)$ 的扩展系数。

7. 考虑利用矩形核函数以正交投影重复采样，如例9.9。

   (a) 求 $v_R(t)$ 的表达式(9.91)(其中 $R<1$)。

   (b) 当 $R>1$ 时，求 $v_R(t)$ 的表达式。

   (c) 对上述两种情形，求出最大系数 $b[n]$。

8. 考虑正交投影的重复采样，利用 $p=3$ 的B样条核函数，与例9.10和例9.11类似。代表前置两个串联的稳定IIR滤波器，一个是偶然的，另一个是非偶然的。后置滤波器同样可以以相同的规则表示。求出前置滤波器与后置滤波器之间偶然与非偶然的阶数。

9. 考虑利用正交规则进行重复采样，代表前置两个串联的稳定IIR滤波器，一个是偶然的，另一个是非偶然的。求B样条的系数 p。

10. 考虑利用正交规则进行重复采样对于一个一般的B样条核函数 $p=1$。证明函数 $v_R(t)$ 是对称的立体曲线。对于下列情形，求出曲线的节的数量和位置。

    (a) $0<R<0.5$

    (b) $R=0.5$

    (c) $0.5<R<1$

    (d) $R=1$

    (e) $1<R<2$

    (f) $R=2$

    (g) $R>2$

11. 在重复采样的规则下(无论正交还是倾斜投影)，假定 $c_1[n]$ 与 $x(t)\in\mathcal{A}_{T1}$ 的逐点样本相对应，并且 $c_2[n]$ 与逐点样本 $x(t)$ 变换到 $\mathcal{A}_{T2}$ 后的 $y(t)$ 一致。有些情况下，$c_1[n]$ 不是逐点的，但是对核函数 $g(t)$ 给出 $c_1[n]=(x(t)*s_1(-t))\big|_{t=nT_1}$。同样地，我们可以计算核函数 $g_2(t)$ 的样本 $c_2[m]=(y(t)*s_2(-t))\big|_{t=mT_2}$。那么，前置和后置滤波器应该会如何改变？利用每种方法分别计算 $s_1(t)$ 和 $s_2(t)$。

12. 与正交规则的重新采样相似，采用B样条核函数以45度角规则的前置和后置滤波器同样可以表示为两个稳定IIR滤波器的串联，一个是偶然的，另外一个是非偶然的。求当p在一般条件的阶数。
13. 以45度规则进行重新采样的基本原理是计算在$\mathcal{A}_{T_2}$上的$x(t)$。这种方法无论如何不能保证输出一个很好地对$x(t)$的近似。假定我们能通过$c_1[n]$很好的恢复出信号$x(t)$，另一种方法是计算最小的$P_{\mathcal{A}_{T_2}}P_{S_{T_2}}x$。证明这种方法可以通过替换倾斜方法的一个后置滤波器来实现。求出这种方法后置滤波器的一致性。
14. 当利用B样条核函数工作时，数字滤波在各种各样的重复采样方法中可以实现通过一个偶然和一个非偶然滤波器。然而，这种方法对其他核函数照样适用。举例来说，如果

$$s(-t) = \frac{1}{\tau}e^{t/\tau}u(t) \tag{9.118}$$

其中$\tau>0$。

(a) 当$T_1>0$时，求出自相关函数序列$r_{ss}^{T_1}[n]$。

(b) 求出两个串联IIR滤波器的频率响应$1/R_{SS}^{T_1}(e^{j\omega})$，并求出其阶数。

第10章　子空间并集

本章之前最主要的内容是关于单一子空间上的信号的采样和恢复，通过定义子空间模型，得到了一系列强有力的采样理论和方法，进而得到更广泛条件下线性采样和非线性采样信号的有效恢复。各种恢复算法最重要的特性就是它们可以用简单的数字和模拟滤波器实现，并且将传统的香农-奈奎斯特采样定理纳入了一个更广泛类型的输入信号集合。同时，在正交投影和倾斜投影的基础上，子空间的观点也对传统的和新的采样定理给出了完美的几何解释。

在更广泛意义上讲，在给定一个子空间中的任一可能向量都是一个有效的信号，这样的结果导致了采样和处理的数据维度极度扩张。尽管子空间模型具有简单和几何上的优势，但仍然有很多种类的信号，其信号结构无法用单一子空间模型实现采样。特别是在很多实际应用中，采样点并不具有接收信号的完美知识。为了应对这一挑战，近年来在各个领域都开展了相应的研究。其主要目标就是建立低维信号的表征，以实现在环绕条件下的高维信号自由度的数值尽量减小。低维度模型化技术已经广泛应用在机器学习、参数估计和信号检测领域。通常这些方法都是对奈奎斯特采样数据进行处理的。本书后面几章内容同样是介绍信号降维模型化和参数估计问题，目标却是用更低的采样速率处理更广泛的信号类型。这里的要点是对信号的紧凑表征进行直接处理，而不是先进行高速采样然后再分析其结构。

在第4章中，我们考虑了几个采样信号具有未知参数的例子，如多带通信信号载波频率未知，多径信道信号时延未知等。在很多类似的情况下，可以一个信号低维子空间来描述这样的信号，然而，这种基本的子空间仍然依赖于未知参数。获取这一类具有未知参数的信号的简单方法就是对所有可能参数选择的求和，这样就会使子空间维数增大。这样就提出了一个更紧凑的信号表征方法，尽管存在未知参数，任何信号都可以用一个低维子空间来描述。这种结构在数学上通常用所谓子空间并集(Union of Subspace，UoS)来描述[101, 183]。子空间并集描述方法仍然是信号的子空间分析方法，但却可以降低维度。所付出的代价是增加一个检测参数，来描述给定信号存在于哪一个可能的子空间中。

本章通过几个例子来介绍子空间并集模型，并分析在这样的集合中最小可能采样速率界的问题。特别地，这里给出了在一个子空间并集中一个采样算子是可逆并稳定的明确条件，建立了并集采样与子空间采样的联系。本章内容主要依据文献[101]。然而到目前为止，与单一子空间采样不同，目前还没有描述任意并集上信号采样和恢复的通用采样理论。第11章到第15章将进一步讨论某些子空间并集模型以及相应的低速率采样方法。通过进一步讨论将看到，虽然可以利用LTI滤波和调制获得信号采样，但是信号恢复却变得更为复杂并需要非线性算法。

10.1　引例

在介绍子空间并集之前先给出两个例子。在4.5节中给出的几个应用例子提到了子空间并集，图10.1给出了多带通信和时延估计的两个例子。

10.1.1 多带采样

如果一个具有稀疏谱多带输入信号 $x(t)$，其 CTFT $X(\omega)$ 支撑于 N 个频率间隔(频带)上，各频带宽度小于 B，同时，最大频率分量小于 ω_{max}。图 10.1(a)给出了一个典型的多带信号频谱。当这些频带的位置为固定并已知时，这个信号模型就是一个线性的，即两个这样信号的任何组合的 CTFT 也都是支撑于相同的频带上。这种情况就是一个典型的多带通信系统，即一个接收机接收多个射频信号，每个信号有自己的载波和调制方式。如果已知载波，接收机就可以对信号进行解调，得到各自的基带信号。而相应的采样和处理都可以在低速率下进行。

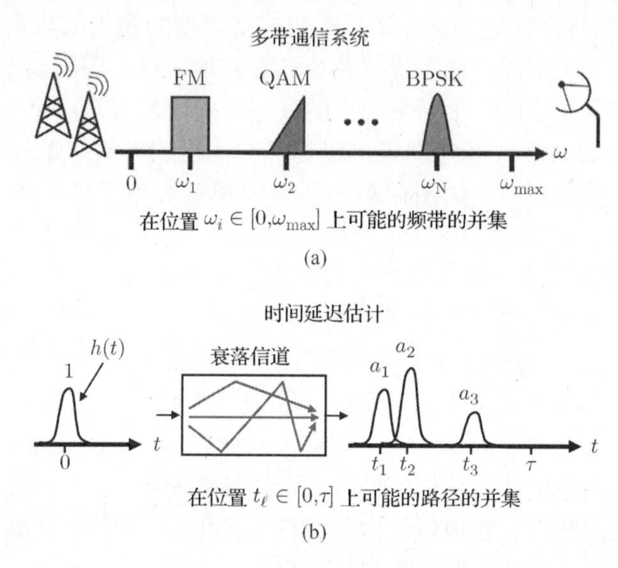

图 10.1 UoS 模型应用例子

当输入只包括一个单独(双边带)信号，可以选择适当的欠奈奎斯特速率，通过一种均匀欠速率采样方法实现信号转换[20]。在第 14 章，我们将详细讨论欠速率采样的问题及其优缺点。下面通过一个例子说明带通信号的直接均匀采样问题。

例 10.1 一个实信号 $x(t)$ 的 CTFT 如图 10.2(a)所示，这是一个带通信号。由于只占用了一小部分频谱，因此可以考虑用低速率采样，而不是最高速率的两倍。这种低速率采样得到的频域结果如图 10.2(b)中所示，只要信号谱在频率轴上不重叠，就可以恢复出基带信号。

在第 14 章中将讨论，为了避免混叠，采样速率 $\omega_{\mathcal{S}}$ 应满足以下条件：

$$\frac{2\omega_h}{n} \leqslant \omega_{\mathcal{S}} \leqslant \frac{2\omega_\ell}{n-1}$$

其中 n 为区间$[1, n_{max}]$的整数，其中 $n_{max} = \left\lfloor \frac{\omega_h}{\omega_h - \omega_\ell} \right\rfloor$。奈奎斯特速率 $\omega_N = 2\omega_h$，相当于 $n=1$，而最低可能速率为 $\omega_{\mathcal{S},\min} = 2\omega_h / n_{max}$。如果 ω_h 是信号带宽 $B = \omega_h - \omega_\ell$ 的整数倍(这种情况称为整数占位)，则 $\omega_{\mathcal{S},\min} = 2B$，这时采样速率等于信号实际占用带宽。否则，$\omega_{\mathcal{S},\min} > 2B$，即采样速率大于信号占用带宽。

图 10.2(b)给出了在取样速率 $\omega_{\mathcal{S},\min} > 2B$ 的情况，其中 $X(\omega)$ 没有发生重叠，也就是说通过适当的低通滤波可以恢复出信号。然而，应当注意，这时通过采样并无法确定载波频率。

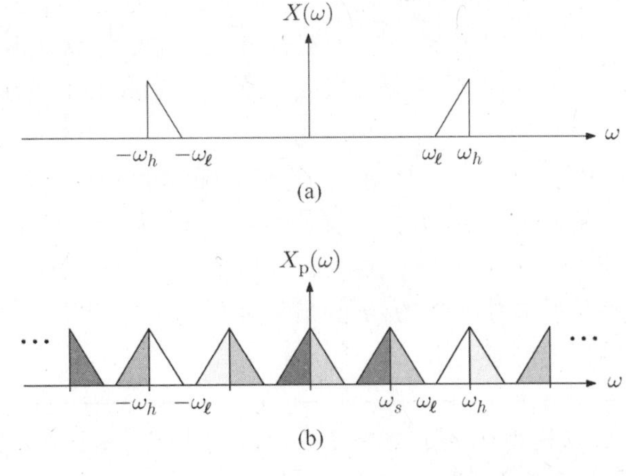

图 10.2　(a)信号 $x(t)$ 的 CTFT；(b)CTFT 的周期展开

单频带信号的欠采样问题就是在低于奈奎斯特速率下的采样问题。然而，通过例 10.1 可以看到，其可以达到的最小采样速率只是信号频率占位的整数倍。进一步讲，虽然可以恢复出带内信号的内容，但是通过采样并无法恢复载波频率。更重要的是，这种方法只是当一个频带信号存在时才可以进行欠奈奎斯特采样，无法应用到多带信号的情况。文献[184 ~ 186]指出，如果可以提供谱支撑(spectral support)的先验知识，非均匀采样方法可以适合多带信号的情况。在第 14 章中将介绍这种非均匀采样的具体方法。

当载波频率无法确知时，我们只能关注所有可能的多带信号的一个集合，其占据频谱的 NB 部分。在这种情况下，信号可能落在低于频率 $\omega_{\max}$ 的任何地方。那么似乎相对于 $\omega_{\max}$ 的奈奎斯特采样速率就是必要的了，因为低于频率 $\omega_{\max}$ 的每一个频带都存在于多带信号 $x(t)$ 的支撑上。另一方面，由于这个模型中的信号 $x(t)$ 只是占用了奈奎斯特频率范围的一部分，因此我们希望能够使用低于奈奎斯特的采样速率。当载波频率无法确知时，标准的解调方法无法使用，因此这种情况下的采样问题就十分具有挑战性。后面可以看到，利用子空间并集的概念可以是解决这个问题的一个较好的方法，以实现欠奈奎斯特速率采样。具体的多带信号采样技术将在第 14 章进一步介绍。

10.1.2　时延估计

第二个例子是如图 10.1(b)给出的时延估计问题，假如一个观测信号为如下形式：

$$x(t) = \sum_{\ell=1}^{L} a_\ell h(t - t_\ell), \qquad t \in [0, \tau] \tag{10.1}$$

其中 $h(t)$ 为一个脉冲信号。假设延时 t_ℓ 限制在一个时间范围[0, τ]内。对于固定的时延值 t_ℓ，式(10.1)定义了一个子空间，其自由度为 L，其放大倍数为 a_ℓ。只要是当选择 t_{k_i} 使得具有元素 $h(t_{k_i} - t_\ell)$ 的矩阵 $\boldsymbol{H}$ 是可逆的，a_ℓ 的值就可以很容易地从 $x(t)$ 的 L 个采样值 $x(t_{k_i})$ 中恢复得到，$1 \leqslant i \leqslant L$。如果向量 $\boldsymbol{x}$ 表示采样，向量 $\boldsymbol{a}$ 表示未知的幅度值，则有 $\boldsymbol{x} = \boldsymbol{Ha}$。这种信号恢复方法在习题 2 中给出一个例子。

然而，在很多实际应用中无法确知 t_ℓ，例如当信道存在多径衰落时，发射机可以发出一个短时脉冲 $h(t)$ 帮助接收机进行信道标识。接收机知道脉冲 $h(t)$ 的形状，因此可以确定时延值 t_ℓ，并利用这个信息对有用消息进行译码。再如对于雷达信号，其中的时延值 t_ℓ 对应于目标位置，而幅度 a_ℓ 表征目标速度的多普勒频移。医学图像，如超声波，利用式(10.1)信号探测人体组织的密度变化，作为医学诊断的常用工具。水下通信信号也具有式(10.1)的形式。在第15章中我们将进一步讨论这些相关应用。在所有这些应用中，多希望利用短时脉冲 $h(t)$ 来提高时延分辨率，因此会使 $h(t)$ 具有较高带宽，进而使 $x(t)$ 的采样必须使用不必要的高采样速率。

相反地，在式(10.1)中可以发现，只有 $2L$ 的未知量就可以确定信号 $x(t)$，即 t_ℓ 和 a_ℓ，$1 \leqslant \ell \leqslant L$。进而，只要在时间 τ 内的 $2L$ 个采样值就可以确定信号 $x(t)$。通常这个采样速率将远小于由 $h(t)$ 确定的奈奎斯特采样速率。因为时延值不可知，式(10.1)表示了一种非线性关系，因此子空间模型也就不能获得这个 $2L/\tau$ 的最佳采样速率。

下面给出一个并集模型的例子。

例 10.2　很多信号可以模型化表示为分段多项式的形式，如图 10.3 所示。假设一个信号集合 $\mathcal{X}$，其中的信号都包含支撑在 $[0, 1]$ 上的 $K \geqslant 2$ 段的多项式，而每一段的度都小于 d。由于不连续点没有被特别限定，$\mathcal{X}$ 中的两个信号的和 $y(t)$ 就可以有 $2K-1$ 个多项式段，因此 $y(t)$ 就不在集合 $\mathcal{X}$ 中，如图 10.3(c) 所示。这就意味着 $\mathcal{X}$ 不是一个子空间。另外，一旦可以确定不连续点的位置，就很容易发现 $\mathcal{X}$ 定义了一个子空间，如图 10.3(d) 所示，这时，和信号 $y(t)$ 仍然在集合 $\mathcal{X}$ 中。

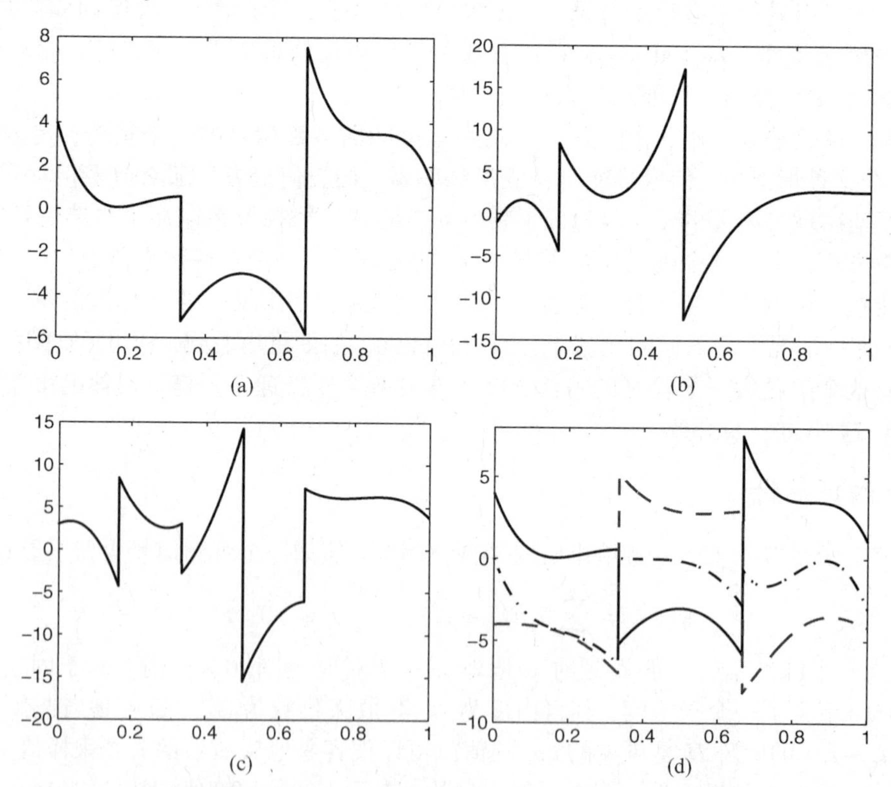

图 10.3　(a)，(b)为包含三个多项式段的信号 $x_1(t)$ 和 $x_2(t)$；(c)和信号 $y(t)=x_1(t)+x_2(t)$ 包含5个多项式段；(d)$x_1(t)$(实线)和$x_3(t)$(虚线)的不连续点在相同位置时，信号$z(t)=x_1(t)+x_3(t)$(点画线)包含3个多项式段并且具有相同的不连续点

对于上面例子中的信号，基于单个子空间假设的传统采样方法既无法使用又非常低效。这

就是信号服从一种非线性模型的事实所带来的结果。这个问题就提出了比传统的子空间方法更为复杂的信号模型的需求。为了利用传统的数学基础解决这一现实问题，并降低信号采样速率，下一节将开始介绍子空间并集(UoS)模型。这个 UoS 模型可以捕获信号低维度，并允许参数的不确定性。然后我们介绍这些集合的数学性质。后面章节，将详细分析几种 UoS 模型的采样策略，可以看到采样仍然是利用线性滤波实现的，而信号恢复将变得更加复杂，并需要非线性算法。

10.2　并集模型

10.2.1　定义和性质

为了定义并集模型，这里用 $\mathcal{H}$ 表示环绕希尔伯特空间，其中包含信号 x。如果 $x=x(t)$ 是一个具有有限能量的连续时间函数，则可以选择 $\mathcal{H}=L_2(\mathbb{R})$。例如，对于 $[0,1]$ 上的分段多项式，有 $\mathcal{H}=L_2([0,1])$。多带信号则存在于有限能量带限 $\omega_{\max}$ 信号的 $\mathcal{H}$ 空间中。子空间并集的定义如下。

定义 10.1　一个希尔伯特空间 $\mathcal{H}$ 上的子空间并集定义为

$$\mathcal{X}=\bigcup_{\lambda\in\Lambda}\mathcal{U}_\lambda \tag{10.2}$$

其中 Λ 为一个索引集合，每个 $\mathcal{U}_\lambda$ 则为 $\mathcal{H}$ 中的一个子空间。

如果信号 x 在子空间并集 $\mathcal{X}$ 中，那么 x 就存在于 $\mathcal{U}_{\lambda^*}$ 中，其中 $\lambda^*\in\Lambda$(如果这些子空间形成并集交叠，则 λ^* 可能有多于一个的选择)。这里出现了一个困难就是索引 λ^* 的先验是无法确知的。

例 10.3　进一步考虑例 10.2 中多带信号的集合，将其表示成式(10.2)的形式。

例 10.2 中的集合 $\mathcal{X}$ 为一个分段多项式子空间的并集，对应于各种可能的不连续位置，这里面，λ^* 表示不连续点位置。一旦 λ^* 为已知，信号就可以用一个尺寸为 Kd 的子空间来描述，即一共有 K 个多项时段，每个段最多为 d 个未知量。这样，每一个 $\mathcal{U}_\lambda$ 就对应一个给定不连续点位置并且度小于 d 的分段多项式信号的子空间。图 10.4(a)给出了一个两个信号的例子，$x_1, x_2\in\mathcal{U}_\lambda$，其中 $\mathcal{U}_\lambda$ 对应于一个具有固定不连续点的子空间。

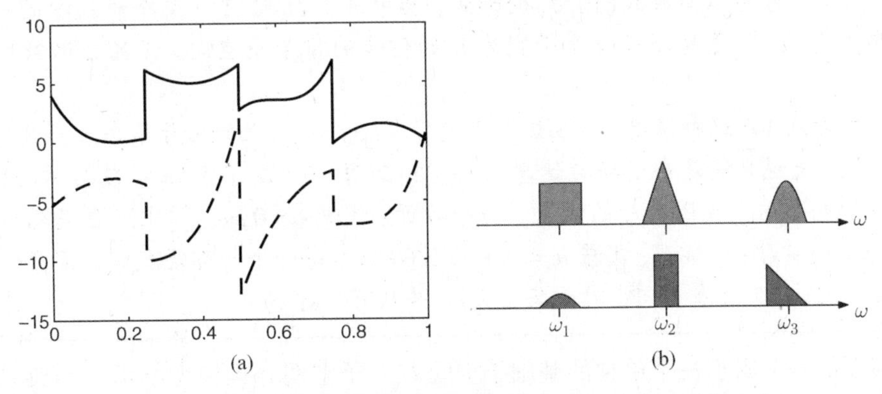

图 10.4　(a)双频带信号的例子，在固定的不连续点上具有 4 个多项式段；(b)具有确定频带位置的双频带信号的例子

在这个多带通信的例子中，多带信号在所有可能的频带位置上形成一个并集，其中λ^*表示一个给定信号的真实频带位置。每一个子空间$\mathcal{U}_\lambda$对应于一个给定频带位置的信号。在一个特定子空间$\mathcal{U}_\lambda$中的双频带信号的例子在图10.4(b)中给出。

式(10.2)的并集构成一个非线性信号集合，所谓非线性就是说两个信号$x_1, x_2 \in \mathcal{X}$的任意线性组合不在信号集合$\mathcal{X}$中。更严格地，下面的性质指出，式(10.2)确定的子空间并集UoS是一个子空间，当且仅当构成UoS的所有子空间是相互包含的。下面给出这个性质的描述和证明。

性质10.1 设$\mathcal{X} = \mathcal{U}_1 \cup \mathcal{U}_2$，其中$\mathcal{U}_1$和$\mathcal{U}_2$均为子空间，则当且仅当$\mathcal{U}_1 \subseteq \mathcal{U}_2$或$\mathcal{U}_2 \subseteq \mathcal{U}_1$时，$\mathcal{X}$为一个子空间。

证明 如果$\mathcal{U}_1 \subseteq \mathcal{U}_2$，那么必然有$\mathcal{X} = \mathcal{U}_2$，且$\mathcal{X}$为一个子空间。同样，如果$\mathcal{U}_2 \subseteq \mathcal{U}_1$，那么必然有$\mathcal{X} = \mathcal{U}_1$，且$\mathcal{X}$也必然为一个子空间。

假如$\mathcal{X}$是一个子空间，而$\mathcal{U}_1$不是$\mathcal{U}_2$的子空间，或者$\mathcal{U}_2$不是$\mathcal{U}_1$的子空间，那么就意味着，存在某一个元素u属于$\mathcal{U}_1$，但不属于$\mathcal{U}_2$。既然$\mathcal{X}$为一个子空间，对于任意的元素$v \in \mathcal{U}_2$，$w = u + v$应在$\mathcal{X}$中，这时因为u和v都在$\mathcal{X}$中。那么，如果$w \in \mathcal{X}$，w必然在$\mathcal{U}_1$和$\mathcal{U}_2$中。假如$u \in \mathcal{U}_1$，$u = w - v$并考虑到w和v都在$\mathcal{U}_2$中，就可以得到结论$u \in \mathcal{U}_2$，这就是矛盾的。

如果$w \in \mathcal{U}_1$，那么由$v = w - u$以及w和u都在$\mathcal{U}_1$中，就可以得到$v \in \mathcal{U}_1$的结论。再由v是$\mathcal{U}_2$中的任意元素，就得到任意的$v \in \mathcal{U}_2$也在$\mathcal{U}_1$中的结论，这同样也是矛盾的。

因此结果只能是，$\mathcal{U}_1$是$\mathcal{U}_2$的一个子空间，而$\mathcal{U}_2$也是$\mathcal{U}_1$的一个子空间。 □

性质10.1的一个重要的结论就是式(10.2)形式的子空间并集是通常空间的一个真实子集合。

$$\mathcal{S} = \left\{x = \sum_{\lambda \in \Lambda} a_\lambda x_\lambda \mid a_\lambda \in \mathbb{R},\ \mathrm{x}_\lambda \in \mathcal{U}_\lambda\right\} \tag{10.3}$$

因为每一个信号$x \in \mathcal{X}$也属于空间$\mathcal{S}$，那么理论上就可以采用传统的单一子空间采样方法来对$x \in \mathcal{X}$进行采样和恢复。然而，这种方法通常会导致实际上不可实现的采样系统，因为它采用一个比$\mathcal{X}$大很多的单独集合，进而需要巨大的硬件和软件资源。

例10.4 考虑一个多带信号模型，其中信号$x(t)$在频率范围$[0, \omega_{\max}]$上包含N个带宽为B的信号。这个信号可以写成式(10.2)的形式，其中每个$\mathcal{U}_\lambda$对应于N个载波中的一个。对于给定的这些载波，$\mathcal{U}_\lambda$就是包含有N个带宽为B的信号的信号子空间。λ的值遍及所有可能的载波频率。

可以明显看到，在这种情况下，$\mathcal{S}$就等于支撑在$[0, \omega_{\max}]$上的信号集合。而且采样速率不可能减小，也就是说只能是奈奎斯特速率采样。因为每一个$\mathcal{U}_\lambda$都被限制在间隔$[0, \omega_{\max}]$中，所以$\mathcal{S}$不可能包含这个范围之外的能量。另一方面，定义在$[0, \omega_{\max}]$上的任意信号都可以写成和信号，$x = x_1 + x_2 + \cdots + x_n$，其中$n = \lceil \omega_{\max}/(NB) \rceil$，每一个$x_i$都是支撑在宽度为$B$的$N$个相邻频带上。因此，$x_i$就在$\mathcal{U}_\lambda$中(对于某些$\lambda$)，并且有$x \in \mathcal{S}$。

通过假设信号x属于一个单独的基础子空间$\mathcal{U}_\lambda$，子空间并集模型继承了经典采样理论的精髓。然而与传统方法不同的是，子空间并集允许在精确信号子空间中的不确定性，开辟了采样理论的新思路。其挑战就是在一定整体复杂性(硬件和软件)下处理这种不确定性，这种复杂性应该与一个确知$\mathcal{U}_\lambda$的系统是可比较的，而不是在典型的高维$\mathcal{S}$空间下直接采样的。

10.2.2　并集分类

在讨论 UoS 下采样问题时，我们主要关心的是线性采样，也就是对于一个采样向量集 $\{s_n\}$，用 $c_n=\langle s_n, x\rangle$ 来描述采样值(一些例外情况将在第 11 章和第 15 章中介绍)。对于给定的信号 $x\in\mathcal{X}$ 和采样向量集，希望能够回答下列问题：

(1)当 $\{s_n\}$ 具备什么条件时，信号 x 可以用 c_n 唯一地表示？

(2)对于一个给定的子空间并集，最小的采样要求是什么？

(3)有采样值重构信号的有效算法如何实现？

前两个问题涉及的采样机理，将在下一节讨论。子空间并集的恢复问题则更加复杂，到目前为止还没有针对各种子空间选择的统一信号恢复理论。因此，这里重点讨论 4 种基本分类，并在后续章节中进行分别的研究。我们将从两个方面讨论问题：一方面是在并集中子空间的个数(也就是 Λ 值的大小)，它可能是有限的也可能是无限的。另一方面是每个子空间 $\mathcal{U}_\lambda$ 的维数，这个数也可能是有限的或是无限的。这样就导致了有 4 种主要分类。我们可以用 Λ 值的大小和基础子空间的维数来命名，例如，有限–无限类，意思是子空间的个数是有限的，而子空间的维数是无限的。这样就可能产生如下的不同组合，可以描述为：

(1)有限–有限类：这类信号的例子包括压缩感知、分块稀疏和有限子空间的结构性并集。

(2)有限–无限类，无限–无限类：当子空间是无限维时，主要讨论 SI 子空间问题，并考虑有限和无限的子空间并集。

(3)无限–有限类：此类信号是指具有有限更新速率(FRI)的信号，如在 10.1.2 节中给出的脉冲流信号。

有限维并集

最简单的一个子空间并集的子空间个数是有限的，而每个子空间的维数也是有限的，我们称其为有限子空间并集(FUS)模型。我们所关注的问题是通过建立 FUS 结构，从尽可能少的样值中恢复信号。

这个类别中最典型的例子是每个子空间都是由 k 列 n 行的单位矩阵所张成的。这样就可能有 $\binom{n}{k}$ 个子空间，分别对应于 $\mathbb{R}^n$ 空间中的 n 个坐标轴中的 k 个。每个空间中的一个向量只在选定的 k 个位置上有非零分量，形成一份维数等于 k 的子空间，这种向量称为 k 稀疏向量。图 10.5 给出了一个 $\mathbb{R}^3$ 空间上 2 稀疏信号的例子。这个模型构成压缩感知的基础，第 11 章我们将详细讨论。

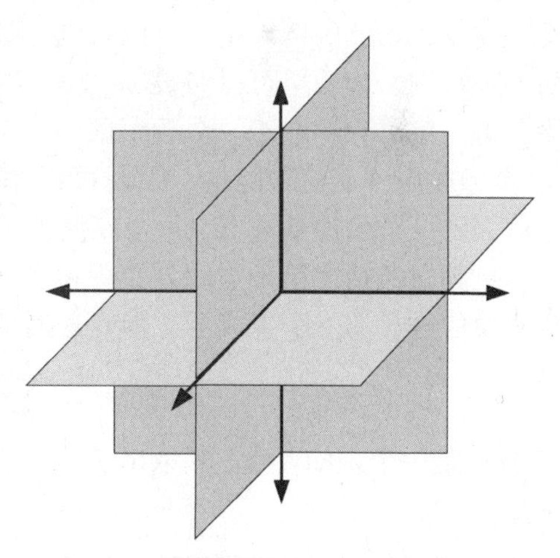

图 10.5　由 $\mathbb{R}^3$ 上的所有 2 稀疏信号集定义的子空间并集

这一类子空间并集的一种扩展就是具有结构性稀疏支撑的 FUS 模型，即稀疏向量要满足支撑上的附加限制(也就是说，对向量非零分量的索引集合)，这意味着 $\binom{n}{k}$ 个子空间中只有某些选择的子空间 $\mathcal{U}_i$ 才是被允许的。

一个稍微复杂一些的情况是当每个子空间等于 n 个可能中选取 k 个子空间的直接求和，但这里每个单独的子空间都有大于 1 的维数。在第 12 章中将介绍，这将导致分块稀疏。图 10.6 给出了稀疏向量和分块稀疏向量的例子。对于分块稀疏的情况，这种相加结构可以进一步降低信号表征所需要的测量值的个数。

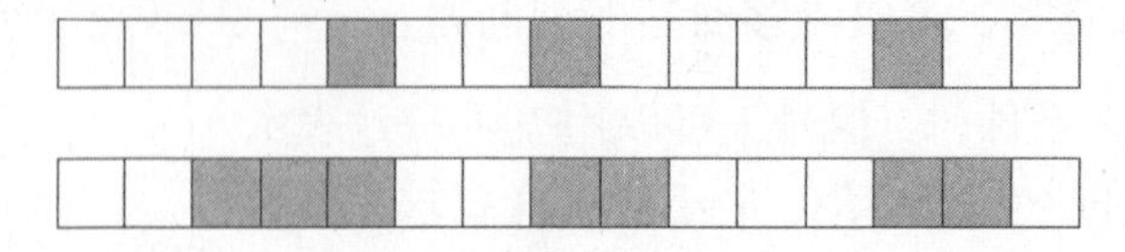

图 10.6 具有 15 中取 3 的非零元素的稀疏向量(上)和具有 3 个非零块的分块稀疏向量(下)的例子

虽然这些例子并不能描述具有无限维数的子空间，但是在处理 FUS 结构中的很多思想和结果将是处理模拟信号(无限维)模型的基础。因此，在第 11 章和第 12 章将开始对子空间并集进行深入研究，即分析有限维信号集合，并探讨允许从少量测量恢复此类信号的边界条件。

SI 子空间并集

在信号采样过程中，主要目的是对模拟信号进行特征化处理。因此这里再一次利用 SI 模型，SI 模型在子空间采样方面已经有了广泛的应用。为了描述 SI 模型的并集，首先考虑一个有限并集，信号存在于一份具有 N 个生成子的 SI 子空间中，其中只有 k 个是活动的。这时信号 $x(t)$ 可以写成

$$x(t) = \sum_{|\ell|=k} \sum_{n\in\mathbb{Z}} a_\ell[n] h_\ell(t - nT) \tag{10.4}$$

其中符号 $|\ell| = k$ 表示从 $\{1, 2, \cdots, N\}$ 中取 k 的一个求和。这样，序列中的某些项 $a_\ell[n]$ 标识为零。

在 4.3.4 节的例 4.4 中可以看到，图 10.1 中给出的多带信号模型可以被看成是式(10.4)的一种特例。为简单可以假设 $\omega_{\max} = mB$，这样就可以把频带 $[0, \omega_{\max}]$ 分成等宽度为 B 的 m 段。每一信号只存在于一个频率段内，如图 4.17 所示。一共有 N 个频段，也就意味着最多有 $2N$ 个频段内含有信号能量。因此可以用式(10.4)表示信号 $x(t)$，其中 $k = 2N$，每个生成子 $h(t)$ 表示一个带通滤波器，每个滤波器可以得到 m 个频带中一个频带的信号能量。

更复杂的情况是子空间并集中包含无限多的子空间。为了建立这种 SI 子空间架构，首先要假设信号具有 k 个生成子。但是这时的生成子将在一个无限可能集合中选取，即

$$x(t) = \sum_{\ell=1}^{k} \sum_{n\in\mathbb{Z}} a_\ell[n] h_\ell(t - nT; \theta_\ell) \tag{10.5}$$

其中 θ_ℓ 是一个未知参数，其取值于一个连续集合。因而，这时的生成子 $h_\ell(t)$ 有无限多的可能选择。

例 10.5 模型式(10.5)可以用于描述比式(10.1)更为复杂的时变多径信道。

例如，一个 PAM 通信系统，传输的数据符号率为 $1/T$，用一个已知脉冲 $g(t)$ 进行调制。这时，发射信号 $x_T(t)$ 可以表示为

$$x_T(t) = \sum_{n\in\mathbb{Z}} d[n] g(t - nT) \tag{10.6}$$

其中 $d[n]$ 表示数据符号。信号 $x_T(t)$ 经过一个时变多径信道后，其冲激响应可为

$$h(\tau, t) = \sum_{\ell=1}^{k} \alpha_\ell(t) \delta(\tau - t_\ell) \tag{10.7}$$

其中 $\alpha_\ell(t)$ 是一个第 ℓ 个传播路径的时变增益，t_ℓ 为相应的时延，k 为总的路径个数。

假设信道相对于符号速率是满变化的，这样相对于一个符号周期，路径增益可以认为是一个常数，即

$$\alpha_\ell(t) = \alpha_\ell[nT], \qquad t \in [nT, (n+1)T] \tag{10.8}$$

另外，可以假设传播延时限制在一个符号之内，即 $t_\ell \in [0, T)$，这时接收信号为

$$x(t) = \sum_{\ell=1}^{k} \sum_{n \in \mathbb{Z}} a_\ell[n] g(t - t_\ell - nT) \tag{10.9}$$

其中

$$a_\ell[n] = a_\ell[nT] d[n] \tag{10.10}$$

考虑到 $h_\ell(t;\theta_\ell) = g(t - t_\ell)$，式(10.9)给出的接收信号就具有了式(10.5)的形式。

例 10.6 模型式(10.5)可以用来描述多带信号的情况，其中调制信号具有已知的形状，载波频率在$[0, \omega_{\max}]$范围内任意分布。

例如，一个通信系统有 k 个发射信号，每个信号的脉冲形状为 $g_\ell(t)$，载波频率为 ω_ℓ，这时的接收信号可以表示为

$$x(t) = \sum_{\ell=1}^{k} \sum_{n \in \mathbb{Z}} a_\ell[n] g_\ell(t - nT) \cos(\omega_\ell(t - nT)) \tag{10.11}$$

如果考虑 $h_\ell(t;\theta_\ell) = g_\ell(t)\cos(\omega_\ell t)$，它也具有式(10.5)的形式。其中 $a_\ell[n]$ 是第 ℓ 个发射信号的符号，$g_\ell(t)$ 是任意脉冲形状。可以看到，这个例子比多带信号模型更为通用，因为这个生成子 $g_\ell(t)$ 是任意的。而在多带信号模型中，为了简化，其生成子都等于一个近似的 box 函数。

有限更新速率信号

一种中间情况是并集中子空间的个数是无限的，而每个子空间都是有限维的。这时，式(10.5)中的重复周期 T 被消除，因此信号模型为

$$x(t) = \sum_{\ell=1}^{k} a_\ell h_\ell(t;\theta_\ell) \tag{10.12}$$

可以看到，式(10.12)的信号模型只是式(10.1)的特殊情况，即对于一个近似的时延 t_ℓ，有 $h_\ell(t;\theta_\ell) = h(t - t_\ell)$。

简单地讲，FRI 信号就是可以用单位时间内有限个参数来描述的一类信号，因为其单位时间内描述信号的参数个数是有限的，所以被称为有限更新率(FRI)。通常总是希望能够从一个正比于更新率的采样值中恢复出信号。应当注意到，虽然适合于 UoS 模型的 FRI 信号的例子有很多，但是 FRI 信号并不局限于具有 UoS 结构，下面会给出例子。第 15 章将进一步深入讨论 FRI 信号模型。

例 10.7 这里是一个连续相位调制(CPM)信号传输系统，它是一类 FRI 信号，但是却不属于 UoS 模型。这类信号包括连续相位频移键控(CPFSK)、最小频移键控(MSK)、平滑频率调制(TFM)和高斯 MSK(GMSK)等。这一类信号可以表示为

$$x(t) = \cos\left(\omega_0 t + 2\pi h \int_{-\infty}^{t} \sum_{m \in \mathbb{Z}} a_m g(\tau - mT) \mathrm{d}\tau\right) \tag{10.13}$$

其中 ω_0 是一个给定的载波频率，$a_m \in \pm 1, \cdots, \pm (Q-1)$ 为消息符号，h 为调制指数。$g(t)$ 是一个支撑在 $[0, LT]$ 上的脉冲函数，对于某一正整数 $L>0$，满足 $\int_0^{LT} g(t)\mathrm{d}t = 0.5$。

通过分析这个正整数(详见习题 7)可见，这个信号可以用单位时间有限参数来表征，也就是说它可以表示为一个 FRI 信号，但是它却不能用一个 UoS 模型表示。

在本节介绍的式(10.4)、式(10.5)和式(10.12)的信号模型中，信号 $x(t)$ 都可以用其相应的奈奎斯特采样速率进行采样。例如，对于式(10.5)的信号，可以按脉冲函数 $h_\ell(t)$ 的奈奎斯特速率进行采样。然而，当生成子 $h_\ell(t)$ 具有较宽的频带宽度时，这种方法将非常浪费资源。再例如，对于式(10.9)的时变信号模型，其脉冲函数是确定的，而时延是不确定的。其中在时间间隔 T 内可能存在 k 个延时，通常希望用一个正比于 k/T 的速率采样，而不是正比于 $g(t)$ 的奈奎斯特速率。类似对于信号模型式(10.4)，可以利用一个 N 分段滤波器库进行采样，每个采样速率为 $1/T$，然而，如果只有 k 个生成子是有效的，通常希望用一个正比于 k/T 的采样速率，而不是 N/T。我们将在第 13 章和第 15 章进一步讨论这些情况，并将看到，通过开发子空间并集的信号结构，可以利用明显低于奈奎斯特速率的采样率进行信号采样。

10.3 并集采样

10.3.1 唯一稳定采样

在以上讨论子空间采样中可以看到，任何对应于一个 Riesz 基或者对应于基础空间架构的采样算子都可以导致唯一的和稳定的信号扩张。对于子空间并集模型，这种情况更为复杂。

假设一个给定的测量 $c_n = <s_n, x>$ 或 $c = S^* x$，$\mathcal{S}$ 表示由采样函数 s_n 张成的采样空间。在 6.2.1 节中曾介绍，确知采样值就等效于确知在空间 $\mathcal{S}$ 上的正交投影 $P_{\mathcal{S}}x$。相应地，采样过程是可逆的，如果当且仅当在并集 $\mathcal{X}$ 与空间 $\mathcal{S}$ 上的投影存在一个一一对应的映射，即表示为 $P_{\mathcal{X}} = P_{\mathcal{S}}X$。

例 10.8 考虑一个信号空间 $\mathcal{H}$ 等于 $\mathbb{R}^3$。信号集合 $\mathcal{X} = \cup_{\lambda=1}^{3}\mathcal{U}_\lambda$ 为 3 个一维子空间的并集，如图 10.7 所示。将信号并集 $\mathcal{X}$ 投影到 2 个采样空间 $\mathcal{S}$ 上，产生 $P_{\mathcal{X}} = \cup_{\lambda=1}^{3} P_{\mathcal{S}}\mathcal{U}_\lambda$。从图中可以看到，只要在 $\{\mathcal{U}_\lambda\}_{\lambda=1}^{3}$ 中没有 2 个子空间被投影到 $\mathcal{S}$ 上的同一个向量上，就是一个 $\mathcal{X}$ 与 $P_{\mathcal{X}}$ 之间的可逆映射。图 10.7(a)表示一个可逆映射。从原理上讲，这时的输入信号就可以从采样信号中得以恢复。相反地，在图 10.7(b)中，2 个子空间被投影到同一个向量上，则信号的恢复就是不可能的。这个例子可以扩展到对于任何 N 值的空间 $\mathbb{R}^N$ 上。

例 10.8 说明可以将一个信号集合投影到低维度表征上，同时保留其信息不丢失。在这个过程的一个重要问题是空间 $\mathcal{S}$ 的维度可以多么小，而使 $\mathcal{X}$ 上的信息不损失，也就是 $\mathcal{X}$ 的最小采样率要求的问题。一般来说，保证为可逆变换的 $\mathcal{S}$ 空间有多种可能的选择。通常我们希望投影子空间 $P_{\mathcal{S}}\mathcal{U}_\lambda$ 尽量充分地相互远离，进而使采样对噪声和数值误差不过分敏感。

下面给出了关于信号并集 $\mathcal{X}$ 采样算子 S^* 的唯一性定义。

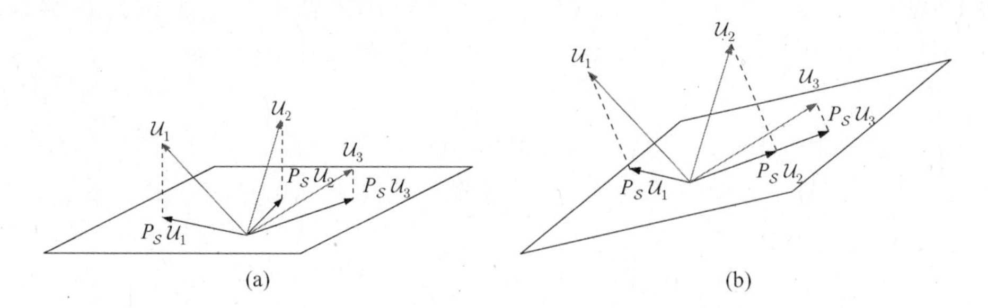

图 10.7　子空间并集 $\mathcal{X} = \cup_{\lambda=1}^{3}\mathcal{U}_\lambda$ 和它在两个采样空间上的投影的例子。(a)可逆采样；(b)非可逆采样

定义 10.2　一个采样算子 $S^*: \mathcal{H} \to \ell_2$ 在一个子空间并集 $\mathcal{X}$ 上是可逆的，如果对于任何 $x_1, x_2 \in \mathcal{X}$，有

$$S^* x_1 = S^* x_2 \Leftrightarrow x_1 = x_2 \tag{10.14}$$

定义 10.2 表明 S^* 是 $\mathcal{X}$ 和 $S^*\mathcal{X}$ 上的集合之间的一对一映射。因此，对于任意给定的采样序列 $c = S^* x$，一定存在一个唯一的 $x \in \mathcal{X}$ 可以生成这些采样值。

实际上，定义其稳定性比唯一性更加有意义。也就是说，我们不仅需要对于给定的采样值有唯一的恢复信号，而且还需要保证有一个稳定的数值方法来恢复原始信号 x。在子空间采样过程中，这个稳定性是利用 Riesz 基和空间架构的概念来保证的。为了定义子空间并集的稳定采样，这里把架构的概念扩展到子空间并集模型中。

定义 10.3　一个采样算子 $S^*: \mathcal{H} \to \ell_2$ 在一个子空间并集 $\mathcal{X}$ 上是稳定的，如果对于任何 $x_1, x_2 \in \mathcal{X}$，存在常数 $0 < \alpha \leqslant \beta < \infty$，有

$$\alpha \| x_1 - x_2 \|^2 \leqslant \| S^*(x_1 - x_2) \|^2 \leqslant \beta \| x_1 - x_2 \|^2 \tag{10.15}$$

比值 β/α 给出了采样算子稳定性的一个测度。如果式(10.15)的左端下界被满足，表明采样算子是可逆的，这时有 $S^*(x_1 - x_2) = 0$，意味着 $x_1 = x_2$。

值得注意的是，在针对一个子空间 $\mathcal{S}$ 定义一个空间构架时，需要不等式(10.15)对子空间上的任何信号 $x = x_1 - x_2 \in \mathcal{S}$ 保持成立。这是因为当 $\mathcal{S}$ 为一个子空间时，对于任何的 $x_1, x_2 \in \mathcal{S}$，都有 $x_1 - x_2$ 在 $\mathcal{S}$ 中。然而在并集中，这一点不再成立，即当 $x_1, x_2 \in \mathcal{X}$ 时，并不意味着 $x_1 - x_2 \in \mathcal{X}$，因此利用这个不等式来表示这些差向量。这一重要差别使得并集上的问题要比子空间上的问题更为复杂，因为重叠的信号集合是非线性的。由于这个原因，我们不能直接利用线性代数结果来研究并集上的采样和稳定性问题。在讨论式(10.14)的可逆性条件时也会出现类似的问题。在单个子空间 $\mathcal{S}$ 的情况下，可逆性降低的要求为：对于任意的 $x \in \mathcal{S}$，$S^* x = 0$ 意味 $x = 0$。相反地，在一个子空间并集 $\mathcal{X}$ 中，对于任意的 $x_1, x_2 \in \mathcal{X}$，$S^*(x_1 - x_2) = 0$ 意味着 $x_1 - x_2 = 0$。进一步说明就是，$x_1 - x_2$ 不再保证存在于子空间并集 $\mathcal{X}$ 中。这样，不像在一个子空间中仅仅需要唯一性和稳定性要求，而必须要进一步扩展定义到一个非线性集合中。

为了克服边界条件存在于一个非线性集合上的困难，这里引入一个由子空间对的和构成的子空间，即

$$\mathcal{U}_{\lambda,\gamma} = \mathcal{U}_\lambda + \mathcal{U}_\gamma = \{x \mid x = x_1 + x_2, \quad x_1 \in \mathcal{U}_\lambda, x_2 \in \mathcal{U}_\gamma\} \tag{10.16}$$

和空间 $\mathcal{U}_{\lambda,\gamma}$ 通常可以有一个简单的解释，例如，对于一个多带信号，和空间就是所有包含 $2N$ 个非零频带的信号的集合。这样就可以看到，式(10.2)和式(10.3)给出的子空间并集 $\mathcal{X}$ 上的唯一性和稳定性条件可以存在于和空间 $\mathcal{U}_{\lambda,\gamma}$ 上。

性质 10.2 一个采样算子 $S^*: \mathcal{H} \to \ell_2$ 在一个子空间并集 $\mathcal{X}$ 上是可逆的，当且仅当 S^* 对于每一个 $\mathcal{U}_{\lambda,\gamma}$ 是可逆的，其中 $\lambda, \gamma \in \Lambda$。或者说，当且仅当对于任意的 $y \in \mathcal{U}_{\lambda,\gamma}$ 及 $\lambda, \gamma \in \Lambda$

$$S^* y = 0 \Leftrightarrow y = 0 \tag{10.17}$$

S^* 对于子空间并集 $\mathcal{X}$ 是一个稳定采样算子，当且仅当存在常数 $0 < \alpha \leqslant \beta < \infty$，且对于每一个 $x \in \mathcal{U}_{\lambda,\gamma}$，及 $\lambda, \gamma \in \Lambda$，有

$$\alpha \| x \|^2 \leqslant \| S^* x \|^2 \leqslant \beta \| x \|^2 \tag{10.18}$$

性质 10.2 表明，如果采样算子 S^* 在所有的选择子空间 $\mathcal{U}_{\lambda,\gamma}$ 上是可逆的(稳定的)，那么它在子空间并集 $\mathcal{X}$ 上就是可逆的(稳定的)。后面可以用标准的线性代数理论来进行验证。

证明 首先考虑可逆性条件。考虑算子 S^* 在每一个可能的子空间 $\mathcal{U}_{\lambda,\gamma}$ 上是可逆的，x_1，x_2 是子空间并集 $\mathcal{X}$ 上的向量，并且有 $S^* x_1 = S^* x_2$。那么，对于某些 λ，γ，就有 $y = x_1 - x_2$ 为 $\mathcal{U}_{\lambda,\gamma}$ 上的向量，而 $S^* y = 0$。由于 S^* 在 $\mathcal{U}_{\lambda,\gamma}$ 上是可逆的，因此就可以得到 $y = 0$，$x_1 = x_2$。

接下来，$S^* x_1 = S^* x_2$ 的假设得到了对于任意的 x_1，$x_2 \in \mathcal{X}$ 有 $x_1 = x_2$，而目的是表明，对于任意的 λ，r，如果 y 是 $\mathcal{U}_{\lambda,\gamma}$ 中的任意向量，$S^* y = 0$ 就意味着 $y = 0$。因为 $y \in \mathcal{U}_{\lambda,\gamma}$，所以对于 $y_1 \in \mathcal{U}_\lambda$ 和 $y_2 \in \mathcal{U}_\gamma$，可以得到 $y = y_1 - y_2$。因此，$S^* y = 0$ 的假设就意味着 $S^* y_1 = S^* y_2$，其中 y_1，$y_2 \in \mathcal{X}$，进而得到 $y_1 = y_2$ 的结果，即证明了可逆性。考虑到式(10.18)和式(10.15)的一致性，稳定性条件也将必然满足。 □

例 10.9 考虑一个有限子空间并集(FUS)$\mathcal{X}$，其中每一个子空间由 n 尺寸单位矩阵的 k 列向量张成。这时，$\boldsymbol{x} \in \mathcal{X}$ 意味着 $\boldsymbol{x}$ 是一个 n 长 k 稀疏向量，采样算子 S^* 可以用一个 $m \times n$ 矩阵 $\boldsymbol{A}$ 来表示。

在这个例子中，对于 $\lambda, \gamma \in \Lambda$，$\mathcal{U}_{\lambda,\gamma}$ 定义了一个由最多 $2k$ 个单位矩阵的列向量张成的子空间。遍历所有可能的 λ 和 γ 意味着对于任意的 $2k$ 稀疏向量，式(10.17)和式(10.18)必须被满足。特别是，为了保证可逆性，要求对任何 $\boldsymbol{x}$ 有 $\boldsymbol{Ax} = \boldsymbol{0}$，$\boldsymbol{x}$ 最多有 $2k$ 个非零值隐含 $\boldsymbol{x} = \boldsymbol{0}$ 为零向量。这表明矩阵 $\boldsymbol{A}$ 的每 $2k$ 个列都是线性独立的。具有这种特性的矩阵称为有大于 $2k$ 的火花(spark)，在第 11 章将进一步说明火花的概念。

采样算子的稳定性可以由下式来确定：

$$\alpha \| \boldsymbol{x} \|^2 \leqslant \| \boldsymbol{Ax} \|^2 \leqslant \beta \| \boldsymbol{x} \|^2 \tag{10.19}$$

对于某些常数 $0 < \alpha \leqslant \beta < \infty$，以及所有最多具有 $2k$ 个非零值的向量 $\boldsymbol{x}$，在第 11 章中将进一步介绍一种有限等间距性质(restricted isometry property, RIP)并证明它与式(10.19)是等效的。注意到，如果一个矩阵满足有限等间距性质，那么它的火花就大于 $2k$。这是因为对于一个 $2k$ 稀疏向量 $\boldsymbol{x}$ 来说，$\boldsymbol{Ax}$ 不可能等于 0，即不可能超越下界。因此可以这样来归纳，通过选择子空间并集 $\mathcal{X}$，如果矩阵 $\boldsymbol{A}$ 满足有限等间距性质(RIP)就可以保证采样过程的可逆性和稳定性。

10.3.2 速率要求

这里我们利用性质 10.2 的可逆性条件来讨论表征信号的最小采样数，分别讨论有限维数子空间和无限维数子空间的情况。

有限维子空间

首先假设每一个 $\mathcal{U}_\lambda$ 是一个维数等于 d_λ 的有限维数子空间，用 $d_{\lambda,\gamma}$ 表示空间 $\mathcal{U}_{\lambda,\gamma}$ 的维数。集合 Λ，也就是环绕希尔伯特空间 $\mathcal{H}$ 的维数可能是有限的或者是无限的。在这种情况下，要使式(10.17)在空间 $\mathcal{U}_{\lambda,\gamma}$ 上得到保持，采样值的个数 n 必须满足 $n \geqslant d_{\lambda,\gamma}$。另外，如果所有的子空间都有相同的维数 d，并且互不重叠，那么最小采样个数的条件为 $n \geqslant 2d$。

性质 10.3　若 $S^*: \mathcal{H} \to \mathbb{C}^n$ 是一个子空间并集 $\mathcal{X} = \cup_{\lambda\in\Lambda}\mathcal{U}_\lambda$ 上可逆的采样算子，其中每一个 $\mathcal{U}_\lambda$ 等于有限维数子空间 d_λ，则有 $n \geqslant d$，而 $d = \max\limits_{\lambda,\gamma\in\Lambda}\dim(\mathcal{U}_{\lambda,\gamma})$。

证明　假设 λ^* 和 γ^* 表示集合 Λ 中的两个值，它们可以使 $\dim(\mathcal{U}_{\lambda,\gamma})$ 为最大，这样就可以得到 $d = \dim(\mathcal{U}_{\lambda^*,\gamma^*})$。如果采样算子 S^* 在 $\mathcal{X}$ 上是可逆的，根据性质 10.2，S^* 在任意的 $\mathcal{U}_{\lambda,\gamma}$ 上和特别的 $\mathcal{U}_{\lambda^*,\gamma^*}$ 上就是可逆的。这也就意味着 $\dim(S^*\mathcal{U}_{\lambda^*,\gamma^*}) = \dim(\mathcal{U}_{\lambda^*,\gamma^*}) = d$。在另一方面，由于 S^* 的范围包含在 $\mathbb{C}^n$ 之内，必然有 $\dim(S^*\mathcal{U}_{\lambda^*,\gamma^*}) \leqslant n$，即可以证明 $n \geqslant d$。□

例 10.10　应用性质 10.3 分析例 10.2 的情况。子空间并集 $\mathcal{X}$ 是所有信号的集合，这些信号包含有支撑在[0, 1]上的 $K \geqslant 2$ 段的多项式，而每一段的度都小于 d_0。

在这种情况下，$\mathcal{U}_{\lambda,\gamma}$ 是最多具有 $2K-1$ 个多项式段的分段多项式子空间，每一段的度都小于 d_0。根据性质 10.3，采样个数 n 必须满足 $n \geqslant d = (2K-1)d_0$。

这里可以明显地看到，$\mathcal{X}$ 上的每一个信号都可以用 $Kd_0 + K - 1$ 个参数完全定义。其中 Kd_0 个参数表示 K 个多项式段的系数，$K-1$ 个参数表示不连续点的位置。因而，与人们想象的不同的是，当 $d>1$ 时，最小采样个数 n 严格地大于参数的个数 $Kd_0 + K + 1$。

当子空间并集是由有限维数子空间构成时，利用性质 10.2 还可以获得一个稳定采样的条件。特别是，如果用 $\mathcal{U}_{\lambda,\gamma}: \mathbb{C}^{d_{\lambda,\gamma}} \to \mathcal{H}$ 表示 $\mathcal{U}_{\lambda,\gamma}$ 的一个正交基，那么对于任何的 $c \in \mathbb{C}^{d_{\lambda,\gamma}}$，式(10.18)可以写成

$$\alpha \| c \|^2 \leqslant \| S^*\mathcal{U}_{\lambda,\gamma}c \|^2 \leqslant \beta \| c \|^2, \tag{10.20}$$

这表明，对于所有的参数 λ 和 γ，算子 $S^*\mathcal{U}_{\lambda,\gamma}$ 必然是稳定左可逆的。假设测量值 n 的个数是有限的，那么就意味着对于所有的 λ 和 γ，矩阵 $S^*\mathcal{U}_{\lambda,\gamma}$ 的奇异值将被界定在之下和之上。

无限维子空间

如前面所介绍，对于无限维数子空间并集，重点考虑 SI 子空间。如果 $\mathcal{U}_\lambda$ 是一个由函数 $\{g_k^\lambda(t), 1 \leqslant k \leqslant N_\lambda\}$ 生成的 SI 子空间，和空间 $\mathcal{U}_{\lambda,\gamma}$ 就是由 $\{g_k^\lambda(t), g_k^\gamma(t)\}$ 生成的。如果用 $N_{\lambda,\gamma}$ 表示生成子空间 $\mathcal{U}_{\lambda,\gamma}$ 的最小函数个数的话，可知 $N_{\lambda,\gamma} \leqslant N_\lambda + N_\gamma$。在讨论 SI 子空间的问题时可以看到，保证 K 的生成子的 SI 子空间上信号稳定恢复所需要的采样速率最小为 K/T。因此，在 SI 子空间并集上的最小速率要求就等于 N/T，其中 $N = \sup\limits_{\lambda,\gamma\in\Lambda} N_{\lambda,\gamma}$。

10.3.3　Xampling：压缩采样方法

前面已经介绍了子空间并集上信号模型和采样的基本理论。在接下来的章节中将按照本章对子空间并集的分类分别讨论信号采样和恢复的方法。第 11 章将给出压缩感知理论研究的一个概述，主要关心的是不确定系统环境下稀疏向量的恢复问题。第 12 章主要介绍将压缩感知理论扩展到有限维数子空间并集的基本思路。第 13 章到第 15 章集中讨论了时间连续信号

子空间并集的采样问题，第 13 章重点是 SI 子空间并集，第 14 章是多带采样，第 15 章是 FRI 采样以及在雷达、超声波和无线通信等领域的应用。

除了研究相关的理论和采样技术外，本书还介绍了一些实现欠奈奎斯特采样的硬件原型。尽管理论研究是主要目的，但是将理论研究结果应用于具体的应用实际也是非常重要的。应该看到，欠奈奎斯特采样理论研究不仅产生了一些新概念和数学上的进展，而且在实际应用方面的低速率 ADC 系统对产业领域也带来了巨大的潜在影响。

尽管信号的采样方法和恢复技术可能由于不同类型的信号是不同的，但是仍然可以用一个统一的基本构架来描述这一过程，可以将这个统一构架称为 Xampling[21, 22]。这个 Xampling 构架将对设计 UoS 采样系统提供一些基本的引导和原则。图 10.8 给出了一个顶层 Xampling 结构。它主要包括两个主要功能，第一是模拟信号压缩，在利用商用器件采样之前使输入信号窄带化；第二是一个非线性算法，在常规信号处理之前检测输入子空间。每一个基本框图的具体实现将依赖于所考虑的 UoS 模型的具体分类。

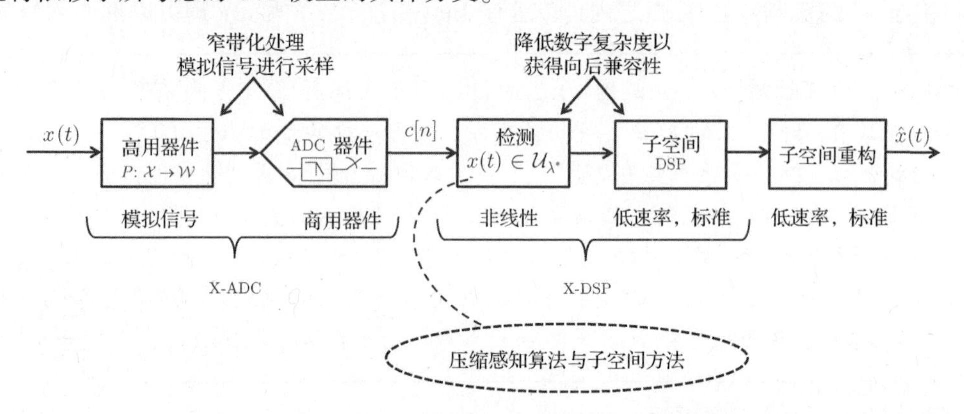

图 10.8 Xampling 信号采集和子空间并集处理的原理框图

图中前面两个模块称为 X-ADC，实现模拟信号 $x(t)$ 的数字化。算子 P 将输入的高带宽信号 $x(t)$ 压缩为一个低带宽信号，也就是用一个具有明显较低采样需求的子空间 $\mathcal{W}$ 来有效地捕获(替代)完整的子空间并集 $\mathcal{X}$。商用 ADC 器件(可能是具有多个器件的滤波器池结构)对模拟压缩信号进行逐点采样，产生一个采样信号序列 $c(n)$。在 Xampling 构架中算子 P 的作用是对模拟信号的窄带化处理，接下来就可以用低速率 ADC 进行采样。数字压缩的主要目的是用一种压缩方式捕获输入信号中所有的重要信息，这里是利用硬件而不是软件来实现的。这里在信号采样之前进行了信号混叠，利用这种方法可以使采样点包含了所有子空间信号分量的能量。根据应用的不同，这种信号混叠可以表现在不同的域中。例如，第 14 章将介绍的调制宽带转换器(MWC)在频域上实现混叠，实现了低速率的多带信号采样。信号混叠保证了各信号频带都能出现在基带上，而不用考虑其载波频率的不同。之后就可以仅对基带信号采样，仍然可以捕获整个多带信号的全部能量。与这种方法不同的是，第 15 章将介绍 sum-of-sincs (SOS)采样方法，通常也称为傅里叶采样。这种 SOS 采样方法是基于一种时域混叠，主要用来处理时域脉冲流信号。在这种情况下，需要高采样率的窄脉冲首先被进行时域扩展，进而实现信号能量的低速率采样捕获。

如图 10.8 所示，在数字处理部分，Xampling 包含三个计算模块。一个非线性模块用来从低速率采样值中检测出信号子空间 $\mathcal{U}_{\lambda^*}$，实现这一目标的方法可能是将在第 11 章介绍的压缩感知算法，或者是其他的子空间识别方法，如第 15 章将讨论的 MUSIC 方法[15]和 ESPRIT 方法[187]。

一旦确定了参数 λ^*，就可以得到了反向兼容性，也就意味着可以使用商用 DAC 器件利用标准的 DSP 算法进行信号重构。这种通过非线性检测和标准 DPS 的组合方法可以称为 X-DSP 方法。除了可以实现方向兼容性，这种非线性检测还降低了算法的计算量，因为接下来的 DSP 模块和 DAC 模块只需要处理信号子空间 $\mathcal{U}_{\lambda^*}$。这里的关键点是子空间检测是在低捕获速率下高效完成的。

根据 CS-Sampling 的发音，专用词汇 Xampling 符号化地描述了近期发展的压缩感知理论和过去一个世纪广泛应用的模拟信号采样理论的有效结合。通过模拟信号压缩和基于压缩感知的标准采样思想的结合，Xampling 提供了一个模拟信号低速率采样的通用结构。其中最基本的三步战略就是混叠(也称为模拟投影)、子空间识别和子空间恢复。当然，Xampling 还仅仅是一个模板性结构，它没有规定具体的捕获算子 P 以及使用的非线性检测算法。这些更加依赖具体应用的内容将在后续章节中根据不同的 UoS 分类进一步讨论。

10.4　习题

1. 考虑一个实信号 $x(t)$，其单边带宽为 B，信号频谱位置在 $w_l=(n-1/2)B$ 和 $w_h=(n+1/2)B$ 之间，其中 $n\geqslant 1$。
   (a) 如果不产生混叠，信号采样速率应如何确定？
   (b) 画出采样序列 $x(nT)$ 的 DTFT 图，其中 $T=2\pi/B$。
2. 考虑信号

$$x(t)=\sum_{\ell=1}^{10} a_\ell h(t-t_\ell),\quad t\in[0,10] \tag{10.21}$$

并已知脉冲

$$h(t)=\exp\left\{-\frac{t^2}{2\sigma^2}\right\},\ \sigma=0.45 \tag{10.22}$$

固定的时间延迟为

$$\{t_\ell\}_{\ell=1}^{10}=\{0.90,1.30,2.20,3.40,4.50,5.20,6.30,7.10,8.20,9.60\}$$

试根据下面给定的信号 $x(t)$ 的 10 个采样值 $x(t_{k_i})$，$1\leqslant i\leqslant 10$，计算系数 $\{a_\ell\}_{\ell=1}^{10}$ 的值。

$$\{t_{k_i}\}_{i=1}^{10}=\{0.50,1.50,2.50,3.50,4.50,5.50,6.50,7.50,8.50,9.50\}$$

$$\{x(t_{k_i})\}_{i=1}^{10}=\{0.14,0.34,0.09,0.25,0.26,0.38,0.35,0.36,0.46,0.11\}$$

3. 信号为一个狄拉克序列，$x(t)=\sum_{\ell=1}^{L}\alpha_\ell\delta(t-t_\ell)$，其位置 $\{t_\ell\}_{\ell=1}^{L}$ 和权重系数 $\{a_\ell\}_{\ell=1}^{L}$ 均未知。试确定信号重构所需要的最少样值个数。
4. 考虑这样一类信号 $x(t)$，其对于数值序列 $d[n]$ 存在于 SI 子空间 $x(t)=\sum_{n\in\mathbb{Z}}d[n]h(t-nT)$ 上。如果对 $d[n]$ 有如下的限制，试确定信号 $x(t)$ 是否会形成一个子空间或者一个子空间并集。
   (a) $d[4]=5$，$d[10]=7$，其他的 $d[n]$ 值是任意的。
   (b) $d[3n]=0$，其他的 $d[n]$ 值是任意的。
   (c) $d[3n+\ell]=0$，其他的 $d[n]$ 值是任意的，其中 ℓ 为集合 $\{0,1,2\}$ 中的任意值。
5. 考虑一个脉宽调制信号 $s(t)=\sum_{n\in\mathbb{Z}}g(t-nT;b_n)$ 其中

$$g(t;b=0)=\begin{cases}1, & 0\leqslant t\leqslant T/2\\ 0, & \text{其他}\end{cases},\quad g(t;b=1)=\begin{cases}1, & 0\leqslant t\leqslant T\\ 0, & \text{其他}\end{cases} \tag{10.23}$$

试问：

(a) $s(t)$是一个 FRI 信号吗？

(b) $s(t)$可以描述为一个子空间并集吗？

6. 设$\mathcal{U}_i$为一个信号子空间，定义为$\mathcal{U}_i = \{x(t) \mid x(t) = \sum_{n \in \mathbb{Z}} a[n]h_i(t-nT),\ a[n] \in \mathbb{R}\}$，其中$h_i(t) = h(t-iT/L)$，且有

$$h(t) = \begin{cases} L/T, & 0 \leqslant t \leqslant T/L \\ 0, & \text{其他} \end{cases} \tag{10.24}$$

这时考虑一个采样，采样算子S^*对应生成子有T的位移，生成子为

$$s(t) = \begin{cases} 1, & 0 \leqslant t \leqslant T \\ 0, & \text{其他} \end{cases} \tag{10.25}$$

对于任意信号$x(t)$，样值序列为$c[n] = \langle s(t-nT),\ x(t)\rangle$。试确定这个采样算子在以下信号集合上是否是可逆的？

(a) $\mathcal{X} = \mathcal{U}_i$，$i = 0, 1, 2, \cdots, L-1$。

(b) $X = \cup_{i=0}^{L-1}\mathcal{U}_i$。

(c) $X = \cup_{i=0}^{L-1}\mathcal{U}_i$，但此时的采样值为$c[n] = \langle s(t-nT/L),\ x(t)\rangle$。

7. 试完成：

(a) 对于适当选择的b_m和$f(t)$，式(10.13)的信号可以表示为

$$x(t) = \cos\left(\omega_0 t + \sum_{m \in \mathbb{Z}} b_m f(t-mT)\right) \tag{10.26}$$

(b) 确定$f(t)$的支撑。

(c) 计算$x(t)$的更新速率。

8. 考虑习题 7 中的信号。请解释这个信号是否属于一个子空间并集？

9. 试举出一个例子，一个 FRI 信号不是一个子空间并集，且反之亦然。

10. 针对例 10.10，请提出一种方法获得分段多项式信号的最小采样要求。

11. 设$\mathcal{X}$为长度为 5 的两个稀疏向量集，采样算子为4×5的矩阵$\boldsymbol{A}$。对于下面给定的矩阵$\boldsymbol{A}$，试分析其采样算子是否是可逆的和稳定的。

(a)

$$\boldsymbol{A} = \frac{1}{\sqrt{2}}\begin{bmatrix} 1 & 1 & 0 & 0 & -1 \\ 1 & 0 & 1 & 0 & 0 \\ 0 & -1 & 1 & 1 & 0 \\ 0 & 0 & 0 & -1 & 1 \end{bmatrix} \tag{10.27}$$

(b)

$$\boldsymbol{A} = \frac{1}{\sqrt{2}}\begin{bmatrix} 1 & 1 & 0 & 0 & -1 \\ 1 & 0 & 1 & 0 & 0 \\ 0 & -1 & 0 & 1 & 0 \\ 0 & 0 & -1 & -1 & 1 \end{bmatrix} \tag{10.28}$$

12. 考虑长度为 8 的 3 稀疏向量并集$\mathcal{X}$。我们把一个$\mathcal{X}$中的向量$\boldsymbol{x}$乘上一个$m \times 8$矩阵A进行采样。对于下面的每一个m，判断是否存在一个对于任何可能的x都可以进行恢复的$\boldsymbol{A}$，如果存在请举出一个实例。

(a) $m = 3$

(b) $m = 5$

(c) $m = 6$

(d) $m = 8$

第 11 章　压缩感知理论基础

在子空间并集的研究中，最充分的一个范例就是在一个适当的基(basis)上向量 x 是稀疏的问题。这种模型代表了迅速发展的压缩感知(CS)研究领域。压缩感知理论在信号处理、统计和计算机科学以及更广泛的科学领域引起了相当大的关注。在本章中，将给出关于 CS 基本理论的一个基本概述。我们更偏重于讨论有限维稀疏信号恢复的理论和算法。在后续的章节中，我们会看到本章的基础理论可以扩展和延伸到包括模拟和离散信号领域，最终将引出连续时间信号的欠奈奎斯特采样技术及其广泛应用。

11.1　压缩感知理论概述

我们在之前章节中研究了采样定理，包括著名的香农–奈奎斯特定理，它是现代数字革命的核心，是促进压缩感知不断发展和提高保真度和分辨率的核心。数字革命促使了各种感知系统的发展和推广，并且使其不断提高灵活性和分辨率。数字化技术使得信号感知和处理系统更加可靠、灵活、低成本，相比模拟系统应用更加广泛。正是由于这方面的成功，感知系统所产生的数据量也急剧增加。遗憾的是，在许多重要的和新兴的应用领域中，需要的采样率是如此之高，以至于巨大数量的采样值需要传输、储存和处理。此外，在涉及宽带输入时，设备成本非常昂贵，有时甚至是不可能实现的。因此，需要找到在现有设备能力之内的信号采样方法[188, 189]，尽管目前的采样理论及计算能力方面已经有了很大的进步，然而在很多的信号采集和应用领域，如雷达信号处理、宽带通信、视频、医学成像、遥感监测和基因学数据分析等方面仍然存在着巨大的技术挑战。

为了解决高维数据的逻辑和计算上的技术挑战，通常要依赖于压缩，目的是在一个可以接受的畸变水平找到一个信号的最简洁的表征方式。信号压缩最常用的技术之一就是所谓变换编码(transform coding)，这种编码主要是依赖于寻找向量空间的基(basis)或框架(frame：一种完备表示，见 2.8 节)，它可以提供一类稀疏的或可压缩的信号[190]。所谓一个长度为 n 的信号的稀疏表征，就是它可以用 $k \ll n$ 个非零的系数来表示。而一个可压缩表征就是这个信号可以用 $k < n$ 个系数来良好近似。稀疏信号和可压缩信号都是可以通过仅仅保存这个信号的最大系数的数值和位置来进行高可信度的描述。这一过程是被称为稀疏近似(sparse approximation)，它是变换编码方法的基础。这种编码方法就是利用了信号的稀疏性和可压缩性，包括 JPEG、JPEG 2000、MPEG 和 MP3 标准。

利用变换编码的概念，CS 已经成了一种瞬时感知和有限维向量压缩的架构，这个架构主要依赖于线性降维方法。对于一个稀疏的或压缩的测量信号，CS 是一个有效降低采样和计算成本的潜在方法。香农–奈奎斯特采样定理表明，为了完美地捕获一个任意带限信号，需要一个最小的采样数量(样本数)的限制。如果信号在一个已知的基上是稀疏的，就可以有效地减少存储的测量样本数。因此，当感知一个稀疏信号时，CS 方法就会优于传统的子空间方法。所谓压缩感知的基本思想就是：不需要首先进行高采样率的采样，然后再进行采样数据的压缩，而是寻找一种方法，用一个低采样速率直接以压缩方式测量数据。这种基本想法来源于数学上的泛函分析和逼近理论，并通过 Candès，Romberg，Tao 和 Donoho 的研究工作得到升华。这些学者的研究表明，一个具有稀疏性或可压缩性表征的有限维信号，可以通过一个小的线性测量集合进行信号恢复[12,13,191]。测量方法的设计以及在实际数据模型和采集系统上的具体应用是 CS 研究领域的核心挑战。在本书的第 13 章至第 15 章，将重点讨论 CS 技术的应用，介绍很多连续时间信号系统的欠奈奎斯特采样的问题。

CS 理论的起源可以追溯到 18 世纪，1795 年，Prony 提出了一种噪声存在的情况下，利用少量复指数采样的参数估计算法[192]。正如在第 15 章中所介绍的，Prony 算法及其扩展研究在有限维子空间并集中的欠奈奎斯特采样和信号恢复方面发挥了关键作用，形成了某种 FRI 模型采样的基础。接下来的理论飞跃发生在 19 世纪初，当 Carathèodory 表明任意 k 个正弦波的线性组合可以由 $t=0$ 及其他 $2k$ 个时间点上的值唯一确定[193]。这一结论意味着当 k 值比较小并且信号频率范围较大时可以用远小于奈奎斯特速率的采样值来表征信号。20 世纪 90 年代，这项工作由 Gorodnitsky，Rao 和 George 进行了一般性研究，并研究了在生物核磁图像等相关领域的信号稀疏性问题[194~197]。这些是最早在信号处理领域利用信号稀疏性思想和技术开展的先期工作，这些研究已经非常接近于 CS 的核心思想。

另一个相关的问题就是信号的恢复，这主要来自对信号傅里叶变换的部分观测（而不是全部）。Beurling 提出了一种方法[198]，通过对部分观测值的推演来确定信号完整的傅里叶变换。可以证明，如果信号由一个有限数量的冲击序列构成，那么 Beurling 方法就可以从任何足够大的傅里叶变换片段（局部）中正确地恢复出一个非带限信号的完整的傅里叶变换。这个方法的实质就是在满足傅里叶变换测量值的所有信号中寻找出具有最小范数 ℓ_1 的目标信号，这与 CS 中用到的一些算法非常类似。

接下来的几年中，Candès，Romberg，Tao[13,191]和 Donoho[12]的研究表明，具有一个稀疏表征的信号可以从一个线性的、非自适应的测量值的小集合中精确恢复。这一结果说明，利用新方法来感知稀疏信号可以比传统的子空间方法需要少得多的采样值。然而，应当注意到，CS 方法在三个重要方面与传统采样方法有所不同。第一，传统采样理论通常考虑无限长度的连续时间信号。而 CS 是针对 $\mathbb{R}^n$ 上的有限维向量的信号测量值。第二，CS 方法通常需要一种以信号和随机函数的内积形式的随机测量。第三，这两种架构在信号恢复的方式上有所不同，CS 方法是根据压缩的测量值来恢复原始信号。子空间采样方法是利用线性测量，信号恢复是一种线性处理，而 CS 方法则更多地依赖非线性处理。

本章的内容回顾了在 CS 理论的一些重要结果，以作为后面章节的背景材料。11.2 节介绍了一些相关的数学基础，并给出了在 CS 技术中常用的低维信号模型，然后重点关注了有限维信号恢复的理论和算法。11.3 节将讨论感知矩阵的条件，试图从少量的测量值中恢复稀疏向量。11.4 节将介绍多项式-时间（polynomial-time）恢复算法。11.5 节将讨论算法保障条件的问题，以确保算法能够得到描述稀疏向量的准确值。最后，11.6 节将本章的内容进一步扩展，讨论了具有联合稀疏模式（joint sparsity pattern）的向量集合测量问题。

11.2 稀疏模型

在 CS 中，一个信号 $\boldsymbol{x}\in\mathbb{R}^n$，可以利用一个 $m\times n$ 的矩阵 $\boldsymbol{A}$，并通过 $m<n$ 个线性测量值 $\boldsymbol{y}=\boldsymbol{A}\boldsymbol{x}$ 来表征。其中 $\boldsymbol{A}$ 称为 CS 矩阵，$\boldsymbol{y}$ 为观测向量（measurement vector）。在理想情况下，$\boldsymbol{A}$ 的设计要求尽量减少测量值 m 的个数，同时要保证从测量值 $\boldsymbol{y}$ 中恢复信号 $\boldsymbol{x}$。然而，$m<n$ 的条件

表明，$\boldsymbol{A}$ 有一个非空零空间；同时这意味着，对于某一个输入 $\boldsymbol{x}_0 \in \mathbb{R}^n$，一个无限数量的信号 $\boldsymbol{x}$，在选定的 CS 矩阵 $\boldsymbol{A}$ 下，会产生相同的测量值 $\boldsymbol{y}_0 = \boldsymbol{A}\boldsymbol{x}_0 = \boldsymbol{A}\boldsymbol{x}$。

因此，设计 CS 矩阵 $\boldsymbol{A}$ 的目的就是对于感兴趣的不同的输入信号 $\boldsymbol{x}$ 或 $\boldsymbol{x}'$，都是从其测量值 $\boldsymbol{y} = \boldsymbol{A}\boldsymbol{x}$，或 $\boldsymbol{y}' = \boldsymbol{A}\boldsymbol{x}'$ 中唯一地识别，尽管可能 $m \ll n$。因此，必须选择这种输入信号的类别，以达到有效恢复的目的。

正如第 10 章中的介绍，经典采样理论的绝大部分结论是基于将信号模型化为一个合适的子空间上的向量。如果零空间 $\mathcal{N}(\boldsymbol{A})$ 和空间 $\mathcal{W}$ 是不相连的，那么在 $\mathcal{W}$ 中的信号向量 $\boldsymbol{x}$ 就可以从测量值 $\boldsymbol{y} = \boldsymbol{A}\boldsymbol{x}$ 中得到恢复。这将确保 $\mathcal{W}$ 中的所有向量(除非零向量)都会得到一个非零的测量值。然而，这里的目标是能够处理更高维的信号，这些信号都有一个低维的参数化特征，并且是未完全已知的参数。在上一章中介绍的子空间并集(UoS)就是一种描述这样信号的途径。在 CS 中，我们关注的是有限维 UoS 模型中最简单的例子，在这个模型中，信号是 $\mathbb{R}^n$ 上的一个稀疏向量。

在详细介绍信号稀疏性之前，先来简单介绍 ℓ_p 范数，它在处理稀疏向量方面起着重要作用。

11.2.1　范数向量空间

对于 $p \in [1, \infty]$，向量 $\boldsymbol{x} \in \mathbb{R}^n$ 的 ℓ_p 范数定义为

$$\|\boldsymbol{x}\|_p = \begin{cases} \left(\sum_{i=1}^{n} |x_i|^p\right)^{1/p}, & p \in [1, \infty) \\ \max\limits_{i=1,2,\cdots,n} |x_i|, & p = \infty \end{cases} \tag{11.1}$$

在这里，有必要将 ℓ_p 的概念扩展到 $p < 1$ 的情况。在这种情况下，式(11.1)中描述的范数概念不再满足三角不等式，因此它实际上是一个伪范数。我们还时常利用等式 $\|\boldsymbol{x}\|_0 = |\text{supp}(\boldsymbol{x})|$，其中 $\text{supp}(\boldsymbol{x}) = \{i : x_i \neq 0\}$ 表示 $\boldsymbol{x}$ 的定义域，$|\text{supp}(x)|$ 表示 $\text{supp}(\boldsymbol{x})$ 的字典。因此，$\|\boldsymbol{x}\|_0$ 表示 $\boldsymbol{x}$ 中的非零值的个数。注意到，$\|\cdot\|_p$ 尽管不是伪范数，但是可以清楚地看到 $\lim_{p\to\infty} \|\boldsymbol{x}\|_p = |\text{supp}(\boldsymbol{x})|$ 也限制了这个等式的选择范围。对于不同的 p 值，ℓ_p 范数有明显不同的性质。为了描述这一点，图 11.1 绘制了在 $\mathbb{R}^n$ 中的几种范数所表示的单位圆的图形，单位圆也就是 $\{\boldsymbol{x} : \|\boldsymbol{x}\|_p = 1\}$。

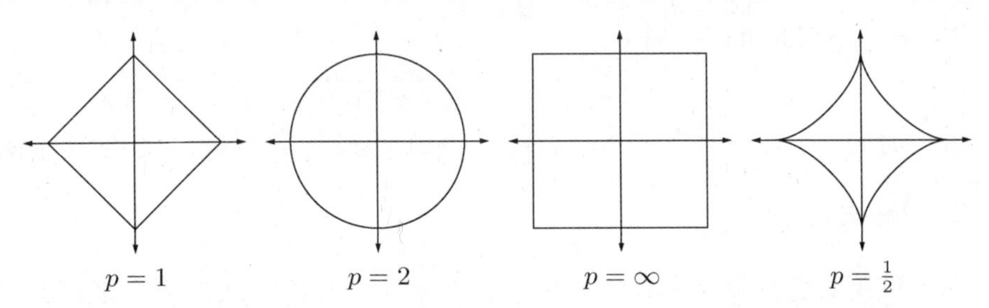

图 11.1　在 $p = 1, 2, \infty$ 的 ℓ_p 范数和在 $p = 1/2$ 的 ℓ_p 伪范数时的 $\mathbb{R}^2$ 上的单位圆

不同的 ℓ_p 有明显不同的性质，当利用这些范数时，会有不同的信号近似误差。例如，假定已知向量 $\boldsymbol{x} \in \mathbb{R}^2$，希望利用一维空间 $\mathcal{A}$ 上的一点来近似表示它，如图 11.2 所示。如果利用 ℓ_p 范数来测量近似误差，那么，我们的任务是找到向量 $\hat{\boldsymbol{x}} \in \mathcal{A}$，使 $\|\boldsymbol{x} - \hat{\boldsymbol{x}}\|_p$ 最小。其中 p 的选择会明显影响近似误差的性质。为了利用每一个 ℓ_p 范数找到 $\mathcal{A}$ 中最接近 $\boldsymbol{x}$ 的点，我们可以想象一个 ℓ_p 圆，它以 $\boldsymbol{x}$ 为圆心(中心)，直到它与 $\mathcal{A}$ 相切。这就是那个对应于 ℓ_p 范数与 $\boldsymbol{x}$ 点最接

近的点 $\hat{x} \in \mathcal{A}$。我们看到，较大的 p 值将会在两个参数之间更均匀地分布误差，而较小的 p 值会使误差分布更不均匀，同时会趋向于稀疏。对于 $p \leqslant 1$，相切点会落在纵轴上，会产生一个稀疏解。这种直觉会推广到高维空间情况，并在 CS 理论的应用中起到了重要的作用。

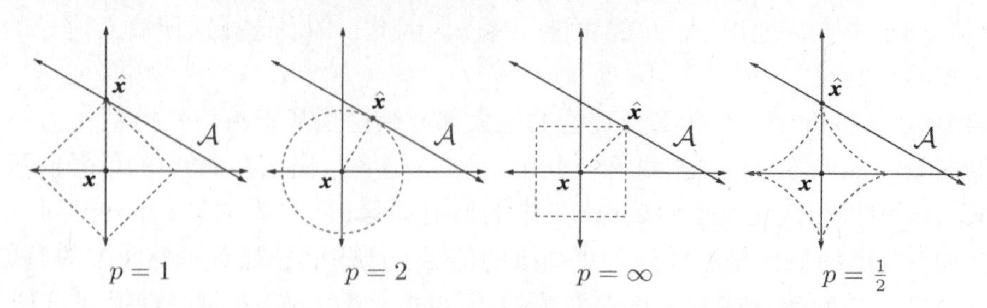

图 11.2　利用 $p=1,2,\infty$ 的 ℓ_p 范数和在 $p=1/2$ 的 ℓ_p 伪范数时，在一个1维affine子空间的原点处的点 x 的最佳近似

在 CS 应用中使用最多的三种范数是 $p=1,2,\infty$ 的 ℓ_p 范数。这些范数具有下列性质。

命题 11.1　假设 x 是一个最多有 k 个非零值的向量，并且 $\|x\|_0 \leqslant k$，则

$$\frac{\|x\|_1}{\sqrt{k}} \leqslant \|x\|_2 \leqslant \sqrt{k}\ \|x\|_\infty \tag{11.2}$$

证明　对于任意 x，有 $\|x\|_1 = \langle x\mathrm{sign}(x)\rangle$。利用柯西-施瓦茨不等式，可知 $\|x\|_1 \leqslant \|x\|_2 \|\mathrm{sign}(x)\|_2$，其中 $\mathrm{sign}(x)$ 是式(3.32)定义的符号函数。其下界的确定是因为 $\mathrm{sign}(x)$ 最多有 k 个非零值，并且等于 ± 1，因此有 $\|\mathrm{sign}(x)\|_2 \leqslant \sqrt{k}$。而上界的确定是因为稀疏向量 x 中 k 个非零元素中的每一个元素都是以 $\|x\|_\infty$ 为上界的。 □

根据命题 11.1 可以得到一个有用的不等式，如下命题。

命题 11.2　假定 u，v 是互相正交向量，则

$$\|u\|_2 + \|v\|_2 \leqslant \sqrt{2}\ \|u+v\|_2 \tag{11.3}$$

证明　定义一个 2×1 的向量 $w = [\|u\|_2, \|v\|_2]^{\mathrm{T}}$，利用命题 11.1，$k=2$，我们有 $\|w\|_1 \leqslant \sqrt{2}\ \|w\|_2$，因此可以得到

$$\|u\|_2 + \|v\|_2 \leqslant \sqrt{2}\sqrt{\|u\|_2^2 + \|v\|_2^2} \tag{11.4}$$

因为 u 与 v 相互垂直，所以有 $\|u\|_2^2 + \|v\|_2^2 = \|u+v\|_2^2$，这样就得到了希望的结论。 □

11.2.2　稀疏信号模型

信号经常可以用向量空间的基或者框架中的少量几个元素的线性组合来近似表示①。当这种表征是精确的，则称这个信号是稀疏的。稀疏信号模型提供了一个数学架构，这种架构抓住了这样一个事实，就是在很多情况下，高维信号相对于其环绕维数来说只包含少量的信息。稀疏性可以被认为是 Occam 剃刀(Occam's razor)原理的一种具体的体现，即当有很多方式来描述一个信号的时候，最简单的方式就是最好的。

① 在稀疏近似理论中，基或者框架通常分别被称为一个字典(dictionary)或者超完备字典(overcomplete dictionary)，字典中的元素称为原子(atom)。

稀疏信号

在数学上，为了定义稀疏性概念，通常是对于给定的空间 $\mathbb{R}^n$ 上的一个基 ϕ_i，$1 \leqslant i \leqslant n$ 来进行信号表征。空间上的每一个向量 $\boldsymbol{x} \in \mathbb{R}^n$ 可以用 n 个系数 θ_i，$1 \leqslant i \leqslant n$ 来表示，即 $\boldsymbol{x} = \sum_{i=1}^{n} \phi_i \theta_i$。将 ϕ_i 排列为一个 $n \times n$ 矩阵 $\boldsymbol{\Phi}$ 的列，将系数 θ_i 排列为 $n \times 1$ 的系数向量 $\boldsymbol{\theta}$，这时就可以写成 $\boldsymbol{x} = \boldsymbol{\Phi\theta}$，$\boldsymbol{\theta} \in \mathbb{R}^n$。类似地，如果使用一个框架 $\boldsymbol{\Phi}$，其包含长度为 n 的 L 个单位范数列向量($n < L$)，即 $\boldsymbol{\Phi} \in \mathbb{R}^{n \times L}$，那么对于任意向量 $\boldsymbol{x} \in \mathbb{R}^n$，就存在无穷多的分解值 $\boldsymbol{\theta} \in \mathbb{R}^L$，使得 $\boldsymbol{x} = \boldsymbol{\Phi\theta}$。如果存在一个向量 $\boldsymbol{\theta} \in \mathbb{R}^n$，且当只有 $k \ll n$ 个非零元素，使得 $\boldsymbol{x} = \boldsymbol{\Phi\theta}$ 成立，那么就说信号 $\boldsymbol{x}$ 在这个基或者框架 $\boldsymbol{\Phi}$ 上是 k 稀疏的。同时称相对于那些非零元素的索引(index)集合为 $\boldsymbol{\theta}$ 的支撑(support)，记为 $\mathrm{supp}(\boldsymbol{\theta})$。

一个 k 稀疏向量可以通过仅保留它的非零参数的数值和位置来实现有效压缩，这需要使用$\mathcal{O}(k \log_2 n)$比特：k 个非零参数的位置编码需要 $\log_2 n$ 个比特，而参数幅值的编码需要一个常量的比特，取决于希望达到的精度，而与 n 无关。这个过程称为变换编码，它依赖于一个合适的基或者框架 $\boldsymbol{\Phi}$ 使得信号可以被稀疏地或者近似稀疏地表示。

接下来，我们可以假定选择构架 $\boldsymbol{\Phi}$ 为一种单位基(identity basis)，使得信号 $\boldsymbol{x} = \boldsymbol{\theta}$ 本身就是稀疏的。在特定情况下，我们会选用不同的基或框架 $\boldsymbol{\Phi}$ 以适应特定的 CS 应用。这里定义一个信号集合 Σ_k，其中包含所有信号 $\boldsymbol{x}$ 都是 k 稀疏的。

$$\Sigma_k = \{\boldsymbol{x} : \|\boldsymbol{x}\|_0 \leqslant k\} \tag{11.5}$$

当处理稀疏向量的时候，下面的表示方式很有用：令 $\Lambda \subset \{1,2,\cdots,n\}$ 是一个索引的子集合，并定义 $\Lambda^c = \{1,2,\cdots,n\} \backslash \Lambda$ 为 Λ 的补集。通常可以用 $\boldsymbol{x}_\Lambda$ 表示长度为 n 的向量，这个向量是通过置向量 $\boldsymbol{x}$ 的 Λ^c 索引的那些元素为 0 而获得的。类似地，可以用 $\boldsymbol{A}_\Lambda$ 表示一个 $m \times n$ 矩阵，这个矩阵是通过置 $\boldsymbol{A}$ 的 Λ^c 索引的那些列为 0 而获得的。

稀疏性是一个非线性模型，因为所使用的字典元素的选择随信号的变化而变化。我们知道，对于一般的并集模型而言，两个 k 稀疏向量的线性组合通常不再是 k 稀疏的，因为每一个独立信号的支撑可以是不相同的。也就是说，对于任意的 $\boldsymbol{x},\boldsymbol{z} \in \Sigma_k$，我们不必使 $\boldsymbol{x} + \boldsymbol{z} \in \Sigma_k$(尽管 $\boldsymbol{x} + \boldsymbol{z} \in \Sigma_{2k}$ 是对的)。

稀疏表征在信号处理和逼近理论领域已经研究了很长时间，如压缩[190~200]和去噪[201]，而在统计学和机器学习领域通常是作为一种防止过度拟合的方法[181]。稀疏性在模型选择和数据估计理论[202]上也起着重要的作用，在图像处理领域的应用也十分广泛，实际上，多尺度小波变换[59]为许多自然图像处理提供了近似的稀疏表征。

例 11.1 正如在第 4 章所看到的，小波变换将输入信号的频率分为低频和高频的成分。低频成分提供了信号的一个粗略估计，而高频系数补充了信号的细节和边缘。

对于单个信号 $x[n]$，低通和高通的离散小波变换(DWT)系数可以由下式给出：

$$y_{\text{high}}[k] = \sum_n x[n] g[2k - n] \tag{11.6}$$

$$y_{\text{low}}[k] = \sum_n x[n] h[2k - n] \tag{11.7}$$

其中的 $h[n]$ 和 $g[n]$ 分别是低通和高通小波滤波器的冲激响应。上面的分解可以针对低频成分进行逐次地重复分解。

许多原始图像可以分为大块的平滑或块区域和相对较少的尖锐边缘部分。当利用多尺度小波变换来表征时，这种结构的信号是近似于稀疏的[59]。例如，取自文献[203]的图11.3，我们给出了一个自然图像的小波变换(更多关于这种图像分解内容参见4.4.2节)。正如我们所看到的，绝大多数的系数是很小的。

(a)

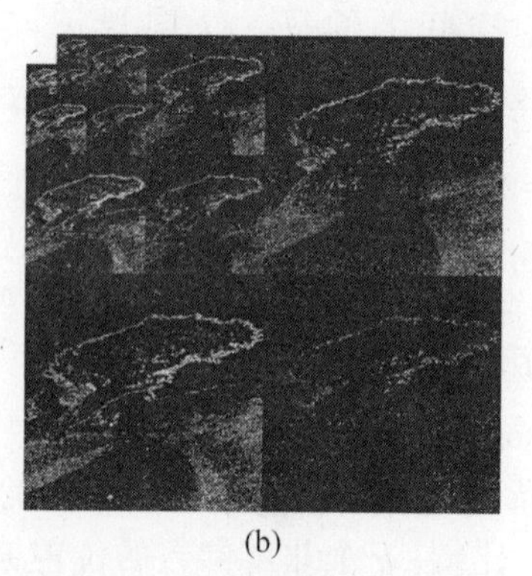

(b)

图11.3　利用多尺度小波变换的图像稀疏表征。(a)原始信号；(b)小波表示。大的系数用浅像素来表示，小的系数用深像素来表示。观察到绝大多数的小波系数接近于0

稀疏性还广泛应用在音频信号处理，特别是音频信号的有损压缩中。离散余弦变换(DCT)[204]被应用在许多音视频标准中，如MPEG，MP3和Dolby AAC编码标准，因为音频信号在DCT域可以被稀疏表示。

例11.2　DCT将有限的离散时间序列变换到不同频率下的余弦函数的和。文献[204]中提出了DCT-2方法已经有很多应用，通过下式给出：

$$y[k] = w[k]\sum_{n-1}^{N} x[n]\cos\left(\frac{\pi(2n+1)k}{2N}\right),\quad k = 0,1,\cdots,N-1 \tag{11.8}$$

其中

$$w[k] = \begin{cases} \sqrt{\dfrac{1}{N}}, & k = 0 \\ \sqrt{\dfrac{2}{N}}, & 1 \leqslant k \leqslant N-1 \end{cases} \tag{11.9}$$

图11.4的例子给出了一个音频信号和它的DCT变换，可以看到大多数DCT的系数接近于零。

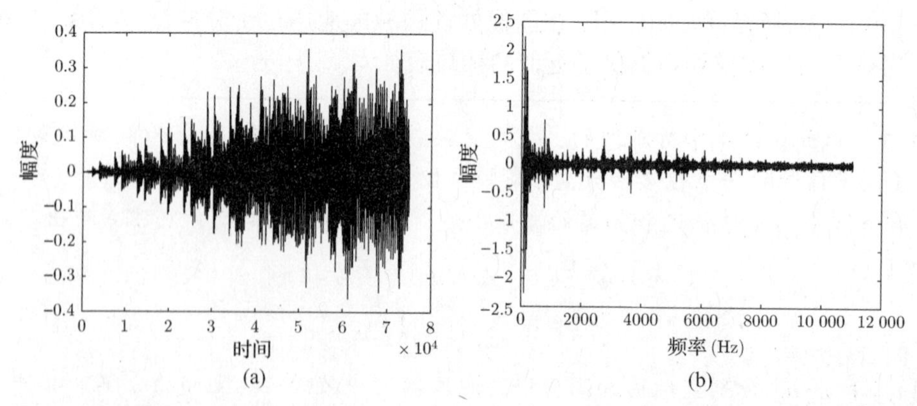

(a)　　(b)

图11.4　一个音频信号的DCT稀疏表征。(a)原始波形；(b)DCT表示。大多数DCT系数接近于零

可压缩信号

现实世界中的信号很少是真正稀疏的，但是它们确实可压缩，也就是说它们可以利用稀疏信号来很好地近似。图 11.3 和图 11.4 可以看到对图像信号和音频信号的小波和离散傅里叶变换，其中决定性系数的数量是相对比较少的，而很多的变换成分尽管不等于零，但是非常小。

当利用 $\hat{\boldsymbol{x}} \in \Sigma_k$ 来近似 $\boldsymbol{x}$ 时，可以通过计算误差来评价信号的可压缩性：

$$\sigma_k(\boldsymbol{x})_p = \min_{\hat{\boldsymbol{x}} \in \Sigma_k} \|\boldsymbol{x} - \hat{\boldsymbol{x}}\|_p \tag{11.10}$$

如果 $\boldsymbol{x} \in \Sigma_k$，那么很显然 $\sigma_k(\boldsymbol{x})_p = 0$。我们很容易看到阈值特性，即只保存 $\boldsymbol{x}$ 的 k 个最大的系数。对于所有的 ℓ_p 范数利用式(11.10)进行测量，阈值特性可以产生最佳近似。下面的命题给出估计误差的结果。

命题 11.3　对于所有的 $q \in [1, \infty)$，近似误差 $\sigma_k(\boldsymbol{x})_p$ 的上界为 $\sigma_k(\boldsymbol{x})_p \leqslant \|\boldsymbol{x}\|_q k^{-r}$，其中 $r = 1/q - 1/p \geqslant 0$

证明　令 Λ 表示对应于 $\boldsymbol{x}$ 中最大的 k 项的索引集，令 ε 为 Λ 中的最小项的尺寸，那么

$$\sigma_k(\boldsymbol{x})_p^p = \sum_{i \notin \Lambda} |x_i|^p = \sum_{i \notin \Lambda} |x_i|^{p-q} |x_i|^q \leqslant \varepsilon^{p-q} \sum_{i \notin \Lambda} |x_i|^q \leqslant \varepsilon^{p-q} \|\boldsymbol{x}\|_q^q \tag{11.11}$$

现在，

$$\|\boldsymbol{x}\|_q^q \geqslant \sum_{i \in \Lambda} |x_i|^q \geqslant k\varepsilon^q \tag{11.12}$$

因为 $|\Lambda| = k$。因此

$$\varepsilon \leqslant k^{-1/q} \|\boldsymbol{x}\|_q \tag{11.13}$$

将式(11.13)代入式(11.11)中，可得

$$\sigma_k(\boldsymbol{x})_p \leqslant k^{1/p-1/q} \|\boldsymbol{x}\|_q^{1-q/p} \|\boldsymbol{x}\|_q^{q/p} = k^{-r} \|\boldsymbol{x}\|_q \tag{11.14}$$

完成证明。□

从命题 11.3 可以看出，如果 ℓ_p 范数是较小的，那么信号就可以用稀疏表征良好的估计。特别是对常量 C，我们可以确保 $\|\boldsymbol{x}\|_q \leqslant C$。一个例子就是当系数满足幂次法则衰减时，例如，我们排列系数 x_i 使得 $|x_1| \geqslant |x_2| \geqslant \cdots \geqslant |x_n|$，那么我们说系数满足幂次法则衰减，如果存在常量 C_1，$q>0$ 使得

$$|x_i| \leqslant C_1 i^{-q} \tag{11.15}$$

其中 q 越大，幅度衰减的越快，信号的可压缩性越强。对于一些信号，存在着常量 C_2，$r>0$ 只依赖 C_1 和 q 使得

$$\sigma_k(\boldsymbol{x})_2 \leqslant C_2 k^{-r} \tag{11.16}$$

(见习题 3)。事实上可以看到，当且仅当排列系数 x_i 随 $i^{-r+1/2}$ 衰减时，$\sigma_k(\boldsymbol{x})_2$ 按 k^{-r} 衰减[190]。

给定一个可压缩信号，即合适的 ℓ_p 范数是比较小的，近似过程可以把较小的系数归为零，或者说对系数设置一个阈值，从而获得一个 k 稀疏表征①。式(11.10)表明当利用 ℓ_p 范数测量误差时，这个算法会产生最佳 k 阶近似，即最佳信号展开式只用到 k 个基元素。为了验证阈值的作用，我们重新回顾例 11.1 和例 11.2 并通过各自的阈值恢复原始信号。

① 从阈值中我们可以获得基于规范正交基的最佳 k 阶近似。而当冗余帧出现时，我们必须使用稀疏逼近算法(诸如 11.4.2 节中介绍的那些方法)。

例 11.3 让我们回到例 11.1。为了获得这个图像的一个稀疏表征，我们对小波系数设定一个阈值，使其只保留最大的 10% 系数，把其他系数设为零。然后对结果进行逆变换，近似的结果如图 11.5 所示。可以看出，由于原始图像的可压缩性，这两幅图像非常相似。

对例 11.2 的音频信号运用阈值算法。图 11.6 给出了图 11.4 中音频信号的最佳 k 阶近似，其中是保留了最大 10% 的 DCT 系数，原始信号和近似信号听起来是完全一样的。

(a)

(b)

图 11.5 一个自然图像的稀疏表征。(a)原始图像；(b)保留最大的 10% 小波系数得到的近似

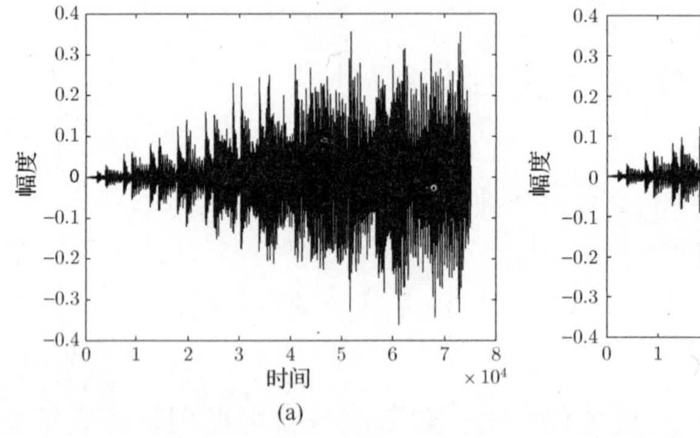

(a)

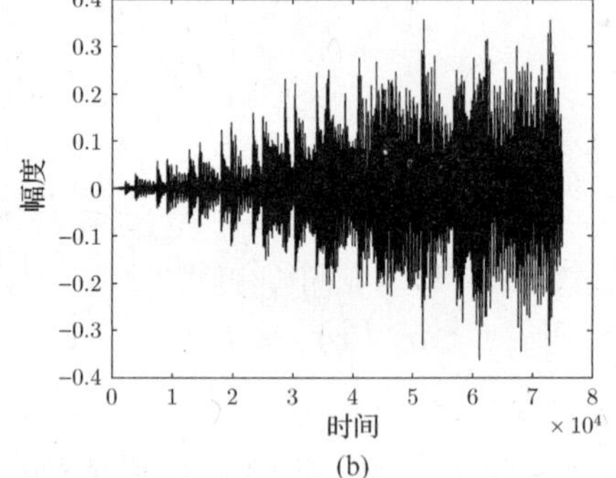

(b)

图 11.6 音频信号的稀疏表示。(a)原始波形图；(b)通过保留最大的 10% 的 DCT 信号得到近似估计

稀疏系数的阈值运算是非线性近似的核心[190]，因为在运算中保留系数的选择主要依赖于信号本身，所以才会出现非线性。同样这种阈值运算也用于有效抑制一些常见类型的噪声，这些噪声通常不需要进行稀疏变换[201]。

基于模型的 CS

在很多情况下，$\boldsymbol{x}$ 的支撑需要考虑进去一些限制条件。在很多情况下，结构化稀疏模型属于简单稀疏模型，可以提升标准稀疏恢复算法的性能。广义来讲，这些限制条件可能是确定性的，也可能是随机性的。

两个经典的确定性模型的例子是小波树(wavelet tree)模型[205, 206]和块稀疏(block sparsity)模型[183, 207]。所谓小波树模型认为，逐段平滑信号或图像信号中较大的小波系数都趋于一种有根的、相互连接的树状结构。所谓块稀疏模型则基于这样的假设，信号的非零系数是成簇出现的，这是更通常的 UoS 模型的一个特例，在第 12 章中将详细讨论。在文献[206]中，作者提出一个关于结构化稀疏恢复的通用架构，并演示如何将块稀疏模型和小波树模型融入标准的稀疏恢复算法之中。

基于模型的 CS 的另一类方法是设法在支撑上放置一个先验分布。最简单先验是假设稀疏模式输入值是独立同分布(iid)的[208]。然而在实际中，字典中原子的使用通常不是同频率的。为考虑到这种现象，可以为不同的输入项分配给不同的概率。此外，实际的信号经常表现出其字典中的原子之间在其综合过程中具有明显的连通性。例如，众所周知，当图像块用 DCT 或小波变换表示时，较大系数的位置是强烈相关的。在文献[209]中，作者考虑了一种基于非指定图像的通用依赖模型，这种模型也被称为马尔可夫随机场模型(Markov random field)，并专注于一种玻尔兹曼机(Boltzmann machine)的特殊模型。利用这种先验知识，多种基于信号统计特性的恢复算法被提出，这些算法都考虑了信号结构，类似的思想在文献[210,211]中也有研究。

11.2.3　低秩矩阵模型

与稀疏性密切相关的另一个模型称为低秩矩阵(low-rank matrices)模型

$$\mathcal{L} = \{\boldsymbol{M} \in \mathbb{R}^{n_1 \times n_2} : \operatorname{rank}(\boldsymbol{M}) \leqslant r\}$$

描述这种低秩矩阵的一种方法是通过其 SVD。一个秩为 r 的矩阵可以写成 $\boldsymbol{M} = \sum_{k=1}^{r} \sigma_k \boldsymbol{u}_k \boldsymbol{v}_k^H$，这里 $\sigma_1, \sigma_2, \cdots, \sigma_r > 0$ 是非零奇异值，$\boldsymbol{u}_1, \boldsymbol{u}_2, \cdots, \boldsymbol{u}_r \in \mathbb{R}^{n_1}$ 和 $\boldsymbol{v}_1, \boldsymbol{v}_2, \cdots, \boldsymbol{v}_r \in \mathbb{R}^{n_2}$ 是相应的奇异值向量。这里不是限制用于构造信号元素的个数，而是要限制非零奇异值的个数。通过计算 SVD 中自由参数的个数，考虑对 $\boldsymbol{u}_i$ 和 $\boldsymbol{v}_i$ 的正交性与归一化的限制，可以看到集合 $\mathcal{L}$ 有 $r(n_1 + n_2 - r)$ 自由度(见习题 4)。对于较小的 r 值，这个自由度要比矩阵项数 $n_1 n_2$ 小得多。

低秩矩阵在实际应用中有很多的变形。例如，低秩(Hankel)矩阵可以对应于一个低阶线性时不变系统[212]。在许多数据嵌入问题，如传感器地理定位，二维距离矩阵一般都是秩等于 2 或 3[213]。可以通过一个低秩矩阵来很好地近似原始矩阵，这种原始矩阵通常来源于协同滤波系统问题，如现在很有名的 Netflix 建议系统[214]以及矩阵完备性的相关问题，在这样的模型中，一个低秩矩阵可以从一个小的输入样值中恢复出来[215, 216]。低秩矩阵中应用的另一个领域是非凸优化理论中的半正定松弛(semidefinite relaxation)问题[217]。这种松弛技术可以结合稀疏先验知识来处理各种有趣的问题，作为一个例子，这种方法最近一直应用于在光学和图像处理中的稀疏相位检索(phase retrieval)问题[218 ~ 220]。

我们在这本书中不打算考虑矩阵完备性或者低秩矩阵恢复的更一般化的问题，我们只是注意到，许多有关 CS 的概念和工具与一些新兴应用领域高度相关。

11.3　感知矩阵

CS 矩阵 $\boldsymbol{A} \in \mathbb{R}^{m \times n}$ 的主要设计准则是设法通过测量 $\boldsymbol{y} = \boldsymbol{A}\boldsymbol{x}$ 后，使得一个稀疏信号 $\boldsymbol{x}$ 具有唯一的可识别性。矩阵 $\boldsymbol{A}$ 代表了一种线性降维，也就是说，它将 $\mathbb{R}^n$ 映射为 $\mathbb{R}^m$，这里 m 要比 n 小得多。每一个样本 y_ℓ 可以写成 $y_\ell = \langle \boldsymbol{b}_\ell, \boldsymbol{x} \rangle$，其中 $\boldsymbol{b}_\ell$ 是 $\boldsymbol{A}$ 的第 ℓ 行，或者 $\boldsymbol{B} = \boldsymbol{A}^*$ 的第 ℓ 列。用这种方式书写是因为在本书中一直把测量值写为比较熟悉的内积形式。我们的目标是使行数 m 尽可能接近稀疏度 k，这也就是为了尽可能地实现信号压缩。

如前所述，虽然标准 CS 架构假设 $\boldsymbol{x}$ 是一个有限长度的、具有离散值索引(时间或空间)的向量，但是在实际中，我们设计测量系统获取连续索引信号，如连续时间信号或图像信号。有时可以一个中间离散表示方法把这种模型扩展到连续索引信号。在第 13 章至第 15 章中，我们将看到如何利用 CS 概念来处理特定类型的模拟信号。这里，我们还是简单地认为 $\boldsymbol{x}$ 是一个有限长度的奈奎斯特采样样本窗口，并且暂时忽略一个关键问题，即在没有奈奎斯特速率第一次采样的情况下，如何直接获取压缩的测量值。

很明显，当考虑 k 稀疏信号 Σ_k 的类别时，对于任意矩阵设计，测量值的个数必须满足 $m \geqslant k$。这是因为，即使信号 $\boldsymbol{x}$ 的支撑 $\Lambda = \mathrm{supp}(\boldsymbol{x})$ 是已知的，可识别性问题仍然还有 k 个未知量。首先，假定 Λ 是已知的，在这种情况下，将测量方程减少为

$$\boldsymbol{y} = \boldsymbol{A}\boldsymbol{x} = \boldsymbol{A}_\Lambda \boldsymbol{x}_\Lambda \tag{11.17}$$

这里我们限制矩阵 $\boldsymbol{A}$ 的列对应于 Λ 中的索引值，限制向量 $\boldsymbol{x}$ 在索引集合 Λ 中。这时注意：$\boldsymbol{A}_\Lambda \in \mathbb{R}^{m \times k}$ 和 $\boldsymbol{x}_\Lambda \in \mathbb{R}^k$。如果 $\boldsymbol{A}_\Lambda$ 为列满秩(所有的列是线性独立的)，那么，它是左可逆的，并且有 $\boldsymbol{A}_\Lambda^\dagger \boldsymbol{A}_\Lambda = \boldsymbol{I}$ (见附录 A)。在这种情况下

$$\boldsymbol{x}_\Lambda = \boldsymbol{A}_\Lambda^\dagger \boldsymbol{y} \tag{11.18}$$

为了使 $\boldsymbol{A}_\Lambda$ 为列满秩，必须使 $m \geqslant k$，并且 $\boldsymbol{A}_\Lambda$ 的列应该是线性独立的。注意到：当 Λ 是已知时，这个问题就变成了一个在给定的子空间中恢复一个信号的问题，这个子空间是由那些已知位置(Λ)的列向量所组成的。

更具挑战性的问题是当这个位置信息位未知时，这时会产生一个非线性信号模型。两个主要 CS 的核心问题是：第一，如何设计感知矩阵以确保它保留信号 $\boldsymbol{x}$ 中的信息以及需要多少测量值？第二，我们如何从测量值 $\boldsymbol{y}$ 中恢复原始信号 $\boldsymbol{x}$？后面将会看到，当信号是稀疏的或可压缩的，我们就可以设计矩阵 $\boldsymbol{A}$，$m \ll n$，然后使用各种实用的算法精确并有效地恢复信号。

我们首先讨论如何设计感知矩阵 $\boldsymbol{A}$ 的问题。先考虑矩阵 $\boldsymbol{A}$ 具有的一些特性，而不是直接给出一个设计过程。在 11.3.5 节中，我们讨论如何构造这样一个矩阵，使之高概率地满足感知矩阵的属性。

11.3.1 零空间条件

我们首先考虑 $\boldsymbol{A}$ 的零空间问题

$$\mathcal{N}(\boldsymbol{A}) = \{\boldsymbol{z} : \boldsymbol{A}\boldsymbol{z} = 0\} \tag{11.19}$$

如果我们希望从测量值 $\boldsymbol{A}\boldsymbol{x}$ 中恢复所有的稀疏信号 $\boldsymbol{x}$，那么很明显，对于任意两个不同的向量，$\boldsymbol{x}, \boldsymbol{x}' \in \Sigma_k$，必须使 $\boldsymbol{A}\boldsymbol{x} \neq \boldsymbol{A}\boldsymbol{x}'$。否则，仅仅通过测量值 $\boldsymbol{y}$ 就不可能区分 $\boldsymbol{x}$ 和 $\boldsymbol{x}'$。进一步分析，如果 $\boldsymbol{A}\boldsymbol{x} = \boldsymbol{A}\boldsymbol{x}'$，那么有 $\boldsymbol{A}(\boldsymbol{x} - \boldsymbol{x}') = 0$，其中 $\boldsymbol{x} - \boldsymbol{x}' \in \Sigma_{2k}$。因为当 $\boldsymbol{x}$ 与 $\boldsymbol{x}'$ 的支撑中没有重叠时，$\boldsymbol{x} - \boldsymbol{x}'$ 最多有 $2k$ 个非零值。因此可以得到结论，当且仅当 $\mathcal{N}(\boldsymbol{A})$ 中不包含 Σ_{2k} 中的任意向量时，$\boldsymbol{A}$ 可以唯一地表示所有的向量 $\boldsymbol{x} \in \Sigma_k$。

spark 条件

虽然有很多描述上述零空间属性的方法，最常见的一种被称为 spark，在张量积(tensor product)研究领域中也称为 Kruskal 秩[221]。

定义 11.1 一个给定矩阵 $\boldsymbol{A}$ 的 spark 是 $\boldsymbol{A}$ 的线性相关列的最小个数。

注意：矩阵的 spark 的定义与矩阵的秩的定义是不同的。矩阵 $\boldsymbol{A}$ 的秩是 $\boldsymbol{A}$ 的线性无关列的最大个数，而矩阵 $\boldsymbol{A}$ 的 spark 是 $\boldsymbol{A}$ 的线性相关列的最小个数。因此，如果 $\mathrm{rank}(\boldsymbol{A}) = r$，那么这意味着存在一个 r 列的集合，其元素是线性无关的。然而，这个矩阵还可以有一个 $s \leqslant r$ 列的集合，其元素是线性相关的，这时记为 $\mathrm{spark}(\boldsymbol{A}) \leqslant s$。

很容易看到对于矩阵 $\boldsymbol{A} \in \mathbb{R}^{m \times n}$，其中 $m \leqslant n$，$\mathrm{spark}(\boldsymbol{A}) \in [2, m+1]$。这是因为，spark 的

最小边界(下界)只需要两列线性相关的。而最大边界(上界)需要注意到：由于矩阵 $\boldsymbol{A}$ 的列都在 $\mathbb{R}^m$ 中，因此任意 $m+1$ 列的集合将必然是线性相关的。

从 spark 的定义可以看出，一个 $m\times m$ 可逆矩阵的 spark 等于 $m+1$。这是因为对于一个可逆的尺寸为 m 的矩阵，任何 m 或小于 m 的列集合必然是线性无关(独立)的。然而，一个 $m\times n$ 行满秩矩阵的 spark 等于 $m+1$ 则不是必然成立的，正如我们下一个例子中展示的。

例 11.4　这里考察一个例子，一个行满秩矩阵且不是满 spark 的，也就是说它的 spark 将小于 $m+1$，从中可以看出线性无关和 spark 之间的区别，也就是秩和 spark 的区别。

考虑一个 4×5 矩阵

$$\boldsymbol{A}=\begin{bmatrix}1&1&0&0&0\\0&0&1&0&0\\0&0&0&1&0\\0&0&0&0&1\end{bmatrix}\tag{11.20}$$

很容易看到 $\text{rank}(\boldsymbol{A})=4$，即 $\boldsymbol{A}$ 是行满秩的。然而，$\boldsymbol{A}$ 的前两列是相同的，也就是线性相关的。因此，$\text{spark}(\boldsymbol{A})=2$，则 $\boldsymbol{A}$ 不是满 spark 的。

与前面的例子相比，行满秩的随机矩阵通常可以以概率 1 为满 spark 的。

例 11.5　考虑一个 $m\times n$ 的实随机矩阵 $\boldsymbol{A}$，根据文献[222]，一个具有 iid 元素的实数随机方矩阵必然是可逆的，进而，矩阵 $\boldsymbol{A}$ 的任意一个 $m\times m$ 子矩阵也必然是可逆的(因为是方矩阵)，因此有 $\text{spark}(\boldsymbol{A})=m+1$。

下面给出另一个满 spark 矩阵的例子。

例 11.6　在这个例子中考虑一个范德蒙德矩阵，在很多信号处理应用中都会出现。在第 15 章讨论脉冲流信号采样时会用到这类矩阵。

考虑一个 $m\times n$ 的范德蒙德矩阵，其中 $m\leqslant n$，并且 α_j 是不同的。

$$\boldsymbol{V}=\begin{bmatrix}1&1&\cdots&1\\\alpha_1&\alpha_2&\cdots&\alpha_n\\\alpha_1^2&\alpha_2^2&\cdots&\alpha_n^2\\\vdots&\vdots&\ddots&\vdots\\\alpha_1^{m-1}&\alpha_2^{m-1}&\cdots&\alpha_n^{m-1}\end{bmatrix}\tag{11.21}$$

可以看到这个矩阵是满 spark $m+1$ 的。选择矩阵 $\boldsymbol{V}$ 的任意 m 列集合，可以构成 $m\times m$ 的矩阵。根据定义，这会产生一个具有 α_j 的子集给出的根的 $m\times m$ 范德蒙德矩阵。另外可知，一个方范德蒙德矩阵是可逆的，只要它的所有根是不相同的[223]。因此，矩阵 $\boldsymbol{V}$ 的任意 m 列子集会形成一个可逆的范德蒙德矩阵，只要是矩阵 $\boldsymbol{V}$ 的 m 列是线性独立的。

利用 spark 的定义，可以给出下面的唯一性保障定理。

定理 11.1　对于任意向量 $\boldsymbol{y}\in\mathbb{R}^m$，当且仅当 $\text{spark}(\boldsymbol{A})>2k$ 时，存在最多一个信号 $\boldsymbol{x}\in\Sigma_k$，使得 $\boldsymbol{y}=\boldsymbol{A}\boldsymbol{x}$。特别地，为了保证唯一性，必须有 $m\geqslant 2k$。

证明 我们首先假设对于任意的 $\boldsymbol{y}\in\mathbb{R}^m$，最多存在一个信号 $\boldsymbol{x}\in\Sigma_k$ 使得 $\boldsymbol{y}=\boldsymbol{A}\boldsymbol{x}$。现在假定有相反的条件即 $\mathrm{spark}(\boldsymbol{A})\leqslant 2k$，这表明存在着一些最多为 $2k$ 列的集合，其列是线性相关的，这反过来意味着，存在 $\boldsymbol{h}\in\mathcal{N}(\boldsymbol{A})$，使得 $\boldsymbol{h}\in\Sigma_{2k}$。因为 $\boldsymbol{h}\in\Sigma_{2k}$，对于某些 $\boldsymbol{x},\boldsymbol{x}'\in\Sigma_k$，就有 $\boldsymbol{h}=\boldsymbol{x}-\boldsymbol{x}'$。利用 $\boldsymbol{h}\in\mathcal{N}(\boldsymbol{A})$ 的事实，可以得到 $\boldsymbol{A}(\boldsymbol{x}-\boldsymbol{x}')=0$，即 $\boldsymbol{A}\boldsymbol{x}=\boldsymbol{A}\boldsymbol{x}'$。因此，这就与我们的假设只存在最多一个信号 $\boldsymbol{x}\in\Sigma_k$ 使得 $\boldsymbol{y}=\boldsymbol{A}\boldsymbol{x}$ 相矛盾。由此证明，必须为 $\mathrm{spark}(\boldsymbol{A})>2k$。

接下来，假设满足 $\mathrm{spark}(\boldsymbol{A})>2k$，同时假设对于一些 $\boldsymbol{y}$，存在 $\boldsymbol{x},\boldsymbol{x}'\in\Sigma_k$ 使得 $\boldsymbol{y}=\boldsymbol{A}\boldsymbol{x}=\boldsymbol{A}\boldsymbol{x}'$（信号 $\boldsymbol{x}$ 不唯一）。这样就可以得到，$\boldsymbol{A}(\boldsymbol{x}-\boldsymbol{x}')=\boldsymbol{A}\boldsymbol{h}=\boldsymbol{0}$，其中 $\boldsymbol{h}=\boldsymbol{x}-\boldsymbol{x}'$。由于 $\mathrm{spark}(\boldsymbol{A})>2k$，矩阵 $\boldsymbol{A}$ 的一直到 $2k$ 个列的集合都是线性独立的，因此有 $\boldsymbol{h}=0$，这反过来表明 $\boldsymbol{x}=\boldsymbol{x}'$。

最后可以看到，因为 $\mathrm{spark}(\boldsymbol{A})\leqslant m+1$，所以条件 $\mathrm{spark}(\boldsymbol{A})>m+1$ 就会立即导致 $m\geqslant 2k$。

□

例 11.7 定理 11.1 表明，只要满足 $k<\mathrm{spark}(\boldsymbol{A})/2$，所有的 k 稀疏向量的唯一恢复就是可能的。因此，这个例子中 $\boldsymbol{A}$ 是满 spark，我们就可以恢复任何稀疏度 $k<(m+1)/2$ 的信号。在 11.4 节，将讨论几种具体的恢复算法。

在例 11.4 中，曾经考虑一个 $\mathrm{spark}(\boldsymbol{A})=2$ 的矩阵，因此唯一性条件变成了 $k<1$，这表明没有稀疏度可以保证信号恢复。事实上，假如 $k=1$，那就意味着输入信号 $\boldsymbol{x}$ 只有一个非零值，如果非零值位于 $i=1$ 处，那么 $\boldsymbol{y}$ 就等于 $\boldsymbol{A}$ 的第一列，但是 $\boldsymbol{A}$ 的第一列与第二列相同，使得我们无法区分真正的输入信号，$i=1$ 为非零和 $i=2$ 为非零的输入向量无法区分。

零空间特性

定理 11.1 指出，spark 提供了稀疏向量精确恢复的可能性的一个完备描述。然而，当处理一些近似稀疏信号时，我们还必须在 $\boldsymbol{A}$ 的零空间上考虑一些更严格的限制条件[224]。粗略地讲，除了向量的稀疏性外，我们必须确保 $\mathcal{N}(A)$ 不包含任何可压缩性的向量。这个属性是零空间特性（null space property，NSP）。定理 11.2 将给出 NSP 与可压缩信号恢复的关系。

定义 11.2 如果存在常量 $C>0$，对于所有的 $\boldsymbol{h}\in\mathcal{N}(\boldsymbol{A})$，以及所有的 Λ，$|\Lambda|\leqslant k$，使得下式得到满足，则称矩阵 $\boldsymbol{A}$ 满足 k 阶零空间特性（NSP）

$$\|\boldsymbol{h}_\Lambda\|_2\leqslant C\frac{\|\boldsymbol{h}_{\Lambda^c}\|_1}{\sqrt{k}} \tag{11.22}$$

注意：实际上并不要求对于所有的 Λ 式(11.22)都保持成立，只是要求对应于 $\boldsymbol{h}$ 的最大的 k 个值（在幅度上）的 Λ 式(11.22)成立就足够。这一点很容易做到，因为对于 k 值的集合的任何其他选择如 Λ'，都有 $\|\boldsymbol{h}_{\Lambda'}\|_2\leqslant\|\boldsymbol{h}_\Lambda\|_2$，以及 $\|\boldsymbol{h}_{\Lambda^c}\|_1\leqslant\|\boldsymbol{h}_{\Lambda'^c}\|_1$。

式(11.22)在一些文献中也被称为最大范数 NSP。一些参考文献将这种（标准）NSP 定义为 $\|\boldsymbol{h}_\Lambda\|_1\leqslant C\|\boldsymbol{h}_{\Lambda^c}\|_1$。根据命题 11.1，对于任意的 $\boldsymbol{x}\in\mathbb{R}^k$，有 $\|\boldsymbol{x}\|_1\leqslant\sqrt{k}\,\|\boldsymbol{x}\|_2$，所以标准 NSP 条件也就是由式(11.22)给出。

例 11.8 考虑下面的矩阵：

$$\boldsymbol{A}=\begin{bmatrix}1&0&0&1&0\\0&1&0&1&0\\0&0&1&1&0\\0&0&0&0&1\end{bmatrix} \tag{11.23}$$

可以看到，矩阵 $\boldsymbol{A}$ 满足 $k\leqslant 3$ 阶的 NSP 条件，但对于任何 $k>3$ 则不满足条件。

很容易看出，矩阵 $\boldsymbol{A}$ 的零空间的维数等于 1，并且是由向量 $\tilde{\boldsymbol{h}}=[1\ 1\ 1\ -1\ 0]^{\mathrm{T}}$ 张成的。因此，任意 $\boldsymbol{h}\in\mathcal{N}(\boldsymbol{A})$ 都有一个 $\boldsymbol{h}=[\alpha\ \alpha\ \alpha\ -\alpha\ 0]^{\mathrm{T}}$ 的形式，$\alpha\in\mathbb{R}$。因为 $\|\boldsymbol{h}\|=|\alpha|\|\tilde{\boldsymbol{h}}\|$，可以充分地表明 $\tilde{\boldsymbol{h}}$ 满足式(11.22)的 NSP 条件。除此之外，这里仅仅考虑索引集 Λ 的子集，对应于 $\tilde{\boldsymbol{h}}$ 中 k 个最大值。

对于 $k=1$，

$$\|\tilde{\boldsymbol{h}}_{\Lambda}\|_2=1\ \text{且}\ \|\tilde{\boldsymbol{h}}_{\Lambda^c}\|_1=3 \tag{11.24}$$

因此，在 $C\geqslant 1/3$ 时，式(11.22)满足。类似地可以看出，对于 $k=2$ 和 $k=3$，分别在 $C\geqslant 1$ 和 $C\geqslant 3$ 时，$\tilde{\boldsymbol{h}}$ 满足式(11.22)。而对于 $k>3$，有

$$\|\tilde{\boldsymbol{h}}_{\Lambda}\|_2>0\ \text{且}\ \|\tilde{\boldsymbol{h}}_{\Lambda^c}\|_1=0 \tag{11.25}$$

因此，对于任意的 $k>3$，$\tilde{\boldsymbol{h}}$ 都不满足 k 阶 NSP 条件。

NSP 的定量分析表明，矩阵 $\boldsymbol{A}$ 的零空间中的向量不会过于集中在一个小的索引子集合内。很容易看到，如果一个矩阵 $\boldsymbol{A}$ 满足 $2k$ 阶 NSP 条件，那么必然有 $\mathrm{spark}(\boldsymbol{A})>2k$。这样，根据定理 11.1 可知，最多存在一个 k 阶稀疏向量 $\boldsymbol{x}$，使得 $\boldsymbol{y}=\boldsymbol{A}\boldsymbol{x}$。

命题 11.4　假定 $\boldsymbol{A}$ 满足 $2k$ 阶的 NSP，那么有 $\mathrm{spark}(\boldsymbol{A})>2k$，并且存在最多一个信号 $\boldsymbol{x}\in\Sigma_k$，使得 $\boldsymbol{y}=\boldsymbol{A}\boldsymbol{x}$。

证明　为了证明 $\mathrm{spark}(\boldsymbol{A})>2k$，需要证明 $\boldsymbol{A}$ 的 $2k$ 列是线性独立的。也就是说，对于某些 $\boldsymbol{h}\in\Sigma_{2k}$，如果有 $\boldsymbol{A}\boldsymbol{h}=0$，则有 $\boldsymbol{h}=0$。

令 $\boldsymbol{h}$ 为 Σ_{2k} 中的任意向量，并使 $\boldsymbol{A}\boldsymbol{h}=0$ 成立，令 $\Lambda=\mathrm{supp}(\boldsymbol{h})$，那么就有 $\boldsymbol{h}_{\Lambda^c}=0$。因为 $\boldsymbol{A}$ 满足 $2k$ 阶的 NSP，根据式(11.22)可以得到

$$\|\boldsymbol{h}_{\Lambda}\|_2\leqslant C\frac{\|\boldsymbol{h}_{\Lambda^c}\|_1}{\sqrt{k}}=0 \tag{11.26}$$

并且有 $\boldsymbol{h}=0$。　□

例 11.9　这里通过例 11.8 来验证命题 11.4。在例 11.8 中可知矩阵 $\boldsymbol{A}$ 满足 2 阶 NSP。这里来计算它的 spark。可以观察到，矩阵 $\boldsymbol{A}$ 的任何两三列都是线性独立的。然而，$\boldsymbol{A}$ 的前四列是线性相关的。因此，$\mathrm{spark}(\boldsymbol{A})=4>2$，这就证明了命题 11.4。

这里假定得到了这样一个观测向量 $\boldsymbol{y}=[1\ 1\ 1\ 0]^{\mathrm{T}}$。一种恢复 $\boldsymbol{x}$ 的方法是检验每一种可能的支撑集，并尝试对系统方程的结果求逆。即从 $k=1$ 开始，对于增加的 k 值，假设 $\boldsymbol{x}\in\Sigma_k$，并且考虑每一个可能的大小为 k 的支撑集。我们把 $\boldsymbol{x}$ 减少到 $\boldsymbol{x}_{\Lambda}$，求逆这个简化系统，然后验证 $\boldsymbol{y}=\boldsymbol{A}_{\Lambda}\boldsymbol{x}_{\Lambda}$ 是否成立。在这个例子中，方程 $\boldsymbol{y}=\boldsymbol{A}\boldsymbol{x}$ 在 Σ_1 上有唯一的解，$\boldsymbol{x}=[0\ 0\ 0\ 1\ 0]^{\mathrm{T}}$。这里 $\boldsymbol{x}(k=1)$ 的稀疏度满足定理 11.1 的条件。

再考察另一个向量 $\boldsymbol{x}=[-1\ 0\ 0\ 1\ 0]^{\mathrm{T}}$，它的稀疏度($k=2$)不满足定理 11.1 的条件。对于这种选择的 $\boldsymbol{x}$，$\boldsymbol{y}=\boldsymbol{A}\boldsymbol{x}=[0\ 1\ 1\ 0]^{\mathrm{T}}$。然而，很容易看到，这里还有 $\boldsymbol{y}=\boldsymbol{A}\boldsymbol{x}'$，其中 $\boldsymbol{x}'=[0\ 1\ 1\ 0\ 0]^{\mathrm{T}}$，因此可知这时的解是不唯一的。

鲁棒信号恢复

为充分显示 NSP 在稀疏恢复过程中的作用，这里简单讨论一个问题，当处理一般的非稀疏向量 $\boldsymbol{x}$ 时，如何来评价一个稀疏恢复算法的性能。令 $\Delta:\mathbb{R}^m\to\mathbb{R}^n$ 表示一个特殊的恢复方法，首先，对于所有的 $\boldsymbol{x}$，以及式(11.10)中定义的 $\sigma_k(\boldsymbol{x})_1$，算法应保证不等式成立

$$\|\Delta(\boldsymbol{Ax})-\boldsymbol{x}\|_2\leqslant C\frac{\sigma_k(\boldsymbol{x})_1}{\sqrt{k}} \tag{11.27}$$

这个关系式可以保证所有可能的 k 稀疏向量的精确恢复[因为对这类信号 $\sigma_k(\boldsymbol{x})_1=0$]，同时也表明了对于非稀疏信号的鲁棒性度量，这种鲁棒性直接取决于非稀疏信号被 k 稀疏向量近似估计的程度。这个保障条件被称为实例最优(instance-optimal)，因为它保证对于每一个具体的 $\boldsymbol{x}$ 都有最佳的性能[224]。这个保障条件不同于其他的保障，所谓其他的保障只是保障了所有可能信号的一个子集，例如，稀疏信号或可压缩信号。所以这个保障条件也经常被称为一致性保障(uniform guarantee)，因为它们对所有的 $\boldsymbol{x}$ 一致性成立。

式(11.27)中范数的选择在某种程度上来说可以是任意的。可以很容易利用其他的 ℓ_p 范数来测量恢复误差。然而，p 的选择也将限制保障条件，并潜在地导致不同的 NSP 公式[224]。也就是说，式(11.27)的右边可能会不一样，这时的测量估计误差为 $\sigma_k(\boldsymbol{x})_1/\sqrt{k}$，而不简单是 $\sigma_k(\boldsymbol{x})_2$。然而，在 11.5.3 节中将会看到，如果没有一个非常大量的测量值，这种保障实际上也是不可能的。式(11.27)只是代表了我们希望取得的最佳保障性。另外注意到，如果式(11.27)满足，那么我们也会有

$$\|\Delta(\boldsymbol{Ax})-\boldsymbol{x}\|_1\leqslant C\sigma_k(\boldsymbol{x})_1 \tag{11.28}$$

这是命题 11.1 不等式左边的结果。

下面是文献[224]中的一个定理，定理表明，如果存在任意一个恢复算法满足式(11.27)，那么 $\boldsymbol{A}$ 一定满足 $2k$ 阶的 NSP。在 11.5.1 节(定理 11.12)中可以看到，对于一个实际的恢复算法来说(ℓ_1 最小化)，$2k$ 阶的 NSP 对于建立式(11.27)的保障是一个充分条件。

定理 11.2 令 $\boldsymbol{A}:\mathbb{R}^n\to\mathbb{R}^m$ 表示一个感知矩阵，而 $\Delta:\mathbb{R}^m\to\mathbb{R}^n$ 表示一个任意的恢复算法。如果变换对$(\boldsymbol{A},\Delta)$满足式(11.27)，那么称 $\boldsymbol{A}$ 有 $2k$ 阶的 NSP。相反，如果对于所有的 $\boldsymbol{h}\in\mathcal{N}(\boldsymbol{A})$。

$$\|\boldsymbol{h}\|_2\leqslant\frac{C}{2}\sigma_{2k}(\boldsymbol{h})_1 \tag{11.29}$$

那么，就存在一种算法 Δ，满足式(11.27)。

证明 首先假设 $\boldsymbol{A}$ 和 Δ 满足式(11.27)。假设 $\boldsymbol{h}\in\mathcal{N}(\boldsymbol{A})$，并令 Λ 对应于 $\boldsymbol{h}$ 中 $2k$ 个最大项的索引值。将 Λ 分解成 Λ_0 与 Λ_1，其中 $|\Lambda_0|=|\Lambda_1|=k$。令 $\boldsymbol{x}=\boldsymbol{h}_{\Lambda_1}+\boldsymbol{h}_{\Lambda^c}$ 和 $\boldsymbol{x}'=-\boldsymbol{h}_{\Lambda_0}$，因此有 $\boldsymbol{h}=\boldsymbol{x}-\boldsymbol{x}'$。通过构造 $\boldsymbol{x}'\in\Sigma_k$，因此有 $\sigma_k(\boldsymbol{x}')_1=0$。利用式(11.27)，可以得到 $\boldsymbol{x}'=\Delta(\boldsymbol{Ax}')$。进而，由 $\boldsymbol{h}\in\mathcal{N}(\boldsymbol{A})$，可得

$$\boldsymbol{Ah}=\boldsymbol{A}(\boldsymbol{x}-\boldsymbol{x}')=0$$

所以有 $\boldsymbol{Ax}'=\boldsymbol{Ax}$，并有 $\boldsymbol{x}'=\Delta(\boldsymbol{Ax})$。最后

$$\|\boldsymbol{h}_\Lambda\|_2\leqslant\|\boldsymbol{h}\|_2=\|x-\Delta(\boldsymbol{Ax})\|_2\leqslant C\frac{\sigma_k(\boldsymbol{x})_1}{\sqrt{k}}=\sqrt{2}C\frac{\|\boldsymbol{h}_{\Lambda^c}\|_1}{\sqrt{2k}} \tag{11.30}$$

这里第二个不等式满足式(11.27)，最后一个等式来自 $\boldsymbol{x}$ 的定义。从式(11.30)我们可以发现 $\boldsymbol{A}$ 满足 $2k$ 阶的 NSP。

为了证明式(11.29)的充分性我们把算法 Δ 定义为

$$\Delta(\boldsymbol{y}) = \arg\min_{\boldsymbol{y}=\boldsymbol{A}\boldsymbol{z}}\min_{\boldsymbol{v}\in\Sigma_k}\|\boldsymbol{z}-\boldsymbol{v}\|_1 = \arg\min_{\boldsymbol{y}=\boldsymbol{A}\boldsymbol{z}}\sigma_k(\boldsymbol{z})_1 \tag{11.31}$$

这里记 $\hat{\boldsymbol{z}}=\Delta(\boldsymbol{y})$，它满足 $\Delta(\boldsymbol{y})$ 的定义，有 $\boldsymbol{A}\hat{\boldsymbol{z}}=\boldsymbol{y}$。因此，对于任意的 $\boldsymbol{x}$，选择 $\boldsymbol{y}=\boldsymbol{A}\boldsymbol{x}$，可以推断出 $\boldsymbol{A}\boldsymbol{w}=0$，其中 $\boldsymbol{w}=\boldsymbol{x}-\Delta(\boldsymbol{A}\boldsymbol{x})$。由式(11.29)可得

$$\|\boldsymbol{w}\|_2 = \|\boldsymbol{x}-\Delta(\boldsymbol{A}\boldsymbol{x})\|_2 \leqslant \frac{C}{2}\sigma_{2k}(\boldsymbol{x}-\Delta(\boldsymbol{A}\boldsymbol{x}))_1 \tag{11.32}$$

下面我们展示对于两个向量 $\boldsymbol{x},\boldsymbol{z}$，有 $\sigma_{2k}(\boldsymbol{x}\pm\boldsymbol{z})_1 \leqslant \sigma_k(\boldsymbol{x})_1+\sigma_k(\boldsymbol{z})_1$。事实上

$$\begin{aligned}\sigma_{2k}(\boldsymbol{x}\pm\boldsymbol{z}) &= \min_{\boldsymbol{v}\in\Sigma_{2k}}\|\boldsymbol{x}\pm\boldsymbol{z}-\boldsymbol{v}\|_1\\ &= \min_{\boldsymbol{v}_1,\boldsymbol{v}_2\in\Sigma_k}\|\boldsymbol{x}+\boldsymbol{z}-\boldsymbol{v}_1-\boldsymbol{v}_2\|_1\\ &\leqslant \min_{\boldsymbol{v}_1\in\Sigma_k}\|\boldsymbol{x}-\boldsymbol{v}_1\|_1+\min_{\boldsymbol{v}_2\in\Sigma_k}\|\boldsymbol{z}\mp\boldsymbol{v}_2\|_1\\ &= \sigma_k(\boldsymbol{x})_1+\sigma_k(\boldsymbol{z})_1\end{aligned} \tag{11.33}$$

代入式(11.32)，根据 Δ 的定义，有 $\sigma_k(\Delta(\boldsymbol{A}\boldsymbol{x}))_1 \leqslant \sigma_k(\boldsymbol{x})_1$，所以可得

$$\|\boldsymbol{w}\|_2 \leqslant \frac{C}{2}[\sigma_k(\boldsymbol{x})_1+\sigma_k(\Delta(\boldsymbol{A}\boldsymbol{x}))_1] \leqslant C\sigma_k(\boldsymbol{x})_1 \tag{11.34}$$

□

11.3.2　受限等距特性(RIP)

零空间特性(NSP)是式(11.27)保障性成立的充分必要条件，这些保障性并没有考虑噪声的影响。如果测量值被噪声污染或因为一些量化误差而受损，这时应该考虑更强的限制条件。

当处理子空间采样的时候，框架的概念被证明在确定采样算子的鲁棒性方面是有用的。在文献[225]中，Candès 和 Tao 引入了所谓受限等距特性(RIP)问题，它是将框架的概念扩展到子空间 Σ_k 上。

定义 11.3　如果对于所有的 $\boldsymbol{x}\in\Sigma_k$，存在 $\delta_k\in(0,1)$ 使得下式成立，则称矩阵 $\boldsymbol{A}$ 满足 k 阶受限等距特性(RIP)。

$$(1-\delta_k)\|\boldsymbol{x}\|_2^2 \leqslant \|\boldsymbol{A}\boldsymbol{x}\|_2^2 \leqslant (1+\delta_k)\|\boldsymbol{x}\|_2^2 \tag{11.35}$$

如果矩阵 $\boldsymbol{A}$ 满足 $2k$ 阶 RIP，我们可以将式(11.35)解释为 $\boldsymbol{A}$ 近似保存了 k 稀疏向量对的距离。为了看到这一点，我们选择 $\boldsymbol{x}=\boldsymbol{x}_1-\boldsymbol{x}_2$，其中 $\boldsymbol{x}_1,\boldsymbol{x}_2$ 是 k 稀疏的，$\boldsymbol{x}$ 最多是 $2k$ 稀疏的。这很显然会增加对噪声的鲁棒性。

重要的是在我们 RIP 限制条件中，假设边界近似等于 1，这仅仅是为了方便。实际上，我们可以考虑任意的边界

$$\alpha\|\boldsymbol{x}\|_2^2 \leqslant \|\boldsymbol{A}\boldsymbol{x}\|_2^2 \leqslant \beta\|\boldsymbol{x}\|_2^2 \tag{11.36}$$

其中 $0<\alpha\leqslant\beta<\infty$。这个等式与定义的框架及 Riesz 基具有相似的形式。给定这些边界，我们就可以衡量 $\boldsymbol{A}$，使其满足式(11.35)中对称界的条件。特别地，如果用 $\sqrt{2/(\beta+\alpha)}$ 乘以 $\boldsymbol{A}$ 会产生 $\widetilde{\boldsymbol{A}}$，对于常量 $\delta_k=(\beta-\alpha)/(\beta+\alpha)$，式(11.35)成立。然而，当不能清楚地看到这一点时，我们可以基于矩阵 $\boldsymbol{A}$ 满足 RIP 条件的假设来验证本章中的所有结果。也就是说，只要存在一定尺度的矩阵 $\boldsymbol{A}$，就应当满足 RIP 条件。因此我们不必过分关注于边界式(11.35)。

一般来说，计算 RIP 常数是一个 NP 难问题。下面给出几个对于小矩阵计算 RIP 的例子。

例 11.10 考虑当 $k=1$ 的情况。令 $\boldsymbol{x}\in\Sigma_1$，用 x_i表示 $\boldsymbol{x}$ 中的非零项。这时一阶 RIP 变成了

$$(1-\delta_1)x_i^2 \leqslant \|\boldsymbol{a}_i\|_2^2 x_i^2 \leqslant (1+\delta_1)x_i^2, \qquad 1\leqslant i\leqslant n \tag{11.37}$$

其中，$\boldsymbol{a}_i$表示矩阵 $\boldsymbol{A}$ 的第 i 列。利用 $\boldsymbol{x}\neq 0$，可以得到

$$(1-\delta_1) \leqslant \|\boldsymbol{a}_i\|_2^2 \leqslant (1+\delta_1) \tag{11.38}$$

因此可知，如果一个矩阵 $\boldsymbol{A}$ 的每一个列的范数都近似等于 1，那么 $\boldsymbol{A}$ 就满足 1 阶 RIP。

例 11.11 这里讨论更高稀疏阶 $k=2$ 的问题，令

$$\boldsymbol{A} = \begin{bmatrix} \frac{1}{\sqrt{2}} & 0 & -1 \\ -\frac{1}{\sqrt{2}} & 1 & 0 \end{bmatrix} \tag{11.39}$$

可以看到，对于 $\delta_2 = 1/\sqrt{2}$，矩阵 $\boldsymbol{A}$ 满足 2 阶 RIP 性质。

首先说明，根据前面一个例题，由于 $\boldsymbol{A}$ 的每一列都被归一化为 1，因此对于每个 $\delta_1\in(0,1)$，$\boldsymbol{A}$ 满足 1 阶 RIP。接下来，令 $\boldsymbol{x}=[x_1,x_2,x_3]^{\mathrm{T}}$ 是任意一个有两个非零值的向量。首先考虑 $x_3=0$ 的情况，定义 $\alpha=x_2/x_1$（$x_1\neq 0$，否则 $\boldsymbol{x}$ 会只有一个非零元素）。对于 x，RIP 条件可以写为

$$(1-\delta_2)(1+\alpha^2)x_1^2 \leqslant (\alpha^2-\sqrt{2}\alpha+1)x_1^2 \leqslant (1+\delta_2)(1+\alpha^2)x_1^2 \tag{11.40}$$

如果下式成立，则对于全部 $\alpha\in\mathbb{R}$，式(11.40)都成立。

$$\delta_2 \geqslant \max_{\alpha\in\mathbb{R}} \frac{\sqrt{2}|\alpha|}{\alpha^2+1} = \frac{1}{\sqrt{2}} \tag{11.41}$$

实际上，假设 $x_2=0$ 时，可以得到同样的等式。最后，如果是 $x_1=0$，则有 $\boldsymbol{Ax}=[-x_3\ x_2]^{\mathrm{T}}$，并且有 $\|\boldsymbol{Ax}\|_2^2 = \|x\|_2^2$，所以式(11.35)对于全部的 $\delta_2\in(0,1)$都成立。因此可以得到结论，对于全部 $\boldsymbol{x}\in\Sigma_2$，以及 $\delta_2 = 1/\sqrt{2}$，RIP 都会得到满足。

RIP 的性质

容易看出如果 $\boldsymbol{A}$ 满足 δ_k为常数的 k 阶 RIP 条件，那么对于任意 $k'<k$，我们知道 $\boldsymbol{A}$ 一定会满足伴有常量 $\delta_{k'}\leqslant\delta_k$ 的 k'阶的 RIP 条件。

而且能够看出，如果对于任意的 $\delta\in(0,1)$，$\boldsymbol{A}$ 都满足 $2k$ 阶的 RIP 条件，那么 $\mathrm{spark}(\boldsymbol{A})>2k$。这满足式(11.35)给出的最小边界条件。确实，如果令 $\boldsymbol{x}\neq\boldsymbol{0}$ 为 Σ_{2k} 中的任意向量，根据 RIP 条件有 $\|Ax\|>0$，所以 $\boldsymbol{x}$ 不在 $\boldsymbol{A}$ 的零空间之中。也就是说矩阵 $\boldsymbol{A}$ 的每个 $2k$ 列都是线性独立的，而且有 $\mathrm{spark}(\boldsymbol{A})>2k$。

另一个关于 RIP 条件的性质可以由下面的命题给出。

命题 11.5 如果 $\boldsymbol{A}$ 满足 $2k$ 阶 RIP 条件，那么对于任一对具有不相交支撑的向量 $\boldsymbol{u},\boldsymbol{v}\in\Sigma_k$，有

$$|\langle\boldsymbol{Au},\boldsymbol{Av}\rangle| \leqslant \delta_{2k}\|\boldsymbol{u}\|_2\|\boldsymbol{v}\|_2 \tag{11.42}$$

证明　假设 $\boldsymbol{u},\boldsymbol{v}\in\Sigma_k$，具有不相交支撑，且 $\|\boldsymbol{u}\|_2=\|\boldsymbol{v}\|_2=1$。那么有 $\boldsymbol{u}\pm\boldsymbol{v}\in\Sigma_{2k}$，而且 $\|\boldsymbol{u}\pm\boldsymbol{v}\|_2^2=2$。利用 RIP 条件，有

$$2(1-\delta_{2k})\leqslant\|\boldsymbol{A}\boldsymbol{u}\pm\boldsymbol{A}\boldsymbol{v}\|_2^2\leqslant 2(1+\delta_{2k}) \tag{11.43}$$

最后，利用极化恒等式(polarization identity)[见式(2.13)]

$$|\langle\boldsymbol{A}\boldsymbol{u},\boldsymbol{A}\boldsymbol{v}\rangle|\leqslant\frac{1}{4}\left|\|\boldsymbol{A}\boldsymbol{u}+\boldsymbol{A}\boldsymbol{v}\|_2^2-\|\boldsymbol{A}\boldsymbol{u}-\boldsymbol{A}\boldsymbol{v}\|_2^2\right|\leqslant\delta_{2k} \tag{11.44}$$

对于任意的 $\boldsymbol{u}$ 和 $\boldsymbol{v}$，定义 $\boldsymbol{u}'=\boldsymbol{u}/\|\boldsymbol{u}\|_2$，$\boldsymbol{v}'=\boldsymbol{v}/\|\boldsymbol{v}\|_2$。由于 $\boldsymbol{u}'$ 和 $\boldsymbol{v}'$ 有等于 1 的范数，应用式(11.44)得到如下关系：

$$|\langle\boldsymbol{A}\boldsymbol{u},\boldsymbol{A}\boldsymbol{v}\rangle|=\|\boldsymbol{u}\|\,\|\boldsymbol{v}\|\,|\langle\boldsymbol{A}\boldsymbol{u}',\boldsymbol{A}\boldsymbol{v}'\rangle|\leqslant\delta_{2k}\|\boldsymbol{u}\|_2\|\boldsymbol{v}\|_2 \tag{11.45}$$

这就证明了此命题。□

进一步的推导会在习题中给出。

RIP 及稳定性

我们将在 11.4.2 节和 11.5.1 节中看到，如果一个矩阵 $\boldsymbol{A}$ 满足 RIP 条件，那么很多算法就有很大的机会能够成功将稀疏信号从有噪声的测量结果中恢复出来。然而，我们先来仔细看看，RIP 条件是否是真正必须满足的条件。如果我们想要能够从测量结果 Ax 中恢复出所有的稀疏信号 x，那么很明显，RIP 条件中的下界就是一个必要条件，这一点和 NSP 也是必要条件相同的原因。我们可以通过考虑下面关于稳定性的概念，更明确地看到 RIP 条件的必要性[226]。

定义 11.4　令 $\boldsymbol{A}:\mathbb{R}^n\to\mathbb{R}^m$ 表示一个感知矩阵，而 $\Delta:\mathbb{R}^m\to\mathbb{R}^n$ 表示一个任意的恢复算法。如果对于任意 $\boldsymbol{x}\in\Sigma_k$，以及 $\boldsymbol{e}\in\mathbb{R}^m$，下式得到满足，我们称 $(\boldsymbol{A},\Delta)$ 是 C 稳定的。

$$\|\Delta(\boldsymbol{A}\boldsymbol{x}+\boldsymbol{e})-\boldsymbol{x}\|_2\leqslant C\|\boldsymbol{e}\|_2 \tag{11.46}$$

这个定义简单地说，就是如果我们在测量值上加一个很小的噪声，那么恢复信号的影响就不会特别大。下面的定理 11.3[226] 表明，任何能够稳定地从有噪测量结果中恢复信号的解码算法都需要矩阵 $\boldsymbol{A}$ 满足式(11.35)由常数 C 决定下边界。

定理 11.3　如果 $(\boldsymbol{A},\Delta)$ 是 C 稳定的，那么，对于所有的 $\boldsymbol{x}\in\Sigma_{2k}$，下式成立：

$$\frac{1}{C}\|\boldsymbol{x}\|_2\leqslant\|\boldsymbol{A}\boldsymbol{x}\|_2 \tag{11.47}$$

证明　对于任意 $x\in\Sigma_{2k}$ 选取任意 $\boldsymbol{x},\boldsymbol{z}\in\Sigma_k$。令 $\boldsymbol{x}=\boldsymbol{v}-\boldsymbol{z}$ 定义

$$\boldsymbol{e}_v=\frac{\boldsymbol{A}(\boldsymbol{z}-\boldsymbol{v})}{2}\quad\text{和}\quad\boldsymbol{e}_z=\frac{\boldsymbol{A}(\boldsymbol{v}-\boldsymbol{z})}{2} \tag{11.48}$$

而且注意

$$\boldsymbol{A}\boldsymbol{v}+\boldsymbol{e}_v=\boldsymbol{A}\boldsymbol{z}+\boldsymbol{e}_z=\frac{\boldsymbol{A}(\boldsymbol{v}+\boldsymbol{z})}{2} \tag{11.49}$$

令 $\hat{\boldsymbol{x}}=\Delta(\boldsymbol{A}\boldsymbol{v}+\boldsymbol{e}_v)=\Delta(\boldsymbol{A}\boldsymbol{z}+\boldsymbol{e}_z)$。从三角不等式和 C 稳定的定义得知，有

$$\begin{aligned}\|\boldsymbol{v}-\boldsymbol{z}\|_2&=\|\boldsymbol{v}-\hat{x}+\hat{\boldsymbol{x}}-\boldsymbol{z}\|_2\\&\leqslant\|\boldsymbol{v}-\hat{\boldsymbol{x}}\|_2+\|\hat{\boldsymbol{x}}-\boldsymbol{z}\|_2\\&\leqslant C\|\boldsymbol{e}_v\|_2+C\|\boldsymbol{e}_z\|_2\end{aligned}$$

$$= C \| \boldsymbol{Av} - \boldsymbol{Az} \|_2 \tag{11.50}$$

最后一个等式是从 $\boldsymbol{Av} - \boldsymbol{Az} = \boldsymbol{e}_z - \boldsymbol{e}_v$ 及 $\boldsymbol{e}_z = -\boldsymbol{e}_v$ 得到的。注意，对于任何 $\boldsymbol{x} = \boldsymbol{v} - \boldsymbol{z}$ 来说，该边界条件都能够成立，至此，完成了证明。 □

随着 $C \to 1$，以及 $\delta_k = 1 - 1/C^2 \to 0$，$\boldsymbol{A}$ 一定满足式(11.35)的下界。因此，如果我们希望减小信号恢复中噪声的影响，就必须调整 $\boldsymbol{A}$，使得式(11.35)的下界在一个严格常数下得以满足。

或许有人会对这个结论提出提问，条件中的上界是不必要的。实际上，我们可以重新调节 $\boldsymbol{A}$ 从而又要 $\boldsymbol{A}$ 满足 $\delta_{2k} < 1$ 的 RIP 条件，调整版本 $\alpha\boldsymbol{A}$ 便会对于任意 C 满足式(11.47)。在假设条件中，噪声功率与我们选取的 $\boldsymbol{A}$ 矩阵是相互独立的，这是很重要的一点。通过调整矩阵 $\boldsymbol{A}$，相当于调整了测量值中“信号”部分的增益。如果这种信号增益的提升不影响噪声，那么我们可以得到任意高的信噪比(SNR)，从而使噪声相对于信号来说变得是可以忽略的。然而，在现实情况下，我们不可能任意调整矩阵 $\boldsymbol{A}$，而且在很多情况下，噪声不是独立于 $\boldsymbol{A}$ 的。例如，考虑这样的情形，噪声向量 $\boldsymbol{e}$ 表示具有有限动态范围的量化器产生的量化噪声。假设检测值位于$[-T,T]$区间内，而且我们调整量化器以获得这个范围。如果我们利用 α 重新调整 $\boldsymbol{A}$，那么测量值就位于$[-\alpha T, \alpha T]$区间内了，而且我们必须通过 α 调整量化器的动态范围。在这种情形下，量化误差就是很简单的 $\alpha\boldsymbol{e}$，而且没有减弱重构误差。

RIP 与 NSP 的关系

如果一个矩阵满足 RIP 条件，那么它也一定满足 NSP 条件，从这个意义上说，RIP 条件比 NSP 条件更为严格。从发展历史上看，很多 CS 中结论的证明都是更依赖于 RIP，而不是 NSP，这就解释了 RIP 在 CS 理论中的重要性。尽管 RIP 比 NSP 要更难以满足，两者的测量问题在计算上都是 NP 难问题。

定理 11.4 假设 $\boldsymbol{A}$ 满足 $2k$ 阶 RIP 条件，而且 $\delta_{2k} < \sqrt{2} - 1$。那么 $\boldsymbol{A}$ 就一定满足 $2k$ 阶的 NSP，并带有下面的常量

$$C = \frac{2\delta_{2k}}{1 - (1 + \sqrt{2})\delta_{2k}}$$

这个理论的证明涉及一个有用的命题，下面会给出。这个结论对于任意 $\boldsymbol{h}$ 都成立，并不仅仅对于向量 $\boldsymbol{h} \in \mathcal{N}(\boldsymbol{A})$。当 $\boldsymbol{h} \in \mathcal{N}(\boldsymbol{A})$ 时，这个论证过程就会相对来说简单一些。然而，这个引理会被证明非常有用，特别是在 11.5.1 节中，针对有噪测量值的稀疏信号恢复问题。因此，我们这里在最一般的概念上来描述它。

命题 11.6 假设 $\boldsymbol{A}$ 满足 $2k$ 阶的 RIP 条件，且令 $\boldsymbol{h} \in \mathbb{R}^n$，$\boldsymbol{h} \neq 0$ 为任意向量。令 Λ_0 为 $\{1,2,\cdots,n\}$ 的任意子集，这样有 $|\Lambda_0| \leqslant k$。定义 Λ_1 为 $h_{\Lambda_0^c}$ 中具有最大量级的 k 个元素的索引集，且令 $\Lambda = \Lambda_0 \cup \Lambda_1$。那么

$$\| \boldsymbol{h}_\Lambda \|_2 \leqslant \alpha \frac{\| \boldsymbol{h}_{\Lambda_0^c} \|_1}{\sqrt{k}} + \beta \frac{|\langle \boldsymbol{Ah}_\Lambda, \boldsymbol{Ah} \rangle|}{\| \boldsymbol{h}_\Lambda \|_2} \tag{11.51}$$

其中

$$\alpha = \frac{\sqrt{2}\delta_{2k}}{1 - \delta_{2k}}, \quad \beta = \frac{1}{1 - \delta_{2k}}$$

证明　这个命题的证明是基于下面引理的。

引理 11.1　令 Λ_0 为 $\{1,2,\cdots,n\}$ 的任意子集，这样有 $|\Lambda_0|\leqslant k$。对于任意向量 $\boldsymbol{u}\in\mathbb{R}^n$，定义 Λ_1 为 $\boldsymbol{u}_{\Lambda_0^c}$ 中具有最大 k 个元素(绝对值)的索引集，定义 Λ_2 为接下来剩下最大的 k 个元素对应的索引集，以此类推。那么

$$\sum_{j\geqslant 2}\|\boldsymbol{u}_{\Lambda_j}\|_2\leqslant\frac{\|\boldsymbol{u}_{\Lambda_0^c}\|_1}{\sqrt{k}}\tag{11.52}$$

证明　我们首先观察 $j\geqslant 2$ 的情况

$$\|\boldsymbol{u}_{\Lambda_j}\|_\infty\leqslant\frac{\|\boldsymbol{u}_{\Lambda_{j-1}}\|_1}{k}\tag{11.53}$$

由于 Λ_j 将 $\boldsymbol{u}$ 按降低的幅度进行的排序。这样，应用命题 11.1，有

$$\sum_{j\geqslant 2}\|\boldsymbol{u}_{\Lambda_j}\|_2\leqslant\sqrt{k}\sum_{j\geqslant 2}\|\boldsymbol{u}_{\Lambda_j}\|_\infty\leqslant\frac{1}{\sqrt{k}}\sum_{j\geqslant 1}\|u_{\Lambda_j}\|_1=\frac{\|u_{\Lambda_0^c}\|_1}{\sqrt{k}}\tag{11.54}$$

证明这个引理。□

接下来证明命题 11.6。这个证明的关键想法是根据文献[227]得到的。

因为 $\boldsymbol{h}_\Lambda\in\Sigma_{2k}$，所以就立即得到了 RIP 的下界为

$$(1-\delta_{2k})\|\boldsymbol{h}_\Lambda\|_2^2\leqslant\|\boldsymbol{A}\boldsymbol{h}_\Lambda\|_2^2\tag{11.55}$$

定义 Λ_j 为引理 11.1 中的描述。由于 $\boldsymbol{A}\boldsymbol{h}_\Lambda=\boldsymbol{A}\boldsymbol{h}-\Sigma_{j\geqslant 2}\boldsymbol{A}\boldsymbol{h}_{\Lambda_j}$，所以可以将式(11.55)写为

$$(1-\delta_{2k})\|\boldsymbol{h}_\Lambda\|_2^2\leqslant\langle\boldsymbol{A}\boldsymbol{h}_\Lambda,\boldsymbol{A}\boldsymbol{h}\rangle-\langle\boldsymbol{A}\boldsymbol{h}_\Lambda,\sum_{j\geqslant 2}\boldsymbol{A}\boldsymbol{h}_{\Lambda_j}\rangle\tag{11.56}$$

为了确定式(11.56)中第二项的界，这里利用命题 11.5，得

$$|\langle\boldsymbol{A}\boldsymbol{h}_{\Lambda_i},\boldsymbol{A}\boldsymbol{h}_{\Lambda_j}\rangle|\leqslant\delta_{2k}\|\boldsymbol{h}_{\Lambda_i}\|_2\|\boldsymbol{h}_{\Lambda_j}\|_2\tag{11.57}$$

进而，对于任意的 $i\neq j$，由命题 11.2 可得 $\|\boldsymbol{h}_{\Lambda_0}\|_2+\|\boldsymbol{h}_{\Lambda_1}\|_2\leqslant\sqrt{2}\|\boldsymbol{h}_\Lambda\|_2$，将其代入式(11.57)，即可以得到

$$\begin{aligned}\left|\langle\boldsymbol{A}\boldsymbol{h}_{\Lambda_i},\sum_{j\geqslant 2}\boldsymbol{A}\boldsymbol{h}_{\Lambda_j}\rangle\right|&=\left|\sum_{j\geqslant 2}\langle\boldsymbol{A}\boldsymbol{h}_{\Lambda_0},\boldsymbol{A}\boldsymbol{h}_{\Lambda_j}\rangle+\sum_{j\geqslant 2}\langle\boldsymbol{A}\boldsymbol{h}_{\Lambda_1},\boldsymbol{A}\boldsymbol{h}_{\Lambda_j}\rangle\right|\\&\leqslant\sum_{j\geqslant 2}|\langle\boldsymbol{A}\boldsymbol{h}_{\Lambda_0},\boldsymbol{A}\boldsymbol{h}_{\Lambda_j}\rangle|+\sum_{j\geqslant 2}|\langle\boldsymbol{A}\boldsymbol{h}_{\Lambda_1},\boldsymbol{A}\boldsymbol{h}_{\Lambda_j}\rangle|\\&\leqslant\delta_{2k}\|\boldsymbol{h}_{\Lambda_0}\|_2\sum_{j\geqslant 2}\|\boldsymbol{h}_{\Lambda_j}\|_2+\delta_{2k}\|\boldsymbol{h}_{\Lambda_1}\|_2\sum_{j\geqslant 2}\|\boldsymbol{h}_{\Lambda_j}\|_2\\&\leqslant\sqrt{2}\delta_{2k}\|\boldsymbol{h}_\Lambda\|_2\sum_{j\geqslant 2}\|\boldsymbol{h}_{\Lambda_j}\|_2\end{aligned}\tag{11.58}$$

根据引理 11.1，可知上式的界为

$$\left|\langle\boldsymbol{A}\boldsymbol{h}_{\Lambda_i},\sum_{j\geqslant 2}\boldsymbol{A}\boldsymbol{h}_{\Lambda_j}\rangle\right|\leqslant\sqrt{2}\delta_{2k}\|\boldsymbol{h}_\Lambda\|_2\frac{\|\boldsymbol{h}_{\Lambda_0^c}\|_1}{\sqrt{k}}\tag{11.59}$$

结合式(11.59)和式(11.56)，可得

$$\begin{aligned}(1-\delta_{2k})\|\boldsymbol{h}_\Lambda\|_2^2&\leqslant\left|\langle\boldsymbol{A}\boldsymbol{h}_\Lambda,\boldsymbol{A}\boldsymbol{h}\rangle-\langle\boldsymbol{A}\boldsymbol{h}_\Lambda,\sum_{j\geqslant 2}Ah_{\Lambda_j}\rangle\right|\\&\leqslant|\langle\boldsymbol{A}\boldsymbol{h}_\Lambda,\boldsymbol{A}\boldsymbol{h}\rangle|+\left|\langle\boldsymbol{A}\boldsymbol{h}_\Lambda,\sum_{j\geqslant 2}\boldsymbol{A}\boldsymbol{h}_{\Lambda_j}\rangle\right|\end{aligned}$$

$$\leqslant |\langle \boldsymbol{A}\boldsymbol{h}_{\Lambda}, \boldsymbol{A}\boldsymbol{h}\rangle| + \sqrt{2}\delta_{2k} \| \boldsymbol{h}_{\Lambda} \|_2 \frac{\| \boldsymbol{h}_{\Lambda_0^c} \|_1}{\sqrt{k}} \tag{11.60}$$

这就产生了重新排序后的理想结果。 □

为了证明上面给出的定理 11.4，需要注意的一点就是在 $\boldsymbol{h} \in \mathcal{N}(\boldsymbol{A})$ 的情形下应用命题 11.6。

定理 11.4 的证明 假设 $\boldsymbol{h} \in \mathcal{N}(\boldsymbol{A})$，则 Λ 是 $\boldsymbol{h}$ 中最大的 $2k$ 个元素对应的索引集，就是下式成立的充分条件：

$$\| \boldsymbol{h}_{\Lambda} \|_2 \leqslant C \frac{\| \boldsymbol{h}_{\Lambda^c} \|_1}{\sqrt{2k}} \tag{11.61}$$

因此，我们可以令 Λ_0 为 $\boldsymbol{h}$ 中最大的 k 个元素对应的索引集，并且应用命题 11.6。

由于 $\boldsymbol{A}\boldsymbol{h} = 0$，那么命题 11.6 中的第二项就消失了，可以得

$$\| \boldsymbol{h}_{\Lambda} \|_2 \leqslant \alpha \frac{\| \boldsymbol{h}_{\Lambda_0^c} \|_1}{\sqrt{k}} \tag{11.62}$$

其中 $\alpha = \sqrt{2}\delta_{2k}/(1 - \delta_{2k})$，利用命题 11.1，可得

$$\| \boldsymbol{h}_{\Lambda_0^c} \|_1 = \| \boldsymbol{h}_{\Lambda_1} \|_1 + \| \boldsymbol{h}_{\Lambda^c} \|_1 \leqslant \sqrt{k} \| \boldsymbol{h}_{\Lambda_1} \|_2 + \| \boldsymbol{h}_{\Lambda^c} \|_1 \tag{11.63}$$

进而得到

$$\| \boldsymbol{h}_{\Lambda} \|_2 \leqslant \alpha \left(\| \boldsymbol{h}_{\Lambda_1} \|_2 + \frac{\| \boldsymbol{h}_{\Lambda^c} \|_1}{\sqrt{k}} \right) \tag{11.64}$$

再由于 $\| \boldsymbol{h}_{\Lambda_1} \|_2 \leqslant \| \boldsymbol{h}_{\Lambda} \|_2$，可以有

$$(1 - \alpha) \| \boldsymbol{h}_{\Lambda} \|_2 \leqslant \alpha \frac{\| \boldsymbol{h}_{\Lambda^c} \|_1}{\sqrt{k}} \tag{11.65}$$

假设 $\delta_{2k} < \sqrt{2} - 1$ 确保了 $\alpha < 1$，因此将上式被 $1 - \alpha$ 除，不会改变不等式的方向，这样就可以建立式(11.61)，其常数为

$$C = \frac{\sqrt{2}\alpha}{1 - \alpha} = \frac{2\delta_{2k}}{1 - (1 + \sqrt{2})\delta_{2k}} \tag{11.66}$$

定理(11.4)得证。 □

11.3.3 相关系数(coherence)

上面介绍了利用 spark，NSP 和 RIP 来分析 k 稀疏信号恢复的保障性问题。无论用哪一种方法分析，都需要考虑矩阵 $\boldsymbol{A}$ 的 $\binom{n}{k}$ 个子矩阵的问题。因此，验证一个矩阵 $\boldsymbol{A}$ 是否满足这些特性就有一个组合计算复杂性的问题。在很多情形下，使用矩阵 $\boldsymbol{A}$ 的其他性质是更可取的，这些性质应当易于计算，并提供更具体的恢复条件。矩阵的相关性是这样的一个特性[221,228]。

定义 11.5 矩阵 $\boldsymbol{A}$ 的任意两列 $\boldsymbol{a}_i$ 和 $\boldsymbol{a}_j$ 之间的最大绝对内积称为矩阵 $\boldsymbol{A}$ 的相关性，或称为相关系数，记为 $\mu(\boldsymbol{A})$

$$\mu(\boldsymbol{A}) = \max_{1 \leqslant i < j \leqslant n} \frac{|\langle \boldsymbol{a}_i, \boldsymbol{a}_j \rangle|}{\| \boldsymbol{a}_i \|_2 \| \boldsymbol{a}_j \|_2} \tag{11.67}$$

相关系数的性质

下面的命题给出了任意矩阵 $\boldsymbol{A}$ 相关系数的界。

命题 11.7　令 $\boldsymbol{A}$ 是一个 $m\times n$ 的矩阵，其中 $m\leqslant n(n\geqslant 2)$。$\boldsymbol{A}$ 的各列进行了归一化，从而对于全部 i，都有 $\|a_i\| = 1$。则矩阵 $\boldsymbol{A}$ 的相关系数满足

$$\sqrt{\frac{n-m}{m(n-1)}} \leqslant \mu(\boldsymbol{A}) \leqslant 1 \tag{11.68}$$

式(11.68)的下边界被称为 Welch 界[229]。注意到，当 $n\gg m$ 时，这个下界近似为 $\mu(\boldsymbol{A})\geqslant 1/\sqrt{m}$。当 $m\geqslant n$ 时，我们可以总是选择 $\boldsymbol{A}$ 拥有标准正交的列，这时有，$\mu(\boldsymbol{A})=0$。因此，这个下边界只有在 $m<n$ 时才是有意义的。

证明　式(11.68)中的上界是柯西–施瓦茨不等式的直接结果。为了证明下界，考虑一个 $n\times n$ 的内积 Gram 矩阵 $\boldsymbol{G}=\boldsymbol{A}^*\boldsymbol{A}$，即矩阵 $\boldsymbol{G}$ 中的第 ij 个元素为 $G_{ij}=\langle \boldsymbol{a}_i,\boldsymbol{a}_j\rangle$。令 λ_i，$1\leqslant i\leqslant r$ 表示 $\boldsymbol{G}$ 的非零特征值。由于 $\boldsymbol{G}$ 的秩的上界被 m 限制，所以有 $r\leqslant m$。有因为 $\boldsymbol{A}$ 的列是被归一化的，则 $\mathrm{Tr}(\boldsymbol{G})=n$，因此有

$$n^2 = \mathrm{Tr}^2(\boldsymbol{G}) = \Big(\sum_{i=1}^{r}\lambda_i\Big)^2 \leqslant r\sum_{i=1}^{r}\lambda_i^2 \leqslant m\sum_{i=1}^{r}\lambda_i^2 \tag{11.69}$$

其中第一个不等式就是柯西–施瓦茨不等式的结果。还可以有

$$\mathrm{Tr}(\boldsymbol{G}^2) = \sum_{i=1}^{n}\sum_{j=1}^{n}|\langle \boldsymbol{a}_i,\boldsymbol{a}_j\rangle|^2 = \sum_{i=1}^{r}\lambda_i^2 \tag{11.70}$$

从式(11.69)和式(11.70)可以得到结果

$$\sum_{i=1}^{n}\sum_{j=1}^{n}|\langle \boldsymbol{a}_i,\boldsymbol{a}_j\rangle|^2 = n + \sum_{i\neq j}|\langle \boldsymbol{a}_i,\boldsymbol{a}_j\rangle|^2 \geqslant \frac{n^2}{m} \tag{11.71}$$

或者

$$\sum_{i\neq j}|\langle a_i,a_j\rangle|^2 \geqslant \frac{n(n-m)}{m} \tag{11.72}$$

为了完成这个证明，我们注意到，式(11.72)中的求和项包含有 $n(n-1)$ 个元素，而且它们中的每一个不大于 $\mu^2(\boldsymbol{A})$。因此有

$$\mu^2(\boldsymbol{A}) \geqslant \frac{1}{n(n-1)}\sum_{i\neq j}|\langle \boldsymbol{a}_i,\boldsymbol{a}_j\rangle|^2 \geqslant \frac{(n-m)}{m(n-1)} \tag{11.73}$$

命题证毕。□

命题 11.7 的证明也揭示了这样的一个问题，当不等式(11.68)下边界成立时，需要矩阵 $\boldsymbol{G}$ 的秩等于 m，同时矩阵 $\boldsymbol{G}$ 的所有非零特征值都是相等的，并且对于某一个常数 c，有 $|\langle \boldsymbol{a}_i,\boldsymbol{a}_j\rangle| = c$，$i\neq j$。满足这个不等式的一个向量集合 $\{\boldsymbol{a}_i\}$ 称为 Welch 界等式集(welch-bound equality set)，或者称为一个 Grassmanian 框架[230]（见例 11.12）。并且只有当 $n\leqslant m(m+1)/2$ 时，这个集合在实平面才存在，当 $n\leqslant m^2$ 时，这个集合在复平面上才存在[231]。一个构成这样框架的迭代算法在文献[232]中给出。

例 11.12　考虑向量 $\{\boldsymbol{a}_i = [\cos(i\pi/3),\sin(i\pi/3)]^{\mathrm{T}},\ i=1,2,3\}$。我们将考察一下这个集合如何形成一个 Grassmanian 框架。由于 $m=2$ 而且 $n=3$，Welch 界为

$$\sqrt{\frac{n-m}{m(n-1)}} = \frac{1}{2} \tag{11.74}$$

可以看出，是因为下面的结果使得上式成立。

$$\frac{|\langle \boldsymbol{a}_i,\boldsymbol{a}_j\rangle|}{\|\boldsymbol{a}_i\|_2\ \|\boldsymbol{a}_j\|_2}=\frac{1}{2},\quad 1\leqslant i<j\leqslant 3 \tag{11.75}$$

注意，在这个例子中矩阵$\boldsymbol{G}$为

$$\boldsymbol{G}=\begin{bmatrix}1 & 0.5 & -0.5\\ 0.5 & 1 & 0.5\\ -0.5 & 0.5 & 1\end{bmatrix} \tag{11.76}$$

计算可知，矩阵$\boldsymbol{G}$的特征值等于0, 0.5, 0.5，从而$\boldsymbol{G}$的秩为2，而且正如需要的那样，等于非零特征值的个数。

如果现在修改这个集合，使之等于$\{\boldsymbol{a}_i=[\cos(2i\pi/3),\sin(2i\pi/3)]^{\mathrm{T}},i=1,2,3\}$，那么$\boldsymbol{G}$将改为

$$\boldsymbol{G}=\begin{bmatrix}1 & -0.5 & -0.5\\ -0.5 & 1 & 0.5\\ -0.5 & -0.5 & 1\end{bmatrix} \tag{11.77}$$

因此，式(11.75)将仍然成立。而$\boldsymbol{G}$的特征值等于0, 1.5, 1.5也可以被证实，从而这个集合也是一个Grassmanian框架。

在另一方面，如果更改$\boldsymbol{G}$为

$$\boldsymbol{G}=\begin{bmatrix}1 & 0.5 & 0.5\\ 0.5 & 1 & 0.5\\ 0.5 & 0.5 & 1\end{bmatrix} \tag{11.78}$$

那么$\boldsymbol{G}$的特征值就等于0.5, 0.5, 2，因此，这个矩阵也就不再对应于Grassmanian框架的Gram矩阵了。

例 11.13 考虑下面的3×4矩阵：

$$\boldsymbol{A}=\begin{bmatrix}1 & -1 & -1 & -1\\ 1 & 1 & -1 & 1\\ 1 & 1 & 1 & -1\end{bmatrix} \tag{11.79}$$

这时的Welch界为

$$\sqrt{\frac{n-m}{m(n-1)}}=\frac{1}{3} \tag{11.80}$$

可以验证

$$\frac{|\langle \boldsymbol{a}_i,\boldsymbol{a}_j\rangle|}{\|\boldsymbol{a}_i\|_2\ \|\boldsymbol{a}_j\|_2}=\frac{1}{3},\qquad 1\leqslant i<j\leqslant 4 \tag{11.81}$$

而且$\boldsymbol{A}$的列组成了一个Grassmanian框架。Gram矩阵$\boldsymbol{G}=\boldsymbol{A}^*\boldsymbol{A}$的特征值为0, 4, 4, 4，从而，正如我们期望的那样，全部非零特征值是相等的。

例 11.14 现在展示一个集合的例子，这个集合不满足Welch界。考虑下面矩阵的列向量：

$$A = \begin{bmatrix} 1 & 0 & 0 & \frac{1}{\sqrt{2}} \\ 0 & 1 & 0 & \frac{1}{\sqrt{2}} \\ 0 & 0 & 1 & 0 \end{bmatrix} \tag{11.82}$$

由于这个矩阵的维数与上一个例题是相同的，Welch 界由前面给出，即为 1/3。另一方面

$$\mu(A) = \max_{1\leq i<j\leq 4} \frac{|\langle a_i, a_j\rangle|}{\|a_i\|_2 \|a_j\|_2} = \frac{1}{\sqrt{2}} \tag{11.83}$$

而且 A 的列不满足 Welch 界等式。

注意在这个例题中，$\langle a_i, a_j\rangle = 0$ 对于 $i, j=1,2,3$，$i\neq j$ 都成立，而当 $i=4$，$j=1,2$ 时 $\langle a_i, a_j\rangle = 1/\sqrt{2}$，也就是说，$|\langle a_i, a_j\rangle|$ 的值不全相等。

spark 与 RIP 的关系

spark 和 RIP 与相关系数都有关系，为了考察相关系数和 spark 的联系，这里采用 Geršgorin 圆盘定理[233]（参见附录 A）。

定理 11.5　一个元素为 M_{ij}，$1\leq i,j\leq n$ 的 $n\times n$ 矩阵 M 的特征值，必然位于 n 圆盘的并集 $d_i = d_i(c_i, r_i)$，$1\leq i\leq n$ 中，中心位于 $c_i = M_{ii}$，而且半径为 $r_i = \sum_{j\neq i}|M_{ij}|$。

下面的推论是定理 11.5 的一个直接结果。

推论 11.1　令 M 为一个对阵矩阵，如果对于任意的 i 有

$$\sum_{j\neq i}|M_{ij}| < M_{ii} \tag{11.84}$$

那么 M 就是正定的。

证明　如果式(11.84)成立，那么由定理 11.5 可知，M 的全部特征值一定都是正数的。然后推论就可以从这样的事实得出，即一个对阵矩阵，当且仅当它的全部特征值都是正数的时候，是正定的。　□

将这个定理应用到 Gram 矩阵 $G = A_\Lambda^* A_\Lambda$ 就导致了下面的直接结果。

引理 11.2　对于任意的矩阵 A，有

$$\operatorname{spark}(A) \geq 1 + \frac{1}{\mu(A)} \tag{11.85}$$

证明　由于 spark(A) 并不依赖于列向量的尺度，因此，我们可以不失一般性地假设，A 有单位范数列（unit-norm column）。令 $\Lambda\subseteq\{1,\cdots,n\}$，而且 $|\Lambda| = p$ 确定了一个索引集合。我们考虑这个限定的 Gram 矩阵 $G = A_\Lambda^* A_\Lambda$，它将满足下面的性质：

(1) $G_{ii} = 1$，$1\leq i\leq p$

(2) $|G_{ij}| \leq \mu(A)$，$1\leq i,j\leq p$，$i\neq j$

从推论 11.1 可知，如果 $\sum_{j\neq i}|G_{ij}| < G_{ii}$，那么矩阵 G 就是正定的，所以 A_Λ 的列向量线性

独立。因此，spark 条件就意味着$(p-1)\mu(\boldsymbol{A})<1$，或者，等效为对于所有的$p<\text{spark}(\boldsymbol{A})$，$p<1+1/\mu(\boldsymbol{A})$，进而得到$\text{spark}(\boldsymbol{A})\geqslant 1+1/\mu(\boldsymbol{A})$。 □

将定理 11.1 和引理 11.2 结合起来看，我们可以形成下面关于矩阵 $\boldsymbol{A}$ 的唯一性保障条件(参见文献[221]的定理[12])。

定理 11.6 如果有

$$k<\frac{1}{2}\left(1+\frac{1}{\mu(\boldsymbol{A})}\right) \tag{11.86}$$

那么，对于每一个观测向量 $\boldsymbol{y}\in\mathbb{R}^m$，最多存在一个信号 $\boldsymbol{x}\in\Sigma_k$，使得 $\boldsymbol{y}=\boldsymbol{A}\boldsymbol{x}$。

结合定理 11.6 和命题 11.7 给出的 Welch 界，就可以提供一个 k 阶稀疏的上界，来保障使用相关系数的唯一性：$k=O(\sqrt{m})$。从另一方面来说应注意到，一个矩阵的 spark 可能是 m 阶的，从而对于一个 m 阶稀疏性来说定理 11.1 成立。因此说，定理 11.6 是一个相对保守的结果，而通常信号恢复对于那些比这个理论预测出来的 k 值更大也是可能的。

例 11.15 考虑下面矩阵：

$$\boldsymbol{A}=\begin{bmatrix}1 & -1 & -1 & 1\\ -1 & 1 & -1 & 1\\ 1 & 1 & -1 & -1\end{bmatrix} \tag{11.87}$$

很容易看出 $\mu(\boldsymbol{A})=1/3$。

假设获得的测量向量为 $\boldsymbol{y}=[1\ \ -1\ 1]^{\mathrm{T}}$。通过检查各种可能性，正如例 11.9 那样，可以看出等式 $\boldsymbol{y}=\boldsymbol{A}\boldsymbol{x}$ 在 Σ_1 内有一个唯一的解，$\boldsymbol{x}=[1\,0\,0\,0]^{\mathrm{T}}$。这里 $\boldsymbol{x}$ 的稀疏性$(k=1)$满足定理 11.6 的条件。

考虑另一个输入 $\boldsymbol{x}=[1\,1\,0\,0]^{\mathrm{T}}$，它的稀疏性$(k=2)$并不满足这个定理的条件。这种情形下，$\boldsymbol{A}\boldsymbol{x}=[0\,0\,2]^{\mathrm{T}}$。这时可以通过选择 $\boldsymbol{x}'=[0.5\ 0.5\ \ -0.5\ \ -0.5]^{\mathrm{T}}$，获得相同的输出。因此，等式 $\boldsymbol{y}=\boldsymbol{A}\boldsymbol{x}$，$\boldsymbol{x}\in\Sigma_2$，没有唯一的解。

Geršgorin 圆盘定理(定理 11.5)的另一个直接应用可以将 RIP 和相关特性联系在一起。

引理 11.3 如果矩阵 $\boldsymbol{A}$ 有单位范数列，而且相关系数 $\mu=\mu(\boldsymbol{A})$，那么，$\boldsymbol{A}$ 满足 k 阶 RIP 条件，以及 $\delta_k\leqslant(k-1)\mu$。

证明 令 $\boldsymbol{x}$ 是一个任意向量，及 $\text{supp}(\boldsymbol{x})\leqslant k$。不失一般性，这里将假设 k 的初始值为非零，那么有

$$\|\boldsymbol{A}\boldsymbol{x}\|_2^2=\sum_{i,j=1}^{k}\langle\boldsymbol{a}_i,\boldsymbol{a}_j\rangle x_i x_j=\|\boldsymbol{x}\|_2^2+\sum_{i\neq j}\langle\boldsymbol{a}_i,\boldsymbol{a}_j\rangle x_i x_j \tag{11.88}$$

考虑第二项的界有

$$\left|\sum_{i\neq j}\langle\boldsymbol{a}_i,\boldsymbol{a}_j\rangle x_i x_j\right|\leqslant\mu\sum_{i\neq j}|x_i x_j|\leqslant\mu\Big(\sum_{i,j=1}^{k}|x_i x_j|-\|\boldsymbol{x}\|_2^2\Big) \tag{11.89}$$

根据柯西-施瓦茨不等式，可得

$$\sum_{i,j=1}^{k}|x_i x_j|=\Big(\sum_{i=1}^{k}|x_i|\Big)^2\leqslant k\ \|\boldsymbol{x}\|_2^2 \tag{11.90}$$

将其代入式(11.89)，可得

$$\left|\sum_{i\neq j}\langle \boldsymbol{a}_i,\boldsymbol{a}_j\rangle x_i x_j\right|\leqslant \mu(k-1)\ \|\boldsymbol{x}\|_2^2 \tag{11.91}$$

结合式(11.88)，有

$$(1-(k-1)\mu)\ \|\boldsymbol{x}\|_2^2\leqslant \|\boldsymbol{A}\boldsymbol{x}\|_2^2\leqslant (1+(k-1)\mu)\ \|\boldsymbol{x}\|_2^2 \tag{11.92}$$

由此可证得：$\delta_k\leqslant(k-1)\mu$。 □

11.3.4　不确定性关系

在前面介绍的相关性问题对于研究正交基信号分解的不确定性关系具有十分重要的作用[234, 235]。

所谓不确定性原理，最初是由海森伯(Heisenberg)在量子力学的研究中提出的，因为它的存在，限制了我们确定一个自由粒子的位置和动量的能力。不确定性原理的经典公式指出，两个共轭变量，如位置和动量，或者是其他由傅里叶变换联系的一对变量，不可能同时以任意精确度确定。在式(4.56)中，我们已经看到了这种关系的数学描述。在这里我们讨论的不确定性关系是指，在一对基上表示一个信号所需要的为零元素(项)的最小个数的问题。这种信号表征的不确定性关系的研究最早是 Donoho 和 Stark 开展的[236]，他们研究了以 DFT 和单位矩阵作为信号基的问题。在文献[234, 235]中的研究表明，这种不确定性关系可以被用于确定信号稀疏度的阈值，进而来确定信号表征的唯一性。下面我们将讨论这些研究成果，但是首先介绍一下在正交基对上稀疏分解的不确定性关系问题。

稀疏向量的不确定性原则

稀疏信号的不确定关系与向量 $\boldsymbol{x}\in\mathbb{C}^n$ 在两个不同的正交基 $\mathbb{C}^n$：$\{\phi_\ell,\ 1\leqslant\ell\leqslant n\}$ 和 $\{\psi_\ell,\ 1\leqslant\ell\leqslant n\}$ 上的表征有关。任意一个向量 $\boldsymbol{x}\in\mathbb{C}^n$ 可以唯一地表示为这些基的组合的形式

$$\boldsymbol{x}=\sum_{\ell=1}^{n}a_\ell\phi_\ell=\sum_{\ell=1}^{n}b_\ell\psi_\ell \tag{11.93}$$

其中 a_ℓ 和 b_ℓ 是适当的系数。对于任意 $\boldsymbol{x}\in\mathbb{C}^n$ 来说，不确定关系的集合表现在式(11.93)给出的分解过程的稀疏性上。特殊地，令 $A=\|\boldsymbol{a}\|_0$，$B=\|\boldsymbol{b}\|_0$，其中 $\boldsymbol{a}$ 和 $\boldsymbol{b}$ 分别表示由元素 a_ℓ 和 b_ℓ 组成的向量。下面的定理 11.7 表明，A 和 B 不能同时为很小的值，也就是说，一个信号不能同时在两个正交基上被稀疏地分解。我们用 $\boldsymbol{\Phi}$ 和 $\boldsymbol{\Psi}$ 表示两个矩阵，其第 ℓ 个列分别为 ϕ_ℓ 和 ψ_ℓ。

例 11.16　令 $\boldsymbol{\Phi}$ 表示傅里叶基，而 $\boldsymbol{\Psi}$ 表示 spike(identity)基。这两个基是正交的。图 11.7 可以看到一个时域稀疏的信号在频域表示不是稀疏的，反之亦然。

稀疏的程度能够清楚地取决于 $\boldsymbol{\Phi}$ 和 $\boldsymbol{\Psi}$ 之间的某种距离的测量。尤其是，如果 $\boldsymbol{\Phi}=\Psi$，那么可以选择 $\boldsymbol{x}$ 等于 $\boldsymbol{\Phi}$ 的任意一个列，并获得 $\|\boldsymbol{a}\|_0=\|\boldsymbol{b}\|_0=1$。为了引入一种近似的不确定关系，定义一种两个正交基之间的相关性，从而得到互相关系数

$$\mu(\boldsymbol{\Phi},\boldsymbol{\Psi})=\max_{\ell,r}|\phi_\ell^*\psi_r| \tag{11.94}$$

注意，由于 $\boldsymbol{\Phi}$ 和 $\boldsymbol{\Psi}$ 的列是相互正交的，因此有 $\mu(\boldsymbol{\Phi},\ \Psi)$ 等于 $\mu(\boldsymbol{A})$，其中 $\boldsymbol{A}=[\boldsymbol{\Phi}\boldsymbol{\Psi}]$ 定义为 $\boldsymbol{\Phi}$ 和 $\boldsymbol{\Psi}$ 的级联(concatenation)。

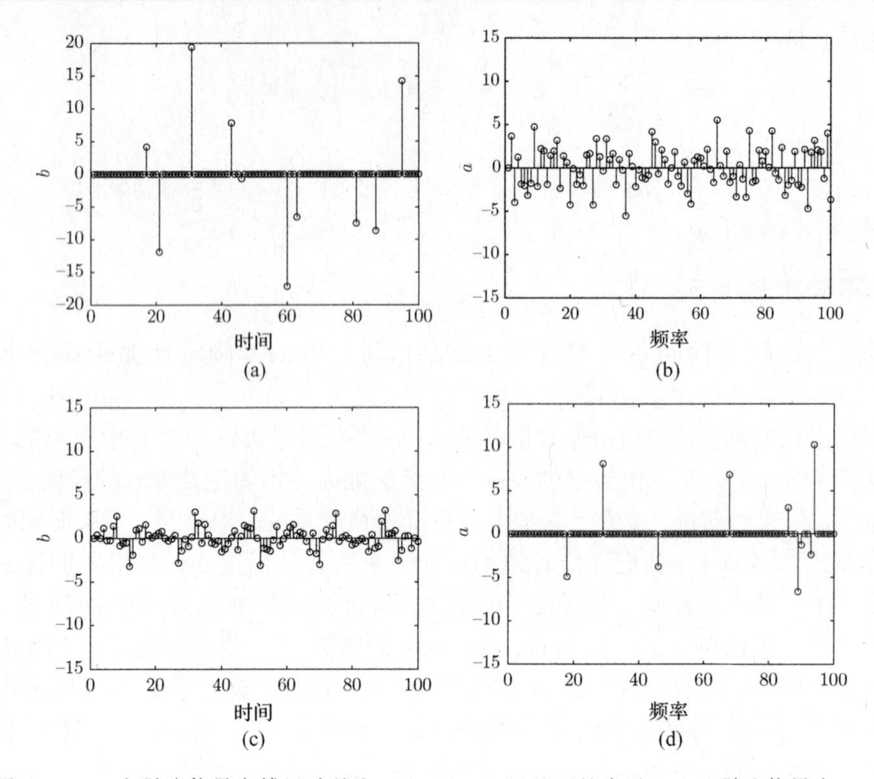

图 11.7 一个稀疏信号在傅里叶基和 spike(identity)基下的表示。(a) 稀疏信号在 spike 基下的时域表示;(b)稀疏信号在spike基下的频域表示,我们观察这个信号在频域下不是稀疏的;(c)稀疏信号在傅里叶基下的时域表示。现在观察这个信号在时域下不是稀疏的;(d)稀疏信号在傅里叶基下的频域表示

定理 11.7 令 $\boldsymbol{\Phi}$ 和 $\boldsymbol{\Psi}$ 是两个 $n\times n$ 的酉矩阵,列向量为 $\{\phi_\ell,\psi_\ell,\ 1\leqslant\ell\leqslant n\}$,而且 $\boldsymbol{x}\in\mathbb{C}^n$ 满足式(11.93),那么有

$$\frac{1}{2}(A+B)\geqslant\sqrt{AB}\geqslant\frac{1}{\mu(\boldsymbol{\Phi},\boldsymbol{\Psi})} \tag{11.95}$$

其中 $A=\|\boldsymbol{a}\|_0$,而且 $B=\|\boldsymbol{b}\|_0$。

证明 为不失一般性,假设 $\|\boldsymbol{x}\|_2^2=1$,而且为了简便,记 $\mu=\mu(\boldsymbol{\Phi},\boldsymbol{\Psi})$。将 $\boldsymbol{x}$ 一次(once)写为 $\boldsymbol{\Phi a}$,一次(once)写为 $\boldsymbol{\Psi b}$,有

$$1=\|\boldsymbol{x}\|_2^2=\boldsymbol{a}^*\boldsymbol{G}\boldsymbol{b}=\sum_{i,j=1}^{n}\bar{a}_iG_{ij}b_j \tag{11.96}$$

其中,$\boldsymbol{G}=\boldsymbol{\Phi}^*\boldsymbol{\Psi}$。由于定义式(11.94),$|G_{ij}|\leqslant\mu$

$$1\leqslant\sum_{i,j=1}^{n}|a_iG_{ij}b_j|\leqslant\mu\sum_{i=1}^{n}|a_i|\sum_{i=1}^{n}|b_i|=\mu\ \|\boldsymbol{a}\|_1\ \|\boldsymbol{b}\|_1 \tag{11.97}$$

根据命题 11.1 可知

$$\|\boldsymbol{a}\|_1\leqslant\sqrt{A}\ \|\boldsymbol{a}\|_2=\sqrt{A} \tag{11.98}$$

其中,我们利用了如下事实,由于 $\boldsymbol{\Phi}$ 是酉矩阵,因此 $\|\boldsymbol{a}\|_2=\|\boldsymbol{x}\|_2=1$。同理,有 $\|\boldsymbol{b}\|_1\leqslant\sqrt{B}$。代入式(11.97)并且利用算数和几何不等式知识(对于每一个 $x,y>0$,有 $\sqrt{xy}\leqslant(x+y)/2$),就完成了定理的证明。 □

例 11.17　令 $\boldsymbol{\Phi}$ 是 spike 基，$\boldsymbol{\Psi}$ 是哈尔基。哈尔函数组 $h_j(t), j \geqslant 0$ 是定义在区间 $0 \leqslant t \leqslant 1$ 上的，而且被两个参数 p 和 q 标记，即 $p = \lfloor \log_2 j \rfloor + 1$ 和 $q = j - 2^{p+1} + 1$。归一化函数已进行了如下定义[237]：

$$h_j(t) = \begin{cases} \dfrac{1}{\sqrt{n}} 2^{(p-1)/2}, & (q-1)/2^{p-1} < t < \left(q - \dfrac{1}{2}\right)/2^{p-1} \\ -\dfrac{1}{\sqrt{n}} 2^{(p-1)/2}, & \left(q - \dfrac{1}{2}\right)/2^{p-1} < t < q/2^{p-1} \\ 0, & \text{其他} \end{cases} \tag{11.99}$$

为了形成一个 $n \times n$ 的离散哈尔变换矩阵，n 个哈尔函数 $h_j(t), 0 \leqslant j \leqslant n-1$ 进行了在 $t = i/n$ 处的采样，其中 $0 \leqslant i \leqslant n-1$。函数 $h_j(t), 0 \leqslant i \leqslant n-1$ 组成了 $\boldsymbol{\Psi}$ 的第 j 行。例如，对于 $n=4$

$$\boldsymbol{H}_4 = \frac{1}{2}\begin{bmatrix} 1 & 1 & 1 & 1 \\ 1 & 1 & -1 & -1 \\ \sqrt{2} & -\sqrt{2} & 0 & 0 \\ 0 & 0 & \sqrt{2} & -\sqrt{2} \end{bmatrix} \tag{11.100}$$

图 11.8 给出了一个长为 $n = 128$ 的稀疏信号 $\boldsymbol{x}$ 在这两种正交基上的表达形式。在这种情形下，$A=8$，$B=28$。这两个基的互相关系数为

$$\mu(\boldsymbol{\Phi}, \boldsymbol{\Psi}) = \max_{0 \leqslant j, i \leqslant n-1} |h_j(i)| = \frac{2^{(p_{\max}-1)/2}}{\sqrt{n}} = \frac{8}{\sqrt{128}} = \frac{1}{\sqrt{2}}$$

其中，$p_{\max} = \lfloor \log_2(n-1) \rfloor + 1$。由于 $\sqrt{AB} = 4\sqrt{14}$ 而且 $1/\mu(\boldsymbol{\Phi}, \boldsymbol{\Psi}) = \sqrt{2}$，式(11.95)满足这个关于 x 的选择。

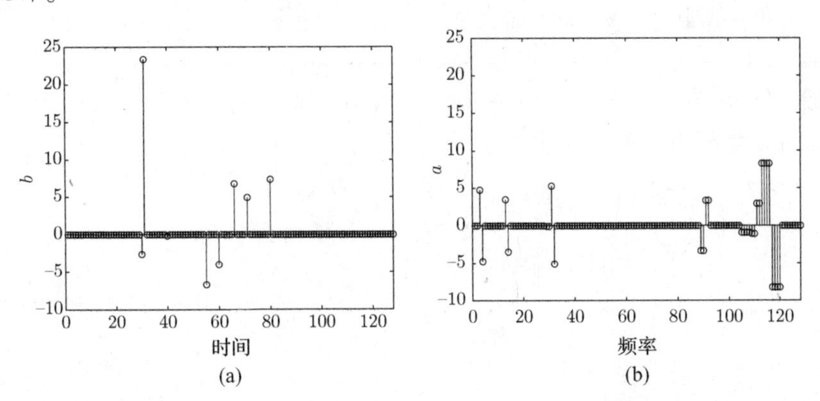

图 11.8　稀疏信号在 spike 基和哈尔基下的表示。(a) 在 spike 基下的形式；(b) 在哈尔基下的形式

例 11.18　现在回到例题 11.16 中，考虑图 11.7(a)和图 11.7(b)描述的信号的不确定准则。

在这个例子中，$A=10$，$B=100$。为了计算 spike 基和傅里叶基的相关系数，注意 $n \times n$ 傅里叶基中各元素的幅值都等于 $1/\sqrt{n}$。因此，$\mu(\boldsymbol{\Phi}, \boldsymbol{\Psi}) = 1/\sqrt{n}$。在这种情形下，$\sqrt{AB} = \sqrt{1000}$，比 $1/\mu(\boldsymbol{\Phi}, \boldsymbol{\Psi}) = \sqrt{128}$ 大。

基于互相关性的边界

在命题 11.7 中，我们研究了任意一个矩阵 $\boldsymbol{A}$ 的相关系数的下界。将这个界应用到我们的

设置中，其中 $\boldsymbol{A}$ 是两个 $n\times n$ 正交基的级联，$m'=n$，$n'=2n$。那么这个界就成为

$$\mu(\boldsymbol{A}) \geqslant \sqrt{\frac{n'-m'}{m'(n'-1)}} = \sqrt{\frac{1}{2n-1}} \tag{11.101}$$

在下一个命题中，我们给出了一个更严谨的界，能够通过研究 $\boldsymbol{A}$ 的特殊结构，从两个正交基的互相关系数中获得这个界。

命题 11.8 令 $\boldsymbol{\Phi}$, $\boldsymbol{\Psi}$ 是两个 $n\times n$ 的酉矩阵，那么互相关系数 $\mu(\boldsymbol{\Phi},\boldsymbol{\Psi})$ 一定满足

$$\frac{1}{\sqrt{n}} \leqslant \mu(\boldsymbol{\Phi},\boldsymbol{\Psi}) \leqslant 1 \tag{11.102}$$

证明 上界服从柯西-施瓦茨不等式，而且基元素的范数为 1。

为了获得下界，令 $\boldsymbol{G}=\boldsymbol{\Phi}^*\boldsymbol{\Psi}$。由于 $\boldsymbol{G}$ 是一个酉矩阵

$$\sum_{\ell=1}^{n}\sum_{j=1}^{n} |\phi_\ell^*\psi_j|^2 = \mathrm{Tr}(\boldsymbol{G}^*\boldsymbol{G}) = \mathrm{Tr}(\boldsymbol{I}_n) = n \tag{11.103}$$

通过定义 $|\phi_\ell^*\psi_j| \leqslant \mu(\boldsymbol{\Phi},\boldsymbol{\Psi})$。因此

$$n = \sum_{\ell=1}^{n}\sum_{j=1}^{n} |\phi_\ell^*\psi_j|^2 \leqslant n^2\mu^2(\boldsymbol{\Phi},\boldsymbol{\Psi}) \tag{11.104}$$

由此可以获得这个命题的证明。 □

从这个命题的证明过程中容易看出，下界是对于全部 ℓ,j 时，由 $|\phi_\ell^*\psi_j|=\mu$ 得出的。在这个选择下，不确定关系式(11.95)可以写成

$$A+B \geqslant 2\sqrt{AB} \geqslant 2\sqrt{n} \tag{11.105}$$

在例 11.18 中可以看到，当 $\boldsymbol{\Phi}$, $\boldsymbol{\Psi}$ 被选为 spike 基和傅里叶基时，$\mu(\boldsymbol{\Phi},\boldsymbol{\Psi})=1/\sqrt{n}$。另一个满足式(11.102)给出的下界的例子如下所述。

例 11.19 令 $\boldsymbol{\Phi}$ 是一个 $n\times n$ 的 Walsh-Hadamard 正交基，$\boldsymbol{\Psi}$ 是一个 $n\times n$ 的 spike 基。$m=2^n$ 的 Hadamard 矩阵由下面式给出[238]：

$$\boldsymbol{H}_m = \frac{1}{\sqrt{2}}\begin{bmatrix} \boldsymbol{H}_{m-1} & \boldsymbol{H}_{m-1} \\ \boldsymbol{H}_{m-1} & -\boldsymbol{H}_{m-1} \end{bmatrix} \tag{11.106}$$

其中

$$\boldsymbol{H}_2 = \begin{bmatrix} 1 & 1 \\ 1 & -1 \end{bmatrix} \tag{11.107}$$

由于 $\boldsymbol{\Phi}_{i,j} = \frac{1}{\sqrt{n}}(-1)^{ij}$

$$|\phi_\ell^*\psi_j| = \frac{1}{\sqrt{n}}, \quad 0 \leqslant \ell,j \leqslant n \tag{11.108}$$

而且式(11.102)给出的下边界是满足的。

在下面的例子中，我们考虑了一个输入信号在两个正交基上是最大稀疏的，这两个基满足式(11.105)的不确定准则给出的等量关系。

例 11.20 我们已经看出如果 $\boldsymbol{\Phi}$ 是一个 $n\times n$ 的傅里叶基，$\boldsymbol{\Psi}$ 是一个 $n\times n$ 的特征基，那么

互相关系数为 $1/\sqrt{n}$。这里给出一个信号 $\boldsymbol{x}$ 的例子，它在这两个基上的表达形式满足式(11.105)。

令 n 为一个能使 $\sqrt{n}$ 是整数的数，而且选择 $\boldsymbol{x}$ 是一个 Dirac 梳状函数 $\delta_{\sqrt{n}}$，间隔为 $\sqrt{n}$，如图 11.9(a)所示，$n=100$。由于 $\delta_{\sqrt{n}}$ 有 $\sqrt{n}$ 个非零值，$A=\sqrt{n}$。现在，$\delta_{\sqrt{n}}$ 的傅里叶系数形式也为 $\delta_{\sqrt{n}}$[如图 11.9(b)所示]。因此，得知 $B=\sqrt{n}$。而且式(11.95)给出的关系满足等式：

$$\frac{1}{2}(A+B)=\sqrt{AB}=\frac{1}{\mu(\boldsymbol{\Phi},\boldsymbol{\Psi})}=\sqrt{n} \tag{11.109}$$

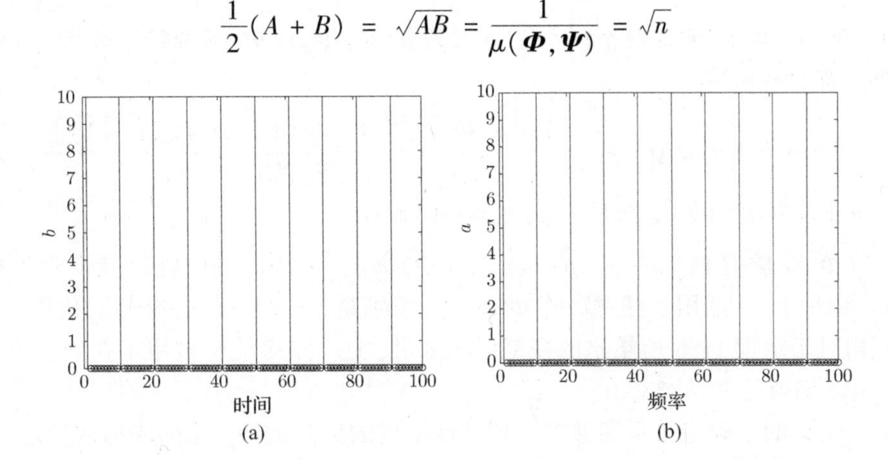

图 11.9　Dirac 梳状函数($n=100$)在 spike 基和傅里叶基中的表达形式。(a) 时域形式；(b) 频域形式

唯一性条件

当 $\boldsymbol{A}$ 是 $\boldsymbol{\Phi}$ 和 $\boldsymbol{\Psi}$ 的级联时，定理 11.7 给出的不确定关系可以被用在研究 $\boldsymbol{y}=\boldsymbol{A}\boldsymbol{x}$ 的稀疏表示的唯一性条件。在定理 11.6 中，我们研究了 k 阶稀疏性的条件以及相关系数 $\mu(\boldsymbol{A})$，从而使 $\boldsymbol{x}$ 是唯一的。正如我们给出的那样，在特殊情形下，即 $\boldsymbol{A}=[\boldsymbol{\Phi}\ \ \boldsymbol{\Psi}]$ 是这两个正交基的级联，这个条件能被放松，允许了更大的稀疏性。

定理 11.8　令 $\boldsymbol{A}=[\boldsymbol{\Phi}\ \ \boldsymbol{\Psi}]$ 是两个正交基 $\boldsymbol{\Phi}$ 和 $\boldsymbol{\Psi}$ 的级联，其中这两个矩阵都是酉矩阵，大小为 $m\times m$。如果有

$$k<\frac{1}{\mu(\boldsymbol{\Phi},\boldsymbol{\Psi})}=\frac{1}{\mu(A)} \tag{11.110}$$

那么，对于每一个测量向量 $\boldsymbol{y}\in\mathbb{R}^m$，最多存在一个信号 $\boldsymbol{x}\in\sum_k$，使得 $\boldsymbol{y}=\boldsymbol{A}\boldsymbol{x}$。

由于在这个情形下，$1/\mu(\boldsymbol{A})$ 可能和 $\sqrt{n}$ 一样大，稀疏程度为 $\sqrt{n}$ 的信号是可重构的。

证明　为了证明这个定理，假设存在两个 k 稀疏向量 $\boldsymbol{x}_1$ 和 $\boldsymbol{x}_2$，那么有 $\boldsymbol{y}=\boldsymbol{A}\boldsymbol{x}_1=\boldsymbol{A}\boldsymbol{x}_2$。然后，我们将证明，一定有 $k\geqslant 1/\mu(\boldsymbol{A})$。

令 $\boldsymbol{e}=\boldsymbol{x}_1-\boldsymbol{x}_2$，这样就会有 $\boldsymbol{0}=\boldsymbol{A}\boldsymbol{e}$，并且 $\|\boldsymbol{e}\|_0\leqslant 2k$。这时可以构造一个长度为 $2m$ 的向量 $\boldsymbol{e}$，即 $\boldsymbol{e}=[\boldsymbol{e}_1^{\mathrm{T}}\ \ \boldsymbol{e}_2^{\mathrm{T}}]^{\mathrm{T}}$，其中 $\boldsymbol{e}_1$ 和 $\boldsymbol{e}_2$ 是长度为 m 的向量。根据这样的定义，应该有

$$\boldsymbol{\Phi}\boldsymbol{e}_1=-\boldsymbol{\Psi}\boldsymbol{e}_2 \tag{11.111}$$

根据定理 11.7，可以得到

$$\|\boldsymbol{e}_1\|_0+\|\boldsymbol{e}_2\|_0\geqslant\frac{2}{\mu(\boldsymbol{A})} \tag{11.112}$$

另外，根据 $\boldsymbol{e}$ 的定义，可知，$\|\boldsymbol{e}\|_0=\|\boldsymbol{e}_1\|_0+\|\boldsymbol{e}_2\|_0$。因此，必然有

$$2k \geq \|e\|_0 = \|e_1\|_0 + \|e_2\|_0 \geq \frac{2}{\mu(A)} \tag{11.113}$$

这样就证明了这个定理。 □

这一节研究的不确定关系和相关的恢复阈值的问题可以被看成是任意两个基的级联上的信号恢复问题，这两个基 $\boldsymbol{\Phi}$ 和 $\boldsymbol{\Psi}$ 不一定要求是正交的，正如下面定理所描述的[239]。

定理 11.9 令 $\boldsymbol{\Phi}$ 和 $\boldsymbol{\Psi}$ 是两个列相关系数为 $\mu(\boldsymbol{\Phi})$ 和 $\mu(\boldsymbol{\Psi})$ 的矩阵，而且令 $\boldsymbol{x} \in \mathbb{C}^n$ 满足 $\boldsymbol{x} = \boldsymbol{\Phi a} = \boldsymbol{\Psi b}$。那么一定有

$$\frac{1}{2}(A+B) \geq \sqrt{AB} \geq \frac{\sqrt{[1-\mu(\boldsymbol{\Phi})(A-1)]_+[1-\mu(\boldsymbol{\Psi})(B-1)]_+}}{\mu(\boldsymbol{\Phi},\boldsymbol{\Psi})} \tag{11.114}$$

其中 $A = \|\boldsymbol{a}\|_0$，$B = \|\boldsymbol{b}\|_0$ 而且 $[c]_+ = \max(c,0)$。

注意，当 $\boldsymbol{\Phi}$ 和 $\boldsymbol{\Psi}$ 是酉矩阵时，$\mu(\boldsymbol{\Phi}) = \mu(\boldsymbol{\Psi}) = 0$，而且式(11.114)减少到不确定关系式(11.95)。定理 11.9 适用于任意矩阵 $\boldsymbol{\Phi}$ 和 $\boldsymbol{\Psi}$。特别是，它们不是必有相同数量的列，或形成一个基。相对于定理 11.8 所给出的恢复保障来讲，这个结果能够被用于找到一个更紧凑的恢复保障，更多细节见文献[239]。

这一节中给出的不确定关系能够扩展到其他结构的信号模型，比如块稀疏信号[207]，以及 SI 空间中的模拟信号[240]。

11.3.5 感知矩阵结构

在之前的章节中我们已经看到，如果矩阵 $\boldsymbol{A}$ 的相关系数足够小，或者如果 $\boldsymbol{A}$ 满足常数足够小的 RIP 条件，那么我们就能够从测量值 $\boldsymbol{y} = \boldsymbol{Ax}$ 中恢复出一个 k 阶稀疏向量 $\boldsymbol{x}$。现在假设矩阵 $\boldsymbol{A}$ 的结构满足这些性质。

在处理这些细节之前，我们注意到构造矩阵满足相关条件和 RIP 性质依靠于非常多的工具和概率论以及几何泛函分析。因此，我们没有试图证明这里的任意一个结论，但希望读者能够参考非常优秀的辅导文献[241]，下面的许多结论都是在这个文献中引述的。

测量值边界

首先，我们希望知道为了达到 RIP 条件，需要多少观测值。如果忽略 δ 的影响，并且只注意问题的维数(n，m 和 k)，那么我们能够确定一个简单的下界(参见文献[226]的定理 3.5)。

定理 11.10 令 $\boldsymbol{A}$ 为一个 $m \times n$ 矩阵，而且它满足 $2k$ 阶的 RIP 条件，常量 $\delta \in (0,1/2]$。那么

$$m \geq Ck\log\left(\frac{n}{k}\right) \tag{11.115}$$

其中 $C = 1/2\log(\sqrt{24}+1) \approx 0.28$。

类似的结果能够通过研究 ℓ_1 球的 Gelfand Width 问题来确定[242]，或者通过研究 Johnson-Lindenstrauss 命题来确定，这些问题是与低维空间点的有限集合嵌入问题相关的[243]。特别的是，在文献[244]中给出说明，如果我们有 p 个点组成的点云(point cloud)，并希望将这些点嵌入到 $\mathbb{R}^m$ 中，那么，任意一对点之间的平方 ℓ_2 距离都可以维持在 $1 \pm \varepsilon$，那么我们一定有

$$m \geq \frac{c_0\log(p)}{\varepsilon^2} \tag{11.116}$$

其中，$c_0 > 0$ 是一个常数。因此说，Johnson-Lindenstrauss 命题和 RIP 条件紧密联系在一起。在

文献[245]中说明，任何生成一个线性的、保留距离的点云嵌入方法都可以被用来创造一个满足 RIP 条件的矩阵。而且，如果矩阵 $\boldsymbol{A}$ 满足 $k=c_1\log p$ 阶的、常数为 δ 的 RIP 条件，那么 $\boldsymbol{A}$ 就可以被用于构造 $\varepsilon=\delta/4$ 的 p 的保留距离嵌入[246]。

矩阵结构

上述的下界意味着我们需要至少 $k\log(n/k)$ 阶的测量值，从而能够恢复一个 k 稀疏的向量 $\boldsymbol{x}$。当然，问题是如何建立一个这样维数恰当的测量矩阵。

很明显可以看到，由 m 个不同标量构成的一个 $m\times n$ 的范德蒙德矩阵 $\boldsymbol{V}$ 的 $\text{spark}(\boldsymbol{A})=m+1$[224]（如例 11.6）。但遗憾的是，这些矩阵在 n 值很大时具有较差的条件，导致了恢复问题非常不稳定。相同地，一个 $m\times m^2$ 的矩阵 $\boldsymbol{A}$ 的相关系数下界为 $\mu(\boldsymbol{A})=1/\sqrt{m}$，例如，由 Alltop 序列形成的 Gabor 框架[247]，以及更一般的等角严谨框架(equiangular tight frame)[248]。这样的一些结构限制了恢复一个 k 阶稀疏信号的观测值数量为 $m=O(k^2\log n)$ 的量级。而且生成$m\times n$的满足 k 阶 RIP 条件的确定矩阵也是可能的，但是 m 的值通常是比较大的[249, 250]。例如，文献[250]中的这种结构需要 $m=O(k^2\log n)$，而文献[249]中的矩阵需要 $m=O(kn^{\alpha})$，对于恒定的 α。

幸运的是，这些限定可以通过使矩阵结构随机化方法来克服。例如，大小为 $m\times n$ 的随机矩阵 $\boldsymbol{A}$，其元素是独立同分布的，分布函数是连续的，且 $\text{spark}(\boldsymbol{A})=m+1$ 以概率为 1 成立(见例 11.5)。更重要的是，如果矩阵元素是高斯的，伯努利的或更一般的任何亚高斯(sub-Guassian)分布选取的，则随机矩阵会以很大概率满足 RIP 条件。为了更规范地阐释这些结果，我们介绍下面的定义。

定义 11.6　如果对于某些常量 $C>0$，随机变量 x 满足 $P(|x|\geqslant t)\leqslant 2\exp(-t^2/C^2)$，那么，这个随机变量 x 被称为亚高斯随机变量。如果对于任意一个向量 $\boldsymbol{a}$，线性组合 $\boldsymbol{x}^{\mathrm{T}}\boldsymbol{a}$ 是亚高斯分布的，那么，这个随机向量 $\boldsymbol{x}$ 被称为亚高斯随机向量。最后，如果一个随机向量的协方差矩阵等于一个单位阵，那么，这个随机向量 $\boldsymbol{x}$ 一定是各向同性的，或称为迷向向量(isotropic vector)。

亚高斯随机变量的例子包括：高斯的 Rademacher 变量[即 $P(x=1)=P(x=-1)=1/2$]，全有界随机变量(随机变量 x，$|\boldsymbol{x}|\leqslant C$ 几乎可以确定对于某个 C 成立)。一个向量 $\boldsymbol{x}$ 的元素是独立同分布亚高斯随机变量，这个向量就是一个亚高斯随机向量。

考虑下面两个关于随机矩阵 $\boldsymbol{A}$ 的模型：

行独立模型：$\boldsymbol{A}$ 的各行是独立的 $\mathbb{R}^n$ 中亚高斯的迷向随机向量(isotropic random vector)。

列独立模型：$\boldsymbol{A}$ 的各列 $\boldsymbol{a}_i$ 是 $\mathbb{R}^m$ 中独立的亚高斯迷向随机向量，$\|a_i\|_2=\sqrt{m}$。

这里给出一个理论(参见文献[241]中定理 5.65)。

定理 11.11　令 $\boldsymbol{A}$ 是一个 $m\times n$ 的亚高斯随机矩阵，其行和列都是独立的，矩阵服从上面两个模型中的一个。那么，对于每一个稀疏阶数 $1\leqslant k\leqslant n$，及每一个 $\delta\in(0,1)$，归一化的矩阵 $\bar{\boldsymbol{A}}=\boldsymbol{A}/\sqrt{m}$ 以至少概率为 $1-2\exp(-c\delta^2 m)$ 满足下列关系：

$$\text{若 } m\geqslant C\delta^{-2}k\log(en/k)\quad \text{则 } \delta_k(\bar{A})\leqslant\delta$$

其中，常数 $C,c>0$ 只取决于 $\boldsymbol{A}$ 的各行或者各列的分布。

定理11.11表明，如果一个矩阵$\boldsymbol{A}$是根据$m = O(k\log(n/k)/\delta_{2k}^2)$的亚高斯分布选择出来的，那么$\boldsymbol{A}$将满足$2k$阶RIP条件的概率至少为$1-2\exp(-c\delta_{2k}^2 m)$。注意，考虑到定理11.10的测量值边界，这就使得最优测量值的个数趋于一个常数。这也满足了定理11.4，即这种随机结构使得矩阵满足了NSP条件。类似地，这个定理还表明，即一个具有$m = O(k\log^4 n/\delta_{2k}^2)$行的部分傅里叶矩阵可以以很大概率满足$2k$阶RIP条件，所谓的部分傅里叶矩阵就是一个由$n\times n$傅里叶矩阵通过随机选取其中$m$个行而形成的矩阵。对于有界正交矩阵中随机子矩阵来说，相似的结论也是成立的。研究结果还表明，不确定满足RIP条件的随机矩阵也可以被用于保障高概率地唯一恢复，在文献[251]中能看到相关的细节讨论。

随机矩阵也会导致小的相关系数：当使用的分布均值为零且为有限方差时，那么在渐进变化的过程(随着m和n增长)中，相关系数会收敛到$\mu(\boldsymbol{A}) = \sqrt{(2\log n)/m}$[12,252,253]。

最近，在拥有更多结构的随机矩阵方面的文献资料得到了更多的关注。例如，部分随机循环式(partial random circulant)和Toeplitz矩阵的细节在文献[254]中进行了研究，随机Gabor系统在文献[255]中被讨论。

利用随机矩阵方法构建矩阵$\boldsymbol{A}$有很多其他好处。为了阐述这些好处，我们进一步关注所谓RIP条件。在实际中，通常更加关心的是一个向量$\boldsymbol{x}$在某个基$\boldsymbol{\Phi}$上是稀疏的问题。在这种情形下，我们实际上要去考虑的是乘积$\boldsymbol{A\Phi}$满足RIP条件。如果我们将要利用一个固定结构，那么就需要明确地考虑$\boldsymbol{\Phi}$。然而，当$\boldsymbol{A}$是随机选择的时候，我们不必考虑这个问题。例如，如果$\boldsymbol{A}$是根据高斯分布选择的，而$\boldsymbol{\Phi}$是一个正交基，那么很容易看出$\boldsymbol{A\Phi}$也是服从高斯分布的。因此可以说，只要m是足够大的时候，$\boldsymbol{A\Phi}$就会以大概率满足RIP条件。尽管不那么明显，对于亚高斯分布来说，相似的结论仍然是成立的[245]。这个性质，又称为普遍性(universality)，是利用随机$\boldsymbol{A}$矩阵的很重要的优势之一。

最后，我们注意到，由于完全随机矩阵方法有时从硬件方面来说几乎无法实现，因此提出了一些新的架构或建议，以便在实际应用中实现这种随机测量。我们将会在第14章和第15章的欠奈奎斯特采样内容中进一步讨论相关的例子。这样的典型结构通常是减少随机程度，并通过矩阵$\boldsymbol{A}$的建模方法来实现的，从而使其比完全随机矩阵有更多可选择的结构。比较有趣的是，在实现完全随机不是很明显的情况下，这里所讨论的构造方法很多都能够满足RIP条件，或者具有较小的相关性。其中的一些例子包括对应于用随机滤波器的循环式矩阵[254]。进一步的研究还包括，文献[256]中对矩阵$\boldsymbol{A}$的不准确性的影响进行了分析；在最简单的情形下，这些感知矩阵的误差可以通过系统校准的方法来进一步研究。

11.4 恢复算法

这里，我们来考虑如何解决CS恢复问题：即对于给出的$\boldsymbol{y}$和$\boldsymbol{A}$，寻找一个稀疏信号$\boldsymbol{x}$，使得$\boldsymbol{y}=\boldsymbol{Ax}$精确地或者近似地成立。已经有很多算法被提出来并应用在实际中，例如，在稀疏逼近理论、统计学、地球物理学，以及计算机科学等应用领域，都探索出与其相关的稀疏性问题，并提出了相应的CS恢复问题的解决方法。在本节中，我们简单地回顾一下这些问题，读者可以在文献[257]中找到更多细节。

首先考虑一个针对这个问题最自然的想法，给定测量值$\boldsymbol{y}$和关于原始信号$\boldsymbol{x}$是稀疏的或可压缩的先验知识，那么很自然地，我们就会试图通过解决一个最优化问题来实现信号$\boldsymbol{x}$的恢复，优化问题为

$$\hat{\boldsymbol{x}} = \arg\min_{\boldsymbol{x}} \|\boldsymbol{x}\|_0 \quad \text{s.t.} \quad \boldsymbol{x} \in \mathcal{B}(\boldsymbol{y}) \tag{11.117}$$

其中 $\mathcal{B}(\boldsymbol{y})$ 可以确保估计值 $\hat{\boldsymbol{x}}$ 是由测量值 $\boldsymbol{y}$ 得到的(s.t. 表示 subject to)。例如，当测量值是准确的，即无噪声的，可以设置 $\mathcal{B}(\boldsymbol{y}) = \{\boldsymbol{x}: \boldsymbol{A}\boldsymbol{x} = \boldsymbol{y}\}$。如果测量值包含一小部分有界的噪声，那么我们就可以考虑 $\mathcal{B}(\boldsymbol{y}) = \{\boldsymbol{x}: \|\boldsymbol{A}\boldsymbol{x} - \boldsymbol{y}\|_2 \leqslant \varepsilon\}$，$\varepsilon > 0$。在这两种情形下，式(11.117)可以找到对应于 $\boldsymbol{y}$ 的最稀疏的 $\boldsymbol{x}$。

由于式(11.117)本来就假设了 $\boldsymbol{x}$ 是稀疏的，如果表示为 $\boldsymbol{x} = \boldsymbol{\Phi\theta}$，其中 $\boldsymbol{\theta}$ 是稀疏的，那么就可以很容易地得到

$$\hat{\boldsymbol{\theta}} = \arg\min_{\boldsymbol{\theta}} \|\boldsymbol{\theta}\|_0 \quad \text{s.t.} \quad \boldsymbol{\theta} \in \mathcal{B}(\boldsymbol{y}) \tag{11.118}$$

其中 $\mathcal{B}(\boldsymbol{y}) = \{\boldsymbol{\theta}: \boldsymbol{A\Phi\theta} = \boldsymbol{y}\}$ 或者 $\mathcal{B}(\boldsymbol{y}) = \{\boldsymbol{\theta}: \|\boldsymbol{A\Phi\theta} - \boldsymbol{y}\|_2 \leqslant \varepsilon\}$。通过定义 $\widetilde{\boldsymbol{A}} = \boldsymbol{A\Phi}$，可以看到式(11.117)和式(11.118)基本是相同的。而且，如11.3.5节中描述的，在许多的情况下 $\boldsymbol{\Phi}$ 的引入并不会使矩阵 $\boldsymbol{A}$ 的结构更趋复杂，以至于使得 $\widetilde{\boldsymbol{A}}$ 满足一些好的性质。这样，我们希望出现 $\boldsymbol{\Phi} = \boldsymbol{I}$ 的情况。然而需要特别注意的是，当 $\boldsymbol{\Phi}$ 是一个普通的字典，而不是一个正交基时，这种约束确实对我们的分析带来了某些限制。例如，在这种情况下 $\|\hat{\boldsymbol{x}} - \boldsymbol{x}\|_2 = \|\boldsymbol{\Phi}\hat{\boldsymbol{\theta}} - \boldsymbol{\Phi\theta}\|_2 \neq \|\hat{\boldsymbol{\theta}} - \boldsymbol{\theta}\|_2$，而且有一个 $\|\hat{\boldsymbol{\theta}} - \boldsymbol{\theta}\|_2$ 的界也不能直接被转换为 $\|\hat{\boldsymbol{x}} - \boldsymbol{x}\|_2$ 的界，这通常是一个有兴趣的品质。对于更深层次的讨论和这些相关的问题可以参考文献[258]。

求解式(11.117)需要对整个可能的 k 尺寸的支撑集进行全面的搜索(如在例11.9中的讨论)。对于不断增加的 k，从 $k = 1$ 开始到 $k = \lfloor m/2 \rfloor$，我们假定 $\boldsymbol{x} \in \Sigma_k$，而且考虑每一个可能的 k 大小支撑集 Λ。给定一个 Λ 的选择，我们就用 $\boldsymbol{x}_\Lambda$ 代替 $\boldsymbol{x}$，然后如式(11.18)那样来求解这个缩减的系统。在 $\mathcal{B}(\boldsymbol{y}) = \{\boldsymbol{x}: \boldsymbol{A}\boldsymbol{x} = \boldsymbol{y}\}$ 的无噪声情况下，这时只要矩阵 $\boldsymbol{A}$ 具有稀疏解的唯一特性(对于 m 如 $2k$ 一样小，参见定理11.1和定理11.6)，就可以得到与真实信号 $\boldsymbol{x}$ 一样的解。然而，这个算法有一个组合的计算复杂度问题，因为我们必须检测是否测量向量 $\boldsymbol{y}$ 属于 $\boldsymbol{A}$ 的每个 k 列向量集合的张成空间内。事实上可以看到，对于一个普通矩阵 $\boldsymbol{A}$，即使是找到一个近似最小值的解也是一个 NP 难问题(参看文献[259]的0.8.2节)。而我们的目标是，找到一种计算上可行的算法，可以从测量向量 $\boldsymbol{y}$ 中成功的恢复出稀疏向量 $\boldsymbol{x}$，同时具有可能最小值的测量值 m。

11.4.1　ℓ_1 恢复

我们将式(11.117)的问题转换为一个易处理问题的途径是用其凸近似 $\|\cdot\|_1$ 来代替 $\|\cdot\|_0$。特别是，我们考虑

$$\hat{\boldsymbol{x}} = \arg\min_{\boldsymbol{x}} \|\boldsymbol{x}\|_1 \quad \text{s.t.} \quad \boldsymbol{x} \in \mathcal{B}(\boldsymbol{y}) \tag{11.119}$$

如果 $\mathcal{B}(\boldsymbol{y})$ 是凸的，则式(11.119)就是计算可行的。当在 $\mathcal{B}(\boldsymbol{y}) = \{\boldsymbol{x}: \boldsymbol{A}\boldsymbol{x} = \boldsymbol{y}\}$ 时，式(11.119)就可以在计算上减少为

$$\hat{\boldsymbol{x}} = \arg\min_{\boldsymbol{x}} \|\boldsymbol{x}\|_1 \quad \text{s.t.} \quad \boldsymbol{y} = \boldsymbol{A}\boldsymbol{x} \tag{11.120}$$

这个问题就表现为一个线性规划问题[260]，使其计算复杂度为信号长度的多项式关系，这个算法被称为 basis pursuit 算法(BP)①。

---

① 在图像处理中有一套类似的恢复算法，称为全变量最小化方法 TVM，例如当 $\boldsymbol{x}$ 表示一个图像时，算法在 $\boldsymbol{x}$ 的梯度上运算当图像为分段平滑时，这个梯度值通常是稀疏的[261]。

当存在噪声时，在式(11.119)中选择 $\mathcal{B}(\boldsymbol{y})=\{\boldsymbol{x}:\ \|\boldsymbol{A}\boldsymbol{x}-\boldsymbol{y}\|_2\leqslant\varepsilon\}$，这时导致一个二次优化问题，利用著名的多项式时间方法(polynomial-time method)仍然是可以求解的[124]。这个二次规划的拉格朗日松弛(Lagrangian relaxation)可以写为

$$\hat{\boldsymbol{x}}=\arg\min_{\boldsymbol{x}}\ \|\boldsymbol{x}\|_1+\lambda\ \|\boldsymbol{y}-\boldsymbol{A}\boldsymbol{x}\|_2 \tag{11.121}$$

对于某些 $\lambda>0$，这个方法称为 basis pursuit 去噪算法(BPDN)。已经有许多有效的算法来求解这个 BPDN 算法，参见文献[262 ~ 271]。在本章的例题中，我们利用了一个常用的软件包 CVX[272]，它是一个基于 MATLAB 模型化系统解决凸优化问题的工具。我们将看到，其使用十分简单，并且可以用来求解很多 CS 领域中遇到的优化问题。

通常情况下，一个有界范数的噪声模型是一种基于过度悲观算法的模型，更加合理的假设是认为这个噪声为随机的。例如，加性高斯白噪声 $\boldsymbol{w}\sim\mathcal{N}(0,\sigma^2\boldsymbol{I})$ 是最常见的模型选择。BPDN 算法可以被用来解决这样的问题，其中适当地选择参数 λ 表示相应的噪声强度[273]。贝叶斯方法也可以被用来处理随机噪声问题，并进一步针对可观测信号集合确定一个先验知识[274]。其他一些基于优化的方法也被用于这种应用情况，其中一个最流行的技术称为 Dantzig 选择器[225]，即

$$\hat{\boldsymbol{x}}=\arg\min_{\boldsymbol{x}}\ \|\boldsymbol{x}\|_1\quad \text{s.t.}\quad \|\boldsymbol{A}^{\mathrm{T}}(\boldsymbol{y}-\boldsymbol{A}\boldsymbol{x})\|_\infty\leqslant\lambda\ \sqrt{\log n}\,\sigma \tag{11.122}$$

其中 λ 是一个参数，可以控制成功恢复的概率。

例 11.21　在这个例子中，针对一个简单的情况分析一下 BPDN 算法中参数 λ 的影响。考虑下面的矩阵：

$$\boldsymbol{A}=\frac{1}{\sqrt{4.44}}\begin{bmatrix}1.2 & -1 & -1.2 & 1 & -1\\ -1 & 1 & -1 & 1.2 & 1.2\\ 1 & 1.2 & -1 & -1 & 1\\ 1 & -1 & 1 & 1 & 1\end{bmatrix} \tag{11.123}$$

首先考虑无噪声情况，令

$$\boldsymbol{b}=\boldsymbol{A}\boldsymbol{x}=[0.2\quad 0\quad 0.22\quad 0]^{\mathrm{T}} \tag{11.124}$$

利用 ℓ_1 最小化方法，可得到一个完美恢复(见下面 CVX 计算过程)

$$\boldsymbol{x}=[\sqrt{4.44}\quad \sqrt{4.44}\quad 0\quad 0\quad 0]^{\mathrm{T}} \tag{11.125}$$

注意：在这个例子中 $\mu(\boldsymbol{A})=0.5405$，因此，根据定理 11.6 的界，当 $k=1$ 时，信号恢复是可能的。这里可看到，对于一个 $k=2$ 的稀疏信号，定理 11.6 的要求(界)通常是过于严格的。

接下来考虑有噪声情况，设加性高斯白噪声 $\boldsymbol{w}\sim\mathcal{N}(0,\sigma^2\boldsymbol{I})$ 和定义 $\boldsymbol{y}=\boldsymbol{b}+\boldsymbol{w}$。我们来分析 BPDN 算法中的参数 λ 的影响。为此，我们生成一个白噪声向量，并对于不同的参数 λ 来求解式(11.121)。这个实验对于每一个 λ 重复了 1000 次。图 11.10 给出了归一化恢复误差。所谓归一化恢复误差就是真实向量与恢复向量之间的误差范数，再除以真实向量的范数，归一化恢复误差为 λ 的函数。这里考虑 $\sigma^2=0.0001$ 和 $\sigma^2=1$ 两种噪声强度。这个 BPDN 的 CVX 实验的表述在下表中给出。

从图中的结果可以看到，对于噪声较小的情况，在参数 λ 较高时，BPDN 算法的结果就等于 BP 算法的结果，即恢复误差为零。对于噪声较大的情况，对于某些 λ 值，BPDN 算法将优于 BP 算法(当 λ 的值较大时 BP 算法可以得到解)。

```
CVX code for BP without noise
m = 4; n =5;
A=1/sqrt(4.44)*[1.2 -1 1 1; -1 1 1.2 -1; -1.2 -1 -1 1;
                              1 1.2 -1 1; -1 -0.8 1 1]';
b=[0.2; 0; 2.2; 0];
cvx_begin
  variable x(n)
  minimize(norm(x,1))
  subject to
    A*x == b
cvx_end
```

```
CVX code for BPDN with additive white Gaussian noise
m = 4; n =5;
A=1/sqrt(4.44)*[1.2 -1 1 1; -1 1 1.2 -1; -1.2 -1 -1 1;
                              1 1.2 -1 1; -1 -0.8 1 1]';
b=[0.2; 0; 2.2; 0];
sigma=0.1;
w=sigma*randn(m,1);
y=b+w;
lambda=1;
cvx_begin
  variable x(n)
  minimize(norm(x,1)+lambda*norm(y-A*x,2))
cvx_end
```

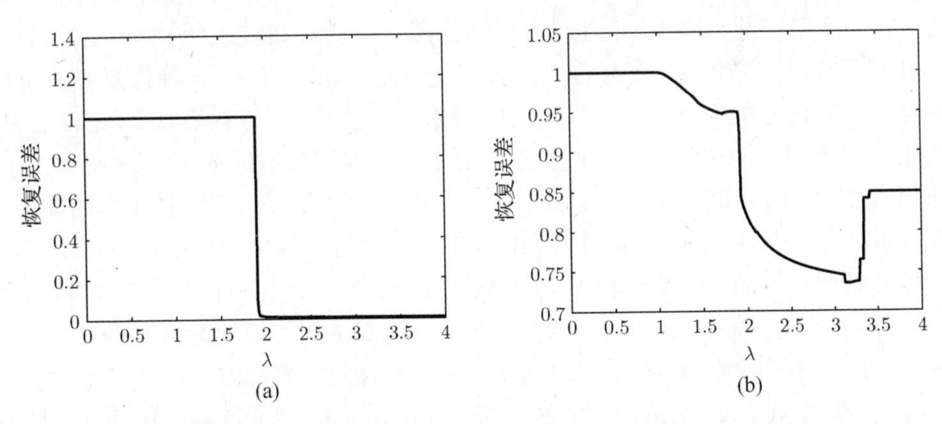

图11.10　在加性高斯白噪声下BPDN算法的归一化恢复误差中 λ 的影响。(a) $\sigma^2=0.0001$；(b) $\sigma^2=1$

例11.22　这里在一个相对比较复杂的情况下来讨论BPDN算法中参数 λ 的影响。这里选择 $m=32$，$n=64$，考虑一个实值随机矩阵 $\boldsymbol{A}$，其元素为一个0均值1方差的高斯分布随机数独立生成。然后，我们构建一个10稀疏度的向量 $\boldsymbol{x}$，其大小为 64×1，其非零值的位置是均匀随机分布的，其非零值的数值也是如上的高斯分布的。这个实验对于每一个 λ 重复了1000次。图11.11给出了归一化恢复误差，这里的归一化恢复误差也是指真实向量与恢复向量误差的范数，再除以真实向量的范数，它也是一个 λ 的函数。这里考虑了 $\sigma^2=0.01$ 和 $\sigma^2=1$ 的两种情况。

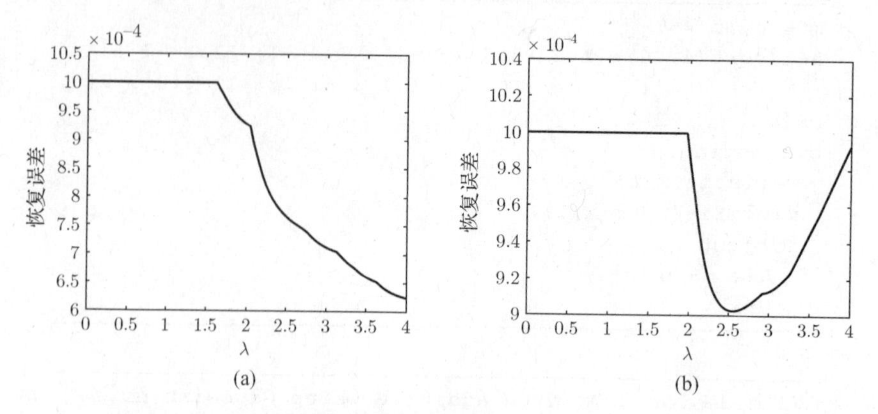

图 11.11　在加性高斯白噪声下（利用高斯矩阵）BPDN 算法的归一化恢复误差中 λ 的影响。(a) $\sigma^2=0.01$；(b) $\sigma^2=1$

应当注意到，用式(11.119)代替式(11.117)是将一个计算上难以处理的问题转化为一个易于处理的问题，可能没有立刻观察到式(11.119)的求解与式(11.117)的求解是几乎完全相似的。然而，这里有一些很明显的原因是我们希望通过应用 ℓ_1 的最小化方法来促进稀疏化特性。作为一个例子，可以回顾一下图 11.2，ℓ_1 最小化问题的求解与 ℓp 最小化问题的求解在 $p<1$ 情况下是完全相似的，都是稀疏问题的求解。更进一步地说，通过 ℓ_1 最小化来促进和拓展信号的稀疏性问题已经有了一个很长的历史，至少可以追溯到 Beurling 关于根据部分观测数据进行傅里叶变换外推的研究工作[198]。在例 11.21 中，我们展示了一个情况，就是在无噪声的情况下，ℓ_1 最小化方法可以完美恢复信号，并且在有噪声的情况下可以提供一个合理近似恢复。

另外，在一些不同的研究中，在 1965 年 Logan[275, 276] 曾经研究表明，当存在一个小的时间间隔上的任意干扰时，一个带限信号也可以被完美恢复。还有一点，这种恢复方法包括对靠近被观测信号的带限信号的搜索（在 ℓ_1 范数上的搜索）。这一点可以被看成是图 11.2 表达的基本思想的进一步说明，即 ℓ_1 范数是一种非常适合于稀疏误差分析的数学方法。

在研究历史上，随着 20 世纪 70 年代后期和 20 世纪 80 年代初期计算能力的提高，复杂问题的 ℓ_1 最小化方法的应用逐步得以实际应用。在其最早的实际应用中，它被用于包括很多复杂波形的地球物理信号的恢复中，利用 ℓ_1 最小化方法，可以仅仅从这种信号的高频分量中恢复出有用信号[277~279]。最后，在 20 世纪 90 年代，这些方法在信号处理领域得以更加广泛的应用，其主要目的是寻找信号和图像的稀疏近似方法，并且使信号可以表示在完备的字典或基的并集中[59, 260]。在另一方面，ℓ_1 最小化方法在统计学领域也获得了特别关注，主要是由于一个用于回归中的变量选择方法的提出，称为 Lasso 算法[280]。在 11.5.1 节中我们将证明，在矩阵 $\boldsymbol{A}$ 的适当条件下，ℓ_1 最小化方法确实可以从一个少量测量值中恢复一个稀疏向量，并且将证明在有噪声的情况下获得一个未知信号的良好近似。

11.4.2　贪心算法

对于稀疏信号的恢复，另一类给予优化的方法称为贪心算法（greedy algorithm）[281~291]。这些方法是一种自然迭代方法，它根据矩阵 $\boldsymbol{A}$ 的列与测量值 $\boldsymbol{y}$ 的相关性，利用一种适当的内积，来不断地选择出有效的列向量。可以看到，一些贪心算法具有性能保障特性，使其可以与凸优化方法相竞争，这一点将在 11.5 节中讨论。

广义上，贪心算法可以被划分为两大类：

(1) 贪心追踪(greedy pursuit)：这类算法是从 $\mathbf{0}$ 开始，通过迭代地增加一个新的分量，进而通过不断迭代构建一个 $\boldsymbol{x}$ 的估计值。在每一次更新中，非零元素的值将根据一个适当的准则被不断优化。这一类的代表性算法包括匹配追踪(matching pursuit, MP)和正交匹配追踪(orthogonal matching pursuit, OMP)算法[281, 292]。

(2) 阈值算法(thresholding algorithms)：这类算法的每一步都包括两个任务，选择非零元素的集合；删除不想要的元素。这一类算法的例子包括压缩采样匹配追踪算法(compressive sampling matching pursuit, CoSaMP)[293]和迭代硬阈值算法(iterative hard thresholding, IHT)[294]。

一般说来，贪心算法在各个不同领域也有一个很长的历史。例如，处理信号中 MP 算法非常类似于统计学中的前向逐步回归(forward stepwise regression)[295]。非线性逼近理论中的纯贪心算法[296]，以及射电天文学中的 CLEAN 算法[297]等，尽管它们都是独立被发现的。

匹配追踪

最简单的追踪算法就是 MP 算法[281]，这个算法是在所谓投影追踪(projection pursuit)[298]概念的基础上提出的，在这个算法中，一个给定的数据集合被投影在某个方向上，然后进行高斯微分测试。在不同方向上进行数据投影的方法被 Mallat 和 Zhang[281]在 MP 算法的信号近似中采用。MP 算法及其扩展的 OMP 算法都是试图寻找矩阵 $\boldsymbol{A}$ 中与驻留信号最相关的列向量，具体的方法是从测量值 $\boldsymbol{y}$ 中不断扣除信号 $\boldsymbol{x}$ 的部分估计值的贡献。两种算法的不同之处在于参数更新的阶段，一旦支撑被确定之后，这个支撑集合上的参数就会被更新。在 OMP 算法中，所有非零元素被选定以使驻留误差最小化，而在 MP 算法中，只是与当前选择的列向量相关的部分被更新。

为了描述 MP/OMP 算法，假设我们以寻找一个 1 稀疏向量作为开始，这样可以更好地解释一种平方误差概念的数据信息。在这种情况下，对于某些 i 和标量 x，$\boldsymbol{Ax}=\boldsymbol{a}_i x$，因此，我们的问题变为

$$\min_{i,x} \| \boldsymbol{y} - \boldsymbol{a}_i x \|^2 \tag{11.126}$$

取其微分为零，可知其解为

$$i = \arg\max_j \frac{|\boldsymbol{a}_j^* \boldsymbol{y}|^2}{\| \boldsymbol{a}_j \|^2}, \quad \boldsymbol{x} = \frac{\boldsymbol{a}_i^* \boldsymbol{y}}{\| \boldsymbol{a}_i \|^2} \tag{11.127}$$

得到第一个索引之后，我们开始更新驻留，就是从 $\boldsymbol{y}$ 中减去第 i 个列向量的贡献，然后继续迭代。注意，MP 算法和 OMP 算法是用不同的方式来消除被选定的列向量的影响。

在 MP 算法中，驻留信号的更新是从驻留中减去 $\boldsymbol{a}_i$ 的贡献，假设 $\boldsymbol{a}_i$ 是唯一的活跃向量，如式(11.127)所示。这样，$\boldsymbol{r}_0=\boldsymbol{y}$，并且每一次迭代 ℓ 为(参见习题 18)。

$$\boldsymbol{r}_\ell = \boldsymbol{r}_{\ell-1} - \frac{\boldsymbol{a}_i^* \boldsymbol{r}_{\ell-1}}{\| \boldsymbol{a}_i \|_2^2} \boldsymbol{a}_i \tag{11.128}$$

在第 ℓ 步的信号估计由下式给出

$$\begin{aligned} \hat{x}_\ell &\leftarrow \hat{x}_{\ell-1} \\ \hat{x}_{\ell i} &\leftarrow \frac{\boldsymbol{a}_i^* \boldsymbol{r}_{\ell-1}}{\| \boldsymbol{a}_i \|_2^2} \end{aligned} \tag{11.129}$$

而在 OMP 算法中，信号的更新步骤是求解下列方程：

$$\min_{x_\Lambda} \| y - A_\Lambda x_\Lambda \|^2 \tag{11.130}$$

其解由 $x_\Lambda = A_\Lambda^\dagger y$ 给出，其中，Λ 为当前估计的支撑集。这样，在每次迭代中，x_Λ的所有元素都被更新，而不是如 MP 算法只更新当前支撑索引指定的元素。从计算性能上看，这种利用保持一个 A_Λ的 QR 因式分解的方法是更为有效的。由于式(11.130)的目标函数是一个凸函数，因此可以通过取其微分为零得到它的最优解，由此得到

$$A_\Lambda^*(y - A_\Lambda x_\Lambda) = A_\Lambda^* r = 0 \tag{11.131}$$

其中 r 为当前驻留。这样，在每一次迭代中，驻留信号都正交于包含在当前估计的支撑上的 A 的列向量，这也就是 OMP 算法名字的解释。这种正交性也确保了这些列向量不会在后面的迭代中被再一次选择。

算法 11.1 正式定义了 OMP 算法流程(为了简化，其中假设 A 的列向量被归一化)。其中 $\mathcal{T}(x,k)$ 表示 x 的一个阈值算子，这个域值算子的作用是将 x 中除了最大幅值的 k 个元素之外的元素都置为 0。而符号 $x_{|\Lambda}$ 表示对 x 限制为索引 Λ 指定的元素。

算法 11.1　正交匹配追踪(OMP)算法

输入：CS 矩阵 A，测量向量 y

输出：稀疏表示 $\hat{x}$

初始化：$\hat{x}_0 = \mathbf{0}$，$r = y$，$\Lambda = \varnothing$，$\ell = 0$

当不满足停止标准时

　$\ell \leftarrow \ell + 1$

　$b \leftarrow A^* r$　{形成驻留信号估计}

　$\Lambda \leftarrow \Lambda \cup \mathrm{supp}(\mathcal{T}(b,1))$ {利用驻留值更新支撑}

　$\hat{x}_\ell|_\Lambda \leftarrow A_\Lambda^\dagger y$，$\hat{x}_\ell|_{\Lambda^c} \leftarrow 0$ {更新信号估计}

　$r \leftarrow y - A\hat{x}_\ell$

{更新测量驻留值}

停止迭代

返回 $\hat{x} \leftarrow \hat{x}_\ell$

与 MP 算法相似，在 OMP 中的驻留信号也可以被写为一种递归形式[292]（参见习题 19）。令

$$\beta_j = a_j - \sum_{i\in\Lambda} \langle a_j, a_i \rangle a_i \tag{11.132}$$

其中 Λ 是 $\hat{x}_{\ell-1}$ 的支撑，如算法 11.1 中定义的。而且 j 是一个新支撑索引，然后有

$$r_\ell = r_{\ell-1} - \frac{a_j^* r_{\ell-1}}{\|\beta_j\|_2^2}\beta_j \tag{11.133}$$

用于寻找稀疏表征的收敛准则可能包括几种方式：检查 $y = A\hat{x}$ 是否为精确的，或者为近似的，或者是一个迭代次数的限制，也就是限制 $\hat{x}$ 中非零元素的个数。另外的方法还包括测量驻留误差的范数，即当发现这个误差不再明显增加时就停止迭代，或者当前后估计的这个范数差很小的时候停止迭代。

还有一些 MP/OMP 算法的修改方法，例如，在每次迭代中不是只选择一个单独的元素加到支撑上，而是同时选择一组元素，这个过程称为逐级选择(stagewise selection)[284]。一个自然的方法是选择 $|b_i| > \alpha$ 的所有支撑元素，其中 $\boldsymbol{b}=\boldsymbol{A}^*\boldsymbol{r}$，$\alpha$ 为一个适当的门限值(它可能在迭代之间会改变)。另一个 MP/OMP 算法的修改是当全部支撑被找到时允许对于支撑进行调整，也就是可以交换支撑内和支撑外的索引。这样做可以使我们在迭代过程中纠正可能出现的支撑选择错误，通常可以改进算法性能[299]。

阈值算法

另外一些类似于 OMP 的贪心算法包括 CoSaMP 算法[293]，算法 11.2 将给出其详细步骤。还包括子空间追踪(subspace pursuit，SP)算法[282](这里仍假设 $\boldsymbol{A}$ 的列向量被归一化)。这两个算法非常相似，因此可以一起考虑。CoSaMP 算法和 SP 算法都是保持跟踪一个活跃的集合 Λ，并且在每次迭代中加上和移除一个元素。在每次迭代中，一个 k 稀疏近似被用来计算当前的误差。然后，与这个误差最相关的 $\boldsymbol{A}$ 的 $2k$ 个列向量被选择，并加入这个支撑集中(在 SP 算法中只有 k 个最佳列向量被使用)。这样就可以在当前的支撑上得到一个最小方差估计。这样就可以识别出 k 个最大的元素它们的位置，来更新支撑集。CoSaMP 算法和 SP 算法的差别只是在驻留更新的最后一步，也就是 CoSaMP 算法使用了阈值步骤的输出，而 SP 算法则在新的支撑上优化这个误差。

算法 11.2　CoSaMP 算法

输入：CS 矩阵 $\boldsymbol{A}$，测量向量 $\boldsymbol{y}$，稀疏度 k
输出：k 稀疏表示 $\hat{\boldsymbol{x}}$
初始化：$\hat{\boldsymbol{x}}_0=\boldsymbol{0}$，$\boldsymbol{r}=\boldsymbol{y}$，$\ell=0$
当不满足停止标准时
　$\ell \leftarrow \ell+1$
　$\boldsymbol{e} \leftarrow \boldsymbol{A}^*\boldsymbol{r}$　{形成驻留信号估计}
　$\Lambda \leftarrow \Lambda \cup \mathrm{supp}(\mathcal{T}(\boldsymbol{e},2k))$　{修剪驻留}
　$T \leftarrow \Lambda \cup \mathrm{supp}(\hat{\boldsymbol{x}}_{\ell-1})$　{融合驻留}
　$\boldsymbol{b}|_T \leftarrow \boldsymbol{A}_T^{\dagger}\boldsymbol{y}, \boldsymbol{b}|_{T^c} \leftarrow 0$ {形成信号估计}
　$\hat{\boldsymbol{x}}_\ell \leftarrow \mathcal{T}(b,k)$ {利用模型修剪信号}
　$\boldsymbol{r} \leftarrow \boldsymbol{y}-\boldsymbol{A}\hat{\boldsymbol{x}}_\ell$ {更新测量驻留值}
退出迭代
返回 $\hat{\boldsymbol{x}} \leftarrow \hat{\boldsymbol{x}}_\ell$

另外一个类似 CoSaMP 算法和 SP 的算法是仅基于阈值步骤，就是所谓 IHT 算法[294]。这种算法从一个初始值开始 $\hat{\boldsymbol{x}}_0=0$，这个算法利用硬门限可以得到一个较少步骤的迭代过程，也就是按下式进行迭代，直到一个收敛准则被满足：

$$\hat{\boldsymbol{x}}_i = \mathcal{T}(\hat{\boldsymbol{x}}_{i-1} + \boldsymbol{A}^*(\boldsymbol{y} - \boldsymbol{A}\hat{\boldsymbol{x}}_{i-1}), k) \tag{11.134}$$

最终，我们还要指出，还有一些基于稀疏图模型中消息传递方的稀疏信号恢复的迭代算法[300]。

例 11.23 在本例题中，我们比较了 5 种不同恢复算法的性能，包括 ℓ_1 最小化，OMP，MP，IHT 和 CoSaMP 算法，这里分析了估计误差与稀疏度等级 k 的函数关系。对于 OMP 速算法，这里考虑了一种基于蹒跚(halting)准则的驻留，IHT 算法则考虑具有纯稀疏度。

这里考虑两个不同的字典：一个是实值随机矩阵 $\boldsymbol{A}$，它的元素为一个独立的 0 均值 1 方差的高斯分布随机数；另一个是随机部分傅里叶矩阵。对于每一个稀疏度的取值，$1 \leqslant k \leqslant m$，构造一个 $n \times 1$ 的 k 稀疏向量 $\boldsymbol{x}$，其非零元素的位置为均匀分布，非零元素的数值也是上面所述的高斯分布。对于每一个稀疏度的 k 值，这个实验共重复 5000 次。我们选择 $m=512$，$n=1024$，图 11.12 中给出了这几种算法的恢复误差的比较。

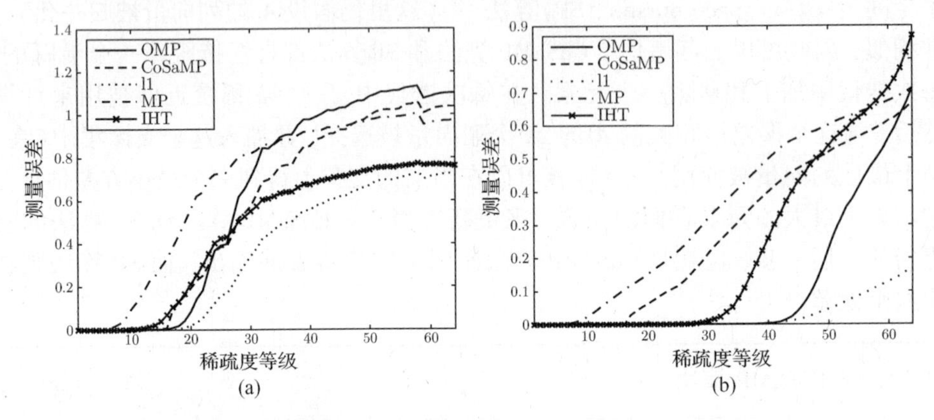

图 11.12 ℓ_1最小化，OMP，MP，IHT，CoSaMP 的性能比较，测量误差作为稀疏度等级的函数。(a)独立同分布高斯矩阵；(b)随机部分傅里叶矩阵

11.4.3 组合算法

加上 ℓ_1最小化和贪心算法之外，还有一类重要的稀疏信号恢复算法称为组合算法(combinatorial algorithm)，这个算法主要是在计算机科学领域应用的。

这一类算法最早期研究问题被称为组合群测试(combinatorial group testing)理论[301]。在这个问题中，我们假设一共有 n 个项和 k 个不规则的要寻找的元素。例如，我们在一个工业环境中可能要识别出不合格的产品，或是在一个医学环境中识别出一个疾病组织的子集合。在这两种情况下，向量 $\boldsymbol{x}$ 用于识别出哪些元素是不规则的，对于 k 个不规则的元素，为 $x_i \neq 0$，对于其他的元素，为 $x_i=0$。这里的目标是设计出一组实验，使我们能够识别出 $\boldsymbol{x}$ 的支撑(也可能是识别出那些非零元素的数值)，同时还要使实验次数达到最小化。在一个最简单的情况下，这些实验可以用一个二元矩阵 $\boldsymbol{A}$ 来表示，当且仅当第 j 个项被用在第 i 次实验时，矩阵的元素 a_{ij} 等于 1。如果这个实验的输出与输入是线性相关的，那么，这个向量 $\boldsymbol{x}$ 的恢复问题就与压缩感知的稀疏信号恢复问题是相同的。

组合算法的另一个应用领域是数据流计算问题[259]。一个典型的数据流问题是假设 x_i 表示利用一个网络路由器项目的节点 i 传递数据包的个数。因为可能的目的节点总数为 $n=2^{32}$(表示一个 32 bit 的 IP 地址)，因此简单的存储向量 $\boldsymbol{x}$ 的方法通常是不可行的。这样，一般都不是直接存储向量 $\boldsymbol{x}$，而是存储 $\boldsymbol{y}=\boldsymbol{Ax}$，其中 $\boldsymbol{A}$ 为一个 $m \times n$ 矩阵，$m \ll n$。在这种情况下，向量 $\boldsymbol{y}$ 称为一个 sketch(草图)。注意，在这个问题中向量 $\boldsymbol{y}$ 的计算方法与在 CS 领域中的计算方法是不同的。例如，一个通信业务量的情况下，当一个发往目的节点 i 的数据包通过路由器传递时，我们不是直接地观察 x_i，而是观察 x_i的增量。这样，我们可以利用迭代的方法来构造向量 $\boldsymbol{y}$，每一次观察 x_i的一个增量，然后在 $\boldsymbol{y}$ 上加上第 i 个列向量。我们之所以可以这样做，是因为 $\boldsymbol{y}=\boldsymbol{A}\boldsymbol{x}$是线性的。当网络通信业务量只是由一个小数量的通信节点的业务量所决定的时候，向量 $\boldsymbol{x}$ 就是可以压缩的，进而从一个草图 $\boldsymbol{A}\boldsymbol{x}$ 中恢复向量 $\boldsymbol{x}$ 的问题就基本上与 CS 的稀疏信号恢复问题相同了。

无论上面介绍的哪种情况，我们都是希望从一个小数量的线性表征中恢复出一个稀疏信号。但是这里面与 CS 的问题还有一些重要的差别。

第一，在压缩感知和数据流问题中，很自然，我们假设信号重构算法的设计者对矩阵 $\boldsymbol{A}$ 有完全的控制能力，因而可以任意的一种方式选择 $\boldsymbol{A}$ 来减少实现恢复的计算量。例如，通常是选择矩阵 $\boldsymbol{A}$ 使其具有很少的非零项，也就是说，使得感知矩阵也是稀疏的[302]。这种附加的优化过程经常可以使得我们得到更快速的算法[303~305]。

第二，应该注意到，组合算法和前面介绍的贪心算法的计算复杂度至少是与参数 n 为线性关系的，因为，为了要恢复 $\boldsymbol{x}$，我们至少要承受读出 $\boldsymbol{x}$ 的所有 n 个元素的计算成本。这在大多数典型的 CS 应用中可能是可以接受的，然而，当 n 比较大的时候，如在前面介绍的网络监控的例子中，这里提到的一些算法就变得不现实了。在这种情况下，我们需要寻找一些算法，使其算法复杂度只是与 k 值为线性关系。这样的算法并不是给出一个向量 $\boldsymbol{x}$ 的完整的重构，而仅仅是其 k 个最大元素的恢复，包括其索引位置。这方面可以参见文献[303~305]中的例子。

11.4.4 分析法与综合法比较

到目前为止，我们一直在关注着这样的信号，即它在某些基上是稀疏的，例如，对于一个稀疏的向量 $\boldsymbol{\theta}$，就可以有 $\boldsymbol{x}=\boldsymbol{\Phi}\boldsymbol{\theta}$。我们的目标是寻找一个稀疏向量 $\boldsymbol{\theta}$，使其匹配于测量值$\boldsymbol{y}=\boldsymbol{A}\boldsymbol{\Phi}\boldsymbol{\theta}$

$$\hat{\boldsymbol{\theta}} = \arg\min_{\boldsymbol{\theta}} \|\boldsymbol{\theta}\|_0 \quad \text{s.t.} \quad \boldsymbol{y}=\boldsymbol{A}\boldsymbol{\Phi}\boldsymbol{\theta} \tag{11.135}$$

在这种情况下，我们实际上是在用一个稀疏表征来综合向量 $\boldsymbol{x}$，因此，这种方法被称为综合法(synthesis method)。

另外一种观点是所谓分析法(analysis method)，在分析方法中，假设存在一个分析算子 $\boldsymbol{D}$，使得 $\boldsymbol{D}^*\boldsymbol{x}$ 是稀疏的。这种方法的例子包括有限差分算子、小波变换，等等。在这种情况下，式(11.135)将由下式代替

$$\hat{\boldsymbol{\theta}} = \arg\min_{\boldsymbol{x}} \|\boldsymbol{D}^*\boldsymbol{x}\|_0 \quad \text{s.t.} \quad \boldsymbol{y}=\boldsymbol{A}\boldsymbol{x} \tag{11.136}$$

如果 $\boldsymbol{D}$ 和 $\boldsymbol{\Phi}$ 是可逆的方阵，那么就可以通过选择 $\boldsymbol{D}^*=\boldsymbol{\Phi}^{-1}$和 $\boldsymbol{x}=\boldsymbol{\Phi}\boldsymbol{\theta}$，使这两种方法是相同的。特别的，如果 $\boldsymbol{\Phi}$ 是一个正交基，则 $\boldsymbol{D}=\boldsymbol{\Phi}$。然而，对于一般的字典来说，这两种方法是不同的。

关于这种综合模型的理论和算法研究也可以适应于处理分析法的问题。例如，基追踪的并行计算的结果是来自用 ℓ_1 范数代替式(11.136)中的 ℓ_0 范数[258]。贪心算法也可以被扩展为这种形式。感兴趣的读者可以参考文献[306]以便了解更多的细节。

为了研究分析法信号恢复的保障性问题，文献[258]提出了一种 RIP 特性(见 11.3.2 节)的通用化概念，称为 D-RIP。

定义 11.7 如果存在一个 $\delta_k\in(0,1)$，使对于所有的 $\boldsymbol{x}\in\Sigma_k$，有下面的不等式成立，则称

矩阵 $\boldsymbol{A}$ 满足适应于 $\boldsymbol{D}$ 的 k 阶受限等距特性(D-RIP)

$$(1-\delta_k)\ \|\boldsymbol{D}\boldsymbol{x}\|_2^2 \leqslant \|\boldsymbol{A}\boldsymbol{D}\boldsymbol{x}\|_2^2 \leqslant (1+\delta_k)\ \|\boldsymbol{D}\boldsymbol{x}\|_2^2 \tag{11.137}$$

注意到，式(11.137)可以被理解为，要求标准 RIP 对于 $\boldsymbol{v}=\boldsymbol{D}\boldsymbol{x}$ 形式的向量保持成立，其中 $\boldsymbol{x}$ 是稀疏的。作为一个使用分析法的例子，文献[258,307]指出，如果 $\boldsymbol{A}$ 满足 $2k$ 阶的 D-RIP 特性，并且 $\delta_{2k}<0.493$，那么，式(11.136)中的解 $\boldsymbol{x}'$ 满足

$$\|\boldsymbol{x}'-\boldsymbol{x}\|_2 \leqslant \frac{C}{\sqrt{k}}\ \|\boldsymbol{D}^*\boldsymbol{x}-\sigma_k(\boldsymbol{D}^*\boldsymbol{x})_1\|_1 \tag{11.138}$$

其中 C 是个常数。特别是，如果 $\boldsymbol{D}^*\boldsymbol{x}$ 是 k 稀疏的，那么式(11.136)将会准确恢复向量 $\boldsymbol{x}$。这个结果也可以延伸到有噪声的情况下。

这种分析法可能是很有效的，如当 $\boldsymbol{x}=\boldsymbol{D}\boldsymbol{\theta}$ 并且 $\boldsymbol{D}$ 是一个高度相干的词典时。这种情况下，RIP 特性通常不会再保持，因为 $\boldsymbol{AD}$ 的列向量将会是高度相关的。然而，D-RIP 特性将仍然能够被满足。因此。它在这种情况下，通过求解式(11.136)而不是求解式(11.135)来恢复 $\boldsymbol{x}$ 的方法是非常有益的。

11.5 恢复保障

在前面的几节中，我们描述了一些根据测量值 $\boldsymbol{y}=\boldsymbol{A}\boldsymbol{x}$ 确定稀疏向量 $\boldsymbol{x}$ 的方法，其中测量值的个数 m 远小于 $\boldsymbol{x}$ 的维数 n。我们也给出了一些随机输入信号的恢复性能分析的例子。现在，我们来系统地研究，在什么条件下才能保障这种稀疏恢复能够利用这些计算有效的算法得以实现。我们将看到，很多 CS 算法具备与性能相关的恢复保障性，然而，还需要注意到，前面我们给出的所有结论在本质上都是有些悲观的。换句话说，那些结论给出的是最坏情况下可以实现信号恢复的边界值。在实际应用中，后面通过例题可以看到，信号恢复通常可以在更加宽松的条件下得到保障，而不像下面给出的研究结论那样十分严格。

在恢复保障性讨论中，我们分别按 ℓ_1 优化方法和贪心方法的不同来进行。对于每一种类型的算法，我们根据分析保障性的矩阵品质来进一步分类讨论：分别为基于 RIP 的保障性结论和基于相关系数的保障性结论。我们首先阐述基于 RIP 的保障，然后再讨论基于相关系数的保障。

证明各种恢复算法的保障性结论是十分复杂的。因为本书的焦点不是在 CS 上，因此我们将更多地关心模拟信号采样和恢复的问题，而不是详细地证明各种方法。不仅如此，为了给出一个发展的全貌，我们对于第一类的恢复保障给出了完整的证明：也就是在矩阵 $\boldsymbol{A}$ 满足 RIP 特性时的 ℓ_1 最小化恢复算法的保障性结论的证明。对于其他的情况(基于相关系数 ℓ_1 恢复和贪心算法的恢复的保障性问题)，我们阐述了结论，感兴趣的读者可以去文献中找到相关的证明过程。

11.5.1 ℓ_1 恢复：基于 RIP 的结论

我们首先研究一下当 $\boldsymbol{A}$ 满足 RIP 时的 ℓ_1 恢复的性能问题。我们先考虑无噪声的测量值，然后再去讨论有噪声的情况。

无噪声信号恢复

为了在各种不同的 $\mathcal{B}(\boldsymbol{y})$ 的选择下分析利用 RIP 的 ℓ_1 最小化算法，我们需要利用下面命题 11.6中的结论。

命题 11.9　假设 $\boldsymbol{A}$ 满足 $2k$ 阶 RIP，$\delta_{2k}<\sqrt{2}-1$，令 $\boldsymbol{x},\hat{\boldsymbol{x}}\in\mathbb{R}^n$ 给定，定义 $\boldsymbol{h}=\hat{\boldsymbol{x}}-\boldsymbol{x}$。令 Λ_0 表示对应于 $\boldsymbol{x}$ 的 k 个最大幅值元素的索引集合，令 Λ_1 表示对应于 $\boldsymbol{h}_{\Lambda_0^c}$ 的 k 个最大幅值元素的索引集合，集合 $\Lambda=\Lambda_0\cup\Lambda_1$。这时，如果有 $\|\hat{\boldsymbol{x}}\|_1\leqslant\|\boldsymbol{x}\|_1$，则

$$\|\boldsymbol{h}\|_2\leqslant C_0\frac{\sigma_k(\boldsymbol{x})_1}{\sqrt{k}}+C_1\frac{|\langle\boldsymbol{A}\boldsymbol{h}_\Lambda,\boldsymbol{A}\boldsymbol{h}\rangle|}{\|\boldsymbol{h}_\Lambda\|_2}\tag{11.139}$$

其中

$$C_0=2\frac{1-(1-\sqrt{2})\delta_{2k}}{1-(1+\sqrt{2})\delta_{2k}},\quad C_1=\frac{2}{1-(1+\sqrt{2})\delta_{2k}}\tag{11.140}$$

证明　这个证明的主要思路来自文献[227]。

首先，观察 $\boldsymbol{h}=\boldsymbol{h}_\Lambda+\boldsymbol{h}_{\Lambda^c}$，通过三角不等式可知

$$\|\boldsymbol{h}\|_2\leqslant\|\boldsymbol{h}_\Lambda\|_2+\|\boldsymbol{h}_{\Lambda^c}\|_2\tag{11.141}$$

我们的第一个目的是设定 $\|\boldsymbol{h}_{\Lambda^c}\|_2$ 的界，通过引理 11.1 可知

$$\|\boldsymbol{h}_{\Lambda^c}\|_2=\left\|\sum_{j\geqslant2}\boldsymbol{h}_{\Lambda_j}\right\|_2\leqslant\sum_{j\geqslant2}\|\boldsymbol{h}_{\Lambda_j}\|_2\leqslant\frac{\|\boldsymbol{h}_{\Lambda_0^c}\|_1}{\sqrt{k}}\tag{11.142}$$

其中 Λ_j 的定义如引理 11.1 中给出。例如，Λ_1 是 $\boldsymbol{h}_{\Lambda_0^c}$ 中最大的(绝对值)k 个元素的索引集合，Λ_2 为相对于下一个最大的 k 个元素的索引集合，等等。

现在，我们希望确定 $\|\boldsymbol{h}_{\Lambda_0^c}\|_1$ 的界，因为 $\|\boldsymbol{x}\|_1\geqslant\|\hat{\boldsymbol{x}}\|_1$，根据三角不等式可知

$$\begin{aligned}\|\boldsymbol{x}\|_1\geqslant\|\boldsymbol{x}+\boldsymbol{h}\|_1&=\|\boldsymbol{x}_{\Lambda_0}+\boldsymbol{h}_{\Lambda_0}\|_1+\|\boldsymbol{x}_{\Lambda_0^c}+\boldsymbol{h}_{\Lambda_0^c}\|_1\\&\geqslant\|\boldsymbol{x}_{\Lambda_0}\|_1-\|\boldsymbol{h}_{\Lambda_0}\|_1+\|\boldsymbol{h}_{\Lambda_0^c}\|_1-\|\boldsymbol{x}_{\Lambda_0^c}\|_1\end{aligned}\tag{11.143}$$

重新排列并且再次应用三角不等式

$$\begin{aligned}\|\boldsymbol{h}_{\Lambda_0^c}\|_1&\leqslant\|\boldsymbol{x}\|_1-\|\boldsymbol{x}_{\Lambda_0}\|_1+\|\boldsymbol{x}_{\Lambda_0}\|_1+\|\boldsymbol{x}_{\Lambda_0^c}\|_1\\&\leqslant\|\boldsymbol{x}-\boldsymbol{x}_{\Lambda_0}\|_1+\|\boldsymbol{h}_{\Lambda_0^c}\|_1+\|\boldsymbol{x}_{\Lambda_0^c}\|_1\end{aligned}\tag{11.144}$$

回忆 $\sigma_k(\boldsymbol{x})_1=\|\boldsymbol{x}_{\Lambda_0^c}\|_1=\|\boldsymbol{x}-\boldsymbol{x}_{\Lambda_0}\|_1$，可以写为

$$\|\boldsymbol{h}_{\Lambda_0^c}\|_1\leqslant\|\boldsymbol{h}_{\Lambda_0}\|_1+2\sigma_k(\boldsymbol{x})_1\tag{11.145}$$

把式(11.145)代入式(11.142)，可以得到

$$\|\boldsymbol{h}_{\Lambda^c}\|_2\leqslant\frac{\|\boldsymbol{h}_{\Lambda_0}\|_1+2\sigma_k(\boldsymbol{x})_1}{\sqrt{k}}\leqslant\|\boldsymbol{h}_{\Lambda_0}\|_2+2\frac{\sigma_k(\boldsymbol{x})_1}{\sqrt{k}}\tag{11.146}$$

其中最后一个不等式满足于命题 11.1。将式(11.146)和式(11.141)相结合，并观察 $\|\boldsymbol{h}_{\Lambda_0}\|_2\leqslant\|\boldsymbol{h}_\Lambda\|_2$，可得

$$\|\boldsymbol{h}\|_2\leqslant2\|\boldsymbol{h}_\Lambda\|_2+2\frac{\sigma_k(\boldsymbol{x})_1}{\sqrt{k}}\tag{11.147}$$

接下来，确定范数 $\|\boldsymbol{h}_\Lambda\|_2$ 的界。结合命题 11.6 和式(11.145)，并应用命题 11.1 可得到

$$\begin{aligned}\|\boldsymbol{h}_\Lambda\|_2&\leqslant\alpha\frac{\|\boldsymbol{h}_{\Lambda_0^c}\|_1}{\sqrt{k}}+\beta\frac{|\langle\boldsymbol{A}\boldsymbol{h}_\Lambda,\boldsymbol{A}\boldsymbol{h}\rangle|}{\|\boldsymbol{h}_\Lambda\|_2}\\&\leqslant\alpha\frac{\|\boldsymbol{h}_{\Lambda_0}\|_1+2\sigma_k(\boldsymbol{x})_1}{\sqrt{k}}+\beta\frac{|\langle\boldsymbol{A}\boldsymbol{h}_\Lambda,\boldsymbol{A}\boldsymbol{h}\rangle|}{\|\boldsymbol{h}_\Lambda\|_2}\\&\leqslant\alpha\|\boldsymbol{h}_{\Lambda_0}\|_2+2\alpha\frac{\sigma_k(\boldsymbol{x})_1}{\sqrt{k}}+\beta\frac{|\langle\boldsymbol{A}\boldsymbol{h}_\Lambda,\boldsymbol{A}\boldsymbol{h}\rangle|}{\|\boldsymbol{h}_\Lambda\|_2}\end{aligned}\tag{11.148}$$

因为 $\| \boldsymbol{h}_{\Lambda_0} \|_2 \leqslant \| \boldsymbol{h}_{\Lambda} \|_2$

$$(1-\alpha) \| \boldsymbol{h}_{\Lambda} \|_2 \leqslant 2\alpha \frac{\sigma_k(\boldsymbol{x})_1}{\sqrt{k}} + \beta \frac{|\langle \boldsymbol{A}\boldsymbol{h}_{\Lambda}, \boldsymbol{A}\boldsymbol{h} \rangle|}{\| \boldsymbol{h}_{\Lambda} \|_2} \tag{11.149}$$

这时，$\delta_{2k} < \sqrt{2}-1$ 的假设条件保证了 $\alpha<1$。用 $(1-\alpha)$ 来除以上式，并结合式(11.147)，可得

$$\| \boldsymbol{h} \|_2 \leqslant \left(\frac{4\alpha}{1-\alpha} + 2 \right) \frac{\sigma_k(\boldsymbol{x})_1}{\sqrt{k}} + \frac{2\beta}{1-\alpha} \frac{|\langle \boldsymbol{A}\boldsymbol{h}_{\Lambda}, \boldsymbol{A}\boldsymbol{h} \rangle|}{\| \boldsymbol{h}_{\Lambda} \|_2} \tag{11.150}$$

考虑到 α 和 β 的值就可以得到希望的常数，命题得证。 □

命题 11.9 对于这一类 ℓ_1 最优化算法建立了一个估计误差的界，即具有满足 RIP 的测量矩阵 $\boldsymbol{A}$ 由式(11.119)描述的 ℓ_1 最优化算法恢复算法的误差界。为了获得对于一个具体的 $\mathcal{B}(\boldsymbol{y})$ 的特殊的界，我们还必须考察如何要求 $\hat{\boldsymbol{x}} \in \mathcal{B}(\boldsymbol{y})$ 去影响 $|\langle \boldsymbol{A}\boldsymbol{h}_{\Lambda}, \boldsymbol{A}\boldsymbol{h} \rangle|$。作为一个例子，在这种无噪声测量的情况下，得到下面的定理(引自文献[227]的定理 1.1)。

定理 11.12 假设 $\boldsymbol{A}$ 满足 $2k$ 阶 RIP，且 $\delta_{2k} < \sqrt{2}-1$，同时有 $\boldsymbol{y}=\boldsymbol{A}\boldsymbol{x}$ 形式的测量值。那么，当 $\mathcal{B}(\boldsymbol{y}) = \{\boldsymbol{z}: \boldsymbol{A}\boldsymbol{z}=\boldsymbol{y}\}$ 时，由式(11.119)求解 $\hat{\boldsymbol{x}}$，可得

$$\| \hat{\boldsymbol{x}} - \boldsymbol{x} \|_2 \leqslant C_0 \frac{\sigma_k(\boldsymbol{x})_1}{\sqrt{k}} \tag{11.151}$$

其中 C_0 由式(11.140)给出。

证明 由于 $\boldsymbol{x} \in \mathcal{B}(\boldsymbol{y})$，且 $\| \hat{\boldsymbol{x}} \|_1 \leqslant \| \boldsymbol{x} \|_1$，因此，应用命题 11.9 可以得到，对于 $\boldsymbol{h} = \hat{\boldsymbol{x}} - \boldsymbol{x}$，有

$$\| \boldsymbol{h} \|_2 \leqslant C_0 \frac{\sigma_k(\boldsymbol{x})_1}{\sqrt{k}} + C_1 \frac{|\langle \boldsymbol{A}\boldsymbol{h}_{\Lambda}, \boldsymbol{A}\boldsymbol{h} \rangle|}{\| h_{\Lambda} \|_2} \tag{11.152}$$

更进一步，因为 $\boldsymbol{x}, \hat{\boldsymbol{x}} \in \mathcal{B}(\boldsymbol{y})$，也就有 $\boldsymbol{y}=\boldsymbol{A}\boldsymbol{x}=\boldsymbol{A}\hat{\boldsymbol{x}}$，所以 $\boldsymbol{A}\boldsymbol{h}=\boldsymbol{0}$，这样，上式的第二项就消失了，得到了想要证明的结果。 □

定理 11.12 的结论是非常重要的，通过观察 $\boldsymbol{x} \in \sum_k$ 的情况，我们可以看到，只要矩阵 $\boldsymbol{A}$ 满足 RIP[在 11.3.5 节已经介绍，允许 $O(k\log(n/k))$ 这样小的测量值]，我们就可以准确恢复任何 k 稀疏向量 $\boldsymbol{x}$。这里 O 代表最坏情况的计算复杂度，也就是算法所需资源的上界。这个结果看起来相当惊人，以至于可能会有人认为它对噪声可能是敏感的。然而，我们在下面的定理 11.13将会看到，命题 11.9 同样可以用来表明这种方法实际上是稳定的。

注意到，定理 11.12 假设 $\boldsymbol{A}$ 满足 RIP，可能有人会很容易的调整这个议题，用满足 NSP 去代替满足 RIP。特别地，如果我们只对无噪声环境感兴趣，在这种情况下 $\boldsymbol{h}$ 存在于 $\boldsymbol{A}$ 的零空间中，那么，命题 11.9 就简单了，它的证明基本就可以分为两个步骤：(1)如果 $\boldsymbol{A}$ 满足 RIP，那么它也满足 NSP(定理 11.4)；(2)NSP 意味着简化了命题 11.9 的版本，这也就直接证明了命题 11.9。因此，就得到了与定理 11.12 一样的议题结论，即如果 $\boldsymbol{A}$ 满足 NSP，那么它也得到同样的估计误差界。

例 11.24 在这个例子中，我们分析了式(11.119)给出的 ℓ_1 最优化算法的恢复速度问题，这里的恢复速率是以稀疏度 k 为函数的。我们考虑两种不同的字典：一个是实值随机的矩阵 $\boldsymbol{A}$，其各元素都是 0 均值 1 方差的高斯独立分布的，另一个是随机的部分傅里叶矩阵。对于稀疏度的每一个值，$1 \leqslant k \leqslant m$，我们构建一个 k 稀疏向量 $\boldsymbol{x}$，大小为 $n \times 1$。非零值的位置为均匀随机选取，非零值的幅值为上述所描述的高斯分布数选取。这个试验对于每一个稀疏值重复

了 5000 次。图 11.13 给出了重构建算法的经验恢复速率，参数分别为 $m=32$，$n=64$ 和 $m=64$，$n=128$。这些经验恢复速率被计算为正确解的百分比，其对应的归一化恢复误差为小于 10^{-1}。

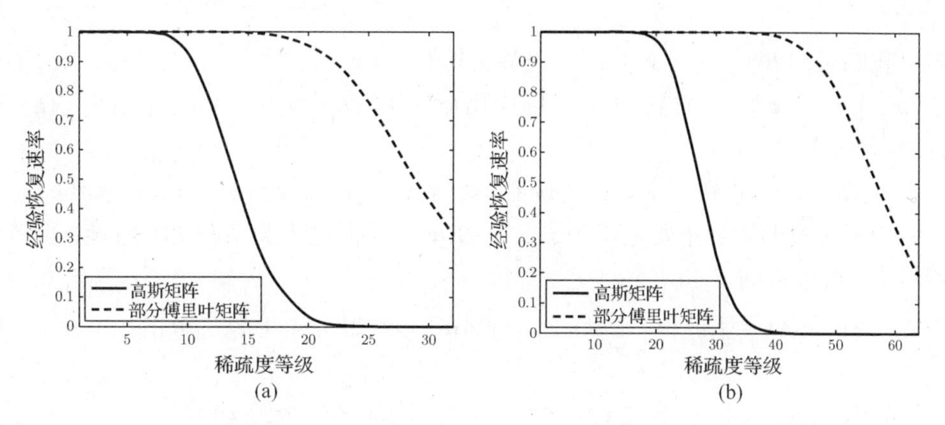

图 11.13　ℓ_1 最小化算法的经验恢复速率。(a) $m=32$，$n=64$；(b) $m=64$，$n=128$

图中结果可见，对于足够小的 k 值，可以得到完美的恢复。非常有趣地，可以看到门限效应：只要 k 低于一个确定的值，恢复就是可能的。超过这个值，则性能恶化非常迅速，甚至达到 0 恢复速率。我们不会得到这个确切的门限值的一般结论，它一定为某一个常数，这个图只是提供了一个总体趋势。

有噪声信号恢复

上面的分析表明，在一个无噪声测量值中能够完美重建一个稀疏信号的能力给出了一个非常有前景的结果，然而，在大多数现实世界的系统中，这些测量值都是包含各种噪声的。举个例子，为了处理计算机中的数据，我们必须能够把它表示成有限长度的比特，这些测量值都会有量化误差。不仅如此，由硬件构建的系统也将存在各种形式的背景噪声。另一个重要的噪声源就是信号本身。在很多情况下，信号 $\boldsymbol{x}$ 肯定会包含一些形式的噪声，这些类型的噪声对可达到采样速率的影响的分析在文献[308 ~ 310]都有介绍。这里我们关注于测量值的噪声，这个问题很多文献都有讨论，文献[310]中分析更为详细，其分析结果可以直接被用来讨论信号 $\boldsymbol{x}$ 被干扰的情况。

我们可以惊喜地看到，在一系列常见的噪声模型下稳定的恢复稀疏信号是可行的[191, 311, 312]。正如预期的那样，RIP 和相关稀疏准则在噪声环境下的恢复性能保障方面都是有用的。下面将首先讨论矩阵满足 RIP 条件下的恢复保障问题，然后再讨论矩阵满足低相关性条件下的恢复保障问题。

这里，首先给出一个均匀有界噪声条件下的最坏情况的恢复性能界的定理（参见文献[191]的定理 1.2）。

定理 11.13　假设 $\boldsymbol{A}$ 满足 RIP 的 $2k$ 阶条件，$\delta_{2k}<\sqrt{2}-1$，令 $\boldsymbol{y}=\boldsymbol{Ax}+\boldsymbol{e}$，其中 $\|\boldsymbol{e}\|_2\leqslant\varepsilon$，那么，当 $\mathcal{B}(\boldsymbol{y})=\{\boldsymbol{z}: \|\boldsymbol{Az}-\boldsymbol{y}\|_2\leqslant\varepsilon\}$，由式(11.119)求解 $\hat{\boldsymbol{x}}$，可得

$$\|\hat{\boldsymbol{x}}-\boldsymbol{x}\|_2\leqslant C_0\frac{\sigma_k(\boldsymbol{x})_1}{\sqrt{k}}+C_2\varepsilon \tag{11.153}$$

其中

$$C_0 = 2\frac{1-(1-\sqrt{2})\delta_{2k}}{1-(1+\sqrt{2})\delta_{2k}}, \quad C_2 = 4\frac{\sqrt{1+\delta_{2k}}}{1-(1+\sqrt{2})\delta_{2k}}$$

证明 我们对 $\|\boldsymbol{h}\|_2 = \|\hat{\boldsymbol{x}}-\boldsymbol{x}\|_2$ 设界，其中 $\boldsymbol{h}=\hat{\boldsymbol{x}}-\boldsymbol{x}$，因为 $\|\boldsymbol{e}\|_2 \leqslant \varepsilon$，$\boldsymbol{x}\in\mathcal{B}(\boldsymbol{y})$，因此可知，$\|\hat{\boldsymbol{x}}\|_1 \leqslant \|\boldsymbol{x}\|_1$。这样，我们可以应用命题 11.9 的结论，界定 $|\langle \boldsymbol{A}\boldsymbol{h}_\Lambda, \boldsymbol{A}\boldsymbol{h}\rangle|$。为此，我们观察

$$\|\boldsymbol{A}\boldsymbol{h}\|_2 = \|\boldsymbol{A}\hat{\boldsymbol{x}}-\boldsymbol{y}+\boldsymbol{y}-\boldsymbol{A}\boldsymbol{x}\|_2 \leqslant \|\boldsymbol{A}\hat{\boldsymbol{x}}-\boldsymbol{y}\|_2 + \|\boldsymbol{y}-\boldsymbol{A}\boldsymbol{x}\|_2 \leqslant 2\varepsilon \tag{11.154}$$

其中最后一个不等式的满足主要是因为 $\boldsymbol{x},\hat{\boldsymbol{x}} \in \mathcal{B}(\boldsymbol{y})$。结合这个关系和 RIP 特性，再考虑柯西-施瓦茨不等式，可以得到

$$|\langle \boldsymbol{A}\boldsymbol{h}_\Lambda, \boldsymbol{A}\boldsymbol{h}\rangle| \leqslant \|\boldsymbol{A}\boldsymbol{h}_\Lambda\|_2 \|\boldsymbol{A}\boldsymbol{h}\|_2 \leqslant 2\varepsilon\sqrt{1+\delta_{2k}}\|\boldsymbol{h}_\Lambda\|_2 \tag{11.155}$$

因此

$$\|\boldsymbol{h}\|_2 \leqslant C_0\frac{\sigma_k(\boldsymbol{x})_1}{\sqrt{k}} + C_1 2\varepsilon\sqrt{1+\delta_{2k}} = C_0\frac{\sigma_k(\boldsymbol{x})_1}{\sqrt{k}} + C_2\varepsilon \tag{11.156}$$

□

例 11.25 这里对于无噪声和有噪声情况，分别给出定理 11.12 和定理 11.13 确定的界，考虑到如下一个 3×4 的矩阵：

$$\boldsymbol{A} = \frac{1}{\sqrt{3}}\begin{bmatrix} 1 & -1 & -1 & 1 \\ -1 & 1 & -1 & 1 \\ 1 & 1 & -1 & -1 \end{bmatrix} \tag{11.157}$$

很容易发现 $\mu(\boldsymbol{A})=1/3$。根据引理 11.3 可知，$\boldsymbol{A}$ 满足 $2k$ 阶 RIP 特性，并且 $\delta_2 \leqslant 1/3$。

首先考虑无噪声恢复的情况，在例 11.15 中，我们看到，可以完美地恢复任何来自 $\sum_1$ 的向量。对于任意一个这样的向量 $\boldsymbol{x}$，有 $\sigma_1(\boldsymbol{x})_1=0$。根据 $\delta_2 < \sqrt{2}-1$，定理 11.12 同样表明，利用 ℓ_1 最优化算法完美恢复也是可行的。

这里设 $\boldsymbol{x}=[1\ 1\ 0\ 0]^{\mathrm{T}}$，在例 11.15 中可以看到，$\boldsymbol{x}$ 是不可恢复的。根据式(11.119)来求解 $\hat{\boldsymbol{x}}$，这里使用 CVX 工具，得到的结果是 $\hat{\boldsymbol{x}} = \frac{1}{2}[1 \quad 1 \quad -1 \quad -1]^{\mathrm{T}}$。对于 $k=1$，可计算出 $\sigma_1(\boldsymbol{x})_1=1$ 和 $C_0 = 2\frac{1-(1-\sqrt{2})\delta_{2k}}{1-(1+\sqrt{2})\delta_{2k}} \approx 11.66$，及 $\delta_2=1/3$。因此有

$$\|\hat{\boldsymbol{x}}-\boldsymbol{x}\|_2 = 1 \leqslant C_0\frac{\sigma_1(\boldsymbol{x})_1}{\sqrt{1}} \tag{11.158}$$

也就验证了定理 11.12。

接下来考虑有噪声的情况，假设 $\boldsymbol{y}=\boldsymbol{A}\boldsymbol{x}+\boldsymbol{e}$，其中 $\boldsymbol{e}=[0.1\ 0.1\ 0.1]^{\mathrm{T}}$，并且 $\boldsymbol{x}=[1\ 0\ 0\ 0]^{\mathrm{T}}$。这时根据定理 11.13，对于 $\delta_2=1/3$，可以计算得到 $C_2 = 4\frac{\sqrt{1+\delta_{2k}}}{1-(1+\sqrt{2})\delta_{2k}} \approx 23.65$。然后再根据式(11.119)来求解 $\hat{\boldsymbol{x}}$，这里使用 CVX 工具，得到的结果是 $\hat{\boldsymbol{x}}=[0.8939 \quad 0 \quad -0.0671 \quad 0]^{\mathrm{T}}$，并且有

$$\|\hat{\boldsymbol{x}}-\boldsymbol{x}\|_2 = 0.1255 \leqslant C_2\varepsilon \tag{11.159}$$

其中 $\varepsilon = \|\boldsymbol{e}\|_2 = \sqrt{0.03}$，因此定理 11.13 成立。

最后，令 $\boldsymbol{x}=[1\,1\,0\,0]^{\mathrm{T}}$。由 CVX 得到恢复结果 $\hat{\boldsymbol{x}}=[0.4620\ 0.4620\ -0.5612\ -0.3880]^{\mathrm{T}}$。这时

$$\|\hat{\boldsymbol{x}}-\boldsymbol{x}\|_2=1.0220\leqslant C_0\frac{\sigma_1(\boldsymbol{x})_1}{\sqrt{1}}+C_2\varepsilon \tag{11.160}$$

定理 11.13 的结论再一次得以验证。

例 11.26　这里考虑一下在有噪声情况下的 ℓ_1 最优化算法的恢复速率问题。算法由式(11.121)给出，恢复速率作为 SNR 的一个函数，并考虑不同稀疏度的 k。背景情况与例 11.24是一样的。我们考虑两种字典的选择：一个实值随机矩阵 $\boldsymbol{A}$，其元素为均值为 0 方差为 1 的高斯独立分布；另一个为随机的部分傅里叶矩阵。

图 11.14 给出了重构建算法的经验恢复速率，分别对于两种字典，以及两种不同的矩阵尺寸，分别为 $m=32$，$n=64$ 和 $m=64$，$n=128$。参数 λ 设定为 4.75。经验恢复速度被计算为正确解的百分比，归一化恢复误差小于 10^{-1}。与图 11.13 相似，这里同样有个门限效应：对于足够高的 SNR，完美恢复是可能的，SNR 低于这个门限值之后，恢复速率就会迅速降到 0。

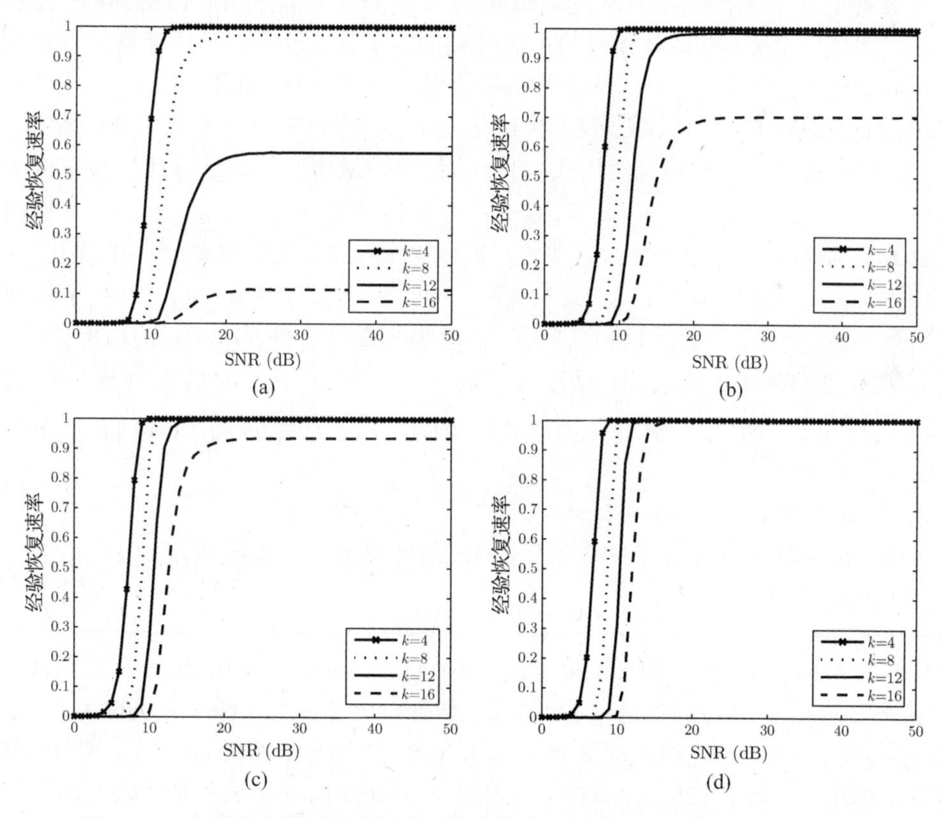

图 11.14　ℓ_1最小化算法的经验恢复速率作为 SNR 的一个函数，并对于不同的 k 值和两种不同的 $\boldsymbol{A}$ 的选择。(a)独立同分布高斯矩阵 $m=32$，$n=64$；(b)独立同分布高斯矩阵 $m=64$，$n=128$；(c)随机部分傅里叶矩阵 $m=32$，$n=64$；(d)随机部分傅里叶矩阵 $m=64$，$n=128$

从定理 11.13 中可知，重构误差与噪声幅度 ε 成正比。这是因为我们只有假设了噪声的

幅度，e 才能最大地影响评估过程。如果相反，假设噪声是高斯的，那么就会有较大的概率，其估计误差正比于 $\sqrt{k}\sigma$，其中 σ 是噪声强度，这要比平均噪声范数 $\sqrt{m}\sigma$ 低很多。

更具体地说，如果假设 $e\in\mathbb{R}^n$ 的系数是独立同分布的 0 均值 σ^2 方差的高斯分布。在这种随机噪声情况下，$\|\hat{x}-x\|$ 的界限只能以高概率存在，因为总是会有一些小概率的情况，噪声非常大，把信号完全压制住了。另一方面，随机噪声模型可以使我们得到更强的保障性。比如说，在文献[312, 313]中展示了，对于 $x\in\Sigma_k$，通过选择合适的正则化参数，利用 BPDN 算法得到的误差 $\|\hat{x}-x\|_2^2$ 的上限由常数乘以 $k\sigma^2\log n$ 进行限定。注意到，因为我们通常要求 $m>k\log n$，因此这个界实质上是低于平均噪声功率值 $\mathrm{E}\{\|e\|_2^2\}=m\sigma^2$，这就阐述了这样一个事实，这种基于稀疏性的技术在降低噪声影响方面是非常成功的。这样一个结论在有界噪声情况下就不能被得到的，因为在这种情况下，信号 x 的恢复误差将与噪声功率为同一量级的关系。

从几个方面讲，数值 $k\sigma^2\log n$ 几乎就是最佳的了。首先，一个 oracle 估计器可以获得一个 $k\sigma^2$ 量级的估计误差，这种估计器可以知道非零元素的位置，并且可以用最小均方技术来评估元素的数值。文献[314]中也指出，对于估计 x 的 Cramér-Rao 界也同样是 $k\sigma^2$ 的数量级。这就是一个非常有趣的现象了，因为 CRB 是在较高 SNR 下的最大似然估计器得到的，意味着较低的噪声环境，因此一个 $k\sigma^2$ 的估计误差是可以达到的。然而，最大似然估计器的计算问题是一个 NP 难问题，所以一个接近 oracle 估计的结果仍然是非常有意义的。

为了应用这样的一些研究结果，我们再回忆一下，如果已知 k 个非零系数的支撑，标记为 Λ_0，那么，一种最自然的方法就是使用式(11.18)给出的最小二乘估计方法(LS)，即为

$$\hat{x}_{\Lambda_0}=A_{\Lambda_0}^{\dagger}y=(A_{\Lambda_0}^{*}A_{\Lambda_0})^{-1}A_{\Lambda_0}^{*}y \tag{11.161}$$

在式(11.161)中隐含的假设 A_{Λ_0} 为列满秩的。根据这个选择，恢复误差由下式给出：

$$\|\hat{x}-x\|_2=\|(A_{\Lambda_0}^{*}A_{\Lambda_0})^{-1}A_{\Lambda_0}^{*}(Ax+e)-x\|_2=\|(A_{\Lambda_0}^{*}A_{\Lambda_0})^{-1}A_{\Lambda_0}^{*}e\|_2 \tag{11.162}$$

现在，我们来考虑这个估计误差的最坏情况。根据矩阵奇异值分解(SVD)的标准性质，可以看到，如果 A 满足 $2k$ 阶 RIP 的条件(并且有常数 δ_{2k})，那么，$A_{\Lambda_0}^{\dagger}$ 的最大奇异值一定会落在 $[1/\sqrt{1+\delta_{2k}}, 1/\sqrt{1-\delta_{2k}}]$ 范围中(见习题8)。因此，对于任意的 e，以及 $\|e\|_2\leqslant\varepsilon$，有

$$\frac{\varepsilon}{\sqrt{1+\delta_{2k}}}\leqslant\|\hat{x}-x\|_2\leqslant\frac{\varepsilon}{\sqrt{1-\delta_{2k}}} \tag{11.163}$$

因此，这个由 x 的真实支撑的完美知识给定的 LS 估计保障并不能改进定理 11.13 的界，除非是常数 δ_{2k} 的改变。

例 11.27 回到例 11.25，这里假设 $x=[1\ 1\ 0\ 0]^{\mathrm{T}}$ 和 $e=[0.1\ 0.1\ 0.1\ 0.1]^{\mathrm{T}}$。假设 x 的非零系数的位置是已知的，根据式(11.161)的结果，估计值为 $\hat{x}=[1.0866\ 1.0866\ 0\ 0]^{\mathrm{T}}$，这时的误差为 $\|\hat{x}-x\|_2\approx0.1225$。这个误差比支撑未知的情况要小(见例 11.25)。奇怪的是，虽然误差比较小，但是，如例 11.25 中看到，ℓ_1 最优化方法却不能恢复这个真实的支撑。

11.5.2 ℓ_1 恢复：基于相关性的结论

到目前为止，已经讨论了基于 RIP 的性能保障问题。我们发现，在无噪声情况下，$m=O(k)$ 个测量值就可以得到信号恢复的充分保障，并且在有噪声情况下，也可以以较高的概率得到一个较小误差的信号恢复。然而在实际中，要验证矩阵 A 满足 RIP 条件，或者是在

大维数情况下计算 RIP 常数 δ 都是非常难的。在这种情况下，基于相关性的保障算法就很有吸引力。因为这个方法可以使用任意的字典。而两种保障方法的主要区别是满足 k 稀疏信号成功恢复所需要的测量值个数 m 的度量方法。基于相关的保障缺点是这种方法通常要忍受一种所谓的平方根瓶颈，我们将看到，为了确保良好的恢复，需要 $m=O(k^2)$ 或者 $k=O(\sqrt{m})$ 个测量值，以保证好的恢复结果。这也就为 CS 矩阵的更多的应用提供了一个附加的限制。

对于无噪声情况，在定理 11.6 给定的唯一性的相同条件下，可以得到一个简单的结论，特别是，如果有

$$k < \frac{1}{2}\left(1 + \frac{1}{\mu(\boldsymbol{A})}\right) \tag{11.164}$$

那么，ℓ_1 最优化方法将可以恢复真实的向量 $\boldsymbol{x}$ [289]。而相关性结论也可以扩展到有噪声情况。可以看到，基于相关性的性能保障就是一种基于 RIP 的结论与相关系数界(如引理 11.3)的结合。然而，这个技术通常会导致这种保障过于悲观(保守)。更加紧凑的结果可以通过直接研究相关性来获得[253, 311,312]。对于既是有界噪声又是高斯噪声的代表性实例可以由下面的几个定理来给出(文献[311]的定理 3.1)。

定理 11.14　假设 $\boldsymbol{A}$ 有相关系数 μ，并且 $\boldsymbol{x}\in\Sigma_k$，同时有 $k<(1/\mu+1)/4$。进一步，假设得到的测量值为 $\boldsymbol{y}=\boldsymbol{A}\boldsymbol{x}+\boldsymbol{e}$ 及 $\gamma=\|\boldsymbol{e}\|_2$。那么，当 $\mathcal{B}(y)=\{\boldsymbol{z}:\|\boldsymbol{A}\boldsymbol{z}-\boldsymbol{y}\|_2\leqslant\varepsilon\}$ 和 $\varepsilon>\gamma$ 时，由式(11.119)得到的 $\hat{\boldsymbol{x}}$ 的解将满足

$$\|\boldsymbol{x}-\hat{\boldsymbol{x}}\|_2 \leqslant \frac{\gamma+\varepsilon}{\sqrt{1-\mu(4k-1)}} \tag{11.165}$$

注意到，ℓ_1 最优化方法必须知道噪声的幅度 γ，进而去选择 $\varepsilon\geqslant\gamma$，另外，这个误差正比于噪声幅度 γ，而不是稀疏度 k。

另外一种基于相关性的保障，即式(11.121)的 BPDN 在下面给出。这个结果超过了到目前为止看到的所有结果，它针对 $\boldsymbol{x}$ 的支撑的恢复提供了精确的保障(参见文献[312]的推论 1)。

定理 11.15　假设 $\boldsymbol{A}$ 有相关度 μ，并且 $\boldsymbol{x}\in\Sigma k$，$k\leqslant1/(3\mu)$。进一步假设，测量值为 $\boldsymbol{y}=\boldsymbol{A}\boldsymbol{x}+\boldsymbol{e}$，其中 $\boldsymbol{e}$ 的元素服从独立分布 $\mathcal{N}(0,\sigma^2)$。如果对于一些相当小的数值 $\alpha>0$，设

$$\lambda = \sqrt{8\sigma^2(1+\alpha)\log(n-k)} \tag{11.166}$$

那么，一定有超过下式的概率：

$$\left(1-\frac{1}{(n-k)^{\alpha}}\right)(1-\exp(-k/7))$$

使得式(11.121)的解 $\hat{\boldsymbol{x}}$ 是唯一的，$\mathrm{supp}(\hat{x})\subset\mathrm{supp}(\boldsymbol{x})$，并且

$$\|\hat{\boldsymbol{x}}-\boldsymbol{x}\|_2^2 \leqslant \left(\sqrt{3}+3\sqrt{2(1+\alpha)\log(n-k)}\right)^2 k\sigma^2 \tag{11.167}$$

在这种情况下，就可以保障 $\hat{\boldsymbol{x}}$ 的任何非零值就是对应于 $\boldsymbol{x}$ 的真实的非零值。这个分析允许信号 $\boldsymbol{x}$ 的最坏情况。通过假设 $\boldsymbol{x}$ 有一个有限的随机程度，这个结果有可能得到进一步的改进。特别是，在文献[253]中可以看到，如果 $\mathrm{supp}(\boldsymbol{x})$ 被均匀随机地选择，并且 $\boldsymbol{x}$ 的非零元素的正负号为独立且等概率地选择为 ±1，那么，就可能很大程度地放松关于 μ 的假设。进一步说，我们可以通过要求 $\boldsymbol{x}$ 的非零值超过某一个最小幅值，我们也能保证这个真实支撑的完美恢复。

11.5.3 实例最佳保障(instance-optimal guarantees)

这里我们再次回到无噪声情况，更仔细地谈论一下，对于非稀疏信号恢复的实例最佳保障问题。首先回顾一下，在定理 11.12 中，我们通过一个常数 C_0 乘以 $\sigma_k(\boldsymbol{x})_1/\sqrt{k}$ 得到了重构误差 ℓ_2 范数 $\|\hat{\boldsymbol{x}}-\boldsymbol{x}\|_2$ 的界。实际上我们可以推广这个结论，对于任意 $p\in[1,2]$，利用 ℓ_p 范数也可以测量出这种重构误差。例如，通过对这些保障的一个小的调整，可以得到 $\|\hat{\boldsymbol{x}}-\boldsymbol{x}\|_2\leqslant C_0\sigma_k(\boldsymbol{x})_1$(参见文献[227]及命题 11.1)。这也使我们想到，是否可以用形式为 $\|\hat{\boldsymbol{x}}-\boldsymbol{x}\|_2\leqslant C\sigma_k(\boldsymbol{x})_2$ 的结果来代替 ℓ_2 范数误差的界。然而遗憾的是，获得这样的结果需要一个超大量的测量值，下面的定理给出了描述(参见文献[224]的定理 5.1)。

定理 11.16 假设 $\boldsymbol{A}$ 是一个 $m\times n$ 矩阵，并且 $\Delta:\mathbb{R}^m\to\mathbb{R}^n$ 是一个恢复算法。对于某些 $k\geqslant 1$，这个算法重构误差满足

$$\|\boldsymbol{x}-\Delta(\boldsymbol{A}\boldsymbol{x})\|_2\leqslant C\sigma_k(x)_2 \tag{11.168}$$

那么，必然有

$$m>(1-\sqrt{1-1/C^2})n$$

因此，如果我们想要一个式(11.168)的界，即对于所有的信号 $\boldsymbol{x}$ 保持一个常量 $C\approx 1$，那么，无论什么样的恢复算法，都需要有 $m\approx n$ 的测量值。然而，在某种意义上，这个结论有些过于悲观。利用 11.5.1 节中的结论，可以看到，通过对这个近似误差的必要处理(如噪声)，能够克服这个限制。

为了达到这个目的，注意到，到目前为止所有关于 ℓ_1 最小化的结论都是确定性实例的最佳保障。对于给定的满足 RIP 的任意矩阵，这些保障都瞬时地应用到所有的 $\boldsymbol{x}$ 上。这是一个重要的理论性质。但是，正如 11.3.5 节中指出的，在实际中，得到一个矩阵 $\boldsymbol{A}$ 满足 RIP 确定的保障是非常困难的。特别是，当矩阵 $\boldsymbol{A}$ 的构建是依赖随机性的时候，我们只能知道矩阵 $\boldsymbol{A}$ 是以一个高的概率满足 RIP。

即使在这种概率性结论的类别中，仍然有两个不同的特点。典型的方法将矩阵 $\boldsymbol{A}$ 的一种概率构造方法和前面介绍的结论结合起来，其中的矩阵 $\boldsymbol{A}$ 只是以一个高概率满足 RIP。这样就产生了一种方法，会以高的概率满足一个确定性保障，并应用到所有可能的信号 $\boldsymbol{x}$ 上。这时，我们给出一个相对更弱的保障性结论，即对于一个给定的信号 $\boldsymbol{x}$，我们可以构造一个随机矩阵 $\boldsymbol{A}$，并以一个高概率希望那个 $\boldsymbol{x}$ 的恢复具有某种性能。这种类型的保障又是被称为依概率实例最佳保障(instance-optimal in probability)。这里的区别基本上就是，对于每一个 $\boldsymbol{x}$，是否需要构建一个新的随机矩阵 $\boldsymbol{A}$。在实际应用中，这可能是一个重要的区别。但是可以假设，如果对于每一个 $\boldsymbol{x}$ 允许构造一个新的矩阵 $\boldsymbol{A}$，那么，定理 11.16 可能就有些悲观了，下面的定理将给出结论(参见文献[203]中的定理 1.14)。

定理 11.17 令 $\boldsymbol{x}\in\mathbb{R}^n$ 是固定的，且 $\delta_{2k}<\sqrt{2}-1$，令 $\boldsymbol{A}$ 是一个 $m\times n$ 亚高斯随机矩阵，且有 $m=O(k\log(n/k)/\delta_{2k}^2)$。假设我们得到形式为 $\boldsymbol{y}=\boldsymbol{A}\boldsymbol{x}$ 的测量值，设 $\varepsilon=2\sigma_k(\boldsymbol{x})_2$。那么，一定会有超过 $1-2\exp(-c_1\delta^2 m)-\exp(-c_0 m)$ 的概率，当 $\mathcal{B}(\boldsymbol{y})=\{\boldsymbol{z}:\|\boldsymbol{A}\boldsymbol{z}-\boldsymbol{y}\|_2\leqslant\varepsilon\}$ 时，式(11.119)的解 $\hat{\boldsymbol{x}}$ 遵从

$$\|\hat{\boldsymbol{x}}-\boldsymbol{x}\|_2\leqslant\frac{8\sqrt{1+\delta_{2k}}-(1+\sqrt{2})\delta_{2k}}{1-(1+\sqrt{2})\delta_{2k}}\sigma_{2k}(\boldsymbol{x})_2 \tag{11.169}$$

这样，如果没有一个非常大数量的测量值，那就不可能获得式(11.168)那样的一个确定性的保障。然而定理 11.17 却指出，利用比定理 11.16 要求少得多的测量值，就可以以一个高的概率得到相应的恢复保障。这个评价需要正确地选择参数 ε，这将意味着需要一些有限的关于 $\boldsymbol{x}$ 的信息，就是 $\sigma_k(\boldsymbol{x})_2$。在实际中，这个限制可以通过一种参数选择技术得以克服，比如交叉有效(cross-validation)[318]。关于 ℓ_1 最小化方法还有很多更复杂的分析，它们可能不需要一个参数选择的 oracle 估计器也能够得到类似的性能[319]。定理 11.17 也可以被推广，以处理其他类型的测量矩阵，以及 $\boldsymbol{x}$ 是可压缩的而不是稀疏的情况。

11.5.4　cross-polytope 和 phase 转换

关于 ℓ_1 最小化的基于 RIP 结论允许我们在不同的噪声环境下得到一系列保障特性，但是，其中的一个缺点就是关于为了使一个矩阵满足 RIP 条件到底需要多少测量值的分析相对比较薄弱。而另外一种方法就是从几何的观点来检验 ℓ_1 算法。为此，我们可以定义一个闭合的 ℓ_1 球，也称为 cross-polytope(高维多面体)。

$$C^n = \{\boldsymbol{x} \in \mathbb{R}^n : \|\boldsymbol{x}\|_1 \leqslant 1\} \tag{11.170}$$

注意到，C^n 是有 $2n$ 个点 $\{p_i\}_{i=1}^{2n}$ 的凸壳，令 $\boldsymbol{A}C^n \subseteq \mathbb{R}^m$ 表示凸形多面体，定义为 $\{\boldsymbol{A}p_i\}_{i=1}^{2n}$ 的凸壳，或者等价为

$$\boldsymbol{A}C^n = \{y \in \mathbb{R}^m : \boldsymbol{y} = \boldsymbol{A}\boldsymbol{x}, \boldsymbol{x} \in C^n\} \tag{11.171}$$

对于任何一个 $\boldsymbol{x} \in \Sigma_k$，我们把 C^n 的一个 k 面(k-face)与 $\boldsymbol{x}$ 的支撑和符号模式(sign pattern)联系起来。$\boldsymbol{A}C^n$ 的 k 面的个数就等于尺寸为 k 的索引集合(index set)的个数，对于这样的索引集合，支撑在上面的信号就可以利用式(11.119)以及 $\mathcal{B}(\boldsymbol{y}) = \{\boldsymbol{z} : \boldsymbol{A}\boldsymbol{z} = \boldsymbol{y}\}$ 来实现恢复。因此可以得到结论，当且仅当，$\boldsymbol{A}C^n$ 的 k 面的个数等于 C^n 的 k 面的个数时，对于所有的 $\boldsymbol{x} \in \Sigma_k$，$\ell_1$ 最小化方法与 ℓ_0 最小化方法具有相同的解。不仅如此，通过计算 $\boldsymbol{A}C^n$ 的 k 面的个数，我们就能够精确地定量分析有多少稀疏向量是可以用 $\boldsymbol{A}$ 作为感知矩阵且利用 ℓ_1 最小化方法进行恢复的。参见文献[12, 320, 321]可以了解更多的细节。同样也要注意，利用某些其他的多面体(简单多面体或者超立方体)来代替 cross-polytope，同样的技术也可以被用来获得更受限制的信号的恢复结果，比如具有非负元素的稀疏信号或者有界元素的稀疏信号[321]。

如果矩阵 $\boldsymbol{A}$ 是随机生成的，这些几何方面的考虑使得 $\boldsymbol{A}C^n$ 的 k 面的个数具有一种概率化的界。假设 $k = \rho m$ 和 $m = \gamma n$，那么随着 $n \to \infty$，我们就得到一个渐近结果。这种分析揭示所谓相位转换现象(phase transition)，对于很大维度问题，这里就会存在尖锐的门限，用于检测出部分的保留 k 面将以很大的概率趋于 0 和 1，其概率取决于参数 ρ 和 γ[321]。

例 11.28　这个例题取自于文献[321]。这里我们希望根据长度为 $m < n$ 的测量向量，评价一个长度为 n 的 k 稀疏向量的恢复成功率。我们考虑下面两个实验。在第一个实验中，生成 $n \times n$ 傅里叶矩阵的一个 $m \times n$ 子矩阵 $\boldsymbol{A}$。同时构造一个随机向量 $\boldsymbol{x}$，其中有 k 个元素为 ± 1，其他元素为 0。我们利用 ℓ_1 最小化方法来解决这个问题，如果得到 $\boldsymbol{x}$ 的恢复解达到一个 10^{-6} 的相对误差，就记录为一次成功。实验参数的选择为 $n = 1600$，m 为变化的，从 $m = 160$ 到 $m = 1440$，k 的变化为 $k = 1$ 到 $k = m$。在第二个实验中，用一个随机伯努利矩阵代替了傅里叶矩阵，这个伯努利矩阵的元素为独立等概率的 0 或 1 选择，并且 $\boldsymbol{x}$ 的非零系数 k 仅为 1。

图 11.15 给出了两个实验三个等级的实验参数曲线，三个等级对应的成功恢复率分别为 90%，50% 和 10%，曲线为欠采样系数 $\gamma = m/n$ 和稀疏系数 $\rho = k/m$ 的函数关系。我们可以观

察到两个清晰的相位关系：一个成功率基本上为 1，另一个成功率基本上为 0。在这两个相位中间有一个狭窄的转换区。实验数据给出这种相位转换的现象。在每个实验的三条曲线上都有一个第四条曲线加在上面(黑实线)，这个曲线是由组合几何中推导出来的[321]，这个曲线显示出这种转换的界。也就是说，在这个曲线之下，我们能够以概率 1 恢复出原始向量，在这个曲线之上只能以概率 0 恢复原始向量。这种相位转换曲线由文献[320, 321]中得到，通过下式给出：

$$\rho(\gamma) \sim [2\log(1/\gamma)]^{-1}, \qquad \gamma \to 0$$

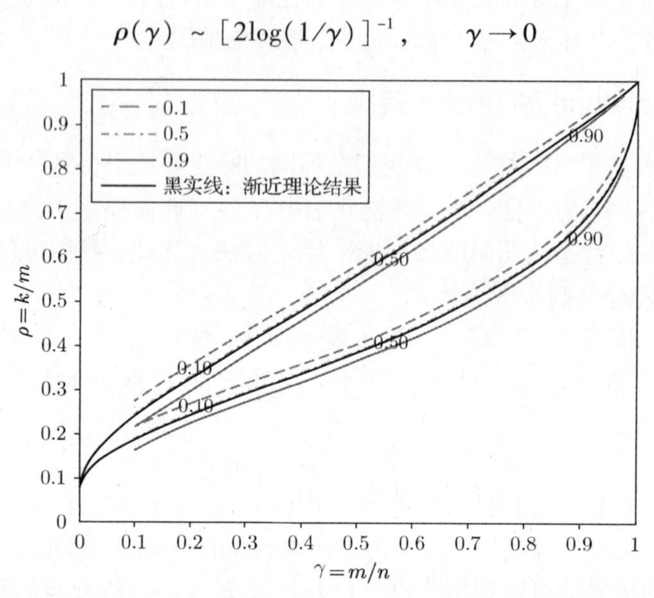

图 11.15 经验相位转换(取自文献[321])。较低/较高的曲线：分别表示实验 1/2，成功恢复概率分别为0.1，0.5和0.9。非常粗黑的曲线是渐近理论结果

这种 cross-polytope 方法对于无噪声情况下需要的测量值的最小个数给出了一个尖锐的边界值。通常，这种方法确定的边界要比基于 RIP 构架所获得的测量值需求边界要更强(更严格)。也就是说，基于 RIP 构架的测量值边界由于其包含的常数而趋于更加宽松。然而，这种更尖锐的边界往往需要更复杂的分析和对矩阵更严格的限制(如要求是高斯的)。因此，在本章中所介绍的基于 RIP 的分析的主要优点就是它能够针对更广泛的适应于有噪声环境的感知矩阵给出的结论。

11.5.5 贪心算法的保障

ℓ_1最优化方法分析中得到的许多结论与贪心算法的结论是相同的，然而，还是有一些重要区别的。

首先看一下追踪算法，通常，我们不能得到一个统一的恢复保障，使得对于所有的 $\boldsymbol{x}$，当 $m=O(k\log n)$ 时都是成立的；而只有在 $m=O(k^2\log n)$ 时，才是成立的。这个问题在下面的定理中给出说明[290]。

定理 11.18 假设 $\boldsymbol{A}$ 满足 $k+1$ 阶 RIP，以及 $\delta_{k+1}<1/(3\sqrt{k})$，令 $\boldsymbol{y}=\boldsymbol{A}\boldsymbol{x}$，那么，OMP 算法就能够用 k 次迭代恢复一个 k 稀疏信号。

在定理 11.11 中可以看到，如果我们构造一个具有独立同分布亚高斯元素的随机测量矩

阵 $\boldsymbol{A}$，那么，对于 $m=O(k/\delta^2\log(n/k))$，矩阵 $\boldsymbol{A}$ 将满足 k 阶 RIP。因为定理 11.11 需要 $\delta^2=1/(9k)$，我们得出结论，需要 $m=O(k^2\log n)$ 个测量值。对于具有同样特点的有噪声测量值，保障也是存在的，细节可以参见文献[322]。对于定理 11.18，也可以进行同样的分析，假如一个形式为式(11.164)的有界的相关条件，定理的结论也是成立的[289]。即当 $m=O(k^2\log n)$ 时，这里可以应用同样的结论。

还有很多的努力去改进这些基本结论。例如，在文献[323]中，通过允许 OMP 进行多于 k 次的迭代，测量值数量可以被减少 $m=\theta(k^{1.6}\log n)$。这个结果在文献[324]中再一次被改进，只需要差不多的 $m=O(k\log n)$ 个测量值，并通过充足的迭代建立稳定的 OMP 算法。所有这些分析都进一步拓展了 RIP 的应用。然而，需要注意的是，因为需要多于 k 次的迭代，真实的支撑集没有被恢复，即使是在误差 $\|\boldsymbol{y}-\boldsymbol{A}\boldsymbol{x}\|$ 是最小值时。事实上，在文献[325]中可以看到，使用 $O(k\log n)$ 个测量值，OMP 算法就不可能在 k 次迭代内可靠地恢复出支撑集。因此，为了在一个小的测量值下使得恢复误差最小化，就需要去研究多于 k 次迭代的 OMP 算法。

以上所有的努力都在试图去建立可靠的恢复保障。在 11.5.3 节讨论了概率化的恢复算法，我们希望通过减少限制性保障来改进恢复算法。例如，通过一个随机的 $\boldsymbol{A}$ 矩阵，OMP 算法就能够使用 $m=O(k\log n)$ 个测量值，通过 k 次迭代恢复出 k 稀疏信号[228]。类似的改进方法还包括，通过减少对于信号最少非零值的限制进行算法改进[311]。对于测量值受到高斯噪声干扰的条件下，这些研究也促进了所谓准优化恢复保障的发展[312]。

通过使用阈值型贪心算法，将会极大地改进信号恢复的保障界。这一个阈值型贪心算法具有一种可实现凸优化的性能保障性。这里我们不能对每一种方法分别详细讨论，我们只是用一个定理来给出一些相关的陈述，细节可以参见文献[322]。

定理 11.19　假设 $\boldsymbol{A}$ 满足 ck 阶 RIP 及参数 δ，令 $\boldsymbol{y}=\boldsymbol{A}\boldsymbol{x}+\boldsymbol{e}$，其中 $\|\boldsymbol{e}\|_2\leqslant\varepsilon$，那么，CoSaMP 算法、子空间追踪算法和 IHT 算法的输出估计向量 $\hat{x}$ 将遵循

$$\|\hat{\boldsymbol{x}}-\boldsymbol{x}\|_2\leqslant C_1\sigma_k(\boldsymbol{x})_2+C_2\frac{\sigma_k(\boldsymbol{x})_1}{\sqrt{k}}+C_3\varepsilon \tag{11.172}$$

其中 RIP 参数 c，δ，以及常数 C_1，C_2，C_3 的值对于不同的算法可能是不同的。

定理 11.19 也适用于无噪声环境下稀疏信号的精确恢复，在这种情况下 $\varepsilon=\sigma_k(\boldsymbol{x})_2=\sigma_k(\boldsymbol{x})_1=0$。

基于相关性的保障性结论也可以应用于贪心算法。在无噪声情况下，利用 ℓ_1 优化的式(11.164)相同的条件，可以保证 OMP 算法能恢复真正存在的向量 $\boldsymbol{x}$[289]。在噪声环境下，我们有以下定理[311]。

定理 11.20　假设 $\boldsymbol{A}$ 有相关系数 μ，并且 $\boldsymbol{x}\in\sum_k$，$k<(1/\mu+1)/4$。进一步，假设得到测量值为 $\boldsymbol{y}=\boldsymbol{A}\boldsymbol{x}+\boldsymbol{e}$ 及 $\gamma=\|\boldsymbol{e}\|_2$，那么，在蹒跚(halting)准则 $\|\boldsymbol{r}\|\leqslant\gamma$ 下，OMP 算法的输出遵从

$$\|\hat{\boldsymbol{x}}-\boldsymbol{x}\|_2\leqslant\frac{\gamma}{\sqrt{1-\mu(k-1)}} \tag{11.173}$$

设 $\gamma\leqslant\alpha(1-\mu(2k-1))/2$，$\alpha$ 为一个 $\boldsymbol{x}$ 的非零元素幅值的正数下限值。

注意，OMP 算法必须知道信号 $\boldsymbol{x}$ 的最小非零值幅度去设置一个合适的收敛准则，不仅如此，信号的恢复误差是与噪声幅度 γ 成比例，而不是与稀疏度成正比。

在高斯噪声的情况下，测量值个数的界可能得到改善(参见文献[312]的定理4)。

定理 11.21 假设 $\boldsymbol{A}$ 有相关系数 μ，并且 $\boldsymbol{x}\in\sum_k$。进一步，假设我们得到测量值为 $\boldsymbol{y}=\boldsymbol{Ax}+\boldsymbol{e}$，其中 $\boldsymbol{e}$ 的元素为独立同分布的 $\mathcal{N}(0,\sigma^2)$，并且，对一些相当小的 $\alpha>0$，有

$$(1-(2k-1)\mu)\,|x_{\min}|\geqslant 2\sigma\sqrt{2(1+\alpha)\log n}$$

那么，存在一个概率值

$$\left(1-\frac{1}{n^{\alpha}\sqrt{\pi(1+\alpha)\log n}}\right)$$

则 OMP 算法将会以大于上式的概率识别出 $\boldsymbol{x}$ 的准确的支撑，并保证估计误差满足

$$\|\hat{\boldsymbol{x}}-\boldsymbol{x}\|_2^2\leqslant 8(1+\alpha)k\sigma^2\log n \tag{11.174}$$

比较定理 11.15 和定理 11.21，可看到 OMP 需要知道信号 $\boldsymbol{x}$ 的元素幅值的一个界，而BPDN算法则不需要。因此，当信号元素的幅值相对噪声比较大时(信噪比较高)，贪心算法可能优于基于优化的算法，但是当噪声增大时，贪心算法的性能可能会恶化。

例 11.29 这里再回到例 11.23，并且比较 5 个不同算法的性能：包括 ℓ_1 最小化，OMP，MP，IHT 和 CoSaMP 算法。比较的性能是在噪声存在情况下恢复误差作为稀疏度 k 的函数。使用与例 11.23 同样的环境，但是包含的测量值为独立同分布 0 均值的高斯噪声，其方差 $\sigma^2=0.000\,025$。这个实验对每个稀疏值重复了 5000 次。图 11.16 给出了归一化恢复误差。

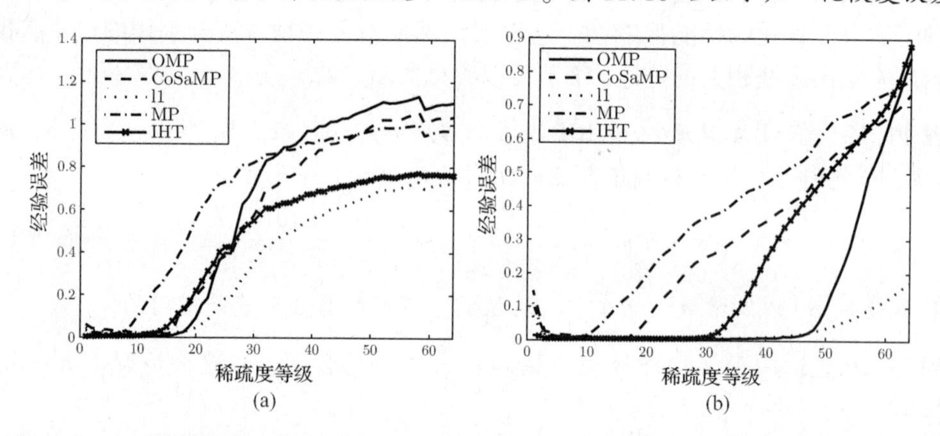

图 11.16 5 种恢复算法的性能比较。(a)独立同分布高斯矩阵；(b)随机部分傅里叶矩阵

11.6 多重测量向量

11.6.1 信号模型

许多适合于 CS 性能的实际应用涉及多个相关信号分布的捕获。例如，所有 L 个信号都是稀疏的，并且其非零值的位置具有同样的索引集合。在 CS 研究领域，称这种信号的测量问题为多重测量向量(MMV)问题[196, 197, 291, 326~329]。在 MMV 情况下，可以得到 L 个测量值 $\boldsymbol{y}_i=\boldsymbol{Ax}_i$，其中向量 $\boldsymbol{x}_i$，$1\leqslant i\leqslant L$ 是联合稀疏的。把这些向量按列向量排列成一个矩阵 $\boldsymbol{X}$，那么这个矩阵 $\boldsymbol{X}$ 最多会有 k 个非零行。也就是说，不仅每一个向量是 k 稀疏的，而且向量的非

零值也发生在一个共同的位置集合里。因此我们说，矩阵 $\boldsymbol{X}$ 是行稀疏的，可以用记号 $\Lambda = \mathrm{supp}(\boldsymbol{X})$ 来表示非零行的索引集合。图 11.17 给出了这样一个矩阵 $\boldsymbol{X}$ 的例子。这里的问题不是去单独恢复每一个单个的稀疏向量 $\boldsymbol{x}_i$，而是通过发现它们共同的稀疏支撑来联合地恢复这个向量集合。

在很多实际应用领域中，很自然地存在这种 MMV 问题。MMV 算法的早期研究工作主要集中在医疗领域的脑磁图方面，脑磁图是脑成像的一种方式[197]。类似的想法同样用于阵列信号处理[330]、稀疏通信信道均衡[331, 332]，以及认知无线电和多频带通信等领域[102, 333~336]。我们将在第 14 章详细讨论这些例子。

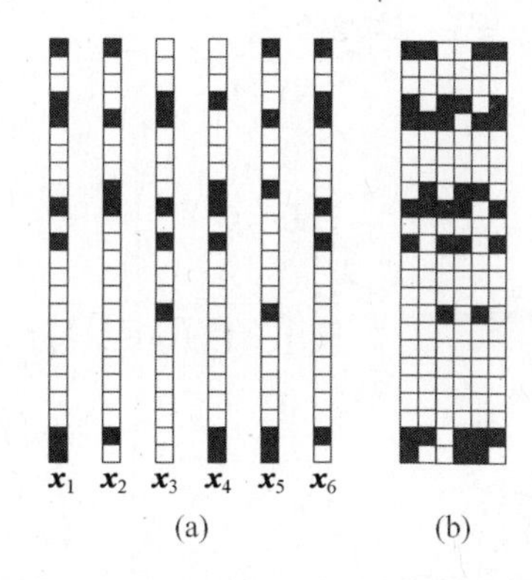

图 11.17　(a) 共享一个公共支撑的稀疏向量($L=6$)的例子，每个方块相对应于一个向量元素，黑色方块表示非零元素，白色方块表示零元素；(b) 相应的矩阵$\boldsymbol{X} = [\boldsymbol{x}_1\boldsymbol{x}_2\cdots\boldsymbol{x}_L]$有少量的非零行

在标准的 CS 中，假定我们得到测量值 $\{\boldsymbol{y}_i\}_{i=1}^{L}$，其中每个向量的长度为 $m<n$，令 $\boldsymbol{Y}$ 是一个列向量为 $\boldsymbol{y}_i$ 的 $m\times L$ 矩阵。我们的问题是从 $\boldsymbol{Y}=\boldsymbol{AX}$ 中恢复出 $\boldsymbol{X}$。很明显，我们可以应用任何前面介绍的 CS 方法从 $\boldsymbol{y}_i$ 中恢复 $\boldsymbol{x}_i$，但是，由于所有这些向量 $\{\boldsymbol{x}_i\}$ 有一个公共的支撑，因此，我们本能地就会希望利用这种共同的信息来改进恢复算法。换句话说，我们应该能够减少用于表示 $\boldsymbol{X}$ 所需要的测量值的个数，从 mL 减少到低于 sL，其中 s 表示对于一个给定的矩阵 $\boldsymbol{A}$ 恢复向量 $\boldsymbol{x}_i$ 所需要的测量值的个数。

因为 $|\Lambda| = k$，所以 $\boldsymbol{X}$ 的秩为 $\mathrm{rank}(\boldsymbol{X})\leqslant k$。当 $\mathrm{rank}(\boldsymbol{X})=1$ 时，所有的稀疏向量 $\boldsymbol{x}_i$ 都是相互多重的(倍数的)，因此就没有任何优势来对它们进行联合处理。然而，当 $\mathrm{rank}(\boldsymbol{X})$ 较大时，$\boldsymbol{X}$ 的列向量的多样性就能够给我们带来联合恢复的利益。下面的充分必要的唯一性条件给出了这个问题的基本结论[337]。

定理 11.22　对于测量值 $\boldsymbol{Y}=\boldsymbol{AX}$，唯一的确定联合稀疏矩阵 $\boldsymbol{X}$ 的充分和必要条件为

$$|\mathrm{supp}(\boldsymbol{X})| < \frac{\mathrm{spark}(\boldsymbol{A}) - 1 + \mathrm{rank}(\boldsymbol{X})}{2} \tag{11.175}$$

如文献[327,337]中的介绍，在式(11.175)中，用 $\mathrm{rank}(\boldsymbol{Y})$ 代替 $\mathrm{rank}(\boldsymbol{X})$。这个定理的充分条件在文献[329]中给出，并且即使在有无限多个向量 $\boldsymbol{x}_i$ 的情况下也是成立的。定理 11.22 的一个直接结果就是具有较大秩的矩阵 $\boldsymbol{X}$ 能够从较少的测量值中得以恢复。当 $\mathrm{rank}(\boldsymbol{X})=k$，并且 $\mathrm{spark}(\boldsymbol{A})$ 取其最大可能值 $m+1$ 时，式(11.175)变为 $m\geqslant k+1$。因此，在这个最好的情景下，每个信号只需要 $k+1$ 个测量值就可以保证恢复的唯一性。这要比利用 spark 的标准 CS 方法(定理 11.1)需要的 $2k$ 个测量值小得多，这里我们可以把那样一种情况称为单一测量向量

(SMV)问题。进一步将会看到，在无噪声情况下，$\boldsymbol{X}$ 可以通过一个简单算法来恢复，与解决 SMV 问题(对于矩阵 $\boldsymbol{A}$ 的 $2k$ 个测量值)的组合复杂度相比要简单得多。

例 11.30 考虑下面的 4×7 范德蒙德矩阵：

$$\boldsymbol{A}=\begin{bmatrix}1&1&1&1&1&1&1\\1&2&3&4&5&6&7\\1&4&9&16&25&36&49\\1&8&27&64&125&216&343\end{bmatrix}\tag{11.176}$$

从例 11.6 中，我们知道 $\mathrm{spark}(\boldsymbol{A})=5$。这里令

$$\boldsymbol{X}=\begin{bmatrix}0&0&0\\0&1&1\\0&0&0\\0&0&0\\1&1&0\\0&1&0\\0&0&0\end{bmatrix}\tag{11.177}$$

导致测量矩阵为

$$\boldsymbol{Y}=\boldsymbol{A}\boldsymbol{X}=\begin{bmatrix}1&3&1\\5&13&2\\25&65&4\\125&349&8\end{bmatrix}\tag{11.178}$$

如果我们一列一列地恢复 $\boldsymbol{X}$，那样就没有利用到联合稀疏度(joint sparsity)，那么，根据定理 11.1，我们需要 $\mathrm{spark}(\boldsymbol{A})>6$，因为 $\boldsymbol{X}$ 的最小稀疏列在 Σ_3 中。这就是说，为了恢复 $\boldsymbol{X}$ 的所有列向量，每个信号至少需要 $m=6$ 个测量值。因为 $\boldsymbol{A}$ 只有 4 行，spark 的要求不能满足，因此不存在唯一解。例如选择 $\boldsymbol{x}_2=[0\;0\;4\;-6\;5\;0\;0]^{\mathrm{T}}$ 会导致同样的 $\boldsymbol{y}_2$。这样选择后，联合稀疏度为 $k=4$。

考虑到联合稀疏度之后，定理 11.22 允许较少的测量值。这里，$\mathrm{rank}(\boldsymbol{X})=k=3$。因此，恢复 $\boldsymbol{X}$ 只需要每个信号有 $m=k+1=4$ 个测量值。在后面的式(11.184)和例 11.33 中将介绍如何从 4 个测量之中完成这种恢复。

11.6.2 恢复算法

已经有很多算法被提出，用不同方式来利用联合稀疏度。与在 SMV 中情况一样，解决 MMV 问题也有两个主要的方法，基于凸优化的方法和贪心算法。一个例外是所谓的 ReMBo 算法，在文献[329]中被介绍。ReMBo 算法是将 MMV 问题简化为一个 SMV 问题的副本，然后再使用标准的 SMV 算法，下面我们将讨论这个算法。

式(11.117)在 MMV 情况下的对应式为

$$\hat{\boldsymbol{X}}=\arg\min_{\boldsymbol{X}}\|\boldsymbol{X}\|_{0,q}\quad \text{s.t.}\ \boldsymbol{Y}=\boldsymbol{A}\boldsymbol{X}\tag{11.179}$$

其中，定义矩阵 $\boldsymbol{X}$ 的 $\ell_{p,q}$ 范数为

$$\|X\|_{p,q} = \left(\sum_i \|x^i\|_p^q\right)^{1/q} \tag{11.180}$$

用x^i表示矩阵X的第i行，这里符号有一点乱，我们考虑$p=0$的准范数，即对于任意的q，有$\|X\|_{0,q} = |\text{supp}(X)|$。这时，基于优化的方法放宽了式(11.179)中$\ell_0$范数，并且希望用混合范数最小化方法来恢复$X$，如下式[183, 291, 327, 328, 338~340]：

$$\hat{X} = \arg\min_X \|X\|_{p,q} \quad \text{s.t.}\ Y = AX \tag{11.181}$$

上式对于一些$p,q \geqslant 1$成立，通常都是取$p,q=1,2$和∞。

在最新的研究中，SMV 情况下的标准贪心算法已经被延伸到 MMV 的情况中[207,291,337,341]。其基本思想是：一方面，用一个驻留矩阵R来代替驻留向量r，这个驻留矩阵R包含了对应每个测量值的驻留值。另一方面，用A^TR的行的q范数来代替向量A^*R。例如，将 OMP 算法(算法 11.1)进行相应修改后就产生一个所谓瞬时正交匹配追踪(SOMP)算法，如算法 11.3 所示。其中$X|_\Lambda$表示将X限制为由Λ指示的列向量。类似的方法也可以将阈值方法延伸到 MMV 情况[341]。

算法 11.3　SOMP 算法

输入：CS 矩阵A，MMV 矩阵Y

输出：行稀疏表示$\hat{X}$

初始化：$\hat{X}_0=\mathbf{0}$，$R=Y$，$\Lambda=\phi$，$\ell=0$

当不满足停止条件时

　$\ell \leftarrow \ell+1$

　$b(i) \leftarrow \|a_j^* R\|_q$，　$1 \leqslant i \leqslant n$ {形成驻留矩阵ℓ_q范数向量}

　$\Lambda \leftarrow \Lambda \cup \text{supp}(\mathcal{T}(b,1))$ {按最大幅值驻留行的索引更新行支撑}

　$\hat{X}_\ell|_\Lambda \leftarrow A_\Lambda^\dagger Y, \hat{X}_\ell|_{\Lambda^c} \leftarrow 0$ {更新信号估计}

　$R \leftarrow Y - A\hat{X}_\ell$ {更新测量驻留值}

退出迭代

返回$\hat{X} \leftarrow \hat{X}_\ell$

例 11.31　在这个例子中，我们可以看到，SOMP 的表现要比原始 OMP 算法更好。在这个 MMV 系统中，参数选择为$m=32$，$n=64$，$L=5$。这里考虑一个实值随机矩阵，其元素为独立同分布 0 均值 1 方差的高斯分布随机变量。对于每一个稀疏度的值，$1 \leqslant k \leqslant m$，构造一个$30\times5$的$k$稀疏矩阵。矩阵非零元素的位置为均匀分布的，非零元素的数值为同上的高斯分布。实验对每一个稀疏度的k值重复 5000 次。图 11.18 给出了这种 SOMP 算法经验恢复误差仿真结果，其中对于每个通道来说，重构是独立进行的。算法的停止准则是基于驻留值。很明显，这种多通道算法的性能将超出 SMV 情况下的信号重构。

ReMBo 算法

一个可选择的 MMV 策略是所谓 ReMBo 算法[329]，即 reduce MMV and boost 算法。ReMBo

算法首先是将 MMV 问题简化为 SMV 问题，其中保留了相应的系数模式。然后，恢复信号支撑集合。给定了支撑之后，再通过测量值来恢复输入信号。其中问题的化简是通过将测量值的列向量 $\boldsymbol{Y}$ 与一个随机系数 $\boldsymbol{a}$ 相融合，形成 $\boldsymbol{y}=\boldsymbol{Ya}$。使用随机策略可以确保概率为 1，$\boldsymbol{X}$ 的非零行被转化为缩减向量 $\boldsymbol{Xa}$ 的一个非零元素。这种方法的细节及其恢复保障性由下面的定理给出。

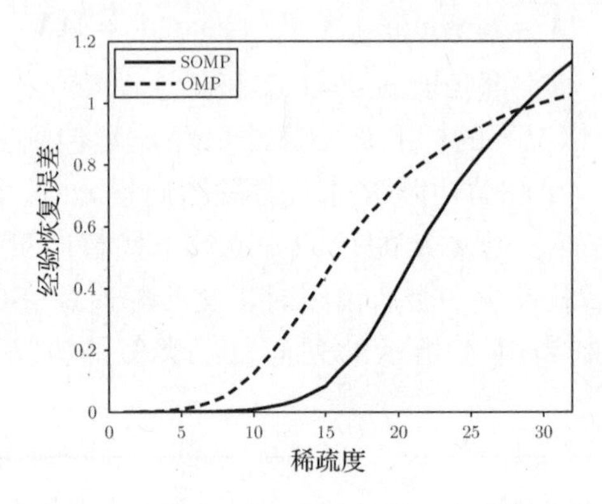

图 11.18　瞬时 OMP(SOMP)算法的恢复速率

定理 11.23　令 $\bar{\boldsymbol{X}}$ 为矩阵 $\boldsymbol{Y}=\boldsymbol{AX}$ 的唯一稀疏解，并令矩阵 $\boldsymbol{A}$ 的 spark 大于 $2k$，令 $\boldsymbol{a}$ 为一个绝对连续分布(如高斯分布和均匀分布)的随机向量，并且定义随机向量 $\boldsymbol{y}=\boldsymbol{Ya}$，$\bar{\boldsymbol{x}}=\bar{\boldsymbol{X}}\boldsymbol{a}$。考虑这个随机 SMV 系统 $\boldsymbol{y}=\boldsymbol{Ax}$，则有

(1)对于每一次选定的 $\boldsymbol{a}$，向量 $\bar{\boldsymbol{x}}$ 是这个 SMV 系统唯一的 k 稀疏解。

(2)$\Lambda(\bar{\boldsymbol{x}})=\Lambda(\bar{\boldsymbol{X}})$以概率 1 成立。

根据定理 11.23，MMV 问题首先被简化为一个 SMV 问题 $\boldsymbol{y}=\boldsymbol{Ax}$ 以及对于一个适当的向量 $\boldsymbol{a}$，有 $\boldsymbol{y}=\boldsymbol{Ya}$，$\boldsymbol{a}$ 的选择决定了可以得到最佳解 $\bar{\boldsymbol{x}}$。然后，我们选择 $\bar{\boldsymbol{X}}$ 的支撑，使其等于 $\bar{\boldsymbol{x}}$ 的支撑，并在这个支撑上求出测量向量 $\boldsymbol{Y}$ 的逆。这种简化在处理大规模问题时将带来巨大好处，如模拟信号采样的情况。在实际应用中，通常利用一些高效算法来解决这个简化的 SMV 问题，在有噪声或者在测量值不充分的时候，可能会导致恢复误差。利用对不同选择的 $\boldsymbol{a}$ 来重复这个计算过程，恢复速率将会显著提高[329]。用 $\boldsymbol{a}_i$ 表示 $\boldsymbol{a}$ 的第 i 次选择，用 $\bar{\boldsymbol{x}}_i$ 表示相应的恢复，这时我们可以选择具有最小支撑的 $\bar{\boldsymbol{x}}_i$ 的值作为最终的估计值。另外，对于每一个支撑集 S_i，我们可以计算出 $\bar{\boldsymbol{X}}_i$，并选择索引 j，使得恢复误差 $\|\boldsymbol{Y}-\boldsymbol{A}\bar{\boldsymbol{X}}_j\|$ 为最小。

例 11.32　考虑一个 MMV 系统，$\boldsymbol{A}$ 为一个 20×30 实值高斯矩阵。令 $L=5$ 为我们希望恢复的联合稀疏向量的个数。这里比较 SOMP 算法和 ReMBo-OMP 算法的恢复速率，作为稀疏度 k 的函数。考虑两次迭代的最大值：2 和 20。在每一次的迭代中，产生一个向量 $\boldsymbol{a}$。当重构向量的稀疏度达到满意，即当小于 k 时，算法终止，并且选择这个最后的支撑集等于最后解。如果恢复的 $\boldsymbol{X}$ 达到了机器精度，则记录为成功。对每个算法进行 500 次实验。图 11.19给出了两种算法的恢复率。可以看到，ReMBo-OMP 算法的恢复速率要比 SOMP 算法有所提高。

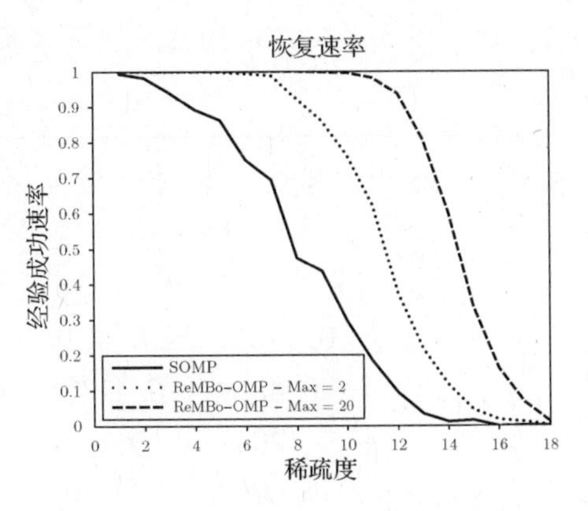

图 11.19　OMP 和 ReMBo-OMP 的比较

秩已知方法

上面讨论的 MMV 恢复技术都是所谓的盲秩，也就是说，算法当中并没有精确地考虑到 $\boldsymbol{X}$ 的秩和 $\boldsymbol{Y}$ 的秩。定理 11.22 则强调了 $\boldsymbol{X}$ 的秩在信号恢复保障性方面的重要作用。如果 $\operatorname{rank}(\boldsymbol{X})=k$，$k$ 为 $\boldsymbol{X}$ 的支撑的大小，并且式(11.175)满足，那么，$\boldsymbol{A}$ 的每 k 个列就都是线性独立的[因为满足 $\operatorname{spark}(\boldsymbol{A})>k+1$]。进而，利用下面的命题，有 $\mathcal{R}(\boldsymbol{Y})=\mathcal{R}(\boldsymbol{A}_\Lambda)$[335]。

命题 11.10　对于每两个矩阵 $\boldsymbol{A}$，$\boldsymbol{P}$，如果 $\boldsymbol{P}$ 的支撑集的尺寸小于 $\operatorname{spark}(\boldsymbol{A})$，那么一定有 $\operatorname{rank}(\boldsymbol{P})=\operatorname{rank}(\boldsymbol{AP})$。

证明　设 $r=\operatorname{rank}(\boldsymbol{P})$，重排 $\boldsymbol{P}$ 的列，使其前 r 列为线性独立，这个运算将不会改变 $\boldsymbol{P}$ 或 $\boldsymbol{AP}$ 的秩。定义

$$\boldsymbol{P}=[\boldsymbol{P}^{(1)}\quad \boldsymbol{P}^{(2)}] \tag{11.182}$$

其中 $\boldsymbol{P}^{(1)}$ 为 $\boldsymbol{P}$ 的前 r 列，剩余部分在 $\boldsymbol{P}^{(2)}$ 中。那么有

$$r\geqslant \operatorname{rank}(\boldsymbol{AP})=\operatorname{rank}(\boldsymbol{A}[\boldsymbol{P}^{(1)}\quad \boldsymbol{P}^{(2)}])\geqslant \operatorname{rank}(\boldsymbol{AP}^{(1)}) \tag{11.183}$$

这个不等式的结果是来自于矩阵乘积和矩阵级联的秩的性质。因此可以充分证明 $\boldsymbol{AP}^{(1)}$ 为列满秩。

令 $\boldsymbol{b}$ 为一个系数向量，使得 $\boldsymbol{AP}^{(1)}\boldsymbol{b}=\boldsymbol{0}$，用 k 表示 $\boldsymbol{P}$ 的支撑集的尺寸。因为 $\boldsymbol{P}^{(1)}$ 的支撑集包含在 $\boldsymbol{P}$ 的支撑集之中，因此，向量 $\boldsymbol{P}^{(1)}\boldsymbol{b}$ 是 k 稀疏的。从 $\operatorname{spark}(\boldsymbol{A})>k$ 可以得到，$\boldsymbol{A}$ 的零空间中不包含任一 k 稀疏向量，除非它是一个零向量。最后，因为 $\boldsymbol{P}^{(1)}$ 包含的列都是线性独立的，所以有 $\boldsymbol{b}=\boldsymbol{0}$。命题证毕。 □

因为 $\boldsymbol{Y}=\boldsymbol{A}_\Lambda\boldsymbol{X}_\Lambda$，通过命题 11.10 可以看到 $\operatorname{rank}(\boldsymbol{Y})=\operatorname{rank}(\boldsymbol{X}_\Lambda)=k$。另外，$\boldsymbol{A}_\Lambda$ 的 k 个列向量是线性独立的，使得 $\mathcal{R}(\boldsymbol{Y})=\mathcal{R}(\boldsymbol{A}_\Lambda)$。因此，通过确定存在于 $\mathcal{R}(\boldsymbol{Y})$ 中的列向量 $\boldsymbol{a}_i$，我们就可以识别 $\boldsymbol{X}$ 的支撑。完成这个过程的一种方法就将 $\mathcal{R}(\boldsymbol{Y})$ 的正交补集上的投影的范数最小化

$$\min_i \ \|(\boldsymbol{I}-P_{\mathcal{R}}(Y)a_i\|_2 \tag{11.184}$$

其中 $P_{\mathcal{R}}(\boldsymbol{Y})$ 是 $\boldsymbol{Y}$ 的值域上的正交投影。式(11.184)的目标函数是当且仅当 $i\in\Lambda$ 时，其值等于零。因此，假设 $\boldsymbol{A}_\Lambda$ 的列是线性独立的，一旦我们找到这个支撑集，我们就可以由 $\boldsymbol{X}_\Lambda=\boldsymbol{A}_\Lambda^{\dagger}\boldsymbol{Y}$ 确定 $\boldsymbol{X}$。因此，可以得到了下面的保障性条件[337]。

定理 11.24 如果 $\text{rank}(\boldsymbol{X})=k$，并且式(11.175)成立，那么用算法式(11.184)从 $\boldsymbol{Y}$ 中精确恢复 $\boldsymbol{X}$ 是具有保障的。

例 11.33 我们现在回到例 11.30 中，并观察如何利用式(11.184)来寻找输入的稀疏向量。

对于给定的 $\boldsymbol{Y}$，有

$$\boldsymbol{I}-P_{\mathcal{R}}(Y)=\boldsymbol{I}-\boldsymbol{Y}(\boldsymbol{Y}^*\boldsymbol{Y})^{-1}\boldsymbol{Y}^*=\begin{bmatrix}0.5561 & -0.4819 & 0.1205 & -0.0093\\ -0.4819 & 0.4177 & -0.1044 & 0.0080\\ 0.1205 & -0.1044 & 0.0261 & -0.0020\\ -0.0093 & 0.0080 & -0.0020 & 0.0002\end{bmatrix} \tag{11.185}$$

对于每一个 $1\leqslant i\leqslant 7$，计算 $\|(\boldsymbol{I}-P_{\mathcal{R}}(\boldsymbol{Y}))\boldsymbol{a}_i\|_2$，可以看到当 $i=2,5,6$ 时，这个式子等于零。因此，可以得到 $\Lambda=\{2,5,6\}$。最后

$$\boldsymbol{X}_\Lambda=\boldsymbol{A}_\Lambda^\dagger\boldsymbol{Y}=\begin{bmatrix}0 & 1 & 1\\ 1 & 1 & 0\\ 0 & 1 & 0\end{bmatrix} \tag{11.186}$$

在相应的位置添加零项，可以得到恢复的 $\boldsymbol{X}$。

式(11.184)的判决准则类似于 MUSIC 算法[15]，这种算法在阵列信号处理中很流行，它也是利用了信号子空间特性。我们在第 15 章中将会看到，阵列处理方法也适用于处理各种结构化模拟信号的采样问题。我们在 15.2.6 节中将会更详细地讨论 MUSIC 算法问题。

在噪声存在的情况下，我们可以通过选择适应的 k 值，使得式(11.184)达到最小化。因为式(11.184)中利用了秩来实现恢复，所以称这种方法为秩已知方法(rank-aware method)。更广义地讲，任何通过增加秩来改善恢复性能的方法都成为秩已知方法。尽管 MUSIC 算法在最大秩的情况下可以为 MMV 问题提供恢复保障，但是对于 $\text{rank}(\boldsymbol{X})<k$ 时，经验上讲，MUSIC 算法这时并不能改善性能。因此，人们开始将经典的贪心算法扩展到秩已知的情况。

事实证明，这种方法很简单。例如，为了改进 SOMP 算法和阈值算法，在每一次迭代中，我们不是进行当前驻留 $\boldsymbol{R}$ 的内积，而是 $\boldsymbol{R}$ 的值域的一个正交基 $\boldsymbol{U}$ 的内积[337]。另一个至关重要的改进是为了避免驻留矩阵的秩退化，将 $\boldsymbol{A}$ 的列向量按照选择规则进行适当的归一化。如果这里用 $\boldsymbol{P}=\boldsymbol{I}-\boldsymbol{A}_\Lambda\boldsymbol{A}_\Lambda^\dagger$ 表示在 $\mathcal{R}(\boldsymbol{A}_\Lambda)^\perp$ 上的正交投影，那么，当前的索引可以选为

$$j=\arg\max_i\frac{\|\boldsymbol{a}_i^*\boldsymbol{U}\|_2}{\|\boldsymbol{P}\boldsymbol{a}_i\|_2} \tag{11.187}$$

这个算法总结在算法 11.4 中。如 MUSIC 算法，当 $\boldsymbol{X}$ 的秩等于 k 并且矩阵 $\boldsymbol{A}$ 满足适当的条件时，算法 11.4 就可以保证正确地恢复 $\boldsymbol{X}$[337]。

算法 11.4 秩已知的 OMP 算法

输入：CS 矩阵 $\boldsymbol{A}$，MMV 矩阵 $\boldsymbol{Y}$

输出：行稀疏表示 $\hat{\boldsymbol{X}}$

初始化：$\hat{\boldsymbol{X}}_0=\boldsymbol{0}$，$\boldsymbol{R}=\boldsymbol{Y}$，$\Lambda=\phi$，$\ell=0$

当不满足停止条件时

$\ell \leftarrow \ell + 1$

计算 $\mathcal{R}(\boldsymbol{R})$ 的正交基 $\boldsymbol{U}$

计算在 $\mathcal{R}(\boldsymbol{A}_\Lambda)^\perp$：$\boldsymbol{P} = \boldsymbol{I} - \boldsymbol{A}_\Lambda \boldsymbol{A}_\Lambda^\dagger$ 上的正交投影 $\boldsymbol{P}$

$\boldsymbol{b}(i) \leftarrow \| \boldsymbol{a}_j^* \boldsymbol{U} \|_2 / \| \boldsymbol{P}\boldsymbol{a}_i \|_2, 1 \leqslant i \leqslant n$ {形成驻留矩阵向量}

$\Lambda \leftarrow \Lambda \cup \text{supp}(\mathcal{T}(\boldsymbol{b}, 1))$ {按最大幅值驻留行的索引更新行支撑}

$\hat{\boldsymbol{X}}_\ell|_\Lambda \leftarrow \boldsymbol{A}_\Lambda^\dagger \boldsymbol{Y}$, $\hat{\boldsymbol{X}}_\ell|_{\Lambda^c} \leftarrow 0$ {更新信号估计}

$\boldsymbol{R} \leftarrow \boldsymbol{Y} - \boldsymbol{A}\hat{\boldsymbol{X}}_\ell$ {更新测量驻留值}

退出迭代

返回 $\hat{\boldsymbol{X}} \leftarrow \hat{\boldsymbol{X}}_\ell$

11.6.3　性能保障

在理论上的保障性方面，可以证明，SMV 算法的 MMV 延伸算法在类似于 SMV 最坏情况的条件下，可以恢复出 $\boldsymbol{X}$[183,327,340]。这样，对于任意的 $\boldsymbol{X}$ 值，理论上的等价结果都不能利用联合稀疏度来预言任何的性能增益。然而，在实际中，多通道恢复技术的性能要比每个通道分别恢复的性能好很多。这个结果的原因是，算法的结论应用到所有可能的输入信号上，因此 是最差情况的测量。很明显，如果在每一个通道上输入同样的信号，即 $\text{rank}(\boldsymbol{X}) = 1$，那么，从多通道测量值中没有提供出关于联合支撑的额外信息。然而，正如我们在定理 11.22 中看到的那样，输入 $\boldsymbol{X}$ 中的秩如果更高，将可以提升恢复能力。特别是，当 $\text{rank}(\boldsymbol{A}) = k$，如式(11.184)的秩已知算法和算法 11.4 可以从定理 11.22 中给出的最小测量值中恢复出 $\boldsymbol{X}$ 的真实值，这个特性在其他 MMV 方法中并不存在。

另一种改善保障性的方法是使 $\boldsymbol{X}$ 为随机分布，并且建立一个使 $\boldsymbol{X}$ 以高概率恢复的条件[340~342]。典型案例分析(average-case analysis)方法表明，精确恢复 $\boldsymbol{X}$ 只需要更少的测量值[340]。

定理 11.25　令矩阵 $\boldsymbol{X} \in \mathbb{R}^{n \times L}$ 由一个概率模型生成，在这个模型中，矩阵 $\boldsymbol{X}$ 的 k 个非零行的索引均匀分布在 $\binom{n}{k}$ 种可能中，$\boldsymbol{X}$ 的非零行(当级联时)由 $\Sigma\Delta$ 给出，其中 Σ 是一个任意对角矩阵，而 Δ 的每一元素是 *iid* 的标准高斯随机变量。这时，如果 $k \leqslant \min(C_1/\mu^2(\boldsymbol{A}), C_2 n/\|\boldsymbol{A}\|^2)$，其中 C_1 和 C_2 是常数，那么，当 $p=2$ 和 $q=1$ 时，就可以利用式(11.181)以高概率从 $\boldsymbol{Y} = \boldsymbol{A}\boldsymbol{X}$ 中精确恢复出 $\boldsymbol{X}$。

虽然最坏情况的结果将稀疏度限制为 $k = \mathcal{O}(\sqrt{m})$，但典型案例分析表明，稀疏度达到 $k = \mathcal{O}(m)$ 数量级就可以实现高概率的恢复。而且，在一个适中的稀疏度和矩阵 $\boldsymbol{A}$ 的条件下，恢复失败的概率将随通道数 L 增加按指数下降[340]。

例 11.34　这个例子将说明，当 $p=2$，$q=1$ 时，这里将给出式(11.181)的恢复速率随通道数 L 的变化情况。参数选择为 $m=32$，$n=64$，矩阵 $\boldsymbol{A}$ 为一个实值随机矩阵，其元素为 0 均值 1 方差的高斯独立分布。对于每一个选取稀疏度 $1 \leqslant k \leqslant 32$，我们构建一个大小为 $64 \times L$ 的 k 稀疏矩阵 $\boldsymbol{X}$。非零元素的位置为均匀分布，非零元素的幅值如上面描述的高斯分布。对于每一个稀疏度和通道数，这个实验重复 1000 次。

图 11.20 给出恢复速率的实验结果。当误差的无穷范数小于 10^{-2} 时，我们则认为这是一个成功恢复。这个算法可以高概率地恢复信号，一直到 $k\approx15$，$m=32$ 的量级时。可以看出，L 的增加对性能的改善是很明显的。

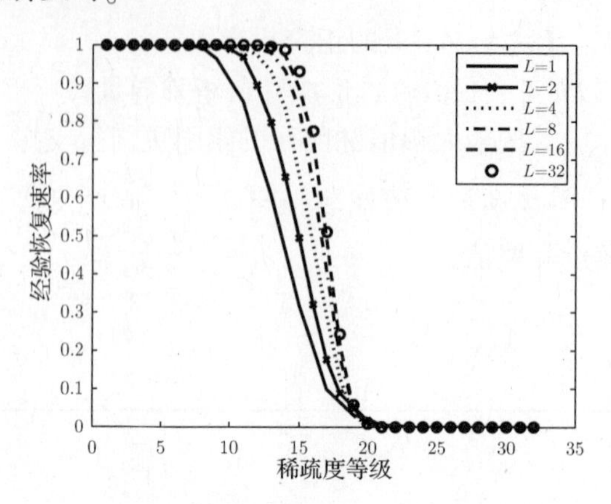

图 11.20 多通道情况下的信号恢复速率

11.6.4 无限测量向量

MMV 模型可以进一步延伸到包括无穷多个可能的测量向量的情况

$$y(\lambda) = Ax(\lambda), \qquad \lambda \in \Omega \tag{11.188}$$

其中 Ω 表示一个合适的索引集(可能是有限的，也可能是无限的)。这里再一次假设向量集合 $\{\boldsymbol{x}(\lambda),\lambda\in\Omega\}$ 都有一个大小为 k 的共同的支撑 Λ。这样一个无限的方程集合被称为一个无限测量向量(IMV)系统。在第 13 章和第 14 章中将会看到，当考虑模拟稀疏信号时，很自然地就会出现 IMV 系统。因此，在模拟采样应用中，研究适合于 IMV 系统的算法是非常重要的。

为了处理 IMV 问题，我们首先看到，可以通过求解一个 MMV 问题来寻找公用支撑(common support)，正如下面定理所示[336]。

定理 11.26 假设式(11.188)的方程系统在支撑集 Λ 上有一个 k 稀疏解的集合，并且矩阵 $\boldsymbol{A}$ 满足

$$|\Lambda| < \frac{\operatorname{spark}(\boldsymbol{A}) - 1 + \dim(\operatorname{span}(\boldsymbol{y}(\lambda)))}{2} \tag{11.189}$$

令 $\boldsymbol{V}$ 为一个矩阵，它的列张成等于 $\{\boldsymbol{y}(\lambda),\lambda\in\Omega\}$ 的张成。那么，这个线性系统 $\boldsymbol{V}=\boldsymbol{AU}$ 在列支撑等于 Λ 上有一个唯一的 k 稀疏解。

注意，由于 $\dim(\operatorname{span}(\boldsymbol{y}(\lambda)))\leqslant k=|\Lambda|$，定理 11.26 的条件意味着 $k<\operatorname{spark}(\boldsymbol{A})-1$。

构造一个矩阵 $\boldsymbol{U}$，使得 $\boldsymbol{V}=\boldsymbol{AU}$，就可以确定最小行支撑 Λ。一旦确定了 Λ，这个 IMV 系统就简化为 $\boldsymbol{y}(\lambda)=\boldsymbol{A}_\Lambda\boldsymbol{x}_\Lambda(\lambda)$，就可以通过计算伪逆 $\boldsymbol{x}_\Lambda(\lambda)=\boldsymbol{A}_\Lambda^\dagger\boldsymbol{y}(\lambda)$ 对其进行求解。

证明 令 $r=\dim(\operatorname{span}(\boldsymbol{y}(\Lambda)))$，令 $\boldsymbol{A}$ 为一个 $m\times n$ 矩阵。从 $\boldsymbol{y}(\Lambda)$ 中取出某一个 r 个线性独立向量的集合构成一个 $m\times r$ 矩阵 $\boldsymbol{Y}$。类似地，从真实的输入集合 $\bar{x}(\Lambda)$ 中取出相应 r 个向量构成一个 $n\times r$ 矩阵 $\bar{\boldsymbol{X}}$。定理的证明基于观测下面的系统：

$$\boldsymbol{Y} = \boldsymbol{A}\bar{\boldsymbol{X}} \tag{11.190}$$

我们首先证明 $\bar{X}$ 是矩阵式(11.190)的唯一 k 稀疏解，而且它的支撑用 S 来表示，等于 Λ。基于这个结果，如果矩阵 U 可以被构造，就证明了这个定理。

很容易看到 $S\subseteq\Lambda$，这是因为 $\bar{X}$ 的列是真正输入 $\bar{x}(\Lambda)$ 的一个子集。这就意味着 $\bar{X}$ 为式(11.190)的一个 k 稀疏解集合。进一步说，根据定理 11.22，$\bar{X}$ 也就是式(11.190)的唯一的 k 稀疏解。为了使得 $\bar{X}$ 满足上面的说法，还需要证明 $i\in\Lambda$ 就意味着 $i\in S$。如果 $i\in\Lambda$，那么，对于某些 $\lambda_0\in\Lambda$，向量 $x(\lambda_0)$ 的第 i 个元素就是非零的。这时，如果 $x(\lambda_0)$ 是 $\bar{X}$ 的一个列向量，那么上面的说法就是成立的。因而，假设 $x(\lambda_0)$ 不是 $\bar{X}$ 的列向量，根据命题 11.10，有 $\mathrm{rank}(\bar{X})=r$。另外，同样根据这个命题，有 $\dim\{\mathrm{span}(\bar{x}(\Lambda))\}=r$，这样，$x(\lambda_0)$ 就一定是 $\bar{X}$ 的列向量的一个(非平凡的)线性组合。因为 $x(\lambda_0)$ 的第 i 个元素是非零的，这就意味着 $\bar{X}$ 至少有一个列向量，其第 i 个元素是一个非零值，这就说明 $i\in S$。

总结这个证明的第一步，我们证明了 $y(\Lambda)$ 的每 r 个线性独立的列向量可以构成一个式(11.190)的 MMV 模型，并且有一个唯一的 k 稀疏解矩阵 $\bar{X}$，它的支撑集等于 Λ。正如 V 的列张成等于 Y 的列张成，有 $\mathrm{rank}(V)=r$。因为 V 和 Y 有相同的秩，Y 也是列满秩的，因此，对于 r 个线性独立行的一个唯一的矩阵 R，有 $V=YR$。这样，立刻就表明，$U=\bar{X}R$ 是 $V=AU$ 的一个解。更进一步，U 是 k 稀疏的，它的每一列都是 $\bar{X}$ 的列向量的线性组合。定理 11.22 表明，在 $V=AU$ 的 k 稀疏解矩阵中 U 的唯一性。

还需要证明的是，U 的支撑等于 $\bar{X}$ 的支撑。为了简便，用 $\bar{X}^i$ 表示 $\bar{X}$ 的第 i 列。这时，对于 $1\leqslant i\leqslant n$，有 $U^i=\bar{X}^i R$。因此，如果 $\bar{X}^i$ 是一个零行，则 U^i 也同样是一个零行。然而，对于非零行 $\bar{X}^i$，相应的行 U^i 也不能是零的，因为 R 的行是线性独立。　□

CTF 块

定理 11.26 表明，为了求解式(11.188)，我们首先通过把问题简化为一个 MMV 问题来找到共同支撑。这种简化实现方法被称为连续到有限块(continuous to finite block)，即 CTF 块。CTF 根据测量值构造一个框架(或一个基)，以确定定理 11.26 中的矩阵 V。显然，有很多选择 V 的方法。定理确保了对于任意的选择，恢复的稀疏矩阵 U 都将有相同的行支撑。矩阵 U 可以通过解决 MMV 系统的任何算法去找到。

构建 V 的一种方法就是特征值分解。具体来说，我们首先构成相关矩阵 $Q=\sum_{\lambda\in\Omega}y(\lambda)y^*(\lambda)$。然后对 Q 进行特征值分解，并选取 V 作为对应于非零特征值的特征向量矩阵。注意到，$\{x(\lambda)\}$ 是联合 k 稀疏的。因此，$\{y(\lambda)\}$ 的张成的维数和相应 Q 的秩都不会大于 k。当测量值在有噪声环境下时，这个方法也可以用来消除噪声的影响，即通过选择特征值超出门限的特征向量作为矩阵 V 来实现。在这种情况下，除了可以减少计算成本，CTF 处理方法还有助于提高抗噪声能力。在实际应用中，并不用对所有向量 $y(\lambda)$ 求和来形成相关性矩阵，我们可以依据这样的事实，即如果输入向量是随机的，那么通过数量级 k 个向量的求和就会以高概率构成一个正确的信号空间。另外一种可用的方法是选择 V 作为一个足够大的向量 $y(\lambda)$ 的集合。同样，如果这些向量是随机的，那么，V 的值域(range)将会以高概率等于整个信号集合 $\{y(\lambda),\lambda\in\Omega\}$ 的值域，其维数不会大于 k。

例 11.35 通过一个例子来说明 CTF 运算。令 $\boldsymbol{A}$ 为一个 16×32 的实值随机矩阵，其元素均为独立的 0 均值 1 方差的高斯随机分布。然后，构造一个 16×10^6 的 k 稀疏矩阵 $\boldsymbol{X}$ 来模拟一个无限数量的向量，并选取 $k=5$。$\boldsymbol{X}$ 的非零元素的位置是随机均匀分布的，非零值的幅值为如上的高斯分布。在实验中，$\boldsymbol{X}$ 的支撑设为 $\{1,2,21,28,31\}$。

为了从测量向量 $\boldsymbol{y}_i=\boldsymbol{A}\boldsymbol{x}_i$ 中确定支撑，利用 CTF 要求选取矩阵 $\boldsymbol{V}$，$\boldsymbol{V}$ 的列向量张成 $\boldsymbol{Y}$ 的值域空间。比较两种建立 $\boldsymbol{V}$ 的方法：第一种方法是形成自相关矩阵 $\boldsymbol{Q}=\sum_{i=1}^{10^6}\boldsymbol{y}_i\boldsymbol{y}_i^*$，然后利用特征值分解。第二种方法是均匀随机地选取 $\boldsymbol{Y}$ 的 k 个列向量。在本例中，这些技术会形成不同的矩阵 $\boldsymbol{U}$，分别用 $\boldsymbol{U}^1$ 和 $\boldsymbol{U}^2$ 表示特征值分解和随机选择方法。特别地，非零行通过下式给出：

$$\boldsymbol{U}_\lambda^1=1000\begin{bmatrix}1.6665 & 6.3115 & -0.3662 & 7.5249 & 0.5905\\ -3.1875 & -4.7760 & -6.9128 & 4.3368 & 0.7463\\ -6.4037 & 0.5349 & 2.8612 & 1.6601 & -6.9097\\ 6.4048 & -1.4024 & -2.6207 & 0.1911 & -7.0702\\ -2.2773 & 5.9023 & -6.0901 & -4.6591 & -1.0929\end{bmatrix} \tag{11.191}$$

$$\boldsymbol{U}_\lambda^2=\begin{bmatrix}-7.2314 & -2.1224 & 5.8637 & -4.4917 & 5.9805\\ 6.6744 & 3.3027 & -1.6938 & -0.7727 & 0.9958\\ 1.4692 & 0.2108 & 12.9384 & 3.1924 & 18.8706\\ 12.8984 & 8.3227 & -14.5056 & -9.1430 & -5.6768\\ 11.6154 & -1.7872 & -3.9152 & -10.3459 & -14.9185\end{bmatrix} \tag{11.192}$$

然而，这两个矩阵有相同的行支撑。在两种情况下，正确的支撑都可以被正确恢复。

例 11.36 在这个例子中，我们验证了例 11.35 中描述方法的性能，即基于特征值分解和随机选择的 CTF 算法在噪声条件下的性能。我们利用与例 11.35 同样的实验条件，只是这里在测量向量上加入了加性高斯白噪声。对于每一个选定的 SNR 值，实验重复 1000 次。图 11.21 给出了作为 SNR 的函数的恢复支撑。很明显，特征值分解方法要比随机列向量选择方法具有更可靠的性能解。

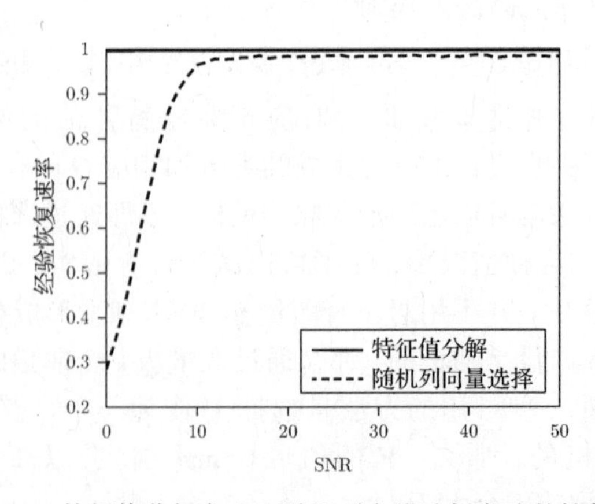

图 11.21 特征值分解方法和随机列向量选择方法的性能比较

例 11.37 作为 CTF 算法的最后一个演示，我们来考察随机列选择方法，分析一下其算法性能噪声环境下与从 $\boldsymbol{Y}$ 中选择的列向量个数的关系。对于每一个选择的列向量个数和信噪比值，实验重复 1000 多次。图 11.22 给出了性能实验结果，正如所预测的那样，当选择的列向量的个数超出 k 之后，性能会随着选择列向量个数的增加而进一步提高。

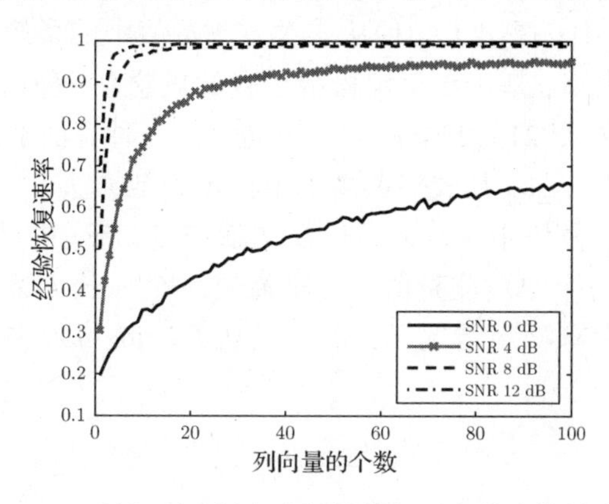

图 11.22 随机列选择方法的性能与列向量个数的关系

11.7 小结和扩展

总结一下本章的内容，CS 是一个令人振奋并快速增长的研究领域，已经在信号处理、统计学、计算机科学等广泛的科技领域引起了相当大的关注。虽然它的发展只是经历了短短的几年，但是已经有数以千计的研究文献以及数以百计的各种学术会议、研讨会及专题会围绕这一新技术不断地开展。在本章，我们主要回顾了 CS 理论的一些基础知识。在后续章节中，将会看到这里介绍的基本概念和基本方法的展开和拓展，建立一些适应于描述模拟和数字信号的新的模型，并且进一步研究新的感知设计技术，使我们能够使用现有的硬件设备在一个欠奈奎斯特速率下实现更广泛类型模拟信号的采样问题。

文献[14]给出了一个关于 CS 理论及其应用更广泛的介绍。基本的 CS 理论还在不断被扩展，我们在本书中无法给予更详细的介绍。CS 理论最新扩展的一个例子是我们感兴趣的恢复信号统计学，而并非信号本身的研究。一个特殊的例子是从压缩测量值中进行功率谱估计问题，在阵列信号处理和认知无线电领域具有广泛的应用[343~347]。

另一个引起我们强烈关注和广泛兴趣的 CS 理论研究就是非线性测量值的稀疏信号恢复问题。一个典型的例子产生于所谓相位检索(phase retrieval)问题中，这里，对于一个向量集合 $\boldsymbol{a}_i$，测量值的形式为 $y_i = |\langle \boldsymbol{a}_i, \boldsymbol{x} \rangle|^2$。注意，这里只有 $\langle \boldsymbol{a}_i, \boldsymbol{x} \rangle$ 的幅度被测量，而没有相位测量值。相位检索问题主要出现在光学领域，检测器只能测量到接收光波的幅度。相位检索技术的主要应用领域包括 X 射线晶体分析法、透射型电子显微镜、相干衍射成像等[348~351]。

实际上，已经有许多方法来解决相位恢复问题[349]，这通常依赖于信号的先验信息，如信号的极性和支撑的约束条件。最常见的技术就是基于变换投影方法，其实质就是将信号在对象域和傅里叶域之间来回变换。先验信息及先验观测在两个域中不断使用，以形成下一次的估计。这种类型包括两种主要方法：Gerchberg-Saxton 方法[352]和 Fienup 方法[353]。一般来说，这些算法是不能保证收敛的，通常还需要更严格的参数选择和充分多的先验信息。为了避免这种交替变换投影的困难，最近，更多的检索相位问题被深入研究，其基本思路是假设输入信号 $\boldsymbol{x}$ 是稀疏的，然后扩展 CS 的思想来处理非线性测量的问题。

稀疏相位检索问题最早的研究工作之一是文献[354]，最近对这个问题的兴趣产生了几种不同的方法。在文献[218]中，提出了一种从二次方测量值中的稀疏恢复方法，这种方法是一种在感知矩阵的行稀疏约束下，基于半正定松弛组合的概念，一种迭代阈值算法被提出以求得近似解。类似技术被用于文献[219,220,355]。最近，另一种算法在文献[299,356]中被提出，其核心是使用一种贪心搜索方法，其效率远高于半正定松弛方法，并会产生更精确的解。一个稀疏向量 $\boldsymbol{x}$ 可以从二次方测量值中恢复的条件在文献[357,358]中进行了研究。而文献[358]研究表明，从 $O(k\log(n/k))$ 个幅度测量值中稳定恢复一个 n 长 k 稀疏向量是可能的，其中测量向量 $\boldsymbol{a}_i$ 是随机选择的。在有噪声情况下，也可以从 $O(k\log(n/k)(\log^2 k+\log^2\log(n/k)))$ 个测量值中实现稳定的恢复。

11.8 习题

1. 证明，对于任意的 $\boldsymbol{x}\in\mathbb{C}^n$，并且 $p>q>0$，有

$$\|\boldsymbol{x}\|_p \leqslant \|\boldsymbol{x}\|_q \leqslant n^{1/q-1/p}\|\boldsymbol{x}\|_p \tag{11.193}$$

提示：利用 Hölder 不等式。

2. 考虑利用 $\hat{\boldsymbol{x}}\in\sum_k$ 估计信号 $\boldsymbol{x}$ 的问题，这里，$\sum_k$ 包含所有 k 稀疏向量[见式(11.5)]。证明，阈值算法，即保存 $\boldsymbol{x}$ 的最大的 k 个系数，对于所有的 ℓ_p 范数，利用 $\min_{\hat{\boldsymbol{x}}\in\Sigma_k}\|\boldsymbol{x}-\hat{\boldsymbol{x}}\|_p$，可以得到最佳的近似估计。

3. 考虑一个信号 $\boldsymbol{x}$，它的系数遵守幂率递减法则，如式(11.15)中所描述的。证明，存在系数 C_2，及 $r>0$ 只取决于 C_1 和 q，使得 $\sigma_k(\boldsymbol{x})_2\leqslant C_2k^{-r}$ 成立。

4. 本题要求计算一个秩等于 r 的 $n_1\times n_2$ 矩阵 $\boldsymbol{M}$ 的自由度的数。

(a)考虑 SVD 分解 $\boldsymbol{M}=\sum_{k=1}^{r}\sigma_k\boldsymbol{u}_k\boldsymbol{v}_k^H$，其中 $\sigma_1,\sigma_2,\cdots,\sigma_r>0$ 是 $\boldsymbol{M}$ 的非零奇异值，$\boldsymbol{u}_1,\boldsymbol{u}_2,\cdots,\boldsymbol{u}_r\in\mathbb{R}^{n_1}$，$\boldsymbol{v}_1,\boldsymbol{v}_2,\cdots,\boldsymbol{v}_r\in\mathbb{R}^{n_2}$ 为相应的奇异向量，计算 SVD 分解中变量的个数。

(b)计算 $\boldsymbol{u}_i$ 和 $\boldsymbol{v}_i$ 的约束个数。

(c)利用前两个结果计算 $\boldsymbol{M}$ 的自由度的个数。

5. 令 $\boldsymbol{A}$ 是 $m\times n$ 的矩阵，证明秩空定理(rank-nullity theorem)，即

$$\text{rank}(\boldsymbol{A})+\text{nullity}(\boldsymbol{A})=n \tag{11.194}$$

其中 nullity($\boldsymbol{A}$)代表 $\boldsymbol{A}$ 的零空间的维度。

6. 计算下面两个矩阵的 spark：

(a)

$$\boldsymbol{A}=\begin{bmatrix}1 & -1 & 0 & -1\\ -1 & 1 & 1 & -1\end{bmatrix} \tag{11.195}$$

(b)

$$\boldsymbol{B}=\begin{bmatrix}1 & 2 & 3 & 4\\ 4 & 1 & 2 & 3\\ 3 & 4 & 1 & 2\end{bmatrix} \tag{11.196}$$

7. 令 $\boldsymbol{A},\boldsymbol{B}\in\mathbb{R}^{m\times n}$，证明或者反证以下关系：

(a)spark($\boldsymbol{A}$)$\leqslant$rank($\boldsymbol{A}$)。

(b)spark($\boldsymbol{A}$)$\leqslant$rank($\boldsymbol{A}$)+1。

(c) $\mathrm{spark}(\boldsymbol{A}\boldsymbol{A}^{\mathrm{T}}) \leqslant \mathrm{spark}(\boldsymbol{A})$。

(d) $\mathrm{spark}(\boldsymbol{A}+B) \leqslant \mathrm{spark}(\boldsymbol{A}) + \mathrm{spark}(\boldsymbol{B})$。

(e) $\mathrm{spark}(\boldsymbol{A}\boldsymbol{B}) = \mathrm{spark}(\boldsymbol{A}) + \mathrm{spark}(\boldsymbol{B})$。

8. 令 $\boldsymbol{A}$ 是满足 k 阶 RIP 的矩阵，δ_k 为一个常数。令 Λ 是大小为 k 的集合，证明：

(a) 受限等距常数的排序为 $\delta_1 \leqslant \delta_2 \leqslant \cdots$。

(b) $\| \boldsymbol{A}_\Lambda^{\mathrm{T}} \boldsymbol{A}_\Lambda - \boldsymbol{I} \| \leqslant \delta_k$。

(c) $\| \boldsymbol{A}_\Lambda^{\mathrm{T}} \boldsymbol{x} \|_2^2 \leqslant (1+\delta_k) \| x \|_2^2$。

(d) $\dfrac{1}{1+\delta_k} \| \boldsymbol{x} \|_2^2 \leqslant \| \boldsymbol{A}_\Lambda^{\dagger} \boldsymbol{x} \|_2^2 \leqslant \dfrac{1}{1-\delta_k} \| \boldsymbol{x} \|_2^2$。

(e) $(1-\delta_k) \| \boldsymbol{x} \|_2^2 \leqslant \| \boldsymbol{A}_\Lambda^{\mathrm{T}} \boldsymbol{A}_\Lambda \boldsymbol{x} \|_2^2 \leqslant (1+\delta_k)^2 \| \boldsymbol{x} \|_2^2$。

(f) $\dfrac{1}{(1+\delta_k)^2} \| \boldsymbol{x} \|_2^2 \leqslant \| (\boldsymbol{A}_\Lambda^{\mathrm{T}} \boldsymbol{A}_\Lambda)^{-1} \boldsymbol{x} \|_2^2 \leqslant \dfrac{1}{(1-\delta_k)^2} \| \boldsymbol{x} \|_2^2$。

9. 考虑下面 6×7 的矩阵：

$$\boldsymbol{A} = \begin{bmatrix} 1 & 0 & 0 & 0 & 0 & \frac{1}{\sqrt{6}} & 0 \\ 0 & 1 & 0 & 0 & 0 & \frac{1}{\sqrt{6}} & 0 \\ 0 & 0 & 1 & 0 & 0 & \frac{1}{\sqrt{6}} & 0 \\ 0 & 0 & 0 & 1 & 0 & \frac{1}{\sqrt{6}} & 0 \\ 0 & 0 & 0 & 0 & 1 & \frac{1}{\sqrt{6}} & 0 \\ 0 & 0 & 0 & 0 & 0 & \frac{1}{\sqrt{6}} & 1 \end{bmatrix} \tag{11.197}$$

(a) 证明 $\boldsymbol{A}$ 满足二阶 RIP 条件，常数为 $\delta_2 = 1/\sqrt{6}$。

(b) 证明 $\boldsymbol{A}$ 满足定理 11.4。

10. 考虑在习题 9 中定义的矩阵。

(a) 计算 $\boldsymbol{A}$ 的自相关函数 $\mu(\boldsymbol{A})$，证明 $\mu(\boldsymbol{A})$ 满足命题 11.7。

(b) 计算 $\boldsymbol{A}$ 的 spark 函数 $\mathrm{spark}(\boldsymbol{A})$，证明 $\mathrm{spark}(\boldsymbol{A})$ 满足引理 11.2。

(c) 证明 $\mu(\boldsymbol{A})$ 满足引理 11.3。

11. 考虑 $m \times n$ 的傅里叶矩阵 $\boldsymbol{F}$，其元素为

$$F_{r\ell} = \frac{1}{\sqrt{n}} \mathrm{e}^{-\mathrm{j}\frac{2\pi}{n} r\ell} \tag{11.198}$$

其中，$r = -M, \cdots, M$（使得 $m = 2M+1$），并且 $\ell = 0, 1, \cdots, n-1$。

(a) 计算 $\boldsymbol{F}$ 的自相关函数。提示：答案应该是一个 Dirichlet kernel 函数

$$D_n(x) = \sum_{k=-n}^{n} \mathrm{e}^{\mathrm{j}kx} = \frac{\sin((n+1/2)x)}{\sin(x/2)} \tag{11.199}$$

(b) 令 $n = 256$，画出 $\boldsymbol{F}$ 作为奇数 m 函数的相关系数，并解释结果。

(c) 现在令 m 固定，$n \to \infty$。在这种情况下计算相关系数，用这个结果来解释为什么超分辨是困难的。

(d) 假设 $\boldsymbol{y} = \boldsymbol{F}\boldsymbol{x}$，并且 $\boldsymbol{x}$ 中的非零值被一个 Δ 值隔开。当限制可能输入的 $\boldsymbol{x}$ 时，计算 $\boldsymbol{F}$ 的自相关系数。

12. 令 $\boldsymbol{H}$ 是式(11.100)中给出的 4×4 的哈尔矩阵，令 $\boldsymbol{F}$ 是 4×4 的归一化傅里叶矩阵。

(a) 计算互相关系数 $\mu(\boldsymbol{H}, \boldsymbol{F})$。

(b) 证明 $\mu(\boldsymbol{H}, \boldsymbol{F})$ 满足命题 11.8。

13. 假如有三个空间 $\mathbb{R}^2$ 中的向量，请问：

(a)什么是最小一致性可能？

(b)举出满足这种一致性的实例。

14. 考虑习题12中定义的矩阵，令

$$x = [1 \quad 1 \quad 1 \quad 1]^{\mathrm{T}} \tag{11.200}$$

(a)计算 $\boldsymbol{a}$ 和 $\boldsymbol{b}$ 使得 $\boldsymbol{x}=\boldsymbol{Ha}$ 并且 $\boldsymbol{x}=\boldsymbol{Fb}$。

(b)证明 $\mu(\boldsymbol{H},\boldsymbol{F})$ 满足定理11.7。

15. 令 $\boldsymbol{y}=\boldsymbol{Ax}$，其中 $\boldsymbol{x}$ 是 k 稀疏的。证明：当且仅当 $\boldsymbol{A}$ 满足 k 阶修正零空间特性(modified SNP)，即对于所有的 $\boldsymbol{h}\in\mathcal{N}(\boldsymbol{A})$，以及对于所有的 Λ，$|\Lambda|\leqslant k$，有 $\|\boldsymbol{h}_\Lambda\|_1 \leqslant \|\boldsymbol{h}_{\Lambda^c}\|_1$ 成立，则 $\boldsymbol{x}$ 为 $\min_z \|z\|_1$ 对于 $\boldsymbol{y}=\boldsymbol{Az}$ 的唯一解。

16. 求解式(11.117)在 $\mathcal{B}(\boldsymbol{y})=\{z:\boldsymbol{A}z=\boldsymbol{y}\}$ 下的优化问题，其中 $\boldsymbol{A}$ 是下面4×8的范德蒙德矩阵：

$$\boldsymbol{A} = \begin{bmatrix} 1 & 1 & 1 & 1 & 1 & 1 & 1 & 1 \\ 1 & 2 & 3 & 4 & 5 & 6 & 7 & 8 \\ 1 & 4 & 9 & 16 & 25 & 36 & 49 & 64 \\ 1 & 8 & 27 & 64 & 125 & 216 & 343 & 512 \end{bmatrix} \tag{11.201}$$

并且

$$y = [2 \quad 6 \quad 26 \quad 126]^{\mathrm{T}} \tag{11.202}$$

17. 用 ℓ_1 的公式(11.119)重做习题16，并比较两个习题的结果。

18. 证明MP算法中的驻留值可以写为如下的递归形式：

$$\boldsymbol{r}_\ell = \boldsymbol{r}_{\ell-1} - \frac{\boldsymbol{a}_i^* \boldsymbol{r}_{\ell-1}}{\|\boldsymbol{a}_i\|_2^2}\boldsymbol{a}_i \tag{11.203}$$

其中，$\boldsymbol{a}_i$ 由方程式(11.127)给出。

19. 证明OMP算法中的驻留值可以写为如下的递归形式：

$$\boldsymbol{r}_\ell = \boldsymbol{r}_{\ell-1} - \frac{\boldsymbol{a}_j^* \boldsymbol{r}_{\ell-1}}{\|\beta_j\|_2^2}\beta_j \tag{11.204}$$

其中，$\beta_j = \boldsymbol{a}_j - \sum_{i\in\Lambda}\langle \boldsymbol{a}_j,\boldsymbol{a}_i\rangle \boldsymbol{a}_i$，$\Lambda$ 是算法11.1中定义的 $\hat{\boldsymbol{x}}_{\ell-1}$，$j$ 是新支撑集索引。

20. 矩阵 $\boldsymbol{A}$ 的元素iid满足均值为0方差为1的高斯分布。假设在常量 δ 及概率 p 的条件下，$\boldsymbol{A}$ 满足RIP条件。假设 $\boldsymbol{D}$ 是一个酉矩阵。找到合适的 δ' 和 p' 使得矩阵 $\boldsymbol{A}$ 满足D-RIP条件。对结果做出解释。

21. 假设 $\boldsymbol{A}$ 是一个6×20的有不等根的范德蒙德矩阵。

(a)如果 $\boldsymbol{x}$ 是一个任意的长度为20的 k 稀疏的向量，k 为多大才可以从 $\boldsymbol{y}=\boldsymbol{Ax}$ 中恢复出 $\boldsymbol{x}$。

(b)假设 $\boldsymbol{X}$ 是一个大小为 $20\times L$ 且有 k 个非零行的矩阵。k 为多大才可以从 $\boldsymbol{Y}=\boldsymbol{AX}$ 中恢复出 $\boldsymbol{X}$。

22. 有一个MMV系统 $\boldsymbol{Y}=\boldsymbol{AX}$，其中 $\boldsymbol{X}$ 是 k 行稀疏的。

(a)把矩阵 $\boldsymbol{Y}$ 的各列首尾相接拼接为向量 $\boldsymbol{y}$，把矩阵 $\boldsymbol{X}$ 的各行首尾相接拼接为向量 $\boldsymbol{x}$。找到一个矩阵 $\boldsymbol{B}$ 使得 $\boldsymbol{y}=\boldsymbol{Bx}$。

(b)计算矩阵 $\boldsymbol{B}$ 的自相关矩阵并与矩阵 $\boldsymbol{A}$ 的结果比较。对结果做出解释。

(c) $\boldsymbol{x}$ 的稀疏模式是什么？

第 12 章　有限维子空间并集采样

在前面的章节中我们讨论了稀疏有限维向量的采样问题。我们了解到，这种情况可以视为一个并集模型的特殊情况，其中并集中的子空间$\mathcal{U}_i$是 k 个一维子空间的直和，由单位矩阵的列向量张成。因此，对于每一个 $\mathcal{U}_i=\mathcal{U}$ 有

$$\mathcal{U} = \mathcal{E}_{i_1} \oplus \cdots \oplus \mathcal{E}_{i_k} \tag{12.1}$$

其中$\mathcal{E}_j$，$1 \leqslant j \leqslant N$ 是由 $N \times N$ 的单位矩阵的第 j 个列向量所成的子空间，i_j，$1 \leqslant j \leqslant k$ 是介于 1 和 N 之间的指数。

观察如式(12.1)的 UoS 形式稀疏模型，可以扩展出很多的信号类型。特别地，我们可以用一个子空间 $\mathcal{A}_j$来代替 $\mathbb{R}^N$上的任意一个一维子空间$\mathcal{E}_j$。这些子空间具有任意维度，可以通过一个任意的希尔伯特空间 $\mathcal{H}$ 来进行表述。特别地，它们可以用来表示模拟信号的子空间。本章主要讨论该形式下的有限维数子空间并集，讨论利用较少的测量值在这种子空间并集上的信号恢复的方法及性能。在子空间的情况未知的时候，我们试图通过测试数据来学习这种子空间。最后，我们将通过压缩数据来了解这类子空间更复杂的情况，从而将压缩感知理论进一步扩展，形成所谓盲压缩感知方法(blind compressed sensing)。

12.1　有限维子空间并集

12.1.1　信号模型

本章我们讨论的模型为：$x \in \mathcal{X}$，其中 $\mathcal{X}$ 是一个有限维子空间并集(finite union of subspaces，FUS)，$\mathcal{X} = \cup_i \mathcal{U}_i$，每个 $\mathcal{U}_i$具有如下形式：

$$\mathcal{U}_i = \bigoplus_{|j|=k} \mathcal{A}_j \tag{12.2}$$

其中$\{\mathcal{A}_j, 1 \leqslant j \leqslant m\}$ 是给定的一组不相交子空间，其中 $|j|=k$ 表示指数 k 的和。因此，每个子空间 $\mathcal{U}_i$都代表一个不同 k 指数下的子空间 $\mathcal{A}_j$，其代表和。假定 m 和子空间 $\mathcal{A}_i$的维度$d_i=\dim(\mathcal{A}_i)$是有限的。式(12.2)的高阶表达形式可以将此问题转换为压缩感知的某个块。因此，可以利用此结构来探究通用的恢复算法。事实上，如果从子空间模型的广义范畴来看，使用有效的计算方法进行信号恢复的关键在于使子空间包含某些可能的重要集合。下面章节我们讨论的就是这样的集合，一定数量的子空间包含这样的集合以及独立子空间的维度。

我们定义 n 采样

$$y = S^* x \tag{12.3}$$

其中 S 是一个通用的采样算子，未知数 x 位于其中一个子空间 $\mathcal{U}_i$，我们需要恢复这个位置信号 x 。在此设定下，我们有 $\binom{m}{k}$ 个可能的子空间来构成集合。在此模型下 x 可以写成如下形式：

$$x = \sum_{i=1}^{k} x_i \tag{12.4}$$

其中 x_i位于 $\mathcal{A}_j$。

在之前的章节中，我们讨论了从压缩采样中恢复稀疏向量。我们讨论的几种方案实际上是式(12.2)的特殊情况，其中 $\mathcal{A}_j$ 是 $\mathbb{R}^N$ 的子空间。例如，N 长向量 $x=\boldsymbol{x}$(具有由可逆矩阵 $\boldsymbol{W}$ 所定义的一个给定基下所代表的 k 阶表示)的标准稀疏模型可以通过选择合适的 $\mathcal{A}_i$ 作为矩阵 $\boldsymbol{W}$ 的第 i 个列向量扫描的空间。在此设定下 $m=N$，其中 $\binom{N}{k}$ 个子空间构成这个并集。

$\mathbb{R}^N$ 空间下另一个重要的例子是稀疏模型块[183, 207, 359, 360]，其中 $\boldsymbol{x}$ 按照相同尺寸 d 被分割成等长的块，大多数 k 块是非零的。如果选择 $\mathcal{A}_i$ 作为特定的单位矩阵的 d 列扫描，则该向量可以使用当前设定。其中 $m=N/d$，该集合具有 $\binom{N/d}{k}$ 个子空间。该类向量的一个示例如图 12.1 所示。在此示例中，$\boldsymbol{x}$ 是一个长度 $N=20$ 的向量，块大小为 4，有 3 个非零块。

块稀疏在很多问题中都有出现，例如，DNA 微序列分析[361, 362]、均匀稀疏通信信道[331]、源定位[330]以及源分离[363]。至于我们关心的模拟信号的采样问题，可以将式(12.2)形式下的集合模型转换为块稀疏的恢复问题。在下一节将详细介绍这个转换过程。

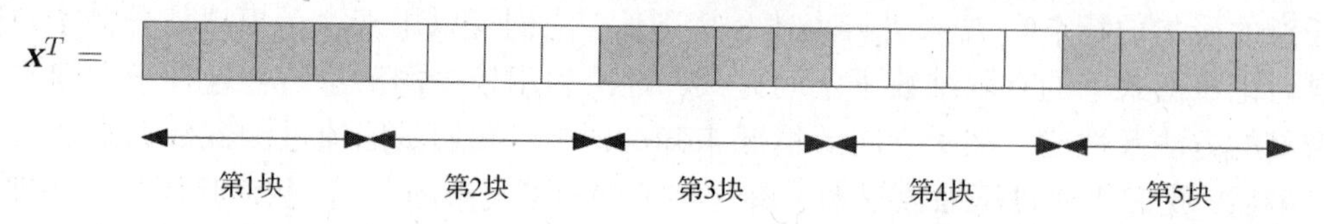

图 12.1 块稀疏矩阵 $\boldsymbol{x}$，维度 20，等块尺寸 $d=4$ 。灰色块代表 3 个块内的 12 个非零元素

块稀疏的一个特例是我们在 11.6 节讨论的 MMV 模型，其目的在于根据采样矩阵 $\boldsymbol{A}$ 从测量矩阵 $\boldsymbol{Y}=\boldsymbol{AX}$ 中恢复出矩阵 $\boldsymbol{X}$。假定矩阵 $\boldsymbol{X}$ 具有 k 个非零行。该问题可以转换为通过按行拉直 $\boldsymbol{X}$ 和 $\boldsymbol{Y}$ 后恢复一个 k 块稀疏信号的问题，如下所示：

$$\mathrm{vec}(\boldsymbol{Y}^{\mathrm{T}}) = (\boldsymbol{A}\otimes\boldsymbol{I})\mathrm{vec}(\boldsymbol{X}^{\mathrm{T}}) \tag{12.5}$$

其中，$\otimes$ 代表克罗内克积，$\mathrm{vec}(\boldsymbol{B})$ 代表 $\boldsymbol{B}$ 按行拉直。关系式(12.5)遵守克罗内克积和按行拉直的规定，详见附录 A。此时 $\boldsymbol{X}$ 为 k 行稀疏，$\boldsymbol{X}^{\mathrm{T}}$ 为 k 列稀疏，即 k 列是非零的。这意味着 $\mathrm{vec}(\boldsymbol{X}^{\mathrm{T}})$ 是 k 块稀疏。

例 12.1 在本例中，我们给出了一个音乐素材的块稀疏模型。

我们假设将一个音频信号分成一系列长度为 N 的块，长度为 100 ms。每个时间间隔都可视为至多 10 个音符的叠加(如 Do, Re, Mi…)，代表一节。同时每个音符本身代表一系列单频信号(含有基本的频率和曲调)的叠加。如图 12.2 所示，我们给出了两个 Do 音符的实际功率谱。这些信号都有同一个关键音 Do。从图中我们可以发现每个音符都有一系列音调的加权和，其中的权值并不一定是相等的。在本例中，大概有 8 个音节，我们考虑更一般的情况，假设单个音调是由至多 10 个单音节调制而成的，则我们可以通过一个 $N\times 20$ 的矩阵 $\boldsymbol{A}$ 来进行表示，其中因子 2 是考虑到相位多值性。前 2 列是单音调(基频)以及它的平移值(按其周期平移 25%)，其余列代表其谐波。这些基频数据可以通过一组测试数据获取。

一个常见的钢琴具有八度音阶，每个音阶都被分成 12 个音调(7 个白键和 5 个黑键)，总共 96 个音调。我们用 $N\times 20$ 的矩阵 $\boldsymbol{A}_i$ 来表示每个音调，这样上述的音频片段的分割可表示为

$$\boldsymbol{y} = \boldsymbol{Ax} = [\boldsymbol{A}_1 \quad \boldsymbol{A}_2 \quad \cdots \quad \boldsymbol{A}_{96}]\boldsymbol{x} \tag{12.6}$$

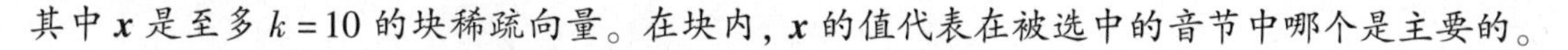

其中 $\boldsymbol{x}$ 是至多 $k=10$ 的块稀疏向量。在块内，$\boldsymbol{x}$ 的值代表在被选中的音节中哪个是主要的。

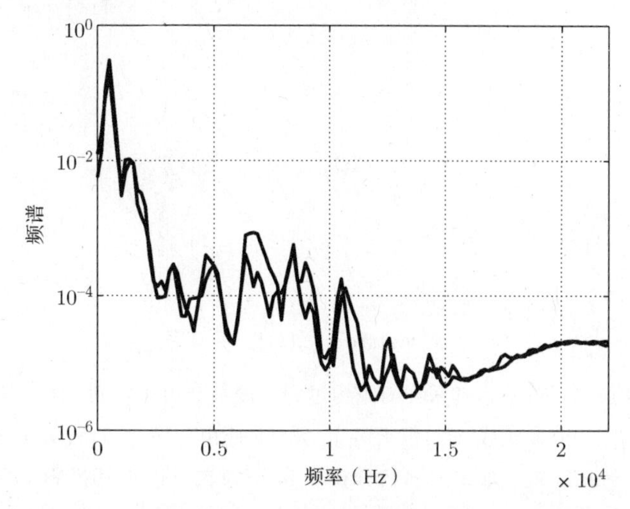

图 12.2　两个音调 Do 的实际功率谱。每个音调都由几个(约为 8)音节的加权和组成

12.1.2　问题描述

给定 k 和子空间 $\mathcal{A}_i$，我们有如下问题：

(1) 对于采样向量 s_i，$1 \leqslant i \leqslant n$，我们该考虑哪些情况以确保采样是可逆的和稳定的？

(2) 如何能够准确恢复 $\boldsymbol{x}$(不考虑计算复杂度的情况下)？

(3) 如何高效、准确地恢复 $\boldsymbol{x}$？

在此情况下，$\boldsymbol{x}$ 位于一个单子空间 $\mathcal{A} \subseteq \mathcal{H}$，在第 6 章我们讨论过它可以根据 $\mathcal{H}=\mathcal{A} \oplus \mathcal{S}^{\perp}$ 以及 $S^* x$ 来进行恢复。特别地，当 $\mathcal{A}$ 和 $\mathcal{S}$ 分别由 $\{a(t-nT)\}$ 和 $\{s(t-nT)\}$ 生成时，同时由式(5.28)定义的 $R_{SA}(\mathrm{e}^{\mathrm{j}\omega})$ 是稳定可逆的，则恢复在理论上是可行的。重构过程如下：用滤波器[系统函数 $H(\mathrm{e}^{\mathrm{j}\omega}) = 1/R_{SA}(\mathrm{e}^{\mathrm{j}\omega})$]对采样信号进行滤波处理，再用 $a(t)$ 对修正采样信号进行插值处理。从几何学上说，求解采样信号等价于求解 $P_{\mathcal{S}}x$ 在 $\mathcal{S}$ 上的正交投影。在满足直和条件的情况下，$\mathcal{A}$ 下的给定投影向量是唯一的(见图 6.5)。

当 x 位于一系列可能的正交子空间当中时，采样与恢复过程之间的相关度会更高。假设采样是线性的，则该采样过程可以等价于使用简单采样向量来对空间 $\mathcal{S}$ 进行扫描投影。但是如图 12.3 所示，基于无限的可能性，我们不能再用一个简单垂直直线来匹配有限空间。因此，与之前章节的优先过程相比，集合优先需要使用非线性的恢复手段来确定恰当的子空间和重构信号。

为了回答上述问题，我们讨论了式(12.2)中的 UoS 问题与稀疏向量块间的等价关系。该关系将在下一节详细讨论。本章接下来将讨论 k 块稀疏模型和在此构架下我们的结果。特别是，我们引入了一个块 RIP 条件来保证我们采样问题的唯一性和稳定性。之后，我们基于凸优划设计了一种高效恢复算法(详见块 BP 方法[207]，其近似了一个块稀疏向量 $\boldsymbol{c}$，并用了很多种块稀疏恢复方法)。基于该块 RIP 以及块协调，我们可以证明使用提及的技术的确能够准确恢复 $\boldsymbol{c}$。

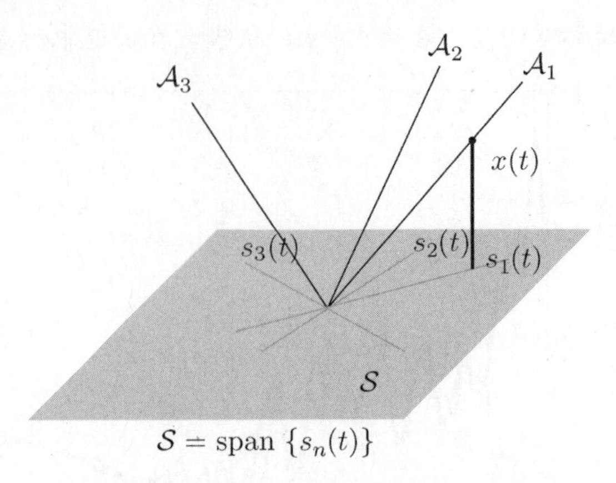

图 12.3　对 $x(t)$ 的采样与重构过程。该集合由子空间：$\mathcal{A}_1$，$\mathcal{A}_2$，$\mathcal{A}_3$ 组成[$x(t)$ 位于 $\mathcal{A}_1$]。采样向量由 $s_1(t)$，$s_2(t)$，$s_3(t)$ 组成。如果 $x(t)$ 已知位于 $\mathcal{A}_1$，则它可以由其投影 $s_1(t)$ 进行恢复。但是，我们更感兴趣的是 $x(t)$ 未知的情况

我们这里研究的块稀疏模型在之前的文献中也有提及，但研究对象却有所不同。例如，文献[364,365]讨论了群体选择，文献[365,359]讨论了对称预估问题，文献[366]讨论了用于逻辑回归的块稀疏问题。

12.1.3　分块稀疏性

考虑这样一个信号模型，信号 x 位于 m 个子空间 $\mathcal{A}_i$ 中的 k 个子空间并集中，$d_i = \dim(\mathcal{A}_i)$，如式(12.2)所示。为了准确描述 x，我们对每一个 $\mathcal{A}_i$ 选择一个基。并利用 A_i：$\mathbb{R}^{d_i} \to \mathcal{H}$ 来表示 $\mathcal{A}_i$ 的基所对应的集合变换，则任意信号 x 可写成如下形式：

$$x = \sum_{|i|=k} A_i \boldsymbol{c}_i \tag{12.7}$$

其中 $c_i \in \mathbb{R}^{d_i}$ 是 $\mathcal{A}_i$ 的表示系数，$|i| = k$ 表示指数 k 的和。指数值取决于信号 x，并且事先是未知的。为了得到块稀疏的等效关系，还需要引入一些符号。首先，定义 A：$\mathbb{R}^N \to \mathcal{H}$ 为集合变换，这是一个利用 $N = \sum_{i=1}^{m} d_i$ 联系不同的 A_i 的结果，称为按列方式联系(column-wise concatenating)。对于某些 M 的空间 $\mathcal{H} = \mathbb{R}^M$，$A_i = \boldsymbol{A}_i$ 是 $M \times d_i$ 的矩阵。而 $A = \boldsymbol{A}$ 是 $M \times N$ 矩阵，并且是由 A_i 按列方式联系得到的。之后，我们定义 $\mathcal{I} = \{d_1, \cdots, d_m\}$ 上的一个 N 长向量 $\boldsymbol{c}$ 的第 i 个子块 $\boldsymbol{c}[i]$，这个第 i 个子块的长度为 d_i。子块按照序列排列，如下式所示：

$$\boldsymbol{c}^{\mathrm{T}} = [\underbrace{c_1 \quad \cdots \quad c_{d_1}}_{\boldsymbol{c}[1]} \cdots \underbrace{c_{N-d_m+1} \quad \cdots \quad c_N}_{\boldsymbol{c}[m]}]^{\mathrm{T}} \tag{12.8}$$

在定义了上述变量后，有

$$A\boldsymbol{c} = \sum_{i=1}^{m} A_i \boldsymbol{c}[i] \tag{12.9}$$

如果对于给定的 x，第 j 个子空间 $\mathcal{A}_j$ 在式(12.2)中或式(12.7)中未出现，则 $\boldsymbol{c}[j] = \mathbf{0}$。

对于式(12.2)的并集中任意 x 来讲，其可用基 A_i 中的 k 项来表示。因此，$x = A\boldsymbol{c}$，其中最多有 k 个非零块 $\boldsymbol{c}[i]$，因此在一组合适的基下，x 可以用稀疏向量 $\boldsymbol{c}$ 来进行表示。这里我们讨论的稀疏方法的形式是唯一的，我们将进一步研究算法以及适用条件：块内的非零元素。

定义 12.1　如果向量 $\boldsymbol{c}$ 的子块 $\boldsymbol{c}[i]$ 最多有 k 个指数 i 是非零的（其中 $N = \sum_i d_i$），则称向量 $\boldsymbol{c}(\boldsymbol{c} \in \mathbb{R}^N)$ 为在 $\mathcal{I} = \{d_1, \cdots, d_m\}$ 上是 k 块稀疏的。

图 12.4 给出了一个 $k=2$ 时的块稀疏向量例子。对于任意 i 来说，当 $d_i = 1$ 时，则块稀疏的定义就是通常的稀疏向量的定义。另外

$$\|\boldsymbol{c}\|_{0,\mathcal{I}} = \sum_{i=1}^{m} I(\|\boldsymbol{c}[i]\|_2 > 0) \tag{12.10}$$

其中 $I(\|\boldsymbol{c}[i]\|_2 > 0)$ 是一个指示函数，当 $\|\boldsymbol{c}[i]\|_2 > 0$ 时，值为 1，否则值为 0。一个 k 块稀疏向量 $\boldsymbol{c}$ 可用 $\|\boldsymbol{c}\|_{0,\mathcal{I}} \leqslant k$ 表示。

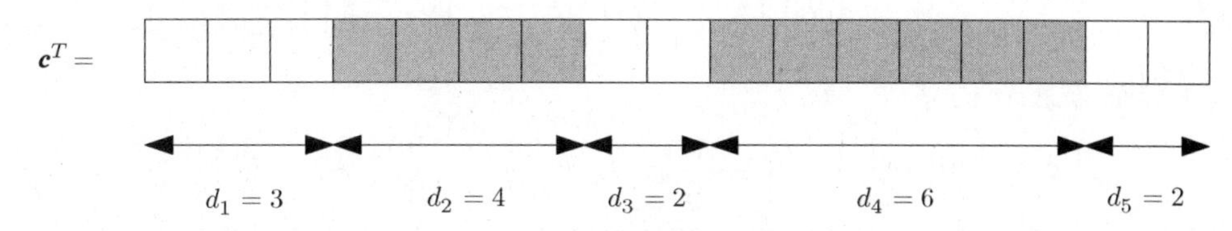

图 12.4　块稀疏向量 $\boldsymbol{c}$（$\mathcal{I} = \{d_1, \cdots, d_5\}$）。灰色区域代表 10 个非零元素，占用两个块

显然，式(12.2)的并集中的向量 x 与块稀疏向量 $\boldsymbol{c}$ 之间有一一对应关系。式(12.3)中的测量值可以用向量 $\boldsymbol{c}$ 来表示

$$\boldsymbol{y} = S^* x = S^* A\boldsymbol{c} = \boldsymbol{D}\boldsymbol{c} \tag{12.11}$$

其中 $\boldsymbol{D}$ 是一个 $n \times N$ 的矩阵，定义为

$$\boldsymbol{D} = S^* A \tag{12.12}$$

在下面的讨论中，就可以用 $\boldsymbol{D}$ 与 $\boldsymbol{c}$ 来讨论利用式(12.11)中的测量值 $\boldsymbol{y}$ 来恢复一个 $\mathcal{I}$ 上的 k 块稀疏向量 $\boldsymbol{c}$。

需要说明的是，对于每个子空间的基底 A_i 的选择并不会影响到我们的模型。确实，选择不同的基底可能会使 $x = A\boldsymbol{W}\boldsymbol{c}$，其中 $\boldsymbol{W}$ 是块尺寸为 d_i 大小的块对角矩阵。定义 $\tilde{\boldsymbol{c}} = \boldsymbol{W}\boldsymbol{c}$，其中 $\tilde{\boldsymbol{c}}$ 的块稀疏模式与 $\boldsymbol{c}$ 等价。

至此，我们的问题可以等价为从线性测量值 $\boldsymbol{y} = \boldsymbol{D}\boldsymbol{c}$ 中恢复一个 $\mathcal{I}$ 上的块稀疏向量的问题，本章接下来将主要研究该问题。我们的目的是为了能够准确分析 $\boldsymbol{c}$ 的块结构，包括恢复算法和性能评估。如我们所说的那样，相对将信号用传统意义上的稀疏概念来进行处理，正确使用块稀疏能够更好地将信号的特性进行重构，从而可以忽略此问题中的附加结构。同时，我们还考虑到了当 $\boldsymbol{D}$，或者等价的子空间 $\mathcal{A}_i$ 是未知的情况下，其能够通过数据进行有效估计。

例 12.2　考虑如下子空间：

$$\mathcal{A}_i = \mathrm{span}\{\sin(\omega_i t), \cos(\omega_i t)\}, \quad i = 1,2,3 \tag{12.13}$$

其中当 $i \neq j$ 时，$\omega_i \neq \omega_j$。令 $\mathcal{X} = \cup_i \mathcal{U}_i$ 为子空间的集合，其中

$$\mathcal{U}_i = \bigoplus_{|j|=2} A_i A_j, \quad i = 1,2,3 \tag{12.14}$$

因此，对于任意的 $x(t) \in \mathcal{X}$ 来说，其实际上是至多两个频点下的正弦与余弦的线性组合。

下面来说明如何用一个块稀疏向量来表示 $\mathcal{X}$ 下的 $x(t)$。首先将根据子空间 $\mathcal{A}_i$ 构造一个对应的集合变换 A_i，其中 $A_i\boldsymbol{a} = a_1 \sin(\omega_i t) + a_2 \cos(\omega_i t)$，其中 $\boldsymbol{a} \in \mathbb{R}^2$，令

$$x(t) = \sin(\omega_1 t) + 2\cos(\omega_1 t) + 3\sin(\omega_3 t) + 4\cos(\omega_3 t) \tag{12.15}$$

作为 $\mathcal{X}$ 下的一个给定信号。则可称 $x = A\tilde{\boldsymbol{c}}$，其中 A 是与 A_1，A_2，A_3 相关的一组转换基，$\tilde{\boldsymbol{c}}$ 是

2 块稀疏向量，即块尺寸为 2，如下式：

$$\tilde{c} = [1 \quad 2 \quad 0 \quad 0 \quad 3 \quad 4]^{\mathrm{T}} \tag{12.16}$$

假设给每个 $\mathcal{A}_i$ 选择了不同的基底

$$\mathcal{A}_i = \mathrm{span}\{\mathrm{e}^{-\mathrm{j}\omega_i t}, \mathrm{e}^{\mathrm{j}\omega_i t}\}, \quad i = 1,2,3 \tag{12.17}$$

在该基底下，x 可以写为

$$x = \left(1 + \frac{1}{2\mathrm{j}}\right)\mathrm{e}^{\mathrm{j}\omega_1 t} + \left(1 - \frac{1}{2\mathrm{j}}\right)\mathrm{e}^{-\mathrm{j}\omega_1 t} + \left(2 + \frac{3}{2\mathrm{j}}\right)\mathrm{e}^{\mathrm{j}\omega_3 t} + \left(2 - \frac{3}{2\mathrm{j}}\right)\mathrm{e}^{-\mathrm{j}\omega_3 t} \tag{12.18}$$

定义

$$\boldsymbol{W} = \mathrm{diag}\left(\begin{bmatrix} \mathrm{j} & -\mathrm{j} \\ 1 & 1 \end{bmatrix}, \begin{bmatrix} \mathrm{j} & -\mathrm{j} \\ 1 & 1 \end{bmatrix}, \begin{bmatrix} \mathrm{j} & -\mathrm{j} \\ 1 & 1 \end{bmatrix}\right) \tag{12.19}$$

可以用 $x = \boldsymbol{AWc}$ 来表示 x，其中

$$\boldsymbol{c} = \left[\left(1 + \frac{1}{2\mathrm{j}}\right) \quad \left(1 - \frac{1}{2\mathrm{j}}\right) \quad 0 \quad 0 \quad \left(2 + \frac{3}{2\mathrm{j}}\right) \quad \left(2 - \frac{3}{2\mathrm{j}}\right)\right]^{\mathrm{T}} \tag{12.20}$$

尽管 $\boldsymbol{c}$ 和 $\tilde{\boldsymbol{c}}$ 的取值是不同的，但它们的块稀疏形式是一致的，同样是向量形式，第一个块与第三个块具有非零的能量。

最后，假设按照时间间隔 $t=0, \pi/6, \pi/4, \pi/3, \pi/2, 2\pi/3$ 对 $x(t)$ 进行信号采样取值，则采样矩阵 $\boldsymbol{D}$ 可通过 t_1 时间转换矩阵 $\boldsymbol{A}$ 来获得。假设简易形式下 $\omega_i = i$，则有

$$\boldsymbol{D} = S^* A = \begin{bmatrix} 0 & 1 & 0 & 1 & 0 & 1 \\ \frac{1}{2} & \frac{\sqrt{3}}{2} & \frac{\sqrt{3}}{2} & \frac{1}{2} & 1 & 0 \\ \frac{\sqrt{2}}{2} & \frac{\sqrt{2}}{2} & 1 & 0 & \frac{\sqrt{2}}{2} & -\frac{\sqrt{2}}{2} \\ \frac{\sqrt{3}}{2} & \frac{1}{2} & \frac{\sqrt{3}}{2} & -\frac{1}{2} & 0 & -1 \\ 1 & 0 & 0 & -1 & -1 & 0 \\ \frac{\sqrt{3}}{2} & -\frac{1}{2} & -\frac{\sqrt{3}}{2} & -\frac{1}{2} & 0 & 1 \end{bmatrix} \tag{12.21}$$

测量向量 $\boldsymbol{y}$ 对应于 $\boldsymbol{y} = \boldsymbol{D}\tilde{\boldsymbol{c}}$ 。

12.2　唯一性与稳定性

我们开始讨论式(12.2)中采样的唯一性和稳定性。这些特性与 RIP 相关，因此我们在这对块稀疏设定进行讨论。

首先我们来讨论唯一性，准确地说，块稀疏向量 $\boldsymbol{c}$ 的唯一性是由测量向量 $\boldsymbol{y}=\boldsymbol{Dc}$ 决定的。

命题 12.1　令 $\boldsymbol{y}=\boldsymbol{Dc}$ 对应于任意的 k 块稀疏向量。然后，当且仅当对任意的非零 $2k$ 块稀疏 $\boldsymbol{z}$ 而言，$\boldsymbol{Dz}$ 不为 0，则此时 $\boldsymbol{c}$ 是唯一的。

证明：首先我们假设对于任意非零 $2k$ 块稀疏 z 而言，$\boldsymbol{Dz}\neq 0$。令 y 为任意的，则假设存在两个任意 k 块稀疏向量 $\boldsymbol{c}_1$ 和 $\boldsymbol{c}_2$，对应有 $\boldsymbol{y}=\boldsymbol{Dc}_1=\boldsymbol{Dc}_2$，则有

$$\boldsymbol{0} = \boldsymbol{D}(\boldsymbol{c}_1 - \boldsymbol{c}_2) = \boldsymbol{Dz} \tag{12.22}$$

令 $z=c_1-c_2$，则 c_1 和 c_2 是 $2k$ 阶的块稀疏，z 是至多 $2k$ 块稀疏的。如果对于任意的 $2k$ 块稀疏 z 而言，$Dz\neq 0$，则根据式(12.22)，仅有 $z=\mathbf{0}$ 或者 $c_1=c_2$，因此 c 是唯一的。

然后假设 c 是唯一的，假设存在一个 $2k$ 阶的块稀疏 z 使得 $Dz=\mathbf{0}$。z 有 $2k$ 阶的非零块，我们可以用 $z=c_1-c_2$ 来表示，其中 c_1 和 c_2 是 k 块稀疏向量且 $c_1\neq c_2$，则可得 $Dz=D(c_1-c_2)=\mathbf{0}$，即 $Dc_1=Dc_2$。此结果与我们先前的设定(至多存在一个 k 块稀疏信号 c 使得 $y=Dc$)相矛盾。因此，对于任意 $2k$ 块稀疏 z 来讲，Dz 一定为 0，得证。□

接下来讨论稳定性问题。在第 2 章中，我们知道对于一个任意的采样设定 $\mathcal{T}\in\mathcal{H}$ 来讲，采样算子 $\mathcal{S}$ 是稳定的，当且仅当存在常数 $0<\alpha\leqslant\beta<\infty$ 时，使得

$$\alpha\ \|x_1-x_2\|_{\mathcal{H}}^2\leqslant\ \|S^*x_1-S^*x_2\|_2^2\leqslant\beta\ \|x_1-x_2\|_{\mathcal{H}}^2 \tag{12.23}$$

对 $\mathcal{T}$ 中任意的 x_1，x_2。此情况保证了元素的小差异不会造成采样信号的大扰动。比值 $k=\beta/\alpha$ 可用来衡量采样器的稳定性：当比值为 1 时，采样器最稳定。当 $\mathcal{T}$ 是子空间(如 $\mathcal{V}\subset\mathcal{H}$)时，式(12.23)可表示为

$$\alpha\ \|x\|_{\mathcal{H}}^2\leqslant\ \|S^*x\|_2^2\leqslant\beta\ \|x\|_{\mathcal{H}}^2 \tag{12.24}$$

对任意的 $x\in\mathcal{V}$ 而言。此结论的背景是：若 x_1，x_2 都属于 $\mathcal{V}$，则 x_1-x_2 也属于 $\mathcal{V}$。

在我们的设定中，用 D 替换 S^*，$\mathcal{T}$ 包含 k 块稀疏向量。需要说明的是 $\mathcal{T}$ 不是一个子空间。下面的命题 12.2 与式(12.23)相关，其声明对于给定的 k 块稀疏限量 c_1 和 c_2 而言，其差 c_1-c_2 是 $2k$ 块稀疏(已在命题 12.1 中证明)。

命题 12.2　对于任意的 k 块稀疏向量 c，令 $y=Dc$。对于任意的 k 块稀疏向量 c 而言，测量矩阵 D 是稳定的，当且仅当存在 $0<C_1\leqslant C_2<\infty$，使得

$$C_1\ \|v\|_2^2\leqslant\ \|Dv\|_2^2\leqslant C_2\ \|v\|_2^2 \tag{12.25}$$

对于任意的 $2k$ 块稀疏向量 v 而言。

可以得到当 D 满足式(12.25)的情况时，对于任意的 $2k$ 块稀疏向量 c 而言，$Dc\neq 0$。因此，此条件囊括了唯一性和稳定性。

12.2.1　块 RIP 性质

第 11 章中定义 11.3 的性质式(12.25)与 RIP 相关。回顾一下，$n\times N$ 的矩阵 D 具有 RIP 性质，如果存在一个常数 $\delta_k\in[0,1)$，则对于任意的 k 块稀疏矩阵 $c\in\mathbb{R}^N$，有

$$(1-\delta_k)\ \|c\|_2^2\leqslant\ \|Dc\|_2^2\leqslant(1+\delta_k)\ \|c\|_2^2 \tag{12.26}$$

将此性质推广到块稀疏向量的情况可以得到如下定义。

定义 12.2　令 D 为 $\mathbb{R}^N\to\mathbb{R}^n$ 的一个给定矩阵。如果对任意 $c\in\mathbb{R}^N$ 为在 $\mathcal{I}$ 上的 k 块稀疏向量，则 D 在 $\mathcal{I}=\{d_1,\cdots,d_m\}$ 上具有块 RIP 性质(并带有参量 $\delta_{k|\mathcal{I}}\in[0,1]$)，并且有

$$(1-\delta_{k|\mathcal{I}})\ \|c\|_2^2\leqslant\ \|Dc\|_2^2\leqslant(1+\delta_{k|\mathcal{I}})\ \|c\|_2^2 \tag{12.27}$$

以防符号定义混乱，我们用 δ_k 来表示块 RIP 常数 $\delta_{k|\mathcal{I}}$，并用于表示分块。块 RIP 是文献[285]中定义的等距 $\mathcal{A}$ 的特殊情况。通过规定在给定基 $\mathcal{A}$ 下 c 必须满足式(12.26)的不等式关系，对 RIP 的一般情况做扩展。根据命题 12.1，如果 D 满足 RIP 式(12.27)，同时 $\delta_{2k}<1$，则具有与式(12.11)形式一致的唯一存在的块稀疏向量 c。

需要说明的是 $\mathcal{I}$ 下的 k 块稀疏向量在传统的感知领域是 M 稀疏的，其中 M 是 $\mathcal{I}$ 中的 k 个最大值的和，至多有 M 个非零元素。如果对于所有 M 稀疏向量而言，D 能满足 RIP 条件，则

式(12.27)能够适用于所有 M 稀疏向量 $\boldsymbol{c}$。在此我们只要求 RIP 在块稀疏信号下的情况，因此式(12.27)仅需满足 M 稀疏信号的子集即可。因此，块 RIP 常数 $\delta_{k|\mathcal{I}}$ 通常要比 δ_M 要小，其中 M 取决于 k，各分块尺寸均为 d，$M=kd$。

在 12.4 节我们已经表明，能否高效地恢复 $\boldsymbol{c}$ 取决于块 RIP 式(12.27)中的常数 $\delta_{2k|\mathcal{I}}$。$\delta_{2k|\mathcal{I}}$ 值越小，实现稳定恢复所需的样本量也越少。因此，通常将 $\boldsymbol{D}$ 的各列归一化，初始 $\delta_1=0$。同理，我们选择了特定的 $\mathcal{A}_i$ 基底使 $\boldsymbol{D}=S^*A$ 具有单位列，与 $\delta_1=0$ 相对应。

下面的例子将说明块 RIP 相对标准 RIP 的优越性。

例 12.3 分析下述矩阵，将其分解为 3 个 2 列的块。

$$\boldsymbol{D}=\left(\begin{array}{cc|cc|cc}-1 & 1 & 0 & 0 & 0 & 1\\ 0 & 2 & -1 & 0 & 0 & 3\\ 0 & 3 & 0 & -1 & 0 & 1\\ 0 & 1 & 0 & 0 & -1 & 1\end{array}\right) \tag{12.28}$$

对于此矩阵，$m=3$，$\mathcal{I}=\{d_1=2,\ d_2=2,\ d_3=2\}$。我们将分别以块稀疏等级 $k=1$ 和 $k=2$ 对 $\boldsymbol{D}$ 的块 RIP 进行计算。

首先，为了与之前声明的归一化规则保持一致，将上述 RIP 值做归一化处理。

$$\boldsymbol{D}'=\left(\begin{array}{cc|cc|cc}-1 & 1 & 0 & 0 & 0 & 1\\ 0 & 2 & -1 & 0 & 0 & 3\\ 0 & 3 & 0 & -1 & 0 & 1\\ 0 & 1 & 0 & 0 & -1 & 1\end{array}\right)\boldsymbol{B}=\left(\begin{array}{cc|cc|cc}-1 & 0.258 & 0 & 0 & 0 & 0.289\\ 0 & 0.516 & -1 & 0 & 0 & 0.866\\ 0 & 0.775 & 0 & -1 & 0 & 0.289\\ 0 & 0.258 & 0 & 0 & -1 & 0.289\end{array}\right) \tag{12.29}$$

其中 $\boldsymbol{B}$ 是一个由 $\boldsymbol{D}'$转换而来的单位对角阵。$\boldsymbol{B}=\mathrm{diag}^{-\frac{1}{2}}(1,15,1,1,1,12)$。接下来，假设 $\boldsymbol{c}$ 是 1 块稀疏向量，对应至多 2 个非零值。蛮力计算表明选取 $\boldsymbol{D}'$的第 2 列与第 6 列，满足标准 RIP 式(12.26)的 δ_2的最小值为 0.866。另一方面，对应于单块含有 2 个非零元素的情况下的块 RIP 式(12.27)的值 $\delta_2=0.289$，此结果是通过选择最后一个块得到的。

将非零元素的数量增加到 $k=4$，我们可以发现标准 RIP 式(12.26)不满足任何 $\delta_4\in[0,1)$。的确，同一测量下存在两个 4 块稀疏向量 $\boldsymbol{y}=\boldsymbol{D}'\boldsymbol{c}_1=\boldsymbol{D}'\boldsymbol{c}_2$，其中一个例子是

$$\begin{aligned}\boldsymbol{c}_1&=[0\quad 0\quad 1\quad -1\quad -1\quad 0.1]^{\mathrm{T}}\\ \boldsymbol{c}_2&=[-0.0289\quad 0\quad 0.9134\quad -1.0289\quad -1.0289\quad 0]^{\mathrm{T}}\end{aligned} \tag{12.30}$$

我们将在例 12.6 中详细介绍。相较之下，$\delta_{2|2}=0.866$ 满足了式(12.27)中的最低范围，限定了 2 个块中的 4 个非零值。因此，测量向量 $\boldsymbol{y}=\boldsymbol{D}'\boldsymbol{c}$ 唯一地代表单个 2 块稀疏向量 $\boldsymbol{c}$。

12.2.2 块相关与子相关

求解给定矩阵下的 RIP 常数通常称为 NP 难题(非确定性多项式难题)。描述一个字典的恢复特性的一个简单易行的方法就是借助第 11 章中式(11.67)的相关测量方法[234,235,289]。在第 11 章我们讨论过，在适当的相关保障条件下 BP、MP 和 OMP 方法能够从欠定测量中恢复一个稀疏向量。同样，在 11.3.4 节我们同样证明了相关性在确定稀疏信号关系中的重要作用。

在本节中我们将讨论分块情况下的相关问题[207]，这里定义两个特别的相关概念：一个块内部的相关，称为子相关(subcoherence)，用于表述字典的局部特性；块相关(block coherence)，用于表述字典的全局特性。在 12.5 节，我们将给出当块相关足够低时，一系列计算有效的算法可以用于恢复一个未知的向量信号。

块相关的定义

为了简要地进行说明，不失一般性，假设所有块是等尺寸(d)的，$\boldsymbol{c}$ 的长度为 $N=md$。进一步假设测量的个数 $n=Rd$，其中 R 是整数。与式(12.8)近似，用 $\boldsymbol{D}$ 可以表示 $n\times d$ 的列块 $\boldsymbol{D}[\ell]$ 的关联矩阵

$$\boldsymbol{D}=[\underbrace{\boldsymbol{d}_1\ \cdots\ \boldsymbol{d}_d}_{\boldsymbol{D}[1]}\underbrace{\boldsymbol{d}_{d+1}\ \cdots\ \boldsymbol{d}_{2d}}_{\boldsymbol{D}[2]}\cdots\underbrace{\boldsymbol{d}_{N-d+1}\ \cdots\ \boldsymbol{d}_N}_{\boldsymbol{D}[m]}] \tag{12.31}$$

为了得到满足式(12.11)的唯一 k 块稀疏向量 $\boldsymbol{c}$，令 $R>k$，且每个块 $\boldsymbol{D}[\ell]$ 的列($1\leqslant\ell\leqslant m$)必须是线性无关的。假定在整个过程中，字典满足命题 12.1 的条件，以及进一步有 $\|\boldsymbol{d}_r\|_2=1$，$1\leqslant r\leqslant N$。

下面根据第 11 章的相关性的定义给出所谓块稀疏向量情况下的相关性定义。在12.5 节中将看到，这种相关测量在块稀疏信号的恢复门限问题中会有应用。

定义 12.3　矩阵 $\boldsymbol{D}$ 的块相关(系数)定义为

$$\mu_{\mathrm{B}}=\max_{\ell,r\neq\ell}\frac{1}{d}\rho(\boldsymbol{M}[\ell,r]) \tag{12.32}$$

其中 $\rho(\boldsymbol{A})$ 表示 $\boldsymbol{A}$ 的谱范数(也就是 $\boldsymbol{A}$ 的最大奇异值)，并有

$$\boldsymbol{M}[\ell,r]=\boldsymbol{D}^*[\ell]\boldsymbol{D}[r] \tag{12.33}$$

根据 d 的归一化保证了 $\mu_{\mathrm{B}}\leqslant\mu$，如下面的命题 12.3 所示。需要声明的是，$\boldsymbol{M}[\ell,r]$ 是 $N\times N$ 的矩阵 $\boldsymbol{M}=\boldsymbol{D}^*\boldsymbol{D}$ 的第(ℓ,r)个 $d\times d$ 的块。当 $d=1$ 时，μ_{B} 与式(11.67)中的 μ 一致。关于谱范数的性质详见附录 A。

μ_{B} 定量描述了字典 $\boldsymbol{D}$ 的全局特性(块间的相关性)，而局部特性(如每个块内元素之间的相关性)则由子相关(系数)来描述。

定义 12.4　矩阵 $\boldsymbol{D}$ 的子相关(系数)定义为

$$\nu=\max_{\ell}\max_{i,j\neq i}|\boldsymbol{d}_i^*\boldsymbol{d}_j|,\quad \boldsymbol{d}_i,\boldsymbol{d}_j\in\boldsymbol{D}[\ell] \tag{12.34}$$

当 $d=1$ 时，设 $\nu=0$。

若对任意的 ℓ，$\boldsymbol{D}[\ell]$ 的列向量是正交的，则 $\nu=0$。

性质与实例

因为 $\boldsymbol{D}$ 的列向量具有单位范数，因此式(11.67)中定义的相关系数 μ 满足 $\mu\in[0,1]$，同时由于 $\nu\in[0,\mu]$，所以有 $\nu\in[0,1]$。下面的命题对块相关 μ_{B} 做了类似的限制，并对其按照定义(12.32)依据 $1/d$ 做归一化处理进行了解释。

命题 12.3　块相关系数 μ_{B} 满足 $0\leqslant\mu_{\mathrm{B}}\leqslant\mu$。

证明　因为谱范数是非负的，即 $\mu_{\mathrm{B}}\geqslant0$，为了证明 $\mu_{\mathrm{B}}\leqslant\mu$，注意，对于任意的 $\boldsymbol{M}[\ell,r]$($\ell\neq r$)其值均小于等于 μ：

$$\rho^2(\boldsymbol{M}[\ell,r])=\lambda_{\max}(\boldsymbol{M}^*[\ell,r]\boldsymbol{M}[\ell,r])\leqslant\max_i\sum_{j=1}^{d}|(\boldsymbol{M}^*[\ell,r]\boldsymbol{M}[\ell,r])_{i,j}| \tag{12.35}$$

$$\leqslant\max_i\sum_{j=1}^{d}d\mu^2=d^2\mu^2 \tag{12.36}$$

其中，式(12.35)中的不等式是根据 Geršgorin 圆盘定理得到的(详见附录 A)。因此有 $\mu_B = \max_{\ell,r\neq\ell}\frac{1}{d}\rho(\boldsymbol{M}[\ell,r])\leqslant\mu$。命题得证。 □

因为$\mu\leqslant 1$，根据命题 12.3，可得$\mu_B\leqslant 1$。若对于任意 ℓ，$\boldsymbol{D}[\ell]$的列向量是正交的，可以进一步约束 μ_B。

命题 12.4 若$\boldsymbol{D}$包含有正交块，比如，对所有 ℓ，$\boldsymbol{D}^*[\ell]\boldsymbol{D}[\ell]=\boldsymbol{I}_d$，则 $\mu_B\leqslant 1/d$。

证明 使用子积函数的谱范数的性质(详见附录 A)，有

$$\mu_B = \max_{\ell,r\neq\ell}\frac{1}{d}\rho(\boldsymbol{D}^*[\ell]\boldsymbol{D}[r]) \leqslant \max_{\ell,r\neq\ell}\frac{1}{d}\rho(\boldsymbol{D}^*[\ell])\rho(\boldsymbol{D}[r]) = \frac{1}{d} \tag{12.37}$$

式(12.37)的第二个等式是基于下面的情况：

$$\rho^2(\boldsymbol{D}^*[\ell]) = \lambda_{\max}(\boldsymbol{D}[\ell]\boldsymbol{D}^*[\ell]) = \lambda_{\max}(\boldsymbol{D}^*[\ell]\boldsymbol{D}[\ell]) \tag{12.38}$$

因为对于所有 ℓ 来讲，$\boldsymbol{D}^*[\ell]\boldsymbol{D}[\ell]=\boldsymbol{I}_d$，并且 $\lambda_{\max}(\boldsymbol{I}_d)=1$，命题得证。 □

例 12.4 在此例中我们对特定字典$\boldsymbol{D}$下的普通相关系数μ与块相关系数μ_B进行了比较，令$\boldsymbol{F}$为 DFT 矩阵，其尺寸为 $R=L/d$，且为列归一化的。定义$\boldsymbol{\Phi}=\boldsymbol{I}_L$，$\boldsymbol{\Psi}=\boldsymbol{F}\otimes\boldsymbol{U}$，其中$\boldsymbol{U}$是 $d\times d$ 的任意矩阵，$\otimes$是克罗内克积算子。因此，$\boldsymbol{\Psi}$含有$\boldsymbol{F}_{\ell,r}\boldsymbol{U}$形式的子块，其中$\boldsymbol{F}_{\ell,r}$是$\boldsymbol{F}$的第 ℓr 个元素。我们定义$\boldsymbol{D}=[\boldsymbol{\Phi}\ \boldsymbol{\Psi}]$为 $L\times 2L$ 的字典，块尺寸为 $L\times d$。然后计算$\boldsymbol{D}$的块相关系数μ_B和相关系数μ。

为了计算 μ_B，定义 $\boldsymbol{\Phi}$ 和 $\boldsymbol{\Psi}$ 是任意矩阵，满足对 $\ell\neq r$，有 $\boldsymbol{\Phi}^*[\ell]\boldsymbol{\Phi}[r]=0$ 和 $\boldsymbol{\Psi}^*[\ell]\boldsymbol{\Psi}[r]=0$，以及 $\boldsymbol{\Phi}^*[\ell]\boldsymbol{\Psi}[r]=F_{\ell,r}U$。因为 $|F_{\ell,r}|=1/\sqrt{R}$，则

$$\mu_B = \frac{1}{d}\rho(\boldsymbol{F}_{\ell,r}\boldsymbol{U}) = \frac{1}{d\sqrt{R}}\rho(\boldsymbol{U}) = \frac{1}{d\sqrt{R}} \tag{12.39}$$

其中应用了性质：对任意单位矩阵$\boldsymbol{U}$，$\rho(\boldsymbol{U})=1$(详见附录 A)。

之后我们计算相关系数μ。令ϕ_i和ψ_i分别表示$\boldsymbol{\Phi}$和$\boldsymbol{\Psi}$的列向量，且因为$\boldsymbol{\Phi}$和$\boldsymbol{\Psi}$是酉矩阵，对任意的 $i\neq j$，$\phi_i^*\phi_j=0$ 而且 $\psi_i^*\psi_j=0$。且 $\phi_i^*\psi_j=\boldsymbol{\Psi}_{ij}$是$\boldsymbol{\Psi}$的第 ij 个元素。$\boldsymbol{\Psi}$的元素是$\boldsymbol{U}$的元素与$\boldsymbol{F}$的元素的积。由于 $|\boldsymbol{F}_{ij}|=1/\sqrt{R}$，则有

$$\mu = \max_{\ell,r\neq\ell}|\boldsymbol{F}_{\ell,r}||\boldsymbol{U}_{\ell,r}| = \frac{\max_{\ell,r\neq\ell}|\boldsymbol{U}_{\ell,r}|}{\sqrt{R}} = \frac{\|\operatorname{vec}(\boldsymbol{U})\|_\infty}{\sqrt{R}} \tag{12.40}$$

为了比较μ和μ_B，注意到因为$\boldsymbol{U}$为单位矩阵，其每个列向量$\boldsymbol{u}_i$都满足 $\|\boldsymbol{u}_i\|_2=1$，则有

$$\|\boldsymbol{u}_i\|_\infty \geqslant \frac{1}{\sqrt{d}} \tag{12.41}$$

因此，若$\boldsymbol{u}_i$的所有元素都小于$1/\sqrt{d}$，则有 $\|u_i\|<1$，因此

$$\boldsymbol{\mu} \geqslant \frac{1}{\sqrt{dR}} \geqslant \frac{1}{d\sqrt{R}} = \mu_B \tag{12.42}$$

当且仅当 $d=1$ 时等号成立。

在图 12.5 中我们表明对于随机选择的$\boldsymbol{U}$矩阵，μ皆远大于μ_B。特别是，当我们以矩阵尺寸 d 为自变量绘出了 1000 多个随机选择的酉矩阵的相关系数与子相关系数的图时。在这里，矩阵$\boldsymbol{U}$是根据式子$\boldsymbol{U}=\exp\{\mathrm{j}\boldsymbol{A}\boldsymbol{A}^*\}$所随机构建的矩阵，其中$\boldsymbol{A}$是一个 iid 高斯矩阵。

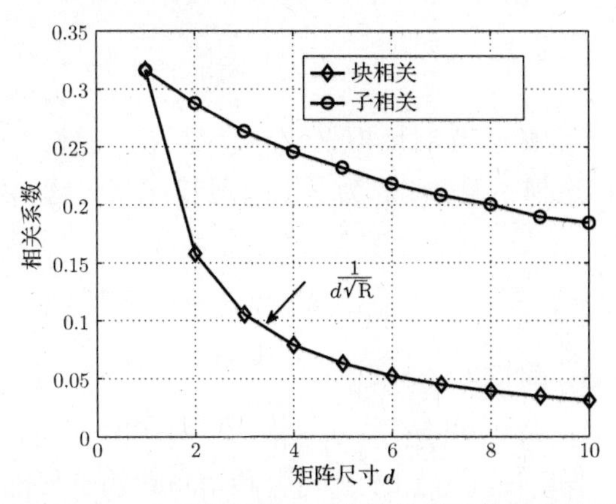

图 12.5　$R=10$ 时自变量 d 下的块相关系数与相关系数

至此，我们可证明在考虑了块稀疏情况下的 $\boldsymbol{D}=[\boldsymbol{I}_L\ \boldsymbol{F}\otimes\boldsymbol{U}]$ 形式的字典的恢复阈值比传统的稀疏方法所得到的要高。

12.3　信号恢复算法

12.3.1　指数恢复算法

在之前我们已经证明了当 $\boldsymbol{D}$ 满足 RIP 条件式(12.27)，且 $\delta_{2k}<1$ 时，则式(12.11)形式下的块稀疏向量 $\boldsymbol{c}$ 是唯一的。问题在于如何寻找 $\boldsymbol{c}$。接下来将给出一种算法，该算法能够从采样数据 $\boldsymbol{y}$ 中大体上找出唯一的 $\boldsymbol{c}$，尽管它具有较高的指数算法复杂度。在这之后，在满足 μ_B，ν 或 δ_{2k} 等条件的情况下，我们又提出了几种能够高效恢复 $\boldsymbol{c}$ 的方法。

命题 12.5　令 $\boldsymbol{y}=\boldsymbol{D}\boldsymbol{c}_0$ 为 k 块稀疏向量 $\boldsymbol{c}_0$ 的测量向量，且 $\boldsymbol{D}$ 满足块 RIP 条件式(12.27)，且 $\delta_{2k}<1$，其中 $\boldsymbol{c}_0$ 是唯一的，

$$\min_{\boldsymbol{c}} \|\boldsymbol{c}\|_{0,\mathcal{I}} \quad \text{s.t. } \boldsymbol{y}=\boldsymbol{D}\boldsymbol{c} \tag{12.43}$$

证明　假设存在 $\boldsymbol{c}'$ 使得 $\boldsymbol{D}\boldsymbol{c}'=\boldsymbol{y}$，且 $\|\boldsymbol{c}'\|_{0,\mathcal{I}}\leqslant\|\boldsymbol{c}_0\|_{0,\mathcal{I}}\leqslant k$，则 $\boldsymbol{c}_0,\boldsymbol{c}'$ 都能满足测量向量，即

$$\boldsymbol{0}=\boldsymbol{D}(\boldsymbol{c}_0-\boldsymbol{c}')=\boldsymbol{D}\boldsymbol{d} \tag{12.44}$$

其中 $\|\boldsymbol{d}\|_{0,\mathcal{I}}\leqslant 2k$，$\boldsymbol{d}$ 是 $2k$ 块稀疏向量。如果 $\boldsymbol{D}$ 满足式(12.27)且 $\delta_{2k}<1$，则有 $\boldsymbol{d}=0$ 或 $\boldsymbol{c}'=\boldsymbol{c}_0$。 □

大体上，可以通过遍历所有可能的 k 块来求得式(12.43)以验证是否 $\boldsymbol{c}$ 与测量矩阵形式相一致。唯一性条件式(12.27)能够保证其值是唯一的。然而，需要清楚的是，该方法是不高效的。

例 12.5　在例 12.1 中，我们给出了钢琴音乐片段能够用块稀疏来进行模式化。假设我们能够给出一段音乐片段并且找出哪一段正在被演奏。当 10 个音符被同时演奏的时候(对应于音阶数量)，则可能存在 $\binom{96}{10}$ 个不同的选择。假设检验每个选择耗时 1 ms，则总共需要耗时 358 年去验证所有的可能性！

之后，基于凸优化理论，我们考虑了几种高效算法，且将 MP 拓展到了块稀疏设定当中。之后会给出在合理的块 RIP 和块相关系数的条件下，这些算法能够保证恢复出特定的潜在信号。

12.3.2 凸恢复算法

为了简化式(12.43),将指标函数用块模来代替。尽管，大体上所有模都能使用，但是在这里，为了确保准确性我们选择了范数2。为了准确地叙述该问题，我们定义 $\mathcal{I}=\{d_1,\cdots,d_m\}$ 下 ℓ_2/ℓ_1 范数

$$\|\boldsymbol{c}\|_{2,\mathcal{I}} = \sum_{i=1}^{m} \|\boldsymbol{c}[i]\|_2 \tag{12.45}$$

所设计的算法详见文献[183,364, 365, 367]。

$$\min_{c} \|\boldsymbol{c}\|_{2,\mathcal{I}} \quad \text{s.t. } \boldsymbol{y} = \boldsymbol{Dc} \tag{12.46}$$

在此我们称其为块 BP[207]。当块长度为1时，将式(12.46)化简到标准 BP 算法下式(11.120)的形式以备稀疏恢复。对 BP 问题做类似处理，可以设计出一种高效的迭代算法以解决式(12.46)。

为了使用现成的标准处理方法，可以将块 BP 问题化归到二阶锥规划问题(second-order cone program, SOCP)[124]。在一个典型的 SOCP 问题下，线性方程被用于求解仿射集和二阶(二次)锥的交集[368]。SOCP 是包含现行和(指数)二阶问题的非线性指数问题，是特殊情况，广泛出现在工程问题当中。

为了将式(12.46)划归到 SOCP 问题下，定义 $t_i = \|c[i]\|_2$，使得

$$\min_{c,t_i} \sum_{i=1}^{m} t_i \quad \text{s.t. } \boldsymbol{y} = \boldsymbol{Dc} \quad t_i \geqslant \|\boldsymbol{c}[i]\|_2, 1 \leqslant i \leqslant m \tag{12.47}$$

其中式(12.47)中的不等式是二阶锥约束。

目前已经开发出了专门解决 SOCP 问题的软件包，可适用式(12.47)中的所有情况。在11章中，我们用 CVX 来解决 BP 问题。在下一个例子中我们将解释其在块稀疏恢复问题中的用法。

例 12.6 为了说明块 BP 方法相对标准 BP 方法的优越性，考虑式(12.29)中的矩阵 $\boldsymbol{D}$。在例12.3中，计算了标准 RIP 和块 RIP 的 $\boldsymbol{D}$ 常数，计算结果表明块 RIP 常数要比标准 RIP 常数小得多。此结果表明，对于一些输入向量 $\boldsymbol{x}$，块 BP 方法可以从测量值 $\boldsymbol{y}=\boldsymbol{Dc}$ 中精确恢复输入向量 $\boldsymbol{x}$，而标准 ℓ_1 最小化方法则无法恢复。

为了解释此情况，令 $\boldsymbol{c}=[0\ 0\ 1\ \ -1\ \ -1\ 0.1]^{\mathrm{T}}$ 为一个4块稀疏向量，其中的块长度为2的非零元素块是已知的。先验知识 $\boldsymbol{c}$ 是一个4块稀疏向量不足以从 $\boldsymbol{y}$ 中恢复出 $\boldsymbol{c}$。相对地，针对 $\boldsymbol{y}$ 存在一个唯一的块稀疏向量。然而，在标准 ℓ_1 最小化方法不适用的情况下，块 BP 方法能够求得正确的 $\boldsymbol{c}$。其输出向量为 $\hat{\boldsymbol{c}}=[-0.0289\quad 0\quad 0.9134\quad -1.0289\quad -1.0289\quad 0]^{\mathrm{T}}$。

块 BP 输出向量的求解是通过解决 SOCP 问题，应用式(12.47)在 CVX 中所编写的代码被发现的：

```
cvx_begin
variable c(6)
variable t(3)
minimize(sum(t))
subject to
    D*c = =y
    t(1) > =norm(c(1:2));
    t(2) > =norm(c(3:4));
    t(3) > =norm(c(5:6));
cvx_end
```

12.3.3　贪心算法

作为块 BP 算法的一种替代，我们引入了几种贪心算法，算法核心目标也都是解决稀疏信号的恢复问题。首先讨论 MP 型算法应用于块稀疏信号问题。

块 OMP(BOMP)算法归纳如算法 12.1，所谓块 OMP 算法就是将标准 OMP 算法(算法 11.1)匹配于向量块，而不是单独的列。更特别的是，BOMP 方法通过初始化驻留值为 $\boldsymbol{r}_0=\boldsymbol{y}$。在第 ℓ 阶段($\ell\geqslant1$)我们根据下式来选择与 $\boldsymbol{r}_{\ell-1}$ 最匹配的块

$$i_\ell = \arg\max_i \|\boldsymbol{D}^*[i]\boldsymbol{r}_{\ell-1}\|_2 \tag{12.48}$$

定义

$$\mathcal{T}(\boldsymbol{b},k) = \arg_{\boldsymbol{c}\in\mathcal{M}}\min\|\boldsymbol{b}-\boldsymbol{c}\|_2 \tag{12.49}$$

其中 $\mathcal{M}$ 是 k 块稀疏信号的集合，这个公式能以最大 ℓ_2 范数来选择 $\boldsymbol{b}$ 中的块。使用这种符号，我们有 $i_\ell=\mathcal{T}(\boldsymbol{b},1)$ 以及 $\boldsymbol{b}=\boldsymbol{D}^*\boldsymbol{r}_{\ell-1}$。

一旦 i_ℓ 选定以后，就可以通过下式求解 $\boldsymbol{c}_\ell[i]$：

$$\arg\min_{\{\tilde{\boldsymbol{c}}_\ell[i]\}_{i\in\mathcal{I}}} \left\|\boldsymbol{y}-\sum_{i\in\mathcal{I}}\boldsymbol{D}[i]\tilde{\boldsymbol{c}}_\ell[i]\right\|_2^2 \tag{12.50}$$

其中 $\mathcal{I}$ 表示一组选定的指数 i_j 的集合，$1\leqslant j\leqslant\ell$。其解由 $\boldsymbol{D}_\Lambda^\dagger\boldsymbol{y}$ 给出，其中 $\boldsymbol{D}_\Lambda$ 是限制在支撑 Λ 上的 $\boldsymbol{D}$，Λ 由指数 $\mathcal{I}$ 所约束，驻留值按下式更新：

$$\boldsymbol{r}_\ell = \boldsymbol{y}-\sum_{i\in\mathcal{I}}\boldsymbol{D}[i]\boldsymbol{c}_\ell[i] \tag{12.51}$$

当对于每一个的 ℓ，$\boldsymbol{D}[\ell]$ 的列是正交的(不同块间的元素不必正交)时候，我们可以考虑将 MP 算法延伸至分块的情况。所得到的算法称为块 MP 算法(BMP)，开始为初始化驻留值 $\boldsymbol{r}_0=\boldsymbol{y}$，并在第 ℓ($\ell\geqslant1$)阶段，按式(12.48)选择最佳匹配 $\boldsymbol{r}_{\ell-1}$ 的块。然而，这时算法并不能实现在选定的分块上达到最小二乘的结果，但可按下式更新驻留值：

$$\boldsymbol{r}_\ell = \boldsymbol{r}_{\ell-1}-\boldsymbol{D}[i_\ell]\boldsymbol{D}^*[i_\ell]\boldsymbol{r}_{\ell-1} \tag{12.52}$$

BOMP 和 BMP 算法与块 BP 算法相比较，速度更快，且更易于实现。

算法 12.1　BOMP 算法

输入：测量矩阵 $\boldsymbol{D}$，测量向量 $\boldsymbol{y}$

输出：块稀疏表示 $\hat{\boldsymbol{c}}$

初始化：$\hat{\boldsymbol{c}}_0=\boldsymbol{0}$，$\boldsymbol{r}=\boldsymbol{y}$，$\Lambda=\phi$，$\ell=0$

当不满足停止条件时

　$\ell\leftarrow\ell+1$

　$\boldsymbol{b}\leftarrow\boldsymbol{D}^*\boldsymbol{r}$ {形成驻留信号估计}

　$\Lambda\leftarrow\Lambda\cup\text{supp}(\mathcal{T}(\boldsymbol{b},1))$ {利用驻留值更新支撑}

　$\hat{\boldsymbol{c}}_{\ell|\Lambda}\leftarrow\boldsymbol{D}_\Lambda^\dagger\boldsymbol{y},\hat{\boldsymbol{c}}_{\ell|\Lambda^c}\leftarrow0$ {更新信号估计}

　$\boldsymbol{r}\leftarrow\boldsymbol{y}-\boldsymbol{D}\hat{\boldsymbol{c}}_\ell$ {更新测量驻留值}

退出迭代

返回 $\hat{\boldsymbol{c}}\leftarrow\hat{\boldsymbol{c}}_\ell$

尽管我们关心的是 MP 型方法，但需要说明的是其他由稀疏问题所发展而来的贪心算法同

样能够经修正以适用于块稀疏的问题。比如，可以通过按最大模来选择 k 块 $\boldsymbol{b}=\boldsymbol{D}^*\boldsymbol{y}$ 中的 $\boldsymbol{b}[i]$ [称为 $T(\boldsymbol{b},k)$] 以实现采样阈值算法。将此过程应用于 IHT 算法，同样能够将其扩展以适用于块稀疏的设定。我们将此过程整理成 IHT 算法[369]，即算法 12.2。

算法 12.2　块重复硬门限算法(Block iterated hard thresholding)

输入：测量矩阵 $\boldsymbol{D}$，测量向量 $\boldsymbol{y}$
输出：块稀疏表示 $\hat{\boldsymbol{c}}$
初始化：$\hat{\boldsymbol{c}}_0=\boldsymbol{0}$，$\boldsymbol{r}=\boldsymbol{y}$，$\ell=0$
当不满足停止条件时
　$\ell\leftarrow\ell+1$
　$\boldsymbol{b}=\hat{\boldsymbol{c}}_{\ell-1}+\boldsymbol{D}^*\boldsymbol{r}$　{形成驻留信号估计}
　$\hat{\boldsymbol{c}}_\ell\leftarrow T(\boldsymbol{b},k)$ {修正信号估计}
　$\boldsymbol{r}\leftarrow\boldsymbol{y}-\boldsymbol{D}\hat{\boldsymbol{c}}_\ell$ {更新测量驻留值}
退出迭代
返回 $\hat{\boldsymbol{c}}\leftarrow\hat{\boldsymbol{c}}_\ell$

例 12.7　我们阐述了如何通过引进块稀疏的概念改进 OMP 和 BP 算法，并通过 BOMP 和块 BP 来保证恢复性能。

在我们的仿真中，选择了两类词典：一个是随机词典，一个是例 12.4 所使用的词典。两种情况中，都令 $L=20$，$N=40$，块长度选为 2。随机词典的选取可通过刻画零均值，单位方差法，高斯矩阵，以及将其列标准化为单位模。词典按照块长度 $d=2$ 进行划分。块稀疏向量中要恢复的非零块可通过遍历 $\binom{M}{k}$ 中的可能位置来选取，其中 $M=N/d$ 是块的数量。非零元可以通过应用零均值和单位方差法的高斯矩阵来选取。

在图 12.6 中，绘出了两种选择下块稀疏等级恢复方程的恢复成功率。在这里我们定义当恢复向量与目标向量的欧几里得距离小于一定值(这里选取为 0.01)的情况下，恢复是成功的。对每个块稀疏等级，我们平均了 200 对实际词典和稀疏信号块。最后，BOMP 的性能明显优于其他算法，且其余算法中 OMP 与块 BP 算法又要优于 BP 算法。

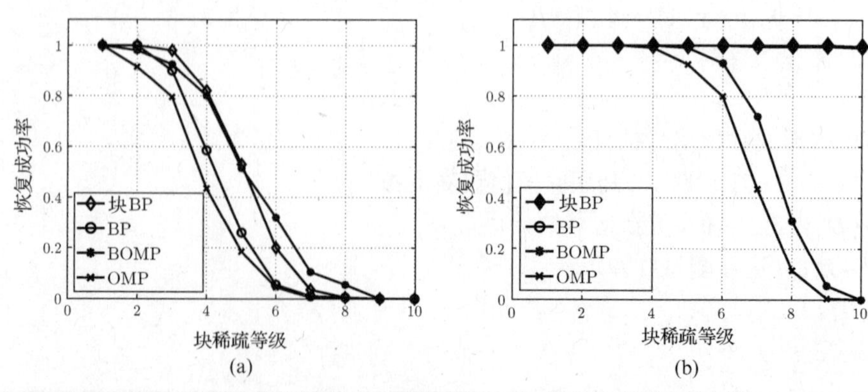

图 12.6　BP，块 BP，OMP，BOMP 算法性能。(a)随机词典；(b)例 12.4 所定义的词典，$L=20$，$N=40$，$d=2$

12.4 基于 RIP 的恢复结果

本节主要考虑当 RIP 常数足够小的情况下，块 BP 算法的恢复结果。在下节中，我们将主要借助块相关系数来对 BMP 和 BOMP 来进行扩展讨论。

12.4.1 块 BP 恢复

下述的定理规定了当 δ_{2k} 足够小时，式(12.46)的解是准确的[183]。

定理 12.1 令 $\boldsymbol{y}=\boldsymbol{D}\boldsymbol{c}_0$ 为 k 块稀疏向量 $\boldsymbol{c}_0$ 的测量。如果 $\boldsymbol{D}$ 满足块 RIP 的条件(12.27)且 $\delta_{2k}\sqrt{2}-1$，则

(1)存在与 $\boldsymbol{y}$ 形式一致的唯一的 k 块稀疏向量 $\boldsymbol{c}$。

(2)SOCP 式(12.47)具有唯一解。

(3)$\boldsymbol{c}_0$是 SOCP 的唯一解。

证明 首先需要说明的是 $\delta_{2k}<1$ 能够保证命题 12.1 下的 $\boldsymbol{c}_0$是唯一的。为了证明(2)与(3)，我们必须证明式(12.46)的所有解都与 $\boldsymbol{c}_0$等价。为此，令 $\boldsymbol{c}'=\boldsymbol{c}_0+\boldsymbol{h}$ 为式(12.46)的解。对于大多数 k 阶块来说，$\boldsymbol{c}_0$是非零的。我们用 $\mathcal{I}_0$来表示 $\boldsymbol{c}_0$非零，用 $h_{\mathcal{I}_0}$ 来表示相对这些块的限制 $\boldsymbol{h}$。然后，将 $\boldsymbol{h}$ 写为

$$\boldsymbol{h}=\boldsymbol{h}_{\mathcal{I}_0}+\boldsymbol{h}_{\mathcal{I}_0^c}=\sum_{i=0}^{\ell-1}\boldsymbol{h}_{\mathcal{I}_i} \tag{12.53}$$

其中 $h_{\mathcal{I}_i}$ 表示相对设定 $\mathcal{I}_i$(k 阶)的限制 $\boldsymbol{h}$，选择 $\mathcal{I}_1$下 $\boldsymbol{h}_{\mathcal{I}_0^c}$ 的最大模，$\mathcal{I}_2$是次大模，等等。

需要证明 $\boldsymbol{h}=\boldsymbol{0}$，为了证明，可以令：

$$\|\boldsymbol{h}\|_2=\|\boldsymbol{h}_{\mathcal{I}_0\cup\mathcal{I}_1}+\boldsymbol{h}_{(\mathcal{I}_0\cup\mathcal{I}_1)^c}\|_2\leqslant\|\boldsymbol{h}_{\mathcal{I}_0\cup\mathcal{I}_1}\|_2+\|\boldsymbol{h}_{(\mathcal{I}_0\cup\mathcal{I}_1)^c}\|_2 \tag{12.54}$$

在证明初始，有 $\|\boldsymbol{h}_{(\mathcal{I}_0\cup\mathcal{I}_1)^c}\|_2\leqslant\|\boldsymbol{h}_{\mathcal{I}_0\cup\mathcal{I}_1}\|_2$，其次，我们建立 $\|\boldsymbol{h}_{\mathcal{I}_0\cup\mathcal{I}_1}\|_2=0$，得证。

第一部分：证明 $\|\boldsymbol{h}_{(\mathcal{I}_0\cup\mathcal{I}_1)^c}\|_2\leqslant\|\boldsymbol{h}_{\mathcal{I}_0\cup\mathcal{I}_1}\|_2$

注意到

$$\|\boldsymbol{h}_{(\mathcal{I}_0\cup\mathcal{I}_1)^c}\|_2=\left\|\sum_{i=2}^{\ell-1}\boldsymbol{h}_{\mathcal{I}_i}\right\|_2\leqslant\sum_{i=2}^{\ell-1}\|h_{\mathcal{I}_i}\|_2 \tag{12.55}$$

因此，当 $i\geqslant 2$ 时，足够限定 $\|\boldsymbol{h}_{\mathcal{I}_i}\|_2$，现在有

$$\|\boldsymbol{h}_{\mathcal{I}_i}\|_2\leqslant k^{1/2}\|\boldsymbol{h}_{\mathcal{I}_i}\|_{\infty,\mathcal{I}}\leqslant k^{-\frac{1}{2}}\|\boldsymbol{h}_{\mathcal{I}_{i-1}}\|_{2,\mathcal{I}} \tag{12.56}$$

其中定义 $\|\boldsymbol{a}\|_{\infty,\mathcal{I}}=\max_i\|\boldsymbol{a}[i]\|_2$，第一个不等式基于对于任何一个 k 块稀疏 $\boldsymbol{c}$

$$\|\boldsymbol{c}\|_2^2=\sum_{|i|=k}\|\boldsymbol{c}[i]\|_2^2\leqslant k\|\boldsymbol{c}\|_{\infty,\mathcal{I}}^2 \tag{12.57}$$

式(12.56)中的第二个不等式关系表明 $\boldsymbol{h}_{\mathcal{I}_i}$ 下每个块的模小于等于 $\boldsymbol{h}_{\mathcal{I}_{i-1}}$ 下每个块的模。我们有至多 k 个非零块，$k\|\boldsymbol{h}_{\mathcal{I}_i}\|_{\infty,\mathcal{I}}\leqslant\|\boldsymbol{h}_{\mathcal{I}_{i-1}}\|_{2,\mathcal{I}}$，将式(12.56)代入式(12.55)中

$$\|\boldsymbol{h}_{(\mathcal{I}_0\cup\mathcal{I}_1)^c}\|_2\leqslant k^{-\frac{1}{2}}\sum_{i=1}^{\ell-2}\|\boldsymbol{h}_{\mathcal{I}_i}\|_{2,\mathcal{I}}\leqslant k^{-\frac{1}{2}}\sum_{i=1}^{\ell-1}\|\boldsymbol{h}_{\mathcal{I}_i}\|_{2,\mathcal{I}}=k^{-\frac{1}{2}}\|\boldsymbol{h}_{\mathcal{I}_0^c}\|_{2,\mathcal{I}} \tag{12.58}$$

其中 $\boldsymbol{c}_1$，$\boldsymbol{c}_2$是不相交的非零块，$\|\boldsymbol{c}_1+\boldsymbol{c}_2\|_{2,\mathcal{I}}=\|\boldsymbol{c}_1\|_{2,\mathcal{I}}+\|\boldsymbol{c}_2\|_{2,\mathcal{I}}$，则上述等式成立。

为了定义 $\|\boldsymbol{h}_{\mathcal{I}_0^c}\|_{2,\mathcal{I}}$的范围，我们规定 $\boldsymbol{c}'$是式(12.46)的解，$\|\boldsymbol{c}_0\|_{2,\mathcal{I}}\geqslant\|\boldsymbol{c}'\|_{2,\mathcal{I}}$。应用结论 $\boldsymbol{c}'=\boldsymbol{c}_0+\boldsymbol{h}_{\mathcal{I}_0}+\boldsymbol{h}_{\mathcal{I}_0^c}$，则 $\mathcal{I}_0$下的 $\boldsymbol{c}_0$有

$$\| \boldsymbol{c}_0 \|_{2,\mathcal{I}} \geqslant \| \boldsymbol{c}_0 + \boldsymbol{h}_{\mathcal{I}_0} \|_{2,\mathcal{I}} + \| \boldsymbol{h}_{\mathcal{I}_0^c} \|_{2,\mathcal{I}} \geqslant \| \boldsymbol{c}_0 \|_{2,\mathcal{I}} - \| \boldsymbol{h}_{\mathcal{I}_0} \|_{2,\mathcal{I}} + \| \boldsymbol{h}_{\mathcal{I}_0^c} \|_{2,\mathcal{I}} \tag{12.59}$$

由此可得

$$\| \boldsymbol{h}_{\mathcal{I}_0^c} \|_{2,\mathcal{I}} \leqslant \| \boldsymbol{h}_{\mathcal{I}_0} \|_{2,\mathcal{I}} \leqslant k^{1/2} \| \boldsymbol{h}_{\mathcal{I}_0} \|_2 \tag{12.60}$$

将柯西–施瓦茨不等式应用于任意 k 块稀疏向量 $\boldsymbol{c}$ 的情况，可得

$$\| \boldsymbol{c} \|_{2,\mathcal{I}} = \sum_{|i| = k} \| \boldsymbol{c}[i] \|_2 \cdot 1 \leqslant k^{1/2} \| \boldsymbol{c} \|_2 \tag{12.61}$$

将式(12.60)代入式(12.58)中

$$\| \boldsymbol{h}_{(\mathcal{I}_0 \cup \mathcal{I}_1)^c} \|_2 \leqslant \| \boldsymbol{h}_{\mathcal{I}_0} \|_2 \leqslant \| \boldsymbol{h}_{\mathcal{I}_0 \cup \mathcal{I}_1} \|_2 \tag{12.62}$$

第一部分得证。

第二部分：证明 $\| \boldsymbol{h}_{\mathcal{I}_0 \cup \mathcal{I}_1} \|_2 = 0$。

接下来证明 $\boldsymbol{h}_{\mathcal{I}_0 \cup \mathcal{I}_1}$ 与 0 等价。在此部分，我们引入 RIP。

因 $\boldsymbol{D}\boldsymbol{c}_0 = \boldsymbol{D}\boldsymbol{c}' = \boldsymbol{y}$，有 $\boldsymbol{D}\boldsymbol{h} = \boldsymbol{0}$，援引结论 $\boldsymbol{h} = \boldsymbol{h}_{\mathcal{I}_0 \cup \mathcal{I}_1} + \sum_{i \geqslant 2} \boldsymbol{h}_{\mathcal{I}_i}$

$$\| \boldsymbol{D}\boldsymbol{h}_{\mathcal{I}_0 \cup \mathcal{I}_1} \|_2^2 = \langle \boldsymbol{D}(\boldsymbol{h}_{\mathcal{I}_0} + \boldsymbol{h}_{\mathcal{I}_1}), \boldsymbol{D}\boldsymbol{h}_{\mathcal{I}_0 \cup \mathcal{I}_1} \rangle = - \sum_{i=2}^{\ell-1} \langle \boldsymbol{D}(\boldsymbol{h}_{\mathcal{I}_0} + \boldsymbol{h}_{\mathcal{I}_1}), \boldsymbol{D}\boldsymbol{h}_{\mathcal{I}_i} \rangle \tag{12.63}$$

其中第一个等式我们应用了结论：$\boldsymbol{h}_{\mathcal{I}_0}$ 和 $\boldsymbol{h}_{\mathcal{I}_1}$ 不相交，则 $\boldsymbol{h}_{\mathcal{I}_0 \cup \mathcal{I}_1} = \boldsymbol{h}_{\mathcal{I}_0} + h_{\mathcal{I}_1}$。根据平行四边形恒等式(2.12)以及块 RIP 性质，可得(详见命题 11.5)

$$|\langle \boldsymbol{D}\boldsymbol{c}_1, \boldsymbol{D}\boldsymbol{c}_2 \rangle| \leqslant \delta_{2k} \| \boldsymbol{c}_1 \|_2 \| \boldsymbol{c}_2 \|_2 \tag{12.64}$$

对任意两个不相交的 k 块稀疏向量，有

$$|\langle \boldsymbol{D}\boldsymbol{h}_{\mathcal{I}_0}, \boldsymbol{D}\boldsymbol{h}_{\mathcal{I}_i} \rangle| \leqslant \delta_{2k} \| \boldsymbol{h}_{\mathcal{I}_0} \|_2 \| \boldsymbol{h}_{\mathcal{I}_i} \|_2 \tag{12.65}$$

与 $\langle \boldsymbol{D}\boldsymbol{h}_{\mathcal{I}_1}, \boldsymbol{D}\boldsymbol{h}_{\mathcal{I}_i} \rangle$ 类似，将其代入式(12.63)中

$$\begin{aligned} \| \boldsymbol{D}\boldsymbol{h}_{\mathcal{I}_0 \cup \mathcal{I}_1} \|_2^2 &= \left| \sum_{i=2}^{\ell-1} \langle \boldsymbol{D}(\boldsymbol{h}_{\mathcal{I}_0} + \boldsymbol{h}_{\mathcal{I}_1}), \boldsymbol{D}\boldsymbol{h}_{\mathcal{I}_i} \rangle \right| \\ &\leqslant \sum_{i=2}^{\ell-1} \left(|\langle \boldsymbol{D}\boldsymbol{h}_{\mathcal{I}_0}, \boldsymbol{D}\boldsymbol{h}_{\mathcal{I}_i} \rangle| + |\langle \boldsymbol{D}\boldsymbol{h}_{\mathcal{I}_0}, \boldsymbol{D}\boldsymbol{h}_{\mathcal{I}_i} \rangle| \right) \\ &\leqslant \delta_{2k} (\| \boldsymbol{h}_{\mathcal{I}_0} \|_2 + \| \boldsymbol{h}_{\mathcal{I}_1} \|_2) \sum_{i=2}^{\ell-1} \| \boldsymbol{h}_{\mathcal{I}_i} \|_2 \end{aligned} \tag{12.66}$$

根据柯西–施瓦茨不等式，任意一个长度为 2 的向量 $\boldsymbol{a}$ 能够满足 $|\boldsymbol{a}_1 + \boldsymbol{a}_2| \leqslant \sqrt{2} \| \boldsymbol{a} \|_2$，因此

$$\| \boldsymbol{h}_{\mathcal{I}_0} \|_2 + \| \boldsymbol{h}_{\mathcal{I}_1} \|_2 \leqslant \sqrt{2} \sqrt{\| \boldsymbol{h}_{\mathcal{I}_0} \|_2^2 + \| \boldsymbol{h}_{\mathcal{I}_1} \|_2^2} = \sqrt{2} \| \boldsymbol{h}_{\mathcal{I}_0 \cup \mathcal{I}_1} \|_2 \tag{12.67}$$

其中上一个等式是基于 $\boldsymbol{h}_{\mathcal{I}_0}$ 和 $\boldsymbol{h}_{\mathcal{I}_1}$ 不相交。将其代入式(12.66)，使用式(12.56)、式(12.58)和式(12.60)，得

$$\begin{aligned} \| \boldsymbol{D}\boldsymbol{h}_{\mathcal{I}_0 \cup \mathcal{I}_1} \|_2^2 &\leqslant \sqrt{2} k^{-1/2} \delta_{2k} \| \boldsymbol{h}_{\mathcal{I}_0 \cup \mathcal{I}_1} \|_2 \| \boldsymbol{h}_{\mathcal{I}_0^c} \|_{2,\mathcal{I}} \\ &\leqslant \sqrt{2} \delta_{2k} \| \boldsymbol{h}_{\mathcal{I}_0 \cup \mathcal{I}_1} \|_2 \| \boldsymbol{h}_{\mathcal{I}_0} \|_2 \\ &\leqslant \sqrt{2} \delta_{2k} \| \boldsymbol{h}_{\mathcal{I}_0 \cup \mathcal{I}_1} \|_2^2 \end{aligned} \tag{12.68}$$

其中上一个不等式来自于 $\| \boldsymbol{h}_{\mathcal{I}_0} \|_2 \leqslant \| \boldsymbol{h}_{\mathcal{I}_0 \cup \mathcal{I}_1} \|_2$。将式(12.68)与式(12.27)相结合，有

$$(1 - \delta_{2k}) \| \boldsymbol{h}_{\mathcal{I}_0 \cup \mathcal{I}_1} \|_2^2 \leqslant \| \boldsymbol{D}\boldsymbol{h}_{\mathcal{I}_0 \cup \mathcal{I}_1} \|_2^2 \leqslant \sqrt{2} \delta_{2k} \| \boldsymbol{h}_{\mathcal{I}_0 \cup \mathcal{I}_1} \|_2^2 \tag{12.69}$$

其中，$\delta_{2k} < \sqrt{2} - 1$，当且仅当 $\| h_{\mathcal{I}_0 \cup \mathcal{I}_1} \|_2 = 0$ 时，上述不等式成立。 □

有趣的是，将定理 12.1 与第 11 章的定理 11.12 相比较，后者是讨论使用 BP 式(11.120)

下标准稀疏向量恢复的准确性。后者表明若 $\boldsymbol{c}$ 是 k 块稀疏的，且测量矩阵 $\boldsymbol{D}$ 满足标准 RIP 条件，且 $\delta_{2k} < \sqrt{2} - 1$，则 $\boldsymbol{c}$ 能够由 $\boldsymbol{y} = \boldsymbol{D}\boldsymbol{c}$ 准确恢复，且 ℓ_1 是优化的。对任意的 k 块稀疏向量，其也是 M 稀疏的，$M = kd$，我们可以得到定理12.1中应用BP条件的 $\boldsymbol{c}_0$（如果 δ_{2M} 足够小）。然而，该标准CS方法并不能准确得到块中的非零值也不能准确定位向量 $\boldsymbol{c}_0$ 的任意位置。另一方面，SOCP式(12.47)能够考虑 $\boldsymbol{c}_0$ 的块结构。然而，定理12.1的条件并不是跟定理11.12严密契合，且式(12.27)中 δ_{2k} 要比式(12.26)中的有效，其中 $k = 2M$，此结论在例12.3中已经说明了。

定理12.1同样适用于复杂情况，以及向量 $\boldsymbol{c}_0$ 不是严格的 k 块稀疏向量的情况，特别是，假设测量矩阵(12.11)被有界噪声干扰，有

$$\boldsymbol{y} = \boldsymbol{D}\boldsymbol{c} + \boldsymbol{z} \tag{12.70}$$

其中 $\|\boldsymbol{z}\|_2 \leqslant \varepsilon$。为了恢复 $\boldsymbol{c}$，我们使用了修正SOCP：

$$\min_{\boldsymbol{c}} \|\boldsymbol{c}\|_{2,\mathcal{I}} \quad \text{s.t.} \ \|\boldsymbol{y} - \boldsymbol{D}\boldsymbol{c}\|_2 \leqslant \varepsilon \tag{12.71}$$

然后，对于给定的向量 $\boldsymbol{c} \in \mathbb{R}^N$，我们定义 $\boldsymbol{c}^k$ 是 $\boldsymbol{c}$ 的最优近似，且含有 k 个非零块，则对于所有的 k 块稀疏向量 $\boldsymbol{d}$，$\boldsymbol{c}^k$ 可使 $\|\boldsymbol{c} - \boldsymbol{d}\|_{2,\mathcal{I}}$ 最小。定理12.2表明，即使 $\boldsymbol{c}$ 不是严格意义上的 k 块稀疏，且测量矩阵是有扰动的，块 $\boldsymbol{c}^k$ 的最佳近似一样近似于式(12.71)得到的结论[183]。

定理12.2　令 $\boldsymbol{y} = \boldsymbol{D}\boldsymbol{c}_0 + \boldsymbol{z}$ 为向量 $\boldsymbol{c}_0$（$\|z\|_2 \leqslant \varepsilon$）的有扰测量矩阵，令 $\boldsymbol{c}^k$ 表示 $\boldsymbol{c}_0$ 的最佳 k 块稀疏近似，则 $\boldsymbol{c}^k$ 是 k 块稀疏的，且对于任意 k 块稀疏向量 $\boldsymbol{d}$，$\|\boldsymbol{c}_0 - \boldsymbol{d}\|_{2,\mathcal{I}}$ 最小，令 $\boldsymbol{c}'$ 为式(12.71)的一个解。若 $\boldsymbol{D}$ 满足块RIP式(12.27)条件，且 $\delta_{2k} < \sqrt{2} - 1$，则

$$\|\boldsymbol{c}_0 - \boldsymbol{c}'\|_2 \leqslant \frac{2(1 - \delta_{2k})}{1 - (1 + \sqrt{2})\delta_{2k}} k^{-1/2} \|\boldsymbol{c}_0 - \boldsymbol{c}^k\|_{2,\mathcal{I}} + \frac{4\sqrt{1 + \delta_{2k}}}{1 - (1 + \sqrt{2})\delta_{2k}} \varepsilon \tag{12.72}$$

式(12.72)中的首项表明 $\boldsymbol{c}_0$ 不是严格意义上的 k 块稀疏向量。第二项表达式量化了噪声下的恢复错误率。

证明　该证明与定理12.1很相似，但有点差异。

令 $\boldsymbol{c}' = \boldsymbol{c}_0 + \boldsymbol{h}$ 为式(12.71)的解。则因为噪声，以及 c_0 不是严格的 k 块稀疏，我们能得到 $\boldsymbol{h} = 0$。然而，我们可得 $\|\boldsymbol{h}\|_2$ 是有界的。因此，与定理12.1类似地证明式(12.54)。首先我们构造 $\|\boldsymbol{h}_{(\mathcal{I}_0 \cup \mathcal{I}_1)^c}\|_2 \leqslant \|\boldsymbol{h}_{\mathcal{I}_0 \cup \mathcal{I}_1}\|_2 + 2e_0$，其中 $e_0 = k^{-1/2} \|\boldsymbol{c}_0 - \boldsymbol{c}_{\mathcal{I}_0}\|_{2,\mathcal{I}}$ 而且 $\boldsymbol{c}_{\mathcal{I}_0}$ 是 k 阶块下 $\boldsymbol{c}_0$ 的界，对应于 ℓ_2 的极大模。定义 $\boldsymbol{c}_{\mathcal{I}_0} = \boldsymbol{c}^k$。在第二部分的证明中，我们规定了界 $\|\boldsymbol{h}_{\mathcal{I}_0 \cup \mathcal{I}_1}\|_2$。

第一部分：$\|\boldsymbol{h}_{(\mathcal{I}_0 \cup \mathcal{I}_1)^c}\|_2$ 的界

首先仿照定理12.1对 $\boldsymbol{h}$ 进行分解。式(12.59)中的不等关系在这里同样适用。则式(12.59)中

$$\begin{aligned} \|\boldsymbol{c}_0\|_{2,\mathcal{I}} &\geqslant \|\boldsymbol{c}_{\mathcal{I}_0} + \boldsymbol{h}_{\mathcal{I}_0}\|_{2,\mathcal{I}} + \|\boldsymbol{c}_{\mathcal{I}_0^c} + h_{\mathcal{I}_0^c}\|_{2,\mathcal{I}} \\ &\geqslant \|\boldsymbol{c}_{\mathcal{I}_0}\|_{2,\mathcal{I}} - \|\boldsymbol{h}_{\mathcal{I}_0}\|_{2,\mathcal{I}} + \|\boldsymbol{h}_{\mathcal{I}_0^c}\|_{2,\mathcal{I}} - \|\boldsymbol{c}_{\mathcal{I}_0^c}\|_{2,\mathcal{I}} \end{aligned} \tag{12.73}$$

因此

$$\|\boldsymbol{h}_{\mathcal{I}_0^c}\|_{2,\mathcal{I}} \leqslant 2\|\boldsymbol{c}_{\mathcal{I}_0^c}\|_{2,\mathcal{I}} + \|\boldsymbol{h}_{\mathcal{I}_0}\|_{2,\mathcal{I}} \tag{12.74}$$

其中应用了 $\|\boldsymbol{c}_0\|_{2,\mathcal{I}} - \|\boldsymbol{c}_{\mathcal{I}_0}\|_{2,\mathcal{I}} = \|\boldsymbol{c}_{\mathcal{I}_0^c}\|_{2,\mathcal{I}}$。将式(12.58)、式(12.61)和式(12.74)相结合可得：

$$\|\boldsymbol{h}_{(\mathcal{I}_0 \cup \mathcal{I}_1)^c}\|_2 \leqslant \|\boldsymbol{h}_{\mathcal{I}_0}\|_2 + 2e_0 \leqslant \|\boldsymbol{h}_{\mathcal{I}_0 \cup \mathcal{I}_1}\|_2 + 2e_0 \tag{12.75}$$

其中 $e_0 = k^{-1/2} \|\boldsymbol{c}_0 - \boldsymbol{c}_{\mathcal{I}_0}\|_{2,\mathcal{I}}$。

第二部分：$\|\boldsymbol{h}_{\mathcal{I}_0\cup\mathcal{I}_1}\|_2$ 的界

根据 $\boldsymbol{h}=\boldsymbol{h}_{\mathcal{I}_0\cup\mathcal{I}_1}+\sum_{i\geqslant 2}\boldsymbol{h}_{\mathcal{I}_i}$，有

$$\|\boldsymbol{D}\boldsymbol{h}_{\mathcal{I}_0\cup\mathcal{I}_1}\|_2^2=\langle\boldsymbol{D}\boldsymbol{h}_{\mathcal{I}_0\cup\mathcal{I}_1},\boldsymbol{D}\boldsymbol{h}\rangle-\sum_{i=2}^{\ell-1}\langle\boldsymbol{D}(\boldsymbol{h}_{\mathcal{I}_0}+\boldsymbol{h}_{\mathcal{I}_1}),\boldsymbol{D}\boldsymbol{h}_{\mathcal{I}_i}\rangle \tag{12.76}$$

根据式(12.27)有

$$|\langle\boldsymbol{D}\boldsymbol{h}_{\mathcal{I}_0\cup\mathcal{I}_1},\boldsymbol{D}\boldsymbol{h}\rangle|\leqslant\|\boldsymbol{D}\boldsymbol{h}_{\mathcal{I}_0\cup\mathcal{I}_1}\|_2\|\boldsymbol{D}\boldsymbol{h}\|_2\leqslant\sqrt{1+\delta_{2k}}\|\boldsymbol{h}_{\mathcal{I}_0\cup\mathcal{I}_1}\|_2\|\boldsymbol{D}\boldsymbol{h}\|_2 \tag{12.77}$$

$\boldsymbol{c}'$和$\boldsymbol{c}_0$都是可存在的

$$\|\boldsymbol{D}\boldsymbol{h}\|_2=\|\boldsymbol{D}(\boldsymbol{c}_0-\boldsymbol{c}')\|_2\leqslant\|\boldsymbol{D}\boldsymbol{c}_0-\boldsymbol{y}\|_2+\|\boldsymbol{D}\boldsymbol{c}'-\boldsymbol{y}\|_2\leqslant 2\varepsilon \tag{12.78}$$

由式(12.77)可得

$$|\langle\boldsymbol{D}\boldsymbol{h}_{\mathcal{I}_0\cup\mathcal{I}_1},\boldsymbol{D}\boldsymbol{h}\rangle|\leqslant 2\varepsilon\sqrt{1+\delta_{2k}}\|\boldsymbol{h}_{\mathcal{I}_0\cup\mathcal{I}_1}\|_2 \tag{12.79}$$

代入式(12.76)得

$$\begin{aligned}\|\boldsymbol{D}\boldsymbol{h}_{\mathcal{I}_0\cup\mathcal{I}_1}\|_2^2&\leqslant|\langle\boldsymbol{D}\boldsymbol{h}_{\mathcal{I}_0\cup\mathcal{I}_1},\boldsymbol{D}\boldsymbol{h}\rangle|+\sum_{i=2}^{\ell-1}|\langle\boldsymbol{D}(\boldsymbol{h}_{\mathcal{I}_0}+\boldsymbol{h}_{\mathcal{I}_1}),\boldsymbol{D}\boldsymbol{h}_{\mathcal{I}_i}\rangle|\\&\leqslant 2\varepsilon\sqrt{1+\delta_{2k}}\|\boldsymbol{h}_{\mathcal{I}_0\cup\mathcal{I}_1}\|_2+\sum_{i=2}^{\ell-1}|\langle\boldsymbol{D}(\boldsymbol{h}_{\mathcal{I}_0}+\boldsymbol{h}_{\mathcal{I}_1}),\boldsymbol{D}\boldsymbol{h}_{\mathcal{I}_i}\rangle|\end{aligned} \tag{12.80}$$

与式(12.66)和式(12.68)相结合得

$$\|\boldsymbol{D}\boldsymbol{h}_{\mathcal{I}_0\cup\mathcal{I}_1}\|_2^2\leqslant(2\varepsilon\sqrt{1+\delta_{2k}}+\sqrt{2}\delta_{2k}k^{-1/2}\|\boldsymbol{h}_{\mathcal{I}_0^c}\|_{2,\mathcal{I}})\|\boldsymbol{h}_{\mathcal{I}_0\cup\mathcal{I}_1}\|_2 \tag{12.81}$$

援引式(12.61)和式(12.74)中的结论规定上限

$$\|\boldsymbol{D}\boldsymbol{h}_{\mathcal{I}_0\cup\mathcal{I}_1}\|_2^2\leqslant(2\varepsilon\sqrt{1+\delta_{2k}}+\sqrt{2}\delta_{2k}(\|h_{\mathcal{I}_0}\|+2e_0))\|\boldsymbol{h}_{\mathcal{I}_0\cup\mathcal{I}_1}\|_2 \tag{12.82}$$

另一方面，RIP 规定了下限

$$\|\boldsymbol{D}\boldsymbol{h}_{\mathcal{I}_0\cup\mathcal{I}_1}\|_2^2\geqslant(1-\delta_{2k})\|\boldsymbol{h}_{\mathcal{I}_0\cup\mathcal{I}_1}\|_2^2 \tag{12.83}$$

根据式(12.82)和式(12.83)，有

$$(1-\delta_{2k})\|\boldsymbol{h}_{\mathcal{I}_0\cup\mathcal{I}_1}\|_2\leqslant 2\varepsilon\sqrt{1+\delta_{2k}}+\sqrt{2}\delta_{2k}(\|\boldsymbol{h}_{\mathcal{I}_0\cup\mathcal{I}_1}\|+2e_0) \tag{12.84}$$

或者

$$\|\boldsymbol{h}_{\mathcal{I}_0\cup\mathcal{I}_1}\|_2\leqslant\frac{2\sqrt{1+\delta_{2k}}}{1-(1+\sqrt{2})\delta_{2k}}\varepsilon+\frac{2\sqrt{2}\delta_{2k}}{1-(1+\sqrt{2})\delta_{2k}}e_0 \tag{12.85}$$

其中，$\delta_{2k}<\sqrt{2}-1$ 保证了式(12.85)中的分母是正的。代入式(12.85)中，结果为

$$\|\boldsymbol{h}\|_2\leqslant\|\boldsymbol{h}_{\mathcal{I}_0\cup\mathcal{I}_1}\|_2+\|\boldsymbol{h}_{(\mathcal{I}_0\cup\mathcal{I}_1)^c}\|_2\leqslant 2\|\boldsymbol{h}_{\mathcal{I}_0\cup\mathcal{I}_1}\|_2+2e_0 \tag{12.86}$$

得证。

□

总结至今的讨论，我们可以发现只要 $\boldsymbol{D}$ 以合适值满足 RIP 条件(12.27)，则任意的 k 块稀疏向量都能从其采样 $\boldsymbol{y}=\boldsymbol{D}\boldsymbol{c}$ 中使用指数 SOCP(12.46)准确恢复出来的。因此该算法在此条件下是稳定的，将其进行修改式(12.71)，能够保证其能够容许一定的噪声，且能够保证恢复的误差能够相对噪声等级保持在一个较低的水平。而且，即使 $\boldsymbol{c}$ 不是一个严格的 k 块稀疏，依旧可以使用 SOCP 方法得到其最佳块稀疏近似。这些结果列于表 12.1 中，其中 δ_{2k}代表块 RIP 常数。

例 12.8 现在讨论如何使用 CVX 工具箱来解决式(12.71)中的问题，即用块 BP 算法从一个噪声环境下准确恢复信号。使用例 12.3 中的字典 $\boldsymbol{D}$，并假设信号是 1 块稀疏，对 ε 我们

给定 100 个随机的 1 块稀疏信号。需要恢复的稀疏向量带有高斯噪声，且根据一致的先验信息。附加噪声以间隔$[-\varepsilon,\varepsilon]$被分割。

在图 12.7 中，我们绘出了以 ε 为自变量的最大恢复误差。我们同样规定了定理 12.2 的上界。该区间是封闭的：误差最大值要比上限小得多。

表 12.1　针对信号恢复($y=Dc_0+z$)的算法性能比较

	算法(12.46)	算法(12.71)
c_0	k 块稀疏	任意
噪声 z	无($z=0$)	有界 $\|z\|_2\leqslant\varepsilon$
D 的条件	$\delta_{2k}\leqslant\sqrt{2}-1$	$\delta_{2k}\leqslant\sqrt{2}-1$
恢复 c'	$c'=c_0$	$\|c_0-c'\|_2$ 很小；见式(12.72)

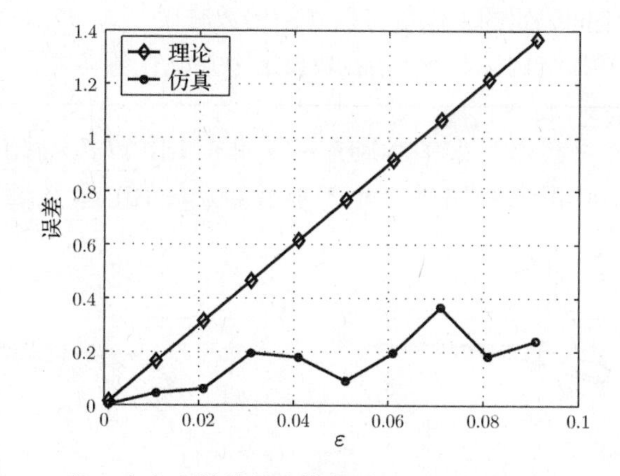

图 12.7　以 ε 为自变量的最大恢复误差，上限由定理 12.2 给定

CVX 代码如下：

```
cvx_begin
variable c(6)
variable t(3)
minimize(sum(t))
subject to
  norm(D*c-y)<epsilon
  t(1)>=norm(c(1:2));
  t(2)>=norm(c(3:4));
  t(3)>=norm(c(5:6));
cvx_end
```

12.4.2　随机矩阵与分块 RIP

定理 12.1 和定理 12.2 给出了一个相对小的块 RIP 常数以确保向量 $\boldsymbol{c}$ 稀疏的准确恢复。将其应用于随机矩阵当中，可得随机矩阵也能满足条件。另外，相对标准稀疏情况而言，所需的测量工作量要更少(文献[245]中的定理 3.3)。

命题 12.6　考虑一个 $n\times N$ 的矩阵 $\boldsymbol{D}$，且间隔满足子高斯分布，$\mathcal{I}=\{d_1=d,\cdots,d_m=d\}$下的块稀疏信号，其中 $N=md$。令 $t>0$，$0<\delta<1$ 为常数，若

$$n \geqslant \frac{36}{7\delta}\left(\ln(L) + kd\ln\left(\frac{12}{\delta}\right) + t\right) \tag{12.87}$$

其中 $L = \binom{m}{k}$，$\boldsymbol{D}$ 满足块 RIP 条件(12.27)，且带有有界等距常数 $\delta_{k|\mathcal{I}} = \delta$，带有随机率 $1 - e^{-t}$。

式(12.87)的首项在采样量的衡量中起主要作用。该项量化了用于将确定子空间(含有稀疏信号)编程化的采样总量。特别地，对于块稀疏信号：

$$(m/k)^{k} \leqslant L = \binom{m}{k} \leqslant (em/k)^{k} \tag{12.88}$$

因此，对于一个给定的非零分数 $r = kd/N$，近似地，$n \approx k\log(m/k) = -k\log r$ 这样的测量值是需要的。以示比较，为了满足标准 RIP 条件，需要 $n \approx -kd\log(r)$ 的测量值。块稀疏能够减少所需的子空间的总数，从而信号子空间编码的工作量将以 d 的倍数减少。式(12.87)的第二项对测量的影响较小，因为非零元的量与稀疏结构关系不大，在块设定中并没有删减此项。

例 12.9　在图 12.8 中我们绘出了高斯系统下用于 RIP 以及块 RIP 的几个例子。数值将通过蛮力测试进行计算。该图表明即使 n 和 N 非常小，块 RIP 常数近似也比同类的标准 RIP 常数要小。

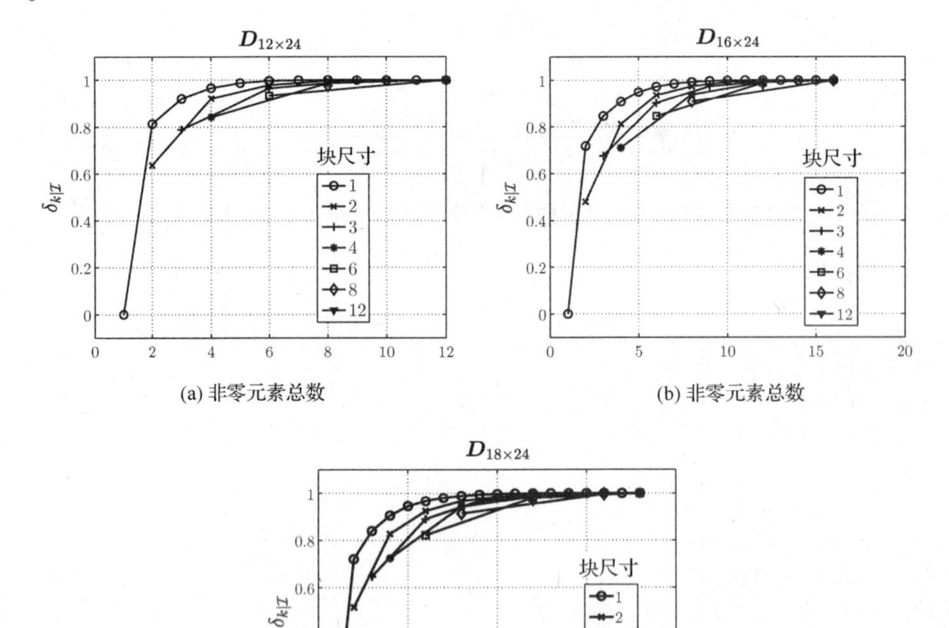

图 12.8　$N = 24$，$\delta_{k|\mathcal{I}}$，标准和块 RIP 条件。三种测量值 n：(a) $n = 12$；(b) $n = 16$；(3) $n = 18$。每个图都代表了平均 10 个随机矩阵 $\boldsymbol{D}$ 样本。$\boldsymbol{D}$ 的值由式(12.23)所定，并满足 $\alpha + \beta = 2$`

12.5　基于相关系数的恢复

在前述章节中我们讨论了当字典的块 RIP 常数足够小时，则对应的块稀疏可以利用求解 SOCP 问题(如块 BP 算法)来通过适当的测量得到恢复。在本节中，通过分析基于块相关系数的方法将这个思路延伸到贪心算法。同时，我们给出了使用块相关系数方法的一种有效条件，在此条件下，块稀疏向量能够通过类似 BOMP 或者块 BP 算法等从测量之中准确恢复。

12.5.1　恢复条件

下面的定理 12.3 和定理 12.4 表明如果块相关系数满足条件 $kd < (\mu_B^{-1} + d - (d-1)\nu\mu_B^{-1})/2$ 时，可以通过 BMP 或者块 BP 技术来从 $\boldsymbol{y} = \boldsymbol{Dc}$ 来恢复任意的 k 块稀疏向量 $\boldsymbol{c}$。如果 $\boldsymbol{D}[\ell]$ 的每个 ℓ 元素都是标准正交化的，那么有 $v=0$，同时恢复条件变为 $kd < (\mu_B^{-1} + d)/2$。在此设定下 BMP 呈现指数收敛(见定理 12.5)。如果块稀疏向量 $\boldsymbol{c}$ 是一个(传统)kd 块稀疏向量，其结构并不是严格的块稀疏，则使用 OMP 或者式(12.46)中 $d=1$ 的情况(称为 BP 情况)下所需的充分条件 $kd < (\mu^{-1} + 1)/2$ (见定理 11.6)。与 $kd < (\mu_B^{-1} + d)/2$ 相比较，我们可以得到，因为 $\mu_B \leqslant \mu$，使得块稀疏的使用能够保证高稀疏水平下的恢复。

为了更好地表明恢复结果，假定 $\boldsymbol{c}_0$ 是长度为 N 的 k 块稀疏向量，令 $\boldsymbol{y} = \boldsymbol{Dc}_0$，$\boldsymbol{D}_0$ 表示 $n \times (kd)$ 的矩阵，其块对应 $\boldsymbol{c}_0$ 的非零块，令 $\bar{\boldsymbol{D}}_0$ 为 $n \times (N - kd)$ 的矩阵，包含 $\boldsymbol{D}$ 的 $n \times d$ 个块(且不属于 $\boldsymbol{D}_0$)。我们有如下定理。定理的证明过程在 12.5.3 节中。

定理 12.3　令 $\boldsymbol{c}_0 \in \mathbb{C}^N$ 为一个 k 块稀疏向量，块长度为 d，令 $\boldsymbol{y} = \boldsymbol{Dc}_0$ 对应 $n \times N$ 的矩阵 $\boldsymbol{D}$。BOMP 和块 BP 算法用于恢复 $\boldsymbol{c}_0$ 的充分条件为

$$\rho_c(\boldsymbol{D}_0^{\dagger} \bar{\boldsymbol{D}}_0) < 1 \tag{12.89}$$

其中

$$\rho_c(\boldsymbol{A}) = \max_r \sum_{\ell} \rho(\boldsymbol{A}[\ell, r]) \tag{12.90}$$

$\rho(\boldsymbol{A})$ 是 $\boldsymbol{A}$ 的谱范数。$\boldsymbol{A}[\ell, r]$ 是 $\boldsymbol{A}$ 的第 (ℓ, r) 个 $d \times d$ 的块。在此情况下，BOMP 每步都选取一个新的块，至多选取 k 步。

定义

$$\rho_c(\boldsymbol{D}_0^{\dagger} \bar{\boldsymbol{D}}_0) = \max_r \rho_c(\boldsymbol{D}_0^{\dagger} \bar{\boldsymbol{D}}_0[r]) \tag{12.91}$$

则式(12.89)适用于所有 r 的情况

$$\rho_c(\boldsymbol{D}_0^{\dagger} \bar{\boldsymbol{D}}_0[r]) < 1 \tag{12.92}$$

式(12.89)的充分条件取决于 $\boldsymbol{D}_0$ 以及 $\boldsymbol{c}_0$ 中非零块的位置，事先可能是未知的。尽管如此，如下述定理所说的，式(12.89)给出了 μ_B 和 ν 与字典 $\boldsymbol{D}$ 关系的通用准则条件。

定理 12.4　对于字典 $\boldsymbol{D}$，令 μ_B 为块相关系数，ν 为子相关系数，则式(12.89)应满足的条件为

$$kd < \frac{1}{2}\left(\mu_B^{-1} + d - (d-1)\frac{v}{\mu_B}\right) \tag{12.93}$$

若 $d=1$，则 $\nu=0$。我们给出了定理 11.6 中所对应的满足 k 块稀疏向量恢复的条件 $k < (\mu^{-1} + 1)/2$。对于 $\boldsymbol{D}[\ell]$ 的每个 ℓ 元素都是标准正交的情况，有 $\nu=0$，则式(12.93)可写为

$$kd < \frac{1}{2}(\mu_B^{-1} + d) \tag{12.94}$$

由于$\mu_B < \mu$，这个上界要比单独考虑稀疏情况更为宽泛。

下一个定理表明在式(12.94)的情况下，当每个块$\boldsymbol{D}[\ell]$包含标准正交列时，BMP算法呈现指数收敛的情况。

定理12.5 如果对于所有的ℓ，$D^*[\ell]D[\ell] = I_d$，并且$kd < (\mu_B^{-1} + d)/2$，则：

(1) BMP算法的每一步都选取正确的块；

(2) 驻留的能量将呈现指数衰减，即$\|\boldsymbol{r}_\ell\|_2^2 \leqslant \beta^\ell \|\boldsymbol{r}_0\|_2^2$随下式而变化

$$\beta = 1 - \frac{1-(k-1)d\mu_B}{k} \tag{12.95}$$

定理12.4给出了在何种条件下块稀疏能够与将块稀疏信号当成一个传统的稀疏信号处理相比具有更高的恢复阈值。比如当块$\boldsymbol{D}[\ell]$含有标准正交列时，如果其每个单独的块不是标准正交的，则$\nu>0$，式(12.93)给出了为了实现块稀疏恢复的高恢复阈值，v必须足够小。在此情况下，常见的做法是将$\boldsymbol{D}[\ell]$的列相连正交化以实现$\nu=0$。在这里，我们需要比较不带有块稀疏的原始词典$\boldsymbol{D}$的恢复阈值和带有正交化字典并将块稀疏考虑在内的字典的恢复阈值。然而，正交化前的μ和正交化后的μ_B不好计算。尽管如此，可以知道的是(详见文献[207]和习题7)，对于一个尺寸为$L\times N$($L=Rd$，$N=Md$且整数R,M已知)的字典，如果$d>RM/(M-R)$，则将块稀疏考虑到正交字典当中的恢复阈值要明显高于原始字典下传统稀疏化的恢复阈值。因此，只要满足命题12.1的条件，字典是不相关的。

例12.10 在本例中，我们比较了同一字典使用和不使用正交化情况下的BOMP和块BP的性能。

我们随机选取了尺寸为$L=20$，$N=40$的字典，并通过idd高斯矩阵和将列归一化得到单位阵。字典被分割为长度$d=2$的连续块。需要恢复的稀疏向量具有高斯输入，其输入是根据先验概率设定来的。块稀疏向量的非零块的位置是随机选取的，总共有$\binom{M}{k}$种可能性，其中$M=N/d$是块的数量。

图12.9绘出了以块稀疏水平为自变量的成功率，若恢复向量与原始向量的欧几里得距离小于0.01，则称恢复是成功的。对于每个块稀疏等级，我们选取了超过200个实际字典和块稀疏信号并进行了平均化。图12.9(a)比较了OMP、BOMP和字典为正交化的BOMP的情况。图12.9(b)比较了BP、块BP和正交块BP的情况。可以看出，正交化的字典性能更佳。

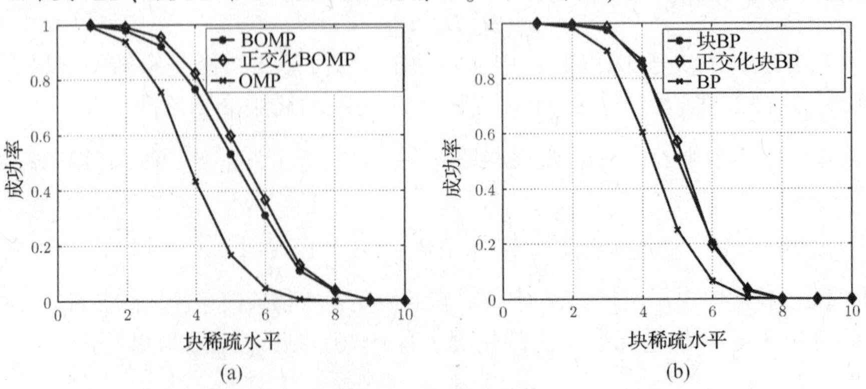

图12.9 (a)比较OMP、BOMP和字典为正交化的BOMP的情况；(b)比较BP、块BP和正交块BP的情况

与第 11 章类似，本节我们可以得到基于 RIP 和相关系数的理论阈值十分封闭。仿真结果表明恢复算法的性能要远优于理论计算的预估值。此结果可通过下面的例子进行说明。

例 12.11　为了证明理论区间过度保守，我们比较了几种恢复算法基于式(12.93)和式(12.94)计算下的相关系数所获得的分析阈值和基于定理 11.6 的传统稀疏化的阈值。

我们随机选取了尺寸为 $L=80$，$N=160$ 的字典，块稀疏输入使用与例 12.10 同样的设定，唯一的区别在于这里块的尺寸选为 $d=8$。因此，字典由 iid 高斯矩阵所刻画，其列是归一化的。需要恢复的稀疏向量具有 idd 高斯输入，其初始设定是随机的。对于每个块稀疏等级，我们都计算了超过 200 个实际字典和块稀疏信号并做平均化处理，同样的，我们计算了对应的分析阈值，并且得到了对应的平均分析阈值(遍历所有字典)。

- BOMP 和块 BP：$kd < 3.2 \Rightarrow k = 0$
- BOMP 正交化和块 BP 正交化：$kd < 17.7 \Rightarrow k \leqslant 2$
- OMP 和 BP：$kd < 3 \Rightarrow k = 0$

图 12.10 给出了不同方法下的块稀疏等级为自变量的成功率。

最后，从图中可以看出，分析阈值要比计算阈值更小。后者表明在块稀疏等级 $k=4$ 的情况下，对于 BOMP、正交 BOMP、块 BP 和正交块 BP，以及在 $k=2$ 的情况下，对于 OMP、BP 来说，其成功率接近 100%。

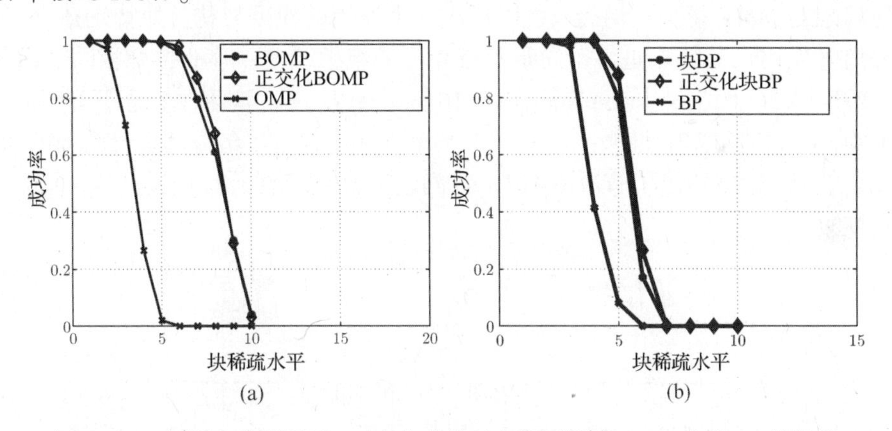

图 12.10　相同字典情况下，正交化或非正交化情况下 BOMP 和块 BP 的性能

12.5.2　扩展问题

冗余块

至此我们已经解决了块稀疏恢复的基本问题，其中的字典就是一些含有线性无关向量的块。在文献[370]中，作者将块相关系数的概念拓展到了子空间相关系数，为了明确字典块 $\boldsymbol{D}[\ell]$ 可能过完备，意味着每个块的列的数量将比其所扫描的子空间的数量要大。

子空间相关系数由式(12.32)给出，其中 $\boldsymbol{M}[\ell,r]$ 由下式替换：

$$\boldsymbol{M}[\ell,r] = \boldsymbol{A}^*[\ell]\boldsymbol{A}[r] \tag{12.96}$$

$\boldsymbol{A}[\ell]$ 是一个矩阵，其列生成 $\boldsymbol{D}[\ell]$ 列所扫描的一组正交基。需要明确的是，当块 $\boldsymbol{D}[\ell]$ 是标准正

交化的，则子空间相关系数将减少到块相关系数。使用该定义，可以验证冗余情况的恢复结果。其同样可用于式(12.46)的改进，以解释冗余块，其稀疏的模由对应字典的信号部分的模所替换：

$$\min_{c} \|\boldsymbol{Dc}\|_{2,\mathcal{I}} \quad \text{s.t.} \quad \boldsymbol{y}=\boldsymbol{Dc} \tag{12.97}$$

如上所示，式(12.97)给出更优异的性能。

分层稀疏性

基本块稀疏恢复问题的另一个延伸在文献[363]中讨论过，即块具有内部稀疏性质。这种结构可以使子空间构成并集。此方法具体可以理解为针对单个块在式(12.46)上加入一个 ℓ_1 的惩罚，这种方法在文献[363]中被称为 HiLasso 方法。HiLasso 方法可以使在个性层面上的 ℓ_1 优化的稀疏诱导特性与在整体层面上的式(12.46)的块稀疏特性结合起来，进而获得一个分层的稀疏性结构。这样所得到的优化问题变为

$$\min_{c} \|\boldsymbol{c}\|_{2,\mathcal{I}}+\lambda_1\|c\|_1 \quad \text{s.t.} \quad \boldsymbol{y}=\boldsymbol{Dc} \tag{12.98}$$

其中 λ_1 是一个适当的正规化参量。

在引入噪声的情况下，将式(12.98)改写成

$$\min_{c} \|\boldsymbol{y}-\boldsymbol{Dc}\|_2+\lambda_2\|\boldsymbol{c}\|_{2,\mathcal{I}}+\lambda_1\|c\|_1 \tag{12.99}$$

λ_1 和 λ_2 的选择会影响到最终结果的稀疏度。直观地说，随着 λ_2/λ_1 的增加，组(group)的约束将起主要作用，其结果是在组的层面上稀疏度更大，而在组内则稀疏度更小。由式(12.98)所刻画的这种分层稀疏性模式如图 12.11(a)所示。

将上述思想与 MMV 模型相结合，可以形成一个通用的模型架构，并特别适合于如信号识别和信号分离等应用。其特点是多个向量具有相同的组稀疏度，但不必有相同的内部稀疏度。这种方法被称为 C-HiLasso (collaborative HiLasso) 方法。这种情况下的稀疏模型如图 12.11(b)所示。C-HiLasso 模型中所有信号共享同一个组，并允许每个组内部的活跃集合在信号间变化。文献[363]给出了解决 C-HiLasso 问题的高效算法，其预设的恢复条件能够保证正确的稀疏恢复。

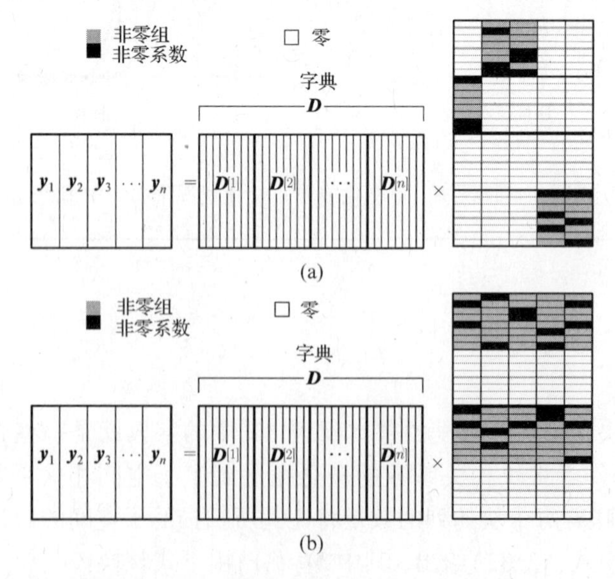

图 12.11　稀疏模型：(a)HiLasso；(b)C-HiLasso。C-HiLasso 下所有样本使用相同的稀疏模型，其中群内稀疏模型允许不同

该方法的一个简单应用就是一小段演奏音频信号的处理。该音频信号是由几个乐器同时演奏的(每个乐器代表一个群)，每一时刻每一个乐器所演奏的音频能够用几个子字典/群来表示。在此示例中使用 HiLasso 方法来处理能够保证有效的信号源识别与分离。构成信号的每个独立的源信号(簇/群)可根据其重构标示来同时识别。若事先知道同一类乐器将在音频信号中重复演奏，则我们可以假设同一片段内的每个区间内的特征音乐是一致的(由同一乐器演奏)。对于此，用 C-HiLasso 方法来处理就是在给每个群定义独立的内部稀疏标示之外，强制令片段内的同一类群定义为活跃的。这使得我们需要将同一乐器所演奏的实际信号是不同的这一因素考虑在内。

例 12.12　图 12.12 给出了应用额外内部结构的稀疏子空间集合的例子。该案例基于给定图像数据的数字化识别应用，引自文献[363]。

该图像选自美国邮电数字数据库[371]，其包含 0～9 的 9298 个单数码，每个单数码包含 16×16个像素。通过拾取含有解缠(unwrapped)灰度的向量来对图像进行数字化处理，获取信号。对于每个数字信号来说，可通过对给定信号的图像进行子空间下的稀疏化表达来定义子空间。可根据 12.6 节中讨论过的子空间生成方法来操作。扫描基底可一次性扫描 10 个子空间，$A_0,\cdots,A_9$ 由字典 $\boldsymbol{D}$ 生成。

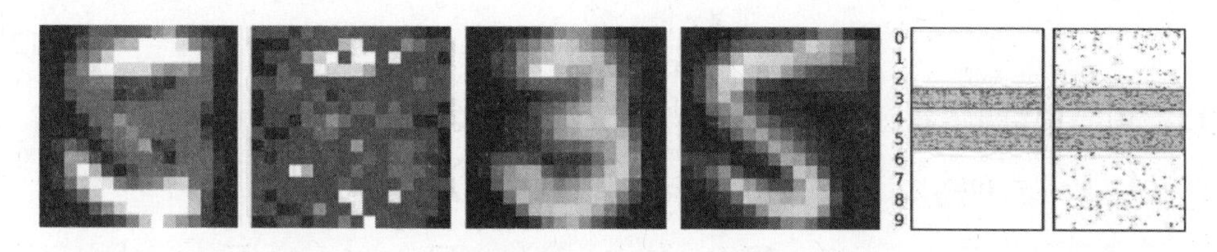

图 12.12　这个例子是在有 60% 内容缺损条件下恢复出来的数字(3 和 5)图像。从左到右依次是：无噪声混合图像；以深灰色表示缺失像素点(黑色表示背景)的图像；恢复出来的数字 3 和 5；使用 C-HiLasso 方法从 180 种不同的混合图像中恢复出来的有效集；使用标准 BPDN 方法从 180 种不同的混合图像中恢复出来的有效集

我们讨论由子采样信号中分离混合数字信号的情况。将每个混合图像随机舍弃 60% 的像素信息。为了恢复图像，对 180 个不同的混合图像应用 C-HiLasso 方法进行处理。代表有效集的最后两个图对应由灰带标记的数字信号 3 和 5。如图 12.12 所示，该方法能够成功实现源处理与分离操作。特别有，C-HiLasso 能够成功从所有采样中恢复正确的有效群。相比之下，标准的 BPDN 忽略了块稀疏情况，因此不适合用于类似处理。

12.5.3　定理证明

现在来证明定理 12.3、定理 12.4 和定理 12.5(证明过程基于文献[207])。对证明过程不感兴趣的读者可以直接跳过本节。需要说明的是，如果将 $d=1$ 代入下面证明过程，将证明第 11 章中叙述的未经证明的基于相关系数的恢复结果。

在进行详细的证明过程前，我们将给出一些定义和基本的已知结果。

对于 $\boldsymbol{c}\in\mathbb{C}^N$，我们定义通用的混合 ℓ_2/ℓ_p-范数(在这里与后面均认为 $p=1$，2 或∞)：

$$\|\boldsymbol{c}\|_{2,p}=\|\boldsymbol{v}\|_p,\quad v_\ell=\|\boldsymbol{c}[\ell]\|_2 \tag{12.100}$$

其中 $\boldsymbol{c}[\ell]$是连惯的长度为 d 的块。对于一个 $n\times N$ 的矩阵 $\boldsymbol{A}$，$n=Rd$，$N=md$，其中 R 和 m 都

是整数，我们定义混合矩阵范数(对于块尺寸为 d)为：

$$\|\boldsymbol{A}\|_{2,p} = \max_{\boldsymbol{c}\neq 0}\frac{\|\boldsymbol{Ac}\|_{2,p}}{\|\boldsymbol{c}\|_{2,p}} \tag{12.101}$$

下面的引理将给定 $\|\boldsymbol{A}\|_{2,p}$ 的界，其将会在后续证明中使用。

引理 12.1 令 $\boldsymbol{A}$ 为一个 $n\times N$ 的矩阵，其中 $n=Rd$, $N=md$。$\boldsymbol{A}[\ell,r]$ 表示矩阵 $\boldsymbol{A}$ 的第 (ℓ,r) 个 $d\times d$ 的块，则：

$$\|\boldsymbol{A}\|_{2,\infty} \leqslant \max_{\ell}\sum_{r}\rho(\boldsymbol{A}[\ell,r]) \triangleq \rho_r(\boldsymbol{A}) \tag{12.102}$$

$$\|\boldsymbol{A}\|_{2,1} \leqslant \max_{r}\sum_{\ell}\rho(\boldsymbol{A}[\ell,r]) \triangleq \rho_c(\boldsymbol{A}) \tag{12.103}$$

特别地，$\rho_r(\boldsymbol{A}) = \rho_c(\boldsymbol{A}^*)$。

证明 首先证明式(12.102)。

$$\begin{aligned}\|\boldsymbol{Ax}\|_{2,\infty} &= \max_j \Big\|\sum_i \boldsymbol{A}[j,i]\boldsymbol{x}[i]\Big\|_2 \leqslant \max_j \sum_i \|\boldsymbol{A}[j,i]\boldsymbol{x}[i]\|_2 \\ &\leqslant \max_j\sum_i \|\boldsymbol{x}[i]\|_2\,\rho(\boldsymbol{A}[j,i]) \leqslant \|\boldsymbol{x}\|_{2,\infty}\max_j\sum_i\rho(\boldsymbol{A}[j,i])\end{aligned} \tag{12.104}$$

因而，对于任意的 $\boldsymbol{x}\in\mathbb{C}^N$ 且 $\boldsymbol{x}\neq\boldsymbol{0}$，有：

$$\frac{\|\boldsymbol{Ax}\|_{2,\infty}}{\|\boldsymbol{x}\|_{2,\infty}} \leqslant \rho_r(A) \tag{12.105}$$

其在式(12.102)中给出，得证。式(12.103)的证明过程类似。

$$\begin{aligned}\|\boldsymbol{Ax}\|_{2,1} &= \max_j\sum_j \Big\|\sum_i \boldsymbol{A}[j,i]\boldsymbol{x}[i]\Big\|_2 \leqslant \sum_j\sum_i \|\boldsymbol{A}[j,i]\boldsymbol{x}[i]\|_2 \\ &\leqslant \sum_i \|\boldsymbol{x}[i]\|_2\sum_j\rho(\boldsymbol{A}[j,i]) \leqslant \max_i\sum_j\rho(\boldsymbol{A}[j,i])\sum_i \|x[i]\|_2 \\ &= \rho_c(\boldsymbol{A})\;\|\boldsymbol{x}\|_{2,1}\end{aligned} \tag{12.106}$$

由上可得出结论。最后有 $\rho_c(\boldsymbol{A}^*) = \max_r\sum_\ell\rho(\boldsymbol{A}^*[\ell,r]) = \max_r\sum_\ell\rho(\boldsymbol{A}[r,\ell]) = \rho_r(A)$。

□

引理 12.2 式(12.90)中定义的 $\rho_c(\boldsymbol{A})$ 是一个矩阵范数，并且满足下列性质：

- 非负性：$\rho_c(\boldsymbol{A})\geqslant 0$
- 正数性：当且仅当 $\boldsymbol{A}=0$ 时，$\rho_c(\boldsymbol{A})=0$
- 齐次性：对于所有的 $\alpha\in\mathbb{C}$，$\rho_c(\alpha\boldsymbol{A}) = |\alpha|\rho_c(\boldsymbol{A})$
- 三角不等式：$\rho_c(\boldsymbol{A}+\boldsymbol{B})\leqslant\rho_c(\boldsymbol{A})+\rho_c(\boldsymbol{B})$
- 乘法定理：$\rho_c(\boldsymbol{AB})\leqslant\rho_c(\boldsymbol{A})\rho_c(\boldsymbol{B})$

证明 根据谱范数是一个矩阵范数的结论(文献[28]中的第295页)，可证明非负性和正数性。而齐次性可根据下式得到：

$$\rho_c(\alpha\boldsymbol{A}) = \max_r\sum_\ell\rho(\alpha\boldsymbol{A}[\ell,r]) = \max_r\sum_\ell|\alpha|\rho(\boldsymbol{A}[\ell,r]) = |\alpha|\rho_c(\boldsymbol{A}) \tag{12.107}$$

三角不等式可根据下式得到：

$$\begin{aligned}\rho_c(\boldsymbol{A}+\boldsymbol{B}) &= \max_r\sum_\ell\rho(\boldsymbol{A}[\ell,r]+\boldsymbol{B}[\ell,r]) \\ &\leqslant \max_r\Big(\sum_\ell\rho(\boldsymbol{A}[\ell,r]) + \sum_\ell\rho(\boldsymbol{B}[\ell,r])\Big)\end{aligned} \tag{12.108}$$

$$\leqslant \max_r \sum_\ell \rho(\boldsymbol{A}[\ell,r]) + \max_r \sum_\ell \rho(\boldsymbol{B}[\ell,r])$$
$$= \rho_c(\boldsymbol{A}) + \rho_c(\boldsymbol{B}) \tag{12.109}$$

其中式(12.108)是谱范数满足三角不等式的结果。

最后，为了证明乘法定理，利用下述事实：

$$\rho_c(\boldsymbol{AB}) = \max_\ell \rho_c(\boldsymbol{AB}[\ell]) \tag{12.110}$$

因此，如果可以证明不等式：

$$\rho_c(\boldsymbol{AB}[\ell]) \leqslant \rho_c(\boldsymbol{A})\rho_c(\boldsymbol{B}[\ell]) \tag{12.111}$$

那么根据式(12.110)的结果以及 $\max_\ell \rho_c(\boldsymbol{B}[\ell]) = \rho_c(\boldsymbol{B})$。为了证明式(12.111)，注意到

$$\rho_c(\boldsymbol{AB}[\ell]) = \sum_i \rho(\sum_j \boldsymbol{A}[i,j]\boldsymbol{B}[j,\ell])$$
$$\leqslant \sum_i \sum_j \rho(\boldsymbol{A}[i,j]\boldsymbol{B}[j,\ell]) \leqslant \sum_j \rho(\boldsymbol{B}[j,\ell]) \sum_i \rho(\boldsymbol{A}[i,j]) \tag{12.112}$$

其中利用了谱范数的三角不等式及乘法定理。进而有

$$\sum_i \rho(\boldsymbol{A}[i,j]) \leqslant \max_\ell \sum_i \rho(\boldsymbol{A}[i,\ell]) = \rho_c(\boldsymbol{A}) \tag{12.113}$$

代入式(12.112)可得

$$\rho_c(\boldsymbol{AB}[\ell]) \leqslant \rho_c(\boldsymbol{A}) \sum_j \rho(\boldsymbol{B}[j,\ell]) \leqslant \rho_c(\boldsymbol{A})\rho_c(\boldsymbol{B}[\ell]) \tag{12.114}$$

得证。□

关于 BOMP 的定理 12.3 的证明

证明式(12.89)是确保 BOMP 算法能够恢复的充分条件。首先，若 $\boldsymbol{r}_{\ell-1}$在 $\mathcal{R}(\boldsymbol{D}_0)$内，则选定的指数 i_ℓ将对应 $\boldsymbol{D}_0$中的一个块。假设上述条件成立，$\boldsymbol{r}_0 = \boldsymbol{y}$ 存在于 $\mathcal{R}(\boldsymbol{D}_0)$ 中就表明 i_ℓ的选择是正确的。注意，$\boldsymbol{r}_\ell$存在于由 $\boldsymbol{y}$ 和 $\boldsymbol{D}[i]$张成的空间中，$i \in \mathcal{I}_\ell$，其中 $\mathcal{I}_\ell$表明指数的选择可以最大达到 ℓ。因此，如果 $\mathcal{I}_\ell$对应于正确的指数，即对于所有的 $i \in \mathcal{I}_\ell$，使 $\boldsymbol{D}[i]$是 $\boldsymbol{D}_0$的一个块，那么 $\boldsymbol{r}_\ell$也存在于 $\mathcal{R}(\boldsymbol{D}_0)$并且下一个指数也将是正确的。这样，算法的每一步都能准确地选择矩阵 $\boldsymbol{D}$ 中 $n \times d$ 的块。后面会讲到，由于新的驻留值是正交于所有以往选择的、由块$\boldsymbol{D}[i]$的列所张成的子空间，所以任意指数都只可能被选中一次(不会被选两次)。因此，正确的 $\boldsymbol{c}_0$将在第 k 步得到恢复。

令 $\boldsymbol{r}_{\ell-1} \in \mathcal{R}(\boldsymbol{D}_0)$，则根据式(12.89)，下一个选择的指数对应 $\boldsymbol{D}_0$中的一个块，这等价于满足：

$$z(\boldsymbol{r}_{\ell-1}) = \frac{\| \bar{\boldsymbol{D}}_0^* \boldsymbol{r}_{\ell-1} \|_{2,\infty}}{\| \boldsymbol{D}_0^* \boldsymbol{r}_{\ell-1} \|_{2,\infty}} < 1 \tag{12.115}$$

根据伪逆法的性质，$\boldsymbol{D}_0\boldsymbol{D}_0^\dagger$是到 $\mathbb{R}(\boldsymbol{D}_0)$的正交投影。因此，$\boldsymbol{D}_0\boldsymbol{D}_0^\dagger \boldsymbol{r}_{\ell-1} = \boldsymbol{r}_{\ell-1}$。因 $\boldsymbol{D}_0\boldsymbol{D}_0^\dagger$是埃尔米特阵，则

$$(\boldsymbol{D}_0^\dagger)^* \boldsymbol{D}_0^* \boldsymbol{r}_{\ell-1} = \boldsymbol{r}_{\ell-1} \tag{12.116}$$

将式(12.116)代入式(12.115)可得：

$$z(\boldsymbol{r}_{\ell-1}) = \frac{\| \bar{\boldsymbol{D}}_0^* (\boldsymbol{D}_0^\dagger)^* \boldsymbol{D}_0^* \boldsymbol{r}_{\ell-1} \|_{2,\infty}}{\| \boldsymbol{D}_0^* \boldsymbol{r}_{\ell-1} \|_{2,\infty}} \leqslant \rho_r(\bar{\boldsymbol{D}}_0^* (\boldsymbol{D}_0^\dagger)^*) = \rho_c(\boldsymbol{D}_0^\dagger \bar{\boldsymbol{D}}_0) \tag{12.117}$$

这里应用了引理 12.1。

其仍表示 BOMP 算法每一步都选择一个新的块来参与 $\boldsymbol{y} = \boldsymbol{Dc}$ 的表征。定义 $\boldsymbol{D}_\ell = [\boldsymbol{D}[i_1], \cdots, \boldsymbol{D}[i_\ell]]$，其中 $i_j \in \mathcal{I}_\ell$，$1 \leqslant j \leqslant \ell$。则式(12.50)的最小化问题的解为：

$$\hat{c} = (D_\ell^* D_\ell)^{-1} D_\ell^* y \tag{12.118}$$

代入式(12.51)，有：

$$r_\ell = (I - D_\ell (D_\ell^* D_\ell)^{-1} D_\ell^*) y \tag{12.119}$$

这时，注意到$D_\ell(D_\ell{}^* D_\ell)^{-1} D_\ell{}^*$是在$D_\ell$的值域空间上的正交投影，因此对于存在于矩阵$D_\ell$的张成空间中的所有块$D[i]$而言，$\| D^*[i] r_\ell \|_2 = 0$。根据命题12.1的假设，只要$\ell < k$，那么在$D_0$中至少存在一个块不在$D_\ell$的张成空间中。因为这个块可以导致$\| D^*[i] r_\ell \|_2$为严格的正值，因此结果得证。

关于块BP的定理12.3的证明

之后证明式(12.89)同样是应用块BP的恢复方法的充分条件。为了证明，有如下引理。

引理12.3 假定对所有的ℓ，有$v \in \mathbb{C}^{kd}$，且$\| v[\ell] \|_2 > 0$，A是一个$n \times (kd)$的矩阵，$n = Rd$，以及$d \times d$的块$A[\ell, r]$，则$\| Av \|_{2,1} \leqslant \rho_c(A) \| v \|_{2,1}$。如果$\rho_c(AJ_\ell)$取值互异，则严格遵守不等关系，这里$J_\ell$是一个$(kd) \times d$的矩阵，其除了一个$d \times d$的单位阵$I_d$以外，其他所有元素为非零。

证明 $\| Av \|_{2,1} \leqslant \rho_c(A) \| v \|_{2,1}$的证明与式(12.106)类似，只是将$A$替换成$n \times (kd)$的矩阵，则对于任意的$\ell$，有$x \in \mathbb{C}^N$，$v \in \mathbb{C}^{kd}$，$\| v[\ell] \|_2 > 0$。若$a_i = \sum_j \rho(A[j, i])$互异，则严格遵守式(12.106)中的最后一个不等式。因$a_i = \rho_c(AJ_i)$，得证。 □

为了证明块BP方法能够正确恢复向量c_0。令$c' \neq c_0$为另一个长度为N的k块稀疏向量，有$y = Dc'$。用c_0和c'表示长度为kd的向量含有c_0和c'的非零元素。令D_0和D'表示D的对应列素，则有$y = Dc_0 = D'c'$。根据命题12.1的设定可知不能同时有两个含有D_0块的表达式。因此，D'至少含有一个不属于D_0的块Z。根据式(12.92)，有$\rho_c(D_0^\dagger Z) < 1$。对于$D$中的任意块$U$，有：

$$\rho_c(D_0^\dagger U) \leqslant 1 \tag{12.120}$$

若$U \in D_0$，则有$U = D_0[\ell] = D_0 J_\ell$(对任意的$\ell$)，其中$J_\ell$的定义参见引理12.3。在此情况下，$D_0^\dagger D_0[\ell] = J_\ell$，因此$\rho_c(D_0^\dagger U) = \rho_c(J_\ell) = 1$。另一方面，若对于某些$\ell$取值，有$U = \bar{D}_0[\ell]$，则根据式(12.92)，有$\rho_c(D_0^\dagger U) < 1$。

首先假定$D_0^\dagger D'$中的$(kd) \times d$个块所含的ρ_c不一致，[需要说明的是，对于任意的$(kd) \times d$的矩阵A，$\rho_c(A) = \sum_\ell \rho(A[\ell])$，其中$A[\ell]$，$1 \leqslant \ell \leqslant s$表示矩阵$A$的$d \times d$的块，由行$\{(\ell - 1)d + 1, \cdots, \ell d\}$组成]，则：

$$\| c_0 \|_{2,1} = \| D_0^\dagger D_0 c_0 \|_{2,1} = \| D_0^\dagger D' c'_0 \|_{2,1} < \rho_c(D_0^\dagger D') \| c' \|_{2,1} \leqslant \| c' \|_{2,1} \tag{12.121}$$

其中，第一个等式表示D_0的列是线性无关的(命题12.1中的结论)，第一个不等式援引自引理12.3(对于任意ℓ，有$\| c'[\ell] \|_2 > 0$)，最后一个不等式援引自式(12.120)。若$D_0^\dagger D'$的$(kd) \times d$个块具有互异的ρ_c，则第一个不等式不严格成立，但第二个不等式严格成立，而不是$\rho_c(D_0^\dagger Z) < 1$，这样$\| c_0 \|_{2,1} \leqslant \| c' \|_{2,1}$仍成立。

因为$\| c_0 \|_{2,1} = \| c_0 \|_{2,1}$，$\| c' \|_{2,1} = \| c' \|_{2,1}$，则可知在式(12.92)的条件下，用于代表原始信号的任意稀疏设定都不等价于c_0，此时有较大的ℓ_2/ℓ_1范数。

定理 12.4 的证明

援引就 μ_B 和 ν 而言 $\rho_c(\boldsymbol{D}_0^{\dagger}\bar{\boldsymbol{D}})$ 的上界，写出 $\boldsymbol{D}_0^{\dagger}$，则有：

$$\rho_c(\boldsymbol{D}_0^{\dagger}\bar{\boldsymbol{D}}_0) = \rho_c((\boldsymbol{D}_0^*\boldsymbol{D}_0)^{-1}\boldsymbol{D}_0^*\bar{\boldsymbol{D}}_0) \tag{12.122}$$

根据 $\rho_c(\boldsymbol{A})$ 的乘法定理(引理 12.2)有：

$$\begin{aligned}\rho_c(\boldsymbol{D}_0^{\dagger}\bar{\boldsymbol{D}}_0) &\leqslant \rho_c((\boldsymbol{D}_0^*\boldsymbol{D}_0)^{-1})\rho_c(\boldsymbol{D}_0^*\bar{\boldsymbol{D}}_0)\\ &= \rho_c((\boldsymbol{D}_0^*\boldsymbol{D}_0)^{-1})\max_{j\notin\Lambda_0}\sum_{i\in\Lambda_0}\rho(\boldsymbol{D}^*[i]\boldsymbol{D}[j])\end{aligned} \tag{12.123}$$

其中 Λ_0 是一组指数 ℓ 的基底($\boldsymbol{D}[\ell]$ 从属于 $\boldsymbol{D}_0$)。Λ_0 含有 k 个指数，式(12.123)中的最后一项上界由 $kd\mu_B$ 决定，可得：

$$\rho_c(\boldsymbol{D}_0^{\dagger}\bar{\boldsymbol{D}}_0) \leqslant \rho_c((\boldsymbol{D}_0^*\boldsymbol{D}_0)^{-1})kd\mu_B \tag{12.124}$$

也可表示出 $\rho_c((\boldsymbol{D}_0^*\boldsymbol{D}_0)^{-1})$ 的上界。令 $\boldsymbol{D}_0^*\boldsymbol{D}_0$ 表示为 $\boldsymbol{D}_0^*\boldsymbol{D}_0=\boldsymbol{I}+\boldsymbol{A}$，其中 $\boldsymbol{A}$ 是一个 $(kd)\times(kd)$ 的矩阵，含有 $d\times d$ 的块 $\boldsymbol{A}[\ell,r]$，对于任意的 i，有 $\boldsymbol{A}_{i\ell}=0$。因此 $\boldsymbol{A}$ 的列都是归一化的。

因为对于任意的 $\ell\neq r$，有 $\boldsymbol{A}[\ell,r]=\boldsymbol{D}_0^*[\ell]\boldsymbol{D}_0[r]$ 且 $\boldsymbol{A}[r,r]=\boldsymbol{D}_0^*[r]\boldsymbol{D}_0[r]-\boldsymbol{I}_d$，则：

$$\begin{aligned}\rho_c(\boldsymbol{A}) &= \max_r\sum_{\ell}\rho(\boldsymbol{A}[\ell,r])\\ &\leqslant \max_r\rho(\boldsymbol{A}[r,r]) + \max_r\sum_{\ell\neq r}\rho(\boldsymbol{A}[\ell,r]) \quad (12.125)\\ &\leqslant (d-1)\nu + (k-1)d\mu_B \quad (12.126)\end{aligned}$$

其中式(12.126)中的第一项由应用 Geršgorin 圆盘定理和 ν 的定义所得(参见附录 A)。式(12.126)的第二项的依据为：式(12.125)中的第二项中的和含有超过 $k-1$ 个元素，且对于任意的 $\ell\neq r$，有 $\rho(\boldsymbol{A}[\ell,r])$ 的上限为 $d\mu_B$。根据假定式(12.93)，可写 $(d-1)\nu+(k-1)d\mu_B<1$，则根据式(12.126)，有 $\rho_c(\boldsymbol{A})<1$。

接下来利用下面的结论。

引理 12.4　已知 $\rho_c(\boldsymbol{A})<1$，那么 $(\boldsymbol{I}+\boldsymbol{A})^{-1}=\sum_{k=0}^{\infty}(-\boldsymbol{A})^k$。

证明　因 $\rho_c(\boldsymbol{A})$ 为矩阵的谱范数(详见引理 12.2)，同时应用文献[28]中的推论 5.6.16。 □

根据引理 12.4，有

$$\rho_c((\boldsymbol{D}_0^*\boldsymbol{D}_0)^{-1}) = \rho_c\left(\sum_{k=0}^{\infty}(-\boldsymbol{A})^k\right) \leqslant \sum_{k=0}^{\infty}(\rho_c(\boldsymbol{A})^k) \tag{12.127}$$

$$= \frac{1}{1-\rho_c(\boldsymbol{A})} \leqslant \frac{1}{1-(d-1)v-(k-1)d\mu_B} \tag{12.128}$$

式(12.127)是由 $\rho_c(\boldsymbol{A})$ 满足三角不等式和乘法定理所得，式(12.128)则是根据式(12.126)所得。

将式(12.128)与式(12.124)相结合，有

$$\rho_c(\boldsymbol{D}_0^{\dagger}\bar{\boldsymbol{D}}_0) \leqslant \frac{kd\mu_B}{1-(d-1)v-(k-1)d\mu_B} < 1 \tag{12.129}$$

其中最后一个不等式利用式(12.93)的结果。

定理 12.5 的证明

定理 12.5 的第一部分的证明可引用 $\nu=0$ 情况下定理 12.3 和定理 12.4 的证明。作为定理 12.5的第一个结论，算法的每一步中的余量 $\boldsymbol{r}_\ell$ 都属于 $\mathcal{R}(\boldsymbol{D}_0)$。定理 12.5 的第二部分的证明与文献[372]中的证明类似。对于感兴趣的读者，建议阅读文献[207]。

12.6 字典学习与子空间学习

讨论到这里，我们已经假设组成式(12.2)并集的可能子空间 $\mathcal{A}_j$是已知的。然而，这里的不确定性是指实际使用的子空间是不明确的。在实际应用中，$\mathcal{A}_j$可能没有任何先验。为了解决此问题，我们假定可以得到一组训练数据 x_n，$1 \leqslant n \leqslant \ell$，从中可以学习(了解)子空间 $\mathcal{A}_j$。首先考虑最简单的情况，当信号是非采样的(预先人为设定的)，每一个 x_n是并集中的元素。换言之，x_n可以表示为一小部分向量的和，每个向量属于其中一个未知子空间 $\mathcal{A}_j$，$1 \leqslant j \leqslant m$。复杂点的情况就是给定一组向量 x_n，$1 \leqslant n \leqslant L$ 的采样数据 z_n，$1 \leqslant n \leqslant L$，其从属于子空间并集。我们的目的是学习(了解)代表每个独立采样向量的可能子空间。

为了将子空间学习问题公式化，我们给出一组训练数据 x_n，$1 \leqslant n \leqslant L$，其中，对于每个独立信号 x_j都存在于下面形式的有限维子空间 $\mathcal{H}$ 下并集中：

$$\mathcal{U}_i = \bigoplus_{|j|=k} \mathcal{A}_j \tag{12.130}$$

$x = x(t)$表示连续时间信号，$\mathcal{H}$ 是 $L_2(\mathbb{R})$的子空间。我们的目的是根据训练数据学习子空间 $\mathcal{A}_j$。特别地，我们还想得到可以张成每个子空间 $\mathcal{A}_j$的基 A_j。我们知道，通过选择 $\mathcal{A}_j$的合适的正交基底 A_j，则每一个 x_j可写成 $x_j = A\boldsymbol{c}_j$，其中 $\boldsymbol{A}$ 表示基 A_j的级联，$\boldsymbol{c}_j$是一个 $2k$ 块稀疏向量。令 $\boldsymbol{X}$ 表示到信号 x_j的集合变换，同时用 $\boldsymbol{C}$ 表示列向量为 $\boldsymbol{c}_j$的矩阵，问题就变成了寻找一个由一组正交块 A_j组成的集合变换 $\boldsymbol{A}$，即对于某些含有 k 块稀疏列向量的矩阵 $\boldsymbol{C}$，有

$$X = A\boldsymbol{C} = [A_1 \mid \quad \cdots \quad \mid A_m]\boldsymbol{C} \tag{12.131}$$

在引入干扰和模型失真的情况下，我们用最小平方误差来代替上述等式

$$\min_{A,C} \| X - A\boldsymbol{C} \|_F^2 \quad \text{s.t.} \quad \| \boldsymbol{c}_j \|_{0,\mathcal{I}} \leqslant k \tag{12.132}$$

这里 $\| T \|_F^2 = \mathrm{Tr}(T^* T)$表示有限维度转换矩阵 T 的 Frobenius 范数。

因为 $\mathcal{H}$ 是有限维的，我们可以用 $\mathcal{H}$ 下的一组正交基来表示 x_j。假定 $\mathcal{H}$ 的维度为 r，令 H：$\mathbb{C}^r \to \mathcal{H}$ 为一组 $\mathcal{H}$ 的正交基。然后，对于一个长度为 r 的向量 $\boldsymbol{y}$，可以表示为 $x_j = Hy_j$。同样地，每个基 $\mathcal{A}_j$可以用 $\mathcal{A}_j = H\boldsymbol{D}[j]$来表示，其中 $\boldsymbol{D}[j]$表示包含正交列的 $r \times d_j$的系数矩阵，$d_j = \dim(\mathcal{A}_j)$，则问题(12.132)可等价为

$$\min_{D,C} \| \boldsymbol{Y} - \boldsymbol{DC} \|_F^2 \quad \text{s.t.} \quad \| \boldsymbol{c}_j \|_{0,\mathcal{I}} \leqslant k \tag{12.133}$$

其中 $\boldsymbol{Y}$ 是以 $\boldsymbol{y}_j$为列的矩阵，$\boldsymbol{D} = [\boldsymbol{D}[1] \mid \cdots \mid \boldsymbol{D}[m]]$是带有正交子块 $\boldsymbol{D}[j]$的矩阵 $\| \boldsymbol{c}_j \|_{0,\mathcal{I}}$ 定义参见式(12.10)。

很明显，式(12.133)是一个非凸优化问题，其最小值很难求。同样明显的是有一些非变量无法求解，比方说由一个块对角酉矩阵产生的 $\boldsymbol{D}$ 与 $\boldsymbol{C}$ 旋转，以及 $\boldsymbol{D}$ 与 $\boldsymbol{C}$ 矩阵内的块转置。然而，除了这些问题，式(12.133)是否仅有唯一解也是不清楚的。在某些特殊情况下，列向量 $\boldsymbol{c}_j$在传统的感知意义下是稀疏的(即对所有的 j，$d_j = 1$)，则式(12.133)的问题可归结为字典学习问题(dictionary learning，DL)，这个问题在 CS 领域中已经进行了深入的研究，Olshausen和 Field 开展了相关的先驱工作[373~375]。下一节，我们将介绍关于字典学习的一些经典结果和算法，实际上字典学习是当每个子空间维度均为 1 的情况下子空间学习的一个特例。然后，在 12.6.2 节将这一概念延伸到子空间学习当中。在 12.7 节将考虑更具挑战性的问题，即更具采样数据来进行子空间学习。进一步讨论，这个问题被看成是未知稀疏基的压缩感知问题，因此也被称为盲压缩感知问题(BCS)。

需要指出的是，DL 和 BCS 问题最初的公式化研究都是为了标准的稀疏信号恢复，但是，这里的研究却是针对块稀疏和子空间学习问题，因为它们可以被看成一种特殊情况，或者说它们形成了子空间并集方法进一步拓展应用的基础。

12.6.1　字典学习(DL)

根据之前 Olshausen 和 Field 的研究成果，在早期的研究中已经讨论了很多种根据训练数据进行字典学习的方法[376~379]。这些研究工作表明，利用一个精心设计的字典取代预定义的字典能够在联合表示一类信号的过程中改善信号的稀疏性。下面，我们将讨论 DL 算法的两个例子：方向法(nethod of direction，MOD)[378]和 K-SVD[379]。由于式(12.132)是非凸化的，因此无法保证该方法能够求解并得到最小值。但是可以看到，如果矩阵 $\boldsymbol{D}$ 能够满足稀疏恢复的唯一性条件，那么就会有足够多的范例 $\boldsymbol{C}$ 具有不同的位置和非零元素值，且存在唯一的字典来解决这一问题，包括尺度缩放和排列[380]。然而，目前并没有一个通用算法来寻找这个唯一的字典。

为了实现式(12.133)的局部最小化，Engan，Aase 和 Husoy[378]建议使用选择性最小化方法，即首先固定字典 $\boldsymbol{D}$，并优化稀疏表达 $\boldsymbol{C}$，然后反转规则。更特殊地，在第 ℓ 步，利用通过前面的迭代得到的字典 $\boldsymbol{D}_\ell$，并通过寻找一个稀疏近似使其最佳适应于列 $\boldsymbol{y}_j$ 来优化 $\boldsymbol{C}$，这里可以使用任何已知的稀疏恢复技术。一旦 $\boldsymbol{C}_\ell$ 被确定，就可以进一步确定一个字典，使之最佳适应于 $\boldsymbol{Y}$ 和 $\boldsymbol{C}_\ell$。这个过程就是求解下式：

$$\boldsymbol{D}_\ell = \arg\min_{\boldsymbol{D}} \|\boldsymbol{Y} - \boldsymbol{D}\boldsymbol{C}_\ell\|_F^2 = \boldsymbol{Y}\boldsymbol{C}_\ell^* (\boldsymbol{C}_\ell\boldsymbol{C}_\ell^*)^{-1} \tag{12.134}$$

假定 $\boldsymbol{C}_\ell\boldsymbol{C}_\ell^*$ 是可逆的，否则可以通过伪逆法来代替其可逆性。算法 12.3 给出了具体的过程。注意：在字典被更新后(步骤 3)，通常是缩放矩阵 $\boldsymbol{D}_\ell$ 的列使其具有单位范数。算法终止的准则是迭代的一个固定次数，或者在字典中的一个小的更新。

算法 12.3　字典学习的 MOD 算法

输入：测量矩阵 $\boldsymbol{Y}$，稀疏阶数 k

输出：字典 $\hat{\boldsymbol{D}}$

初始化：$\hat{\boldsymbol{D}}_0$可以用一个随机矩阵或 $\boldsymbol{Y}$ 的一个随机采样初始化，$\ell=0$

当不满足停止条件时

　$\ell \leftarrow \ell+1$

　对于每一个 $1 \leqslant i \leqslant L$，求近似解 $\boldsymbol{c}_\ell$

　　$\min_{c_i} \|\boldsymbol{y}_i - \hat{\boldsymbol{D}}_{\ell-1}\boldsymbol{c}_i\|^2 \quad \text{s.t.} \quad \|\boldsymbol{c}_j\|_0 \leqslant k$ {更新稀疏系数}

　$\hat{\boldsymbol{D}}_\ell = \boldsymbol{Y}\boldsymbol{C}_\ell^* (\boldsymbol{C}_\ell\boldsymbol{C}_\ell^*)^{-1}$ {更新字典}

退出迭代

返回 $\hat{\boldsymbol{D}} \leftarrow \hat{\boldsymbol{D}}_\ell$

K-SVD 算法的优化过程与 MOD 算法类似，不同的是字典更新部分。与一次性更新整个字典不同，K-SVD 算法顺序递迭代更新列。用 $\boldsymbol{v}_j{}^*$ 来表示矩阵 $\boldsymbol{C}$ 的第 j 个行，则我们可以将矩阵积 $\boldsymbol{DC}$ 写成如下形式：

$$\boldsymbol{DC} = \sum_{i=1}^{N} \boldsymbol{d}_i \boldsymbol{v}_i^* \tag{12.135}$$

其中 N 是矩阵 $\boldsymbol{D}$ 的列数。除第 j 个列外，固定其他列，则式(12.133)的目标可写为

$$\|\boldsymbol{Y}-\boldsymbol{D}\boldsymbol{C}\|_F^2 = \|\boldsymbol{E}_j-\boldsymbol{d}_j\boldsymbol{v}_j^*\|_2^2 \tag{12.136}$$

其中

$$\boldsymbol{E}_j = \boldsymbol{Y}-\sum_{i=1,i\neq j}^{N}\boldsymbol{d}_i\boldsymbol{v}_i^* \tag{12.137}$$

需要声明的是在第 j 次迭代中，$\boldsymbol{E}_j$是固定的。

算法的目标是选择 $\boldsymbol{d}_j$来实现式(12.136)的最小化。随着 $\boldsymbol{d}_j$的更新，也就更新了 $\boldsymbol{v}_j$的非零值，同时保持之前的迭代所确定的稀疏模式。为了方便，忽略指数 j，令 Λ 表示 $\boldsymbol{v}$ 的支撑，则问题可划归为：

$$\min_{\boldsymbol{d},\boldsymbol{v}} \|\boldsymbol{E}_\Lambda-\boldsymbol{d}\boldsymbol{v}_\Lambda^*\|_F^2 \tag{12.138}$$

其中 $\boldsymbol{E}_\Lambda$是由矩阵 $\boldsymbol{E}$ 在支撑 Λ 确定的列构成的。问题(12.138)可表述为在给定矩阵 $\boldsymbol{E}_\Lambda$下找出最优秩 1 化近似。其最优结果由 $\boldsymbol{E}_\Lambda$的左奇异值向量和右奇异向量的外积(outer product)得到，也就是其对应为最大奇异值相乘(参见附录 A 中的定理 A.4)。然后可以通过这些值来更新 $\boldsymbol{d}_j$和 $\boldsymbol{v}_j$的值，并继续进行下一列的更新。K-VSD 方法详见算法 12.4。

算法 12.4 字典学习的 K-SVD 算法

输入：测试矩阵 $\boldsymbol{Y}$，稀疏阶数 k

输出：字典 $\hat{\boldsymbol{D}}$

初始化：$\hat{\boldsymbol{D}}_0$可以用一个随机矩阵或是 $\boldsymbol{Y}$ 的一个随机采样初始化，$\ell=0$

当不满足停止条件时

　$\ell\leftarrow\ell+1$

　对于每一个 $1\leqslant i\leqslant L$，求近似解 $\boldsymbol{c}_\ell$

　$\min_{\boldsymbol{c}_i}\|\boldsymbol{y}_i-\hat{\boldsymbol{D}}_{\ell-1}\boldsymbol{c}_i\|^2$　s.t.　$\|\boldsymbol{c}_i\|_0\leqslant k$ {更新稀疏系数}

　{更新字典}

　当 $j=1,2,\cdots,N$ 时

　计算驻留矩阵

$$\boldsymbol{E}_j=\boldsymbol{Y}-\sum_{i\neq j}\boldsymbol{d}_i\boldsymbol{v}_i^*$$

　　其中 $\boldsymbol{v}_i^*$ 是 $\boldsymbol{C}_\ell$的第 i 行

　通过选择支撑集 $\boldsymbol{v}_j$中的元素限定 $\boldsymbol{E}_j$并且得到 $\boldsymbol{E}_j^\Lambda$

　应用 SVD 分解 $\boldsymbol{E}_j^\Lambda=\boldsymbol{U}\boldsymbol{\Sigma}\boldsymbol{Q}^*$

　更新字典元素 $\boldsymbol{d}_j=\boldsymbol{u}_1$，这个表达式由 $\boldsymbol{v}_j^\Lambda=\sigma_1\boldsymbol{q}_1$ 表示

退出迭代

返回 $\hat{\boldsymbol{D}}\leftarrow\hat{\boldsymbol{D}}_\ell$

例 12.13 通过使用一个综合实验来比较 MOD 和 K-VSD 算法用于字典学习问题的性能。首先，生成一个随机字典，包含有尺寸为 40×80 的带有 idd 高斯输入的归一化列的向量。然后，通过随机加权组合这个字典的三个原子(atom)来产生 $N=3000$ 个信号。权值是一个零均值单位方差的 iid 高斯分布值。

针对这组信号，K-VSD 和 MOD 方法进行了 50 次迭代，试图恢复原始字典。两种方法都给

定阶数 $k=3$，并且采纳最先 80 个样值作为字典的原子。图 12.13(a) 给出了正确恢复的原子的相对个数，图 12.13(b) 给出了平均表示误差，其通过 $(1/N)\sum_{i=1}^{N}\|\boldsymbol{y}_i-\boldsymbol{D}\boldsymbol{c}_i\|^2$ 来进行计算。在此例中，K-VSD 算法比 MOD 算法恢复速度更快。

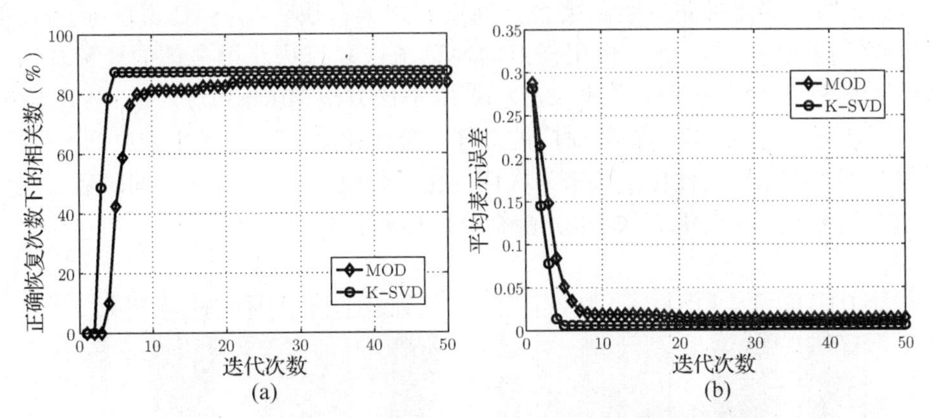

图 12.13　字典学习问题下 K-VSD 和 MOD 方法的比较。(a) 正确恢复次数下的相关数(%)；(b) 平均表示误差

12.6.2　子空间学习

处理式(12.133)的子空间学习问题的一个自然的方法是通过将字典学习算法延伸到前面讨论的块稀疏表达问题中。该问题中一个复杂的事情是需要将字典的列划分成块，而我们没有任何先验，不知道哪些列应属于一个块。在文献[381]中，作者给出了一种基于K-VSD方法的子空间学习算法。这个算法不需要将训练信号归入组(或子空间)先验知识，且能够自动检测出块结构。这种结构可以利用一种所谓字典原子的聚集分簇(agglomerative clustering)方法来判断，得到类似的稀疏度模式。或者说，通过单独地发现训练信号的稀疏表征，字典的原子根据其信号集合的相似度被不断地进行合并。

在详细解释算法的基本思想之前，我们注意到，除了在有限维子空间并集的信号采样方面具有重要性之外，子空间学习方法已经在很多领域得到了应用，如人脸识别[382,383]及运动图像分割[384]等。在这些应用当中，假设每个采样数据都属于一个单独的子空间，并且目标是在假定每一个采样落在一个子空间的前提下，去了解(学习)这些子空间的重叠集合情况[385~387]。然而，在此我们假设每一个数据点都属于一个子空间的和(小的并集)，而不是一个单独的子空间。

块稀疏字典学习

为了讨论子空间算法，我们给定了最大块的尺寸，用 s 表示，为已知量。进一步假定矩阵 $\boldsymbol{D}$ 的列能够块化，其中每个块都能够张成对应的子空间。$\boldsymbol{D}$ 的每个列 $\boldsymbol{d}_i$ 用一个系数 d_i 来表示对应的子空间(块)，如图 12.14 所示。$\boldsymbol{c}$ 表示 $\boldsymbol{D}$ 下的 k 块稀疏，其中非零元的值的阶数最高为 k 阶的。图 12.14 给出了两种不同块结构的案例，并给出了对应的块稀疏向量和字典。我们的目的是为了寻找一个字典 $\boldsymbol{D}$，带有最大块尺寸 s 的块结构 d 和一个对应的块稀疏表达 $\boldsymbol{C}$，其能够实现式(12.133)的最小化。

算法进一步的过程如下：首先我们使用 DL 问题下的 K-VSD 方法(或 MOD 方法)。换言之，我们忽略块结构。此表示 N 个块尺寸为 1 的初始向量 d(其中 N 是 $\boldsymbol{D}$ 的列数量)。为了进

行 $\boldsymbol{C}$ 的初始化，我们给出了一个(标准)稀疏表达式能够与 $\boldsymbol{Y}$ 最佳匹配的给定 $\boldsymbol{D}$，如算法 12.3 中优化的稀疏表达式那样。然后对于每一次迭代 ℓ，给出了如下三步。对已知的 $\boldsymbol{C}_\ell$，标尺字典不变，尝试恢复通过应用稀疏聚集分簇方法(sparse agglomerative clustering，SAC)得到的稀疏向量 d。聚集分簇能够通过测量距离来合并临近元来架构块[388]。SAC 方法通过 ℓ_0 范数来实现，然后令块结构保持补办，通过使用任意的块稀疏恢复算法获得最佳的块稀疏表达式。最后，通过扩展 K-SVD 方法来优化字典，成为块 K-VSD 方法(BK-SVD)。BK-SVD 与 K-SVD 方法类似，与后者通过使用与容错矩阵对应的最佳一阶优化来一次性优化字典列不同的是，BK-SVD 方法是通过使用最佳 r_i 优化方法来一次性优化一个块，其中 r_i 是块 i 的阶数。更多细节参见文献[381]。该子空间学习方法的进一步细节详见算法 12.5。

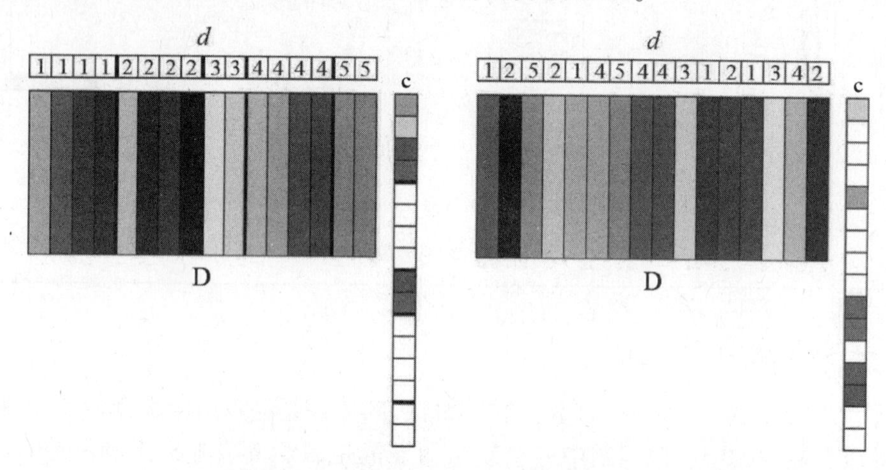

图 12.14 两个等价的字典 $\boldsymbol{D}$ 与带有 5 个块的块结构 d，并含有 2 块稀疏表达 $\boldsymbol{c}$。两个例子都表示同一个信号，$\boldsymbol{D}$ 中的原子以及 d 和 $\boldsymbol{c}$ 中的元素排列遵循同一法则(两个例子中的 $\|\boldsymbol{c}\|_{0,d}=2$)

算法 12.5 块稀疏字典设计算法

输入：测试矩阵 $\boldsymbol{Y}$，块稀疏阶数 k，块尺寸最大值 s

输出：字典 $\hat{\boldsymbol{D}}$ 和块结构 $\hat{d}$

初始化：根据 K-SCD 方法得到 $\hat{\boldsymbol{D}}_0$ 的初始值，$\boldsymbol{C}_0$ 可通过标准稀疏恢复方法来初始化

当不满足停止条件时

$\ell \leftarrow \ell + 1$

固定 $\hat{\boldsymbol{D}}_{\ell-1}$ 和 $\boldsymbol{C}_{\ell-1}$，并通过 SAC 更新 $\hat{d}_\ell$

固定 $\hat{d}_\ell$，对于每一个 $1\leqslant i\leqslant L$，求近似解 $\boldsymbol{c}_\ell$

$\min_{c_i} \|\boldsymbol{y}_i-\hat{\boldsymbol{D}}_{\ell-1}\boldsymbol{c}_i\|^2 \quad \text{s.t.} \quad \|c_i\|_{0,\mathcal{I}}\leqslant k$ {更新块稀疏系数}

应用 BK-SVD 更新字典{更新字典}

退出迭代

返回 $\hat{\boldsymbol{D}}\leftarrow\hat{\boldsymbol{D}}_\ell$

稀疏聚集分簇

为了优化给定 $\boldsymbol{D}$ 和 $\boldsymbol{C}$ 情况下的块结构 d，我们希望通过将 $\boldsymbol{D}$ 的列合理分配到各块中，以实现矩阵 $\boldsymbol{C}$ 的块稀疏指数最小化：

$$\min_d \sum_{i=1}^{L} \|\boldsymbol{c}_i\|_{0,d} \quad \text{s.t.} \quad \|d_j\| \leqslant s \tag{12.139}$$

其中 $d_j=\{i\mid d[i]=j\}$ 是从属于块 j 的一组指数(块 j 内的 $\boldsymbol{D}$ 的列)，$|d_j|$ 表示该组指数的大小。主观上是要将非零块的个数最小化，使得活跃块的个数不大于块尺寸的上限。SAC 给出了一种用于通过合并 $\boldsymbol{C}$ 中具有类似非零形式的块来将式(12.139)进行近似的方法，客观上近似于最速下降法。我们规定合并块的个数不大于最大的块尺寸 s。更特殊的，令 $\omega_j(\boldsymbol{C},d)$ 表示 $\boldsymbol{C}$ 的列列表，具有与 d_j，也就是 $\omega_j(\boldsymbol{C},d)=\{i\in 1,\cdots,L\mid \|\boldsymbol{c}_i^{d_j}\|_2>0\}$ 相对应的行中非零元素，其中 $\boldsymbol{c}_i^{d_j}$ 为由 d_j表示的块所定义的向量 $\boldsymbol{c}_i$相关的向量。问题(12.139)可写为

$$\min_d \sum_j |\omega_j(\boldsymbol{C},d)| \quad \text{s.t.} \quad |d_j|\leqslant s \tag{12.140}$$

其中 $|\omega_j|$ 表示 $|\omega|$ 的界限。

之后，使用次最优循迹聚集簇算法，则式(12.140)中的对应项能实现最小化。在每一步中对具有最似非零形式的块对进行了合并操作，直到块尺寸小于最大块尺寸 s。当进行求块尺寸操作的时候，比如，对于某些块，当它们的重合部分大于尺寸 s 时，两个尺寸为 $s-1$ 的块将不能再进行合并操作，则块尺寸能够进一步缩减。详细地说，在每一步操作中我们都在找寻类似的块对 (j_1^*,j_2^*) 如：

$$[j_1^*,j_2^*]=\arg\max_{j_1\neq j_2}|\omega_{j_1}\cap\omega_{j_2}| \quad \text{s.t.} \quad |d_{j_1}|+|d_{j_2}|\leqslant s \tag{12.141}$$

之后我们通过对所有的 d_{j_2} 中的 i 和 $\omega_{j_2}\leftarrow\phi$ 都进行 $d[i]\leftarrow j_1$，$\omega_{j_1}\leftarrow\{\omega_{j_1}\cup\omega_{j_2}\}$ 来对 j_1^*,j_2^* 进行合并操作。直到在不破坏块限制，没有块能再进行合并操作的情况下，该重复操作终止。因为合并操作都是有用的，因此我们并未对合并块的重叠部分的尺寸进行限定。完全不相关的块的合并可能并不能减小式(12.139)中对应项的大小。但其仍能够减小下一步 BK-SVD 迭代中的表达误差。的确当块数量保持不变的时候，元素的阶数能用于抵消误差增长。

例 12.14　表 12.2 给出了特定案例下的 SAC 步骤(带有列 $\boldsymbol{c}_i$的矩阵 $\boldsymbol{C}$，$1\leqslant i\leqslant 4$)。其中 s 是最大块尺寸，这里设为 $s=2$，d 表示位置的块结构。本例的目的在于选择合适的结构 d 来将稀疏块 $\sum_{i=1}^{L}\|\boldsymbol{c}_i\|_{0,d}$ 最小化，本例引自文献[381]。

表 12.2　SAC 算法中决策过程的具体实例

$$C_{4\times 4}=\begin{bmatrix}1.2 & 0 & 0 & -3.5\\ 0 & 0 & 0.2 & 0\\ 1.9 & 0 & 0 & 2.3\\ 0 & 4.7 & -0.8 & 0\end{bmatrix}$$

$$s=2$$

$$\Downarrow$$

$$d=[1\quad 2\quad 3\quad 4]\Rightarrow\begin{cases}\omega_1=\{1,4\}\\ \omega_2=\{3\}\\ \omega_3=\{1,4\}\\ \omega_4=\{2,3\}\end{cases}\Rightarrow\Sigma_{i=1}^{4}\|\boldsymbol{c}_i\|_{0,d}=7$$

续表

$$第1步: |\omega_1 \cap \omega_3| = 2 \Rightarrow d[3] = 1$$

$$\Downarrow$$

$$d = [1 \quad 2 \quad 1 \quad 4] \Rightarrow \begin{cases} \omega_1 = \{1,4\} \\ \omega_2 = \{3\} \\ \omega_3 = \{2,3\} \end{cases} \Rightarrow \sum_{i=1}^{4} \| \boldsymbol{c}_i \|_{0,d} = 5$$

$$第2步: |\omega_2 \cap \omega_4| = 1 \Rightarrow d[4] = 2$$

$$\Downarrow$$

$$d = [1 \quad 2 \quad 1 \quad 2] \Rightarrow \begin{cases} \omega_1 = \{1,4\} \\ \omega_2 = \{2,3\} \end{cases} \Rightarrow \sum_{i=1}^{4} \| \boldsymbol{c}_i \|_{0,d} = 4$$

初始的块结构设定为 $d = [1,2,3,4]$，根据式(12.139)可得 $\sum_{i=1}^{L} \| \boldsymbol{c}_i \|_{0,d} = 2+1+2+2 = 7$，此为每列非零元值的和。在第一次迭代中，分别代表第1行与第3行的 ω_1 和 ω_3 具有最大交集。因此，块1和块3可进行合并。在第二次迭代中，将块2和块3进行合并，这是因为块结构对于块结构 $d = [1,2,1,2]$ 来讲，并不能在不超过最大块尺寸的前提下进行合并操作。因此式(12.139)的尺寸减小到 $\sum_{i=1}^{L} \| \boldsymbol{c}_i \|_{0,d} = 4$，且 $\boldsymbol{C}$ 中的4个列都是1块稀疏。需要说明的是，当每个列都含有非零元时，可达到广义最小化，然后该算法可成功用于解决式(12.139)的问题。

块 K-SVD 算法

受 K-SVD 算法的启发，$\boldsymbol{D}$ 中的块是依次优化的，却与 $\boldsymbol{C}$ 中的非零稀疏一一对应。用 $\boldsymbol{\Theta}^*[j]$ 来代表矩阵 $\boldsymbol{C}$ 的第 j 个行块，有

$$\boldsymbol{DC} = \sum_{i=1}^{m} \boldsymbol{D}[i]\, \boldsymbol{\Theta}^*[i] \tag{12.142}$$

其中 m 是 $\boldsymbol{D}$ 中的块个数。则第 j 个块按照式(12.133)可以写为

$$\| \boldsymbol{Y} - \boldsymbol{DC} \|_F^2 = \| \boldsymbol{E}_j - \boldsymbol{D}[j]\, \boldsymbol{\Theta}^*[j] \|_2^2 \tag{12.143}$$

和

$$\boldsymbol{E}_j = \boldsymbol{Y} - \sum_{i=1, i \neq j}^{m} \boldsymbol{D}[i]\, \boldsymbol{\Theta}^*[i] \tag{12.144}$$

在 K-SVD 方法中，通过保持支持集合 $\boldsymbol{\Theta}$ 的完整性，但改变其内部具体数值来进行优化。令 Λ 为与 $\boldsymbol{\Theta}$(非零)的行元相对应的指数集。令 $\boldsymbol{E}_\Lambda$ 表示由支持集合所限定的矩阵 $\boldsymbol{E}_j$。方便起见，省略稀疏 j，则式(12.143)可写成

$$\min_{\boldsymbol{D},\boldsymbol{\Theta}} \| \boldsymbol{E}_\Lambda - \boldsymbol{D}\boldsymbol{\Theta}_\Lambda^* \|_F^2 \tag{12.145}$$

令 $r_i = |d_i|$ 表示 $\boldsymbol{D}$ 的阶数。则问题式(12.145)可表示成求近似于 $\boldsymbol{E}_\Lambda$ 的最优 r_i 阶近似。优化结果可通过求左右奇异向量的向量积得到，对应为最大奇异值 r_i，由奇异值加权(详见附录 A 中的定理 A.4)。更特殊地，令 $\boldsymbol{E}_\Lambda = \boldsymbol{U\Sigma V}^*$，可以将 $\boldsymbol{D}[j]$ 和 $\boldsymbol{\Theta}[j]$ 表示成：

$$\boldsymbol{D}[j] = [\boldsymbol{u}_1 \quad \boldsymbol{u}_2 \quad \cdots \quad \boldsymbol{u}_{r_i}] \tag{12.146}$$

$$\boldsymbol{\Theta}[j] = [\boldsymbol{\sigma}_1 \boldsymbol{v}_1 \quad \sigma_2 \boldsymbol{v}_2 \quad \cdots \quad \sigma_{r_i} \boldsymbol{v}_{r_i}] \tag{12.147}$$

再进行下一个块操作。最终可得酉矩阵块 $\boldsymbol{D}[j]$。

例 12.15 在本例中，我们试图通过与 K-SVD 方法进行比较，来说明 BK-SVD 方法中字典优化过程的优势。令 $\boldsymbol{d}_1$ 和 $\boldsymbol{d}_2$ 为尺寸为2的块。

假设在 K-SVD 方法中矩阵 $\boldsymbol{D}$ 的第一次更新为：$\boldsymbol{d}_1 \leftarrow \boldsymbol{u}_1$，$\boldsymbol{\Theta}_1[j] \leftarrow \sigma_1 \boldsymbol{v}_1^*$。一个可能的情况是在这个特殊的迭代中，令 $\boldsymbol{d}_2 = \boldsymbol{u}_1$，及 $\boldsymbol{\Theta}_2^*[j] = \sigma_1 \boldsymbol{v}_1^*$。在这种情况下第二次更新将令 $\boldsymbol{d}_2$ 和 $\boldsymbol{\Theta}_2^*[j]$ 保持不变，这样的结果是，只有 $\boldsymbol{E}_j$ 的最高秩的部分(元素)被消除，相反，在这里提出的 BK-SVD 算法中，$\boldsymbol{d}_1$ 和 $\boldsymbol{d}_2$ 被同时更新，结果是可以同时将 $\boldsymbol{E}_j$ 中的两个最高秩的部分(元素)消除。

12.7　盲压缩感知

考虑只有采样数据的情况，投影到低阶子空间，则可由数据矩阵 $\boldsymbol{Y} = \boldsymbol{DC}$，对 $n \times r$ 测量矩阵 $\boldsymbol{A}$，我们给定采样 $\boldsymbol{Z} = \boldsymbol{ADC}$，其中 $n < r$。我们的目的是根据低维度数据矩阵 $\boldsymbol{Z}$ 来获得字典 $\boldsymbol{D}$ 和表示矩阵 $\boldsymbol{C}$。该方法为文献中所说的非定向压缩感知(BCS)[389,390]：该命名的原因在于在压缩感知问题中恢复 $\boldsymbol{C}$ 时，字典是未知的。BCS 方法结合了 CS 和 DL 方法：一方面，与 CS 类似但与 DL 不同的是，我们仅针对所需恢复的信号获取低维度的测量矩阵；另一方面，我们并未求稀疏基的先验信息，因此某种程度上来讲，该方法与 DL 问题更接近。

为了简化 BCS 的讨论，我们致力于讨论标准稀疏设定，其中 $\boldsymbol{c}_i$ 是 k 阶的。该问题的讨论可延伸到之前章节中所讨论的块稀疏设定。

12.7.1　BCS 问题公式化

令 $\boldsymbol{Z}$ 为 $n \times L$ 的一个测试向量的矩阵，即 $\boldsymbol{Z} = \boldsymbol{ADC}$，其中 $\boldsymbol{Y} = \boldsymbol{DC}$ 是一个含有需恢复的原始向量的 $r \times L$ 矩阵。因某些字典 $\boldsymbol{D}$ 是未知的，因此向量 $\boldsymbol{y}_i$ 是稀疏化的，且 $\boldsymbol{C}$ 的每个列 $\boldsymbol{c}_i$ 是 k 块稀疏的。我们的目的是从 $\boldsymbol{Z}$ 中恢复 $\boldsymbol{Y}$。

然而，因测试矩阵 $\boldsymbol{A}$ 的不同，BCS 问题的解不唯一，与信号个数 L 和稀疏阶数 k 相关。需要说明的是，在 DL 问题中，唯一性问题与字典的旋转与未知有关。保证唯一性的方法之一就是给定字典 $\boldsymbol{D}$ 的约束范围[389]。另一种方法就是通过不同的矩阵 $\boldsymbol{A}$ 来处理信号 $\boldsymbol{Y}$[390]；换言之，我们用不同的测量矩阵 $\boldsymbol{A}_j$ 来处理不同的群列。在 12.7.2 节中，我们将给出适用 BCS 问题的几个不同的字典约束。12.7.3 节将讨论多重测量矩阵的应用。

BCS 问题可视为带有字典 $\boldsymbol{T} = \boldsymbol{AD}$ 的 DL 问题。然而，DL 和 BCS 问题有一个关键区别。DL 给出了字典 $\boldsymbol{T} = \boldsymbol{AD}$ 和稀疏矩阵 $\boldsymbol{C}$。另一方面，在 BCS 中，我们侧重于恢复未知信号 $\boldsymbol{Y} = \boldsymbol{DC}$。然而，在 DL 问题中，需要预处理来从 $\boldsymbol{T}$ 中恢复 $\boldsymbol{D}$。此区别很关键，使得不能直接在 BCS 方法中套用 DL 算法。

特别地，即使满足 DL 的唯一性条件，即可求得唯一的 $\boldsymbol{T}$ 来进行放缩和转置操作，BCS 问题的阶仍是不唯一的。因此，为了解决 BCS 问题，需要从 $\boldsymbol{T} = \boldsymbol{AD}$ 中恢复 $\boldsymbol{D}$。因为 $\boldsymbol{A}$ 具有一个零空间，则可能具有多重解。即使 $\boldsymbol{D}$ 是酉矩阵，也可能存在类似情况，其对应于 $\boldsymbol{Y}$ 具有一个标准系数正交基，在下面的命题中会给出。

命题 12.7　令 $\boldsymbol{T}$ 和 $\boldsymbol{A}$ 为 $n \times r$ 的矩阵($n < r$)，假定存在一个酉矩阵 $\boldsymbol{D}$ 使得 $\boldsymbol{T} = \boldsymbol{AD}$。那么，一定存在多个酉矩阵 $\tilde{\boldsymbol{D}}$，使得 $\boldsymbol{T} = \boldsymbol{A}\tilde{\boldsymbol{D}}$。

证明　令 $\boldsymbol{D}_1$ 为酉矩阵，且 $\boldsymbol{T} = \boldsymbol{AD}_1$。将 $\boldsymbol{D}_1$ 分解为 $\boldsymbol{D}_1 = \boldsymbol{D}_{N^\perp} + \boldsymbol{D}_N$，其中 $\boldsymbol{D}_N$ 的列都与 $\boldsymbol{A}$ 的零空间 $\mathcal{N}(\boldsymbol{A})$ 相关。$\boldsymbol{D}_{N^\perp}$ 是 $\mathcal{N}(\boldsymbol{A})^\perp$ 的正交补集。$\boldsymbol{D}_N \neq 0$，否则矩阵 $\boldsymbol{D}_1 = \boldsymbol{D}_{N^\perp}$ 是满秩的。然而，因 $\mathcal{N}(\boldsymbol{A})^\perp$ 阶数不超过 $n < r$，其至多含有 n 个线性无关向量。因此，并不存在 $r \times r$ 的满秩矩阵，其列皆属于 $\mathcal{N}(\boldsymbol{A})^\perp$。

然后定义 $\boldsymbol{D}_2 = \boldsymbol{D}_{N^\perp} - \boldsymbol{D}_N \neq \boldsymbol{D}_1$，可知 $\boldsymbol{T} = \boldsymbol{A}\boldsymbol{D}_2$。且 $\boldsymbol{D}_N$的列与 $\boldsymbol{D}_{N^\perp}$对应列相正交，

$$\boldsymbol{D}_1^* \boldsymbol{D}_1 = \boldsymbol{D}_1^* \boldsymbol{D}_1 = \boldsymbol{D}_{N^\perp}^* \boldsymbol{D}_{N^\perp} + \boldsymbol{D}_N^* \boldsymbol{D}_N \tag{12.147}$$

有 $\boldsymbol{D}_1^* \boldsymbol{D}_1 = \boldsymbol{I}$，则因 $\boldsymbol{D}_2$是单位阵，亦有 $\boldsymbol{D}_2^* \boldsymbol{D}_2 = \boldsymbol{I}$。需要说明的是，经过类似操作可以得到其他解，如通过改变 $\boldsymbol{D}_N$的部分列。 □

命题 12.7 表明 BCS 问题的解不唯一。保证唯一性的两种方法为给基 $\boldsymbol{D}$ 设置约束和应用多重测量矩阵 $\boldsymbol{A}_j$。

12.7.2 带有约束字典的 BCS 问题

首先我们讨论 $\boldsymbol{D}$ 约束下的 BCS 问题。尽管约束的定义有很多种，在这里给出下面几种：

(1) $\boldsymbol{D}$ 是一组优先的已知基；

(2) $\boldsymbol{D}$ 是稀疏化的部分已知字典；

(3) $\boldsymbol{D}$ 是单位阵，且具有对角结构的子阵。

文献[389]表明基于这些限制条件和 A 的近似条件，BCS 问题具有唯一解。特别地，随机高斯矩阵 $\boldsymbol{A}$ 很大程度上满足上述所有条件。建议感兴趣的读者自行查阅相关结论，这里我们主要讨论满足上述条件的求解算法。

基的有限集合

近年来，提出了各种基的设定（如小波[59]和 DCT[204]等），其能够满足许多自然信号的稀疏表达。这些基能快速实现且适用于许多类型的信号。然而，当字典是未知的时，常见做法是尝试这些选择中的一种，将 $\boldsymbol{D}$ 约束到一组有限已知的字典设定$\{\boldsymbol{D}^i\}$中。

为了恢复$\{\boldsymbol{D}^i\}$，我们需要讨论求解满足数据 $\boldsymbol{Z} = \boldsymbol{A}\boldsymbol{D}^i\boldsymbol{C}^i$的稀疏设定 $\boldsymbol{C}^i$。然后，对于每个数据向量 z_j，我们选择字典 $\boldsymbol{D}^i$来生成稀疏解。需要说明的是，对于每个 j 的值，可能会得到不同的 $\boldsymbol{D}^i$。根据信号数量选取最后一个生成字典。对每个 z_j来说，当数据是有扰的，通过选取具有最小表达误差的基来替换第一步。例如，我们首先解决：

$$\min_{c}\{\| \boldsymbol{z}_j - \boldsymbol{A}\boldsymbol{D}^i\boldsymbol{c} \|_2 + \lambda \|\boldsymbol{c}\|_1\} \tag{12.148}$$

对于某些系数 λ 和每个 i 的值，然后我们优化 i 的值来实现 $\| z_j - \boldsymbol{A}\boldsymbol{D}^i\boldsymbol{c} \|$ 的最小值。

例 12.16 我们讨论当 $\boldsymbol{D}$ 约束到一组有限已知的字典设定$\{\boldsymbol{D}^i\}$下的 BCS 问题的性能。测量矩阵选为 32×64 的高斯矩阵。我们选定了 5 组 64×64 的基$\{\boldsymbol{D}^i\}$：单位矩阵、DCT、哈尔小波和两组随机高斯字典。$\boldsymbol{D}^i$经过放缩处理使 $\boldsymbol{A}\boldsymbol{D}^i$具有归一化列。通过生成随机稀疏向量，并通过 DCT 基（用 $\boldsymbol{\Psi}$表示）做乘积处理来生成 500 个长度为 64 的信号。每个稀疏向量 $\boldsymbol{c}$ 都含有 6 个非零元素，其位置是随机的，取值则是按照高斯分布的。

为了测试 BCS 算法的性能，我们引入了干扰，即 $z_i = \boldsymbol{A}\boldsymbol{\Psi}\boldsymbol{c}_i + \boldsymbol{w}_i$，其中 $\boldsymbol{w}$ 是带有对应 30～5 dB的误码率的差集的高斯噪声。对于每个噪声等级，我们都仿照 CS 算法使用一个应用 OMP 方法的有限基设定来应用 BCS。表 12.3 将结果进行了总结。表中未检测的列代表这一定几率的错误基。平均误差是 E_i的平均值，其中：

$$E_i = \frac{\| z_i - \hat{z}_i \|_2}{\| z_i \|_2} \cdot 100 \tag{12.149}$$

这里z_i, $\hat{z}_i$分别是实际信号矩阵$\boldsymbol{Z}$和重构信号$\hat{\boldsymbol{Z}}$的列。平均值仅考虑了在正确基下的信号。对所有的噪声等级来说，根据多数原则来选择基的做法是正确的。

表 12.3　具有有限基集合的 BCS 算法的仿真结果

SNR(dB)	漏检(%)	平均差错(%)
∞	0	5
30	0	9
25	0	13
20	0	20
15	3	31
10	15	47
5	53	64

根据表 12.3 可知，误差随着噪声等级增加而增加。对于高信噪比情况下，可实现无损重构，但是当信噪比降到 15dB 的时候，误差选择的概率增加。在这些例子中，需要使用不同的信号来实现恢复，即使该信号可能会生成错误的字典，但仍能有足够的信号来实现纠错。

稀疏基

BCS 问题的一个附加限制为$\boldsymbol{D}$的稀疏度，即因为某些已知的字典$\boldsymbol{\Phi}$, $\boldsymbol{D}$的列可能是稀疏的，这样可能存在一个未知的稀疏矩阵，使$\boldsymbol{W}$有$\boldsymbol{D}=\boldsymbol{\Phi W}$。$\boldsymbol{W}$的列的稀疏度我们用$k_d$来表示。

使用稀疏字典的初衷在于解决使用固定字典的一些问题。特别地，我们可以选择一个可快速实现的字典$\boldsymbol{\Phi}$，并通过对$\boldsymbol{\Phi}$的列进行稀疏合并操作来提高其对不同类型信号的适用性。而且，为了将此方法与之前的方法相结合，我们可以选择几个不同的字典$\boldsymbol{\Phi}$，选取最优值。

BCS 问题的求解过程如下所示。给定测量矩阵$\boldsymbol{Z}$、$\boldsymbol{A}$和字典$\boldsymbol{\Phi}$(假设行满秩)，求信号矩阵$\boldsymbol{Y}$使得能满足$\boldsymbol{Z}=\boldsymbol{AY}$，且对于某些$k$块稀疏矩阵$\boldsymbol{C}$和$k_d$稀疏列满秩矩阵$\boldsymbol{W}$，有$\boldsymbol{Y}=\boldsymbol{\Phi WC}$。

在适当的条件下，当只有单个信号的时候，该问题存在唯一解。因此，我们分别讨论向量$\boldsymbol{y}$, $\boldsymbol{c}$, $\boldsymbol{z}$而不是矩阵$\boldsymbol{Y}$, $\boldsymbol{C}$, $\boldsymbol{Z}$。当$\|\boldsymbol{c}\|_0 \leqslant k$且$\boldsymbol{W}$是$k_d$块稀疏的时候，向量$\boldsymbol{b}=\boldsymbol{Wc}$满足$\|\boldsymbol{b}\|_0 \leqslant k_d k$。因此，我们的问题可以写成：

$$\hat{\boldsymbol{b}} = \arg\min_{b} \|\boldsymbol{b}\|_0 \quad \text{s.t.} \quad \boldsymbol{z} = \boldsymbol{A\Phi b} \tag{12.150}$$

或者

$$\hat{\boldsymbol{b}} = \arg\min_{b} \|\boldsymbol{z} - \boldsymbol{A\Phi b}\|_2^2 \quad \text{s.t.} \quad \|\boldsymbol{b}\|_0 \leqslant k_d k \tag{12.151}$$

其中$\boldsymbol{Y}=\boldsymbol{\Phi}\hat{\boldsymbol{b}}$。若$\sigma(\boldsymbol{A\Phi})>2k_d k$，则式(12.150)和式(12.151)具有唯一解，其中$\sigma(\boldsymbol{A})$是$\boldsymbol{A}$的谱范数。若存在多于一个信号的情况，针对每个信号，我们分别求解式(12.150)和式(12.151)。这两个优化问题可通过标准 CS 算法来近似。

解决 BCS 问题的一个备选方案是使用稀疏 K-SVD 算法[391]，其实 K-SVD 方法的延伸，用于求解稀疏字典。给定测量矩阵$\boldsymbol{Z}$和给定字典$\boldsymbol{D}$，稀疏 K-SVD 方法可求解k_d块稀疏矩阵$\boldsymbol{W}$和k块稀疏矩阵$\boldsymbol{C}$，使得$\boldsymbol{Z}=\boldsymbol{DWC}$。这里，若矩阵是$k$块稀疏的，则它的每个列都是$k$块稀疏的。在这里，我们可以通过使用 K-SCD 方法解决$\boldsymbol{Z}$和$\boldsymbol{D}=\boldsymbol{A\Phi}$问题，以求解$\boldsymbol{W}$和$\boldsymbol{C}$，然后通过$\boldsymbol{Y}=\boldsymbol{\Phi WC}$来恢复信号。

与任何 DL 算法遇到的问题一样，对于一个稀疏 K-SVD 算法而言，其需要多样化信号。相比之下，文献[389]中给出的使用于稀疏 BCS 问题的唯一性条件并不需要多样化信号。而且，稀疏 K-SVD 算法的计算量比直接方法要多(如使用标准 CS 算法)。尽管如此，当 k_dk 与 n 相关时，稀疏 K-SVD 方法仍具有很大优势。特别地，为了直接方法能够成功，k_dk 的值必须小。另一方面，稀疏 K-SVD 方法分别求解 k 块稀疏矩阵 $\boldsymbol{C}$ 和 k_d块稀疏矩阵 $\boldsymbol{W}$，并要求每一个 k 和 k_d 的值都要小，而不是要求其积小。因此，若仅有几个信号，且 k_dk 足够小，则直接方法是可行的。然而，若 k_dk 较大，但仍满足 $\sigma(\boldsymbol{A\Phi}) > 2k_dk$ 条件，且具有足够的多样数据，则稀疏 K-SVD 方法是可行的。

例 12.17 在这里我们给出了直接方法的一个仿真结果。稀疏 K-SVD 的结果可参见文献[392]。

首先，我们讨论了基的稀疏阶数的影响。给出了一个随机稀疏矩阵 $\boldsymbol{W}$，其尺寸为 256×256，每个列至多含有 $k_d=6$ 个非零元。k 的值($\boldsymbol{C}$ 中非零元的个数)，逐渐由 1 增至 20。对每个 k 的取值，我们求解 $\boldsymbol{C}$，其为一个 k 阶的 256×100 的矩阵，生成了信号矩阵 $\boldsymbol{Y}=\boldsymbol{\Phi WC}$，其中 $\boldsymbol{\Phi}$ 是选定的 DCT 基。我们通过一个随机的 128×256 的高斯矩阵 $\boldsymbol{A}$ 来处理矩阵 $\boldsymbol{Y}$，即 $\boldsymbol{Z}=\boldsymbol{AY}$。通过式(12.150)的直接方法来解决 BCS 问题，即求解 $\boldsymbol{A}$ 和 $\boldsymbol{Z}$，其中再次用到了 OMP。为了便于比较，我们也对带有实际基($\boldsymbol{D}=\boldsymbol{\Phi W}$，其在实际中是未知的)的 OMP 的性能进行求解。图 12.15对结果进行了总结。对于每个 k 的值来说，误差为所有信号的平均值，计算式参见式(12.149)。当 $k\leqslant8$ 时，误差接近，但是当 k 较大时，BCS 的误差加大。因此，当信号是充分稀疏的情况下，可以根据信号的表达式来求解基。

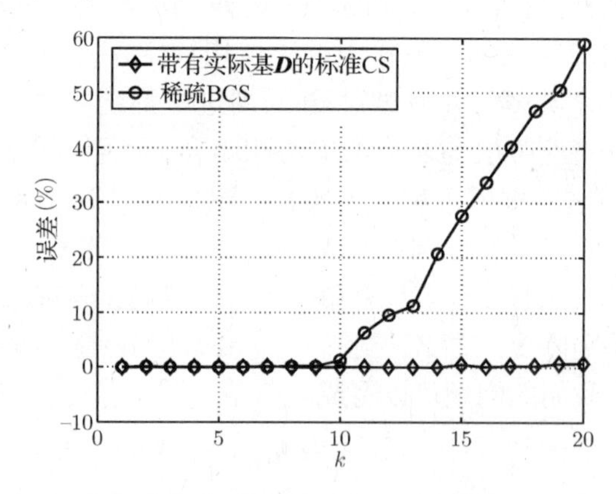

图 12.15 使用直接方法情况下以稀疏阶数为自变量时带有已知字典的BCS方法和标准CS方法的重构误差

若 $\boldsymbol{A}$ 是一个高斯矩阵，DCT 矩阵是正交的。$\sigma(\boldsymbol{A\Phi})=129$ 的可能性为 1。因此，若 $k_dk\leqslant64$，或者 $k\leqslant10$ 稀疏 BCS 是唯一的(可能性为 1)。在这之前，因为 OMP 算法是次最优化算法，因此，即使解是唯一的，误差仍会加大，且不一定能够求解。但当信号稀疏度足够的时候，解是可求的。对某些特定的 k 值，使用正确 $\boldsymbol{D}$ 矩阵时的 OMP 算法的重构误差的增加趋势会变缓。这是由于 $\boldsymbol{D}$ 是已知的，k(而不是 k_dk)需要与 n 弱相关以确保 OMP 算法的有效性。

较大 k 值能够提高稀疏 K-SVD 方法的性能，且其取值足够小，能够保证解唯一的条件。然而，在仿真中信号的个数小于向量的长度时，K-SVD 方法性能欠佳。在文献[392]中给出的稀疏 K-SVD 方法的仿真结果中，信号的数量至少要是信号长度的 100 倍。

结构约束

我们讨论的 $\boldsymbol{D}$ 的最后一个约束条件是块对角结构。该条件来源于多信道系统，其来自各信道的信号在分离基的情况下是稀疏的。在这样的系统下，我们能够通过连接来自不同信道的信号来构造信号基 $\boldsymbol{Z}$。这样的稀疏化字典是块对角化的，其中块的数量与信道的数量一致，每个块都是对应信道的稀疏化字典。

举例来说，在扩音器阵列或者天线阵列当中，我们能够根据时间间隔来将每个扩音器/天线的采样数据进行划分，以得到信号矩阵 $\boldsymbol{Y}$。$\boldsymbol{Y}$ 的每个列都是同一时间间隔区间下取自所有扩音器/天线的采样数据。作为选择，我们考虑将一个较大的图像数据划分成块状区域，每个区域在不同的基下都是稀疏的。在此情况下，$\boldsymbol{Y}$ 的每个列是不同图像下的同一位置的数据。这样的分割方式在 JPEG 压缩中被使用[199]。

$\boldsymbol{D}$ 矩阵的块结构的优势在于，在正确选定 $\boldsymbol{A}$ 的情况下，该问题可以分解成一系列采样问题。而且当信号充足分离且 $\boldsymbol{A}$ 满足文献[389]中的特定条件的情况下，BCS 问题可有唯一解。其中的一个例子就是当 $\boldsymbol{A}$ 含有标准正交块的时候。

考虑 $\boldsymbol{D}$ 含有标准正交块的时候，即：

$$\boldsymbol{D}=\begin{bmatrix}\boldsymbol{D}^1 & 0 & \cdots & 0\\ 0 & \boldsymbol{D}^2 & \cdots & 0\\ & & \ddots & \\ 0 & \cdots & 0 & \boldsymbol{D}^R\end{bmatrix} \tag{12.152}$$

其中每个 $\boldsymbol{D}^i$ 都是 $d\times d$ 的矩阵。与 $\boldsymbol{D}$ 的结构相对应的，有 $\boldsymbol{A}$ 为：

$$\boldsymbol{A}=[\boldsymbol{A}^1\quad \boldsymbol{A}^2\quad \cdots\quad \boldsymbol{A}^R] \tag{12.153}$$

其中 $\boldsymbol{A}^i$ 是 $d\times d$ 的。假设这些块含有正交列使得 $(\boldsymbol{A}^i)^*\boldsymbol{A}^i=\boldsymbol{I}$。

为了学习在此基下的字典和稀疏表达式，我们考虑文献[389]中给出的标准正交对角块 BCS 算法(Orthonormal Block Diagonal BCS，OBD-BCS)。对于给定的 $\boldsymbol{Z}$，我们致力于解决

$$\min_{\boldsymbol{D},\boldsymbol{C}} \|\boldsymbol{Z}-\boldsymbol{ADC}\|_F^2 \tag{12.154}$$

其中 $\boldsymbol{C}$ 是 k 稀疏的，$\boldsymbol{D}$ 由单位块组成。

该解近似于最小化的解。第一步，$\boldsymbol{D}$ 保持不变，通过稀疏近似来优化 $\boldsymbol{C}$。第二步，保持 $\boldsymbol{C}$ 不变，优化基 $\boldsymbol{D}$。

为了优化 $\boldsymbol{C}$，给定式(12.154)中式子中的 $\boldsymbol{C}$ 的列是可分离的，且 $\boldsymbol{D}$ 保持不变。对于 $\boldsymbol{Z}$ 的每个列 $\boldsymbol{z}$ 和 $\boldsymbol{C}$ 的每个列 $\boldsymbol{c}$，式(12.154)可写成

$$\min_{\boldsymbol{c}} \|\boldsymbol{z}-\boldsymbol{ADc}\|_2^2 \quad \text{s.t.} \quad \|\boldsymbol{c}\|_0\leqslant k \tag{12.155}$$

上述问题可由标准 CS 算法来求解。下一步，保持 $\boldsymbol{C}$ 不变，通过利用其块结构来优化矩阵 $\boldsymbol{D}$。将 $r\times L$ 的矩阵 $\boldsymbol{C}$ 按照 $r=Rd$ 分割成 R 个 $d\times L$ 的子阵

$$\boldsymbol{C}=\begin{bmatrix}\boldsymbol{C}^1\\ \vdots\\ \boldsymbol{C}^R\end{bmatrix} \tag{12.156}$$

则保持 $\boldsymbol{C}$ 不变时，式(12.154)可写成

$$\min_{\boldsymbol{D}^1,\cdots,\boldsymbol{D}^R} \left\|\boldsymbol{Z}-\sum_{j=1}^{R}\boldsymbol{A}^j\boldsymbol{D}^j\boldsymbol{C}^j\right\|_F^2 \quad \text{s.t.} \quad (\boldsymbol{D}^i)^*\boldsymbol{D}^i=\boldsymbol{I} \tag{12.157}$$

为了实现上式的最小化，我们固定除了特定块(用 $\boldsymbol{D}^i$ 表示)外的所有块，解决下列问题

$$\min_{\boldsymbol{D}^i} \|\boldsymbol{Z}^i-\boldsymbol{A}^i\boldsymbol{D}^i\boldsymbol{C}^i\|_F^2 \quad \text{s.t.} \quad (\boldsymbol{D}^i)^*\boldsymbol{D}^i=\boldsymbol{I} \tag{12.158}$$

其中 $\boldsymbol{Z}_i=\boldsymbol{Z}-\sum_{j\neq i}\boldsymbol{A}^j\boldsymbol{D}^j\boldsymbol{C}^j$。若对于任意的块 i，$(\boldsymbol{D}^i)^*\boldsymbol{D}^i=(\boldsymbol{A}^i)^*\boldsymbol{A}^i=\boldsymbol{I}$，则 $\|\boldsymbol{A}^i\boldsymbol{D}^i\boldsymbol{C}^i\|_F^2=\|\boldsymbol{C}^i\|_F^2$。去掉指数 i，忽略常量，对任意矩阵 $\boldsymbol{A}$，有 $\|\boldsymbol{A}\|_F^2=\mathrm{Tr}(\boldsymbol{A}*\boldsymbol{A})$，则式(12.158)可简化为

$$\max_{\boldsymbol{D}}\Re\{\mathrm{Tr}(\boldsymbol{Z}^*\boldsymbol{ADC})\} \quad \text{s.t.} \quad \boldsymbol{D}^*\boldsymbol{D}^i=\boldsymbol{I} \tag{12.159}$$

令矩阵 $\boldsymbol{R}=\boldsymbol{CZ}^*\boldsymbol{A}$ 的 SVD 为 $\boldsymbol{R}=\boldsymbol{U}\Sigma\boldsymbol{V}^*$，其中 $\boldsymbol{U}$ 和 $\boldsymbol{V}$ 都是酉矩阵，Σ 是对角阵。应用性

质 $\mathrm{Tr}(\boldsymbol{XYZ})=\mathrm{Tr}(\boldsymbol{ZXY})$，可以将式(12.159)进行如下操作

$$\mathrm{Tr}(\boldsymbol{Z}^*\boldsymbol{ADC})=\mathrm{Tr}(\boldsymbol{DR})=\mathrm{Tr}(\boldsymbol{\Sigma V}^*\boldsymbol{DU})=\mathrm{Tr}(\boldsymbol{\Sigma Q})=\sum_i\sigma_i q_{ii} \tag{12.160}$$

其中 $\boldsymbol{Q}=\boldsymbol{V}^*\boldsymbol{DU}$，$q_{ii}$表示 $\boldsymbol{V}$ 的第 i 个对角元素。$\boldsymbol{V}$，$\boldsymbol{U}$，$\boldsymbol{D}$ 都是酉矩阵，$\boldsymbol{Q}^*\boldsymbol{Q}=\boldsymbol{I}$，当且仅当 $\boldsymbol{Q}=\boldsymbol{I}$ 时，$|q_{ii}|\leqslant 1$ 对任意的 i 的取值都成立。$\sigma_i\Re(q_{ii})\leqslant\sigma_i|q_{ii}|\leqslant\sigma_i$，当且仅当 $\boldsymbol{Q}=\boldsymbol{I}$ 时，等号成立。因此 $\boldsymbol{D}=\boldsymbol{VU}^*$ 给出了基本式(12.158)的最小值。需要说明的是，对某些 $\boldsymbol{i}$ 的取值来讲，$\sigma_i=0$，$\boldsymbol{Q}=\boldsymbol{I}$ 不是最优解。尽管如此，即便其不是唯一的，该解仍能实现最小化。

讨论的 OBD-BCS 算法详见算法 12.6。初始矩阵可为任意的块对角矩阵，并不一定是单位阵。OBD-BCS 方法的每一步迭代都应用了标准 CS 算法和 R 步 SVD 方法。

算法 12.6　OBD-BCS 算法

输入：测量矩阵 $\boldsymbol{Z}$，稀疏阶数 k

输出：字典 $\hat{\boldsymbol{D}}$

初始化：$\hat{\boldsymbol{D}}_0=\boldsymbol{I},\ell=0$

当不满足停止标准时

　$\ell\leftarrow\ell+1$

　对于每一个 $1\leqslant i\leqslant L$，求近似解 $\boldsymbol{c}_\ell$

　　$\min_{c_i}\ \|\boldsymbol{z}_i-\boldsymbol{A}\hat{\boldsymbol{D}}_{\ell-1}\boldsymbol{c}_i\|^2\quad \text{s.t.}\quad \|\boldsymbol{c}_i\|_0\leqslant k$ {更新块稀疏系数}

　{更新字典}

　更新 $\boldsymbol{D}_{\ell-1}$的每个块 $\boldsymbol{D}^i$通过：

　　计算 $\boldsymbol{Z}^i=\boldsymbol{Z}-\sum_{j\neq i}\boldsymbol{A}^j\boldsymbol{D}^j\boldsymbol{C}^j$

　　计算 SVD $\boldsymbol{C}^i(\boldsymbol{Z}^i)^*\boldsymbol{A}^i=\boldsymbol{U}\sum V^*$

　　更新 $\boldsymbol{D}^i=\boldsymbol{VU}^*$

退出迭代

返回 $\hat{\boldsymbol{D}}\leftarrow\hat{\boldsymbol{D}}_\ell$

例 12.18　根据综合数据，我们对 OBD-BCS 算法的性能进行了评估。

将信号矩阵 $\boldsymbol{Z}$ 构造为 $\boldsymbol{Z}=\boldsymbol{ADC}$，其中 $\boldsymbol{C}$ 是一个随机的带有选定高斯分布的非零元素的稀疏矩阵，$\boldsymbol{D}$ 是一个正交的四块对角矩阵，包含单位阵、哈尔小波阵和一个数据服从高斯分布且经过格拉姆-施密特正交化处理的随机矩阵。测量矩阵 A 由两个随机 64×64 正交矩阵生成，且同样的，数据服从高斯分布且经过格拉姆-施密特正交化处理。当矩阵 $\boldsymbol{C}$ 和 $\boldsymbol{D}$ 的变动很小时，算法计算完毕，通常来讲需要 30 次迭代过程。

为了研究信号数量 N 和稀疏阶数 k 的具体影响，分别将二者逐次变化。对每个 N 的取值(150～1000)，通过平均 20 次算法仿真来求误差。在每次仿真计算中，稀疏向量和正交矩阵独立不相关，且测量矩阵保持不变。每个信号的误差根据式(12.149)来进行计算。为了方便比较，图 12.16(a)中我们绘出了使用正确基 $\boldsymbol{D}$ 情况下 OMP 的平均误差，其事先未知。如事先预估，OMP 的结果与信号数量不相关，且与每个信号都不相关。OMP 的平均误差为 0.08%，这表明该算法不适用于少量信号的情况。

为了研究阶数 k 的影响，我们进行了类似上述的处理，但是不同的是，这次给定了不同的 k 的值，$k \leqslant 10$。结果列于图 12.16(b)中。下图表明对于所有的 k 的取值，其图像具有同样的基本模式：在 N 小于特定值下，误差随着 N 的增大而减小，之后误差基本保持不变。

当 k 增加，该特征值 N 增加，误差的常值也是。$k=1$，$k=2$，$k=3$ 情况下，曲线模式一致，因此在图中未画出。

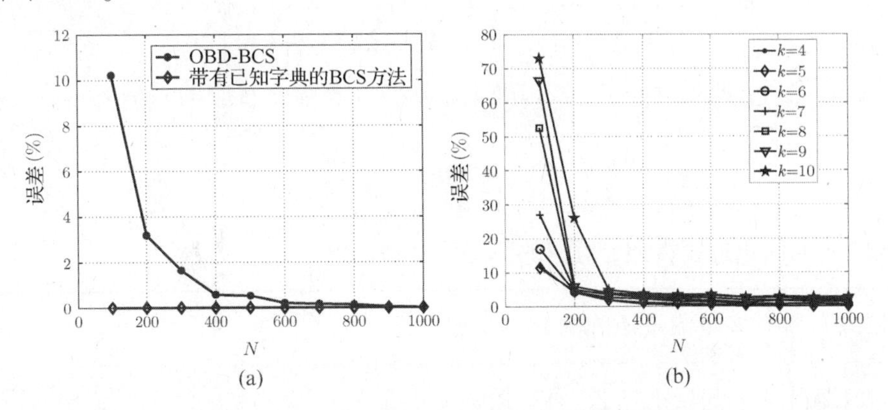

图 12.16　OBD-BCS 问题重构误差，以信号数量为自变量。(a)稀疏阶数 $k=4$；(b)不同的稀疏阶数

12.7.3　带有多重矩阵的 BCS

确保 BCS 唯一且不对其词典加约束的一个方法是使用文献[390]中讨论的多重矩阵。在此设定下，压缩测量可为

$$z_i = A_i D c_i, \quad 1 \leqslant i \leqslant L \tag{12.161}$$

其中 A_i 是一组测量矩阵基。若这些矩阵充分不相关，则 D 和 c_i 的恢复的实现是有可能的。具体的条件参见文献[390]。

式(12.161)的一个可能的应用领域是图像修复领域，我们需要观测一个不完整的图像，且仅知像素位置的子集中的强度值。此外，当图像以块的形式被处理时(通常情况下是重叠的)，其能够转换成向量 y_i。在每个块中，仅观测 n_i 个随机选取的像素点。与之对应的是通过随机选取单位矩阵的行来生成 A_i。我们进一步假设图像块是稀疏化的，具有一个共享的字典 D，其是通过图像插值得到的。

基于稀疏向量的 BCS

为了恢复本例中的 D 和 c_i，我们可以使用结合 MOD(算法 12.3)和 K-SVD(算法 12.4)的一个算法。目的是求

$$\min_{D,C} \sum_{i=1}^{L} \| z_i - A_i D c_i \|^2 \tag{12.162}$$

首先，保持 D 不变，先进行系数优化，可得使用标准 CS 算法求得的近似解为

$$\min_{c_i} \| z_i - A_i D c_i \|^2 \quad \text{s.t.} \quad \| c_i \|_0 \leqslant k \tag{12.163}$$

与 K-SVD 方法类似，一旦确定优化后的 c_i，保持稀疏模式不变，即保持非零元值的指数不变。然后，每次根据系数一次优化一个 D 的列。

考虑第 j 次优化的情况。首先考虑所有向量 c_i，其图形包含第 j 个元素，Λ 表示对应的参数基，$c_i(k)$ 表示 c_i 的第 k 个元素，d_k 表示矩阵 D 的第 k 个列。随后我们定义误差向量为

$$e_i = z_i - A_i \sum_{k \neq j} d_k c_i(k) \tag{12.164}$$

则问题变为

$$\min_{d} \sum_{i \in \Lambda} \| e_i - c_i(j) A_i d \|^2 \tag{12.165}$$

式(12.165)的一个解可通过最小二乘优化来得到：

$$d = \left(\sum_{i \in \Lambda} |c_i(j)|^2 A_i^* A_i \right)^{\dagger} \sum_{i \in \Lambda} (c_i(j) A_i)^* e_i \tag{12.166}$$

当第 j 个元素优化后，通过求得式(12.165)的最小值来调整对应的系数 $c_i(j)$，$i \in \Lambda$，其结果为：

$$c_i(j) = \frac{1}{d^* A_i^* A_i d} d^* A_i^* e_i \tag{12.167}$$

D 的列和稀疏 c_i 的优化过程类似，对应的算法为算法 12.7。

算法 12.7　带有多重测量矩阵的 BCS 方法

输入：CS 矩阵 A_i，测量矩阵 Z，稀疏阶数 k

输出：字典 $\hat{D}$

初始化：$\hat{D}_0$ 初始值可为随机矩阵或者 Z 的随机采样，迭代次数 $\ell = 0$

当不满足停止标准时

　$\ell \leftarrow \ell + 1$

　对于每一个 $1 \leqslant i \leqslant L$，近似解 c_ℓ

　　　$\min_{c_i} \| z_i - A_i \hat{D}_{\ell-1} c_i \|^2$　s.t.　$\| c_i \|_0 \leqslant k$ {更新稀疏系数}

　{更新字典}

　按下面步骤更新 $D_{\ell-1}$ 的每个列 d_j：

　　设 Λ 为索引指数 i，使 $c_i(j) \neq 0$

　　根据式(12.166)更新 d_j，其中 e_i 由式(12.165)定义

　　根据式(12.167)更新 $c_i(j)$，对于 $i \in \Lambda$

退出迭代

返回 $\hat{D} \leftarrow \hat{D}_\ell$

基于块稀疏向量 BCS

该算法能够推广到考虑块稀疏向量的情况。在此情况下，我们首先使用 SAC 来确定块划分，如算法 12.5 所示。第二步是通过块稀疏恢复算法来进行替换操作。第三步，对 D 的块(而不是列)进行处理。

考虑第 j 个块 $D[j]$ 的优化过程，首先我们遍历所有向量 c_i，其支撑集包含第 j 个块，用 Λ 表示对应指数。然后定义误差向量为

$$e_i = z_i - A_i \sum_{k \neq j} D[k] c_i[k] \tag{12.168}$$

则问题可变为

$$\min_{D[j]} \sum_{i \in \Lambda} \| e_i - A_i D[j] c_i[j] \|^2 \tag{12.169}$$

使用关系式

$$\boldsymbol{A}_i\boldsymbol{D}[j]\boldsymbol{c}_i[j] = (\boldsymbol{c}_i^*[j] \otimes \boldsymbol{A}_i)\mathrm{vec}(\boldsymbol{D}[j]) \tag{12.170}$$

可以用如下形式来表示带有变量 $\boldsymbol{d}=\mathrm{vec}(\boldsymbol{D}[j])$ 的标准最小二乘问题

$$\min_{\boldsymbol{d}} \sum_{i\in\Lambda} \| \boldsymbol{e}_i - (\boldsymbol{c}_i^*[j] \otimes \boldsymbol{A}_i)\boldsymbol{d} \|^2 \tag{12.171}$$

(详见附录 A 中克罗内克积的具体性质)。式(12.171)的解为

$$\boldsymbol{d} = (\sum_{i\in\Lambda} \boldsymbol{G}_i^*\boldsymbol{G}_i)^{\dagger} \sum_{i\in\Lambda} \boldsymbol{G}_i^*\boldsymbol{e}_i \tag{12.172}$$

其中 $\boldsymbol{G}_i=\boldsymbol{c}_i{}^*[j]\otimes\boldsymbol{A}_i$。对应的 $\boldsymbol{D}[j]$ 可通过重构向量 $\boldsymbol{d}$ 以求得合适的矩阵模来得到。稀疏的优化为

$$\boldsymbol{c}_i[j] = (\boldsymbol{D}^*[j]\boldsymbol{A}_i^*\boldsymbol{A}_i\boldsymbol{D}[j])^{\dagger}\boldsymbol{D}^*[j]\boldsymbol{A}_i^*\boldsymbol{e}_i \tag{12.173}$$

例 12.19　通过文献[390]中的一个例子来对带有多重测量矩阵的 BCS 算法进行评估。该例子包括著名的“Barbara”(512×512 个像素)和“House”(256×256 个像素)图像，观测 50% 的像素点。本例中使用的算法是算法 12.7 应用块稀疏模型的一个改进。整个图像用 8×8 的重叠区域进行处理，向量维度 $n=64$。

原始图像如图 12.17(a)和图 12.18(a)所示。在图 12.17(b)和图 12.18(b)中，给出了仅存 50% 随机选取的像素点的测试模型。在所有测试中，字典元素的总和设为 $r=256$。应用 BCS 算法获得的图像修复结果如图 12.17(c)和图 12.18(c)所示，其最大块尺寸 $k=8$。“Barbara”和“House”图像的信噪比峰值分别为 27.93 dB 和 31.80 dB。

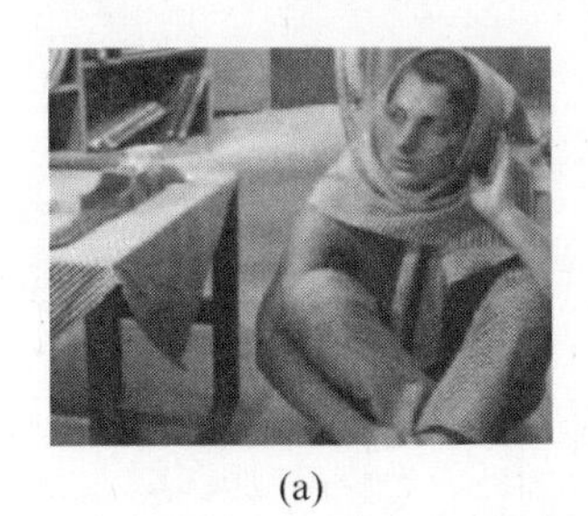
(a)

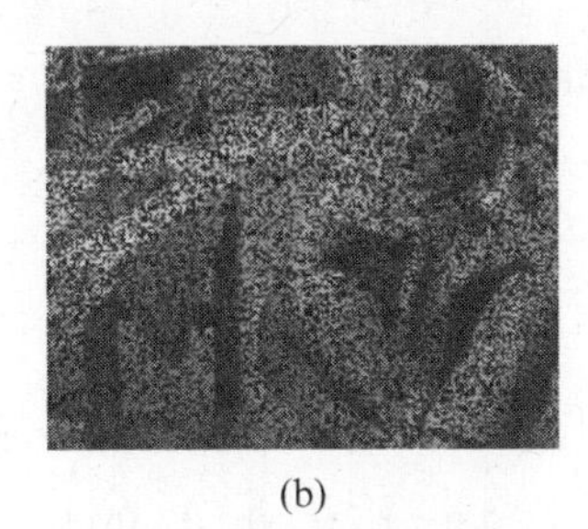
(b)

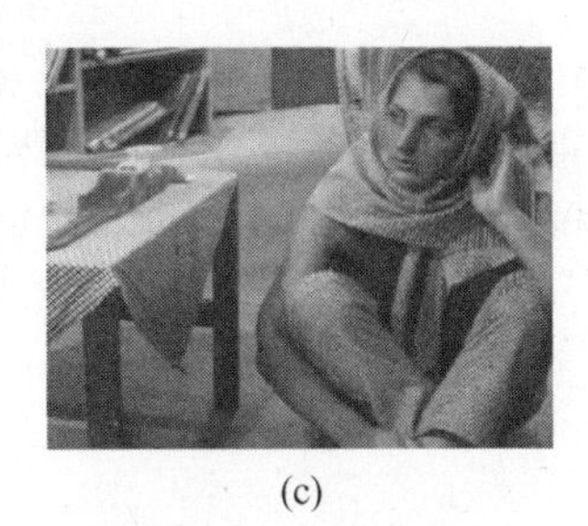
(c)

图 12.17　(a)原始的 512×512 Barbara 图像；(b)50% 随机选取像素的测试图；(c)Barbara图像修复结果。该操作的信噪比峰值为27.93 dB

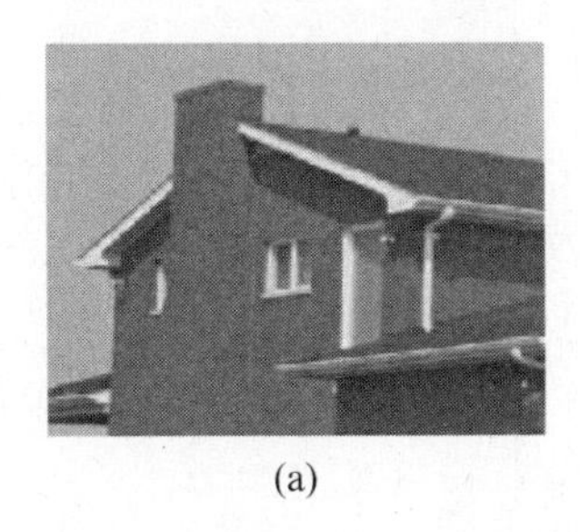
(a)

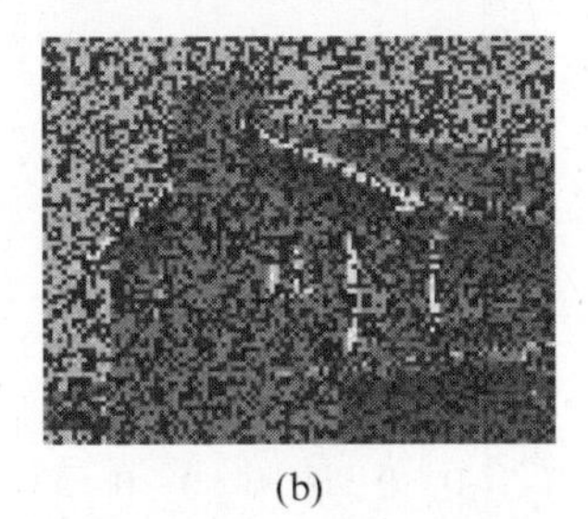
(b)

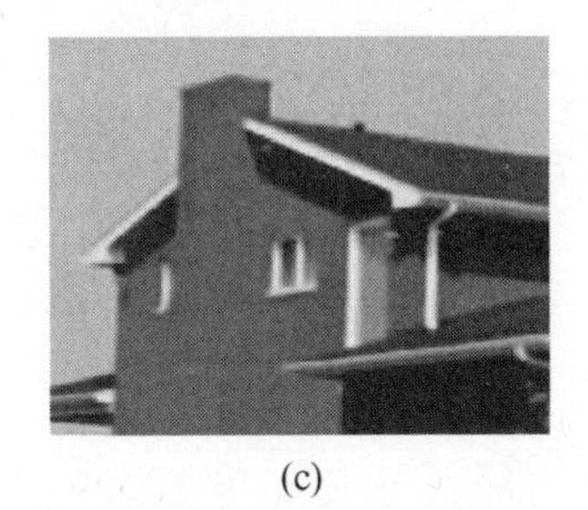
(c)

图 12.18　(a)原始的 256×256 House 图像；(b)50% 随机选取像素的测试图；(c)House图像修复结果。该操作的信噪比峰值为31.80 dB

本章给出了用于刻画广泛信号模型的子空间的有限单元。证明了在该模型下，使用集合了简单稀疏向量恢复技术的方法来进行信号恢复是可行的。此外，当潜在子空间事先不可知

的情况下，其可以直接通过测试数据或者近似设计的测试数据得到。之后的问题可归纳为不带有先验知识的信号的稀疏基的 CS 问题，其与非定向 CS 问题相关。

12.8 习题

1. 考虑[0,1]区间的信号 $x(t)$。$x(t)$ 可为下列三个选项：

   (a) 4 阶多项式；

   (b) 已知频率 ω_0 的正弦曲线；

   (c) 两个脉冲的叠加，$x(t)=a_0h_0(t)+a_1h_1(t)$，其中 $h_0(t)$，$h_1(t)$ 是已知的，a_0 和 a_1 是随机的。

   ① 给定 $x(t)$ 位于子空间的单元中，定义单位子空间，给出每个子空间的维数。

   ② 给出 $x(t)$ 的块稀疏向量表达形式。

2. 令 $\boldsymbol{Y}=\boldsymbol{A}\boldsymbol{X}$ 为一个 MMV 系统，其中 $\boldsymbol{X}$ 具有至多 k 个非零行。

   (a) 定义向量 $\boldsymbol{y}$，$\boldsymbol{x}$ 和矩阵 $\boldsymbol{D}$ 使得此问题转化为从测量值 $\boldsymbol{y}$ 中恢复 k 块稀疏向量 $\boldsymbol{x}$ 的问题，并指出 $\boldsymbol{y}$ 和 $\boldsymbol{D}$ 的维数；

   (b) 考虑 $\boldsymbol{D}$ 的稳定性条件式(12.25)，直接用 $\boldsymbol{A}$ 对该条件进行表述。

   (c) 给出 $\boldsymbol{D}$ 的块 RIP 常数与 $\boldsymbol{A}$ 的 RIP 常数的关系。

3. 考虑如下矩阵，将其按照两列划分为三个块：

$$\boldsymbol{D}=\left(\begin{array}{cc|cc|cc}1&1&0&1&1&1\\0&3&-1&0&0&3\\1&4&1&-1&0&1\\0&1&0&0&-1&2\end{array}\right)\tag{12.174}$$

   (a) 计算块稀疏阶 $k=1$ 时 $\boldsymbol{D}$ 的块 RIP；

   (b) 得到(a)的结果应选择哪个块？

   (c) 用硬解方法，求满足标准 RIP 式(12.26)的 δ_2 的最小值？

4. 计算下述 7×8 矩阵的 2 阶块 RIP：

$$\boldsymbol{D}=\left[\begin{array}{cc|cc|cc|cc}1&0&0&0&0&0&0&\frac{1}{\sqrt{7}}\\0&1&0&0&0&0&0&\frac{1}{\sqrt{7}}\\0&0&1&0&0&0&0&\frac{1}{\sqrt{7}}\\0&0&0&1&0&0&0&\frac{1}{\sqrt{7}}\\0&0&0&0&1&0&0&\frac{1}{\sqrt{7}}\\0&0&0&0&0&1&0&\frac{1}{\sqrt{7}}\\0&0&0&0&0&0&1&\frac{1}{\sqrt{7}}\end{array}\right]\tag{12.175}$$

5. 考虑习题 4 中给定的矩阵 $\boldsymbol{D}$，计算 $\boldsymbol{D}$ 的普通相关系数和块相关系数，并证明求得的 $\mu_{\mathrm{B}}(\boldsymbol{D})$ 和 $\mu(\boldsymbol{D})$ 满足命题 12.3。

6. 证明：在维度 $n<N$ 的向量空间情况下，对于一个包含 N 个元素的字典 $\boldsymbol{D}$，相关系数 μ 的下限为：

$$\mu\geqslant\sqrt{\frac{N-n}{n(N-1)}}\overset{N\gg1}{\approx}\sqrt{\frac{N-n}{nN}}\tag{12.176}$$

提示：令 $\boldsymbol{G}=\boldsymbol{D}^*\boldsymbol{D}$ 为 $N\times N$ 的格拉姆矩阵，令 λ_i 为其特征值。有 $\sum_{i=1}^{N}\lambda_i=N$ 和 $\sum_{i=1}^{N}\lambda_i^2\geqslant N^2/n$。则可根据包含 $\mathrm{Tr}(\boldsymbol{G}^2)$ 和 $\boldsymbol{G}$ 的元素的范围来求这个下界。

7. 在本习题中，表明在正交词典下考虑块稀疏时的恢复阈值要比原始字典下采用传统稀疏方法的阈值要更高。

令 $\boldsymbol{D}[\ell]$ 表示为 $L\times N$ 的字典的 $L\times d$ 的块，假设 $N=Md$，$L=Rd$，M 和 R 均为整数。

(a) 讨论：因为 $\boldsymbol{D}[\ell]$ 的列是线性独立的，则 $\boldsymbol{D}[\ell]$ 就可写成 $\boldsymbol{D}[\ell]=\boldsymbol{A}[\ell]\boldsymbol{W}_\ell$，其中 $\boldsymbol{A}[\ell]$ 包含张成空间 $\mathbb{R}(\boldsymbol{D}[\ell])$ 内的正交列向量，并且 $\boldsymbol{W}_\ell$ 是可逆的。

(b) 说明：正交化保证了稀疏行的阶数(k)，以及块相关系数相对正交基 $\boldsymbol{A}[\ell]$ 的选择是不变的[对于 $\mathcal{R}(\boldsymbol{A}[\ell])=\mathcal{R}(\boldsymbol{D}[\ell])$]。

(c) 证明：如果 $d>RM/(M-R)$，则在正交词典下考虑块稀疏性时的恢复阈值要比原始字典下采用传统稀疏性的恢复阈值要更高。

提示：利用习题 6 中的下限、命题 12.4 以及 $v=0$ 时正交化操作后的情况。

8. $\boldsymbol{F}$ 表示 $m\times n$(n 是偶数)的分布傅里叶矩阵(partial Fourier matrix)，其元素为：

$$F_{r\ell}=\frac{1}{\sqrt{n}}\mathrm{e}^{-\mathrm{j}\frac{2\pi}{n}r\ell} \tag{12.177}$$

其中 $r=-M,\cdots,M$ (则 $m=2M+1$，$m<n$)，并且 $\ell=0,\cdots,n-1$。假设给定的矩阵 $\boldsymbol{F}$ 被分割为尺寸为 2 的 $n/2$ 个块，每个块都包含 $\boldsymbol{F}$ 的两个连续列。

(a) 计算 $\boldsymbol{F}$ 的块相关系数。

(b) 令 $n=256$，绘出以奇数 m 为自变量的 $\boldsymbol{F}$ 的块相关系数的曲线图。

(c) 令 $n\to\infty$，m 保持不变，确定块相关系数。

(d) 将结果与第 11 章中的习题 11 的结果相比较。

(e) 假设将 $\boldsymbol{F}$ 分割为尺寸为 $L\geqslant 2$ 的块。令 $n=256$，$m=99$。绘出以 L 为自变量的 $\boldsymbol{F}$ 的块相关系数的曲线，并解释其结果。

9. 令 $\boldsymbol{F}$ 为具有归一化列的尺寸为 $R=L/d$ 的 DFT 矩阵。定义 $\boldsymbol{\Phi}=\boldsymbol{I}_L$ 和 $\boldsymbol{\Psi}=\boldsymbol{F}\otimes\boldsymbol{U}$，其中 $\boldsymbol{U}$ 是 $d\times d$ 的哈尔矩阵(如在例 11.17 中定义)，$\otimes$ 代表克罗内克积。选定 $\boldsymbol{D}=[\boldsymbol{\Phi}\ \boldsymbol{\Psi}]$ 为 $L\times 2L$ 的字典，其块尺寸为 $L\times d$。分别计算 $d=4$ 和 $d=8$ 时，$\boldsymbol{D}$ 的块相关系数 μ_{B} 和相关系数 μ。

10. (a) 令 $\boldsymbol{D}$ 为 $L\times N$ 的具有归一化列的字典，并且定义 $d_{\min}^2=\min_{i\neq j}\|\boldsymbol{d}_i-\boldsymbol{d}_j\|_2^2$ 为字典的两个列之间的最小距离。推导出作为式(11.67)中的相关系数 μ 的函数 $d_{\min}^2$ 的表达式。

(b) 令 $\boldsymbol{D}$ 为 $L\times N$ 的字典，其块 $\boldsymbol{D}[\ell]$ 的尺寸为 $L\times d$，$N=Md$。假设矩阵 $\boldsymbol{D}[\ell]$ 是酉矩阵，则 $\boldsymbol{D}^*[\ell]\boldsymbol{D}[\ell]=\boldsymbol{I}$，令 $d_{\min,\mathrm{B}}^2=\min_{i\neq j}\|\boldsymbol{D}[i]\boldsymbol{c}_i-\boldsymbol{D}[j]\boldsymbol{c}_j\|_2^2$ 且 $\|\boldsymbol{c}i\|_2^2=\|\boldsymbol{c}j\|_2^2=1$。推导出作为式(12.32)中的相关系数 μ_{B} 的函数的 $d_{\min,B}^2$ 的表达式。

11. 考虑如下矩阵，将其分为三个块，每个块有两个列：

$$\boldsymbol{D}=\left(\begin{array}{cc|cc|cc}1&1&0&1&1&1\\0&3&-1&0&0&3\\1&4&1&-1&0&1\\0&1&0&0&-1&2\end{array}\right) \tag{12.178}$$

找出一个输入向量 $\boldsymbol{c}$，使得块 BP 算法可以通过测量值 $\boldsymbol{y}=\boldsymbol{D}\boldsymbol{c}$ 准确恢复 $\boldsymbol{c}$，而标准 BP 算法则无法进行恢复。

12. K-SVD 与块 K-SVD 算法基于 SVD。下面探究 SVD 的有关性质。

(a) 酉矩阵的奇异值是什么？

(b) 举出一个 SVD 不唯一的矩阵。这个矩阵的什么是唯一的？

(c) 提出一个计算下面矩阵的 SVD 的简单方法。

$$A = \begin{bmatrix} 3 & -3 \\ -1 & 1 \\ 2 & -2 \end{bmatrix} \tag{12.179}$$

(d)证明矩阵的秩等于其非零奇异值的个数。

13. 设计一个字典学习算法。考虑式(12.133)，其中 c 是一个标准稀疏向量。为了得到近似解，先考虑下面的 l_1 正则化问题：

$$\min_{D,c_i} \sum_{i=1}^{L} \{ \| y_i - Dc_i \|_2^2 + \lambda \| c_i \|_1 \} \tag{12.180}$$

对于给定的 C，将优化目标用 $F(D)$ 表示，并假设所有变量是实值的。

(a)计算 $F(D)$ 的梯度。证明其可以用 $A = \sum_{i=1}^{L} c_i c_i^{\mathrm{T}}$ 和 $B = \sum_{i=1}^{L} y_i c_i^{\mathrm{T}}$ 表示。

(b)对于一个固定的 c_i，基于梯度给出一个关于 D 的更新准则。

(c)提出一个结合了关于 c_i 的优化问题的字典学习算法。

(d)假设有一个新的数据 y_{L+1}，且其对应的稀疏系数为 c_{L+1}。根据上面的计算提出一个更新梯度 $F(D)$ 的方法。

14. 在这里说明一下字典学习算法在图像去噪方面的应用。选择一幅可以用 MATLAB 处理的图像。通过把图像分割成大小为 8×8 的小块来构成训练数据 Y 的各列 y_i。将 8×8 的小块的各列首尾相连拼接成长度为 64 的向量作为 y_i。

(a)利用 K-SVD 来从训练数据 Y 中形成字典 D。

(b)给定一个字典 D，找到一种 y_i 的稀疏表示使得对于稀疏向量 c_i 有 $y_i \approx Dc_i$。

(c)计算字典的近似误差 $\sum_i \| y_i - Dc_i \|^2$。

(d)创建一幅噪声图像 $\widetilde{Y} = Y + N$，其中 N 是噪声矩阵。重复(b)的操作，对于 $\widetilde{Y}$ 的各列 $\widetilde{y_i}$，以(a)中的 D 为字典，确定稀疏系数 $\hat{c}_i$。

(e)首先生成图像块 $D\hat{c}_i$，然后将图块拼接，创建一幅去噪图像。

(f)用 $\hat{c}_i$ 重复(c)中的计算，并与去噪图像得到的误差比较。

15. 写出矩阵的稀疏聚集簇算法的具体过程。

$$C = \begin{pmatrix} -1.1 & 1.8 & 0 & 0 & 0 & 2 \\ 0 & 0 & 0 & 3.4 & 4 & 0 \\ 0 & 0 & 0 & -1 & 0 & 1 \\ -3 & 1 & 0 & 0 & -2.3 & 0 \\ 0 & 0 & 3.4 & 0 & 5 & -2 \\ 1 & 0 & 0 & -6.7 & 0 & 0 \end{pmatrix} \tag{12.181}$$

假定 $s=3$，初始的块结构为 $d=[1,2,3,4,5,6]$。

16. 假设稀疏聚集簇算法的输出为矩阵 C，块结构向量 $d=[1,2,1,1,2,3,2,3]$

(a)给出一个 10 列的此类矩阵 C 的例子；

(b)根据上述矩阵结构重新调整 C 使其具有块稀疏结构。

17. 扩展算法 12.7 为块稀疏。

(a)对于 c_i 是块稀疏的情况，对更新稀疏系数的步骤进行修改(参考算法 12.5)。

(b)假设有一个块和稀疏系数，将式(12.166)扩展为块的形式以更新第 j 个字典块。

(c)将式(12.167)扩展为块的形式以更新第 j 个块的稀疏系数。

18. 证明，对于 1 块稀疏，即只有一个块每个信号是非零的，式(13.162)中的 BCS 问题扩展为块稀疏相当于构成一个低秩矩阵。特别提示，构建矩阵 Y, X, C 使得 Y 为低秩的且可被分解为 $Y = XC$，其中 X 和 C 未知，只有 Y 的所有元素的子集已知。

提示：重新排列观测值 z_i 以构成 Y。

第 13 章　平移不变子空间并集采样

现在开始讨论平移不变(SI)子空间并集的问题。如我们在这本书中所看到的，这类子空间在采样理论发展中扮演着重要的角色。因此，把 SI 理论纳入子空间并集(UoS)的架构中是十分理所当然的。这样一来，就要把平移不变子空间分为有限并集和无限并集两类。在这一章中，我们关注于有限 SI 并集。它的一种特例多频带信号将在下一章仔细讨论。无限 SI 并集的问题将在第 15 章中的 FRI 采样理论中介绍。

13.1　并集模型

13.1.1　SI 子空间的稀疏并集

回顾第 5 章和第 6 章的内容，SI 信号由一组发生器$\{h_\ell(t),\ 1\leqslant\ell\leqslant N\}$产生，原则上 N 可以是有限的，也可以是无限的(如 Gabor 或 L_2小波展开)。现在，考虑 N 是有限的情况。任何 SI 空间信号都可以写成

$$x(t) = \sum_{l=1}^{N}\sum_{n\in\mathbb{Z}} d_\ell[n]h_\ell(t-nT) \tag{13.1}$$

其中，$\{d_\ell[n]\in\ell_2,\ 1\leqslant\ell\leqslant N\}$且周期为 T。我们已经知道，这一模型包含许多用于通信和信号处理的信号，包括带限函数、样条函数、多频带信号(已知载波位置)和脉冲幅度调制信号。

式(13.1)中所描述的信号子空间是有限维的，这是因为每个信号都是由有限多个系数$\{d_\ell[n],\ 1\leqslant\ell\leqslant N\}$组成的。在 6.8 节中，我们研究了这种信号模型并得出 $x(t)$可由 N/T 速率的采样点恢复。在开始研究 SI 模型之前，让我们先简单回顾一下它的主要思想。

图 13.1 给出了一个可能的最低速率采样范例。以这种方法，$x(t)$先通过一个冲激响应为 $a_\ell(-t)$ 的 N 通道随机滤波器。输出以周期 T 一致采样后以采样序列 $c_\ell[n]$输出。

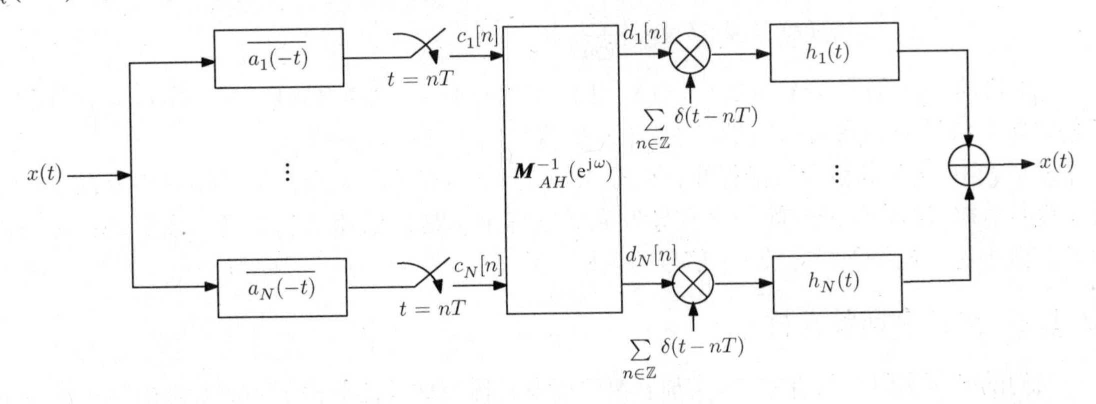

图 13.1　平移不变空间采样与重构

用向量 $\boldsymbol{c}(e^{j\omega})$表示由 $c_\ell[n]$，$1\leqslant\ell\leqslant N$ 得到的 DTFT，同样，用 $\boldsymbol{d}(e^{j\omega})$表示由 $d_\ell[n]$，$1\leqslant\ell\leqslant N$ 得到的 DTFT。然后，得到 6.8 节的关系：

$$\boldsymbol{c}(\mathrm{e}^{\mathrm{j}\omega}) = \boldsymbol{M}_{AH}(\mathrm{e}^{\mathrm{j}\omega})\boldsymbol{d}(\mathrm{e}^{\mathrm{j}\omega}) \tag{13.2}$$

其中，$\boldsymbol{M}_{AH}(\mathrm{e}^{\mathrm{j}\omega})$是一个 $N\times N$ 维矩阵，

$$[\boldsymbol{M}_{AH}(\mathrm{e}^{\mathrm{j}\omega})]_{i\ell} = \frac{1}{T}\sum_{k\in\mathbb{Z}}\overline{A_i\left(\frac{\omega}{T}-\frac{2\pi k}{T}\right)}H_\ell\left(\frac{\omega}{T}-\frac{2\pi k}{T}\right) \tag{13.3}$$

其中，$A_i(\omega)$和 $H_\ell(\omega)$分别是 $a_i(t)$和 $h_\ell(t)$的 CTFT。本章将重复使用式(13.2)的结论(见习题 1 的显示说明)。

为了从 $\boldsymbol{c}(\mathrm{e}^{\mathrm{j}\omega})$中恢复出 $x(t)$，我们用一个频率响应为 $\boldsymbol{M}_{AH}^{-1}(\mathrm{e}^{\mathrm{j}\omega})$的滤波器组，得到

$$\boldsymbol{z}(\mathrm{e}^{\mathrm{j}\omega}) = \boldsymbol{M}_{AH}^{-1}(\mathrm{e}^{\mathrm{j}\omega})\boldsymbol{c}(\mathrm{e}^{\mathrm{j}\omega}) \tag{13.4}$$

由式(13.2)可以得到

$$\boldsymbol{z}(\mathrm{e}^{\mathrm{j}\omega}) = \boldsymbol{M}_{AH}^{-1}(\mathrm{e}^{\mathrm{j}\omega})\boldsymbol{c}(\mathrm{e}^{\mathrm{j}\omega}) = \boldsymbol{M}_{AH}^{-1}(\mathrm{e}^{\mathrm{j}\omega})\boldsymbol{M}_{AH}(\mathrm{e}^{\mathrm{j}\omega})\boldsymbol{d}(\mathrm{e}^{\mathrm{j}\omega}) = \boldsymbol{d}(\mathrm{e}^{\mathrm{j}\omega}) \tag{13.5}$$

由此可以恢复出 $\boldsymbol{d}(\mathrm{e}^{\mathrm{j}\omega})$。然后每个输出序列 $d_\ell[n]$被一个以 T 为周期的冲击序列 $\sum_{n\in\mathbb{Z}}\delta(t-nT)$ 调制，之后再通过相应的模拟滤波器 $h_\ell(t)$。实际上，假设 $h_\ell(t)$衰减的足够快，类似于香农–奈奎斯特定理中的有限插值[393]，用有限多的采样结果插值可以足够精确地重构信号。

为了在原始的 SI 模型(13.1)中并入更多的结构，我们假设信号可以用有限的 N 个函数构成的集合中较小数量的 k 个生成器表示。把输入模型表示为

$$x(t) = \sum_{|\ell|=k}\sum_{n\in\mathbb{Z}} d_\ell[n]h_\ell(t-nT) \tag{13.6}$$

其中 $|\ell|=k$ 表示最多有 k 项求和。我们假设发生器产生的函数是线性独立的，如果这 k 个有效的发生器是已知的，则它满足如图 13.1 所示的以 k/T 的速率采样和位于输出端的 k 个滤波器以 T 为周期的统一采样。一个更困难的问题是如果我们知道只有 k 个发生器是有效的但不知道是哪 k 个，那么能否降低采样速率。由式(13.5)可知，$d_\ell[n]$中只有 k 项是能量不为零的。因此，对于任意 n，$\|d[n]\|_0\leqslant k$，其中 $\boldsymbol{d}[n]=[d_1[n],\cdots,d_N[n]]^{\mathrm{T}}$。

我们已经在第 4 章和第 10 章看到过这个模型的几个例子了。特别地，例 4.4 显示了包含 N 个频带且带宽 B 满足 $NB\ll\pi/T$ 的多频带信号在$[0,\pi/T)$上稀疏分布，这可以看成是式(13.6)的一个特例。为了这个目的，我们把可用带宽平均分成 m 份，每份带宽为$\pi/(mT)$并且满足 $B\leqslant\pi/(mT)$。然后，定义这个 m 通道发生器满足：

$$h_\ell(t) = 2mT\,\mathrm{sinc}\left(\frac{t}{2mT}\right)\mathrm{e}^{-\mathrm{j}\left(\frac{\ell-1/2}{mT}\right)\pi t},\quad \ell=1,\cdots,m \tag{13.7}$$

$h_\ell(t)$的 CTFT $H_\ell(\omega)$是一个在 $\mathcal{I}_\ell=[\pi(\ell-1)/mT,\pi\ell/mT]$上的盒函数(box function)。因此，任何多频带信号 $x(t)$都可以用最多 $2N$ 个发生器写成式(13.6)中的形式。

从命题 10.2 和其后的讨论得知，如式(13.6)形式的信号恢复所需的最小速率为 $2k/T$。因此，我们不知道确切的子空间的事实导致采样速率至少是最低速率的 2 倍。我们的目标是说明在实践中这一速率怎样完成 CS 信号的重构。

13.1.2 欠奈奎斯特采样

我们的问题实际上与有限 CS 类似：希望在没有稀疏估计的前提下用比要求的尽可能少的测量值感知稀疏信号。然而，这两项的根本性的不同在于本问题是定义在连续函数的无限维空间。正如我们已知的，试图用适当的运算符代替有限维矩阵，但它如 CS 的形式表示中存在的几个难题使我们不能直接运用 CS 的已有结论。

要明白这个，假设我们可以把 $x(t)$表示成 $x(t)=\Phi(t)\alpha$ 的稀疏展开式的形式，它与有限

展开式 $\boldsymbol{x}=\boldsymbol{\Phi\alpha}$ 类似。此处的 $\Phi(t)$ 是无限维运算子对应于 $h_\ell(t-nT)$，且 $\alpha\in\ell_2$ 也是一个无限维序列包含对应的序列 $d_\ell[n]$。由于 $d_\ell[n]$ 对于一些 ℓ 恒等于0，α 中将包含很多零元素。下面定义一个测量运算符 $M(t)$，这样测量结果就可以用 $y=A\alpha$ 表示，其中 $A=M(t)\Phi(t)$。

在模拟到有限的过程中，α 的恢复性能取决于 A。然而，怎样把 CS 的思想运用到这个算子方程仍不明了。正如我们已知的，从有限集中恢复出 α 的质量取决于它的稀疏度。在本问题中，α 的稀疏度是无限的。另外，传统 CS 理论中保证稳定高概率恢复的方法是以随机方式获得 A 中的元素，并且 A 的行数与稀疏度成正比。在实际操作中，我们并不能确定 A 的维数也不能随机获得其元素。即使我们可以找出 A 满足的条件如 $y=A\alpha$ 唯一确定 α，如何从 y 中恢复 α 仍不明了。例如，BP 直接展开式(11.120)如下：

$$\min_{\alpha}\ \|\alpha\|_1\quad \text{s.t.}\quad y=A\alpha \tag{13.8}$$

尽管式(13.8)是一个凸优化问题，但是它定义在无限多的变量上，有无限多的约束条件。因此，它无法直接用有限维 CS 中的最大化程序包解决。

为了把传统 CS 理论运用到模拟信号，必须解决以下三个问题：

(1)如何选择一个压缩模拟采样器？

(2)我们能把原来的结构引入模拟采样器并保持稳定性吗？

(3)我们如何解决无限维结果的恢复问题？

为了回答这些问题并发展出一种适合 SI 模拟信号的总体框架，我们必须利用以下两点：

(1)样本序列的傅里叶域分析。

(2)选择采样函数以得到 IMV 模型，如 11.6.4 节中的那样。

一旦把问题转化为 IMV 问题，就可以运用 11.6.4 节中的有限维 CS 方法恢复所需的展开式系数。

下面提出的采样方法[104]包含一个由 $p<N$ 个滤波器 $s_i(t)$ 组成的多通道滤波器组，它的设计考虑以下两点：

(1)一个与 p 个测量向量相一致的 $p\times N$ 维矩阵 $\boldsymbol{A}$ 以解决 N 维 k 稀疏度的有限维 CS 问题。

(2)一组函数 $a_i(t)$，$1\leqslant i\leqslant N$ 以使 $\boldsymbol{M}_{AH}(\mathrm{e}^{\mathrm{j}\omega})$ 几乎处处稳定可逆。

p 值的选择或者是为了保证精确恢复(在无噪声环境)，这种情况下 p 一般选 $2k$①，或者是为了保证有效和鲁棒恢复(可能只有较大可能性)要求 $p>2k$。$\{a_i(t)\}$ 的选择应使其能从任何形如式(13.1)的式子中恢复出 $x(t)$，也就是说，$\boldsymbol{M}_{AH}(\mathrm{e}^{\mathrm{j}\omega})$ 是稳定可逆的。这一选择并没有考虑稀疏度，也就是说 N 个发生器中只有 k 个是有效的，因此实际上需要的测量值更多。接下来我们要研究这些由矩阵 $\boldsymbol{A}$ 确定的函数的线性组合如何用来减少滤波器的数量和采样速率。

我们通过以下三步得到采样方案。第一步，考虑压缩测量向量序列 $\boldsymbol{d}[n]$ 的问题，它的第 ℓ 个分量是由 $d_\ell[n]$ 给出的，见式(13.6)，其中 $d_\ell[n]$ 的 N 项中只有 k 项是非零的。我们说明了可以用上面的 $\boldsymbol{A}$ 矩阵和 IMV 重构理论实现。更具体地说，我们的目标是设计一个产生低速率采样值向量 $\boldsymbol{y}[n]=[y_1[n],\cdots,y_p[n]]^{\mathrm{T}}$ 的压缩采样系统满足

---

① 事实上，在某些情况下可以令 $p=k+1$，因为我们要用 MWC 重构技术。然而为简单起见，我们关注不依赖于多次测量的标准 CS 的重构结果。

$$\boldsymbol{y}[n] = \boldsymbol{A}\boldsymbol{d}[n], \quad \|\boldsymbol{d}[n]\|_0 \leqslant k \tag{13.9}$$

且感知矩阵 $\boldsymbol{A}$ 可以恢复 k 稀疏向量。由于 $p<N$，所以采样速率低于奈奎斯特率。

由于实际中得不到 $\boldsymbol{d}[n]$，第二步我们要用图 13.1 中的系统用合适的 N 通道模拟滤波器组从输入信号 $x(t)$ 中得到 $\boldsymbol{d}[n]$，并采样输出信号。最后，我们合并前两步得到一个可直接压缩采样 $x(t)$ 的 $p<N$ 模拟滤波器组。这些步骤将在下一节详细说明。

13.2　稀疏并集上的压缩感知

13.2.1　离散序列并集

我们从处理序列 $\boldsymbol{d}[n]$ 的采样和重构问题开始。它可以用 11.6.4 节中介绍的 IMV 模型解决。我们用由 k 稀疏 N 维向量组成的 $p\times N$ 阶矩阵 $\boldsymbol{A}$ 测量 $N\times 1$ 维向量 $\boldsymbol{d}[n]$。然后，对于每一个 n，有

$$\boldsymbol{y}[n] = \boldsymbol{A}\boldsymbol{d}[n], \quad n \in \mathbb{Z} \tag{13.10}$$

式(13.10)的系统是一个 IMV 模型：对于每一个 n，向量 $\boldsymbol{d}[n]$ 是 k 稀疏的。并且，无限向量集 $\{\boldsymbol{d}[n], n\in\mathbb{Z}\}$ 满足联合稀疏模式：$d_\ell[n]$ 中至多有 k 个非零项。正如我们在 11.6.4 节中描述的那样，这样的等式集可以通过转化为等价的 MMV 系统解决，其重构性能由 $\boldsymbol{A}$ 的性能决定。由于 $\boldsymbol{A}$ 的设计满足 CS 技术要求，我们可以保证对于每个 n，$\boldsymbol{d}[n]$ 都可以完美(或高概率)恢复。

为了保证完整性，简单地回顾一下 IMV 系统。在 IMV 问题中，我们的目标是从测量向量 $\boldsymbol{y}(\lambda)$ 中恢复具有尺寸为 k 的联合支撑集 S 的未知向量集 $\boldsymbol{x}(\lambda)$，即

$$\boldsymbol{y}(\lambda) = \boldsymbol{A}\boldsymbol{x}(\lambda), \quad \lambda \in \Lambda \tag{13.11}$$

其中集合 Λ 的基数(cardinality)可能是无限可数的，也可能是不可数的。恢复的过程是先找到联合支撑集 S，然后通过支撑集 S 求系统的反向方程。求反向方程是可能的，因为假设 $\boldsymbol{A}$ 是一个有效的 CS 矩阵因而对于任何大小为 k 的支撑都是可逆的。

在解决 IMV 问题中的一个关键发现是可以通过解决一个 MMV 问题求出联合支撑集 S。基本思想是每一组张成这个子空间的向量集合$(\boldsymbol{y}(\lambda))$都包含恢复 S 的足够信息。由于 $\boldsymbol{y}(\lambda)$ 是长度为 p 的向量，则$(\boldsymbol{y}(\lambda))$的维数最多是 p，因此 p 个向量就足以张成这个空间。用这些向量构成一个矩阵 $\boldsymbol{V}$，我们考虑 MMV 问题 $\boldsymbol{V}=\boldsymbol{A}\boldsymbol{U}$，此处的 $\boldsymbol{U}$ 是一个行稀疏矩阵，即它至多有 k 个非零行。在 11.6.4 节中，我们曾证明了如果解出了满足 $\boldsymbol{V}=\boldsymbol{A}\boldsymbol{U}$ 的最稀疏的行稀疏矩阵 $\boldsymbol{U}$，那么 $\boldsymbol{U}$ 的支撑集就等于 S。MMV 问题支撑集重构的过程可以组成一个连续-有限(CTF)模块：可以仅用有限维 CS 的结论解决 IMV 问题。

求解 $\boldsymbol{V}$ 的方法很多，它们都可以保证求出相同的 S。其中的一种是计算积分

$$\boldsymbol{Q} = \int_{\lambda\in\Lambda} \boldsymbol{y}(\lambda)\,\boldsymbol{y}^*(\lambda)\,\mathrm{d}\lambda \tag{13.12}$$

如果积分存在，每个满足 $\boldsymbol{Q}=\boldsymbol{V}\boldsymbol{V}^*$ 的矩阵 $\boldsymbol{V}$ 都等价于 $\mathrm{span}(\boldsymbol{y}(\lambda))$。这样的矩阵是可以找到的，例如，通过对 $\boldsymbol{Q}$ 进行特征分解。如果 Λ 是离散集，积分可以用求和代替

$$\boldsymbol{Q} = \sum_n \boldsymbol{y}[n]\,\boldsymbol{y}^*[n] \tag{13.13}$$

满足条件的其他任意 $\boldsymbol{V}$ 也是等效的。整体过程如图 13.2 所示(更多细节见 11.6.4 节)。回到我们的问题，可以把 CTF 用于时域表示式(13.10)，或者交替考虑下式的频域集：

$$\boldsymbol{y}(\mathrm{e}^{\mathrm{j}\omega}) = \boldsymbol{A}\boldsymbol{d}(\mathrm{e}^{\mathrm{j}\omega}), \quad 0 \leqslant \omega < 2\pi \tag{13.14}$$

其中，向量 $\boldsymbol{y}(\mathrm{e}^{\mathrm{j}\omega})$，$\boldsymbol{d}(\mathrm{e}^{\mathrm{j}\omega})$ 的成分是由 DTFT $Y_\ell(\mathrm{e}^{\mathrm{j}\omega})$ 和 $D_\ell(\mathrm{e}^{\mathrm{j}\omega})$ 构成的。

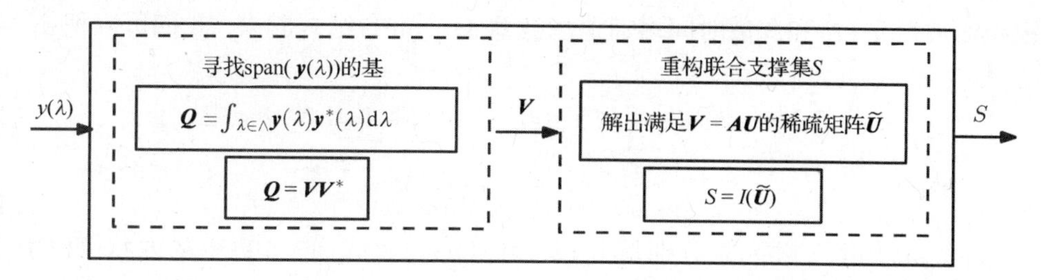

图 13.2　在 IMV 模型中通过解决一个有限维问题来还原 IMV 问题中非零位置集S的基本流程。其中$I(\widetilde{U})$表示$\widetilde{U}$的支撑集

当设计测量值式(13.10)或式(13.14)时，能自由选择的只有 $\boldsymbol{A}$。为了扩大适用范围，注意到 $\boldsymbol{d}[n]$也可以从下面的式子中得到恢复。

$$\boldsymbol{y}(\mathrm{e}^{\mathrm{j}\omega}) = \boldsymbol{W}(\mathrm{e}^{\mathrm{j}\omega})\boldsymbol{A}\boldsymbol{d}(\mathrm{e}^{\mathrm{j}\omega}),\quad 0 \leqslant \omega < 2\pi \tag{13.15}$$

$\boldsymbol{W}(\mathrm{e}^{\mathrm{j}\omega})$为任意可逆$p \times p$ 矩阵，其元素为 $W_{i\ell}(\mathrm{e}^{\mathrm{j}\omega})$。选择任意可逆矩阵 $\boldsymbol{W}(\mathrm{e}^{\mathrm{j}\omega})$的额外自由度可以被用来设计对应的模拟采样滤波器。式(13.15)中的测量值可以从时域中直接获得，如

$$y_i[n] = \sum_{\ell=1}^{P} w_{i\ell}[n] * \Big(\sum_{r=1}^{N} \boldsymbol{A}_{\ell r} d_r[n]\Big),\quad 1 \leqslant i \leqslant p \tag{13.16}$$

$w_{i\ell}[n]$是 $W_{i\ell}(\mathrm{e}^{\mathrm{j}\omega})$的 DTFT 逆变换，$*$ 表示卷积运算。为了从 $\boldsymbol{y}(\mathrm{e}^{\mathrm{j}\omega})$恢复出 $d_\ell[n]$，注意到 $\widetilde{\boldsymbol{y}}(\mathrm{e}^{\mathrm{j}\omega}) = \boldsymbol{W}^{-1}(\mathrm{e}^{\mathrm{j}\omega})\boldsymbol{y}(\mathrm{e}^{\mathrm{j}\omega})$满足一种 IMV 模型：

$$\widetilde{\boldsymbol{y}}(\mathrm{e}^{\mathrm{j}\omega}) = \boldsymbol{A}\boldsymbol{d}(\mathrm{e}^{\mathrm{j}\omega}),\quad 0 \leqslant \omega < 2\pi \tag{13.17}$$

因此 CTF 模块可用于 $\widetilde{\boldsymbol{y}}(\mathrm{e}^{\mathrm{j}\omega})$。如式(13.16)所示，可以把 CTF 运用于时域

$$\widetilde{y}_i[n] = \sum_{\ell=1}^{P} b_{i\ell}[n] * y_\ell[n] \tag{13.18}$$

$b_{i\ell}[n]$是 $B_{i\ell}(\mathrm{e}^{\mathrm{j}\omega})$的 DTFT 逆变换，且 $\boldsymbol{B}(\mathrm{e}^{\mathrm{j}\omega}) = \boldsymbol{W}^{-1}(\mathrm{e}^{\mathrm{j}\omega})$。

13.2.2　降速率采样

从上一节已经知道，已知长度为 N 的采样序列 $d_\ell[n]$，我们可以通过从式(13.15)或式(13.16)中得到的 $p < N$ 离散时间序列精确重构。重构是把 CTF 模块用于处理后的时域式(13.17)或频域式(13.18)的测量值。这一方法的缺点是求不出 $d_\ell[n]$但是已知 $x(t)$。

模拟前端

在 13.1 节中，可以通过用满足式(13.3)中 $\boldsymbol{M}_{AH}(\mathrm{e}^{\mathrm{j}\omega})$稳定可逆的函数集 $a_\ell(t)$采样得到 $d_\ell[n]$，之后采样序列通过多通道离散时间滤波器 $\boldsymbol{M}_{AH}^{-1}(\mathrm{e}^{\mathrm{j}\omega})$。因此，我们先把这一前端作用于 $x(t)$，产生序列 $\boldsymbol{d}[\boldsymbol{n}]$。然后用上一节中的技术有效感知序列。测量结果序列如图 13.3 所示，其中 $\boldsymbol{A}$ 是合适维数的满足 CS 要求的 $p \times N$ 阶矩阵，$\boldsymbol{W}(\mathrm{e}^{\mathrm{j}\omega})$是几乎处处可逆的 $p \times p$ 滤波器组。

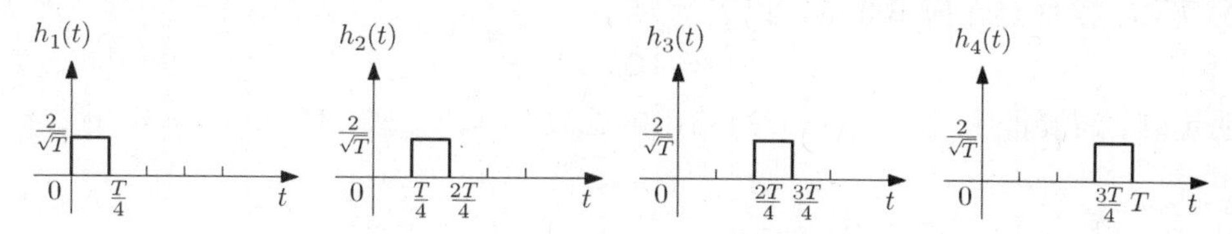

图 13.3　使用任意滤波器组的模拟压缩采样

把模拟滤波器$a_\ell(t)$和离散时间多通道滤波器$\boldsymbol{M}_{AH}^{-1}(\mathrm{e}^{\mathrm{j}\omega})$结合起来，我们可以把$d_\ell[n]$这样表示为

$$d_\ell[n]=\langle v_\ell(t-nT),x(t)\rangle,\quad 1\leqslant\ell\leqslant N,n\in\mathbb{Z}\tag{13.19}$$

其中

$$\boldsymbol{v}(\omega)=\overline{\boldsymbol{M}_{AH}^{-1}(\mathrm{e}^{\mathrm{j}\omega T})\boldsymbol{a}(\omega)}\tag{13.20}$$

其中$\boldsymbol{v}(\omega)$和$\boldsymbol{a}(\omega)$的第ℓ项元素分别是$V_\ell(\omega)$和$A_\ell(\omega)$。式(13.19)中的内积可以由令$x(t)$通过滤波器组$\{\overline{v_\ell(-t)}\}$，然后在$nT$时刻均匀采样求得。

注意式(13.19)和式(13.20)，用$c_\ell[n]$表示用由N个滤波器组成的滤波器组$\overline{v_\ell(-t)}$滤波，再以$1/T$的速率均匀采样得到的采样结果。然后，通过式(13.2)得

$$\boldsymbol{c}(\mathrm{e}^{\mathrm{j}\omega})=\boldsymbol{M}_{VH}(\mathrm{e}^{\mathrm{j}\omega})\boldsymbol{d}(\mathrm{e}^{\mathrm{j}\omega})\tag{13.21}$$

显而易见(见习题5)$\boldsymbol{M}_{VH}(\mathrm{e}^{\mathrm{j}\omega})=\boldsymbol{I}$，因此$c_\ell[n]=d_\ell[n]$，式(13.19)成立。这同样表明$\{v_\ell(t-nT)\}$与$\{h_\ell(t-nT)\}$是双正交的。注意，虽然满足$\boldsymbol{M}_{VH}(\mathrm{e}^{\mathrm{j}\omega})=\boldsymbol{I}$的$v_\ell(t)$还有很多，但是式(13.20)要求对应$\overline{a_\ell(-t)}$的前端。

尽管按图13.3的采样方案得到压缩测量值$\{y_\ell[n]\}$，它们仍然需要通过一个速率高达N/T的模拟前端获得。我们的目标是降低模拟端的速率。这只需要将离散滤波器$\boldsymbol{M}_{AH}^{-1}(\mathrm{e}^{\mathrm{j}\omega})$和$\boldsymbol{AW}(\mathrm{e}^{\mathrm{j}\omega})$变回模拟域即可轻松实现。以这种方式，$y_\ell[n]$可直接从对应的$x(t)$经过数目为$p$的滤波器组、在$nT$处均匀采样，通过一个采样速率为$p/T$的系统得到。一个等价的采样方程由下面的定理给出。

定理13.1　如果$y_\ell[n]$，$1\leqslant\ell\leqslant p$是图13.3中混合滤波器组的压缩测量值，那么它可以由式(13.6)中的$x(t)$经过滤波器组$\{\overline{s_\ell(-t)}\}$再以速率$1/T$采样得到，其中

$$\boldsymbol{s}(\omega)=\overline{\boldsymbol{W}(\mathrm{e}^{\mathrm{j}\omega T})\boldsymbol{A}\boldsymbol{v}(\omega)}=\overline{\boldsymbol{W}(\mathrm{e}^{\mathrm{j}\omega T})\boldsymbol{A}\boldsymbol{M}_{AH}^{-1}(\mathrm{e}^{\mathrm{j}\omega T})\boldsymbol{a}(\omega)}\tag{13.22}$$

其中，$\boldsymbol{s}(\omega)$和$\boldsymbol{h}(\omega)$的第ℓ项元素分别是$S_\ell(\omega)$和$H_\ell(\omega)$。此外，$\boldsymbol{v}(\omega)=\overline{\boldsymbol{M}_{AH}^{-1}(\mathrm{e}^{\mathrm{j}\omega T})\boldsymbol{a}(\omega)}$的分量$V_\ell(\omega)$是满足$\{v_\ell(t-nT)\}$与$\{h_\ell(t-nT)\}$双正交的$v_\ell(t)$的傅里叶变换。在时域上，

$$s_i(t)=\sum_{\ell=1}^{N}\sum_{r=1}^{P}\sum_{n\in\mathbb{Z}}\overline{w_{ir}[-n]\boldsymbol{A}_{r\ell}}v_\ell(t-nT)\tag{13.23}$$

$w_{ir}[n]$是$W_{ir}(\mathrm{e}^{\mathrm{j}\omega})$的DTFT逆变换，且

$$v_i(t)=\sum_{\ell=1}^{N}\sum_{n\in\mathbb{Z}}\overline{\psi_{i\ell}[-n]}a_\ell(t-nT)\tag{13.24}$$

$\psi_{i\ell}[n]$是$[\boldsymbol{M}_{AH}^{-1}(\mathrm{e}^{\mathrm{j}\omega})]_{i\ell}$的DTFT逆变换。当$\boldsymbol{W}(\mathrm{e}^{\mathrm{j}\omega})=\boldsymbol{I}$时，

$$s_i(t)=\sum_{\ell=1}^{N}\overline{\boldsymbol{A}_{i\ell}}v_\ell(t)\tag{13.25}$$

证明　假设$x(t)$先通过由p个滤波器组成的滤波器组$s_i(t)$，在nT处均匀采样。由式(13.2)可知，采样点在傅里叶域可以表示为

$$\boldsymbol{c}(\mathrm{e}^{\mathrm{j}\omega})=\boldsymbol{M}_{SH}(\mathrm{e}^{\mathrm{j}\omega})\boldsymbol{d}(\mathrm{e}^{\mathrm{j}\omega})\tag{13.26}$$

为了证明定理，需要证明对于式(13.22)给出的滤波器选择方式，$\boldsymbol{M}_{SH}(\mathrm{e}^{\mathrm{j}\omega})=\boldsymbol{W}(\mathrm{e}^{\mathrm{j}\omega})\boldsymbol{A}$。令

$$\boldsymbol{B}(\mathrm{e}^{\mathrm{j}\omega})=\overline{\boldsymbol{W}(\mathrm{e}^{\mathrm{j}\omega})\boldsymbol{A}}\tag{13.27}$$

则$\boldsymbol{s}(\omega)=\boldsymbol{B}(\mathrm{e}^{\mathrm{j}\omega\mathrm{T}})\boldsymbol{v}(\omega)$，所以

$$[M_{SH}(\mathrm{e}^{\mathrm{j}\omega})]_{i\ell}=\frac{1}{T}\sum_{k\in\mathbb{Z}}\overline{S_i\left(\frac{\omega}{T}-\frac{2\pi}{T}k\right)}H_\ell\left(\frac{\omega}{T}-\frac{2\pi}{T}k\right)$$

$$= \frac{1}{T}\sum_{r=1}^{N} B_{ir}(\overline{\mathrm{e}^{\mathrm{j}\omega}}) \sum_{k\in\mathbb{Z}} \overline{V_r\left(\frac{\omega}{T}-\frac{2\pi}{T}k\right)} H_\ell\left(\frac{\omega}{T}-\frac{2\pi}{T}k\right)$$

$$= \overline{[\boldsymbol{B}(\mathrm{e}^{\mathrm{j}\omega})]^i}[\boldsymbol{M}_{VH}(\mathrm{e}^{\mathrm{j}\omega})]_\ell \tag{13.28}$$

其中，$[\boldsymbol{Q}]^i$，$[\boldsymbol{Q}]_i$分别是矩阵$\boldsymbol{Q}$的第i行和第i列。$\boldsymbol{B}(\mathrm{e}^{\mathrm{j}\omega})$是以$2\pi$为周期的。从式(13.28)有

$$\boldsymbol{M}_{SH}(\mathrm{e}^{\mathrm{j}\omega}) = \overline{\boldsymbol{B}(\mathrm{e}^{\mathrm{j}\omega})}\boldsymbol{M}_{VH}(\mathrm{e}^{\mathrm{j}\omega}) = \boldsymbol{W}(\mathrm{e}^{\mathrm{j}\omega})\boldsymbol{A} \tag{13.29}$$

基于双正交性(见习题5)，$\boldsymbol{M}_{VH}(\mathrm{e}^{\mathrm{j}\omega}) = \boldsymbol{I}$。如果$\boldsymbol{s}(\omega) = \boldsymbol{B}(\mathrm{e}^{\mathrm{j}\omega T})\boldsymbol{v}(\omega)$，则

$$s_i(t) = \sum_{\ell=1}^{N}\sum_{n\in\mathbb{Z}} b_{i\ell}[n]v_\ell(t-nT) \tag{13.30}$$

$b_{i\ell}[n]$是$B_{i\ell}(\mathrm{e}^{\mathrm{j}\omega})$的DTFT逆变换。由式(13.27)和$\overline{Q_{i\ell}(\mathrm{e}^{\mathrm{j}\omega})}$的DTFT逆变换是$\overline{q_{i\ell}[-n]}$，可以得出式(13.23)，同样地可以推出式(13.24)。□

定理13.1是使压缩感知可以运用于模拟信号的主要结论之一。特别地，已知任何满足有限向量CS条件的矩阵$\boldsymbol{A}$和满足$\boldsymbol{M}_{AH}(\mathrm{e}^{\mathrm{j}\omega})$稳定可逆的采样函数组$a_i(t)$，我们可以创造大量采样函数$s_i(t)$以对模拟信号$x(t)$进行压缩采样。感知的过程是先令$x(t)$通过由$p<N$个滤波器构成的滤波器组(13.22)，然后以$1/T$的速率采样。从压缩测量值$y_i[n]$，$1\leqslant i\leqslant p$恢复出原始信号需要利用CTF模块恢复序列$d_i[n]$。如图13.4所示，原始信号$x(t)$可以通过调制冲击串并经过$h_i(t)$滤波来重构。

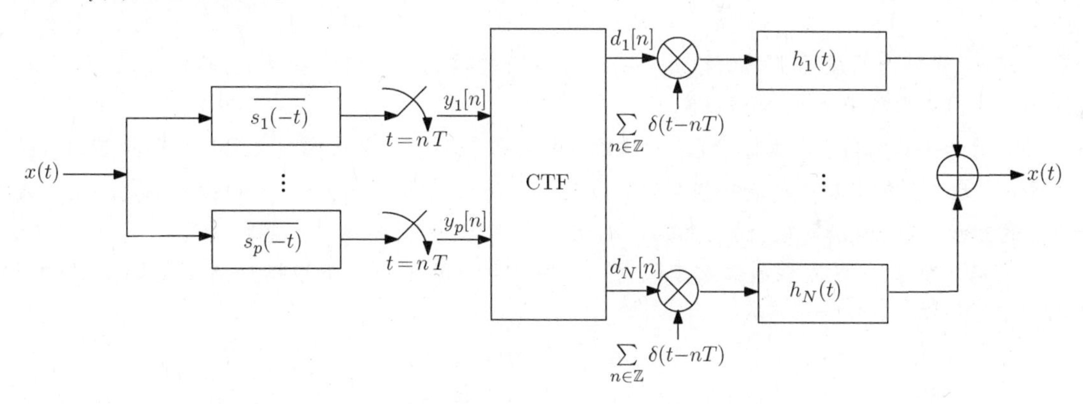

图13.4　模拟信号的压缩感知。采样函数$s(t)$由图13.3中各模块结合求得，求解方法见定理13.1

举例

现在用两个例子说明图13.4。

例13.1　在本例中，我们利用一个简单的周期稀疏模型来压缩采样一个信号。

考虑一个周期为1的SI子空间的信号$x(t)$的采样问题，利用

$$h(t) = \begin{cases} 1, & 0\leqslant t\leqslant 1 \\ 0, & \text{其他} \end{cases} \tag{13.31}$$

这样，对于一个数字序列$d[n]$，有$x(t) = \sum_{n\in\mathbb{Z}} d[n]h(t-n)$。系数$d[n]$具有一个周期稀疏模式：每7个连续系数中最多只有两个为非零值。例如，假设一个稀疏样本为$S=\{2,5\}$。那么$d[n]$只在$n=1+7\ell$和$n=4+7\ell$时是非零的，ℓ是整数。$d[n]$的一个例子和对应的模拟信号$x(t)$如图13.5所示。

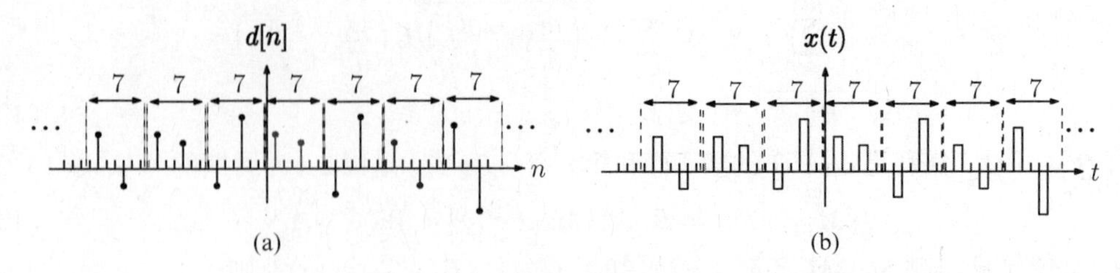

图 13.5 周期信号实例 (a)$d[n]$序列；(b)模拟信号 $x(t)$

采样 $x(t)$的一个简单方法是用 $h(-t)$滤波，并在输出端在 $t=n$ 处均匀采样，也就是说每个时间步只采样一次。用这种方法，很容易看出采样点满足 $c[n]=d[n]$，并且 $x(t)$可以从这些采样点中恢复出来。然而，这种方法并没有利用 $d[n]$的稀疏性。为了降低采样速率，现在展示如何用稀疏 SI 框架公式化这一问题。图 13.4 中的信号用 4/7 的速率采样，也就是说每 7 个时间步采样 4 个点。

信号 $x(t)$可以看成模型式(13.6)的一个 $T=7$ 的特例，且

$$h_\ell(t) = \begin{cases} 1, & \ell - 1 \leqslant t \leqslant \ell \\ 0, & \text{其他} \end{cases} \quad 1 \leqslant \ell \leqslant 7 \tag{13.32}$$

序列 $d_\ell[n]$可表示为

$$d_\ell[n] = d[\ell - 1 + 7n], \quad 1 \leqslant \ell \leqslant 7 \tag{13.33}$$

如果把 $\boldsymbol{d}[n]$分解为长度为 7 的小段 $d_\ell[n]$，则 $x(t)$的稀疏模式意味着 $\boldsymbol{d}[n]$的稀疏度为 2。在所给的例子中，非零行是 $\ell=2$ 和 $\ell=5$。

因为有两个非零行，根据标准 CS 的结论，我们需要至少 4 个采样滤波器，见定理 13.1。为了使用这一定理，我们需要先构造一组与$\{h_\ell(t-n)\}$双正交的函数$\{v_\ell(t-n)\}$。由于$\{h_\ell(t-n)\}$是标准正交的，可以令 $v_\ell(t)=h_\ell(t)$。然后，构造一个 4×7 的全矩阵 $\boldsymbol{A}$，则它的每 4 列都是线性独立的。最后，生成一个每个元素都是$[1,2,\cdots,10]$中的整数的随机矩阵且满足条件。得到的矩阵如下：

$$\boldsymbol{A} = \begin{bmatrix} 8 & 6 & 10 & 10 & 4 & 7 & 7 \\ 9 & 1 & 10 & 5 & 9 & 0 & 8 \\ 1 & 3 & 2 & 8 & 8 & 8 & 7 \\ 9 & 5 & 10 & 1 & 10 & 9 & 4 \end{bmatrix} \tag{13.34}$$

根据矩阵 $\boldsymbol{A}$ 和 $\boldsymbol{W}=\boldsymbol{I}$，式(13.25)中的采样函数可以表示为：

$$s_i(t) = \sum_{\ell=1}^{7} \overline{\boldsymbol{A}_{i\ell}} h_\ell(t) = \sum_{\ell=1}^{7} \overline{\boldsymbol{A}_{i\ell}} h(t-(\ell-1)), \quad 1 \leqslant i \leqslant 4 \tag{13.35}$$

如图 13.6 所示。

基于 $x(t)$和 $s_i(t)$，用 $y_i[n]$表示第 i 个采样序列。每个采样值都等价于连续 7 个 $d[n]$值的和。这与高速采样方法中每个采样点的值等于 $d[n]$成对比。比如，$y_i[0] = \sum_{\ell=1}^{7} A_{i\ell} d[\ell]$。更一般地，$\boldsymbol{y}[n]=\boldsymbol{A}\boldsymbol{d}[n]$，$\boldsymbol{d}[n]$包含连续 7 个 $d[n]$的值。由于每 7 个连续的 $\boldsymbol{d}[n]$值中只有两个非零，我们可以从 $\boldsymbol{y}[n]$的四个线性组合中求出它们。

为了确定 $d[n]$，我们要先通过 CTF 求出支撑集 S，这需要先找出 $\boldsymbol{y}[n]$的基。我们通过计算 4×4 相关矩阵 $\boldsymbol{Q} = (1/L)\sum_{n=1}^{L} \boldsymbol{y}[n]\boldsymbol{y}^*[n]$ 得到，$d[n]$是单位方差零均值高斯随机数，$L=1000$。然后我们用特征分解计算 $\boldsymbol{Q}$ 的平方根。也就是说，如果 $\boldsymbol{Q}$ 有特征分解 $\boldsymbol{Q}=\boldsymbol{M\Sigma M}^*$，且

M 是单位阵，Σ 是对角阵，然后取 $V = M\Sigma^{1/2}M^*$，则

$$V = \begin{bmatrix} 5.14 & 0.77 & 2.51 & 4.22 \\ 0.77 & 5.98 & 4.50 & 5.21 \\ 2.51 & 4.50 & 4.19 & 5.35 \\ 4.22 & 5.21 & 5.35 & 7.12 \end{bmatrix} \tag{13.36}$$

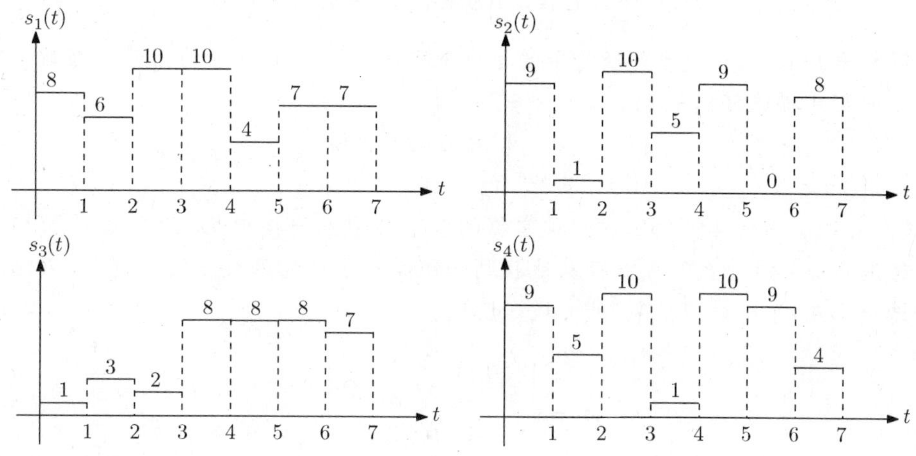

图 13.6　采样函数 $s_1(t) \sim s_4(t)$

接下来解决 MMV 问题 $V = AU$，我们要求矩阵 U 中的非零行越少越好。MMV 技术在 11.6 节已经详细讨论过了。由于研究的是无噪声情况，$\{d[n]\}$ 跨越整个二维空间，我们可以利用式(11.184)中的测试。这一测试表明，如果

$$\| (I - VV^{\dagger}) a_i \|_2 = 0 \tag{13.37}$$

那么 i 在支撑集中，并可以导出正确的支撑集 S(即$\{2,5\}$)。实际上，这一测试同样可以用于 $k+1$ 个测量值组成的序列，或者此例中的情况。详见 11.6 节中的讨论。在存在噪声的情况下，我们也可以用熟知的 MMV 算法求支撑集。最后，信号 $d[n]$ 为

$$d_S[n] = A_S^{\dagger} y[n], \quad d_{S^c}[n] = 0 \tag{13.38}$$

例 13.2　下一个例子是针对一个简化的多频带问题，并假设抽样方案如定理 13.1。在第 14 章中，针对多频带采样问题将给出较多的讨论，并将介绍很多可用于标准硬件元件的实际采样方法。因此，本例的目的不是介绍一个实际的多频带信号采样方法，而是介绍定理 13.1 的用法。

假设 $x(t)$ 是至少包含两个频带的复信号，每个频带的宽度不超过 B。并且，信号的截止频率是 $5B$。为了简单起见，我们进一步假设频带被限制在$[(m-1)B, mB]$，$m=1,\cdots,5$ 中的一个中。如在本章前面看到的，为了解决稀疏 SI 多频带问题，我们不必假设频带是按尺度为 B 的坐标排列的。本例中这么做仅仅是为了方便。更一般的情况见第 14 章。

$x(t)$ 的一个典型例子如图 13.7 所示。如果频带的位置是已知的，则我们可以用采样速率为 $2B/(2\pi)$ 的样本点重构信号，这一速率小于奈奎斯特率 $5B/(2\pi)$。达到这一速率的一种简单的方法是把每个非零频带都调制到基带、滤波，然后以标准香农-奈奎斯特定理采样。

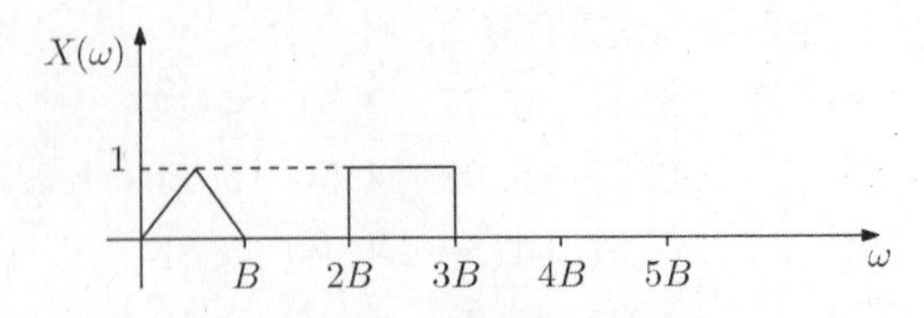

图 13.7 一个包含 2 个带宽不超过 B 的频带的信号

现在用定理 13.1 以低于奈奎斯特率的速率采样不知道频带位置的信号。显然，我们可以用式(13.6)的形式描述任意 $x(t)$，其中 $T=2\pi/B$ 且

$$H_\ell(\omega) = \begin{cases} 1, & (\ell-1)B \leqslant \omega \leqslant \ell B \\ 0, & \text{其他} \end{cases} \qquad 1 \leqslant \ell \leqslant 5 \tag{13.39}$$

[同样见式(13.7)，围绕其讨论但注意被占据的频带集中在一格中]。为了采样 $x(t)$，我们先找出一个双正交函数组。我们可以轻易地找到一组满足条件的函数 $v_\ell(t)=(2\pi/B)h_\ell(t)$。令 $\boldsymbol{W}=\boldsymbol{I}$，构造一个 4×5 阶的随机满矩阵 $\boldsymbol{A}$，如下

$$\boldsymbol{A} = \begin{bmatrix} 9 & 7 & 6 & 2 & 7 \\ 5 & 5 & 3 & 4 & 4 \\ 4 & 3 & 0 & 7 & 7 \\ 7 & 1 & 8 & 4 & 7 \end{bmatrix} \tag{13.40}$$

最后，采样函数如式(13.25)表示为

$$s_i(t) = \sum_{\ell=1}^{5} \overline{\boldsymbol{A}_{i\ell}} v_\ell(t), \quad 1 \leqslant i \leqslant 4 \tag{13.41}$$

这些函数的 DTFT 变换如图 13.8 所示。在傅里叶域，$S_i(\omega)$的带宽不超过 $5B$ 并且在整个 B 长度的时间段连续保持 $\overline{A_{i\ell}}$ 的值。采样结果序列的 DTFT 可以轻易计算出，如图 13.9 所示。

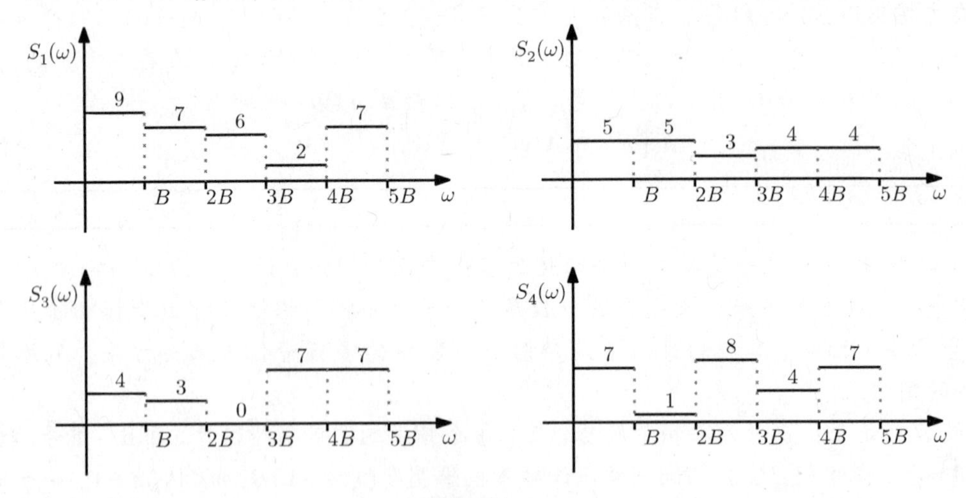

图 13.8 采样函数 $S_1(t) \sim S_4(t)$

为了从采样值重构出输入信号，我们按照上一个例子中的步骤处理。首先，计算

$$\boldsymbol{Q} = \int_0^{2\pi} \boldsymbol{y}(\mathrm{e}^{\mathrm{j}\omega})\, \boldsymbol{y}^*(\mathrm{e}^{\mathrm{j}\omega})\, d\omega = \begin{bmatrix} 735.1327 & 386.4159 & 150.7964 & 791.6813 \\ 386.4159 & 203.1563 & 79.5870 & 415.7374 \\ 150.7964 & 79.5870 & 33.5103 & 159.1740 \\ 791.6813 & 415.7374 & 159.1740 & 856.6076 \end{bmatrix} \tag{13.42}$$

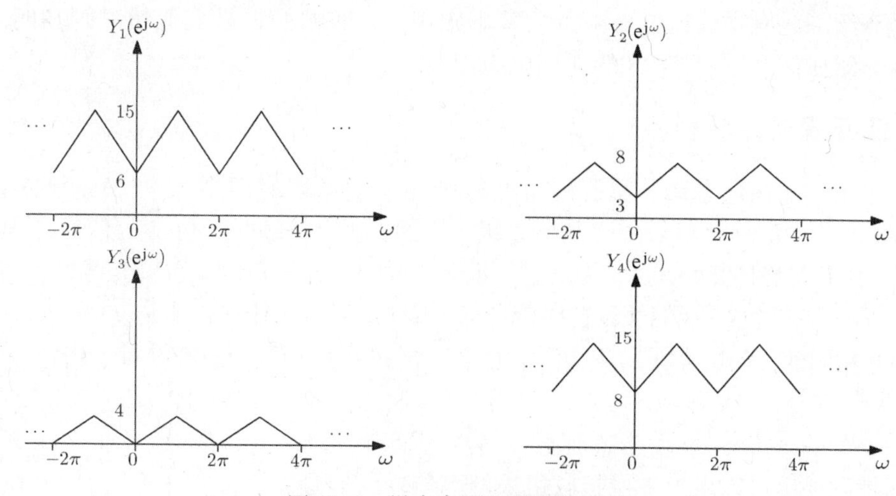

图 13.9　样本序列的傅里叶变换

运用图 13.9 中的序列。接下来我们计算出矩阵的平方根

$$\boldsymbol{V}=\begin{bmatrix}17.41 & 9.21 & 4.02 & 18.18\\ 9.21 & 4.88 & 2.26 & 9.44\\ 4.02 & 2.26 & 2.02 & 2.83\\ 18.18 & 9.44 & 2.83 & 20.70\end{bmatrix}$$

最后，通过选择满足 $\|(\boldsymbol{I}-\boldsymbol{V}\boldsymbol{V}^{\dagger})\boldsymbol{a}_i\|_2=0$ 的 i 确定支撑集 S，正确的支撑集是 $i=1,3$。$d_1[n]$ 和 $d_3[n]$ 是

$$\boldsymbol{d}_S[n]=\boldsymbol{A}_S^{\dagger}\boldsymbol{y}[n]=\begin{bmatrix}9 & 6\\ 5 & 3\\ 4 & 0\\ 7 & 8\end{bmatrix}^{\dagger}\boldsymbol{y}[n]=\begin{bmatrix}0.077 & 0.056 & 0.145 & -0.079\\ -0.033 & -0.037 & -0.166 & 0.164\end{bmatrix}\boldsymbol{y}[n] \tag{13.43}$$

的元素。它们的 DTFT 如图 13.10 所示。

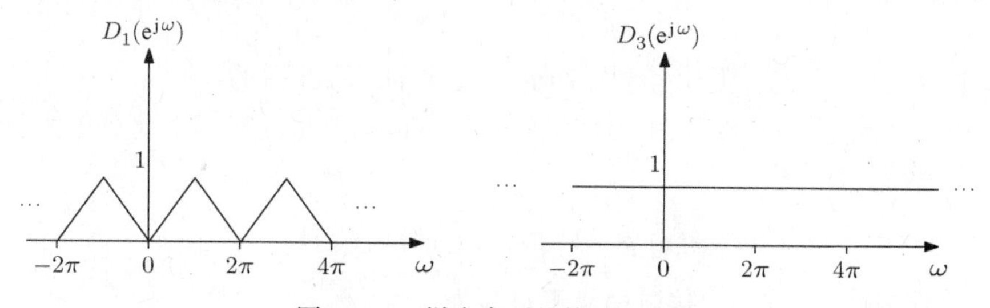

图 13.10　样本序列的傅里叶变换

如上例那样，采样滤波器的数量可以利用联合稀疏减少到 3。

13.3　信号检测应用

在本节中，我们将阐述如何将模拟压缩感知的思想运用到通信系统标准的信号检测中以减少接收机的复杂度，或者是用相同的接收机，把模拟压缩感知用于通过信道传输更多信息。

我们先介绍一些有噪信道信号检测的基础知识，并回顾一下最大似然准则和匹配滤波接收机。然后介绍如何利用模拟 CS 的知识化简接收机。

13.3.1 匹配滤波接收机

考虑一个基本的通信系统，发射机通过每次在一个持续时间 T 发送 N 个已知信号集合 $\{h_i(t), 1\leqslant i\leqslant N\}$ 中的一个信号传送到接收机。下面，研究持续时间为 T 的信号处理过程，为了简单起见，我们忽略持续时间 T。为了进一步简化说明，假设波形 $\{h_i(t)\}$ 是线性独立的，由其构成的 N 维子空间记为 S。我们假设这些信号有单位能量：对于任意 i，$\| h_i(t) \| =1$，且它们被发送的概率是相同的。信道存在均值为零、方差为 σ^2 的高斯白噪声，所以对于指定 ℓ 接收到的信号为

$$y(t) = h_\ell(t) + n(t) \tag{13.44}$$

我们的目标是设计出可以求出 ℓ 的接收机来解码传输的信号。

为了方便描述，可把接收机的工作过程分为两部分：解调和检测。解调器通过用 M 通道滤波器 $\overline{s_i(-t)}$ 滤波接收到信号 $y(t)$，再在 $t=0$ 处采样把接收信号投影到 M 维子空间。如图 13.11 所示，解调器的输出信号 $\boldsymbol{y}$ 是长度为 M 的一个向量，由 $y_i = \langle s_i(t), y(t)\rangle$ 元素构成。特别地，该子空间应等价于所有可能的 $\{h_i(t)\}$ 信号构成的值域空间 $\mathcal{S}$，因此 $M=N$。然后检测器用 $\boldsymbol{y}$ 来确定传送的究竟是哪个信号。

一个重要的问题是如何设计解调器的滤波器组 $s_i(t)$。一种标准方法是令 $s_i(t)=h_i(t)$。对应的系统就被称为匹配滤波器（MF）接收机。众所周知，MF 可以使信噪比最大，这可以从柯西-施瓦茨不等式导出（见习题 9）。更重要的是，MF 滤波器对于检测是统计量充足的，也就是说，它是在假设可以通过 MF 滤波器输出计算高斯噪声的情况下，可以最小化可能探测误差的最优检测器。而且，由接收信号计算出的其他任何数据都不会提供更多的送信号信息。

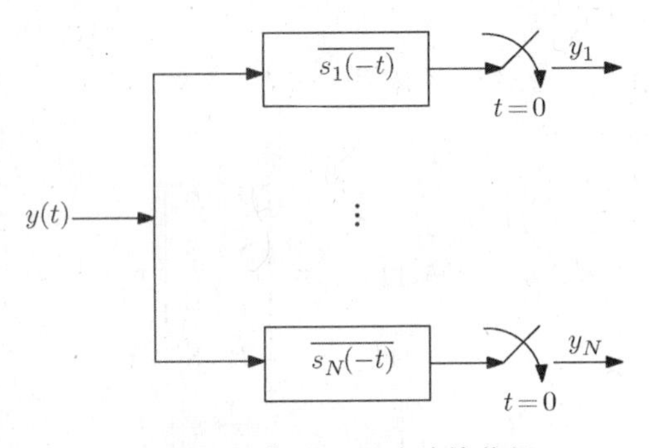

图 13.11 典型匹配滤波接收机

要明白这一点，我们先根据信号和噪声分量写出 MF 滤波器的输出 $y_i = s_i + n_i$，其中 $s_i = \langle h_i(t), h_\ell(t)\rangle$，$n_i = \langle h_i(t), n(t)\rangle$。$\{v_i(t)\}$ 和 $\{h_i(t)\}$ 双正交。则对于任意位于 $\{h_i(t)\}$ 构成的支撑集 $\mathcal{S}$ 的 $x(t)$，有

$$x(t) = \sum_{i=1}^{N} \langle h_i(t), x(t)\rangle v_i(t) \tag{13.45}$$

把 $x(t)=h_\ell(t)$ 代入式(13.45)，接收信号可以写为

$$y(t) = h_\ell(t) + n(t) = \sum_{i=1}^{N}(s_i + n_i)v_i(t) + w(t) = g(t) + w(t) \tag{13.46}$$

其中 $g(t)$ 是依赖于 MF 输出的接收信号的一部分，

$$g(t) = \sum_{i=1}^{N}(s_i + n_i)v_i(t) = \sum_{i=1}^{N} y_i v_i(t) \tag{13.47}$$

$w(t)$ 是噪声函数。

$$w(t) = n(t) - \sum_{i=1}^{N} n_i v_i(t) \tag{13.48}$$

我们现在要说明 $w(t)$ 与 $g(t)$ 是统计独立的，所以 $w(t)$ 不包含任何关于传送信号的信息。需要注意因为高斯噪声，为了证明统计独立，证明 $w(t)$ 与 $g(t)$ 不相关就足够了。

首先，由于噪声有零均值，$E[w(t)]=0$。我们计算 $w(t)$ 和 $g(t)$ 的相关性给出 $h_\ell(t)$ 已经被传送，为了方便假设噪声是实数，(这个结论对更复杂的噪声同样适用)。从式(13.47)可得

$$E[w(t)g(t)] = \sum_{i=1}^{N} s_i E[w(t)]v_i(t) + \sum_{i=1}^{N} E[n_i w(t)]v_i(t) = \sum_{i=1}^{N} E[n_i w(t)]v_i(t) \tag{13.49}$$

由于 $n_i = \langle h_i(t), n(t)\rangle$，而且噪声是白噪声，有

$$\begin{aligned} E[n_i w(t)] &= \int h_i(\tau)E[n(\tau)n(t)]\mathrm{d}\tau - \sum_{j=1}^{N} v_j(t)\iint h_i(\tau)h_j(s)E[n(\tau)n(s)]\mathrm{d}\tau\mathrm{d}s \\ &= \sigma^2\int h_i(\tau)\delta(t-\tau)\mathrm{d}\tau - \sigma^2\sum_{j=1}^{N} v_j(t)\iint h_i(\tau)h_j(s)\delta(s-\tau)\mathrm{d}\tau\mathrm{d}s \\ &= \sigma^2 h_i(t) - \sigma^2\sum_{j=1}^{N} v_j(t)\langle h_j(t), h_i(t)\rangle = 0 \end{aligned} \tag{13.50}$$

在第一个等式中我们应用了式(13.48)，最后一个等式是式(13.45)应用到 $x(t)=h_i(t)$ 的结果。得出结论：所有的检测信息都在 MF 的输出 $\boldsymbol{y}$ 中。

13.3.2　最大似然检测器

假设我们希望设计一个能最大可能准确检测的接收器。即给定测量值 $\boldsymbol{y}$，我们希望最大化概率值，即条件概率 $P(\ell/\boldsymbol{y})=P$(发送信号 $h_\ell(t)$/接收到 $\boldsymbol{y}$)最大。这种判决准则称为最大后验概率准则(MAP)[394]。应用贝叶斯准则，我们能够根据似然函数 $P(\boldsymbol{y}/\ell)$ 写出这些概率：

$$P(\ell/\boldsymbol{y}) = \frac{P(\boldsymbol{y}/\ell)P(\ell)}{P(\boldsymbol{y})} \tag{13.51}$$

此处 $P(\ell)$ 是传输第 ℓ 个信号的概率，$P(\boldsymbol{y})$ 是观测测量向量 $\boldsymbol{y}$ 的概率，$P(\boldsymbol{y}/\ell)$ 是当传输第 ℓ 个信号时观测值为 $\boldsymbol{y}$ 的概率。假设所有信号被传送的概率是均等的，因此 $P(\ell)=1/N$。因为 $P(\boldsymbol{y})$ 与 ℓ 无关，所以 $P(\ell/\boldsymbol{y})$ 最大与似然值 $P(\boldsymbol{y}/\ell)$ 最大等价。使似然值最大的判决准则称为最大似然准则(ML)。当先验概率相等时，MAP 和 ML 准则是一致的。

我们现在计算似然函数。为了方便把 $\boldsymbol{y}$ 写成 $\boldsymbol{y}=\boldsymbol{s}+\boldsymbol{n}$。这里 $\boldsymbol{s}=H^* h_\ell(t)$ 是一个包含信号成分 $s_i = \langle h_i(t), h_\ell(t)\rangle$ 的向量，$\boldsymbol{n}=H^* n(t)$ 由噪声元素 $n_i = \langle h_i(t), n(t)\rangle$ 组成，$H:\mathbb{R}^N\to L_2$ 是与 $\{h_i(t)\}$ 一致的集合变换。信号成分 $\boldsymbol{s}$ 依赖于我们对传输信号 $h_\ell(t)$ 的选择。$\boldsymbol{s}$ 可以表示成 $\boldsymbol{s}=H^* H\boldsymbol{e}_\ell$，$\boldsymbol{e}_\ell$ 表示第 ℓ 个单位向量。很明显 $\boldsymbol{y}$ 是一个均值为 $\boldsymbol{s}=\boldsymbol{s}(\ell)$ 的高斯向量，并且与 ℓ 的值有关。它的协方差由噪声的协方差给出，表示为

$$E[n_i n_j] = \iint h_i(t)h_j(\tau)E[n(t)n(\tau)]\mathrm{d}t\mathrm{d}\tau = \sigma^2\int h_i(t)h_j(t)\mathrm{d}t \tag{13.52}$$

用矩阵表示为 $E[\boldsymbol{n}\boldsymbol{n}^*]=\sigma^2 H^* H$。对数似然函数可以表示为

$$\ln P(y/\ell) = -K(\boldsymbol{y}-\boldsymbol{s}(\ell)^*(H^*H)^{-1}(\boldsymbol{y}-\boldsymbol{s}(\ell))) \tag{13.53}$$

K 是一个常数，与 ℓ 无关。

由于对数函数是单调的，最大的 $P(\boldsymbol{y}/\ell)$ 可以通过选择使 $\boldsymbol{y}$ 和 $\boldsymbol{s}(\ell)$ 的加权距离最小来获得：

$$D(\ell) = (\boldsymbol{y}-\boldsymbol{s}(\ell))^*(H^*H)^{-1}(\boldsymbol{y}-\boldsymbol{s}(\ell)) \tag{13.54}$$

应用$\boldsymbol{s}(\ell)=H^*H\boldsymbol{e}_\ell$，

$$\boldsymbol{s}^*(\ell)\ (H^*H)^{-1}s(\ell)\ =\ \boldsymbol{e}_\ell^*H^*H\boldsymbol{e}_\ell\ =\ \|h_\ell(t)\|^2\ =1 \tag{13.55}$$

与ℓ无关。此外

$$y^*\ (H^*H)^{-1}s(\ell)\ =\ y^*e_\ell\ =\ y_\ell \tag{13.56}$$

最后，$\boldsymbol{y}^*(H^*H)^{-1}\boldsymbol{y}$也与$\ell$无关。因此，最大的似然值可以由$\mathcal{R}\{y_i\}$的最大值的索引值$\ell$得到：

$$\ell\ =\ \arg\max_i \mathcal{R}\{y_i\}\ =\ \arg\max_i \mathcal{R}\{\langle h_i(t),y(t)\rangle\} \tag{13.57}$$

13.3.3 压缩感知接收机

现在来展示如何开发模拟CS来降低MF接收器的复杂性。即不再应用一个包含N个滤波器的解调器，我们修改检测器以减少滤波器的数量。我们首先展示如何把检测问题转化为CS恢复问题。

应用集合变换H，我们可以把任意信号写成$h_\ell(t)=H\boldsymbol{x}$的形式，$\boldsymbol{x}$是一个只在第$\ell$个位置为1其余位置都为0的向量。因此，传输信号在有转换因子H定义的基下是稀疏的。这可以看成式(13.6)的一个特例，其中只需考虑一个符号间隔。在这种解释下，我们可以应用模拟CS用一个含有$p<N$个相关器的接收器来恢复$\boldsymbol{x}$，p的选择可根据定理13.1。特别地，令$\boldsymbol{A}$为一个任意的满足1稀疏的$p\times N$矩阵。解调器由滤波器$\{\overline{s_\ell(-t)},1\leqslant\ell\leqslant p\}$组成，此处

$$s_\ell(t)\ =\ \sum_{m=1}^{N}\overline{\boldsymbol{A}_{\ell m}}v_m(t) \tag{13.58}$$

$\{v_m(t)\}$是双正交函数，定义为

$$v_m(t)\ =\ \sum_{i=1}^{N}\phi_{mi}h_i(t) \tag{13.59}$$

这里$\boldsymbol{\Phi}=(H^*H)^{-1}$。算子记号中，$S=V\boldsymbol{A}^*=H(H^*H)^{-1}\boldsymbol{A}^*$和$V^*H=I$。注意在所有信号$\{h_\ell(t)\}$都正交的简单例子中，$v_\ell(t)=h_\ell(t)$。

现在我们已经减少了解调器中滤波器的数量，但检测器仍有待于做适当的修改。很显然，简单地选择最大的输出值已经不是最恰当的了。为了开发一个有用的检测器，首先考虑信道中无噪声的情况。这样比较容易理解检测器的结构。稍后将考虑有噪声的情况。

无噪声情况

假设对一些索引值ℓ有$y(t)=h_\ell(t)=H\boldsymbol{x}$，应用解调器后的用$\boldsymbol{c}$表示的输出等价于

$$\boldsymbol{c}\ =\ S^*y(t)\ =\ \boldsymbol{A}\ (H^*H)^{-1}H^*y(t)\ =\ \boldsymbol{A}\boldsymbol{x} \tag{13.60}$$

因此，问题简化为从压缩观测值$\boldsymbol{c}=\boldsymbol{A}\boldsymbol{x}$中恢复1稀疏的向量$\boldsymbol{x}$。我们可以应用第11章中提到的标准CS算法求出$\boldsymbol{x}$的估计值$\hat{x}$。传输信号由最大的$\mathcal{R}\{\hat{x}_\ell\}$的索引值$\ell$选取。

因为已知向量$\boldsymbol{x}$是1稀疏的，所以CS算法和$\boldsymbol{A}$的限制条件都可以简化。特别地，对$\boldsymbol{A}$任意2列都线性无关的要求可以归结为$\boldsymbol{A}$是一个任意列都不是其他列的倍数的$2\times N$的矩阵。此外，我们构造$\boldsymbol{A}$使其列是归一化的。我们可以通过下面的式子轻松地选出$\boldsymbol{x}$的支持

$$\ell\ =\ \arg\max_i \mathcal{R}\{\langle\boldsymbol{a}_i,\boldsymbol{c}\rangle\} \tag{13.61}$$

这里遵从$\boldsymbol{c}=\boldsymbol{A}\boldsymbol{x}=\boldsymbol{a}_\ell$和对柯西–施瓦茨不等式的直接应用：

$$\mathcal{R}\{\langle\boldsymbol{a}_i,\boldsymbol{c}\rangle\}\ =\ \mathcal{R}\{\langle\boldsymbol{a}_i,\boldsymbol{a}_\ell\rangle\}\ \leqslant 1 \tag{13.62}$$

当且仅当$\boldsymbol{a}_i$是$\boldsymbol{a}_\ell$的倍数的时候等号成立。从我们对$\boldsymbol{A}$的假设可知，等号只有在$i=\ell$时成立。

注意这个判据与 MF 的判决规则式(13.57)相似：接收信号投入到了所有列中，传输信号是这些列中最大的一个。

总结一下，在无噪声的情况下，我们可以通过一个由两个滤波器组成的解调器准确的恢复传输信号，不用考虑信号数目 N。这些滤波器被当成所有信号 $\{v_i(t), 1 \leqslant i \leqslant N\}$ 的线性组合，组合由 $2 \times N$ 的矩阵 $\boldsymbol{A}$ 给出。对 $\boldsymbol{A}$ 的唯一要求是任意两列都不相同(或乘以一个常数以后)。恢复信号通过计算 $\boldsymbol{A}$ 任意列和解调输出的内积 $\{\langle a_i, c\rangle\}$ 然后取最大值求得。整个接收器的描述在图 13.12 中。

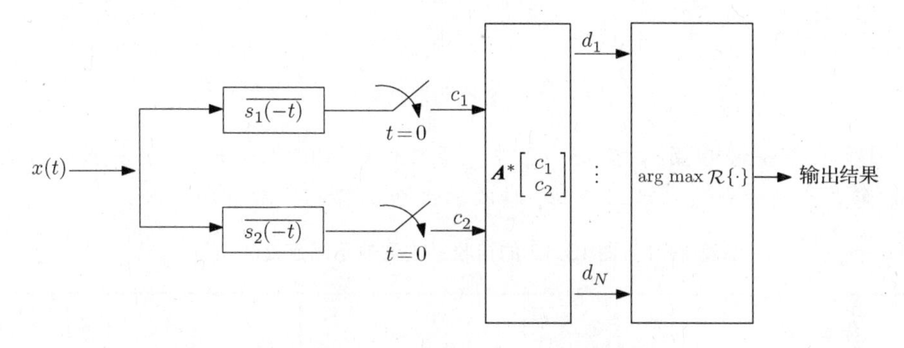

图 13.12　基于模拟压缩感知的无噪声数字检测器。函数 $s_\ell(t)$ 由式(13.58)和式(13.59)给出。无论传输信号个数 N 是多少只需要两个通道

现在将用具体的例子来阐明如何应用 CS 接收器。

例 13.3　发射器发送图 13.13 中的一个信号，一个标准 MF 检测器需要用接收信号和这四个波形做相关，然后选出最大值。依靠模拟 CS，现在来验证只用两个相关器检测输入信号。为了简单和普遍性，假设 $T=1$。

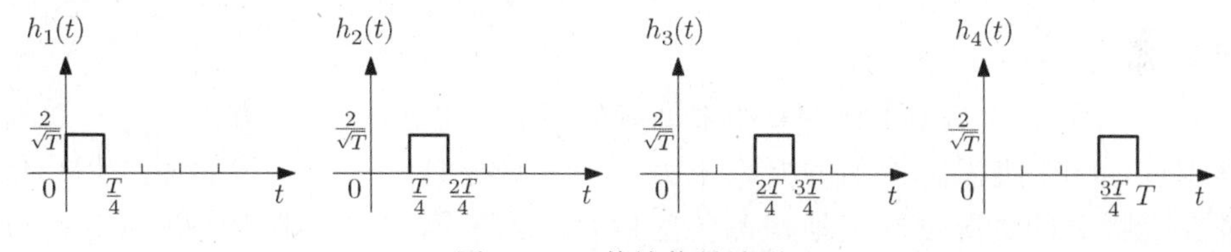

图 13.13　传输信号波形

为了应用图 13.12 的接收器，首先要注意 $h_i(t)$ 是标准正交的，$v_i(t) = h_i(t)$，然后我们选择列归一化的矩阵 $\boldsymbol{A}$ 满足 CS 的 $k=1$ 的条件。正如看到的那样，简化后的任意列都不是其他列的倍数。在这个例子中，我们选择

$$\boldsymbol{A} = \begin{bmatrix} 0 & \frac{\sqrt{2}}{2} & 1 & \frac{\sqrt{2}}{2} \\ 1 & \frac{\sqrt{2}}{2} & 0 & -\frac{\sqrt{2}}{2} \end{bmatrix} \tag{13.63}$$

应用式(13.58)，新的相关信号可以由下式给出

$$\begin{aligned} s_1(t) &= \sum_{m=1}^{4} \boldsymbol{A}_{1m} v_m(t) = \frac{\sqrt{2}}{2} h_2(t) + h_3(t) + \frac{\sqrt{2}}{2} h_4(t) \\ s_2(t) &= \sum_{m=1}^{4} \boldsymbol{A}_{2m} v_m(t) = h_1(t) + \frac{\sqrt{2}}{2} h_2(t) - \frac{\sqrt{2}}{2} h_4(t) \end{aligned} \tag{13.64}$$

这些信号如图 13.14 所示。

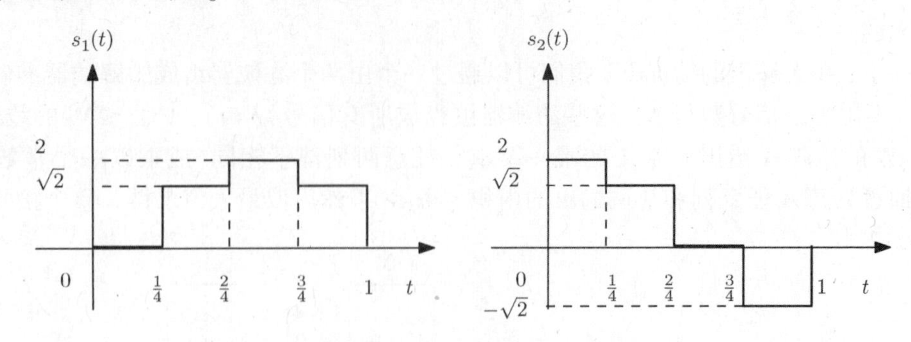

图 13.14 CS 检测器的采样函数

CS 检测器把这些信号嵌入图 13.12 中。表 13.1 指出了当出入为每个信号($h_1(t)$ 至 $h_4(t)$)时不同点处的输出值。可以看到，接收器成功地解码了所有的输入。

表 13.1 图 13.12 的接收器收到的不同点处的信号

传输信号	$[c_1 \quad c_2]$	$A^*\begin{bmatrix} c_1 \\ c_2 \end{bmatrix}$	检测信号
$h_1(t)$	$[0 \quad 1]$	$\begin{bmatrix}\mathbf{1} & \frac{\sqrt{2}}{2} & 0 & -\frac{\sqrt{2}}{2}\end{bmatrix}$	$h_1(t)$
$h_2(t)$	$\begin{bmatrix}\frac{\sqrt{2}}{2} & \frac{\sqrt{2}}{2}\end{bmatrix}$	$\begin{bmatrix}\frac{\sqrt{2}}{2} & \mathbf{1} & \frac{\sqrt{2}}{2} & 0\end{bmatrix}$	$h_2(t)$
$h_3(t)$	$[1 \quad 0]$	$\begin{bmatrix}0 & \frac{\sqrt{2}}{2} & \mathbf{1} & \frac{\sqrt{2}}{2}\end{bmatrix}$	$h_3(t)$
$h_4(t)$	$\begin{bmatrix}\frac{\sqrt{2}}{2} & -\frac{\sqrt{2}}{2}\end{bmatrix}$	$\begin{bmatrix}-\frac{\sqrt{2}}{2} & 0 & \frac{\sqrt{2}}{2} & \mathbf{1}\end{bmatrix}$	$h_4(t)$

有噪声情况

在此之前，展示了只用两个相关器来准确恢复传输波形。另一方面，我们看到了由 N 个相关器组成的 MF 使正确检测的概率最大。为了理解这一矛盾，我们需要指出图 13.12 只能保证在无噪声的情况下准确地检测传输信号。当有噪声时，必须增加通道数来提高性能。这种情况下，应用 MF 将需要 N 个相关器才能使检测概率最大。然而，我们能够用 $p < N$ 个相关器来获得很好的性能，下面将做介绍。而应用标准 CS，我们将简化接收器，并且对接收器的性能只有很小的影响。CS 主要关注估计，而此处我们关注检测，这是两者主要的不同。

我们需要指出的问题是当使用 $p > 2$ 个相关器时如何修改图 13.12 的检测器来降低噪声的影响。为了回答这个问题，我们按照开发 MF 接收器的步骤，寻找能使准确检测概率 $P(\ell/\boldsymbol{c})$ 最大的 MAP 检测器，这里 $\boldsymbol{c} = S^* y$，相关函数 S 由式(13.58)和式(13.59)给出。为了计算需要的概率，我们首先确定统计量 $\boldsymbol{c}$。

应用结论 $S = V\boldsymbol{A}^*$ 和 $V^* H = I$，可以得到

$$\boldsymbol{c} = \boldsymbol{S}^* y(t) = \boldsymbol{A}V^* h_\ell(t) + \boldsymbol{A}V^* n(t) = \boldsymbol{A}V^* \boldsymbol{H}\boldsymbol{x} + \boldsymbol{A}V^* n(t) = \boldsymbol{A}\boldsymbol{x} + \boldsymbol{w} \tag{13.65}$$

这里 $\boldsymbol{w} = \boldsymbol{A}V^* n(t)$ 是噪声成分。下面我们可以得出与式(13.52)相似的计算

$$E[\langle v_j(t), n(t)\rangle\langle n(t), v_i(t)\rangle] = \sigma^2\langle v_j(t), v_i(t)\rangle \tag{13.66}$$

因此，

$$\boldsymbol{R}_w = E[\boldsymbol{w}\boldsymbol{w}^*] = \sigma^2 \boldsymbol{A}V^*V\boldsymbol{A}^* = \sigma^2 \boldsymbol{A}(H^*H)^{-1}\boldsymbol{A}^* \tag{13.67}$$

如果信号 $h_\ell(t)$ 是正交的，并且 $\boldsymbol{A}$ 是标准正交的且范数为 c，则 $\boldsymbol{R}_w = c\sigma^2\boldsymbol{I}$ 且 $\boldsymbol{w}$ 为白噪声向量。然而，实际中噪声一般不是白噪声。

我们的问题是从含有噪声的测量值 $\boldsymbol{c} = \boldsymbol{A}\boldsymbol{x} + \boldsymbol{w}$ 中恢复信号 $\boldsymbol{x}$，这里已知 $\boldsymbol{x}$ 是 1 稀疏的。尽管原则上这里可以应用标准 CS 算法，但是为了检测我们继续开发 MAP 检测器。x_ℓ 非零的概率表示为 $P(\ell|\boldsymbol{c})$，$\boldsymbol{c}$ 是给出的。目标是选择 ℓ 使概率 $P(\ell|\boldsymbol{c})$ 最大。应用贝叶斯准则和已知的 $P(\ell) = 1/N$，我们的问题转换为了使 $P(\boldsymbol{c}|\ell)$ 最大。从式(13.65)和式(13.67)可知，$\boldsymbol{c}$ 是一个均值为 $\boldsymbol{A}\boldsymbol{x}$、方差为 $\boldsymbol{R}_w = \sigma^2\boldsymbol{A}(H^*H)^{-1}\boldsymbol{A}^*$ 的高斯向量。假设 $\boldsymbol{A}$ 是满秩的，因此 $\boldsymbol{R}_w$ 是可逆的。这种情况下

$$\ln P(\boldsymbol{c}|\ell) = -K(\boldsymbol{c} - \boldsymbol{a}_\ell)^*(\boldsymbol{A}(H^*H)^{-1}\boldsymbol{A}^*)^{-1}(\boldsymbol{c} - \boldsymbol{a}_\ell) \tag{13.68}$$

K 为一个常数，与 ℓ 无关。使 $P(\boldsymbol{c}|\ell)$ 最大转化为选择 ℓ 使 $\boldsymbol{c}$ 和 $\boldsymbol{A}$ 的第 ℓ 列的加权距离最小：

$$D(\ell) = (\boldsymbol{c} - \boldsymbol{a}_\ell)^*(\boldsymbol{A}(H^*H)^{-1}\boldsymbol{A}^*)^{-1}(\boldsymbol{c} - \boldsymbol{a}_\ell) \tag{13.69}$$

在这个特殊的例子中，信号 $h_\ell(t)$ 是标准正交的，$\boldsymbol{A}$ 的行是正交的且有相同的范数，$\boldsymbol{A}(H^*H)^{-1}\boldsymbol{A}^*$ 是成比例的。如果 $\boldsymbol{A}$ 的列也是等范数的，那么使 $D(\ell)$ 最小可以等价为

$$\ell = \arg\max_i \mathcal{R}\{\langle \boldsymbol{a}_i, \boldsymbol{c}\rangle\} \tag{13.70}$$

这与无噪声时的判决规则式(13.61)是相同的。在实例中，这也是 CS 恢复中 OMP 算法的第一步或阈值。然而，在实际情况下，做最小化时也需要把噪声的协方差矩阵考虑进来。

白化接收向量可以给出更明确的判决准则式(13.69)的形式。假设通过给数据 $\boldsymbol{c}$ 乘以 $\boldsymbol{R}_w^{-1/2}$ 来白化 $\boldsymbol{c}$，这里产生了一个新的向量

$$\boldsymbol{z} = \boldsymbol{R}_w^{-1/2}\boldsymbol{c} = \tilde{\boldsymbol{A}}\boldsymbol{x} + \tilde{\boldsymbol{w}} \tag{13.71}$$

这里 $\tilde{\boldsymbol{w}} = R_w^{-1/2}\boldsymbol{w}$ 是一个白噪声向量，新的观测矩阵是 $\tilde{\boldsymbol{A}} = \boldsymbol{R}_w^{-1/2}\boldsymbol{A}$。下面我们考虑使似然函数 $P(\boldsymbol{z}|\ell)$ 最大。与上面的步骤一样，我们可以看出最优的 ℓ 值应使下面的式子最小

$$\tilde{D}(\ell) = (\boldsymbol{z} - \tilde{\boldsymbol{a}}_\ell)^*(\boldsymbol{z} - \tilde{\boldsymbol{a}}_\ell) \tag{13.72}$$

这与下面的判决条件等价

$$\ell = \arg\max_i \{2\mathcal{R}\{\langle \tilde{\boldsymbol{a}}_i, \boldsymbol{z}\rangle\} - \|\tilde{\boldsymbol{a}}_i\|^2\} \tag{13.73}$$

很显然 $\tilde{D}(\ell)$ 与 $D(\ell)$ 是等价的。然而，式(13.73)的表示却更简单。我们首先白化数据，然后把新的观测向量投影到 $\tilde{\boldsymbol{A}}$ 的列中，考虑不同的列范数。用这种方法，MAP 接收器与 CS 算法联系很紧密，因为考虑噪声后它可以被视为标准迭代算法的第一步(如 OMP，见算法 11.1)。

例 13.4　用一个例子证明加性噪声对 CS 检测器的影响。考虑一个与例 13.3 相似的接收器，有 $N = 100$ 个不同的传输信号和 p 个相关器。

$$h_\ell(t) = \begin{cases} 1, & (\ell - 1) \leqslant t \leqslant \ell \\ 0, & \text{其他} \end{cases} \quad \ell = 1, 2, \cdots, N \tag{13.74}$$

感知矩阵 $\boldsymbol{A}$ 是 p 行随机抽取的傅里叶矩阵，列归一化为单位范数。

图 13.15 画出了不同信噪比下不同通道数 p 的正确检测概率图。概率是由 1000 遍蒙特卡洛仿真估计出的。每次重复，我们都随机选择传输信号、噪声和 p 行傅里叶矩阵。尽管 MF 接收器需要 100 个相关器，我们可以看到基于模拟压缩感知的接收器用了很少的滤波器

就完成了检测，并且获得了很高的信噪比。与预期相同，在信噪比降低时我们增加了相关器的数量。

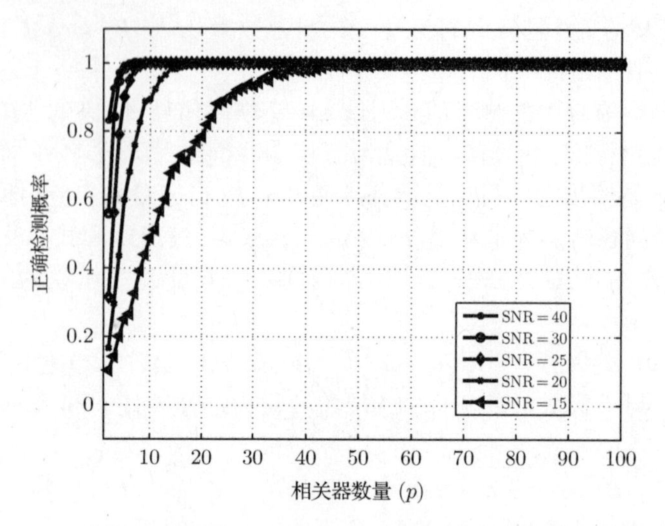

图 13.15 模拟 CS 接收器在不同信噪比下不同通道数的正确检测概率

噪声折叠

例 13.4 证明了 CS 接收器用很少的通道达到了 MF 检测器的性能。尽管如此，在低信噪比下少数的相关器的性能会快速降低。为了理解这种现象，我们指出应用 CS 矩阵 $\boldsymbol{A}$ 降低了信噪比。这可以通过检验式(13.65)中噪声向量的统计量 $\boldsymbol{w}$ 看出。

为了简单，假设信号 $h_\ell(t)$ 是标准正交的，即 $H^*H=I$。然后从(13.67)可以得出，$\boldsymbol{R}_w=\sigma^2\boldsymbol{A}\boldsymbol{A}^*$。假设 $\boldsymbol{A}$ 如例 13.4 中那样是一个随机傅里叶抽取矩阵。因为假设 $\boldsymbol{A}$ 的列是归一化的，这意味着 $\boldsymbol{A}_{i\ell}=(1/\sqrt{p})\exp\{-\mathrm{j}2\pi s_i\ell/N\}$，这里 s_i 是选择的第 i 行。这种情况下，$\boldsymbol{A}\boldsymbol{A}^*=(N/p)\boldsymbol{I}$。因此，噪声增大了 N/p 倍。其他的 CS 矩阵也可以证明有这种现象，见文献[310]。这种影响被称为噪声折叠(noise folding)：CS 矩阵 $\boldsymbol{A}$ 锯齿或结合了所有噪声分量，即使是与 $\boldsymbol{x}$ 的零元素位置一致的噪声，因此导致了压缩观测值的噪声增大。增加滤波器的数量可以补偿这种现象。在文献[395]中介绍了 $\log N$ 个相关器可以平衡噪声的增长。

13.4 多用户检测

现在把检测方法从前面介绍的单用户扩展到多用户[395]。

多用户检测(MUD)是多用户通信和信号处理中的一个传统问题[396]。在多用户系统中，用户们通过将信息符合调制到他们特定的签名波形(也称为传输码)上同时与一个给定的接收器通信，表示为 $\{h_i(t),1\leqslant i\leqslant N\}$，$N$ 是系统支持的用户数。假设所有签名线性无关且有单位范数，并且发射器和接收器是同步的。数据从一个给定的星座中选择，并且取决于特定的调制方式。为了方便，我们选择二进制相移键控(BPSK)，因此第 i 个用户的位元有 $b_i=\pm1$。每一个用户经过一个符号持续周期 T 分别将数据调制到相应的签名波形上。接收信号由含噪声的传输波形的叠加组成：

$$y(t)=\sum_{|i|=k}r_ib_ih_i(t)+n(t),\quad 0\leqslant t\leqslant T \tag{13.75}$$

$n(t)$是零均值方差为σ^2的高斯白噪声，r_i是第 i 个用户的包含传输信号能量的信道增益。r_i的值假设是一个接收器已知的实数(可能是负的)。式(13.75)中的求和仅包括系统中活跃的用户。也就是说，在一个给定的符号周期内，只有 N 个用户中的 k 个在发送信号。MUD 的目标是同时检测所有活跃用户的符号$\{b_i\}$。

基于文献[395]的观点，下面利用活跃用户数 k 远小于系统支持用户数 N 这一点来降低标准 MUD 的复杂度。与单用户检测相似，我们可以通过应用模拟 CS 减少相关器的数量来降低设备的复杂度。

下一节将首先讨论在用户数量不稀疏的情况下的传统 MUD，然后我们将把结果应用到稀疏情况。

13.4.1　传统多用户检测

传统的 MUD 是由 MF 前段、签名波形匹配和一个线性或非线性数字 MUD 组成的。在单用户的例子中，MF 获得了一组高斯噪声情况下的 MUD 的充分统计量。然而，当签名波形非正交时，用户之间的互相干扰将降低系统的性能。MUD 方案尝试在这种干扰下回复数据。

令 $\boldsymbol{y}$ 表示有滤波器 $\overline{h_i(-t)}$ 的 MF 的输出。可得

$$\boldsymbol{y} = H^* y(t) = \boldsymbol{GRb} + \boldsymbol{n} \tag{13.76}$$

这里，用$\boldsymbol{G}=H^*H$表示内积的格拉姆矩阵，用 $\boldsymbol{R}$ 表示对角元素为 r_i的对角线矩阵，用 $\boldsymbol{b}=[b_1,\cdots,b_N]^{\mathrm{T}}$ 表示活跃用户的符号向量(不活跃用户 $b_i=0$)。向量 $\boldsymbol{n}=H^*n(t)$表示零均值方差为$\boldsymbol{R}_n=\sigma^2\boldsymbol{G}$的 MF 输出的高斯噪声。为了恢复 MF 输出的用户数据，我们开发了不同种类的数字检测器，大致可分为线性和非线性检测器两类。

线性检测器对 MF 的输出应用一个线性变换 $\boldsymbol{T}$，然后用一个符号检测器检测每个用户的符号：

$$\hat{b}_i = \mathrm{sign}(r_i[\boldsymbol{Ty}]_i) \tag{13.77}$$

标准 MUD 模型假设所有用户都是活跃的，因此 $\hat{b}_i\in\pm1$。一些通用检测器一般是忽略用户之间的相互影响且符合 $\boldsymbol{T}=\boldsymbol{I}$ 的单用户检测器，如去相关器、最小均方误差(MMSE)检测器。如图 13.16 所示，去相关器用 $\boldsymbol{T}=\boldsymbol{G}^{-1}$去除用户之间的相互干扰。这种方法可以在无噪声的情况下完美地恢复符号。在无噪声情况下有 $\boldsymbol{Ty}=\boldsymbol{Rb}$ 且干扰被消除。然而，当 $\boldsymbol{G}\neq\boldsymbol{I}$ 时，噪声将被放大。如果考虑信号是由 MF 前端和 $\boldsymbol{T}=\boldsymbol{G}^{-1}$产生的，那么我们将获得$\{h_i(t)\}$的双正交集合(见习题13)。因此，去相关器可以等价为求输入信号和双正交函数的相关，然后对输出应用一个单用户检测器。当噪声的方差已知时，MMSE 接收器就是去相关器和单用户检测器的一个折中，这种接收器使符号和 $\boldsymbol{Ty}$ 之间的均方误差最小。这一结果导致 $\boldsymbol{T}=(\boldsymbol{G}+\sigma^2\boldsymbol{R}^{-2})^{-1}$(见习题 12 MMSE 方案的导出)。

去相关器受到了 MUD 领域的极大关注，同时也是最常用的线性检测器之一。因此，下面我们将把它作为稀疏条件下线性检测器的例子加以讨论。

非线性检测器联合和(或)迭代检测符号。使符号错误概率最小的最优 MUD 检测器即极大似然序列估计器(MLSE)[396]。它主要计算在假设每个可能的输入序列都被传输时的概率。当签名波形非正交时，MLSE 检测器每个比特的复杂度随着用户数量指数增长，因为它需要检测所有可能的输入项。当签名波形正交时，MLSE 检测器简化成单用户检测器。另一个知名的非线性检测器是串行干扰抵消(SIC)[397]。这种检测器通过不断地减去已检测到的强用户的符

号来帮助检测弱用户，迭代地解码所有符号。更明确来讲，SIC 首先发现最大增益的活跃用户，检测其符号，然后从接收信号中减去它，再用残差重复上面的过程。经过 k 次迭代，所有的活跃用户都确定了。这个结果与 CS 中的 OMP 算法十分相似。下面将把上面的观点扩展到降维数情况以减少 MUD 使用相关器的数量。

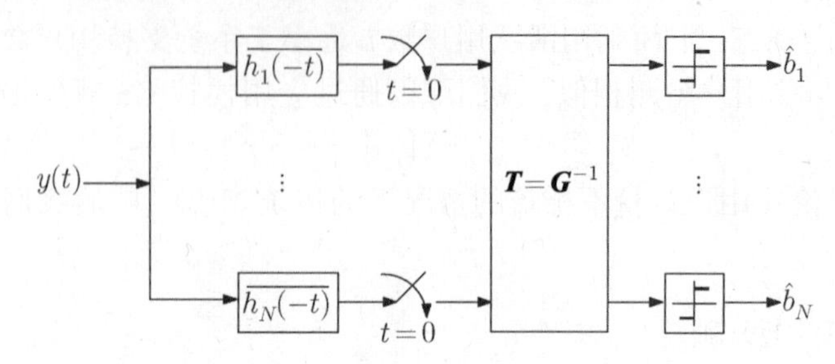

图 13.16　多用户检测去相关检测器

13.4.2　降维多用户检测(RD-MUD)

从上面看到，传统的接收器需要 N 个相关器与接收信号做相关。但是，当用户很多时系统将相当昂贵。下面我们将展示在活跃用户数 k 远小于总用户数 N 的情况下，如何应用模拟 CS 来减少相关器的数量。然后前段的输出用 CS 和传统 MUD 的组合算法进行处理。这个合成的结构称为降维多用户检测器(RD-MUD)[395]，它应用很少的相关器获得了与传统 MUD 相近的性能。下面将讨论两种 RD-MUD 检测器：一种是降维去相关(RDD)检测器，这种线性检测器将子空间投影和活跃用户门限判决与一个符号检测器结合来进行数据恢复；另一种是降维判决反馈(RDDF)检测器，这种非线性检测器将活跃用户检测的判决反馈与符号检测结合用迭代法进行数据恢复。

前端接收器

RD-MUD 前端与 13.3.3 节中由式(13.58)和式(13.59)给出的 CS 接收器等价，接收器有签名波形 $h_i(t)$。应用这个前端和已知的 $y(t)=\boldsymbol{HRb}+n(t)$，滤波器组的输出可以表示为

$$\boldsymbol{c} = S^* y(t) = \boldsymbol{A}V^* y(t) = \boldsymbol{ARb} + \boldsymbol{w} \tag{13.78}$$

式中 $\boldsymbol{w}$ 是一个零均值方差 $\boldsymbol{R}_w$ 由式(13.67)给出的高斯噪声向量，这里还应用了条件 $V^*H=I$。向量 $\boldsymbol{c}$ 可以看成是 MF 前端的输出向一个称为检测子空间的低维子空间的线性投影[395]。因为最多有 k 个活跃用户，所以向量 $\boldsymbol{b}$ 最多有 k 个非零元素。当 RD-MUD 选择适当的矩阵 $\boldsymbol{A}$ 时，向量 $\boldsymbol{c}$ 的检测性能与 MF 输出式(13.76)的性能相似。

现在讨论如何应用数字检测器从式(13.78)中 RD-MUD 的输出向量 $\boldsymbol{c}$ 来恢复向量 $\boldsymbol{b}$。原则上，式(13.78)与标准 CS 的观测模型的形式相似。两个主要的不同是向量 $\boldsymbol{b}$ 是二进制的和噪声 $\boldsymbol{w}$ 是有色噪声。正如在 13.3.3 节中所见，有色噪声是由于噪声存在于采样前的接收信号中，而标准 CS 中的噪声是加到观测值上的[310]。

为了将 CS 方法应用于输出向量 $\boldsymbol{c}$，我们可以忽略有色噪声的影响，并应用适应二进制输入的 CS 算法。此外，我们也可以通过式(13.71)的方法给向量 $\boldsymbol{c}$ 乘以 $\boldsymbol{R}_w^{-1/2}$ 将噪声白化，从而产生一个新的观测向量

$$\boldsymbol{z} = \boldsymbol{R}_w^{-1/2}\boldsymbol{c} = \widetilde{\boldsymbol{A}}\boldsymbol{Rb} + \widetilde{\boldsymbol{w}} \tag{13.79}$$

式中 $\widetilde{\boldsymbol{w}}$ 现在是一个白噪声向量，新的观测矩阵为 $\widetilde{\boldsymbol{A}} = \boldsymbol{R}_w^{-1/2}\boldsymbol{A}$。上面的左乘不仅将噪声白化，同

时还改变了观测矩阵 $\boldsymbol{A}$。回顾第 11 章中为了使 CS 方法正常工作，观测矩阵必须满足一些条件。尤其是我们希望它的一致性或 RIP 常数尽量低。通过白化噪声，我们也改变了矩阵 $\boldsymbol{A}$ 的性质。因此，我们需要认真考虑白化是否提升了系统的性能。这将取决于对签名波形和矩阵 $\boldsymbol{A}$ 的选取(关于此问题更详细的讨论见文献[310])。一般的，如果签名波形不是高度相关的，噪声白化就不会提高性能[395]。因此，下面的讨论中不会假设预白化处理。然而，当白化过程可以简单地把 $\boldsymbol{A}$ 换成 $\widetilde{\boldsymbol{A}}$ 时，提出的算法可以直接应用。

算法 13.1　RDD 检测器

输入：CS 矩阵 $\boldsymbol{A}$，测量值向量 $\boldsymbol{c}$ 及活跃用户数 k

输出：决策符号 $\hat{\boldsymbol{b}}$

检测活跃用户：找出 Λ，包含 k 个最大 $|\mathcal{R}\{\langle \boldsymbol{a}_i,\boldsymbol{c}\rangle\}|$ 的指数

检测符号：$\hat{b}_n(i) = \text{sign}(r_i\,\mathcal{R}\{\langle \boldsymbol{a}_i,\boldsymbol{c}\rangle\})i \in \Lambda$ 和 $\hat{b}_n = 0,\ i \notin \Lambda$

降维去相关(RDD)检测器

RD-MUD 前端输出的最简单的检测方法是忽略噪声的相关性应用阈值规则，这与适用于多用户情况的式(13.70)是相似的。特别地，通过选择 $|\mathcal{R}\{\langle \boldsymbol{a}_i,\boldsymbol{c}\rangle\}|$ 中最大的 k 值来查找矩阵 $\boldsymbol{A}$ 中与向量 $\boldsymbol{c}$ 最相关的 k 列。或者，选择超过门限值的 $|\mathcal{R}\{\langle \boldsymbol{a}_i,\boldsymbol{c}\rangle\}|$ 的索引值组成活跃用户组。一旦活跃用户组被确定，实际的二进制数由式(13.77)的符号检测器进行估计。因此，RDD 检测器的输出为

$$\hat{b}_i = \begin{cases} \text{sign}(r_i\mathcal{R}\{\langle \boldsymbol{a}_i,\boldsymbol{c}\rangle\}), & i \in \Lambda \\ 0, & i \notin \Lambda \end{cases} \tag{13.80}$$

式中 Λ 表示估计的活跃用户组。算法在算法 13.1 中有总结。如果不应用式(13.80)可以应用任意传统的线性 MUD 检测器来检测活跃用户。更多的 RD-MUD 结构在文献[395]中给出。

在检测活跃用户和他们的符号时，我们只取内积的实部，因为内积 $\langle \boldsymbol{a}_i,\boldsymbol{c}\rangle$ 的虚部只包含噪声。假设想通过 $\langle \boldsymbol{a}_i,\boldsymbol{c}\rangle$ 检测第 i 个符号，我们可以写出

$$\langle \boldsymbol{a}_i,\boldsymbol{c}\rangle = r_i b_i + \sum_{\ell \neq i} r_\ell b_\ell \langle \boldsymbol{a}_i,\boldsymbol{a}_\ell\rangle + \langle \boldsymbol{a}_i,\boldsymbol{w}\rangle \tag{13.81}$$

式中 $b_i \in \{\pm 1,0\}$，且我们假设矩阵 $\boldsymbol{A}$ 的列是归一化的。因为 r_i 是实数，所有式中包含传输符号的项也是实数，而剩下的组成干扰和噪声的项可以是复数。因此，要求解的符号不会对 $\langle \boldsymbol{a}_i,\boldsymbol{c}\rangle$ 的虚部有贡献。

算法 13.2　RD 判决反馈检测器

输入：CS 矩阵 $\boldsymbol{A}$，测量值向量 $\boldsymbol{c}$ 及活跃用户数 k

输出：决策符号 $\hat{\boldsymbol{b}}$

初始化：$\hat{\boldsymbol{b}}_0 = \boldsymbol{0}$，$\boldsymbol{r} = \boldsymbol{c}$，$\ell = 0$

当停止条件不满足时

　$\ell \leftarrow \ell + 1$

$m = \arg\max |\mathcal{R}\{\langle \boldsymbol{a}_i, \boldsymbol{r}\rangle\}|$（检测活跃用户）

$$\hat{b}_\ell(i) = \begin{cases} \text{sign}(r_i\mathcal{R}\{\langle \boldsymbol{a}_i, \boldsymbol{c}\rangle\}), & i = m \\ \hat{b}_{\ell-1}(i), & i \neq m \end{cases} \text{（更新比特估计）}$$

$\boldsymbol{r} \leftarrow \boldsymbol{y} - \boldsymbol{AR}\hat{\boldsymbol{b}}_\ell$（更新测量值）

退出迭代

返回 $\hat{\boldsymbol{b}} \leftarrow \hat{\boldsymbol{b}}_\ell$

降维判决反馈(RDDF)检测

RDDF 检测器应用 OMP 类算法迭代的判决活跃用户和他们相应的符号。它首先用一个空集作为对活跃用户的初始估计，并设置所有估计的二进制数都为 0，它还将前段的输出向量 $\boldsymbol{c}$ 作为残差向量。随后，在每次迭代中，算法选择与残差最相关的列向量 $\boldsymbol{a}_i$ 的索引值 i 作为第 i 次迭代检测到的活跃用户。然后第 i 个用户的符号被检测到后更新残差。检测第 i 个用户的符号时，其他检测到的符号与上一次迭代中的相同。算法概括在上面算法 13.2 中。在每次迭代中，$\boldsymbol{r}_\ell$ 可以表示为 $\boldsymbol{r}_\ell = \boldsymbol{r}_{\ell-1} - \boldsymbol{ARz}_\ell$，此处 $\boldsymbol{z}_\ell$ 是一个除了第 m 个位置以外全为 0 的向量，m 是加在第 ℓ 次迭代的支持上的值。这里，$\boldsymbol{z}_\ell$ 的值由 $\boldsymbol{b}_\ell(m) - \boldsymbol{b}_{\ell-1}(m)$ 的差给出。

13.4.3 RD-MUD 的性能

现在讨论 RD-MUD 的性能。在讨论之前，我们将简要地指出对矩阵 $\boldsymbol{A}$ 的选择。

原则上我们可以选择任何一个用于 CS 的矩阵 $\boldsymbol{A}$。唯一的不同是矩阵 $\boldsymbol{A}$ 的选择将影响信号和噪声的统计量。这是因为噪声从信道中加入，先于前段接收机。因此，我们希望选择的矩阵 $\boldsymbol{A}$ 满足下面的条件：当相关器的数量 $p = N$ 时，RD-MUD 的检测性能与传统的去相关接收机相同。当 $\boldsymbol{A}$ 是行单位矩阵时将满足上面的条件，如傅里叶矩阵。在这种选择下，RDD 和RDDF检测器的统计量 $\{\langle \boldsymbol{a}_i, \boldsymbol{c}\rangle\}$ 与去相关器的输出有相同的分布。

应用式(13.78)和已知条件 $\boldsymbol{a}_i{}^*\boldsymbol{a}_j = \delta_{ij}$（因为 $p = N$），有

$$\langle \boldsymbol{a}_i, \boldsymbol{c}\rangle = \boldsymbol{a}_i^*(\boldsymbol{ARb} + \boldsymbol{w}) = r_i b_i + \langle \boldsymbol{a}_i, \boldsymbol{w}\rangle \tag{13.82}$$

随机变量 $\{z_i = \langle \boldsymbol{a}_i, \boldsymbol{w}\rangle\}$ 是零均值的高斯随机变量，协方差为

$$E[z_i \bar{z_j}] = \boldsymbol{a}_i^* \boldsymbol{R}_w \boldsymbol{a}_j = \sigma^2 \boldsymbol{G}_{ij}^{-1} \tag{13.83}$$

式中应用了式(13.67)以及 $\boldsymbol{G} = H^*H$。另一方面，去相关器的输出为

$$\boldsymbol{G}^{-1}\boldsymbol{y} = \boldsymbol{Rb} + \tilde{\boldsymbol{n}} \tag{13.84}$$

式中 $\boldsymbol{y}$ 是式(13.76)中 MF 的输出，$\tilde{\boldsymbol{n}} = \boldsymbol{G}^{-1}\boldsymbol{n}$，$\boldsymbol{n}$ 是 MF 输出端的噪声。因为 $\boldsymbol{R}_n = \sigma^2\boldsymbol{G}$，所以 $\tilde{\boldsymbol{n}}$ 的协方差与 $\sigma^2\boldsymbol{G}^{-1}$ 等价。因此由式(13.82)和式(13.84)定义的变量有相同的统计量。

现在开始分析 RD-MUD 检测器的性能。我们用错误概率衡量性能，错误包括不能准确检测活跃用户组和错误恢复相应用户的符号。定理 13.2 约束了 RDD 和 RDDF 算法的错误概率。详细的过程相当复杂，感兴趣的读者可以参照文献[395]，这里只介绍主要结论。

定理 13.2 令 $\boldsymbol{b}$ 为一个向量，向量元素 $b_i = \{\pm 1\}$，$i \in \Lambda$，其他位置 $b_i = 0$，Λ 即为活跃用户组。令 k 表示活跃用户的数量，N 表示系统所有可能的用户数量，且有

$$|r_{\max}| = \max|r_i|, \quad |r_{\min}| = \min|r_i| \tag{13.85}$$

RD-MUD 的输出由 $\boldsymbol{y} = \boldsymbol{ARb} + \boldsymbol{w}$ 给出，$\boldsymbol{A}$ 是一个列归一化的 $p \times N$ 矩阵，$\boldsymbol{w}$ 是一个零均值、协方

差为 $\boldsymbol{R}_w = \sigma^2 \boldsymbol{A}\boldsymbol{G}^{-1}\boldsymbol{A}^*$ 的高斯噪声矩阵，$\boldsymbol{G} = H^* H$ 表示签名波形的格拉姆矩阵。用 $\mu = \max_{i \neq j} |\boldsymbol{a}_i^* \boldsymbol{a}_j|$ 表示 $\boldsymbol{A}$ 的一致性。如果存在常数 $\alpha > 0$ 满足

$$|r_{\min}| - (2k-1)\mu |r_{\max}| \geqslant 2\sigma \sqrt{2(1+\alpha)\log N} \cdot \sqrt{\lambda_{\max}(\boldsymbol{G}^{-1})} \cdot \sqrt{\max_i (\boldsymbol{a}_i^* \boldsymbol{A}\boldsymbol{A}^* \boldsymbol{a}_i)} \quad (13.86)$$

那么 RDD 检测器的错误概率 P_e 满足

$$P_e \leqslant N^{-\sigma}[\pi(1+\alpha)\log N]^{-1/2} \quad (13.87)$$

如果满足较弱的条件

$$|r_{\min}| - (2k-1)\mu |r_{\min}| \geqslant 2\sigma \sqrt{2(1+\alpha)\log N} \cdot \sqrt{\lambda_{\max}(\boldsymbol{G}^{-1})} \cdot \sqrt{\max_i (\boldsymbol{a}_i^* \boldsymbol{A}\boldsymbol{A}^* \boldsymbol{a}_i)} \quad (13.88)$$

那么 RDDF 检测器的错误概率满足式(13.87)。

请注意在定理 13.2 中，RDDF 检测器错误概率的条件弱于 RDD 检测器。直观地，迭代接近每次减去 $\boldsymbol{Rb}$ 中大的元素的影响，这将帮助弱用户检测。

这个定理的一个特例是：当签名波形正交即 $\boldsymbol{G} = \boldsymbol{I}$，并且 $\boldsymbol{A}\boldsymbol{A}^* = c\boldsymbol{I}$（$c$ 是一个系数）时，矩阵 $\boldsymbol{A}$ 的列有相当的范数。例如，当矩阵 $\boldsymbol{A}$ 是一个列归一化的部分傅里叶矩阵且取 $c = N/p$ 时，将满足上面的特例。在这种情况下，RD-MUD 的输出噪声为白噪声，因此 $\boldsymbol{a}_i^* \boldsymbol{A}\boldsymbol{A}^* \boldsymbol{a}^* = c$，且式(13.86)和式(13.88)的右边将化简为 $2\sigma\sqrt{c}\sqrt{2(1+\alpha)\log N}$。如果将 σ^2 按比例缩放为 c，那么这个表达式与定理 11.21 中响应的表达式完全相同，那个式子描述了标准 CS 中 OMP 算法稀疏恢复的性能。我们在前面提到过噪声折叠响应：噪声的方差将增大 c 倍。然而，定理 11.21 仅保证支持的恢复，即正确检测活跃用户组，而我们的定理保证正确检测用户组和他们相应的符号。这是因为当这个条件满足活跃用户检测时，自然也能保证正确检测活跃用户的二进制数[395]。

例 13.5　在这个例子中，我们用数值实验来证明 RD-MUD 的性能。

我们随机选择 $N \times N$ 的 DCT 矩阵的 p 行作为矩阵 $\boldsymbol{A}$，并进行 5×10^5 次蒙特卡洛试验。在每次试验中，生成一个高斯随机噪声向量和概率为 1/2 的随机二进制数 $b_i \in \{\pm 1\}$。对所有 i 设置振幅都等于 $r_i = 1$，噪声的方差 $\sigma^2 = 0.005$，还有 $\boldsymbol{G} = \boldsymbol{I}$。我们假设签名波形是标准正交的。

图 13.17(a)展示了 RDD 和 RDDF 检测器在稀疏系数 $k = 2$ 时不同 N 值的情况下，错误概率 P_e 随相关器数量变化的情况。很明显，RDDF 检测器的性能要优于 RDD 检测器。当 N 值增大时，相关器的数量 p 也要相应增加以保证性能可以接受。图 13.17(b)展示了 RDD 和 RDDF

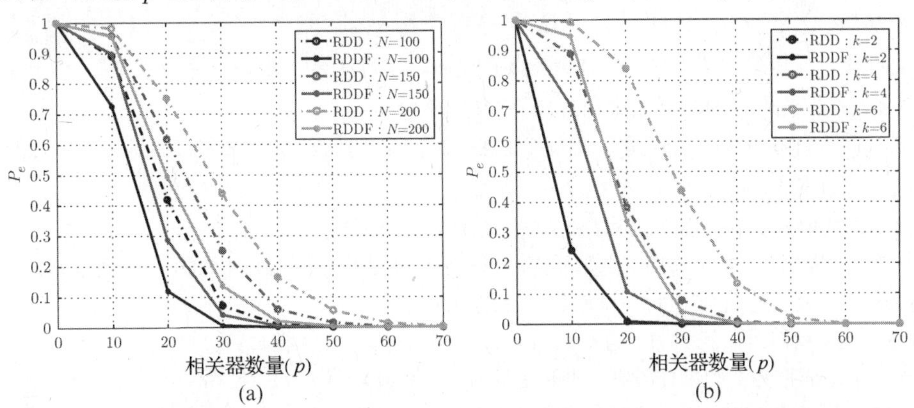

图 13.17　应用 RDD 和 RDDF 检测器错误概率随 p 的变化情况。(a)用户数 $k = 2$ 时，不同 N 值的情况；(b)总的潜在用户数 $N = 100$ 时，不同 k 值的情况

检测器在 $N=100$ 时，不同稀疏系数 k 的情况下，错误概率 P_e 随相关器数量变化的情况。从图中可以看出，当活跃用户数增多时我们也要增加相关器的数量。

总结一下，本章阐述了当活跃用户数远小于系统的总用户数时，如何应用模拟 CS 的方法减少 MUD 前端相关器的数量。下一章中，我们将应用模拟 CS 的概念在欠奈奎斯特频率下采样多频带信号。

13.5 习题

1. $x(t)$ 是 L_2 中的任意信号，$\{\overline{a_\ell(-t)}, 1\leqslant\ell\leqslant N\}$ 是图 13.1 描述的采样滤波器组。
   (a) 用 $X(\omega)$ 和 $A_\ell(\omega)$ 写出采样向量 $c_\ell[n]=\langle a_\ell(t-nT), x(t)\rangle$ 的 DTFT $c(\mathrm{e}^{\mathrm{j}\omega})$ 的表达式。
   (b) 假设现在 $x(t)$ 有式(13.1)的形式。用 $H_\ell(\omega)$ 和 $D_\ell(\mathrm{e}^{\mathrm{j}\omega})$ 写出 $x(t)$ 的傅里叶变换 $X(\omega)$ 表达式。
   (c) 用前面的结果推导式(13.2)。
2. $x(t)$ 是一个带限于π的信号。考虑当 $a_i(t)=\delta(t-t_i)$，$1\leqslant i\leqslant N$ 时图 13.1 的框架，式中 t_i 为不同的值，且 $0\leqslant t_i<1$。
   (a) 提出一个能够将采样点恢复为 $x(t)$ 的重构滤波器组 $h(t)$。
   (b) 写出重构滤波器的显示表达式 $\boldsymbol{M}_{AH}^{-1}(\mathrm{e}^{\mathrm{j}\omega})$。
3. 考虑 m 未知的图 13.18 描述的复杂信号。假设带宽不大于 B 且对某一 T 满足 $\omega_c+B/2\leqslant\pi/T$。将这个信号写成式(13.6)的形式，并确定 $d_\ell[n]$，$h_\ell(t)$ 和 N。

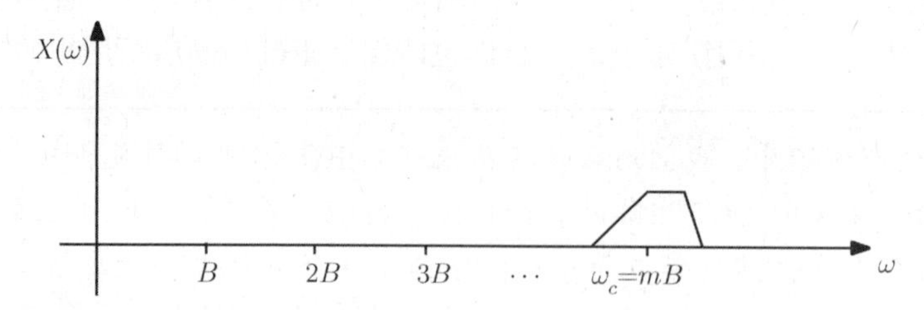

图 13.18 只有一个频带的多频带信号例子

4. 令 $\{\boldsymbol{y}[n]=\boldsymbol{A}\boldsymbol{x}[n], n\in\mathbb{Z}\}$ 是一个给定的向量集合。
   (a) 证明 $\boldsymbol{y}[n]$ 的张成空间(span)与列空间 $\boldsymbol{Q}_y=\sum_{n\in\mathbb{Z}}\boldsymbol{y}[n]\boldsymbol{y}^*[n]$ 等价。
   (b) 定义 $\boldsymbol{Q}_x=\sum_{n\in\mathbb{Z}}\boldsymbol{x}[n]\boldsymbol{x}^*[n]$。确定 $\boldsymbol{Q}_x$ 和 $\boldsymbol{Q}_y$ 的关系。
   (c) 假设向量 $\boldsymbol{x}[n]$ 是联合 k 稀疏的，且矩阵 $\boldsymbol{A}$ 的 spark 等于 $2k+1$，求 $\boldsymbol{Q}_y$ 的秩的上界。
5. $\boldsymbol{v}(\omega)=\overline{\boldsymbol{M}_{AH}^{-1}(\mathrm{e}^{\mathrm{j}\omega T})}\boldsymbol{a}(\omega)$ 是一个由式(13.20)定义的函数。
   (a) 当 $V_\ell(\omega)$ 是 $\boldsymbol{v}(\omega)$ 的第 ℓ 个元素，且 k 为任意值时，写出 $V_\ell(\omega/T-2\pi k/T)$ 的显式表达式。
   (b) 应用上面的表达式证明 $\boldsymbol{M}_{VH}(\mathrm{e}^{\mathrm{j}\omega})=\boldsymbol{I}$。
   (c) 提出一组其他的函数 $\{v_\ell(t), 1\leqslant\ell\leqslant N\}$ 满足 $\boldsymbol{M}_{VH}(\mathrm{e}^{\mathrm{j}\omega})=\boldsymbol{I}$。
6. 在式(13.37)后提到过：每个周期三个采样点可以充分恢复信号。例 13.1 提供了一个滤波器 $s_i(t)$，$1\leqslant i\leqslant 3$ 满足从相应的采样点中确定 $x(t)$。试解释这一结果。
7. 在这个习题中，我们回顾例 13.1，考虑式(13.31)的任意信号发生器 $h(t)$。
   (a) 提出一个采样率为 1 的采样方案，能够完美地恢复任意信号 $h(t)$。
   (b) 概括这个例子的方法提出一个采样率为 4/7 的欠奈奎斯特方案，对任意信号发生器都适用。
8. 现在用不同的采样函数考虑例 13.2。考虑下面的函数

$$s_i(t)=\delta(t-c_iT),\quad 1\leqslant i\leqslant 4 \tag{13.89}$$

式中 $T=2\pi/B$，$\{c_i\}$ 是四个不同的整数，且 $1\leqslant c_i\leqslant 5$。

(a) 说明这些滤波器可以从定理 13.1 包含的框架中得到，框架存在适当的 $\boldsymbol{W}(\mathrm{e}^{\mathrm{j}\omega})$ 和 $\boldsymbol{A}$。

(b) 开发一个这些采样点的恢复算法。

(c) 讨论在什么条件下只应用三个采样滤波器是充分的。

9. 在这个习题中将证明，如果信号 $s(t)$，$0\leqslant t\leqslant T$ 被方差为 N_0 的加性高斯白噪声污染，那么在所有可能的滤波器中，有与 $s(t)$ 匹配的脉冲响应的滤波器将使输出的 SNR 最大。

(a) $y(t)=s(t)+n(t)$，假设 $y(t)$ 通过脉冲响应为 $h(t)$，$0\leqslant t\leqslant T$ 的滤波器，并且将其输出在 $t=T$ 时刻采样。计算 $t=T$ 时刻信号和噪声的成分。

(b) 定义输出信噪比为信号的能量与噪声能量的比值。说明输出信噪比 SNR 可以写成

$$\mathrm{SNR}=\frac{\left(\int_0^T h(\tau)s(T-\tau)\mathrm{d}\tau\right)^2}{N_0\int_0^T h^2(T-\tau)\mathrm{d}t}\tag{13.90}$$

(c) 应用柯西–施瓦茨不等式寻找使式(13.90)分子最大的 $h(t)$，并确定 $h(t)$ 与 $s(t)$ 匹配。

10. 假设一个发射机用图 13.19 中的信号在一个信道中传输信息，信号是标准正交的。这里将导出图 13.12的 CS 接收机。

(a) 找到与 $\{h_i(t)\}$ 双正交的集合 $\{v_i(t)\}$。

(b) 选择适合这种设置的矩阵 $\boldsymbol{A}$。

(c) 确定产生的压缩关联函数 $s_i(t)$。

(d) 构造一个生成的 CS 接收机的类似于表 13.1 的表格。

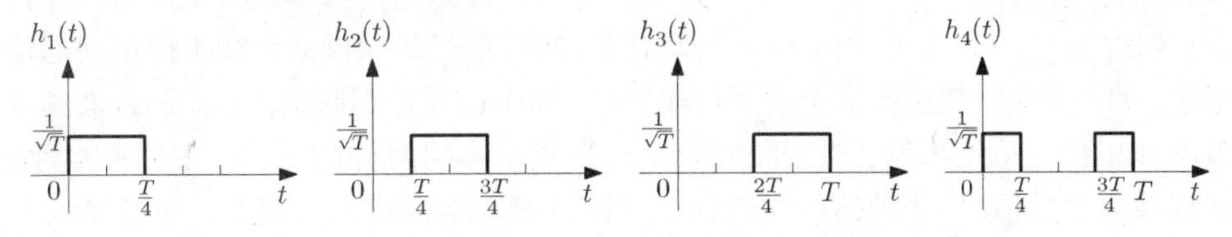

图 13.19　习题 10 的信号

11. 说明当 $p=N$，且信号和矩阵 $\boldsymbol{A}$ 的行都标准正交时，式(13.70)的接收器与 MF 接收器完全相同。

12. 在这个习题中，我们开发满足 $\min_{\boldsymbol{T}}[\|\boldsymbol{T}\boldsymbol{y}-\boldsymbol{b}\|^2]$ 的 MMSE 接收器，式中 $\boldsymbol{y}=H^*y(t)=\boldsymbol{G}\boldsymbol{R}\boldsymbol{b}+\boldsymbol{n}$，其中 $\boldsymbol{n}=H^*y(t)$ 与式(13.76)给出的相同。

(a) 说明向量 $\boldsymbol{n}$ 是一个零均值、协方差为 $\boldsymbol{R}_n=\sigma^2\boldsymbol{G}$ 的高斯向量。

(b) 利用数据和噪声不相关这一结论开发 MMSE 估计器。

13. $\boldsymbol{y}=\boldsymbol{G}^{-1}H^*y(t)$ 是图 13.16 的去相关接收器的输出。

(a) 确定满足可以把 $\boldsymbol{y}$ 写成 $\boldsymbol{y}=V^*y(t)$ 的函数 $\{v_i(t),\ 1\leqslant i\leqslant N\}$。

(b) 说明函数 $\{v_i(t)\}$ 与 $\{h_i(t)\}$ 是双正交的。

第 14 章　多频带采样

本章讨论多频带信号的采样问题，这类信号的傅里叶变换包括多个频带，散布在一个可能是比较宽的频率范围中。首先考虑载波频率是已知的，或者频带的位置是已知的情况。利用经典方法和基于交错 ADC 结构的技术对这类信号进行采样，采样速率与实际占据频带相匹配，而不是与最高频率相对应的高奈奎斯特速率相匹配。接下来，更具挑战的是载波频率未知的情况，这将对应于一个子空间并集模型。将载波频率已知的采样方法与前面章节介绍的模拟信号压缩采样方法相结合，可以得到一些针对频带位置未知的多频带信号的欠奈奎斯特采样技术。随着理论概念的发展，我们将讨论这些方法在实际应用时的约束条件，并给出欠奈奎斯特采样速率的硬件电路实现例子。

14.1　多频带信号的采样

考虑一个多频带输入信号 $x(t)$ 情况，这个信号具有频谱稀疏性，其连续时间傅里叶变换（CTFT）$X(\omega)$ 支撑在 N 个频率点，或者子带上，每个子带的宽度都不超过 B。另外，其最高的频率分量不超过 $\omega_{\max}$。图 14.1 给出了一个典型的多频带信号的频谱。多频带模型在通信信道中是很常见的，如一个接收机监听多个射频传输信号，每个信号分别调制在不同的载波频率上。

从数学和工程的角度来看，对于载波频率已知和未知的两种情况，存在着根本性的差别。对于已知载波频率的情况，接收机就可以将有用信号解调至基带，也就是，通过输入与相应的正弦波相乘，将射频带宽内的信息部分平移至基带，并利用滤波器将已调输出的高频部分滤除。接下来的采样和处理过程就可以在相应的子带上以较低的采样速率进行，具体过程将在 14.2.1 节介绍。

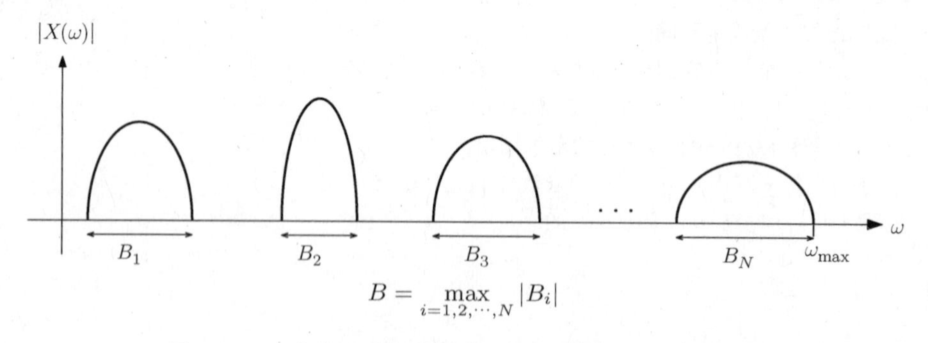

图 14.1　一个典型多频带频谱，每个子带的宽度不超过 B

认知无线电

还有一种情况就是载波未知的多频带信号，例如，认知无线电（cognitive radio，CR）接收机的情况[100]，这种接收机的设计是基于一种机会主义的概念，使接收机具有检测未使用频率区域的能力。CR 技术的商业化使用需要一个快速而准确的频谱感知（spectrum sensing）机制，以支持实时感知决策。所谓的频谱感知就是一个识别给定输入信号的频率支撑的过程。CR 技术的兴起是为了解决这样一个现实问题：在过去几十年里，政府部门将大量的频谱资源分配给原始用户，也就是为每一个拥有者保留一个特定的频率间隔。这种资源分配机制导致了频段拥挤。如今，对于传输带宽的需求日益增加，一种固定的分配机制很难满足实际需求。美国联邦通讯委员会(FCC)以及各国的相应机构的研究表明，频谱资源的实际使用并不充分。在一个给定的地理区域内，只有少数原始用户在同时进行传输。这种过低的频谱利用率推动了 CR 技术的发展，这方面的情况如图 14.2 所示。

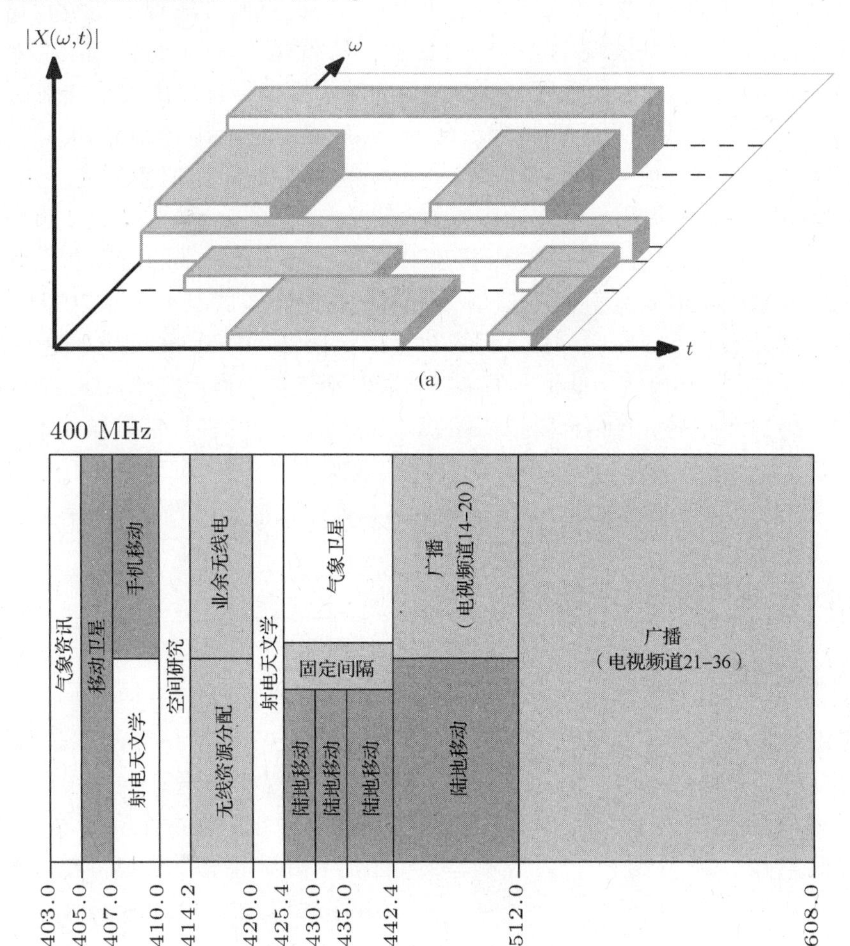

图 14.2　较低的频谱利用率。(a)频谱空洞概念。对于每一个时隙，仅有少部分频谱被利用；(b)FCC频谱分配图的一部分(400 MHz频率范围)。尽管整体频率带宽都已被分配，但实际上的频谱空洞广泛存在

CR 的基本思想就是瞬时地检测可用的频谱空洞，也就是说，这些频率点上的主用户是处于闲置状态。在 CR 用户寻找可用频谱空洞时，首先需要进行频谱感知。此外，CR 用户必须要持续地监测频谱的变化，即使是已经选定了的某一频带。一旦主用户变成为活跃用户，CR 用户就必须选择其他的工作频带，或者裁剪其传输信号以降低带内信号功率。可用频谱空洞的实时信息保证了 CR 用户的传输连续性。仅此，快速高效的频谱感知技术是 CR 的一个基本功能[399,400]。这种频谱感知的任务就可以归纳为一个宽带稀疏频谱的采样问题，进而导致了一个多频带模型。

本章内容概述

从数学模型上看，当子带位置为已知并且固定时，这类多频带信号就定义了一个线性子空间，因为两个输入信号的任意线性组合的 CTFT 都支撑在同一个频带上。在 14.2 节和 14.3 节中将介绍线性多频带模型，这方面内容在相关的文献中已被广泛研究。采样多频带信号的最简单方法是同时对所有的频带进行解调，然后分别对每个子带进行低速率采样。虽然很简单并且很直观，但是这种方法需要一组可调节的解调器，因此在硬件实现上花费较高，同时这种方法还要依赖于输入信号的载波频率。一种替代的方法就是将这种多频带信号转化为数字信号，也就是直接对输入信号进行欠采样，而不需要前端的模拟硬件。由欠采样引起的混叠可以有效地将频率成分平移到基带的处理过程，在 14.2.3 节中将给出详细介绍。在这部分内容中，重点讨论对多频带输入信号 $x(t)$ 进行直接采样值的最小采样速率问题。这个问题早在 20 世纪 60年代就由 Landau 提出，也就是著名的 Landau 速率[99]，将在 14.2.2 节中进行讨论。

在 14.3 节中，将研究交错 ADC 结构，提出对具有超过一个频带的信号进行直接欠采样的概念。这种系统的缺陷是需要具有高模拟信号带宽，这在许多情况下是难以实现的。为了回避对模拟带宽的需求，将在 14.4 节中介绍调制宽带转换器（MWC）的概念，这种方法允许以 Landau 速率进行采样，但却仅使用低带宽的 ADC，同时不依赖于类似交错 ADC 结构所要求的精确的延时部件。在 14.5 节中，将结合模拟压缩感知和载频已知的多频带采样技术，研究载频未知情况下的欠奈奎斯特采样方法。而 MWC 的硬件实现方法将在 14.6 节中进行介绍。在本章的末尾，将简单讨论噪声和其他问题的影响，并给出一些描述系统工程的仿真结果。

14.2 载频已知的多频带信号

14.2.1 I/Q 解调

首先，考虑载频已知的实多频带模型。采样这类信号的一种简单方法就是利用解调首先分离各子带，并将其平移至基带，然后，对每一子带进行独立的低速采样。

为了更准确理解实信号的解调，考虑一个典型的通信系统，将两个频带宽度为 B 的实信息信号 $I(t)$ 和 $Q(t)$，调制到一个载波频率 ω_i 上，且相对相移为 90°。给出输出信号形式为[394]

$$r_i(t) = I(t)\cos(\omega_i t) + Q(t)\sin(\omega_i t) \tag{14.1}$$

信号 $I(t)$ 为同相分量，信号 $Q(t)$ 为正交分量。每个信号 $r_i(t)$ 的总带宽为 $2B$，在正负频率轴上带宽各为 B。两个频带互为共轭，如图 14.3 所示。

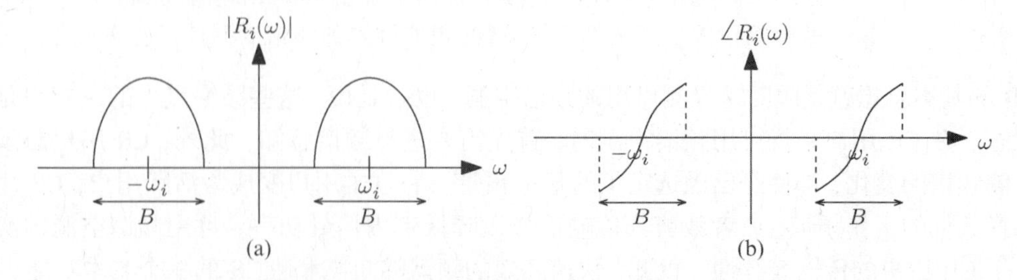

图 14.3 载频为 $r_i(t)$，频带宽度为 ω_i 的实带通信号 B 的典型共轭频率响应。(a) 对称的幅频特性；(b) 反对称的相频特性

下面给出其他一些通信系统中常见的例子。

在幅度调制(AM)系统中，有用信息是 $I(t)$ 的幅度，同时 $Q(t)=0$。脉冲 AM 信号(PAM)的形式类似于 $I(t)=A_m g(t)$，其中 $g(t)$ 表示所给脉冲的形状，A_m 表示 M 个可能量化幅度中的一个。典型地，对于 $1\leqslant m\leqslant M$ 有 $A_m=(2m-1-M)d$，其中 $2d$ 表示相邻信号幅度间的距离。数字 PAM 又被称为幅度键控(ASK)。

- 在正交调幅(QAM)系统中，$I(t)$ 和 $Q(t)$ 都被用来传递信息比特，其形式为 $I(t)=A_m g(t)$ 和 $Q(t)=B_m g(t)$，这里，A_m 和 B_m 均包含有信号的信息。
- 在模拟的相位调制(PM)和频率调制(FM)系统中，同样遵循式(14.1)的形式，其中的模拟信息为 $g(t)=\arctan[Q(t)/I(t)]$。在数字通信系统中，也就是相移键控或频移键控(PSK/FSK)系统中，$I(t)$ 和 $Q(t)$ 携带符号信息。每个符号编码为 1 个、2 个或者更多的比特。在数字 PM 系统中，对于每个 $1\leqslant m\leqslant M$，有 $I(t)=g(t)\cos(\theta_m)$ 和 $Q(t)=-g(t)\sin(\theta_m)$，其中 $g(t)$ 表示脉冲形状，$\theta_m=2\pi(m-1)/M$ 是用来传递信息的载波的 M 种可能的相位。数字 PM 也被称为相移键控(PSK)。而 FSK 系统则对应于选择 $I(t)=g(t)\cos[(m-1)\Delta\omega t]$ 和 $Q(t)=-g(t)\sin[(m-1)\Delta\omega t]$，其中 $\Delta\omega$ 是一个恰当的频率步长。

由 $I(t)$ 和 $Q(t)$ 承载的信息可以通过 I/Q 解调器进行恢复，如图 14.4 所示。为了深入理解系统的操作过程，考虑将接收信号 $r_i(t)$ 与 $\cos(\omega_i t)$ 相乘：

$$\begin{aligned}s(t) &= r_i(t)\cos(\omega_i t)\\ &= I(t)\cos^2(\omega_i t)+Q(t)\sin(\omega_i t)\cos(\omega_i t)\\ &= \frac{1}{2}I(t)+\frac{1}{2}[I(t)\cos(2\omega_i t)+Q(t)\sin(2\omega_i t)]\end{aligned}\tag{14.2}$$

经过截止频率小于 $2\omega_i-B/2$ 的低通滤波器，输出的结果 $s(t)$ 已滤除包含 $2\omega_i t$ 在内的高频分量，剩余部分仅有 $I(t)$。此滤波信号不受 $Q(t)$ 的影响，说明同相分量的接收能够独立于正交分量。同理，$r_i(t)$ 与 $\sin(\omega_i t)$ 相乘，并经过低通滤波器，可以提取出 $Q(t)$。通过硬件获取 $I(t)$ 和 $Q(t)$ 的方式是利用一对低速 ADC 器件以速率 B 得到均匀采样值，其中 B 是 $I(t)$ 和 $Q(t)$ 的脉冲宽度。之后的 DSP 模块能够推断出模拟信息或者从接收的符号中解码得到比特值。

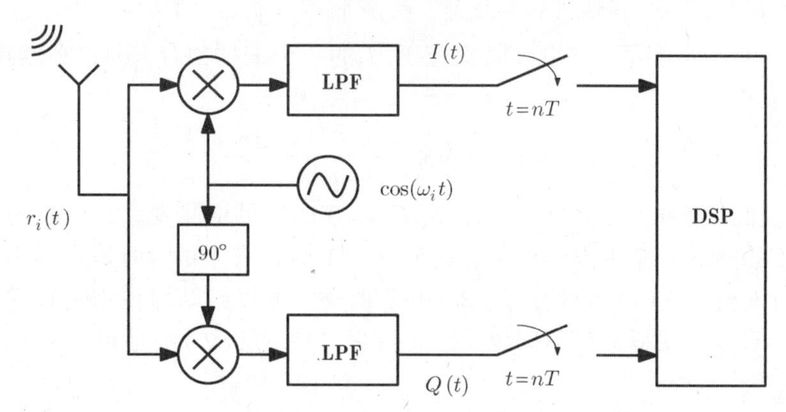

图 14.4　典型的 I/Q 解调器框图

每一个 $r_i(t)$ 的重构，以及多频带输入信号 $x(t)$ 的恢复需要根据式(14.1)，在相应的载波频率上对信号进行二次调制。这种方法通常应用在中继站或者再生中继器通信情况中，其中

需要对 $I(t)$ 和 $Q(t)$ 的信息进行解码，采用数字纠错算法，然后再将信号调制回高频，进行下一次的传输[394]。

这种 I/Q 解调器将利用两个速率为 B 的 ADC 模块，总采样速率为 $2B$，这个速率与信号 $r_i(t)$ 的带宽相匹配。因此，若存在总带宽为 $2NB$ 的 N 个信号 $r_i(t)$，则需要 I/Q 解调器的采样速率为 $2NB$，这很明显就是可能存在的最小采样速率。

在不同的文献中，这种 I/Q 解调器有不同的名字，如零中频接收机，直接转换方式或者差(homodyne)接收机等；文献[19]中给出了多种解调器结构。每个有用子带需要两个硬件通道来提取相关的 $I(t)$ 和 $Q(t)$ 信号。在低中频接收机或外差(heterodyne)接收机中也有相似的原理，它是将有用的子带信号解调到低频部分，而不解调到原始信号状态。外差接收机在无线电、电视调谐器、无线通信等方面有着广泛的应用。而零差接收机的一个缺点就是存在直流偏压，这是由本地振荡器的泄漏进入混频器而造成的。这部分偏移对于测量信号而言，缩小了动态变化的范围。另一方面，零差接收机允许单个频率的基带转换，而低中频接收机需要两个(或以上)的频率转换，这也就增加了硬件的复杂性。

尽管描述起来很简单也很直观，但是在 CR 系统中，解调器在硬件实现上还是有难度的，原因就是它需要掌握载波频率的准确信息，还需要一组可调节的调制器。在下一节中，我们将研究另一种技术，这种方法是将多频带信号转换到数字域，这样可以确保在最小可能采样速率上进行采样，即 Landau 采样速率。在介绍这些方法之前，先讨论一下针对多频带信号的 Landau 采样定理，这个定理给出了一个多频带输入信号采样速率的极限。

14.2.2 Landau 采样速率

考虑带限函数空间 $\mathcal{B}_{\mathcal{T}}$，其傅里叶变换被限制在一个已知的支撑 $\mathcal{T}$ 上，而 $\mathcal{T}$ 是 $\mathcal{F}=[-\omega_{\max}/2, \omega_{\max}/2]$ 的一个子集：

$$\mathcal{B}_{\mathcal{T}} = \{x(t) \in L_2(\mathbb{R}) \mid \operatorname{supp}X(\omega) \subseteq \mathcal{T}\} \tag{14.3}$$

换句话说，对于 $\omega \notin \mathcal{T}$，有 $X(\omega)=0$。如果各点之间的距离至少为 $d>0$，同时采样序列 $x_R[n]=x(r_n)$ 是稳定，那么则称集合 $R=\{r_n\}$ 为相对于 $\mathcal{B}_{\mathcal{T}}$ 的一个采样集合，即存在常数 $\alpha>0$ 和 $\beta<\infty$，使得

$$\alpha \| x-y \|^2 \leqslant \| x_R - y_R \|^2 \leqslant \beta \| x-y \|^2, \quad \forall x,y \in \mathcal{B}_{\mathcal{T}} \tag{14.4}$$

Landau 在文献[99]中证明了，如果 R 是对应于 $\mathcal{B}_{\mathcal{T}}$ 的一个采样集合，则它必然具有稠密度 $D^-(R) \geqslant \lambda(\mathcal{T})$，其中

$$D^-(R) = \lim_{r\to\infty} \inf_{y\in\mathbb{R}} \frac{|R \cap [y, y+r]|}{r} \tag{14.5}$$

式(14.5)是比较低的 Beurling 稠密度，且 $\lambda(\mathcal{T})$ 是 $\mathcal{T}$ 的勒贝格测度。式(14.5)中分子是在实轴上每个 r 宽度的间隔上 R 中点的个数，这个分子不必是有限的，但是采样集合必须是可数的，下确界是有限值。式(14.5)给出的 Beurling 稠密度可以归结为在均匀采样和周期性非均匀采样情况下一种平均采样速率的概念。Landau 采样速率 $\lambda(\mathcal{T})$ 则是相对于 $\mathcal{B}_{\mathcal{T}}$ 的最小平均采样速率的概念。

例 14.1 本例中，计算一个均匀采样的 Beurling 稠密度。

令 $R_u=\{nd_0\}_{n\in\mathbb{Z}}$ 是一个间隔为 d_0 的均匀采样集合。如图 14.5 所示，有 $n_1=\left\lceil \frac{y}{d_0} \right\rceil$ 和 $n_N=$

$\left\lfloor \frac{y+r}{d_0} \right\rfloor$, 及 $R_u \cap [y, y+r] = \{n_1 d_0, n_2 d_0, \cdots, n_N d_0\}$。由于 $|R_u \cap [y, y+r]| = n_N - n_1 + 1$, 则

$$C_{R_u}(y) = |R_u \cap [y, y+r]| = \left\lfloor \frac{y+r}{d_0} \right\rfloor - \left\lceil \frac{y}{d_0} \right\rceil + 1 \tag{14.6}$$

很容易看到, 对于 $r>0$, $C_{R_u}(y)$ 是以 d_0 为周期的周期函数。因此, 根据式(14.5)计算 $D^-(R)$ 时, 需要充分考虑间隔 $[0, d_0)$ 内的 y。

对于任意 $r>0$, 有 $\left\lceil \frac{y}{d_0} \right\rceil \leqslant 1$, $\left\lfloor \frac{y+r}{d_0} \right\rfloor \geqslant \left\lfloor \frac{r}{d_0} \right\rfloor$, 且对于任意小的 y 两个不等式均可实现。因此有

$$\inf_{y \in \mathbb{R}} C_{R_u}(y) = \min_{0 \leqslant y_0 < d_0} C_{R_u}(y) = \left\lfloor \frac{r}{d_0} \right\rfloor \tag{14.7}$$

由于每个 $x>0$ 可以写为 $x = \lfloor x \rfloor + s(x)$, 其中 $0 \leqslant s(x) < 1$, 则 $D^-(R)$ 为

$$D^-(R_u) = \lim_{r \to \infty} \frac{\left\lfloor \frac{r}{d_0} \right\rfloor}{r} = \lim \frac{\frac{r}{d_0} - s\left(\frac{r}{d_0}\right)}{r} = \frac{1}{d_0} \tag{14.8}$$

其中, 最后的等式是 $0 \leqslant s(x) < 1$ 的结果。

Landau 的结果表明, 间隔为 d_0 的均匀采样, 速率 $1/d_0$ 一定大于或等于集合 $\mathcal{T}$ 的勒贝格测度 $\lambda(\mathcal{T})$。特别地, 对于带宽为 B 的带限信号, 有 $1/d_0 \geqslant B$, 这就是由香农–奈奎斯特定理给出的极限值。

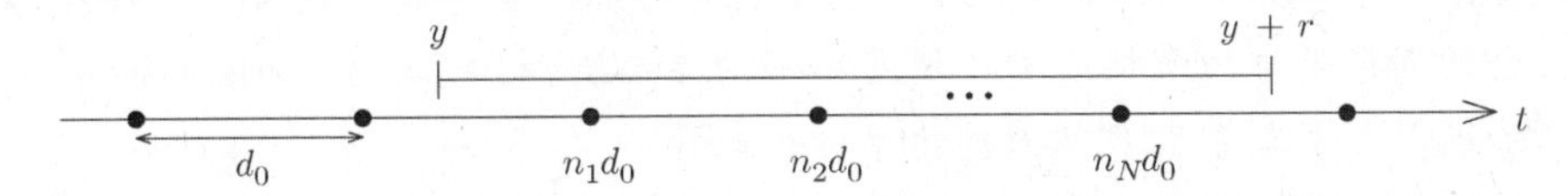

图 14.5　均匀采样集合及长度 r 间隔的关系

例 14.2　接下来, 计算一个周期性采样集的 Beurling 稠密度。令一个周期为 d_0 的周期性采样集为 $R_p = \{d_0(n+\tau_1), d_0(n+\tau_2), \cdots, d_0(n+\tau_N)\}_{n \in \mathbb{Z}}$, 其中 $0 \leqslant \tau_i < 1, 1 \leqslant i \leqslant N$, 且 $\tau_i \neq \tau_j$, $i \neq j$。图 14.6 给出了此类采样集的一个实例。

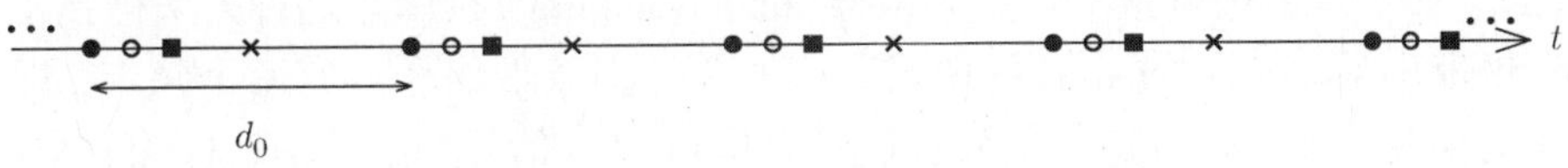

图 14.6　当 $N=4$ 且 $\tau_1 = 0, \tau_2 = \frac{1}{2}, \tau_3 = \frac{1}{4}, \tau_4 = \frac{1}{8}$ 时的周期采样集合

为了计算 Beurling 稠密度, 注意到 R_p 可以表示为

$$R_p = R_{u_1} \cup R_{u_2} \cup \cdots \cup R_{u_N} \tag{14.9}$$

其中, 对于每一个 i, $R_{u_i} = \{d_0(n+\tau_i)\}_{n \in \mathbb{Z}}$ 都是一个均匀采样集合。联合考虑式(14.6)和式(14.9), 以及 $\{R_{u_i}\}_{i \in 1, \cdots, N}$ 是互不相交集合, 可推导出

$$\begin{aligned} C_{R_p}(y) &= |R_p| = \sum_{i=1}^{N} |R_{u_i}| \\ &= \sum_{i=1}^{N} \left(\left\lfloor \frac{y - \tau_i d_0 + r}{d_0} \right\rfloor - \left\lceil \frac{y - \tau_i d_0}{d_0} \right\rceil + 1 \right) \end{aligned} \tag{14.10}$$

由于一般来说，$\inf[f(x)+g(x)]\neq\inf f(x)+\inf g(x)$，所以仅能得到

$$N\left\lfloor\frac{r}{d_0}\right\rfloor\leqslant\inf_{y\in\mathbb{R}}C_{R_p}(y)\leqslant N\left(\left\lfloor\frac{r}{d_0}\right\rfloor+1\right)\tag{14.11}$$

将 $y=0$ 带入 $C_{R_p}(y)$ 时，就可以得到上界。将方程式除以 r，并取极限 $r\to\infty$，得到

$$D^-(R_p)=\lim_{r\to\infty}\inf_{y\in\mathbb{R}}\frac{|R_p\cap[y,y+r]|}{r}=\frac{N}{d_0}\tag{14.12}$$

这个极限的计算与例 14.1 是相同的。

如期待的一样，N 个周期为 d_0的均匀采样序列的周期采样集合的 Beurling 稠密度，等于与其具有相同周期的单个均匀采样集合的稠密度的 N 倍(如例 14.1 所述)。这就意味着，利用此类采样集可以使我们通过一个因子 N 来增加每个单一序列的采样周期，或者降低其采样速率。

例 14.3 最后一个例子考虑图 14.1 中描述的多频带信号的最小采样速率的问题，分别利用均匀采样和周期采样方法。这里的信号包含有 N 个信息子带，且每个频带宽度为 B。

这个多频带信号的勒贝格测度 $\lambda(\mathrm{supp}|X(\omega)|)$ 等于 NB。这里要说明，实数的任意闭合区间$[a,b]$都是勒贝格可测的，并且其勒贝格测度就是长度 $b-a$。此外，可数的勒贝格测度集合的不相交并集也是勒贝格可测的，而其勒贝格测度等于单一集合测度之和。这样，根据 Landau 定理和例 14.1，可以推断，使用均匀采样的完美重构所需要的最小采样速率为 $1/d_0\geqslant NB$。也就是说，低于 NB 的采样速率就不可能实现信号的完美重构。同样，根据例 14.2，具有 M 个均匀集合的周期采样的采样速率必须满足 $M/d_0\geqslant NB$。也就是说，如果选择 $M=N$，那么，每个采样器必须以大于或等于 B 的采样速率进行工作。

从例 14.3 可以看到，Landau 定理满足了我们最迫切的期望，那就是对于有 N 个信息子带，每个字带宽度为 B 的多频带信号 $x(t)$，只需要一个不低于带宽总和的采样速率，即 NB。

Landau 采样速率给出了最小可能采样速率的一个下界。然而，Landau 定理并没有给出实现这个最小采样速率的具体方法。而在随后的采样理论研究中，提出了一些可实现这个极限的方法，包括直接均匀欠采样、时间交错 ADC 结构等[78,402,403]，这些技术导致了周期(或者循环)采样方法。在下一节中将重点讨论欠采样(undersampling)技术。这种欠采样技术通常用于存在单一实频带(a single real band)的情况。这种单一实频带信号具有两个频带，即在正负频带范围内分别存在一个频带。这类信号也就是常说的带通信号(bandpass signal)，在这里也称为单子带信号。对于这类信号，欠采样技术可以给出一种简单的解调方法。尽管如此，我们将看到，实际的采样通常是高于最小采样速率，并且当子带数量较大时会比较困难。根据带限信号的通用采样定理的研究，在 6.8.2 节中已经介绍了一个均匀采样的常用方案，那就是利用交错 ADC 结构。这个采样体系结构利用了 Papoulis 定理中的时延元素组概念。这里我们将看到，交错 ADC 结构对于多频带信号也能够实现 Landau 采样速率。事实上，我们能够证明一个重要的结果，即适当设计交错 ADC 结构可以实现最小采样速率，即使在载波未知的条件下。

尽管这种交错采样系统拥有很多优势，它仍然会遇到一些限制，包括较宽的模拟带宽需求等。作为一个备选方案，我们将介绍调制宽带转换器(MWC)技术。并将证明，这种 MWC 技术在载波频率已知或未知两种情况下，均可实现以最小采样速率采样。MWC 技术利用一个周期函数集合对输入信号进行调制，可以实现比较理想的混叠效果。

14.2.3　带通信号直接欠采样

考虑一个如图 14.7 所示的实信号 $x(t)$。由于输入是一个实信号，其 CTFT 是共轭对称的，且在正负频率范围内均包含有能量。这里，我们希望在没有任何模拟硬件先验的条件下，对此信号进行均匀采样。考虑到信号的带限范围是 ω_u，我们可以用奈奎斯特速率 $2\omega_u$ 对其进行采样。然而，由于 CTFT 的大部分为零，因此这种方法是非常浪费的。事实上，使用一个预调制器，就可以速率 $2B$ 对这个信号进行采样，其中 $B=\omega_u-\omega_l$。我们试图利用一个简单的采样方式来实现这个采样速率。为此，考虑一种所谓直接欠采样(direct undersampling)技术，即以一个欠奈奎斯特速率对信号进行均匀采样[20]。我们将证明，这个方法可以在不增加额外硬件的条件下，将信号中的有用信息平移到基带。

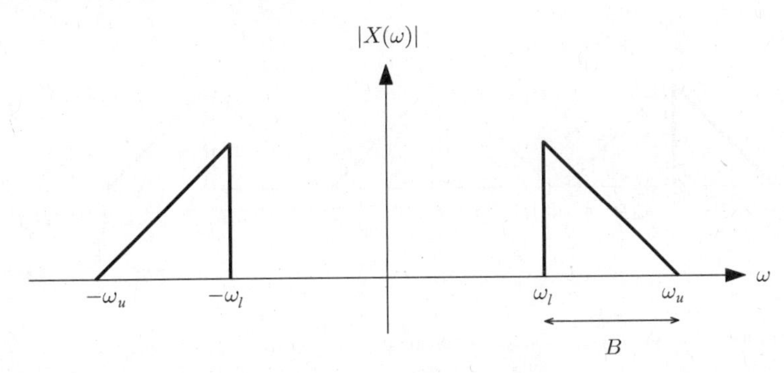

图 14.7　一个典型信号对称频带的幅度，带宽限制取决于 ω_u 和 ω_l，且 $B=\omega_u-\omega_l$

采样速率下界

假设我们以速率 ω_s 对信号 $x(t)$ 进行采样，其中 $\omega_s \geqslant 2B$。这个采样将造成以 ω_s 的平移，并导致频谱的混叠，如图 14.8 所示。这种欠采样使得信号有用信息平移到基带(整个频谱)。为了能够从采样值中恢复信号，我们需要确保因欠采样造成的来自正负频率轴的频带混叠效应不发生重叠。在此条件下，通过滤波有用信号的频率部分就可以实现信号的恢复，如图 14.9 所示。

利用欠采样技术实现的最小采样速率取决于频带的位置，也就是带宽和原始频带上边缘之间的整分数：

$$n_{\mathrm{B}}=\left\lfloor\frac{\omega_u}{B}\right\rfloor \tag{14.13}$$

一种特殊情况就是整数频带位置，$\omega_u=n_{\mathrm{B}}B$，即频带位于原始带宽的整数处。均匀采样的经典带通定理表明采样速率 ω_s 必须满足：

$$\omega_s \geqslant 2\frac{\omega_u}{n_{\mathrm{B}}} \geqslant 2B \tag{14.14}$$

很明显，只有当在整数频带位置时，能够实现 $\omega_s=2B$。进而，对于带宽为 B 的一个带通信号，其最小采样速率与上限频率 ω_u 的函数关系由图 14.10 中给出。

为了证明式(14.14)的关系，考察以低于 $2\omega_u/n_B$ 的速率进行采样，其结果是在频谱上来自左边和右边的频带在基带上会产生重叠，也就是一种不希望的混叠现象。首先，考虑以速率 $\omega_s<2B$ 对图 14.11 中的信号进行采样。由于对称性，我们需要处理好正频带的影像位置，确

保其不与原始的负频带发生重叠。在图中可以看到，如果 $\omega_s<2B$，则两个影像之间的间隔就会小于 B，其结果就是正频带影像的一部分会叠加在原始负频带上。实际上，采样速率 $\omega_s\geqslant 2B$ 的下界与频带位置 ω_u 无关，该条件很容易成立，但通常情况却是不严格的。

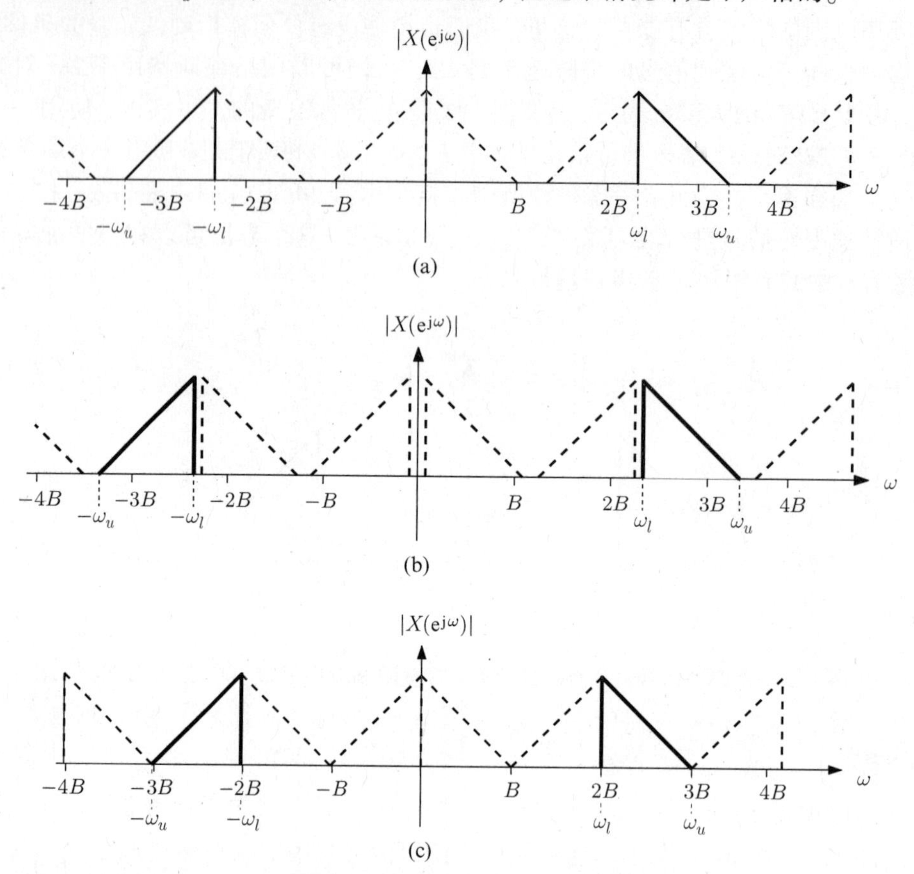

图 14.8　以速率 ω_s 对带通信号进行采样后造成的频谱混叠。混叠的出现是由于 ω_s 的平移造成的。(a)取非整数位置，$\omega_u=\frac{10}{3}B$ 和 $\omega_s=\frac{7}{3}B$；(b)取非整数位置，$\omega_u=\frac{10}{3}B$ 和 $\omega_s=\frac{9}{4}B$；(c)取整数位置，$\omega_u=3B$ 和 $\omega_s=2B$

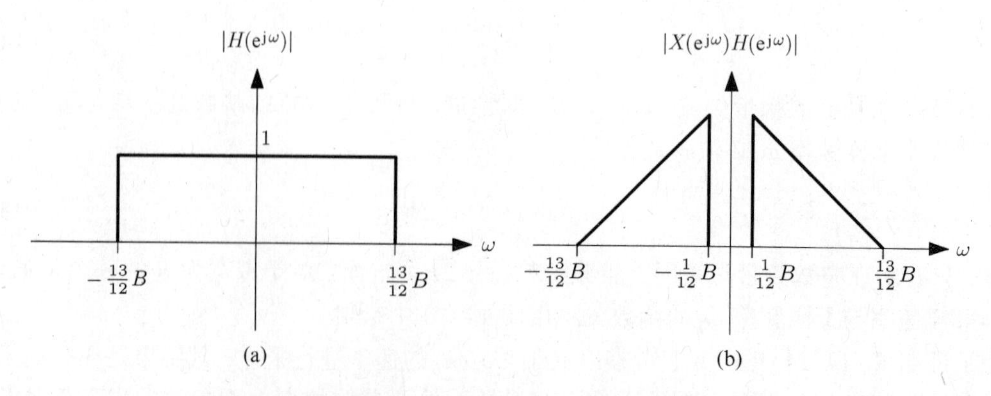

图 14.9　对于图 14.8(b)中信号的带通恢复。(a)截止频率为 $\frac{13}{12}B$ 的理想低通滤波器；(b)基带上的重构频带

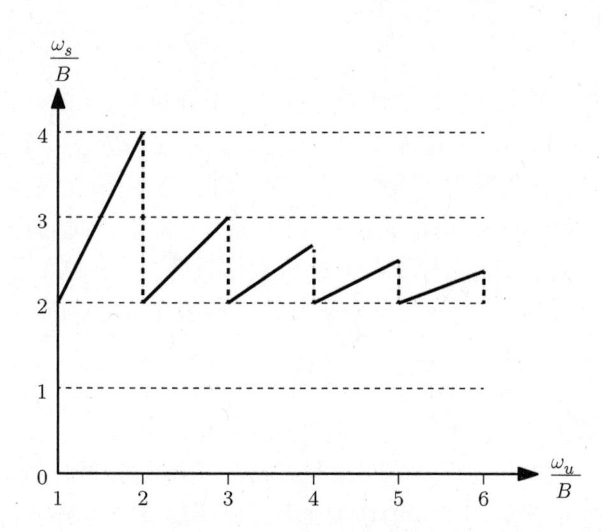

图 14.10　带宽为 B 的带通信号所需最小采样速率 ω_s 与上限频率 ω_u（或被 B 归一化）的函数关系

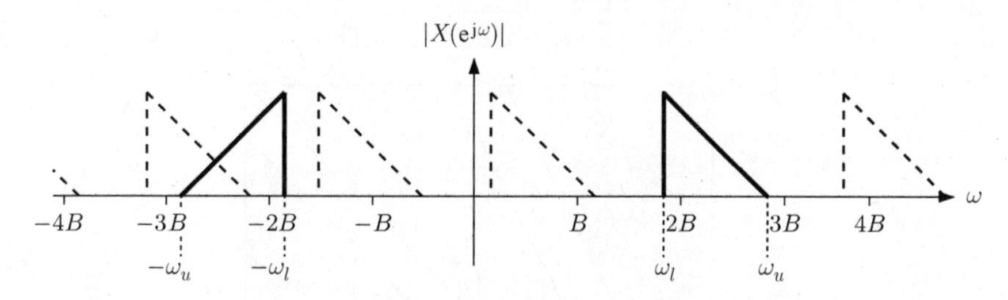

图 14.11　当 $\omega_s < 2B$ 时，正频带影像以长度小于 B 的距离被分开。其结果将产生影像混叠。为了显示更加清晰，此处忽略了负频带影像

为了得到采样速率一个更严格的下界，需要使正频带的第一个影像的右侧边界与原始负频带不出现重叠，即对于所选的 n 有

$$\omega_u - n\omega_s \leqslant -\omega_u \tag{14.15}$$

图 14.12 对这个问题做了进一步说明，这个图对应于 $\omega_s \geqslant 2\omega_u/n$ 的情况。当 $n = 1$ 时，这个边界就变为了熟悉的奈奎斯特速率。式(14.14)给出的下界取决于 n 的最大可能取值。由于必须满足 $\omega_s \geqslant 2B$，因此，n 的最大值就等于满足 $2\omega_u/n \geqslant 2B$ 的整数，或者说等于下式。

$$n_{\max} = \left\lfloor \frac{\omega_u}{B} \right\rfloor = n_{\mathrm{B}} \tag{14.16}$$

由此可以导出式(14.14)的结果。对于整数频带位置，有 $n_{\max} = \omega_u/B$，并且这个界为 $\omega_s \geqslant 2B$。

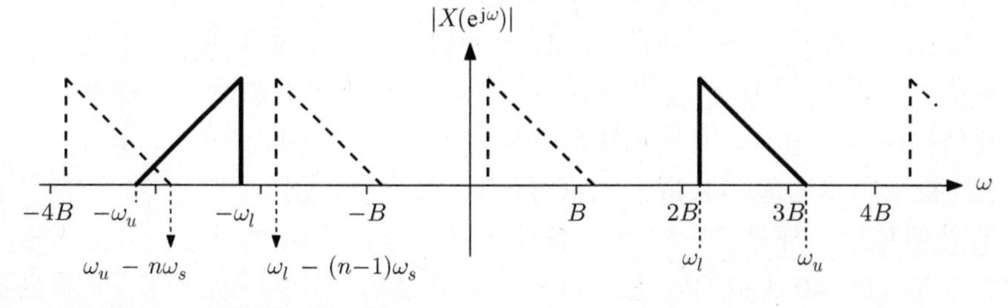

图 14.12　影像无重叠时频带边缘的条件：$\omega_u - n\omega_s \leqslant -\omega_u$ 和 $\omega_l - (n-1)\omega_s \geqslant -\omega_l$，其中 $n = 3$

采样速率上界

当对一个低通信号进行均匀采样时，任何高于最小采样速率 $2B$ 的采样速率都可以实现信号的准确恢复。然而，对于带通信号采样来说却不是这样。这是因为，采样速率的选择必须确保正负频率范围内的有用信号部分不能发生重叠。到目前为止，我们通过观察正频带第一个影像与负频带产生混叠的现象确定了采样速率的下界问题。类似地，我们也推导出它的上界，如图 14.12所示。这里，要求正频带影像不与原始负频带重叠，在右侧不重叠有 $\omega_u - n\omega_s \leqslant -\omega_u$，在左侧不重叠有 $\omega_l - (n-1)\omega_s \geqslant -\omega_l$。其结果是，采样速率 ω_s必须满足

$$2\frac{\omega_u}{n} \leqslant \omega_s \leqslant 2\frac{\omega_l}{n-1} \tag{14.17}$$

其中，n 是 $1 \leqslant n \leqslant n_B$范围内任意整数。这些条件如图 14.13 中所示。

由图 14.13 和式(14.17)可以看到，只有当 $x(t)$处于整数频带位置时，才能实现 $\omega_s = 2B$。进一步可以看到，随着速率下降因子 n 的增加，采样速率的有效区域变得更狭窄。对于一个给定 ω_u，与最大 $n \leqslant \omega_u / B$ 相对应的范围对于 ω_s，ω_u，ω_l的轻微偏差变得十分敏感[20]。其结果是，达到 $\omega_s = 2B$ 的条件在通常情况下很难实现(即使在理想无噪声情况下)，在实际中，往往是需要一个更高的采样速率，进而来弥补设计中的不完美性。

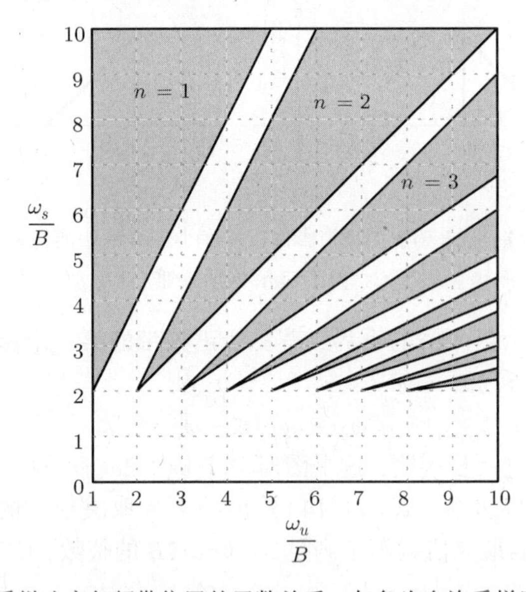

图 14.13 带通信号的欠采样速率与频带位置的函数关系。灰色为允许采样区域，白色为禁止采样区域

总而言之，欠采样技术可以实现一个带通信号的欠奈奎斯特速率直接采样，并且不需要模拟预处理。这种方式会使信号以等于采样频率 ω_s的间隔产生混叠。然而，这种方法也存在许多不足之处。首先，在通常情况下降低的采样速率仍然要高于最小可能采样速率，如图 14.10 和图 14.13 所示。等于 $2B$ 的最小速率只有当信号处于整数频带位置时才能达到。此外，尽管我们能够恢复信号的带内信息，但是无法根据采样值得到载波频率信息。其次，也是更为重要的，这种欠采样技术很难适应多频带输入信号。这时，根据式(14.17)，每个单一子带都会定义一个 ω_s的有效值范围。那么，采样速率就必须要选择这些条件的交集，这样才会使混叠不产生相互干扰。如文献[404]中的叙述，即使能够同时满足这些约束条件，可能也要使采样速率有一个很大的提高。

14.3　交错 ADC 结构

在没有做模拟预处理的情况下，另一个多频带信号的采样可选方法就是下面将要讨论的交错 ADC 结构。

14.3.1　带通采样

Kohlenberg[405]最早提出了带通信号采样的交错 ADC 结构。具体地说，他提出了利用两个速率为 B 的交错采样器，其中第二个采样器比第一个采样器延时 τ，如图 14.14 所示。这种方法在忽略频带位置的条件下，允许以最小速率 $2B$ 对任意带通输入进行采样。此外，能够从采样结果中对载波频率进行恢复。交错 ADC 结构通过增加采样器的数量可以适用于多频带输入的采样，其中每个采样器拥有不同的时延[184~186]。

首先，分析一个单一实输入信号的带通采样问题，如文献[184]中所述。接下来，看一下多频带信号采样面临的更严峻的挑战。最后，我们将介绍一种方法来分析基于文献[186,335]的采样机制，进而证明当载波未知时，该方法也是可行的。

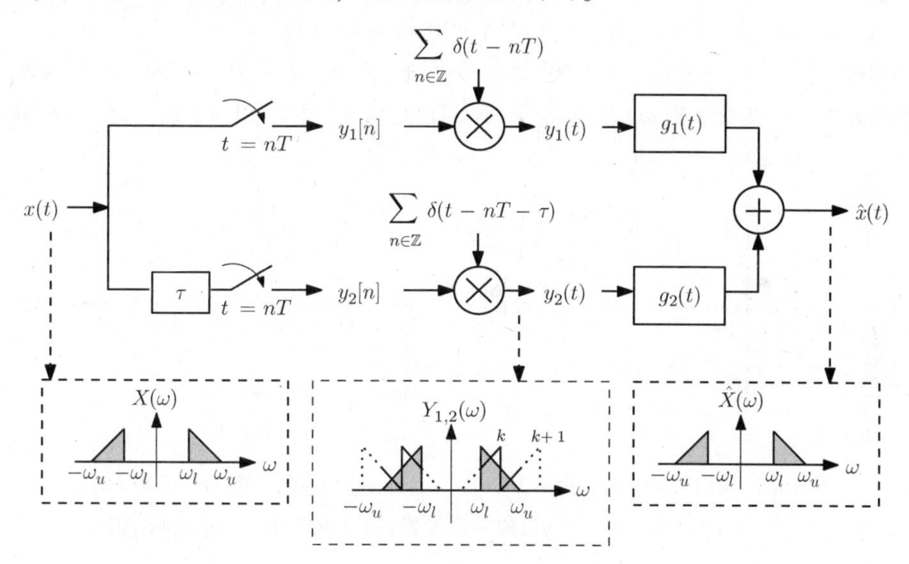

图 14.14　二阶交错采样。带通信号 $x(t)$ 被两个速率 B 相关时延为 τ 的均匀序列采样。利用插值滤波器消除不期望的混叠干扰

采样过程

假设信号 $x(t)$ 支撑在 $\mathcal{I}=(\omega_l,\ \omega_u)\cup(-\omega_u,\ -\omega_l)$ 上，且 $B=\omega_u-\omega_l$，如图 14.14 所示。我们利用如图 14.14 中的滤波器组结构对信号 $x(t)$ 进行采样，且每个通道的采样周期为 $T=2\pi/B$。由于每个通道均进行欠采样，频谱上的有用频带将发生混叠，因此，正负频带影像会相互重叠，在图中可以直观地看到。

如果，关注于原始信号的支撑的正频率部分，也就是$(\omega_l,\ \omega_u)$，那么，经过速率 B 的采样之后，我们就能够看到这个原始信号 $x(t)$，并且由自负频率的镜像所引起的混叠是按照 B 的整数倍进行平移的。这个平移的位置取决于频带的位置，如式(14.13)中所定义。特别地，很容易看到，在负半轴上影像的移动量等于 B 的 $k=\lceil 2\omega_l/B\rceil$ 倍的量，其结果就会与区间$(\omega_l,$

ω_m) 上的原始影像相互重叠，其中 $\omega_m = kB - \omega_l$。如果移动了 $k+1$ 的量，就会与(ω_m, ω_u)上的原始影像相互重叠。这里，定义 $\beta(\omega)$ 为重叠指数，它等于在 ω 处产生混叠时需要的偏移 k 的数值，根据上述讨论，有

$$\beta(\omega) = \begin{cases} k, & \omega_l \leqslant \omega \leqslant \omega_m \\ k+1, & \omega_m < \omega \leqslant \omega_u \end{cases} \quad k = \left\lceil \frac{2\omega_\ell}{B} \right\rceil \tag{14.18}$$

并且 $\beta(\omega) = -\beta(-\omega)$。

例 14.4 这里来计算两个不同带通信号的重叠指数 $\beta(\omega)$。

(1)考虑一个信号，其中 $\omega_l = 350$ MHz 和 $\omega_u = 500$ MHz。很容易得到，$B = 150$ MHz，$k = 5$，并且有 $\omega_m = 400$ MHz。因此，

$$\beta(\omega) = \begin{cases} 5, & 350 \leqslant \omega \leqslant 400 \\ 6, & 400 < \omega \leqslant 500 \end{cases} \tag{14.19}$$

并且 $\beta(\omega) = -\beta(-\omega)$，如图 14.15(a)所示。

(2)另一个信号，假设 $\omega_l = 400$ MHz 和 $\omega_u = 500$ MHz，这个信号是在整数频带位置上的带通信号。在此条件下，$B = 100$ MHz，$k = 8$，且 $\omega_m = 400$ MHz。因此，

$$\beta(\omega) = 9, \quad 400 \leqslant \omega \leqslant 500 \tag{14.20}$$

如图 14.15(b)所示。更一般地，对于整数频带位置，$k = \lceil 2\omega_l/B \rceil = 2\omega_l/B$ 是偶数，而 $\omega_m = (2\omega_l/B)B - \omega_l = \omega_l$。这时，$\beta(\omega)$ 只有两个相反的值，$k+1$ 和 $-(k+1)$，且均为奇数。

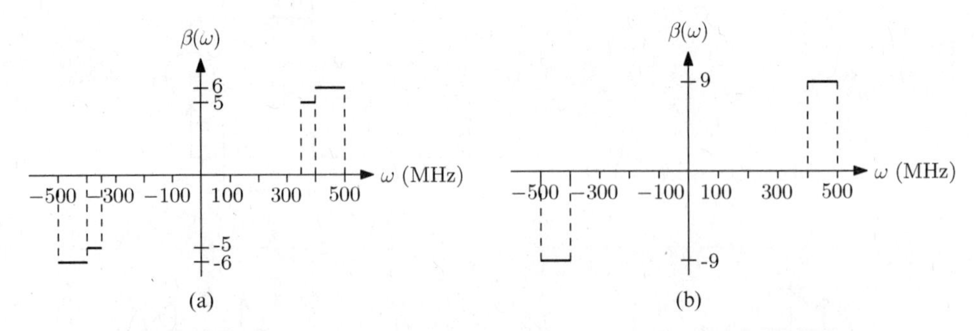

图 14.15 例 14.4 中重叠指数 $\beta(\omega)$。(a)非整数频带位置：$\omega_l = 350$ MHz，$\omega_u = 500$ MHz；(b)整数频带位置：$\omega_l = 400$ MHz，$\omega_u = 500$ MHz

恢复过程

为了从交错采样值中恢复信号 $x(t)$，我们需要将每个采样序列调制到一个恰当的冲击序列上，这个冲击序列代表了采样时间，然后，利用滤波器 $G_i(\omega)$ 对这个已调序列进行滤波，如图 14.14 所示。在实际中，其中的模拟滤波器可以利用插值方法来数字化的实现，这一点在 6.8.2 节中的图 6.28 里给出了介绍。在此情况下，输出就等于奈奎斯特速率序列 $x(nT')$，其中的 $T' = 2\pi/(2\omega_u)$ 就等于奈奎斯特间隔。随后，利用 DAC 电路对其进行插值得到连续信号 $x(t)$。

这里，用 $y_i(t)$ 表示第 i 路分支的已调信号，如图 14.14 所示。那么，

$$\begin{aligned} y_1(t) &= \sum_{n\in\mathbb{Z}} x(nT)\delta(t-nT) = \sum_{n\in\mathbb{Z}} x(t)\delta(t-nT) \\ y_2(t) &= \sum_{n\in\mathbb{Z}} x(nT+\tau)\delta(t-nT-\tau) = \sum_{n\in\mathbb{Z}} x(t)\delta(t-nT-\tau) \end{aligned} \tag{14.21}$$

在频域上，

$$TY_1(\omega)=X(\omega)+X[\omega-\beta(\omega)B]$$
$$TY_2(\omega)=X(\omega)+X(\omega-\beta(\omega)B)\mathrm{e}^{-\mathrm{j}\beta(\omega)\tau B} \tag{14.22}$$

对于 $\omega\in\mathcal{I}[x(t)$的支撑$]$，其中 $\beta(\omega)$ 由式(14.18)定义。通过 $G_i(\omega)$ 滤波后，将输出相加，重构信号为

$$\hat{X}(\omega)=Y_1(\omega)G_1(\omega)+Y_2(\omega)G_2(\omega) \tag{14.23}$$

我们的目的是寻找 $G_i(\omega)$，$i=1,2$，使得 $\hat{X}(\omega)=X(\omega)$。

很明确，对于 $\omega\notin\mathcal{I}$，有 $G_i(\omega)=0$。将式(14.22)代入式(14.23)有，

$$T\hat{X}(\omega)=X(\omega)[G_1(\omega)+G_2(\omega)]+X[\omega-\beta(\omega)B][G_1(\omega)+\mathrm{e}^{-\mathrm{j}\beta(\omega)\tau B}G_2(\omega)] \tag{14.24}$$

而对于 $\omega\in\mathcal{I}$，为保证 $\hat{X}(\omega)=X(\omega)$，必须使得 $\omega\in\mathcal{I}$，

$$G_1(\omega)+G_2(\omega)=T$$
$$G_1(\omega)+\mathrm{e}^{-\mathrm{j}\beta(\omega)\tau B}G_2(\omega)=0 \tag{14.25}$$

对于每一个 $\omega\in\mathcal{I}$，式(14.25)给出的关系给出了关于两个未知的 $G_i(\omega)$，$i=1,2$ 的一个线性方程组。如果用 $\boldsymbol{g}(\omega)=[G_1(\omega)\ \ G_2(\omega)]^{\mathrm{T}}$ 和 $\boldsymbol{x}=[T\quad 0]^{\mathrm{T}}$ 来表示，可以将式(14.25)写成矩阵的形式 $\boldsymbol{x}=\boldsymbol{B}(\omega)\boldsymbol{g}(\omega)$，其中

$$\boldsymbol{B}(\omega)=\begin{bmatrix}1 & 1\\ 1 & \mathrm{e}^{-\mathrm{j}\beta(\omega)\tau B}\end{bmatrix},\quad \omega\in\mathcal{I} \tag{14.26}$$

矩阵 $\boldsymbol{B}(\omega)$ 对于 $\omega\in\mathcal{I}$ 是可逆的，只要 τ 满足

$$\mathrm{e}^{-\mathrm{j}\beta(\omega)\tau B}\neq 1 \tag{14.27}$$

由于 $\beta(\omega)$ 在 $\omega\in\mathcal{I}$ 条件下，仅能有 4 个不同取值，因此，满足式(14.27)的 τ 拥有多种可能选择。此条件下 $\boldsymbol{g}(\omega)=\boldsymbol{B}^{-1}(\omega)\boldsymbol{x}$，对于 $\omega\in\mathcal{I}$，得到的结果是

$$G_1(\omega)=\frac{-\mathrm{e}^{-\mathrm{j}\beta(\omega)\tau B}T}{1-\mathrm{e}^{-\mathrm{j}\beta(\omega)\tau B}},\quad G_2(\omega)=\frac{T}{1-\mathrm{e}^{-\mathrm{j}\beta(\omega)\tau B}} \tag{14.28}$$

这里应该注意到，滤波器式(14.28)是分段常数的；唯一对 ω 的依赖是函数 $\beta(\omega)$，对于 $\omega\in\mathcal{I}$，其最多有不超过 4 个取值。我们在 6.8.2 节例 6.16 中已经看到，经过交错 ADC 的输出后，用于插值一个带限信号的滤波器也具有这种特性。

例 14.5　在这个例子中，来讨论对于一个整数 $m\geqslant 2$，间隔 $\tau=(2\pi)/(mB)$ 的交错采样的问题。

在这个例子中，由于 $m=2$，$\tau=\pi/B$，这时，交错采样就变成了采样速率为 $2B$ 的原始信号的均匀采样，这个采样速率就是信号的 Landau 速率。在 14.2.3 节中我们已经看到，以 Landau 采样速率进行的带通信号直接欠采样，仅仅在整数频带位置情况下才是可能的。因此，我们希望式(14.27)的条件仅在此情况下成立。

由例 14.4 知道，在处于整数频带位置时，$\beta(\omega)$ 取两个相反的奇数值，$k+1$ 和 $-(k+1)$。也就意味着，对于每个 $\omega\in\mathcal{I}$，都存在 $\mathrm{e}^{-\mathrm{j}\beta(\omega)\pi}\neq 1$，并且信号恢复是可能的。另外，对于其他的频带位置，在 $\omega\in\mathcal{I}$ 范围内，且 $\mathrm{e}^{-\mathrm{j}\beta(\omega)\pi}=1$，$\beta(\omega)$ 取两个不同偶数值。因此可以说，在 $\tau=\pi/B$ 的情况下，只有对于整数频带位置的信号，式(14.27)才能被满足。

对于 $m>2$，必须满足 $\mathrm{e}^{-\mathrm{j}2\pi\beta(\omega)/m}\neq 1$，这等价于 $\beta(\omega)/m$ 不为整数，即对于所有的 $\ell\in\mathbb{Z}$，有 $\beta(\omega)\neq m\ell$。随着 m 的增加，产生完美恢复的有效频带位置的集合也随之增加。

总之，对于给定的τ，频带位置决定了一个带通输入信号能否被恢复。从另一方面说，对于一个给定的信号，总会存在一个延时τ能够实现完美恢复。

噪声鲁棒性

尽管原则上任意满足式(14.27)的τ均可选取，但是噪声存在的情况下，τ的选择将会影响信号的恢复效果。

假设独立白噪声被叠加在每个采样序列上，也就是这个噪声存在于利用滤波器$G_i(\omega)$对信号进行恢复之前。输出的噪声功率正比于$\int(|G_1(\omega)|^2+|G_2(\omega)|^2)\mathrm{d}\omega$或者与$\int\|g(\omega)\|^2\mathrm{d}\omega$成比例(详见附录B中对LTI系统输出的噪声功率进行讨论)。由于$\boldsymbol{g}(\omega)=\boldsymbol{B}^{-1}(\omega)\boldsymbol{x}$，并且只有$\boldsymbol{x}$的第一个值是非零的，因此有$\|\boldsymbol{g}(\omega)\|^2=T^2\|\boldsymbol{b}(\omega)\|^2$，其中$\boldsymbol{b}(\omega)$是$\boldsymbol{B}^{-1}(\omega)$的第一列。这里，用$\Delta=\mathrm{e}^{-\mathrm{j}\beta(\omega)\tau B}-1$表示矩阵$\boldsymbol{B}(\omega)$的行列式。很容易看出，$\boldsymbol{b}(\omega)=(1/\Delta)[\mathrm{e}^{-\mathrm{j}\beta(\omega)\tau B}-1]^{\mathrm{T}}$，以及

$$\|\boldsymbol{b}(\omega)\|^2=\frac{2}{|\Delta|^2}=\frac{1}{2\sin^2\left[\dfrac{\beta(\omega)\tau B}{2}\right]}\geqslant\frac{1}{2}\tag{14.29}$$

因此，数值$|\Delta|^2$越小，系统噪声的增加就越显著。

例14.6 本例题中，考察一个交错系统中的噪声鲁棒性与参数τ的关系问题。一般来讲，根据重叠指数$\beta(\omega)$的定义，$\|\boldsymbol{g}(\omega)\|^2$依赖于$\omega$，并且在$\omega\in(\omega_l,\omega_u)$内有两个不同取值。现在来讨论两个很容易判断$\Delta$取值的简单情况：

(1)$\tau=\pi/B$。如在例14.5中看到的，$\tau=\pi/B$的选择就等价于均匀欠采样，并且，仅当信号位于整数频带位置，恢复是可能的。在这种情况下，$\beta(\omega)$在$\omega\in(\omega_l,\omega_u)$中取单一奇数值，因此有$|\Delta|^2=4$，这个值是$|\Delta|^2$可取的最大值。因此，均匀采样导致了系统最强的鲁棒性。

(2)$\tau\to0$。当选取的τ值较小时，对于任意给定的$\beta(\omega)$，有$|\Delta|^2\to0$。因此，当ADC各支路之间的延迟变小时，系统的鲁棒性会减弱。

14.3.2 多频带采样

交错ADC结构的一个优点是它能够以Laudau速率对多频带输入信号进行采样。原则上，高阶交错结构也可以利用与上面描述带通采样相似的方法来分析。然而，这需要对每一个子带定义重叠指数式(14.18)，这样就变得十分烦琐。反而，借鉴文献[186,335]中的进展，我们给出另外一种考虑信号采样和恢复的方式。为了进一步简化分析，这里考虑一个复信号的采样问题，这样，我们就只需要考虑频率轴正向部分。这种方法延伸到实信号也是很方便的。这时，由于存在多个占用的子带，不同子带的平移将会发生混叠现象。注意到，在带通采样情况下，如果我们有一个只有单一正频带的复信号，那么只要以单一带宽或更高一点的速率进行采样，就不会发生混叠。这就是为什么我们在带通信号情况下讨论实信号的原因。

考虑一个多频带复信号$x(t)\in L_2$，包含有N个频带(子带)，每个频带在间隔$[0,2\pi/T_{\mathrm{Nyq}})$上宽度不超过$B$，其中$T_{\mathrm{Nyq}}$是奈奎斯特周期。注意到，每个子带的宽度可能是不同的，我们可以将这些子带的宽度表示为一个公用长度的整数倍，也就是说每个子带由更窄的频带间

隔组成，不同的子带包含的更窄的间隔个数可能不同。为了简化起见，假设对于某些整数 L，有 $2\pi/T_{\mathrm{Nyq}}=LB$；这个假设并非是必要的，仅仅是为了方便。图 14.16 描述了一个多频带信号的典型频谱支撑。

对应于这种信号的 Landau 采样速率为 NB。采样这种信号，希望利用图 14.17 中所描述的交错 ADC 结构，其中 $p \geqslant N$ 采样器，并且每个 ADC 均以 B 的速率进行采样。

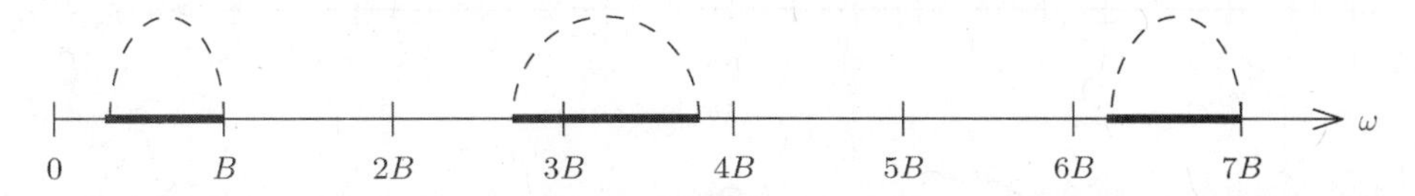

图 14.16　一个典型的多频带复信号的频谱支撑。信号由 N 个频带组成，每个频带在间隔$[0, 2\pi/T_{\mathrm{Nyq}})$上宽度不超过 B，其中 $2\pi/T_{\mathrm{Nyq}}=LB$。在这个例子中 $N=3$，$L=7$

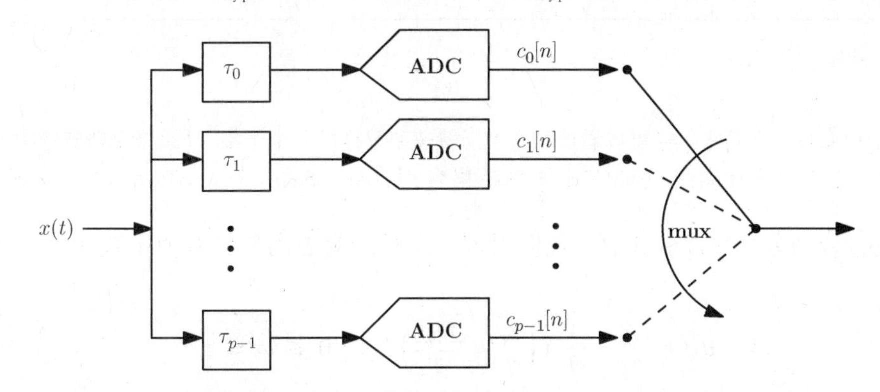

图 14.17　具有 p 个延迟组件的交错 ADC 结构，p 个采样器和 1 个复接器

多陪集采样

在 6.8.2 节讨论奈奎斯特速率采样时分析了交错 ADC 结构。这种交错采样结构将产生周期非均匀采样值，这些采样值包含有 p 个欠采样序列，相互的时间偏移为 τ_i：

$$c_i[n]=x(nT+\tau_i),\quad 0\leqslant i\leqslant p-1 \tag{14.30}$$

其中 T 是采样周期。然而，在标准交错 ADC 结构中，T 的选择要求使总采样速率 $2\pi p/T$ 大于或等于奈奎斯特速率 LB。这里，利用频谱的稀疏性，并且选择 p 使得 $2\pi p/T$ 大于或等于 Landau 采样速率 NB，其中 $N<L$。注意 $LB=2\pi/T_{\mathrm{Nyq}}$。

周期非均匀采样的一个特例就是所谓多陪集采样(multicoset sampling)[186]。这时，T 是奈奎斯特周期 T_{Nyq} 的一个倍数，有 $T=LT_{\mathrm{Nyq}}=2\pi/B$ 和 $\tau_i=t_iT_{\mathrm{Nyq}}$，其中 t_i 是间隔$[0, L-1]$内的一个整数。采样结果是奈奎斯特速率采样值的一个子集，如图 14.18所示。

考虑每个采样器的采样速率为 B，Landau 采样速率则对应于选择 p 等于采样器个数 N。尽管如此，下面还要针对一般的 p 值进行分析。因为当载波未知时，要求 $p>N$。在噪声存在时，选择 $p>N$ 还会得到较大收益，并且在载波频率任意时，这样的选择也有助于简化恢复过程。为了确保总采样速率 $2\pi p/T$ 低于奈奎斯特采样速率 $2\pi/T_{\mathrm{Nyq}}$，需要保证 $p<L$。

在一些应用中，以奈奎斯特速率采样是可行的，但是以奈奎斯特速率进行处理是比较困难的。在这种情况下，可以首先以奈奎斯特速率进行采样，然后再利用这里的技术，用较低的采样速率对序列进行下采样，以便更有效地进行数据处理。在某种特殊情况下，这种多陪集采样可以带来较大的益处。例如，通过选择整数延时 t_i 定义的奈奎斯特速率采样值的一个子集，就

可以有效地降低采样速率。特别地，奈奎斯特采样点被分成大小为 L 的组，每个子集中，只有位于 t_i，$0 \leqslant i \leqslant p-1$ 处的点被保留。

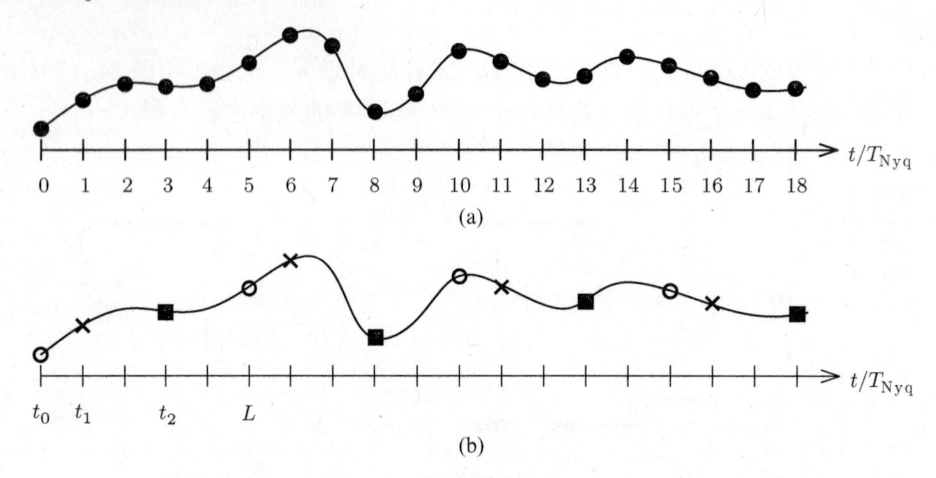

图 14.18 多陪集采样可以看成是奈奎斯特速率采样的一个子集。(a)奈奎斯特速率采样集合；(b)多陪集采样集合，其中 $L=5$，$p=3$，$t_0=0$，$t_1=1$，$t_2=3$

为了更方便地分析多陪集采样，我们引入一个长度为 L 的向量有值函数 $\boldsymbol{d}(\mathrm{e}^{\mathrm{j}\omega})$，其第 k 个元素为

$$d_k(\mathrm{e}^{\mathrm{j}\omega}) = \frac{1}{T}X\left(\frac{\omega}{T}+\frac{2\pi k}{T}\right), \qquad 0 \leqslant \omega \leqslant 2\pi \tag{14.31}$$

如图 14.19 所示，$d_k(\mathrm{e}^{\mathrm{j}\omega})$ 对应于以速率 $B=2\pi/T$ 对 $X(\omega)$ 中的第 k 个切片的采样值的频率响应，其中将 $X(\omega)$ 分割成宽度为 B 的多个切片。由于 $X(\omega)$ 是频带限制在 $2\pi/T_{\mathrm{Nyq}}$ 内的，且 $T=LT_{\mathrm{Nyq}}$，所以，$X(\omega)$ 中有 L 个切片。然后，以奈奎斯特速率对每一个子带进行采样，输出 $d_k(\mathrm{e}^{\mathrm{j}\omega})$。很明显，$x(t)$ 的恢复就等价于对每个切片采样值的恢复。因此，我们的目标是确定这些频谱切片，或者恢复这个向量 $\boldsymbol{d}(\mathrm{e}^{\mathrm{j}\omega})$。

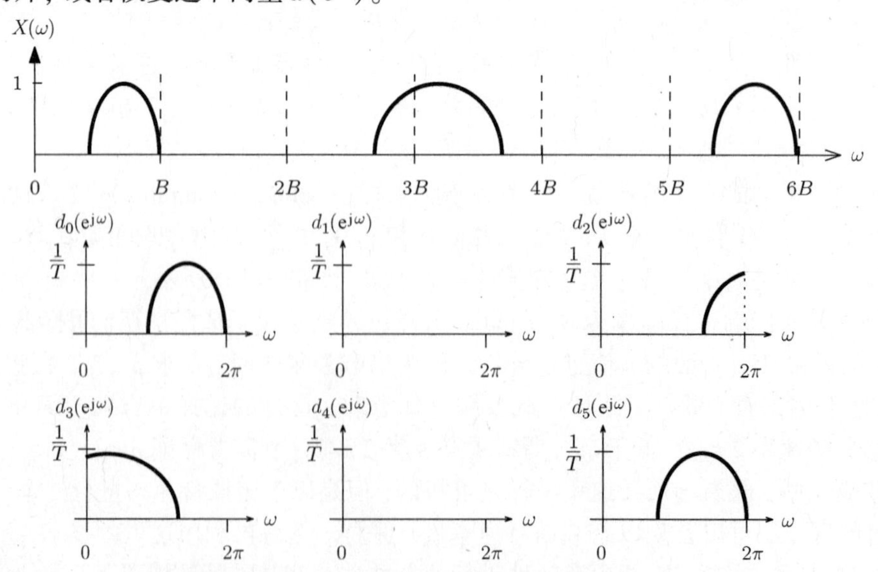

图 14.19 典型多频带信号 $X(\omega)$ 及其向量有值函数 $\boldsymbol{d}(\mathrm{e}^{\mathrm{j}\omega})$。此例中 $N=6$，$L=5$

稀疏结构

由于 $x(t)$ 具有一个多频带结构，因此，很多的信号 $d_k(\mathrm{e}^{\mathrm{j}\omega})$ 的值是为零的。更具体地说，$x(t)$ 的每个子带最多对 $\boldsymbol{d}(\mathrm{e}^{\mathrm{j}\omega})$ 中的两个元素有影响。然而注意到，如果 $x(t)$ 的一个子带被分割为 $\boldsymbol{d}(\mathrm{e}^{\mathrm{j}\omega})$ 的两个元素，那么，这些元素在频率上就是互不重叠的。因此，对于一个确定的 ω，复向量 $\boldsymbol{d}(\mathrm{e}^{\mathrm{j}\omega})$ 最多只能有 N 个非零值。或者从另一方面说，作为一个复函数向量，$\boldsymbol{d}(\mathrm{e}^{\mathrm{j}\omega})$ 最多包含 $2N$ 个非零函数。下面的恢复处理中将利用这种稀疏性。图 14.20 描述了 $\boldsymbol{d}(\mathrm{e}^{\mathrm{j}\omega})$ 的两个不同的稀疏类型。显然地，如果将其看成一个向量，那么其支撑一般只依赖于参数 $\boldsymbol{\omega}$。

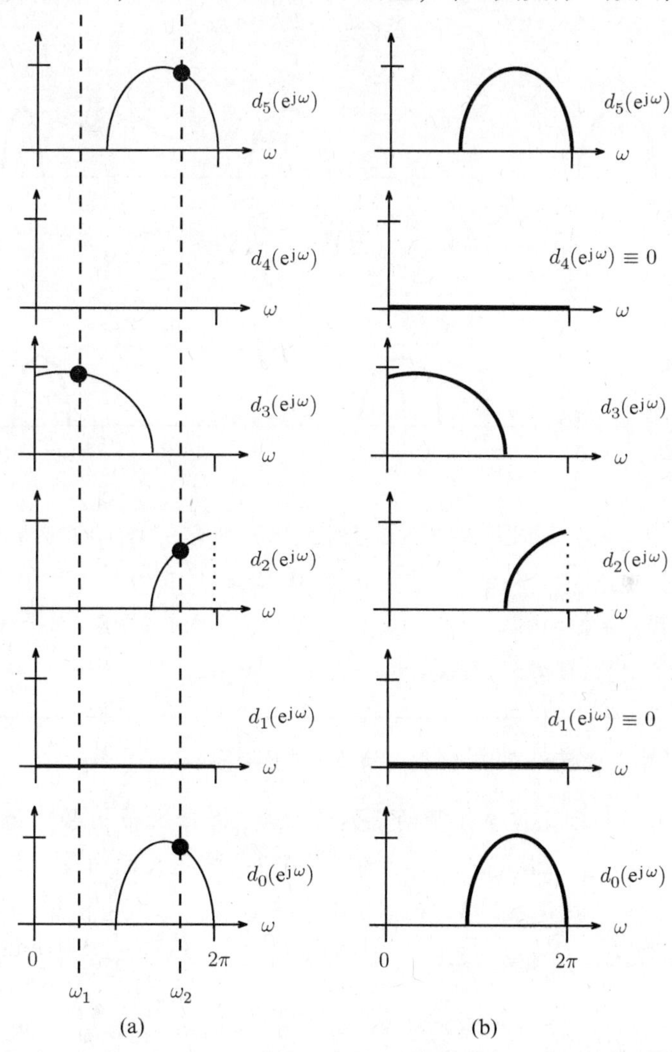

图 14.20　描述图 14.19 中向量值函数 $\boldsymbol{d}(\mathrm{e}^{\mathrm{j}\omega})$ 的支撑。此例中 $N=3, L=6$。(a) 对于每个确定的 ω，$\boldsymbol{d}(\mathrm{e}^{\mathrm{j}\omega})$ 最多有 N 个非零值。特别地，$\boldsymbol{d}(\mathrm{e}^{\mathrm{j}\omega_1}) = [0\ \ 0\ \ 0\ \ c_0\ \ 0\ \ 0]^{\mathrm{T}}$，$\boldsymbol{d}(\mathrm{e}^{\mathrm{j}\omega_2}) = [c_1\ \ 0\ \ c_2\ \ 0\ \ 0\ \ c_3]^{\mathrm{T}}$，其中 $c_i \neq 0, i=0,1,2,3$；(b) 对于所有 ω，$\boldsymbol{d}(\mathrm{e}^{\mathrm{j}\omega})$ 被看成是一个向量函数，最多有 $2N$ 零函数：$\boldsymbol{d}(\mathrm{e}^{\mathrm{j}\omega}) = [C_0(\boldsymbol{\omega})\ \ 0\ \ C_1(\boldsymbol{\omega})\ \ C_2(\boldsymbol{\omega})\ \ 0\ \ C_3(\boldsymbol{\omega})]^{\mathrm{T}}$，其中 $C_i \neq 0, i=0,1,2,3$

例 14.7　这里给出$\boldsymbol{d}(\mathrm{e}^{\mathrm{j}\omega})$的支撑的两个例子：一个支撑是固定的，且等于$N$，另一个支撑在$\omega$上变化。在两种情况中，支撑在$2N$值上是固定的。

图 14.21 描述了两个多频带信号，自带个数为$N=3$，$\boldsymbol{d}(\mathrm{e}^{\mathrm{j}\omega})$中的元素$L=9$。第一个信号$X_1(\omega)$具有$N=3$的固定支撑，其中非零元素是$\{1,5,8\}$。对于每个$\omega$，支撑等于3(或者小于3)。第二个信号$X_2(\omega)$占据5个不同的元素$\{0,1,3,4,8\}$，因此，对于所有$\omega$不具备$N=3$的固定支撑。尽管对于每个$\omega$，最多有$N=3$个元素是非零的，但考虑到它是一个函数向量，这个固定支撑等于5。在这两种情况下，支撑不会大于$2N=6$。

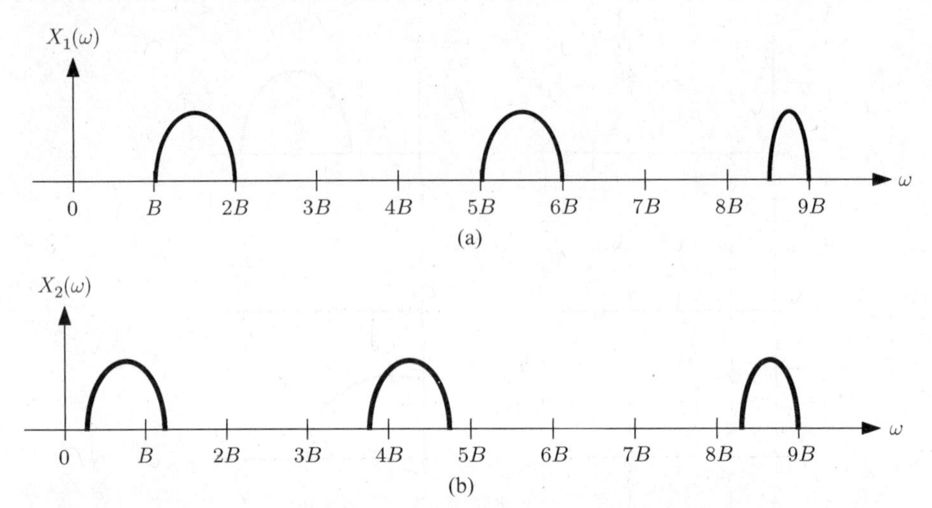

图 14.21　$\boldsymbol{d}(\mathrm{e}^{\mathrm{j}\omega})$的支撑。(a)固定支撑$N=3$的信号例子。对于所有$\omega$，$X_1(\omega)$的频带占据$\{1,5,8\}$：向量$\boldsymbol{d}(\mathrm{e}^{\mathrm{j}\omega})$的形式是$d(\mathrm{e}^{\mathrm{j}\omega})=[0\quad d_1(\mathrm{e}^{\mathrm{j}\omega})\quad 0\quad 0\quad 0\quad d_5(\mathrm{e}^{\mathrm{j}\omega})\quad 0\quad 0\quad d_8(\mathrm{e}^{\mathrm{j}\omega})]^{\mathrm{T}}$，其中对于所有$\omega\in[0,2\pi)$，有$d_i(\mathrm{e}^{\mathrm{j}\omega})\neq 0, i=1,5,8$；(b)另一个例子，信号固定支撑等于5。$X_2(\omega)$的频带占据9个元素中的5个，且有$\boldsymbol{d}(\mathrm{e}^{\mathrm{j}\omega})=[d_0(\mathrm{e}^{\mathrm{j}\omega})\quad d_1(\mathrm{e}^{\mathrm{j}\omega})\quad 0\quad d_3(\mathrm{e}^{\mathrm{j}\omega})\quad d_4(\mathrm{e}^{\mathrm{j}\omega})\quad 0\quad 0\quad 0\quad d_8(\mathrm{e}^{\mathrm{j}\omega})]^{\mathrm{T}}$

在接下来的命题中，总结一下关于$\boldsymbol{d}(\mathrm{e}^{\mathrm{j}\omega})$支撑的结论。

命题 14.1　考虑一个具有N个子带的多频带信号，子带的最大带宽为B，对于某些整数L，奈奎斯特频率为$2\pi/T_{\mathrm{Nyq}}=LB$。令$\boldsymbol{d}(\mathrm{e}^{\mathrm{j}\omega})$为式(14.31)中定义的向量。如果有$T\leqslant 2\pi/B$，那么，对于每个$\omega$值，$\boldsymbol{d}(\mathrm{e}^{\mathrm{j}\omega})$就是$N$-稀疏的。另外，对于$\omega\in[0,2\pi)$，向量集合$\{\boldsymbol{d}(\mathrm{e}^{\mathrm{j}\omega})\}$就是$2N$-联合稀疏的。类似地，对于$n\in\mathbb{Z}$，向量$\{\boldsymbol{d}[n]\}$也是$2N$-联合稀疏的，其中$\{\boldsymbol{d}[n]\}$是$\boldsymbol{d}(\mathrm{e}^{\mathrm{j}\omega})$的逆 DTFT。

证明　$x(t)$的子带都是宽度上界为B的连续区间。向量$\boldsymbol{d}(\mathrm{e}^{\mathrm{j}\omega})$的构造是将区间$[0,2\pi/T_{\mathrm{Nyq}})$分割成长度为$2\pi/T$的多个相等区间。因此，如果$T\leqslant 2\pi/B$，则每个子带可以被完全包含在一个区间内，或者，被分裂在连续两个区间上，以至于对每个ω，仅有一个区间包含一个信号值。由于子带的个数不大于N，因此对于每个ω，支撑集的界为N。进一步来说，$\boldsymbol{d}(\mathrm{e}^{\mathrm{j}\omega})$的联合支撑集也不会大于$2N$。

最后，对所有的ω，如果$d_i(\mathrm{e}^{\mathrm{j}\omega})$中的任意$i$取值都为零，则可以得到，对所有$n$，$d_i[n]$为零。因此，$\{\boldsymbol{d}[n]\}$最多是$2N$-联合稀疏的。

恢复处理

为了从多陪集采样中恢复信号，这里，将采样值 $c_i[n]$ 的 DTFT 表示成 $\boldsymbol{d}(\mathrm{e}^{\mathrm{j}\omega})$ 的函数。为此，我们将 $c_i[n]$ 写为 $c_i[n]=y_i(nT)$，其中 $y_i(t)=x(t+t_iT_{\mathrm{Nyq}})$。这样有，

$$\begin{aligned}C_i(\mathrm{e}^{\mathrm{j}\omega}) &= \frac{1}{T}\sum_{k\in\mathbb{Z}} Y_i\left(\frac{\omega}{T}+\frac{2\pi k}{T}\right)=\frac{1}{T}\sum_{k=0}^{L-1} Y_i\left(\frac{\omega}{T}+\frac{2\pi k}{T}\right)\\ &= \frac{1}{T}\mathrm{e}^{\mathrm{j}\omega t_i/L}\sum_{k=0}^{L-1} X_i\left(\frac{\omega}{T}+\frac{2\pi k}{T}\right)\mathrm{e}^{\mathrm{j}2\pi k t_i/L}\end{aligned} \tag{14.32}$$

在第二等式中，利用了 $Y(\omega)$ 频带限制在 $2\pi/T_{\mathrm{Nyq}}$ 且 $T=LT_{\mathrm{Nyq}}$ 的事实。令 $\boldsymbol{c}(\mathrm{e}^{\mathrm{j}\omega})$ 为 p 长度向量，元素为 $C_i(\mathrm{e}^{\mathrm{j}\omega})$。从式(14.32)能将采样值的 DTFT 写成

$$\boldsymbol{c}(\mathrm{e}^{\mathrm{j}\omega}) = \boldsymbol{W}(\omega)\boldsymbol{A}\boldsymbol{d}(\mathrm{e}^{\mathrm{j}\omega}),\qquad 0\leqslant\omega\leqslant 2\pi \tag{14.33}$$

其中 $\boldsymbol{A}$ 是 $p\times L$ 矩阵，元素为

$$A_{ik} = \mathrm{e}^{\frac{\mathrm{j}2\pi k t_i}{L}} \tag{14.34}$$

以及 $\boldsymbol{W}(\omega)$ 是 $p\times p$ 的可逆对角阵，对角元素为 $w_i=\mathrm{e}^{\mathrm{j}\omega t_i/L}$。

我们的目的是恢复 $\boldsymbol{d}(\mathrm{e}^{\mathrm{j}\omega})$。由式(14.33)定义的方程组通常是欠定的，因为有 p 个方程，但是对每个 ω，有 $L>p$ 个未知数。然而，可以利用 $\boldsymbol{d}(\mathrm{e}^{\mathrm{j}\omega})$ 的稀疏性，很多的元素实际上是为零的。如我们看到的，对于每个 ω 值，向量 $\boldsymbol{d}(\mathrm{e}^{\mathrm{j}\omega})$ 至多有 N 个值。令 $\mathcal{S}=\mathcal{S}(\omega)$ 为对于一个给定 ω 的 $\boldsymbol{d}(\mathrm{e}^{\mathrm{j}\omega})$ 的支撑。可以将式(14.33)表示为

$$\boldsymbol{c} = \boldsymbol{W}\boldsymbol{A}_{\mathcal{S}}\boldsymbol{d}_{\mathcal{S}} \tag{14.35}$$

其中 $\boldsymbol{d}_{\mathcal{S}}$ 是支撑在 $\mathcal{S}$ 上的向量 $\boldsymbol{d}(\mathrm{e}^{\mathrm{j}\omega})$，即 $\boldsymbol{d}(\mathrm{e}^{\mathrm{j}\omega})$ 中不为零的部分，$\boldsymbol{A}_{\mathcal{S}}$ 是 $\boldsymbol{A}$ 中剔除零元素对应列的剩余部分。为简单起见，在式(14.35)中省略了角标 ω。

对于任意选择的支撑，为了恢复 $\boldsymbol{d}_{\mathcal{S}}$，必须确保 $\boldsymbol{A}_{\mathcal{S}}$ 对于每个 $\mathcal{S}$ 是左可逆的(更多细节见附录 A 中的求解线性方程)。换句话说，$\boldsymbol{A}_{\mathcal{S}}$ 的列应该是线性独立的。此情况下，利用伪逆法来求逆 $\boldsymbol{A}_{\mathcal{S}}$，即 $\boldsymbol{A}_{\mathcal{S}}^{\dagger}\boldsymbol{A}_{\mathcal{S}}=\boldsymbol{I}$。因此，$\boldsymbol{d}_{\mathcal{S}}$ 可以由式(14.35)进行恢复

$$\boldsymbol{d}_{\mathcal{S}}(\mathrm{e}^{\mathrm{j}\omega}) = \boldsymbol{A}_{\mathcal{S}}^{\dagger}\boldsymbol{W}^{-1}(\omega)\boldsymbol{c}(\mathrm{e}^{\mathrm{j}\omega}) \tag{14.36}$$

为了完善对于恢复处理的分析，首先考虑如何实现 $\boldsymbol{y}(\mathrm{e}^{\mathrm{j}\omega})=\boldsymbol{W}^{-1}(\omega)\boldsymbol{c}(\mathrm{e}^{\mathrm{j}\omega})$ 的运算，然后讨论 $\boldsymbol{A}_{\mathcal{S}}$ 满足左可逆的条件。

注意到，$\boldsymbol{W}(\omega)$ 是一个对角元素为 $w_i=\mathrm{e}^{\mathrm{j}\omega t_i/L}$ 的对角阵。因此，$\boldsymbol{W}^{-1}(\omega)\boldsymbol{c}(\mathrm{e}^{\mathrm{j}\omega})$ 相当于每个序列 $c_i[n]$ 通过一个频率响应为 $\mathrm{e}^{-\mathrm{j}\omega t_i/L}$ 的滤波器的结果。由于 $t_i/L<1$，该滤波器被称为一种分数延迟滤波器(fractional delay filter)。在文献[406]及其参考文献中，介绍了实现这种滤波器的多种方法。在这里的场景下，最直接的方法就是注意到，ω_i 代表了在一个更为精细的网格上的一个整数延迟。如果我们首先将输入信号与一个因子为 L 的密集网格进行插值，然后 ω_i 就可以由采样值的一个 t_i 延迟来实现。这个过程如图 14.22 所示。最后，为了获得 $\boldsymbol{d}_{\mathcal{S}}(\mathrm{e}^{\mathrm{j}\omega})$，将输出 $\boldsymbol{y}(\mathrm{e}^{\mathrm{j}\omega})=\boldsymbol{W}^{-1}(\omega)\boldsymbol{c}(\mathrm{e}^{\mathrm{j}\omega})$ 与 $\boldsymbol{A}_{\mathcal{S}}^{\dagger}$ 相乘。由于 $\boldsymbol{A}_{\mathcal{S}}^{\dagger}$ 是一个常数矩阵，其元素并不依赖于 ω，因此这种乘法相当于对输出序列 $Y_i(\mathrm{e}^{\mathrm{j}\omega})$ 进行线性组合，而不需要再进行滤波。

从原理上讲，集合 $\mathcal{S}$ 取决于 ω，所以对于不同的频率值 ω，支撑可能是不同的。因此，式(14.36)的求解就变得更加困难，因为需要区分不同支撑集。然而，这里可以利用联合稀疏性，选择 $\mathcal{S}$，使其大小为 $2N$，并独立于 ω。在此情况下，我们需要 $p\geqslant 2N$ 个采样器，来确保 $\boldsymbol{A}_{\mathcal{S}}$ 是左可逆的。这个方法的一个优势就是，一旦这个支撑固定(独立于 ω)，$\boldsymbol{A}_{\mathcal{S}}$ 也是固定了。这

意味着，可以将方程 $\boldsymbol{d}_S(e^{j\omega})=\boldsymbol{A}_S^{\dagger}\boldsymbol{y}(e^{j\omega})$ 转化到时域，其结果为：

$$\boldsymbol{d}_S[n]=\boldsymbol{A}_S^{\dagger}\boldsymbol{y}[n] \tag{14.37}$$

其中，$\boldsymbol{d}_S[n]$ 和 $\boldsymbol{y}[n]$ 分别是向量 $\boldsymbol{d}_S(e^{j\omega})$ 和 $\boldsymbol{y}(e^{j\omega})$ 的逆 DTFT，且 $\boldsymbol{y}(e^{j\omega})=\boldsymbol{W}^{-1}(\omega)\boldsymbol{c}(e^{j\omega})$。这种关系使得我们可以在时域直接求解非零部分 $\boldsymbol{d}_S[n]$，并不需要事先将采样结果变换到频域。这种方法的一个缺点是增加恢复所需的采样通道数，不再是 $p\geqslant N$，而是 $p\geqslant 2N$。

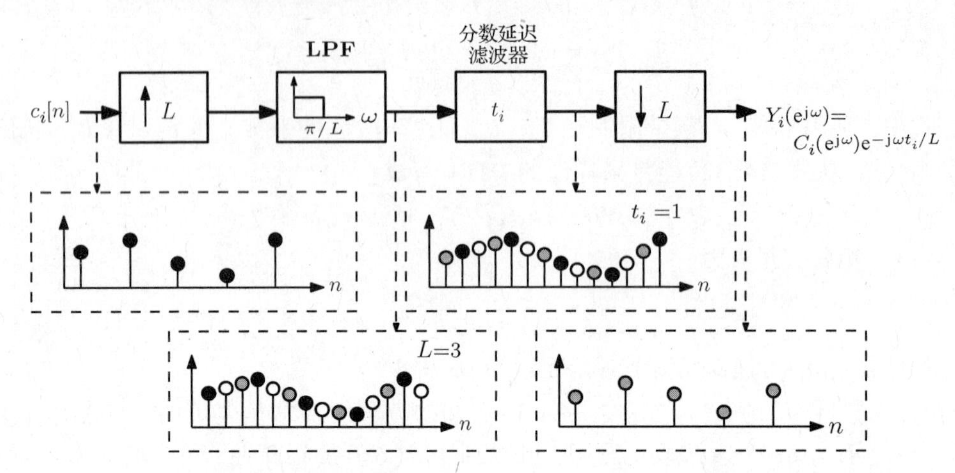

图 14.22 分数延迟滤波器的实现。输入信号与一个密集网格插值，即 L 倍上采样加上截止频率为 π/L 的低通滤波器。输出信号是 t_i 采样值延迟，然后经过 L 下采样。框图下方是信号经过系统的图解，其中 $L=3$ 和 $t_i=1$

例 14.8 给出一个多频带信号的恢复问题，载波频率已知，这里用两种不同的方法从采样值恢复信号。第一种方法是使用尺寸不大于 N 的变化支撑，第二种方法是最大尺寸为 $2N$ 的固定支撑。

令一个信号 $x(t)$ 的 CTFT 为：

$$X(\omega)=\begin{cases}X_1(\omega-\omega_1), & \frac{1}{4}B\leqslant\omega\leqslant\frac{5}{4}B\\ X_2(\omega-\omega_2), & \frac{15}{4}B<\omega\leqslant\frac{19}{4}B\\ X_3(\omega-\omega_3), & \frac{21}{4}B<\omega\leqslant\frac{25}{4}B\\ X_4(\omega-\omega_4), & \frac{33}{4}B<\omega\leqslant 9B\\ 0, & \text{其他}\end{cases} \tag{14.38}$$

其中 $X_i(\omega)$ 是定义在 $0\leqslant\omega\leqslant B$ 上的任意变换，$\omega_1=\frac{1}{4}B$，$\omega_2=\frac{15}{4}B$，$\omega_3=\frac{21}{4}B$，$\omega_4=\frac{33}{4}B$。对于这个信号 $N=4$，$L=9$。以速率 B 对其采样后利用 p 个 ADC，我们希望根据其采样结果 $\{c_i[n],0\leqslant i\leqslant p-1\}$ 来恢复 $x(t)$。合成向量 $\boldsymbol{d}(e^{j\omega})$ 如图 14.23 所示。

(1) 利用稀疏性的恢复。对于任意 ω 值，$\boldsymbol{d}(e^{j\omega})$ 是 N 稀疏的。根据命题 14.1，必然有 $\boldsymbol{d}(e^{j\omega})$（至多）是 N 稀疏。如图 14.23 所示，确实如此，$\boldsymbol{d}(e^{j\omega})$ 在 $\omega\in[0,2\pi)$ 上有三个不同的支撑，分别为

$$\mathcal{S}=\begin{cases}\{1,4,6\}, & \omega\in[0,2\pi)\\ \{0,4,5,8\}, & \omega\in[\pi/2,3\pi/2)\\ \{0,3,5,8\}, & \omega\in[3\pi/2,2\pi)\end{cases} \tag{14.39}$$

因此，在利用 N 稀疏性质恢复 $\boldsymbol{d}(\mathrm{e}^{\mathrm{j}\omega})$ 时，需要将范围 $[0,2\pi)$ 分割为三个不同部分，并且在频域上求解 $\boldsymbol{c}=\boldsymbol{W}\boldsymbol{A}_{\mathcal{S}}\boldsymbol{d}_{\mathcal{S}}$，每一次对应不同的 $\boldsymbol{d}_{\mathcal{S}}$ 和 $\boldsymbol{A}_{\mathcal{S}}$。为此，首先对采样值 $c_i[n]$ 进行插值，如图 14.22 所示，以得到与 $\boldsymbol{y}(\mathrm{e}^{\mathrm{j}\omega})=\boldsymbol{W}^{-1}(\omega)\boldsymbol{c}(\mathrm{e}^{\mathrm{j}\omega})=\boldsymbol{A}_{\mathcal{S}}\boldsymbol{d}_{\mathcal{S}}(\mathrm{e}^{\mathrm{j}\omega})$ 对应的序列 $y_i[n]$，其 DTFT 为 $Y_i(\mathrm{e}^{\mathrm{j}\omega})$。然后，在不同的频率间隔上建立相应的方程组。

例如，对于 $\omega\in[0,\pi/2)$，有：

$$\boldsymbol{A}_{\mathcal{S}}\boldsymbol{d}_{\mathcal{S}}=\begin{bmatrix}1 & 1 & 1\\ \lambda_1 & \lambda_4 & \lambda_6\\ \lambda_1^2 & \lambda_4^2 & \lambda_6^2\\ \vdots & \vdots & \vdots\\ \lambda_1^{p-1} & \lambda_4^{p-1} & \lambda_6^{p-1}\end{bmatrix}\begin{bmatrix}d_1(\mathrm{e}^{\mathrm{j}\omega})\\ d_4(\mathrm{e}^{\mathrm{j}\omega})\\ d_6(\mathrm{e}^{\mathrm{j}\omega})\end{bmatrix} \tag{14.40}$$

以及对于 $\omega\in[3\pi/2,2\pi)$，有：

$$\boldsymbol{A}_{\mathcal{S}}\boldsymbol{d}_{\mathcal{S}}=\begin{bmatrix}1 & 1 & 1 & 1\\ 1 & \lambda_3 & \lambda_5 & \lambda_8\\ 1 & \lambda_3^2 & \lambda_5^2 & \lambda_8^2\\ \vdots & \vdots & \vdots & \vdots\\ 1 & \lambda_3^{p-1} & \lambda_5^{p-1} & \lambda_8^{p-1}\end{bmatrix}\begin{bmatrix}d_0(\mathrm{e}^{\mathrm{j}\omega})\\ d_3(\mathrm{e}^{\mathrm{j}\omega})\\ d_5(\mathrm{e}^{\mathrm{j}\omega})\\ d_8(\mathrm{e}^{\mathrm{j}\omega})\end{bmatrix} \tag{14.41}$$

其中 $\lambda_k=\mathrm{e}^{\mathrm{j}2\pi k/L}$，$k=0,1,\cdots,8$。对 $\omega=5\pi/3$ 支撑域的选择以及对应的方程组 $\boldsymbol{A}_{\mathcal{S}}\boldsymbol{d}_{\mathcal{S}}$，如图 14.24 所示。

对所有 ω 求解 $\boldsymbol{y}=\boldsymbol{A}_{\mathcal{S}}\boldsymbol{d}_{\mathcal{S}}$ 要求 $\boldsymbol{A}_{\mathcal{S}}$ 在每一相关间隔上满足左可逆。特别地，这意味着采样器 p 的数目至少与最大支撑规模相等，即 $p\geqslant 4$。

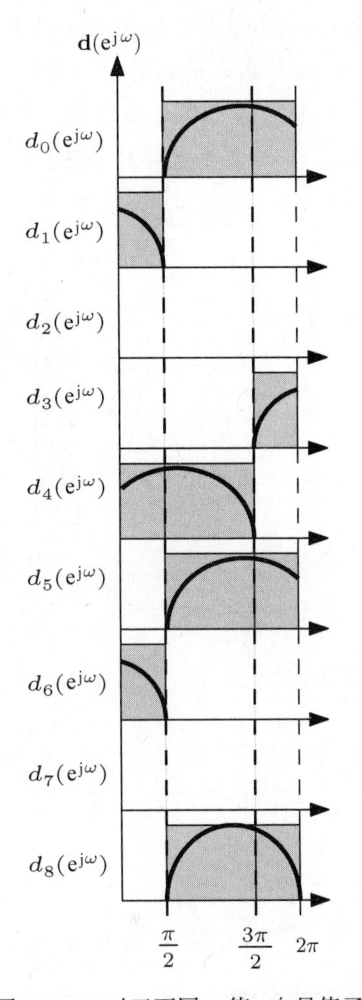

图 14.23　对于不同 ω 值，向量值函数 $\boldsymbol{d}(\mathrm{e}^{\mathrm{j}\omega})$ 的支撑。此例中支撑的变化为 $[0,\pi/2)$，$[\pi/2,3\pi/2)$，$[3\pi/2,2\pi)$

(2) 利用 $2N$ 联合稀疏的特性进行恢复。对于所有 ω 值，$\boldsymbol{d}(\mathrm{e}^{\mathrm{j}\omega})$ 是 $2N$ 联合稀疏的。为了选择与所有 ω 值对应的固定支撑，不必计算许多伪逆，并及时对采样值进行处理，我们现在利用 $\boldsymbol{d}(\mathrm{e}^{\mathrm{j}\omega})$ 的联合稀疏性。根据命题 14.1，$\boldsymbol{d}(\mathrm{e}^{\mathrm{j}\omega})$ 至多为 $2N$ 联合稀疏的。在这个例子中，$x(t)$ 的子带占据 9 个元素中的 7 个，因此，对所有 ω 值，$\boldsymbol{d}(\mathrm{e}^{\mathrm{j}\omega})$ 有一个尺寸为 7 的固定支撑：

$$\mathcal{S}=\{0,1,3,4,5,6,8\},\qquad \omega\in[0,2\pi) \tag{14.42}$$

因此，如前面一样，我们可以利用序列插入恢复 $\boldsymbol{d}(\mathrm{e}^{\mathrm{j}\omega})$，然后考虑方程组：

$$\boldsymbol{y}(\mathrm{e}^{\mathrm{j}\omega})=\begin{bmatrix}1 & 1 & 1 & 1 & 1 & 1 & 1\\ 1 & \lambda_1 & \lambda_3 & \lambda_4 & \lambda_5 & \lambda_6 & \lambda_8\\ 1 & \lambda_1^2 & \lambda_3^2 & \lambda_4^2 & \lambda_5^2 & \lambda_6^2 & \lambda_8^2\\ \vdots & \vdots & \vdots & \vdots & \vdots & \vdots & \vdots\\ 1 & \lambda_1^{p-1} & \lambda_3^{p-1} & \lambda_4^{p-1} & \lambda_5^{p-1} & \lambda_6^{p-1} & \lambda_8^{p-1}\end{bmatrix}\begin{bmatrix}d_0(\mathrm{e}^{\mathrm{j}\omega})\\ d_1(\mathrm{e}^{\mathrm{j}\omega})\\ d_3(\mathrm{e}^{\mathrm{j}\omega})\\ d_4(\mathrm{e}^{\mathrm{j}\omega})\\ d_5(\mathrm{e}^{\mathrm{j}\omega})\\ d_6(\mathrm{e}^{\mathrm{j}\omega})\\ d_8(\mathrm{e}^{\mathrm{j}\omega})\end{bmatrix} \tag{14.43}$$

对所有 ω 求解方程组需要 $\boldsymbol{A}_S$在固定的$[0, 2\pi)$内是左可逆，并且采样器 p 的数目大于或等于 $\boldsymbol{d}(e^{j\omega})$联合稀疏度的尺寸，在本例中 $p\geqslant 7$。注意，这里仅需要一个伪逆的计算。

一旦完成了伪逆的计算，就可直接应用插值序列 $y_i[n]$，利用式(14.37)来确定非零切片 $d_i[n]$，并不需要先计算 DTFT $C_i(e^{j\omega})$。因此，所有的恢复运算均是在时域上进行的。

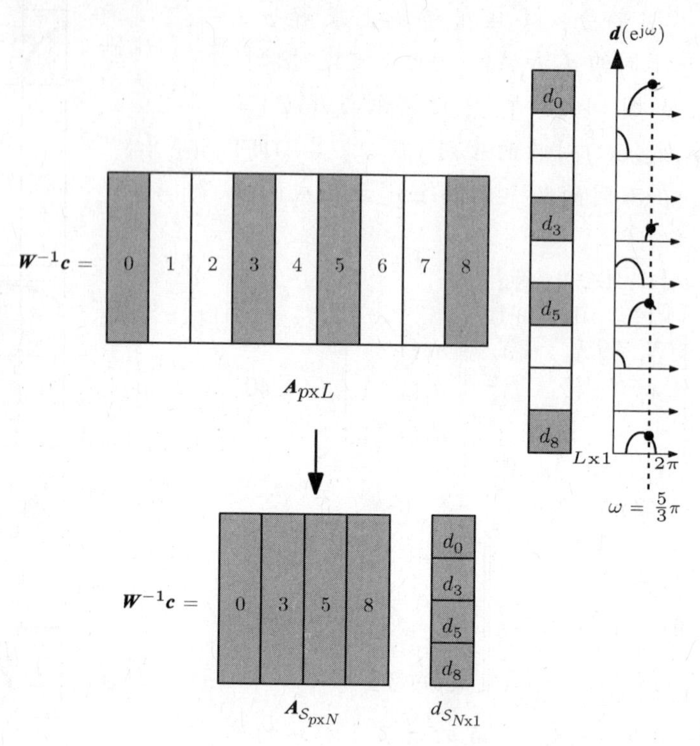

图 14.24 对 $\omega = 5\pi/3$ 的支撑选择及其对应的 $\boldsymbol{A}_S\boldsymbol{d}_S$

14.3.3 通用采样模式

这里，我们来讨论 $\boldsymbol{A}_S$的左可逆性。在下面的分析中，假设稀疏度为 N；然而，所得结果均适用于利用联合稀疏度 $2N$ 代替 N 的情况。

可逆性取决于矩阵中行的个数 p 和与一个载波频率的函数相关的列的个数。事实上，我们希望能够设计一个不依赖载波频率选择的采样系统。这样，当载频发生变化时，这个系统同样可以适用。这意味着我们要选择 t_i的值，使得 $\boldsymbol{A}_S$对于任意选择的 N 列都是左可逆的。这样的一类采样称为通常的(universal)采样。注意，信号的恢复仍然要依赖于载波的取值，这是因为我们需要知道集合 S,以求解式(14.36)中的 $\boldsymbol{d}_S$。在 14.5 节中将放宽这一要求，即利用一个更大的 p 值并且利用所谓模拟 CS 恢复技术。由于恢复过程在 DSP 中进行，因此在恢复阶段适用载频值会更加容易。另一方面，采样是在模拟硬件中实现的，因此具有一个固定的硬件结构是有利的，这种结构对应于恒定采样时间，并不受载波频率变化的影响。

定义 14.1 令 $\boldsymbol{A}$ 为 $p\times L$ 矩阵，矩阵元素为 $A_{ik} = \exp\{j2\pi kt_i/L\}$，其中 t_i，$0\leqslant i\leqslant p-1$。这个 t_i是一个给定的采样模式。每个 t_i在 $[0,L-1]$ 区间内可以取一个不同的整数值。若矩阵 $\boldsymbol{A}$ 中的任意列都是线性独立的，则集合$\{t_i\}$被称为一个通用采样模式(universal sampling pattern)。

根据采样模式的定义，必然有 $p \geqslant N$。当 $p=N$ 时，总的采样速率为 NB，它就等于 Landau 采样速率。因此，对于任意多频带输入信号，为了得到一个利用交错 ADC 结构实现的 Landau 采样速率，需要保证 $\{t_i\}$ 形成一个通用采样模式。

事实证明，当 $p \geqslant N$ 时，总是存在通用采样模式。特别地，有下面的命题。

命题 14.2　对于 $i=0,1,\cdots,p-1$，并且 $p \geqslant N$，选择 $t_i=i$，就是一个通用采样模式。

选择 $t_i=i$ 被称为集束采样(bunched sampling)，因为这种相应的非均匀采样模式导致了采样值集中在周期的起始段，如图 14.25 所示。

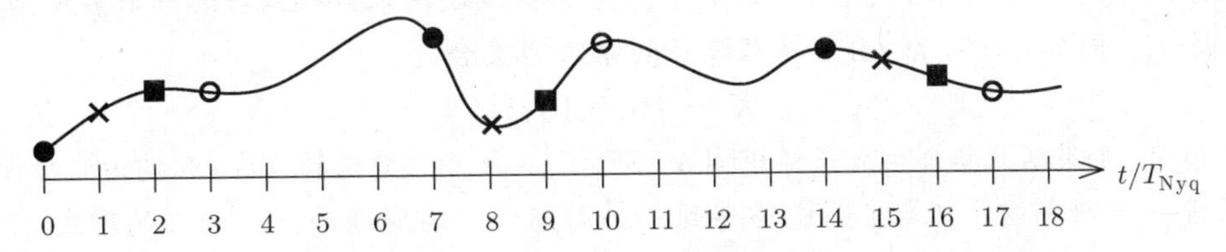

图 14.25　$L=7, p=4$ 的集束采样模式。采样值(样本)集中在周期的起始段，即 $t_i=i$，$i=0,1,2,3$

证明　当 $t_i=i$ 时，可以将 $\boldsymbol{A}$ 写为

$$\boldsymbol{A}=\begin{bmatrix}1 & 1 & \cdots & 1\\ 1 & \lambda_1 & \cdots & \lambda_{L-1}\\ 1 & \lambda_1^2 & \cdots & \lambda_{L-1}^2\\ \vdots & \vdots & & \vdots\\ 1 & \lambda_1^{p-1} & \cdots & \lambda_{L-1}^{p-1}\end{bmatrix} \tag{14.44}$$

其中，$\lambda_k=\mathrm{e}^{\mathrm{j}2\pi k/L}$，$k=0,1,\cdots,L-1$。矩阵 $\boldsymbol{A}$ 是一个根为 λ_k 的范德蒙德矩阵。很明显，$\boldsymbol{A}$ 中任意选择 N 列仍然可以组成范德蒙德矩阵。我们知道，当且仅当 $p \geqslant N$ 时，一个 $p \times N$ 的范德蒙德矩阵是左可逆的，并具有不相等的根(见附录 A)。因此，选择 $\boldsymbol{A}$ 中 N 列的子集，其结果总是一个左可逆矩阵。□

下面的命题给出了一个更加宽松的限制条件[407]。

命题 14.3　当取不同 $d \neq 0$ 值时，令 $\{t_i\}$ 为一个算数级数，即

$$t_i=(t_0+id)\bmod L, \quad i=0,1,\cdots,p-1 \tag{14.45}$$

如果 d 和 L 是互质的，且 $p \geqslant N$，那么，$\{t_i\}$ 就是一个通用采样模式。

注意到，命题 14.2 是当 $d=1$，$t_0=0$ 时命题 14.3 的一个特例。我们进一步指出，不同 d 可以是任意符号，并且可以大于 L。因此，t_i 的取值结果不需要有特定的顺序，也不需要最后的值在区间 $[0, L-1]$ 呈现差数相等。

证明　对于由式(14.45)给出的 t_i，可以将式(14.34)中的 $\boldsymbol{A}$ 写成

$$\boldsymbol{A}=\begin{bmatrix}1 & 1 & \cdots & 1\\ 1 & \lambda_1 & \cdots & \lambda_{L-1}\\ 1 & \lambda_1^2 & \cdots & \lambda_{L-1}^2\\ \vdots & \vdots & & \vdots\\ 1 & \lambda_1^{p-1} & \cdots & \lambda_{L-1}^{p-1}\end{bmatrix}\boldsymbol{D}=\boldsymbol{A}_1\boldsymbol{D} \tag{14.46}$$

其中，$\lambda_k = e^{j2\pi dk/L}$，$k=0,1,\cdots,L-1$，$\boldsymbol{D}$ 是对角元素为 $e^{j2\pi kt_0/L}$ 的对角阵。显然，$\boldsymbol{D}$ 是可逆的。矩阵 $\boldsymbol{A}_1$ 是一个根为 λ_k 的范德蒙德矩阵。因此，选择 $\boldsymbol{A}_1$ 中 N 列的子集，只要 λ_k 不同，且 $p \geqslant N$，其结果就是一个左可逆矩阵。

假设存在两个整数 $0 \leqslant m < n < L$，使得 $\lambda_m = \lambda_n$。这就意味着，对于某些整数 k，存在 $(m-n)d = kL$。然而，若 d 和 L 互质，那么必然有 $m=n$ 和 $k=0$。因此，必然是 $\lambda_m \neq \lambda_n$，且 $\boldsymbol{A}_1$ 一定是左可逆的。最后，有 $\boldsymbol{A}^{\dagger} = \boldsymbol{D}^{-1}\boldsymbol{A}_1^{\dagger}$。

□

例 14.9 考虑一个 $L=12$，$p=4$ 的例子。为了构造通用采样模式，选择与 L 互质的 d 值，并选择一个 t_0，例如 $d=5$，$t_0=0$。算术级数的结果为集合

$$\mathcal{K} = \{0,5,10,3\} \tag{14.47}$$

根据命题 14.3，如果从此集合生成采样矩阵 $\boldsymbol{A}$，那么，从 $\boldsymbol{A}$ 中任意选择 $N \leqslant p$ 列均为线性独立的。

如果进一步研究这个级数，则能够得到一个周期为 L 的周期序列。同样的理由，这个序列中每四个连续元素就形成一个通用采样模式。

一个通用采样模式中另一个很重要的特点是当 L 为质数时的情况，包含在下一个命题中[408]。

命题 14.4 若 L 为质数时，则任意模式均为通用模式。

证明 这个证明过程依赖于下述引理，由 Chebotarëv 给出证明（文献[414]中的定理 6）。

引理 14.1 令 L 是一个质数，$\mathcal{I}$ 和 $\mathcal{K}$ 表示含有 0 到 $L-1$ 中 N 个整数的集合。构造 $N \times N$ 方阵，其元素为 $e^{j2\pi ik/L}$，其中 $i \in \mathcal{I}$，$k \in \mathcal{K}$。那么，对于任意选择的 $\mathcal{I}$ 和 $\mathcal{K}$，矩阵都是可逆的。

选择 $\boldsymbol{A}$ 中的 N 列。那么，当 L 是质数时，得到的子矩阵必然满足上述引理条件，其结果是可逆的。因为这个条件是对于任意选择的 N 行和 N 列都成立，因此可以得到结论，任意集合 $\{t_i\}$ 都是通用的。

□

这时还可以看到，如果 L 不是质数，则总可以找到一个模型不属于通用类型。确实，对于某些 $1<n$，$k<L$，令 $L=nk$，模型 $t_0=0$，$t_1=n$ 就是非通用的，因为，选择支撑集 $\mathcal{S}=\{0,k\}$ 将使这个矩阵为如下结果

$$\boldsymbol{A}_{\mathcal{S}} = \begin{bmatrix} w^{0\cdot 0} & w^{0\cdot k} \\ w^{n\cdot 0} & w^{n\cdot k} \end{bmatrix} = \begin{bmatrix} 1 & 1 \\ 1 & 1 \end{bmatrix}, \quad w = e^{j\frac{2\pi}{L}} \tag{14.48}$$

这个矩阵是亏秩的。

例 14.10 我们已经知道，一个通用集合的循环移位也是一个通用集合，因此一旦找到一个通用集合，我们就可以构造另一个通用集合。特别地，假设 $\{t_i\}$ 是一个通用集合。那么，集合 $\{\tilde{t}_i\}$ 也为一个通用集合，其中对于 $c \in \mathbb{Z}$，$\tilde{t}_i = (t_i + c) \bmod L$。这个证明过程与命题 14.3 相似，其中 $t_0 = c$，且用 t_i 代替 id。因为 $\{t_i\}$ 是一个通用集合，矩阵 $\boldsymbol{A}_1$ 则可以被 $\{t_i\}$ 对应的左可逆矩阵所代替。

其结果是，我们能够从每个通用集合中提取出其他 $L-1$ 个通用集合。例如，从例 14.9 中 $L=12$ 的通用集合 $\mathcal{K}=\{0,5,10,3\}$，可以构造通用集合 $\{2,7,0,5\}$ $(c=2)$，或者 $\{10,3,8,1\}$ $(c=-2)$ 等其他 9 个不同的集合。

对于任意选择的 L 和 t_i，很难确定一个模式是否是通用的。然而，由在全部 $\binom{L}{p}$ 个组合中均匀选取的一个随机模式将以高的概率是通用的，详见文献[13]。

上述命题表明，对于任意 N 和 L，通用模式有多种可能的选择。然而，需要注意的是，不同的通用模式在噪声存在时的性能也不尽相同。特别地，尽管通用模式能够确保相关子矩阵 $\boldsymbol{A}_\mathcal{S}$ 是可逆的，但是不能保证一些稳定性能，因此伪逆矩阵 $\boldsymbol{A}_\mathcal{S}^\dagger$ 可能有一个比较大的范数。附录 A 中看到，对于一个矩阵 $\boldsymbol{B}$，输入向量 $\boldsymbol{x}$ 的最大放大倍数 $\|\boldsymbol{Bx}\|_2/\|\boldsymbol{x}\|_2$ 由最大奇异值 $\sigma_{\max}=\|\boldsymbol{B}\|_2$ 给出。因此，如果测量值中增加噪声，在恢复过程中将同样被放大 $\|A_\mathcal{S}\|_2$。因此，我们可以利用 $\|\boldsymbol{A}_\mathcal{S}\|_2$ 来表示一个采样模式的稳定性测度。下一个例子说明，这个值在很大程度上受采样时间选择的影响。

例 14.11　这里说明两种不同采样模式在噪声存在时不同的性能表现。

令 $\boldsymbol{A}_1$ 和 $\boldsymbol{A}_2$ 是两个由模式 $\{0,1,2,3,4\}$ 和 $\{0,2,3,4,8\}$（$p=5$，$L=11$）分别生成的 5×11 的矩阵。假设恢复的多频带占据不超过3个元素，即 $|\mathcal{S}|=3$。由于 L 为质数，由命题14.4可以保证这些模式是通用的。

为了评价噪声存在对系统性能的影响，我们考虑在支撑 $\mathcal{S}$ 上的每个矩阵的 $\|\boldsymbol{A}_\mathcal{S}\|_2$ 值。注意到，通常情况下这个值取决于所选择的支撑。对于每个系统，我们可以计算最坏条件下的值，结果是 $\max\limits_{\mathcal{S}\in S}\|\boldsymbol{A}_{1\mathcal{S}}^\dagger\|_2\approx 1.8728$ 和 $\max\limits_{\mathcal{S}\in S}\|\boldsymbol{A}_{2\mathcal{S}}^\dagger\|_2\approx 0.7361$。这里，$\mathcal{S}$ 表示为所有 $\binom{11}{3}$ 个可能选择的支撑集合。可以看到，第二个模式具有更大的延伸性（非集束性），比第一个集束取值的模式更加稳定。这个结论是很普遍的，即集束通用采样模式的稳定性低于非集束模式。

下面的定理给出了多频带信号恢复的一个结论。

定理 14.1　令 $x(t)$ 是一个在区间 $[0,2\pi/T_{\mathrm{Nyq}})$ 上的多频带信号，包含 N 个子带，且每个子带宽度不超过 B。设对于某些整数 L，有 $2\pi/T_{\mathrm{Nyq}}=LB$。考虑利用 p 个采样器以速率 T 对信号 $x(t)$ 进行多陪集采样，时间平移为 $\{t_i\}$。如果满足如下条件，则由式(14.31)定义的向量 $\boldsymbol{d}(\mathrm{e}^{\mathrm{j}\omega})$ 就是式(14.33)的唯一 N 稀疏解。

(1) $T\leqslant 2\pi/B$；

(2) $p\geqslant N$；

(3) $\{t_i\}$ 是一个通用模式。

向量 $\boldsymbol{d}(\mathrm{e}^{\mathrm{j}\omega})$ 可以通过 $\boldsymbol{d}_\mathcal{S}(\mathrm{e}^{\mathrm{j}\omega})=\boldsymbol{A}_\mathcal{S}^\dagger\boldsymbol{y}(\mathrm{e}^{\mathrm{j}\omega})=\boldsymbol{A}_\mathcal{S}^\dagger\boldsymbol{W}^{-1}(\omega)\boldsymbol{c}(\mathrm{e}^{\mathrm{j}\omega})$ 进行恢复，其中 $\boldsymbol{y}(\mathrm{e}^{\mathrm{j}\omega})$ 是图14.22中描绘的分数延迟滤波器的输出，$\boldsymbol{c}(\mathrm{e}^{\mathrm{j}\omega})$ 是采样序列的 DTFT。

14.3.4　硬件考虑

前面介绍的直接欠采样和交错 ADC 结构均能够实现低于奈奎斯特速率的模拟输入信号采样。ADC 结构可以在无模拟预处理组件的情况下，直接应用于输入信号 $x(t)$，相比在 I/Q 解调方式中则需要使用 RF 硬件。然而，这也要付出代价，并不是每个 ADC 器件都适用交错结构或欠采样系统。只有当前端模拟带宽超过 $\omega_{\max}=2\pi/T_{\mathrm{Nyq}}$ 时才是可行的。为了理解这个重要结论，这里对 ADC 的操作进行简单讨论。

一个 ADC 器件，最基本的形态是在两种状态下进行反复切换：追踪保持(T/H)和量化。在 T/H 期间，ADC 追踪信号的变化。当完成准确追踪后，ADC 值保持稳定并允许量化器将幅值转化为有限的表示形式。所有操作需要在下一个采样点到来前结束。在信号处理过程中，通常是将 ADC 建模成一个每秒 r 次的采样的理想逐点采样器，其以恒定速率捕获 $x(t)$ 的值。然而，如任何模拟电路一样，T/H 功能会受到频率范围所限制，使其无法追踪任意快速输入信号。事实上，可以用一个截止频率为 b 的低通滤波器来模拟 T/H 性能[21,410]，如图 14.26(a)所示。

在大多商用 ADC 器件中，指定的模拟带宽参数 b 往往高于器件的最大采样速率 r。图 14.26(b)列举了一些器件的参数。在我们的讨论中，假设低通滤波器是理想的，即矩形滤波器，所以 b 代表了真正的截止频率。否则，我们的结论需要考虑更高一些的有效 b 值，实际上信号通过低通滤波器的频率均大于 b，但是被滤波器的频率响应所衰减。当 ADC 工作在输入的奈奎斯特速率上时，在模型中可以省略滤波器，因为信号带宽被限制在 $r/2 \leqslant b$。与此相反，对于欠奈奎斯特目标，模拟带宽 b 在 ADC 的精确模拟和实际选择中变成重要因素，因为它表明被欠采样的最大输入频率。典型地，b 指定为 T/H 频率响应的 -3dB 点。因此，如果要求滤波器通带内是平缓响应的，那么 ω_{max} 就不能够过分接近 b。

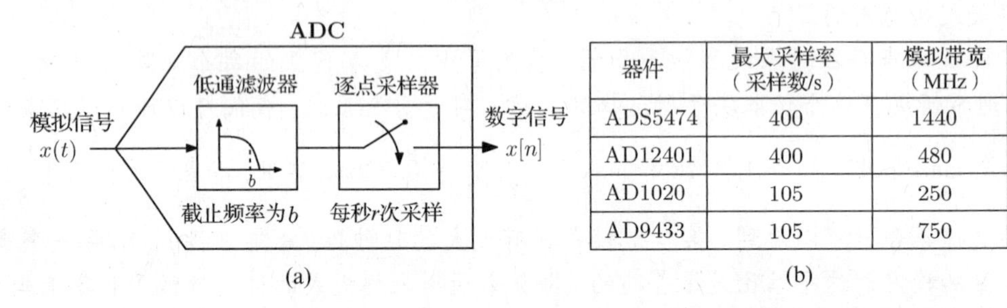

器件	最大采样率（采样数/s）	模拟带宽（MHz）
ADS5474	400	1440
AD12401	400	480
AD1020	105	250
AD9433	105	750

图 14.26　ADC 器件。(a)实际 ADC 模型，包含截止频率为 b 的低通滤波器和每秒 r 次采样的逐点采样器；(b)现有 ADC 器件及其参数

例 14.12　令 $x(t)$ 是一个频率范围在[600,625] MHz 的带通滤波器。以 $\omega_s = 50$ MHz 速率进行的欠采样满足条件式(14.17)，因此，可以欠奈奎斯特速率对信号进行采样。从图 14.26(b)中表格可知，AD9433 和 AD1020 均具备以速率 $r \geqslant 50$ MHz 进行采样的能力，由于模拟带宽限制，前者 $b = 750$ 可适用于 $x(t)$(假设采样器中低通滤波器是理想的)。

欠采样 ADC 在连续两个采样值之间有更大的间隔。这种优势可以理解为简化了设备限制，特别是在这个持续时间内允许进行量化。然而，不管采样速率 r，T/H 阶段需要保留快速变化信号的逐点值。在模拟带宽方面，奈奎斯特和欠采样 ADC 器件没有本质区别；均需要适应输入信号的奈奎斯特速率。

总之，欠采样或者交错 ADC 结构都能够以欠奈奎斯特速率对多频带信号进行直接采样，而不需要在解调时使用模拟预处理。此外，在下一节中将看到，交错 ADC 结构可以适用于载波未知的情况，而解调过程则需要载波频率的先验知识。然而，欠采样系统也有一些缺陷。第一，用于欠采样的均匀低速采样器必须具备足够大的模拟带宽，以适应对高载频端的输入信号进行采样。第二，欠采样方法将整个带宽上的噪声混叠到基带，引起 SNR 的损失。相反地，当使用解调方式时，在采样期之前使用了低通滤波器，以滤除带外噪声。从原理上讲，我们可以在欠采样之前使带通信号通过一个带通滤波器。然而，这个滤波器需要是根据输入频谱可调的。因此，在实现方面存在一定困难。第三，交错 ADC 结构在信号恢复阶段需要准确获知采样时间 t_i。实际上，由于时间偏移难以避免，因此实际的采样时间很难获得。此外，由于采样器的平行结构还会导致其他一些后果，如 ADC 器件间增益不匹配以及分布时钟的偏移，这些都会降低整个系统的性能[402,403,411]。在这些文献中，已经提出了很多算法以补偿系统的畸变，但是都将增加接收机的复杂度。

文献[336]提出了一种可选的前端结构，主要是用于克服模拟带宽问题。在下一节中，将讨论一种采样系统，称为调制宽带转换器（modulated wideband converter，MWC）。类似于交错 ADC 结构，MWC 同样可以应用在载波未知的情况。虽然，MWC 如任何一个欠奈奎斯特方案一样，会遇到噪声混叠的问题，但是它缓解了模拟带宽的问题，同时，它对每个通道有不同采样时间的需求。此外我们将看到，MWC 能够通过单一采样通道实现，这样就可以降低交错结构中不同通道不匹配带来的损失。

14.4　调制宽带转换器（MWC）

类似于多陪集采样，MWC 采样系统存在式（14.31）中的频谱切片 $d_k(e^{j\omega})$ 的组合过程，因此也会发生高带宽频谱的混叠。为了获得理想的混叠效果，MWC 系统中利用了通信理论中的扩频技术[412,413]，用一个周期为 T_p 的周期函数来调制输入信号，其方案如图 14.27 所示。图中选择了一个特定的周期函数，具体的参数设置将在下面讨论。其中的模拟混频前端将产生频谱混叠，每个子带的部分频谱成分将体现在基带上。系统的每个通道利用不同的调制序列 $p_i(t)$ 实现不同的混频过程。因此，从原理上讲，要恢复一个相对稀疏的多频带信号，就需要足够大量的混频器个数。混频后，输出信号经过低通滤波器滤波，并以一个低速率 $2\pi/T$ 进行采样。MWC 采样系统的总采样速率为 $2\pi p/T$。

多陪集采样和 MWC 采样的最大区别就在于混叠的产生方法上的不同。对于多陪集采样，混叠是由欠采样产生的，不同的混频是因为每个通道的延迟不同。而对于 MWC 采样，混叠是由采样操作前周期序列调制产生的。由于混叠出现在采样之前，因此 ADC 的输入信号不再是高带宽信号，而是带宽限制在 $2\pi/T$ 的信号。这样的一个信号可以用标准低速 ADC 进行采样，不再需要有高的模拟带宽。与多陪集采样相比，MWC 结构的另一个优势是通过提高信道的采样速率，甚至可以将通道数目减少到单一信道。在介绍完 MWC 操作过程之后，我们将在 14.4.3 节中讨论两者的性能比较。相反，对于采用通用采样时间的多陪集采样，每个延迟都需要一个不同分支，需要同时操作的分支数目就会很大。

MWC 结构的前端预处理必须用模拟方法实现，因为混频器和模拟滤波器都需要对宽带信号进行操作。纯模拟前端是克服 ADC 器件带宽限制的关键。这也是采样结构中较为困难的部分：因为采样操作目前还仅仅是处理低带宽输入信号，而混频器则必须要处理高带宽情况。然而我们注意到，标准无线电也面临着对高频率信号混频的问题。

在详述 MWC 工作之前，指出其潜在的优势：

（1）模拟混频器在宽带体制中是已经被证明的成熟技术[414,415]。实际上，由于发射机利用混频器实现高载频对信息的调制，所以混频器的带宽就定义为输入信号的带宽。

（2）符号交替函数可以通过标准（高速率）数字电路来实现。现有技术能够达到 23 GHz[416]，甚至是 80GHz 的交替速率[417]。

(3) 采样速率 $2\pi/T$ 与低通滤波器截止频率相匹配。因此，一个转换速率 $r=2\pi/T$ 的 ADC 器件和任意带宽 $b\geqslant 0.5r$（在实际情况中）均能实现此框图，其中的低通滤波器相当于一个预先抗混叠滤波器。接下来，选择与带宽 B 相似的 $2\pi/T$，也就是信号 $x(t)$ 的一个子带的宽度。事实上，这个采样速率允许在低速体制中，对各种商用 ADC 器件进行灵活选择。

(4) 所有通道上的采样是同步进行的，即不存在时间平移。这一点对于准确触发所有 ADC 器件是有利的（如零延迟同步期间[418]）。同一个时钟可以用在随后的数字处理器中，用以接收速率为 $2\pi/T$ 的采样集合。

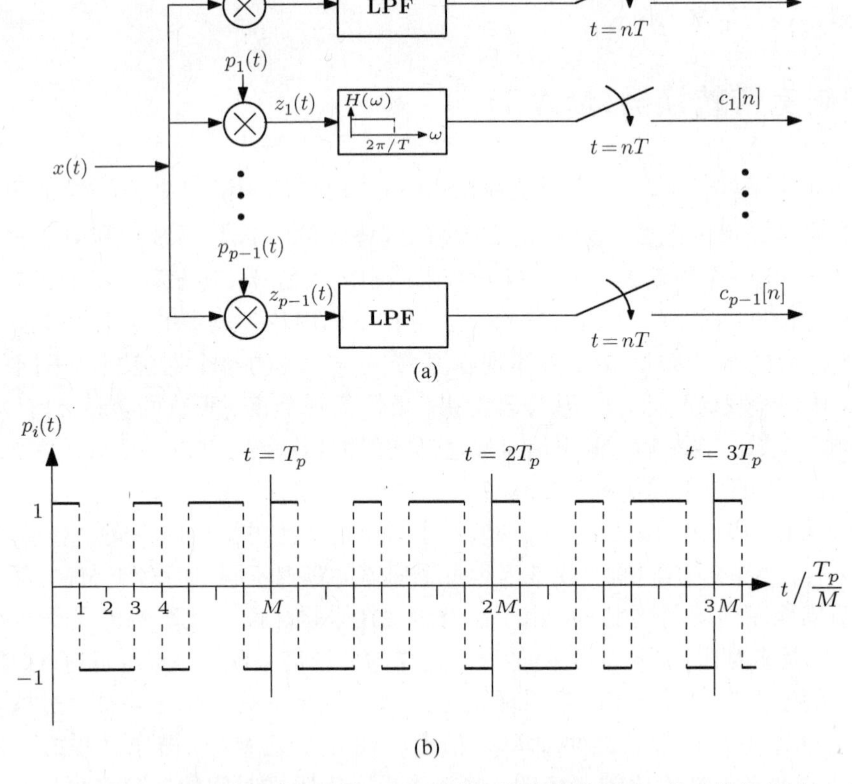

图 14.27　MWC 采样系统结构。(a) 调制宽带转换器框图。输入信号经过 p 个平行分支，与一组周期函数 $p_i(t)$ 进行混频，通过低通滤波器，并且进行低速率采样；(b) 周期函数的一种可能选择

14.4.1　MWC 操作

为了方便阐述，采用多陪集采样的叙述方式。在描述 MWC 时，假设输入信号为一个复信号，并且只关注正频率轴部分。

MWC 包含有 p 个通道的模拟前端。在第 i 个通道上，$x(t)$ 与周期为 T_p 的混合函数 $p_i(t)$ 相乘。混合后，信号频谱被截止频率为 $2\pi/T$ 的低通滤波器 $H(\omega)$ 截断，并且以速率 $2\pi/T$ 对滤波信号进行采样，获得采样序列 $c_i[n]$，$0\leqslant i\leqslant p-1$。每个通道的采样速率足够低，因此可以

使用现有的商用 ADC 器件。因此，需要设计的参数有通道数目 p、周期 T_p、采样速率 $2\pi/T$，以及对于每个 $0\leqslant i\leqslant p-1$ 的混合函数 $p_i(t)$。

这种混频操作导致 $x(t)$ 频谱的混叠，因此所有子带能量的一部分都将出现在基带。特别地，由于 $p_i(t)$ 是以 T_p 为周期的周期函数，其傅里叶展开式为

$$p_i(t) = \sum_{\ell=-\infty}^{\infty} c_{i\ell} e^{j\frac{2\pi}{T_p}\ell t} \tag{14.49}$$

其中，

$$c_{i\ell} = \frac{1}{T_p}\int_0^{T_p} p_i(t) e^{-j\frac{2\pi}{T_p}\ell t} dt \tag{14.50}$$

因此，给出 $p_i(t)$ 的傅里叶变换为

$$P_i(\omega) = 2\pi \sum_{\ell=-\infty}^{\infty} c_{i\ell}\delta\left(\omega - \frac{2\pi\ell}{T_p}\right) \tag{14.51}$$

在频域，利用 $p_i(t)$ 混频等同于在 $X(\omega)$ 和 $(1/2\pi)P_i(\omega)$ 之间做卷积运算。因此，给出混频器输出 $z_i(t)$ 的 CTFT

$$Z_i(\omega) = \sum_{\ell=-\infty}^{\infty} c_{i\ell} X\left(\omega - \frac{2\pi\ell}{T_p}\right) \tag{14.52}$$

在 $z_i(t)$ 中存在明显的混叠效应：滤波器 $H(\omega)$ 的输入是 $X(\omega)$ 各平移结果的线性组合。因为，对 $\omega \notin [0, 2\pi/T_{\mathrm{Nyq}}]$，有 $X(\omega)=0$，对于确定的 ω，式(14.52)的求和项(至多)包含 $\lceil T_{\mathrm{Nyq}}/T_p \rceil$ 项。滤波器 $H(\omega)$ 具有理想矩形函数的频域响应，如图 14.27 所示。非理想滤波器同样可以适用，详见文献[419]。因此，只有间隔 $\mathcal{F}_S=[0, 2\pi/T)$ 内的频率存在于均匀采样序列 $c_i[n]$ 中。由于混叠效应，这些频率包含来自 $X(\omega)$ 所有不同片段的部分。如同多陪集采样方式，这样的混叠是有益的，能够从低速率采样值中捕获 $x(t)$ 的能量。利用不同的调制序列 $p_i(t)$，就可以在每个分支上重复相同的操作。这样就在数字域上构成了一个线性方程组，只要信号结构是已知的，就可以得到这个方程组的解。在 14.4.4 节中，将讨论如何基于一个基本序列 $p(t)$ 的时间平移来选择序列 $p_i(t)$，进而可以简化硬件系统的设计。在 14.4.3 节中，要考虑的另一个硬件简化问题就是将图 14.27 中的 p 通道折叠为单一通道，这里利用一个因子 p 增加了采样速率。这种硬件简化的代价就是数字处理开销的增加以及设计灵活性的降低。

周期性调制所带来的重要结果是提高了对信号时域变化的鲁棒性。只要波形 $p_i(t)$ 是周期的，系数 $c_{i\ell}$ 就是可以计算的，或者是可以校准的。波形 $p_i(t)$ 的准确形状并不重要。特别地，假设我们利用周期符号波形，如图 14.27(b)所示。一个符号波形的交替并没有发生在准确的奈奎斯特网格上，电平的取值也不是精确的 ± 1，只要满足每 T_p 秒进行重复的相同波形。这在很大程度上简化了设计，因为只需要保持准确的周期，而不需要精确的幅度电平。

14.4.2　MWC 信号恢复

这里，我们考虑从 MWC 采样值中恢复信号的问题。为简化分析，我们对系统的参数进行假设。这些限制对采样方法的可用性来说并不是必要的，仅仅是为了方便起见。

类似于多陪集采样方法的分析，假设 $T_p = LT_{\mathrm{Nyq}}$ 和 $B=(2\pi)/(LT_{\mathrm{Nyq}})=2\pi/T_p$，选择一个采样周期 $T=T_p$。在此情况下，在式(14.52)的 $Z_i(\omega)$ 中最多存在 L 项 $X(\omega)$ 的混叠，所以

$$Z_i(\omega) = \sum_{\ell=0}^{L-1} c_{i,-\ell} X\left(\omega + \frac{2\pi\ell}{T}\right), \quad 0 \leqslant \omega \leqslant \frac{2\pi}{T} \tag{14.53}$$

给出第 i 个采样序列 $c_i[n]$ 的 DTFT，

$$C_i(\mathrm{e}^{\mathrm{j}\omega}) = \frac{1}{T}\sum_{\ell=0}^{L-1} c_{i,-\ell} X\left(\frac{\omega}{T} + \frac{2\pi\ell}{T}\right) \tag{14.54}$$

MWC 采样过程如图 14.28 所示。

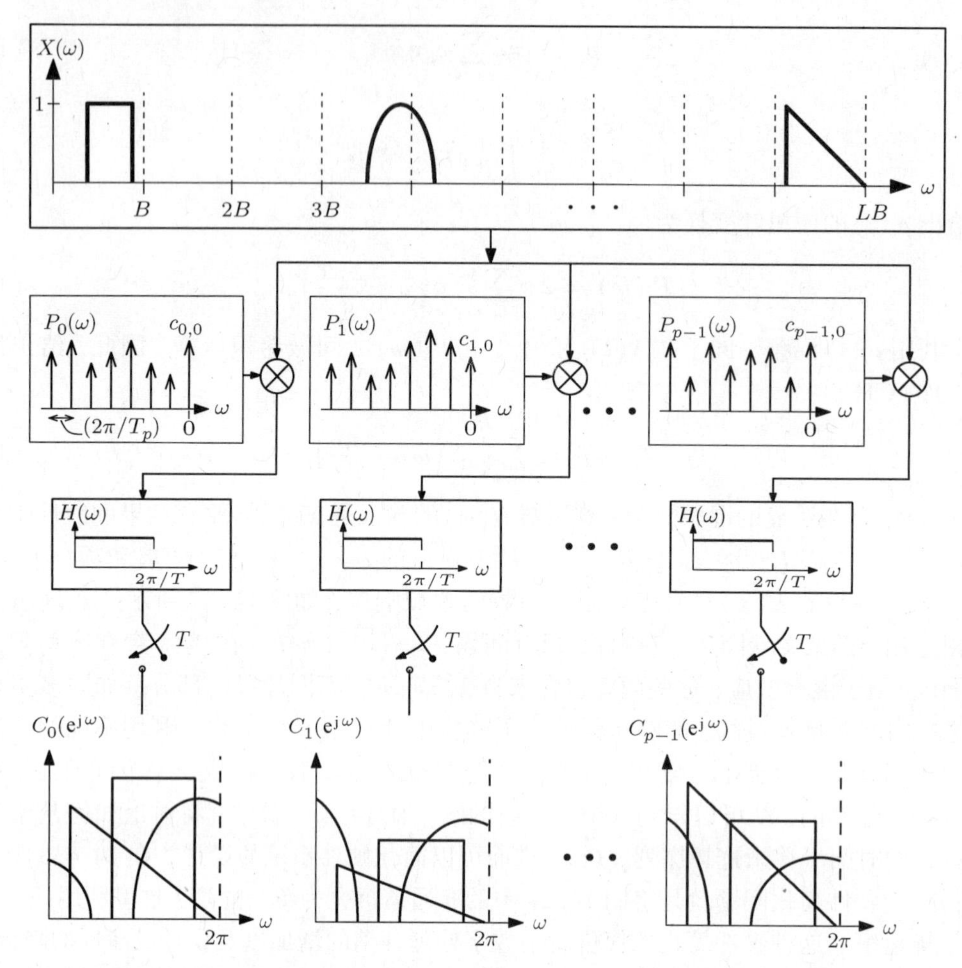

图 14.28 MWC 操作。具有参数 $N=3, L=9$ 的多频带信号经过 p 个混频器，利用周期为 $T_p=2\pi/B$ 的周期函数 $p_i(t)$ 对信号进行混频。混频后，输出信号经过截止频率为 $2\pi/T$（$T=T_p$）的低通滤波器的滤波，并以低速率 $2\pi/T$ 进行采样。MWC 的总采样速率为 $2\pi p/T$

注意，混合器输出 $z_i(t)$ 不是带限的。因此，依据系数 $c_{i\ell}$，傅里叶变换式(14.52)可能不是明确定义的。然而该技术性问题可通过式(14.54)得到解决，因为滤波器输出仅仅涉及信号 $x(t)$ 有限数量的混叠。

关系式(14.45)将已知 $c_i[n]$ 的 DTFT 与未知 $X(\omega)$ 联系在一起。这个关系式是恢复 $x(t)$ 的关键，它与多陪集采样中的式(14.32)相似。式(14.32)中，$X(\omega)$ 频谱切片的线性组合是由每一通道的时延决定的，而式(14.54)是由周期函数的傅里叶系数决定的。

频谱切片 $d_i(\mathrm{e}^{\mathrm{j}\omega})$ 的定义参照式(14.31)，将式(14.54)写为矩阵形式：

$$\boldsymbol{c}(\mathrm{e}^{\mathrm{j}\omega}) = \boldsymbol{A}\boldsymbol{d}(\mathrm{e}^{\mathrm{j}\omega}),\quad 0 \leqslant \omega \leqslant 2\pi \tag{14.55}$$

其中 $\boldsymbol{c}(\omega)$ 是长度为 p 的向量，第 i 个元素为 $C_i(\mathrm{e}^{\mathrm{j}\omega})$。$p\times L$ 为矩阵 $\boldsymbol{A}$ 包含系数 $c_{i,-\ell}$：

$$A_{i\ell} = c_{i,-\ell} \tag{14.56}$$

在式(14.55)中隐含表现出混合函数的作用，通过系数 $c_{i\ell}$ 定义式(14.56)中的矩阵。每个 $p_i(t)$ 给出矩阵 $\boldsymbol{A}$ 中的一行。概括地说，$p_i(t)$ 在周期时间 T_p 中拥有足够的瞬时状态，因此其傅里叶展开了式(14.49)包含至少 L 个主项。此情况下，通道输出 $c_i[n]$ 是 $\boldsymbol{d}(\mathrm{e}^{\mathrm{j}\omega})$ 中所有(非零)频谱切片的混合。

从 MWC 采样值式(14.55)中恢复 $\boldsymbol{d}(\mathrm{e}^{\mathrm{j}\omega})$ 的问题完全类似于从多陪集采样式(14.33)中恢复 $\boldsymbol{d}(\mathrm{e}^{\mathrm{j}\omega})$ 的问题。最大的区别就在于，这里没有分数延时滤波器[由式(14.33)的矩阵 $\boldsymbol{W}$ 表示]，所以不需要进行上采样。根据多陪集采样的分析结果知道，只要矩阵 $\boldsymbol{A}$ 中的任意 N 列是线性独立，信号恢复就是可能的。这意味着由矩阵 $\boldsymbol{A}$ 中 N 列组成的子矩阵 $\boldsymbol{A}_{\mathcal{S}}$ 是左可逆的，其中，对于一个特定的 ω，矩阵 $\boldsymbol{A}$ 是与 $\boldsymbol{d}(\mathrm{e}^{\mathrm{j}\omega})$ 的支撑 $\mathcal{S}$ 相对应的。根据第 11 章中研究的 CS 技术，这意味着矩阵 $\boldsymbol{A}$ 至少具有 $N+1$ 个 spark(Kruskal 秩)。类比于多陪集采样的情况，也可以说，若对每个 $\mathcal{S}$ 的选择，$\boldsymbol{A}_{\mathcal{S}}$ 是左可逆的，则 MWC 中的周期序列就是通用的。该条件下，$\boldsymbol{d}_{\mathcal{S}}(\mathrm{e}^{\mathrm{j}\omega}) = \boldsymbol{A}_{\mathcal{S}}^{\dagger}\boldsymbol{c}(\mathrm{e}^{\mathrm{j}\omega})$。

在这里，设计一个合适的矩阵 $\boldsymbol{A}$ 要比在多陪集采样的情况下更加容易些，因为原则上 $c_{i\ell}$ 值更容易选择。而在多陪集采样中，$\boldsymbol{A}$ 的元素是采样时刻 t_i 的一个函数。回顾第 11 章，如果元素 $c_{i\ell}$ 是随机产生的，则有很高的概率使得 $\boldsymbol{A}$ 具有等于 $p+1$ 的 spark。因此，只要 $p \geqslant N$，这个序列就是通用的。第 11 章还给出了具有此性质矩阵 $\boldsymbol{A}$ 的其他选择。例如，如果 $\boldsymbol{A}$ 由一个 $L\times L$ 单位阵的随机 $p \geqslant N$ 行组成，则同样有很高的概率使其 spark 等于 $p+1$(Kruskal 秩)。在 14.4.4 节中将研究周期符号波形，以及那种所有序列由单一函数的平移生成的情形。

例 14.13　假设选择 p 个序列

$$p_i(t) = T_p \sum_{n\in\mathbb{Z}} \delta(t - t_i T_{\mathrm{Nyq}} - nT_p) \tag{14.57}$$

其中 $T_p = LT_{\mathrm{Nyq}}$。对于这个选择，其傅里叶系数等于

$$c_{i\ell} = \exp\{-\mathrm{j}2\pi\ell t_i/L\} \tag{14.58}$$

因此，式(14.55)中矩阵 $\boldsymbol{A}$ 与由陪集定义为 $\{t_i\}$ 的多陪集采样产生的矩阵 $\boldsymbol{A}$ 一致。其主要区别为在 MWC 中，实际采样是在由 $p_i(t)$ 混叠完成之后进行的，而在多陪集采样中，混叠是由采样本身造成的，因此需要高模拟带宽的采样器。此外，多陪集采样在恢复之前，需要利用矩阵 $\boldsymbol{W}^{-1}$ 对采样值进行预处理。这需要用一个分数延时滤波器，而此处可以回避。

例 14.14　这里考虑具有 $p=3$ 通道的 MWC 系统，序列周期为 $T_p=1$，其中

$$p_0(t) = \sum_{n\in\mathbb{Z}} \delta(t-n)$$

$$p_1(t) = \sum_{k=0}^{L-1} (k+1)\mathrm{e}^{-\mathrm{j}2\pi kt}$$

$$p_2(t) = \sum_{k=0}^{L-1} 2\,(k+1)^2\cos(2\pi kt) - 1 \tag{14.59}$$

混频后，结果经过截止频率为 2π 的理想低通滤波器滤波，并以采样速率 $2\pi/T_p = 2\pi/T = 2\pi$ 进行采样。直接计算 $p_i(t)$ 的傅里叶系数为

$$c_{0\ell} = 1, \quad c_{1\ell} = \begin{cases} |\ell|+1, & -(L-1)\leqslant \ell \leqslant 0 \\ 0, & \text{其他} \end{cases}, \quad c_{2\ell} = \begin{cases} (|\ell|+1)^2, & |\ell| \leqslant L-1 \\ 0, & \text{其他} \end{cases} \tag{14.60}$$

该系统能够采样 $N=3$，$B=2\pi$ 的多频带信号，在保证完美重构的前提下，可能达到的最小采样速率为 $3\cdot 2\pi/T$。

作为一个例子，考虑 $L=6$ 的多频带输入采样。此情况下，系数形成一个 3×6 矩阵

$$\boldsymbol{A}=\begin{bmatrix}1 & 1 & 1 & 1 & 1 & 1\\ 1 & 2 & 3 & 4 & 5 & 6\\ 1 & 4 & 9 & 16 & 25 & 36\end{bmatrix} \tag{14.61}$$

一般来说，$A_{ij}=\lambda_j^i$，且 $\lambda_j=\mathrm{j}+1$，$0\leqslant i\leqslant p-1$，$0\leqslant j\leqslant L-1$。任意选择 $\boldsymbol{A}$ 中的三列，得到一个具有不同根的 3×3 范德蒙德矩阵，它是可逆的。

在下面定理中对所讨论的内容进行总结，这个定理是定理 14.1 针对 MWC 结构的一个调整。

定理 14.2　设 $x(t)$ 是区间 $[0, 2\pi/T_{\mathrm{Nyq}})$ 上的一个多频带信号，由 N 个子带组成，且每个频带宽度不超过 B。对于某些整数 L，令 $2\pi/T_{\mathrm{Nyq}}=LB$。考虑 MWC 系统的混合函数 $p_i(t)$，其周期为 T。若满足下述条件，则由式(14.31)定义的向量 $\boldsymbol{d}(\mathrm{e}^{\mathrm{j}\omega})$ 就是式(14.55)唯一的 N 稀疏解：

(1) $T\leqslant 2\pi/B$；

(2) $p\geqslant N$；

(3) 傅里叶序列系数 $\{c_{i\ell}\}$ 形成一个通用模式。

向量 $\boldsymbol{d}(\mathrm{e}^{\mathrm{j}\omega})$ 能够通过 $\boldsymbol{d}_S(\mathrm{e}^{\mathrm{j}\omega})=\boldsymbol{A}_S^{\dagger}\boldsymbol{c}(\mathrm{e}^{\mathrm{j}\omega})$ 进行恢复，其中 $\boldsymbol{c}(\mathrm{e}^{\mathrm{j}\omega})$ 是采样序列的 DTFT。

14.4.3　折叠通道

到目前为止，为了简单起见，一直假设 $T_p=T$，其中 T 为采样周期。接下来，我们考虑选择更一般的参数。

通过把平移间隔设定为 $2\pi/T_p$，周期 T_p 决定了 $X(\omega)$ 的混叠情况。如果选择 $2\pi/T_p\geqslant B$，那么每个子带就只为 $\boldsymbol{d}(\mathrm{e}^{\mathrm{j}\omega})$ 贡献一个非零元素，因此，$\boldsymbol{d}(\mathrm{e}^{\mathrm{j}\omega})$ 最多就只有 N 个非零元素。特别地，可以选择 $2\pi/T_p$ 稍稍大于 B，以避免边缘效应。

单一通道的采样速率为 $\omega_S=2\pi/T$，以及通道数目 p 决定了系统的总采样速率 $p\omega_S$。最简单的选择就是 $\omega_S=\omega_p\simeq B$，到目前为止我们一直是这样选择的，这样可以将采样速率控制在 ω_p 附近。硬件实现的负担很大程度上受到硬件电路总数量的影响，其中包括混频器、低通滤波器和 ADC 器件。这里研究一种方法，以高采样速率和额外的数字处理为代价，来减少通道的数量。

采样方法

假设 $\omega_S=q\omega_p$，进而有 $T=T_p/q$。在此情况下，低通滤波器的带宽为 $2\pi q/T_p$。图 14.27 中第 i 个分支的输出就等于式(14.52)中 $Z_i(\omega)$ 在间隔 $[0, 2\pi q/T_p]$ 的表示形式。对于 $[0, 2\pi/T_p]$ 上的频率，由式(14.53)给出 $Z_i(\omega)$ 的形式。然而，由于所用低通滤波器带宽增加，我们有额外的 $q-1$ 个子带需要考虑，即 $[0, 2\pi/T_p]+2\pi k/T_p$，其中 $k=1,\cdots,q-1$

$$Z_i(\omega)=\sum_{\ell=-k}^{L-1-k}c_{i,-\ell}X\left(\omega+\frac{2\pi\ell}{T_p}\right),\qquad \frac{2\pi k}{T_p}\leqslant\omega\leqslant\frac{2\pi(k+1)}{T_p} \tag{14.62}$$

还可以写成

$$Z_i(\omega)=\sum_{\ell=0}^{L-1}c_{i,-\ell+k}X\left[\omega+\frac{2\pi(\ell-k)}{T_p}\right],\qquad \frac{2\pi k}{T_p}\leqslant\omega\leqslant\frac{2\pi(k+1)}{T_p}\tag{14.63}$$

利用 $Z_{ik}(\omega)$ 表示第 k 个间隔 $[2\pi k/T_p, 2\pi(k+1)/T_p]$ 平移到基带部分的频域响应，即对于 $[0, 2\pi/T_p]$，其形式为

$$Z_{ik}(\omega)=\sum_{\ell=0}^{L-1}c_{i,-\ell+k}X\left(\omega+\frac{2\pi\ell}{T_p}\right),\qquad 0\leqslant\omega\leqslant\frac{2\pi}{T_p}\tag{14.64}$$

因此，每个子带提供了关于 $X(\omega)$ 的一个附加方程，因此，由各个通道可以得到 q 个方程。这样就可以用更少的通道实现信息的获取。

接下来，来看一下如何通过序列 $c_i[n]$ 在数字域上获得这些附加方程。以速率 $2\pi q/T_p$ 采样 $Z_i(\omega)$，产生采样序列

$$C_i(e^{j\omega})=\frac{q}{T_p}\sum_{\ell=0}^{L-1}c_{i,-\ell+k}X\left[\frac{q\omega}{T_p}+\frac{2\pi(\ell-k)}{T_p}\right],\qquad \frac{2\pi k}{T_p}\leqslant\omega\leqslant\frac{2\pi(k+1)}{T_p}\tag{14.65}$$

与之前一样，用 $C_{ik}(e^{j\omega})$ 表示第 k 个间隔 $[2\pi/q, 2\pi(k+1)/q]$ 平移至 $[0, 2\pi/q]$ 的 DTFT

$$C_{ik}(e^{j\omega})=\frac{q}{T_p}\sum_{\ell=0}^{L-1}c_{i,-\ell+k}X\left(\frac{q\omega}{T_p}+\frac{2\pi\ell}{T_p}\right),\qquad 0\leqslant\omega\leqslant\frac{2\pi}{q}\tag{14.66}$$

用 $c_{ik}[n]$ 表示 $C_{ik}(e^{j\omega})$ 的逆 DTFT。由于此序列的 DTFT 是定义在长度为 $2\pi/q$ 的间隔上，所以，可以用一个截止频率为 $2\pi/q$ 的低通滤波器进行滤波，并以 q 进行降采样。则输出序列 $q_{ik}[n]$ 速率为 $\omega_p=2\pi/T_p$，其频率响应为

$$Q_{ik}(e^{j\omega})=\frac{1}{T_p}\sum_{\ell=0}^{L-1}c_{i,-\ell+k}X\left(\frac{\omega}{T_p}+\frac{2\pi\ell}{T_p}\right),\qquad 0\leqslant\omega\leqslant 2\pi\tag{14.67}$$

该序列通过下式与采样序列 $c_i[n]$ 相关联

$$q_{ik}[\tilde{n}]=\left(c_i[n]e^{-j\frac{2\pi}{q}kn}\right)*h[n]\Big|_{n=\tilde{n}q}\tag{14.68}$$

其中括号表示用 $e^{-j\frac{2\pi}{q}kn}$ 来进行调制，实现 $2\pi k/q$ 的一个频移，随后用截止频率为 $2\pi/q$ 的低通滤波器进行滤波，其表示为 $h[n]$，并以 q 进行抽取。

图 14.29 给出了输入多频带信号 $X(\omega)$ 和输出离散时间序列 $Q_{ik}(e^{j\omega})$ 之间的关系。经过与周期函数的混频之后，以速率 $2\pi q/T_p$ 进行采样，然后通过调制、低通滤波和降采样，我们就可以根据每个采样序列来形成 q 个离散时间信号。显然，每个通道需要 q 个数字滤波器，进而使采样速率减小到 ω_p。当然，这样将增加数字域的计算负荷。同样需要考虑的是，随着 q 的增加，截止频率为 $2\pi/q$ 的数字滤波器也会需要更多的抽头(tap)。因此，模拟通道的减少是以增加数字计算量为代价的。同样也会导致每个通道上有更高的采样速率和更多的信号能量，进而会增加噪声强度以及影响采样器的动态范围。

选择折叠因子 $q=p$，可以使有 p 个通道的系统简化到一个采样速率为 $\omega_S=p\omega_p$ 的单通道系统。这种单通道采样结构如图 14.30 所示，它可以利用单通道以两倍 Landau 速率对任意一个多频带输入信号进行采样。

恢复过程

得到了序列 $Q_{ik}(e^{j\omega})$ 之后，接下来就是恢复 $\boldsymbol{d}(e^{j\omega})$。用 $\boldsymbol{q}_i(e^{j\omega})$ 表示长度为 q 的向量，向量的元素为 $Q_{ik}(e^{j\omega})$，将式(14.67)写成矩阵形式为

$$\boldsymbol{q}_i(e^{j\omega})=\boldsymbol{C}_i\boldsymbol{d}(e^{j\omega})\tag{14.69}$$

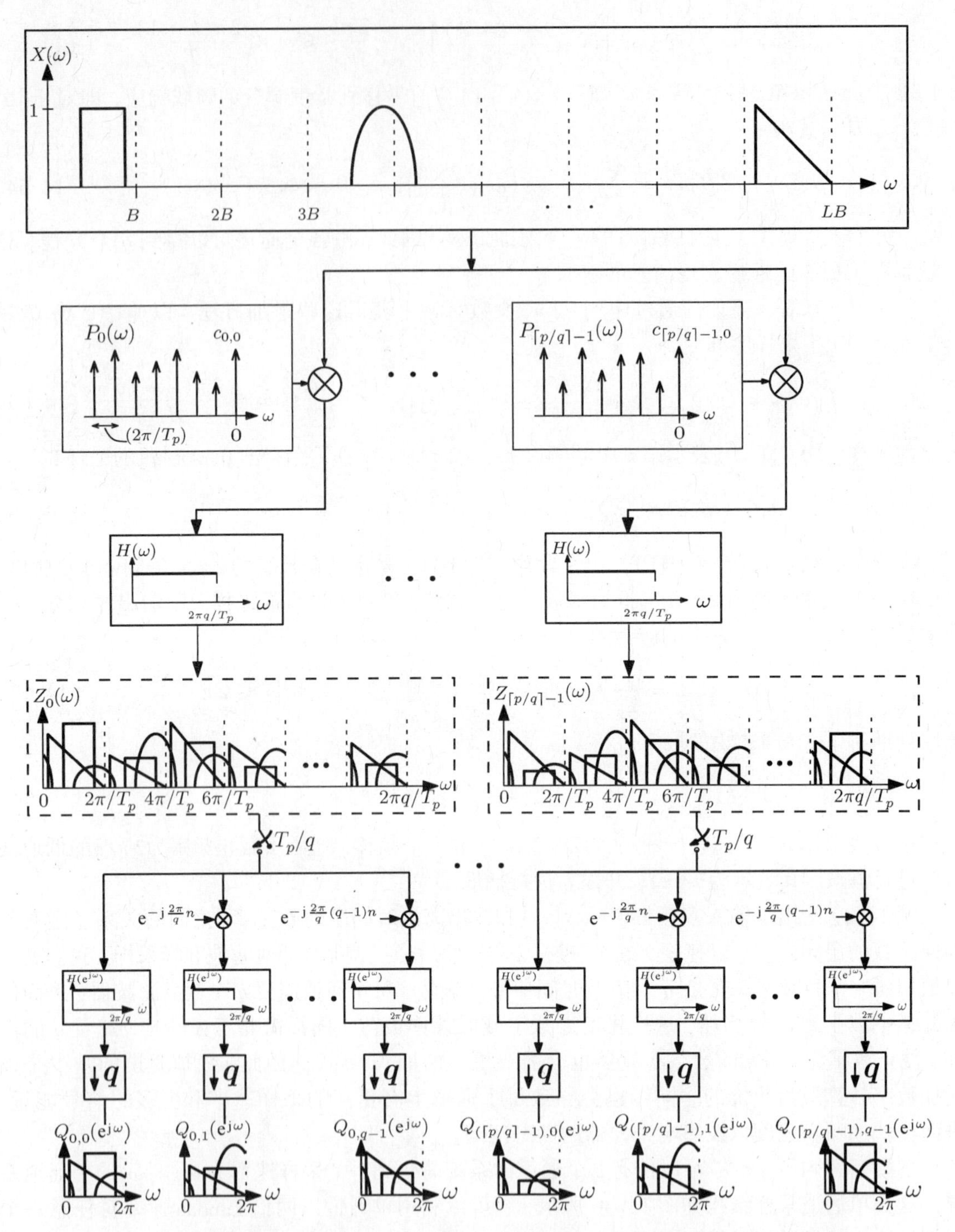

图 14.29 折叠通道。拥有$\lceil p/q\rceil$个通道的 MWC 系统。多频带信号($N=3,L=9$)通过$\lceil p/q\rceil$个模拟通道，并利用$p_i(t),0\leqslant i\leqslant\lceil p/q\rceil-1$对其混频。通过截止频率为$2\pi q/T_p$的低通滤波器滤波，每个通道的输出信号以速率$2\pi q/T_p$进行采样。采样信号通过 q 个数字通道，每个相关频移满足由时间调制的基带信号，通过截止频率$2\pi/q$的数字低通滤波器滤波，并以 q 进行抽取

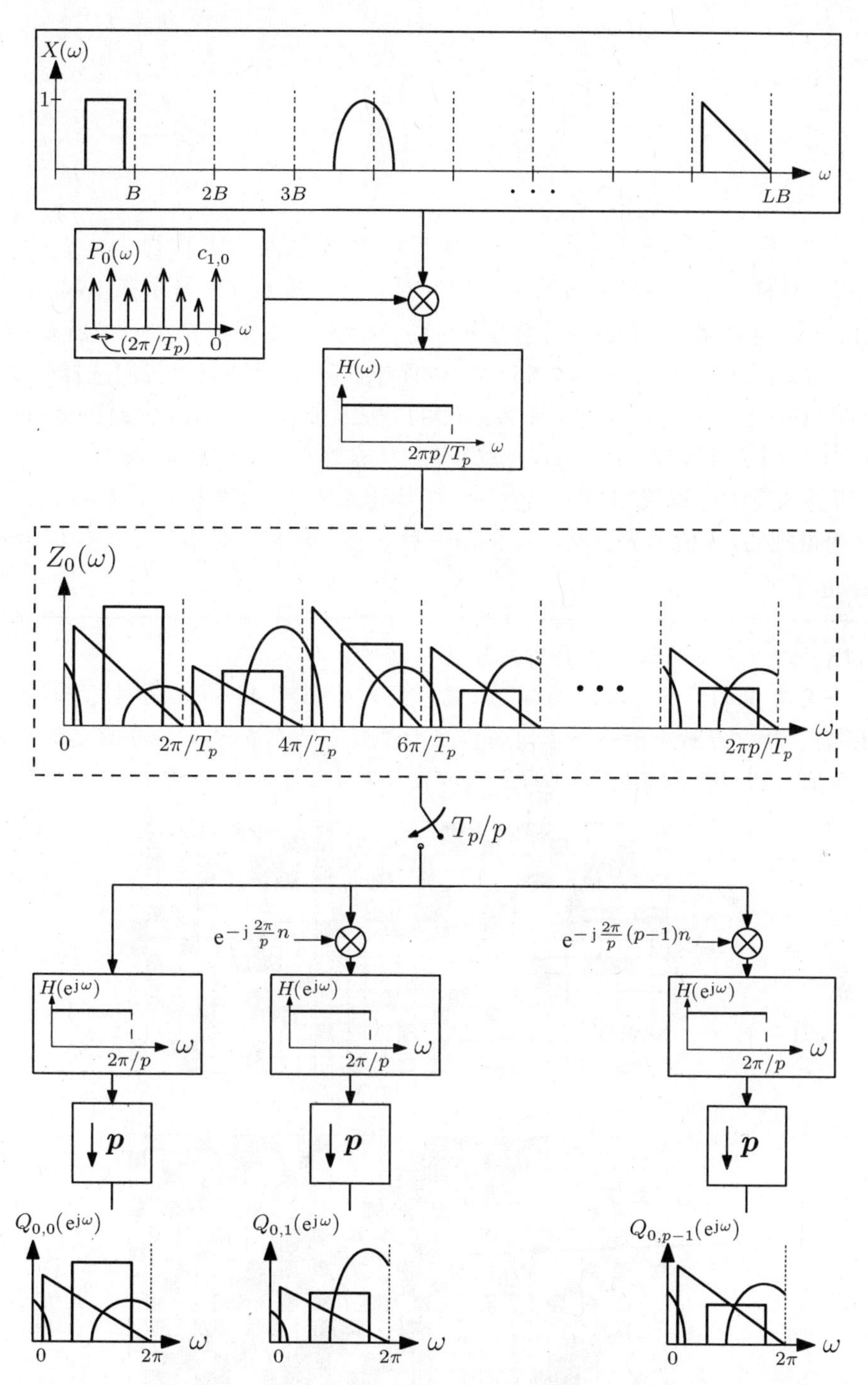

图 14.30　当 $q=p$ 时的一个单通道 MWC 系统。多频带信号($N=3,L=9$)通过单通道，由函数 $p_0(t)$进行混频。通过截止频率为 $2\pi q/T_p$的低通滤波器滤波后，以速率 $2\pi q/T_p$对信号进行采样。采样信号通过 q 个数字通道。每个信道的相关频移满足由时间调制的基带信号，通过截止频率 $2\pi/q$ 的数字低通滤波器滤波，并以 q 进行抽取

其中，

$$C_i = \begin{bmatrix} c_{i,0} & c_{i,-1} & & c_{i,-L+1} \\ c_{i,1} & c_{i,0} & & c_{i,-L+2} \\ \vdots & & & \vdots \\ c_{i,q-1} & c_{i,q-2} & & c_{i,-L+q} \end{bmatrix}, \quad 0 \leqslant i \leqslant \lceil p/q \rceil - 1 \tag{14.70}$$

式(14.67)表明，从每个通道上，可以利用傅里叶系数序列的平移得到 q 个关于未知向量 $\boldsymbol{d}(\mathrm{e}^{\mathrm{j}\omega})$ 的方程。这样，通过将多个向量 $\boldsymbol{q}_i(\mathrm{e}^{\mathrm{j}\omega})$ 与某一个向量 $\boldsymbol{q}(\mathrm{e}^{\mathrm{j}\omega})$ 联系在一起，就可以得到一个形如式(14.55)的关系，其中 $\boldsymbol{q}(\mathrm{e}^{\mathrm{j}\omega})$ 替换 $\boldsymbol{c}(\mathrm{e}^{\mathrm{j}\omega})$。矩阵 $\boldsymbol{A}$ 由矩阵 $\boldsymbol{C}_i$ 中对应所有 i 值的(垂直)连接组成。当 $q=1$ 时，$\boldsymbol{C}_1$ 变为式(14.56)给出的行向量。因此，只要我们选择的序列 $c_{i,\ell}$ 使得组合成的矩阵 $\boldsymbol{A}$ 具备所需的可逆性，那么，就可以按因子 q 充分地减少通道数目；也就是说，矩阵 $\boldsymbol{A}$ 的任意 N 列是线性独立的，或者说矩阵 $\boldsymbol{A}$ 具有等于 $N+1$ 的 spark。

显然，折叠通道的过程就相当于产生一个结构化矩阵 $\boldsymbol{A}$，因为每一个 $\boldsymbol{C}_i$ 都是由一个傅里叶系数的平移而得到的。q 值越大，矩阵 $\boldsymbol{A}$ 的限制就越多。因此，必须谨慎地确保矩阵 $\boldsymbol{A}$ 仍然具有所需的 spark 性质。

例 14.15 这里来说明通道折叠对矩阵 $\boldsymbol{A}$ 的影响。

考虑一个具有 $p=15$ 个通道的 MWC 系统。得到的矩阵 $\boldsymbol{A}$，表示为 $\boldsymbol{A}_1$，如图 14.31(a)所示。它有 15 行，每一行对应于一个不同的傅里叶序列。为了在通道折叠后更加形象地说明矩阵的结构，我们只利用两个值(黑和白)来表示 $\boldsymbol{A}$，以简化讨论。

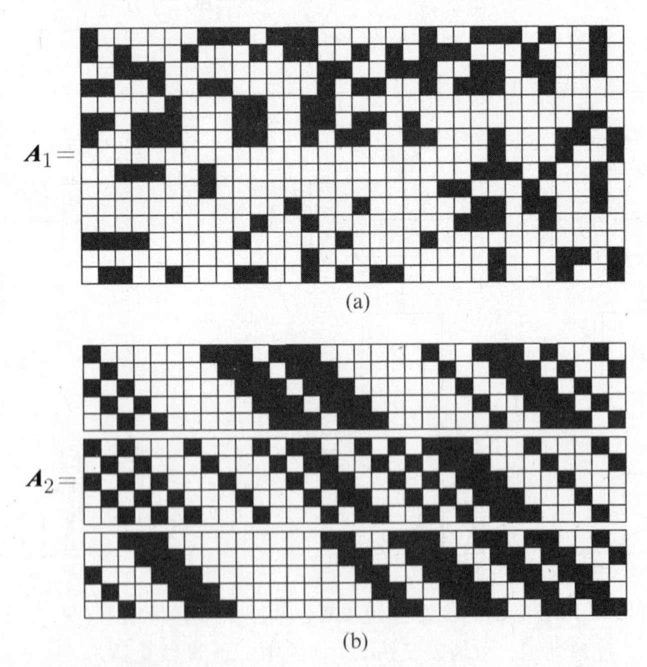

图 14.31 减少模拟通道数目。为简化，矩阵 $\boldsymbol{A}$ 被表示为两个值，黑与白。(a)无通道折叠：15个独立的模拟通道，$q=1$；(b)通道折叠：3个独立通道，且折叠因子 $q=5$。$\boldsymbol{A}_2$ 的行对应 $\boldsymbol{A}_1$ 的前3列及其平移

这里，假设利用因子 $q=5$ 进行通道折叠，其结果是只需要3个模拟通道。对于这些通道，我们使用整个系统的前3个序列。在这种情况下，新的感知矩阵 $\boldsymbol{A}_2$ 由3块组成，每一块包含5行，包括了 $\boldsymbol{A}_1$ 的前3行和它们的平移。这个新矩阵如图14.31(b)所示。

例14.16　在本例中来验证通道折叠对一个包含有3个子带并且具有随机选择载波频率的信号的影响。

特别地，令

$$\begin{aligned}x(t) &= \sqrt{E_1 B}\operatorname{sinc}\left[\frac{B}{5}(t-\tau_1)\right]\operatorname{sinc}\left[\frac{4B}{5}(t-\tau_1)\right]\mathrm{e}^{\mathrm{j}2\pi f_1(t-\tau_1)}\\&\quad+\sqrt{E_2 B}\operatorname{sinc}^2\left[\frac{B}{2}(t-\tau_2)\right]\mathrm{e}^{\mathrm{j}2\pi f_2(t-\tau_2)}\\&\quad+\sqrt{E_3 B}\operatorname{sinc}^3\left[\frac{B}{3}(t-\tau_3)\right]\mathrm{e}^{\mathrm{j}2\pi f_3(t-\tau_3)}\end{aligned}$$

每个子带的能量选择为 $E_i=\{3,4,5\}$，时间偏移设置位 $\tau_i=\{4,5,6\}\ \mu\mathrm{s}$，载波频率为 $f_i=\{11.85,110.22,50.55\}\cdot f_p$。同时，选择 $B=5$ MHz 和 $f_p=1/T_p=24$ MHz。这个信号的傅里叶变换如图14.32所示。

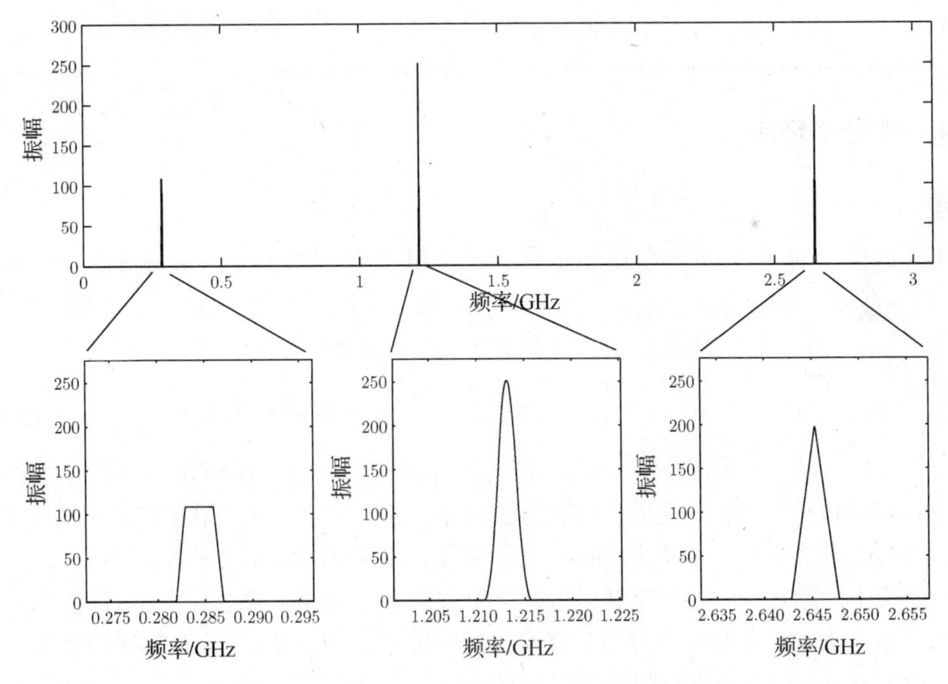

图14.32　包含3个子带的信号 $x(t)$ 的傅里叶变换

这个信号与一个长度为 $M=263$、周期为 T_p 的符号交替序列进行混频。假设这个MWC系统具有4个通道，折叠因子为 $q=5$。每个通道的采样速率设为 $f_S=qf_p=120$ MHz。图14.33给出了宽带为 f_S 的低通滤波器的输出信号。在图中还可以看到，利用数字域上的扩展器来提取每个子带的信号。

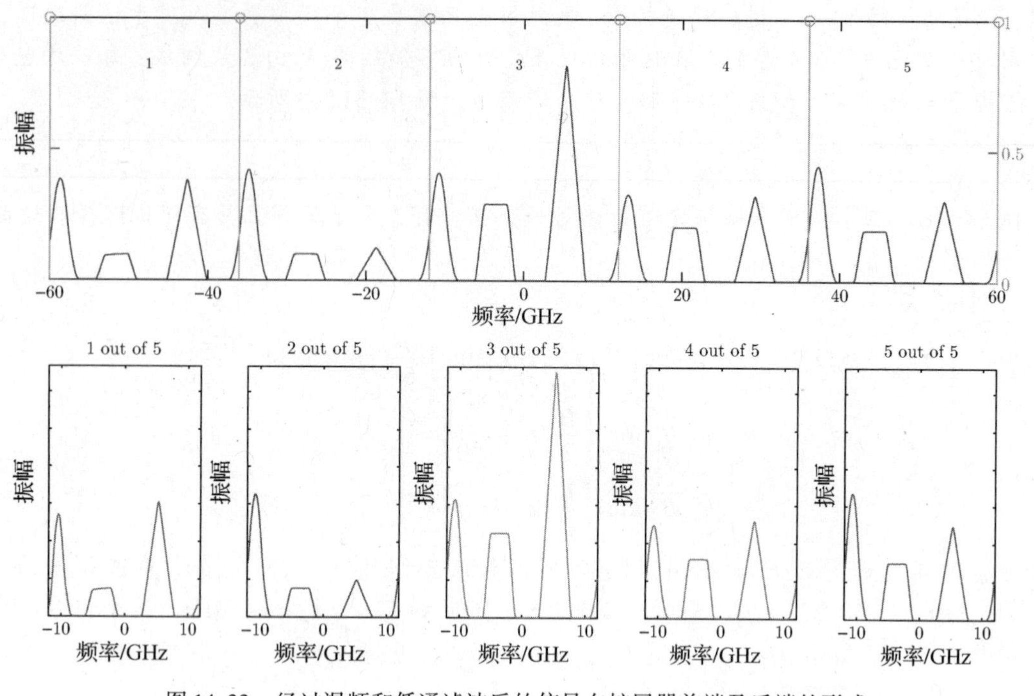

图 14.33　经过混频和低通滤波后的信号在扩展器前端及后端的形式

14.4.4　符号交替序列

数学推导

这里来讨论一种特殊的周期调制信号，即符号交替函数(sign-alternating function)，如图 14.27所示。对于这个选择，$p_i(t)$是分段常数函数，在长度为 T_p/M 的 M 个间隔内，函数在 ±1 上进行交替变换。为了确保充分的变换条件，选择 $M \geqslant L$。因此，形式为

$$p_i(t) = \alpha_{ik}, \quad k\frac{T_p}{M} \leqslant t \leqslant (k+1)\frac{T_p}{M}, \quad 0 \leqslant k \leqslant M-1 \tag{14.71}$$

其中 $\alpha_{ik} \in \{+1, -1\}$，且对于任意 $n \in \mathbb{Z}$，有 $p_i(t+nT_p) = p_i(t)$。选择数字序列的一个好处就是便于硬件实现和易于操作。此外，当序列在数字域上产生时，可以很直接地引入序列 $p_i(t)$ 的时延。这可以使我们从一个基本的符号交替函数 $p(t)$ 的不同延时来产生所有 $p_i(t)$，后面会进一步讨论这个问题。一个符号交替函数用一个移位寄存器来实现，其中 M 决定了触发器的数目，利用$\{\alpha_{ik}\}$来初始化移位寄存器。寄存器的时钟速率$(T_p/M)^{-1}$同样受 M 的控制。

在这种情况下，给出计算系数 $c_{i\ell}$的公式为

$$c_{i\ell} = \frac{1}{T_p}\int_0^{\frac{T_p}{M}} \sum_{k=0}^{M-1} \alpha_{ik} \mathrm{e}^{-\mathrm{j}\frac{2\pi}{T_p}\ell\left(t+k\frac{T}{M}\right)} \mathrm{d}t = \frac{1}{T_p}\sum_{k=0}^{M-1} \alpha_{ik} \mathrm{e}^{-\mathrm{j}\frac{2\pi}{M}\ell k} \int_0^{\frac{T_p}{M}} \mathrm{e}^{-\mathrm{j}\frac{2\pi}{T_p}\ell t} \mathrm{d}t$$

利用积分，可得

$$d_\ell = \frac{1}{T_p}\int_0^{T_p/M} \mathrm{e}^{-\mathrm{j}\frac{2\pi}{T_p}\ell t}\mathrm{d}t = \begin{cases} \dfrac{1}{M}, & \ell = 0 \\ \dfrac{1-\theta^{-\ell}}{\mathrm{j}2\pi\ell}, & \ell \neq 0 \end{cases} \tag{14.72}$$

其中 $\theta = \mathrm{e}^{\mathrm{j}2\pi/M}$，因此

$$c_{i\ell} = d_\ell \sum_{k=0}^{M-1} \alpha_{ik} \theta^{-k\ell} \tag{14.73}$$

令 $\boldsymbol{F}$ 是元素为 $(1/\sqrt{M})\theta^{\ell k}$ 的 $M\times M$ 矩阵，且 $0\leqslant\ell$，$k\leqslant M-1$，而 $\boldsymbol{F}_L$ 表示 $\boldsymbol{F}$ 的前 L 列。因此，式(14.55)可改写为

$$\boldsymbol{c}(\mathrm{e}^{\mathrm{j}\omega}) = \boldsymbol{S}\boldsymbol{F}_L\boldsymbol{D}\boldsymbol{d}(\mathrm{e}^{\mathrm{j}\omega}) \tag{14.74}$$

其中 $\boldsymbol{S}$ 是一个 $p\times M$ 的符号矩阵，$S_{ik}=\alpha_{ik}$，$\boldsymbol{D}=\sqrt{M}\,\mathrm{diag}(d_0,\cdots,d_{-L+1})$ 是一个 $L\times L$ 的对角阵，而 d_ℓ 由式(14.72)给出。为简化，选择 $M=L$ 使得 $\boldsymbol{F}_L$ 成为由 $\boldsymbol{F}$ 定义的一个单位矩阵。

这里注意到，d_ℓ 的幅度随着 ℓ 远离 $\ell=0$ 而衰减。这是选择了符号交替波形作为混合函数 $p_i(t)$ 的结果。此条件下，$X(\omega)$ 的频谱区域是根据其接近原始信号的程度来进行加权的。在噪声存在时，由于不对称性，则 SNR 将取决于子带的位置。

为了确保恢复，需要设计这个交替序列，使得 $\boldsymbol{A}=\boldsymbol{SF}$ 具有 $N+1$ 的 spark。注意到，我们忽略对角阵 $\boldsymbol{D}$，因为它并不改变 $\boldsymbol{d}(\mathrm{e}^{\mathrm{j}\omega})$ 的支撑，因此没有必要做特殊考虑。第 11 章中，已经介绍了 RIP 测度，它是一个比 spark 更强的概念，可以用来保证对于每个大小为 N 的支撑选择具有一个稳定的可逆性。我们已经了解到，如果有 $p\geqslant CN\log(M/N)$，那么，一个 $p\times L$ 的随机符号矩阵 $\boldsymbol{S}$ 则具有 N 级的 RIP，$\boldsymbol{S}$ 的元素是等概率独立产生的，其中 C 为正常数。此外，随机符号矩阵的 RIP 在任意固定单位行变换下是保持不变的，因此，$\boldsymbol{S}$ 与 $\boldsymbol{F}$ 相乘将保持这个 RIP 性质[245]。文献[420]表明，一些确定性的序列，如最大长度序列和 Gold 码都可以作为这种 MWC 系统中矩阵 $\boldsymbol{S}$ 的行向量，并具有接近最优的性能。

例 14.17　令 $\boldsymbol{S}_1$ 是一个 7×8 矩阵，由 8×8 的哈达玛矩阵的前 7 行构成，哈达玛矩阵是由 ± 1 组成的方阵，且各行是相互正交的。

$$\boldsymbol{S}_1 = \begin{bmatrix} 1 & 1 & 1 & 1 & 1 & 1 & 1 & 1 \\ 1 & -1 & 1 & -1 & 1 & -1 & 1 & -1 \\ 1 & 1 & -1 & -1 & 1 & 1 & -1 & -1 \\ 1 & -1 & -1 & 1 & 1 & -1 & -1 & 1 \\ 1 & 1 & 1 & 1 & -1 & -1 & -1 & -1 \\ 1 & -1 & 1 & -1 & -1 & 1 & -1 & 1 \\ 1 & 1 & -1 & -1 & -1 & -1 & 1 & 1 \end{bmatrix} \tag{14.75}$$

通过计算很容易验证 $\boldsymbol{S}_1$ 是满 spark，也就是说，任意 7 列均为线性独立的。然而，此例中，$\boldsymbol{S}_1\boldsymbol{F}$ 并不是满 spark 的。

下面生成一个随机符号矩阵 $\boldsymbol{S}_2$，结果为

$$\boldsymbol{S}_2 = \begin{bmatrix} 1 & -1 & -1 & 1 & 1 & 1 & -1 & 1 \\ -1 & -1 & 1 & 1 & 1 & 1 & -1 & 1 \\ -1 & 1 & -1 & 1 & -1 & -1 & 1 & 1 \\ -1 & -1 & -1 & -1 & -1 & 1 & -1 & -1 \\ -1 & 1 & 1 & 1 & -1 & 1 & 1 & -1 \\ -1 & 1 & -1 & -1 & 1 & -1 & 1 & 1 \\ -1 & -1 & 1 & 1 & 1 & 1 & 1 & -1 \end{bmatrix} \tag{14.76}$$

同样可以验证，$\boldsymbol{S}_2$ 是满 spark 的。而且在这个情况下，$\boldsymbol{S}_2\boldsymbol{F}$ 也满足这个要求，因此是适合应用在 MWC 系统中的。

减少移位寄存器

在这个基本 MWC 结构的设计过程中，每个通道对应于一个不同的混合函数 $p_i(t)$，$0 \leqslant i \leqslant p-1$，都需要一个具有 M 个触发器的移位寄存器。选择符号交替函数的一个优点就是可以通过移位来产生多个序列 $p_i(t)$，这样就可以减少整个系统中触发器的个数。在这种方法中，我们随机地产生 r 个行向量，并且利用其循环移位填充矩阵 $\boldsymbol{S}$，因此，可以将触发器数量由 pM 减少到 rM。注意，这一策略会使得 $\boldsymbol{S}$ 具有较少的自由度。因此，需要更加小心地选择这些序列，以避免性能的退化。

例 14.18 考虑两个 8×16 符号矩阵 $\boldsymbol{S}_1$ 和 $\boldsymbol{S}_2$。矩阵 $\boldsymbol{S}_1$ 由 $r=1$ 序列产生。因此，我们只产生一个序列，并利用其循环移位填充 $\boldsymbol{S}_1$ 剩余的行向量。这仅需要 16 个触发器来形成整个矩阵。为构造 $\boldsymbol{S}_2$，依赖 $r=4$ 个移位寄存器，对应有 64 个触发器。也就是说，我们生成 4 个随机符号序列，并利用其平移填充其他 4 个行向量。$\boldsymbol{S}_1$ 和 $\boldsymbol{S}_2$ 的结构如图 14.34 所示。

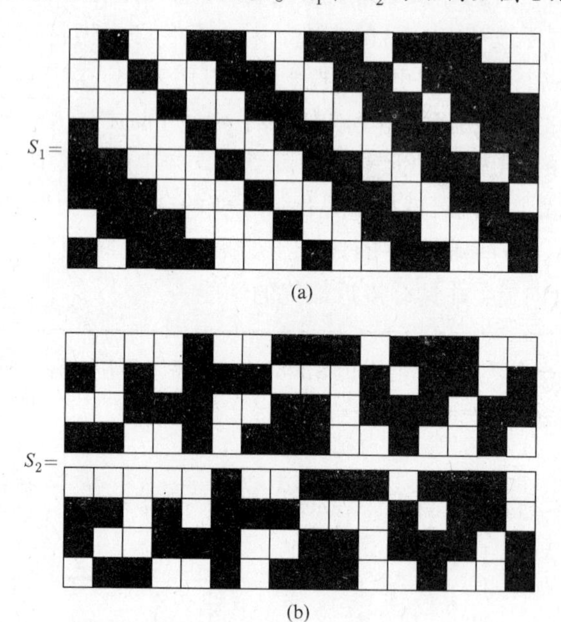

图 14.34 利用少量基本序列及其循环移位来减少硬件的需求。白色方块代表 1，黑色代表 −1。此例中，$p=8$，$M=16$。(a) 利用一个移位寄存器，对应 $r=1$；(b) 利用 4 个移位寄存器，对应 $r=4$

在文献[421]中，作者分析了一种非常简单的序列选择方法，也是一种由一个移位寄存器及其循环移位来产生相应的序列，并具有近乎最优的性能。并且证明了，使用这些序列构成的 MWC 的性能与原本采用 p 个随机符号函数的 MWC 的性能基本上是相同的。这样就可以只用 M 个触发器实现这个 MWC 系统。

这个方法是首先生成一个 $M \times M$ 循环矩阵

$$\boldsymbol{C} = \begin{bmatrix} c_0 & c_1 & \cdots & c_{M-1} \\ c_{M-1} & c_0 & \cdots & c_1 \\ \vdots & \vdots & \ddots & \vdots \\ c_1 & c_2 & \cdots & c_0 \end{bmatrix} \tag{14.77}$$

其中 $\boldsymbol{c}=[c_0,c_1,\cdots,c_{M-1}]$是一个合适选择的确定性序列。然后，构造矩阵 $\boldsymbol{S}$，$\boldsymbol{S}$ 是从矩阵 $\boldsymbol{C}$ 中均匀随机地选择 p 个行向量构成的。由于所有的行向量均源于同一个序列，因此，只需要1 个移位寄存器来实现 $\boldsymbol{S}$。这时，如果有 $p \geqslant CN\log^4 M$，其中 C 为正常数，则矩阵 $\boldsymbol{S}$ 就具有 N 级的 RIP，而且向量 $\boldsymbol{c}$ 的傅里叶变换近似于常数量级。

其中向量 $\boldsymbol{c}$ 有两种可能的选择，分别是最大长度序列和勒让德序列[422]。最大长度序列的参数为 $M=2^\beta-1$，其中 β 是正整数。勒让德序列则需要定义初值 M，并由下式给出

$$
\begin{aligned}
c_0 &= 1 \\
c_i &= \begin{cases} 1, & \text{如果 } i \text{ 取平方值(模 } M) \\ -1, & \text{如果 } i \text{ 取非平方值(模 } M) \end{cases} \quad i \geqslant 1
\end{aligned}
\tag{14.78}
$$

对于偶数 M，文献[421]给出了 $\boldsymbol{c}$ 的其他取值。而文献[421]提供的仿真结果表明，利用这些序列能够获得与一个全随机二进制矩阵 $\boldsymbol{S}$ 相同的性能，而这里也只需要一个移位寄存器。

14.5　多频带信号的盲采样

这里来考虑所谓盲采样(Blind sampling)的问题，也就是载波频率未知的情况。接下来将会看到，将多陪集采样方法和 MWC 采样结构相结合，并利用第 13 章中讨论的模拟压缩感知的思想，可以形成多种欠奈奎斯特采样策略，进而可以在这种载波未知的情况下获得最小可能的采样速率。

当载波频率未知时，我们感兴趣的是占据 NB 频谱的所有可能多频带信号的集合。在这种场景下，传输信号可能存在于 $\omega_{\max}=2\pi/T_{\mathrm{Nyq}}$ 范围内的任意位置。表面看来，似乎以对应于 $\omega_{\max}$ 的奈奎斯特速率采样是必需的，因为任意低于 $\omega_{\max}$ 的频率间隔内均有可能出现某些多频带信号 $x(t)$ 的支撑。然而从另一方面看，由于这个模型中每个特定的 $x(t)$ 仅仅填充了这个奈奎斯特范围(仅为 NB)的一部分，因此，我们直觉地希望能够用低于奈奎斯特速率进行采样。由于载频未知，使得标准解调技术无法使用，这也使这种情况下的采样问题颇具挑战。

在进一步分析之前，先给出本节讨论的这类多频带信号集合的正式定义，记为 $\mathcal{M}$(表示多频带)。

定义 14.2　多频带信号集合 $\mathcal{M}$ 包括所有信号 $x(t)$，其傅里叶变换 $X(\omega)$ 的支撑将包含在$[0, 2\pi/T_{\mathrm{Nyq}})$范围内的 N 个不相交间隔(子带)的一个联合区间内，且每个子带的宽度不超过 B。

14.5.1　采样速率

在讨论采样策略之前有一个重要问题需要回答，就是当采样信号集合 $\mathcal{M}$ 时，希望得到什么样的采样速率。为了回答这个问题，首先考虑一个更宽的信号集合 $\mathcal{N}_\Omega$，频带限制在$[0, 2\pi/T_{\mathrm{Nyq}})$内，且带宽不超过 $0<\Omega<1$，因此

$$
\lambda(\operatorname{supp}X(\omega)) \leqslant \frac{2\pi\Omega}{T_{\mathrm{Nyq}}}, \quad \forall x(t) \in \mathcal{N}_\Omega \tag{14.79}
$$

其中，$\lambda(\operatorname{supp}X(\omega))$是 $X(\omega)$ 的支撑的勒贝格测度。很明显，$\mathcal{M}$ 是 $\mathcal{N}_\Omega$的一个子集，并且有 $2\pi\Omega=NBT_{\mathrm{Nyq}}$。

相对于 $\mathcal{N}_\Omega$的奈奎斯特速率为 $2\pi/T_{\mathrm{Nyq}}$。注意到，$\mathcal{N}_\Omega$不是一个子空间，所以这里 Landau 定理并不适用。不过，直觉让我们可以考虑一下，对于 $\mathcal{N}_\Omega$的最小采样速率不能低于 $2\pi\Omega/T_{\mathrm{Nyq}}$，就好像这个值是频谱支撑已知的 Landau 速率一样。

对于 $\mathcal{N}_\Omega$的一个盲采样集合 R 就是一个稳定的采样集合，其设计并没有假设 $\operatorname{supp}X(\omega)$的

相关信息。R 的稳定性要求存在 $\alpha>0$ 和 $\beta<\infty$，因此，对于所有的 $x,y\in\mathcal{N}_\Omega$，要求式(14.4)被满足。根据这个定义，有如下的结论[335]。

定理 14.3　令 R 为一个对应于 $\mathcal{N}_\Omega$ 的盲采样集合，则

$$D^-(R)\geqslant\min\left\{\frac{2\cdot 2\pi\Omega}{T_{\text{Nyq}}},\frac{2\pi}{T_{\text{Nyq}}}\right\}\tag{14.80}$$

其中稠密度 $D^-(R)$ 由式(14.5)给出定义。

由于 Landau 速率等于 $2\pi\Omega/T_{\text{Nyq}}$，需要为未知支撑所付出的代价仅仅是一个常数因子 2。

证明　集合 $\mathcal{N}_\Omega$ 的形式为

$$\mathcal{N}_\Omega=\bigcup_{\mathcal{T}\in\Gamma}\mathcal{B}_{\mathcal{T}}\tag{14.81}$$

其中，

$$\mathcal{B}_{\mathcal{T}}=\{x(t)\in L_2(\mathbb{R})\,|\,\text{supp}X(\omega)\subseteq\mathcal{T}\}\tag{14.82}$$

和

$$\Gamma=\{\mathcal{T}\,|\,\mathcal{T}\subseteq[0,2\pi/T_{\text{Nyq}}),\lambda(\mathcal{T})\leqslant 2\pi\Omega/T_{\text{Nyq}}\}\tag{14.83}$$

这个表达式意味着 $\mathcal{N}_\Omega$ 是一个不可数的子空间并集。

对于每一个 $\gamma,\theta\in\Gamma$，定义这个子空间为

$$\mathcal{B}_{\gamma,\theta}=\mathcal{B}_\gamma+\mathcal{B}_\theta=\{x+y\,|\,x\in\mathcal{B}_\gamma,y\in\mathcal{B}_\theta\}\tag{14.84}$$

由于 R 是一个对应于 $\mathcal{N}_\Omega$ 的采样集合，所以，对于某些常数 $\alpha>0$，$\beta<\infty$，式(14.4)成立。从命题 10.2 可以看到，当且仅当，对于任意 $\gamma,\theta\in\Gamma$ 时，下式成立，则式(14.4)就是有效的。

$$\alpha\,\|x-y\|^2\leqslant\|x_R-y_R\|^2\leqslant\beta\,\|x-y\|^2,\quad\forall x,y\in\mathcal{B}_{\gamma,\theta}\tag{14.85}$$

特别地，对于每个 $\mathcal{B}_{\gamma,\theta}$，其中 $\gamma,\theta\in\Gamma$，R 是一个采样集合。

接下来，空间 $\mathcal{B}_{\gamma,\theta}$ 的形式如式(14.82)，其中 $\mathcal{T}=\gamma\cup\theta$。对每个 $\gamma,\theta\in\Gamma$，应用 Landau 定理，可以得到

$$D^-(R)\geqslant\lambda(\gamma\cup\theta),\quad\forall\gamma,\theta\in\Gamma\tag{14.86}$$

选择

$$\gamma=\left[0,\frac{2\pi\Omega}{T_{\text{Nyq}}}\right],\quad\theta=\left[\frac{2\pi(1-\Omega)}{T_{\text{Nyq}}},\frac{2\pi}{T_{\text{Nyq}}}\right]\tag{14.87}$$

则对于 $\Omega\leqslant 0.5$，得到

$$D^-(R)\geqslant\lambda(\gamma\cup\theta)=\lambda(\gamma)+\lambda(\theta)=\frac{2\cdot 2\pi\Omega}{T_{\text{Nyq}}}\tag{14.88}$$

如果有 $\Omega\geqslant 0.5$，那么，$\gamma\cup\theta=[0,\ 2\pi/T_{\text{Nyq}})$，同时有

$$D^-(R)\geqslant\lambda(\gamma\cup\theta)=\frac{2\pi}{T_{\text{Nyq}}}\tag{14.89}$$

结合式(14.88)和式(14.89)即可以完成证明。　□

定理 14.3 的一个直接推论就是，如果有 $\Omega\geqslant 0.5$，则以奈奎斯特速率进行均匀采样，并通过理想低通滤波器就可以实现最小可能速率采样，并且对与任意 $x(t)\in\mathcal{N}_\Omega$，可以实现完美重构。因此，如果假设 $\Omega<0.5$，则最小采样速率就等于 Landau 速率的两倍。

定理 14.3 的证明过程同时表明，对于集合 $\mathcal{M}$，以 $2NB$ 的平均速率进行采样是实现完美盲恢复的必要条件(对于 $NBT_{\text{Nyq}}<\pi$)。由于在已知 $x(t)$ 的频谱支撑情况下，Landau 速率为 NB，因此这里的两倍惩罚就是在未知情况下所付出的代价。

Landau 定理和定理 14.3 都给出了一个下界，但是都没有提供获得这个下界的具体方法。这两个定理的主要区别表现在以下方面。对于已知频谱的情况，可能的多频带信号集合是线性的(即在线性组合条件下是闭合的)，并且，采样和恢复方法也是线性的，如交错 ADC 结构和 MWC 系统。进而，式(14.4)提供的稳定条件足以确保重构的稳定性。与此相反，对于频谱未知的情况，$\mathcal{N}_\Omega$是一个非线性集合(如 $\mathcal{M}$)，所提出的重构方案也是非线性的，这将在下一节中讨论。定理 14.3 给出了一个盲稳定采样集合的必要的稠密度，而且，还需要一个更高的稠密度以确保稳定的重构。

14.5.2　盲恢复

这里来讨论重构方法的问题，也就是能够实现接近定理 14.3 中的最小采样速率，同时还要确保完美重构。

多陪集采样和 MWC 采样都可以不需要载波频率的相关信息。因此，这些方法也都可以适用于盲恢复的情况。而恢复阶段主要涉及的问题是需要求解式(14.33)和式(14.55)，而其中的 $\boldsymbol{d}(\mathrm{e}^{\mathrm{j}\omega})$ 的支撑 $\mathcal{S}$ 是未知的。而在已知载波的情况下(参考命题 14.1)，只要 $L\leqslant 2\pi/(BT_{\mathrm{Nyq}})$，就能够确定 $\boldsymbol{d}(\mathrm{e}^{\mathrm{j}\omega})$ 是 N 稀疏的。因此，对于每一个 ω 值，就存在一个稀疏恢复问题，就是根据 p 个测量值来恢复一个 N 稀疏向量。从第 11 章中可以看到，只要感知矩阵具有 $2N+1$ 的 spark，则 $2N$ 个采样值足以确保恢复结果的唯一性。在这里的情况下，这就等价于要求多陪集采样或者 MWC 中的周期序列形成 $2N$ 的通用模式。因此，我们需要如下的唯一性条件。

定理 14.4　令 $x(t)\in\mathcal{M}$ 为一个多频带信号。如果满足以下条件，那么，由式(14.31)定义的向量 $\boldsymbol{d}(\mathrm{e}^{\mathrm{j}\omega})$ 就是式(14.33)和式(14.55)的唯一 N 稀疏解。

(1) $T\leqslant 2\pi/B$；

(2) $p\geqslant 2N$；

(3) $\{t_i\}$ 和 $\{c_{i\ell}\}$ 是 $2N$ 的通用模式。

在定理 14.4 的条件下，原则上可以从测量值中恢复 $\boldsymbol{d}(\mathrm{e}^{\mathrm{j}\omega})$，即寻找满足任意 ω 值的式(14.33)和式(14.55)的稀疏向量 $\boldsymbol{d}(\mathrm{e}^{\mathrm{j}\omega})$。然而，在理论上讲，这需要解决许多 CS 问题。近似求解这个问题的一个直接方法就是在一个密集栅格上寻找最稀疏向量。然而，这种离散化的策略并不能保证完美的重构。此外，由于需要事先获取大量的测量值，然后才能计算其 DTFT，因此需要在傅里叶域进行相应的工作，以避免在线计算。求解许多 CS 问题的复杂性同样也是很大的。最后，在噪声环境下，由于局部的噪声幅度可能高于信号，因此离散化处理也会存在固有的问题。

为了简化计算，并且获得一个更精确的恢复结果，可以放弃这种假设一个输入信号对于每个 ω 都是稀疏的求解方程过程，而是根据前面章节中介绍的模拟 CS 的概念，把 $\{\boldsymbol{d}(\mathrm{e}^{\mathrm{j}\omega})\}$ 的联合稀疏度作为求解目标。如命题 14.1 中所看到的，向量 $\{\boldsymbol{d}(\mathrm{e}^{\mathrm{j}\omega})\}$ 和序列 $\{\boldsymbol{d}[n]\}$ 都是 $2N$ 联合稀疏的。这种基于联合稀疏性的算法在计算上是更加高效的。由于在每个频谱切片上信号能量的聚集，因此基于联合稀疏性的算法在噪声环境下也很有效。此外，利用联合稀疏性可以在时域上求解问题，进而避免了数据的傅里叶变换问题。

选择一种通用模式或者一组合适的周期函数，只要满足 $p\geqslant 4N$，就可以确保 $\boldsymbol{A}$ 矩阵的任意 $4N$ 列是线性独立的。如果针对所有 $\omega\in[0,2\pi)$，利用式(14.33)和式(14.55)，那么所得到的方程组就构成了一个 IMV 系统，并且可以利用 11.6.4 节中讨论的 IMV 技术来求解。特别地，为了利用统一形式来表示多陪集采样和 MWC 系统的信号恢复问题，这里令 $\tilde{\boldsymbol{c}}(\mathrm{e}^{\mathrm{j}\omega})=\boldsymbol{W}^{-1}(\omega)\boldsymbol{c}(\mathrm{e}^{\mathrm{j}\omega})$ 表示多陪集采样，$\tilde{\boldsymbol{c}}(\mathrm{e}^{\mathrm{j}\omega})=\boldsymbol{c}(\mathrm{e}^{\mathrm{j}\omega})$ 表示 MWC 系统。对应于多陪集采样的向量 $\tilde{\boldsymbol{c}}(\mathrm{e}^{\mathrm{j}\omega})$ 可以利用图 14.22 所示的方法来进行计算。式(14.33)和式(14.55)可以写为

$$\boldsymbol{c}(\mathrm{e}^{\mathrm{j}\omega})=\boldsymbol{A}\boldsymbol{d}(\mathrm{e}^{\mathrm{j}\omega}),\quad 0\leqslant\omega\leqslant 2\pi \tag{14.90}$$

因为 $\boldsymbol{A}$ 是独立于频率的，作逆 DTFT 有

$$\boldsymbol{c}[n]=\boldsymbol{A}\boldsymbol{d}[n],\qquad n\in\mathbb{Z} \tag{14.91}$$

其中向量 $\{\boldsymbol{d}[n]\}$ 是联合 $2N$ 稀疏。利用 11.6.4 节中的 IMV 方法，可以直接在时域上找到支撑 $\mathcal{S}$。我们一旦找到了支撑 $\mathcal{S}$，就可以利用 $\boldsymbol{d}[n]=\boldsymbol{A}_{\mathcal{S}}^{\dagger}\boldsymbol{c}[n]$ 实现对每个 n 恢复 $\boldsymbol{d}[n]$。

如 11.6.4 节的介绍，求解式(14.91)IMV 问题的第一步是利用 CTF 寻找 $\{\boldsymbol{d}[n]\}$ 的联合支撑。为了实现 CTF，首先在 $\{\boldsymbol{c}[n]\}$ 范围内构建一个框架(frame)(或基)，并将架构元素放置到矩阵 $\boldsymbol{V}$ 中。一个选择就是构成 $p\times p$ 相关矩阵 $\boldsymbol{Q}=\sum_{n\in\mathbb{Z}}\boldsymbol{c}[n]\boldsymbol{c}^*[n]$，随后将其进行分解，例如特征分解 $\boldsymbol{Q}=\boldsymbol{V}\boldsymbol{V}^*$。另一个选择，如期待的一样，将在 11.6.4 节中介绍。下一步就是求解一个 MMV 系统的 $\boldsymbol{V}=\boldsymbol{A}\boldsymbol{U}$，寻找匹配于 $\boldsymbol{V}$ 并且具有最多零行向量的稀疏矩阵 $\boldsymbol{U}_0$。而 $\boldsymbol{U}_0$ 的支撑，即 $\boldsymbol{U}_0$ 中不完全为零的行向量，就是 $\{\boldsymbol{d}[n]\}$ 的支撑。这种 CTF 的原理框图如图 14.35 所示。

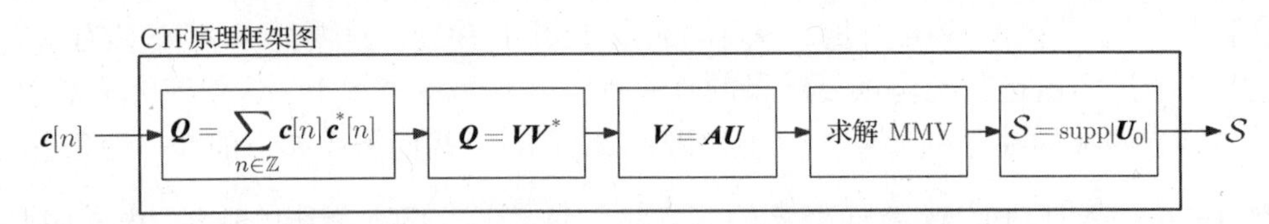

图 14.35 CTF 原理框图。首先形成一个相关矩阵 $\boldsymbol{Q}$，并将其分解为 $\boldsymbol{Q}=\boldsymbol{V}\boldsymbol{V}^*$。然后寻找最稀疏解 $\boldsymbol{U}_0$，求解 $\boldsymbol{V}=\boldsymbol{A}\boldsymbol{U}$，$\boldsymbol{U}_0$ 的支撑 $\mathcal{S}$ 就是 $\{\boldsymbol{d}[n]\}$ 的支撑

支撑恢复过程是对信号 $x(t)$ 的频率支撑的估计，这种估计是对宽度 $\omega_p=2\pi/T_p$ 的频谱切片的一个粗略估计。接下来的重构就可以通过标准的低通有效序列 $d_\ell[n]$ 的插值以及在这个频谱上的相应位置的调制来实现。

这个过程在文献[335]中称为 SBR4，其中的 4 表示选择 $p\geqslant 4N$ 个采样序列，其中 $\{t_i\}$ 和 $p_i(t)$ 被选择为通用的，这个算法确保了一个多频带 $x(t)$ 的完美重构。每个通道以速率 B 采样，平均采样速率为 $4NB$。

利用一种将一个多频带频谱放置在频谱切片上的方法，可以将这个采样速率以因子 2 来减小。文献[335]通过一些 CTF 例子，介绍了一种算法，命名为 SBR2，即需要 $p\geqslant 2N$ 个采样分支，所以采样速率可以达到 $2NB$。如定理 14.3 所述，这个速率基本上就是可证明的最佳速率。这个算法依赖于频域上的等分割和 CTF 的迭代过程。

另一种可以实现 $2NB$ 采样速率的方法是选择长度为 B/m 的频谱切片，而不是长度为 B 的切片。在这种情况下，各通道的采样速率等于 B/m，每个信号子带最多占据 $m+1$ 个频谱切片。因此，式(14.55)中的向量 $\boldsymbol{d}(\mathrm{e}^{\mathrm{j}\omega})$ 就是 $N(m+1)$ 联合稀疏的。进而，为了恢复 $\boldsymbol{d}(\mathrm{e}^{\mathrm{j}\omega})$，在已知子带位置的情况下我们需要 $N(m+1)$ 个通道，而在盲恢复情况下则需要 $2N(m+1)$ 个通道。特别注意到，在盲恢复情况下，采样速率与通道数目相乘，得到的总的采样速率为 $2N(1+1/m)B$。随着 m 增加，这个速率将接近于最小值 $2NB$。

利用 14.4.3 节的相同思路，为减少硬件分支通道的数目，在本节中将要讨论的技术也结合了通道折叠的方法。

从信号实时处理的角度看，建议只有在频谱支撑发生变化时，才执行 CTF 方法。在一个实时环境下，大约 $2N$ 连续输入向量 $\boldsymbol{c}[n]$ 需要被存储在内存中，所以在支撑发生变化时，在 $\boldsymbol{d}[n]$ 的恢复达到相应阶段之前，CTF 方法有足够的时间提供一个新支撑的估计。为了检测到支撑改变的发生时刻，我们既可以依赖于来自应用层的提示，也可以自动地识别在序列 $\boldsymbol{d}[n]$ 上的频谱变化。为实现自动识别频谱变化，可以令 $\mathcal{S}$ 为 CTF 的最新支撑估计，对于某些 $i \notin \mathcal{S}$，定义 $\widetilde{\mathcal{S}} = \mathcal{S} \cup \{i\}$。然后监测序列 $d_i[n]$ 的值，只要支撑 $\mathcal{S}$ 不发生变化，$\boldsymbol{d}[n]$ 的稀疏度就是 $d_i[n]=0$，或者由噪声引起的一个较小的值。一旦这个序列超过了一个门限值（超过一定数量的连续时间情况），我们就触发 CTF 以获得一个新支撑估计。注意到，$d_i[n]$ 的恢复只需要实现 $\boldsymbol{A}^{\dagger}_{\widetilde{\mathcal{S}}}$ 的一行。由于这些值对检测来说并不是很重要的，因此这个乘法计算可以在低精度下实现。

14.5.3　多陪集采样和稀疏 SI 框架

在多陪集采样情况下，可以将盲采样和恢复方法转换到第 13 章中介绍的稀疏 SI 框架中。为此，首先将多频带模型看成一个有限的带通子空间并集，称为频谱切片[336]。为了利用这种有限并集的方法，需要将奈奎斯特范围 $[0, 2\pi/T_{\text{Nyq}})$ 在概念上划分为 L 个连续的、不重叠的切片，且每个切片的宽度为 $\omega_p = 2\pi/(LT_{\text{Nyq}})$。

每个频谱切片表示一个对应于单一子带的 SI 子空间。通过选择 $\omega_p \geqslant B$，可以保证 L 个频谱间隔中不超过 $2N$ 是活跃的（即包含有信号能量）。我们在这些活跃的带通子空间上定义一个 SI 并集，其形式为式(13.6)，或者在傅里叶域上表示为

$$X(\omega) = \sum_{i=1}^{L} A_i(\omega) D_i(\mathrm{e}^{\mathrm{j}\omega LT}) \tag{14.92}$$

这里 $A_i(\omega) = \sqrt{LT} H\left[\omega - \frac{2\pi(i-1)}{LT}\right]$，$H(\omega)$ 是一个 $[0, 2\pi/(LT))$ 上的 LPF，并且对于 $1 \leqslant i \leqslant L$，有 $D_i(\mathrm{e}^{\mathrm{j}\omega LT}) \triangleq \sum_{n\in\mathbb{Z}} d_i[n]\mathrm{e}^{-\mathrm{j}\omega nLT}$。这种表示如图 14.36 所示。注意到，这种概念上分割的频谱切片并不约束频带位置；一个子带可能被分割到相邻的切片中。将未知载频的多频带模型描述为一个稀疏 SI 问题，我们就可以应用如图 13.4 所示的模拟 CS 欠奈奎斯特采样方法。

为实现多陪集采样，我们选择

$$s_i(t) = \delta(t - t_i LT_{\text{Nyq}}), \qquad 0 \leqslant i \leqslant p-1 \tag{14.93}$$

并且，采样周期选为 $T = LT_{\text{Nyq}}$。注意到，这些滤波器是简单的因果延时滤波器。因此可以看到，利用这种基本的模拟 CS 方法就可以得到本节中介绍的信号恢复结论。

14.5.4　欠奈奎斯特带通处理

典型的 DSP 软件包都期望一个带通输入信号，即式(14.1)中的有用信息信号 $I(t)$ 和 $Q(t)$，或者是等效的窄带速率的均匀采样值。当载波频率已知时，这些输入可以通过传统的解调过程来获得。文献[21]中提出的数字算法用较少的计算量将序列 $\boldsymbol{d}[n]$ 转化为期望的 DSP 格式，为现有的 DSP 软件包提供了一个平滑的对接。这个算法被称为 Back-DSP 算法，如图 14.37所示。

Back-DSP 算法将序列 $\boldsymbol{d}[n]$ 转化为窄带信号 $I_i(t)$ 和 $Q_i(t)$，组成第 i 个子带信号：

$$s_i(t) = I_i(t)\cos(2\pi f_i t) + Q_i(t)\sin(2\pi f_i t) \tag{14.94}$$

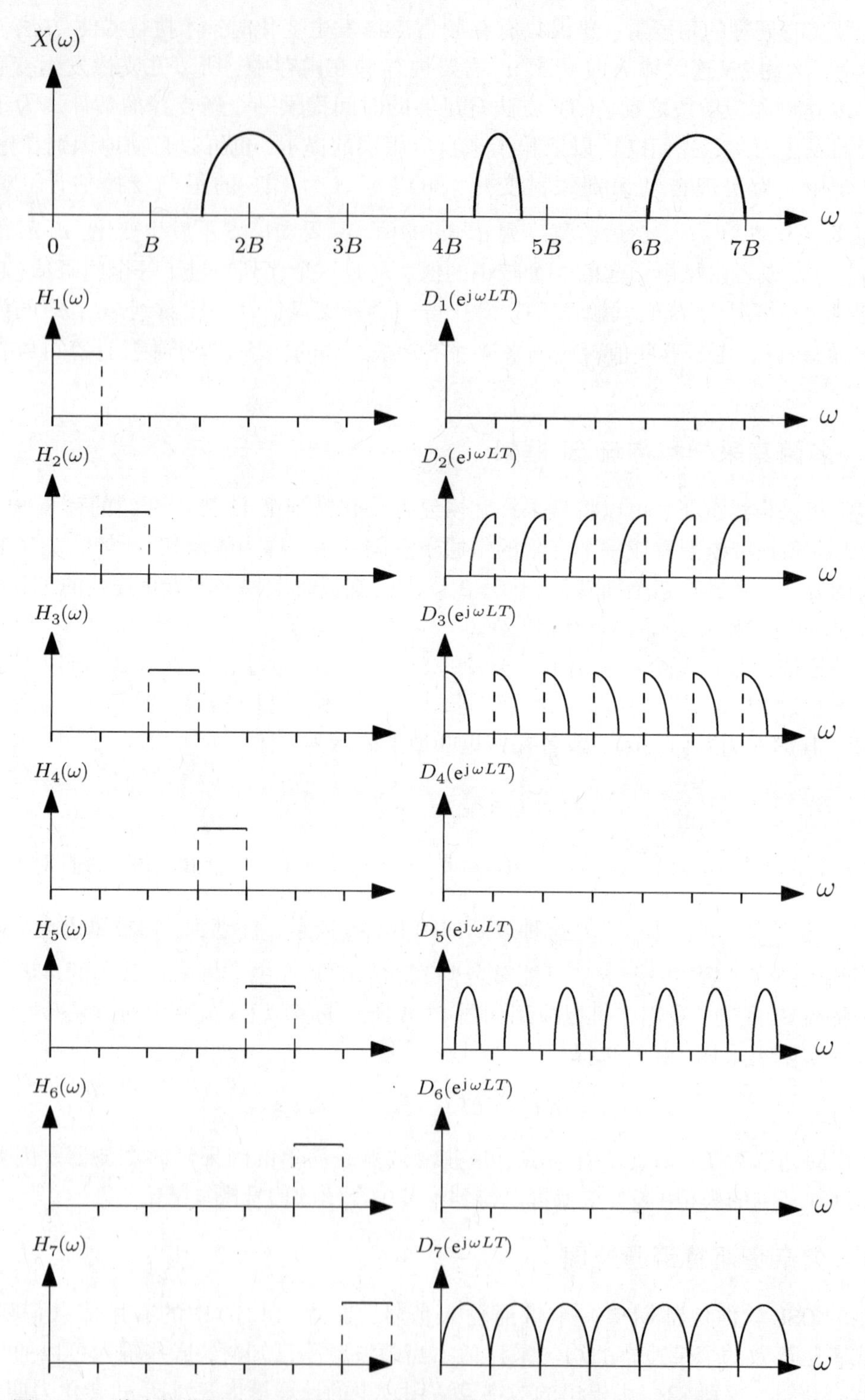

图 14.36 将未知载频的多频带信号看成子空间 SI 并集。奈奎斯特范围$[0, 2\pi/T_{\text{Nyq}})$分割成 L 个连续的不重叠的宽度为 $\omega_p = 2\pi/(LT_{\text{Nyq}})$ 的切片，在 L 个切片中最多有$2N$个是活跃的。此例中，$N=3, L=7$，活跃的切片为$\{2,3,5,7\}$

这个算法的输入是对应于 $x(t)$ 的频谱切片的序列 $\boldsymbol{d}[n]$。一般而言，如图 14.37 所示，一个频谱切片可能包含不止一个信息子带。一个有用信号子带的能量也可能被分割在两个相邻的切片上。为了修正这两种影响，算法的执行要满足如下步骤：

(1)利用功率谱密度进行估计方法，完善已经得到的粗略支撑估计 $\mathcal{S}$ 到实际的子带边缘；

(2)将占据相同切片的不同子带频带分割开来，形成不同的序列 $s_i[n]$，并将分割在相邻切片上的能量重新聚集在一起；

(3)对于序列 $s_i[n]$，应用一种常见的载波恢复技术，如均衡平方律相关器[423]，这一步主要是估计载波频率 f_i，并输出窄带信号 $I_i(t)$ 和 $Q_i(t)$ 的均匀采样值。

每一步骤具体描述详见文献[21]。

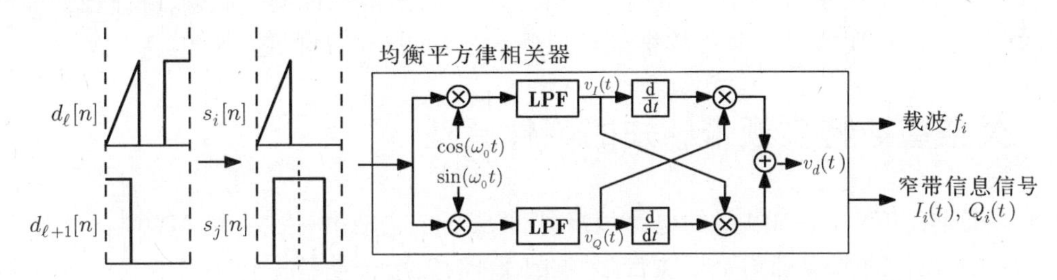

图 14.37　信息提取流程从子带边缘检测开始。对于每个信息子带，频谱切片经过滤波、对准和适当的链接以构建不同的正交序列 $s_i[n]$。同时，平方律相关器寻找载波 f_i，并且提取窄带信息信号

14.5.5　噪声重叠

在实际的测量器件中，噪声是不可避免的。现有的欠奈奎斯特采样方法，包括多陪集采样和 MWC 采样，都具有一个共同性质，那就是在整个奈奎斯特范围内产生了一个宽带噪声，这是因为它们都需要处理所有可能的频谱支撑。我们介绍的这种基于 IMV 框架的数字重构算法，通过数字去噪，部分地补偿了这种多陪集 MWC 带来的噪声增大问题。求解 IMV 方程的一个选择就是构造 $p \times p$ 的相关矩阵 $\boldsymbol{Q} = \sum_{n \in \mathbb{Z}} \boldsymbol{c}[n]\boldsymbol{c}^*[n]$(CTF 第一阶段)，然后利用特征分解将其分解为 $\boldsymbol{Q} = \boldsymbol{V}\boldsymbol{V}^*$。这种分解可以消除一部分噪声空间，其实质就是仅仅保留一些特征向量，其相应的特征值超出了一定的门限。在实际应用中，都是在实时环境中实现 CTF，因此需要选择采样值 $\boldsymbol{c}[n]$ 的数量以积累形成 $\boldsymbol{Q}$。注意到，$\boldsymbol{Q}$ 的维数始终为 $p \times p$，而与采样值的数量无关。使用的采样值越多，得到的去噪效果就越好。这个效果将在后续章节中给出仿真结果。作为一种选择，我们可以利用一个足够大的向量 $\{\boldsymbol{c}[n]\}$ 集合作为基集合。如 11.6.4 节的例子看到的，虽然这种方法计算上是简单的，但是其去噪效果并不是很好的。

消除噪声的另一个途径就是仔细地设计序列 $p_i(t)$。然而，噪声聚集对所有欠奈奎斯特技术存在一个实际的极限。有一种情况使这种方法在消除噪声方面是有效的，就是载波已知，并且当载波变化时，我们还要有能力去修改调制序列。在这种情况下，我们就能够设计这个序列，使得仅在非零子带中存在能量。这种方式仍然会将所有的信号能量混叠到基带上，而空闲子带上的噪声不会混叠到基带上。

为了更好地理解 MWC 结构中的噪声影响，定义宽带模拟噪声表示为 $\boldsymbol{e}_{\text{analog}}(t)$，测量噪声表示为 $\boldsymbol{e}_{\text{meas}}[n]$。那么，MWC 测量值变为

$$\boldsymbol{c}[n] = \boldsymbol{A}(\boldsymbol{d}[n] + \boldsymbol{e}_{\text{analog}}[n]) + \boldsymbol{e}_{\text{meas}}[n] = \boldsymbol{A}\boldsymbol{d}[n] + \boldsymbol{e}_{\text{eff}}[n] \tag{14.95}$$

其中$\boldsymbol{e}_{\text{eff}}[n]$为有效误差项。这意味着，这个在模拟 CS 中的噪声和在标准 CS 框架下的噪声具有相同的影响，即由于$\boldsymbol{A}\boldsymbol{e}_{\text{analog}}[n]$项的存在，使得其方差有一个增长。为了看清这个方差的增长，可以简单地假设，所有的噪声向量是方差为σ^2的白噪声，$\boldsymbol{A}$ 是一个具有单位范数列向量的$p\times L$局部单位矩阵，如$\boldsymbol{A}\boldsymbol{A}^*=(L/p)\boldsymbol{I}$。在这种情况下，例如，$\boldsymbol{A}$ 由适当标准化的傅里叶矩阵的 p 个行组成，$\boldsymbol{e}_{\text{eff}}[n]$的协方差则为$\sigma^2(\boldsymbol{I}+\boldsymbol{A}\boldsymbol{A}^*)=\sigma^2(1+L/p)\boldsymbol{I}$。由于欠采样而造成的这种噪声的增加将正比于$L/p$，这种现象被称为噪声重叠(noise folding)[310]。在文献[310]中可以看到，与L/p对应的噪声重叠是普遍存在的，即使$\boldsymbol{A}\boldsymbol{A}^*$并不正比于这个参数。

总之，我们的问题转化成了一个具有较大方差的标准 IMV 模型的问题。因此，所有现存的算法都可以被用来克服噪声的存在。特别地，利用支撑恢复过程中的多重测量值将有利于提升所有欠奈奎斯特技术的鲁棒性，这将在 14.7 节中给出仿真证明。此外，我们还可以将 CS 环境下的已知结论和误差保障条件移植到模拟环境下的噪声处理问题。

14.6 欠奈奎斯特多频带感知的硬件原型

文献[102]给出了一种 MWC 的电路板级硬件原型。这是第一次介绍 MWC 板的宽带硬件实例，它用 CS 设计思想实现了一个宽带多频带信号的欠奈奎斯特采样系统，其中采样和处理速率直接正比于实际占据带宽，而不是最高频率。

硬件规格包括 2GHz 奈奎斯特速率的输入信号，其频谱占据范围最高为 $NB=120$ MHz，且 $N=6$ 和 $B=20$ MHz。欠奈奎斯特速率为 280 MHz。由于 $N=6$，则对应于定理 14.3 的最小采样速率是 $2NB=240$ MHz。因此，采样速率非常接近所需的最小速率。稍微的过采样有助于克服噪声和非理想器件产生的畸变。图 14.38 给出的是硬件的照片。为了减少模拟器件的数目，硬件实现采用了最先进的 MWC 配置，即多个通道被折叠为一个。利用一个移位寄存器产生所有调制序列。更具体地说，参数选择如下：

折叠因子 $q=3$。由于 $N=6$，所需的最小通道数为 12。三个通道折叠为一个，最终有 $p=4$ 个分支。每个通道的采样速率设置为 $1/T=70$ MHz。

p 周期波形由单一移位寄存器输出延时得到，即在 p 各个不同位置开启寄存器。

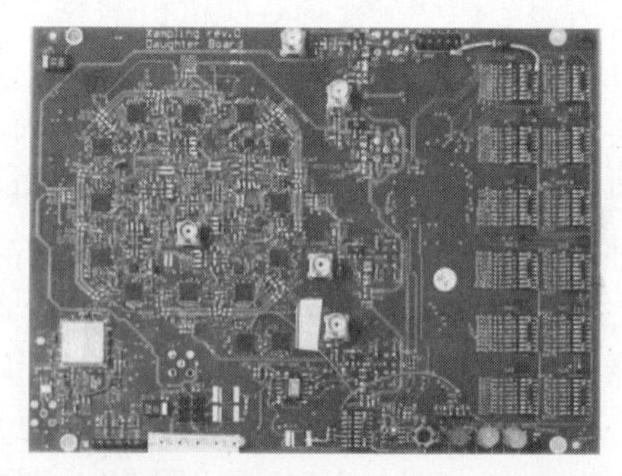

图 14.38 包含两个电路板的一种 MWC 硬件实现。左侧是实现 $p=4$ 采样通道，而右侧提供四个长度为$M=108$的符号交替周期波形，均来自于同一个移位寄存器

这个代表性的硬件电路更多技术细节已经超出了实际应用需要，这里强调的是一些与基本理论相关联的结论性问题。

奈奎斯特采样的负担已经在一部分设计中体现出来。例如，在逐点采样方法中，其实现需要使用具有奈奎斯特速率的前端带宽 ADC 器件。MWC 结构则将这个奈奎斯特负担转移到了 ADC 器件之前的模拟 RF 预处理阶段。这种选择的目的就是能够捕获最大可能的输入信号范围，因为，在理论上，当同样的技术被用于某个信源和采样器时，这样确定的范围是最大的。另外，由于宽带多频带信号通常是由 RF 源产生的，因此，这种 MWC 框架可以利用先进的 RF 技术对输入信号的范围进行调整。尽管这说明了选择 RF 预处理的原因，但是，实际的欠奈奎斯特电路设计还是面临着巨大的挑战，需要一些超常规的解决方法。在图 14.39 中的 MWC 原型电路板上标注出了一些 RF 模块，这些电路体现了欠奈奎斯特采样的具体应用，细节可详见文献[102]。为了说明这些电路的技术挑战性，我们粗略地介绍文献[102]中讨论的两个设计问题。

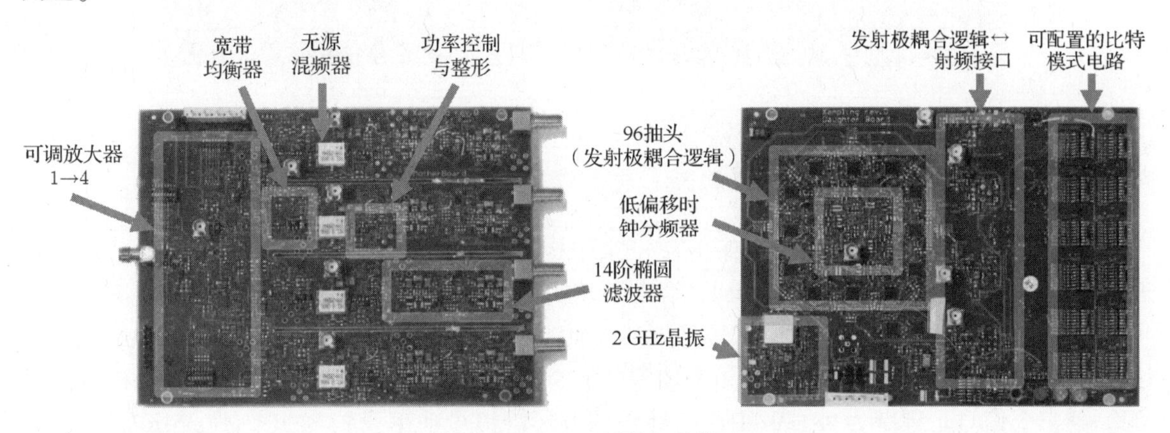

图 14.39　MWC 板的细节描述

其中的低成本模拟混频器主要是用于在振荡器端口上产生一个纯正弦信号，这种周期信号的混频过程要求需要与许多正弦信号进行同步混频来产生序列 $p_i(t)$。这个过程会产生非线性失真并且使得 RF 通路的增益选择变得比较复杂。为解决这个问题，文献[102]的方案利用了功率控制、特殊均衡器以及电路参数规格的局部调整等方法，进而设计出整个的模拟信号捕获电路，也就是要充分考虑由于这种周期混频所产生的非线性混频器行为。

另一个电路设计方面的挑战是产生 2GHz 交替速率的 $p_i(t)$。这个波形可以由模拟方式产生，或者用数字方式产生。模拟波形，如正弦波、方波或者锯齿波，在周期内都是光滑的，因此在高频端没有足够大的瞬态过程，进而确保了较好的混叠效果。而另一方面，数字波形可由程序控制，在周期内实现任意希望的交替次数，但是要受到时钟周期阶数的定时约束。对于 2GHz 的瞬态变换信号，时钟间隔为 $1/f_{\mathrm{Nyq}}=480$ 皮秒的情况会导致严格的定时限制，进而使现有数字器件很难达到。利用现有商用器件来实现这些定时精度的要求已经超出了现有的器件规格，这方面更多的技术细节请详见文献[102]。

再从一个高层应用角度来看，除了匹配源、采样器以及寻址电路方面的挑战之外，另一个要点就是需要进一步证实这种恢复算法对输入信号范围并没有很大的限制，尽管在硬件上存在一定的约束。在 MWC 结构的情况下，波形 $p_i(t)$的周期是十分重要的，因为其通过式(14.49)中的傅里叶系数 $c_{i\ell}$会产生混叠效应。文献[102]中硬件实现和实验表明，只要保证周期性，波形$p_i(t)$的出现时刻并不会对系统带来大影响。这是一个重要的性质，因为以2 GHz的速率实现精确的符号交替是很难保证的，而相对简单的硬件线路能够确保对任意 $t\in\mathbb{R}$，有 $p_i(t)=p_i(t+T_p)$。图 14.40(a)描述了 $p_i(t)$的频谱，其组成为等间隔的狄拉克函数，即高度聚集的能量峰值，如期待的周期波形。狄拉克信号谱线的稳定出现，保证了 $p_i(t)$ 的周期性。图 14.40(b)给出了波形 $p_i(t)$ 的时域表现，可以看到，波形与奈奎斯特网格上的理想矩形信号相差甚远。然而，由于周期性是 MWC 结构中的唯一必要条件，因此这种非理想的时域表现在实际中影响并不大。

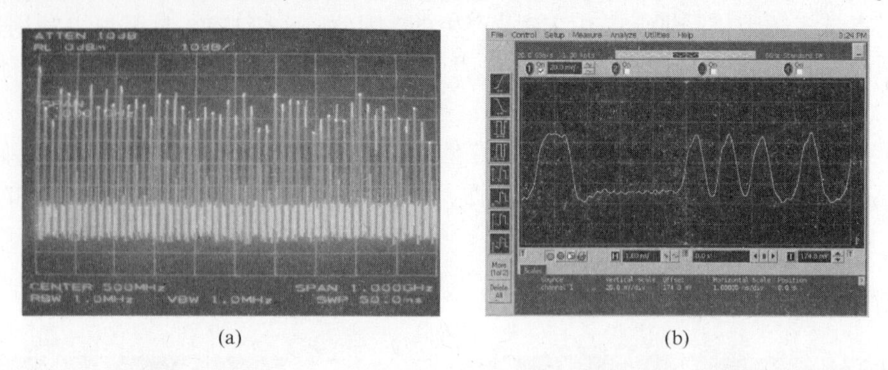

图 14.40 非理想时域表现。(a) $p_i(t)$ 的频谱，高度聚集能量存在于等间隔的狄拉克函数中；(b) $p_i(t)$ 的时域表现。波形与奈奎斯特栅格上的理想矩形过渡相差甚远

利用这个 MWC 原型电路板实现的三个窄带传输信号的修正支撑检测和信号重构在文献[102]中进行了验证性实验。图 14.41 给出了其实验结果，MWC 原型电路板的输入端是三个信号发生器的合成信号。第一个信号是频率为 807.8 MHz，包络为 100 kHz 的调幅(AM)信号。第二个信号是频率为 631.2 MHz，频率偏差为 1.5 MHz，调制速率为 10 kHz 的调频(FM)信号源。第三个信号是频率为 981.9 MHz 的纯正弦波形。信号功率设置 SNR 约为 35 dB，其中噪声为叠加到基带的宽带白噪声。选择载波位置使得其混叠覆盖到基带，如图 14.41 所示。使用 CTF 技术并检测正确的支撑。未知载波被正确地估计，误差在 10 kHz 之内。另外，图中给出了 AM 信号和 FM 信号的正确重构结果。这个实验结果还表明，数字计算的持续时间平均为 10 ms，包括 CTF 支撑检测和载波估计。从计算量角度讲，选择一个小维数的 $\boldsymbol{A}$ 矩阵(在这个实验中为 12×100)可以验证这个 MWC 方法是易于灵活实现的。

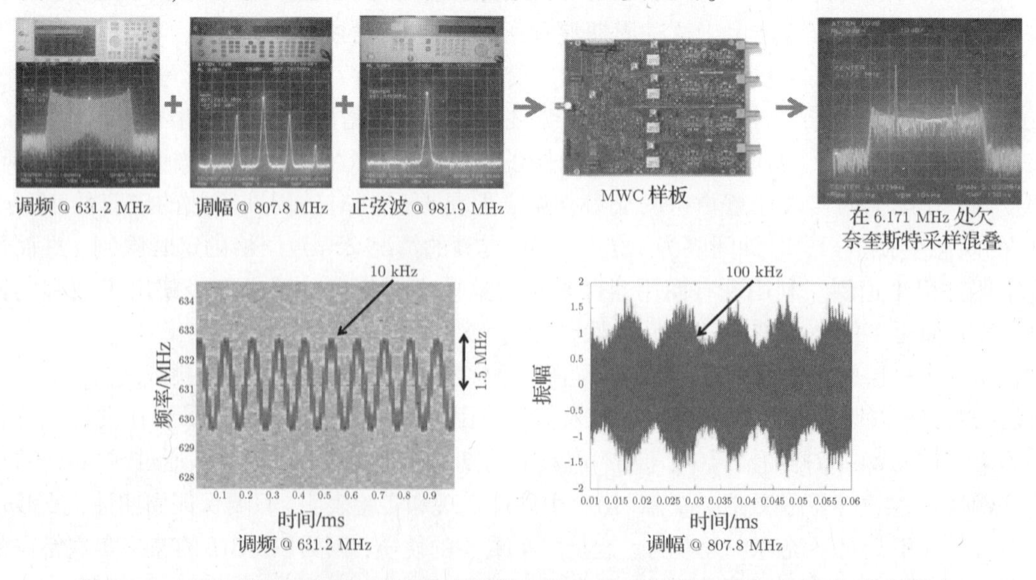

图 14.41 三个信号发生器被连接到系统输入端。低速率采样(第一个通道)的频谱表明基带的混叠情况。恢复算法得到的正确载波以及重构的各个原始信号

14.7 仿真实验

在本节中，通过仿真实验来研究实际的盲多频带信号的采样和重构的性能。

14.7.1 MWC 设计

如前面看到的，利用 CTF 模块，$4N$ 个采样器(没有进行通道折叠)就足以实现 N 个子带的多频带信号的恢复。然而，在噪声存在时，为确保良好的性能就需要使用过采样。首先，来研究两个不同 SBR4 的 MWC 系统的恢复性能，恢复性能以 SNR 和采样通道数目为函数。性能测度为平均恢复速率，即成功恢复支撑的百分比。准确地说，选择的 500 个随机多频带信号为

$$x(t)=\sum_{i=1}^{3}\sqrt{E_iB}\operatorname{sinc}[B(t-\tau_i)]\cos[2\pi f_i(t-\tau_i)] \tag{14.96}$$

其中，能量系数为 $E_i=\{1,2,3\}$，时间偏移为 $\tau_i=\{0.2,0.4,0.7\}$ μs。此外，对于每个信号，载波频率 f_i 是在 $[-f_{\mathrm{Nyq}}/2, f_{\mathrm{Nyq}}/2]$ 范围内均匀随机选取的，且 $f_{\mathrm{Nyq}}=10$GHz。这些信号均具有 $N=6$ 个子带，每个子带宽度为 $B=50$ MHz。为了实现 MWC，利用 p 个符号交替序列 $p_i(t)$，序列有 M 个交替符号，随机产生的序列构建矩阵 $\boldsymbol{S}$。信号被高斯白噪声 $w(t)$ 污染，噪声具有可变化的方差，利用标准 L_2 范数 $10\log(\|x\|^2/\|w\|^2)$ 来控制所期望的 SNR。采样通道在第二个系统中被折叠。两个系统的设计参数在表 14.1 中给出。每个信号被两个系统采样，并利用 SBR4 恢复。为了应用 CTF，在设计 A 中在 48 个采样值上平均 $\boldsymbol{Q}$，在设计 B 中则在 163 个采样值上平均 $\boldsymbol{Q}$。

图 14.42 给出了仿真结果。可以看到恢复性能与 SNR 和采样函数数目的函数关系。当通道数目 p 增加时，矩阵 $\boldsymbol{A}$ 的 spark 需求将以高概率被满足。设计 A 的结果表明，在高 SNR 区域，利用 $p\geqslant 4N=24$ 个通道可以得到正确的恢复，这相当于采样速率低于奈奎斯特速率的 12%。当这个值低于 24 时仍然有可能得到信号恢复，其原因在于，并不是所有的多频带信号都占据这 $2N$ 个元素。这种信号能够用少于 $4N$ 个采样通道的系统实现恢复。同样的结论对于设计 B 也是成立的，这里，每 $q=5$ 个采样通道被折叠为一个高采样速率的通道。特别地，$24/q\approx 5$ 个通道可以得到一个可接受的恢复速率，这意味着很大程度上节省了硬件需求。

表 14.1　适用于参数为 $N=6$，$B=50$ MHz，$f_{\mathrm{Nyq}}=10$ GHz 的多频带模型的仿真 MWC 设计参数

	设计 A	设计 B
混合函数频率	$f_{\mathrm{p}}=f_{\mathrm{Nyq}}/M\approx 51.3$ MHz	$f_{\mathrm{p}}=f_{\mathrm{Nyq}}/M\approx 51.3$ MHz
ADC 采样速率	$f_{\mathrm{s}}=f_{\mathrm{p}}\approx 51.3$ MHz	$f_{\mathrm{s}}=5f_{\mathrm{p}}\approx 256.4$ MHz
模拟信道个数	$p\geqslant 4N=24$	$p\geqslant\left\lceil\frac{4N}{5}\right\rceil=5$
一个周期内的符号变换	$M=195$	$M=195$
平均采样速率	$pf_{\mathrm{s}}\geqslant 1.23$ GHz	$pf_{\mathrm{s}}\geqslant 1.54$ GHz

14.7.2 符号交替序列

这里来分析符号交替序列的相关问题。首先，考虑使用由少量移位寄存器生成的符号交替序列所带来的影响，参见 14.4.4 节中所述的内容。

为了定量分析这个问题，我们仍然使用上一节中的设计 A 的条件，生成符号矩阵，其前 r 行为随机产生。其中的第 i 行，$r<i\leqslant p$，就等于第$(i-r)$行向右侧的五个循环移位(五个均匀

延时)。图 14.43 给出了相对于几种 r 的选择和两个 SNR 数值的成功恢复性能。很明显，在没有性能明显降低的条件下，这种策略能够节约 80% 的触发器数量。

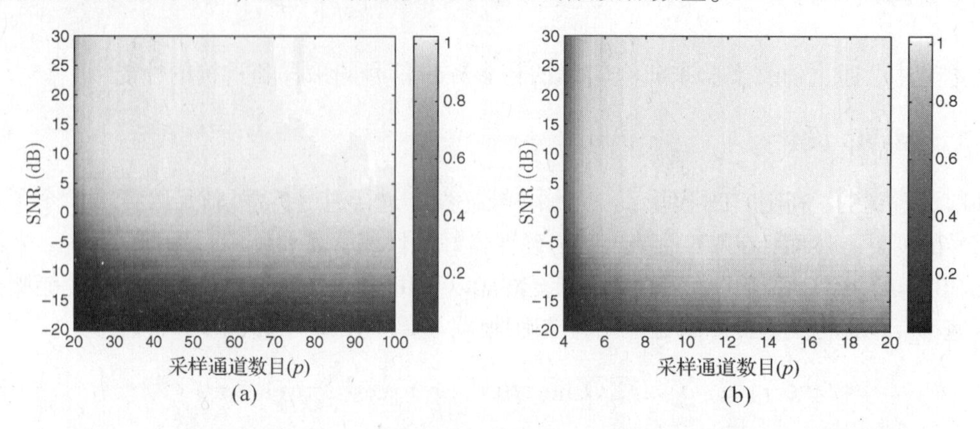

图 14.42 MWC 仿真结果。恢复速率是 SNR 和采样通道数目的函数。设计参数详见表14.1。(a)方案A:无通道折叠;(b)方案B:因子为$q=5$的通道折叠

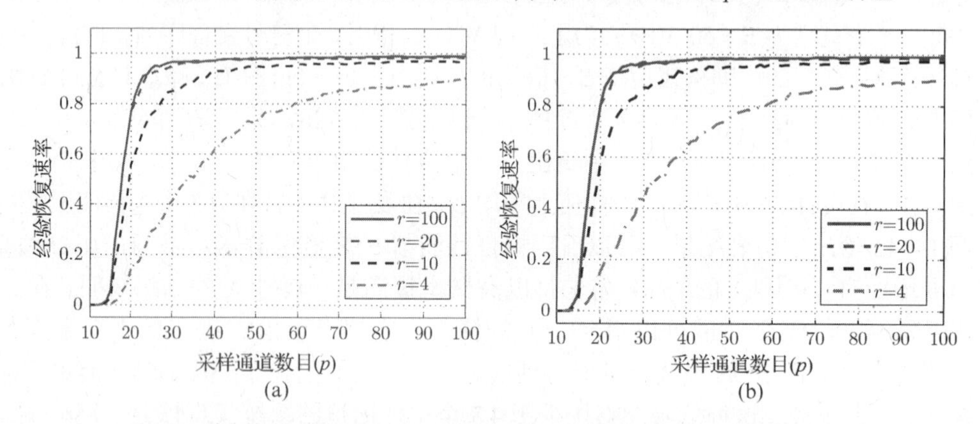

图 14.43 仅对前 r 个通道使用随机选择符号图样时的正确支撑恢复的百分比。(a) SNR = 10 dB; (b) SNR = 25 dB

接下来，固定 SNR 为 10dB，然后来评价不同类型的交替序列的恢复性能。特别地，我们比较一下无线系统(CDMA)和卫星导航(GPS)中常用的 Gold 序列和随机序列。对于这两种选择，考虑一个折叠因子 $q=5$，具有 $p=4$ 个通道的 MWC 系统。其中，B 的值选择为20 MHz，$f_s=qf_p$，且 $f_p=24$ MHz，奈奎斯特速率设置为 6.144 MHz。使用 $M=263$ 的交替序列。在仿真中有两个选择,第一种选择：4 个不同的序列或者随机生成，或者利用一个 $M\times M$ 的 Gold 矩阵的 4 个行向量生成。第二种选择：只构造一个序列(某一类型)，利用其循环移位形成 $\boldsymbol{S}$ 矩阵的其他三个行向量。对于这样两种选择方法，原始信号和恢复信号之间的相关性在图 14.44 中给出。可见，Gold 序列具有更好的表现。

14.7.3 CTF 长度的影响

这里来考虑 CTF 模块长度对恢复速率的影响。在 14.5.5 节中曾经提到，为了构建 $\boldsymbol{Q}$，需要选择一个有限数目的采样值序列 $\boldsymbol{c}[n]$。选取较大的数目会导致测量噪声更趋于平均，从而提高恢复成功率。然而，增加模块长度也会增大系统的延时。

再次使用表 14.1 中设计方案 A 的 MWC 系统，$p=24$。图 14.45 给出了恢复成功率在不同

模块长度下与 SNR 的函数关系。可以看到，模块长度越长，恢复成功率越高。然而，当 SNR 达到足以实现合理性能的时候，CTF 长度的影响就已经不是很重要了。

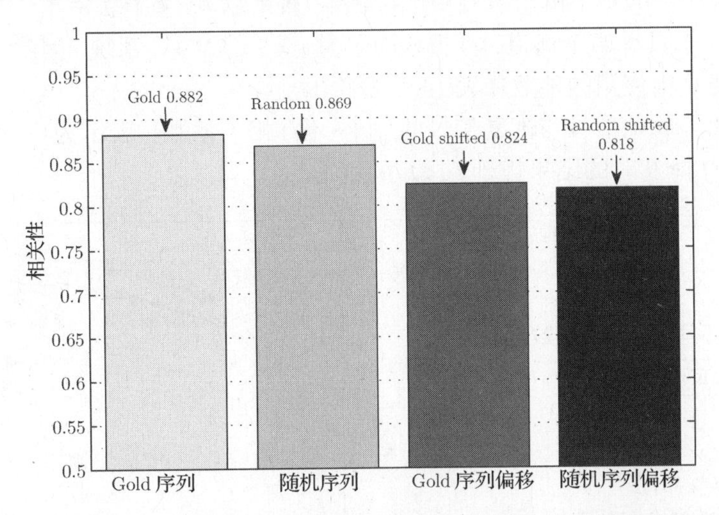

图 14.44　对于不同序列的选择，原始信号和恢复信号的相关性

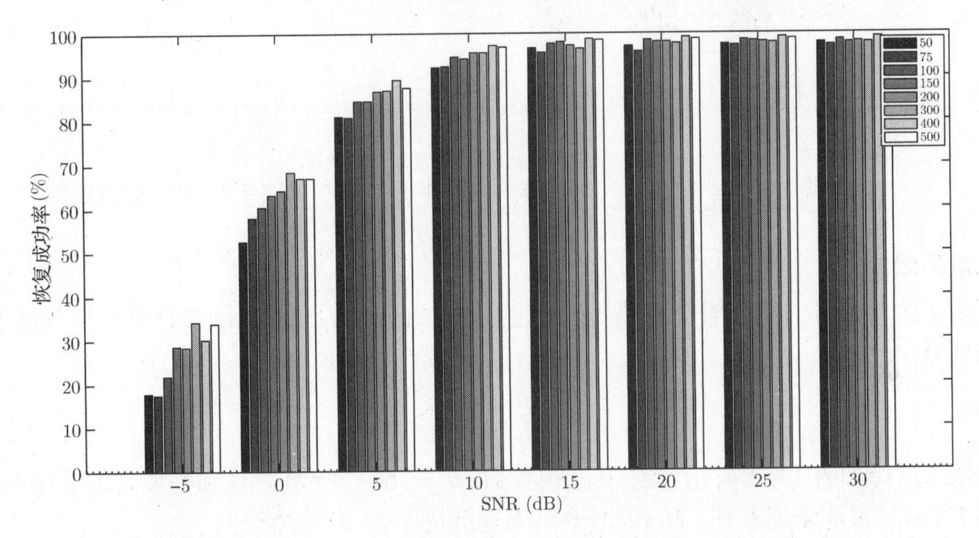

图 14.45　在不同 CTF 模块长度情况下恢复成功率与 SNR 的函数关系

14.7.4　参数限制

最后，来研究 MWC 的参数限制问题。在整个仿真过程中，选择式(14.96)中的 $E_i = \{3,4,5\}$ 和 $\tau_i = \{4,5,6\}$ μs。对于混频序列，选择数值为$\{\pm 1\}$的交替函数作为一个 Gold 序列矩阵的行向量。这种 Gold 序列具有较小的互相关函数，在 MWC 系统中会得到较好的效果。为了克服实际滤波器带来的畸变，我们在仿真中使用了两个低通滤波器。第一个是位于采样前的一个模拟滤波器。第二个是一个数字低通滤波器，作为一种扩展器来提取折叠后的通道。在仿真中，模拟滤波器被模型化一个数字 FIR－I 型滤波器，其系数为 2000，而数字滤波器为一个稀疏为 100 的 FIR－I 型滤波器。CTF 在整个仿真中使用 100 数据采样值。

序列周期的限制

首先，将周期序列的频率限制为$f_p=1/T_p\geqslant B$。对常数B，选择$f_p=B\cdot\{0.85,0.94,1.02,1.1\}$。我们考虑一个具有四个通道，且折叠因子为$q=5$的MWC系统，因此，每个通道的采样速率为$f_s=qf_p$。仿真中使用的参数在表14.2中给出。

图14.46给出了原始信号与恢复信号的(归一化)相关系数，表示为不同f_p选择下与SNR的函数。很明显，$f_p\geqslant B$时的结果优于$f_p<B$的情况。

表14.2　测试不同f_p的设计参数

参数	数值
信道个数p	4
q	5
B	23.5 MHz
$f_p=1/T_p$	$\{20,22,24,26\}$ MHz
$f_s=qf_p$	$\{100,110,120,130\}$ MHz
M	313
f_{Nyq}	6.144 GHz

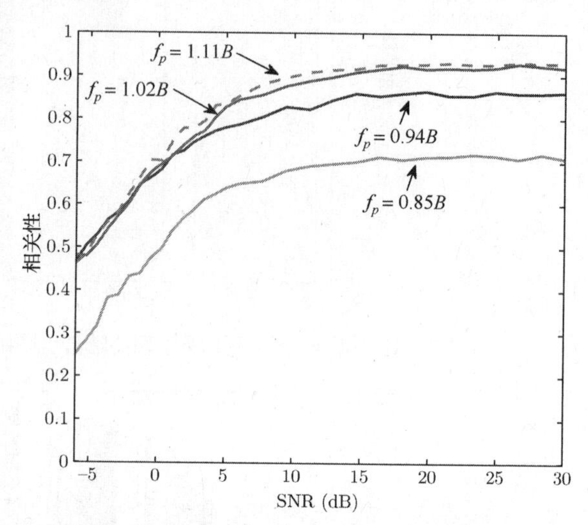

图14.46　在不同f_p下的MWC恢复性能

序列长度的限制

下一个仿真的目的是表明交替序列的长度M应该满足$M\geqslant L$，以确保良好的恢复性能，其中对实信号

$$L=2\left\lceil\frac{f_{\mathrm{Nyq}}+f_s}{2f_p}\right\rceil-1\tag{14.97}$$

仿真参数的选择如表14.3所示。对于这些参数，$L=261$。原始信号和恢复信号的相关性如图14.47所示。很清晰地看到，$M>L$时的结果远远优于$M<L$的情况。

采样速率的限制

下一个仿真说明$m\geqslant 2N$是盲恢复的必要条件，其中$m\equiv qp$是MWC有效通道的数目。这里，$N=6$是子带数目，p是硬件通道的数目，q是折叠因子。其他参数设置详见表14.4，选择多组p值和q的值：$p=\{1,2,3,4,6,10,20\}$和$q=\{1,3,5,9,15,21\}$。p和q的相关性如图14.48所示。

一旦$m>2N$，则相关性接近1。然而，对于$m<2N$，将得到较小的相关性。

表14.3　测试不同M的设计参数

参数	数值
信道个数p	4
q	5
B	20 MHz
$f_p=1/T_p$	24 MHz
f_s	120 MHz
M	$\{155,191,263,299\}$
f_{Nyq}	6.144 GHz

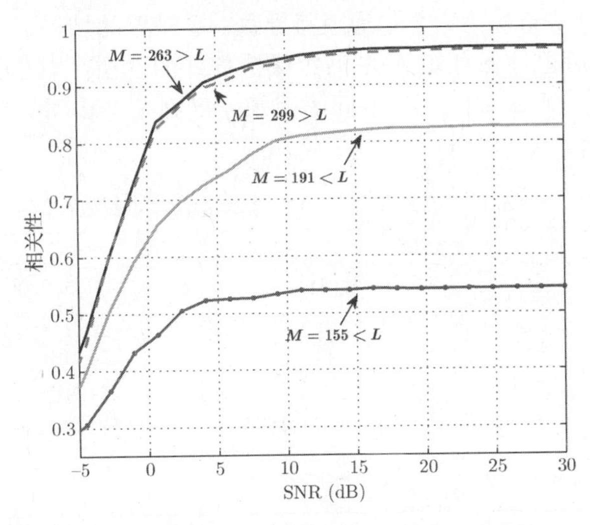

图 14.47　对于不同序列长度 M 的 MWC 性能

表 14.4　测试不同有效通道数目的设计参数

参数	数值
信道个数 p	$\{1,2,3,4,6,10,20\}$
q	$\{1,3,5,9,15,21\}$
B	20 MHz
$f_p=1/T_p$	24 MHz
$f_s=qf_p$	$\{24,72,120,216,360,504\}$ MHz
M	263
f_{Nyq}	6.144 GHz
SNR	30 dB

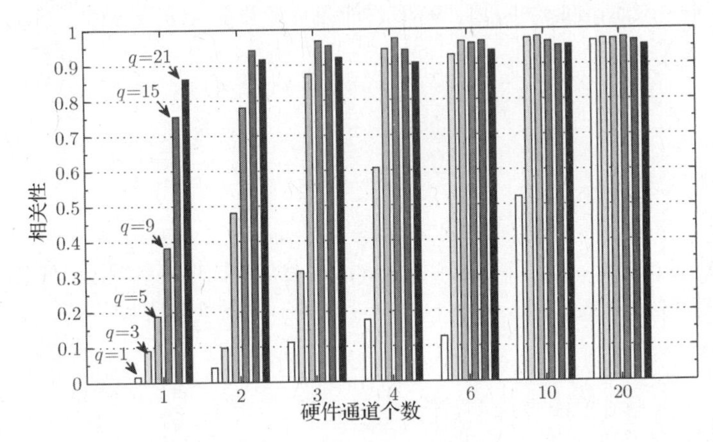

图 14.48　对于不同折叠因子 q 情况下，MWC 性能与选取硬件通道个数 p 的函数关系

折叠通道与非折叠通道比较

在这个仿真中，来研究有效通道 $m=pq$ 相同，而模拟通道数目 p 和折叠因子 q 为不同时，MWC 的性能。我们考虑 m 的两种不同选择的结果：$m=105$ 和 $m=15$。所需要的参数由表 14.5给出，相关性与 SNR 的关系如图 14.49 所示。

在 $m=105$ 的情况下，折叠为一个单通道将导致一个较差的结果。这是因为，所有通道使用相同的序列，在扩展后很难保证矩阵 $\boldsymbol{A}$ 仍然保持良好的性质。对于另外一些参数的选择，其结果得到明显的改进。当 $m=15$ 时，不同的因子 q 得到几乎相同的相关性。这意味着，减少模拟通道数目并不影响恢复性能。

表 14.5 测试不同 p 和 q 效果的设计参数

参数	$m=105$	$m=15$
信道个数 P	$\{1,15,21,35,105\}$	$\{1,3,5,15\}$
q	$\{105,7,5,3,1\}$	$\{15,5,3,1\}$
B	20 MHz	20 MHz
$f_p=1/T_p$	24 MHz	24 MHz
$f_s=qf_p$	$\{2520,168,120,72,24\}$ MHz	$\{360,120,72,24\}$ MHz
M	399	271
f_{Nyq}	6.144 GHz	6.144 GHz

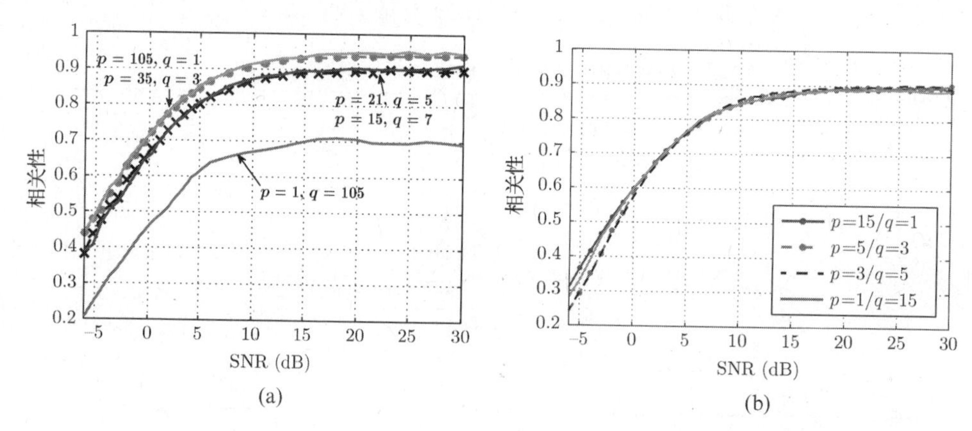

图 14.49 对于不同 p 和 q 值，MWC 性能与 m 的关系。(a) $m=105$；(b) $m=15$

14.8 习题

1. 考虑下面的信号

$$x(t)=A_1\cos(w_1t)+A_2\cos(w_2t+\phi) \tag{14.98}$$

其中 $w_1<w_2-\Delta$，且 $0<\Delta<w_1$。将信号乘上 $\cos(w_0t)$ 然后用截止频率为 Δ 的低通滤波器滤波。画出下面情况下的滤波结果的 CTFT：

(a) $w_0=w_1$；

(b) $w_0=w_2$；

(c) $w_0<w_1<w_2$。

2. 计算下述非均匀、非周期采样集合的最低 Beurling 稠密度：

$$\{t_1+d_1n,t_2+d_2n\}_{n\in\mathbb{Z}} \tag{14.99}$$

其中 $t_1\in\mathbb{Q}$，$t_2\notin\mathbb{Q}$，且 $d_1,d_2\in\mathbb{Z}$，因此 $d_1\neq d_2$。此处 $\mathbb{Q}$ 定义为有理数集合。

3. 假设 $R=\{r_n\}$ 是一个具有低 Beurling 密度的采样集合 $D^-(R)$。计算下列集合的低 Beurling 密度：

(a)有限个数量的点被移除的集合 R；

(b)一半的点被移除的集合 R；

(c)由点集 $\{2r_n\}$ 组成的集合。

4. 计算下述多频带信号的 Landau 速率：

$$x(t) = 3\mathrm{sinc}(3t)\cos(\omega_0 t) + \mathrm{sinc}(t)\cos(\omega_1 t) + 5\mathrm{sinc}(2t)\cos(\omega_2 t) \tag{14.100}$$

假设 $\omega_0 \ll \omega_1 \ll \omega_2$。

5. 令 $x(t)$ 表示一个支撑为 $\mathcal{I}$、重叠指数(folding index)为 $\beta(\omega)$ 的实带通信号。试证明：$\mathrm{e}^{\mathrm{j}\beta(\omega)\pi} \neq 1$ 对于所有 $\omega \in \mathcal{I}$，有当且仅当 $x(t)$ 具有整数频带位置。

6. 考虑一个由两个频带组成的复信号：一个频带带宽为 B 且载频 $\omega_p > B/2$，另一个频带带宽为 $2B$ 且载频 $\omega_p < -B$。我们想以大小为 ω_S 的欠采样率采样信号 $x(t)$。请问 ω_S 应该为多少。

7. 假设我们想要用一个有两个分支的差分 ADC，采样一个复带通信号 $x(t)$，其频带范围为 $\mathcal{I} = (\omega_\ell, \omega_u) \cup (-\omega_u, -\omega_\ell)$，带宽为 $B = \omega_u - \omega_\ell$。

   (a) 确定时延的可能的值 τ 以及采样率 $1/T$，使得 $x(t)$ 可以从采样结果中恢复出来。

   (b) 给出重构滤波器的表达式。

8. 考虑图 14.14 中的带通信号采样结果，其中 $\omega_\ell = 375$ MHz 且 $\omega_u = 475$ MHz。

   (a) 计算公式(14.18)中的 $\beta(\omega)$。

   (b) 画出公式(14.29)中关于 τ 的函数 $\|\boldsymbol{b}(\omega)^2\|$ 的曲线。对结果做出解释。

9. 贯穿整个章节，我们考虑复杂的多频带信号。在这个问题中，我们将获得的结果扩展到实值多频带信号，其 $X(\omega)$ 是共轭对称的。

   令 $x(t)$ 为具有 $2N$ 个频带的实值多频带信号(N 个位于正半轴，N 个位于负半轴)，每个频带宽度不超过 B。令 L 表示频谱切片的数目，定义奈奎斯特速率为 T_{Nyq}。

   (a) 定义频谱切片的间隔为 T_{Nyq} 和 L 的函数，并区分 L 的奇偶值。

   (b) $x(t)$ 的 Landau 速率是多少？

   (c) 通过信号的预处理及有效利用 $X(\omega)$ 的对称性，提出将采样速率减少到 NB 的方法。

   (d) 阐述本例中当采样速率降低时，而并没有降低通信速率的原因。

10. 令 $\{t_i\}_{i=0}^{p-1}$ 为定义 14.1 中给定 $L \geqslant p$ 时的通用模式。证明或反驳：

    (a) 任意循环移位 $\{\tilde{t}_i\}$，其中对 $c \in \mathbb{Z}$，有 $\tilde{t}_i = (t_i + c) \bmod L$，是一个通用模式。

    (b) 任意镜像操作 $\{\tilde{t}_i\}$，其中 $\tilde{t}_i = L - 1 - t_i$ 是一个通用模式。

    (c) 任意一对一操作 $\{\tilde{t}_i\} = \{Tt_i\}$ 是一个通用模式，其中 $T: \{0, 1, \cdots, L-1\} \to \{0, 1, \cdots, L-1\}$ 是一对一操作。

11. 判断下面信号能否利用图 14.26(b) 中各 ADC 器件采样，其中假设低通滤波器为理想型，并说明原因。

    (a) 带通信号，其频带范围是 [750, 800] MHz，直接进行 $\omega_S = 100$ MHz 欠采样。

    (b) 多频带信号 $x(t)$，其 CTFT 如下：

$$X(\omega) = \begin{cases} X_1(\omega - \omega_1), & 100 \leqslant \omega \leqslant 200 \text{ MHz} \\ X_2(\omega - \omega_2), & 320 < \omega \leqslant 350 \text{ MHz} \\ X_3(\omega - \omega_3), & 450 < \omega \leqslant 500 \text{ MHz} \\ 0, & \text{其他} \end{cases} \tag{14.101}$$

    利用交错 ADC 器件以 Landau 速率($B = 100$ MHz)采样。

    (c) $X(\omega)$，利用 MWC 以 Landau 速率采样。

12. 判断下述感知矩阵能否完成式(14.101)所述多频带信号的重构，多频带信号参数设置为 $p = 3$，$B = 100$ MHz 和 $f_{\mathrm{Nyq}} = 500$ MHz，并说明原因。

    (a) $\boldsymbol{A}_1 = \begin{bmatrix} -3 & 2 & 4 & 1 & 3 \\ 3 & 3 & 4 & 1 & 4 \\ 3 & 4 & 4 & -1 & 3 \end{bmatrix}$

    (b) $\boldsymbol{A}_2 = \begin{bmatrix} 1 & 1 & 1 & 1 & 1 \\ 1 & \lambda_1 & \lambda_2 & \lambda_3 & \lambda_4 \\ 1 & \lambda_1^2 & \lambda_2^2 & \lambda_3^2 & \lambda_4^2 \end{bmatrix}$，其中 $\lambda_k = \mathrm{e}^{\mathrm{j}2\pi k/5}$

(c) $\boldsymbol{A}_3=\begin{bmatrix}-1 & 1 & 1 & 1 & 1\\ 1 & 1 & -1 & 1 & -1\\ 1 & 1 & -1 & -1 & 1\end{bmatrix}$

13. 考虑一个采用符号交替周期函数 $p_i(t)$ 的 MWC 系统。能够看到为了确保足够的瞬时状态，一个周期内交替符号的数目 M，应该满足 $M\geqslant L$。给出一个实例，说明当 MWC 系统中符号交替函数参数为 $M<L$ 时，多频带信号 $x(t)$ 不能够被完美重构。

14. 令 $\boldsymbol{S}$ 为 7×8 矩阵，如下

$$\boldsymbol{S}=\begin{bmatrix}1 & -1 & -1 & 1 & 1 & 1 & -1 & 1\\ -1 & -1 & 1 & 1 & 1 & 1 & -1 & 1\\ -1 & 1 & -1 & 1 & -1 & -1 & 1 & 1\\ -1 & -1 & -1 & -1 & -1 & 1 & -1 & -1\\ -1 & 1 & 1 & 1 & -1 & 1 & 1 & -1\\ -1 & 1 & -1 & -1 & 1 & -1 & 1 & 1\\ -1 & -1 & 1 & 1 & 1 & 1 & 1 & -1\end{bmatrix} \tag{14.102}$$

假设 $\boldsymbol{S}$ 是无通道折叠时 MWC 系统的感知矩阵，$p=7$ 个通道，其 $p_i(t)$ 一个周期内有 $M=8$ 个符号交替。

(a) 假设利用移位寄存器和触发器产生序列，则此系统中所需的移位寄存器和触发器的最少数目是多少？

(b) 假设信号是任意的，利用 SBR4 能够进行重构时，频带数目 N 的最大值是多少？

15. 考虑具有三个通道的 MWC 系统，且调制序列为

$$\begin{aligned}p_0(t) &= \sum_{n\in\mathbb{Z}}\delta(t-n)\\ p_1(t) &= \sum_{k=0}^{L-1}(k+1)\mathrm{e}^{-\mathrm{j}2\pi kt}\\ p_2(t) &= \sum_{k=0}^{L-1}2\,(k+1)^2\cos(2\pi kt)-1\end{aligned} \tag{14.103}$$

我们期望对多频带信号进行盲源采样和恢复，其中信号具有 $N=3$ 个频带，每个频带宽度不超过 $B=100$ MHz，且 $f_{\mathrm{Nyq}}=900$ MHz。

(a) 假设无通道折叠，若以速率 100 MHz 采样，则为了满足需求至少需要多少个采样器？

(b) 若存在通道折叠。为满足需求，最小折叠因子 q 为多少？明确地写出式(14.70)中得到的感知矩阵 $\boldsymbol{C}_i$。

16. 一个电气工程师希望利用一个简单的 MWC 板(无通道折叠)和交错 ADC 板实现多频带信号(具有 $N=3$ 个频带，且每个频带宽度不超过 $B=100$ MHz)的盲源采样，并利用 CTF 模块进行恢复。对板子进行适当设计，要求 ADC 器件的采样速率为 $r=100$ MHz。遗憾的是，这些设备已脱销。作为替换方案，工程师决定选择一些采样速率为 $r=50$ MHz 的 ADC 器件，并对这个模型的一些信号进行采样。我们假设这些 ADC 器件具有足够的模拟带宽来处理 $x(t)$。

(a) 向量值函数 $\boldsymbol{d}(\mathrm{e}^{\mathrm{j}\omega})$ 的稀疏度是多少？联合稀疏度是多少？

(b) 承接上述答案，利用 CTF 模块对支撑进行完美恢复所需的 ADC 器件的最少数量 p 是多少？比较其平均采样速率与利用 SBR4 时的速率，并解释结果。

(c) 现在，速率 $r=100$ MHz 的 ADC 器件供应充足。工程师决定利用这些 ADC 器件替换 $r=50$ MHz 的采样器。为了补偿较高的采样速率，他取消了一半的信道输出。在哪一块新板子上，他能够利用 SBR2 对信号进行重构？

17. 考虑下列实信号

$$\begin{aligned}x(t) =& \operatorname{sinc}\left[\frac{B}{5}(t-\tau_1)\right]\operatorname{sinc}\left[\frac{4B}{5}(t-\tau_1)\right]\cos[2\pi f_1(t-\tau_1)]+\\ &\operatorname{sinc}^2\left[\frac{B}{2}(t-\tau_2)\right]\cos[2\pi f_2(t-\tau_2)]+\operatorname{sinc}^3\left(\frac{B}{3}t\right)\cos(2\pi f_3 t)\end{aligned} \tag{14.104}$$

其中 $B = 10$ MHz, $f_1 = 10$ MHz, $f_2 = 20$ MHz, $f_3 = 60$ MHz, $\tau = k\mu s$, $k = 1,2$。

(a)画出信号的 CTFT $|X(f)|$ 在频率范围 $\mathcal{F} \in [-100,100]$ MHz 内的幅度。

(b)采样这个信号的 Landau 速率是多少?

(c)想用 MWC 系统采样 $x(t)$，使得每个频点的采样率 f_s 等于混频函数频率 f_p。给出该系统的设计，明确指出频点数以及采样率 f_S。

18. 这里我们考虑与上一个问题同样的信号，其中载频 f_1, f_2, f_3 未知，可以取区间 $[0,90]$ MHz 内的任意值。

(a)信号可以被采样的最低采样率是多少?

(b)用 MWC 系统采样 $x(t)$ 使得每个频点的采样率 f_S 等于混频函数频率 f_p。明确指出频点数以及采样率 f_S。

(c)以 $q = 3, f_S = qf_p$ 为参数重复(b)。

19. 考虑单频 MWC 系统:

$$p(t) = \cos^2(2\pi f_c t), \quad f_c = 30 \text{ MHz} \tag{14.105}$$

用一个截止频率为 30 MHz 的实低通滤波器，滤波混频输出 $y(t) = p(t)x(t)$，然后统一以采样率 $f_s = 60$ MHz 采样。确定 N 个带宽为 B 的多频带输入信号 $x(t)$ 的限定条件，使得信号可以在以下假设下被恢复:

(a)载频已知。

(b)载频未知。

(c)指出在这两种情况下的 B, N 以及最大载频，并描述恢复过程。

20. 考虑采样一个复多频带信号，其中一个频带的带宽为 B。

(a)用 MWC 系统采样信号，系统由一个单频点的周期混频信号 $p(t)$、一个复低通滤波器以及一个均匀采样器组成。指出 $p(t)$ 的周期、低通滤波器的截止频率以及采样率。

(b)描述恢复过程。

(c)证明在单频带情况下，可以选取参数使得不再需要 CTF 块。请对结果做出解释。

第15章　有限更新速率采样

在前面的章节中已经看到，UoS 模型为特定种类的模拟信号提供了低于奈奎斯特速率的采样方式。在本章中，我们考虑另一种基于参量化表示的模型。这种参数化表示称为有限更新速率(finite rate of innovation，FRI)信号[103]。这类信号对应于一个系列函数，这种系列函数由单位时间内的有限个参数来定义，其中的一个量称为更新速率(rate of innovation)。更具体地说，如果信号 $x(t)$ 是一个 FRI 信号，那么，在任何一个有限长度 r 内，$x(t)$ 就可以用不超过 k 个参数来完整描述。这时，我们称函数 $x(t)$ 具有一个等于 k/r 的局部更新速率(local rate of innovation)。FRI 的观点进一步补充了 UoS 框架，即一个信号可以存在于 UoS 中，并且有 FRI 特性。然而，在后面会给出实例，并不是所有的 FRI 信号可以用一个 UoS 模型来描述，UoS 可以描述的信号也不一定都是 FRI 信号。

对这类信号的兴趣主要来源于几个经常遇到的 FRI 信号，这些信号可以在它们的更新速率样本中得到完美恢复。这一结论的优势是很明显的：FRI 信号不必是带限的，即使可以是带限的，其奈奎斯特频率也可能比它们的更新速率高很多。因此，采用 FRI 技术，可以明显降低用于信号完美重构的采样速率。当然，利用这种性质需要谨慎地设计采样机制和数字后处理系统。在这一框架中最常用的函数系列之一是脉冲流，它出现在许多应用中，包括生物成像、雷达和扩谱通信等。

本章将重点关注理论分析、恢复技术和 FRI 模型的一些典型应用。我们主要集中研究脉冲流函数，并考虑一些特例，如周期性的、有限的、无限的以及半周期的脉冲流函数。本章结束时，我们还将讨论更一般的 FRI 情形。

15.1　有限更新速率信号

在本章中，主要考虑的就是单位时间内由有限参数确定的 FRI 信号。FRI 信号最早是在文献[103]中给出的，其正式的定义如下。

定义 15.1　令 $N_r(t)$ 表示一个计数函数，这个函数的数值等于在时间间隔 $[t, t+r]$ 内，完整描述一段信号 $x(t)$ 的参数的个数。信号 $x(t)$ 的 r-局部更新速率记为 ρ_r，定义为

$$\rho_r = \max_{t\in\mathbb{R}} \frac{N_r(t)}{r} \tag{15.1}$$

那么，更新速率 ρ 则定义为

$$\rho = \lim_{r\to\infty} \rho_r \tag{15.2}$$

如果 ρ 是有限的，那么这个信号就称为有限更新速率(FRI)信号。

通过定义可知，局部更新速率 ρ_r 描述了在长度为 r 的时间间隔内参数的最大个数。而更新速率就是当 r 趋于无穷时局部更新速率的极限值。对于一个更新速率为 ρ 的 FRI 信号，我们希望能够从单位时间内由参数 ρ 确定的一定个数的采样值中恢复出信号 $x(t)$。我们将看到，对于许多类型的 FRI 信号，存在这种更新速率运行下的信号恢复方法。在噪声存在的情况下，

这种 FRI 信号还有另一个有趣的特点，即无论使用什么样的采样方法，这个 ρ 值恰好就是一个信号 $x(t)$ 的无偏估计器得到的 MSE 值与噪声方差之间的比率值的一个下界。

在讨论 FRI 信号的采样和恢复之前，首先介绍一些 FRI 信号的实例。

15.1.1　平移不变空间

FRI 信号的最简单例子就是一个 SI 函数，可以表示为

$$x(t) = \sum_{n \in \mathbb{Z}} a[n]h(t - n\tau) \tag{15.3}$$

对于某一序列 $a[n] \in \ell_2$，其中 $h(t)$ 是一个在 L_2 上已知的脉冲，$\tau > 0$ 是给定的标量。通过上面的叙述，位于 SI 空间上具有间隔 τ 的每一个信号都有每 τ 秒一个自由度（相当于 $a[n]$ 序列的一个系数）。因此，可以把这种信号的更新速率表示为 $1/\tau$。这里将看到，这个（渐近）更新速率确实是紧致支撑脉冲 $h(t)$ 的。对于任意给定的有限的窗口尺寸 r，这个 r-局部更新速率 ρ_r 通常是较大的。

具体地说，假设 $h(t)$ 的支撑集包含在 $[t_a, t_b]$ 中，并考虑一个 $[t, t+r]$ 形式的时间间隔，其中 $r>0$。由于脉冲的重叠，对于任何这样的间隔，我们只能保证存在不超过 $\lceil (t_b - t_a + r)/\tau \rceil$ 的系数 $a[n]$ 影响 $x(t)$ 的值，如图 15.1(a) 中展示。因此，公式 (15.3) 中信号 $x(t)$ 的 r-局部更新速率为

$$\rho_r = \frac{1}{r}\left\lceil \frac{t_b - t_a + r}{\tau} \right\rceil \tag{15.4}$$

当 r 为无穷时，可以得到更新速率等于 $1/\tau$。

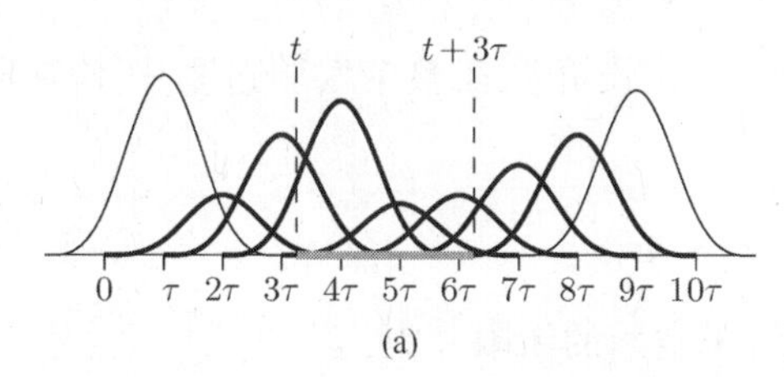

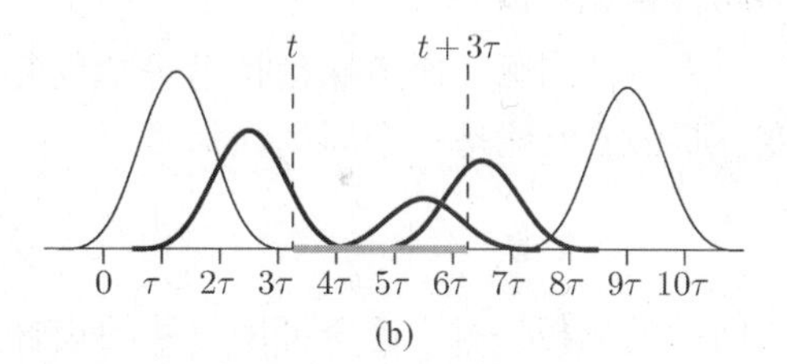

图 15.1　平移脉冲 $h(t)$ 得到的脉冲流，该脉冲流支撑于 $[-2\tau, 2\tau]$。黑体线画出的脉冲是可以影响到观测段 $[t, t+3\tau]$ 的脉冲。(a) 固定的脉冲位置，间隔为 τ 秒。这里时间段 $[t, t+3\tau]$ 受 7 个脉冲影响，因此，$\rho_{3\tau} = 7/(3\tau)$；(b) 最小间隔为 τ 秒，脉冲位置未知，这里，更新采样速率为 $\rho_{3\tau} = 2 \cdot 7/(3\tau) = 14/(3\tau)$。注意到时间段 $[t, t+3\tau]$ 只受 3 段脉冲影响，因此，在此位置单位时间内有 $(2 \cdot 3)/(3\tau) = 2/\tau$ 个参数

我们注意到，如果 $h(t)$ 不是紧密支撑的，那么，这个更新速率就是无限的。因此，如带限信号[对应于 $h(t) = \mathrm{sinc}(t/\tau)$]通过定义 15.1 判断就不是一个 FRI 信号。这表明，利用有限个数的测量值恢复这种信号的任何有限的时间段 $[t_a, t_b]$ 是不可能的。

在前面的章节中看到，对于形式为式 (15.3) 的 SI 信号，无论 $h(t)$ 的带宽如何，可以从采样率为 $1/\tau$ 的采样值中得到恢复 。我们研究的恢复技术是基于简单的滤波器运算的。因此，在这种情况下，利用线性滤波算法，以更新速率进行采样是足以恢复信号的。SI 模型对应于子空间先验的情况。与此不同的是，很多 FRI 信号是一种非线性模型，并非是子空间模型，但是仍然可以在更新速率下进行采样和恢复。当然，在这种情况下，需要一些更精致的恢复算法，这将在下面的内容中讨论。

15.1.2 信道探测

单次突发信道探测

如果脉冲位置先验是未知的，那么就会产生一个比式(15.3)更为复杂的信号模型，这种情况在信道测深、超声波和雷达系统中经常会遇到。具体来说，我们在例4.11中就已经看到，对于某些特定的介质识别和信道探测应用，以及在雷达和超声波系统应用中，一个传递脉冲 $h(t)$ 的回波被分析，用来发现目标位置和介质散射体的反射系数[394,424~427]。在这种情况下，接收到的信号的形式为

$$x(t) = \sum_{\ell=1}^{L} a_\ell h(t - t_\ell) \tag{15.5}$$

其中，L 是散射体的个数，幅度 $\{a_\ell\}_{\ell=1}^{L}$ 和延时 $\{t_\ell\}_{\ell=1}^{L}$ 均对应于反射和散射体的个数。这样的信号可以认为属于一个 UoS，其中，参数 $\{t_\ell\}_{\ell=1}^{L}$ 确定了一个 L 维子空间，系数 $\{a_\ell\}_{\ell=1}^{L}$ 描述了子空间中的位置。由于参数 $t_1,\cdots,t_L$ 有无限多的可能值，因此我们得到一个无限个数子空间并集。

对于任意窗口尺寸 $r > \max_\ell\{t_\ell\} - \min_\ell\{t_\ell\}$，其 r-局部更新速率为

$$\rho_r = \frac{2L}{r} \tag{15.6}$$

因此，如果信号定义在时间间隔$[0, \tau]$内，那么在时间段 τ 内的局部更新速率为 $2L/\tau$。这与信号在时域中有 $2L$ 个自由度的事实是一致的。

周期性信道探测

在一些时候，通道探测技术包括反复探测介质[428]。假设介质在整个实验过程中不会改变，那么结果就是一个周期性信号

$$x(t) = \sum_{\ell=1}^{L} \sum_{n\in\mathbb{Z}} a_\ell h(t - t_\ell - n\tau) \tag{15.7}$$

与前面的分析一样，这个可用信号的集合是一个有限维子空间的无限并集，其中，$\{t_\ell\}_{\ell=1}^{L}$ 定义了这个子空间，$\{a_\ell\}_{\ell=1}^{L}$ 定义了子空间中的位置。这时的 r-局部更新速率与式(15.6)相同。

半周期信道探测

另外一种有趣的情况是，一个信道有 L 个路径，这些路径的幅度是变化的，但时间延时在实验持续时间内是不变的[428~430]。雷达系统就可能是这样一个例子，目标以恒定的速度移动，正如在15.7.1节中将讨论的。在这种情形下，接收到的信号具有如下的形式

$$x(t) = \sum_{\ell=1}^{L} \sum_{n\in\mathbb{Z}} a_\ell[n] h(t - t_\ell - n\tau) \tag{15.8}$$

其中，$a_\ell[n]$是第 n 次探测时，第 ℓ 个路径下的幅度。这还是一个 UoS 模型，但每个子空间是无限维的，因为它是由无限个参数集$\{a_\ell[n]\}$确定的。

式(15.8)的模型也可以用来描述这样的情况，信号包含有限个数的周期。在这个场景下，相当于 $n\in\mathbb{Z}$ 被有限的求和 $n=1,\cdots,P$ 所代替，下面就是这样的一个例子。

例15.1 式(15.8)的模型可以应用到无线通信中的时变信道估计中[429]。在这种情况下，接收机的目标就是从接收信号的采样值中估计信道参数[431]。在一个典型情况下，具有已知先验形状的脉冲在一个多径信道上发送，这个介质包含几个传播路径。由于多路径的影响，接收

信号就会是发送信号的一个延时和加权的拷贝，如图15.2所示。为了识别传输介质，每个路径的时间延时和增益系数就必须从接收信号中进行估计。

考虑一个脉冲调制(PAM)的基带通信系统。发送信号的形式为

$$x_T(t) = \sum_{n=1}^{N} d[n]h(t-n\tau) \tag{15.9}$$

其中，$d[n]$表示一个有限符号集合中选取的数据符号，N是发送符号的总个数。信号$x_T(t)$通过一个基带时变的多径信道，其在时间s点对时间t的脉冲响应为$h(s,t) = \sum_{\ell=1}^{L}\alpha_\ell(t)\delta(s-\tau_\ell)$ [394]，其中的$\alpha_\ell(t)$是第ℓ个多径传播路径的下时变复增益，τ_ℓ是相应的时间延时，路径总数由L表示。我们假设信道相对符号速率是慢变化的，因此，路径增益在一符号周期内是恒定的，即

$$\alpha_\ell(t) = \alpha_\ell[n\tau],\quad t\in[n\tau,(n+1)\tau]$$

此外，我们考虑传播延时是一个符号，即$\tau_\ell\in[0,\tau)$。在这些假设下，接收信号(在无噪声环境下)为

$$x_R(t) = \sum_{\ell=1}^{L}\sum_{n=1}^{N} a_\ell[n]h(t-\tau_\ell-n\tau) \tag{15.10}$$

其中，$a_\ell[n]=\alpha_\ell[n\tau]d[n]$。

这个信号可以被看成是式(15.8)的一个特例。因此，我们在本章研究的技术可用于这种多径信号的低于奈奎斯特率采样问题。这时的采样速率仅仅取决于多径分量的个数和传输速率，而不依赖于所发送的脉冲的带宽。当传播路径个数比较少，或者当发送脉冲的带宽比较宽时，就可能明显降低采样速率。这方面的应用在文献[429]中有更详细的探讨。

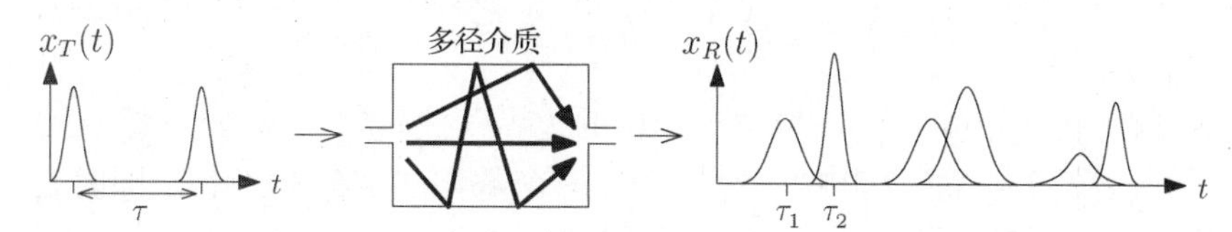

图15.2　一个多径介质。先验已知形状的脉冲在信道中传输，输出信号是发送信号的延时和加权拷贝

假设在SI的框架下，$h(t)$的支撑位于$[t_a,t_b]$内，我们把时间间隔的形式写成$[t,t+r]$，并且$r>0$。那么，类似于这种SI情形，就会有不超过$L\lceil(t_b-t_a+r)/\tau\rceil$个参数$a[n]$在每个时间间隔影响$x(t)$的取值。另外，有最多$L$个未知的延时。因此有，

$$\rho_r = \frac{L}{r}\left(\left\lceil\frac{t_b-t_a+r}{\tau}\right\rceil+1\right) \tag{15.11}$$

这时，如果使r趋近于无穷，更新速率就是$\rho=L/\tau$，该速率只是单突发情况下的一半。这里，ρ不受我们不知道L个延时这个事实的影响，ρ仅仅由L个未知幅度所确定。这是因为当我们增加观测期时，这个影响可以忽略不计。

15.1.3　其他例子

多载波信号

式(15.5)的模型及其变型在FRI理论中已经引起了很大的关注。然而，还有其他一些FRI信号的例子。假设L个式(15.3)形式的信号被调制传输，每一个都有不同的载波频率，得到

$$x(t) = \sum_{\ell=1}^{L} \sum_{n \in \mathbb{Z}} a_{\ell}[n] h(t - n\tau) \sin(\omega_{\ell} t) \tag{15.12}$$

在这里，$a_{\ell}[n]$是第 ℓ 个用户的传输数据，其载波频率为 ω_{ℓ}。这个情况与半周期信道探测信号比较类似，其 r-局部更新速率是相同的。

连续相位调制

到目前为止我们所讨论的例子都是 UoS 的特例。然而，并不是所有的 UoS 模型都是 FRI 信号模型，例如，当式(15.3)中的 $h(t)$不是紧密支撑时，那么，相应的模型不能在单位时间内用有限的参数所描述。相反，虽然 UoS 模型是目前 FRI 理论框架下最常见的情况，但 FRI 信号并不一定能形成 UoS 模型。一个典型的例子就是连续相位(CPM)传输。这包括连续相位频移键控(CPFSK)、最小频移键控(MSK)、平滑调频(TFM)、高斯 MSK(GMSK)等。这里，传输的信号的形式为

$$x(t) = \cos\left[\omega_0 t + 2\pi h \int_{-\infty}^{t} \sum_{n \in \mathbb{Z}} a[n] h(r - n\tau) \mathrm{d}r\right] \tag{15.13}$$

其中，ω_0为固定载波频率；$a[n] \in \{\pm 1, \pm 3, \cdots, \pm (Q-1)\}$是消息符号；$h$ 是调制指数；$h(t)$是脉冲形状，其支撑在$[0, L\tau]$；对于一些整数 $L > 0$，满足 $\int_0^{L\tau} h(t) \mathrm{d}t = 0.5$。

CPM 信号的更新速率可以通过表达式(15.13)确定(见习题 3)

$$x(t) = \cos\left[\omega_0 t + \sum_{m \in \mathbb{Z}} \tilde{a}[m] \tilde{h}(t - m\tau)\right] \tag{15.14}$$

其中，$\tilde{a}[m] = \sum_{n=-\infty}^{m} a[n]$ 并且

$$\tilde{h}(t) = 2\pi h \int_{-\infty}^{t} [h(r) - h(r - \tau)] \mathrm{d}r \tag{15.15}$$

由于已知 $a[n]$就等价于已知 $\tilde{a}[n]$(取决于初始的边界条件)，并且 $\tilde{h}(t)$支撑于$[0, (L+1)\tau]$，所以在任意时间段$[t, t+r]$内，影响 $x(t)$的系数的个数与式(15.3)相同，同时 $t_a = 0$，$t_b = (L+1)\tau$。由此可知，CPM 信号的 r-局部更新速率为

$$\rho_r = \frac{1}{r}\left(\left\lceil \frac{r + (L+1)\tau}{\tau} \right\rceil\right) = \frac{1}{r}\left(\left\lceil \frac{r}{\tau} \right\rceil + L + 1\right) \tag{15.16}$$

并且它们的渐进速率就等于 $1/\tau$。

非线性畸变的移不变空间

另一种 FRI 模型而非 UoS 模型的例子是一个信号属于 UoS，却被非线性操作所畸变(非线性失真)的情况。在第 8 章中，我们曾经详细讨论了非线性失真的信号采样问题，例如，在各种通信设备中用于避免失真的信号补偿方法。如果原始信号存在于一个 SI 空间，并由 $h(t)$紧密支撑，那么，将得到的信号传输形式为

$$x(t) = M\left[\sum_{n \in \mathbb{Z}} a[n] h(t - n\tau)\right] \tag{15.17}$$

这里，$M(\cdot)$表示一个非线性的可逆函数。显然，对这类信号的 r-局部更新速率 ρ_r 与基本 SI 函数的 r-局部更新速率是一样的，也是由式(15.4)给出。如同第 8 章所看到的，在适当的非线性失真条件下，信号 $x(t)$在更新速率为 $1/\tau$ 下，可以从样本中得以恢复。

本章概要

给出以上几个 FRI 信号的例子后，我们现在可以来研究这个模型下的采样定理。首先我们还是考虑脉冲流信号。

周期的 FRI 信号对于信号分析是很方便的，在 15.2 节中将深入讨论这类信号的问题。在引入匹配滤波器进行信号恢复方法之后，我们将看到频域分析方法是非常有效的。在频域上，FRI 恢复就等效于一个未知频率的正弦和(sum of sinusoid)信号的估计，这个问题已经在阵列信号处理研究领域被很好地研究了。这个技术已经延伸到处理更一般的脉冲流信号，包括无限和半无限的情况。

我们关注几个主要方法来处理正弦和信号问题，包括 Prony 方法、Cadzow 去噪方法、矩阵束(matrix pencil)方法、MUSIC 算法、ESPRIT 算法，以及基于压缩感知的算法等。这些技术都假设我们从信号参数的估计中已经获得了周期脉冲流信号的傅里叶系数。从低速率采样样本中获得这些系数的方法将在 15.3 节和 15.4 节中详细讨论。在 15.3 节中，我们提出了两种基于单通道滤波器的欠采样方法：coset 采样方法和 sum of sincs 预滤波方法。在 15.4 节中介绍欠采样的多通道模型，包括调制组(modulation bank)和滤波器组(filter bank)模型。

15.5 节将讨论噪声环境下 FRI 信号估计的极限界问题，15.6 节将讨论 FRI 模型的迭代恢复技术，最后，我们将用雷达和超声脉冲流信号模型的几个应用实例来结束本章的内容。

15.2　周期脉冲流信号

考虑一个 τ-周期的脉冲流信号，定义为

$$x(t) = \sum_{\ell=1}^{L} \sum_{n\in\mathbb{Z}} a_\ell h(t - t_\ell - n\tau) \tag{15.18}$$

其中，$h(t)$为一个已知脉冲形状，τ 是已知的周期，并且 $\{t_\ell, a_\ell\}_{\ell=1}^{L}$，$t_1 \in [0, \tau)$，$a_\ell \in \mathbb{C}$，$\ell = 1,\cdots,L$ 是未知的延时和幅度。我们的目标是采样 $x(t)$，并从尽可能少的采样值中进行恢复。由于信号在每个周期内有 $2L$ 个自由度，因此我们希望在一个周期内的最小采样值个数应该为 $2L$。我们比较感兴趣的是具有大的带宽和小的时间支持的脉冲流信号。在这种情况下，式(15.18)中 $x(t)$的奈奎斯特速率信号是很高的，因此其次奈奎斯特方法也就是很有效的。注意到，信号 $x(t)$的带宽不大于 $h(t)$的带宽，因为延时和求和并不增加带宽。

当信号 $x(t)$的自由度的个数小于其带宽时，我们期望能够从更少数量测量值中恢复 $x(t)$。但问题是，如何来选择这些低采样率的采样值。由于具有较短的时间支撑，$2L$ 个采样值的直接均匀采样通常会产生很多零，这是因为正好采样到脉冲的概率是非常低的，如图 15.3(a)所示。因此，必须设计更复杂的采样方案。

在上一章中，我们讨论了多频带信号的低速采样问题，其基本思想是在采样前对信号进行频率上的混叠。这种混叠可以将高带宽信号的内容折叠(collapse)到一个低维子空间上，然后再用一个较低的采样率进行采样。我们在这里将遵循类似的方法，但这里的混叠是在时间上进行的，而不是在频率上。更为特别的是，这里我们假设在采样之前将每一个脉冲进行了扩展，如图 15.3(b)所示。

这样就可以用一个较低的采样率进行采样，同时可以获取信号的有用信息。这样，信号被采样后，我们可以在数字域上采用适当的方法来重新获得几乎丢失掉的分辨率。这些技术实际上是利用了频谱分析和压缩感知的思想，在频域上对脉冲流信号进行分析。接下来，从低速采样值中恢复信号的延时和幅度的过程将对应于从一个少量的傅里叶系数来确定一个复指数和函数的频率的过程。

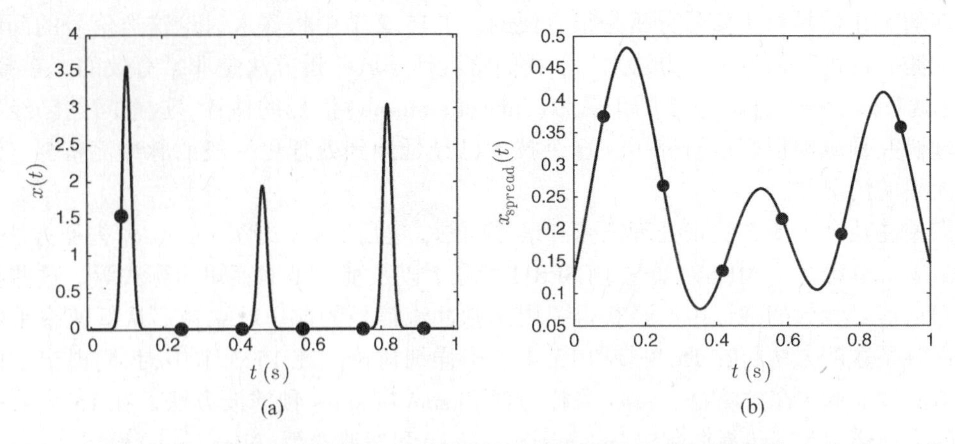

图 15.3　式(15.18)的脉冲流信号 $x(t)$ 的直接均匀采样及其时域混叠(扩展)。这里 $h(t)$ 是一个高斯脉冲，其小方差为 $\sigma^2=3\times10^{-4}$，并且其幅度和延时是随机选择的。(a)直接低速均匀采样；(b) $x(t)$ 的时域混叠，利用一个低通滤波器及其非零采样值产生

15.2.1　时域表示

基于式(15.18)信号 $x(t)$ 的奈奎斯特速率采样，来讨论估计信号延时和幅度的标准时域方法。最流行的(也是最简单的)方法就是所谓 Rake 接收机的方法[394]。这种接收机最早是 20 世纪 50 年代提出的，目的是克服多径衰落的影响。

为了分析这种 Rake 接收机，假定 $L=1$，即只有一个未知的延时。在噪声存在情况下，我们可以得到 $x(t)\approx a_1h(t-t_1)$，$t\in[0,\tau)$。其中 a_1 和 t_1 分别是未知的幅度和延时。为了简化推导，我们假设这个脉冲被归一化能量，即有 $\int_0^\tau|h(t)|^2\mathrm{d}t=1$，对于所有可能的延时 t'，使 $h(t-t')$ 限定在区间 $[0,\tau)$ 内。一种合理的估计 a_1 和 t_1 的方法就是寻找合适的值，最小化误差

$$\min_{a_1,t_1}\int_0^\tau|x(t)-a_1h(t-t_1)|^2\mathrm{d}t \tag{15.19}$$

这个过程实际上就是高斯噪声条件下的最大似然估计。

通过对式(15.19)求导，并令其等于零，可以看到 a_1 的最优值为

$$a_1=\frac{\int_0^\tau\overline{h(t-t_1)}x(t)\mathrm{d}t}{\int_0^\tau|h(t-t_1)|^2\mathrm{d}t} \tag{15.20}$$

将这个值带回到目标函数式(15.19)中，t_1 的最优值可以计算为

$$t_1=\arg\max_{t'}\frac{\left|\int_0^\tau\overline{h(t-t')}x(t)\mathrm{d}t\right|^2}{\int_0^\tau|h(t-t')|^2\mathrm{d}t}=\arg\max_{t'}\left|\int_0^\tau\overline{h(t-t')}x(t)\mathrm{d}t\right|^2 \tag{15.21}$$

上式的最后一个等号是依赖于我们的假设，即对于所有可能的 t'，$h(t-t')$ 限定在 $[0,\tau)$ 内。为了计算式(15.21)，注意到

$$y(t)=\int_0^\tau\overline{h(\alpha-t)}x(\alpha)\mathrm{d}\alpha=\overline{h(-t)}*x(t) \tag{15.22}$$

因此，就可以通过构造函数 $y(t)$ 来得到 t_1，而 $y(t)$ 是 $x(t)$ 和 $\overline{h(-t)}$ 的卷积，然后选择值 t_1 使 $|y(t)|$ 获得最大值。实际上，这个过程就是所谓匹配滤波(matched filtering)[432]。

在存在多个延时的情况下，常见的方法也是一样的过程，即估计延时使其对应于 $|y(t)|$ 的前 L 个最大值。这种方法将不再是一般意义上的最优方法，这是因为重叠脉冲之间的干扰。如果 L 值是事先未知的，那么，通常的做法就是选取超过一定门限值的所有峰值，这个阈值一般被设置为最大峰值的一个比例，或者被设置为背景噪声电平的一个函数。也可以使用所谓模型阶数选择方法[17]。

实际上，匹配滤波器(MF)通常是数字实现的。由于 $y(t)$ 的带宽不大于 $h(t)$ 的带宽，因此匹配滤波器的输出 $y(t)$ 可以根据 $h(t)$ 的带宽，由奈奎斯特速率下 $y(t)$ 的采样值来确定。令 $1/T$ 表示 $y(t)$ 的奈奎斯特采样速率，并使 $y[n]=y(nT)$。那么有 $y[n]=\overline{h[-n]}*x[n]$，其中 $h[n]=h(nT)$，并且 $x[n]$ 是 $x(t)$ 按 $1/T$ 采样得到的采样值序列。因此，为了估计 t_1，我们可以先计算数字匹配滤波器的输出 $y[n]$，如图 15.4 所示，然后再利用 $y[n]$ 插值来构造 $y(t)$。在图中可以看到，我们可以首先采样 $x(t)$，然后再数字地计算 $y[n]$，而不是首先进行匹配滤波，然后再对输出进行采样。

为了提高计算效率，sinc 插值步骤通常被完全省略，或者用局部插值(local interpolation)来近似。在 sinc 插值被省略的情况下，需要在离散网格(奈奎斯特网格)上寻找延时，即寻找 $|y[n]|$ 的峰值，并估计 n 个数值上的峰值点的延时。这种简单匹配滤波方法的性能改善可以通过离散序列 $y[n]$ 的局部插值来获得，如三次方插值，然后再确定峰值点的位置。

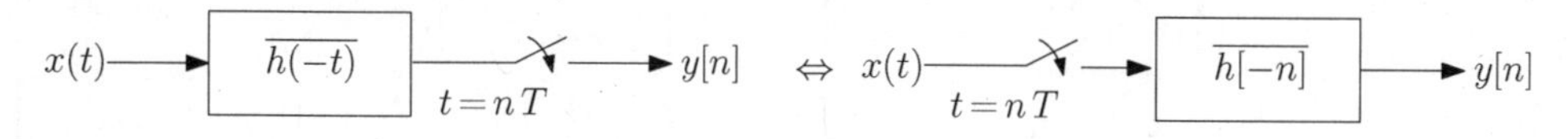

图 15.4　在模拟域和数字域上的匹配滤波

很明显，在数字域上实现匹配滤波需要在大于等于奈奎斯特速率的情况下对数据进行采样，这样才可以近似得到连续的匹配滤波输出。如果 $h(t)$ 的时间有限的，在间隔 $[0,\tau)$ 内有 N 个非零傅里叶系数，那么，在周期 τ 内，至少需要 N 个采样值。也可以说，如果 $h(t)$ 是 $2\pi f_c$ 带限的，并且考虑以 τ 为周期的扩展 $h_\tau(t)=\sum_{k\in\mathbb{Z}}h(t+k\tau)$，那么，每个周期至少需要 $f_c\tau$ 个采样值。算法 15.1 给出了利用匹配滤波器估计时延的算法流程。

算法 15.1　匹配滤波器

输入：分别采样接收信号 $x(t)$ 得到 $x[n]$，采样脉冲 $h(t)$ 得到 $h[n]$，其中周期为 τ

输出：延时 t_ℓ，$\ell=1,\cdots,L$

得到匹配滤波器输出 $y[n]=\overline{h[-n]}*x[n]$

选择：应用局部插值

找到 $|y[n]|$ 的 L 个最大峰值

当取得最大峰值时，得到 t_ℓ 的值

下面给出一个匹配滤波的例题。

例 15.2　考虑一个信号 $x(t)=\sum_{\ell=1}^{L}\sum_{n\in\mathbb{Z}}a_\ell h(t-t_\ell-n\tau)$ 在周期 $\tau=1$ 时包含 $L=4$ 个

脉冲。波形 $h(t)$ 是一个 sinc 函数，带宽等于 81 Hz。选择这样的带宽，是为了与例 15.3、15.4 和 15.8 做比较。信号 $x(t)$ 的更新速率等于 $2L$（见习题 2）。幅值和延时设定为 $a_\ell=1$，$t_\ell=\ell\Delta$，这里 Δ 是一个参数。信号以奈奎斯特速率进行采样，这样，在周期 $\tau=1$ 内，可以得到 $x(t)$ 的 81 个采样值。通过随机地选择采样相位，这样使所有的延时不会混叠到一个网格上。我们要考虑信号 $x(t)$ 被噪声污染的情况，因此得到的是一个包含噪声的采样序列 $x[n]$。这里的噪声是高斯白噪声，方差为 $1/SNR$。数字匹配滤波器的输出 $y[n]$ 可以通过计算得到，即通过采样的匹配滤波序列 $h[n]$ 对接收的采样信号序列 $x[n]$ 进行滤波来获得。

利用式(15.21)和式(15.20)，我们有两种方法来估计延时和幅值。在第一种方法中，我们在采样数据中寻找匹配滤波器输出绝对值的最大值，进而得到奈奎斯特网格上 $\{t_\ell\}$ 的近似值。在第二种方法中，我们利用局部插值来改善估计结果。图 15.5 给出了延时和幅值的估计误差（对数坐标下的 MSE）与 SNR 的函数关系，这是 500 次仿真的结果。其中的 Δ 有两种选择，长延时 $\Delta=0.2$ 和短延时 $\Delta=0.025$。其中，将这种匹配滤波器方法与矩阵束（matrix pencil）方法进行了比较，所谓矩阵束方法就是 15.2.5 节中介绍的一种基于频域的技术。从图中可以看到，利用匹配滤波器的估计方法将受到采样速率的限制，特别是在高信噪比情况下。可见，基于频域的矩阵束方法的性能优势是比较明显的。

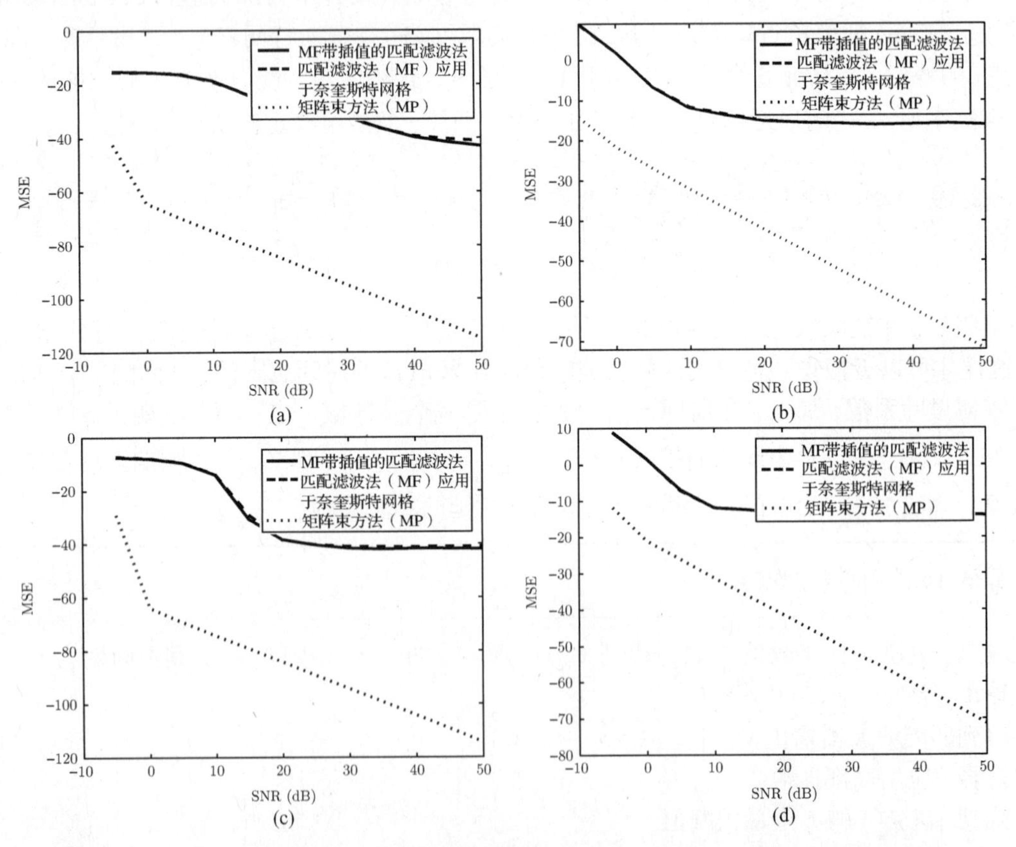

图 15.5 当 $L=4$ 时，利用匹配滤波方法和矩阵束方法的延时和幅度估计比较。(a) $\Delta=0.2$ 的延时估计 $t_\ell=\ell\Delta$ 的估计误差 MSE；(b) $\Delta=0.2$ 的幅度估计误差 MSE；(c) $\Delta=0.025$ 的延时估计误差 MSE；(d) $\Delta=0.025$ 的幅度估计误差 MSE

这个例子表明，用匹配滤波方法的延时估计可能会导致性能的下降，特别当延时比较小的时候。另外，这种方法需要在奈奎斯特速率下采样数据，这样，当脉冲$h(t)$在时域上非常窄的时候，这个采样率就会比较高。在很多实际应用中都是这样的情况，特别是对于确定位置信息的应用，如雷达系统。在下一节中，将介绍基于频域的延时估计框架，这种频域估计会导致几种可选择的恢复方法。而这些方法可以适应在低速采样下运行，并且在多目标出现的情况下，会有更好的估计性能。

15.2.2 频域表示

现在考虑在傅里叶域上的延时估计问题。这里，我们将利用谱估计的方法来分析问题，进而开发出更有效的方法，试图在低采样率条件下进行延时估计。这些方法可以在信噪比足够大的情况下得到更好的估计精度，即具有区分更加微小延时的能力。在频域上也可以使用压缩感知技术，从而得到可以在低采样率下估计延时和幅值的具体方法，同时要具有较好的鲁棒性和在低信噪比条件下的适应性。

傅里叶级数展开

考虑式(15.18)的信号$x(t)$。由于$x(t)$是周期函数，所以可以用其傅里叶级数来表示。为此，将$h(t)$的周期连续性定义为$f(t)=\sum_{m\in\mathbb{Z}}h(t+m\tau)$。利用泊松求和公式(3.89)及$x(t')=h(t'+t)$，$f(t)$可以写为

$$f(t)=\frac{1}{\tau}\sum_{k\in\mathbb{Z}}H\left(\frac{2\pi k}{\tau}\right)\mathrm{e}^{\mathrm{j}2\pi kt/\tau} \tag{15.23}$$

其中$H(\omega)$表示脉冲$h(t)$的CTFT。将式(15.23)代入式(15.18)中，可以得到

$$\begin{aligned}x(t)&=\sum_{\ell=1}^{L}a_\ell f(t-t_\ell)\\&=\sum_{k\in\mathbb{Z}}\left[\frac{1}{\tau}H\left(\frac{2\pi k}{\tau}\right)\sum_{\ell=1}^{L}a_\ell\mathrm{e}^{-\mathrm{j}2\pi kt_\ell/\tau}\right]\mathrm{e}^{\mathrm{j}2\pi kt/\tau}\\&=\sum_{k\in\mathbb{Z}}X[k]\mathrm{e}^{\mathrm{j}2\pi kt/\tau}\end{aligned} \tag{15.24}$$

其中

$$X[k]=\frac{1}{\tau}H\left(\frac{2\pi k}{\tau}\right)\sum_{\ell=1}^{L}a_\ell\mathrm{e}^{-\mathrm{j}2\pi kt_\ell/\tau} \tag{15.25}$$

式(15.24)就是τ周期信号$x(t)$的傅里叶级数表示，其中的傅里叶系数由式(15.25)给出。

下面来说明，如果我们得到了$x(t)$的$2L$个或更多的傅里叶系数，那么，根据已知的$h(t)$就可以由式(15.25)来确定$\{t_\ell,a_\ell\}_{\ell=1}^{L}$。信号$x(t)$的傅里叶系数的个数通常要比$H(2\pi k/\tau)$的非零值的个数$N$小得多，而$H(2\pi k/\tau)$是在奈奎斯特速率采样时间间隔$\tau$上的采样值个数。而且，如果能够在网格上恢复那些延时，那么，我们就可以在频域上利用压缩感知的方法(见第11章)对这个恢复过程进行数学计算。这样，就可以实现在强噪声条件下的可靠恢复。在15.3节中，我们将讨论在时域上根据$x(t)$的低速率采样值获得所需要的傅里叶系数的方法。直观地，由于只需要$2L$个量级的傅里叶测量值，因此这些值可以在时域上通过低速采样得到。也就是说，这种利用少量的傅里叶系数快速恢复信号$x(t)$的能力表明低速采样是可行的，其中，采样值的个数就等于恢复过程中傅里叶系数的个数。

正弦和问题

假定有 $m\geqslant 2L$ 个系数 $X[k]$，$k\in\mathcal{K}$，这里 $\mathcal{K}$ 是一个连续索引集合，索引集的大小为 $|\mathcal{K}|=m$。假定 $\mathcal{K}$ 可以这样来选取，对于 $k\in\mathcal{K}$，使得 $H(2\pi k/\tau)\neq 0$。令 $Y[k]=\tau X[k]/H(2\pi k/\tau)$，则

$$Y[k]=\sum_{\ell=1}^{L}a_\ell \mathrm{e}^{-\mathrm{j}\omega_\ell k},\quad k\in\mathcal{K} \tag{15.26}$$

其中 $\omega_\ell=2\pi t_\ell/\tau$。式(15.26)已经在阵列信号处理的相关文献中得到广泛研究，式(15.26)的问题就是所谓正弦和问题。这个问题的目标是根据 $Y[k]$ 来恢复未知的频率 ω_ℓ 和未知的幅度 a_ℓ。目前已经提出了很多恢复未知频率的方法，下面会介绍几种这类方法。在文献[433]中有更深入的实例介绍。这些方法在无噪声条件下可以实现精确恢复，在噪声不是很大的条件下也可以较好地工作。然而，当噪声较大时，确定 ω_ℓ 就会十分困难。另一种方法就是对可能频率值的离散化处理，假定 $\omega_\ell=(2\pi/\tau)\Delta s_\ell$，$s_\ell$ 为某一正整数，Δ 为选取的时间分辨率。通过这种对延时的离散化处理，我们就可以在压缩感知的架构上对式(15.26)进行数值求解，并且可以利用多种稀疏向量恢复算法来确定 s_ℓ 的数值。这一方法在有噪声情况下是更加可靠的，尽管由于离散化处理会损失一部分分辨率。

一旦得到了 ω_ℓ 的值，幅度 a_ℓ 就可以通过求解一个最小二乘问题得到

$$\min_{a_\ell}\sum_{k\in\mathcal{K}}\left|Y[k]-\sum_{\ell=1}^{L}a_\ell \mathrm{e}^{-\mathrm{j}\omega_\ell k}\right|^2 \tag{15.27}$$

为了求解式(15.27)，令 $\mathcal{K}$ 包含的值为 $k_1,k_2,\cdots,k_m$，对于某一值 k_1，有 $k_m=k_1+(m-1)$。那么，可以用矩阵形式来表达这个目标函数

$$\min_{\boldsymbol{a}}\|\boldsymbol{y}-\boldsymbol{V}(\{\omega_\ell\},k_1)_{m\times L}\boldsymbol{a}\|^2 \tag{15.28}$$

其中，$\boldsymbol{a}=[a_1,\cdots,a_L]^{\mathrm{T}}$ 是包含未知幅度的向量，$\boldsymbol{y}$ 是由测量值 $Y[k]$，$k\in\mathcal{K}$ 构成的 m 长向量，

$$\boldsymbol{V}(\{\omega_\ell\},k_1)_{m\times L}=\begin{bmatrix}\mathrm{e}^{-\mathrm{j}\omega_1k_1} & \mathrm{e}^{-\mathrm{j}\omega_2k_1} & \cdots & \mathrm{e}^{-\mathrm{j}\omega_Lk_1}\\ \mathrm{e}^{-\mathrm{j}\omega_1k_2} & \mathrm{e}^{-\mathrm{j}\omega_2k_2} & \cdots & \mathrm{e}^{-\mathrm{j}\omega_Lk_2}\\ \vdots & & & \vdots\\ \mathrm{e}^{-\mathrm{j}\omega_1k_m} & \mathrm{e}^{-\mathrm{j}\omega_2k_m} & \cdots & \mathrm{e}^{-\mathrm{j}\omega_Lk_m}\end{bmatrix} \tag{15.29}$$

当 $k_1=0$ 时，可以表示为

$$\boldsymbol{V}(\{\omega_\ell\})_{m\times L}=\begin{bmatrix}1 & 1 & \cdots & 1\\ \mathrm{e}^{-\mathrm{j}\omega_1} & \mathrm{e}^{-\mathrm{j}\omega_2} & \cdots & \mathrm{e}^{-\mathrm{j}\omega_L}\\ \vdots & & & \vdots\\ \mathrm{e}^{-\mathrm{j}\omega_1(m-1)} & \mathrm{e}^{-\mathrm{j}\omega_2(m-1)} & \cdots & \mathrm{e}^{-\mathrm{j}\omega_L(m-1)}\end{bmatrix} \tag{15.30}$$

这是一个 $m\times L$ 范德蒙德矩阵，它的根为 $\lambda_i=\mathrm{e}^{-\mathrm{j}\omega_i}$。我们发现，$\boldsymbol{V}(\{\omega_\ell\},k_1)_{m\times L}$ 可以表示为 $\boldsymbol{V}(\{\omega_\ell\},k_1)=\boldsymbol{V}(\{\omega_\ell\})\,\mathrm{diag}(\mathrm{e}^{-\mathrm{j}\omega_1k_1},\mathrm{e}^{-\mathrm{j}\omega_2k_1},\cdots,\mathrm{e}^{-\mathrm{j}\omega_Lk_1})$。

在本章中，将利用范德蒙德矩阵的几个有用的性质。特别是，常用到的一个重要结论如下(见附录 A)。

命题 15.1 令 $\boldsymbol{V}$ 是一个 $m\times n$ 阶范德蒙德矩阵，且有 $m\geqslant n$，其根为 λ_i，即有 $V_{i\ell}=\lambda_\ell^i$。那么，当且仅当这些根都是不相同的(互异的)，$\boldsymbol{V}$ 才是列满秩的(full column-rank)。并且，在这种情况下，$\boldsymbol{V}$ 的任意 n 行都是线性独立的。

假定所有的 $e^{-j\omega_i}$ 都是互异的，式(15.28)的解为(见附录 A)

$$\hat{\boldsymbol{a}} = (\boldsymbol{V}^* \boldsymbol{V})^{-1} \boldsymbol{V}^* \boldsymbol{y} \tag{15.31}$$

为了简便，表示为 $\boldsymbol{V}=\boldsymbol{V}(\{\omega_\ell\}, k_1)_{m\times L}$。由于 $\boldsymbol{V}$ 是一个范德蒙德矩阵，且 $m\geqslant L$，所以 $\boldsymbol{V}^*\boldsymbol{V}$ 就是可逆的。

在下面几节中，将介绍几种恢复式(15.26)中频率 $\{\omega_\ell\}$ 的方法，包括：

(1) Prony 方法及其扩展：最小二乘 Prony 方法和 Cadzow 去噪方法；

(2) 矩阵束方法；

(3) 子空间方法：Pisarenko 方法和 MUSIC 方法；

(4) 相关函数方法；

(5) 压缩感知方法。

为了简便，始终假定 $k_1=0$，前四个方法是基于谱分析的，当测量值个数 $m\geqslant 2L$ 并且没有噪声时，可以精确地恢复频率值。最后一种方法是基于频率(或延时)离散化的，但在较大噪声条件下鲁棒性更好。为了描述各种方法，将式(15.26)改写为一个指数级数形式

$$Y[k] = \sum_{\ell=1}^{L} a_\ell u_\ell^k \tag{15.32}$$

其中，$u_\ell = e^{-j\omega_\ell}$。我们的目标是从少量的 $m\geqslant 2L$ 个傅里叶系数 $Y[k]$ 中恢复 $\{u_\ell\}$。

注意到，下面的推导是基于模型式(15.26)(或式(15.32))的。为了得到这种公式化描述，我们用脉冲 $H(2\pi k/\tau)$ 的傅里叶系数除以信号 $X[k]$ 的傅里叶系数。当这个脉冲是相对平坦的时候，这种方案是比较合理的。然而，当脉冲随频率衰落时，用 $H(2\pi k/\tau)$ 的除法处理会导致噪声的增加。在这种情况下，我们倾向于用一种匹配滤波方法，即用 $\overline{H(2\pi k/\tau)}$ 乘以 $X[k]$，或者，当噪声方差 σ^2 已知时，用一个维纳前置滤波器。这相当于将信号序列 $X[k]$ 乘以下式

$$W[k] = \frac{\overline{H(2\pi k/\tau)}}{|H(2\pi k/\tau)|^2 + \sigma^2} \tag{15.33}$$

注意到，发现当 $\sigma\to 0$ 时，即噪声很小的时候，$W[k]$ 趋近于 $1/H(2\pi k/\tau)$。另外，在低信噪比即 σ^2 比较大的条件下，$W[k]$ 正比于匹配滤波器 $\overline{H(2\pi k/\tau)}$。在本章的剩余部分，我们一直都是利用式(15.26)或者式(15.32)的模型。

15.2.3 Prony 方法

估计式(15.32)中 $\{u_\ell\}$ 的 Prony 方法[192]首先要定义一个滤波器 $G(z)$，并使其根等于 u_ℓ 的值：

$$G(z) = \sum_{\ell=0}^{L} g_\ell z^{-\ell} = \prod_{\ell=1}^{L} (1 - u_\ell z^{-1}) \tag{15.34}$$

其中，$\{g_\ell\}_{\ell=0}^{L}$ 为滤波器系数。滤波器 $G(z)$ 的重要性质是它可以使测量值 $Y[k]$ 归零。也就是说，定义序列 $q[k]=g_k * Y[k]$，即 g_k 与 $Y[k]$ 的卷积。那么，当 $L\leqslant k\leqslant m-1$ 时，有

$$q[k] = \sum_{i=0}^{L} g_i Y[k-i] = \sum_{i=0}^{L}\sum_{\ell=1}^{L} a_\ell g_i u_\ell^{k-i} = \sum_{\ell=1}^{L} a_\ell u_\ell^k \underbrace{\sum_{i=0}^{L} g_i u_\ell^{-i}}_{=0} = 0 \tag{15.35}$$

其中最后一个等号是因为 $G(u_\ell)=0$。注意到，由于 $m\geqslant 2L$，所以有 $m-1\geqslant L$。因此这个滤波器 $\{g_\ell\}$ 被称为湮灭滤波器或零化滤波器(annihilating filter)。它的根即为 $\{u_\ell\}$，只要这些值都是不同的。那么，一旦确定了滤波器的系数 $\{g_\ell\}$(取决于一个不影响零化过程的缩放因子)，就可以得到 $\{u_\ell\}$ 的恢复。

式(15.35)可以写成矩阵和向量的形式为

$$\boldsymbol{Y}_{(m-L)\times(L+1)}\boldsymbol{g} = \boldsymbol{0} \tag{15.36}$$

其中，$\boldsymbol{g}=[g_L,\cdots,g_1,g_0]^{\mathrm{T}}$，并且 $\boldsymbol{Y}_{s\times n}$ 是数据矩阵

$$\boldsymbol{Y}_{s\times n} = \begin{bmatrix} Y[0] & Y[1] & \cdots & Y[n-1] \\ Y[1] & Y[2] & \cdots & Y[n] \\ \vdots & \vdots & \ddots & \vdots \\ Y[s-1] & Y[s] & \cdots & Y[s+n-2] \end{bmatrix} \tag{15.37}$$

如果这个矩阵的维数是清楚的，我们就可以简写为 $\boldsymbol{Y}=\boldsymbol{Y}_{s\times n}$。注意到，矩阵 $\boldsymbol{Y}$ 的第 $k\ell$ 个元素可以由下式给出

$$\boldsymbol{Y}_{k\ell} = Y[k+\ell],\quad 0\leqslant k\leqslant s-1 \text{ 且 } \quad 0\leqslant \ell\leqslant n-1 \tag{15.38}$$

因此，矩阵的元素只依赖于 $k+\ell$ 的和。这样就使得这个矩阵的所有斜对角线元素都是相等的，这种矩阵被称为汉克尔矩阵(Hankel matrix)。下面介绍的 Cadzow 技术就是利用矩阵的这个性质来改善噪声存在条件下的恢复性能。

为了能够唯一确定未知向量 $\boldsymbol{g}$，我们需要确保矩阵 $\boldsymbol{Y}_{(m-L)\times(L+1)}$ 的零化空间(null space)的维数等于1。为了满足这个条件，必须使矩阵的行数 $s=m-L$ 满足 $s\geqslant n-1$，其中 $n=L+1$ 表示列数。这是因为，如果 $s\leqslant n-2$，那么零化空间的维数至少为2。代入 s 和 n 的值，就得到条件 $m\geqslant 2L$。因此，我们至少需要 $2L$ 个连续的 $Y[k]$ 值来求解式(15.36)。在下面的命题15.2以及推论15.1中，我们可以看到这个条件是充分的，即如果有 $m\geqslant 2L$，那么式(15.36)就有唯一解。因此可以说，一旦我们找到这样的滤波器，位置$\{t_\ell\}$就可以由式(15.34)的零点$\{u_\ell\}$，通过 $u_\ell=\mathrm{e}^{-\mathrm{j}\omega_\ell}$ 和 $\omega_\ell=2\pi t_\ell/\tau$ 来确定。得到了这个位置值后，权值$\{a_\ell\}$可以通过式(15.31)获得。

命题15.2 假设式(15.36)中 $Y[k]$ 的值不等于零，令 $\boldsymbol{Y}=\boldsymbol{Y}_{s\times n}$ 是由式(15.37)定义的矩阵，那么，我们就可以把 $\boldsymbol{Y}$ 写成

$$\boldsymbol{Y} = \boldsymbol{V}(\{\omega_\ell\})_{s\times L}\mathrm{diag}(a)\,\boldsymbol{V}^{\mathrm{T}}(\{\omega_\ell\})_{n\times L} \tag{15.39}$$

其中，$\boldsymbol{a}$ 是由系数 a_ℓ 组成的 L 长向量。另外，如果 $s,n\geqslant L$，那么 $\boldsymbol{Y}$ 的秩满足 $\mathrm{rank}(\boldsymbol{Y})=L$。

命题15.2与著名的 Carathéodory - Toeplitz 定理相关[193,434]，这个定理表明，任意非负定的 Toeplitz 矩阵都可以表示为类似于式(15.39)的形式，其中 $a_\ell\geqslant 0$，并且用 $\boldsymbol{V}^*$ 代替 $\boldsymbol{V}^{\mathrm{T}}$。

证明 为了证明这个命题，我们注意到，对于任意两个矩阵 $\boldsymbol{A}$，$\boldsymbol{B}$，都有 L 个列 $\boldsymbol{a}_\ell$，$\boldsymbol{b}_\ell$，以及一个对角矩阵 $\boldsymbol{D}=\mathrm{diag}(\boldsymbol{d})$，其对角线元素为 d_ℓ，有

$$\boldsymbol{A}\mathrm{diag}(\boldsymbol{d})\,\boldsymbol{B}^{\mathrm{T}} = \sum_{\ell=1}^{L} d_\ell \boldsymbol{a}_\ell \boldsymbol{b}_\ell^{\mathrm{T}} \tag{15.40}$$

令 $\boldsymbol{C}=\boldsymbol{V}(\{\omega_\ell\})_{s\times L}\mathrm{diag}(\boldsymbol{a})\boldsymbol{V}^{\mathrm{T}}(\{\omega_\ell\})_{n\times L}$。那么，将式(15.40)代入式(15.39)，可以写成

$$\boldsymbol{C} = \sum_{\ell=1}^{L} a_\ell \boldsymbol{e}(\omega_\ell)_s \boldsymbol{e}^{\mathrm{T}}(\boldsymbol{\omega}_\ell)_n \tag{15.41}$$

其中 $\boldsymbol{e}(\omega_\ell)_s$ 是 s 长向量，定义为

$$\boldsymbol{e}(\omega_\ell)_s = \begin{bmatrix} 1 \\ \mathrm{e}^{-\mathrm{j}\omega_\ell} \\ \vdots \\ \mathrm{e}^{-\mathrm{j}\omega_\ell(s-1)} \end{bmatrix} = \begin{bmatrix} 1 \\ u_\ell \\ \vdots \\ u_\ell^{(s-1)} \end{bmatrix} \tag{15.42}$$

因此，对于 $k=0,\cdots,s-1$ 和 $m=0,\cdots,n-1$，矩阵 $\boldsymbol{C}$ 的第 km 个值等于

$$c_{km} = \sum_{\ell=1}^{L} a_\ell u_\ell^k u_\ell^m = \sum_{\ell=1}^{L} a_\ell u_\ell^{k+m} = Y[k+m] \tag{15.43}$$

这里用到了式(15.32)。由式(15.38)可知 $\boldsymbol{C}=\boldsymbol{Y}$。

接下来，利用式(15.39)来证明 $\text{rank}(\boldsymbol{Y})=L$。由命题 15.1 可知，$\boldsymbol{V}(\{\omega_\ell\})_{s\times L}$为列满秩的，并等于 L，同时 $\boldsymbol{V}^{\mathrm{T}}(\{\omega_\ell\})_{n\times L}$为行满秩的，并等于 L。最后，由于 $a_\ell \neq 0$，因此 $\text{diag}(\boldsymbol{a})$是可逆的，它的秩也等于 L。利用下面的引理，其证明是很直接(见习题 7)。

引理 15.1 令 $\boldsymbol{A}_{n\times m}$是一个列满秩矩阵，且有 $n\geqslant m$，令 $\boldsymbol{C}_{m\times k}$是一个行满秩矩阵，且有 $m\leqslant k$，令 $\boldsymbol{B}$ 是一个秩为 r 的矩阵。那么，$\boldsymbol{ABC}$ 的秩为 r。

通过引理 15.1 和式(15.39)很快可以得到，只要 $n,s\geqslant L$，$\boldsymbol{Y}$ 的秩等于 L。 □

推论 15.1 假设式(15.36)中 $Y[k]$的值不全等于零，并且 $m\geqslant 2L$，那么，式(15.36)就有唯一的非零解。

证明 根据命题 15.2 只要 $m-L\geqslant L$，或 $m\geqslant 2L$，$\boldsymbol{Y}_{(m-L)\times(L+1)}$的秩就等于 L。因此，零化空间的维度就等于 $L+1-L=1$。 □

算法 15.2 归纳了 Prony 方法的过程。在文献中，这种方法也称为湮灭滤波器法。在算法描述的第四行，用到了最小二乘算法，这会在后面的小节中介绍。在没有噪声的条件下，存在着一个解 $\boldsymbol{g}$ 使 $\boldsymbol{Y}_{(m-L)\times(L+1)}\boldsymbol{g}=\boldsymbol{0}$，这个过程与在 $\boldsymbol{Y}$ 的零化空间中寻找 $\boldsymbol{g}$ 的过程是一样的。

算法 15.2 Prony 方法(与 TLS 结合)

输入：$m\geqslant 2L$ 的观测值为 $Y[k]$，$k=0,\cdots,m-1$，延时个数为 L
输出：延时 t_ℓ，$\ell=1,\cdots,L$
建立式(15.37)的测量矩阵 $\boldsymbol{Y}_{(m-L)\times(L+1)}$
选取 $\boldsymbol{g}=[g_L,\cdots,g_1,g_0]^{\mathrm{T}}$ 为 $\boldsymbol{Y}_{(m-L)\times(L+1)}$一个右奇异向量，对应于其最小奇异值
寻找 $G(z)=\sum_{\ell=0}^{L} g_\ell z^{-\ell}$ 的 L 个根$\{u_\ell\}$
通过 $u_\ell=\mathrm{e}^{-\mathrm{j}\omega_\ell}$ 和 $\omega_\ell=2\pi t_\ell/\tau$，确定 t_ℓ的值

注意到，除了式(15.35)，还有下面的关系，即对于 $0\leqslant k\leqslant m-L-1$ 有

$$\sum_{i=0}^{L} g_i \overline{Y[k+i]} = \sum_{i=0}^{L}\sum_{\ell=1}^{L} \overline{a_\ell} g_i u_\ell^{-(k+i)} = \sum_{\ell=1}^{L} \overline{a_\ell} u_\ell^{-k} \sum_{i=0}^{L} g_i u_\ell^{-i} = 0 \tag{15.44}$$

这个关系式也可以写成矩阵形式

$$\overline{\boldsymbol{Y}}_{(m-L)\times(L+1)}\boldsymbol{J}\boldsymbol{g}=\boldsymbol{0} \tag{15.45}$$

其中

$$\boldsymbol{J}=\begin{bmatrix} 0 & \cdots & 0 & 1 \\ 0 & \cdots & 1 & 0 \\ \vdots & & & \vdots \\ 1 & \cdots & 0 & 0 \end{bmatrix} \tag{15.46}$$

矩阵 $\boldsymbol{J}$ 可以使向量 $\boldsymbol{g}$ 元素反转，即 $\boldsymbol{J}\boldsymbol{g}=[g_0,g_1,\cdots,g_L]^{\mathrm{T}}$。或者说，$\overline{\boldsymbol{Y}}\boldsymbol{J}$ 可以反转 $\overline{\boldsymbol{Y}}$ 的列的顺序。

联合考虑式(15.36)和式(15.45)可以得到更多的等式关系。这种性质很有用，在噪声存在时，可以使求解过程更加具有鲁棒性。

15.2.4 噪声采样

当采样过程中存在噪声时，几种对 Prony 方法的修正可以改善估计方法的鲁棒性。

整体最小二乘方法

一种可行的方案是将 Prony 方法与整体最小二乘(TLS, total least square)算法[435]相结合。特别是在噪声存在的情况下，测量值$\{Y[k]\}$并未精确已知，因此，我们只能得到一个有噪声的 $\boldsymbol{Y}$，这里用 $\widetilde{\boldsymbol{Y}}$ 来表示。为了表示方便，忽略了下标。因此，表示为 $\widetilde{\boldsymbol{Y}}\boldsymbol{g}\approx\boldsymbol{0}$，而不用式(15.36)中的 $\boldsymbol{Y}\boldsymbol{g}=\boldsymbol{0}$。TLS 算法就是寻找向量 $\boldsymbol{g}$，使得 $\widetilde{\boldsymbol{Y}}\boldsymbol{g}$ 的平方范数最小化。为了排除无效解 $\boldsymbol{g}=\boldsymbol{0}$，不失一般性，令 $\boldsymbol{g}$ 的范数等于 1，可以得到

$$\min_{g} \|\widetilde{\boldsymbol{Y}}\boldsymbol{g}\|^2 \quad \text{s.t.} \quad \|\boldsymbol{g}\|^2=1 \tag{15.47}$$

显然，如果 $\widetilde{\boldsymbol{Y}}=\boldsymbol{Y}$，即没有噪声时，那么，这个最小值就为 0，并且 $\boldsymbol{g}$ 是 $\boldsymbol{Y}$ 的零化空间中的一个归一化向量。

根据特征值分解(SVD)的性质(见附录 A)可知，式(15.47)的解就等于对应于 $\widetilde{\boldsymbol{Y}}$ 的最小特征值的右特征向量。一旦找到了滤波器 $\boldsymbol{g}$，我们就可以利用 Prony 的方法来确定它的根，也就是相应的延时。

虽然 Prony 的方法比较简单，但是当 $Y[k]$ 测量值为有噪声时，即使利用 TLS 算法，估计出 $\{t_\ell\}$ 的误差也将比较大，后面的例 15.3 中将会看到。另外，估计的结果也是不稳定的[436]，即随着采样值的增加，估计结果并不一定依概率收敛于其真值。

Cadzow 迭代去噪算法

改善 TLS 性能的一种方法就是利用式(15.47)来减小噪声的影响。Tufts 和 Kurnaresan[437]，以及 Rahman 和 Yu[438]的研究表明，根据命题 15.2(及推论 15.1)，可知式(15.37)的无噪声矩阵 $\boldsymbol{Y}_{(m-L)\times(L+1)}$ 的秩为 L(对于 $m\geqslant 2L$)。这一事实可以用来首先近似得到噪声矩阵 $\widetilde{\boldsymbol{Y}}$，这里要利用奇异值分解确定其最佳秩 L 近似，然后再对这个秩 L 矩阵应用 TLS 算法。由于矩阵 $\widetilde{\boldsymbol{Y}}$ 的大小为 $(m-L)\times(L+1)$，因此，它的秩有一个上界，$\text{rank}(\widetilde{\boldsymbol{Y}})\leqslant\min(m-L, L+1)$。如果 $m=2L$，那么 $\text{rank}(\widetilde{\boldsymbol{Y}})\leqslant L$，进而，最佳秩 L 近似就是这个矩阵本身。因此得到的结论是，只有当 $m>2L$ 时，这种方法是有效的。

Cadzow 提出了一个进一步的改进方案[439]。除了这个秩的约束之外，Cadzow 提出了 $\boldsymbol{Y}$ 应该是一个 Hankel 矩阵，正如在式(15.38)中所看到的。在 Cadzow 去噪算法中，首先要寻找一个秩为 L 的 Hankel 矩阵 $\hat{\boldsymbol{Y}}$，通过求解下面的关系式，使这个矩阵尽可能接近于 $\widetilde{\boldsymbol{Y}}$

$$\min_{\hat{Y}} \|\widetilde{\boldsymbol{Y}}-\hat{\boldsymbol{Y}}\|_F^2 \quad \text{s.t.} \quad \text{rank}(\hat{\boldsymbol{Y}})\leqslant L \text{ 且 } \hat{\boldsymbol{Y}} \text{ 为 Hankel} \tag{15.48}$$

然后，利用 TLS 算法进行估计。在目标函数中，$\|\boldsymbol{A}\|_F^2=\text{Tr}(\boldsymbol{A}*\boldsymbol{A})$ 表示 Frobenius 范数。这个近似是有意义的，即使是当 m 等于它的最小值 $m=2L$。

式(15.48)的近似解可以通过两个途径求解，或者是寻找最佳秩 L 估计，或者是确定最佳 Hankel 近似。因此，对于给定的目标矩阵 $\boldsymbol{C}$，我们需要独立地求解两个优化问题。

$$\min_{B} \|C - B\|_F^2 \quad \text{s.t.} \quad \text{rank}(B) = L \tag{15.49}$$

和

$$\min_{A} \|B - A\|_F^2 \quad \text{s.t.} \quad A \text{ 为 Hankel.} \tag{15.50}$$

为了求解式(15.49)，我们计算矩阵 $\boldsymbol{C}$ 的奇异值分解，$\boldsymbol{C}=\boldsymbol{USV}^*$，其中 $\boldsymbol{U}$ 和 $\boldsymbol{V}$ 是单位阵，$\boldsymbol{S}$ 是一个对角阵，对角线的值是 $\boldsymbol{C}$ 的奇异值。保留 $\boldsymbol{S}$ 中最大的 L 个奇异值，舍弃所有其他值。换句话说，构造一个对角矩阵 $\boldsymbol{S}'$，对角线元素为 $\boldsymbol{S}$ 中最大的 L 个奇异值，其他均为 0。最接近 $\boldsymbol{C}$ 的秩 L 矩阵可以通过 $\boldsymbol{B}=\boldsymbol{US}'\boldsymbol{V}^*$（见附录 A）得到。式(15.50)的求解可以通过平均矩阵 $\boldsymbol{B}$（见习题 8）的主对角线元素来轻松地得到。对应的迭代算法在算法 15.3 中给出。在算法描述中，Hankel($\boldsymbol{B}$)表示用平均主对角线元素得到的一个 Hankel 矩阵来代替矩阵 $\boldsymbol{B}$ 的运算。

利用 Cadzow 去噪算法，仅仅经过少量步数的迭代就可以得到一个矩阵，这个矩阵与真实未知数据矩阵之间的误差要比原始的测量值矩阵 $\widetilde{\boldsymbol{Y}}$ 的误差小很多。这个算法得到的去噪矩阵 $\hat{\boldsymbol{Y}}$ 就可以用于接下来的 TLS 方法中。

根据命题 15.2 可知，只要 $n, s \geqslant L$，式(15.37)中的无噪声矩阵 $\boldsymbol{Y}_{s\times n}$ 的秩等于 L。因此，对于任意 $n, s \geqslant L$，可以将 Cadzow 迭代应用到矩阵 $\widetilde{\boldsymbol{Y}}_{s\times n}$ 中。因此，为了在平均对角线数值时取一个大的数值量进行求和，在下面的仿真中，选取 $\widetilde{\boldsymbol{Y}}$ 为一个方阵，$n=s=\lfloor m/2 \rfloor$。完成去噪之后，再把矩阵的维数变换为 $(m-L)\times(L+1)$，然后再利用 TLS 和 Prony 方法。随着采样值个数 m 或延时个数 L 的增大，选取 $\widetilde{\boldsymbol{Y}}$ 为一个去噪时方阵的优势是更加明显的。

算法 15.3 Cadzow 去噪算法

输入：有噪声测量矩阵 $\widetilde{\boldsymbol{Y}}$
输出：去噪矩阵 $\boldsymbol{Y}$（可以在 Prony 方法中使用）
初始化：$\boldsymbol{Y}_0=\widetilde{\boldsymbol{Y}}$，$\ell=0$
当不满足停止标准时
  $\ell \leftarrow \ell+1$
  计算奇异值分解 $\hat{\boldsymbol{Y}}_\ell=\boldsymbol{USV}^*$，这里 $\boldsymbol{U}$ 和 $\boldsymbol{V}$ 是单位阵，$\boldsymbol{S}$ 是对角阵
  用 $\boldsymbol{S}$ 中最大的 L 个元素构造 $\boldsymbol{S}'$，其他位置取值为 0
  $\boldsymbol{B}=\boldsymbol{US}'\boldsymbol{V}^*$ {构造最佳秩 L 近似}
  $\boldsymbol{A}=\text{Hankel}(\boldsymbol{B})$ {构造最佳 Hankel 近似}
  $\hat{\boldsymbol{Y}}_\ell \leftarrow \boldsymbol{A}$
退出迭代
返回 $\hat{\boldsymbol{Y}} \leftarrow \hat{\boldsymbol{Y}}_\ell$

例 15.3 在这个例子中，验证了 Prony 与 TLS 相结合方法以及 Cadzow 去噪算法。特别是，我们要表明 Cadzow 去噪方法的效果以及在提高估计精确度方面的作用。同时也要看一下这种方法存在的缺点。

考虑与例 15.2 相同的信号：$x(t)=\sum_{\ell=1}^{L}\sum_{n\in\mathbb{Z}}a_\ell h(t-t_\ell-n\tau)$，并且周期 $\tau=1$，$a_\ell=1$，$t_\ell=\ell\Delta$，$\Delta=0.025$。采样值受噪声的干扰（在频域），所以我们得到 $m\geqslant 2L$ 个包含噪声的系数

$Y[k]$，$k\in\mathcal{K}$。$\mathcal{K}$ 是大小为 m 的连续索引集。其中的噪声为复高斯白噪声，其方差与规定的信噪比相匹配。有噪声矩阵系数(之前用 $\widetilde{\boldsymbol{Y}}$ 来表示)将通过 Cadzow 算法去噪。延时利用 Prony 与 TLS 相结合的方法来估计。最后通过式(15.31)给出估计幅度。

为了评价估计性能，我们计算了延时和幅度估计的 MSE(均方误差)，对于每一个信噪比和不同的 Cadzow 迭代次数(记为 J)，我们做了 1000 次仿真。Cadzow 算法的缺点之一就是在某些情况下会出现漏检，即两个零值点变得相同时，一个(或多个)延时值会被完全丢失。在计算误差时，这种漏检没有被考虑。因此，选取 1000 次仿真，这其中不会发生漏检。

开始时考虑 $L=6$ 个延时和 $m=81$ 个采样值(样本)。注意到，如例 15.2 中的说明，这相当于得到的是在奈奎斯特速率下信号 $x(t)$ 的采样值。图 15.6 给出了不同 Cadzow 迭代次数下，延时和幅度估计的 MSE(对数坐标下)与 SNR 的函数关系。迭代次数分别为 $J=0,10,100$，选择 $J=0$ 实际上就是对应了 Prony 方法。仿真曲线表明，即使是很少的 Cadzow 迭代次数，也会得到 MSE 性能上的较大改进。还可以看到，在足够大的信噪比下，可以获得相当好的延时和幅度的估计。在另一方面，如果没有 Cadzow 去噪过程，Prony 结合 TLS 的方法仍然不可靠。对比图 15.5 中的图(c)和图(d)可以看到，Cadzow 去噪算法比匹配滤波方法效率更高，即使是在奈奎斯特采样速率下。

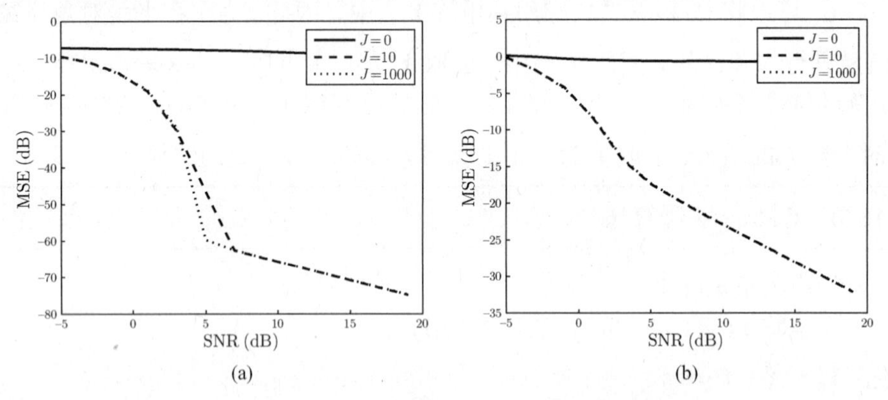

图 15.6　当 $L=6$，$m=81$ 时，利用 Cadzow 去噪算法的延时和幅度估计。(a)延时估计MSE；(b)幅度估计MSE

当增加延时个数的时候，MSE 性能会明显恶化。图 15.7 给出了 $L=12$ 时的估计性能。虽然也能达到较好的性能，但是它需要显著地增加 Cadzow 迭代次数。图 15.8 给出了不同 L 值下的性能，这里是 1000 次 Cadzow 迭代。随着延时个数的增加，Cadzow 去噪算法的性能会变坏。

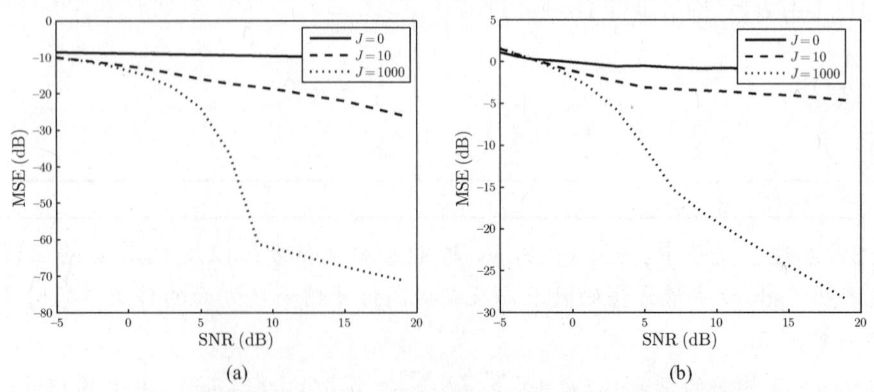

图 15.7　当 $L=12$，$m=81$ 时，利用 Cadzow 去噪算法的延时和幅度估计。(a)延时估计MSE；(b)幅度估计MSE

增加 Cadzow 迭代次数的主要缺点就是漏检(missed detection，MD)率会增加。为了验证这一点，我们计算了上面仿真中的漏检率。图 15.9 给出了漏检率与信噪比的函数关系，这里的漏检率是具有漏检的迭代次数与总的迭代次数的比值。

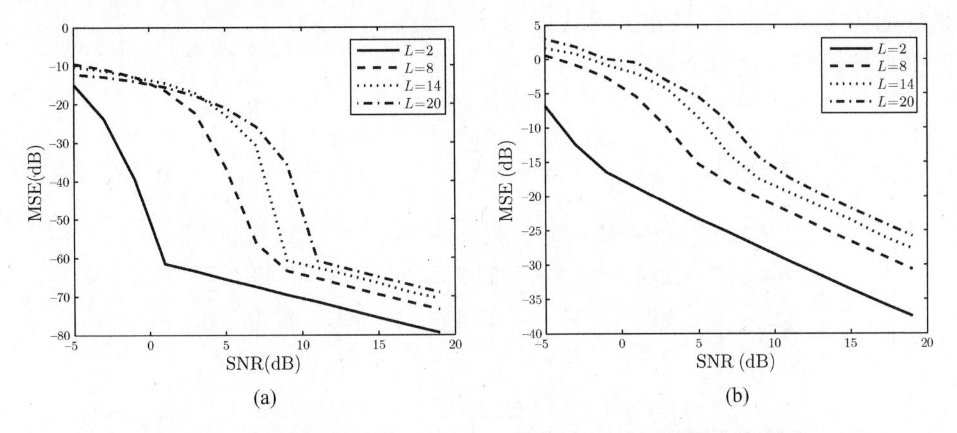

图 15.8　当 L 为变化，$m=81$ 时，利用 Cadzow 去噪算法的延时和幅度估计。(a) 延时估计MSE；(b) 幅度估计MSE

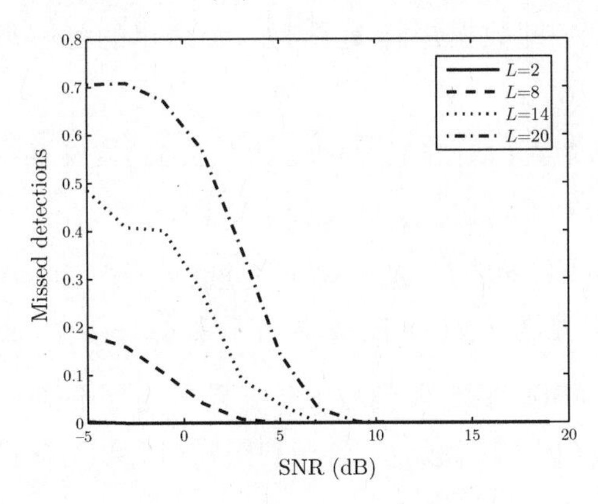

图 15.9　不同时延下的漏检率

总之，这里介绍了 Prony 方法及其在噪声条件下的扩展(TLS 和 Cadzow 算法)。在计算式(15.26)中的频率 ω_ℓ 和式(15.32)中的零点 u_ℓ 的过程中包括两个步骤：首先，要寻找湮灭滤波器的系数；第二步是要找到一个多项式的根。因此这种方法也称为多项式法(polynomial method)。这种方法的一个缺点是，当 L 数值增大时找到多项式的根比较困难，而且寻找根的难度对噪声比较敏感。其他一些不需要寻找多项式根的算法就包括下面要介绍的矩阵束方法和子空间方法。

15.2.5　矩阵束

矩阵束算法

矩阵束算法[440,441]是求解特征值问题的一种一步过程，它可以直接求出 u_ℓ。这种方法不仅计算方便，而且要比基于多项式的技术具有更好的统计特性。

首先，利用 m 个测量值构造一个数据矩阵 $\boldsymbol{Y}_{(m-M)\times(M+1)}$，其中

$$L \leqslant M \leqslant m - L \tag{15.51}$$

M 是束参数(pencil parameter)，正如下面所展示的，它对于消除数据中的噪声很有用(在 Prony 方法及其扩展方法中，参数 M 被确定为等于指数 L 的数值)。在命题 15.4 中，将解释 M 的这个条件。特别地，这里意味着我们必须取 $m \geqslant 2L$。下面，通过各自选取 $\boldsymbol{Y}_{(m-M)\times(M+1)}$ 的最前面 M 行和最后面 M 行构造两个矩阵 $\boldsymbol{Y}_1$ 和 $\boldsymbol{Y}_2$，其大小为 $m-M\times M$。

可以更直接地写出这两个矩阵为

$$\boldsymbol{Y}_1 = \begin{bmatrix} Y[0] & Y[1] & \cdots & Y[M-1] \\ Y[1] & Y[2] & \cdots & Y[M] \\ \vdots & \vdots & \ddots & \vdots \\ Y[m-M-1] & Y[m-M] & \cdots & Y[m-2] \end{bmatrix}$$

$$\boldsymbol{Y}_2 = \begin{bmatrix} Y[1] & Y[2] & \cdots & Y[M] \\ Y[2] & Y[3] & \cdots & Y[M+1] \\ \vdots & \vdots & \ddots & \vdots \\ Y[m-M] & Y[m-M+1] & \cdots & Y[m-1] \end{bmatrix} \tag{15.52}$$

注意到，$\boldsymbol{Y}_1$ 的第 kn 个元素可以由下式给出

$$\boldsymbol{Y}_i(k,n) = Y[k+n+i-1] \quad (0 \leqslant k \leqslant m-M-1 \text{ 且 } 0 \leqslant n \leqslant M-1) \tag{15.53}$$

矩阵束算法利用了如下事实，即数据矩阵 $\boldsymbol{Y}_i$ 具有一个简单的分解形式，因为式(15.30)中的 Vardermonder 矩阵 $\boldsymbol{V}(\{\omega_\ell\})_{m-M\times L}$。

命题 15.3 令 $Y[k]$ 满足式(15.26)，那么，式(15.52)定义的矩阵 $\boldsymbol{Y}_1$ 和 $\boldsymbol{Y}_2$ 满足

$$\begin{aligned} \boldsymbol{Y}_1 &= \boldsymbol{V}(\{\omega_\ell\})_{m-M\times L}\mathrm{diag}(\boldsymbol{a})\,\boldsymbol{V}^{\mathrm{T}}(\{\omega_\ell\})_{M\times L} \\ \boldsymbol{Y}_2 &= \boldsymbol{V}(\{\omega_\ell\})_{m-M\times L}\mathrm{diag}(\boldsymbol{a})\mathrm{diag}(\boldsymbol{u})\,\boldsymbol{V}^{\mathrm{T}}(\{\omega_\ell\})_{M\times L} \end{aligned} \tag{15.54}$$

其中 $\boldsymbol{a}$ 是由系数 a_ℓ 组成的长度为 L 的向量，$\boldsymbol{u}$ 是由元素 $u_\ell = \mathrm{e}^{-\mathrm{j}\omega_\ell}$ 组成的长度为 L 的向量。

证明 由命题 15.2 可以直接得到 $\boldsymbol{Y}_1$ 的结果。为了证明 $\boldsymbol{Y}_2$ 的结果，这里令 $\boldsymbol{C} = \boldsymbol{V}(\{\omega_\ell\})_{m-M\times L}\mathrm{diag}(\boldsymbol{a})\mathrm{diag}(\boldsymbol{u})\boldsymbol{V}^{\mathrm{T}}(\{\omega_\ell\})_{M\times L}$。利用式(15.40)，可以得到

$$\boldsymbol{C} = \sum_{\ell=1}^{L} a_\ell u_\ell \boldsymbol{e}(\omega_\ell)_{m-M}\boldsymbol{e}^{\mathrm{T}}(\omega_\ell)_M \tag{15.55}$$

这里 $\boldsymbol{e}(\omega_\ell)_s$ 是由式(15.42)定义的。因此，当 $0 \leqslant k \leqslant m-M-1$ 且 $0 \leqslant n \leqslant M-1$ 时，$\boldsymbol{C}$ 矩阵的第 kn 个的值为

$$c_{kn} = \sum_{\ell=1}^{L} a_\ell u_\ell u_\ell^k u_\ell^n = \sum_{\ell=1}^{L} a_\ell u_\ell^{k+n+1} = Y[k+n+1] \tag{15.56}$$

其中，利用了式(15.26)。从式(15.53)中，可以得到 $\boldsymbol{C} = \boldsymbol{Y}_2$。 □

根据命题 15.3，考虑矩阵束为

$$\boldsymbol{Q}(\lambda) = \boldsymbol{Y}_2 - \lambda\,\boldsymbol{Y}_1 = \boldsymbol{V}(\{\omega_\ell\})_{m-M\times L}\mathrm{diag}(\boldsymbol{a})[\mathrm{diag}(\boldsymbol{u}) - \lambda\boldsymbol{I}]\,\boldsymbol{V}^{\mathrm{T}}(\{\omega_\ell\})_{M\times L} \tag{15.57}$$

在下面的命题 15.4 中，可以看到，当 λ 等于一个根 u_ℓ 时，$\boldsymbol{Q}(\lambda)$ 的秩就会丢失，这一特性可以用来通过一般的特征值分解来有效地寻找 u_ℓ 的值。

命题 15.4 令 $\boldsymbol{Q}(\lambda)$ 是由式(15.57)定义的矩阵束，通过式(15.52)给出 $\boldsymbol{Y}_1$ 和 $\boldsymbol{Y}_2$，令 $L \leqslant M \leqslant m-L$。定义 $r = \mathrm{rank}(\boldsymbol{Q}(\lambda))$。那么

- 如果 $\lambda \neq u_\ell$，那么 $r = L$；
- 如果 $\lambda = u_\ell$，对于一些 ℓ 值，那么 $r = L-1$。

另外，如果 $\boldsymbol{Q}(\lambda)\boldsymbol{x}=\boldsymbol{0}$ 对应于一个在 $\mathcal{N}(\boldsymbol{Y}_2)^\perp$ 中的 x，那么，对于一些 ℓ，有 $\boldsymbol{\lambda}=u_\ell$。

证明 这个命题的证明与命题 15.2 类似。特别地，利用命题 15.1，能推导出 $\boldsymbol{V}(\{\boldsymbol{\omega}_\ell\})_{m-M\times L}$ 的秩为 L（因为 $\boldsymbol{m}-M\geqslant L$），那么，$\boldsymbol{V}^{\mathrm{T}}(\{\boldsymbol{\omega}_\ell\})_{M\times L}$ 的秩为 L（因为 $M\geqslant L$）。

记 $\boldsymbol{Z}(\lambda)=\mathrm{diag}(\boldsymbol{a})[\mathrm{diag}(\boldsymbol{u})-\lambda\boldsymbol{I}]$，由于 $\boldsymbol{Z}(\lambda)$ 是一个 $L\times L$ 的对角矩阵，且有 $a_\ell\neq0$，因此，当 $\lambda\neq u_\ell$ 时，它的秩等于 L，当 $\lambda=u_\ell$ 时，秩为 $L-1$。根据引理 15.1（见命题 15.2 的证明），可以立即得到 $\boldsymbol{Q}(\lambda)$ 的秩等于 $\boldsymbol{Z}(\lambda)$ 的秩。

最后，根据 $\boldsymbol{Y}_2$ 的式（15.54）的分解和 $\boldsymbol{V}(\{\boldsymbol{\omega}_\ell\})_{m-M\times L}$ 为行满秩的事实，可以推导出 $\mathcal{N}(\boldsymbol{Y}_2)=\mathcal{N}(\boldsymbol{V}^{\mathrm{T}}(\{\boldsymbol{\omega}_\ell\})_{M\times L})$。假设 $\boldsymbol{x}$ 是 $\mathcal{N}(\boldsymbol{Y}_2)^\perp$ 中的一个非零向量，那么 $\boldsymbol{z}=\boldsymbol{V}^{\mathrm{T}}(\{\boldsymbol{\omega}_\ell\})_{M\times L})\boldsymbol{x}\neq0$，使得仅当 $\boldsymbol{Z}(\lambda)\boldsymbol{z}=\boldsymbol{0}$ 时，有 $\boldsymbol{Q}(\lambda)\boldsymbol{x}=\boldsymbol{0}$。这种现象只是当 $\boldsymbol{Z}$ 不是满秩时才发生，所以对于一些 ℓ，有 $\lambda=u_\ell$。 □

注意到，根据命题的证明，为了保证 $\boldsymbol{Q}(\lambda)$ 对于所有的 $\lambda\neq u_\ell$ 有秩 L，M 的条件式（15.51）是必要的。

命题 15.4 可以用来说明 u_ℓ 是 $\boldsymbol{C}=\boldsymbol{Y}_1^\dagger\boldsymbol{Y}_2$ 的非零特征值。

推论 15.2 令 $\boldsymbol{C}$ 为 $M\times M$ 的矩阵，其中 $\boldsymbol{C}=\boldsymbol{Y}_1^\dagger\boldsymbol{Y}_2$，那么，当 $\ell=1,\cdots,L$ 时，$\boldsymbol{C}$ 的 M 个特征值就等于 $\boldsymbol{\lambda}_\ell=u_\ell$，当 $\ell=L+1,\cdots,M$ 时，$\boldsymbol{\lambda}_\ell=0$。

证明 由式（15.54）可知，$\mathcal{R}(\boldsymbol{Y}_1)=\mathcal{R}(\boldsymbol{Y}_2)$，并且 $\dim[\mathcal{N}(\boldsymbol{Y}_2)]=M-L$。由于 $\mathcal{N}(\boldsymbol{Y}_1^\dagger)=\mathcal{R}(\boldsymbol{Y}_1)^\perp=\mathcal{R}(\boldsymbol{Y}_2)^\perp$，可以推出 $\mathcal{N}(\boldsymbol{C})=\mathcal{N}(\boldsymbol{Y}_2)$。事实上，对于任意的 $\boldsymbol{x}\in\mathcal{N}(\boldsymbol{Y}_2)^\perp$，非零向量 $\boldsymbol{Y}_2\boldsymbol{x}$ 在 $\mathcal{R}(\boldsymbol{Y}_2)=\mathcal{N}(\boldsymbol{Y}_1^\dagger)^\perp$ 上，并且有 $\boldsymbol{C}\boldsymbol{x}\neq\boldsymbol{0}$。推断 $\mathcal{N}(\boldsymbol{C})$ 的维数为 $M-L$，因此 $\boldsymbol{C}$ 有 $M-L$ 个特征值等于 0。

这里考虑到 $\boldsymbol{C}$ 的一个特征向量对应于一个非零的特征值 λ，即 $\boldsymbol{C}\boldsymbol{x}=\lambda\boldsymbol{x}$，且有 $\boldsymbol{x}\in\mathcal{N}(\boldsymbol{C})^\perp=\mathcal{N}(\boldsymbol{Y}_2)^\perp$，这意味着

$$\boldsymbol{Y}_1^\dagger\boldsymbol{Y}_2\boldsymbol{x}=\lambda\boldsymbol{x}\tag{15.58}$$

在等式的两侧同时乘以 $\boldsymbol{Y}_1$，得到

$$\boldsymbol{Y}_1\boldsymbol{Y}_1^\dagger\boldsymbol{Y}_2\boldsymbol{x}=\lambda\boldsymbol{Y}_1\boldsymbol{x}\tag{15.59}$$

注意到，$\boldsymbol{Y}_1\boldsymbol{Y}_1^\dagger=\boldsymbol{P}_{\mathcal{R}(\boldsymbol{Y}_1)}=P_{\mathcal{R}(\boldsymbol{Y}_2)}$ 满足 $\boldsymbol{Y}_1\boldsymbol{Y}_1^\dagger\boldsymbol{Y}_2=\boldsymbol{Y}_2$。因此，式（15.59）可以写成

$$(\boldsymbol{Y}_2-\lambda\boldsymbol{Y}_1)\boldsymbol{x}=\boldsymbol{Q}(\lambda)\boldsymbol{x}=\boldsymbol{0}\tag{15.60}$$

由于 $\boldsymbol{x}\in\mathcal{N}(\boldsymbol{Y}_2)^\perp$ 满足命题 15.4，因此，仅当 $\lambda=\mu_\ell$ 时，式（15.60）有一个非零解 $\boldsymbol{x}$。 □

算法 15.4 给出了矩阵束算法的流程。当数据受到噪声影响时，首先可以将 Cadzow 去噪算法应用于式（15.37）的 $\boldsymbol{Y}_{(m-M)\times(M+1)}$，然后利用去噪矩阵适当的列向量来构造 $\boldsymbol{Y}_1$ 和 $\boldsymbol{Y}_2$。为了有效地实现噪声滤波，经验可知 M 比较好的取值范围是 $m/3\leqslant M\leqslant m/2$。

算法 15.4 矩阵束算法

输入：$m\geqslant2L$ 测量值 $Y[k]$，$k=0,\cdots,m-1$，延时数为 L

输出：延时 t_ℓ，$\ell=1,\cdots,L$

对于 $L\leqslant M\leqslant m-L$，构造式（15.37）中的观测矩阵 $\boldsymbol{Y}_{(m-M)\times(M+1)}$

构造矩阵 $\boldsymbol{Y}_1$ 和 $\boldsymbol{Y}_2$ 分别作为 $\boldsymbol{Y}$ 的前 M 列和后 M 列

用 $C=Y_1^{\dagger}Y_2$ 计算 L 个非零特征值 $\{u_\ell\}$

通过 $u_\ell = e^{-j\omega_\ell}$ 和 $\omega_\ell=2\pi t_\ell/\tau$ 确定 t_ℓ

例 15.4 这里评估矩阵束算法的性能，并与在例 15.3 相同设置下的 Prony 方法进行比较。

在图 15.10 中，对于不同的束参数 M，给出了 MSE(对数坐标)与 SNR 的函数关系，其结果是超过 4000 次仿真的平均值。选取延时个数 $L=6$，样本数 $m=81$。在每一次仿真中，只选取它们 SVD 中的 L 个最大元素来对矩阵 Y_1 和 Y_2 进行计算和去噪。$\{u_\ell\}_{\ell=1}^{L}$ 的数值通过 $C=Y_1^{\dagger}Y_2$ 最大的 L 个特征值决定。最后，通过式(15.31)给出幅度。图 15.10 中展示了恰当选取 M 的重要性。通常做法是所谓拇指规则，即在范围 $m/3\leqslant M\leqslant m/2$ 内近似选取 M 的值，这与图中的结果相一致。

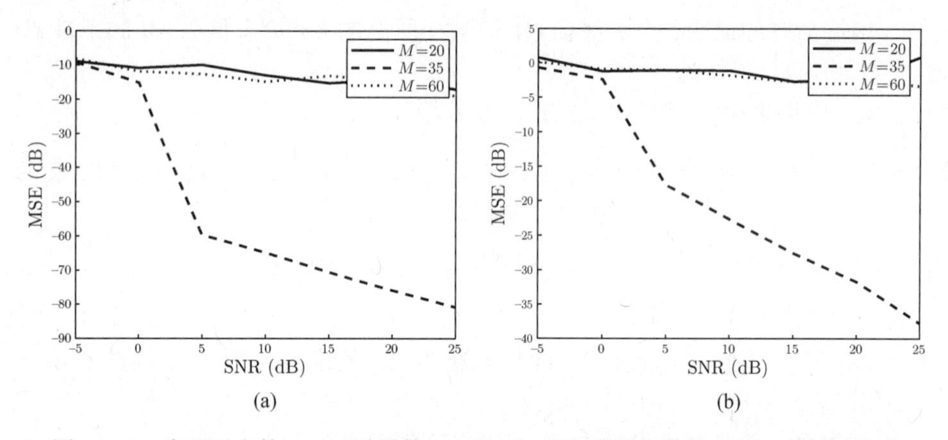

图 15.10 当延时个数 $L=6$，采样数 $m=81$ 时，在不同的束参数 M 下，利用矩阵束算法进行延时和幅度估计。(a)估计延时的MSE；(b)估计幅度的MSE

接下来，比较了矩阵束与 Prony 方法(为了防止漏检测，没有使用 Cadzow 迭代)，其中选取 $M=35$，$L=12$ 并且 $m=81$。图 15.11 中给出了比较结果，从图中可以清晰地看到，矩阵束算法比 Prony 算法具有更小的 MSE。在高信噪比下，通过比较图 15.7 可知，矩阵束算法比 Cadzow 去噪结合 Prony 算法具有更好的性能，并且不会存在漏检测。

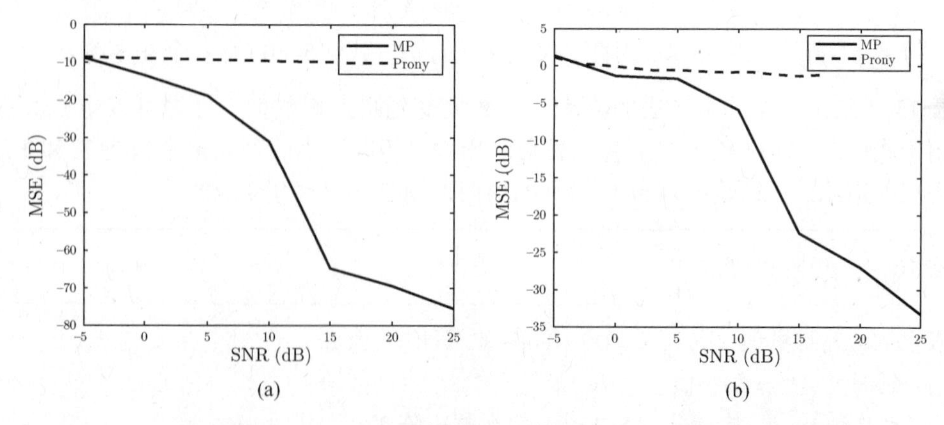

图 15.11 当延时数 $L=12$，采样数 $m=81$ 时，在不同的束参数 M 下，利用矩阵束算法进行延时和幅度估计。(a)估计延时的MSE；(b)估计幅度的MSE

未知延时个数

到目前为止，我们都是假设延时个数 L 是已知的。当 L 为事先未知时，它的值可以通过矩阵束算法来进行估计，即通过计算 $\boldsymbol{Y}=\boldsymbol{Y}_{(m-M)\times(M+1)}$ 的奇异值，或者通过检验 $\boldsymbol{C}=\boldsymbol{Y}_1^{\dagger}\boldsymbol{Y}_2$ 的特征值来估计。正如在推论 15.2 中所见到的，$\boldsymbol{C}$ 应该包含 L 个非零特征值。在噪声存在的情况下，这 L 个值会被噪声污染。除此之外，其他的 $M-L$ 个零特征值也会包含噪声。假设噪声远远小于信号，我们选取 L 为超出某一个阈值的奇异值的个数，剩下的奇异值被假设是由于噪声引起的，因此可以设置为零。

例 15.5　假设 L 个延时数是未知的。我们用图例考虑如何选取一个合适的阈值来利用推论 15.2 定义的 $\boldsymbol{C}$ 的特征值进行估值。

选取与例 15.2 相同的 $x(t)$：$x(t)=\sum_{\ell=1}^{L}\sum_{n\in\mathbb{Z}}a_\ell h(t-t_\ell-n\tau)$，周期 $\tau=1$，$a_\ell=1$，对于一个给定的 Δ，$t_\ell=\ell\Delta$。采样值被噪声干扰（在频域），因此得到 $m\geqslant 2L$ 的系数 $Y[k]$，$k\in\mathcal{K}$ 包含噪声的测量值，这里 $\mathcal{K}$ 是大小为 m 的连续索引集。噪声是复高斯白噪声，选取其方程使之与要求的 SNR 相匹配。当不知道 L 的任何信息时，对于任意的 $L\leqslant m/2$，束参数的唯一可选值是 $M=m/2$。因此在整个仿真中都利用这个值。

在每一次仿真中，$\boldsymbol{C}=\boldsymbol{Y}_1^{\dagger}\boldsymbol{Y}_2$ 的特征值根据它们的绝对值进行排序，然后利用最大的特征值进行归一化。用 $\lambda_\ell\geqslant 0$ 表示归一化和按绝对值排序的特征值。根据推论 15.2，在噪声存在的时候，$\boldsymbol{C}$ 应该有 L 个非零特征值和 $M-L$ 个零特征值。当在测量中存在噪声时，我们期望根据延时的脉冲确定更大的特征值 L，和对应于噪声的 $M-L$ 个更小的特征值。

为了设置合适的阈值，我们考察由延时脉冲引起的绝对值最小特征值 $\boldsymbol{\lambda}_L$ 的概率密度函数，以及由噪声引起的绝对值最大的特征值 $\boldsymbol{\lambda}_{L+1}$ 的概率密度函数（pdf）。我们通过 10000 次仿真，对于不同延时数、不同的 Δ 和 SNR 水平，进而得到估计的 pdf。对于 $L=2$，$\Delta=0.5$，两种不同的 SNR 时 λ_L 和 λ_{L+1} 的概率密度函数描绘在图 15.12 中（在图中可以看到 pdf 之和）。根据这个结果，同时结合漏检与误检概率的任何先验信息，可以用来设置合适的阈值。从图中可以看到，当 SNR 减小的时候，峰值会变宽，进而选取区分它们的阈值变得更加困难。

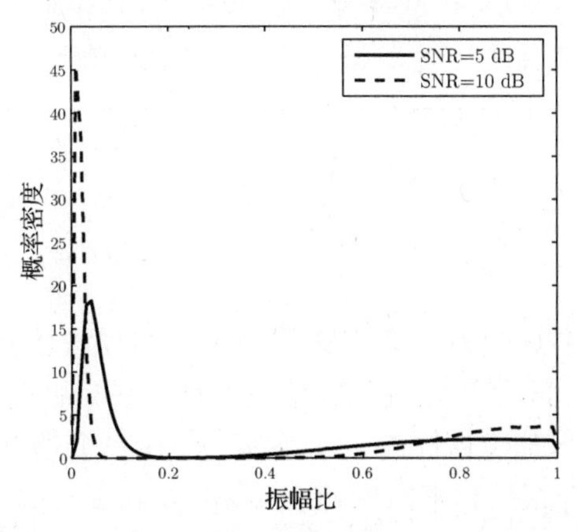

图 15.12　当 $L=2$，$\Delta=0.5$ 时，在两种不同信噪比条件下，λ_2 与 λ_3 的概率密度曲线。可以根据 λ_3 的 pdf 确定左峰值，右峰值是 λ_2 的 pdf

图 15.13 中给出了 $L=4$，SNR = 10 dB，Δ 选取两种不同的值下的概率密度函数曲线。减小脉冲间的距离 Δ 同样会导致峰值变宽。当延时数增加的时候也会有相同的结果，如图 15.14 所示。当 SNR = 10 dB，$\Delta=1$ 时，我们画出它在三种不同的延时数下的 pdf。当延时数增加的时候，峰值变宽并且靠近，会导致在漏检概率和虚警概率的折中更明显。

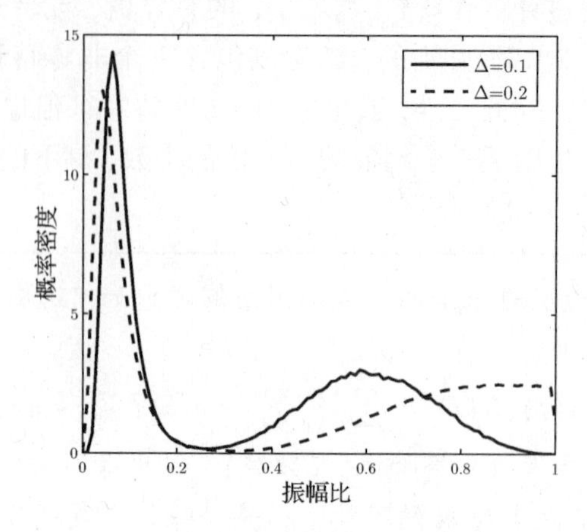

图 15.13 当 $L=4$，SNR = 10 dB 时，在两种不同信噪比条件下，λ_4 与 λ_5 的概率密度曲线。可以根据 λ_5 的pdf确定左峰值，右峰值是 λ_4 的pdf

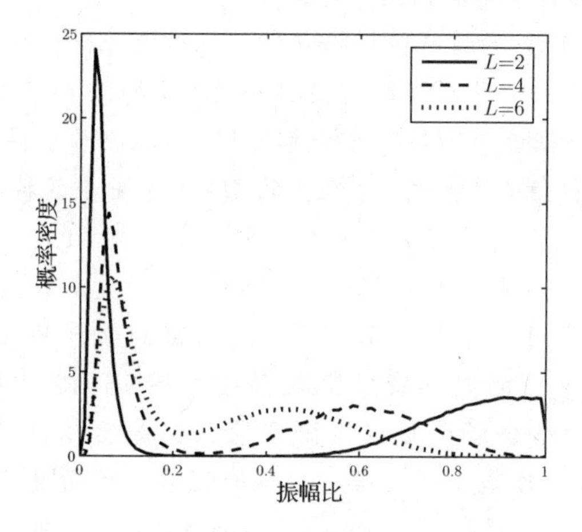

图 15.14 当 SNR = 10 dB，$\Delta=1$ 时，在三种不同延时条件下，λ_L 和 λ_{L+1} 的概率密度曲线。可以根据 λ_{L+1} 的pdf确定左峰值，右峰值是 λ_L 的pdf

15.2.6 子空间方法

Pisarenko 算法

在式(15.26)中寻找频率点的另一类方法称为子空间算法(subspace algorithms)。这种算法的第一个例子是 Pisarenko 算法[442]，这个方法后来被发展为更流行的 MUSIC(Multiple Signal Classification)算法。这类技术基于这样的一个事实，即在一个适合的数据矩阵的零化空间中的任意向量与式(15.42)中介绍的频率向量 $\boldsymbol{e}(-\omega_\ell)$ 是相互正交的。因此，这些希望得到的频率就可以通过分析这个子空间的正交性来求得。

正如 TLS 和 Prony 方法，我们首先发现在 $\boldsymbol{Y}_{(m-L)\times(L+1)}$ 的零化空间中的一个向量。当数据受噪声影响时，这个向量表示为 $\boldsymbol{v}_{\min}$，根据 TLS 方法被选为右对角矩阵，这个矩阵与 $\boldsymbol{Y}_{(m-L)\times(L+1)}$ 中最小奇异值相对应。但是接下来，而不是利用 $\boldsymbol{v}_{\min}$ 构造湮灭滤波器式(15.34)进而找到零点，而是建立一个伪频谱(pseudospectrum)。

$$S(\mathrm{e}^{\mathrm{j}\omega}) = \frac{1}{|\boldsymbol{e}^*(-\omega)_{L+1}\boldsymbol{v}_{\min}|^2} \tag{15.61}$$

其中，$\boldsymbol{e}(-\omega_\ell)_{L+1}$ 在式(15.42)中被定义。通过寻找 $S(\mathrm{e}^{\mathrm{j}\omega})$ 的峰值，我们可以选取 ω_ℓ 的值。

Pisarenko 算法的基本思想是这样的，在 $\boldsymbol{Y}_{(m-L)\times(L+1)}$ 的零化空间中任意向量都与 $\boldsymbol{Y}^*$ 的值域空间的向量相互正交[因为 $\mathcal{N}(\boldsymbol{Y}) = \mathbb{R}(\boldsymbol{Y}^*)^\perp$]。进一步说，对于任意形式为 $\boldsymbol{e}(-\omega_\ell)_{L+1}$ 的向量，都是在 $\boldsymbol{Y}^*$ 的值域空间中，这与下面的命题一致。

命题 15.5　对于 $L \leqslant M \leqslant m-L$，令 $\boldsymbol{e}(-\omega_\ell)_{L+1}$ 如式(15.42)所定义的，令 $\boldsymbol{Y} = \boldsymbol{Y}_{(m-M)\times(M+1)}$ 如式(15.37)所定义的，那么，对于 $m-M \geqslant L$，任意形式为 $\boldsymbol{e}(-\omega_\ell)_{M+1}$ 的向量都在 $\mathbb{R}(\boldsymbol{Y}^*)$ 内。

证明　根据式(15.39)

$$\boldsymbol{Y}^*_{(m-M)\times(M+1)} = \overline{\boldsymbol{V}(\{\omega_\ell\})_{M+1\times L}\mathrm{diag}(\boldsymbol{a})}\,\boldsymbol{V}^*(\{\omega_\ell\})_{m-M\times L} \tag{15.62}$$

因为 $m-M \geqslant L$，$\boldsymbol{V}^*(\{\omega_\ell\})_{m-M\times L}$ 的值域范围就等于 $\mathbb{C}^L$ 的范围($\boldsymbol{V}^*(\{\omega_\ell\})_{m-M\times L}$ 是行满秩)。考虑到 $\overline{\mathrm{diag}(\boldsymbol{a})}$ 是可逆的，这表明 $\mathbb{R}(\boldsymbol{Y}^*_{(m-M)\times(M+1)})$ 等于 $\mathcal{R}(\overline{\boldsymbol{V}(\{\omega_\ell\})_{M+1\times L}})$。这是因为 $\overline{\boldsymbol{V}(\{\omega_\ell\})_{M+1\times L}}$ 的列等于 $\boldsymbol{e}(-\omega_\ell)_{M+1}$。 □

对于没有噪声的数据，命题 15.5 表明当 $\omega = \omega_\ell$ 时，在伪频谱式(15.61)上，将看到一个很强的峰值。当数据受噪声影响时，峰值变得不那么明显，正如下个例子所展示的。

例 15.6　考虑到伪频谱式(15.61)与例 15.2 使用相同的设置，即延时为 $t_\ell = \ell\Delta$，并且 $a_\ell = 1$。

在图 15.15 中，$L=5$ 时，我们绘制了不同的 Δ 和变化的 SNR 下 $S(\mathrm{e}^{\mathrm{j}\omega})$ 的结果。图中的结果表明，减小 Δ 会导致虚假的峰值位置也会导致漏检。当 SNR 减小时，这种现象会增强。可以在计算所需要的奇异值之前，通过对 $\boldsymbol{Y}_{(m-L)\times(L+1)}$ 应用 Cadzow 去噪方法可以提高对噪声的鲁棒性，正如图 15.16 所示。在这个例子中，采用了 100 次 Cadzow 迭代，虽然实际上在 25 次迭代后，观测结果没有明显改善。

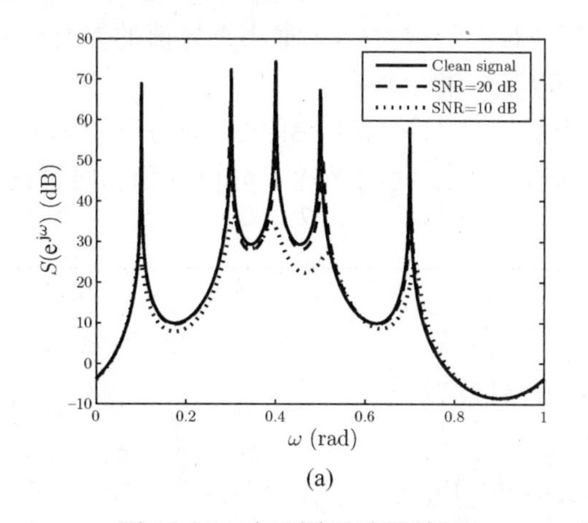

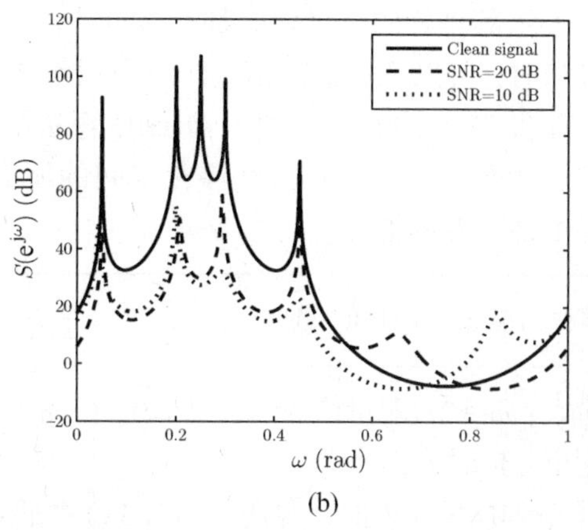

图 15.15　在不同延时下利用 Pisarenko 算法的伪频谱(a) $\Delta=0.1$；(b) $\Delta=0.05$

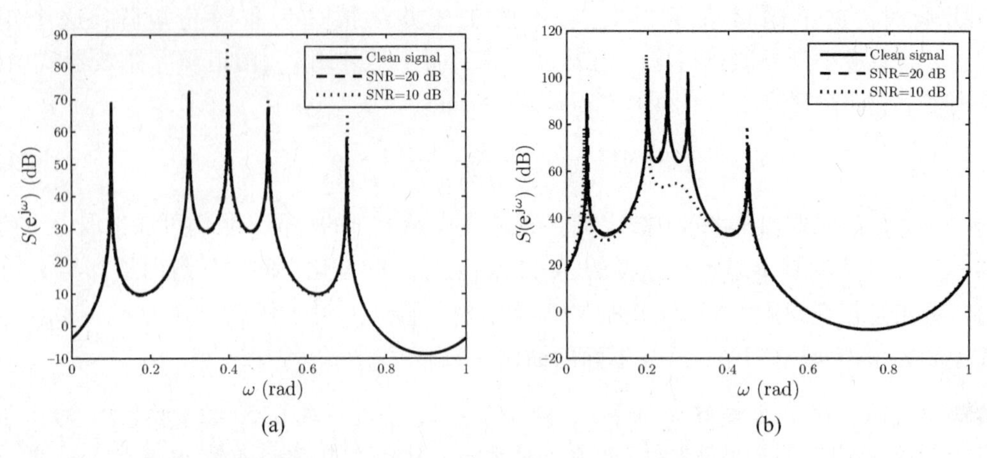

图 15.16 在不同延时下利用 Pisarenko 算法的伪频谱与 Cadzow 去噪算法的对比图。(a)$\Delta=0.1$;(b)$\Delta=0.05$

MUSIC 算法

可以通过命题 15.5 来扩展 Pisarenko 算法，即当 $L \leqslant M \leqslant m-L$ 时，$\boldsymbol{e}(-\omega_\ell)_{M+1}$ 与 $\boldsymbol{Y}_{(m-M)\times(M+1)}$ 的零化空间中任意向量正交。当 $M=L$ 时，这个零化空间的维数就为 1，即为 Pisarenko 算法。但是，当 M 的值比较大时，零化空间的维数就会变大，等于 $M-L+1$。因此，可以用到零化空间中的 $M-L+1$ 个正交的向量。

令 $\{\boldsymbol{v}_i, 1\leqslant i\leqslant M-L+1\}$ 作为 $\mathcal{N}(\boldsymbol{Y})$ 的一个正交基。那么，在噪声存在的情况下，

$$\sum_{i=1}^{M-L+1} |\boldsymbol{e}^*(-\boldsymbol{\omega}_\ell)\, v_i|^2 = 0, \quad \ell = 1,\cdots,L \tag{15.63}$$

当数据受噪声影响时，式(15.63)将不满足相等；然而，依然期望等式左边的值是比较小的。这样就导致了所谓多重信号分类(MUSIC)方法[15]。在这种方法中，$\boldsymbol{\omega}_\ell$ 的值通过寻找频谱序列的峰值得到，

$$S(\mathrm{e}^{\mathrm{j}\omega}) = \frac{1}{\sum_{i=1}^{M-L+1} |\boldsymbol{e}^*(-\omega)_{M+1}\boldsymbol{v}_i|^2} \tag{15.64}$$

向量 $\{\boldsymbol{v}_i\}$ 可以通过计算 $\boldsymbol{Y}$ 的 SVD 来确定。令 $\boldsymbol{Y}$ 具有 SVD 形式 $\boldsymbol{Y}=\boldsymbol{U}\Sigma\boldsymbol{V}^*$，并且令 σ_i，$1\leqslant i\leqslant M+1$，表示其排好的奇异值。那么，向量 $\{\boldsymbol{v}_i\}$ 就是对应于 $M-L+1$ 最小奇异值的右奇异向量。当 L 未知时，可以估计 L 的值，即一个阈值之上的奇异值的个数。

在算法 15.5 中我们归纳了 MUSIC 算法的步骤。当 $M=L$ 时，MUSIC 算法和 Pisarenko 方法一致。然而，在 MUSIC 方法零化空间的所有基向量中，我们平均了分母的值，通过这种方法改善了估计器的性能。

算法 15.5 MUSIC 算法

输入：$m\geqslant 2L$ 测量值 $Y[k]$，$k=0,\cdots,m-1$，延时数为 L

输出：延时 t_ℓ，$\ell=1,\cdots,L$

当 $L\leqslant M\leqslant m-L$ 时，构造式(15.37)中的观测矩阵 $\boldsymbol{Y}_{(m-M)\times(M+1)}$

计算 $\boldsymbol{Y}$ 的 SVD，用 $\{\boldsymbol{v}_i\}$ 表示矩阵依据 $M-L+1$ 个最小奇异值的右奇异向量

在式(15.64)中的频谱 $S(e^{j\omega})$ 中寻找 L 个峰值 ω_ℓ，这里 $\boldsymbol{e}(\omega)$ 由公式(15.42)定义
通过 $\omega_\ell = 2\pi t_\ell/\tau$ 计算 t_ℓ

例 15.7　这里，通过重复例 15.6 中的参数设置来比较 MUSIC 伪频谱方法式(15.64)与式(15.61)的方法。

在图 15.17 中，我们检验了当 SNR = 15 dB 并且 $L=5$ 时，在不同的参数 M 和延时间隔 Δ 的伪频谱。采样值个数等于 81。正如所期望的，通过在零化空间中所有基向量上平均了分母值，提高了在噪声条件下估计器的鲁棒性。如果选择 $M=5$，那么就等价于 Pisarenko 方法。当 M 的值增大的时候，性能就可以提高。然而，Δ 的减少依然会导致估计位置错误及漏检测。

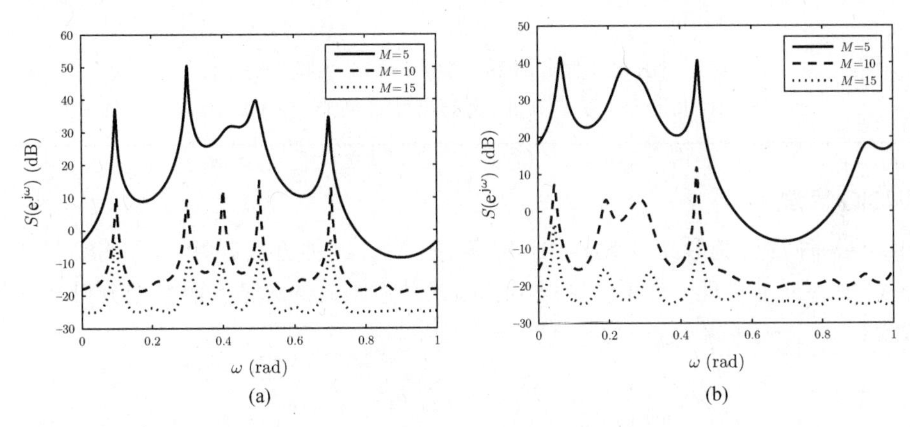

图 15.17　在不同的 M 和不同的延时下利用 MUSIC 进行伪频谱检测。(a)$\Delta=0.1$；(b)$\Delta=0.05$

在图 15.18 中，给出了不同的 Δ 选择和变化的 SNR 下 Pisarenko 算法和 MUSIC 算法的伪频谱估计结果。在计算 MUSIC 频谱中，设定 $M=10$。在低信噪比下，MUSIC 比 Pisarenko 的优越性非常明显。

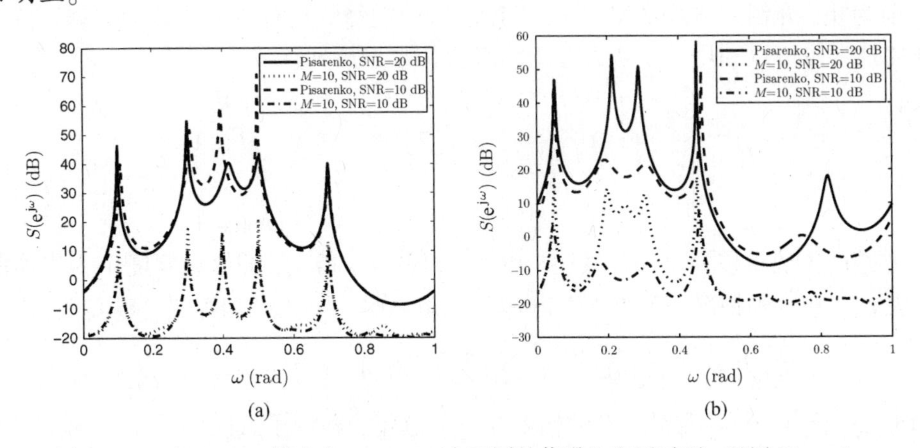

图 15.18　在 MUSIC 算法中，$M=10$，在不同的信噪比和延时下，运用 Pisarenko 算法和MUSIC算法下的伪频谱检测。(a)$\Delta=0.1$；(b)$\Delta=0.05$

最后，在图 15.19 中，我们重复了前面的仿真过程，即首先对矩阵 $\boldsymbol{Y}_{(m-L)\times(L+1)}$ 应用 Cadzow 去噪算法。我们进行了 100 次 Cadzow 迭代，虽然在第 30 次模拟之后没有明显的改善。这时，MUSIC 算法与 Pisarenko 算法的差别会很小。

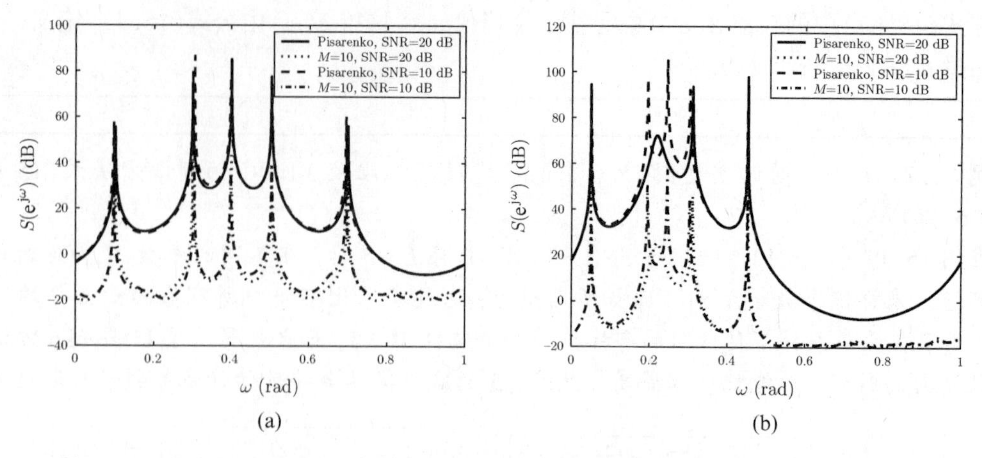

图 15.19 在变化的 SNR 和不同延时下，考虑 Cadzow 去噪算法条件下的 Pisarenko 算法和MUSIC算法($M=10$)的伪频谱估计结果。(a)$\Delta=0.1$；(b)$\Delta=0.05$

ROOT-MUSIC 算法

MUSIC 的一种常见变形是 ROOT-MUSIC 算法[443]。这种方法起始于 MUSIC 技术，通过构造式(15.64)中的分母实现。然而，这里不是寻找其逆函数的峰值，而是把分母表示成多项式 $D(z)$的形式：

$$D(z) = \sum_{k=-L}^{L} b_k z^k \tag{15.65}$$

然后，再寻找这个多项式的零点，这样来得到想要的 ω_ℓ。

发现当 $M=L$ 时，ROOT-MUSIC 算法和 TLS Prony 算法相同。

15.2.7 基于协方差的方法

到目前为止，介绍的方法都使用了式(15.37)中阐释的具有合适维数的数据矩阵 $\boldsymbol{Y}$。实际上，同样的技术也可以利用一个协方差矩阵来代替数据矩阵。

$$\boldsymbol{R} = \begin{bmatrix} r[0] & r[1] & \cdots & r[M] \\ r[1] & r[2] & \cdots & r[M+1] \\ \vdots & \vdots & \ddots & \vdots \\ r[m-M-1] & r[m-M] & \cdots & r[m-1] \end{bmatrix} \tag{15.66}$$

基于方差的方法可以通过假设式(15.26)中的参数来得到，即假设幅度 a_ℓ为零均值同分布的，方差为 σ_ℓ^2。在这种情况下，相关序列 $r[k]$也就满足一个正弦和等式。事实上，

$$r[p] = E\{Y[k]\overline{Y[k-p]}\} = \sum_{i=1}^{L}\sum_{\ell=1}^{L} E\{a_\ell \overline{a_i}\}\mathrm{e}^{-\mathrm{j}\omega_\ell k}\mathrm{e}^{\mathrm{j}\omega_i(k-p)} = \sum_{\ell=1}^{L}\sigma_\ell^2\mathrm{e}^{-\mathrm{j}\omega_\ell p} \tag{15.67}$$

这与式(15.26)具有相同的形式，新的幅度为 σ_ℓ^2。这里，利用了 $E\{a_\ell\overline{a}_i\}=\sigma_\ell^2\delta_{\ell i}$，因此，我们应用了具有相同维数的协方差矩阵 $\boldsymbol{R}$，而不是应用前面章节描述的式(15.37)中的数据矩阵 $\boldsymbol{Y}$。例如，应用协方差矩阵的矩阵束方法就衍生出所谓旋转不变信号参数估计算法(ESPRIT)[187]。后面我们将更加详细地讨论这种算法。

随机 MUSIC 算法

MUSIC 算法和 ESPRIT 算法都可以模型化为更一般的随机模型，其参数$\{a_\ell\}$不必是独立

同分布的，特别地，令

$$\boldsymbol{y} = \boldsymbol{V}(\{\omega_\ell\})_{m\times L}\boldsymbol{a} + \boldsymbol{w} \tag{15.68}$$

其中 $\boldsymbol{V}(\{\omega_\ell\})_{m\times L}$是式(15.30)中描述的范氏矩阵，$\boldsymbol{a}$ 是一个随机向量，代表理想的信号均值为0，方差为 $\boldsymbol{R}_a = E\{\boldsymbol{a}\boldsymbol{a}^*\}$，$\boldsymbol{w}$ 是一个零均值独立同分布的噪声向量，协方差为 $\sigma^2\boldsymbol{I}$，与 $\boldsymbol{a}$ 独立。根据式(15.68)，$\boldsymbol{y}$ 的协方差通过下式给出

$$\boldsymbol{R}_y = \boldsymbol{V}(\{\omega_\ell\})\boldsymbol{R}_a\boldsymbol{V}^*(\{\omega_\ell\}) + \sigma^2\boldsymbol{I} \tag{15.69}$$

这里，忽略了 $\boldsymbol{V}(\{\omega_\ell\})$的下标指数。假设 $m\geqslant L$，并且 $\boldsymbol{R}_a$ 是可逆的，矩阵 $\boldsymbol{T}=\boldsymbol{V}(\{\omega_\ell\})\boldsymbol{R}_a\boldsymbol{V}^*(\{\omega_\ell\})$的秩等于 L，并且它的值域空间为 $\boldsymbol{V}(\{\omega_\ell\})$，因此，$\boldsymbol{T}$ 的排序特征值满足 $\lambda_\ell>0$，$\ell=1,\cdots,L$，并且有 $\lambda_\ell=0$，$\ell=L+1,\cdots,m$，那么，$\boldsymbol{R}_y$的排序特征值等于

$$\lambda'_\ell = \begin{cases}\lambda_\ell + \sigma^2, & \ell = 1,\cdots,L\\ \sigma^2, & \ell = L+1,\cdots,m\end{cases} \tag{15.70}$$

现在考虑一个 $m\times m-L$ 的矩阵 $\boldsymbol{U}$，对应于 $m-L$ 个最小特征值 $\boldsymbol{R}_y$，其中 $m\geqslant L+1$。这些特征值构成了噪声空间，因为它们仅仅受噪声影响。并且，它们与范围 $\boldsymbol{V}(\{\omega_\ell\})$的信号空间是正交的。为了观察到这一点，我们注意到 $\boldsymbol{U}$ 包含的特征向量，其特征值对应为 λ'_ℓ，$\ell=L+1,\cdots,m$

$$\boldsymbol{R}_y\boldsymbol{U} = \boldsymbol{U}\mathrm{diag}([\lambda'_{L+1},\cdots,\lambda'_m]) = \sigma^2\boldsymbol{U} \tag{15.71}$$

在另一方面，

$$\boldsymbol{R}_y\boldsymbol{U} = \boldsymbol{V}(\{\omega_\ell\})\boldsymbol{R}_a\boldsymbol{V}^*(\{\omega_\ell\})\boldsymbol{U} + \sigma^2\boldsymbol{U} \tag{15.72}$$

从上式可以推导出

$$\boldsymbol{V}(\{\omega_\ell\})\boldsymbol{R}_a\boldsymbol{V}^*(\{\omega_\ell\})\boldsymbol{U} = \boldsymbol{0} \tag{15.73}$$

因为 $\boldsymbol{R}_a$ 是可逆的，并且 $\boldsymbol{V}(\{\omega_\ell\})$是满秩的，式(15.73)意味着

$$\boldsymbol{V}^*(\{\omega_\ell\})\boldsymbol{U} = \boldsymbol{0} \tag{15.74}$$

即 $\boldsymbol{U}$ 与 $\boldsymbol{V}(\{\omega_\ell\})$的列向量正交。可以发现式(15.74)与式(15.63)是一致的，我们现在考虑的是数据协方差的特征向量，而不是数据本身。

正如之前所描述的，我们可以通过寻找频谱的峰值来得到频率值 ω_ℓ

$$S(\mathrm{e}^{\mathrm{j}\omega}) = \frac{1}{\boldsymbol{e}^*(\omega)_m\boldsymbol{U}\boldsymbol{U}^*\boldsymbol{e}(\omega)_m} \tag{15.75}$$

其中，$\boldsymbol{e}(\omega)_m$在式(15.42)中被定义。同样，我们也可以用于 ROOT-MUSIC 算法寻找多项式$\boldsymbol{e}^*(\omega)_m\boldsymbol{U}\boldsymbol{U}^*\boldsymbol{e}(\omega)_m$的根。

在实际中，协方差矩阵 $\boldsymbol{R}_y$可以从数据中被估计，例如通过采样协方差矩阵

$$\boldsymbol{R}_y = \frac{1}{N}\sum_{i=0}^{N-1}\boldsymbol{y}_i\boldsymbol{y}_i^* \tag{15.76}$$

这里 N 是可用快照(snapshots available)的个数，$\boldsymbol{y}_i=\boldsymbol{V}\boldsymbol{a}_i+\boldsymbol{w}_i$，$\boldsymbol{a}_i$和 $\boldsymbol{w}_i$分别表示独立同分布的信号和噪声。这种算法的具体步骤在算法 15.6 中给出。

算法 15.6　随机 MUSIC 算法

输入：N 维向量 $\boldsymbol{y}_i=\boldsymbol{V}(\{\omega_\ell\})_{m\times L}\boldsymbol{a}_i+\boldsymbol{w}_i$，$m\geqslant L+1$，延时数为 L

输出：延时 t_ℓ，$\ell=1,\cdots,L$

构造协方差矩阵 $\boldsymbol{R}_y = \dfrac{1}{N}\sum_{i=0}^{N-1}\boldsymbol{y}_i\boldsymbol{y}_i^*$

对 $\boldsymbol{R}_y$ 的特征值分解，并且构造 $\boldsymbol{U}$ 矩阵包含 $m-L$ 个特征值，与行列式中最小特征值相同
在式(15.75)中的频谱 $S(\mathrm{e}^{\mathrm{j}\omega})$ 中寻找 L 个峰值 ω_ℓ，其中 $\boldsymbol{e}(\omega)$ 在式(15.42)中被阐释
通过式 $\omega_\ell=2\pi t_\ell/\tau$ 计算 t_ℓ

ESPRIT 算法

ESPRIT 算法[187]探索协方差矩阵式(15.69)的特殊结构。

从式(15.69)中可以看出，在噪声不存在时，$\boldsymbol{R}_y$ 的值域空间与 $\boldsymbol{V}=\boldsymbol{V}(\{\omega_\ell\})$ 是相同的。正如上面描述的，这个空间称为信号子空间，它可以通过选取合适的 $\boldsymbol{R}_y$ 的特征向量来确定，这些特征向量对应于 L 个最大特征值。我们可以看到，通过利用 $\boldsymbol{V}$ 的结构可以得到想要的频率，也就是通过由这些特征向量构成的矩阵的特征值分解的方法。

命题 15.6 让 $\boldsymbol{R}_y$ 是由式(15.69)给定的 $m\times m$ 的协方差矩阵，并让 $\boldsymbol{E}$ 表示 $m\times L$ 的矩阵，包含 $\boldsymbol{R}_y$ 中 L 个最大特征值对应的特征向量。让 $\boldsymbol{E}_1$ 等于 $\boldsymbol{E}$ 的前 $m-1$ 行，让 $\boldsymbol{E}_2$ 等于 $\boldsymbol{E}$ 的后 $m-1$ 行。假设 $m\geqslant L+1$，那么，$\boldsymbol{E}_1^\dagger\boldsymbol{E}_2$ 的特征值就等于 $\lambda_\ell=u_\ell=\mathrm{e}^{-\mathrm{j}\omega_\ell}$。

证明 令 $\boldsymbol{V}_1$ 是 $m-1\times L$ 的矩阵，等于 $\boldsymbol{V}=\boldsymbol{V}(\{\omega_\ell\})$ 的前 $m-1$ 行，令 $\boldsymbol{V}_2$ 是 $m-1\times L$ 的矩阵等于 $\boldsymbol{V}=\boldsymbol{V}(\{\omega_\ell\})$ 的后 $m-1$ 行。根据 $\boldsymbol{V}$ 的结构

$$\boldsymbol{V}_2=\boldsymbol{V}_1\mathrm{diag}(\boldsymbol{u}) \tag{15.77}$$

$\boldsymbol{u}$ 是长度为 L 的向量，其元素 $u_\ell=\mathrm{e}^{-\mathrm{j}\omega_\ell}$，因为矩阵 $\boldsymbol{V}$ 和 $\boldsymbol{E}$ 张成相同的空间，这里存在可逆的 $L\times L$ 矩阵 $\boldsymbol{T}$，有

$$\boldsymbol{V}=\boldsymbol{E}\boldsymbol{T} \tag{15.78}$$

通过删除式(15.78)中的最后一行，得到

$$\boldsymbol{V}_1=\boldsymbol{E}_1\boldsymbol{T} \tag{15.79}$$

类似地，删除式(15.78)的第一行，并利用旋转不变性质式(15.77)，可以得到

$$\boldsymbol{V}_1\mathrm{diag}(\boldsymbol{u})=\boldsymbol{E}_2\boldsymbol{T} \tag{15.80}$$

结合式(15.79)和式(15.80)可推导出矩阵 $\boldsymbol{E}_1$ 与 $\boldsymbol{E}_2$ 的关系式：

$$\boldsymbol{E}_2=\boldsymbol{E}_1\boldsymbol{T}\mathrm{diag}(\boldsymbol{u})\boldsymbol{T}^{-1} \tag{15.81}$$

矩阵 $\boldsymbol{E}_1$ 是一个 $m-1\times L$ 的列满秩矩阵，并且 $m-1\geqslant L$，我们可以假设 m 的值。因此，$\boldsymbol{E}_1^\dagger\boldsymbol{E}_1=\boldsymbol{I}$。在式(15.81)的左侧乘以 $\boldsymbol{E}_1^\dagger$ 得到

$$\boldsymbol{E}_1^\dagger\boldsymbol{E}_2=\boldsymbol{T}\mathrm{diag}(\boldsymbol{u})\boldsymbol{T}^{-1} \tag{15.82}$$

通过式(15.82)得到，$\boldsymbol{E}_1^\dagger\boldsymbol{E}_2$ 的特征向量是 $\lambda_\ell=u_\ell$。 □

在实际中，$\boldsymbol{R}_y$ 可以从给定的测量值中估计出来，正如 MUSIC 算法。ESPRIT 算法的过程总结在算法 15.7 中。

注意到，在 MUSIC 算法和 ESPRIT 算法中，我们都假设协方差矩阵 $\boldsymbol{R}_a$ 是可逆的。在实际中，这个条件可以放松，通过在应用这种算法前，构造一个额外的空间平滑阶段。更详细地，读者可以参见文献[444]。

总之，MUSIC 算法和 ESPRIT 算法都属于子空间算法，这类算法的本质就是将包含测量值的空间划分为信号子空间与噪声子空间。利用 MUSIC 算法来估计未知的参数集，包括一个连续的一维参数搜索。ESPRIT 算法是通过解决特征值分解和探索相关矩阵的结构来进行估计参数。

算法 15.7　ESPRIT 算法

输入：N 个向量 $\boldsymbol{y}_i=\boldsymbol{V}(\{\omega_\ell\})_{m\times L}\boldsymbol{a}_i+\boldsymbol{w}_i$，$m\geqslant L+1$，延时个数为 L

输出：延时 t_ℓ，$\ell=1,\cdots,L$

构造相关矩阵 $\boldsymbol{R}_y=\dfrac{1}{N}\sum_{i=0}^{N-1}\boldsymbol{y}_i\boldsymbol{y}_i^*$

对 $\boldsymbol{R}_y$ 的特征值分解，用 L 个特征向量构造矩阵 $\boldsymbol{E}$，这些特征值与它的列向量中最大的特征值相对应

计算矩阵 $\boldsymbol{C}=\boldsymbol{E}_1^\dagger\boldsymbol{E}_2$，这里 $\boldsymbol{E}_1$ 和 $\boldsymbol{E}_2$ 分别包含 $\boldsymbol{E}$ 的前和后 $m-1$ 行

计算 $\boldsymbol{C}$ 中的 L 个特征值 $\{\lambda_\ell=u_\ell\}$

通过式 $u_\ell=\mathrm{e}^{-\mathrm{j}\omega_\ell}$ 和 $\omega_\ell=2\pi t_\ell/\tau$ 计算 t_ℓ

15.2.8　压缩感知方法

前面介绍的确定性方法都是假设我们得到了式(15.26)中的连续 $Y[k]$ 的值，这些方法可以在一个连续范围上恢复出频率值 ω_ℓ(在没有噪声的环境下)。但是在实际应用中，随着噪声的增大，对 ω_ℓ 的估计值在变得更加困难，往往会存在一定的误差，限制了估计精度。压缩感知技术(CS)给出了另外一种估计 ω_ℓ 的方法。一方面，CS 需要离散化这些可能的频率值。另一方面，基于 CS 的方法不需要连续的傅里叶测量值，因此对噪声具有更强的鲁棒性，特别是噪声较大的情况下。

为了在 CS 框架下考虑式(15.26)，我们首先量化模拟的时间轴，选取一个 Δ 的分辨率，使得对于一些整数值 s_ℓ，有 $t_\ell=s_\ell\Delta$，那么式(15.26)就可以近似表示为

$$Y[k]\approx\sum_{\ell=1}^{L}a_\ell\mathrm{e}^{-\mathrm{j}\frac{2\pi}{\tau}ks_\ell\Delta},\quad 0\leqslant s_\ell\leqslant N-1 \tag{15.83}$$

其中，利用了 $\omega_\ell=2\pi t_\ell/\tau$，并且 $N=\tau/\Delta$ 为在周期 τ 内可能的时间分段个数。为简单起见，假定 N 为整数。选择 m 个测量值的一个有限子集，即从 $\mathcal{K}=\{k_1,k_2,\cdots,k_m\}\subset\mathbb{Z}$ 中选择 k，式(15.83)可以写为

$$\boldsymbol{y}=\boldsymbol{A}\boldsymbol{x} \tag{15.84}$$

这里 $\boldsymbol{A}$ 是一个 $m\times N$ 的矩阵，这个矩阵是从一个标量 $N\times N$ 的傅里叶矩阵中选取几个 $\mathcal{K}$ 列向量形成的。$\boldsymbol{x}$ 为一个 L 稀疏向量，其具有 $\{s_\ell\}$ 位置上的非零元素 $\{a_\ell\}$。

我们的目标是从测量值 $\boldsymbol{y}$ 中发现稀疏向量 $\boldsymbol{x}$ 的这些非零元素。这是一个标准的 CS 问题，其中的 $\boldsymbol{A}$ 是部分傅里叶矩阵。因此，第 11 章介绍的任何 CS 恢复方法都可以用来计算 $\boldsymbol{x}$。注意到，矩阵 $\boldsymbol{A}$ 的性质受两个变量的影响：一个是由矩阵列向量的个数 N 表示的删格分辨率(grid resolution)，另一个是频率的选择，其影响傅里叶矩阵的哪些行向量将被使用。

根据第 11 章的分析可知，要使 CS 算法具有较高的恢复性能，必须保证这个感知矩阵 $\boldsymbol{A}$ 满足一些理想的性质，如相关性或 RIP。这些性质既受列向量个数 N 的影响，也受频率集 $\mathcal{K}$ 的选择的影响。均匀随机的选择频率采样的值，可以使矩阵 $\boldsymbol{A}$ 有很大的概率满足 RIP，我们知道，对于一些正常量 C，如果 $m\geqslant CL\log^4 N$，就可以实现均匀随机采样(见 11.3.5 节)。由于 N 是由选择删格分辨率来决定的，因此，利用一个更好的删格来获得更高的分辨率就会导致测量

值个数的增加，进而得到更好的恢复。对于连续频率选择，RIP 一般是不被满足的，除非 $\mathcal{K}$ 的基数显著地增加。

这种趋势也可以通过矩阵 $\boldsymbol{A}$ 的列向量的相关性来看出。回顾第 11 章，低的相关性确保了较高的恢复可能性。图 15.20 给出矩阵 $\boldsymbol{A}$ 的相关性与 $\boldsymbol{x}$ 的 N 长度的函数关系(决定分辨率)，这里相关性被描述为 $\mu(\boldsymbol{A}) = \max_{i \neq j} |\langle \boldsymbol{a}_i, \boldsymbol{a}_j \rangle| / (\|\boldsymbol{a}_i\| \|\boldsymbol{a}_j\|)$。其中基于两种选择的集合 $\mathcal{K}$，画出了它们的相关性结果，分别为 $m=10$ 的连续集合，以及从$[0, N-1]$中随机选取 m 个频率值。在后一种情况下，我们画出了 1000 个随机选择的平均相关性。这个结果给出了关于 CS 恢复的两个重要的结论。第一个结论是将频率值进行扩展会导致较低的相关性，进而可以提升恢复性能。第二个结论是对于一个固定的采样值个数，随着时间分辨率的增加，相关性也会增加，恢复性能会下降。

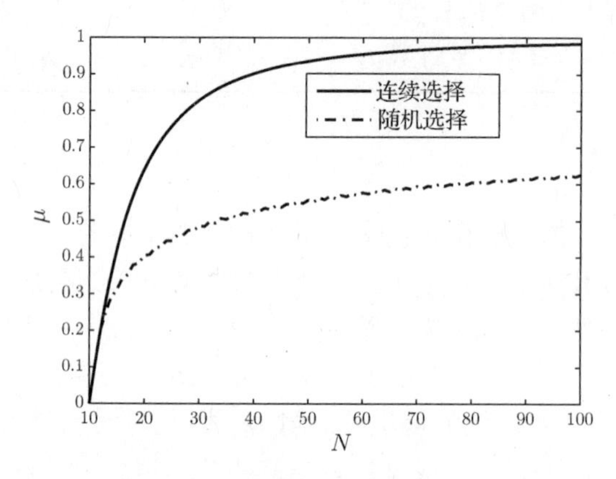

图 15.20 式(15.84)中矩阵 $\boldsymbol{A}$ 的相关性与 N 的函数关系

然而遗憾的是，从硬件实现的角度来看，应用随机频率采样有时是不现实的。在 15.4 节中，我们将讨论一些更实用的方法，利用组合的 CS 恢复算法来选择合适的频率值。

在下面的例 15.8 和例 15.9 中，我们来考察不同环境下的 CS 算法的恢复性能，并比较其与矩阵束算法的延时估计的 MSE。正如所期望的，我们将会看到，具有频率扩展值的 CS 算法将会对噪声有更强的鲁棒性，因此在低信噪比区域性能会更好，这也会在例 15.15 中得到验证。然而，由于离散化处理以及矩阵列向量的相关性，获得高分辨率恢复需要更多的采样值。因此，在大信噪比区域，矩阵束算法要比 CS 算法更适用，特别是在测量值个数比较少的情况下。

有一些更新的基于凸优化的方法来进行频域估计并且不需要离散化，它们会比 CS 算法和矩阵束算法有更好的性能。它们的缺点是计算更复杂，有兴趣的读者可以参阅文献[445,446]。

15.2.9 欠奈奎斯特采样

到目前为止，我们一直都是假设在时域上的采样值个数，或在集合 $\mathcal{K}$ 中的频域值的个数，被选择为等于在奈奎斯特采样定律下得到的采样点数。在下面的例子中，考察利用 MF 算法、矩阵束算法和 CS 算法的区别，这里的傅里叶系数的个数 m 将小于奈奎斯特采样率对应的个数。正如我们将看到的，当 m 较小的时候，MF 算法的性能将显著下降。只要保证 $m \geqslant 2L$，矩阵束算法的性能受测量值个数的影响不是很大。而 CS 算法的性能会很好，只要 m 足够大，并且 $\mathcal{K}$ 的频率值适当地扩展。这些结果表明了基于频率的恢复算法在欠采样条件下的价值。在 15.3 节和 15.4 节中我们将讨论如何直接从 $x(t)$ 的低速率采样中直接获得理想的傅里叶系数。

例 15.8　考虑到例 15.2 的相同情况，$h(t)$ 的波形带宽被限制在 81 Hz，使得在奈奎斯特频率下采样出 $m=81$ 个采样值。我们比较 $m=36$ 和 $m=81$ 个采样点的性能，其中利用了局部插值的 MF 算法。在矩阵束算法中，束参数在推荐的范围中选择 $m/3 \leqslant M \leqslant m/2$，因此有，$M=15$ 和 $M=35$，分别对应于 $m=36$ 和 $m=81$。我们利用 OMP 算法（算法 11.1）进行 CS 恢复，并考虑两种选择的频率集 $\mathcal{K}$：一个连续选择和一个随机选择，其中 m 个频率均匀随机分布在 $[0, 10m]$ 中。时间栅格被选择为 1/10000 的分辨率，也就是说，在间隔 $[0,1)$ 内选取 10000 个点。结果是超过 1000 次仿真下的平均值（对于任意的 $\mathcal{K}$ 和固定的频率集）。

图 15.21 给出了矩阵束算法和当 $L=6$ 时的 MF 算法的 MSE（在对数坐标下）与 SNR 的函数关系。图 15.22 和图 15.23 比较了在相同情况下矩阵束算法和 CS 算法的恢复性能。在图 15.22 中为采样连续频率值的结果，而在图 15.23 中 CS 结果是基于随机频率位置的结果。

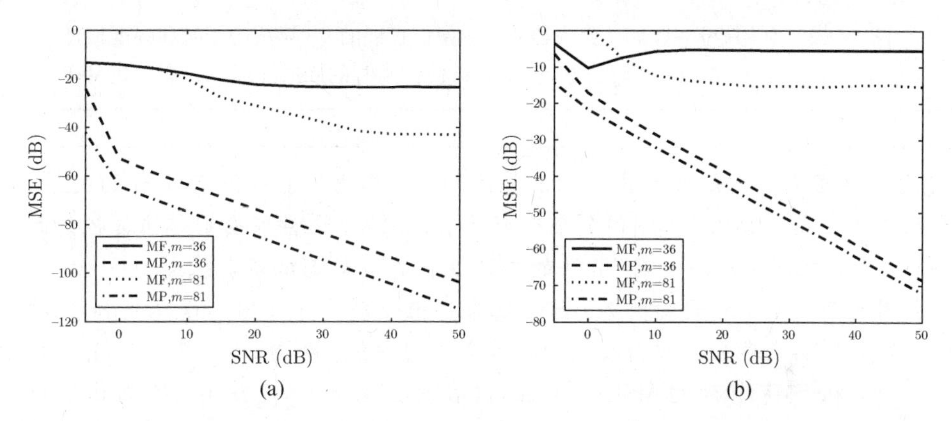

图 15.21　利用矩阵束（MP）算法和 $L=6$ 时的 MF 算法的延时和幅度估计结果，$m=36$ 或 $m=81$；(a) 估计延时的 MSE；(b) 估计幅度的 MSE

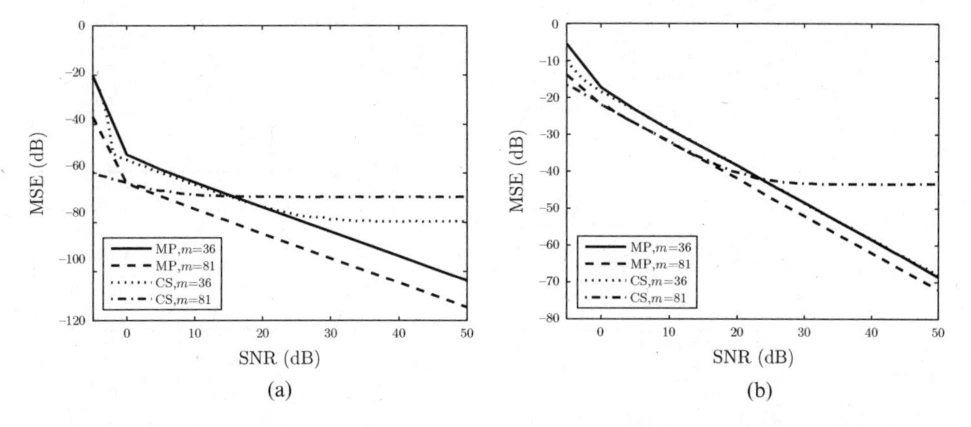

图 15.22　利用矩阵束（MP）算法和 $L=6$ 时的连续频率值 CS 算法的延时和幅度估计结果，$m=36$ 或 $m=81$。(a) 估计延时的 MSE；(b) 估计幅度的 MSE

仿真结果表明，当低于奈奎斯特采样速率时，奈奎斯特方法、矩阵束算法和 CS 算法都可以得到比 MF 算法更较小的 MSE（更好的估计性能）。还可以明显看到，利用 CS 算法，频率值扩展对于确保一个良好的恢复很重要，这会比连续频率测量有更好的性能。比较 CS 算法和矩阵束算法可以看到，CS 算法在低信噪比区域更有优势。然而，在高信噪比区域，矩阵束算法会有更好的性能，可以得到更好的恢复。

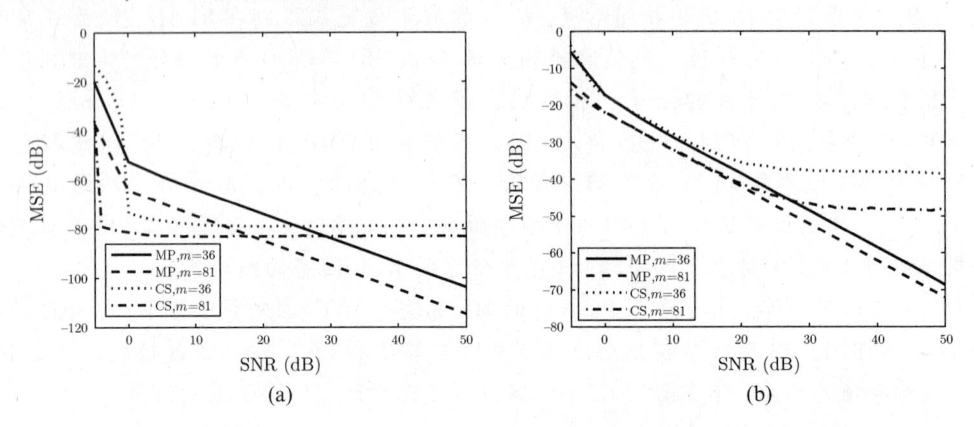

图 15.23　利用矩阵束(MP)算法和随机频率值扩展的 CS 算法的延时和幅度估计结果，$L=6$，$m=36$或$m=81$。(a)估计延时的MSE；(b)估计幅度的MSE

例 15.9　这里来考虑矩阵束算法、CS 算法和 MF 算法与采样值个数 m 的关系。特别地，我们将看到即使在高信噪比下，利用欠奈奎斯特采样的 MF 算法将会引起恢复性能的下降。作为对比，我们看到矩阵束算法和 CS 算法的恢复性能受 m 的影响不是很大。

我们利用前面例子中相同的情况，只考虑采样值分别为 $m=20$，40，60，80。对于矩阵束算法，每一个 m 值的束参数被重新设置为推荐范围的中值，即 $M=8$，17，25，33。图 15.24 给出了 $L=6$ 个脉冲的 MF 算法的 MSE 恢复性能（在对数坐标下）。图 15.25 给出了矩阵束算法的恢复性。图 15.26 给出了 CS 算法的连续频率值的结果，图 15.27 给出的是 CS 算法的随机选取频率值的结果。

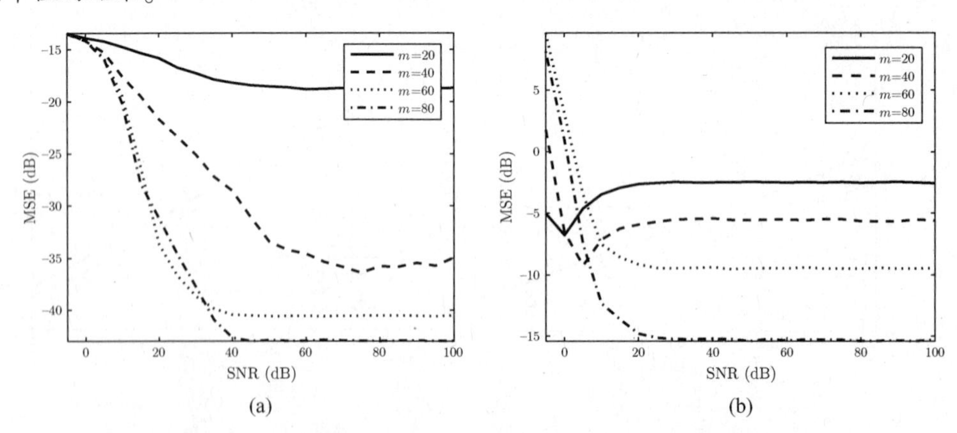

图 15.24　$L=6$ 时 MF 算法在 $m=20,40,60,80$ 个采样值的延时和幅度估计。(a)延时估计的MSE；(b)幅度估计的MSE

明显看到，MF 算法的性能下降得很快。当 $m<60$ 时，即使在高的信噪比下，恢复算法的 MSE 性能也很差。另一个方面可见，矩阵束算法有可靠的恢复性能，即使当 $m=20$ 时，减少采样点数只有非常小的影响。还可以看到，只要 $m>20$ 并采用选择随机频率值，CS 算法也可以得到良好的恢复性能。并且，在低信噪比区域，CS 算法的性能将超过了矩阵束算法，而在高信噪比区域则相反。CS 算法结合利用随机扩展频率方法的重要性再一次被很好地显示。

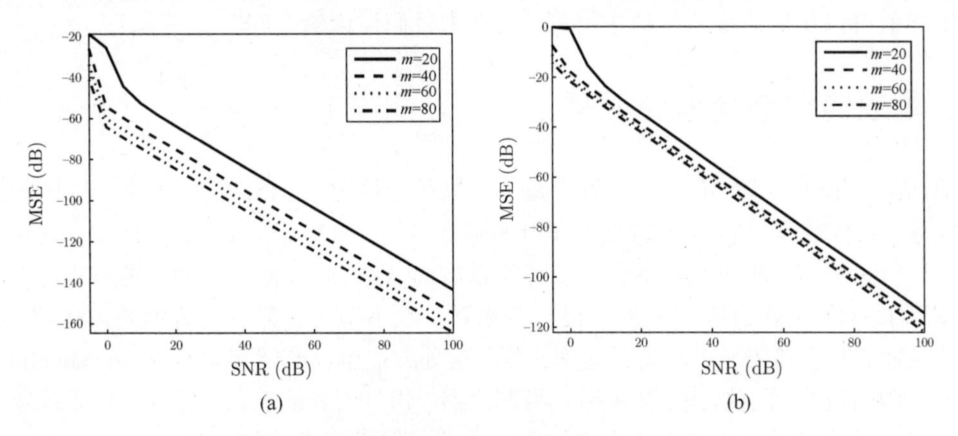

图 15.25　$L=6$ 时矩阵束(MP) $m=20,40,60,80$ 个采样点的延时和幅度估计。(a) 延时估计的MSE；(b) 幅度估计的MSE

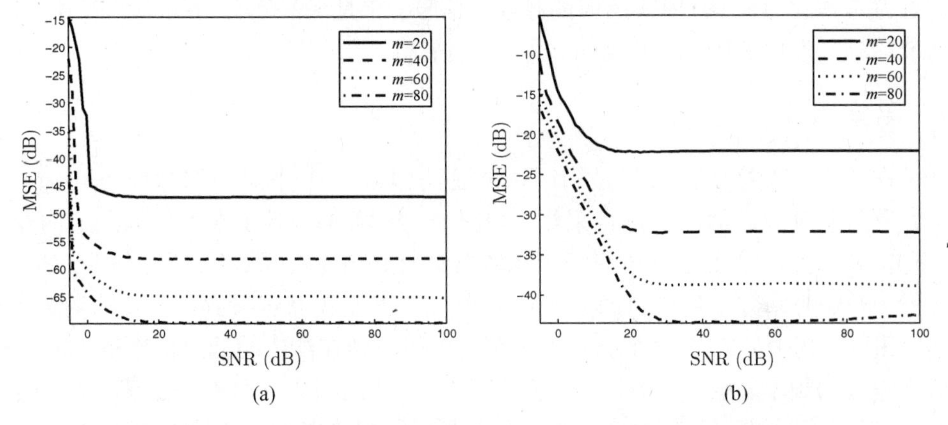

图 15.26　利用 $L=6$ 时的具有连续频率值的 CS 算法的延时和幅度估计性能，$m=20,40,60,80$ 个采样值。(a) 延时估计的MSE；(b) 幅度估计的MSE

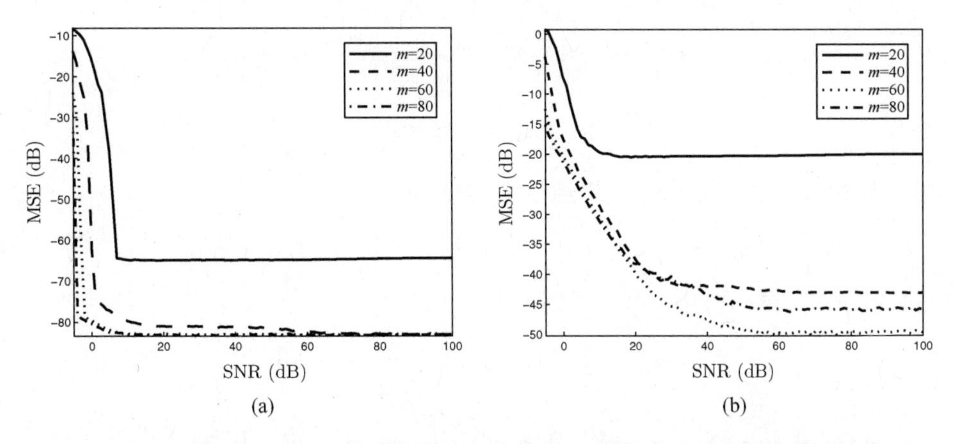

图 15.27　利用 $L=6$ 时的具有随机扩展频率值的 CS 算法的延时和幅度估计性能，$m=20,40,60,80$ 个采样值。(a) 延时估计的MSE；(b) 幅度估计的MSE

例 15.9 表明了欠奈奎斯特采样方法的潜力。然而，为了获得低速率采样，我们必须用一种更复杂的恢复方法来取代 MF。除此之外，这些采样算法还需要详细设计采样方案，使得所需要的频率采样值可以从低速率采样值中得到，接下来我们讨论这个问题。

15.3 单通道欠奈奎斯特采样

在前面的一节中，我们介绍了多种方法，可以用于恢复式(15.7)的脉冲流信号的延时和幅度的问题，条件就是给定 $m \geq 2L$ 个傅里叶系数 $X[k]$，$k \in \mathcal{K}$。然而，在实际中，这种信号是在时域上进行采样，因此我们就不会直接得到系数 $X[k]$ 的采样值。下面，我们来讨论如何通过低速率下采样信号 $x(t)$ 来方便地获得这些系数。在本节中，考虑最简单的采样方式，即使用单个滤波器，然后利用一个均匀低速率采样，这种方法也就是陪集采样(coset sampling)。在 15.4 节中，将研究多通道结构，其包括一组调制器、积分器和滤波器组系统，该系统包括多个采样滤波器。虽然多通道采样方法需要更多的硬件，但是通常这样会导致更简单的滤波器和更低的平均采样速率(在非周期环境下)。

我们首先考虑式(15.18)形式的周期脉冲流信号，它是最易于分析的一种信号。然后，再考虑如何推广到一般的有限和无限脉冲流信号的情况。

15.3.1 陪集采样

降低采样速率最直接的方法就是利用一个滤波器 $\overline{s(-t)}$ 来对周期脉冲信号 $x(t)$ 进行滤波，并以 T 为周期对滤波器输出进行采样，如图 15.28 所示。为了在每个周期 τ 内获取 m 个采样值，选取 $T=\tau/m$。下面，来推导这个滤波器 $s(t)$ 和傅里叶系数集 $\mathcal{K}$ 的条件，进而使得需要的 $X[k]$，$k \in \mathcal{K}$ 的系数序列可以通过采样来获得。正如我们将看到的，$\mathcal{K}$ 的约束条件会导致在陪集上采样，其中的 $\mathcal{K}$ 在每个陪集中只有一个值。当在给定的低速采样率下进行采样时，每一个陪集包含的频率就会重叠在一起。确保 $\mathcal{K}$ 在每个陪集中只含有一个值就是为了没有重叠的发生，后面我们会进一步解释。为了简化起见，我们要求对滤波器的输出进行均匀采样，虽然这个结果也可以延伸到非均匀采样的情况。

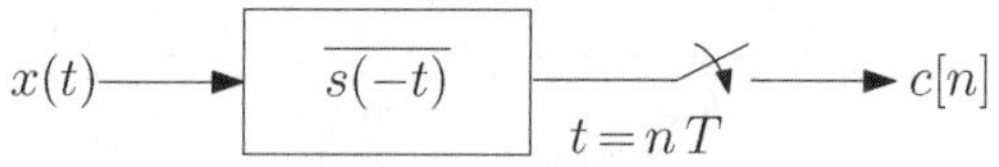

$x(t)$ → $\overline{s(-t)}$ → $t=nT$ → $c[n]$

图 15.28 单通道采样方案 $T=\tau/m$

利用图 15.28 的方案，采样值可以通过下式给出

$$c[n] = \int_{-\infty}^{\infty} x(t)\,\overline{s(t-nT)}\,\mathrm{d}t = \langle s(t-nT), x(t) \rangle \tag{15.85}$$

将式(15.24)代入式(15.85)中，可以得到

$$\begin{aligned} c[n] &= \sum_{k \in \mathbb{Z}} X[k] \int_{-\infty}^{\infty} \mathrm{e}^{\mathrm{j}\frac{2\pi k}{\tau}t}\,\overline{s(t-nT)}\,\mathrm{d}t \\ &= \sum_{k \in \mathbb{Z}} X[k]\,\mathrm{e}^{\mathrm{j}\frac{2\pi k}{\tau}nT} \int_{-\infty}^{\infty} \mathrm{e}^{\mathrm{j}\frac{2\pi k}{\tau}t}\,\overline{s(t)}\,\mathrm{d}t \\ &= \sum_{k \in \mathbb{Z}} X[k]\,\mathrm{e}^{\mathrm{j}\frac{2\pi k}{\tau}nT}\,\overline{S(2\pi k/\tau)} \end{aligned} \tag{15.86}$$

其中，$S(\omega)$是$s(t)$的 CTFT。选择任意的滤波器$s(t)$满足

$$S(\omega)=\begin{cases}0, & \omega=2\pi k/\tau, k\notin\mathcal{K}\\ \text{非零值}, & \omega=2\pi k/\tau, k\in\mathcal{K}\\ \text{任意值}, & \text{其他}\end{cases} \tag{15.87}$$

可以将式(15.86)重写为

$$c[n]=\sum_{k\in\mathcal{K}}X[k]\mathrm{e}^{\mathrm{j}\frac{2\pi k}{\tau}nT}\overline{S(2\pi k/\tau)}=\sum_{k\in\mathcal{K}}X[k]\mathrm{e}^{\mathrm{j}\frac{2\pi k}{m}n}\overline{S(2\pi k/\tau)} \tag{15.88}$$

这里用到了$T=\tau/m$的关系。与式(15.86)相比，式(15.88)的和是一个有限的数。注意到，式(15.87)表明任意满足这个条件的滤波器也会满足$k\in\mathcal{K}\Rightarrow -k\in\mathcal{K}$，除此之外，因为实值滤波器的共轭对称性，有$S(2\pi k/\tau)=\overline{S(-2\pi k/\tau)}$。

定义$m\times m$的对角矩阵$\boldsymbol{S}$，对于所有的$k\in\mathcal{K}$，第k项为$\overline{S(2\pi k/\tau)}$，长度为$m$的向量$\boldsymbol{c}$的第$n$项为$c[n]$。那么，可以把式(15.88)写为

$$\boldsymbol{c}=\boldsymbol{V}(\{-2\pi\ell/m\})_{m\times m}\boldsymbol{S}\boldsymbol{x} \tag{15.89}$$

其中$\boldsymbol{V}$由式(15.30)定义，$\ell\in\mathcal{K}$，$\omega_\ell=-2\pi\ell/m$，$\boldsymbol{x}$是长度为m的向量，元素为$X[k]$，$k\in\mathcal{K}$。因此，需要选取$\mathcal{K}$和$S(\omega)$使得$\boldsymbol{V}(\{-2\pi\ell/m\})_{m\times m}\boldsymbol{S}$是左可逆的，使得$\boldsymbol{x}$可以由式(15.89)决定。

$\mathcal{K}$ 的条件

矩阵$\boldsymbol{S}$是可逆的，为了确保$\boldsymbol{V}$的可逆性，$\ell\in\mathcal{K}$的值必须为模m不同的。否则，就会出现两个相同的列向量。关于$\mathcal{K}$上的频率的这种约束条件可以按下面的解释来理解。令$\mathcal{I}$表示频率集合$\omega_k=2\pi k/\tau$，其中$X[k]\neq 0$。将集合$\mathcal{I}$分为m个子集合，其中的第ℓ组，$\ell=0,\cdots,m-1$，包含频率$\Omega_\ell=\{2\pi(\ell+km)/\tau\}$，对于所有的$k$值，这样就使得$\Omega_\ell$存在于$\mathcal{I}$中。我们称这些子集合为陪集，正如图 15.29 中所展示的。为了构造一个有效的$\mathcal{K}$，我们必须从每一组Ω_ℓ中选取每一个元素。这种采样因此被称为陪集采样。在这种$\mathcal{K}$的要求下，假设$S(\omega)$满足式(15.87)，那么系数$\boldsymbol{x}$就可以由式(15.89)得到。

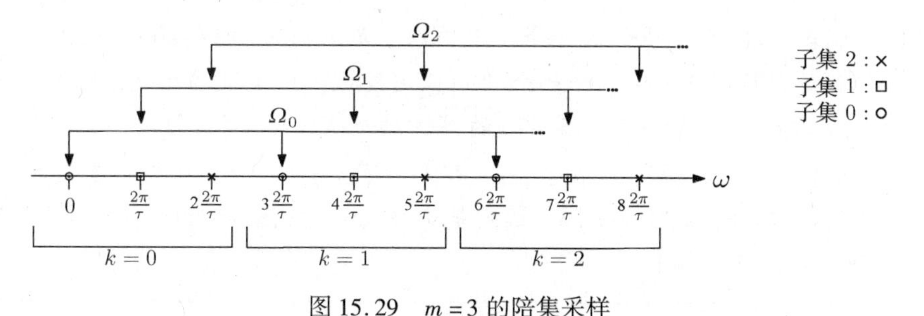

图 15.29　$m=3$ 的陪集采样

例 15.10　对应$m=3$，考虑到图 15.29 中的陪集例子。在这个例子中，三个子集(分别为圆、方框、星星的符号)为：

$$\Omega_0=\left\{\cdots,-6\frac{2\pi}{\tau},-3\frac{2\pi}{\tau},0,3\frac{2\pi}{\tau},6\frac{2\pi}{\tau},\cdots\right\}$$

$$\Omega_1=\left\{\cdots,-5\frac{2\pi}{\tau},-2\frac{2\pi}{\tau},\frac{2\pi}{\tau},4\frac{2\pi}{\tau},7\frac{2\pi}{\tau},\cdots\right\}$$

$$\Omega_2 = \left\{\cdots, -4\frac{2\pi}{\tau}, -1\frac{2\pi}{\tau}, 2\frac{2\pi}{\tau}, 5\frac{2\pi}{\tau}, 8\frac{2\pi}{\tau}, \cdots\right\}$$

一个合理的采样方案将包括从每一个子集中选取一个元素。例如，一种可能的选择是 $\mathcal{K}=\{0,1,2\}$。另一种可能的集合是 $\mathcal{K}=\{-6,-5,8\}$。这两种集合都会导致相同的矩阵 $\boldsymbol{V}$，因为它们的模都是3。

一旦 $\mathcal{K}$ 被选择，需要保证 $S(\omega)$ 在值 $2\pi/\tau\cdot\mathcal{K}$ 内是非零的，而在删格 $2\pi k/\tau$ 的所有其他值上都是零。

当利用上面描述的方法选定频率时，$\mathcal{K}$ 的模 m 数值总是等于 $0,1,\cdots,m-1$。因此，通过对矩阵 $\boldsymbol{V}$ 的列向量适当排列(对应于 $\boldsymbol{S}$ 和 $\boldsymbol{x}$ 的适当排列)，就可以使矩阵 $\boldsymbol{V}$ 等于 $\boldsymbol{V}=\sqrt{m}\boldsymbol{F}^*$，其中 $\boldsymbol{F}$ 是 $m\times m$ 的傅里叶矩阵(见附录A)，就可以得到

$$\boldsymbol{x} = \frac{1}{\sqrt{m}}\boldsymbol{S}^{-1}\boldsymbol{F}\boldsymbol{c} \tag{15.90}$$

因此，向量 $\boldsymbol{x}$ 就可以对采样向量用离散傅里叶变化(DFT)，然后用采样滤波器对应的相关矩阵处理来得到。一旦 $X[k]$，$k\in\mathcal{K}$ 被确定，就可以用前面介绍的方法来恢复延时。

我们可以用下面的定理来总结这种陪集采样方法。

定理 15.1 考虑 L 阶 τ 周期的脉冲流

$$x(t) = \sum_{\ell=1}^{L}\sum_{n\in\mathbb{Z}} a_\ell h(t-t_\ell-n\tau)$$

选取一个尺寸为 $m=|\mathcal{K}|$ 的指数的集合 $\mathcal{K}$，其中 $H(2\pi k/\tau)\neq 0$，$\forall\ k\in\mathcal{K}$，并且 $\mathcal{K}$ 中所有的值都是模 m 相同的。令 $T=\tau/m$。那么，对于任意满足条件式(15.78)的 $s(t)$，采样值

$$c[n] = \langle s(t-nT), x(t)\rangle,\quad n = 0,1,\cdots,m-1$$

就可以唯一确定信号 $x(t)$，只要 $m\geqslant 2L$。傅里叶系数 $X[k]$，$k\in\mathcal{K}$，可以通过式(15.90)从采样值 $c[n]$ 中确定。

例 15.11 满足定理15.1条件的一个简单的例子是 $s(t)=(1/T)\mathrm{sinc}(t/T)$，且有 $T=\tau/m$ 和 $m\geqslant 2L$[103]。在这种情况下，$s(t)$ 是一个理想低通滤波器，带宽为 π/T (见例3.12)，使得 $S(\omega)=1$ 对于 $|\omega|\leqslant\pi/T$。因此，式(15.87)的条件满足 $\mathcal{K}=\{-\lfloor m/2\rfloor,\cdots,\lfloor m/2\rfloor\}$。注意到，这个滤波器是实值的，$k\in\mathcal{K}$，也表明 $-k\in\mathcal{K}$。除了 $k=0$ 之外，指数都是成对出现的。因为 $k=0$ 是集合 $\mathcal{K}$ 的一部分，基数 $m=|\mathcal{K}|$ 必须是奇数的，这样就导致有 $m\geqslant 2L+1$ 个采样值，而不是最小速率 $m\geqslant 2L$ 个采样值。

这个例子表明，我们可以通过用低通滤波器过滤输入信号，并对输出信号进行采样，在一个低速率下采样脉冲流信号。这个方案在实际中很容易实现，但是它有一些缺点。第一，理想的低通滤波器是无限时间支撑的，所以不能扩展到有限和非周期无限脉冲流。第二，在很多种情况下，我们可以增加对噪声的鲁棒性，方法是通过将傅里叶采样值扩展在 $X(\omega)$ 的支撑集上，而不是在 $\mathcal{K}$ 中选取连续的值。

下面将提出一类非限带采样核函数，这些采样核函数探索了条件式(15.87)中额外的自由度。这些滤波器在时域上具有紧密的支撑，可以用来设计通过任意选取的频率 $\mathcal{K}$。这种

紧密的支撑核函数允许这一类方法扩展为有限和无限的脉冲流信号，正如 15.3.4 节中所展示的。

15.3.2　Sum-of-sinc 滤波器

获得满足式(15.87)的滤波器的一种可能的方法是在每一个 $k\in\mathcal{K}$ 的数值上放置一个 sinc 函数 $\mathrm{sinc}[\omega(2\pi/\tau)-k]$。每一个这样的 sinc 函数都能在 k 处产生一个 1 的数值，在其他的$2\pi/\tau$的位置产生一个 0 的数值。这种滤波器被称为 Sum-of-sinc(SoS)滤波器[424]，可以写成

$$G(\omega)=\tau\sum_{k\in\mathcal{K}}b_k\mathrm{sinc}\left(\frac{\omega}{2\pi/\tau}-k\right)\tag{15.91}$$

这里，$b_k\neq0$，$k\in\mathcal{K}$ 是任意的系数。

因为，在这个和中的每一个 sinc 函数为

$$\mathrm{sinc}\left(\frac{\omega}{2\pi/\tau}-k\right)=\begin{cases}1, & \omega=2\pi k'/\tau,k'=k\\0, & \omega=2\pi k'/\tau,k'\neq k\end{cases}\tag{15.92}$$

因此，滤波器 $G(\omega)$满足式(15.78)的构造条件。转换到时域为

$$g(t)=\mathrm{rect}\left(\frac{t}{\tau}\right)\sum_{k\in\mathcal{K}}b_k\mathrm{e}^{\mathrm{j}2\pi kt/\tau}\tag{15.93}$$

这显然是一个时间紧凑支撑滤波器，支撑为 τ。其中有

$$\mathrm{rect}(t)=\begin{cases}1, & |t|\leqslant\tau/2\\0, & |t|>\tau/2\end{cases}\tag{15.94}$$

例 15.12　这里给出一个 SoS 滤波器 $g(t)$的简单例子，当选取 $\mathcal{K}=\{-p,\cdots,p\}$ 并且将所有的系数$\{b_k\}$设为 1 时，有

$$g(t)=\mathrm{rect}\left(\frac{t}{\tau}\right)\sum_{k=-p}^{p}\mathrm{e}^{\mathrm{j}2\pi kt/\tau}=\mathrm{rect}\left(\frac{t}{\tau}\right)D_p(2\pi t/\tau)\tag{15.95}$$

其中的 D_p是由下式定义的 Dirichlet 核函数

$$D_p(t)=\sum_{k=-p}^{p}\mathrm{e}^{jkt}=\frac{\sin((p+1/2)t)}{\sin(t/2)}\tag{15.96}$$

在 $p=10$ 和 $\tau=1$ 时，这个滤波器的结果在图 15.30 中给出。对于 $H(\omega)$在其支撑域是平坦的情况，这个滤波器在 MSE 角度来看是一个最佳滤波器，即有 $h(t)=\delta(t)$，正如后面定理 15.2 中所描述的。

例 15.13　另外一个 SoS 滤波器的例子，假设选取 b_k，$1\leqslant k\leqslant m$ 作为一个长度为 m 的对称汉明窗：

$$b_k=0.54-0.46\cos\left(2\pi\frac{k+m/2}{m}\right),\quad k\in\mathcal{K}\tag{15.97}$$

这里 $\mathcal{K}=\{-10,-9,\cdots,9,10\}$，且有 $m=|\mathcal{K}|=21$。这样的一个滤波器的结果在图 15.31 中给出。

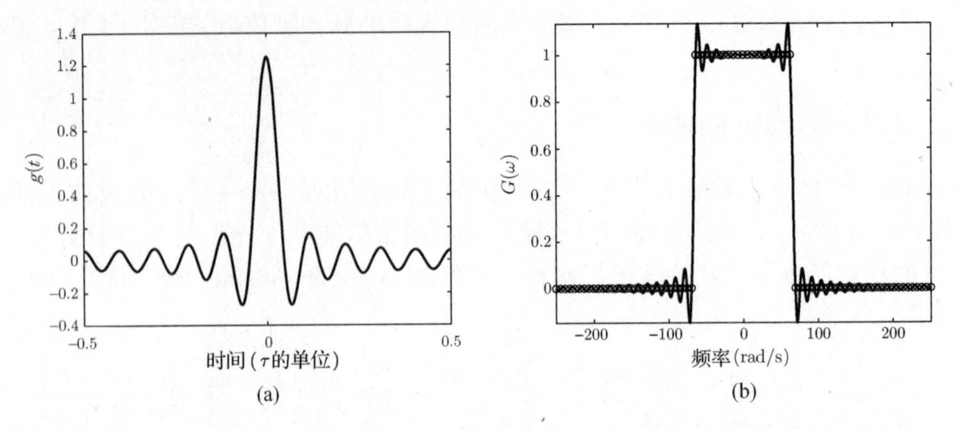

图 15.30 式(15.95)的滤波器 $g(t)$。(a)时域表示；(b)频域表示。$G(\omega)$在$\{2\pi k/\tau\}$，$k \in \mathbb{Z}$ 的值被圆圈标记，当 $k \in \mathcal{K}$ 时等于 1，$k \notin \mathcal{K}$ 时等于 0

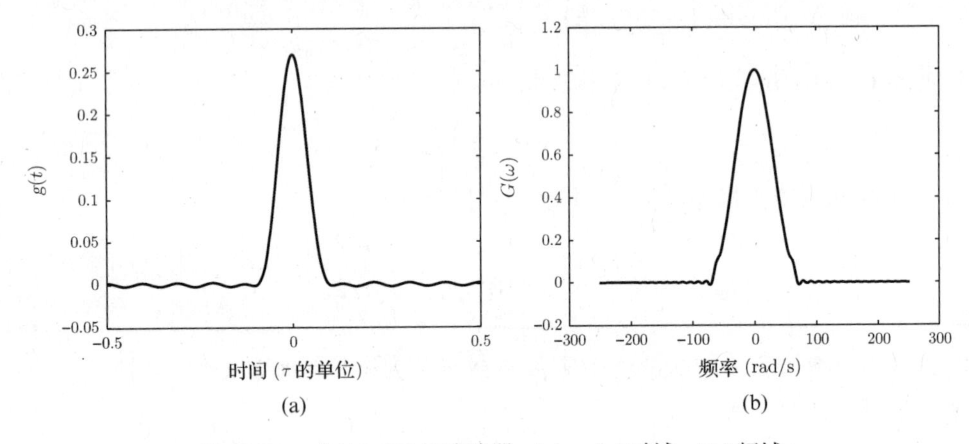

图 15.31 式(15.97)的滤波器 $g(t)$。(a)时域；(b)频域

例 15.14 最后一个例子给出如下情况，在 $\mathcal{K}$ 中的 $m=5$ 个频率点不是连续的。特别地，令 $\mathcal{K}=\{11,10,2,23,4\}$，选取 b_k的值为$\{1,2,3,4,5\}$。模值 $m=5$，则集合 $\mathcal{K}$ 变成$\{1,0,2,3,4\}$，使得这些值都是不同的，正如要求的一样。这样得到的 SoS 滤波器的结果在图 15.32 中给出。注意到，对于 $k\in\mathcal{K}$，$G(2\pi k/\tau)$的值就等于 b_k。

现在考虑利用这个滤波器来采样和恢复信号 $x(t)$，这里，$x(t)=\delta(t-0.1)+\delta(t-0.2)$在周期 $\tau=1$ 时包含 $L=2$ 个延时的 delta 脉冲。用 $s(-t)$滤波采样 $x(t)$，然后以周期$T=1/5$均匀采样输出 $m=5$ 次。给定采样值 $\boldsymbol{c}$，对于 $k\in\mathcal{K}$ 我们用式(15.89)确定向量 $\boldsymbol{x}$ 的元素 $X[k]$。

首先，对 $\boldsymbol{c}$ 进行重新排序，使得 $\boldsymbol{x}$ 对应于 $X[k]$，模 m 的 k 值$=\{0,1,2,3,4\}$，即 $k=\{10,11,2,23,4\}$。这表明我们交换了 $\boldsymbol{c}$ 和 $\boldsymbol{x}$ 的前两项。同样，我们也需要在 $\boldsymbol{S}$ 和 $\boldsymbol{V}$ 相应的列中交换这两项，这会使矩阵 $\boldsymbol{S}=\mathrm{diag}(2,1,3,4,5)$。然后，我们就可以由式(15.90)来确定 $\boldsymbol{x}$。给定 $\boldsymbol{x}$ 后，就可以应用 MUSIC 算法来确定延时，得到的伪频谱结果如图 15.32 中所示。正如所看到的，在正确的延时位置有两个峰值。

在这个例子中，我们只根据五个采样值就恢复了这个非带限信号 $x(t)$。

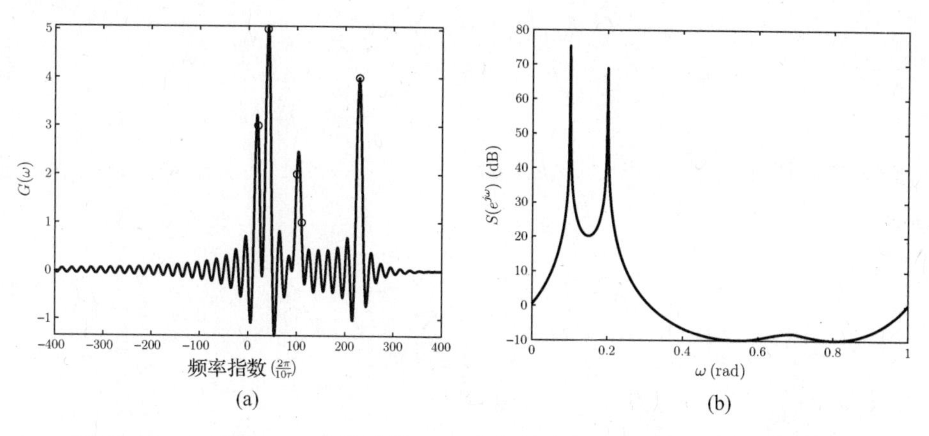

图 15.32　(a)例 15.14 中滤波器 $g(t)$ 的频域表示，用圆圈标记了 $G(\omega)$ 的值，$k\in\mathcal{K}$，其值等于正确顺序下的 b_k；(b)MUSIC 算法的伪频谱

式(15.93)中的 SoS 滤波器的种类可以延伸为

$$G(\omega) = \tau\sum_{k\in\mathcal{K}} b_k\phi\left(\frac{\omega}{2\pi/\tau}-k\right) \tag{15.98}$$

这里，$b_k\neq 0$，$k\in\mathcal{K}$，并且 $\phi(\omega)$ 是任意满足下式的函数

$$\phi(\omega) = \begin{cases}1, & \omega = 0\\ 0, & |\omega|\in\mathbb{Z}\\ \text{任意}, & \text{其他}\end{cases} \tag{15.99}$$

这个更一般的结构允许矩形函数有更平滑的形式，这一点在实际实现模拟滤波器的时候是非常重要的。

式(15.98)的函数 $G(\omega)$ 是由参数 $\{b_k\}_{k\in\mathcal{K}}$ 确定的一类滤波器。这些自由度提供了一种滤波器设计工具，其参数值 $\{b_k\}_{k\in\mathcal{K}}$ 对于不同设计目标都可以是最佳的，也就是说，这些参数可以实现一种灵活的模拟滤波器。在下面的定理 15.2 中，将展示怎样选取 $\{b_k\}$ 来减小噪声条件下的 MSE。

15.3.3　噪声的影响

在噪声存在的情况下，$\{b_k\}_{k\in\mathcal{K}}$ 的选择将会影响恢复性能。考虑这样的情形，数字噪声被加在样本 $\boldsymbol{c}$ 上，使得 $\boldsymbol{y}=\boldsymbol{c}+\boldsymbol{w}$，$\boldsymbol{w}$ 表示一个高斯噪声矩阵，方差为 σ^2。利用式(15.89)

$$\boldsymbol{y} = \sqrt{m}\,\boldsymbol{F}^*\boldsymbol{B}\boldsymbol{x}+\boldsymbol{w} \tag{15.100}$$

其中，$\boldsymbol{B}$ 是一个对角矩阵，对角线为 $\{\tau b_k\}$。注意到，b_k 表示一个非零系数，对于任意的整数 r，这个系数对应于一个任意的频率 $2\pi(k+rm)/\tau$。为了选择最佳的 $\boldsymbol{B}$，我们假设幅度 $\{a_\ell\}$ 与方差 σ_a^2 是不相关的，并且也独立于 $\{t_\ell\}$，$\{t_\ell\}$ 均匀分布在 $[0,\tau)$ 内。由于噪声是加在滤波后的采样样本上的，因此增大滤波器的放大系数会减小 MSE。滤波器的能量必须做归一化处理，我们是通过加上常量 $\mathrm{Tr}(\boldsymbol{B}^*\boldsymbol{B})=1$ 来实现的。在这些假设下，给出下面的定理[424]：

定理 15.2　从式(15.100)中的噪声样本 $\boldsymbol{y}$ 中得到的向量 $\boldsymbol{x}$ 的一个线性估计的最小 MSE 可以通过选择下面的系数来得到

$$b_i = \begin{cases} \dfrac{\sigma^2}{m\tau^2}\left(\sqrt{\dfrac{m}{\lambda\sigma^2}} - \dfrac{1}{|\widetilde{h}_i|^2}\right), & \lambda \leqslant |\widetilde{h}_i|^4 m/\sigma^2 \\ 0, & \lambda > |\widetilde{h}_i|^4 m/\sigma^2 \end{cases} \tag{15.101}$$

其中，对于任意的整数 r，$\widetilde{h}_k = H[2\pi(k+mr)/\tau]\sigma_a\sqrt{L}/\tau$ 会产生最大的绝对值，并且按照 $|\widetilde{h}_k|$ 增加的顺序来排列。

$$\sqrt{\lambda} = \frac{(|\mathcal{K}| - M)\sqrt{m/\sigma^2}}{m/\sigma^2 + \sum_{i=M+1}^{|\mathcal{K}|} 1/|\widetilde{h}_i|^2} \tag{15.102}$$

同时，对于 $\lambda \leqslant |\widetilde{h}_{M+1}|^4 m/\sigma^2$，$M$ 是最小的索引值。

注意到，在线性恢复的条件下，这个定理给出了最佳滤波器系数。然而在实际上，我们介绍的所有估计 a_ℓ 和 t_ℓ 的方法都是非线性的。但是，这样却使得我们可以更好地理解滤波器参数最优化的问题。特别地，式(15.101)中的系数 b_k 有这样一种直观性质，即对于更大的 h_k 值，这个系数值也就更大。我们总是希望对于较大的信号值所对应的傅里叶系数给予更多的关注。

在 $\widetilde{h}_k$ 相等的情况下，我们有下面的推论。

推论 15.3 如果 $\widetilde{h}_k$ 对于所有的 k 值都是相等的，那么，对于所有的 $k \in \mathcal{K}$，最佳系数为 $\beta_k = 1/(m\tau)$。

当 $h(t) = \delta(t)$，或者更一般的情况时，$H(\omega)$ 在其支撑上是平坦的，则性质 15.3 表明，滤波器的系数应该相等地选取。依据这个结果，我们在噪声仿真中，对所有的 $k, j \in \mathcal{K}$，设定 $b_k = b_j$，其中 $h(t) = \delta(t)$。然而，注意到，目前还留下一个如何选择 $\mathcal{K}$ 的问题。一些可行的选取频率的方法在文献[427,447]中被提及。粗略地讲，这些简易的方法基本上都是至少连续地选择两个傅里叶系数，但同时还要扩展频率以覆盖更大的范围。这样做的主要动机就是，扩展频率范围可以得到更高的精度。同时，选择连续的系数可以避免混叠。作为一个例子，文献[427]中介绍的欠奈奎斯特雷达试验系统就利用了一个包括四组连续系数的星座信号，每一个频带都在信号频带上进行随机扩展。实际上，这种类型的采样电路都是利用四个带通滤波器，以及每个滤波器的输出利用低速采样器。在本章的图 15.40 中我们将可以看到这个原型系统的图片，同时在那部分章节中会更加详细地讨论这个系统。另一方面，在超声波影像领域，文献[448]的作者研究了一个单带通滤波器集中于频谱的高能成分，这与定理 15.2 的结果相一致。

例 15.15 现在利用定理 15.2 来检验优化选择系数 b_k 的重要性。

考虑一个输入信号，$x(t) = \delta(t-0.2) + \delta(t-0.4)$，其在周期 $\tau = 1$ 内包含 $L = 2$ 个延时的 delta 脉冲。注意到，这个信号具有无限带宽。然而，我们只利用 11 个采样值来恢复这个信号，方法就是选择对应于索引集 $\mathcal{K} = \{-5, \cdots, 5\}$ 的频率值。为了获得理想的系数，利用式(15.91)中的 $g(t)$ 对信号 $x(t)$ 进行滤波。对滤波器的输出进行 $m = 11$ 次均匀采样，采样周期为 $T = 1/m$。方差为 σ^2 的高斯白噪声被加到这个采样值上，进而得到一定的 SNR。

在图 15.33 中，我们对于两种不同选择的滤波器 $s(t)$，比较了式(15.90)中频率系数和式(15.26)中实频率系数的 MSE 特性。第一个是对应于推论 15.3 的最佳滤波器，如图 15.30 所示。第二个是长度为 m 的对称汉明窗，如图 15.31 所示。很明显，优化地选取 b_k 可以得到更好的 MSE 性能。

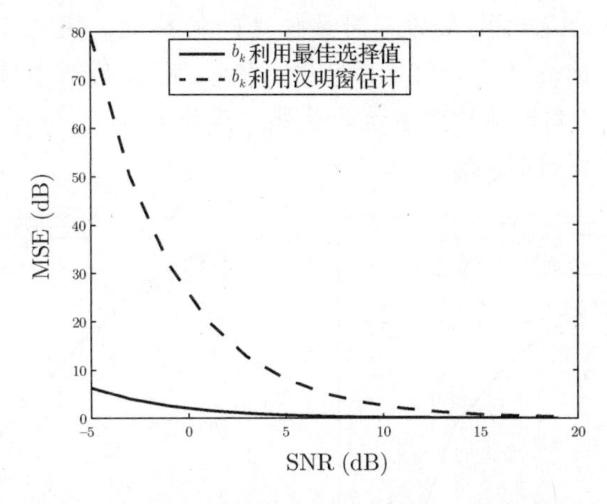

图 15.33　利用 b_k的最佳选择值和利用汉明窗估计傅里叶系数的 MSE 性能

利用矩阵束算法估计频率系数的性能如图 15.34 所示。下面来研究 CS 算法用于估计频率系数的性能问题，这里使用了一个 1000 个点的网格和连续的频率值(与矩阵束算法的情况一样)。结果如图 15.35 所示。这里再次看到，最佳选择的优势是很明显的。

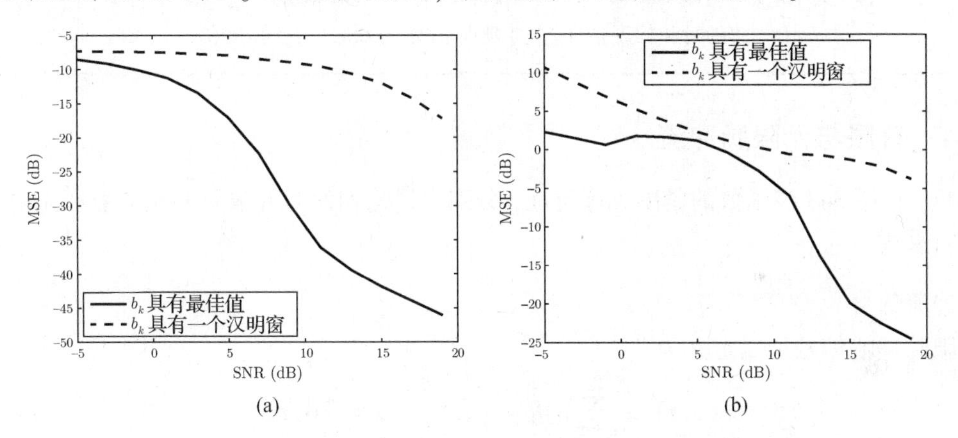

图 15.34　在 b_k的最佳值和具有一个汉明窗的条件下，利用矩阵束算法的延时和幅度估计。(a) 延时估计的MSE；(b) 幅度估计的MSE

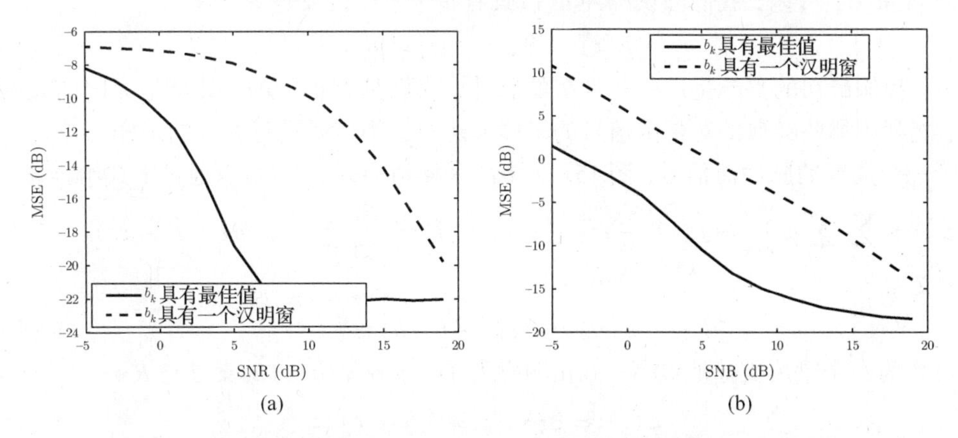

图 15.35　在 b_k的最佳值和具有一个汉明窗的条件下，利用 CS 算法的延时和幅度估计。(a) 延时估计的MSE；(b) 幅度估计的MSE

最后，一个有趣的事情是比较 b_k 的不同最佳选择的问题。定理 15.2 表明，应该设定为 $b_k=1$，但是，却留下一个问题就是如何选择频率，即 $k\in\mathcal{K}$ 下的频率值。在图 15.36 中，给出了利用在范围[0,110]中任意选择的频率值的结果。正如例 15.8 和例 15.9 中所展示的，扩展这些频率值可以很明显地提升性能。

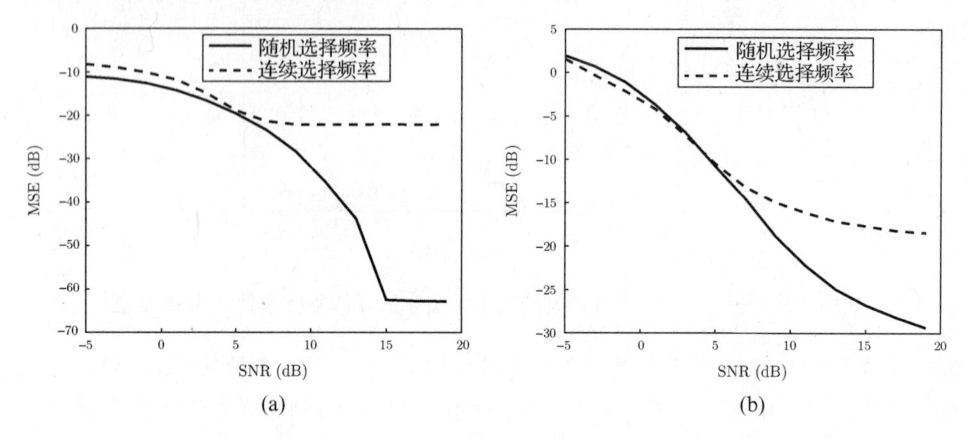

图 15.36 在 b_k 的最佳值条件下，具有连续频率和随机选择频率的 CS 算法的延时和幅度估计。(a) 延时估计的MSE；(b) 幅度估计的MSE

15.3.4 有限与无限脉冲流

这里，利用 SoS 核函数的紧凑支撑特性，分别来讨论如何对有限脉冲流信号和无限脉冲流信号进行采样。

有限脉冲流信号

有限脉冲流信号可以定义为

$$x(t) = \sum_{\ell=1}^{L} a_\ell h(t-t_\ell), \quad t_\ell \in [0,\tau) \tag{15.103}$$

其中，$h(t)$ 是一个已知的脉冲波形，$\{t_\ell, a_\ell\}_{\ell=1}^{L}$ 是未知的延时和幅度。延时 $\{t_\ell\}_{\ell=1}^{L}$ 被限制在有限的时间间隔 $[0,\tau)$ 内，我们假设脉冲 $h(t)$ 具有一个有限的支撑 R，即

$$h(t) = 0, \qquad |t| \geqslant R/2 \tag{15.104}$$

回忆一下，我们最初的兴趣是那些非常窄的脉冲，它们具有很宽的，甚至是无限的频率支撑，因此，不能利用那些经典的对带限信号的采样方法对这类信号进行有效的采样。

对于一个周期的脉冲流信号，图 15.28 中的采样值序列 $c[n]$ 可以通过下式给出

$$c[n] = \sum_{i\in\mathbb{Z}}\sum_{\ell=1}^{L} a_\ell \int_{-\infty}^{\infty} h(t-t_\ell-i\tau)\overline{s(t-nT)}\mathrm{d}t = \sum_{i\in\mathbb{Z}}\sum_{\ell=1}^{L} a_\ell \varphi(nT-t_\ell-i\tau) \tag{15.105}$$

这里，定义

$$\varphi(\theta) = \langle s(t-\theta), h(t)\rangle \tag{15.106}$$

选择 $s(t)$ 作为一个紧凑支撑滤波器，截止频率为 $|t|>\tau/2$，$\varphi(t)$ 的支撑是 $R+\tau$：

$$\varphi(t) = 0, \quad |t| \geqslant (R+\tau)/2 \tag{15.107}$$

利用这一个性质，式(15.105)的求和将遍及所有非零值，其索引 i 满足于下式

$$|nT-t_\ell-i\tau| < (R+\tau)/2 \tag{15.108}$$

在窗口$[0,\tau)$内进行采样，同时注意到，延时位于$t_\ell \in [0,\tau)$，$\ell=1,\cdots,L$，则式(15.108)表明

$$(R+\tau)/2 > |nT-t_\ell-i\tau| \geqslant |i|\tau-|nT-t_\ell| > (|i|-1)\tau \tag{15.109}$$

这里，用到三角不等式，并考虑到我们设置环境下的事实$|nT-t_\ell|<\tau$，

因此，

$$|i| < \frac{R/\tau+3}{2} \Rightarrow |i| \leqslant \left\lceil \frac{R/\tau+3}{2} \right\rceil - 1 \triangleq r \tag{15.110}$$

也就是说，式(15.105)中的求和式的元素对于除了式(15.110)之外的所有的i变为0。其结果为，式(15.105)中的无限求和变为了在$i \leqslant |r|$上的有限求和，进而导致

$$\begin{aligned} c[n] &= \sum_{i=-r}^{r}\sum_{\ell=1}^{L} a_\ell \int_{-\infty}^{\infty} h(t-t_\ell)\overline{s(t-nT+i\tau)}\mathrm{d}t \\ &= \left\langle \sum_{i=-r}^{r} s(t-nT+i\tau), \sum_{\ell=1}^{L} a_\ell h(t-t_\ell) \right\rangle \end{aligned} \tag{15.111}$$

定义一个函数，其包含$2r+1$个$s(t)$的周期

$$s_r(t) = \sum_{i=-r}^{r} s(t+i\tau) \tag{15.112}$$

可以推断出

$$c[n] = \langle s_r(t-nT), x(t) \rangle \tag{15.113}$$

因此，采样值$c[n]$可以在采样之前用滤波器$\overline{s_r(-t)}$采样$x(t)$得到，这个滤波器具有一个为$(2r+1)\tau$的紧凑支撑。

例如，假定$h(t)$的支撑R满足$R \leqslant \tau$。那么，我们就可以从式(15.110)中得到$r=1$。因此，滤波器$s_r(t)$包含$s(t)$的三个周期

$$s_1(t) = s(t-\tau) + s(t) + s(t+\tau) \tag{15.114}$$

例 15.16　考虑采样一个有限信号，当$a_\ell=1$，$t_\ell=\ell\Delta$，且有$\Delta=0.025$时，$x(t)=\sum_{\ell=1}^{L} a_\ell \delta(t-t_\ell)$，$t\in[0,1)$。采样值受零均值的高斯白噪声影响，并且满足要求的SNR所需要的方差。选取频率集$\mathcal{K}=\{-L,\cdots,L\}$，使得$m=|\mathcal{K}|=2L+1$。因此，采样率就是非常接近于$2L$采样值的最小采样速率。

由于$h(t)=\delta(t)$的支撑满足于$R \leqslant \tau=1$，在式(15.110)中的参数r等于1，进而，我们可以用式(15.114)中的$s_1(t)$来对信号$x(t)$进行滤波。对于$s(t)$，利用一个所有的系数b_k设为1的SoS滤波器。对这个滤波器的输出进行m次均匀采样，采样周期为$T=1/m$。频率系数可由式(15.90)得到。

在图15.37中，给出了利用矩阵束算法得到的MSE性能与SNR的函数关系。很显然，结果具有较好的鲁棒性，即使是对于L比较大的时候。

无限脉冲流信号

一个类似的技术可以用来采样和恢复无限长度的FRI脉冲流信号，如

$$x(t) = \sum_{\ell\in\mathbb{Z}} a_\ell h(t-t_\ell) \tag{15.115}$$

假设这种无限信号具有一种“突发”特性，即这种信号有两个不同的状态。(a)最大持续时间τ

最多可能包含 L 个脉冲突发状态；(b)突发状态之间的静默状态，即没有信号的状态。为了简便，从 $h(t)=\delta(t)$ 的情况开始。在这种选择下，式(15.112)中的滤波器 $\overline{s_r(-t)}$ 减小为式(15.114)中的滤波器 $\overline{s_1(-t)}$。

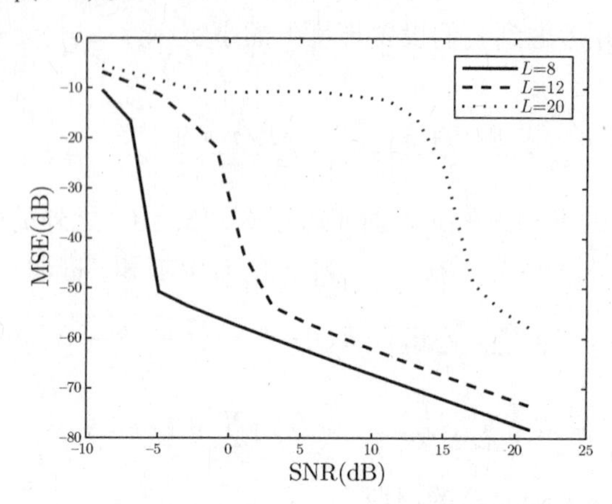

图 15.37　在不同的 L 选择下，有限脉冲流信号的 L 延时估计的 MSE 性能与 SNR 的函数关系

由于滤波器 $\overline{s_1(-t)}$ 具有紧密支撑 3τ，因此可以保证当前的突发不影响它之前和之后 $3\tau/2$ 采样的样本。在有限脉冲流信号的情况下，我们限定了在 $[0,\tau)$ 内进行采样。类似地，这里假设在突发周期内进行采样。因此，如果两个连续突发的最小间隔为 $3\tau/2$，我们就可以确保每一次采样只受一个突发的影响。这样，无限的问题就简化为顺序局部不同的有限阶问题。

将这个结论推广到一个一般脉冲信号 $h(t)$ 是显而易见的，只要 $h(t)$ 在 $\mathbb{R}$ 上是紧凑支撑的，并且我们利用式(15.112)中的 $\overline{s_r(-t)}$ 进行滤波，从式(15.110)得到合适的 r。在这种情况下，要求两个突发之间的最小间隔大于 $[(2r+1)\tau+R]/2$。

另一种不用考虑突发间隔的采样无限和有限脉冲流信号的方法是使用多通道系统，我们在 15.4 节将给出详细讨论。这允许我们避免如 $s_r(t)$ 中产生的延时脉冲，但是这在硬件实现中可能是比较困难的。

指数再生核函数的采样

另外一类可以用来采样有限长度 FRI 信号的紧凑支撑核函数是由一个指数再生核函数(exponential reproducing kernels)来给出的[449,450]。

一个指数再生核函数是指任意一个函数 $\varphi(t)$，与其平移函数组合后，可以生成形式为 $e^{\alpha_k t}$ 的复指数函数。特别地，

$$\sum_{n\in\mathbb{Z}} c_{kn}\varphi(t-n) = e^{\alpha_k t} \tag{15.116}$$

其中 $k=0,1,\cdots,m-1$。这些系数通过 $c_{kn}=\langle e^{\alpha_k t},\tilde{\varphi}(t-n)\rangle$ 给出，这里的 $\tilde{\varphi}(t)$ 是 $\varphi(t)$ 的双正交函数，也就是说有 $\langle\varphi(t-n),\tilde{\varphi}(t-k)\rangle=\delta_{nk}$。当采样一个脉冲流信号时，文献[449]提出了对于一些 $\alpha_0,\lambda\in\mathbb{C}$，选择 $\alpha_k=\alpha_0+k\lambda$。

为了展现如何利用 $\varphi(t)$ 来采样有限脉冲流信号，简单起见假设 $h(t)=\delta(t)$，使得

$$x(t) = \sum_{\ell=1}^{L} a_\ell\delta(t-t_\ell) \tag{15.117}$$

我们用 $(1/T)\ \varphi(-t/T)$ 来对信号 $x(t)$ 进行滤波，其中 $T=\tau/m$，然后，在时间 nT 采样输出，得到的采样测量值为

$$y[n] = \sum_{\ell=1}^{L} a_\ell \varphi\left(\frac{t_\ell}{T} - n\right) \tag{15.118}$$

利用式(15.116)中的系数 c_{kn} 对这个采样值进行线性组合，可以得到新的测量值

$$s[k] = \sum_{n} c_{kn} y[n], \qquad 0 \leqslant k \leqslant m-1 \tag{15.119}$$

利用式(15.118)

$$s[k] = \sum_{\ell=1}^{L} a_\ell \sum_{n} c_{kn} \varphi\left(\frac{t_\ell}{T} - n\right) = \sum_{\ell=1}^{L} a_\ell e^{\alpha_0 t_\ell/T} e^{\lambda t_\ell k/T} = \sum_{\ell=1}^{L} \widetilde{a}_\ell u_\ell^k \tag{15.120}$$

其中，$\widetilde{a}_\ell = a_\ell e^{\alpha_0 t_\ell/T}$，$u_\ell = e^{\lambda t_\ell k/T}$。这些测量值具有式(15.32)中的指数序列的形式，因此，可以用同样类型的方法来解决。

15.4　多通道采样

到目前为止讨论的信号恢复技术都是将信号 $x(t)$ 经过滤波器 $\overline{s(-t)}$ 过滤之后，再进行均匀采样来实现的(见图 15.28)。以多通道系统为代价，可以实现有限信号和无限信号情况下的低速采样，在实际的硬件元器件方面也可以实现。在本节中，我们考虑对脉冲流信号的欠奈奎斯特采样多通道结构[427,429,430,451,452]。特别地，我们关注两个不同的系统：一个是调制与积分信道系统，另一个是滤波器组系统。

第一个结构包括含有 p 个由调制器和积分器组成的通道，每一个分支(通道)的输出为

$$c_\ell[n] = \int_{(n-1)T}^{nT} x(t) s_\ell(t) \mathrm{d}t, \quad 1 \leqslant \ell \leqslant p, \quad n \in \mathbb{Z} \tag{15.121}$$

其中，$s_\ell(t)$ 是第 ℓ 个分支上的调制函数。因此，在每一个周期 T 内可以有 p 个输出，总的采样速率为 p/T。这个方案特别简单，正如下面看到的，这个方案可以处理多种 FRI 信号，包括周期的、有限的、无限的、半周期的，这里假定脉冲 $h(t)$ 是紧致支撑的。

另外一个方法是利用滤波器组(filterbank)，其中信号 $x(t)$ 与 p 个采样核 $\overline{s_1(-t)},\cdots,\overline{s_p(-t)}$ 做卷积，每一个信道的输出在速率 $1/T$ 上进行采样。这种情况下的采样值集合为

$$c_\ell[n] = \langle s_\ell(t-nT), x(t) \rangle, \quad 1 \leqslant \ell \leqslant p, \quad n \in \mathbb{Z} \tag{15.122}$$

由于有 p 个通道，因此总的采样速率仍然为 p/T。我们将在半周期环境下给出这种滤波器组的方法，并展示它可以处理任意形状的脉冲 $h(t)$，包括无限长的情况。在某种条件下，这种结构可以通过一个单一采样通道和一个串并转换器来实现，这样将节省硬件，同时也会保持多通道结构的优点。

15.4.1　基于调制的多通道系统

我们首先讨论基于调制器的多通道结构，并考虑周期脉冲流信号。

周期脉冲流信号

考虑一个 τ 周期的 L 个脉冲的信号，如式(15.18)的形式。回忆 15.2 节，如果这个信号的傅里叶系数是可以得到的，那么，谱分析或者压缩感知的标准技术就可以用来恢复这个未知的脉冲信号的位移和幅度。这种多通道的结构提供了一种简单、直观的方法来得到这些傅里叶系数，具体的方法就是将信号 $x(t)$ 和傅里叶基函数做相关处理，傅里叶基函数为

$$s_k(t) = \begin{cases} e^{-j\frac{2\pi}{\tau}kt}, & t \in [0,\tau] \\ 0, & \text{其他} \end{cases} \tag{15.123}$$

对于 $k \in \mathcal{K}$，其中 $\mathcal{K}$ 是希望得到的傅里叶系数，并且 $|\mathcal{K}| = m \geqslant 2L$。假定采样间隔 T 等于信号的周期 τ，这样就导致了对于所有通道总的采样率为 m/τ。这样，当 $m = 2L$ 时就得到了一个工作在更新速率下的采样系统，并且可以得到信号 $x(t)$ 的希望的傅里叶系数。这种方法的另一个好处就是这个核函数是紧密支撑，即它们的支撑对应于这种 FRI 信号的一个周期，这要比 15.3.2 节中给出的采样核函数更小。这种性质可以使这个方案适用于无限 FRI 信号。

从原理上讲，我们可以利用图 15.38 中的系统得到任何想要的频率集合。然而，当 m 很大时，这需要平行放置很多的调制器，这样做会很困难。文献[427]提出了另外一种方案，就是选择这些频率，使其包含几个连续值的频带，并在一个宽的范围上扩展。这种方法实际上是提供了一种折中的方案，即在所选值的带宽(我们通常希望大一些)、采样点的最小间隔(我们通常希望足够小来防止混叠)以及要求通道个数之间的折中。在这种情况下，并不像图 15.38 中那样分别得到每一个频率值，而是搜集连续的频率值，所使用的方法是利用一个带通滤波器对输入信号进行滤波，然后再用解调器解调到基带，以及在这个有用频带上进行低速采样。这个想法在图 15.39 中给出了原理框图，也就是我们接下来讨论采样原型系统的基础。

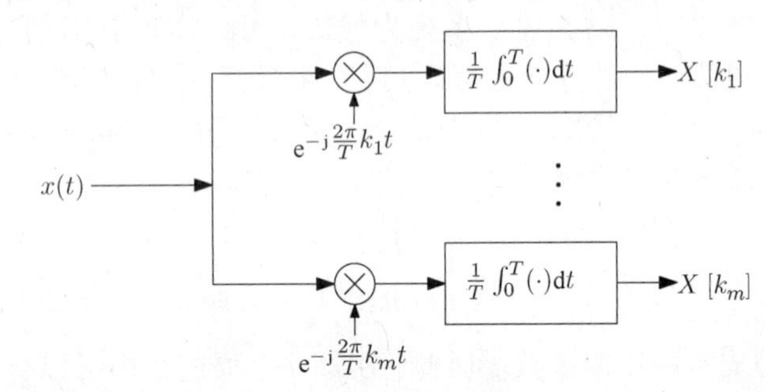

图 15.38 用于周期 FRI 信号的基于调制的多通道采样原理图，最终的采样值是在有用频率上的 $x(t)$ 的傅里叶系数，注意，在每一个周期内只采样一次，即 $T = \tau$

硬件设计

图 15.39 给出了一个板级的多通道接收机硬件原理结构图，它是文献[427]为雷达信号检测开发的，电路板实物如图 15.40 所示。这个电路板包括四个平行的通道，分别采样信号频谱的不同的频带(子带)。每个通道包括一个带通晶体滤波器，这个滤波器具有一个有效随机载波频率，利用这个滤波器得到有用的频带(子带)，接下来每个通道将有用的子带信号解调到基带，然后以奈奎斯特速率对子带信号进行采样。在这个方案中，并没有对独立的傅里叶系数进行采样，而是得到了四个连续数值的集合。这样做的好处是使我们能够解决理论算法要求与实际模拟电路滤波器限制之间的折中选择的问题。

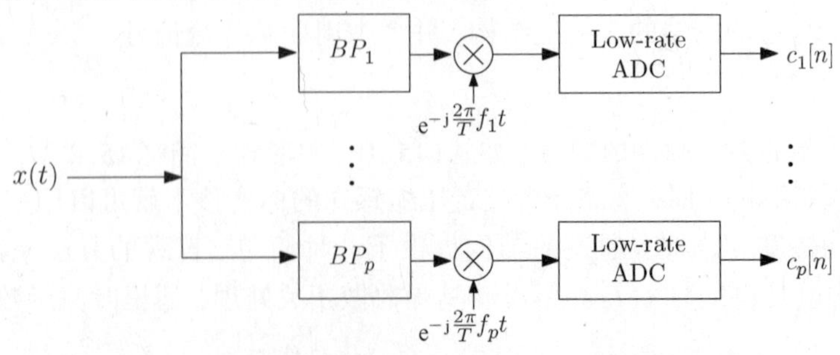

图 15.39 选择傅里叶系数频带的多通道接收机

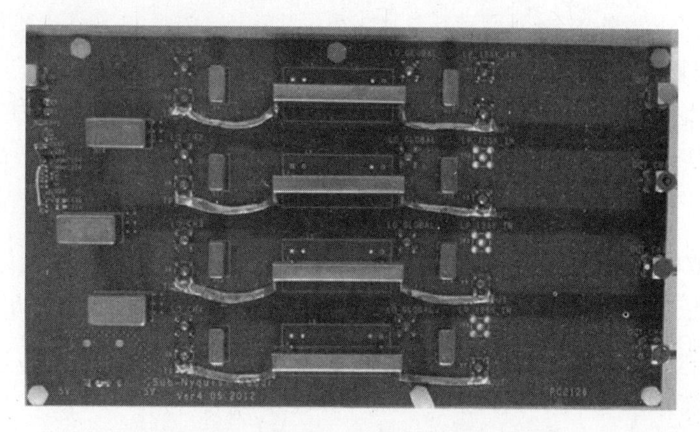

图 15.40　四通道欠奈奎斯特采样电路板

晶体滤波器的优势是它可以有相当窄的过渡带，进而可以实现低速采样，同时可以得到足够数量的傅里叶系数。由于这种晶体滤波器是标准商业器件，因此通道设计必须适应于器件的性能，使其效率最大化。文献[427]开发的原型包括了相应的滤波器部分与调制器部分。这个电路及其性能的详细描述可参见文献[427]。

在雷达系统应用方面，这种电路结构可以显著降低采样速率，并在低信噪比情况下保持一个合理的目标位置和速度的估计精度[426,427]。15.7.1 节将详细讨论这种电路系统在雷达系统应用以及仿真分析中的结果。

周期波形

这里不再使用式(15.123)形式的函数，而是利用图 15.41 所示的正弦函数线性组合的采样核函数。在每一个通道上，我们利用一个加权指数和来调制这个信号，即

$$s_\ell(t) = \sum_{k\in\mathcal{K}} s_{\ell k}\mathrm{e}^{-\mathrm{j}\frac{2\pi}{T}kt} \tag{15.124}$$

其中，不同通道的加权值 $s_{\ell k}$ 不同。这样，第 ℓ 个通道采样值为

$$c_\ell = \frac{1}{T}\int_0^T x(t)\sum_{k\in\mathcal{K}} s_{\ell k}\mathrm{e}^{-\mathrm{j}\frac{2\pi}{T}kt}\mathrm{d}t = \sum_{k\in\mathcal{K}} s_{\ell k}X[k] \tag{15.125}$$

从硬件实现的角度看，这种选择方式是有优势的。如果我们合适地选择这种线性组合，那么调制函数 $s_\ell(t)$ 就可能具有一个很简单的形式，如二元序列的低通形式[452]。事实上，我们利用第 14 章中的 MWC 部分所提出的类似的序列。特别地，这种方法可以利用少量的二元序列及其移位来降低硬件的复杂度。除此之外，现实的情况下，某一个通道或者多个通道可能由于器件原因或噪声干扰出现故障，进而导致存储在这个支路上的信息丢失。通过对傅里叶系数的混频，我们将每一个傅里叶系数的信息分布在多个采样通道中。这样，当一个或者更多的支路出现故障时，我们可以从剩余采样值中恢复出那些有用的傅里叶系数[452]。

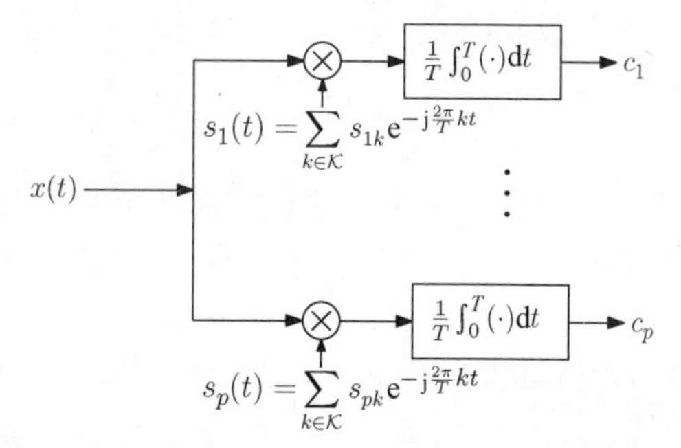

图 15.41　各通道的不同傅里叶系数的混频过程

为了建立采样值和傅里叶系数之间关系，我们定义了一个 $p\times m$ 的矩阵 $\boldsymbol{S}$，其第 ℓk 个元素为 $s_{\ell k}$，$\boldsymbol{c}$ 为长度为 p 的采样向量，其第 ℓ 个元素为 c_ℓ。这样，我们就可以将式(15.125)写成矩

阵的形式 $\boldsymbol{c}=\boldsymbol{S}\boldsymbol{x}$。只要矩阵 $\boldsymbol{S}$ 是列满秩，其中 $p\geqslant m$ 是一个必要的条件，我们就能够通过 $\boldsymbol{x}=\boldsymbol{S}^{\dagger}\boldsymbol{c}$，从采样值中恢复出这个长度为 m 的向量 $\boldsymbol{x}$。

下面来详细讨论周期波形的运用。假定 $p_i(t)$ 是一个周期波形，周期为 T。我们利用傅里叶级数展开 $p_i(t)$ 为

$$p_i(t)=\sum_{k\in\mathbb{Z}}d_i[k]\mathrm{e}^{\mathrm{j}\frac{2\pi}{T}kt} \tag{15.126}$$

$d_1[k]$ 是傅里叶级数的系数。式(15.126)的和通常是无限的，这与式(15.124)中的和是有限的有所不同。因此，我们用一个滤波器 $g(t)$ 过滤 $p_i(t)$。滤波器输出的波形 $\widetilde{p}_i(t)=p_i(t)*g(t)$ 也是周期的，傅里叶系数可以通过下式给出(见习题11)：

$$\widetilde{d}_i[k]=d_i[k]G\left(\frac{2\pi}{T}k\right) \tag{15.127}$$

其中 $G(\omega)$ 是 $g(t)$ 的 CTFT。根据式(15.127)，这个采样滤波器 $g(t)$ 必须满足

$$G(\omega)=\begin{cases}\text{非零值}, & \omega=2\pi k/T, k\in\mathcal{K}\\ 0, & \omega=2\pi k/T, k\notin\mathcal{K}\\ \text{任意}, & \text{其他}\end{cases} \tag{15.128}$$

因此，对于 $k\notin\mathcal{K}$，必然有 $\widetilde{d}_i[k]=0$。这个条件就类似于单通道采样中的式(15.87)。

一个重要的特殊情况是，当 $p_i(t)$ 由 $N\geqslant m$ 个值组成，并以 N/T 的速率进行跳变时

$$s_i(t)=\sum_{\ell\in\mathbb{Z}}\sum_{n=0}^{N-1}\alpha_i[n]p(t-nT/N-\ell T) \tag{15.129}$$

其中，$p(t)$ 是一个长度为 T/N 的单位脉冲，$\alpha_i[n]$ 取值为 ±1。这些恰恰就是在 14.4.4 节中讨论过的 MWC 方法实现过程中使用过的序列。我们通常可以这样来选择这个序列，使得一个周期流信号就足够用于所有通道，其中每一个通道只是利用这个通用波形的一个延时版本。因此，使用多个振荡器以及基准频率的多次倍频都可以省略了。除此之外，这种周期脉冲流信号也更易于设计和数字实现。

假设我们用式(15.129)滤波后得到的波形作为调制波形。为了计算这种情况下的混叠矩阵 $\boldsymbol{S}$，我们首先注意到，$s_i(t)$ 的傅里叶系数 $d_i[k]$ 由下面的公式给出：

$$\begin{aligned}d_i[k]&=\frac{1}{T}\sum_{n=0}^{N-1}\alpha_i[n]\sum_{\ell\in\mathbb{Z}}\int_{-\ell T}^{-(\ell-1)T}p(t-nT/N)\mathrm{e}^{-\mathrm{j}\frac{2\pi}{T}kt}\mathrm{d}t\\&=\frac{1}{T}\sum_{n=0}^{N-1}\alpha_i[n]P\left(\frac{2\pi}{T}k\right)\mathrm{e}^{-\mathrm{j}\frac{2\pi}{N}kn}\end{aligned} \tag{15.130}$$

其中，$P(\omega)$ 表示 $p(t)$ 的连续时间傅里叶变换(CTFT)，在用 $g(t)$ 滤波后，得到的矩阵 $\boldsymbol{S}$ 可以被分解为

$$\boldsymbol{S}=\boldsymbol{A}\boldsymbol{W}\boldsymbol{\Phi} \tag{15.131}$$

其中，矩阵 $\boldsymbol{A}$ 是一个 $p\times N$ 阶矩阵，其第 i 行第 n 列元素为 $\alpha_i[n]$，$\boldsymbol{W}$ 是一个 $N\times m$ 阶矩阵，其第 n 行第 k 列元素为 $\mathrm{e}^{-\mathrm{j}\frac{2\pi}{N}kn}$，而 $\boldsymbol{\Phi}$ 是一个 $m\times m$ 阶斜对角矩阵，第 k 个对角线元素为

$$\boldsymbol{\Phi}_{kk}=\frac{1}{T}P\left(\frac{2\pi}{T}k\right)G\left(\frac{2\pi}{T}k\right) \tag{15.132}$$

为了保证 $\boldsymbol{\Phi}$ 的左逆性，我们要满足当 $k\in\mathcal{K}$ 时，$P(2\pi k/T)\neq0$。然后在满足必要条件 $p\geqslant m$ 的情况下，$p\times m$ 阶矩阵 $\boldsymbol{A}\boldsymbol{W}$ 的左逆性便可由适当选择 $\alpha_i[n]$ 的值来保证。

例 15.17 考虑这样一个例子，用一个任意的序列 $\alpha[n]$ 的循环移位来构建整个序列如下：

$$\alpha_i[n] = \alpha[n - i + 1 \bmod N] \tag{15.133}$$

这里，假设 $p = N = m$。这样做实际上与图 15.38 中所用的多频信源不同，这里只需要一个脉冲发生器，很显然这样做简化了硬件设计。

显然在这样的选择下，矩阵 $\boldsymbol{A}$ 是一个循环矩阵：

$$\boldsymbol{A} = \begin{bmatrix} \alpha[0] & \alpha[1] & \cdots & \alpha[N-1] \\ \alpha[N-1] & \alpha[0] & \cdots & \alpha[N-2] \\ \vdots & \ddots & \ddots & \vdots \\ \alpha[1] & \alpha[2] & \cdots & \alpha[0] \end{bmatrix} \tag{15.134}$$

这个矩阵 $\boldsymbol{A}$ 可以被分解如下[453]

$$\boldsymbol{A} = \boldsymbol{F}^* \mathrm{diag}(\boldsymbol{F\alpha})\boldsymbol{F} \tag{15.135}$$

其中，$\boldsymbol{F}$ 是一个 $N \times N$ 傅里叶矩阵，$\boldsymbol{\alpha}$ 是一个长度为 N 由 $\alpha[n]$ 中元素组成的向量。因此，对于一个可逆的矩阵 $\boldsymbol{A}$，序列 $\alpha[n]$ 的离散傅里叶变换(DFT)不能取值0。对于脉冲 $p(t)$，可以取

$$p(t) = \begin{cases} 1, & t \in [0, T/N] \\ 0, & t \notin [0, T/N] \end{cases} \tag{15.136}$$

脉冲 $p(t)$ 的频率响应 $P(\omega)$ 满足：

$$P(\omega) = \frac{T}{N} \mathrm{e}^{-\mathrm{j}\frac{T}{2N}\omega} \mathrm{sinc}\left(\frac{T}{2\pi N}\omega\right) \tag{15.137}$$

在图 15.42 中给出了在 $p = N = m = 7$ 的条件下，时域和频域上的调制波形。其中，原始的时域波形由矩形脉冲组成，而低通滤波之后产生一条平滑的调制波形。转换到频域，傅里叶级数系数的形状为 $P(\omega)$，即脉冲波形的连续时间傅里叶变换(CTFT)。设计出来的整型滤波器的频率响应 $G(\omega)$ 仅仅传输了傅里叶级数系数中 e 指数系数为集合 $\mathcal{K} = \{-3, \cdots, 3\}$ 中的分量，而抑制其他频率分量。

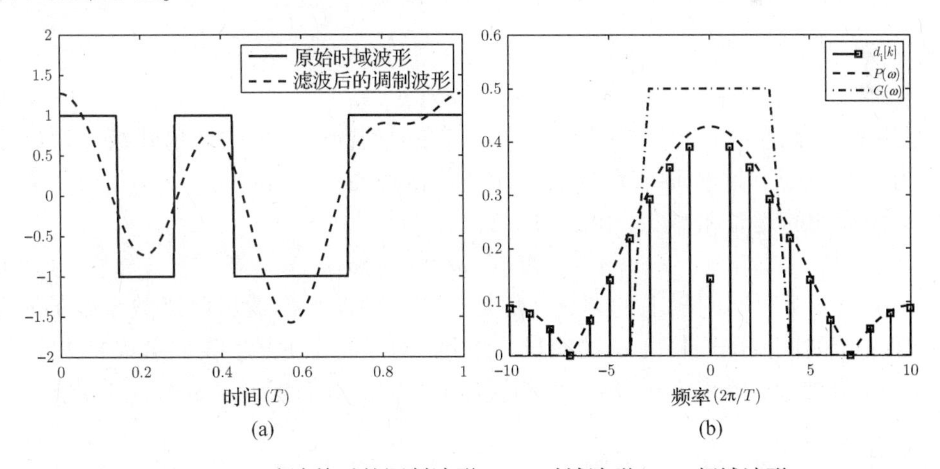

图 15.42　滤波前后的调制波形。(a)时域波形；(b)频域波形

尽管调制波形的概念来源于调制宽带转换器(MWC)架构，但是上述方法与其是有些差别的。第一个差别是在混频阶段之后，这里使用了一个积分器，而 MWC 中使用的是低通滤波器(LPF)。这是不同的信号测量数值产生的结果：这里测量的是傅里叶系数，而 MWC 测量的是频带范围。第二个差别是混频的目的不同。在 MWC 中，混频过程是为了减小采样速率，使之低于奈奎斯特速率，而在这里，混频是为了简化硬件实现，并提高鲁棒性以克服一个采样通道故障。

无限 FRI 信号

这里，我们来讨论式(15.115)形式的无限长 FRI 信号。假设对于一些 τ 的值，τ 局部更新速率为 $2L/\tau$。这样，在任何一个时间间隔 $I_n=[(n-1)\tau, n\tau]$ 内，只会有不多于 L 个脉冲。进一步假设，在相邻两个时间间隔的交界处没有脉冲，也就是说，如果 $t_k\in I_n$，那么对于任意的 $t\notin I_n$，$h(t-t_k)=0$，如果 $h(t)$ 是一个 δ 函数，这样一个要求就会自动成立。而事实上只要 $h(t)$ 的支撑在数值上小于 τ，这个条件都会成立。

在这些假设的条件下，我们可以在各个时间间隔内来分别处理信号参数。特别地，我们来分析在特定时间间隔 I_n 内，通过将 $x(t)$ 的值进行周期延拓所获得的以 τ 为周期的信号。这种周期信号可以用式(15.123)中的采样核函数来获得 $2L$ 个傅里叶级数系数来进行还原。由于这些核函数的支撑限制在时间间隔 I_n 内(而不是它的周期延拓)，因此，这种技术对于非周期信号 $x(t)$ 也是同样适用的。如图 15.43 所示，这需要每隔 τ 秒在各个通道上进行一次采样，并采用 $p\geqslant 2L$ 个支路。这种技术能否成功取决于能否找到支撑在周期波形的一个周期内的采样核函数。

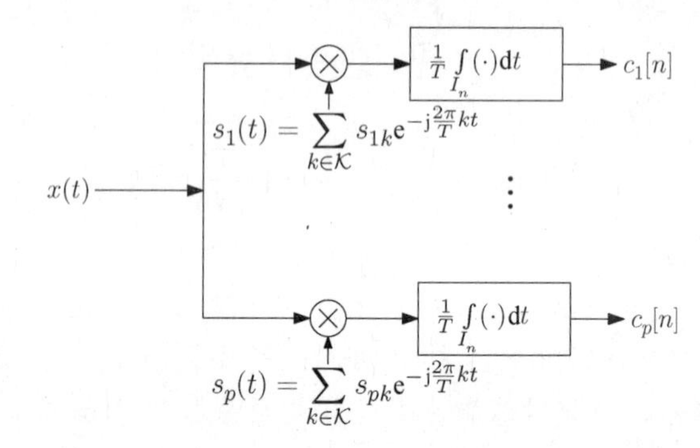

图 15.43 适用于无限长 FRI 信号的基于多通道调制的采样方法原理框图

用 $\boldsymbol{c}[n]$ 表示在 $t=n$ 时刻采样值 $c_1[n],\cdots,c_p[n]$ 构成的向量，可以得到

$$\boldsymbol{c}[n]=\boldsymbol{S}\boldsymbol{x}[n] \tag{15.138}$$

其中，$\boldsymbol{S}$ 是以 $s_{\ell k}$ 为元素的矩阵，$\boldsymbol{x}[n]$ 是信号 $x(t)$ 在时间间隔 I_n 内的傅里叶级数系数($\boldsymbol{x}[n]$ 是一个长度为 m 的向量，其中 $m\geqslant 2L$)。将 $\boldsymbol{S}$ 求逆能得到各个时间间隔上的傅里叶级数系数，进而得到第 n 个周期的延时和幅度。由式(15.25)，可以得到

$$\boldsymbol{x}[n]=\boldsymbol{H}\boldsymbol{V}(\{\omega_\ell[n]\})\boldsymbol{a}[n] \tag{15.139}$$

其中 $\omega_\ell[n]$ 是第 n 个时间间隔上的频率，$\boldsymbol{H}$ 是包含脉冲波形的傅里叶级数系数的对角矩阵，$\boldsymbol{a}[n]$ 是在第 n 个时间间隔内幅度 α_ℓ 的向量。因此，对于每个 n 值，我们可以将本章所研究的方法(如 Prony 方法、矩阵束方法等)应用到式(15.139)，进而恢复出 $\omega_\ell[n]$ 和 $\boldsymbol{a}[n]$。

半周期 FRI 信号

最后，我们来讨论式(15.8)的半周期 FRI 信号。半周期 FRI 信号由重复的时间间隔 τ 内产生的 L 个脉冲组成，其幅度 $\alpha_\ell[n]$ 在不同周期的值不同。图 15.43 给出的调制器方法可以用于这种无限信号的情况，稍有不同的是，这里为了提高恢复性能，来自不同周期的采样值点可以联合起来处理。

和之前介绍的一样，我们利用式(15.138)，根据 $T=\tau$ 为周期的调制器组的输出来恢复 $\boldsymbol{x}[n]$。由于这里延时是恒定的，在频域上得到以下关系(如果必要的话，可以先将这些傅里叶系数用脉冲傅里叶系数来归一化)

$$x[n]=V(\{\omega_\ell\})_{p\times L}a[n],\quad n\in\mathbb{Z} \tag{15.140}$$

其中，$a[n]$是由幅值$a_k[n]$构成的向量，$\omega_\ell=2\pi t_\ell/\tau$。当只有有限数量的周期时，只需要把集合$\mathbb{Z}$改为有限集，那么结论依然成立。其推导过程和式(15.139)的推导过程是一样的，唯一的不同是$\omega_\ell[n]$与n独立。当只有一个时间点n时，我们可以用 15.2 节中叙述的方法求解式(15.140)。但是这里，我们有很多的向量$x[n]$共享同样的延时，也就是说，它们通过一个共享矩阵V与傅里叶系数相关。这就使得，通过同时处理所有n值下的采样值来恢复延时的方法更有鲁棒性。

例如，我们可以使用随机子空间算法，比如 15.2.7 节中的 MUSIC 算法和 ESPRIT 算法，这些算法都是基于计算相关矩阵$\sum_{n\in\mathbb{Z}}x[n]x^*[n]$。另一个选择就是可以利用 15.2.8 节中的 CS 方法推广到解决 IMV(或 MMV)问题(详见 11.6 节)来替代单测量值方程。

显然，对于无限长信号的通用模型，$p\geqslant 2L$ 也同样是$x(t)$恢复的充分条件。然而，信号结构的附加先验条件可以减少采样通道的数量。事实上，采用下式数量的通道就足够了。

$$p\geqslant 2L-\eta+1 \tag{15.141}$$

其中，η是包含向量集$\{a[n],n\in\mathbb{Z}\}$的最小子空间的维数[429]。由于每个向量的长度都为L，所以所有$a[n]$张成的子空间维度满足$\eta\leqslant L$。当只有有限数量的向量时，得到的结果和考虑了 MMV 重构的必要条件和充分条件的定理 11.22 是一致的。注意到由于$\eta\geqslant 1$，也就是说它的下界要大于$2L$，最小采样速率为$2L/T$。然而，当$\eta>1$时，对于周期信号模型，通道个数p可能会减小甚至低于下界$2L$。在第 10 章中我们知道，一个具有L个信号发生器产生的 SI 子空间并集的完美恢复所需的最小采样速率为$2L/T$，这个结果和我们在本章所得到的一致。

注意到，标准 MUSIC 算法和 ESPRIT 算法需要满足条件$\eta=L$。也就是说，系数向量$a[n]$在各个周期之间的变化要足够大以保证能张成出完整的空间$\mathbb{C}^L$。这个要求保证了在这种情况下的经验相关矩阵是可逆的。在这种情况下，式(15.141)意味着，只需通过$L+1$个通道就可以实现延时的恢复。当$\eta<L$时，我们需要在使用子空间方法之前进行一个额外的平滑阶段，如在 15.2.7 节中所讲的。或者我们也可以用 11.6 节中探讨过的秩可知(rank-aware) MMV 方法 。

总结一下，当脉冲幅度在不同周期之间的变化足够快的情况下，也就是当$\eta=L$时，关于延时的共同信息可以被用来使采样速率减小至最小$(L+1)/T$，其中$T=\tau$。除此之外，联合处理可以使有噪声的情况下对于延时的估计更加准确，这是因为使用了不同周期的共同信息而不是独立还原各个周期的延时。

例 15.18　这里来讨论半周期 FRI 信号的联合处理方法的优点，我们是将每个周期分别进行延时估计的方法与这种联合恢复方法进行比较，主要比较延时估计的 MSE。

考虑信号$x(t)=a_1\delta(t-0.213)+a_2\delta(t-0.452)+a_3\delta(t-0.664)+a_4\delta(t-0.7453)$。其中$a_i$是均值$\mu=1$，标准差$\sigma=1$各周期彼此独立的高斯随机变量。这个信号可以通过用纯音获得$m=9$个关于零点对称连续傅里叶系数来进行采样。联合处理通过 ESPRIT 算法(算法 15.7)，而每个独立周期恢复延时通过矩阵束参数$M=4$的矩阵束算法(算法 15.4)。

图 15.44 描绘了不同周期下时间延时 MSE 和 SNR，图中的数据通过 1000 次仿真的均值而得。正如我们所预估的那样，利用各个周期间的交互信息可以显著地提升对延时的估计性能。

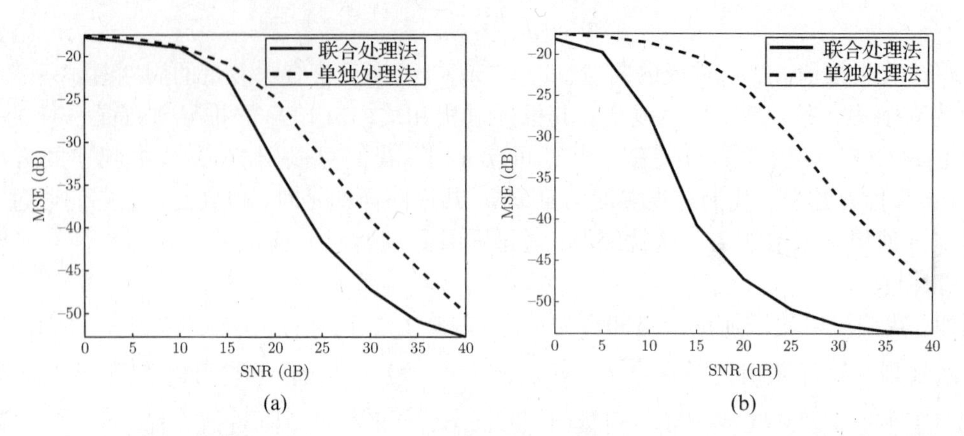

图 15.44 联合处理法和单独处理法的延时估计的 MSE 比较。(a)10 个周期联合处理；(b)50 个周期联合处理

15.4.2 滤波器组采样

另外一种用于半周期信号情况的方法就是所谓滤波器组的方法[429]。这一技术的好处是不需要假设存在明显的脉冲间隔，也不需要脉冲波形有紧密的支撑。这里还将研究通过子空间或者 MMV 方法来联合处理采样值，以适应半周期性信号的情况。

当脉冲波形 $h(t)$ 是任意的时，这里的推导过程不同于调制器组的情况。这是因为信号不是周期的，且不能分成独立的区间，所以不能求出傅里叶级数。我们将开始研究给出一个 $x(t)$ 的合适变换来恢复信号，以此来代替求傅里叶级数。

首先来计算式(15.8)半周期信号 $x(t)$ 的傅里叶变换

$$\begin{aligned}X(\omega) &= \sum_{\ell=1}^{L}\sum_{n\in\mathbb{Z}} a_\ell[n]\int_{-\infty}^{\infty} h(t-t_\ell-n\tau)\mathrm{e}^{-\mathrm{j}\omega t}\mathrm{d}t\\&= H(\omega)\sum_{\ell=1}^{L}\mathrm{e}^{-\mathrm{j}\omega t_\ell}\sum_{n\in\mathbb{Z}} a_\ell[n]\mathrm{e}^{-\mathrm{j}\omega n\tau}\\&= H(\omega)\sum_{\ell=1}^{L}A_\ell(\mathrm{e}^{\mathrm{j}\omega\tau})\mathrm{e}^{-\mathrm{j}\omega t_\ell}\end{aligned} \tag{15.142}$$

为了恢复 t_ℓ，我们考虑把 $X(\omega)$ 分成长度为 $2\pi/\tau$ 的区间，与第 14 章相同。

则第 k 个区间可以记为

$$X_k(\mathrm{e}^{\mathrm{j}\omega\tau}) = X\left(\omega+\frac{2\pi k}{\tau}\right),\qquad 0\leqslant\omega\leqslant\frac{2\pi}{\tau} \tag{15.143}$$

也就是说，它等价于 $X(\omega)$ 在 $[2\pi k/\tau,\ 2\pi(k+1)/\tau]$ 上的频率成分。根据 $A(\mathrm{e}^{\mathrm{j}\omega\tau})$ 是以 $2\pi/\tau$ 为周期的，

$$X_k(\mathrm{e}^{\mathrm{j}\omega\tau}) = H\left(\omega+\frac{2\pi k}{\tau}\right)\sum_{\ell=1}^{L}A_\ell(\mathrm{e}^{\mathrm{j}\omega\tau})\mathrm{e}^{-\mathrm{j}\omega t_\ell}\mathrm{e}^{-\mathrm{j}2\pi k t_\ell/\tau} \tag{15.144}$$

现在，我们要表明可以利用少量的区间恢复出未知变量，而不用知道完整的 CTFT $X(\omega)$。这反过来也就是降低了采样速率。设 $\mathcal{K}$ 是下标指数 k 的一个集合，进而在 $[0,\ 2\pi/\tau)$ 上，$H(\omega+2\pi k/\tau)$ 几乎处处为非零。引入向量值函数 $\boldsymbol{x}(\mathrm{e}^{\mathrm{j}\omega\tau})$，它的元素是 $X_k(\mathrm{e}^{\mathrm{j}\omega\tau})$，$k\in\mathcal{K}$。我们可以用矩阵形式来表示 $\boldsymbol{x}(\mathrm{e}^{\mathrm{j}\omega\tau})$

$$\boldsymbol{x}(\mathrm{e}^{\mathrm{j}\omega\tau}) = \boldsymbol{H}(\mathrm{e}^{\mathrm{j}\omega\tau})\boldsymbol{V}(\{\omega_\ell\})\boldsymbol{a}(\mathrm{e}^{\mathrm{j}\omega\tau}) \tag{15.145}$$

其中 $\omega_\ell=2\pi t_\ell/\tau$，$\boldsymbol{H}(\mathrm{e}^{\mathrm{j}\omega\tau})$ 是对角元素为 $H(\omega+2\pi k/\tau)$ 的对角矩阵，$k\in\mathcal{K}$。$\boldsymbol{a}(\mathrm{e}^{\mathrm{j}\omega\tau})$ 是由元素 $\mathrm{e}^{-\mathrm{j}\omega t_\ell}A_\ell(\mathrm{e}^{\mathrm{j}\omega t_\ell})$ 构成的长度为 L 的向量。由于 $\boldsymbol{H}(\mathrm{e}^{\mathrm{j}\omega\tau})$ 是可逆的，我们用式(15.145)乘以 $\boldsymbol{H}^{-1}(\mathrm{e}^{\mathrm{j}\omega\tau})$ 得到

$$\boldsymbol{y}(\mathrm{e}^{\mathrm{j}\omega\tau})=\boldsymbol{V}(\{\omega_\ell\})\boldsymbol{a}(\mathrm{e}^{\mathrm{j}\omega\tau}) \tag{15.146}$$

其中 $\boldsymbol{y}(\mathrm{e}^{\mathrm{j}\omega\tau})=\boldsymbol{H}^{-1}(\mathrm{e}^{\mathrm{j}\omega\tau})\boldsymbol{x}(\mathrm{e}^{\mathrm{j}\omega\tau})$。两边同时进行 DTFT 逆变换得到

$$\boldsymbol{y}[n]=\boldsymbol{V}(\{\omega_\ell\})\boldsymbol{a}[n],\qquad n\in\mathbb{Z} \tag{15.147}$$

其与式(15.140)的结构相同，因此可以用同样的方法处理。所以给定一组向量 $\{\boldsymbol{y}[n]\}$，我们可以用 MUSIC、ESPRIT、MMV 等算法来恢复出 $\{t_\ell\}$ 和 $\{\boldsymbol{a}[n]\}$。MMV 方法需要把延时离散化，如 15.2.8 节所述。

接下来要讨论的是，如何从 $x(t)$ 的低速率采样值中得到 $\boldsymbol{y}[n]$。由于我们不需要完整的 $X(\omega)$，因此采样速率可以低于奈奎斯特速率。假设我们用 $p=|\mathcal{K}|$ 采样滤波器 $\overline{s_\ell(-t)}$ 来采样 $x(t)$。在现在的情况下，采样序列式(15.122)的 DTFT 为

$$C_\ell(\mathrm{e}^{\mathrm{j}\omega T})=\frac{1}{T}\sum_{m\in\mathbb{Z}}\overline{S_\ell\left(\omega+\frac{2\pi}{T}m\right)}X\left(\omega+\frac{2\pi}{T}m\right),\qquad 0\leqslant\omega\leqslant 2\pi/T \tag{15.148}$$

接着，令 $T=\tau$，我们的目标是从 $C_\ell(\mathrm{e}^{\mathrm{j}\omega T})$，$1\leqslant\ell\leqslant p$，恢复 $X_k(\mathrm{e}^{\mathrm{j}\omega T})$，$k\in\mathcal{K}$。为此，我们选择对于每个 $0\leqslant\omega\leqslant 2\pi/T$，满足下式的 $S_\ell(\omega)$

$$S_\ell\left(\omega+\frac{2\pi}{T}k\right)=\begin{cases}0, & k\notin K\\ \text{任意非零值}, & \text{其他}\end{cases} \tag{15.149}$$

则式(15.148)可以表示为

$$\boldsymbol{c}(\mathrm{e}^{\mathrm{j}\omega T})=\boldsymbol{S}(\mathrm{e}^{\mathrm{j}\omega T})\boldsymbol{x}(\mathrm{e}^{\mathrm{j}\omega T}) \tag{15.150}$$

其中矩阵 $\boldsymbol{S}(\mathrm{e}^{\mathrm{j}\omega T})$ 的第 ℓ 行第 k 列为 $\frac{1}{\mathrm{T}}S_\ell(\omega+2\pi k/T)$，$k\in\mathcal{K}$。因此，如果 $\boldsymbol{S}(\mathrm{e}^{\mathrm{j}\omega T})$ 是可逆的，$\boldsymbol{x}(\mathrm{e}^{\mathrm{j}\omega T})$ 可以由 $\boldsymbol{c}(\mathrm{e}^{\mathrm{j}\omega T})$ 得到恢复。

例 15.19　满足这样的要求的一个采样核函数集合的例子就是下面这个理想的带通滤波器组

$$S_\ell(\omega)=\begin{cases}T, & \omega\in\left[(\ell-1)\frac{2\pi}{T},\ell\frac{2\pi}{T}\right]\\ 0, & \text{其他}\end{cases}\quad 1\leqslant\ell\leqslant p \tag{15.151}$$

其中，$\mathcal{K}$ 是 $\ell=\{0,\cdots,p-1\}$ 的集合，且 $\boldsymbol{S}(\mathrm{e}^{\mathrm{j}\omega T})$ 是斜对角阵。

我们也可以考虑用一个单个滤波器以采样速率 p/T 均匀采样，$T=\tau$。在这种情况下，采样序列表示为

$$C(\mathrm{e}^{\mathrm{j}\omega T/p})=\frac{1}{T}\sum_{k\in\mathbb{Z}}\overline{S\left(\omega+\frac{2\pi}{T}kp\right)}X\left(\omega+\frac{2\pi}{T}kp\right) \tag{15.152}$$

为了恢复出 $X_k(\mathrm{e}^{\mathrm{j}\omega T})$，$k\in\mathcal{K}$，我们可以把 $X(\omega)$ 的频带分为 $2\pi/T$ 的频段。然后，我们把第 ℓ 个区间的起始点定义为 $\Omega_\ell=\{2\pi(\ell+km)/T\}$，$k$ 值任意，这样 Ω_ℓ 仍都在 $X(\omega)$ 的频带内。为了构造一个有效的集合 $\mathcal{K}$，我们必须从每个子集 Ω_ℓ 中选择出一个元素，就如我们在陪集采样中所做的那样(见 15.3 节)。那么，这个滤波器 $S(\omega)$ 的选择应使

$$S\left(\omega+\frac{2\pi}{T}k\right)=\begin{cases}0, & k\notin\mathcal{K}\\ \text{非零值}, & \text{其他}\end{cases} \tag{15.153}$$

其中，$0\leqslant\omega\leqslant 2\pi/T$。

接下来我们注意到，$C(\mathrm{e}^{\mathrm{j}\omega T/p})$定义于$[0,\ 2\pi p/T\ )$。因此，我们可以用长度为$2\pi/T$的$p$个连续分量来表示$C(\mathrm{e}^{\mathrm{j}\omega T/p})$，记为$C_\ell(\mathrm{e}^{\mathrm{j}\omega T})=C(\omega+2\pi\ell/T)$，$\ell=0,\cdots,p-1$，$\omega\in[0,2\pi/T)$，并用$C_\ell(\mathrm{e}^{\mathrm{j}\omega T})$构造出一个向量$\boldsymbol{c}(\mathrm{e}^{\mathrm{j}\omega T})$。利用这些关系，式(15.152)可表示为

$$\boldsymbol{c}(\mathrm{e}^{\mathrm{j}\omega T}) = \boldsymbol{S}(\mathrm{e}^{\mathrm{j}\omega T})\boldsymbol{x}(\mathrm{e}^{\mathrm{j}\omega T}) \tag{15.154}$$

其中$\boldsymbol{S}(\mathrm{e}^{\mathrm{j}\omega T})$是一个对角元素为$\frac{1}{T}S(\omega+2\pi k/T)$的对角阵，$k\in\mathcal{K}$。因此，$\boldsymbol{x}(\mathrm{e}^{\mathrm{j}\omega T})$可以由$\boldsymbol{c}(\mathrm{e}^{\mathrm{j}\omega T})$恢复出来，依据就是$\boldsymbol{x}(\mathrm{e}^{\mathrm{j}\omega T})=\boldsymbol{S}^{-1}(\mathrm{e}^{\mathrm{j}\omega T})\boldsymbol{c}(\mathrm{e}^{\mathrm{j}\omega T})$。

15.5 有噪声 FRI 信号恢复

现实世界中的信号通常都会受到噪声的污染，因此并不能精确地保证信号是 FRI 的。而且，和任何数学模型一样，FRI 框架只是一种近似的，在实际中并不能精确成立，一定存在建模误差(mismodeling error)。我们在 15.2 节中已经看到，一些 FRI 信号恢复技术可以适应于有噪声的环境中。在模拟域和数字域上都存在有噪声，也就是说采样前和采样后都会有噪声，如图 15.45 所示。当噪声存在时，就不可能从采样值中完美恢复出原始信号。然而，有时可以通过过采样技术来减小噪声的影响，即通过提高采样速率使其超过有限更新速率 FRI。

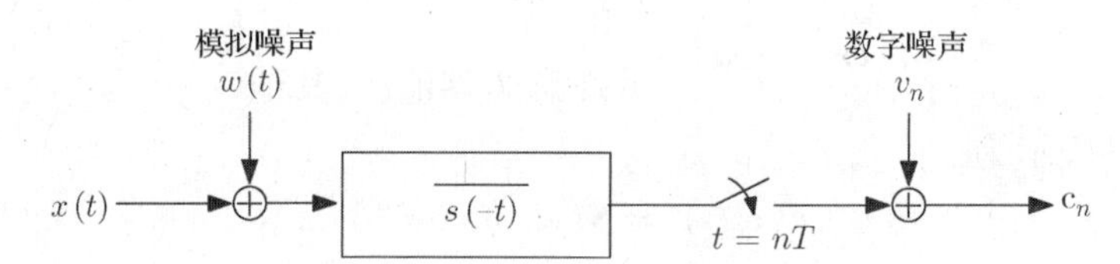

图 15.45 连续信号 $x(t)$将会受到模拟和数字噪声的干扰

在本节中，我们将介绍一些可以精确分析噪声影响的结论，进而来分析 FRI 信号的恢复问题。解决这个问题的一个标准工具就是 Cramér-Rao 边界(CRB)，它是任何无偏估计量所能得到的 MSE 的下界[455]。实际上，它给出了某个估值问题的困难程度的一种测度，并且指出了是否存在接近这个最优值的技术。它也可以用于评价不同衡量方法的相对优点。特别是，我们将看到，对于大量的 FRI 信号，用复指数的采样方法在 MSE 意义上是一种最优方法，这在上一节中已经证明过了。

这本书所关注的并不是包含随机过程工具的系统性能分析问题，因此我们不会仔细推导，而是关注于与我们问题相关的结果和结论，本节的结论主要都基于文献[309, 456]。

15.5.1 MSE 界

考虑一个有限持续时间的 FRI 信号$x(t)=h(t,\boldsymbol{\theta})$，它是由向量$\boldsymbol{\theta}$表示的有限$k$个参数来确定的，时间间隔为$\tau$。假设采样这样一个存在噪声的信号

$$y(t) = x(t) + w(t), \qquad t\in[0,\tau] \tag{15.155}$$

其中$w(t)$是方差为σ^2的连续时间高斯白噪声。信号$x(t)$的估计$\hat{x}(t)$的 MSE 为

$$\mathrm{MSE}(\hat{x},x) \triangleq E\{\|\hat{x}-x\|_2^2\} = E\left\{\int_0^\tau |\hat{x}(t)-x(t)|^2\mathrm{d}t\right\} \tag{15.156}$$

如果对于所有可能的信号$\hat{x}(t)$，以及$t\in[0,\ \tau]$，满足

$$E\{\hat{x}(t)\} = x(t) \tag{15.157}$$

则称估计信号 $\hat{x}(t)$ 是无偏的(unbiased)。

采样无关界

为了确定一个任意采样方法可达到的 MSE 界，有必要来分析一下根据连续时间过程 $y(t)$ 直接估计 $x(t)$ 的 CRB。显然，没有任何采样机制能够比充分利用 $y(t)$ 中包含的所有信息的方法做的会更好。

这个界应该有非常简单的闭合表达式，这个表达式只是依赖于更新速率，而不依赖于被估计的 FRI 信号的类型。确实，在合适的规范化条件下(详见文献[309])，$x(t)$ 在区间 τ 上的任意无偏有限方差估计值 $\hat{x}(t)$ 的 MSE 应满足

$$\frac{1}{\tau}\mathrm{MSE}(\hat{x},x) \geqslant \rho_\tau \sigma^2 \tag{15.158}$$

其中，$\rho_\tau = k/\tau$ 是 τ 局部更新速率。注意到，当 $x(t)$ 没有结构时，不存在完美 MSE 的无偏估计结果。

式(15.158)给出的界给出了有噪环境下更新速率的一种新的解释，即最好可达到 MSE 与噪声方差 σ^2 之间的比值。这与无噪声环境下更新速率的特性形成鲜明的对比，无噪声条件下可以在最低采样速率下实现信号的完美恢复。而当有噪声存在时，完美恢复就不再可能了。

采样测量值界

这里，我们给出一个关于根据式(15.155)的信号 $y(t)$ 的采样值估计 $x(t)$ 的下界。为了使讨论具有一般性，我们考虑如下形式的采样值

$$c_n = \langle \varphi_n(t), y(t) \rangle + v_n, \qquad n = 0,\cdots,N-1 \tag{15.159}$$

其中，$\{\varphi_n(t)\}$ 是采样核函数的一个集合，v_n 是测量噪声，这里假设是一个方差为 σ_d^2 的高斯白噪声。例如，在一个抗混叠滤波器 $\varphi(-t)$ 的输出端进行逐点采样，这个滤波器对应的核函数为 $\varphi_n(t) = \varphi(t-nT)$。我们用 Φ 表示由采样核函数张成的子空间。在这种情况下，采样值包含了嵌入在信号 $y(t)$ 中的噪声 $w(t)$，而且可能还有附加的离散噪声，例如，由于量化造成的噪声。注意到，除非采样和函数 $\{\varphi_n(t)\}$ 恰巧是正交的，否则这个测量值不可能是统计独立的。

我们假设存在一个 Fréchet 微分 $\frac{\partial x}{\partial \boldsymbol{\theta}}$，其数值反映了 $x(t)$ 随 $\boldsymbol{\theta}$ 变化的敏感度，$\frac{\partial x}{\partial \boldsymbol{\theta}}$ 是从 $\mathbb{R}^k$ 到平方可积函数 L_2 空间的一个运算符，如

$$x(t)\Big|_{\boldsymbol{\theta}+\boldsymbol{\delta}} \approx x(t)\Big|_{\boldsymbol{\theta}} + \frac{\partial x}{\partial \boldsymbol{\theta}}\boldsymbol{\delta} \tag{15.160}$$

更正式的，

$$\lim_{\delta\to 0} \frac{\left\| x(\boldsymbol{\theta}+\boldsymbol{\delta}) - x(\boldsymbol{\theta}) - \frac{\partial x}{\partial \boldsymbol{\theta}}\boldsymbol{\delta} \right\|_{\mathbb{R}^N}}{\|\delta\|_{\mathbb{R}^k}} = 0 \tag{15.161}$$

假设在某一时刻存在位于 $\frac{\partial x}{\partial \boldsymbol{\theta}}$ 值域空间内的某一元素与 Φ 正交。这意味着可以在不改变测量值 $c_0,\cdots,c_{N-1}$ 的分布的情况下扰乱 $x(t)$。这种情况发生在当测量值的个数 N 小于定义 $x(t)$ 的参数 k 时。同时，根据这些测量值来重构出关于 $x(t)$ 的某些信息仍然是可能的，但从信号估计的角度看，这种情况是不理想的。因此，我们可以假设

$$\frac{\partial x}{\partial \boldsymbol{\theta}} \cap \boldsymbol{\Phi}^{\perp} = \{\boldsymbol{0}\} \tag{15.162}$$

在这些假设下，根据式(15.159)的采样值，$x(t)$的任意无偏的有限方差的估计值$\hat{x}(t)$满足[309]

$$\mathrm{MSE}(\hat{x},x) \geqslant \mathrm{Tr}\left[\left(\frac{\partial x}{\partial \boldsymbol{\theta}}\right)^{*}\left(\frac{\partial x}{\partial \boldsymbol{\theta}}\right)\left(\left(\frac{\partial x}{\partial \boldsymbol{\theta}}\right)^{*}\boldsymbol{H}_{\Phi}\left(\frac{\partial x}{\partial \boldsymbol{\theta}}\right)\right)^{-1}\right] \tag{15.163}$$

其中

$$\boldsymbol{H}_{\Phi} = \boldsymbol{\Phi}\left(\sigma^{2}\boldsymbol{\Phi}^{*}\boldsymbol{\Phi} + \sigma_{d}^{2}\boldsymbol{I}_{N}\right)^{-1}\boldsymbol{\Phi}^{*} \tag{15.164}$$

Φ是对应于函数组$\{\varphi_n(t)\}_{n=1}^{N}$的集合变换。如果$\sigma_d=0$，则表示只有模拟噪声，那么，$\boldsymbol{H}_{\Phi}$与其在$\Phi$的值域空间的正交投影成正比。

注意到，尽管这里涉及连续时间运算符，式(15.163)中迹的表达式是一个$k\times k$矩阵，因此可以进行数值计算。我们同样发现，与式(15.158)的连续时间采样界不同，这里的采样界取决于$\boldsymbol{\theta}$的值。因此，对于某个特定采样方法，一些信号就可能比其他信号更难以估计。

接下来，根据式(15.163)总结几个结论。

离散时间噪声

首先假设$\sigma^2=0$，表示只存在数字噪声。这种噪声的影响可通过增加采样核函数的增益，或者增加采样值的个数来克服。这些基本结论可以从式(15.163)轻易得以验证。考虑调整核函数$\tilde{\varphi}_n(t)=2\varphi_n(t)$。与这个核函数对应的集合变换为$\tilde{\boldsymbol{\Phi}}=2\boldsymbol{\Phi}$，另外，由于$\sigma^2=0$，这意味着，迹的表达式减小4倍。因此，采样增益的显著增益可以使式(15.163)的界任意接近0。类似地，也可增加采样点的个数，例如，每个采样点重复两次。用$\tilde{\boldsymbol{\Phi}}$和$\boldsymbol{\Phi}$表示对应原始和两倍后测量值的变换，根据变换的定义，可得到$\tilde{\boldsymbol{\Phi}}\tilde{\boldsymbol{\Phi}}^{*}=4\boldsymbol{\Phi}\boldsymbol{\Phi}^{*}$。因此，同样的推导可以得出结论：在没有连续时间噪声的情况下，通过重复采样点，可以明显降低错误率。在实际情况中，通常不是重复每一次的测量值，而是通过在更密集的网格上采样，以增大采样速率。

连续时间噪声

这里，考虑$\sigma_d^2=0$的情况，即只有连续时间噪声影响采样值。在这种情况下，无论使用什么样的核函数，通常都不可能得到任意低的重构误差。确实，绝不可能超过式(15.158)中的连续时间CRB，典型的为一个非零值。

式(15.163)和式(15.158)给出的两个界有时可能是相同的。如果这种情况发生，那么，至少对于这个性能界来说，基于式(15.159)的采样值的估计结果与基于完全连续时间函数的估计结果相比不会变得更差。如果对于任意的$x(t)$的可能取值，有$x(t)\in\boldsymbol{\Phi}$，就会发生一种情况，这种情况被称为奈奎斯特等效采样。在这种情况下，有$\boldsymbol{H}_{\Phi}\dfrac{\partial x}{\partial \boldsymbol{\theta}}=\dfrac{1}{\sigma^2}\dfrac{\partial x}{\partial \boldsymbol{\theta}}$，所以，式(15.163)变为

$$\frac{1}{\tau}\mathrm{MSE}(\hat{x},x) \geqslant \frac{\sigma^{2}}{\tau}\mathrm{Tr}(\boldsymbol{I}_{k\times k}) = \sigma^{2}\rho_{\tau} \tag{15.165}$$

许多实际FRI信号模型并不属于任何有限维子空间。在这样的情况下，任何采样速率的提高都可以提高估计性能。即使存在一个子空间，它能够包含所有的FRI信号，它的维数通常要比参数k大很多。所以，想要完全得到信号中的信息需要以奈奎斯特速率进行采样，这要比更新速率高得多。这一事实同样解释了在存在噪声的情况下，过采样通常可以获得比按更新速率采样更好的效果的现象。

从 UoS 的角度审视这一现象是非常有意义的。用 $\mathcal{X}$ 表示可能的信号集合，并假设其可以被表示为具有有限子空间个数的子空间并集$\{\mathcal{U}_\alpha\}$，下标 α 为一个连续参数，即 $\mathcal{X}=\cup_\alpha\mathcal{U}_\alpha$。在这种情况下，当且仅当

$$\dim\left(\sum_\alpha \mathcal{U}_\alpha\right)<\infty \tag{15.166}$$

一个有限采样速率就可以获得信号中包含的所有信息，其中 $\dim(\mathcal{M})$ 表示子空间 $\mathcal{M}$ 的维数。对应地，在无噪声环境中，如在第 10 章中见到的，恢复 $x(t)$ 所需要的采样值的个数为

$$\max_{\alpha 1,\alpha 2}\dim(\mathcal{U}_{\alpha 1}+\mathcal{U}_{\alpha 2}) \tag{15.167}$$

也就是说，是属于这个并集的两个子空间的和的最大维数。通常，式(15.166)的维数要比式(15.166)的大得多，表示在有噪声和无噪声条件下的本质不同。例如，如果子空间 $\mathcal{U}_\alpha$ 是有限维子空间，则式(15.167)也是有限的，然而式(15.166)不必是有限的。

然而，有时可能希望 $\mathcal{X}$ 的结构可使采样速率接近更新速率是能够实现最佳恢复。通常，以更新速率采样的采样值所对应的 CRB 实际上比连续时间最佳情况时的值要大。这表明，对噪声的敏感度是 FRI 信号估计的重要问题，甚至比算法的极限更为重要。然而，某些特殊的 FRI 模型，如半周期脉冲流信号式(15.8)，具有一定的抵抗噪声的能力，在这种情况下，CRB 可以快速地收敛于连续时间信号时的值，下一节我们再讨论这一现象。

15.5.2 周期与半周期 FRI 信号

通过在 UoS 环境下对信号模型的分析，我们可以解释算法对噪声鲁棒性的不同等级。在这种情况下，$x(t)$ 的参数向量 $\boldsymbol{\theta}$ 可被分为两部分参数，即定义在子空间 $\mathcal{U}_\alpha$ 上的参数和指明子空间内的位置的参数。CRB 分析指出，子空间内的位置的估计通常比子空间本身的估计更为简单。因此，当大多数参数用于筛选出位于子空间内的位置时，以更新速率估计是成功的，正如半周期情况式(15.8)那样。相反地，当大量参数用于确定子空间本身时，就需要一个高于更新速率的采样速率；这就是式(15.5)非周期脉冲信号中出现的现象，其中 $\boldsymbol{\theta}$ 被平均分为子空间选择参数$\{t_\ell\}$和子空间内参数$\{a_\ell\}$。

在图 15.46 中，我们比较了重构一个周期脉冲流信号和一个半周期脉冲流信号的 CRB。两个信号都包含同一个脉冲 $h(t)$，且都有相同的局部更新速率。采样核的选择考虑到用来衡量信号的 N 个最小频率分量。对于这个周期信号，选择 $L=10$ 个具有随机延时和幅值，周期 $\tau=1$的信号脉冲，这表明这个信号由 $k=20$ 个参数来决定(L 个决定幅值，L 个决定延时)。对应地，构成一个半周期信号也需要相同数量参数，这里我们选择周期为 1/9，每个周期有 $L=2$ 个脉冲。时间段$[0,\tau]$正好包含了 $M=9$ 个周期，总共也是 20 个参数：即每个周期中有 2 个未知的幅值及两个未知的延时。

由于要估计参数的数量在两种模型中都是相同的，所以对于两种模型连续时间 CRB 都是一样的。所以对于大量的测量值，采样界也收敛于相同的值。然而，当采样值(样本)个数接近于更新速率时，半周期信号重构误差的界要比周期信号的低得多，如图 15.46 所示。

在现在这种情况下，周期信号包含 10 个参数用于选择子空间和 10 个附加参数用于确定子空间中的位置；而对于半周期信号，只有两个参数用于确定子空间，其他 18 个参数用于确定子空间的位置。显然，确定子空间是很有挑战性的，特别是在存在噪声的情况下，但是一旦子空间确定了，剩下的参数就可以用一个简单的线性运算来估计(选择子空间上的一种投影)。所以，如果有许多位置参数来确定子空间的位置，那么估计可以更精确地实现。

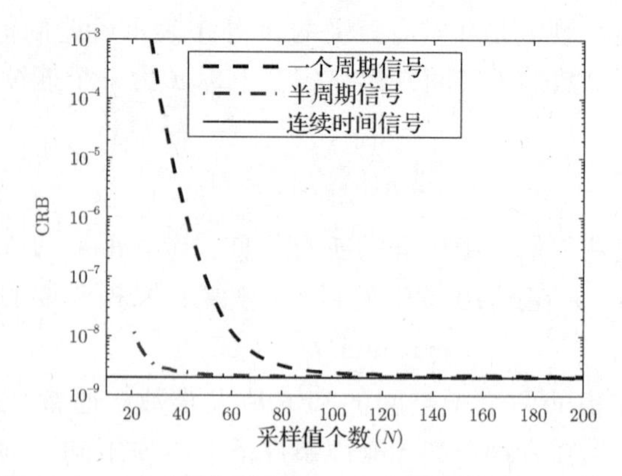

图 15.46　一个周期信号和一个非周期信号 CRB 对比

15.5.3　选择采样核

一个有趣且复杂的问题是，对于给定数量的样本个数，如何来选择在某种意义上最佳的采样核。这个问题在文献[309]中通过一种贝叶斯框架(Bayesian framework)来讨论过，其中信号 $x(t)$ 是一个具有已知先验分布参数的随机过程。采样和重构技术被进一步假设为线性的。尽管非线性重构方法经常用于 FRI 信号，这里还是这样假设以便分析其溯源性，并且仅用于确定采样核的目的。一旦选定了这些采样核，它们就可以与非线性重构算法联合起来使用(尽管在这种情况下没有可被解析证明的最优条件)。给出预定数量的 N 个采样值，最佳采样核就是由自相关函数的特征函数给定的

$$R_X = R_X(t,T) = E\{x(t)x^*(T)\} \tag{15.168}$$

对应于 N 个最大特征值。

一个十分有趣的情况是，自相关函数 R_X 是循环的，即对于一些 τ

$$R_X(t,T) = R_X[(t-T)\bmod \tau] \tag{15.169}$$

这一情况是可能发生的，例如，式(15.7)中的周期脉冲流信号和式(15.8)中的半周期脉冲流信号的情况，都是假设存在一个有关参数的合理的先验分布。已知特征函数 R_X，用复指数函数形式表示为

$$\psi_n(t) = \frac{1}{\sqrt{\tau}}\mathrm{e}^{\mathrm{j}\frac{2\pi}{\tau}nt}, \qquad n \in \mathbb{Z} \tag{15.170}$$

而且，R_X 的幅值正比于脉冲波形 $h(t)$ 的傅里叶系数。指数形式的式(15.170)对应于 $h(t)$ 的最大傅里叶系数时是最佳采样核。有趣的是，这恰恰是我们在欠奈奎斯特的 FRI 采样技术中提倡的采样核。

15.6　一般 FRI 采样

尽管我们一直关注着脉冲流信号的采样问题，但是 FRI 理论并不仅限于这种信号。在本节中，我们来讨论任意 FRI 信号的重构问题，这里的样本可能是基于文献[457]中的思想以更新采样速率得到的非线性测量值。关于采样机理和信号先验的唯一假设就是定义信号的参数能够从采样值中稳定恢复出来。任何需要恢复信号参数的实用的采样理论都要满足这一假设。在上一节中，我们关注于明确的恢复技术，这里，我们将采用迭代法来处理这种更一般的情况。

由于我们允许非线性采样，因此我们将利用类似在第 8 章中介绍过的子空间信号非线性采样算法。特别地，我们的方法是基于最小均方误差准则(LS 准则)的，也就是给定样本集合与信号估计值之间的误差范数最小化准则。在稳定性假设条件下，LS 准则具有一个唯一的稳定点(驻点)。因此可以说，任何具有一个稳定点的优化算法必然会收敛于估计参数的真值。特别地，我们在第 8 章介绍的最速下降法(steepest-descent)和拟牛顿法(quasi-Newton)也都可以用于这种情况下的信号参数恢复。这一类方法提供了一个统一框架，即根据更新速率采样的样本，在没有任何特别假设条件下的信号恢复问题。

我们关注的任意一段的 FRI 信号形式如 $x(t)=h(t,\boldsymbol{\theta})$，其中 $\boldsymbol{\theta}\in\mathcal{A}$ 是用于定义 $x(t)$ 的长度为 k 的参数向量，$\mathcal{A}$ 是可能向量的集合。假设 h 是关于 $\boldsymbol{\theta}$ 的 Fréchet 可微函数，用 $\mathcal{X}$ 表示信号$x(t)$的集合。为了确定 $\boldsymbol{\theta}$，我们必须确定，不存在两个不同的向量 $\boldsymbol{\theta}_1\neq\boldsymbol{\theta}_2$，能够使 $h(t,\boldsymbol{\theta}_1)=h(t,\boldsymbol{\theta}_2)$。为了实现稳定恢复，对于一些 $\alpha_h>0$，且对于所有 $\boldsymbol{\theta}_1,\boldsymbol{\theta}_2\in\mathcal{A}$，我们需要稍微强一点的条件

$$\alpha_h\|\boldsymbol{\theta}_1-\boldsymbol{\theta}_2\|_2\leqslant\|h(t,\boldsymbol{\theta}_1)-h(t,\boldsymbol{\theta}_2)\|_2 \tag{15.171}$$

在脉冲流信号的情况下，例如，式(15.171)意味着$t_\ell-t_{\ell-1}$对于每个 ℓ 都必须是有上界和下界的，且 $a_\ell>a>0$。

15.6.1　采样方法

我们的目标是通过 N 个一般化采样值 $\boldsymbol{c}=[c_1,\cdots,c_N]^{\mathrm{T}}$ 来恢复信号 x，采样值是通过 $\boldsymbol{c}=S(x)$ 获得的，其中 S：$L_2(\mathbb{R})\to\mathbb{R}^N$是某个(可能非线性)Fréchet 可微算子。例如，S 可以表示采样值

$$c_n=f(\langle s_n,x\rangle),\qquad n=1,\cdots,N \tag{15.172}$$

其中 $f(\cdot)$是非线性传感器响应，s_n是线性采样函数。

我们称采样运算子 S 是关于 $\mathcal{X}$ 稳定的，如果存在常数 $0<\alpha_s\leqslant\beta_s<\infty$，则对于所有的 x_1，$x_2\in\mathcal{X}$有

$$\alpha_s\|x_2-x_1\|_{L_2}\leqslant\|S(x_1)-S(x_2)\|_{\mathbb{R}^N}\leqslant\beta_s\|x_2-x_1\|_{L_2} \tag{15.173}$$

这一定义与第 10 章中给出的定义是基本相同的，区别就是，这里的集合 $\mathcal{X}$ 不必是一个子空间并集 UoS，并且运算子 S 不要求是线性的。不等式的左边保证了，如果两个信号 x_1和 x_2足够不同，那么，它们的采样值(样本)$S(x_1)$和 $S(x_2)$也就不同。这也就是说，两个不同的信号 $x_1,x_2\in\mathcal{X}$不能产生同样的采样值，因此，每个采样值集合 $\boldsymbol{c}=S(x)\in\mathbb{R}^N$都对应于一个唯一的信号恢复 $x\in\mathcal{X}$。

式(15.173)和式(15.171)给出的条件对任何采样定理都是重要约束条件，不论是显性的还是隐性的。这里我们不详细讨论何种情况满足这些条件，因为这个问题具有很强的针对性。感兴趣的读者可以参考文献[458]和第 8 章中关于 SI 信号非线性采样值的分析，也可以参考文献[459]中关于几个 UoS 模型的线性采样分析，还可以参考文献[460]关于 FRI 情况的通用稳定性采样理论。在下面的内容中，我们将说明条件式(15.173)和式(15.171)可以给出一个最小采样速率，低于这个最小采样速率就不能保证完美的信号恢复。更有趣的我们还将看到，当这些要求被满足时，有很多种迭代算法可以实现在这个最小采样速率下的完美信号恢复。

15.6.2　最小采样速率

考虑用 S 对 $\mathcal{X}$ 中的信号进行采样问题，为了设计一种通用的信号重构方法，我们首先要确定完美恢复所需要的采样值个数 N 的最小值。

命题 15.7 假设函数 $h:\mathcal{A}\to L_2$ 满足式(15.171)，且算子 $S:L_2\to\mathbb{R}^N$ 满足式(15.173)，则

$$N \geqslant k + \max_{x_1\in\mathcal{X}} \dim\left(\mathcal{N}\left(\frac{\partial S}{\partial x}\bigg|_{x_1}^{*}\right)\right) \tag{15.174}$$

当 k 是更新速率时。

证明 为了简单起见，我们用简写 $h(\boldsymbol{\theta})$ 代替 $h(t,\boldsymbol{\theta})$。因为 $h(\boldsymbol{\theta})$ 和 $S(x)$ 是 Fréchet 可微函数，所以 $\hat{\boldsymbol{c}}(\boldsymbol{\theta}) = S(h(\boldsymbol{\theta}))$ 也是 Fréchet 可微函数。我们首先来说明，其偏微分 $\partial\hat{\boldsymbol{c}}/\partial\boldsymbol{\theta}$（$N\times k$ 矩阵）是一个空的零空间。

由式(15.161)，其 Fréchet 偏微分 $\partial\hat{\boldsymbol{c}}/\partial\boldsymbol{\theta}$ 在 $\boldsymbol{\theta}_1$ 点上满足

$$\lim_{\boldsymbol{\delta}\to 0}\frac{\left\|\hat{\boldsymbol{c}}(\boldsymbol{\theta}_1+\boldsymbol{\delta}) - \hat{\boldsymbol{c}}(\boldsymbol{\theta}_1) - \dfrac{\partial\hat{c}}{\partial\boldsymbol{\theta}}\bigg|_{\boldsymbol{\theta}_1}\boldsymbol{\delta}\right\|}{\|\boldsymbol{\delta}\|} = 0 \tag{15.175}$$

特别地，对于任意非零向量 $\boldsymbol{a}\in\mathbb{R}^k$，

$$\lim_{t\to 0}\frac{\left\|\hat{\boldsymbol{c}}(\boldsymbol{\theta}_1+t\boldsymbol{a}) - \hat{\boldsymbol{c}}(\boldsymbol{\theta}_1) - t\dfrac{\partial\hat{c}}{\partial\boldsymbol{\theta}}\bigg|_{\boldsymbol{\theta}_1}\boldsymbol{a}\right\|}{\|t\boldsymbol{a}\|} = 0 \tag{15.176}$$

其中，t 是一个标量。这里，假设 $\boldsymbol{a}\in\mathcal{N}(\partial\hat{\boldsymbol{c}}/\partial\boldsymbol{\theta}|_{\boldsymbol{\theta}_1})$。那么，式(15.176)意味着

$$\lim_{t\to 0}\frac{\|\hat{\boldsymbol{c}}(\boldsymbol{\theta}_1+t\boldsymbol{a}) - \hat{\boldsymbol{c}}(\boldsymbol{\theta}_1)\|}{\|t\boldsymbol{a}\|} = 0 \tag{15.177}$$

然而，由式(15.171)和式(15.173)，对于任意 $t\neq 0$，有

$$\begin{aligned}\frac{\|\hat{\boldsymbol{c}}(\boldsymbol{\theta}_1+t\boldsymbol{a}) - \hat{\boldsymbol{c}}(\boldsymbol{\theta}_1)\|}{\|t\boldsymbol{a}\|} &= \frac{\|S(h(\boldsymbol{\theta}_1+t\boldsymbol{a})) - S(h(\boldsymbol{\theta}_1))\|}{\|t\boldsymbol{a}\|}\\ &\geqslant \boldsymbol{\alpha}_s\frac{\|\boldsymbol{h}(\boldsymbol{\theta}_1+t\boldsymbol{a}) - h(\boldsymbol{\theta}_1)\|}{\|t\boldsymbol{a}\|}\\ &\geqslant \alpha_s\alpha_h > 0\end{aligned} \tag{15.178}$$

这个结果与式(15.177)矛盾，因此，证明 $\mathcal{N}(\partial\hat{\boldsymbol{c}}/\partial\boldsymbol{\theta}|_{\boldsymbol{\theta}_1}) = \{0\}$，这说明 $\dim(\mathbb{R}(\partial\hat{\boldsymbol{c}}/\partial\boldsymbol{\theta}|_{\boldsymbol{\theta}_1})) = k$。

接下来注意到，$\partial\hat{c}/\partial\boldsymbol{\theta}|_{\boldsymbol{\theta}_1} = (\partial S/\partial x|_{h(\boldsymbol{\theta}_1)})(\partial h/\partial\boldsymbol{\theta}|_{\boldsymbol{\theta}_1})$，所以有，$\mathbb{R}(\partial\hat{c}/\partial\boldsymbol{\theta}|_{\boldsymbol{\theta}_1})\subseteq\mathbb{R}(\partial S/\partial x|_{h(\boldsymbol{\theta}_1)}) = \mathcal{N}(\partial S/\partial x|_{h(\boldsymbol{\theta}_1)}^{*})^{\perp}$。因此，

$$k\leqslant\dim\left(\mathcal{N}\left(\frac{\partial S}{\partial x}\bigg|_{h(\boldsymbol{\theta}_1)}^{*}\right)^{\perp}\right) = N - \dim\left(\mathcal{N}\left(\frac{\partial S}{\partial x}\bigg|_{h(\boldsymbol{\theta}_1)}^{*}\right)\right) \tag{15.179}$$

因为式(15.179)对于 $\boldsymbol{\theta}_1\in\mathcal{A}$ 成立，所以对于令右侧最小的 $\boldsymbol{\theta}_1$ 成立。 □

命题 15.7 表明，在低于更新速率采样时，稳定的信号恢复也是可能的。命题同样说明，如果这个零空间 $(\partial S/\partial x)^{*}$ 对于某些 $x\in\mathcal{X}$ 是非空的，那么，以更新速率采样是不可以的。我们考虑下面的一些例子。

例 15.20 假设 $S(x) = S^{*}x$ 是一个线性采样算子，且 $\mathcal{X}$ 是一个由向量组 $\{x_\ell\}_{\ell=1}^{k}$ 张成的子空间。为了计算这个命题中的下界，我们需要考察 $\mathcal{N}((\partial S/\partial x)^{*})$ 的维数。在这种情况下，$\partial S/\partial x = S$，因此有 $\mathcal{N}((\partial S/\partial x)^{*}) = N(S^{*})$。为了获得 k 的最小速率，我们需要 $\mathcal{N}(S*)$ 在 $\mathcal{X}$ 上为 0。换句话说，这个 $N\times k$ 阶矩阵(其第 n 行第 k 列元素是 $\langle s_n, x_k\rangle$)应该有一个空的零空间，其中 $\{s_n\}_{n=1}^{N}$ 是采样向量。

如果 S 是线性的，但 $\mathcal{X}$ 不属于任何有限维子空间中，那么，以更新速率采样就需要这些采

样向量 $\{s_n\}_{n=1}^{N}$ 是线性独立的。确实，如果 $\{s_n\}_{n=1}^{N}$ 线性相关，那么，一定存在一个标号 j，可以使对于某些系数 $\{a_n\}_{n\neq j}$，有 $s_j = \sum_{n\neq j} a_n s_n$。所以，采样值 c_j 就可以用其他采样值来表示，即为 $c_j = \langle s_j, x\rangle = \sum_{n\neq j} \bar{a}_n \langle s_n, x\rangle = \sum_{n\neq j} \bar{a}_n c_n$，因此就是可以被忽略的。

例 15.21　假设由一个传感设备得到的测量值 c_1，其值为信号 x 的能量 $0.5\ \|x\|^2$。在这种情况下，$(\partial c_1/\partial x)|_{x_1} = x_1$。所以，根据命题 15.7，如果信号集合 $\mathcal{X}$ 包含信号 $x_1 = 0$，那么，以最小速率进行采样就是不可能的。凭直觉来看，信号 $x_1 = 0$ 附近 x 的小的扰动在 c_1 上不能表现出来。因此，如果采样设备的输入恰巧发生在 $x = 0$ 处，那么这次采样一定是不稳定的，因为不等式(15.173)左侧不能保持成立。

在接下来的推导中，我们关注于这样的情况，信号 $x(t)$ 的 $N = k$ 个采样值是通过一个算子 S 获得的，这个算子 S 满足

$$\mathcal{N}\left(\frac{\partial S}{\partial x}\bigg|_{x_1}^{*}\right) = \{0\}, \qquad \forall x_1 \in \mathcal{X} \tag{15.180}$$

这就对应于以更新速率进行的采样。

15.6.3　最小二乘法恢复

假设我们想从信号采样值 $\boldsymbol{c} = S(x)$ 中恢复信号 $x(t) = h(\boldsymbol{\theta}_0) \in L_2$，其中 $\boldsymbol{\theta}_0 \in \mathbb{R}^k$ 是一未知参数向量，$S: L_2 \to \mathbb{R}^k$ 是一个给定的采样算子。为了解决这一问题，很自然地会考虑到求下面函数的最小值，

$$\varepsilon(\boldsymbol{\theta}) = \frac{1}{2}\ \|S(h(\boldsymbol{\theta})) - \boldsymbol{c}\|^2 = \frac{1}{2}\ \|\hat{\boldsymbol{c}}(\boldsymbol{\theta}) - \boldsymbol{c}\|^2 \tag{15.181}$$

其中定义 $\hat{\boldsymbol{c}}(\boldsymbol{\theta}) = S(h(\boldsymbol{\theta}))$。这种选择背后的推理是根据下面的判断得到的：

命题 15.8　假设函数 $h: \mathbb{R}^k \to L_2$ 满足式(15.171)，并且算子 S: $L_2 \to \mathbb{R}^k$ 满足式(15.173)，则 $\boldsymbol{\theta}_0$ 就是 $\varepsilon(\boldsymbol{\theta})$ 唯一的全局最小值。

证明　显然，对于每个 $\boldsymbol{\theta} \in \mathbb{R}^k$ 及 $\varepsilon(\boldsymbol{\theta}_0) = 0$，有 $\varepsilon(\boldsymbol{\theta}) \geqslant 0$，所以，$\boldsymbol{\theta}_0$ 是 $\varepsilon(\boldsymbol{\theta})$ 的一个全局最小值。而且这个最小值是唯一的，原因是，根据式(15.171)和式(15.173)，有 $\varepsilon(\boldsymbol{\theta}) \geqslant \alpha_s \alpha_h \|\boldsymbol{\theta} - \boldsymbol{\theta}_0\|$，则对每个 $\boldsymbol{\theta} \neq \boldsymbol{\theta}_0$，必然有 $\varepsilon(\boldsymbol{\theta}) > 0$。　□

当采样值 $\boldsymbol{c}$ 受到高斯白噪声干扰时，LS 准则式(15.181)貌似也是合理的。在这种情况下，式(15.181)的最小值就是由样本 $\boldsymbol{c}$ 得到的 $\boldsymbol{\theta}$ 的一个最大似然估计。

遗憾的是，函数 $\varepsilon(\boldsymbol{\theta})$ 通常是非凸的，并且可能具有多个局部极小值点。因此，一些标准的优化方法可能无法用于这里寻找全局最小值 $\boldsymbol{\theta}_0$。然而，如我们后面会看到的，当以更新速率进行采样时，式(15.171)和式(15.173)的假设条件确保了 $\boldsymbol{\theta}_0$ 是 $\varepsilon(\boldsymbol{\theta})$ 的唯一驻点。因此，任何具有驻点的算法都一定会收敛于那个真实的参数向量 $\boldsymbol{\theta}_0$。

定理 15.3　假设函数 $h: \mathbb{R}^k \to L_2$ 满足式(15.171)，运算子 $S: L_2 \to \mathbb{R}^k$ 满足式(15.173)，并且其 Fréchet 偏微分 $\partial S/\partial x$ 满足式(15.180)。则仅当 $\boldsymbol{\theta}_1 = \boldsymbol{\theta}_0$ 时，$\nabla\varepsilon(\boldsymbol{\theta}_1) = 0$。

证明　梯度 $\nabla\varepsilon(\boldsymbol{\theta}_1)$ 为：

$$\nabla\varepsilon(\boldsymbol{\theta}_1) = \left.\frac{\partial\hat{\boldsymbol{c}}}{\partial\boldsymbol{\theta}}\right|_{\boldsymbol{\theta}_1}^{*}[\hat{\boldsymbol{c}}(\boldsymbol{\theta}_1) - \boldsymbol{c}] \tag{15.182}$$

在命题15.7的证明中可知，$\mathbb{R}(\partial\hat{\boldsymbol{c}}/\partial\boldsymbol{\theta}|_{\boldsymbol{\theta}_1}) = \mathbb{R}^k$。由于这里的 $\partial\hat{\boldsymbol{c}}/\partial\boldsymbol{\theta}|_{\boldsymbol{\theta}_1}$ 是一个 $k\times k$ 矩阵，它满足

$$\mathcal{N}\left(\left.\frac{\partial\hat{\boldsymbol{c}}}{\partial\boldsymbol{\theta}}\right|_{\boldsymbol{\theta}_1}^{*}\right) = \mathbb{R}\left(\left.\frac{\partial\hat{\boldsymbol{c}}}{\partial\boldsymbol{\theta}}\right|_{\boldsymbol{\theta}_1}\right)^{\perp} = \{\boldsymbol{0}\} \tag{15.183}$$

所以有 $\nabla\varepsilon(\boldsymbol{\theta}_1)=0$，仅当 $\hat{\boldsymbol{c}}(\boldsymbol{\theta}_1)-\boldsymbol{c}=\boldsymbol{0}$ 时。根据命题15.8，这种情况仅当 $\boldsymbol{\theta}_1=\boldsymbol{\theta}_0$时才会发生，定理证毕。 □

定理15.3的重要性主要依赖于这样一个事实，它提供了从更新速率采样值中恢复FRI信号的一种统一机理。也就是说，不必为每种信号和采样方法都去开发一种不同的算法，我们可以用同样的最优化方法找到式(15.181)中的驻点。

15.6.4 迭代恢复

有许多最优化算法都可以被用来找目标函数 $\varepsilon(\boldsymbol{\theta})$ 在 $\mathcal{A}$ 上的驻点。为了简单起见，这里主要关注用于 $\mathcal{A}=\mathbb{R}^k$时的无约束最优化算法。这并不影响讨论的一般性，因为如果 $\mathcal{A}\neq\mathbb{R}^k$，那么，这个有约束问题 $\min_{\boldsymbol{\theta}\in\mathcal{A}}\varepsilon(\boldsymbol{\theta})$ 可被转化为无约束问题 $\min_{\widetilde{\boldsymbol{\theta}}\in\mathbb{R}^k}\varepsilon(p(\widetilde{\boldsymbol{\theta}}))$，其中 $p:\mathbb{R}^k\to\mathcal{A}$ 是双射的。后一个问题具有一个唯一的驻点 $\widetilde{\boldsymbol{\theta}}_0 = p^{-1}(\boldsymbol{\theta}_0)$。因此，一旦 $\widetilde{\boldsymbol{\theta}}_0$ 被确定，所要得到的解就是 $\boldsymbol{\theta}_0 = p(\widetilde{\boldsymbol{\theta}}_0)$。

例15.22 为了说明怎样把任意一个约束模型转化为一个无约束模型，考虑满足 $a_\ell > a > 0$，在 $T_{\min} < t_\ell - t_{\ell-1} < T_{\max}$以及 $0 < T_{\min} \leqslant T_{\max} < \infty$ 的脉冲流信号式(15.5)。

定义

$$\widetilde{\theta}_m^{\mathrm{Li}} = \ln(a_m - a_0), \quad \widetilde{\theta}_m^{N} = \tan\left(\pi\frac{t_m - t_{m-1} - \widetilde{T}}{\Delta}\right) \tag{15.184}$$

其中 $\bar{T} = (T_{\max} + T_{\min})/2$ 且 $\Delta = T_{\max} - T_{\min}$。此处 $\widetilde{\theta}_m^{\mathrm{Li}}$ 表示线性参数，而 $\widetilde{\theta}_m^{N}$ 表示非线性参数。则

$$a_m = \mathrm{e}^{\widetilde{\theta}_m^{\mathrm{Li}}} + a_0, \quad t_m = t_0 + m\bar{T} + \frac{\Delta}{\pi}\sum_{i=1}^{m}\arctan(\widetilde{\theta}_i^{N}) \tag{15.185}$$

利用这个选择，所有可能信号的集合 $\mathcal{X}$ 可通过在整个空间 $\mathbb{R}^L$而不在 $\mathbb{R}^L$的某些子集比较 $\widetilde{\theta}^{Li}$ 和 $\widetilde{\theta}^{N}$ 得到。

正如在8.4.4节中讨论的，许多无约束最优化方法都以初值 $\boldsymbol{\theta}^0$和如下形式迭代

$$\boldsymbol{\theta}^{\ell+1} = \boldsymbol{\theta}^{\ell} - \gamma^{\ell}\boldsymbol{B}^{\ell}\nabla\varepsilon(\boldsymbol{\theta}^{\ell}) \tag{15.186}$$

其中 γ^ℓ是通过一维搜索的方法得到的步长，$\boldsymbol{B}^\ell$是一个正定矩阵。由于此处 $\nabla\varepsilon(\boldsymbol{\theta}^\ell)$ 的结构[见式(15.182)]，对迭代公式(15.186)可以给出一个简单的解释，如图15.47所示。特别地，在第 ℓ 次迭代时，参数向量 $\boldsymbol{\theta}$ 的当前估计值 $\boldsymbol{\theta}^\ell$可用于我们去构造信号 x 的估计值 $\hat{x}^\ell$，这种构造要利用函数 h。然后，这一近似值再通过运算子 S 进行采样，进而得到一个估计的采样向量 $\hat{\boldsymbol{c}}^\ell$。最后，$\hat{\boldsymbol{c}}^\ell$ 和采样值向量 $\boldsymbol{c}$ 之间的差被乘以一个相关矩阵，再与 $\boldsymbol{\theta}^\ell$相加，便得到一个更新的近似值 $\boldsymbol{\theta}^{\ell+1}$。

在我们这个场景中，目标函数 $\varepsilon(\boldsymbol{\theta})$ 有一个下界。因此，迭代公式(15.186)也确保能够收敛于 $\varepsilon(\boldsymbol{\theta})$ 的一个驻点，只要满足下面的条件：即 r^ℓ被选取满足Wolfe条件(详见8.4.4节)，而

对于一些独立于 ℓ 的常数 $\delta>0$，以及梯度 $\nabla\varepsilon(\boldsymbol{\theta})$ 在集合 $\mathcal{N}=\{\boldsymbol{\theta}: \varepsilon(\boldsymbol{\theta})\leqslant\varepsilon(\boldsymbol{\theta}^0)\}$ 的环境下是利普希茨连续的[180]，$\boldsymbol{B}^\ell$满足

$$\frac{\langle \boldsymbol{B}^\ell \nabla\varepsilon(\boldsymbol{\theta}^\ell), \nabla\varepsilon(\boldsymbol{\theta}^\ell)\rangle}{\| \boldsymbol{B}^\ell \nabla\varepsilon(\boldsymbol{\theta}^\ell) \| \| \nabla\varepsilon(\boldsymbol{\theta}^\ell) \|} > \delta \tag{15.187}$$

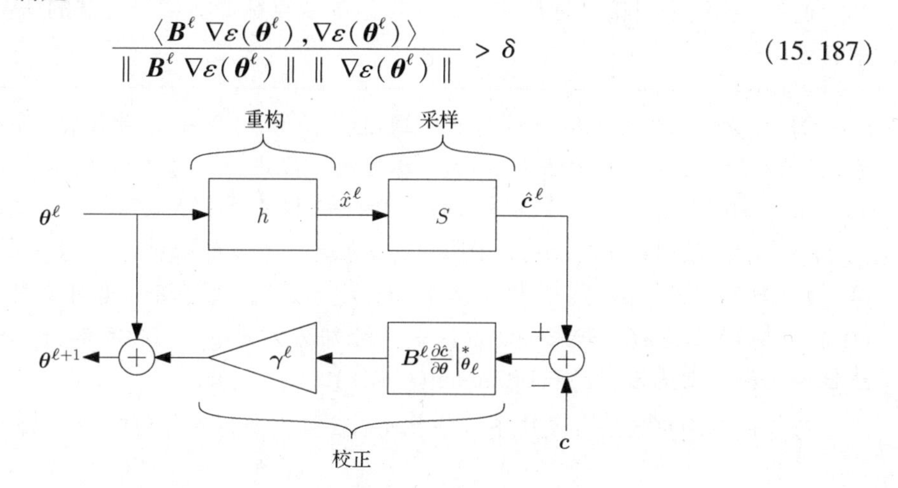

图 15.47　图解(15.186)的一次迭代

一个满足 Wolfe 条件的步长可通过算法 15.8 介绍的回溯方法来确定，算法 15.8 与非线性采样中介绍过的算法 8.3 是相同的。等式(15.178)满足 $\boldsymbol{B}^\ell=\boldsymbol{I}$，相当于最速下降迭代法。在文献[457]和 8.4.4 节中可以看到，这一条件对于 $\boldsymbol{B}^\ell = (\partial\hat{\boldsymbol{c}}/\partial\boldsymbol{\theta}|^*_{\boldsymbol{\theta}^\ell}\ \partial\hat{\boldsymbol{c}}/\partial\boldsymbol{\theta}|_{\boldsymbol{\theta}^\ell})^{-1}$ 同样成立，只要对于某些 $\beta_h<\infty$ 和所有 $\boldsymbol{\theta}_1,\boldsymbol{\theta}_2\in\mathcal{N}$，有

$$\| h(\boldsymbol{\theta}_1) - h(\boldsymbol{\theta}_2) \|_{L_2} \leqslant \beta_h \| \boldsymbol{\theta}_1 - \boldsymbol{\theta}_2 \| \tag{15.188}$$

这种选择属于拟牛顿法的一种，其收敛速度要比最速下降法更快。最后，在文献[457]中可以看到，$\nabla\varepsilon(\boldsymbol{\theta})$在 $\mathcal{N}$空间下为利普希茨连续的充分条件为 h 的导数是利普希茨连续的。

算法 15.8　回溯线性搜索

输入：函数 $\varepsilon(\boldsymbol{\theta})$，矩阵 $\boldsymbol{B}^\ell$，当前迭代 $\boldsymbol{\theta}^\ell$，常数 $\rho,\eta\in(0,1)$
输入：波长 $\boldsymbol{r}^\ell$
令 $\boldsymbol{g}^\ell = \nabla\varepsilon(\boldsymbol{\theta}^\ell), \boldsymbol{d}^\ell = -\boldsymbol{B}^\ell\boldsymbol{g}^\ell$, $\delta=1$
当 $\varepsilon(\boldsymbol{\theta}^\ell+\delta\boldsymbol{d}^\ell) > \varepsilon(\boldsymbol{\theta}^\ell) + \eta\delta\langle\boldsymbol{d}^\ell,\boldsymbol{g}^\ell\rangle$ 时
　$\delta\leftarrow\rho\delta$
退出迭代
返回 $\gamma^\ell=\delta$

作为总结，可以给出如下结论。

定理 15.4　假设函数 $h:\mathbb{R}^k\rightarrow L_2$ 满足式(15.171)，它的 Fréchet 导数 $\partial h/\partial\boldsymbol{\theta}$ 在 $\mathcal{N}=\{\boldsymbol{\theta}: \varepsilon(\boldsymbol{\theta})\leqslant\varepsilon(\boldsymbol{\theta}^0)\}$上是利普希茨连续的，算子 $S: L_2\rightarrow\mathbb{R}^k$满足式(15.173)，它的 Fréchet 导数 $\partial S/\partial x$ 满足式(15.180)。考虑迭代式(15.186)，其中步长 γ^ℓ通过算法 15.8 得到，并且令 $\hat{\boldsymbol{c}}(\boldsymbol{\theta})=S(h(\boldsymbol{\theta}))$，那么，下面的一个选项就可以保证 $\boldsymbol{\theta}^\ell\rightarrow\boldsymbol{\theta}_0$：

(1) $\boldsymbol{B}^\ell=\boldsymbol{I}$。

(2) $B^{\ell} = (\partial\hat{\boldsymbol{c}}/\partial\boldsymbol{\theta}|_{\boldsymbol{\theta}^{\ell}}^{*}\ \partial\hat{\boldsymbol{c}}/\partial\boldsymbol{\theta}|_{\boldsymbol{\theta}^{\ell}})^{-1}$，并且条件式(15.188)成立。

这里，我们来讨论这种从非线性采样值中恢复脉冲流信号方法的一个应用。在文献[457]中有更多的例子。

例 15.23 考虑这样一种情况，通过式(15.5)给定信号 $x(t)$。我们用例 15.22 中的式(15.184)定义的变换方法来进行参数变换。假设这些参数的约束条件为 $a_0=0.1$，$T_{\min}=0.3$，$T_{\max}=0.7$，$t_0=-0.3$。我们的目标是从样本式(15.172)中恢复这些信号参数，其中 $\{s_n(t)\}_{n=1}^{N}$ 是 $L_2([0,\tau])$ 上的采样核，$f(\cdot)$ 是一个非线性响应函数。在这个例子中，我们选择 $s_n(t)=s(t-T_0-nT_s)$，其中 $T_0=T_s/2$，$T_s=\tau/N$，使得这些采样函数跨越了整个观察区段 $[0,1]$。脉冲函数 $h(t)$ 和采样滤波器 $s(t)$ 分别为方差 $\sigma_h^2=0.05$ 和 $\sigma_s^2=0.1$ 的高斯函数。非线性响应曲线设置为 $f(c)=100\arctan(0.01c)$。

为了使用准牛顿法或最速下降法，我们注意到，利用式(15.185)的变换 $\boldsymbol{\theta}=p(\widetilde{\boldsymbol{\theta}})$，有

$$\frac{\partial\hat{\boldsymbol{c}}}{\partial\widetilde{\boldsymbol{\theta}}}=\frac{\partial\hat{\boldsymbol{c}}}{\partial\boldsymbol{\theta}}\frac{\partial p}{\partial\widetilde{\boldsymbol{\theta}}} \tag{15.189}$$

显式计算表明

$$\frac{\partial\hat{\boldsymbol{c}}}{\partial\boldsymbol{\theta}}=\boldsymbol{C}[\boldsymbol{A}\quad\boldsymbol{B}] \tag{15.190}$$

其中

$$\boldsymbol{A}=\begin{bmatrix}-a_1\langle s_1,h'(t-t_1)\rangle & \cdots & -a_L\langle s_1,h'(t-t_L)\rangle\\ \vdots & & \vdots\\ -a_1\langle s_N,h'(t-t_1)\rangle & \cdots & -a_L\langle s_N,h'(t-t_L)\rangle\end{bmatrix} \tag{15.191}$$

$$\boldsymbol{B}=\begin{bmatrix}\langle s_1,h(t-t_1)\rangle & \cdots & \langle s_1,h(t-t_L)\rangle\\ \vdots & & \vdots\\ \langle s_N,h(t-t_1)\rangle & \cdots & \langle s_N,h(t-t_L)\rangle\end{bmatrix} \tag{15.192}$$

和

$$\boldsymbol{C}=\mathrm{diag}[f'(\langle s_1,x\rangle)\cdots f'(\langle s_N,x\rangle)] \tag{15.193}$$

此外，

$$\frac{\partial p}{\partial\widetilde{\boldsymbol{\theta}}}=\begin{bmatrix}\boldsymbol{D} & 0\\ 0 & \boldsymbol{E}\end{bmatrix} \tag{15.194}$$

其中

$$\boldsymbol{D}=\mathrm{diag}(\mathrm{e}^{\widetilde{\theta}_1},\cdots,\mathrm{e}^{\widetilde{\theta}_L}) \tag{15.195}$$

和

$$\boldsymbol{E}=\frac{\Delta}{\pi}\begin{bmatrix}\dfrac{1}{1+\widetilde{\theta}_{L+1}^2} & 0 & \cdots & 0\\ \dfrac{1}{1+\widetilde{\theta}_{L+1}^2} & \dfrac{1}{\widetilde{\theta}_{L+2}^2} & \cdots & 0\\ \vdots & \vdots & \ddots & \vdots\\ \dfrac{1}{1+\widetilde{\theta}_{L+1}^2} & \dfrac{1}{1+\widetilde{\theta}_{L+2}^2} & \cdots & \dfrac{1}{1+\widetilde{\theta}_{2L}^2}\end{bmatrix} \tag{15.196}$$

从图 15.48 中可以看出，从 $N=4$ 的样本中，在周期[0，1]区间，通过牛顿迭代法来还原 $L=2$ 个脉冲的收敛性情况，这个情况就等同于更新速率。实线表示真实脉冲波形，而虚线表示估计的脉冲。我们注意到，式(15.191)和式(15.192)中的所有内积都可以在每次迭代中用解析的方法进行计算。在这个实验中，真实参数值为 $t_1=0.2$，$t_2=0.8$，$a_1=1$，$a_2=5$。如图 15.48(a)所示，迭代过程在 $t_1=1/3$，$t_2=2/3$，$a_1=a_2=3$ 时被初始化。在这一点的估计样本，用“×”来表示，与真实值偏离较大的用圈表示。然而，这种偏差经过前 15 次迭代后就迅速减小(如图 15.48(b))，并在 30 次迭代之后几乎完全消失(如图 15.48(c))。图 15.48(d)表示了当 LS 目标函数式(15.181)随着迭代次数增加而快速下降的函数关系。

图 15.49 给出了有噪声存在时算法的性能结果。这里的条件与图 15.48 对应的条件是相同的，所不同的是这里高斯白噪声被加到了恢复前的采样值上。图中给出了 MSE 与信噪比的函数关系，其中的实线对应于 CRB。可以看到，我们的方法的 MSE 在高信噪比的情况下与 CRB 一致，在低信噪比的情况下比 CRB 要好。这也表明了我们的技术是一种有偏估计。

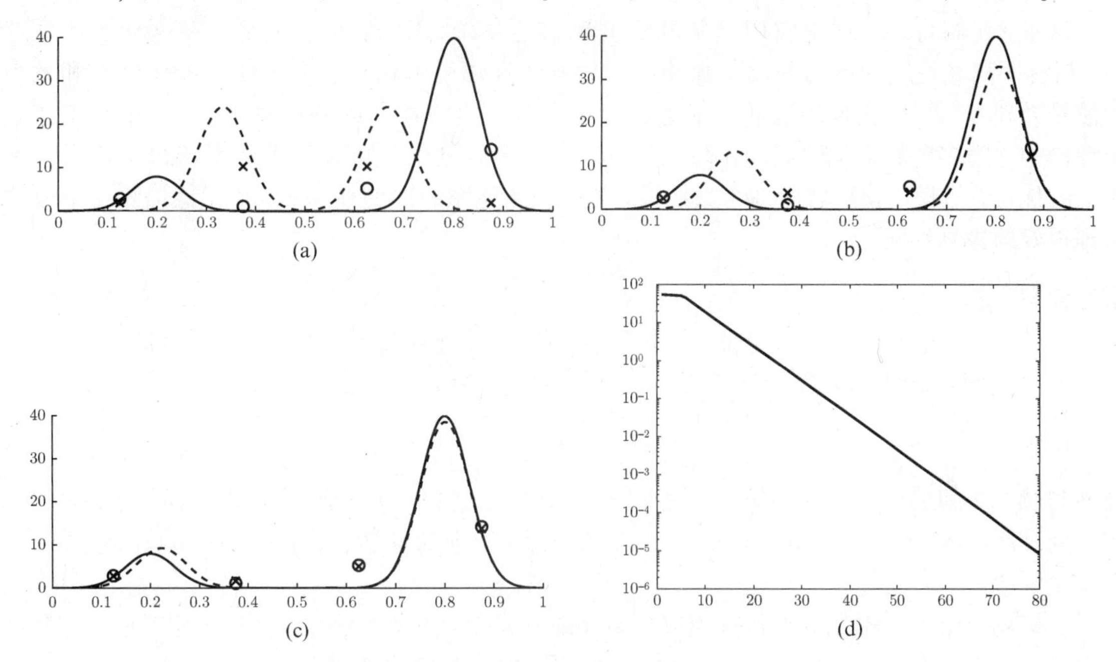

图 15.48　用牛顿迭代法进行脉冲流信号恢复的收敛性。(a)初始值；(b)15 次迭代；(c)30次迭代；(d)LS目标函数值与迭代次数的函数关系

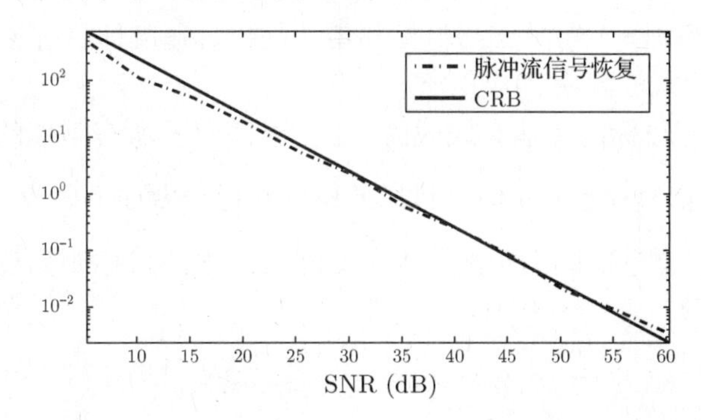

图 15.49　与图 15.48 相同设定下的脉冲流信号恢复的 MSE 与信噪比的函数关系

15.7 FRI 的应用

本章前面部分主要讨论了脉冲流信号的采样与恢复问题，在本节中，我们将介绍这种信号模型的两个典型应用：雷达信号处理和超声波成像技术。这两个方面的应用在文献[424～427，430，448]中有较多介绍。

当然，FRI 信号模型还可以应用到其他很多领域和场景中。其中的一个例子就是图像超分辨率，文献[460]中有详细介绍。另一个有意义的应用例子是信号压缩[461]。其他一些例子还包括超宽带通信[462]和神经科学[464]等。这里面给出的很多思想也已经被扩展到了多维 FRI 信号的情况，参见文献[464，465]。

15.7.1 欠奈奎斯特采样雷达

这里，我们将 FRI 理论应用于脉冲多普勒雷达系统[426]。后面会看到，在这种雷达系统中，目标距离和速度的识别等效于脉冲流信号延时和幅度的估计。通过使用 FRI 框架和适当的信号处理方法可以实现用远低于奈奎斯特速率对雷达信号进行采样和处理，这个在雷达系统理论中称为多普勒聚焦(Doppler focusing)。这种多普勒聚焦可以使雷达系统得到信噪比性能上的优化，信噪比将随着脉冲个数线性增长，使雷达系统即使在 -25 dB 的低信噪比下也能得到很好的检测性能。

雷达模型

考虑一个雷达系统，通过发射一个周期脉冲信号并处理其回波信号来检测目标。发射信号由 P 个等间隔脉冲 $h(t)$ 组成：

$$x_{\mathrm{T}}(t) = \sum_{p=0}^{P-1} h(t - p\tau), \qquad 0 \leqslant t \leqslant P\tau \tag{15.197}$$

脉冲与脉冲之间的延时 τ 称为脉冲重复间隔(PRI)。式(15.197)给出的整个信号的长度称为相干处理间隔(CPI)。脉冲 $h(t)$ 是一个已知的有限时间基带函数，其 CTFT $H(\omega)$ 在 $B_h/2$ 以外有很少的能量。

目标场景由 L 个不变的点目标组成(Swerling 0 模型：见文献[466，467])。脉冲从 L 个目标上反射回来，传回收发器。每一个目标 ℓ 都可以由三个参数来定义：

(1) 延时 $\tau_\ell = 2r_\ell/c$，与目标到雷达的距离 r_ℓ 成正比，其中 c 为光速。

(2) 多普勒径向频率 $v_\ell = 2\dot{r}_\ell f_c/c$，与目标和雷达的接近速度即目标速度的径向分量 $\dot{r}_\ell$ 成正比，也与雷达的载波频率 f_c 成正比。

(3) 复数幅度 α_ℓ，与目标的雷达有效截面、散射衰减以及所有其他的传播因素成正比。

为了简化这个接收信号模型，我们对目标的位置和运动做如下假设：

(1) 远目标：目标与雷达之间的距离远大于 CPI 时间内的目标距离变化，这表明 α_ℓ 在 CPI 时间内是个常数

$$\dot{r}_\ell P\tau \ll r_\ell \Rightarrow v_\ell \ll \frac{f_c \tau_\ell}{P\tau} \tag{15.198}$$

(2) 低速目标：低的目标速度考虑到在 CPI 时间内 τ_ℓ 为常数，以及在脉冲时间内的多普勒相位为常数。当基带多普勒频率小于频率分辨率时，这个条件成立，即

$$\frac{2\dot{r}_\ell B_h}{c} \ll \frac{1}{P\tau} \Rightarrow v_\ell \ll \frac{f_c}{P\tau B_h} \tag{15.199}$$

(3) 小加速度：在 CPI 时间内，目标速度近似保持不变，使得 v_ℓ 为常数。当加速度引起的速度变化小于速度分辨率时，这个条件成立，即

$$\ddot{r}_\ell P\tau \ll \frac{c}{2f_c P\tau} \Rightarrow \ddot{r}_\ell \ll \frac{c}{2f_c (P\tau)^2} \tag{15.200}$$

尽管这些假设可能很难全部被满足，但是它们全都依赖于目标和雷达之间足够慢的相对运动。当一个雷达系统探测的目标为人、地面车辆及海洋船舶时，这些条件是比较容易被满足的，从下面的例子中可以看出这一点。

例 15.24　考虑一个 $P=100$ 个脉冲的雷达系统，这个雷达 PRI $\tau=100\ \mu s$，带宽 $B_h=30$ MHz，载波频率 $f_c=3$ GHz。用这个雷达追踪最高速度达到 $\dot{r}_\ell=120$ km/h 的汽车。为了计算 CPI 内目标最大距离变化，我们注意到 $\dot{r}_\ell=33.3$ m/s。因此，观测时间间隔内最大距离的变化为 0.33 m。这样，如果目标到雷达的最小距离为几米，那么假设(1)就可以被满足。关于假设(2)，最大的多普勒频率为 $2\dot{r}_\ell f_c/c=667$ Hz，这个值远小于 $f_c/P\tau B_h=10$ kHz。另外，10 m/s² 最大加速度在 CPI 内引起的速度变化也仅仅为 0.1 m/s，说明很容易满足假设(3)。

在这三个假设的前提下，我们可以把接收信号写为

$$x_{\mathbb{R}}(t) = \sum_{p=0}^{P-1}\sum_{\ell=0}^{L-1} \alpha_\ell h(t-\tau_\ell-p\tau)\mathrm{e}^{-\mathrm{j}v_\ell p\tau} \tag{15.201}$$

为了方便起见，可以把这个信号写成信号帧(signal frame)的和的形式

$$x_{\mathbb{R}}(t) = \sum_{p=0}^{P-1} x_p(t) \tag{15.202}$$

式中的信号帧也称为信号分量，表示为

$$x_p(t) = \sum_{\ell=0}^{L-1} \alpha_\ell h(t-\tau_\ell-p\tau)\mathrm{e}^{-\mathrm{j}v_\ell p\tau} \tag{15.203}$$

实际上，$x_{\mathbb{R}}(t)$ 还会被加性噪声污染，在下面的仿真中我们将考虑噪声。

我们的目标是用欠奈奎斯特速率来采样这个回波信号，并重构 $3L$ 个参数 $\{\tau_\ell, v_\ell, \alpha_\ell\}$，$0\leqslant \ell\leqslant L-1$。如图 15.50 所示，估计参数 τ_ℓ 和 v_ℓ 就可以近似地得到目标的距离和径向速度。图 15.50 中的目标可以用一个延时–多普勒图来表示，图中的每一个目标都被标记了两个参数，一个为目标延时(与目标距离成比例)，另一个为目标的多普勒频率(与目标径向速度成比例)，如图 15.51 所示。

传统采样方法

在介绍欠奈奎斯特采样之前，我们先来了解一下经典的雷达采样和处理方法，典型的雷达信号处理方法由下面几步构成：

(1) ADC：用奈奎斯特速率 B_h 采样每个输入信号分量 $x_p(t)$，产生一个序列 $x_p(t)$，$0\leqslant n\leqslant N$，式中 $N=\tau B_h$，B_h 与 $h(t)$ 的带宽相同，为了简化，通常假设 N 为一个整数。

(2) 匹配滤波器：对每个信号分量 $x_p[n]$ 使用一个标准的匹配滤波器，如 15.2.1 节的介绍。输出的结果为 $y_p[n]=x_p[n] * \overline{h[-n]}$，式中 $h[n]$ 是脉冲响应 $h(t)$ 的奈奎斯特采样序列。

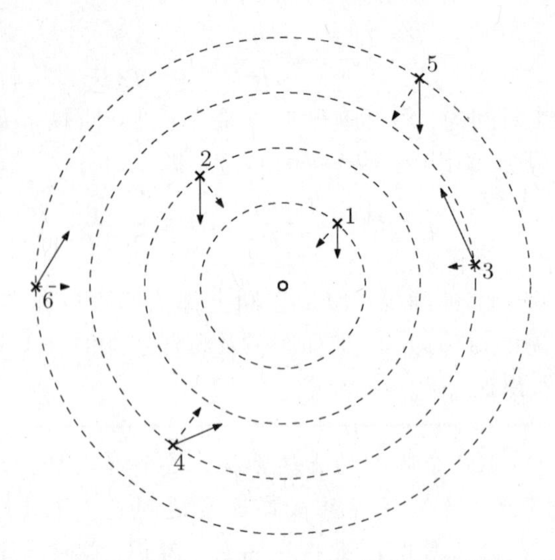

图 15.50　空间中有 $L=6$ 个点目标描述。每个目标(用十字表示)距雷达有特定的距离并且以未知的速度(连续向量)移动。每个目标的径向速度用虚线表示。我们的目标是用欠奈奎斯特速率在雷达处(中心位置)采样回波信号，然后重构出目标的距离和径向速度

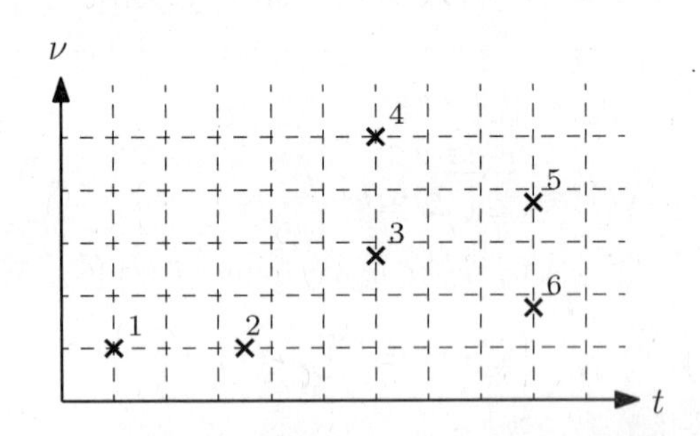

图 15.51　用延时–多普勒图表示的图 15.50 中的目标

(3) 多普勒处理：对每个离散时间索引 n，进行与脉冲维数相应的 P 点离散傅里叶变换(DFT)，即对于 $0\leqslant k<P$，$z_n[k] = \mathrm{DFT}_P\{y_p[n]\} = \sum_{p=0}^{P-1} y_p[n]\mathrm{e}^{-2\pi pk/P}$。

(4) 延时–多普勒图：通过整理向量 z_n，并取绝对值，我们得到一个延时–多普勒图 $\boldsymbol{Z} = \mathrm{abs}[z_0,\cdots,z_{N-1}] \in \mathbb{R}^{P\times N}$。

(5) 峰值检测：通过探测目标数目、目标能量、杂波等有助于发现目标方位。例如，如果我们知道有 L 个目标，那么我们就可以选择延时–多普勒图中最强的 L 个点。

具体步骤在图 15.52 中给出了说明。

上面描述的雷达信号处理的经典方法需要以奈奎斯特速率 B_h 对接收信号进行采样，这将高达数百 MHz 甚至是几个 GHz。所需要的计算能力就等于一个长度为 $N=\tau B_h$ 的信号的 P 次卷积和长度为 P 的 N 次 FFT，两者的计算量都与 B_h 成比例。应用 FRI 框架可以进行低速率的采样和雷达信号的处理，而无论信号的带宽为多少。

多普勒聚焦

多普勒聚焦是一种信号处理技术[426]，利用不同脉冲的目标回波产生一个信号，这个信号是一个在特定的多普勒频率处的叠加脉冲。本章中介绍这种技术可以应用于恢复相应的延时。

这种方法可以得到一个最优信噪比增益，并且可以在频域上实现，这样就可以实现欠奈奎斯特采样，并且在与匹配滤波器有相同信噪比提升的情况下进行雷达信号处理。

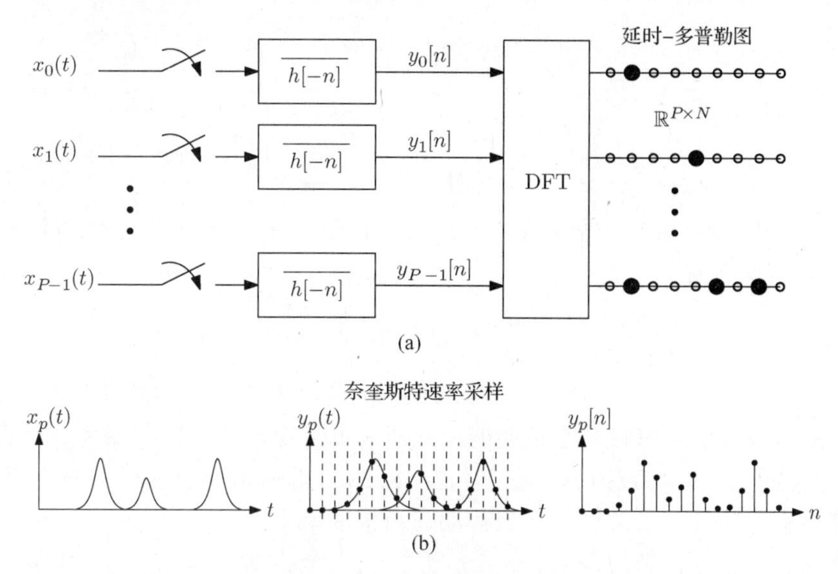

图 15.52　经典的雷达信号处理过程。(a)对信号进行奈奎斯特速率采样和匹配滤波，之后的多普勒处理包括一个 DFT 计算和延时–多普勒图的峰值检测；(b)形成一个信号帧 $y_p[n]$

我们可以把多普勒信号处理的输出看成是下面对接收的回波信号的时间平移和调制操作的一种离散等价

$$\Phi(t;\nu) = \sum_{p=0}^{P-1} x_p(t+p\tau)\mathrm{e}^{\mathrm{j}\nu p\tau} = \sum_{\ell=0}^{L-1} \alpha_\ell h(t-\tau_\ell)\sum_{p=0}^{P-1}\mathrm{e}^{\mathrm{j}(\nu-\nu_\ell)p\tau} \tag{15.204}$$

其中利用了式(15.203)的关系。考虑到求和关系 $g(\nu|\nu_\ell) = \left|\sum_{p=0}^{P-1}\mathrm{e}^{\mathrm{j}(\nu-\nu_\ell)p\tau}\right|$。对于任意给定的 ν，在 ν 附近宽度为 $2\pi/P\tau$ 的一个带宽内，多普勒频率 ν_ℓ 的所有目标将会得到相干积分和大致的信噪比增益

$$g(\nu|\nu_\ell) = \left|\sum_{p=0}^{P-1}\mathrm{e}^{\mathrm{j}(\nu-\nu_\ell)p\tau}\right| \overset{|\nu-\nu_\ell|<\pi/P\tau}{\cong} P \tag{15.205}$$

在另一方面，由于分布在单位圆上的 P 个等间隔点的和接近等于零，所以 ν_ℓ 没有聚焦的目标基本上可以被消除。这样，我们就可以估计出式(15.204)中指数的求和项为

$$\Phi(t;\nu) \cong P\sum_{\ell\in\Lambda(\nu)} \alpha_\ell h(t-\tau_\ell) \tag{15.206}$$

式中 $\Lambda(\nu)=\{\ell: |\nu-\nu_\ell| < \pi/P\tau\}$。换句话说，这个求和项只包含多普勒频移在 $|\nu-\nu_\ell| < \pi/P\tau$ 范围内的那些目标。

对于每一个多普勒频率 ν，$\Phi(t;\nu)$ 表示一个标准脉冲流模型，需要解决的问题就是估计那些未知的延时。因此，利用多普勒聚焦，我们就可以在一个小的多普勒频率范围内把问题化简为单纯的延时估计，并且通过因子 P 增大了信噪比。在本章中可以看到，从低采样率的采样值中也可以得到延时的估计，这些低速率采样值就等于一个小的傅里叶系数集合。因此，下面我们将根据频域多普勒聚焦的观点，介绍如何利用这些低速率采样值直接实现多普勒聚焦的问题。

假设对信号 $x_{\mathbb{R}}(t)$ 每个周期 τ 采样 m 个点，那么，我们就得到了 m 个傅里叶系数 $c_p[k]$，

$k\in\mathcal{K}$。这里 $\mathcal{K}$ 是选择的傅里叶频率，且 $|\mathcal{K}|=m$，$c_p[k]$ 是式(15.25)第 p 个信号分量的傅里叶级数，这些分量可以在式(15.25)中利用替换参数 $t\to t+p\tau$ 和 $\alpha_\ell\to\alpha_\ell \mathrm{e}^{-\mathrm{j}\nu_\ell p\tau}$ 获得

$$c_p[k]=\frac{1}{\tau}H(2\pi k/\tau)\sum_{\ell=0}^{L-1}\alpha_\ell \mathrm{e}^{-\mathrm{j}\nu_\ell p\tau}\mathrm{e}^{-\mathrm{j}2\pi k\tau_\ell/\tau} \tag{15.207}$$

进行多普勒聚焦操作将导致

$$\Psi_\nu[k]=\sum_{p=0}^{P-1}c_p[k]\mathrm{e}^{\mathrm{j}\nu p\tau}=\frac{1}{\tau}H(2\pi k/\tau)\sum_{\ell=0}^{L-1}\alpha_\ell \mathrm{e}^{-\mathrm{j}2\pi k\tau_\ell/\tau}\sum_{p=0}^{P-1}\mathrm{e}^{-\mathrm{j}(\nu-\nu_\ell)p\tau} \tag{15.208}$$

注意到，$\Psi_\nu[k]$ 是 $\Phi(t;\nu)$ 关于 t 的傅里叶级数。与式(15.205)一样，对任意满足 $|\nu-\nu_\ell|<\pi/P\tau$ 的任意一个目标 ℓ 有

$$\Psi_\nu[k]\cong\frac{P}{\tau}H(2\pi k/\tau)\sum_{\ell\in\Lambda(\nu)}\alpha_\ell \mathrm{e}^{\mathrm{j}2\pi k\tau_\ell/\tau} \tag{15.209}$$

文献[426]的分析表明，当 $x_{\mathbb{R}}(t)$ 受到白噪声影响时，多普勒聚焦技术将按因子 P 增大信噪比。同时还证明了，这种方法可以在最小可能的采样速率下实现雷达参数的恢复。最后，多普勒聚焦的另外一个优点就是这个方法可以通过对式(15.208)中的求和项进行加一个简单的窗的操作，进而使其具有适应某种杂波模型和目标动态范围的能力。

除了因子 P，方程(15.209)与式(15.25)形式上完全相同。因此，对每个 ν，我们要做的就是一个标准延时估计问题。然而应该注意到，对不同的 ν 值，联合处理序列 $\{\Psi_\nu[k]\}$ 可以改善估计性能，因为我们知道，在所有可能的 ν 上，最多只有 L 个目标。因此，我们可以不再单独搜索每一个延时 τ_ℓ，$\ell\in\Lambda(\nu)$，而是在所有多普勒频率上通过联合处理来估计所有的 L 个延时。

这种情况下的一个十分方便的方法是利用一种匹配追踪型方法，即对于一个单个延时的所有 ν 寻找最强的峰值。为了简便我们假设脉冲是平坦的，或者简单地将 $\Psi_\nu[k]$ 除以 $H(2\pi k/\tau)$。然后，我们求解

$$(\hat{t},\hat{\nu})=\arg\max_{t,\nu}\left|\sum_{k\in\mathcal{K}}\Psi_\nu[k]\mathrm{e}^{\mathrm{j}2\pi kt/\tau}\right| \tag{15.210}$$

一旦找到了最优值 $\hat{t}$ 和 $\hat{\nu}$，我们就可以从这些聚焦的欠奈奎斯特采样值中减去它们的影响

$$\Psi'_{\hat{\nu}}[k]=\Psi_{\hat{\nu}}[k]-\frac{1}{\tau}\hat{\alpha}_\ell \mathrm{e}^{-\mathrm{j}2\pi k\hat{t}/\tau}\sum_{p=0}^{P-1}\mathrm{e}^{\mathrm{j}(\nu-\hat{\nu}_\ell)p\tau} \tag{15.211}$$

式中

$$\hat{\alpha}_\ell=\frac{\tau}{P|\mathcal{K}|}\sum_{k\in\mathcal{K}}\Psi_{\hat{\nu}}[k]\mathrm{e}^{\mathrm{j}2\pi k\hat{t}/\tau} \tag{15.212}$$

然后通过连续的迭代，找出所有我们希望得到的 L 个峰值。在实际中，寻找峰值可以限制在一个网格内，这个网格允许我们应用简单的 FFT 进行上面的所有操作(参见文献[426])。

例 15.25 在本例中，我们用文献[426]中的数值实验证明一个稀疏目标场景下的恢复性能。

假设接收信号 $x_{\mathbb{R}}(t)$ 被能量谱密度为 $N_0/2$ 的加性高斯白噪声污染，噪声的频带限制在 $x(t)$ 的带宽 B_h 内。我们定义，目标 ℓ 的信噪比为

$$\mathrm{SNR}_\ell=\frac{\frac{1}{T_p}\int_0^{T_p}|\alpha_\ell h(t)|^2\mathrm{d}t}{N_0B_h} \tag{15.213}$$

其中 T_p是脉冲时间。这个场景使用的参数为：目标个数 $L=5$，脉冲数 $P=100$，τ 的一个 PRI 为 10 μs，信号带宽 $B_h=200$ MHz。目标的延时和多普勒频率被随机均匀地分布在一个适当的范围内，目标幅度为恒定的绝对值和随机的相位。那么，经典的时间分辨率和频率分辨率定义为 $1/B_h$ 和 $1/P_\tau$，分别为 5 ns 和 1 kHz。

这个信号的采样速率为奈奎斯特速率的十分之一，每个脉冲产生 200 个傅里叶系数。多普勒聚焦可以用两类傅里叶系数集合来检验：一个连续集合和一个随机集合。这里，我们用命中率来比较多普勒聚焦方法和经典方法的性能，所谓命中率的定义就是正确检测目标的个数。一次命中即对应一次正确的延时-多普勒估计，正确估计意味着在时间-频率平面上的估计位置为目标真实位置周围的一个椭圆内。我们用一个这样的椭圆，其轴等于 ±3 倍的时间分辨率和频率分辨率。在多普勒聚焦方法和经典信号处理方法中，都是利用半个奈奎斯特分辨率的均匀步长来对延时和多普勒频率范围进行离散化处理的。图 15.53 给出了不同恢复方法的命中率随信噪比的变化情况。在这种准则下，具有连续傅里叶系数的多普勒聚焦方法在低信噪比时具有更好的性能，而随着信噪比增加，通过随机地选择系数可以提高性能。虽然多普勒聚焦方法的恢复性能将随着采样率的降低而下降，但是传统方法在低于奈奎斯特速率采样时，性能下降得会更加严重。

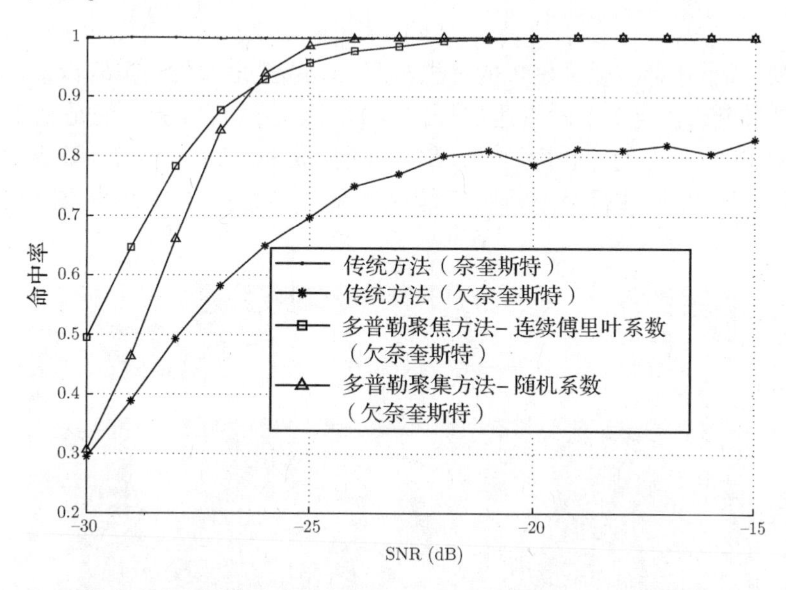

图 15.53　采样率为奈奎斯特速率的十分之一时，多普勒聚焦方法和传统方法的命中率

图 15.54 同样给出了传统方法的命中率曲线图，但是这里用于多普勒聚焦的波形的 CTFT 做了调整，使得信号的所有能量全集中在采样频率范围内。这一过程是将信号通过一个低通滤波器并重新调节幅度，进而使得希望的信噪比[式(15.213)]保持不变。由于多普勒聚焦对发射器没有限制，因此我们可以使用一种具有相同总能量但更适合频域欠奈奎斯特采样的信号，实际上就是把信号进行某种方式的扩展。这样，信号能量在采样过程中就不会有损失。多普勒聚焦的性能提升十分明显，所以在很低的信噪比下我们也能很好地恢复信号，并且性能可以超越具有十倍采样点数的传统方法。这说明欠奈奎斯特采样带来的性能退化可以用一个合适的发射机来实现补偿。

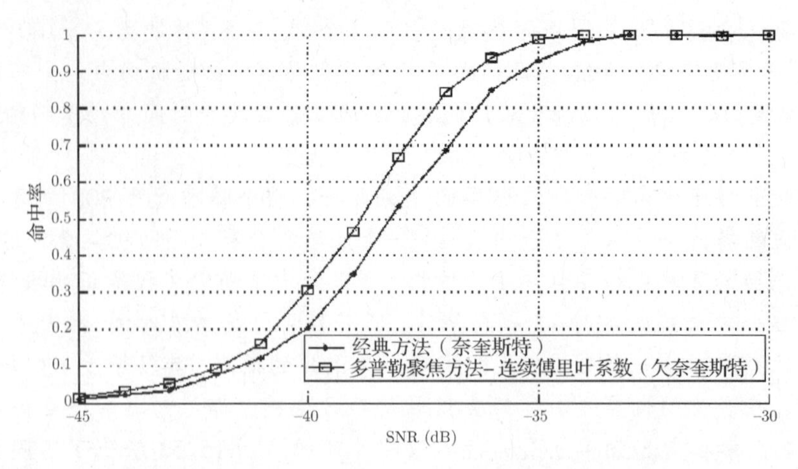

图 15.54 传统方法和采样率为十分之一的欠奈奎斯特多普勒聚焦方法的命中率，这里多普勒聚焦的波形调整为所有能量都集中在采样频率内

雷达实验

在文献[426]中，这种多普勒聚焦的思想与图 15.40 给出的欠奈奎斯特采样的原型系统相结合，来验证欠奈奎斯特速率下的雷达信号接收的问题。这个实验系统是基于美国国家仪器公司(NI)的 PXI 设备建立的，利用这个 PXI 可以合成一个雷达环境，并保证系统的同步。图 15.55给出了包装在 NI 机架中的所有组成部分。其他关于系统配置和同步的问题见文献[427]。

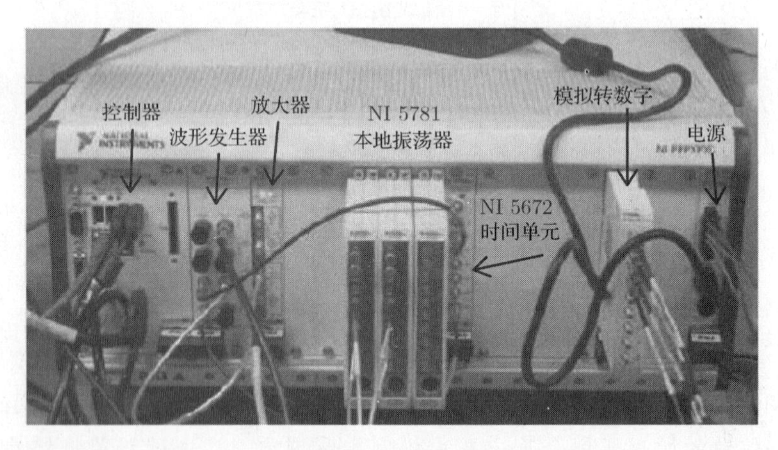

图 15.55 NI 机箱

实验过程包括以下几个步骤。首先利用应用波形研究(AWR)软件，这个软件可以构造大量的试验场景，包括各种不同的目标参数，如延时、多普勒频率和幅度等。AWR 软件可以模拟一个整个的雷达系统，包括脉冲传输和在实际介质中传输的能量亏损。然后，利用一个任意波形发生器(AWG)模块，产生一个模拟信号，经过放大后连接到图 15.40 的雷达接收板上。信号的奈奎斯特速率为 30 MHz。滤波器内所有的晶体接收机带宽均为 80 kHz。每个通道的采样速率为 250 kHz，这样，总采样速率为 1 MHz。这些采样值被接入到机箱控制器，然后启动一个多普勒聚焦重构算法的 MATLAB 函数。这个系统在 LabVIEW 环境上实现了一个详细的

人机接口，进而可以实现多种目标场景的信号恢复问题，如不同的目标延时、多普勒频率和信号幅度等。人机接口界面的屏幕截图在图 15.56 和图 15.57 中给出。

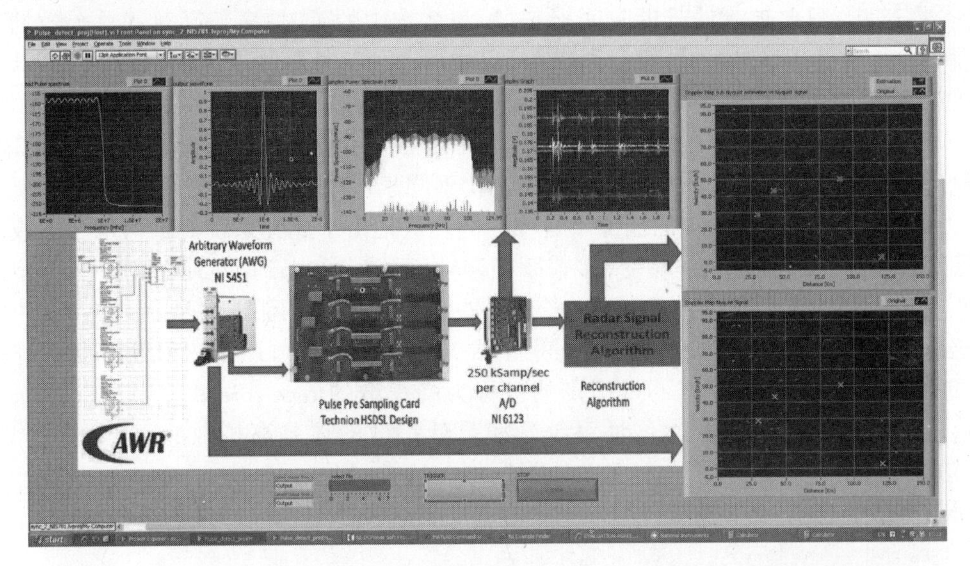

图 15.56　LabVIEW 实验界面。从左到右依次为：$H(\omega)$、$h(t)$、每个通道的频率响应、在每个通道检测的四个信号；上面是重构目标界面；下面是原始目标界面

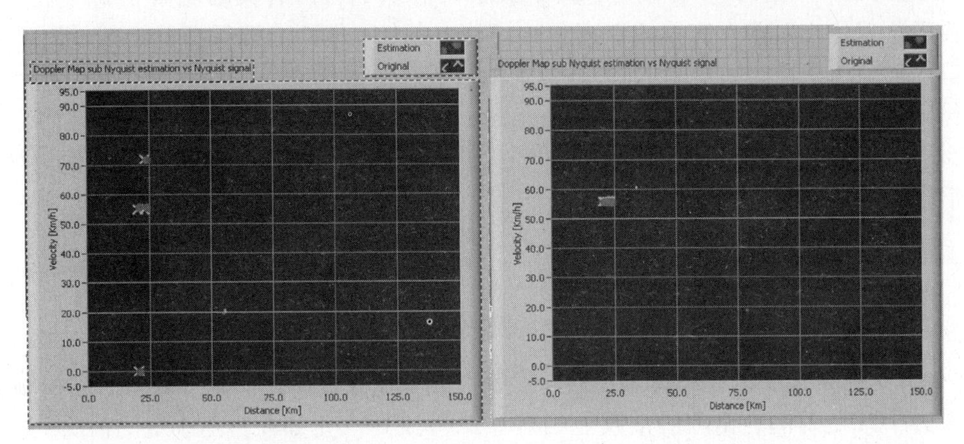

图 15.57　两个附加的目标界面。左边表明：所有四个目标有接近的延时，两个目标的多普勒频率也接近。右边表明：所有四个目标有非常相似的延时和多普勒频率。基于多普勒聚焦的恢复算法在两个场景中都非常成功

这个试验原型系统表明，本章所讲的欠奈奎斯特采样方法在实际应用中是可行的，并且可以采用标准的 RF 硬件构建系统。

在总结这个试验系统之前，我们注意到，这里介绍的基本思想也可以扩展到脉冲波形未知的情况。在这种波形未知的情况下，实现欠奈奎斯特采样的方法是利用 Gabor 变换，并且注意到，这种短的雷达脉冲具有一种稀疏的 Gabor 表征。正如已知脉冲波形的情况一样，这些稀疏系数可以从一个小的傅里叶系数集合中得到恢复，这部分内容可以参见文献[469]。

15.7.2　时变系统识别

用于解决这种雷达问题的技术也可以应用到一种低扩散线性系统（underspread linear systems, ULS)的识别中，这种系统的响应通常存在于延时-多普勒平面上的一个单位区域内。这个问题的重要性是由于许多实际系统都可以描述为一个线性时变系统。FRI 理论和相关算法的研究结果表明，只要输入信号的时间-带宽积与系统中的延时-多普勒对的总个数的平方成正比，那么，这种低扩散参数化线性系统就可以根据一种信号观测来进行识别，所谓低扩散参数化线性系统就是可以用一个延时和多普勒频移有限集合描述的系统。

在数学上，识别一个给定的时变的线性系统 $\mathcal{H}$ 需要用一个已知的输入信号 $x(t)$ 来激励这个系统，然后通过分析输出信号 $\mathcal{H}(x(t))$ 来确定 $\mathcal{H}$。不同于线性时不变系统，除非对系统相应加一些限制，否则这种线性时变系统的输出不是唯一的。这是由于此类系统对输入信号不仅产生了时间移变(延时)，同时还有频率移变(多普勒频移)。目前已经得到了公认的研究结论，如果一个线性时变系统的响应 $\mathcal{H}(\delta(t))$ 在延时-多普勒平面上的存在范围 $\mathbb{R}$ 满足 $\text{area}(\mathcal{R})<1$ [470~473]，那么，这个线性时变系统就可以通过一个信号观测来判定。这种可识别的线性时变系统被称为低扩散的(underspread)，反之，不可识别的被称为高扩散的(overspread)，其满足 $\text{area}(\mathcal{R})>10$[472,473]。(不过，关于一个扩散线性系统到底是低扩散的还是高扩散的仍然是一个开放问题[473]，在文献[472]中描述了一个 $\mathcal{R}$ 为矩形区域的这类问题。)

通常，一个 ULS 系统的响应可以用一个有限的延时及多普勒频移集合来表示：

$$\mathcal{H}(x(t)) = \sum_{\ell=1}^{L} \alpha_\ell x(t-\tau_\ell)\mathrm{e}^{\mathrm{j}\nu_\ell t} \tag{15.214}$$

式中 (τ_ℓ,ν_ℓ) 表示一个延时-多普勒对，$\alpha_\ell \in \mathbb{C}$ 是一个与 (τ_ℓ,ν_ℓ) 有关的复数衰减因子。这里的一个重要问题就是找出输入信号的带宽和时间约束条件，进而能够保证此类线性时变系统可以通过单一观察而识别。一个小的时间-带宽积能够在低采样率下完成其快速的识别。

假设延时和多普勒频移被限制在区域 $(\tau_i,\nu_i)\in[0,\tau_{\max}]\times[-\nu_{\max}/2,\nu_{\max}/2]$ 内。我们用 $\mathcal{T}$ 和 $\mathcal{W}$ 来分别表示用于探索 $\mathcal{H}$ 的实时的时间支撑和已知输入信号 $x(t)$ 的双边带宽。那么，这个探测信号可以选定为一个有限脉冲串：

$$x(t) = \sum_{n=0}^{N-1} x_n h(t-n\tau), \qquad 0 \leqslant t \leqslant T \tag{15.215}$$

式中 $h(t)$ 是时间支撑为 $[0,\tau]$，带宽为 $\mathcal{W}$ 的原型脉冲，假设其具有单位能量($\int |h(t)|^2\mathrm{d}t = 1$)，$\{x_n\in\mathbb{C}\}$ 是一个长度为 N 的探测序列。参数 N 正比于 $x(t)$ 的时间-带宽积，它粗略地定义了可用来估计 $\mathcal{H}$ 的时间自由度的个数[474]：$N=\mathcal{T}/\tau\propto\mathcal{T}\mathcal{W}$。正如在雷达系统的情况，这里我们也假设 $\tau_{\max}<\tau$ 和 $\nu_{\max}\ll\mathcal{W}$。在这些假设下，在雷达系统上使用的多普勒聚焦方法可以用于证明下面的结论。

定理 15.5(参数化低扩散度线性系统的识别) 假定 $\mathcal{H}$ 是一个参数化 ULS 系统，它可以用 L 组三参数 (τ_i,ν_i,α_i) 完全描述，那么，在如上假设下，只要探测序列 $\{x_n\}$ 满足有界地远离零点，即满足 $|x_n|>0$，$n=0,1,\cdots,N-1$，则只要输入信号的时间-带宽积满足下式，这个系统就是可以被识别的。

$$\mathcal{T}\mathcal{W} \geqslant 8\pi L_\tau L_{\nu,\max} \tag{15.216}$$

式中 L_τ 是不同的延时数目，$L_{\nu,\max}$ 是与任意延时有关的最大的多普勒频移的个数。此外，只要 $\mathcal{T}\mathcal{W}\geqslant 2\pi(L+1)^2$，则 $x(t)$ 的时间-带宽积满足式(15.216)。

15.7.3 超声波成像

在本节中，我们将介绍如何根据文献[425,448]的思想，使用 FRI 模型在远低于奈奎斯特采样速率下获取超声波图像。这一部分的主要创新性在于，不仅是采样速率大大降低，而且所需要的数字处理也是利用低速率采样值完成的，而不需要插值，这一点与波束形成技术相似。

超声波信号传输

在诊断超声中，影像的产生是利用一个能量发射器单元的阵列形成一个窄波束的发射脉冲。在这个脉冲传播过程中，一些回声会被人体组织中的声阻物质散射或反射回来，并被阵列单元检测到。这种能量发射器也就是一种超声传感器，超声传感器采集到的数据首先被采样，然后利用一种所谓波束形成的方法进行数字积分，以提高信噪比，并使角度定位更加准确。这样的波束形成信号，称为一个波束，在一幅超声图像中形成一行[475,476]。

如图 15.58 中描述的阵列，包含 M 个沿着 x 轴方向的超声传感器单元。用 δ_m 表示第 m 个单元到原点处的参考接收机 m_0 的距离($\delta_{m0}=0$)。一个能量脉冲 $h(t)$ 在 $t=0$ 时刻沿与 z 轴成 θ 角的一个相对窄波束传播。利用适当的时间延迟来调制这些超声波脉冲，并且在阵列的不同天线上发射出去，这样，就可以沿着一个波束方向来聚集这个能量脉冲。发射出去的脉冲的回波可以在阵列上被接收。这里忽略噪声的影响，在第 m 个天线上检测到的信号可以写为

$$\varphi_m(t) = \sum_{\ell=1}^{L} a_{\ell,m} h(t - t_{\ell,m}) \tag{15.217}$$

其中 L 表示分布在传播脉冲辐射扇区的散射元素的个数，$t_{\ell,m}$ 表示反射信号从第 ℓ 个阵元到达第 m 个接收器的时间，$a_{\ell,m}$ 表示第 m 个接收器检测到的回波信号的幅度。图 15.59(a)描述了 64 个活跃阵元中的 32 个监测到的一个健康志愿者的心脏图像，注意到，z 轴表示时间。

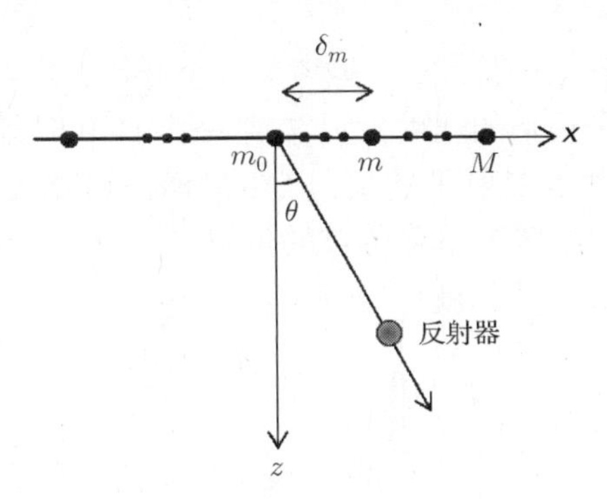

图 15.58　M 接收器沿 x 轴方向排列。声波在一个方向 θ 上传播。在辐射组织中散射的回声由阵列接收元素

从式(15.217)中可以看出，每个天线的接收信号可以看成一个脉冲流。因此，原则上，我们可以如本章所讲，对每个接收元单独地应用 FRI 采样方式，从而以低采样率对检测信号进行采样，然后确定出散射阵元在波束中的位置。一种 B 模式的图像可以通过在所有可行的 θ 角上发射信号的方法来形成，并根据与其相关的这些脉冲的延时，就可以推导出确定散射元素二维位置的几何模型。B 模式是一种普通的超声波成像技术，也就是所谓的 B 型超声波，产生的图像是一个机体组织的二维散射截面。然而，这种方法面临两个主要障碍。第一个是由于噪声太强导致每个检测元的信噪比太低，如图 15.59 所示。第二个是由于发射波束的轮廓性，只能对估计信号参数做出尽量合理的解释。由于它们的几何位置不同，因此每个阵元接收到的信号跟 m_0 处的参考信号相比具有不同的延时。

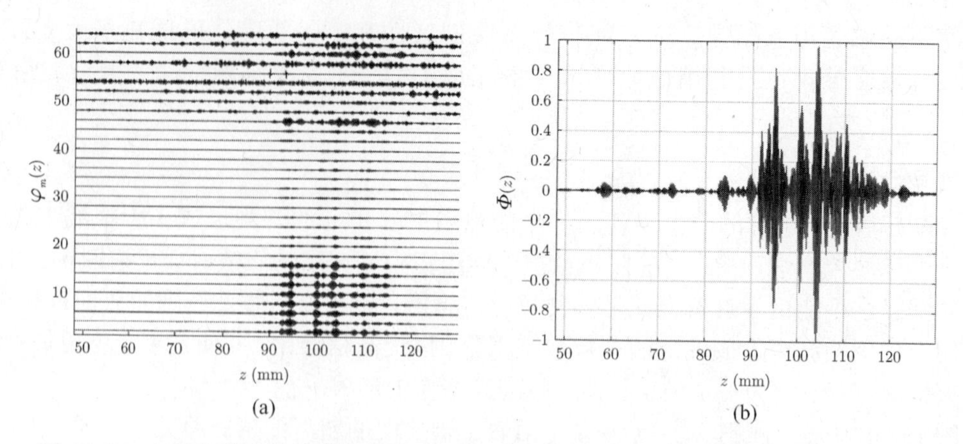

图 15.59 (a) 在单个脉冲传输后检测到的心脏成像信号。每个跟踪的垂直对齐与相应接收方元素的索引相匹配。(b) 将检测到的信号与适当的时延结合起来得到的波束形成的信号。数据是使用 GE 的面包板超声波扫描仪获得的[425]

在标准超声影像中，这些困难都通过波束形成处理技术得以解决，通过这种波束形成技术可以提高信噪比，并且聚集信号能量[475,476]。

波束形成

如图 15.59(b)所示，波束形成是指利用适当的时变延迟对信号进行校准，进而实现对检测信号的平均化，这样可以使信号聚集成一个波束，提高散射物体的角度分辨率，改进检测信号的信噪比。

为了对波束形成进行数学上的描述，这里考虑一个脉冲，在 $t=0$ 时刻，沿着 θ 角度从阵列上被发射出去。脉冲在机体中传播的速度为 c，在某一个 $t\geqslant 0$ 时刻，其坐标为 $(x,z)=(ct\sin\theta, ct\cos\theta)$，在这个位置上的反射点散射了能量，产生的回声可能被所有的阵列单元检测到，每个阵元检测到回波的时间取决于阵列单元各自的位置。用 $\varphi_m(t;\theta)$ 表示第 m 个阵元接收到的信号，$\hat{\tau}_m(t;\theta)$ 表示检测的时间，我们就可以得到：

$$\hat{\tau}_m(t;\theta) = t + \frac{d_m(t;\theta)}{c} \tag{15.218}$$

式中 $d_m(t;\theta) = \sqrt{(ct\cos\theta)^2 + (\delta_m - ct\sin\theta)^2}$ 表示反射信号传播的距离。波束形成利用多个接收机实现了检测信号的平均化，同时补偿了检测时间上的差别。用这种方式我们就能够获得沿着中心传输轴 θ 的每个点反射的能量强度所表征的回波信号。

因为 $\delta_{m0}=0$，我们可以用式(15.218)算出 m_0 处的检测时间 $\hat{\tau}_{m0}(t;\theta)=2t$。给 $\varphi_m(t;\theta)$ 加一个适当的延时，信号 $\hat{\varphi}_m(t;\theta)$ 就可以满足 $\hat{\varphi}_m(2t;\theta)=\varphi_m(\hat{\tau}_{m0}(t;\theta))$，我们就可以将第 m 个接收器得到的信号与 m_0 得到的信号进行校准。将 $\tau_m(t;\theta)=\hat{\tau}_m(t/2;\theta)$ 代入式(15.218)，我们就可以得到校准信号

$$\hat{\varphi}_m(t;\theta) = \varphi_m(\tau_m(t;\theta);\theta)$$

$$\tau_m(t;\theta) = \frac{1}{2}\left(t + \sqrt{t^2 - 4\left(\frac{\delta_m}{c}\right)t\sin\theta + 4\left(\frac{\delta_m}{c}\right)^2}\right) \tag{15.219}$$

通过对校准信号的平均化，可以得到波束形成信号为

$$\Phi(t;\theta) = \frac{1}{M}\sum_{m=1}^{M}\hat{\varphi}_m(t;\theta) \tag{15.220}$$

这样一个波束就能够在每一个深度上最佳地聚集，因此可以提高角度定位，并改善信噪比。

超声波成像系统是在数字域上利用式(15.219)和式(15.220)来实现波束形成的：模拟信号 $\varphi_m(t;\theta)$ 单独地被采样，因此式(15.219)中的延时可以在数字域上添加。典型地来说，采样间隔通常是 ns 级的，因此其采样速率有时高达几百 MHz。为了克服这种高采样速率的难题，通常是利用数字插值方法将采样率降低至十几 MHz。尽管如此，信号处理或者波束形成所需要的数据率仍然是较高的。随着成像系统的发展，成像周期中参与成像的阵列单元的个数还在持续地增长。结果，大量数据需要从系统前端发射出去，并在接收时还需要实时地进行数字处理。这样的一种现象要求尽量减少靠近系统前端的数据量。

欠奈奎斯特波束形成

在文献[425,448]中可以看到，式(15.219)表示的时域波束形成可以由频域波束形成来代替。用 $c[k]$ 表示波束形成信号 $\Phi(t;\theta)$ 的傅里叶系数，用 $Y_m[k]$ 表示单个信号 $\varphi_m(t)$ 的傅里叶系数，我们可以得到

$$c[k] = \frac{1}{M}\sum_{m=1}^{M}\sum_{n} Y_m[k-n]Q_{k,m,\theta}[n] \tag{15.221}$$

式中 $Q_{k,m,\theta}[n]$ 是一个依赖于阵元几何位置和角度 θ 的预计算函数。文献[448]中有介绍，这个函数衰减很快，因此在实际中，计算 $c[k]$ 只需要计算求和项中少量元素个数。

式(15.221)中的关系表明，我们可以仅仅在频域上就能够完成波束形成。由于波束形成信号通常是一个窄带信号，这意味着只需要少量的系数 $Y_m[k]$ 来计算 $c[k]$ 的所有非零值，进而来确定波束形成信号。在本章中我们已经介绍了如何用低速率采样方法来获取傅里叶系数的一个小数量的集合。因此，我们也可以用本章介绍的低速率采样技术来获取个数较少的傅里叶系数 $Y_m[k]$ 集合，然后利用式(15.221)，进而计算出波束形成信号。这就允许我们利用这样的超声波信号的低带宽特性，从而回避了在时域上实现波束形成需要过采样的技术难题。

为了进一步减小相对于波束形成信号 $\Phi(t;\theta)$ 带宽的采样率，我们利用文献[425]中的研究结果，波束形成信号可以用下面形式的一个脉冲流信号来近似

$$\Phi(t;\theta) = \sum_{\ell=1}^{L} b_\ell h(t-t_\ell) \tag{15.222}$$

其中 t_ℓ 表示第 ℓ 个反射信号到达参考接收器的时间。采用 FRI 或 CS 技术，我们希望得到的延时 t_ℓ 和幅度 b_ℓ 就可以通过较少的傅里叶系数 $c[k]$ 来获得。利用式(15.221)的结果，这也就意味着我们只需要每个单独信号 $\varphi_m(t)$ 的少量的采样点就可以实现波束形成。总之，利用 FRI 采样技术，可以对每个信号进行低速率采样，经过 DFT 变换后，采样值与式(15.221)结合可以得到波束形成信号的傅里叶系数。运用 FRI 和 CS 方式，就可以得到延时 t_ℓ 和幅度 b_ℓ 的计算结果，利用这些计算结果就可以画出图像中对应的线条。

仿真和结果

这里我们给出仿真实验结果，这个内容取自文献[448]，主要来说明低速率频域波束形成过程。我们也给出了一台真实的超声波仪得到图像。这些仿真证明了医用超声波欠奈奎斯特采样处理技术的可行性，同时对未来超声仪的小型化、节能和低成本提供了潜在的可能性。

为了展示频域低速率波束形成，分析低速率对成像质量的影响，我们将这一方法应用到一个活体心脏数据上。这些数据的获取采用了一个载波频率为 16 MHz 的脉冲，并在奈奎斯特速率下采样了 3360 个实值数据。为了实现频域波束形成，我们使用了包含 100 个 DFT

系数的一个子集。这意味着我们只使用了标准波束形成采样数据量的 1/28。这样得到的两帧不同的图像分别展示在图 15.60(b) 和图 15.60(d) 中。尽管它们与标准的波束形成产生的图像[见图 15.60(a) 和图 15.60(c)]有所不同，但是我们还是可以看出，这种方法还是很好地实现了强反射和斑点噪声的成像过程。

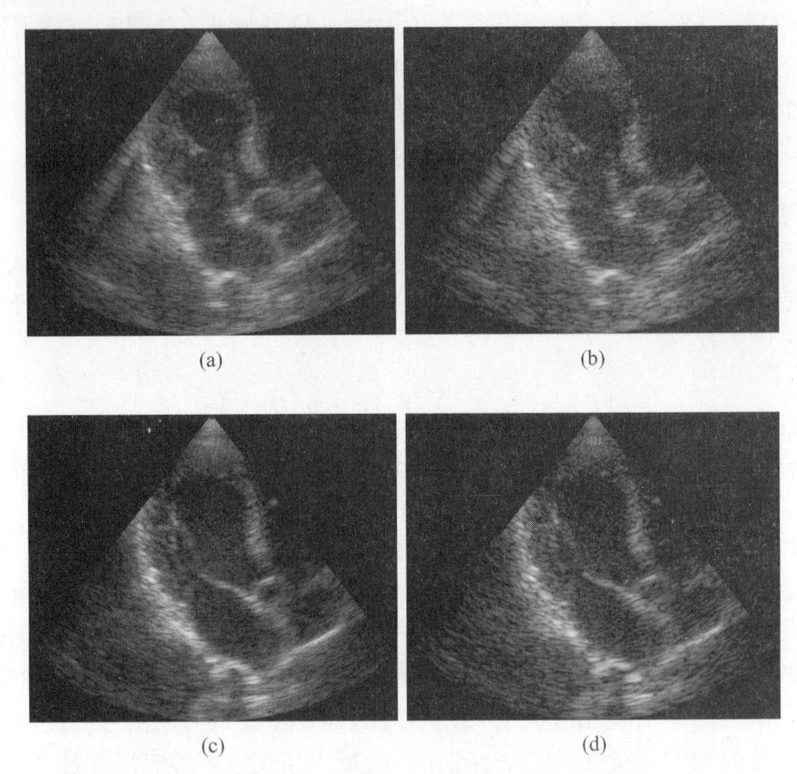

图 15.60　对文献[448]给出的活体心脏数据进行的仿真结果。(a)，(b)为第一帧图像；(c)，(d)为第二帧图像；(a)，(c)为奈奎斯特速率下的时域波束形成；(b)，(d)是速率为1/28奈奎斯特速率下的频域波束形成

接下来，我们给出了一个超声波成像系统的低采样率频域波束形成的结果。这个实验装置如图 15.61 所示，包括一台 GE 超声波仪、一台造影仪和一个超声扫描探针。

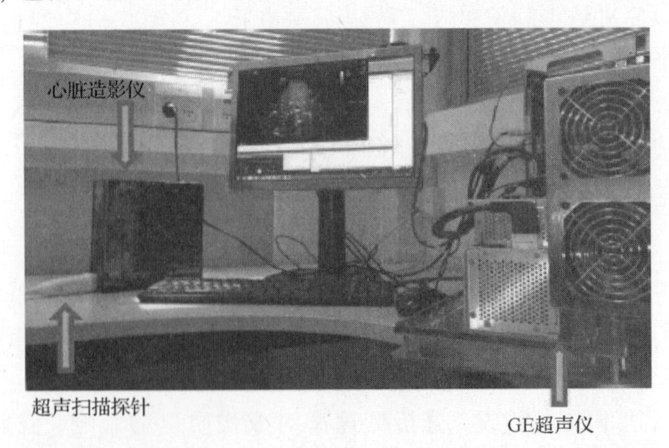

图 15.61　实验室设置：GE 超声仪、心脏造影仪和超声扫描探针

这个超声探测仪包含64个通道，辐射深度为$r=15.7$ cm，声速为$c=1540$ m/s，因此信号持续时间$T=2r/c\approx204$ μs。获取信号的带宽很窄，为1.77 MHz，中心频率为$f_0\approx3.4$ MHz。这个信号用50 MHz的频率进行采样，然后数字解调，再降采样到$f_p=2.94$ MHz的解调处理速率，从而得到每个传感器单元的1224个实数采样值。然后，进行线性插值以提高波束形成的分辨率，这样就产生了2448个实数采样值。利用波束形成信号的100个DFT系数实现的64阵元扫描探针得到一个心脏扫描数据，然后对这些低速率数据进行实时处理。每一路检测信号用120个DFT系数来计算，这对应于240个实数采样值即可以实现频域波束形成，如果在奈奎斯特速率下采样相当于2448个采样值。图15.62分别给出了低速率频域波束形成和标准时域波束形成所得到的图像。可以看到，即使采样速率和处理速率都降低了很多，仍然可以保证很好的成像质量。

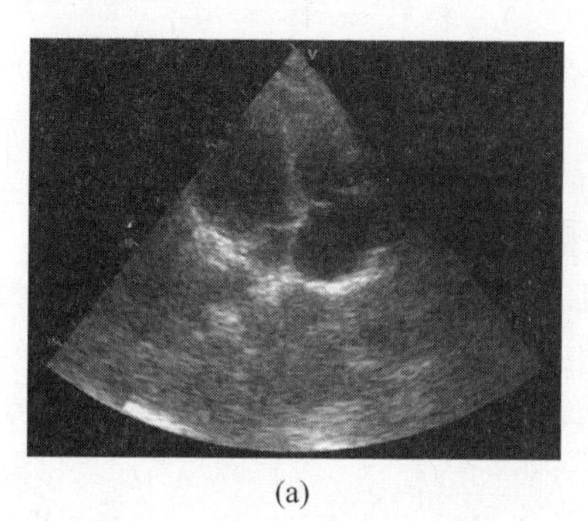

(a)

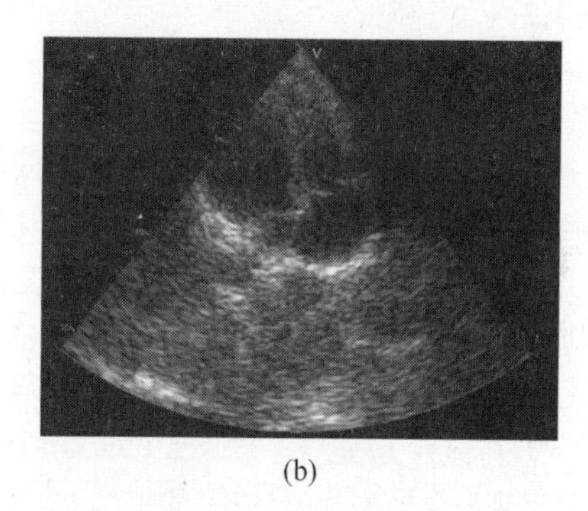

(b)

图15.62　文献[448]给出的心脏图像。(a)时域波束形成方法；(b)频域波束形成方法，处理速率为奈奎斯特速率的1/12

15.8　习题

1. 确定$h(t)=e^{-t^2/2}$和$h(t)=\beta^p(t)$两种情况下下面信号的τ-本地更新速率，$\beta^p(t)$是p阶B样条函数。

   (a) $x(t)=\sum_{n\in\mathbb{Z}}a[n]h(t-n\tau)$

   (b) $x(t)=\sum_{\ell=1}^{L}\alpha_\ell h(t-t_\ell)$

   (c) $x(t)=\sum_{n=1}^{P}\sum_{\ell=1}^{L}\alpha_\ell h(t-t_\ell-n\tau)$

   (d) $x(t)=\sum_{n\in\mathbb{Z}}\sum_{\ell=1}^{L}a_\ell[n]h(t-n\tau)\sin(\omega_\ell t)$

2. (a)考虑信号$x(t)=\sum\limits_{l=1}^{L}\sum\limits_{n\in\mathbb{Z}}a_\ell h(t-t_\ell-n\tau)$，其中$h(t)=\mathrm{sinc}(t)$。

   ①判断$x(t)$是否是FRI信号？如果是，更新率是多少？

   ②确定$x(t)$的CTFT。

   (b)当$x(t)$分别是以下形式时，重复前面的步骤：

   ① $x(t)=\sum\limits_{l=1}^{L}a_\ell h(t-t_\ell)$

   ② $x(t)=\sum\limits_{l=1}^{L}\sum\limits_{n\in\mathbb{Z}}a_\ell[n]h(t-t_\ell-n\tau)$

3. 建立式(15.13)和式(15.14)等价关系，注意到$a[m]=\tilde{a}[m]-\tilde{a}[m-1]$，并把结果代入式(15.13)。

4. 令$y(t)=\overline{h(-t)}*x(t)$，其中$h(t)$是一个给定的带宽为$\pi/T$的脉冲，用$1/T$表示$y(t)$的奈奎斯特速率。说

明 $y[n]=\overline{h[-n]}*x[n]$，其中 $y[n]=y(Tn)$，$h[n]=h(Tn)$，$x[n]$是带限信号 $x(t)$以 $1/T$ 速率采样的点。

5. 在 15.2.1 节中，我们开发了 MF 通过使时域的最小二乘误差最小化来估计信号延时和幅度。在这个习题中我们做一个频域等价。假设我们有一个复指数信号的 m 个采样点：$X[k]=a_1\mathrm{e}^{-\mathrm{j}2\pi kt_1/\tau}$，$k=0,1,\cdots,m-1$。我们需要估计 $X[k]$中的 a_1 和 t_1。

   (a)求出使最小二乘误差 $\sum_{k=0}^{m-1}|X[k]-a_1\mathrm{e}^{-\mathrm{j}2\pi kt_1/\tau}|^2$ 最小的 a_1 和 t_1 的表达式。

   (b)把你的答案与方程式(15.20)和式(15.21)联系起来讨论。

6. 假设 $Y[k]$满足式(15.32)，且 $\omega_1=2\pi\cdot0.2$，$\omega_2=2\pi\cdot0.7$，$a_1=1$，$a_2=0.2$。$Y[k]$是噪声为零，均值、方差为 0.1 的高斯白噪声。用普罗尼方法估计下面这些 $\mathcal{K}$ 的 u_ℓ 值。

   (a)$\mathcal{K}=\{0,1,\cdots,9\}$

   (b)$\mathcal{K}=\{5,6,\cdots,14\}$

   (c)$\mathcal{K}=\{0,2,4,\cdots,18\}$

7. $\boldsymbol{A}_{n\times m}(n\geqslant m)$是一个列满秩的矩阵，$\boldsymbol{C}_{m\times k}(m\leqslant k)$是一个行满秩的矩阵，$\boldsymbol{B}$ 是一个秩为 r 的矩阵。说明 $\boldsymbol{ABC}$ 的秩等于 r。

8. 考虑一个 Hankel 矩阵 $\boldsymbol{A}$。说明矩阵 $\boldsymbol{A}$ 可以通过平均 $\boldsymbol{B}$ 的对角元素获得最小的误差 $\|\boldsymbol{B}-\boldsymbol{A}\|_F^2$。

9. 在这个习题中我们检验模型式(15.26)中估计未知幅度和频率的几种方法。

   (a)假设 $t_1=0$，$t_2=0.1$，$t_3=0.41$，幅度全部设置为 1 且 $\tau=1$。画出 $m=30$ 个观测值时 MUSIC、root-MUSIC 和矩阵束在信噪比为 $-10\sim10$ dB 的性能变化情况。

   (b)我们用压缩感知方法重复上面的步骤，分辨率步长设置为 $\Delta=0.02$ 和 $\Delta=0.01$。

   (c)在 $a_1=0.1$，$a_2=1$，$a_3=3$ 的情况下重复这个问题，并解释结果。

10. 当 $L=1$ 时出现一个模型式(15.26)的特例，在式 $Y[k]=a\mathrm{e}^{-\mathrm{j}2\pi t_0k/\tau}$，$k\in\mathcal{K}$ 中只有一个指数出现。

    (a)恢复 a 和 t_0所需的最少采样点数。

    (b)写出这个特例的算法 15.1 至算法 15.5。

    (c)令 $a=1$，$t_0=0.2$，$\tau=1$。假设给定含噪声的观测点 $Z[k]=Y[k]+W[k]$，其中 $W[k]$是一个均值为 0 方差为 σ^2的高斯变量，$\mathcal{K}=\{0,1,2,3\}$。画出上面算法在信噪比 $\sigma^2=[0:0.01:0.5]$时性能随信噪比的变化情况。

11. 假设 $p(t)$是一个周期为 T 的周期波形，用 $d[k]$表示其傅里叶级数系数。将 $p(t)$通过滤波器 $g(t)$并用 $\tilde{p}(t)=p(t)*g(t)$ 表示滤波波形。说明 $\tilde{p}(t)$的傅里叶级数系数可以用 $\tilde{d}[k]=d[k]G(2\pi k/T)$表示。

12. 对于下面每一组 m 和频率集 $\mathcal{K}$，判断图 15.28 中提到的陪集采样是否可行？如果可行，明确说明如何从采样结果中得到傅里叶系数 $X[k]$？如果不可行，解释原因。假设输入信号是周期脉冲 $h(t)=\delta(t)$，并且滤波器 $s(t)$ 满足 $S(\omega)=1$，$w=2\pi k/\tau$，$k\in\mathcal{K}$。

    (a) $\mathcal{K}=\{1,2,3,4\}$，$m=4$；

    (b) $\mathcal{K}=\{5,-2,1,4\}$，$m=4$；

    (c) $\mathcal{K}=\{3,4,-2\}$，$m=3$；

    (d) $\mathcal{K}=\{3,5,-2\}$，$m=3$。

13. 采用图 15.38 中的基于多通道调制的采样方法，重做前面的习题。

14. 假设获得了形如式(15.7)中的信号的傅里叶系数 $X[k]$，$k\in\mathcal{K}$，希望恢复时延与幅度值。对于下面的每一组 $\mathcal{K}$，判断下面哪种算法可以实现这一目标：压缩感知、算法 15.2 以及算法 15.4～15.6。

    (a) $\mathcal{K}=\{0,1,2\}$；

    (b) $\mathcal{K}=\{1,2,7,8\}$；

    (c) $\mathcal{K}=\{1,5,9\}$；

    (d) $\mathcal{K}=\{2,3,4,5\}$。

15. 这里我们旨在说明噪声对图 15.28 中的陪集采样的影响。假设一个周期脉冲信号 $x(t)$ 受到零均值噪声的干扰。噪声以两种方式进行干扰：第一种，噪声在滤波器后采样器前产生。第二种，噪声在滤波器和采样器之前产生。从采样输出的 SNR 的角度，解释哪种方式更有利。

16. 考虑 MSE 约束式(15.163)，它可以用式(15.155)的含噪观测值 $y(t)=x(t)+w(t)$ 估计定义在 $[0,\tau]$ 上的移位脉冲信号 $x(t)=a_1h(t-t_1)$，其中 $w(t)$ 是一个方差为 σ^2 的连续时间高斯白噪声。

(a) 画出 $h(t)=\delta(t)$ 和式(15.159)中的采样函数为下面的 $\varphi_n(t)$ 时的约束：

①$\varphi_n(t)=\mathrm{e}^{\mathrm{j}2\pi nt/\tau}$。

②$\varphi_n(t)=\beta^0(t)$，其中 $\beta^0(t)$ 是 0 阶 B 样条函数。

现在假设当 $0\leqslant t\leqslant\tau/2$ 时 $h(t)=1$，其他时间 $h(t)=0$。

(b) 用上面的 $h(t)$ 重复前面的步骤。

(c) 提出一个采样函数 $\varphi_n(t)$，使其能够有比前面两种选择更低的约束。

17. 考虑如下形式的指数和：

$$Y[k]=\sum_{\ell=1}^{L}a_\ell\mathrm{e}^{-\mathrm{j}\omega_\ell k},\qquad k=0,1,\cdots,m-1 \tag{15.223}$$

假设 ω_ℓ 的 $N<m$ 是已知的，且剩余频率是未知的。所有的幅度 a_ℓ 都是未知的。基于本章讨论的技术提出两种恢复未知幅度和频率的方法，要考虑未知的频率。

18. 假设有一个具有 L 个复指数的随机过程，

$$Y[k]=\sum_{\ell=1}^{L}a_\ell\mathrm{e}^{-\mathrm{j}(\omega_\ell k+\theta_\ell)},\qquad k=0,1,\cdots,m-1 \tag{15.224}$$

式中 θ_ℓ 是在 $[0,2\pi)$ 上的均匀独立同分布随机变量，幅度 a_ℓ 是方差为 ${\sigma_\ell}^2$ 的零均值独立同分布随机变量。

(a) 说明如何用 15.2.7 节中讨论的基于协方差的方法估计 ω_ℓ。

(b) 假设相位为已知，幅度是未知的，我们可以用零化滤波器方法恢复未知的频率吗？

19. 考虑多普勒聚焦问题，多普勒频率满足 $v_\ell=2\pi r_\ell/(P\tau)$，整数 r_ℓ 在范围 $0\leqslant r_\ell\leqslant P-1$ 中。

(a) 证明关于式(15.208)中聚焦系数 $\psi_v[k]$ 的表达式，其中 $v=2\pi l/(P\tau)$。

(b) 说明如何用 FFT 相关操作实现算法。

20. 考虑脉冲多普勒雷达问题：传递函数 $H(w)$ 在频率范围内幅值为 1，并且假定雷达范围内只有一个目标。现在比较经典信号处理与欠奈奎斯特多普勒。在经典信号处理中，我们采用图 15.52 中的方法，采样点数为 $N=\tau B_h$。假设未知时延，这样 $\tau_1=s\tau/N$，其中 s 是范围 $0\leqslant s\leqslant N-1$ 内的整数，并且 $v_1=2\pi r/(P\tau)$，$0\leqslant\tau\leqslant P-1$。

(a) 描述经典信号处理中确定 s 与 r 的步骤。

(b) 描述欠奈奎斯特多普勒聚焦确定 s 与 r 的步骤。

(c) 假如没有噪声，采用多普勒聚焦，恢复 s 与 r 需要多少采样？

21. 假设 M 个超声波传感器中，每一个传感器检测到的信号持续时间在范围 $[0,T)$ 内。证明信号束 $\Phi(t,\theta)$ 的持续时间在范围 $[0,T_B(\theta))$ 内，其中

$$T_{\mathrm{B}}(\theta)=\min_m\tau_m^{-1}(T;\theta) \tag{15.225}$$

$\tau_m(t;\theta)$ 在式(15.219)中给出。

22. 这里我们探究波束信号的傅里叶系数与式(15.221)中的侦测信号 $\varphi_m(t)$ 的傅里叶系数的关系。

(a) 证明波束信号 $c[k]$ 的傅里叶系数可以表示为

$$c[k]=\frac{1}{M}\sum_{m=1}^{M}\frac{1}{T}\int_0^T\varphi_m(t)q_{k,\mathrm{m}}(t;\theta)\mathrm{e}^{-\mathrm{j}\frac{2\pi}{T}kt}\mathrm{d}t \tag{15.226}$$

给出 $q_{k,\mathrm{m}}(t;\theta)$ 的显示表达。

(b) 将 $\varphi_m(t)$ 的区间 $[0,T)$ 上的傅里叶级数代入到式(15.221)中，整理表达式。

附录 A　有限线性代数

在这个附录中给出了本书常用的关于矩阵代数的一些重要概念，关于有限维线性代数更为全面的介绍读者可以进一步参考其他教科书，如参考文献中的[24, 28, 34, 38, 223]。我们认为读者对线性代数已经有了基本的了解，这里只是对本书的第 2 章的一个补充，因此，这里不再重复第 2 章已经介绍的内容，很多结论的证明在上述参考书中也有介绍。

A.1　矩阵

$\boldsymbol{A}$ 表示一个 $m\times n$ 矩阵，矩阵的元素用 a_{ij} 来表示，则矩阵可以表示为：

$$\boldsymbol{A} = \begin{bmatrix} a_{11} & a_{12} & \cdots & a_{1n} \\ \vdots & \vdots & & \vdots \\ a_{m1} & a_{m2} & \cdots & a_{mn} \end{bmatrix} \tag{A.1}$$

如果 $m=n$，则称其为方阵。当 $m<n$ 时，称其为“胖”矩阵，当 $m>n$ 时，称其为“瘦”矩阵。

A.1.1　矩阵运算

（1）矩阵的转置：矩阵 $\boldsymbol{A}$ 的转置记为 $\boldsymbol{A}^{\mathrm{T}}$，$\boldsymbol{A}^{\mathrm{T}}$ 为一个 $n\times m$ 矩阵，其元素为 a_{ji}。

（2）埃尔米特矩阵（共轭矩阵）：如果矩阵是一个复矩阵，它的元素可能是一个复数，这时就有共轭矩阵的概念。$m\times n$ 矩阵 $\boldsymbol{A}$ 的共轭矩阵 $\boldsymbol{A}^*$ 是一个 $n\times m$ 矩阵，其元素为 $\overline{a_{ji}}$。因此，简单地说共轭矩阵就是矩阵转置，元素共轭。一个列向量的共轭是一个行向量，反之，一个行向量的共轭是一个列向量。对于一个实矩阵，有 $\boldsymbol{A}^{\mathrm{T}}=\boldsymbol{A}^*$。一个有用的结论是 $(\boldsymbol{AB})^*=\boldsymbol{B}^*\boldsymbol{A}^*$。

（3）矩阵的迹：如果矩阵 $\boldsymbol{A}$ 是一个 $n\times n$ 的方阵，那么其对角线元素的和称为矩阵的迹，表示为

$$\mathrm{Tr}(\boldsymbol{A}) = \sum_{i=1}^{n} a_{ii}$$

迹的运算满足下列关系

$$\mathrm{Tr}(\boldsymbol{AB}) = \mathrm{Tr}(\boldsymbol{BA}),\quad \mathrm{Tr}(\boldsymbol{A}^*\boldsymbol{B}) = \sum_{k,\ell=1}^{n} \overline{a_{k\ell}}\, b_{k\ell} \tag{A.2}$$

其中矩阵 $\boldsymbol{A}$ 和矩阵 $\boldsymbol{B}$ 具有相适应的维数。对于一个标量 a，$a=\mathrm{Tr}(a)$。这样，根据(A.2)，对于两个 $n\times 1$ 向量 $\boldsymbol{x}$，$\boldsymbol{y}$，有

$$\boldsymbol{y}^*\boldsymbol{x} = \mathrm{Tr}(\boldsymbol{xy}^*) \tag{A.3}$$

（4）矩阵的行列式：如果矩阵 $\boldsymbol{A}$ 是一个 $n\times n$ 的方阵，其行列式为

$$\det(\boldsymbol{A}) = \sum_{j=1}^{n} (-1)^{i+j} a_{ij} M_{ij} \tag{A.4}$$

其中 M_{ij} 是元素 a_{ij} 的 minor，它等于矩阵 $\boldsymbol{A}$ 删除第 i 行和第 j 列后的子矩阵的行列式。例如一个 2×2 矩阵，其行列式为

$$\left|\begin{bmatrix} a & b \\ c & d \end{bmatrix}\right| = ad - bc \tag{A.5}$$

(5)矩阵的克罗内克积(Kronecker 积)：如果矩阵 $\boldsymbol{A}$ 是一个 $m \times n$ 矩阵，矩阵 $\boldsymbol{B}$ 是一个 $q \times p$ 矩阵，则矩阵 $\boldsymbol{A}$ 和矩阵 $\boldsymbol{B}$ 的克罗内克积为一个 $mq \times np$ 矩阵，表示为

$$\boldsymbol{A} \otimes \boldsymbol{B} = \begin{bmatrix} a_{11}\boldsymbol{B} & a_{12}\boldsymbol{B} & \cdots & a_{1n}\boldsymbol{B} \\ a_{21}\boldsymbol{B} & a_{22}\boldsymbol{B} & \cdots & a_{2n}\boldsymbol{B} \\ \vdots & \vdots & \vdots & \vdots \\ a_{m1}\boldsymbol{B} & a_{m2}\boldsymbol{B} & \cdots & a_{mn}\boldsymbol{B} \end{bmatrix} \tag{A.6}$$

(6)矩阵的 vec 运算(拉直运算)：矩阵的 vec 运算就是将一个矩阵的列向量转变为行向量。如 $\boldsymbol{A} = [\boldsymbol{a}_1\ \boldsymbol{a}_2 \cdots \boldsymbol{a}_n]$，其 vec 运算为

$$\mathrm{vec}(\boldsymbol{A}) = \begin{bmatrix} \boldsymbol{a}_1 \\ \boldsymbol{a}_2 \\ \vdots \\ \boldsymbol{a}_n \end{bmatrix} \tag{A.7}$$

对于同形矩阵，矩阵的克罗内克积和 vec 运算的主要性质包括以下几点：

(1) $(\boldsymbol{A} \otimes \boldsymbol{B})(\boldsymbol{C} \otimes \boldsymbol{D}) = \boldsymbol{AC} \otimes \boldsymbol{BD}$；

(2) $(\boldsymbol{A} \otimes \boldsymbol{B})^* = \boldsymbol{A}^* \otimes \boldsymbol{B}^*$；

(3) $\mathrm{Tr}(\boldsymbol{A} \otimes \boldsymbol{B}) = \mathrm{Tr}(\boldsymbol{A})\mathrm{Tr}(\boldsymbol{B})$；

(4) $\mathrm{vec}(\boldsymbol{AXB}) = (\boldsymbol{B}^{\mathrm{T}} \otimes \boldsymbol{A})\mathrm{vec}(\boldsymbol{X})$。

A.1.2　矩阵性质

矩阵的秩和矩阵的逆

一个 $m \times n$ 矩阵 $\boldsymbol{A}$ 的秩用 $r = \mathrm{rank}(\boldsymbol{A})$ 表示，其定义为矩阵 $\boldsymbol{A}$ 的线性独立的行或者列的最大个数。如果 $\mathrm{rank}(\boldsymbol{A}) = m$，$\boldsymbol{A}$ 称为行满秩矩阵。如果 $\mathrm{rank}(\boldsymbol{A}) = n$，$\boldsymbol{A}$ 称为列满秩矩阵。对于两个矩阵 $\boldsymbol{A}$ 和 $\boldsymbol{B}$，必然有 $\mathrm{rank}(\boldsymbol{AB}) \leqslant \min\{\mathrm{rank}(\boldsymbol{A}), \mathrm{rank}(\boldsymbol{B})\}$。

对于一个 $n \times n$ 方阵 $\boldsymbol{A}$，如果其逆矩阵存在，则逆矩阵 $\boldsymbol{A}^{-1}$ 也是一个 $n \times n$ 方阵，并且满足

$$\boldsymbol{A}^{-1}\boldsymbol{A} = \boldsymbol{A}\boldsymbol{A}^{-1} = \boldsymbol{I} \tag{A.8}$$

其中 $\boldsymbol{I}$ 为一个单位阵，通常可以用符号 $\boldsymbol{I}_n$ 表示一个 $n \times n$ 单位阵。对于一个 $n \times n$ 矩阵 $\boldsymbol{A}$，当且仅当它的秩等于 n 时，它是可逆的，否则称矩阵 $\boldsymbol{A}$ 是奇异的。同时还有，对于一个矩阵 $\boldsymbol{A}$，当且仅当其行列式不为零，即 $\det(\boldsymbol{A}) \neq 0$ 时，它才是可逆的。

关于逆矩阵的一个有用的公式称为矩阵求逆引理或 Woodbury 矩阵恒等式：

$$(\boldsymbol{A} + \boldsymbol{BCD})^{-1} = \boldsymbol{A}^{-1} - \boldsymbol{A}^{-1}\boldsymbol{B}(\boldsymbol{D}\boldsymbol{A}^{-1}\boldsymbol{B} + \boldsymbol{C}^{-1})^{-1}\boldsymbol{D}\boldsymbol{A}^{-1} \tag{A.9}$$

其中 $\boldsymbol{A}$ 和 $\boldsymbol{C}$ 为 $n \times n$ 可逆矩阵，$\boldsymbol{B}$ 为一个 $n \times m$ 矩阵，$\boldsymbol{D}$ 为一个 $m \times n$ 矩阵，也都是可逆的。一个特例是当 $\boldsymbol{B} = \boldsymbol{b}$ 为一个 n 长行向量，$\boldsymbol{D} = \boldsymbol{d}^*$ 为一个 n 长列向量，而 $\boldsymbol{C} = \boldsymbol{I}$ 时，有

$$(\boldsymbol{A} + \boldsymbol{b}\boldsymbol{d}^*)^{-1} = \boldsymbol{A}^{-1} - \frac{\boldsymbol{A}^{-1}\boldsymbol{b}\boldsymbol{d}^*\boldsymbol{A}^{-1}}{\boldsymbol{d}^*\boldsymbol{A}^{-1}\boldsymbol{b} + 1} \tag{A.10}$$

这个恒等式称为 Sherman-Morrision 公式。

还可以得到相关的结论，一个 $m \times n$ 矩阵 $\boldsymbol{A}$ 是行满秩矩阵，当且仅当 $m \times m$ 矩阵 $\boldsymbol{M} = \boldsymbol{A}\boldsymbol{A}^*$ 是可逆的。类似有，一个 $m \times n$ 矩阵 $\boldsymbol{A}$ 是列满秩矩阵，当且仅当 $n \times n$ 矩阵 $\boldsymbol{G} = \boldsymbol{A}^*\boldsymbol{A}$ 是可逆的。由一个可逆矩阵的 m 行(列)形成的矩阵将是一个行(列)满秩矩阵。

关于列满秩矩阵的一个重要的例子称为范德蒙(Vandermonde)矩阵。

例 A.1 一个 $m \times n$ 范德蒙德矩阵 $\boldsymbol{V}$ 由 n 个根 $\lambda_\ell,(\ell = 1,2,\cdots,n)$ 来定义。其第 $k\ell$ 个元素由 $v_{k\ell} = \lambda_\ell^{k-1}$ 给出。

$$\boldsymbol{V} = \begin{bmatrix} 1 & 1 & \cdots & 1 \\ \lambda_1 & \lambda_2 & \cdots & \lambda_n \\ \lambda_1^2 & \lambda_2^2 & \cdots & \lambda_n^2 \\ \vdots & \vdots & & \vdots \\ \lambda_1^{m-1} & \lambda_2^{m-1} & \cdots & \lambda_n^{m-1} \end{bmatrix} \tag{A.11}$$

一个 $m \geqslant n$ 的范德蒙德矩阵 $\boldsymbol{V}$ 是一个列满秩矩阵，只要 λ_i 的值是确定值。在这种情况下，范德蒙德矩阵的 n 个列是线性独立的。

一个 $n \times n$ 范德蒙德矩阵 $\boldsymbol{V}$ 的行列式为：

$$\det(\boldsymbol{V}) = \prod_{1 \leqslant k < \ell \leqslant n} (\lambda_\ell - \lambda_k) \tag{A.12}$$

如果对于所有的 $k \neq \ell$，有 $\lambda_\ell \neq \lambda_k$，则有 $\det(\boldsymbol{V}) \neq 0$，$\boldsymbol{V}$ 是可逆的。

由一个矩阵 $\boldsymbol{A}$ 的列向量张成的空间被称为矩阵 $\boldsymbol{A}$ 的范围空间(range space)，或称为值域空间。范围空间中的任一个向量可以写为 $\boldsymbol{y} = \boldsymbol{Ax}$，其中 $\boldsymbol{x}$ 为任意选择。这个范围空间的维数等于矩阵 $\boldsymbol{A}$ 的秩。$\boldsymbol{A}$ 的零空间(null space)中包含的向量满足 $\boldsymbol{Ax} = \boldsymbol{0}$。一个 $n \times n$ 可逆矩阵的零空间等于零向量。

对于两个 $n \times n$ 可逆矩阵 $\boldsymbol{A}$ 和 $\boldsymbol{B}$，有

$$(\boldsymbol{A}^*)^{-1} = (\boldsymbol{A}^{-1})^*, \quad (\boldsymbol{AB})^{-1} = \boldsymbol{B}^{-1}\boldsymbol{A}^{-1} \tag{A.13}$$

范数和内积

设 $\boldsymbol{x}$ 和 $\boldsymbol{y}$ 为两个 n 长向量，则 $\boldsymbol{x}$ 与 $\boldsymbol{y}$ 的内积是一个标量，表示为 $a = \boldsymbol{x} * \boldsymbol{y}$。如果 $a = 0$，则 $\boldsymbol{x}$ 与 $\boldsymbol{y}$ 是正交的。

$\boldsymbol{x}$ 与其本身的内积称为 $\boldsymbol{x}$ 的平方范数，表示为：

$$\|\boldsymbol{x}\|_2^2 = \boldsymbol{x} * \boldsymbol{x} = \sum_{i=1}^{n} |x_i|^2 \tag{A.14}$$

通常在表示平方范数(2－范数)时可以省略下标的 2。很明显，除非 $\boldsymbol{x} = \boldsymbol{0}$，否则总有 $\|\boldsymbol{x}\| > 0$。由柯西-施瓦茨不等式，可知

$$|\boldsymbol{x} * \boldsymbol{y}| \leqslant \|\boldsymbol{x}\| \, \|\boldsymbol{y}\| \tag{A.15}$$

当且仅当对于某一常数 c，$\boldsymbol{x} = c\boldsymbol{y}$ 时，上式等号成立。

m 长向量 $\boldsymbol{x}$ 与 n 长向量 $\boldsymbol{y}$ 的外积是一个 $m \times n$ 矩阵 $\boldsymbol{A} = \boldsymbol{xy}^*$。很明显，$\boldsymbol{A}$ 的秩等于 1。反之，任何一个秩等于 1 的矩阵都可以写成两个相应向量 $\boldsymbol{x}$ 和 $\boldsymbol{y}$ 的外积。

A.1.3 特殊矩阵

(1) 埃尔米特矩阵：设 $\boldsymbol{A}$ 是一个 $n \times n$ 方阵，如果有 $\boldsymbol{A} = \boldsymbol{A}^*$，则 $\boldsymbol{A}$ 称为埃尔米特矩阵(也称为 self-adjoint 矩阵)。

(2) 酉矩阵：如果有 $\boldsymbol{A} = \boldsymbol{A}^{-1}$，则 $\boldsymbol{A}$ 称为酉矩阵(unitary 矩阵)。酉矩阵的列向量 $\boldsymbol{a}_i$ 是相互正交的，$\boldsymbol{a}_i^* \boldsymbol{a}_j = \delta_{ij}$。

(3)部分酉矩阵：设矩阵 $\boldsymbol{Q}$ 表示一个 $n \times n$ 酉矩阵的前 m 行构成的 $m \times n$ 矩阵，称 $\boldsymbol{Q}$ 为一个部分酉矩阵。很明显，矩阵 $\boldsymbol{Q}$ 是一个行满秩矩阵，因为它的行向量都是线性独立的。

(4)傅里叶矩阵：

例 A.2　$n \times n$ 酉矩阵的一个重要例子是傅里叶矩阵(Fourier matrix)，定义为

$$F_{k\ell} = \frac{1}{\sqrt{n}} \mathrm{e}^{-\mathrm{j}\frac{2\pi k\ell}{n}} \tag{A.16}$$

由上式构成的傅里叶矩阵 $\boldsymbol{F}$ 是一个酉矩阵，其关系有

$$\frac{1}{n} \sum_{m=0}^{n-1} \mathrm{e}^{-\mathrm{j}\frac{2\pi km}{n}} = \delta[k] \tag{A.17}$$

由傅里叶矩阵的若干行可以构成一个部分傅里叶矩阵。

---

(5)正交投影矩阵：假设 $\boldsymbol{E}$ 是一个 $n \times n$ 方阵，如果有 $\boldsymbol{E}^2 = \boldsymbol{E}$，则称 $\boldsymbol{E}$ 为一个投影矩阵(projection matrix)。如果埃尔米特矩阵同时是一个投影矩阵，则称其为正交投影矩阵。假设 $\boldsymbol{H}$ 为一个任意 $m \times n$ 列满秩矩阵($m \geqslant n$)，则下面构成的矩阵 $\boldsymbol{P}$ 就是一个在 $\boldsymbol{H}$ 范围上的正交投影矩阵。

$$\boldsymbol{P} = \boldsymbol{H}(\boldsymbol{H}^* \boldsymbol{H})^{-1} \boldsymbol{H}^* \tag{A.18}$$

(6)Toeplitz 矩阵：如果一个矩阵的元素满足 $a_{ij} = a_{i-j}$，那么这个矩阵称为 Toeplitz 矩阵(托普利兹矩阵)。显然 Toeplitz 矩阵对角线元素是相等的，例如：

$$\boldsymbol{A} = \begin{bmatrix} a_0 & a_1 & a_2 & \cdots & a_{n-1} \\ a_{-1} & a_0 & a_1 & \cdots & a_{n-2} \\ a_{-2} & a_{-1} & a_0 & \cdots & a_{n-3} \\ \vdots & \vdots & \vdots & & \vdots \\ a_{-n+1} & a_{-n+2} & a_{-n+3} & \cdots & a_0 \end{bmatrix} \tag{A.19}$$

(7)Hankel 矩阵：另一个相关的矩阵称为 Hankel 矩阵(汉克尔矩阵)，它是一种由上到下的 Toeplitz 矩阵，其斜对角线上的元素是相等的，即 $a_{ij} = a_{(i-1)(j+1)}$，例如：

$$\boldsymbol{A} = \begin{bmatrix} a_0 & a_1 & a_2 & \cdots & a_{n-1} \\ a_1 & a_2 & a_3 & \cdots & a_{-1} \\ a_2 & a_3 & a_4 & \cdots & a_{-2} \\ \vdots & \vdots & \vdots & & \vdots \\ a_{n-1} & a_{-1} & a_{-2} & \cdots & a_{-n+1} \end{bmatrix} \tag{A.20}$$

(8)循环矩阵：如果一个矩阵的每一列都是前一列的循环移位，这个矩阵称为 Circulant 矩阵(循环矩阵)。下面是一个 Toeplitz 循环矩阵的例子。

$$\boldsymbol{A} = \begin{bmatrix} a_0 & a_1 & a_2 & a_3 \\ a_3 & a_0 & a_1 & a_2 \\ a_2 & a_3 & a_0 & a_1 \\ a_1 & a_2 & a_3 & a_0 \end{bmatrix} \tag{A.21}$$

(9)斜矩阵(对角线矩阵)：如果一个矩阵 $\boldsymbol{A}$，除了可能的对角元素之外，其他元素都是 0，这类矩阵称为 Diagonal 矩阵。注意斜矩阵不一定是方阵，如下面的 3×2 矩阵

$$\boldsymbol{A} = \begin{bmatrix} 3 & 0 & 0 \\ 0 & 1 & 0 \end{bmatrix} \tag{A.22}$$

其中的对角线元素为3和1。可以简单表示对角线矩阵，$\boldsymbol{A} = \text{diag}(a_1, a_2, \cdots, a_n)$表示一个对角线元素为$a_1, a_2, \cdots, a_n$的$n \times n$对角线矩阵。

(10)对角占优矩阵：如果一个$n \times n$矩阵$\boldsymbol{A}$的对角线元素满足下式，则称$\boldsymbol{A}$为对角占优矩阵(diagonally dominant matrix)。

$$|a_{ii}| \geqslant \sum_{j=1, j \neq i}^{n} |a_{ij}| \tag{A.23}$$

如果不等式严格成立，则称其为严格对角占优矩阵。

(11)正规矩阵：如果一个矩阵满足$\boldsymbol{AA}^* = \boldsymbol{A}^*\boldsymbol{A}$，就称其为正规矩阵。可以看到，正规矩阵一定是方阵。埃尔米特矩阵和酉矩阵都是正规矩阵。如果一个矩阵满足$\boldsymbol{A}^* = -\boldsymbol{A}$，称其为斜埃尔米特矩阵，它也是正规矩阵。另外，循环矩阵也是一个正规矩阵。

(12)非负定矩阵：对于一个$n \times n$方阵$\boldsymbol{A}$，如果它是一个埃尔米特矩阵并且对于任意向量$\boldsymbol{x}$，满足下式，则称$\boldsymbol{A}$为一个非负定矩阵(nonnegative definite matrix)。

$$\boldsymbol{x}^*\boldsymbol{A}\boldsymbol{x} \geqslant 0 \tag{A.24}$$

如果不等式严格成立，则称$\boldsymbol{A}$为正定矩阵。注意：当$\boldsymbol{A}$是一个埃尔米特矩阵时，对于任意的$\boldsymbol{x}$，$\boldsymbol{x}^*\boldsymbol{A}\boldsymbol{x}$是一个实数。通常用$A > 0$表示非负定矩阵，用$A \geqslant 0$表示正定矩阵。如果$\boldsymbol{A}$和$\boldsymbol{B}$是两个相同维数的埃尔米特矩阵，符号$A \geqslant B$意味着$A - B \geqslant 0$。

假设矩阵$\boldsymbol{A}$为一个正定(或非负定)矩阵，则有：

(1)$\boldsymbol{A}$的对角线元素是正的(或非负的)。

(2)若$\boldsymbol{B}$为一个任意$m \times n$矩阵，则$\boldsymbol{BAB}^*$是非负定的。

(3)若$\boldsymbol{B}$为一个正定(或非负定)的，则$\boldsymbol{A} + \boldsymbol{B}$是一个正定(或非负定)的。

(4)若定义$\boldsymbol{A}$的平方根为$\boldsymbol{A}^{1/2}\boldsymbol{A}^{1/2} = \boldsymbol{A}$，则$\boldsymbol{A}^{1/2}$是非负定的。定义$\boldsymbol{A}^{1/2}$的方法可以借助于矩阵的特征分解，后面将进一步讨论。

A.2 矩阵的特征分解

A.2.1 特征值和特征向量

一个$n \times n$矩阵$\boldsymbol{A}$的特征向量是一个n长向量$\boldsymbol{v}$，其满足

$$\boldsymbol{A}\boldsymbol{v} = \lambda \boldsymbol{v} \tag{A.25}$$

其中标量λ称为矩阵$\boldsymbol{A}$的特征值。这里假设$\boldsymbol{v}$是归一化的，因此有$\|\boldsymbol{v}\|_2^2 = 1$。$\boldsymbol{A}$的特征值就等于$\boldsymbol{A}$的特征多项式的$n$个根。

$$D(\lambda) = \det(\boldsymbol{A} - \lambda \boldsymbol{I}) \tag{A.26}$$

因为多项式的度等于n，有n个根。如果其中一个根λ_0是L重根，说明$D(\lambda)$有一个因式$(\lambda - \lambda_0)^L$。

如果$\lambda = 0$，表明特征向量$\boldsymbol{v}$在矩阵$\boldsymbol{A}$的零化空间中。因此可以得到这样的结论，当且仅当矩阵的特征值全是非零的，矩阵$\boldsymbol{A}$是可逆的。矩阵$\boldsymbol{A}$的秩等于其非零特征值的个数。如果$\boldsymbol{v}_1$和$\boldsymbol{v}_2$是矩阵$\boldsymbol{A}$的两个特征向量，相应有不同的特征值，那么$\boldsymbol{v}_1$和$\boldsymbol{v}_2$一定是线性独立的，可以表示为$\boldsymbol{v}_1 = a\boldsymbol{v}_2$，$a$为一标量。

如果$\lambda_1, \lambda_2, \cdots, \lambda_n$,为矩阵$\boldsymbol{A}$的$n$个特征值，$\boldsymbol{v}_1, \boldsymbol{v}_2, \cdots, \boldsymbol{v}_n$为相应的特征向量，有$\boldsymbol{A}\boldsymbol{v}_i =$

$\lambda_i \boldsymbol{v}_i$。以 $\boldsymbol{v}_i$为列向量定义一个 $n\times n$ 矩阵 $\boldsymbol{V}$，设 $\boldsymbol{\Lambda}$ 为一个 $n\times n$ 对角线矩阵，对角线元素为 λ_i，这时式(A.25)可以写为

$$\boldsymbol{AV} = \boldsymbol{V\Lambda} \tag{A.27}$$

如果 $n\times n$ 矩阵 $\boldsymbol{A}$ 具有 n 个不同的特征值，则其相应的特征向量就是线性独立的，并且每个特征向量是唯一的。反过来讲，如果 $\boldsymbol{A}$ 的特征值不是不同的，那么通常矩阵 $\boldsymbol{A}$ 就没有 n 个线性独立的特征向量。只要 n 个特征向量是线性独立的(也可能 $\boldsymbol{A}$ 的特征值不是不同的)，式(A.27)可以写为

$$\boldsymbol{A} = \boldsymbol{V\Lambda V}^{-1} \tag{A.28}$$

这个关系被称为矩阵 $\boldsymbol{A}$ 的特征分解。矩阵 $\boldsymbol{V}$ 称为矩阵 $\boldsymbol{A}$ 的对角线化矩阵。

如果一个矩阵 $\boldsymbol{A}$ 可以用一个对角线矩阵 $\boldsymbol{\Lambda}$ 和一个矩阵 $\boldsymbol{V}$ 表示成式(A.28)的形式，则称其为可对角线化的矩阵。这时，λ_i就是 $\boldsymbol{A}$ 的特征值，矩阵 $\boldsymbol{V}$ 的列向量就是 $\boldsymbol{A}$ 的特征向量。应该注意，并不是所有的矩阵都是可对角线化的矩阵。

例 A.3　已知一个矩阵为

$$\boldsymbol{A} = \begin{bmatrix} 0 & 1 \\ 0 & 0 \end{bmatrix} \tag{A.29}$$

可以发现，矩阵 $\boldsymbol{A}$ 只有一个特征值 $\lambda=0$。因为 $\det(\boldsymbol{A}-\lambda\boldsymbol{I}) = \lambda^2$，因此 $\lambda^2=0$ 是一个 2 重根。由于对于任何的矩阵 $\boldsymbol{V}$ 都有 $\boldsymbol{V\Lambda V}^{-1}=0$，所以矩阵 $\boldsymbol{A}$ 是一个可对角线化的矩阵。

有两类矩阵是可对角线化的矩阵，一类是具有 n 个不同特征值的 $n\times n$ 矩阵，二是 $n\times n$ 正规矩阵。任何 $n\times n$ 正规矩阵都有 n 个线性独立的特征向量(通常是不唯一的)，并且对应不同特征值的特征向量相互正交。对于任何一个正规矩阵 $\boldsymbol{A}$，可以按式(A.27)选择一个酉矩阵 $\boldsymbol{V}$，这时 $\boldsymbol{A}$ 可以写为

$$\boldsymbol{A} = \boldsymbol{V\Lambda V}^* = \sum_{i=1}^{n} \lambda_i \boldsymbol{v}_i \boldsymbol{v}_i^* \tag{A.30}$$

$\boldsymbol{A}$ 的逆矩阵为

$$\boldsymbol{A}^{-1} = \boldsymbol{V\Lambda}^{-1}\boldsymbol{V}^* = \sum_{i=1}^{n} \frac{1}{\lambda_i} \boldsymbol{v}_i \boldsymbol{v}_i^* \tag{A.31}$$

显然，逆矩阵 $\boldsymbol{A}^{-1}$的特征值就是 $\boldsymbol{A}$ 的特征值的倒数。这个结论对任何可逆矩阵都是有效的，而不仅仅限于正规矩阵。

例 A.4　已知循环矩阵是正规的，因此，循环矩阵可以用一个酉矩阵进行对角线化。事实上，任何一个循环矩阵 $\boldsymbol{A}$，都可以用例 A.2 中给出的傅里叶矩阵进行对角线化。而循环矩阵 $\boldsymbol{A}$ 的特征值就是由 $\boldsymbol{A}$ 的第一行的系数的 DFT 给出。考虑下面的循环矩阵

$$\boldsymbol{A} = \begin{bmatrix} 0 & 1 & 2 & 3 \\ 3 & 0 & 1 & 2 \\ 2 & 3 & 0 & 1 \\ 1 & 2 & 3 & 0 \end{bmatrix} \tag{A.32}$$

矩阵 $\boldsymbol{A}$ 的第一行元素的 DFT 为 $[6,\ -2+2j,\ -2-2j,\ -2]$，这样就可以得到矩阵 $\boldsymbol{A}$ 的特征分解为 $\boldsymbol{A} = \boldsymbol{F}\mathrm{diag}(6,\ -2+2j,\ -2-2j,\ -2)\,\boldsymbol{F}^*$。

特征值的性质

(1)一个埃尔米特矩阵的特征值一定是实数。另外，如果这个矩阵是非负定(或正定)的，那么其特征值一定是非负的(或正的)。事实上，一个埃尔米特矩阵 $\boldsymbol{A}$ 是非负定(或正定)的，当且仅当它的全部特征值 $\lambda_i \geqslant 0(\lambda_i > 0)$。

(2)一个酉矩阵的特征值一定有等于1的量级。

(3)矩阵 $\boldsymbol{A}$ 存在一个等于0的特征值，当且仅当 $\boldsymbol{A}$ 是一个奇异矩阵。

(4)如果 λ 是 $\boldsymbol{A}$ 的特征值，那么 $\bar{\lambda}$ 就是 $\boldsymbol{A}^*$ 的特征值。

(5)如果 $\boldsymbol{A}$ 是以 λ_i 为特征值的可逆矩阵，那么 $\boldsymbol{A}^{-1}$ 的特征值就等于 $1/\lambda_i$。

利用矩阵的特征分解可以定义一个非负定矩阵 $\boldsymbol{A}$ 的平方根，特别是，如果 $\boldsymbol{A}$ 是一个埃尔米特矩阵，它就可以特征分解为 $\boldsymbol{A} = \boldsymbol{U\Lambda U}^*$，$\boldsymbol{U}$ 为某个酉矩阵。因为 $\boldsymbol{A}$ 是非负定的，所以对于所有的 i，$\lambda_i \geqslant 0$。因此，可以得到 $\boldsymbol{A}^{1/2} = \boldsymbol{U\Lambda}^{1/2}\boldsymbol{U}^*$。

关于一个方阵 $\boldsymbol{A}$ 的特征值有一个重要的定理为 Geršgorin disk 定理(Geršgorin 圆盘定理)。

定理 A.1 用下式表示一个矩阵 $\boldsymbol{A}$ 的删除绝对行元素和

$$R_i(\boldsymbol{A}) = \sum_{j=1,j\neq i}^{n} |a_{ij}| \tag{A.33}$$

这里定义 Geršgorin 圆盘为

$$G_i(\boldsymbol{A}) = \{z \in \mathbb{C}: |z - a_i| \leqslant R_i(\boldsymbol{A})\} \tag{A.34}$$

那么，矩阵 $\boldsymbol{A}$ 的全部特征值就一定在 n 个 Geršgorin 圆盘的并集 $G(\boldsymbol{A})$ 中，即

$$G(\boldsymbol{A}) = \bigcup_{i=1}^{n} G_i(\boldsymbol{A}) \tag{A.35}$$

根据这个定理，可以得到以下结论，设 $\boldsymbol{A}$ 是一个严格对角线占优矩阵，则：

(1)$\boldsymbol{A}$ 是可逆的[因为 $z=0$ 不能在 $G(\boldsymbol{A})$ 中]。

(2)如果 $\boldsymbol{A}$ 是埃尔米特矩阵，并且 $\boldsymbol{A}$ 的对角线元素都是正数，那么 $\boldsymbol{A}$ 一定是正定的[因为 $G(\boldsymbol{A})$ 只包含一个正元素]。

极值性质

特征值和特征向量在分析矩阵二次型 $\boldsymbol{x}^*\boldsymbol{Ax}$ 的极值时非常有用($\boldsymbol{A}$ 为一个埃尔米特矩阵)。当 $\boldsymbol{A}$ 是一个埃尔米特矩阵时，$\boldsymbol{x}^*\boldsymbol{Ax}$ 是一个实数。下面的定理给出了用矩阵 $\boldsymbol{A}$ 的特征值表示的二次型的值域范围。

定理 A.2 如果 $\boldsymbol{A}$ 为一个埃尔米特矩阵，$\boldsymbol{x}\neq 0$，下式称为 Rayleigh-Ritz 商

$$R(\boldsymbol{x}) = \frac{\boldsymbol{x}^*\boldsymbol{Ax}}{\boldsymbol{x}^*\boldsymbol{x}} \tag{A.36}$$

则有 $\lambda_{\min} \leqslant R(\boldsymbol{x}) \leqslant \lambda_{\max}$，其中 $\lambda_{\min}$ 和 $\lambda_{\max}$ 分别为矩阵 $\boldsymbol{A}$ 的最小特征值和最大特征值。同时，当 $\boldsymbol{x}$ 为对应 $\lambda_{\max}$ 的特征向量时，可以得到 $\boldsymbol{x}^*\boldsymbol{Ax}$ 的最大值，当 $\boldsymbol{x}$ 为对应 $\lambda_{\min}$ 的特征向量时，可以得到 $\boldsymbol{x}^*\boldsymbol{Ax}$ 的最小值。

A.2.2 奇异值分解

矩阵的特征值分解在实际应用中非常有用，但是它只能用于 $n\times n$ 矩阵(方阵)。为了解决其他类型的矩阵问题，可以这样来考虑问题。对于任意一个矩阵 $\boldsymbol{A}$，$\boldsymbol{M} = \boldsymbol{AA}^*$ 和 $\boldsymbol{G} = \boldsymbol{A}^*\boldsymbol{A}$ 都是

埃尔米特矩阵和非负定矩阵。因此，$\boldsymbol{M}$ 和 $\boldsymbol{G}$ 都有一组正交的特征向量，并且有相同的非零特征值。这样就可以利用矩阵 $\boldsymbol{M}$ 和 $\boldsymbol{G}$ 的特征值分解来代替对 $m\times n$ 矩阵 $\boldsymbol{A}$ 的特征值分解，这就称为矩阵 $\boldsymbol{A}$ 的奇异值分解。

设 $\boldsymbol{A}$ 为一个秩等于 r 的 $m\times n$ 矩阵，那么 $\boldsymbol{A}$ 可以写成

$$\boldsymbol{A} = \boldsymbol{U}\sum\boldsymbol{V}^* \tag{A.37}$$

其中 $\boldsymbol{U}$ 为一个 $m\times m$ 酉矩阵，$\boldsymbol{V}$ 为一个 $n\times n$ 酉矩阵，$\Sigma=\mathrm{diag}(\sigma_1,\sigma_2,\cdots,\sigma_r,0,\cdots,0)$ 为一个 $m\times n$ 对角线矩阵，其中的前 r 个元素为 $\sigma_1\geqslant\sigma_2\geqslant\cdots\geqslant\sigma_r>0$，其他的元素为0。

σ_i 称为奇异值，且 $\sigma_i=\sqrt{\lambda_i}$，其为 $\boldsymbol{AA}^*$ 或 $\boldsymbol{A}^*\boldsymbol{A}$ 的非零特征值，并且按由大到小排列。这些奇异值是唯一的。矩阵 $\boldsymbol{U}$ 的列向量是矩阵 $\boldsymbol{M}$ 的特征向量，称为左奇异向量。矩阵 $\boldsymbol{V}$ 的列向量是矩阵 $\boldsymbol{G}$ 的特征向量，称为右奇异向量。两组列向量都是按照 λ_i 的顺序排列。

一个非负实数 σ 是矩阵 $\boldsymbol{A}$ 的奇异值，当且仅当存在这样两组向量，$u\in\mathbb{C}^m$ 和 $v\in\mathbb{C}^n$，并且有

$$\boldsymbol{Av}=\sigma\boldsymbol{u},\quad \boldsymbol{A}^*\boldsymbol{u}=\sigma\boldsymbol{v} \tag{A.38}$$

向量 $\boldsymbol{u}$ 为右奇异向量，向量 $\boldsymbol{v}$ 为左奇异向量。

这些奇异值具有类似于埃尔米特矩阵的特征值的极值特性。

定理A.3　设 $\boldsymbol{A}$ 为任意 $m\times n$ 矩阵，其最大奇异值为 $\sigma_{\max}$，最小奇异值为 $\sigma_{\min}$。相应的右奇异向量为 $\boldsymbol{v}_{\max}$ 和 $\boldsymbol{v}_{\min}$，则有

$$\max_{x\neq0}\frac{\|\boldsymbol{Ax}\|_2}{\|\boldsymbol{x}\|_2}=\sigma_{\max} \tag{A.39}$$

其中的最大值是在 $\boldsymbol{x}=\boldsymbol{v}_{\max}$ 情况下得到的，类似有

$$\max_{x\neq0}\frac{\|\boldsymbol{Ax}\|_2}{\|\boldsymbol{x}\|_2}=\sigma_{\min} \tag{A.40}$$

其中的最小值是在 $\boldsymbol{x}=\boldsymbol{v}_{\min}$ 情况下得到的。

很明显，对于酉矩阵有 $\sigma_{\max}=\sigma_{\min}=1$。

矩阵的奇异值分解(SVD)可以被用来定义矩阵范数，后面A.4节将会讨论。SVD还可以用来求得任意矩阵的秩的近似值。这个结论在下面的Eckart-Young定理给出。在定理中 $\|\boldsymbol{A}\|_F^2$ 表示由 $\|\boldsymbol{A}\|_F^2=\mathrm{Tr}(\boldsymbol{A}^*\boldsymbol{A})$ 确定的Frobenius范数。

定理A.4　设 $\boldsymbol{A}$ 为任意 $m\times n$ 矩阵，其奇异值分解为 $\boldsymbol{A}=\boldsymbol{U}\sum\boldsymbol{V}^*$，考虑

$$\min_{\mathrm{rank}(Q)=s}=\|\boldsymbol{A}-\boldsymbol{Q}\|_F^2 \tag{A.41}$$

其中 $\boldsymbol{Q}$ 是一个秩等于 s 的任意矩阵，其解为 $\boldsymbol{Q}=\boldsymbol{U}\sum_s\boldsymbol{V}^*$，$\Sigma_s$ 为一个对角线矩阵，其中的前 s 个元素为 σ_i，其他的元素为0。

由此可知，给定矩阵 $\boldsymbol{A}$ 的最佳 s 秩近似等于选取 s 最大奇异值以及相应的矩阵 $\boldsymbol{A}$ 的奇异向量。

A.3　线性方程

一个方程组可以写成如下形式

$$\boldsymbol{y}=\boldsymbol{Ax} \tag{A.42}$$

其中 $\boldsymbol{A}$ 为一个 $m\times n$ 矩阵，通常的问题是希望得到这个方程组的解，或者得到其近似解。下面将看到，得到这个方程组的解的有效方法是求伪逆方法，在前面的 2.7 节中已经介绍。

求一个矩阵的伪逆的一般方法是奇异值分解(SVD)，如果矩阵 $\boldsymbol{A}$ 有 $\boldsymbol{A}=\boldsymbol{U}\sum\boldsymbol{V}^*$ 形式的奇异值分解，其秩等于 r，则有

$$\boldsymbol{A}^{\dagger}=\boldsymbol{V}\sum{}^{\dagger}\boldsymbol{U}^* \tag{A.43}$$

其中的 $\sum^{\dagger}$ 为一个 $n\times m$ 对角线矩阵，其对角线元素为 $1/\sigma_i$，其他元素都为 0。如果矩阵 $\boldsymbol{A}$ 为一个列满秩矩阵，则有

$$\boldsymbol{A}^{\dagger}=(\boldsymbol{A}^*\boldsymbol{A})^{-1}\boldsymbol{A}^* \tag{A.44}$$

而当矩阵 $\boldsymbol{A}$ 为行满秩矩阵时，有

$$\boldsymbol{A}^{\dagger}=\boldsymbol{A}^*\ (\boldsymbol{A}^*\boldsymbol{A})^{-1} \tag{A.45}$$

注意，在第一种情况下，$\boldsymbol{A}^{\dagger}\boldsymbol{A}=I$；第二种情况下，$\boldsymbol{A}\boldsymbol{A}^{\dagger}=\boldsymbol{I}$。

对于式(A.42)，如果 $\mathrm{rank}(\boldsymbol{A})<m$，这时方程可能有解，也可能没有解。特别是，只有当 $\boldsymbol{y}$ 在矩阵 $\boldsymbol{A}$ 的范围(range)内的，方程才有解。相应有下面的结论：

(1) 如果矩阵 $\boldsymbol{A}$ 是一个行满秩矩阵，意味着 $m\leqslant n$，那么一定存在一个解 $\boldsymbol{x}$。当 $m=n$ 时，矩阵 $\boldsymbol{A}$ 是可逆的，并且解是唯一的。如果 $m<n$，有无穷多的解。如果方程组的解 $\boldsymbol{x}$ 在所有满足关系 $\boldsymbol{Av}=\boldsymbol{y}$ 的向量 $\boldsymbol{v}$ 中具有最小范数 $\|x\|_2$，则称其为最小范数解，由下式给出

$$\boldsymbol{x}=\boldsymbol{A}^{\dagger}\boldsymbol{y}=\boldsymbol{A}^*\ (\boldsymbol{A}\boldsymbol{A}^*)^{-1}\boldsymbol{y} \tag{A.46}$$

(2) 如果矩阵 $\boldsymbol{A}$ 是一个列满秩矩阵，意味着 $m\geqslant n$，并且 $\boldsymbol{y}$ 在矩阵 $\boldsymbol{A}$ 的范围内，那么一定存在一个唯一解 $\boldsymbol{x}$，由下式给出

$$\boldsymbol{x}=\boldsymbol{A}^{\dagger}\boldsymbol{y}=(\boldsymbol{A}^*\boldsymbol{A})^{-1}\boldsymbol{A}^*\boldsymbol{y} \tag{A.47}$$

如果 $\boldsymbol{y}$ 不在矩阵 $\boldsymbol{A}$ 的范围内，方程组就无解。这时只能求近似解，确定 $\boldsymbol{x}$ 的值，使 $\boldsymbol{Ax}$ 在某种情况下接近 $\boldsymbol{y}$。最典型的方法是所谓最小方差解(最小二乘估计)，即

$$\hat{\boldsymbol{x}}_{\mathrm{LS}}=\arg\min_{\boldsymbol{x}}\|\boldsymbol{y}-\boldsymbol{Ax}\|_2^2 \tag{A.48}$$

求其导数为 0，可见式(A.48)满足正态方程：

$$\boldsymbol{A}^*\boldsymbol{A}\hat{\boldsymbol{x}}_{\mathrm{LS}}=\boldsymbol{A}^*\boldsymbol{y} \tag{A.49}$$

如果 $\boldsymbol{A}$ 是列满秩矩阵，那么式(A.49)的唯一解为

$$\hat{\boldsymbol{x}}_{\mathrm{LS}}=(\boldsymbol{A}^*\boldsymbol{A})^{-1}\boldsymbol{A}^*\boldsymbol{y} \tag{A.50}$$

否则式(A.49)则有无穷多个解。在这所有可能解中，其中的最小范数解为

$$\hat{\boldsymbol{x}}_{\mathrm{LS}}=\boldsymbol{A}^{\dagger}\boldsymbol{y} \tag{A.51}$$

A.4 矩阵范数

矩阵范数在很多应用中是很有用途的，对于任意矩阵 $\boldsymbol{A}$ 和 $\boldsymbol{B}$，如果函数 $\|\cdot\|:\mathbb{C}^{m\times n}\to\mathbb{R}$ 满足以下性质，则称其为一个矩阵范数。

(1) 非负性：当且仅当 $\boldsymbol{A}=0$ 时 $\|\boldsymbol{A}\|\geqslant 0$。

(2)齐次性：对于任意 $c \in \mathbb{C}$，$\| c\boldsymbol{A} \| = |c| \| \boldsymbol{A} \|$。

(3)三角不等式：$\| \boldsymbol{A} + \boldsymbol{B} \| \leqslant \| \boldsymbol{A} \| + \| \boldsymbol{B} \|$。

(4)次可乘性：$\| \boldsymbol{AB} \| \leqslant \| \boldsymbol{A} \| \| \boldsymbol{B} \|$，这个性质只针对方矩阵($m = n$)。

注意：在有些教科书中最后一个性质对于矩阵范数的定义并不是必需的。三种最常见的矩阵范数是 induced 范数、entrywise 范数和 Schatten 范数。

A.4.1　Induced 范数(诱导范数)

很多矩阵范数可以表示为诱导范数

$$\| \boldsymbol{A} \| = \max_{x \neq 0} \frac{\| \boldsymbol{Ax} \|}{\| \boldsymbol{x} \|} \tag{A.52}$$

通过确定上式的分子和分母可以定义不同的范数，如果 $m = n$，并且范数定义相同，则诱导范数为一个次可乘性矩阵范数。在分子和分母中利用相同的 p 范数，可以得到

$$\| \boldsymbol{A} \|_p = \max_{x \neq 0} \frac{\| \boldsymbol{Ax} \|_p}{\| \boldsymbol{x} \|_p} \tag{A.53}$$

对于任意诱导范数，满足定义 $\| \boldsymbol{I} \| = 1$。

选择不同的 p 值产生不同的矩阵范数：

(1)当 $p = 2$ 时，为谱范数(spectral norm)

$$\| \boldsymbol{A} \|_2 = \sigma_{\max} \tag{A.54}$$

其中 $\sigma_{\max}$ 为矩阵 $\boldsymbol{A}$ 的最大奇异值，对于一个单位矩阵 $\| \boldsymbol{A} \|_2 = 1$。

(2)当 $p = 1$ 时，为最大列和矩阵范数

$$\| \boldsymbol{A} \|_1 = \max_{1 \leqslant j \leqslant n} \sum_{i=1}^{m} |a_{ij}| \tag{A.55}$$

(3)当 $p = \infty$ 时，为最大行和矩阵范数

$$\| \boldsymbol{A} \|_\infty = \max_{1 \leqslant i \leqslant m} \sum_{j=1}^{n} |a_{ij}| \tag{A.56}$$

其中谱范数通常用于定义一个可逆矩阵 $\boldsymbol{A}$ 的条件数(condition number) $k(\boldsymbol{A})$：

$$k(\boldsymbol{A}) = \| \boldsymbol{A}^{-1} \| \| \boldsymbol{A} \| \tag{A.57}$$

对于一定的测量误差，这个量值在线性方程组确定 $\boldsymbol{x}$ 的解的过程中提供了一个精确的估计。

注意：任何矩阵范数都可以这样使用。

对于一般的系数 $\boldsymbol{A}$，我们定义一个与式(A.52)类似形式的范数：

$$\| \boldsymbol{A} \| = \sup_{x \neq 0} \frac{\| \boldsymbol{Ax} \|}{\| \boldsymbol{x} \|} \tag{A.58}$$

A.4.2　Entrywise 范数

Entrywise 范数是确定矩阵范数的另一种方法，即通过一个 mn 向量来观察矩阵 $\boldsymbol{A}$，并且应用一种熟悉的向量范数。例如，利用向量的 p 范数，可以得到

$$\| A \| = \left(\sum_{i=1}^{m} \sum_{j=1}^{n} |a_{ij}|^p \right)^{1/p} \tag{A.59}$$

当 $p = 2$ 时，得到所谓 Frobenius 范数(Frobenius norm)：

$$\|A\|_F = \left(\sum_{i=1}^{m}\sum_{j=1}^{n} |a_{ij}|^2\right)^{1/2}$$
$$= \mathrm{Tr}^{1/2}(A^*A) \tag{A.60}$$

A.4.3 Schatten 范数

Schatten 范数是针对一个矩阵 A 的奇异值应用一个向量 p 范数。即

$$\|A\| = \left(\sum_{i=1}^{\min(m,n)} \sigma_i^p\right)^{1/p} \tag{A.61}$$

同样当 $p=2$ 时，得到所谓 Frobenius 范数。当 $p=\infty$ 时，为谱范数。另外，当 $p=1$ 时，得到核范数(nuclear norm)，即

$$\|A\|_* = \sum_{i=1}^{\min(m,n)} \sigma_i = \mathrm{Tr}(\sqrt{A^*A}) \tag{A.62}$$

附录B 随机信号

在附录B中，将对本书中经常用到的概率论和随机过程的基本概念做一个简单的介绍。这部分内容的详细讨论在很多经典教材中有全面介绍，如文献[477～479]。

B.1 随机变量

这里我们认为读者对概率论和随机变量的基本知识已经有所了解，因此不会进一步介绍，重点说明关于随机变量和随机过程的一些基本性质和定义。

随机变量 x 可以理解为从可能输出采样空间到真实信号的子集的映射过程。如果 x 是一个离散值，称其为离散随机变量。如果 x 是一个连续值，称其为连续随机变量。本书中大多数考虑的是连续随机变量，因此下面所说的随机变量都是指连续随机变量。

B.1.1 概率密度函数

一个随机变量 x 的概率密度函数(pdf)$f_x(x)$确定了随机变量 x 小于一个给定值 a 的概率：

$$P(x \leqslant a) = \int_{-\infty}^{a} f_x(x)\,\mathrm{d}x \tag{B.1}$$

对于任何一个有效的概率密度函数必然满足$f_x(x) \geqslant 0$ 和 $\int_{-\infty}^{\infty} f_x(x)\,\mathrm{d}x = 1$。另外，对于一个随机变量 x 的函数 $h(x)$，其均值(数学期望)为

$$E\{h(x)\} = \int_{-\infty}^{\infty} h(x) f_x(x)\,\mathrm{d}x \tag{B.2}$$

随机变量 x 的矩(n 阶矩)为

$$E\{x^n\} = \int_{-\infty}^{\infty} x^n f_x(x)\,\mathrm{d}x \tag{B.3}$$

随机变量 x 的方差可以用其二阶矩和均值来表示

$$\sigma_x^2 = E\{x^2\} - \mu_x^2 \tag{B.4}$$

如果 x 是一个0均值随机变量，则有 $\sigma_x^2 = E\{x^2\}$。

两个最典型的随机变量是均匀分布随机变量和高斯分布随机变量，其概率密度函数分别为

$$f_x(x) = \begin{cases} \dfrac{1}{b-a} & a \leqslant x \leqslant b \\ 0 & \text{其他} \end{cases} \tag{B.5}$$

$$f_x(x) = \frac{1}{\sqrt{2\pi\sigma_x^2}} \exp\left(-\frac{(x-\mu_x)^2}{2\sigma_x^2}\right) \tag{B.6}$$

其中 $\mu_x = E\{x\}$ 是随机变量 x 的均值(数学期望)，$\sigma_x^2 = E\{(x-\mu_x)^2\}$ 为随机变量 x 的方差。高斯分布的随机变量的概率密度函数也称为正态分布，可以表示为 $\mathcal{N}(\mu_x, \sigma_x^2)$。

B.1.2 联合随机变量

在同一个概率空间中的两个随机变量 x 和 y 的联合概率密度函数 $f_{xy}(x,y)$ 为

$$P(x \leqslant a, y \leqslant b) = \int_{-\infty}^{a}\int_{-\infty}^{b} f_{xy}(x,y)\,\mathrm{d}x\mathrm{d}y \tag{B.7}$$

其中每个随机变量的边缘概率密度函数可以由联合概率密度函数的积分得到，例如

$$f_x(x) = \int_{-\infty}^{\infty} f_{xy}(x,y)\,\mathrm{d}y \tag{B.8}$$

很明显，联合概率密度函数也必然满足 $\int_{-\infty}^{\infty}\int_{-\infty}^{\infty} f_{xy}(x,y)\,\mathrm{d}x\mathrm{d}y = 1$。类似地表达式可以推广到任何有限个随机变量的情况。

随机变量 x 和 y 的互相关函数定义为：

$$r_{xy} = E\{xy\} \tag{B.9}$$

随机变量 x 和 y 的协方差函数定义为：

$$c_{xy} = E\{(x-\mu_x)(y-\mu_y)\} \tag{B.10}$$

其中 μ_x 和 μ_y 分别表示随机变量 x 和 y 的期望值，可见有 $r_{xy} = c_{xy} + \mu_x\mu_y$，也就是说，如果 x 和 y 都是零均值的随机变量，其互相关函数就等于其协方差函数。

如果 $f_{xy}(x,y) = f_x(x)f_y(y)$，则称随机变量 x 与 y 是统计独立的。如果 $r_{xy} = \mu_x\mu_y$，即 $c_{xy} = 0$，则称随机变量 x 与 y 是不相关的。也就是说，如果两个随机变量是统计独立的，那么它们也是不相关的。但是反过来说，两个随机变量是不相关的，却不一定是统计独立的。

更广泛意义地，如果 x 和 y 是统计独立的两个随机变量，则对于任意函数 $g(x)$ 和 $h(y)$，都有 $E\{g(x)h(y)\} = E\{g(x)\}E\{h(y)\}$。如果 x 和 y 是联合高斯分布的随机变量，那么当且仅当它们是不相关的，它们就是统计独立的。

B.2 随机向量

一个随机向量 $\boldsymbol{x} \in \mathbb{R}^m$，可以用其元素 x_1，x_2，…，x_m 的联合概率密度函数来描述。这个随机向量的均值 $\boldsymbol{m} = E\{\boldsymbol{x}\}$ 是一个 m 长向量，其分量为 $E\{x_i\}$。如果对于所有的 i，$E\{x_i\} = 0$，则称随机向量 $\boldsymbol{x}$ 为零均值随机向量。

随机向量 $\boldsymbol{x}$ 的自相关矩阵为 $\boldsymbol{R} = E\{\boldsymbol{x}\boldsymbol{x}^{\mathrm{T}}\}$，其协方差矩阵为 $\boldsymbol{C} = E\{(\boldsymbol{x}-\boldsymbol{m})(\boldsymbol{x}-\boldsymbol{m})^{\mathrm{T}}\}$。协方差矩阵 $\boldsymbol{C}$ 的第 i 个对角线元素就是 x_i 的方差。矩阵 $\boldsymbol{R}$ 和 $\boldsymbol{C}$ 都是对称的非负定矩阵。如果随机向量 $\boldsymbol{x}$ 的各个分量都是不相关的，并且是等方差的，则 $\boldsymbol{C} = \sigma_x^2\boldsymbol{I}$。

如果一个高斯分布的随机向量 $\boldsymbol{x}$，其均值为 $\boldsymbol{m}$，协方差矩阵为 $\boldsymbol{C}$，则其概率密度函数为

$$f(\boldsymbol{x}) = \frac{1}{\sqrt{(2\pi)^m |\det\boldsymbol{C}|}}\exp\left[-\frac{1}{2}(\boldsymbol{x}-\boldsymbol{m})^{\mathrm{T}}\boldsymbol{C}^{-1}(\boldsymbol{x}-\boldsymbol{m})\right] \tag{B.11}$$

这里假设矩阵 $\boldsymbol{C}$ 是可逆的。实际上有这样的结论：一个随机向量 $\boldsymbol{x}$ 是高斯分布的，当且仅当对于任意选择的尺度参数 $\{a_i\}$，$\sum_i a_i x_i$ 都是一个高斯分布的随机变量。

一个复随机变量 $z = x + \mathrm{j}y$ 是复高斯分布随机变量，当且仅当 x 和 y 是联合高斯分布的实随机变量时，z 的分布可以像随机向量 $\boldsymbol{x} = [x\ y]^{\mathrm{T}}$ 的联合分布一样来描述。

B.3 随机过程

B.3.1 连续时间随机过程

一个随机过程 $x(t)$ 可以理解为从一个采样空间到一个实函数集合的映射过程。随机过程可以用在一定时刻的采样值的联合概率密度函数，即在 t_1，t_2，…，t_m 的 $P(x(t_1)\leqslant a_1,\cdots,x(t_m)\leqslant a_m)$ 来描述。随机过程 $x(t)$ 的均值为 $\mu_x(t)=E\{x(t)\}$。对于一个随机过程的两个采样值 $x(t)$ 和 $x(\tau)$，其互相关函数和协方差函数分别为：

$$r_x(t,\tau)=E\{x(t)x(\tau)\}\quad c_x(t,\tau)=E\{(x(t)-\mu_x(t))(x(\tau)-\mu_x(\tau))\}\tag{B.12}$$

结论：一个随机过程是高斯过程，当且仅当对于任意有限时间集合 t_1，t_2，…，t_m，随机变量 $x(t_1)$，$x(t_2)$，…，$x(t_m)$ 是联合高斯分布的。

平稳过程

如果对于任意的 T 和 m，及时间集合 t_1，t_2，…，t_m，一个随机过程 $x(t)$ 满足下式，则称其为平稳过程

$$P(x(t_1)\leqslant a_1,\cdots,x(t_m)\leqslant a_m)=P(x(t_1+T)\leqslant a_1,\cdots,x(t_m+T)\leqslant a_m)\tag{B.13}$$

平稳的含义是任意时间的变化不改变其概率密度函数的分布。通常随机过程的平稳性是很难验证的。一个稍微不严格却很有用的描述是广义平稳性(WSS)，表示随机过程在第一和第二时间段是平稳的。如果一个随机过程 $x(t)$ 满足以下两条，就称其是广义平稳的。

(1)其期望值 $\mu_x(t)=\mu_x$ 是与时间 t 独立的。

(2)其自相关函数 $r_x(t,\tau)=r_x(t-\tau)$ 只与时间差有关，可以写为 $r_x(\tau)=E\{x(t-\tau)x(t)\}$。

对于一个零均值广义平稳随机过程，其方差为 $r_x(0)=E\{x^2(t)\}=\sigma_x^2$，并且可以看到其相关函数 $r_x(\tau)$ 是对称的，$r_x(\tau)=r_x(-\tau)$。同时可知，其相关函数在 $\tau=0$ 时为最大值，$|r_x(\tau)|\leqslant r_x(0)=\sigma_x^2$。

一般来说，平稳随机过程一定是广义平稳的，但广义平稳过程不一定是平稳的。然而，对于一个高斯随机过程 $x(t)$，当且仅当它是广义平稳的，它就是平稳的。

对于一个随机过程 $x(t)$，如果对于所有的 t 和 τ，$x(t)$ 和 $x(\tau)$ 是独立的，并且它的概率密度函数是时间独立的，则这个随机过程被称为一个独立同分布(iid)随机过程。这时，$x(t)$ 是一个广义平稳随机过程，其相关函数为 $r_x(\tau)=\sigma_x^2\delta(\tau)$，其中 σ_x^2 为方差。如果相关函数为 $r_x(\tau)=\sigma_x^2\delta(\tau)$，且均值为0，这时的广义平稳随机过程 $x(t)$ 称为一个白色随机过程，否则就称为有色随机过程。

高斯分布随机过程在实际中广泛应用，并且通常被用来模型化线性系统中的噪声，主要还是因为它满足所谓中心极限定理。这个定理指出：在通常条件下，大量的独立同分布随机变量之和的有限分布是一个高斯分布。例如，系统噪声作为一个典型的随机变量，可以看做是大量独立同分布随机分量之和，这样它的概率密度函数就是近似的高斯分布。

对于一个广义平稳随机过程，其相关函数 $r_x(\tau)$ 的连续时间傅里叶变换(CTFT)称为其功率谱密度(PSD)。

$$\Lambda_x(\omega)=\int_{-\infty}^{\infty}r_x(\tau)\mathrm{e}^{-\mathrm{j}\omega\tau}\mathrm{d}\tau\tag{B.14}$$

因为相关函数 $r_x(\tau)$ 是对称的，因此功率谱密度函数 $\Lambda_x(\omega)$ 是一个实值函数，另外对于所有的 ω，$\Lambda_x(\omega)\geqslant 0$。根据连续傅里叶变换反变换的性质，有

$$r_x(\tau) = \frac{1}{2\pi}\int_{-\infty}^{\infty}\Lambda_x(\omega)\mathrm{e}^{\mathrm{j}\omega\tau}\mathrm{d}\omega \tag{B.15}$$

特别有

$$r_x(0) = E\{x^2(t)\} = \frac{1}{2\pi}\int_{-\infty}^{\infty}\Lambda_x(\omega)\mathrm{d}\omega \tag{B.16}$$

也就是说，随机过程 $x(t)$ 的平均功率就等于其功率谱密度的积分。

遍历过程

对于一个随机过程，通常希望了解它的时间平均特性。一个广义平稳随机过程 $x(t)$ 如果满足下式，则称其为均值遍历的，或称各态历经的。

$$\mu_x = E\{x(t)\} = \lim_{T\to\infty}\frac{1}{T}\int_{-T}^{T}x(t)\mathrm{d}t \tag{B.17}$$

也就是说，随机过程的数学期望值就等于其时间平均值，且为一个常数。如果一个广义平稳随机过程 $x(t)$ 满足下式，则称其为相关遍历的。

$$r_x(\tau) = E\{x(t-\tau)x(t)\} = \lim_{T\to\infty}\frac{1}{T}\int_{-T}^{T}x(t-\tau)x(t)\mathrm{d}t \tag{B.18}$$

如果这个随机过程既是均值遍历的，又是相关遍历的，则称其为广义遍历的，或广义各态历经的。

与随机过程的平稳性一样，也可以定义随机过程的高阶遍历性。很明显，如果一个随机过程是遍历的，那么它一定是平稳的。但反之，如果它是平稳的，却不一定是遍历的。

B.3.2 离散时间随机过程

一个离散随机过程 $x(n)$ 可以理解为随机变量的一个序列，它可以用每 m 个它的变量 $x[n_1]$，$x[n_2]$，…，$x[n_m]$ 的联合 m 维概率密度函数来描述。离散随机过程 $x(n)$ 的均值为 $\mu_x(n)$，其互相关函数和协方差函数分别为

$$r_x[m,n] = E\{x[m]x[n]\},\quad c_x[m,n] = E\{(x[m]-\mu_x[m])(x[n]-\mu_x[n])\} \tag{B.19}$$

平稳过程

在模拟一个连续时间过程时，如果一个离散时间过程 $x[n]$ 满足以下条件，就称其为广义平稳的离散随机过程。

(1) 其期望值 $\mu_x[n]=\mu$ 独立于 n。

(2) 其相关函数 $r_x[m,n]=r_x[n-m]$ 只取决于插值 $n-m$，同时有 $r_x[k]=E\{x[n-k]x[n]\}$，很明显这里有 $r_x[k]=r_x[-k]$。

零均值广义平稳过程的方差为 $r_x[0]=E\{x^2[n]\}=\sigma_x^2$。如果离散随机过程 $x[n]$ 满足 $x[n]$ 和 $x[m]$ 独立于所有的 n 和 m，并且 $x[n]$ 的概率密度函数也独立于 n，则称 $x[n]$ 为独立同分布(iid)的离散随机过程。这时，$x[n]$ 是一个 $r_x[k]=\sigma_x^2\delta[k]$ 的广义平稳随机过程，σ_x^2 为其方差。如果 $x[n]$ 满足 $r_x[k]=\sigma_x^2\delta[k]$，则称其为白色的离散随机过程。

广义平稳过程 $x[n]$ 的功率谱密度函数(PSD)为相关函数的离散傅里叶变换：

$$\Lambda_x(\mathrm{e}^{\mathrm{j}\omega}) = \sum_{n\in\mathbb{Z}} r_x[n]\mathrm{e}^{-\mathrm{j}\omega n} \tag{B.20}$$

由于$x[n]$的连续时间$\Lambda_x(\mathrm{e}^{\mathrm{j}\omega})$是一个实数，并且对于所有的$\omega$，有$\Lambda_x(\mathrm{e}^{\mathrm{j}\omega})\geqslant 0$。根据离散傅里叶反变换的性质有

$$r_x[n] = \frac{1}{2\pi}\int_{-\pi}^{\pi}\Lambda_x(\mathrm{e}^{\mathrm{j}\omega})\mathrm{e}^{\mathrm{j}\omega n}\mathrm{d}\omega \tag{B.21}$$

可知，零均值白色离散随机过程的谱密度函数为$\Lambda_x(\mathrm{e}^{\mathrm{j}\omega}) = \sigma_x^2$。

信号通过 LTI 系统

假设一个广义平稳离散随机过程(随机序列)$x[n]$通过一个稳定的线性时不变(LTI)系统$h[n]$，其输出为$y[n]=h[n]*x[n]$，如图 B.1 所示，得到的输出$y[n]$也是一个广义平稳离散随机序列

$$\mu_y = \mu_x\sum_{n\in\mathbb{Z}}h[n],\quad \Lambda_y(\mathrm{e}^{\mathrm{j}\omega}) = \Lambda_x(\mathrm{e}^{\mathrm{j}\omega})\ |H(\mathrm{e}^{\mathrm{j}\omega})|^2 \tag{B.22}$$

作为一个例子，如果$x[n]$为一个方差为σ_x^2的零均值白色过程，则$\mu_y=0$，且有

$$\Lambda_y(\mathrm{e}^{\mathrm{j}\omega}) = \sigma_x^2\ |H(\mathrm{e}^{\mathrm{j}\omega})|^2 \tag{B.23}$$

这样，$y[n]$的功率谱密度就被 LTI 系统的$H(\mathrm{e}^{\mathrm{j}\omega})$“有色化”了，并且$y[n]$的方差也就被冲激响应的能量所放大

$$r_y[0] = \frac{\sigma_x^2}{2\pi}\int_{-\pi}^{\pi}|H(\mathrm{e}^{\mathrm{j}\omega})|^2\mathrm{d}\omega = \sigma_x^2\sum_{n\in\mathbb{Z}}h^2[n] \tag{B.24}$$

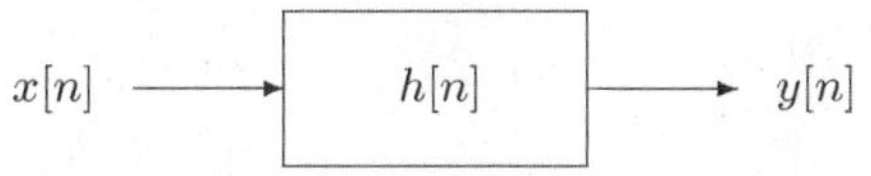

$x[n]$ → [$h[n]$] → $y[n]$

图 B.1 一个随机过程的 LTI 滤波器

类似的关系在连续时间随机过程的情况下也是满足的。如果一个连续时间随机过程$x(t)$的功率谱密度为$\Lambda_x(\omega)$，通过一个平稳的 LTI 系统$h[t]$，其频率响应为$H(\omega)$，则其输出的$y(t)$也是一个广义平稳的随机过程，其功率谱函数为

$$\Lambda_y(\omega) = \Lambda_x(\omega)\ |H(\omega)|^2 \tag{B.25}$$

如果一个连续时间随机过程$x(t)$的功率谱函数$\Lambda_x(\omega)$不是常数，这个信号就是有色的。在很多应用中，通常是对其进行“白化”处理，然后再进一步处理。方法就是通过一个滤波器$H(\omega)$，使其输出$y(t)$的功率谱函数为一个常数。根据式(B.25)，可以选择$H_W(\omega) = \Lambda_x^{-1/2}(\omega)$，假设其中功率谱函数是严格正数。这时如果选择$\Lambda_y(\omega)=1$，则称$H_W(\omega)$为信号$x(t)$的白化滤波器。

B.4 带限过程的采样

香农–奈奎斯特定理指出：任何带限信号$x(t)$可以用其奈奎斯特速率采样的样值来表示。这里针对随机过程考虑一个类似的定理。为了描述结论，首先给出所谓带限随机过程的表示。

对于一个广义平稳随机过程$x(t)$，如果其平均功率是有限的，即$r_x(0)<\infty$，并且在$|\omega|\geqslant\pi/T$时，其功率谱密度满足$\Lambda_x(\omega)=0$，即带外功率为0，则称$x(t)$为带限信号。

如果$x(t)$是一个带限信号，可以用香农–奈奎斯特定理表示其自相关函数$r\ (\tau)$为

$$r(\tau) = \sum_{n \in \mathbb{Z}} r(nT) \operatorname{sinc}[(\tau - nT)/T] \tag{B.26}$$

当然，更重要的是想办法利用这个信号的采样值来表示信号本身。下面的定理说明，在均方误差的意义下这种表示是可能的[151]。所谓均方误差意义，就是如果 $E\{[x(t)-y(t)]^2\}=0$，则称 $x(t)=y(t)$。

定理 B.1 如果 $x(t)$ 是一个广义平稳带限随机过程，则 $x(t)$ 可以表示为

$$x(t) = \sum_{n \in \mathbb{Z}} x(nT) \operatorname{sinc}[(\tau - nT)/T] \tag{B.27}$$

其表达质量满足最小均方误差准则。

这个定理的证明在文献[477]中有介绍。

参考文献

[1] C. E. Shannon, "Communications in the presence of noise," *Proc. IRE*, vol. 37, no. 1, pp. 10–21, Jan. 1949.

[2] H. Nyquist, "Certain topics in telegraph transmission theory," *AIEE Trans.*, vol. 47, no. 2, pp. 617–644, Jan. 1928.

[3] V. A. Kotelnikov, "On the transmission capacity of the ether and of cables in electrical communications," in *Proc. First All-Union Conference on the Technological Reconstruction of the Communications Sector and the Development of Low-current Engineering*, Moscow, 1933.

[4] E. T. Whittaker, "On the functions which are represented by the expansions of the interpolation theory," *Proc. Roy. Soc. Edinburgh*, vol. 35, pp. 181–194, Jul. 1915.

[5] J. M. Whittaker, *Interpolatory Function Theory*, Cambridge, UK: Cambridge University Press, 1935.

[6] A. Cauchy, "M'moire sur diverses formules danalyse," *C. R. Acad. Sci.*, vol. 12, pp. 283–298, 1841.

[7] J. R. Higgins, "Five short stories about the cardinal series," *Bull. Am. Math. Soc.*, vol. 12, no. 1, pp. 45–89, 1985.

[8] A. J. Jerri, "The Shannon sampling theorem – Its various extensions and applications: A tutorial review," *Proc. IEEE*, vol. 65, no. 11, pp. 1565–1596, Nov. 1977.

[9] P. L. Butzer, "A survey of the Whittaker–Shannon sampling theorem and some of its extensions," *J. Math. Res. Expo.*, vol. 1983, no. 1, pp. 185–212, Jan. 1983.

[10] M. Unser, "Sampling – 50 years after Shannon," *Proc. IEEE*, vol. 88, no. 4, pp. 569–587, Apr. 2000.

[11] Y. C. Eldar and T. Michaeli, "Beyond bandlimited sampling," *IEEE Signal Processing Mag.*, vol. 26, no. 3, pp. 48–68, May 2009.

[12] D. L. Donoho, "Compressed sensing," *IEEE Trans. Inform. Theory*, vol. 52, no. 4, pp. 1289–1306, Apr. 2006.

[13] E. Candès, J. Romberg and T. Tao, "Robust uncertainty principles: Exact signal reconstruction from highly incomplete frequency information," *IEEE Trans. Inform. Theory*, vol. 52, no. 2, pp. 489–509, Feb. 2006.

[14] Y. C. Eldar and G. Kutyniok, *Compressed Sensing: Theory and Applications*, Cambridge, UK: Cambridge University Press, 2012.

[15] R. O. Schmidt, "Multiple emitter location and signal parameter estimation," *Proc. RADC Spectral Estimation Workshop*, pp. 243–258, Oct. 1979.

[16] R. Roy and T. Kailath, "ESPRIT – estimation of signal parameters via rotational invariance techniques," *IEEE Trans. Acoust. Speech Signal Processing*, vol. 37, no. 7, pp. 984–995, Jul. 1989.

[17] P. Stoica and Y. Selen, "Model-order selection: a review of information criterion rules," *IEEE Signal Processing Mag.*, vol. 21, no. 4, pp. 36–47, Jul. 2004.

[18] S. Baker, S. K. Nayar and H. Murase, "Parametric feature detection," *Int. J. Computer Vision*, vol. 27, no. 1, pp. 27–50, Mar. 1998.

[19] J. Crols and M. S. J. Steyaert, "Low-IF topologies for high-performance analog front ends of fully integrated receivers," *IEEE Trans. Inform. Theory*, vol. 45, no. 3, pp. 269–282, Mar. 1998.

[20] N. L. Scott, R. C. Vaughan and D. R. White, "The theory of bandpass sampling," *IEEE Trans. Signal Processing*, vol. 39, no. 9, pp. 1973–1984, Sep. 1991.

[21] M. Mishali, Y. C. Eldar and A. J. Elron, "Xampling: Signal acquisition and processing in union of subspaces," *IEEE Trans. Signal Processing*, vol. 59, no. 10, pp. 4719–4734, Oct. 2011.

[22] M. Mishali and Y. C. Eldar, "Xampling: Compressed sensing of analog signals," in *Compressed Sensing: Theory and Applications*, Cambridge, UK: Cambridge University Press, pp. 88–148, 2012.

[23] S. K. Berberian, *Introduction to Hilbert Space*, New York, NY: Oxford University Press, 1961.

[24] P. R. Halmos, *Introduction to Hilbert Space, 2nd ed.*, New York, NY: Chelsea Publishing Company, 1957.

[25] R. M. Young, *An Introduction to Nonharmonic Fourier Series*, New York, NY: Academic Press, 1980.

[26] O. Christensen, *An Introduction to Frames and Riesz Bases*, Boston, MA: Birkhäuser, 2003.

[27] L. Debnath and P. Mikusiński, *Hilbert Spaces with Applications, 3rd ed.*, New York, NY: Academic Press, 2005.

[28] R. A. Horn and C. R. Johnson, *Matrix Analysis*, Cambridge, UK: Cambridge University Press, 1985.

[29] Y. C. Eldar, "Least-squares inner product shaping," *Linear Alg. Appl.*, vol. 348, nos. 1–3, pp. 153–174, May 2002.

[30] Y. C. Eldar, "Least-squares orthogonalization using semidefinite programming," *Linear Alg. Appl.*, vol. 412, nos. 2–3, pp. 453–470, Jan. 2006.

[31] Y. C. Eldar and G. D. Forney, Jr., "Optimal tight frames and quantum measurement," *IEEE Trans. Inform. Theory*, vol. 48, no. 3, pp. 599–610, Mar. 2002.

[32] A. Barvinok, "Measure concentration," 2005, Math 710 lecture notes, www.math.lsa.umich.edu.

[33] I. Daubechies, *Ten Lectures on Wavelets*, Philadelphia, PA: SIAM, 1992.

[34] K. Hoffman and R. Kunze, *Linear Algebra, 2nd ed.*, New Jersey: Prentice-Hall, Inc., 1971.

[35] S. Kayalar and H. L. Weinert, "Oblique projections: Formulas, algorithms, and error bounds," *Math. Contr. Signals Syst.*, vol. 2, no. 1, pp. 33–45, Mar. 1989.

[36] A. Aldroubi, "Oblique projections in atomic spaces," *Proc. Am. Math. Soc.*, vol. 124, no. 7, pp. 2051–2060, Jul. 1996.

[37] R. T. Behrens and L. L. Scharf, "Signal processing applications of oblique projection operators," *IEEE Trans. Signal Processing*, vol. 42, no. 6, pp. 1413–1424, Jun. 1994.

[38] G. H. Golub and C. F. Van Loan, *Matrix Computations, 3rd ed.*, Baltimore, MD: Johns Hopkins University Press, 1996.

[39] A. Ben-Israel and T. N. E. Greville, *Generalized Inverses: Theory and Applications*, New York, NY: Springer Verlag, 2003.

[40] R. J. Duffin and A. C. Schaeffer, "A class of nonharmonic Fourier series," *Trans. Am. Math. Soc.*, vol. 72, no. 2, pp. 314–366, Mar. 1952.

[41] I. Daubechies, A. Grossmann and Y. Meyer, "Painless nonorthogonal expansions," *J. Math. Phys.*, vol. 27, no. 5, pp. 1271–1283, May 1986.

[42] I. Daubechies, "The wavelet transform, time-frequency localization and signal analysis," *IEEE Trans. Inform. Theory*, vol. 36, no. 5, pp. 961–1005, Sep. 1990.

[43] A. Aldroubi, "Portraits of frames," *Proc. Am. Math. Soc.*, vol. 123, no. 6, pp. 1661–1668, Jun. 1995.

[44] C. E. Heil and D. F. Walnut, "Continuous and discrete wavelet transforms," *SIAM Rev.*, vol. 31, no. 4, pp. 628–666, Dec. 1989.

[45] O. Christensen and Y. C. Eldar, "Generalized shift-invariant systems and frames for subspaces," *J. Fourier Anal. Applicat.*, vol. 11, no. 3, pp. 299–313, Jun. 2005.

[46] O. Christensen and Y. C. Eldar, "Oblique dual frames and shift-invariant spaces," *Appl. Comp. Harm. Anal.*, vol. 17, no. 1, pp. 48–68, Jul. 2004.

[47] Y. C. Eldar and O. Christensen, "Characterization of oblique dual frame pairs," *EURASIP J. Appl. Signal Processing*, pp. 1–11, Apr. 2006.

[48] A. Aldroubi and K. Gröchenig, "Non-uniform sampling and reconstruction in shift-invariant spaces," *SIAM Rev.*, vol. 43, no. 4, pp. 585–620, Dec. 2001.

[49] I. M. Gelfand and M. A. Naimark, "On the imbedding of normed rings into the ring of operators on a Hilbert space," *Math. Sbornik*, vol. 12, no. 2, pp. 197–217, 1943.

[50] K. Gröchenig, "Acceleration of the frame algorithm," *IEEE Trans. Signal Processing*, vol. 41, no. 12, pp. 3331–3340, Dec. 1993.

[51] R. N. Bracewell, *The Fourier Transform and its Applications, 3rd ed.*, New York, NY: McGraw Hill, Inc., 1999.

[52] A. Papoulis, *The Fourier Integral and its Applications*, New York, NY: McGraw Hill, Inc., 1962.

[53] A. V. Oppenheim, R. W. Schafer and J. R. Buck, *Discrete-Time Signal Processing*, Englewood Cliffs, NJ: Prentice-Hall, 1999.

[54] A. V. Oppenheim, A. S. Willsky and S. Hamid, *Signals and Systems*, Englewood Cliffs, NJ: Prentice-Hall, 1997.

[55] I. W. Sandberg, "Notes on representation theorems for linear discrete-space systems," in *Proc. IEEE Int. Symp. Circuits and Systems*, vol. 5, pp. 515–518, May 1999.

[56] I. W. Sandberg, "Linear maps and impulse responses," *IEEE Trans. Circuits Systems*, vol. 35, no. 2, pp. 201–206, Feb. 1988.

[57] I. W. Sandberg, "Causality and the impulse response scandal," *IEEE Trans. Circuits Systems I: Fund. Theory Applicat.*, vol. 50, no. 6, pp. 810–813, Jun. 2003.

[58] R. Strichartz, *A Guide to Distribution Theory and Fourier Transforms*, Boca Raton, FL: CRC Press, 1994.

[59] S. G. Mallat, *A Wavelet Tour of Signal Processing*, San Diego, CA: Academic Press, Inc., 1998.

[60] H. L. Royden, *Real Analysis*, New York, NY: Macmillan, 1968.

[61] S. G. Mallat, "A theory for multiresolution signal decomposition: The wavelet representation," *IEEE Trans. Patt. Anal. Mach. Intell.*, vol. 11, no. 7, pp. 674–693, Jul. 1989.

[62] J. J. Benedetto and G. Zimmermann, "Sampling multipliers and the Poisson summation formula," *J. Fourier Anal. Applicat.*, vol. 3, pp. 505–523, Sep. 1997.

[63] C. Shannon, "A mathematical theory of communication," *Bell Labs Tech. J.*, vol. 27, pp. 379–423, Jul. 1948; 623–656, Oct. 1948.

[64] N. C. Gallagher Jr. and G. L. Wise, "A representation for band-limited functions," *Proc. IEEE*, vol. 63, no. 11, pp. 1624–1625, Nov. 1975.

[65] M. Unser, "Splines: A perfect fit for signal and image processing," *IEEE Signal Processing Mag.*, pp. 22–38, Nov. 1999.

[66] I. J. Schoenberg, "Contributions to the problem of approximation of equidistant data by analytic functions, Part A: On the problem of smoothing or graduation, a first class of analytic approximation formulas," *Quart. Appl. Math.*, pp. 45–99, 1946.

[67] I. J. Schoenberg, *Cardinal Spline Interpolation*, Philadelphia, PA: SIAM, 1973.

[68] L. L. Schumaker, *Spline Functions: Basic Theory*, New York, NY: Wiley, 1981.

[69] R. H. Bartels, J. C. Beatty and B. A. Barsky, *An Introduction to Splines for Use in Computer Graphics and Geometric Modelling*, San Francisco, CA: Morgan Kaufmann, 1998.

[70] H. Prautzsch, W. Boehm and M. Paluszny, *Bézier and B-spline Techniques*, Berlin, Germany: Springer Verlag, 2002.

[71] M. Unser, A. Aldroubi and M. Eden, "Fast B-spline transforms for continuous image representation and interpolation," *IEEE Trans. Patt. Anal. Mach. Intell.*, vol. 13, no. 3, pp. 277–285, Mar. 1991.

[72] M. Unser, A. Aldroubi and M. Eden, "B-spline signal processing: Part I – Theory," *IEEE Trans. Signal Processing*, vol. 41, no. 2, pp. 821–833, Feb. 1993.

[73] M. Unser, A. Aldroubi and M. Eden, "B-spline signal processing: Part II – Efficient design and applications," *IEEE Trans. Signal Processing*, vol. 41, no. 2, pp. 834–848, Feb. 1993.

[74] C. de Boor, R. DeVore and A. Ron, "The structure of finitely generated shift-invariant spaces in $L_2(\mathbb{R}^d)$," *J. Funct. Anal.*, vol. 119, no. 1, pp. 37–78, Jan. 1994.

[75] G. Strang and G. J. Fix, *An Analysis of the Finite Element Method*, Englewood Cliffs, NJ: Prentice-Hall, 1973.

[76] A. Papoulis, "Generalized sampling expansion," *Theor. Comput. Sci.*, vol. CAS-24, no. 11, pp. 652–654, Nov. 1977.

[77] Y. C. Eldar and A. V. Oppenheim, "Filter bank reconstruction of bandlimited signals from nonuniform and generalized samples," *IEEE Trans. Signal Processing*, vol. 48, no. 10, pp. 2864–2875, Oct. 2000.

[78] P. Nikaeen and B. Murmann, "Digital compensation of dynamic acquisition errors at the front-end of high-performance A/D converters," *IEEE J. Select. Top. Signal Processing*, vol. 3, no. 3, pp. 499–508, Jun. 2009.

[79] J. Goodman, B. Miller, M. Herman, G. Raz and J. Jackson, "Polyphase nonlinear equalization of time-interleaved analog-to-digital converters," *IEEE J. Select. Top. Signal Processing*, vol. 3, no. 3, pp. 362–373, Jun. 2009.

[80] J. S. Geronimo, D. P. Hardin and P. R. Massopust, "Fractal functions and wavelet expansions based on several scaling functions," *J. Approx. Theory*, vol. 78, no. 3, pp. 373–401, Sep. 1994.

[81] G. Kaiser, *A Friendly Guide to Wavelets*, Boston, MA: Birkhäuser, 1994.

[82] C. K. Chui, *Wavelets: A Mathematical Tool for Signal Analysis*, Philadelphia, SIAM Monographs on Mathematical Modeling and Computation, 1997.

[83] H. G. Feichtinger and T. Strohmer (Eds.), *Gabor Analysis and Algorithms: Theory and Applications*, Boston, MA: Birkhäuser, 1998.

[84] H. G. Feichtinger and T. Strohmer (Eds.), *Advances in Gabor Analysis*, Boston, MA: Birkhäuser, 2003.

[85] K. Groc̆henig, *Foundations of Time-Frequency Analysis*, Boston, MA: Birkhäuser, 2001.

[86] D. Gabor, "Theory of communication," *J. IEE Radio Commun. Eng.*, vol. 93, no. 3, pp. 429–457, Nov. 1946.

[87] A. J. E. M. Janssen, "The Zak transform: A signal transform for sampled time-continuous signals," *Philips J. Res.*, vol. 43, no. 1, pp. 23–69, 1988.

[88] J. Wexler and S. Raz, "Discrete Gabor expansions," *J. Signal Processing*, vol. 21, no. 3, pp. 207–220, Nov. 1991.

[89] A. Ron and Z. Shen, "Weyl–Heisenberg frames and Riesz bases in $L_2(\mathbb{R}^d)$," *Duke Math. J.*, vol. 89, no. 2, pp. 237–282, 1997.

[90] V. Bargmann, P. Butera, L. Girardello and J. R. Klauder, "On the completeness of the coherent states," *Rep. Math. Phys.*, vol. 2, no. 4, pp. 221–228, 1971.

[91] H. Bacry, A. Grossmann and J. Zak, "Proof of completeness of lattice states in the kq representation," *Phys. Rev. B*, vol. 12, no. 4, pp. 1118–1120, Aug. 1975.

[92] J. J. Benedetto, C. Heil and D. F. Walnut, "Wavelab and reproducible research," *J. Fourier Anal. Applicat.*, vol. 1, no. 4, pp. 355–402, 1994.

[93] E. Matusiak, T. Michaeli and Y. C. Eldar, "Noninvertible Gabor transforms," *IEEE Trans. Signal Processing*, vol. 58, no. 5, pp. 2597–2612, May 2010.

[94] Y. C. Eldar, E. Matusiak and T. Werther, "A constructive inversion framework for twisted convolution," *Monatsh. Math.*, vol. 150, no. 4, pp. 297–308, Apr. 2007.

[95] T. Werther, E. Matusiak, Y. C. Eldar and N. K. Subbana, "A unified approach to dual Gabor windows," *IEEE Trans. Signal Processing*, vol. 55, no. 5, pp. 1758–1768, May 2007.

[96] J. Morlet and A. Grossman, "Decomposition of Hardy functions into square integrable wavelets of constant shape," *SIAM J. Math. Anal.*, vol. 15, no. 4, pp. 723–736, 1984.

[97] I. Daubechies, "Orthonormal bases of compactly supported wavelets," *Commun. Pure Appl. Math.*, vol. 41, no. 7, pp. 909–996, Oct. 1988.

[98] G. Strang and G. Fix, "A Fourier analysis of the finite element variational method," *Constructive Aspects of Functional Analysis*, Rome: Edizione Cremonese, pp. 796–830, 1971.

[99] H. Landau, "Necessary density conditions for sampling and interpolation of certain entire functions," *Acta Math.*, vol. 117, no. 1, pp. 37–52, Jul. 1967.

[100] J. Mitola III, "Cognitive radio for flexible mobile multimedia communications," *Mobile Networks Applicat.*, vol. 6, no. 5, pp. 435–441, Sep. 2001.

[101] Y. M. Lu and M. N. Do, "A theory for sampling signals from a union of subspaces," *IEEE Trans. Signal Processing*, vol. 56, no. 6, pp. 2334–2345, Jan. 2008.

[102] M. Mishali, Y. C. Eldar, O. Dounaevsky and E. Shoshan, "Xampling: Analog to digital at sub-Nyquist rates," *IET Circuits Devices Syst.*, vol. 5, no. 1, pp. 8–20, Jan. 2011.

[103] M. Vetterli, P. Marziliano and T. Blu, "Sampling signals with finite rate of innovation," *IEEE Trans. Signal Processing*, vol. 50, no. 6, pp. 1417–1428, Jun. 2002.

[104] Y. C. Eldar, "Compressed sensing of analog signals in shift-invariant spaces," *IEEE Trans. Signal Processing*, vol. 57, no. 8, pp. 2986–2997, Aug. 2009.

[105] M. Unser and T. Blu, "Fractional splines and wavelets," *SIAM Rev.*, vol. 42, no. 1, pp. 43–67, Jan. 2000.

[106] A. Aldroubi and M. Unser, "Sampling procedures in function spaces and asymptotic equivalence with Shannon's sampling theory," *Num. Funct. Anal. Optim.*, vol. 15, no. 1–2, pp. 1–21, Feb. 1994.

[107] S. Ries and R. L. Stens, "Approximation by generalized sampling series," in *Constructive Theory of Functions*. B. Sendov *et al.*, Eds. Sofia, Bulgaria: Bulgarian Academy of Sciences, pp. 17–37, 1984.

[108] M. Unser and A. Aldroubi, "A general sampling theory for nonideal acquisition devices," *IEEE Trans. Signal Processing*, vol. 42, no. 11, pp. 2915–2925, Nov. 1994.

[109] P. P. Vaidyanathan, "Generalizations of the sampling theorem: Seven decades after Nyquist," *IEEE Trans. Circuit Syst. I*, vol. 48, no. 9, pp. 1094–1109, Sep. 2001.

[110] Y. C. Eldar, "Sampling and reconstruction in arbitrary spaces and oblique dual frame vectors," *J. Fourier Anal. Appl.*, vol. 1, no. 9, pp. 77–96, Jan. 2003.

[111] S. Ramani, D. Van De Ville and M. Unser, "Non-ideal sampling and adapted reconstruction using the stochastic Matern model," in *Proc. Int. Conf. Acoustics, Speech and Signal Processing (ICASSP'06)*, vol. 2, May 2006.

[112] C. A. Glasbey, "Optimal linear interpolation of images with known point spread function," *Scand. Conf. Image Anal. SCIA-2001*, Bergen, pp. 161–168, 2001.

[113] Y. C. Eldar and T. G. Dvorkind, "Minimax sampling with arbitrary spaces," *11th IEEE Int. Conf. Electronics, Circuits and Systems (ICECS-2004)*, pp. 559–562, Dec. 2004.

[114] Y. C. Eldar, "Sampling without input constraints: Consistent reconstruction in arbitrary spaces," in *Sampling, Wavelets and Tomography*, A. I. Zayed and J. J. Benedetto, Eds. Boston, MA: Birkhäuser, pp. 33–60, 2004.

[115] Y. C. Eldar and T. Werther, "General framework for consistent sampling in Hilbert spaces," *Int. J. Wavelets Multires. Inform. Proc.*, vol. 3, no. 3, pp. 347–359, Sep. 2005.

[116] R. G. Keys, "Cubic convolution interpolation for digital image processing," *IEEE Trans. Acoust. Speech Signal Processing*, vol. 29, no. 6, pp. 1153–1160, Dec. 1981.

[117] C. E. Duchon, "Lanczos filtering in one and two dimensions," *J. Appl. Meteorol.*, vol. 18, no. 8, pp. 1016–1022, Aug. 1979.

[118] C. L. Lawson and R. J. Hanson, *Solving Least Squares Problems*, Englewood Cliffs, NJ: Prentice-Hall, 1974.

[119] T. Kailath, *Lectures on Linear Least-Squares Estimation*, Wein, New York: Springer, 1976.

[120] A. Björck, *Numerical Methods for Least-Squares Problems*, Philadelphia, PA: SIAM, 1996.

[121] E. L. Lehmann and G. Casella, *Theory of Point Estimation, 2nd ed.*, New York, NY: Springer, 1999.

[122] Y. C. Eldar, *Rethinking Biased Estimation: Improving Maximum Likelihood and the Cramer–Rao Bound*, Foundation and Trends in Signal Processing, Hanover, MA: Now Publishers Inc., 2008.

[123] S. Kay and Y. C. Eldar, "Rethinking biased estimation," *IEEE Signal Processing Mag.*, vol. 25, pp. 133–136, May 2008.

[124] S. Boyd and L. Vandenberghe, *Convex Optimization*, Cambridge, UK: Cambridge University Press, 2004.

[125] S. Ramani, D. Van De Ville, T. Blu and M. Unser, "Nonideal sampling and regularization theory," *IEEE Trans. Signal Processing*, vol. 56, no. 3, pp. 1055–1070, Mar. 2008.

[126] M. Unser, "Cardinal exponential splines: part II – think analog, act digital," *IEEE Trans. Signal Processing*, vol. 53, no. 4, pp. 1439–1449, Apr. 2005.

[127] Y. C. Eldar, A. Ben-Tal and A. Nemirovski, "Robust mean-squared error estimation in the presence of model uncertainties," *IEEE Trans. Signal Processing*, vol. 53, no. 1, pp. 168–181, Jan. 2005.

[128] T. G. Dvorkind, H. Kirshner, Y. C. Eldar and M. Porat, "Minimax approximation of representation coefficients from generalized samples," *IEEE Trans. Signal Processing*, vol. 55, no. 9, pp. 4430–4443, Sep. 2007.

[129] Y. C. Eldar and M. Unser, "Nonideal sampling and interpolation from noisy observations in shift-invariant spaces," *IEEE Trans. Signal Processing*, vol. 54, no. 7, pp. 2636–2651, Jul. 2006.
[130] G. H. Hardy, "Notes of special systems of orthogonal functions – IV: The orthogonal functions of Whittakers series," *Proc. Camb. Phil. Soc.*, vol. 37, pp. 331–348, Oct. 1941.
[131] W. S. Tang, "Oblique projections, biorthogonal Riesz bases and multiwavelets in Hilbert space," *Proc. Am. Math. Soc.*, vol. 128, no. 2, pp. 463–473, Feb. 2000.
[132] E. E. Tyrtyshnikov, *A Brief Introduction to Numerical Analysis*, Boston, MA: Birkhauser, 1997.
[133] S. Boyd, *Convex Optimization*, Cambridge, UK: Cambridge University Press, 2004.
[134] M. Unser and J. Zerubia, "Generalized sampling: Stability and performance analysis," *IEEE Trans. Signal Processing*, vol. 45, no. 12, pp. 2941–2950, Dec. 1997.
[135] T. Blu and M. Unser, "Quantitative Fourier analysis of approximation techniques: Part I – Interpolators and projectors," *IEEE Trans. Signal Processing*, vol. 47, no. 10, pp. 2783–2795, Oct. 1999.
[136] T. Blu and M. Unser, "Quantitative Fourier analysis of approximation techniques: Part II – Wavelets," *IEEE Trans. Signal Processing*, vol. 47, no. 10, pp. 2796–2806, Oct. 1999.
[137] C. Lee, M. Eden and M. Unser, "High-quality image resizing using oblique projection operators," *IEEE Trans. Signal Processing*, vol. 7, no. 5, pp. 679–692, May 1998.
[138] Y. C. Eldar, A. Ben-Tal and A. Nemirovski, "Linear minimax regret estimation of deterministic parameters with bounded data uncertainties," *IEEE Trans. Signal Processing*, vol. 52, no. 8, pp. 2177–2188, Aug. 2004.
[139] Y. C. Eldar and N. Merhav, "A competitive minimax approach to robust estimation of random parameters," *IEEE Trans. Signal Processing*, vol. 52, no. 7, pp. 1931–1946, Jul. 2004.
[140] Y. C. Eldar and T. G. Dvorkind, "A minimum squared-error framework for generalized sampling," *IEEE Trans. Signal Processing*, vol. 54, no. 6, pp. 2155–2167, Jun. 2006.
[141] I. Djokovic and P. P. Vaidyanathan, "Generalized sampling theorems in multiresolution subspaces," *IEEE Trans. Signal Processing*, vol. 45, no. 3, pp. 583–599, Mar. 1997.
[142] M. Unser and J. Zerubia, "A generalized sampling theory without band-limiting constraints," *IEEE Trans. Circuits Syst. II*, vol. 45, no. 8, pp. 959–969, Aug. 1998.
[143] D. Jagerman and L. Fogel, "Some general aspects of the sampling theorem," *IEEE Trans. Inform. Theory*, vol. 2, no. 4, pp. 139–146, Dec. 1956.
[144] D. A. Linden and N. M. Abramson, "A generalization of the sampling theorem," *Inform. Control*, vol. 3, no. 1, pp. 26–31, Mar. 1960.
[145] J. Yen, "On nonuniform sampling of bandwidth-limited signals," *IRE Trans. Circuit Theory*, vol. 3, no. 4, pp. 251–257, Dec. 1956.
[146] J. Brown Jr., "Multi-channel sampling of low-pass signals," *IEEE Trans. Circuits Syst.*, vol. 28, no. 2, pp. 101–106, Feb. 1981.
[147] P. P. Vaidyanathan, *Multirate Systems and Filter Banks*, Englewood Cliffs, NJ: Prentice-Hall, 1993.
[148] E. H. Lieb and M. Loss, *Analysis*, *2nd ed.*, American Mathematical Society, 2001.
[149] http://www.soe.ucsc.edu/~milanfar/software/sr-datasets.html
[150] T. Michaeli and Y. C. Eldar, "High-rate interpolation of random signals from nonideal samples," *IEEE Trans. Signal Processing*, vol. 57, no. 3, pp. 977–992, Mar. 2009.
[151] A. Balakrishnan, "A note on the sampling principle for continuous signals," *IEEE Trans. Inform. Theory*, vol. 3, no. 2, pp. 143–146, Jun. 1957.

[152] S. P. Lloyd, "A sampling theorem for stationary (wide sense) stochastic processes," *Trans. Am. Math. Soc.*, vol. 92, no. 1, pp. 1–12, 1959.

[153] I. W. Hunter and M. J. Korenberg, "The identification of nonlinear biological systems: Wiener and Hammerstein cascade models," *Biological Cybernetics*, vol. 55, nos. 2–3, pp. 135–144, 1985.

[154] M. B. Matthews, "On the linear minimum-mean-squared-error estimation of an undersampled wide-sense stationary random process," *IEEE Trans. Signal Processing*, vol. 48, no. 1, pp. 272–275, 2000.

[155] T. Michaeli and Y. C. Eldar, "Optimization techniques in modern sampling theory," in *Convex Optimization in Signal Processing and Communications*, Y. C. Eldar and D. P. Palomar, Eds. Cambridge, UK: Cambridge University Press, 2010, pp. 266–314.

[156] Y. C. Eldar, "Robust deconvolution of deterministic and random signals," *IEEE Trans. Inform. Theory*, vol. 51, no. 8, pp. 2921–2929, Aug. 2005.

[157] S. Ramani, D. Van De Ville, T. Blu and M. Unser, "Nonideal sampling and regularization theory," *IEEE Trans. Signal Processing*, vol. 56, no. 3, pp. 1055–1070, Mar. 2008.

[158] K. Kose, K. Endoh and T. Inouye, "Nonlinear amplitude compression in magnetic resonance imaging: Quantization noise reduction and data memory saving," *IEEE AES Mag.*, vol. 5, no. 6, pp. 27–30, Jun. 1990.

[159] T. G. Dvorkind, Y. C. Eldar and E. Matusiak, "Nonlinear and nonideal sampling: theory and methods," *IEEE Trans. Signal Processing*, vol. 56, no. 12, pp. 5874–5890, Dec. 2008.

[160] V. Volterra, *Theory of Functionals and of Integral and Integro-Differential Equations*, New York, NY: Dover, 1959.

[161] E. W. Bai, "An optimal two-stage identification algorithm for Hammerstein-Wiener nonlinear systems," *Automatica*, vol. 34, no. 3, pp. 333–338, Mar. 1998.

[162] E. W. Bai, "A blind approach to the Hammerstein-Wiener model identification," *Automatica*, vol. 38, no. 6, pp. 967–979, Jun. 2002.

[163] P. A. Traverso, D. Mirri, G. Pasini and F. Filicori, "A nonlinear dynamic S/H-ADC device model based on a modified Volterra series: Identification procedure and commercial CAD tool implementation," *IEEE Trans. Instrum. Measurem.*, vol. 52, no. 4, pp. 1129–1135, Sep. 2003.

[164] F. Ding and T. Chen, "Identification of Hammerstein nonlinear ARMAX systems," *Automatica*, vol. 41, no. 9, pp. 1479–1489, Sep. 2005.

[165] Y-M. Zhu, "Generalized sampling theorem," *IEEE Trans. Circuits Systems II: Analog Digital Signal Processing*, vol. 39, no. 8, pp. 587–588, Aug. 1992.

[166] K. Yao and J. B. Thomas, "On some stability and interpolation properties of nonuniform sampling expansions," *IEEE Trans. Circuit Theory*, vol. CT-14, no. 4, pp. 404–408, Dec. 1967.

[167] F. J. Beutler, "Error-free recovery of signals from irregularly spaced samples," *SIAM Rev.*, vol. 8, no. 3, pp. 328–335, Jun. 1966.

[168] R. S. Prendergast, B. C. Levy and P. J. Hurst, "Reconstruction of band-limited periodic nonuniformly sampled signals through multirate filter banks," *IEEE Trans. Circuits Syst. I: Regular Papers*, vol. 51, no. 8, pp. 1612–1622, Aug. 2004.

[169] F. Marvasti, M. Analoui and M. Gamshadzahi, "Recovery of signals from nonuniform samples using iterative methods," *IEEE Trans. Signal Processing*, vol. 39, no. 4, pp. 872–878, Apr. 1991.

[170] H. G. Feichtinger, K. Gröchenig and T. Strohmer, "Efficient numerical methods in nonuniform sampling theory," *Num. Math.*, vol. 69, no. 4, pp. 423–440, Feb. 1995.

[171] E. Margolis and Y. C. Eldar, "Nonuniform sampling of periodic bandlimited signals," *IEEE Trans. Signal Processing*, vol. 56, no. 7, pp. 2728–2745, Jul. 2008.

[172] N. Aronszajn, "Theory of reproducing kernels," *Trans. Am. Math. Soc.*, vol. 68, no. 3, pp. 337–404, May 1950.

[173] T. Ando, *Reproducing Kernel Spaces and Quadratic Inequalities*, Japan: Sapporo, 1987.

[174] N. Aronszajn, *Theory of Reproducing Kernels*, Cambridge, MA: Harvard University, 1951.

[175] M. Z. Nashed and G. G. Walter, "General sampling theorems for functions in reproducing kernel Hilbert spaces," *Math. Control Signals Syst.*, vol. 4, pp. 373–412, Dec. 1991.

[176] H. P. Kramer, "A generalized sampling theorem," *J. Math. Phys.*, vol. 38, pp. 68–72, 1959.

[177] H. J. Landau and W. L. Miranker, "The recovery of distorted band-limited signals," *J. Math. Anal. Applic.*, vol. 2, no. 1, pp. 97–104, 1961.

[178] T. Faktor, T. Michaeli and Y. C. Eldar, "Nonlinear and nonideal sampling revisited," *IEEE Signal Processing Lett.*, vol. 17, no. 2, pp. 205–208, Feb. 2010.

[179] K. Goebel and W. A. Kirk, "A fixed point theorem for asymptotically nonexpansive mappings," *Proc. Am. Math. Soc*, vol. 35, no. 1, pp. 171–174, 1972.

[180] J. Nocedal and S. J. Wright, *Numerical Optimization*, New York, NY: Springer, 1999.

[181] V. Vapnik, *The Nature of Statistical Learning Theory*, New York, NY: Springer, 1999.

[182] M. Unser, A. Aldroubi and M. Eden, "Enlargement or reduction of digital images with minimum loss of information," *IEEE Trans. Image Processing*, vol. 4, no. 3, pp. 247–258, Mar. 1995.

[183] Y. C. Eldar and M. Mishali, "Robust recovery of signals from a structured union of subspaces," *IEEE Trans. Inform. Theory*, vol. 55, no. 11, pp. 5302–5316, Nov. 2009.

[184] Y.-P. Lin and P. P. Vaidyanathan, "Periodically nonuniform sampling of bandpass signals," *IEEE Trans. Circuits Syst. II*, vol. 45, no. 3, pp. 340–351, Mar. 1998.

[185] C. Herley and P. W. Wong, "Minimum rate sampling and reconstruction of signals with arbitrary frequency support," *IEEE Trans. Inform. Theory*, vol. 45, no. 5, pp. 1555–1564, Jul. 1999.

[186] R. Venkataramani and Y. Bresler, "Perfect reconstruction formulas and bounds on aliasing error in sub-Nyquist nonuniform sampling of multiband signals," *IEEE Trans. Inform. Theory*, vol. 46, no. 6, pp. 2173–2183, Sep. 2000.

[187] A. Paulraj, R. Roy and T. Kailath, "ESPRIT – a subspace rotation approach to signal parameter estimation," *Proc. IEEE*, vol. 74, no. 7, pp. 1044–1045, Jul. 1986.

[188] R. Walden, "Analog-to-digital converter survey and analysis," *IEEE J. Selected Areas Comm.*, vol. 17, no. 4, pp. 539–550, Apr. 1999.

[189] D. Healy, "Analog-to-information: Baa #05-35," 2005, Available online at http://www.darpa.mil/mto/solicitations/baa05-35/s/index.html.

[190] R. DeVore, "Nonlinear approximation," *Acta Num.*, vol. 7, pp. 51–150, 1998.

[191] E. Candès, J. Romberg and T. Tao, "Stable signal recovery from incomplete and inaccurate measurements," *Comm. Pure Appl. Math.*, vol. 59, no. 8, pp. 1207–1223, Aug. 2006.

[192] R. Prony, "Essai expérimental et analytique sur les lois de la Dilatabilité des fluides élastiques et sur celles de la Force expansive de la vapeur de l'eau et de la vapeur de l'alkool, à différentes températures," *J. l'École Polytechnique*, Floréal et Prairial III, vol. 1, no. 2, pp. 24–76, 1795; R. Prony is Gaspard Riche, Baron de Prony.

[193] C. Carathéodory, "Über den Variabilitätsbereich der Fourierschen Konstanten von positiven harmonischen Funktionen," *Rend. Circ. Mat. Palermo*, vol. 32, pp. 193–217, 1911.

[194] I. Gorodnitsky, B. Rao and J. George, "Source localization in magnetoencephalography using an iterative weighted minimum norm algorithm," in *Proc. Asilomar Conf. Signals, Systems, and Computers*, Pacific Grove, CA, Oct. 1992.

[195] B. Rao, "Signal processing with the sparseness constraint," in *Proc. IEEE Int. Conf. Acoustics Speech, and Signal Processing (ICASSP)*, Seattle, WA, vol. 3, pp. 1861–1864, May 1998.

[196] I. F. Gorodnitsky, J. S. George, and B. D. Rao, "Neuromagnetic source imaging with FOCUSS: A recursive weighted minimum norm algorithm," *J. Electroencephalog. Clinical Neurophysiol.*, vol. 95, no. 4, pp. 231–251, Oct. 1995.

[197] I. F. Gorodnitsky and B. D. Rao, "Sparse signal reconstruction from limited data using FOCUSS: A re-weighted minimum norm algorithm," *IEEE Trans. Signal Processing*, vol. 45, no. 3, pp. 600–616, Mar. 1997.

[198] A. Beurling, "Sur les intégrales de Fourier absolument convergentes et leur application à une transformation fonctionelle," in *Proc. Scandenatical Mathematical Congress*, Helsinki, Finland, 1938.

[199] W. B. Pennebaker and J. L. Mitchell, *JPEG: Still Image Data Compression Standard*, New York, NY: Van Nostrand Reinhold, 1993.

[200] D. Taubman and M. Marcellin, *JPEG 2000: Image Compression Fundamentals, Standards and Practice*, Dordrecht: Kluwer, 2001.

[201] D. Donoho, "Denoising by soft-thresholding," *IEEE Trans. Inform. Theory*, vol. 41, no. 3, pp. 613–627, May 1995.

[202] T. Hastie, R. Tibshirani and J. Friedman, *The Elements of Statistical Learning*, New York, NY: Springer, 2001.

[203] Y. C. Eldar, M. Davenport, M. Duarte and G. Kutyniok, "Introduction to compressed sensing," in *Compressed Sensing: Theory and Applications*, Cambridge, UK: Cambridge University Press, 2011.

[204] N. Ahmed, T. Natarajan and K. R. Rao, "Discrete cosine transform," *IEEE Trans. Comput.*, vol. 23, no. 1, pp. 90–93, Jan. 1974.

[205] L. He and L. Carin, "Exploiting structure in wavelet-based Bayesian compressive sensing," *IEEE Trans. Signal Processing*, vol. 57, no. 9, pp. 3488–3497, Sep. 2009.

[206] M. F. Duarte R. G. Baraniuk, V. Cevher and C. Hegde, "Model-based compressive sensing," *IEEE Trans. Inform. Theory*, vol. 56, no. 4, pp. 1982–2001, Apr. 2010.

[207] Y. C. Eldar, P. Kuppinger and H. Bölcskei, "Block-sparse signals: Uncertainty relations and efficient recovery," *IEEE Trans. Signal Processing*, vol. 58, no. 6, pp. 3042–3054, Jun. 2010.

[208] P. Schniter, L. C. Potter and J. Ziniel, "Fast Bayesian matching pursuit," in *Proc. Workshop on Information Theory and Applications (ITA)*, La Jolla, CA, Jan. 2008.

[209] T. Peleg, Y. C. Eldar and M. Elad, "Exploiting statistical dependencies in sparse representations for signal recovery," *IEEE Trans. Signal Processing*, vol. 60, no. 5, pp. 2286–2303, May 2012.

[210] P. J. Wolfe, S. J. Godsill and W. J. Ng, "Bayesian variable selection and regularization for time-frequency surface estimation," *J. R. Statist. Soc. B*, vol. 66, no. 3, pp. 575–589, Jun. 2004.

[211] P. J. Garrigues and B. A. Olshausen, "Learning horizontal connections in a sparse coding model of natural images," in *Advances in Neural Information Processing Systems 20*, J. C. Platt, D. Koller, Y. Singer and S. Roweis, Eds. Cambridge, MA: pp. 505–512, 2008.

[212] J. Partington, *An Introduction to Hankel Operators*, Cambridge, UK: Cambridge University Press, 1988.

[213] A. So and Y. Ye, "Theory of semidefinite programming for sensor network localization," *Math. Programm. Series A and B*, vol. 109, no. 2, pp. 367–384, Mar. 2007.

[214] D. Goldberg, D. Nichols, B. Oki and D. Terry, "Using collaborative filtering to weave an information tapestry," *Comm. ACM*, vol. 35, no. 12, pp. 61–70, Dec. 1992.

[215] E. Candès and B. Recht, "Exact matrix completion via convex optimization," *Found. Comput. Math.*, vol. 9, no. 6, pp. 717–772, Dec. 2009.

[216] B. Recht, M. Fazel and P. Parrilo, "Guaranteed minimum rank solutions of matrix equations via nuclear norm minimization," *SIAM Rev.*, vol. 52, no. 3, pp. 471–501, Aug. 2010.

[217] Z-Q. Luo, W-K. Ma, A-C. So, Y. Ye and S. Zhang, "Semidefinite relaxation of quadratic optimization problems," *IEEE Signal Processing Mag.*, vol. 27, no. 3, pp. 20–34, May 2010.

[218] Y. Shechtman, Y. C. Eldar, A. Szameit and M. Segev, "Sparsity based sub-wavelength imaging with partially incoherent light via quadratic compressed sensing," *Opt. Express*, vol. 19, no. 16, pp. 14807–14822, Aug. 2011.

[219] H. Ohlsson, A. Y. Yang, R. Dong and S. S. Sastry, "Compressive phase retrieval from squared output measurements via semidefinite programming," *16th IFAC Symp. System Identification*, vol. 16, part 1, pp. 89–94, 2012.

[220] E. J. Candes, Y. C. Eldar, T. Strohmer and V. Voroninski, "Phase retrieval via matrix completion," *SIAM J. Imaging Sci.*, vol. 6, no. 1, pp. 199–225, Feb. 2013.

[221] D. L. Donoho and M. Elad, "Optimally sparse representation in general (nonorthogonal) dictionaries via l^1 minimization," *Proc. Natl Acad. Sci.*, vol. 100, no. 5, pp. 2197–2202, Mar. 2003.

[222] X. Feng and Z. Zhang, "The rank of a random matrix," *Appl. Math. Comp.*, vol. 185, no. 1, pp. 689–694, Feb. 2007.

[223] R. A. Horn and C. R. Johnson, *Topics in Matrix Analysis*, New York, NY: Cambridge University Press, 1991.

[224] A. Cohen, W. Dahmen and R. DeVore, "Compressed sensing and best k-term approximation," *J. Am. Math. Soc.*, vol. 22, no. 1, pp. 211–231, Jan. 2009.

[225] E. J. Candès and T. Tao, "Decoding by linear programming," *IEEE Trans. Inform. Theory*, vol. 51, no. 12, pp. 4203–4215, Dec. 2005.

[226] M. Davenport, "Random observations on random observations: Sparse signal acquisition and processing," *Rice University*, Aug. 2010, http://dsp.rice.edu/publications/random-observations-random-observations-sparse-signal-acquisition-and-processing

[227] E. J. Candès, "The restricted isometry property and its implications for compressed sensing," *C. R. Acad. Sci. Paris Ser. I Math.*, vol. 346, pp. 589–592, May 2008.

[228] J. Tropp and A. Gilbert, "Signal recovery from random measurements via orthogonal matching pursuit," *IEEE Trans. Inform. Theory*, vol. 53, no. 12, pp. 4655–4666, Dec. 2007.

[229] M. Rosenfeld, "In praise of the Gram matrix," in *The Mathematics of Paul Erdős II*, R. L. Graham and J. Nešetril, Eds. Berlin: Springer, pp. 318–323, 1996.

[230] T. Strohmer and R.W. Heath, "Grassmannian frames with applications to coding and communication," *Appl. Comput. Harmonic Anal.*, vol. 14, no. 3, pp. 257–275, May 2003.

[231] J. J. Seidel, P. Delsarte and J. M. Goethals, "Bounds for systems of lines and Jacobi poynomials," *Philips Res. Rep.*, vol. 30, no. 3, pp. 91–105, 1975.

[232] J. A. Tropp, I. S. Dhillon, Jr., R. W. Heath and T. Strohmer, "Designing structured tight frames via an alternating projection method," *IEEE Trans. Inform. Theory*, vol. 51, no. 1, pp. 188–209, Jan. 2005.

[233] S. Geršgorin, "Über die Abgrenzung der Eigenwerte einer Matrix," *Izv. Akad. Nauk SSSR Ser. Fiz.-Mat.*, vol. 6, pp. 749–754, 1931.

[234] D. L. Donoho and X. Huo, "Uncertainty principles and ideal atomic decompositions," *IEEE Trans. Inform. Theory*, vol. 47, no. 7, pp. 2845–2862, Nov. 2001.

[235] M. Elad and A. M. Bruckstein, "A generalized uncertainty principle and sparse representation in pairs of bases," *IEEE Trans. Inform. Theory*, vol. 48, no. 9, pp. 2558–2567, Sep. 2002.

[236] D. L. Donoho and P. B. Stark, "Uncertainty principles and signal recovery," *SIAM J. Appl. Math.*, vol. 49, no. 3, pp. 906–931, Jun. 1989.

[237] J. Shore, "On the application of Haar functions," *IEEE Trans. Commun.*, vol. 21, no. 3, pp. 209–216, Mar. 1973.

[238] F. A. Berezin, *The Method of Second Quantization*, New York, NY: Academic Press, 1966.

[239] P. Kuppinger, G. Durisi and H. Bolcskei, "Uncertainty relations and sparse signal recovery for pairs of general signal sets," *IEEE Trans. Inform. Theory*, vol. 58, no. 1, pp. 263–277, Jan. 2012.

[240] Y. C. Eldar, "Uncertainty relations for shift-invariant analog signals," *IEEE Trans. Inform. Theory*, vol. 55, no. 12, pp. 5742–5757, Dec. 2009.

[241] R. Vershynin, "Introduction to the non-asymptotic analysis of random matrices", in *Compressed Sensing: Theory and Applications*, Cambridge, UK: Cambridge University Press, 2011.

[242] A. Garnaev and E. Gluskin, "The widths of Euclidean balls," *Dokl. An. SSSR*, vol. 277, pp. 1048–1052, 1984.

[243] W. Johnson and J. Lindenstrauss, "Extensions of Lipschitz mappings into a Hilbert space," in *Proc. Conf. Modern Anal. Prob.*, New Haven, CT, June 1982.

[244] T. Jayram and D. Woodruff, "Optimal bounds for Johnson-Lindenstrauss transforms and streaming problems with sub-constant error," in *Proc. ACM-SIAM Symp. Discrete Algorithms (SODA)*, San Francisco, CA, Jan. 2011.

[245] R. Baraniuk, M. Davenport, R. DeVore and M. Wakin, "A simple proof of the restricted isometry property for random matrices," *Construct. Approx.*, vol. 28, no. 3, pp. 253–263, Dec. 2008.

[246] F. Krahmer and R. Ward, "New and improved Johnson–Lindenstrauss embeddings via the restricted isometry property," *SIAM J. Math. Analysis*, vol. 43, no. 3, pp. 1269–1281, Jun. 2011.

[247] M. Herman and T. Strohmer, "High-resolution radar via compressed sensing," *IEEE Trans. Signal Processing*, vol. 57, no. 6, pp. 2275–2284, Jun. 2009.

[248] T. Strohmer and R. Heath, "Grassmanian frames with applications to coding and communication," *Appl. Comput. Harmon. Anal.*, vol. 14, no. 3, pp. 257–275, Nov. 2003.

[249] P. Indyk, "Explicit constructions for compressed sensing of sparse signals,"in *Proc. ACM-SIAM Symp. Discrete Algorithms (SODA)*, San Francisco, CA, Jan. 2008, pp. 30–33.

[250] R. DeVore, "Deterministic constructions of compressed sensing matrices," *J. Complex.*, vol. 23, no. 4, pp. 918–925, Aug. 2007.

[251] E. Candès and Y. Plan, "Matrix completion with noise," *Proc. IEEE*, vol. 98, no. 6, pp. 925–936, Jun. 2010.

[252] T. Cai and T. Jiang, "Limiting laws of coherence of random matrices with applications to testing covariance structure and construction of compressed sensing matrices," *Ann. Statist.*, vol. 39, no. 3, pp. 1496–1525, 2011.

[253] E. Candès and Y. Plan, "Near-ideal model selection by ℓ_1 minimization," *Ann. Stat.*, vol. 37, no. 5A, pp. 2145–2177, Oct. 2009.

[254] H. Rauhut, "Compressive sensing and structured random matrices," *Theor. Found. Num. Methods Sparse Recovery*, vol. 9, pp. 1–92, 2010.

[255] H. Rauhut, G. E. Pfander and J. Tanner, "Identification of matrices having a sparse representation," *IEEE Trans. Signal Processing*, vol. 56, no. 11, pp. 5376–5388, Nov. 2008.

[256] Y. Chi, L. Scharf, A. Pezeshki and R. Calderbank, "Sensitivity to basis mismatch in compressed sensing," *IEEE Trans. Signal Processing*, vol. 59, no. 5, pp. 2182–2195, 2011.

[257] J. Tropp and S. Wright, "Computational methods for sparse solution of linear inverse problems," *Proc. IEEE*, vol. 98, no. 6, pp. 948–958, Jun. 2010.

[258] E. Candès, Y. C. Eldar, D. Needell and P. Randall, "Compressed sensing with coherent and redundant dictionaries," *Appl. Comput. Harmon. Anal.*, vol. 31, no. 1, pp. 59–73, 2011.

[259] S. Muthukrishnan, *Data Streams: Algorithms and Applications*, vol. 1 of *Found. Trends in Theoretical Comput. Science*, Boston, MA: Now Publishers, 2005.

[260] S. Chen, D. Donoho and M. Saunders, "Atomic decomposition by basis pursuit," *SIAM J. Sci. Comp.*, vol. 20, no. 1, pp. 33–61, 1998.

[261] L. I. Rudin, S. Osher and E. Fatemi, "Nonlinear total variation based noise removal algorithms," *Physica D: Nonlinear Phenom.*, vol. 60, no. 1, pp. 259–268, Nov. 1992.

[262] D. L. Donoho, I. Drori, V. Stodden, Y. Tsaig and M. Shahram, "SparseLab: Seeking sparse solutions to linear systems of equations," http://sparselab.stanford.edu/, Oct. 2007.

[263] E. Hale, W. Yin and Y. Zhang, "A fixed-point continuation method for ℓ_1-regularized minimization with applications to compressed sensing," Rice Univ., CAAM Dept., Tech. Rep. TR07-07, 2007.

[264] M. A. T. Figueiredo, R. Nowak and S. Wright, "Gradient projections for sparse reconstruction: Application to compressed sensing and other inverse problems," *IEEE J. Select. Top. Signal Processing*, vol. 1, no. 4, pp. 586–597, Dec. 2007.

[265] E. van den Berg and M. P. Friedlander, "Probing the Pareto frontier for basis pursuit solutions," *SIAM J. Sci. Comput.*, vol. 31, no. 2, pp. 890–912, Nov. 2008.

[266] A. Beck and M. Teboulle, "A fast iterative shrinkage-thresholding algorithm for linear inverse problems," *SIAM J. Imag. Sci.*, vol. 2, no. 1, pp. 183–202, Mar. 2009.

[267] J. Friedman, T. Hastie and R. Tibshirani, "Regularization paths for generalized linear models via coordinate descent," *J. Stat. Software*, vol. 33, no. 1, pp. 1–22, Jan. 2010.

[268] S. Osher, Y. Mao, B. Dong and W. Yin, "Fast linearized Bregman iterations for compressive sensing and sparse denoising," *Commun. Math. Sci.*, vol. 8, no. 1, pp. 93–111, Feb. 2010.

[269] Z. Wen, W. Yin, D. Goldfarb and Y. Zhang, "A fast algorithm for sparse reconstruction based on shrinkage, subspace optimization and continuation," *SIAM J. Sci. Comput.*, vol. 32, no. 4, pp. 1832–1857, Jun. 2010.

[270] S. Wright, R. Nowak and M. Figueiredo, "Sparse reconstruction by separable approximation," *IEEE Trans. Signal Processing*, vol. 57, no. 7, pp. 2479–2493, Jul. 2009.

[271] W. Yin, S. Osher, D. Goldfarb and J. Darbon, "Bregman iterative algorithms for ℓ_1-minimization with applications to compressed sensing," *SIAM J. Imag. Sci.*, vol. 1, no. 1, pp. 143–168, 2008.

[272] M. Grant and S. Boyd, "CVX: Matlab software for disciplined convex programming (web page and software)," March 2008, http://stanford.edu/~boyd/cvx.

[273] Y. C. Eldar, "Generalized SURE for exponential families: Applications to regularization," *IEEE Trans. Signal Processing*, vol. 57, no. 2, pp. 471–481, Feb. 2009.

[274] S. Ji, Y. Xue and L. Carin, "Bayesian compressive sensing," *IEEE Trans. Signal Processing*, vol. 56, no. 6, pp. 2346–2356, Jun. 2008.

[275] B. Logan, *Properties of High-Pass Signals*, Ph.D. thesis, Columbia University, 1965.

[276] D. Donoho and B. Logan, "Signal recovery and the large sieve," *SIAM J. Appl. Math.*, vol. 52, no. 6, pp. 577–591, Apr. 1992.

[277] H. Taylor, S. Banks and J. McCoy, "Deconvolution with the ℓ_1 norm," *Geophysics*, vol. 44, no. 1, pp. 39–52, Jan. 1979.

[278] S. Levy and P. Fullagar, "Reconstruction of a sparse spike train from a portion of its spectrum and application to high-resolution deconvolution," *Geophysics*, vol. 46, no. 9, pp. 1235–1243, Sep. 1981.

[279] C. Walker and T. Ulrych, "Autoregressive recovery of the acoustic impedance," *Geophysics*, vol. 48, no. 10, pp. 1338–1350, Oct. 1983.

[280] M. Talagrand, "New concentration inequalities in product spaces," *Invent. Math.*, vol. 126, no. 3, pp. 505–563, Nov. 1996.

[281] S. G. Mallat and Z. Zhang, "Matching pursuits with time-frequency dictionaries," *IEEE Trans. Signal Processing*, vol. 41, no. 12, pp. 3397–3415, Dec. 1993.

[282] W. Dai and O. Milenkovic, "Subspace pursuit for compressive sensing signal reconstruction," *IEEE Trans. Inform. Theory*, vol. 55, no. 5, pp. 2230–2249, May 2009.

[283] I. Daubechies, M. Defrise and C. De Mol, "An iterative thresholding algorithm for linear inverse problems with a sparsity constraint," *Comm. Pure Appl. Math.*, vol. 57, no. 11, pp. 1413–1457, Nov. 2004.

[284] D. Donoho, I. Drori, Y. Tsaig and J-L. Stark, "Sparse solution of underdetermined linear equations by stagewise orthogonal matching pursuit," *IEEE Trans. Inform. Theory*, vol. 58, no. 2, pp. 1094–1121, Feb. 2012.

[285] T. Blumensath and M. Davies, "Iterative hard thresholding for compressive sensing," *Appl. Comput. Harmon. Anal.*, vol. 27, no. 3, pp. 265–274, Nov. 2009.

[286] A. Cohen, W. Dahmen and R. DeVore, "Instance optimal decoding by thresholding in compressed sensing," in *Int. Conf. Harmonic Analysis and Partial Differential Equations*, Madrid, Spain, Jun. 2008.

[287] D. Needell and J. A. Tropp, "CoSaMP: Iterative signal recovery from incomplete and inaccurate samples," *Appl. Comput. Harmon. Anal.*, vol. 26, no. 3, pp. 301–321, May 2009.

[288] D. Needell and R. Vershynin, "Signal recovery from incomplete and inaccurate measurements via regularized orthogonal matching pursuit," *IEEE J. Select. Top. Signal Processing*, vol. 4, no. 2, pp. 310–316, Apr. 2010.

[289] J. A. Tropp, "Greed is good: Algorithmic results for sparse approximation," *IEEE Trans. Inform. Theory*, vol. 50, no. 10, pp. 2231–2242, Oct. 2004.

[290] M. Davenport and M. Wakin, "Analysis of orthogonal matching pursuit using the restricted isometry property," *IEEE Trans. Inform. Theory*, vol. 56, no. 9, pp. 4395–4401, Sep. 2010.

[291] J. A. Tropp, A. C. Gilbert and M. J. Strauss, "Algorithms for simultaneous sparse approximation. Part I: Greedy pursuit," *Signal Processing*, vol. 86, no. 3, pp. 572–588, Apr. 2006.

[292] Y. Pati, R. Rezaifar and P. Krishnaprasad, "Orthogonal matching pursuit: Recursive function approximation with applications to wavelet decomposition," in *Asilomar Conf. Signals, Systems, and Computers*, Pacific Grove, CA, Nov. 1993.

[293] D. Needell and J. A. Tropp, "CoSaMP: Iterative signal recovery from incomplete and inaccurate samples," *Appl. Comput. Harmon. Anal.*, vol. 26, no. 3, pp. 301–321, May 2008.

[294] T. Blumensath and M. Davies, "Gradient pursuits," *IEEE Trans. Signal Processing*, vol. 56, no. 6, pp. 2370–2382, Jun. 2008.

[295] A. Miller, *Subset Selection in Regression, 2nd ed.*, New York, NY: Chapman & Hall, 2002.

[296] R. A. DeVore and V. N. Temlyakov, "Some remarks on greedy algorithms," *Adv. Comp. Math.*, vol. 5, pp. 173–187, Dec. 1996.

[297] J. Hogbom, "Aperture synthesis with a non-regular distribution of interferometer baselines," *Astrophys. J. Suppl. Series*, vol. 15, pp. 417–426, Jun. 1974.

[298] J. H. Friedman and J. W. Tukey, "A projection pursuit algorithm for exploratory data analysis," *IEEE Trans. Comput.*, vol. 23, no. 9, pp. 881–890, Sep. 1974.

[299] A. Beck and Y. C. Eldar, "Sparsity constrained nonlinear optimization: Optimality conditions and algorithms," *SIAM J. Optimization*, vol. 23, no. 3, pp. 1480–1509, 2012.

[300] D. L. Donoho, A. Maleki and A. Montanari, "Message-passing algorithms for compressed sensing," *Proc. Natl Acad. Sci.*, vol. 106, no. 45, pp. 18914–18919, Nov. 2009.

[301] D. Du and F. Hwang, *Combinatorial Group Testing and its Applications*, Singapore: World Scientific, 2000.

[302] A. Gilbert and P. Indyk, "Sparse recovery using sparse matrices," *Proc. IEEE*, vol. 98, no. 6, pp. 937–947, Jun. 2010.

[303] G. Cormode and S. Muthukrishnan, "Improved data stream summaries: The count-min sketch and its applications," *J. Algorithms*, vol. 55, no. 1, pp. 58–75, Apr. 2005.

[304] A. Gilbert, Y. Li, E. Porat and M. Strauss, "Approximate sparse recovery: Optimizing time and measurements," in *Proc. ACM Symp. Theory Comput.*, Cambridge, MA, Jun. 2010.

[305] A. Gilbert, M. Strauss, J. Tropp and R. Vershynin, "One sketch for all: Fast algorithms for compressed sensing," in *Proc. ACM Symp. Theory Comput.*, San Diego, CA, June 2007.

[306] S. Nam, M. E. Davies, M. Elad and R. Gribonval, "The cosparse analysis model and algorithms," *Appl. Comput. Harm. Anal.*, vol. 34, no. 1, pp. 30–56, Jan. 2013.

[307] S. Li and J. Lin, "Compressed sensing with coherent tight frames via ℓ_q-minimization for $0 < q \leq 1$," *Inverse Prob. Imaging*, vol. 8, no. 3, pp. 761–777, 2014.

[308] J. Treichler, M. Davenport and R. Baraniuk, "Application of compressive sensing to the design of wideband signal acquisition receivers," in *Proc. US/Australia Joint Workshop Defense Appl. Signal Processing (DASP)*, Lihue, Hawaii, Sep. 2009.

[309] Z. Ben-Haim, T. Michaeli and Y. C. Eldar, "Performance bounds and design criteria for estimating finite rate of innovation signals," *IEEE. Trans. Inform. Theory*, vol. 58, no. 8, pp. 4993–5015, 2012.

[310] E. Arias-Castro and Y. C. Eldar, "Noise folding in compressed sensing," *IEEE Signal Processing Lett.*, vol. 18, no. 8, pp. 478–481, Aug. 2011.

[311] D. Donoho, M. Elad and V. Temlyahov, "Stable recovery of sparse overcomplete representations in the presence of noise," *IEEE Trans. Inform. Theory*, vol. 52, no. 1, pp. 6–18, Jan. 2006.

[312] Z. Ben-Haim, Y. C. Eldar, and M. Elad, "Coherence-based performance guarantees for estimating a sparse vector under random noise," *IEEE Trans. Signal Processing*, vol. 58, no. 10, pp. 5030–5043, Oct. 2010.

[313] P. J. Bickel, Y. Ritov and A. B. Tsybakov, "Simultaneous analysis of Lasso and Dantzig selector," *Ann. Stat.*, vol. 37, no. 4, pp. 1705–1732, 2009.

[314] Z. Ben-Haim and Y. C. Eldar, "The Cramér–Rao bound for estimating a sparse parameter vector," *IEEE Trans. Signal Processing*, vol. 58, no. 6, pp. 3384–3389, Jun. 2010.

[315] C. Stein, "Inadmissibility of the usual estimator for the mean of a multivariate normal distribution," in *Proc. Third Berkeley Symp. Math. Statist. Prob.*, vol. 1, Berkeley, CA: University of California Press, 1956, pp. 197–206.

[316] W. James and C. Stein, "Estimation of quadratic loss," in *Proc. Fourth Berkeley Symp. Math. Statist. Prob.*, vol. 1, Berkeley, CA: University of California Press, pp. 361–379.

[317] Y. C. Eldar, *Rethinking Biased Estimation: Improving Maximum Likelihood and the Cramer–Rao Bound*, Foundation and Trends in Signal Processing, Hanover, MA: Now Publishers, 2008.

[318] R. Ward, "Compressive sensing with cross validation," *IEEE Trans. Inform. Theory*, vol. 55, no. 12, pp. 5773–5782, Dec. 2009.

[319] P. Wojtaszczyk, "Stability and instance optimality for Gaussian measurements in compressed sensing," *Found. Comput. Math.*, vol. 10, no. 1, pp. 1–13, Feb. 2010.

[320] D. Donoho and J. Tanner, "Counting faces of randomly-projected polytopes when the projection radically lowers dimension," *J. Am. Math. Soc.*, vol. 22, no. 1, pp. 1–53, Jan. 2009.

[321] D. Donoho and J. Tanner, "Precise undersampling theorems," *Proc. IEEE*, vol. 98, no. 6, pp. 913–924, Jun. 2010.

[322] M. E. Davies, T. Blumensath and G. Rilling, "Greedy algorithms for compressed sensing," *Compressed Sensing: Theory and Applications*, Cambridge, UK: Cambridge University Press, 2011.

[323] E. Livshitz, "On efficiency of orthogonal matching pursuit," Preprint at arXiv: 1004.3946, Apr. 2010.

[324] T. Zhang, "Sparse recovery with orthogonal matching pursuit under RIP," *IEEE Trans. Inform. Theory*, vol. 57, no. 9, pp. 6215–6221, 2011.

[325] H. Rauhut, "On the impossibility of uniform sparse reconstruction using greedy methods," *Sampl. Theory Signal Image Processing*, vol. 7, no. 2, pp. 197–215, May 2008.

[326] S. Cotter, B. Rao, K. Engan and K. Kreutz-Delgado, "Sparse solutions to linear inverse problems with multiple measurement vectors," *IEEE Trans. Signal Processing*, vol. 53, no. 7, pp. 2477–2488, Jul. 2005.

[327] J. Chen and X. Huo, "Theoretical results on sparse representations of multiple-measurement vectors," *IEEE Trans. Signal Processing*, vol. 54, no. 12, pp. 4634–4643, Dec. 2006.

[328] J. A. Tropp, "Algorithms for simultaneous sparse approximation. Part II: Convex relaxation," *Signal Processing*, vol. 86, pp. 589–602, Apr. 2006.

[329] M. Mishali and Y. C. Eldar, "Reduce and boost: Recovering arbitrary sets of jointly sparse vectors," *IEEE Trans. Signal Processing*, vol. 56, no. 10, pp. 4692–4702, Oct. 2008.

[330] D. Malioutov, M. Cetin and A. S. Willsky, "A sparse signal reconstruction perspective for source localization with sensor arrays," *IEEE Trans. Signal Processing*, vol. 53, no. 8, pp. 3010–3022, Aug. 2005.

[331] S. F. Cotter and B. D. Rao, "Sparse channel estimation via matching pursuit with application to equalization," *IEEE Trans. Commun.*, vol. 50, no. 3, pp. 374–377, Mar. 2002.

[332] I. J. Fevrier, S. B. Gelfand and M. P. Fitz, "Reduced complexity decision feedback equalization for multipath channels with large delay spreads," *IEEE Trans. Commun.*, vol. 47, no. 6, pp. 927–937, Jun. 1999.

[333] Z. Yu, S. Hoyos and B. M. Sadler, "Mixed-signal parallel compressed sensing and reception for cognitive radio," in *IEEE Int. Conf. Acoustics, Speech, and Signal Processing (ICASSP)*, Las Vegas, NV, Apr. 2008, pp. 3861–3864.

[334] J. A. Bazerque and G. B. Giannakis, "Distributed spectrum sensing for cognitive radio networks by exploiting sparsity," *IEEE Trans. Signal Processing*, vol. 58, no. 3, pp. 1847–1862, Mar. 2010.

[335] M. Mishali and Y. C. Eldar, "Blind multiband signal reconstruction: Compressed sensing for analog signals," *IEEE Trans. Signal Processing*, vol. 57, no. 3, pp. 993–1009, Mar. 2009.

[336] M. Mishali and Y. C. Eldar, "From theory to practice: Sub-Nyquist sampling of sparse wideband analog signals," *IEEE J. Select. Top. Signal Processing*, vol. 4, no. 2, pp. 375–391, Apr. 2010.

[337] M. E. Davies and Y. C. Eldar, "Rank awareness in joint sparse recovery," *IEEE Trans. Inform. Theory*, vol. 58, no. 2, pp. 1135–1146, 2013.

[338] M. Fornasier and H. Rauhut, "Recovery algorithms for vector valued data with joint sparsity constraints," *SIAM J. Num. Anal.*, vol. 46, no. 2, pp. 577–613, Feb. 2008.

[339] S. F. Cotter, B. D. Rao, K. Engan and K. Kreutz-Delgado, "Sparse solutions to linear inverse problems with multiple measurement vectors," *IEEE Trans. Signal Processing*, vol. 53, no. 7, pp. 2477–2488, Jul. 2005.

[340] Y. C. Eldar and H. Rauhut, "Average case analysis of multichannel sparse recovery using convex relaxation," *IEEE Trans. Inform. Theory*, vol. 6, no. 1, pp. 505–519, Jan. 2010.

[341] R. Gribonval, H. Rauhut, K. Schnass and P. Vandergheynst, "Atoms of all channels, unite! Average case analysis of multi-channel sparse recovery using greedy algorithms," *J. Fourier Anal. Appl.*, vol. 14, no. 5, pp. 655–687, Dec. 2008.

[342] K. Schnass and P. Vandergheynst, "Average performance analysis for thresholding," *IEEE Signal Processing Lett.*, vol. 14, no. 11, pp. 828–831, Nov. 2007.

[343] J. Bien and R. Tibshirani, "Sparse estimation of a covariance matrix," *Biometrika*, vol. 98, no. 4, pp. 807–820, 2011.

[344] P. P. Vaidyanathan and P. Pal, "Sparse sensing with co-prime samplers and arrays," *IEEE Trans. Signal Processing*, vol. 59, no. 2, pp. 573–586, Feb. 2011.

[345] D. Ariananda, D. Dony and G. Leus, "Compressive wideband power spectrum estimation," *IEEE Trans. Signal Processing*, vol. 60, no. 9, pp. 4775–4789, Sep. 2012.

[346] C. P. Yen, Y. Tsai and X. Wang, "Wideband spectrum sensing based on sub-Nyquist sampling," *IEEE Trans. Image Processing*, vol. 61, no. 12, pp. 3028–3040, Jun. 2013.

[347] D. Cohen and Y. C. Eldar, "Sub-Nyquist sampling for power spectrum sensing in cognitive radios: A unified approach," *IEEE Trans. Signal Processing*, vol. 62, no. 15, pp. 3897–3910, Aug. 2015.

[348] H. M. Quiney, "Coherent diffractive imaging using short wavelength light sources: A tutorial review," *J. Mod. Opt.*, vol. 57, no. 13, pp. 1109–1149, Jul. 2010.

[349] N. E. Hurt, *Phase Retrieval and Zero Crossings: Mathematical Methods in Image Reconstruction*. New York, NY: Springer, 2001.

[350] R. W. Harrison, "Phase problem in crystallography," *J. Opt. Soc. Am. A*, vol. 10, no. 5, pp. 1045–1055, May 1993.

[351] A. Walther, "The question of phase retrieval in optics," *Opt. Acta.*, vol. 10, no. 1, pp. 41–49, 1963.

[352] R. W. Gerchberg and W. O. Saxton, "Phase retrieval by iterated projections," *Optik*, vol. 35, pp. 237–246, Aug. 1972.

[353] J. R. Fienup, "Phase retrieval algorithms: a comparison," *Appl. Opt.*, vol. 21, no. 15, pp. 2758–2769, Aug. 1982.

[354] M. L. Moravec, J. K. Romberg and R. G. Baraniuk, "Compressive phase retrieval," *Proc. SPIE*, vol. 6701, *Wavelets XII*, p. 670120, 2007.

[355] K. Jaganathan, S. Oymak and B. Hassibi, "Recovery of sparse 1-D signals from the magnitudes of their Fourier transform," *IEEE Int. Symp. Inform. Theory Proc. (ISIT)*, Cambridge, MA, 2012, pp. 1473–1477.

[356] Y. Shechtman, A. Beck and Y. C. Eldar, "GESPAR: Efficient phase retrieval of sparse signals." *IEEE Trans. Signal Processing*, vol. 62, no. 4, pp. 928–938, Feb. 2014.

[357] X. Li and V. Voroninski, "Sparse signal recovery from quadratic measurements via convex programming," *SIAM J. Math. Anal.*, vol. 45, no. 5, pp. 3019–3033, 2013.

[358] Y. C. Eldar and S. Mendelson, "Phase retrieval: Stability and recovery guarantees." *Appl. Comput. Harmon. Anal.*, vol. 36, no. 3 pp. 473–494, 2014.

[359] M. Stojnic, F. Parvaresh and B. Hassibi, "On the reconstruction of block-sparse signals with an optimal number of measurements," *IEEE Trans. Signal Processing*, vol. 57, no. 8, pp. 3075–3085, Aug. 2009.

[360] Z. Ben-Haim and Y. C. Eldar, "Near-oracle performance of greedy block-sparse estimation techniques from noisy measurements," *IEEE J. Select. Top. Signal Processing*, vol. 5, no. 5, pp. 1032–1047, Sep. 2011.

[361] S. Erickson and C. Sabatti, "Empirical Bayes estimation of a sparse vector of gene expression changes," *Stati. Applic. Genet. Mol. Biol.*, vol. 4, no. 1, p. 22, Sep. 2005.

[362] F. Parvaresh, H. Vikalo, S. Misra and B. Hassibi, "Recovering sparse signals using sparse measurement matrices in compressed DNA microarrays," *IEEE J. Select. Top. Signal Processing*, vol. 2, no. 3, pp. 275–285, Jun. 2008.

[363] P. Sprechmann, I. Ramirez, G. Sapiro and Y. C. Eldar, "C-HiLasso: A collaborative hierarchical sparse modeling framework," *IEEE Trans. Signal Processing*, vol. 59, no. 9, pp. 4183–4198, Sep. 2011.

[364] F. R. Bach, "Consistency of the group Lasso and multiple kernel learning," *J. Mach. Learn. Res.*, vol. 9, pp. 1179–1225, Jun. 2008.

[365] Y. Nardi and A. Rinaldo, "On the asymptotic properties of the group lasso estimator for linear models," *Electron. J. Stat.*, vol. 2, pp. 605–633, 2008.

[366] L. Meier, S. van de Geer and P. Bühlmann, "The group lasso for logistic regression," *J. R. Stat. Soc. B*, vol. 70, no. 1, pp. 53–77, Feb. 2008.

[367] M. Yuan and Y. Lin, "Model selection and estimation in regression with grouped variables," *J. R. Stat. Soc. Ser. B Stat. Methodol.*, vol. 68, no. 1, pp. 49–67, Feb. 2006.

[368] M. S. Lobo, L. Vandenberghe, S. Boyd and H. Lebret, "Applications of second-order cone programming," *Linear Algeb. Applic.*, vol. 284, no. 1–3, pp. 193–228, Nov. 1998.

[369] R. Baraniuk, V. Cevher, M. Duarte and C. Hegde, "Model-based compressive sensing," *IEEE Trans. Inform. Theory*, vol. 56, no. 4, pp. 1982–2001, Apr. 2010.

[370] E. Elhamifar and R. Vidal "Structured sparse recovery via convex optimization," *IEEE Trans. Signal Processing*, vol. 60, no. 8, pp. 4094–4107, Aug. 2012.

[371] J. J. Hull, "A database for handwritten text recognition research," *IEEE Trans. Patt. Anal. Mach. Intell.*, vol. 16, no. 5, pp. 550–554, May 1994.

[372] R. Gribonval and P. Vandergheynst, "On the exponential convergence of matching pursuits in quasi-incoherent dictionaries," *IEEE Trans. Inform. Theory*, vol. 52, no. 1, pp. 255–261, Jan. 2006.

[373] B. A. Olshausen and D. J. Field, "Emergence of simple-cell receptive field properties by learning a sparse code for natural images," *Nature*, vol. 381, no. 6583, pp. 607–609, Jun. 1996.

[374] B. A. Olshausen and D. J. Field, "Sparse coding with an overcomplete basis set: A strategy employed by V1?" *Vision Res.*, vol. 37, no. 23, pp. 3311–3325, Dec. 1997.

[375] B. A. Olshausen and D. J. Field, "Sparse coding of sensory inputs," *Curr. Opinion Neurobiol.*, vol. 14, no. 4, pp. 481–487, Aug. 2004.

[376] K. Kreutz-Delgado, J. F. Murray, B. D. Rao *et al.*, "Dictionary learning algorithms for sparse representation," *Neural Comput.*, vol. 15, no. 2, pp. 349–396, Feb. 2003.

[377] M. S. Lewicki and T. J. Senowski, "Learning overcomplete representations," *Neural Comput.*, vol. 12, no. 2, pp. 337–365, Feb. 2000.

[378] K. Engan, S. O. Aase and J. H. Husoy, "Frame based signal compression using method of optimal directions (MOD)," *IEEE Intern. Symp. Circuits Syst.*, vol. 4, pp. 1–4, Jul. 1999.

[379] M. Aharon, M. Elad, A. Bruckstein and Y. Kats, "K-SVD: An algorithm for designing of overcomplete dictionaries for sparse representation," *IEEE Trans. Signal Processing*, vol. 54, no. 11, pp. 4311–4322, Nov. 2006.

[380] M. Aharon, M. Elad and M. Bruckstein, "On the uniqueness of overcomplete dictionaries, and a practical way to retrieve them," *Linear Algeb. Appl.*, vol. 416, no. 1, pp. 48–67, Jul. 2006.

[381] K. Rosenblum, L. Zelnik-Manor and Y. C. Eldar, "Dictionary optimization for block sparse representations," *IEEE Trans. Signal Processing*, vol. 60, no. 5, pp. 2386–2395, May 2012.

[382] R. Basri and D. W. Jacobs, "Lambertian reflectance and linear subspaces," *IEEE Trans. Patt. Anal. Mach. Intell.*, vol. 25, no. 2, pp. 218–233, Feb. 2003.

[383] J. Wright, A.Y. Yang, A. Ganesh, S. S. Sastry and Y. Ma, "Robust face recognition via sparse representation," *IEEE Trans. Patt. Anal. Mach. Intell.*, vol. 31, no. 2, pp. 210–227, Apr. 2008.

[384] R. Vidal and Y. Ma, "A unified algebraic approach to 2-D and 3-D motion segmentation and estimation," *J. Math. Imaging Vision*, vol. 25, no. 3, pp. 403–421, Oct. 2006.

[385] R. Vidal, Y. Ma and S. Sastry, "Generalized principal component analysis (GPCA)," *IEEE Trans. Patt. Anal. Mach. Intell.*, vol. 27, no. 12, pp. 1945–1959, Dec. 2005.

[386] E. Elhamifar and R. Vidal, "Sparse subspace clustering," in *IEEE Conf. Computer Vision and Pattern Recognition, 2009.* IEEE, Jun. 2009, pp. 2790–2797.

[387] J. Mairal, F. Bach, J. Ponce, G. Sapiro and A. Zisserman, "Discriminative learned dictionaries for local image analysis," *IEEE Conf. Computer Vision and Pattern Recognition, 2008.* IEEE, Jun. 2008, pp. 1–8.

[388] S. C. Johnson, "Hierarchical clustering schemes," *Psychometrika*, vol. 32, no. 3, pp. 241–254, Sep. 1967.

[389] S. Gleichman and Y. C. Eldar, "Blind compressed sensing," *IEEE Trans. Inform. Theory*, vol. 57, no. 10, pp. 6958–6975, Oct. 2011.

[390] J. Silva, M. Chen, Y. C. Eldar, G. Sapiro and L. Carin, "Blind compressed sensing over a structured union of subspaces," Preprint at arXiv:1103.2469, 2011.

[391] R. Rubinstein, M. Zibulevsky and M. Elad, "Double sparsity: Learning sparse dictionaries for sparse signal approximation," *IEEE Trans. Signal Processing*, vol. 58, no. 3, pp. 1553–1564, Mar. 2010.

[392] K. Rosenblum, L. Zelnik-Manor and Y. C. Eldar, "Dictionary optimization for block-sparse representations," *IEEE Trans. Signal Processing*, vol. 60, no. 5, pp. 2386–2395, May 2012.

[393] T. Blu and M. Unser, "Approximation error for quasi-interpolators and (multi-)wavelet expansions," *Appl. Comput. Harm. Anal.*, vol. 6, pp. 219–251, Mar. 1999.

[394] J. G. Proakis, *Digital Communications*, 3rd edn. McGraw-Hill, Inc., 1995.

[395] Y. Xie, Y. C. Eldar and A. Goldsmith, "Reduced-dimension multiuser detection," *IEEE Trans. Inform. Theory*, vol. 59, no. 6, pp. 3858–3874, Sep. 2013.

[396] S. Verdú, *Multiuser Detection*, Cambridge, UK: Cambridge University Press, 1998.

[397] A. Duel-Hallen, "Decorrelating decision-feedback multiuser detector for synchronous code-division multiple-access channel," *IEEE Trans. Commun.*, vol. 41, no. 2, pp. 285–290, Feb. 1993.

[398] W. Hoeffding, "Probability inequalities for sums of bounded random variables," *J. Am. Stat. Assoc.*, vol. 58, no. 301, pp. 13–30, Mar. 1963.

[399] I. Budiarjo, H. Nikookar and L. P. Ligthart, "Cognitive radio modulation techniques," *IEEE Signal Processing Mag.*, vol. 25, no. 6, pp. 24–34, Nov. 2008.

[400] D. Cabric, "Addressing feasibility of cognitive radios," *IEEE Signal Processing Mag.*, vol. 25, no. 6, pp. 85–93, Nov. 2008.

[401] K. Gröchenig and H. Razafinjatovo, "On Landau's necessary density conditions for sampling and interpolation of band-limited functions," *J. London Math. Soc.*, vol. 54, no. 3, pp. 557–565, Dec. 1996.

[402] W. C. Black and D. A. Hodges, "Time interleaved converter arrays," *IEEE J. Solid-State Circuits*, vol. 15, no. 6, pp. 1022–1029, Dec. 1980.

[403] C. Vogel and H. Johansson, "Time-interleaved analog-to-digital converters: Status and future directions," in *Proc. IEEE Int. Symp. Circuits and Systems* (ISCAS), no. 4, Kos, Greece, May 2006, pp. 3386–3389.

[404] D. M. Akos, M. Stockmaster, J. B. Y. Tsui and J. Caschera, "Direct bandpass sampling of multiple distinct RF signals," *IEEE Trans. Commun.*, vol. 47, no. 7, pp. 938–988, Jul. 1999.

[405] A. Kohlenberg, "Exact interpolation of band-limited functions," *J. Appl. Phys.*, vol. 24, no. 12, pp. 1432–1435, Dec. 1953.

[406] T. I. Laakso, V. Valimaki, M. Karjalainen and U. K. Laine, "Splitting the unit delay [fir/all pass filters design]," *IEEE Signal Processing Mag.*, vol. 13, no. 1, pp. 30–60, Jan. 1996.

[407] M. E. Dominguez-Jimenez, N. Gonzalez-Prelcic, G. Vazquez-Vilar and R. Lopez-Valcarce, "Design of universal multicoset sampling patterns for compressed sensing of multiband sparse signals," *Proc. IEEE Int. Conf. Acoustics Speech and Signal Processing* (ICASSP), Kyoto, Japan, pp. 3337–3340, Mar. 2012.

[408] T. Tao, "An uncertainty principle for cyclic groups of prime order," *Math. Res. Lett.*, vol. 12, no. 1, pp. 121–127, 2005.

[409] R. J. Evans and I. M. Isaacs, "Generalized Vandermonde determinants and roots of unity of prime order," *Proc. Am. Math. Soc.*, vol. 58, pp. 51–54, Jul. 1976.

[410] M. Mishali and Y. C. Eldar, "Sub-Nyquist sampling," *IEEE Signal Processing Mag.*, vol. 28, no. 6, pp. 98–124, Nov. 2011.

[411] R. Khoini-Poorfard, L. B. Lim and D. A. Johns, "Time-interleaved oversampling A/D converters: Theory and practice," *IEEE Trans. Circuits Syst. II*, vol. 44, no. 8, pp. 634–645, Aug. 1997.

[412] A. J. Viterbi, *CDMA Principles of Spread Spectrum Communication*, Reading, MA: Addison-Wesley Wireless Communications Series, 1995.

[413] R. Pickholtz, D. Schilling and L. Milstein, "Theory of spread-spectrum communications – A tutorial," *IEEE Trans. Commun.*, vol. 30, no. 2, pp. 855–884, May 1982.

[414] C. Kienmayer, M. Tiebout, W. Simburger, and A. L. Scholtz, "A low-power low-voltage nmos bulk-mixer with 20 GHz bandwidth in 90 nm CMOS," *Proc. IEEE Intl Symp. Circuits and Systems* (ISCAS), vol. 8, Vancouver, 2004, pp. 385–388.

[415] B. Razavi, “A 60-GHz CMOS receiver front-end,” *IEEE J. Solid-State Circuits*, vol. 41, no. 1, pp. 17–22, Jan. 2006.

[416] E. Laskin and S. P. Voinigescu, “A 60 mW per lane, 4×23-Gb/s 2^7-1 PRBS generator,” *IEEE J. Solid-State Circuits*, vol. 41, no. 10, 2198–2208, Oct. 2006.

[417] T. O. Dickson, E. Laskin, I. Khalid *et al.*, “An 80-Gb/s $2^{31}-1$ pseudorandom binary sequence generator in SiGe BiCMOS technology,” *IEEE J. Solid-State Circuits*, vol. 40, no. 12, pp. 2735–2745, Dec. 2005.

[418] K. Gentile, “Introduction to zero-delay clock timing techniques,” Application notes AN-#0983, Analog Devices Corp. http://www.analog.com/static/imported-files/application_notes/AN-0983.pdf.

[419] Y. Chen, M. Mishali, Y. C. Eldar and A. O. Hero III, “Modulated wideband converter with non-ideal lowpass filters,” *Proc. IEEE Int. Conf. Acoustics Speech and Signal Processing (ICASSP)*, Dallas, TX, 2010, pp. 3630–3633.

[420] M. Mishali and Y. C. Eldar, “Expected-RIP: Conditioning of the modulated wideband converter,” *IEEE Information Theory Workshop ITW 2009*, Oct. 2009, pp. 343–347.

[421] L. Gan and H. Wang, “Deterministic binary sequences for modulated wideband converter,” *SAMPTA 2013*, Bremen, 2013, pp. 264–267.

[422] J. M. Jensen, H. Elbrønd Jensen and T. Hoholdt, “The merit factor of binary sequences related to difference sets,” *IEEE Trans. Inform. Theory*, vol. 37, no. 3, pp. 617–626, May 1991.

[423] F. Gardner, “Properties of frequency difference detectors,” *IEEE Trans. Commun.*, vol. 33, no. 2, pp. 131–138, Feb. 1985.

[424] R. Tur, Y. C. Eldar and Z. Friedman, “Low rate sampling of pulse streams with application to ultrasound imaging,” *IEEE Trans. Signal Processing*, vol. 59, no. 4, pp. 1827–1842, Apr. 2011.

[425] N. Wagner, Y. C. Eldar and Z. Friedman, “Compressed beamforming in ultrasound imaging,” *IEEE Trans. Signal Processing*, vol. 60, no. 9, pp. 4643–4657, Sep. 2012.

[426] O. Bar-Ilan and Y. C. Eldar, “Sub-Nyquist radar via Doppler focusing,” *IEEE Trans. Signal Processing*, vol. 62, no. 7, pp. 1796–1811, Apr. 2014.

[427] E. Baransky, G. Itzhak, I. Shmuel *et al.*, “A sub-Nyquist radar prototype: Hardware and algorithms,” *IEEE Trans. Aerospace Electronic Systems*, vol. 50, no. 2, pp. 809–822, Apr. 2014.

[428] A. Bruckstein, T. J. Shan and T. Kailath, “The resolution of overlapping echos,” *IEEE Trans. Acoust. Speech Signal Processing*, vol. 33, no. 6, pp. 1357–1367, Dec. 1985.

[429] K. Gedalyahu and Y. C. Eldar, “Time delay estimation from low rate samples: A union of subspaces approach,” *IEEE Trans. Signal Processing*, vol. 58, no. 6, pp. 3017–3031, Jun. 2010.

[430] W. U. Bajwa, K. Gedalyahu and Y. C. Eldar, “Identification of parametric underspread linear systems and super-resolution radar,” *IEEE Trans. Signal Processing*, vol. 59, no. 6, pp. 2548–2561, Jun. 2011.

[431] H. Meyr, M. Moeneclaey and S. A. Fechtel, *Digital Communication Receivers: Synchronization, Channel Estimation, and Signal Processing*, New York, NY: Wiley-Interscience, 1997.

[432] A. Quazi, “An overview on the time delay estimate in active and passive systems for target localization,” *IEEE Trans. Acoust. Speech Signal Processing*, vol. 29, no. 3, pp. 527–533, Jun. 1981.

[433] P. Stoica and R. Moses, *Introduction to Spectral Analysis*, Upper Saddle River, NJ: Prentice-Hall, 1997.

[434] O. Toeplitz, "Zur theorie der quadratischen und bilinearen formen von unendlichvielen veränderlichen," *Math. Ann.*, vol. 70, no. 3, pp. 351–376, 1911.

[435] G. H. Golub and C. F. Van Loan, "An analysis of the total least-squares problem," *SIAM J. Num. Anal.*, vol. 17, no. 6, pp. 883–893, Dec. 1980.

[436] M. S. Mackisack, M. R. Osborne, M. Kahn and G. K. Smyth, "On the consistency of Prony's method and related algorithms," *J. Comput. Graph. Stat.*, vol. 1, pp. 329–349, 1992.

[437] D. W. Tufts and R. Kumaresan, "Estimation of frequencies of multiple sinusoids: Making linear prediction perform like maximum likelihood," *Proc. IEEE*, vol. 70, no. 9, pp. 975–989, Sep. 1982.

[438] M. D. Rahman and K. B. Yu, "Total least squares approach for frequency estimation using linear prediction," *IEEE Trans. Acoust. Speech Signal Processing*, vol. 35, no. 10, pp. 1440–1454, Oct. 1987.

[439] J. A. Cadzow, "Signal enhancement – a composite property mapping algorithm," *IEEE Trans. Acoust. Speech Signal Processing*, vol. 36, no. 1, pp. 49–62, Jan. 1988.

[440] Y. Hua and T. K. Sarkar, "Matrix pencil method for estimating parameters of exponentially damped/undamped sinusoids in noise," *IEEE Trans. Acoust. Speech Signal Processing*, vol. 38, no. 5, pp. 814–824, May 1990.

[441] T. K. Sarkar and O. Pereira, "Using the matrix pencil method to estimate the parameters of a sum of complex exponentials," *IEEE Antennas Propag. Mag.*, vol. 37, no. 1, pp. 48–55, Feb. 1995.

[442] V. F. Pisarenko, "The retrieval of harmonics from a covariance function," *Geophys. J. Roy. Astron. Soc.*, vol. 33, no. 3, pp. 347–366, Sep. 1973.

[443] A. Barabell, "Improving the resolution performance of eigenstructure-based direction-finding algorithms," *Proc. IEEE Int. Conf. Acoustics, Speech and Signal Processing (ICASSP'83)*, vol. 8, Apr. 1983, pp. 336–339.

[444] T-J. Shan, M. Wax and T. Kailath, "On spatial smoothing for direction-of-arrival estimation of coherent signals," *IEEE Trans. Acoust. Speech Signal Processing*, vol. 33, no. 4, pp. 806–811, Aug. 1985.

[445] G. Tang, B. Narayan Bhaskar, P. Shah and B. Recht, "Compressed sensing off the grid," *IEEE Trans. Inform. Theory*, vol. 59, no. 11, pp. 7465–7490, Nov. 2013.

[446] B. Narayan Bhaskar, G. Tang and B. Recht, "Atomic norm denoising with applications to line spectral estimation," *49th Annual Allerton Conf. Communication, Control, and Computing*, pp. 261–268, 2011.

[447] P. Stoica and P. Babu, "Sparse estimation of spectral lines: Grid selection problems and their solutions," *IEEE Trans. Signal Processing*, vol. 60, no. 2, pp. 962–967, Feb. 2012.

[448] T. Chernyakova and Y. C. Eldar, "Fourier domain beamforming: The path to compressed ultrasound imaging" *IEEE Trans. Ultrasonics, Ferroelectrics, and Frequency Control*, vol. 61, no. 8, pp. 1252–1267, Aug. 2014.

[449] P. L. Dragotti, M. Vetterli and T. Blu, "Sampling moments and reconstructing signals of finite rate of innovation: Shannon meets Strang–Fix," *IEEE Trans. Signal Processing*, vol. 55, no. 5, pp. 1741–1757, May 2007.

[450] J. A. Uriguen, T. Blu and P. L. Dragotti, "FRI sampling with arbitrary kernels," *IEEE Trans. Signal Processing*, vol. 61, no. 12, pp. 5310–5323, Nov. 2013.

[451] H. Akhondi Asl, P. L. Dragotti and L. Baboulaz, "Multichannel sampling of signals with finite rate of innovation," *IEEE Signal Processing Lett.*, vol. 17, no. 8, pp. 762–765, Aug. 2010.

[452] R. Tur, K. Gedalyahu and Y. C. Eldar, "Multichannel sampling of pulse streams at the rate of innovation," *IEEE Trans. Signal Processing*, vol. 59, no. 4, pp. 1491–1504, Apr. 2011.

[453] G. Golub and C. Van Loan, *Matrix Computations, 2nd ed.*, Baltimore, MD: Johns Hopkins University Press, 1989.

[454] M. Z. Win and R. A. Scholtz, "Characterization of ultra-wide bandwidth wireless indoor channels: A communication-theoretic view," vol. 20, no. 9, pp. 1613–1627, Dec. 2002.

[455] S. Kay, *Fundamentals of Statistical Signal Processing*, Englewood Cliffs, NJ: PTR Prentice-Hall, 1993.

[456] J. A. Uriguen, Y. C. Eldar, P. L. Dragotti and Z. Ben-Haim, "Sampling at the rate of innovation: theory and applications," *Compressed Sensing: Theory and Applications*, Cambridge, UK: Cambridge University Press, pp. 148–209, 2012.

[457] T. Michaeli and Y. C. Eldar, "Xampling at the rate of innovation," *IEEE Trans. Signal Processing*, vol. 60, no. 3, pp. 1121–1133, Mar. 2012.

[458] T. Blumensath, "Sampling and reconstructing signals from a union of linear subspaces," *IEEE Trans. Inform. Theory*, vol. 57, no. 7, pp. 4660–4671, Jul. 2011.

[459] Q. Sun, "Frames in spaces with finite rate of innovation," *Adv. Comput. Math.*, vol. 28, no. 4, pp. 301–329, May 2008.

[460] L. Baboulaz and P. L. Dragotti, "Exact feature extraction using finite rate of innovation principles with an application to image super-resolution," *IEEE Trans. Image Processing*, vol. 18, no. 2, pp. 281–298, Feb. 2009.

[461] V. Chaisinthop and P. L. Dragotti, "Centralized and distributed semi-parametric compression of piecewise smooth functions," *IEEE Trans. Signal Processing*, vol. 59, no. 7, pp. 3071–3085, Jul. 2011.

[462] K. M. Cohen, C. Attias, B. Farbman, I. Tselniker and Y. C. Eldar, "Channel estimation in UWB channels using compressed sensing," *Proc. IEEE ICASSP-14*, Florence, Italy, May 2014.

[463] J. Onativia, S. Schultz and P. L. Dragotti, "A finite rate of innovation algorithm for fast and accurate spike detection from two-photon calcium imaging," *J. Neural Eng.*, vol. 10, no. 4, Jul. 2013.

[464] I. Maravic and M. Vetterli, "Exact sampling results for some classes of parametric nonbandlimited 2-D signals," *IEEE Trans. Signal Processing*, vol. 52, no. 1, pp. 175–189, Jan. 2004.

[465] P. Shukla and P. L. Dragotti, "Sampling schemes for multidimensional signals with finite rate of innovation," *IEEE Trans. Signal Processing*, vol. 55, no. 7, pp. 3670–3686, Jul. 2007.

[466] M. I. Skolnik, *Introduction to Radar Systems*, New York, NY: McGraw-Hill, 1980.

[467] C. E. Cook and M. Bernfeld, *Radar Signals – An Introduction to Theory and Applications*, Norwood, MA: Artech House, 1993.

[468] Y. C. Eldar, R. Levi and A. Cohen, "Clutter removal in sub-Nyquist radar," *IEEE Signal Processing Lett.*, vol. 22, no. 2, pp. 177–181, 2014.

[469] E. Matusiak and Y. C. Eldar, "Sub-Nyquist sampling of short pulses," *IEEE Trans. Signal Processing*, vol. 60, no. 3, pp. 1134–1148, Mar. 2012.

[470] T. Kailath, "Measurements on time-variant communication channels," *IRE Trans. Inform. Theory*, vol. 8, no. 5, pp. 229–236, Sep. 1962.

[471] P. Bello, "Measurement of random time-variant linear channels," *IEEE Trans. Inform. Theory*, vol. 15, no. 4, pp. 469–475, Jul. 1969.

[472] W. Kozek and G. E. Pfander, "Identification of operators with bandlimited symbols," *SIAM J. Math. Anal.*, vol. 37, no. 3, pp. 867–888, 2005.

[473] G. E. Pfander and D. F. Walnut, "Measurement of time-variant linear channels," *IEEE Trans. Inform. Theory*, vol. 52, no. 11, pp. 4808–4820, Nov. 2006.

[474] D. Slepian, "On bandwidth," *Proc. IEEE*, vol. 64, no. 3, pp. 292–300, Mar. 1976.

[475] J. A. Jensen, "Linear description of ultrasound imaging systems," *Notes for the International Summer School on Advanced Ultrasound Imaging*, Technical University of Denmark, 1999.

[476] T. L. Szabo, *Diagnostics Ultrasound Imaging: Inside Out*, J. Bronzino, Ed., Ch. 7, 10. Oxford, UK: Elsevier Academic Press, 2004.

[477] A. Papoulis, *Probability, Random Variables, and Stochastic Processes*, 3rd edn. New York, NY: McGraw Hill, Inc., 1991.

[478] W. Feller, *An Introduction to Probability Theory and its Applications*, 2nd edn., vol. 2. New York, NY: Wiley, 1971.

[479] B. Porat, *Digital Processing of Random Signals: Theory and Methods*, Englewood Cliffs, NJ: Prentice-Hall, 1994.

举报电话：（010）88254396；（010）88258888
传　　真：（010）88254397
E-mail:　　dbqq@phei.com.cn
通信地址：北京市海淀区万寿路 173 信箱
　　　　　电子工业出版社总编办公室
邮　　编：100036